中国科学院科学出版基金资助出版

力学丛书·典藏版 16

应用力学对偶体系

钟万勰 著

科学出版社

2002

内 容 简 介

本书旨在重建应用力学的教学、研究体系.

哈密顿经典分析力学是力学中最根本的体系,也是统计力学、电动力学和量子力学等的基础.以往在应用力学中体现不够.应用力学应自觉地、系统地运用对偶变量体系于其各学科分支.根据结构力学与控制理论模拟关系,将对偶变量理论体系引入弹性力学,改变了以往弹性力学半逆法凑合求解的传统.运用对偶体系亦使振动理论、波的传播和控制论得到重要推进.

本书亦特别强调算法,一套精细积分算法和辛本征问题算法是本书的另一特色.

本书适合于应用力学相关专业的高年级大学生、研究生、青年教师及科技人员阅读、参考.

图书在版编目(CIP)数据

应用力学对偶体系/钟万勰著.—北京:科学出版社,2002
ISBN 7-03-009774-2

Ⅰ.应… Ⅱ.钟… Ⅲ.应用力学-对偶-体系 Ⅳ.O39

中国版本图书馆 CIP 数据核字(2001)第 064038 号

科学出版社 出版
北京东黄城根北街16号
邮政编码:100717
http://www.sciencep.com

北京京华虎彩印刷有限公司印刷
科学出版社发行 各地新华书店经销

*

2002 年第一版 开本:850×1168 1/32
2016 年印刷 印张:18 3/8
字数:482 000

定价:158.00元

中行独复，以从道也.

《易经·复卦六四》

序　　言

应用力学作为工程的基础学科有力地推动了诸如航空航天、机械、土木、化工、能源、材料等方面的飞跃.值此中国的复兴与崛起之际，面对世界的发展与挑战，应用力学是不可缺少的基本环节之一.从多个专业的基础课程设置来看，力学都占有重要的地位.科技先进国家经过长期积累，应用力学的教材与教育参考资料已形成一个体系，其中 Timoshenco 的一套教材影响很大.我国在学习外国与前苏联力学教育的基础上，力图进行教育改革以使力学课程容易学习、容易理解.然而要想在力学教材与教育体系方面取得突破谈何容易.虽然也取得了许多进展，例如计算力学等方面，但总还是跟在外国后面.

回顾我们自己教过的应用力学，可以发现一些问题.分析力学应当是力学中最基础的部分，但在课程中讲得不多.因为弹性力学、结构力学、流体力学、振动与稳定等课程与其关联不多.控制理论虽然源于力学却已很少在工程力学课程中讲授了.这些课程的理论体系与方法各有一套，学科交错还应加强.例如以往弹性力学著作就与分析力学看不出有多少密切关系.现在世界正在走向灵巧(smart)，而力学如不与控制理论相连接，又如何更为灵巧.

结构力学与控制理论相互模拟的理论表明，它们的数学基础是相同的.这说明力学中多门学科相互间是密切关联的.它们应当有一个**公共的理论体系**，学懂了一门课，以此类推，就容易学懂另一门课.只要换成**对偶变量体系**，就可建立起这个公共的理论体系.这本书的目的也就在于：为了方便应用力学的教学和科研.

经典分析力学是力学最根本的体系.拉格朗日方程、最小作用量原理、哈密顿正则方程、正则变换、哈密顿-雅可比理论等等，是非常优美的理论体系.并且也是统计力学、电动力学、量子力学等基本学科的基础；而它们反而在应用力学课程中体现得还不够充分．现代控制论所奠基的状态空间法的起点至少也应当回溯到哈密顿正则方程体系．哈密顿正则方程体系也正是对偶变量、对偶方程的体系．线性规划、二次规划以及非线性规划的基本方法也是奠基于对偶变量基础上的．应用数学的教学、科研也在走向对偶体系[35]．基于以上的观察，应用力学也应当自觉地、系统地运用对偶变量体系于其各个学科分支．

根据结构力学与控制理论的模拟关系，将对偶变量理论体系引入到弹性力学，就改变了以往弹性力学求解中大量运用半逆凑合法的传统，而导向了**理性**的求解方法．这样就可以求得许多以往半逆凑合法无法导出的结果．对于波的传播、振动理论，引入对偶变量系统，也使问题的求解范围得以扩大，表述更加清楚．现代控制论本来就是奠基于对偶变量体系上的，而将应用力学的方法引入到控制理论，可以使一些基本问题的求解得到重要推进．因此对应用力学的一些学科分支引入对偶变量体系，有利于向不同学科领域渗透，相信这是有发展前途的，对于教改也是有利的．

计算力学已经是力学中最活跃的部分之一，是应用力学通向工程的桥梁，因此本书特别强调算法．**精细积分法**既用于初值问题的积分，又用于两端边值问题的积分．对于动力方程以及控制理论中的黎卡提(Riccati)方程，精细积分都给出了几乎是**计算机上的精确解**．各种**精细积分算法与辛本征问题的算法**，是本书的另一个特点．

本书第一章介绍分析力学初步．哈密顿体系、对偶变量、正则变换、辛体系、勒让德变换、哈密顿-雅可比方程等内容，体现出后面许多进展的根底就在分析力学．

第二章讲述振动理论，其中对于本征值问题作了较多介绍，尤其是陀螺系统辛本征值问题算法，以及本征值计数，还有将正则变换用于非线性振动的方法等．

第三章介绍随机过程初步．应用力学的分析对象，从结构参数、作用外力到仪器量测结果都是有随机性的．考虑随机因素是应用力学的一个发展方向.

第四章介绍随机振动.这对于结构抗震、运载器振动等非常重要.虽然线性随机振动的基本理论已经建立,但对实际工程应用还有困难,主要是计算问题.我国在此方面作出了突出成果,使得我国的随机振动计算与工程应用走在世界最前列.

第五章讲述单连续坐标下的弹性波传播分析.其方程求解也需要状态向量,并导向对偶空间与辛本征值问题.这方面的内容与控制理论是并行的.

第六章讲述线性控制系统的理论与计算.虽然是控制理论的内容,但在数学与计算方面与力学是并行的.将子结构消元的精细积分法用于黎卡提微分方程的求解,以及用于卡尔曼-布西(Kalman-Bucy)滤波方程的求解是非常有效的.而鲁棒控制 H_∞ 理论的参数 γ_{cr}^2 正相应于结构振动本征值的瑞利(Rayleigh)商等.这些内容表明控制理论与应用力学关系密切,学懂力学的对偶变量体系就比较容易进入控制理论的领域.

第七章介绍弹性力学.在前面几章讲的都是有限维体系,弹性力学则各向都是连续体,是无限维的体系.弹性力学引入了对偶变量辛体系后,分离变量法的理性推导就可实施.对问题的理解更加深入,能求解的课题也扩大了.通过以上内容的介绍,期望能推动对偶变量体系更多地进入应用力学的教学、科研中,做出有中国特色的成果来.

1999 年 5 月,教育部委托上海大学在钱伟长教授主持下召开了一次应用力学教改的会议[158].该会议使我下决心写出这本书,为此花费了大量的精力.这是一套新(辛)体系,覆盖了许多领域,谈不到成熟.然而这些课题都是自己与同事们做过的,这一点还有些底.书中错误、缺点在所难免,希望广大读者予以批评指正.

本书的撰写承蒙许多同事帮助.钱令希、林家浩教授审阅了初稿,姚伟岸副教授给了许多帮助,刘靖华、王承强、苏滨等同学在文字录入、作图等方面做了许多工作.本书是国家自然科学基金重大项目"大规模科学与工程计算"的一部分,同时也包含国家自然科学基金重点项目“工程力学中的哈密顿体系”以及教育部博士点基金项目的成果.特此对上述同事以及基金的帮助和支持一并表示感谢.

钟万勰

2000.11.2

目　录

绪　论

数学力学在很长一段历史时期,曾是科学的带头学科.几个世纪的发展百花纷呈,成就辉煌.力学作为工程的基础学科有力地推动了诸如航空航天、机械、土木、化工、能源、材料等方面的飞跃.应用力学也受到了应用的多方面促进.从而发展了许多理论与方法.从应用数学的角度看,只要将其基本微分方程建立起来,就已表达清楚,以下就是如何去求解.实际应用当然要求提供数据,决不能只是停留在理论上.经常见到的情况是,基本方程虽已建立,但其求解却非常困难.以弹性力学来说,其基本方程体系早在 19 世纪初便已臻完善,然而其求解却费了一个多世纪,还远不能说已臻完善了.

工程需要以及严格求解的困难促使各种应用理论得以发展,如结构力学、薄壁结构、板壳理论、再加上结构动力与稳定性、土力学、流体力学等问题,就构成了工程力学的一个体系.这些力学应用理论虽使方程得以简化,但解析求解仍有很大困难.数学家与力学家通力合作,既丰富了数理方法又发展了工程力学.这个时代的代表著作为 R.柯朗与 D.希尔伯特的《数学物理方法》[1],以及 S.P.铁木辛柯的一套教材《弹性力学》,《弹性稳定理论》,《板与壳学》,《工程振动问题》,《高等材料力学》[2~6]……当然还有其他一批著作.这一整套解析求解体系可谓一整套的经典理论体系,涵盖了当时的高水平成就,也影响并指引着随后的进展.

20 世纪 50 年代后,计算机及高级语言问世,有限元首先在工程力学中出现[7~9],迅速改变了局面.在工程力学体系的理论基础上,以强大的计算能力为后盾,对于用线性方程描述的结构力学、固体力学等很快就发展出通用灵活的有限元数值方法,并系统化为大规模有限元程序系统,成为工程师手中强大的分析工具,确立了计算力学的地位.有限元法在结构分析中成功的基础上迅即扩展到了力学、工程与科学计算的各个方面,取得了极大的成功.

有限元分析的成功并未减低解析法的意义.原因是:首先,有限元法本是一类数值近似,其理论基础脱离不了解析法;其次,有许多问题,例如断裂力学中的裂尖奇点元、无限域的元等,其本性是解析的;再如壳体问题的边缘效应;复合材料的自由边界及其边缘效应分析等,带有局部效应的课题,采用有限元数值计算有刚性问题,因而解析法仍有很大的兴趣,一套精细积分算法就是解析法在数值方法上的映射.再说,边界元分析也要用到解析解等.

以铁木辛柯的《弹性力学》来看,其求解占了大半部篇幅,而方法则以半逆法为主.然而半逆法事实上是某种凑合解法,它依赖于具体问题而缺乏一般性;半逆法往往只能找到某些解而不能证明已找到其全部解.使读者感到难于措手之点是怎么凑合才能使手中问题得以求解呢?

采用半逆法的原因在于方程组的复杂性.传统偏微分方程组求解总是用各种方法对未知函数予以消元,得到一个高阶偏微分方程再对一个未知函数来求解.然而由于方程太复杂,偏微分方程的有效解法,即分离变量法及本征函数展开等却无法实施.

至此就有一疑问,非要采用这种传统的消元过程不可吗?事实上,这种传统方法论不是惟一的,**对偶理论、状态空间**就是其回答.

在分析力学中,在拉格朗日方程之后,哈密顿提出了其正则方程体系[10~12],这就是状态空间法的开始.常微分方程组的基本理论也是奠基于一阶微分的方程组的.但是在以往自动控制的经典理论中,采用的也是尽量消元而成为单输入-单输出的高阶常微分方程的表述.控制论在计算技术的冲击下,出现了**现代控制论**[13~15].现代控制论并不只是在原有经典控制论的理论体系上加以延伸而已,而是使控制论的基本理论体系也发生了根本性的更迭:采用**状态空间的描述**,达到了新的境界.应用力学可由此汲取到其成功经验.

控制论既已按其自身的发展而做出了体系换代，粗略想来在理论体系上离开应用力学更远了.然而情况并非如此，现代控制论的数学问题与结构力学的某类问题是一一对应地**互相模拟**的[16~18]，本书正是在这种模拟关系基础上写成的.从数学角度看，模拟关系是建筑在**哈密顿体系**理论基础上的.既然控制论以状态空间法为基础发展出整套新的理论体系，则应用力学也理应有对偶变量状态空间法应用的前景.

从弹性力学的求解体系来看，以铁木辛柯的《弹性力学》为代表，历来的求解方法都是在一类变量的范围之内进行的.从数学的角度来看一类变量求解属拉格朗日体系的方法，因此必然导致高阶偏微分方程，以至于分离变量等有效的方法未能对此实施，结果是半逆法求解这个环节长期未能突破.然而当转变方法论，将原变量与对偶变量组成的状态空间引入弹性力学，弹性柱体的圣维南问题就可导出新的一套基本方程.于是分离变量法就可顺利实施了.过去一套半逆法的解，在状态空间中都可用直接法求解出来，而过去因端部条件方面的困难，只能用圣维南原理予以覆盖的一大批解，现在也可以予以求解了[19].直接法通过理性的推导，逐步进行下去可以使读者便于理解.

当代科技的信息化发展，体现在智能化材料、智能化结构、智能化系统、精确制导武器……充分表现出控制、遥感的多方渗透.结构的控制正日益受到关注[20,21].在工程力学教学中不应忽视这种发展趋势.美国已感到结构与控制工程师在设计中互相分离，因此不利于整体的合理设计，正在呼唤"控制-结构整体设计".当前这本书力图将力学的多个方面与控制论加以汇合，**采用一个统一的理论体系加以阐述**，使读者从理论与方法上对控制与力学看清楚其内在联系.这对于培养新一代工程师是很有利的.

从拉格朗日体系向哈密顿体系的过渡，其意义还在于**从传统的欧几里得型几何形态进入到了辛的几何形态之中**，突破了传统观念，从而使对偶的混合变量进入到应用力学的广大领域.书中给出了振动、波传播、弹性力学，以及多变量单连续坐标弹性体系求解体系，再讲述最优控制的 LQG 与 H_∞ 理论及其精细求解等．采用的是**同一套理论体系**，只要读懂一个方面，就可方便地理解其他方面．这对于教学也有很大好处．面对课时的限制，而欲使学生尽量掌握现代的科技发展，一套横贯的方法论是很有利的．

应用力学求解是数学物理方法很重要的一个方面．从柯朗-希尔伯特的《数学物理方法》来看，其背景也是以一类变量的偏微分方程与变分法、对称矩阵、对称核积分方程、自伴算子的本征问题为其主线的．换句话说，其体系也是处于拉格朗日框架中的，而其几何形态则为欧几里得型的（其度量有如泛函分析那样，有“正定”、“对称”、“三角形不等式”所规定）．它也面临着体系更迭的前景，但这已不是本书的论题了．

本书的宗旨是将工程力学多个方面与控制理论**用统一的一套方法论**加以表述，以期扩大领域、加强理解，以便用于教学参考．但书中也只能选择某些专题讲述．这是对工程力学教改的一个大胆尝试，抛砖引玉，不妥之处还望批评指正．

“科学计算已经同理论与实验共同构成当代科学研究的三大支柱”[22]．说明了只是从理论上对问题加以理解是不够的，重要的是还要进一步改造世界，不进行科学计算得出数值结果是不行的．数据是工程师的依据．因此在本书中特别强调算法，尤其是对于微分方程的数值求解．**精细积分算法**不论对于时间历程的发展性方程，而且对于两端边值问题及派生出来的黎卡提(Riccati)微分方程，都可以求得在计算机上的“精确解”．这套精细积分法完全不像传统的数值积分法，全都是有限差分法近似，这容易偏离真实解．让读者及早掌握一些有特色的有效算法对于将来的发展也是有利的．由于数值计算的重要性，尤其是当系统描述采用状态空间法时，微分方程组推导成为一阶微商后，如何对一阶微分方程组进行数值积分，尽可能精细的计算，已经成为一个基本环节．为了以后讲述方便，这里先将常微分方程的精细积分做一初步介绍．

精细积分法[18,23]宜于处理一阶常微分方程组．其实常微分方程组的理论也是以一阶方程为其标准型的．状态空间法哈密顿体

系都将方程组化归一阶. 常微分方程组的数值积分可以分为如下两类问题:

1) 初值问题积分:动力学问题,发展型方程常需作初值给定条件下的积分;

2) 两点边值问题的积分:对弹性力学、结构力学、波导、控制、滤波问题等有广泛应用. 这里先介绍常系数常微分方程组初值问题的精细积分.

设有微分方程组的矩阵-向量表达为

$$\dot{\boldsymbol{v}} = \boldsymbol{A}\boldsymbol{v} + \boldsymbol{f}, \quad \boldsymbol{v}(0) = \boldsymbol{v}_0 = \text{已知} \tag{0.0.1}$$

式中(·)代表对时间 t 的微商, $\boldsymbol{v}(t)$是待求的 n 维向量函数, $\boldsymbol{A}$ 为 $n \times n$ 给定常矩阵, $\boldsymbol{f}(t)$是给定外力 n 维向量函数.

0.1 齐次方程与指数矩阵的算法

按常微分方程求解理论,应当首先求解其齐次方程

$$\dot{\boldsymbol{v}} = \boldsymbol{A}\boldsymbol{v} \tag{0.1.1}$$

因为 $\boldsymbol{A}$ 是定常矩阵,其通解可写成为

$$\boldsymbol{v} = \exp(\boldsymbol{A}t) \cdot \boldsymbol{v}_0 \tag{0.1.2}$$

这里出现了矩阵的指数函数,其意义与普通的表达一样,即

$$\exp(\boldsymbol{A}t) = \boldsymbol{I}_n + \boldsymbol{A}t + \frac{(\boldsymbol{A}t)^2}{2} + \frac{(\boldsymbol{A}t)^3}{3!} + \cdots \tag{0.1.3}$$

现在要在数值上计算出来,尽可能的精确. 数值积分总得要有一个时间步长,记为 η. 于是一系列等步长的时刻为

$$t_0 = 0, \quad t_1 = \eta, \cdots, \quad t_k = k\eta, \cdots \tag{0.1.4}$$

于是有

$$\boldsymbol{v}_1 = \boldsymbol{v}(\eta) = \boldsymbol{T}\boldsymbol{v}_0, \quad \boldsymbol{T} = \exp(\boldsymbol{A}\eta) \tag{0.1.5}$$

有了矩阵 $\boldsymbol{T}$,逐步积分公式就成为以下的递推:

$$\boldsymbol{v}_1 = \boldsymbol{T}\boldsymbol{v}_0, \quad \boldsymbol{v}_2 = \boldsymbol{T}\boldsymbol{v}_1, \cdots, \quad \boldsymbol{v}_{k+1} = \boldsymbol{T}\boldsymbol{v}_k, \cdots \tag{0.1.6}$$

一系列的矩阵-向量乘法. 于是问题归结到了(0.1.5)式矩阵 $\boldsymbol{T}$ 的数值计算,要求尽可能精确. 指数矩阵的精细计算有两个要点:1)

运用指数函数的加法定理,即运用 2^N 类的算法[24]; 2)将注意力放在增量上,而不是其全量.指数矩阵函数的加法定理给出

$$\exp(\boldsymbol{A}\eta) \equiv [\exp(\boldsymbol{A}\eta/m)]^m \tag{0.1.7}$$

其中 m 为任意正整数,当前可选用

$$m = 2^N,\text{例如选 } N = 20,\text{则 } m = 1048576 \tag{0.1.8}$$

由于 η 本来是不大的时间区段,则 $\tau = \eta/m$ 将是非常小的一个时间区段了.因此对于 τ 的区段,有

$$\exp(\boldsymbol{A}\tau) \approx \boldsymbol{I}_n + (\boldsymbol{A}\tau) + \frac{(\boldsymbol{A}\tau)^2}{2} + \frac{(\boldsymbol{A}\tau)^3}{3!} + \frac{(\boldsymbol{A}\tau)^4}{4!} \tag{0.1.9}$$

由于 τ 很小,幂级数的 5 项展开式应已足够.此时指数矩阵 $\boldsymbol{T}$ 与单位阵 $\boldsymbol{I}_n$ 相差不远,因此写为

$$\begin{aligned} &\exp(\boldsymbol{A}\tau) \approx \boldsymbol{I}_n + \boldsymbol{T}_a \\ &\boldsymbol{T}_a = (\boldsymbol{A}\tau) + (\boldsymbol{A}\tau)^2[\boldsymbol{I}_n + (\boldsymbol{A}\tau)/3 + (\boldsymbol{A}\tau)^2/12]/2 \end{aligned} \tag{0.1.10}$$

其中 $\boldsymbol{T}_a$ 阵是一个小量的矩阵.

在计算中至关重要的一点是指数矩阵的存储只能是(0.1.10)式中的 $\boldsymbol{T}_a$,而不是($\boldsymbol{I}_n + \boldsymbol{T}_a$).因为 $\boldsymbol{T}_a$ 很小,当它与单位阵 $\boldsymbol{I}_n$ 相加时,就会成为其尾数,在计算机的舍入操作中,其精度将丧失殆尽.$\boldsymbol{T}_a$ 是增量.这就是以上所说的第二个要点.

为了计算 $\boldsymbol{T}$ 阵,应先将(0.1.7)式作分解

$$\boldsymbol{T} = (\boldsymbol{I} + \boldsymbol{T}_a)^{2^N} = (\boldsymbol{I} + \boldsymbol{T}_a)^{2^{(N-1)}} \times (\boldsymbol{I} + \boldsymbol{T}_a)^{2^{(N-1)}} \tag{0.1.11}$$

这种分解一直做下去,共 N 次.其次应注意,对任意矩阵 $\boldsymbol{T}_b$, $\boldsymbol{T}_c$ 有

$$(\boldsymbol{I} + \boldsymbol{T}_b) \times (\boldsymbol{I} + \boldsymbol{T}_c) \equiv \boldsymbol{I} + \boldsymbol{T}_b + \boldsymbol{T}_c + \boldsymbol{T}_b \times \boldsymbol{T}_c \tag{0.1.12}$$

当 $\boldsymbol{T}_b$, $\boldsymbol{T}_c$ 小时,不应加上 $\boldsymbol{I}$ 后再执行乘法.将 $\boldsymbol{T}_b$, $\boldsymbol{T}_c$ 都看成为 $\boldsymbol{T}_a$,因此(0.1.11)式的 N 次乘法在计算机中相当于以下语句:

$$\text{for}(iter = 0; iter < N; iter++)\boldsymbol{T}_a = 2\boldsymbol{T}_a + \boldsymbol{T}_a \times \boldsymbol{T}_a \tag{0.1.13}$$

当以上语句循环结束后,再执行

$$\boldsymbol{T} = \boldsymbol{I} + \boldsymbol{T}_a \tag{0.1.14}$$

便可,由于 N 次乘法后,$\boldsymbol{T}_a$ 已不再是很小的矩阵了,这个加法已没有严重的舍入误差了.以上便是指数矩阵的精细计算方法.

指数矩阵用处很广,是经常计算的矩阵函数之一.已经提出了很多算法,但仍不够理想.文献[25]给出了19种不同的算法,但在其后的著作[26]中仍指出问题并未解决.应当指出,采用本征向量展开的解法,在不接近出现若尔当型本征解的条件下,仍是有效的.

0.2 非齐次方程

回到方程(0.0.1),还要考虑外力 $\boldsymbol{f}(t)$.按线性微分方程的求解理论,如果求得了在任意时刻 t_1 加上脉冲的响应矩阵 $\boldsymbol{\Phi}(t,t_1)$,则由外力引起的响应可以由杜哈梅尔(Duhamel)积分求出

$$\boldsymbol{v}(t) = \boldsymbol{\Phi}(t,t_0)\boldsymbol{v}_0 + \int_{t_0}^{t}\boldsymbol{\Phi}(t,t_1)\boldsymbol{f}(t_1)\mathrm{d}t_1 \tag{0.2.1}$$

其中 $\boldsymbol{\Phi}(t,t_1)$ 具有以下性质:

1) $\boldsymbol{\Phi}(t,t) = \boldsymbol{I}$ (0.2.2)

2) $\boldsymbol{\Phi}(t,t_1) = \boldsymbol{\Phi}(t,t_2)\boldsymbol{\Phi}(t_2,t_1)$ (0.2.3)

3) 满足微分方程 $\dot{\boldsymbol{\Phi}}(t,t_1) = \boldsymbol{A}(t)\boldsymbol{\Phi}(t,t_1)$ (0.2.4)

式中写 $\boldsymbol{A}(t)$,表明理论上这对于时变系统也是适用的.对于时不变系统,则有

$$\boldsymbol{\Phi}(t,t_1) = \boldsymbol{\Phi}(t-t_1) = \exp[\boldsymbol{A}\cdot(t-t_1)] \tag{0.2.5}$$

这是一个指数矩阵.显然 $\boldsymbol{\Phi}(\eta) = \boldsymbol{T}$.

数值计算时,只要求对一系列等间距的时刻做出计算.而且并不要求每次都要从头的 t_0 开始算起,而是由 t_k 算到 t_{k+1}.这样

(0.2.1)式应改成

$$\boldsymbol{v}_{k+1}=\boldsymbol{T}\boldsymbol{v}_k+\int_{t_k}^{t_{k+1}}\boldsymbol{\Phi}(t_{k-1}-t)\boldsymbol{f}(t)\mathrm{d}t$$

$$=\boldsymbol{T}\boldsymbol{v}_k+\int_0^{\eta}\exp[\boldsymbol{A}\cdot(\eta-\xi)]\boldsymbol{f}(t_k+\xi)\mathrm{d}\xi \tag{0.2.6}$$

麻烦的是,外力 $\boldsymbol{f}(t_k+\xi)$ 的解析表达式一下子给不出来.如果假定在 $t_k\sim t_{k+1}$ 之间用线性插值,

$$\boldsymbol{f}(t_k+\xi)\approx\boldsymbol{r}_0+\boldsymbol{r}_1\cdot\xi \tag{0.2.7}$$

则由(0.2.6)式可积分得

$$\boldsymbol{v}_{k+1}=\boldsymbol{T}[\boldsymbol{v}_k+\boldsymbol{A}^{-1}(\boldsymbol{r}_0+\boldsymbol{A}^{-1}\boldsymbol{r}_1)]-\boldsymbol{A}^{-1}[\boldsymbol{r}_0+\boldsymbol{A}^{-1}\boldsymbol{r}_1+\eta\boldsymbol{r}_1] \tag{0.2.8}$$

线性插值是很粗糙的近似.还有多种近似的解析表达式.$\boldsymbol{f}(t_k+\xi)$ 是以下几种函数形式的都可以精确地积分:(1) 多项式; (2) 指数函数; (3) 正弦或余弦; (4)上述这些函数的乘积;等.请见文献[27].

例 考虑微分方程组的数值积分,到 $t=20$

$$\dot{u}_1=-2000u_1+999.75u_2+1000.25$$

$$\dot{u}_2=u_1-u_2,\quad u_1(0)=0,\quad u_2(0)=-2$$

解 这是常系数微分方程组.求得其 $\boldsymbol{A}$ 阵的本征值为 $\lambda_1=-2000.5$,$\lambda_2=-0.5$.本征值相差如此大,是刚性方程.其刚性比是 4000,远大于 10.方程的解析解为

$$u_1(t)=-1.499875\mathrm{e}^{-0.5t}+0.499875\mathrm{e}^{-2000.5t}+1$$

$$u_2(t)=-2.99975\mathrm{e}^{-0.5t}-0.00025\mathrm{e}^{-2000.5t}+1$$

对这个方程用 4 阶龙格-库塔(Runge-Kutta)法计算.根据计算稳定性要求,步长最大只能取 0.00138,计算到 $t=20$ 需 14493 步.步数很多,计算量很大,还有误差积累.然而采用精细积分法计算,不论在该时间段内划分多少段,总是得到很精密的结果.$u_1(20)=0.9999319$,$u_2(20)=0.9998638$.

0.3 精度分析

精细时程积分的主要一步是指数矩阵 $\boldsymbol{T}=\exp(\boldsymbol{A}\eta)$的计算.除计算机执行矩阵乘法通常有一些算术舍入误差外,误差只能来自幂级数展开式(0.1.9)的截断.在 2^N 算法中采用$\boldsymbol{T}_a$ 阵的迭代,其主要项是$(\boldsymbol{A}\tau)$,因此截断误差必须与它相对比.在展开式(0.1.9)中截去的第一项是$(\boldsymbol{A}\tau)^5/5!$,因此其相对误差可估计为

$$(\boldsymbol{A}\tau)^4/120 \tag{0.3.1}$$

设对矩阵 $\boldsymbol{A}$ 做出了全部本征解

$$\boldsymbol{A}\boldsymbol{Y} = \boldsymbol{Y}\mathrm{diag}[\mu_i], \quad 或 \quad \boldsymbol{A} = \boldsymbol{Y}\mathrm{diag}[\mu_i]\boldsymbol{Y}^{-1} \tag{0.3.2}$$

其中 $\boldsymbol{Y}$ 为以本征向量为列所组成的矩阵,μ_i 代表全部本征值,diag是英语 diagonal 的字首,意义是对角阵.于是就可以导出

$$\exp(\boldsymbol{A}\tau) = \boldsymbol{Y}\exp(\mathrm{diag}[\mu_i]\tau)\boldsymbol{Y}^{-1} = \boldsymbol{Y}\mathrm{diag}[\exp(\mu_i\tau)]\boldsymbol{Y}^{-1}$$

这样,(0.1.9)式的截断近似相当于下式的截断近似

$$\exp(\mu\tau) \approx 1 + \mu\tau + (\mu\tau)^2/2 + (\mu\tau)^3/3! + (\mu\tau)^4/4!$$

以上的分析将不同本征值的本征解所带来的误差分离出来了.(0.1.9)式的相对误差,对于各个本征解为$(\mu\tau)^4/120$,因此应取其绝对值$[\mathrm{abs}(\mu)\tau]^4/120$.注意到当前倍精度数的有效位数是十进制 16 位.因此在计算机位精度范围,应要求

$$[\mathrm{abs}(\mu)\cdot\eta/2^N]^4/120 < 10^{-16}$$

取 $N=20, 2^N\approx 10^6$ 有

$$\mathrm{abs}(\mu)\cdot\eta < 300 \tag{0.3.3}$$

考虑无阻尼自由振动问题,$\mu=\mathrm{i}\omega$,其中 ω 为角频率.这表明即使积分步长 η 为 50 个周期,也不致带来展开式的误差.当然,应当考虑高频振动的 ω.然而实际课题的振动都是有阻尼的.若干个周期后高频振动本身也已成为无足轻重了,因此(0.3.3)式对于高频振动的估计也是太保守了.

根据这个分析,对于精细积分的高度精确性就可以理解了.它给出的数值结果实际上就是计算机上的精确解.

讨论：指数矩阵 $\boldsymbol{T}$ 精细计算的成功，在于将一个步长 η 进一步地细分为 1048576 步，但单是细分并不能达到好效果，精细积分的另一个要点是**只计算其增量**，以避免大数相减而造成的数值病态. 如果从初值 $\boldsymbol{x}_0$ 出发，也分成 1048576 步，采用例如 Newmark 法进行数值积分，仍旧达不到如精细积分的精度的，其原因就在于 Newmark 法的逐步积分采用了全量的数值积分.

与精细积分相比，以往的逐步积分都是差分类的近似，谈不到计算机上的精确解之说. 故在数值计算中总会面临一些数值困难，如稳定性问题，刚性(stiff)问题等. 这些数值问题都是因差分近似带来的. 差分法采用全量积分，故将其步长取得特别小也有其不利之处如前所述. 精细积分虽也有(0.1.10)式的近似，但其误差已在计算机浮点数表示精度之外，所以说在合理的积分步长 η 范围内精细积分是不会发生稳定性与刚性问题的. 当然这个断言乃是在常系数微分方程，指数矩阵的范围之内的. 以精细积分为基础，用于变系数方程，非线性动力方程等作数值计算，当然还要另外引进某种近似. 由于这些近似，仍会产生一些问题，尚需继续实践探讨.

0.4 关于时变系统与非线性系统的讨论

大多数应用中提出的微分方程组是非线性的，有许多是时变的. 数值积分无法回避这些方程. 以上给出的精细积分虽然是对于时不变线性方程组的，但也给更复杂的方程提供了一个基础[28]. 总可以将方程写成

$$\dot{\boldsymbol{v}} = (\boldsymbol{A}_0 + \boldsymbol{A}_1)\boldsymbol{v} + \boldsymbol{f} \tag{0.4.1}$$

其中 $\boldsymbol{A}_0$ 是定常矩阵，而 $\boldsymbol{A}_1$ 则是与时间相关的阵，或还可以与未知向量 $\boldsymbol{v}$ 相关，这就是非线性方程了.

时变方程或非线性方程的解析求解十分困难，但写成

$$\dot{\boldsymbol{v}} = \boldsymbol{A}_0\boldsymbol{v} + (\boldsymbol{f} + \boldsymbol{A}_1\boldsymbol{v})$$

将括号中的项一起作为外力来考虑. 于是就可以先对矩阵 $\boldsymbol{A}_0$ 算出其脉冲响应矩阵 $\boldsymbol{T} = \exp(\boldsymbol{A}_0\eta)$，并利用(0.2.6)式

$$\boldsymbol{v}_{k+1} = \boldsymbol{T}\boldsymbol{v}_k + \int_0^{\eta} \exp[\boldsymbol{A}_0 \cdot (\eta - \xi)] \boldsymbol{f}_c(t_k + \xi) \mathrm{d}\xi$$

$$\boldsymbol{f}_c = \boldsymbol{f} + \boldsymbol{A}_1 \boldsymbol{v} \tag{0.4.2}$$

其特点是 $\boldsymbol{f}_c$ 中有待求向量 $\boldsymbol{v}$ 出现. 因此这成为了沃尔泰拉(Volterra)型的积分方程. 一般来说,其求解还得靠数值方法. 有一个因素应当指出,积分的数值逼近比差分的好做些. 怎样对(0.4.2)式的积分方程做具体的逼近,有许多方案. 大体上说起来,可以先利用多项式、指数函数、三角函数等,能予以精确的积分的项做出来;然后,可采用类同于差分类的,例如单步法、多步法、显式、隐式、预估-校正等类方法同样用于(0.4.2)式的积分方程. 请参见文献[28,29].

精细积分法并不只是用于初值问题的积分,对于二点边值问题也是好用的. 这将在后文论及.

第一章 分析力学初步

1687 年,牛顿给出了动力学的基本方程,可以说这是现代科学开始的标记.随着工业发展,需要处理诸如机械等有约束系统的动力学问题.1788 年,拉格朗日的《分析力学》开始用分析的方法研究力学,主要研究系统动力学的数学建模以及通过坐标变换来求解.19 世纪初,哈密顿进一步发展了拉格朗日的体系,提出了正则方程体系.经一系列数学力学大师的推进,形成了分析力学的整套体系,对物理与力学的发展作出了巨大的贡献.这里只就应用中的一些基本问题作一讲述.

分析动力学方法以离散系统为主要研究对象.例如由有限个质点和刚体组成的系统,它在空间的位置可由有限个独立参数来确定,所以称为离散系统.对于由弹性体、流体等变形体组成的系统,则其变形需由无限多个未知数来描述,就是连续系统、连续介质力学.当采用有限元或别的离散方法近似地描述该系统时,则又简化成为离散化的系统.在大量的自然界和工程的力学系统中,离散力学模型常可很好地描述系统的动力学性态.由于离散系统在数学求解上较连续系统容易处理,因此离散系统动力学有广泛应用价值.

分析力学的基本原理及其变分原理是工程力学十分重要的基础环节,以下简明地对必要内容作一介绍,读者有兴趣深入可参阅文献[10~12,30,31,44].

1.1 完整约束与非完整约束

将力学系统看成为一群质点的集合,设为 N 点,则可用 $3N$ 个惯性坐标的坐标值确定其位置.如果没有约束,则这 $3N$ 个坐标值都是独立的．今设这个系统受到 l 个约束，如这些约束可以用坐标本身 $u_1,u_2,\cdots,u_{3N}$ 的函数来表示，而没有其时间微商

$$f_r(u_1,u_2,\cdots,u_{3N}) = 0,\quad r = 1,2,\cdots,l \tag{1.1.1a}$$

或

$$f_r(u_1,u_2,\cdots,u_{3N},t) = 0,\quad r = 1,2,\cdots,l \tag{1.1.1b}$$

则为**完整约束**．注意(1.1.1a)式中无时间坐标 t，为定常约束，而(1.1.1b)式中与时间有关，为时变约束．下文只考虑等式约束．

例1　如图1.1所示曲柄连杆机构．选坐标参数 $u_1=\theta$，$u_2=\varphi$，$u_3=x$，则显然 u_1,u_2,u_3 不是完全独立，有约束方程

$$x = r\cos\theta + l\cos\varphi,\quad 及\quad r\sin\theta = l\sin\varphi$$

由于这两个约束方程不含 t，故为定常的完整约束．

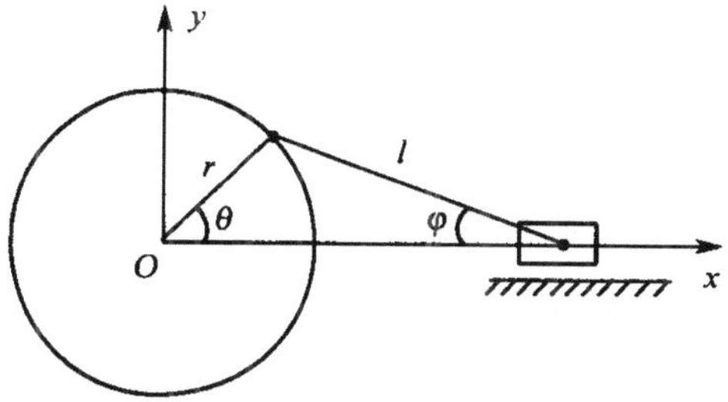

图1.1　曲柄连杆

例2　在图1.2中，旋转圆盘有一个槽，其中有一个质点可以滑动．选其相对滑动距离为 x'，在该质点的惯性坐标为

$$u_1 = x = a\cos\omega t + x'\sin\omega t,\quad u_2 = y = a\sin\omega t - x'\cos\omega t$$

约束方程

$$(u_1 - a\cos\omega t)\cos\omega t + (u_2 - a\sin\omega t)\sin\omega t = 0$$

对于惯性坐标 u_1,u_2 的约束方程为时变，故为时变完整约束．x_1' 是相对坐标内的自由度，现在是一个自由度．

当方程(1.1.1a)或(1.1.1b)中函数 f_r 对各个自变量的一阶偏微商存在且连续时，则对时间求全微商可分别得到

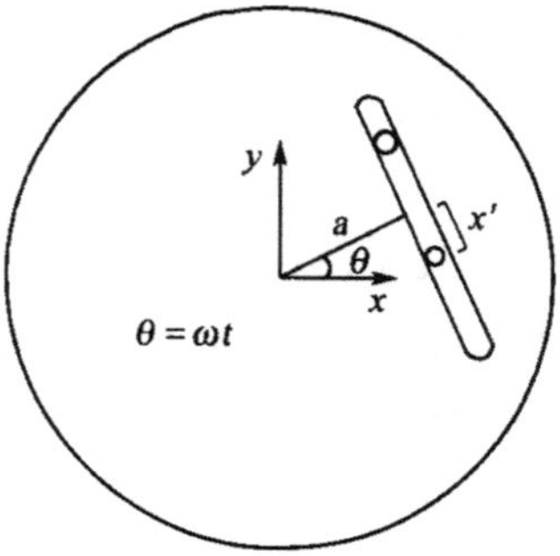

图 1.2　圆盘开槽、质点

$$\sum_{s=1}^{3N} \frac{\partial f_r}{\partial u_s}\dot{u}_s = 0, \quad r = 1,2,\cdots,l \tag{1.1.2a}$$

或

$$\sum_{s=1}^{3N} \frac{\partial f_r}{\partial u_s}\dot{u}_s + \frac{\partial f_r}{\partial t} = 0, \quad r = 1,2,\cdots,l \tag{1.1.2b}$$

上二式显然可以积分成(1.1.1a)和(1.1.1b)式之形,相差只是一个常数.这正是**完整约束**的特征.(1.1.2)式也可以写成微分形式,即

$$\sum_{s=1}^{3N} \frac{\partial f_r}{\partial u_s}\mathrm{d}u_s = 0, \quad 或 \quad \mathrm{d}f_r = 0, r = 1,2,\cdots,l \tag{1.1.3a}$$

或

$$\sum_{s=1}^{3N} \frac{\partial f_r}{\partial u_s}\mathrm{d}u_s + \frac{\partial f_r}{\partial t}\mathrm{d}t = 0, \quad 或 \quad \mathrm{d}f_r = 0, r = 1,2,\cdots,l \tag{1.1.3b}$$

可积分表明它们是全微分.当一个力学系统受到的约束全是完整约束时,称为是完整系统.

方程(1.1.1)的约束表明只对惯性坐标作出限制.但在应用中,有些约束是对系统的**速度**作出的限制.例如一个圆盘在铅垂面内沿水平面上滚动，设盘心坐标为 x, y, z，则有 $z = r, v = r\dot{\varphi}$；见图 1.3，再因偏角为 θ，故

$$\dot{x} = v\cos\theta, \quad \dot{y} = v\sin\theta$$

从而

$$\dot{y}\cos\theta - \dot{x}\sin\theta = 0$$

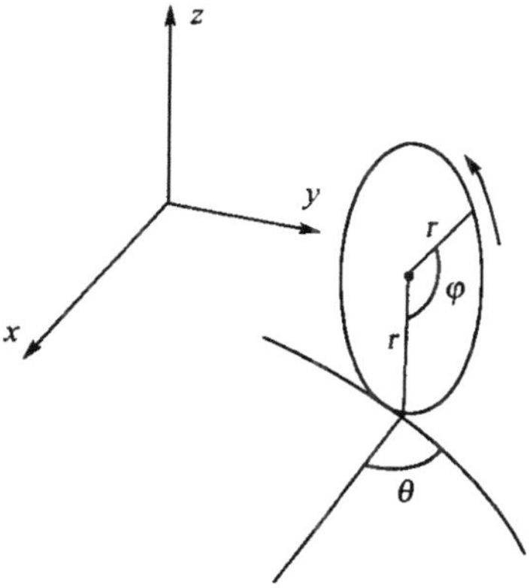

图 1.3 铅垂圆盘滚动

该约束方程**不能积分为一个全微分**，因此滚动圆盘的**约束是不完整的**. 不完整约束方程中含有速度，而又不能通过积分予以表达为纯位移约束的形式. 设系统受到 m 个**不完整约束**，表达为

$$g_r(u_1, u_2, \cdots, u_{3N}; \dot{u}_1, \dot{u}_2, \cdots, \dot{u}_{3N}; t) = 0, \quad r = 1,2,\cdots,m \tag{1.1.4}$$

通常遇到的情况是约束对速度为线性的函数，称为一阶线性非完整约束，表达为

$$\sum_{s=1}^{3N} A_{rs}\dot{u}_s + A_r = 0, \quad r = 1,2,\cdots,m \tag{1.1.5}$$

式中 A_{rs} 与 A_r 可以是常数或 u_s 和 t 的函数. 该方程常常写成普法夫(Pfaff)形式

$$\sum_{s=1}^{3N} A_{rs}\mathrm{d}\dot{u}_s + A_r\mathrm{d}t = 0, \quad r = 1,2,\cdots,m \qquad (1.1.6)$$

当 $A_r \equiv 0$ 时,以上方程对速度为线性齐次,否则为非齐次.

一个力学系统只要有一个非完整约束,就称为**非完整系统**.

如果将方程(1.1.2b)对比(1.1.6)式,即知

$$A_{rs} = \frac{\partial f_r}{\partial u_s}, \quad A_r = \frac{\partial f_r}{\partial t}, \quad r = 1,2,\cdots,l, \quad s = 1,2,\cdots,3N \qquad (1.1.7)$$

这表明(1.1.5)式的约束也可能是完整的.根据(1.1.7)式有

$$\frac{\partial A_{rs}}{\partial u_j} = \frac{\partial A_{rj}}{\partial u_s}\left(= \frac{\partial^2 f_r}{\partial u_s \partial u_j}\right), \quad s,j = 1,2,\cdots,3N \qquad (1.1.8)$$

表明方程(1.1.8)是可积分的必要条件;根据常微分方程的理论[32]可知,这也是充分条件.

1.2 广义位移,虚位移与自由度

由 N 个质点组成的系统,共有 $3N$ 个惯性直角坐标,记为 $u_1,u_2,\cdots,u_{3N}$,来描述其空间位置.若系统还承受 l 个完整约束(1.1.1),则这些直角坐标就不再是独立的了.确定系统位置的独立变量称为广义位移(坐标),常用 $q_1,q_2,\cdots,q_n$ 来表示,或用向量 $\boldsymbol{q}$ 表示.显然

$$n = 3N - l$$

若系统在 l 个完整约束之外,还承受有 m 个非完整约束(1.1.5),则因非完整约束不能积分,它们只限制速度而不影响确定系统位置的独立参量数目,所以广义坐标数 n 不变.选定广义坐标 $q_i, i=1,\cdots,n$ 后,各质点的矢径 $\boldsymbol{r}_i$ 均可由广义坐标 $\boldsymbol{q}$ 来表达

$$\boldsymbol{r}_i = \boldsymbol{r}_i(q_1,q_2,\cdots,q_n;t), \quad i = 1,2,\cdots,N \qquad (1.2.1)$$

常用广义位移来描述系统的位置时,完整约束已自动满足.若系统还受到 m 个非完整约束时,这些约束方程也可以用广义位移

$\boldsymbol{q}$ 及广义速度 $\dot{\boldsymbol{q}}$ 表示为

$$\sum_{i=1}^{n} a_{ri}\dot{q}_i + a_r = 0, \quad r = 1,2,\cdots,m \tag{1.2.2}$$

式中 a_{ri} 与 a_r 是广义位移 q_i 与时间的函数. 当 $a_r=0$ 时,称约束方程对广义速度是齐次的,很多著作喜欢采用微分形式

$$\sum_{i=1}^{n} a_{ri}\mathrm{d}q_i + a_r\mathrm{d}t = 0, \quad r = 1,2,\cdots,m \tag{1.2.3}$$

现在引进**虚位移**的概念. 虚位移就是在给定的任一时刻,从给定位置作出约束条件所允许的无限小的位移,此时认为时间不变. 将虚位移用广义位移的变分 δq_i 表示,则它们应满足方程

$$\sum_{i=1}^{n} a_{ri}\delta q_i = 0, \quad r = 1,2,\cdots,m \tag{1.2.4}$$

与(1.2.3)式相比,相当于取 $\delta t=0$,即认为虚位移的发生是将时间固定而考虑的. 当然也可以将完整约束也当成非完整约束来推导,即采用(1.1.2)或(1.1.3)式再与(1.1.6)式相并. 这样系统中的虚位移为 $\delta u_1,\delta u_2,\cdots,\delta u_{3N}$,并满足方程

$$\sum_{s=1}^{3N} A_{rs}\delta u_s = 0, \quad r = 1,2,\cdots,(l+m) \tag{1.2.5}$$

对于完整系统,用广义位移 q_i 由(1.2.1)式表达质点位置. 因而这些直角坐标位的移虚位移可通过微商得到

$$\delta \boldsymbol{r}_i = \sum_{j=1}^{n} \frac{\partial \boldsymbol{r}_i}{\partial q_j}\delta q_j, \quad i = 1,2,\cdots,N \tag{1.2.6}$$

上式中各个 δq_j 都是独立的,因此各个质点的虚位移集合有 n 种线性独立的虚位移,它们不违反约束条件.

如果在这些完整约束之外,还有 m 个线性非完整约束

$$\sum_{s=1}^{3N} A_{rs}\dot{u}_s + A_r = 0, \quad r = 1,2,\cdots,m \tag{1.2.7}$$

虽然采用矢径 $\boldsymbol{r}_i$ 的广义位移表达(1.2.1)式,它只满足了完整约束. 由于还有不完整约束,故 $\delta q_i,\cdots,\delta q_n$ 也不完全独立了. 注意 $u_1,u_2,\cdots,u_{3N}$ 就是矢径 $\boldsymbol{r}_i$ 的各个分量,将(1.2.1)式代入,(1.2.7)式成为

$$\sum_{j=1}^{n} a_{rj}\dot{q}_j + a_r = 0, \quad r = 1,2,\cdots,m$$

$$a_{rj}(\boldsymbol{q},t) = \sum_{s=1}^{3N} A_{rs}\frac{\partial u_s}{\partial q_j}, \tag{1.2.8}$$

$$a_r(\boldsymbol{q},t) = \sum_{s=1}^{3N} A_{rs}\frac{\partial u_s}{\partial t} + A_r$$

由此知,广义位移的变分应满足

$$\sum_{j=1}^{n} a_{rj}\delta q_j = 0, \quad r = 1,2,\cdots,m \tag{1.2.9}$$

由此可见,独立的广义位移变分数为$(n-m)$,广义位移数 n 减去非完整约束数 m.

定义独立的位移变分数为系统的**自由度**. 因此,对于完整系统,自由度数与广义位移数相等;而对于非完整系统,自由度数为广义位移数与非完整约束方程数之差.

1.3 虚位移原理、达朗贝尔原理

一个平衡力系对于任意虚位移作功必为零;反之,如果有一力系对全部独立虚位移作功为零,则必为一平衡力系. 这便是**虚位移原理**.

达朗贝尔(d'Alambert)原理亦称动平衡法,令各质点的质量为 m_i,即如将假想的惯性力系 $-m_i\ddot{\boldsymbol{r}}_i$, $i=1,2,\cdots,N$ 作用到各质点上,则它与作用在质点上的主动力 $\boldsymbol{F}_i$,约束力 $\boldsymbol{R}_i$ 共同构成一个平衡力系,式中 $\boldsymbol{r}_i$ 是第 i 号质点的三维坐标向量. 于是这些力合在一起可应用虚位移原理

$$\sum_{i=1}^{N}(\boldsymbol{F}_i + \boldsymbol{R}_i - m_i\ddot{\boldsymbol{r}}_i)^{\mathrm{T}}\cdot\delta\boldsymbol{r}_i = 0 \tag{1.3.1}$$

式中上标^{T}代表取转置之意. 式中表明,将列向量转置成行向量,再作点积而成纯量. 约束力 $\boldsymbol{R}_i$ 对系统的任何虚位移作功应为零,即

$$\sum_{i=1}^{N} \boldsymbol{R}_i^{\mathrm{T}} \cdot \delta \boldsymbol{r}_i = 0 \tag{1.3.2}$$

这样的约束称为**理想约束**.例如,刚性连接的约束、光滑面的约束以及物体之间作纯滚动而摩擦力偶不计的约束等都是理想约束.于是

$$\sum_{i=1}^{N} (\boldsymbol{F}_i - m_i \ddot{\boldsymbol{r}}_i)^{\mathrm{T}} \cdot \delta \boldsymbol{r}_i = 0 \tag{1.3.3}$$

这方程称为达朗贝尔-拉格朗日原理.该原理只要求约束为理想,因此无论对完整系统或对非完整系统皆可用.

(1.3.3)式是在直角坐标中表达的,但采用广义位移来建立受约束系统的动力学方程有许多方便.将(1.2.1)式的广义位移表达式取时间 t 的全微商有

$$\dot{\boldsymbol{r}}_i = \sum_{j=1}^{n} \left(\frac{\partial \boldsymbol{r}_i}{\partial q_j}\right) \dot{q}_j + \frac{\partial \boldsymbol{r}_i}{\partial t}, \quad i = 1,2,\cdots,N \tag{1.3.4}$$

上式中 $\boldsymbol{r}_i$ 本是广义位移 q_j 的函数,微商后将 $\dot{\boldsymbol{r}}_i$ 看成 q_j 以及 $\dot{q}_j$ 的函数,当然还有时间 t.先是暂不考虑非完整约束,故将 $\dot{q}_j$ 与 q_j 认为是独立变量,将双方对 $\dot{q}_j$ 取偏微商有

$$\frac{\partial \dot{\boldsymbol{r}}_i}{\partial \dot{q}_j} = \frac{\partial \boldsymbol{r}_i}{\partial q_j}, \quad i = 1,2,\cdots,N; \quad j = 1,2,\cdots,n \tag{1.3.5}$$

将(1.3.4)式对 q_j 取偏微商

$$\frac{\partial \dot{\boldsymbol{r}}_i}{\partial q_j} = \sum_{s=1}^{n} \left(\frac{\partial^2 \boldsymbol{r}_i}{\partial q_s \partial q_j}\right) \dot{q}_s + \frac{\partial^2 \boldsymbol{r}_i}{\partial t \partial q_j}, \ i = 1,2,\cdots,N; \ j = 1,2,\cdots,n$$

另一方面,对$\dfrac{\partial \boldsymbol{r}_i}{\partial q_j}$取全微商,有

$$\frac{\mathrm{d}}{\mathrm{d}t}\left(\frac{\partial \boldsymbol{r}_i}{\partial q_j}\right) = \sum_{s=1}^{n} \left(\frac{\partial^2 \boldsymbol{r}_i}{\partial q_j \partial q_s}\right) \dot{q}_s + \frac{\partial^2 \boldsymbol{r}_i}{\partial q_j \partial t}$$

两相对比可知

$$\frac{\mathrm{d}}{\mathrm{d}t}\left(\frac{\partial \boldsymbol{r}_i}{\partial q_j}\right) = \frac{\partial \dot{\boldsymbol{r}}_i}{\partial q_j}, \quad i = 1,2,\cdots,N; \quad j = 1,2,\cdots,n \tag{1.3.6}$$

现在让(1.3.3)式中的变分先满足完整约束,故

$$\delta \boldsymbol{r}_i = \sum_{j=1}^{n} \frac{\partial \boldsymbol{r}_i}{\partial q_j}\delta q_j$$

于是(1.3.3)式成为

$$\sum_{j=1}^{n}\left[\sum_{i=1}^{N}\boldsymbol{F}_i^{\mathrm{T}}\cdot\frac{\partial \boldsymbol{r}_i}{\partial q_j} - \sum_{i=1}^{N}\left(m_i\ddot{\boldsymbol{r}}_i^{\mathrm{T}}\cdot\frac{\partial \boldsymbol{r}_i}{\partial q_j}\right)\right]\delta q_j = 0 \quad (1.3.7)$$

令广义力 $\boldsymbol{Q}_j$ 的定义为

$$\boldsymbol{Q}_j = \sum_{i=1}^{N}\boldsymbol{F}_i^{\mathrm{T}}\cdot\frac{\partial \boldsymbol{r}_i}{\partial q_j} \quad (1.3.8)$$

而(1.3.7)式中第二个和式可利用(1.3.5)式及(1.3.6)式改写为

$$\begin{aligned}\sum_{i=1}^{N}\left(m_i\ddot{\boldsymbol{r}}_i^{\mathrm{T}}\cdot\frac{\partial \boldsymbol{r}_i}{\partial q_j}\right) &= \sum_{i=1}^{n} m_i\left[\frac{\mathrm{d}}{\mathrm{d}t}\left(\dot{\boldsymbol{r}}_i^{\mathrm{T}}\cdot\frac{\partial \boldsymbol{r}_i}{\partial q_j}\right) - \dot{\boldsymbol{r}}_i^{\mathrm{T}}\cdot\frac{\mathrm{d}}{\mathrm{d}t}\left(\frac{\partial \boldsymbol{r}_i}{\partial q_j}\right)\right] \\ &= \sum_{i-1}^{N} m_i\left[\frac{\mathrm{d}}{\mathrm{d}t}\left(\dot{\boldsymbol{r}}_i^{\mathrm{T}}\cdot\frac{\partial \dot{\boldsymbol{r}}_i}{\partial \dot{q}_j}\right) - \dot{\boldsymbol{r}}_i^{\mathrm{T}}\cdot\frac{\partial \dot{\boldsymbol{r}}_i}{\partial q_j}\right] \\ &= \frac{\mathrm{d}}{\mathrm{d}t}\frac{\partial}{\partial \dot{q}_j}\left(\sum_{i=1}^{N} m_i\dot{\boldsymbol{r}}_i^{\mathrm{T}}\cdot\dot{\boldsymbol{r}}_i/2\right) - \frac{\partial}{\partial q_j}\left(\sum_{i=1}^{N} m_i\dot{\boldsymbol{r}}_i^{\mathrm{T}}\cdot\dot{\boldsymbol{r}}_i/2\right) \\ &= \frac{\mathrm{d}}{\mathrm{d}t}\left(\frac{\partial T}{\partial \dot{q}_j}\right) - \frac{\partial T}{\partial q_j} \end{aligned} \quad (1.3.9)$$

式中

$$T = \sum_{i=1}^{N}\frac{1}{2}m_i\dot{\boldsymbol{r}}_i^{\mathrm{T}}\cdot\dot{\boldsymbol{r}}_i \quad (1.3.10)$$

为系统的动能. 于是(1.3.7)式的变分式成为

$$\sum_{j=1}^{n}\left[-\frac{\mathrm{d}}{\mathrm{d}t}\left(\frac{\partial T}{\partial \dot{q}_j}\right) + \frac{\partial T}{\partial q_j} + \boldsymbol{Q}_j\right]\delta q_j = 0 \quad (1.3.11)$$

1.4 拉格朗日方程

导得了达朗贝尔-拉格朗日方程(1.3.11),就可写出在广义坐标下的动力学方程了.

对于完整系统来说,不再有非完整约束,故(1.3.11)式中 n 个 δq_j 都是独立的变分,因此简单地就可写出动力学方程

$$\frac{\mathrm{d}}{\mathrm{d}t}\left(\frac{\partial T}{\partial \dot{q}_j}\right)-\frac{\partial T}{\partial q_j}=Q_j,\quad j=1,2,\cdots,n \tag{1.4.1}$$

动能 T 是 $\boldsymbol{q},\dot{\boldsymbol{q}},t$ 的函数,其中 $\boldsymbol{q}=\{q_1,q_2,\cdots,q_n\}^{\mathrm{T}}$,是向量的写法.还应当考虑广义外力 Q_j.广义外力按其成因可以区分为有势外力与一般的外力.将一般的外力仍旧记为 Q_j',而有势外力则为

$$Q_{jp}=-\frac{\partial \Pi}{\partial q_j},\quad \Pi=\Pi(q_1,q_2,\cdots,q_n,t) \tag{1.4.2}$$

其中 Π 为势能函数.引入拉格朗日函数

$$L(\boldsymbol{q},\dot{\boldsymbol{q}},t)=T-\Pi \tag{1.4.3}$$

则动力学方程(1.4.1)成为

$$\frac{\mathrm{d}}{\mathrm{d}t}\left(\frac{\partial L}{\partial \dot{q}_j}\right)-\frac{\partial L}{\partial q_j}=Q_j',\quad j=1,2,\cdots,n \tag{1.4.4}$$

该方程称为拉格朗日方程,亦称欧拉-拉格朗日方程.这是对于完整系统导出的.本书主要讨论完整系统问题.

拉格朗日函数是**动能减去势能**.推导的方程包含了惯性力与有势力,却并不包含阻尼力.为了将阻尼力也包含在拉格朗日方程之中,瑞利提出一个阻尼函数

$$R=\dot{\boldsymbol{q}}^{\mathrm{T}}\boldsymbol{C}\dot{\boldsymbol{q}}/2=\sum_{i=1}^{n}\sum_{j=1}^{n}C_{ij}\dot{q}_i\dot{q}_j/2,\quad \text{阻尼力 } Q_i=\partial R/\partial \dot{q}_i \tag{1.4.5}$$

这样,方程(1.4.4)又成为

$$\frac{\mathrm{d}}{\mathrm{d}t}\left(\frac{\partial L}{\partial \dot{q}_j}\right)-\frac{\partial L}{\partial q_j}-\frac{\partial R}{\partial \dot{q}_j}=Q_j',\quad j=1,2,\cdots,n \tag{1.4.6}$$

阻尼力总是消耗能量,因此阻尼系数阵 $\boldsymbol{C}$ 是正定的,至少也是非负的.

但是还应当考虑非完整系统时的动力学方程.此时还有另外 m 个非完整约束

$$\sum_{j=1}^{n}a_{rj}\dot{q}_j+a_r=0,\quad r=1,2,\cdots,m \tag{1.4.7}$$

虚位移 δq_j 还应满足条件

$$\sum_{j=1}^{n} a_{rj}\delta q_j = 0, \quad r = 1,2,\cdots,m \tag{1.4.8}$$

因此方程(1.2.9)中的 $\delta q_j(j=1,\cdots,n)$并不全独立.对此可以采用拉格朗日乘子的方法,引入未定乘子

$$\lambda_r, \quad r = 1,2,\cdots,m \tag{1.4.9}$$

将 λ_r 乘上非完整变分条件(1.4.8)再相加,加入到(1.3.11)式中有

$$\sum_{j=1}^{n}\left(\frac{\mathrm{d}}{\mathrm{d}t}\frac{\partial T}{\partial \dot{q}_j} - \frac{\partial T}{\partial q_j} - Q_j - \sum_{r=1}^{m}\lambda_r a_{rj}\right)\delta q_j = 0 \tag{1.4.10}$$

在上式中变分 δq_j 有$(n-m)$个是独立的,设为 $\delta q_{m+1},\cdots,\delta q_n$.于是选择 λ_r 使前m 个括号内之项为零,而后 $n-m$ 项则因这些独立变分的虚位移也必定为零,从而有

$$\frac{\mathrm{d}}{\mathrm{d}t}\left(\frac{\partial T}{\partial \dot{q}_j}\right) - \frac{\partial T}{\partial q_j} = Q_j + \sum_{r=1}^{m}\lambda_r a_{rj} \tag{1.4.11}$$

这些方程称为罗斯(Routh)方程.其中待定的函数有 $q_j(j=1,\cdots,n)$以及拉格朗日参数 $\lambda_r(r=1,\cdots,m)$共 $n+m$ 个;对应的方程为(1.4.11)以及约束方程(1.4.7)共 $n+m$ 个方程,正相合.

1.5 哈密顿原理,变分原理

以下的讲述只限于完整系统.

在动力学方程(1.4.4)中,当外力全为有势力时,就有 $Q_j'=0$,从而

$$\left(\frac{\mathrm{d}}{\mathrm{d}t}\right)\left(\frac{\partial L}{\partial \dot{q}_j}\right) - \frac{\partial L}{\partial q_j} = 0, \quad j = 1,2,\cdots,n, \quad L = T - \Pi \tag{1.5.1}$$

这是微分方程的形式.这套方程是可以由变分式导出的,此即**哈密顿原理**

$$\delta S = 0, \quad S = \int_{t_0}^{t_f}(T - \Pi)\mathrm{d}t, \quad 或 \quad \delta\int_{t_0}^{t_f}L(\boldsymbol{q},\dot{\boldsymbol{q}},t)\mathrm{d}t = 0 \tag{1.5.2}$$

其中 t_0 为开始时间,t_f 为结束时间,均为给定时刻.在这两个时刻的位移 $\boldsymbol{q}_0$ 及 $\boldsymbol{q}_f$ 认为是给定的,其变分为零.L 称为拉格朗日函数,其构成的形式为**动能减去势能**.

由 t_0 时刻的广义位移 $\boldsymbol{q}_0$ 出发有许多条轨道可以通到终点,但一般来说只有一条满足方程(1.5.1)的轨道通到 t_f 时刻的广义位移 $\boldsymbol{q}_f$,可以称之为**正轨**.哈密顿原理表明,沿正轨的积分将使这个泛函 S 取驻值.所谓取驻值当然有与相邻轨道比较之意,这个相邻轨道并不要求满足动力方程(1.5.1),而只要求不违反约束条件就行.引入**作用量**

$$S = \int_{t_0}^{t_f} L(\boldsymbol{q}, \dot{\boldsymbol{q}}, t)\mathrm{d}t, \quad \delta S = 0 \tag{1.5.3}$$

其变分为零即**哈密顿原理**.变量 S 是函数 $\boldsymbol{q}(t)$ 的函数,而 $\boldsymbol{q}(t)$ 本身也是函数,于是 S 就成为函数的函数,称为**泛函**.作用量 S 是广义位移 $\boldsymbol{q}$ 的泛函.由于是完整系统,$\boldsymbol{q}(t)$ 的每一个分量都是可以任意变分的.

将真解(即正轨)记为 $\boldsymbol{q}_*(t)$,在正轨附近取一个轨道 $\boldsymbol{q}(t)$,也可计算一个 S,它将不同于真实的 S_*,其差别即为变分

$$\begin{aligned}
\delta S &= S(\boldsymbol{q}) - S(\boldsymbol{q}_*) \\
&= \int_{t_0}^{t_f} [L(\boldsymbol{q}, \dot{\boldsymbol{q}}, t) - L(\boldsymbol{q}_*, \dot{\boldsymbol{q}}_*, t)]\mathrm{d}t \\
&= \int_{t_0}^{t_f} \left[\left(\frac{\partial L}{\partial \dot{\boldsymbol{q}}}\right)^{\mathrm{T}} \cdot \delta\dot{\boldsymbol{q}} + \left(\frac{\partial L}{\partial \boldsymbol{q}}\right)^{\mathrm{T}} \cdot \delta\boldsymbol{q} \right]\mathrm{d}t \\
&= \int_{t_0}^{t_f} \left[-\frac{\mathrm{d}}{\mathrm{d}t}\left(\frac{\partial L}{\partial \dot{\boldsymbol{q}}}\right) + \frac{\partial L}{\partial \boldsymbol{q}} \right]^{\mathrm{T}} \cdot \delta\boldsymbol{q}\,\mathrm{d}t + \left[\left(\frac{\partial L}{\partial \dot{\boldsymbol{q}}}\right)^{\mathrm{T}} \cdot \delta\boldsymbol{q} \right]_{t_0}^{t_f} \\
&= \int_{t_0}^{t_f} \left[-\frac{\mathrm{d}}{\mathrm{d}t}\left(\frac{\partial L}{\partial \dot{\boldsymbol{q}}}\right) + \frac{\partial L}{\partial \boldsymbol{q}} \right]^{\mathrm{T}} \cdot \delta\boldsymbol{q}\,\mathrm{d}t
\end{aligned} \tag{1.5.4}$$

这里采用向量的推导.一个纯量对向量作微商,得到的是列向量,其几何意义是梯度,因此 $\partial L/\partial \dot{\boldsymbol{q}}$ 是向量等.上式第二行是取一次变分而得,第三行作了分部积分,第四行是因为在两端的广义位

移变分为零之故. 由于在时间区间内 $\delta\boldsymbol{q}$ 是独立变分的,故方括号内的项为零. 由此即得动力学方程(1.5.1),不过是向量形式

$$\frac{\mathrm{d}}{\mathrm{d}t}\left(\frac{\partial L}{\partial \dot{\boldsymbol{q}}}\right)-\frac{\partial L}{\partial \boldsymbol{q}}=0 \tag{1.5.5}$$

称为**欧拉-拉格朗日方程**.

以上给出了哈密顿原理. 它定义了**作用量** S,表明真解将使作用量取驻值. 由于这一篇是分析力学,它表明其拉格朗日函数 $L=T-\Pi$,为动能减去势能. 但变分法,哈密顿原理并不只是用于动力学,它在电动力学中,在量子力学中等都有相应的应用,在本书后文也将揭示其在弹性力学、结构力学、最优控制理论中的应用. 在各种不同的应用中虽然有拉格朗日函数 $L(\boldsymbol{q},\dot{\boldsymbol{q}},t)$,却并不一定是动能减势能的形式. 对所有这些应用,(1.5.3)式的变分式却总是有的. 因此为一般起见,对拉格朗日函数 $L(\boldsymbol{q},\dot{\boldsymbol{q}},t)$的构成可以放得很宽,它只要是 $\boldsymbol{q},\dot{\boldsymbol{q}},t$ 的函数就行.

哈密顿原理也并不限制广义位移 $\boldsymbol{q}(t)$(自变函数)的个数 n,因此这一原理不但能用于离散系统,也能用于连续系统,当然也可用于离散、连续混合系统. 这对于弹性力学,复杂结构,电磁场,波导理论是很有利的.

例 3 图 1.4(a)表示质量为 m_1 和 m_2 的两个质点,用不可伸长不计质量的细索悬挂,质点 m_2 上有水平方向给定力 $f(t)$,试用拉格朗日方法列出其动力方程.

解 二个自由度系统,可选择 θ_1 与 θ_2 为广义坐标. 系统动能为

$$\begin{aligned}T&=\frac{1}{2}m_1(l_1\dot{\theta}_1)^2+\frac{1}{2}m_2[(l_1\dot{\theta}_1\cos\theta_1+l_2\dot{\theta}_2\cos\theta_2)^2\\&\quad+(l_1\dot{\theta}_1\sin\theta_1+l_2\dot{\theta}_2\sin\theta_2)^2]\\&=m_1(l_1\dot{\theta}_1)^2/2+m_2[(l_1\dot{\theta}_1)^2+(l_2\dot{\theta}_2)^2\\&\quad+2l_1l_2\dot{\theta}_1\dot{\theta}_2\cos(\theta_2-\theta_1)]/2\end{aligned}$$

外力中,重力 m_1g 及 m_2g 是有势力,其势能表达式为

$$\Pi=m_1gl_1(1-\cos\theta_1)+m_2g[l_1(1-\cos\theta_1)+l_2(1-\cos\theta_2)]$$

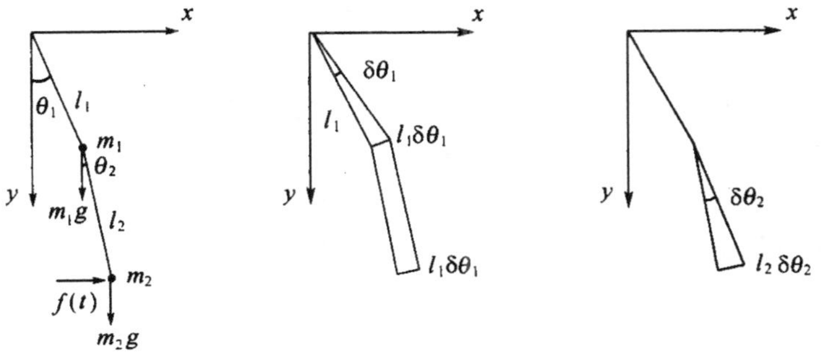

(a) 两个质点　　(b) $\delta\theta_1$的虚位移　　(c) $\delta\theta_2$的虚位移

图 1.4　两个质量的复摆

水平外力 $f(t)$为非有势力,计算其广义力时,先取广义虚位移 $\delta\theta_1 \neq 0$ 而 $\delta\theta_2 = 0$,见图 1.4(b). 根据做功相等

$$Q_1'\delta\theta_1 = f(t)l_1\delta\theta_1\cos\theta_1, \quad 有 \quad Q_1' = fl_1\cos\theta_1$$

再取 $\delta\theta_1 = 0, \delta\theta_2 \neq 0$,如图 1.4(c),由做功相等

$$Q_2'\delta\theta_2 = fl_2\delta\theta_2\cos\theta_2, \quad 有 \quad Q_2' = fl_2\cos\theta_2$$

根据 $L = T - \Pi$,代入欧拉-拉格朗日方程(1.4.4)有

$$\begin{aligned}(m_1 + m_2)l_1\ddot{\theta}_1 &+ m_2l_2\ddot{\theta}_2\cos(\theta_2 - \theta_1) \\ &- m_2l_2\dot{\theta}_2^2\sin(\theta_2 - \theta_1) + (m_1 + m_2)g\sin\theta_1 \\ &= f(t)\cos\theta_1\end{aligned}$$

$$\begin{aligned}m_2l_2\ddot{\theta}_2 &+ m_2l_1\ddot{\theta}_1\cos(\theta_2 - \theta_1) \\ &+ m_2l_1\dot{\theta}_1^2\sin(\theta_2 - \theta_1) + m_2g\sin\theta_2 \\ &= f(t)\cos\theta_2\end{aligned}$$

这两个常微分方程即为所求的动力方程式. 它们是二阶非线性微分方程,要寻求其解析解是不容易的.

当干扰力 $f(t)$为很小的周期力时,初始位移与速度都很小时,系统将在平衡位置 $\theta_1 = \theta_2 = 0$ 附近作微小振动. 略去高阶小量,取 $\cos(\theta_2 - \theta_1) \approx 1, \cos\theta_1 \approx 1, \cos\theta_2 \approx 1, \sin\theta_1 \approx \theta_1, \sin\theta_2 \approx \theta_2$ 及 $\sin(\theta_2 - \theta_1) \approx \theta_2 - \theta_1$,动力方程可简化为

$$(m_1+m_2)l_1\ddot{\theta}_1+m_2l_2\ddot{\theta}_2+(m_1+m_2)g\theta_1=f(t)$$
$$m_2l_1\ddot{\theta}_1+m_2l_2\ddot{\theta}_2+m_2g\theta_2=f(t)$$
这是一组线性常微分方程式，不难由线性振动理论求解.

拉格朗日方程在建立离散振动系统的数学模型时常用. 以上的线性化是在导出动力方程后执行的. 这一步骤也可以在导出 T 与 Π 时就执行. 不过要注意应保留其位移的二阶小量. 因此
$$T\approx m_1l_1^2\dot{\theta}_1^2/2+m_2[l_1^2\dot{\theta}_1^2+l_2^2\dot{\theta}_2^2+2l_1l_2\dot{\theta}_1\dot{\theta}_2]/2$$
$$\Pi\approx m_1gl_1\theta_1^2/2+m_2g[l_1\theta_1^2+l_2\theta_2^2]/2$$
然后由拉格朗日方程即可导出
$$(m_1+m_2)l_1^2\ddot{\theta}_1+m_2l_1l_2\ddot{\theta}_2+(m_1+m_2)gl_1\theta_1=l_1f(t)$$
$$m_2l_1l_2\ddot{\theta}_1+m_2l_2^2\ddot{\theta}_2+m_2gl_2\theta_2=l_2f(t)$$
可知两套方程是一样的.

该动力方程的特点是没有 $\dot{\theta}$ 的项，表明它不存在阻尼也没有陀螺项. 因为是惯性定常系统，所以没有陀螺项.

以下再探讨一下动能 T 的表达式. 利用 $\dot{\boldsymbol{r}}_i$ 的(1.3.4)式有
$$\begin{aligned}T&=\sum_{i=1}^{N}m_i\dot{\boldsymbol{r}}_i^{\mathrm{T}}\cdot\dot{\boldsymbol{r}}_i/2\\&=\frac{1}{2}\sum_{i=1}^{N}m_i\Big[\sum_{r=1}^{n}\sum_{s=1}^{n}\left(\frac{\partial\boldsymbol{r}_i}{\partial q_r}\right)^{\mathrm{T}}\cdot\frac{\partial\boldsymbol{r}_i}{\partial q_s}\dot{q}_r\dot{q}_s\\&\quad+2\left(\frac{\partial\boldsymbol{r}_i}{\partial t}\right)^{\mathrm{T}}\cdot\sum_{r=1}^{n}\frac{\partial\boldsymbol{r}_i}{\partial q_r}\dot{q}_r+\left(\frac{\partial\boldsymbol{r}_i}{\partial t}\right)^{\mathrm{T}}\cdot\frac{\partial\boldsymbol{r}_i}{\partial t}\Big]\end{aligned}\tag{1.5.6}$$
可以看到列式中有 $\dot{\boldsymbol{q}}$ 的二次项，一次项和零次项. 一次项与零次项存在的条件是 $\boldsymbol{r}_i$ 的表达式是时间有关的，其 t 的偏微商不为零. 将 T 分解为 $\dot{\boldsymbol{q}}$ 的二次、一次和零次项之和
$$T=T_2+T_1+T_0\tag{1.5.7}$$
其中
$$\begin{aligned}&T_2=\sum_{r=1}^{n}\sum_{s=1}^{n}m_{rs}(\boldsymbol{q},t)\dot{q}_r\dot{q}_s,\quad m_{rs}=\sum_{i=1}^{N}m_i\left(\frac{\partial\boldsymbol{r}_i}{\partial q_r}\right)^{\mathrm{T}}\cdot\frac{\partial\boldsymbol{r}_i}{\partial q_s}\\&T_1=\sum_{r=1}^{n}\mu_r(\boldsymbol{q},t)\dot{q}_r,\quad \mu_r=\sum_{i=1}^{N}m_i\left(\frac{\partial\boldsymbol{r}_i}{\partial t}\right)^{\mathrm{T}}\cdot\frac{\partial\boldsymbol{r}_i}{\partial q_r}\end{aligned}\tag{1.5.8}$$

$$T_0 = \gamma(\boldsymbol{q}, t), \quad \gamma = \frac{1}{2}\sum_{i=1}^{N} m_i \left(\frac{\partial \boldsymbol{r}_i}{\partial t}\right)^{\mathrm{T}} \cdot \frac{\partial \boldsymbol{r}_i}{\partial t}$$

对于定常系统，μ_r 与 γ 都为零，T 就成为广义速度 $\dot{\boldsymbol{q}}$ 的二次齐次型，根据动能的物理意义，可知 T_2 是正定的，至少是半正定或非负的.

还应当对广义力 Q_j 说一下，它的定义为

$$Q_j = \sum_{i=1}^{N} \boldsymbol{F}_i^{\mathrm{T}} \cdot \frac{\partial \boldsymbol{r}_i}{\partial q_j}, \quad j = 1, 2, \cdots, n \tag{1.5.9}$$

从下式看外力虚功

$$\begin{aligned}\sum_{i=1}^{N} \boldsymbol{F}_i^{\mathrm{T}} \cdot \delta \boldsymbol{r}_i &= \sum_{i=1}^{N} \boldsymbol{F}_i^{\mathrm{T}} \cdot \sum_{j=1}^{n} \frac{\partial \boldsymbol{r}_i}{\partial q_j} \delta q_j \\ &= \sum_{j=1}^{n} \left(\sum_{i=1}^{N} \boldsymbol{F}_i^{\mathrm{T}} \cdot \frac{\partial \boldsymbol{r}_i}{\partial q_j}\right) \delta q_j = \sum_{j=1}^{n} Q_j \delta q_j\end{aligned} \tag{1.5.10}$$

也就是广义外力 Q_j 的虚功. 由此就给出了广义外力的求法，即虚功原理的方法. 前面复摆的例题便是如此.

1.6 哈密顿型正则方程

哈密顿型正则方程是 W. R. 哈密顿(Hamilton)于 1834 年正式引入的. 在此之前法国大数学家泊松、拉格朗日、普法夫、柯西等对此都有所贡献. 哈密顿型的用处是在物理学的多领域发展中提供了一种体系框架，而在分析力学中它成为哈密顿 - 雅可比理论、正则变换、摄动理论等方面的基础，在统计力学、量子力学、电动力学中都是有根本性重要意义的.

哈密顿型在应用力学中的重要意义并不只限于分析力学，它对最优控制、弹性力学、振动、波动理论、多体动力学等方面都是其基础. 因此虽然是在分析力学的范围内加以引入的，但它在理论上的意义决不仅仅限于分析力学.

1.6.1 勒让德变换与哈密顿方程

在拉格朗日体系中，未知量是由广义位移 $\boldsymbol{q}(t)$ 表达的，它代

表空间中的一个点.这种在位移空间中一个点的描述,称为其位型(configuration)空间.其动力方程成为

$$\frac{\mathrm{d}}{\mathrm{d}t}\left(\frac{\partial L}{\partial \dot{q}_i}\right)-\frac{\partial L}{\partial \dot{q}_i}=0,\quad i=1,2,\cdots,n \tag{1.6.1}$$

这是二阶微分方程组.其边界条件需要 $2n$ 个,或者是在初始时刻 t_0 提供其位移与速度,或者在 t_0,t_f 提供其位形 q_i 等.在拉格朗日体系描述中,位形 $\boldsymbol{q}(t)$ 的未知数是主要的,而其速度 $\dot{\boldsymbol{q}}$ 只是位形 $\boldsymbol{q}$ 的时间微商而已.

在哈密顿型体系中,其考虑是完全不同的.其微分方程将用一阶方程来描述,方程个数增加了一倍,成为 $2n$.基本未知数也是 $2n$ 个,正与边界条件数相合.现在大家对此的称谓是状态空间(state space)法,在经典力学与物理学中的称谓是**相空间**(phase space).很自然,n 个未知数通常选成为 q_i,而另外 n 个未知数则取成其对偶变量——广义动量

$$p_i=\frac{\partial L(q_i,\dot{q}_i,t)}{\partial \dot{q}_i} \tag{1.6.2}$$

变量$(\boldsymbol{q},\boldsymbol{p})$称为是**正则变量**(canonical variables),这是分析力学与物理学中的称谓.在许多应用中称为**状态变量**(state variables).$\boldsymbol{q}$ 与 $\boldsymbol{p}$ 互为对偶,因此也常称**对偶变量**.

从数学的角度看,拉格朗日方程中的偏微商,实际已将 $\boldsymbol{q},\dot{\boldsymbol{q}}$ 当成不相关的变量.例如$\partial L/\partial q_i$,其意义是只变化分量 q_i,而将 $\dot{\boldsymbol{q}}$ 的全部分量及其余的 $\boldsymbol{q}$ 的分量都当作不变.由拉格朗日体系向哈密顿体系过渡,相当于在力学系统中由$(\boldsymbol{q},\dot{\boldsymbol{q}},t)$的变量转换到$(\boldsymbol{q},\boldsymbol{p},t)$的变量,而 $\boldsymbol{p}$ 与 $\boldsymbol{q},\dot{\boldsymbol{q}}$ 的关系由(1.6.2)式提供.这类变量转换可由勒让德变换来刻划.勒让德变换的几何解释可见文献[1] vol.2, 6 节.

哈密顿体系有两类变量,即 $\boldsymbol{q}$ 与 $\boldsymbol{p}$ 的对偶变量.以下推导其相应的变分原理.引入变量 $\boldsymbol{s}$ 以代替广义速度 $\dot{\boldsymbol{q}}$,这样拉格朗日函数就成为 $L(\boldsymbol{q},\boldsymbol{s},t)$,而 $\boldsymbol{s}=\dot{\boldsymbol{q}}$ 就成为一个条件.引入其相应的拉格朗日乘子向量 $\boldsymbol{p}$,于是变分原理(1.5.2)成为

$$\delta\int_{t_0}^{t_f}[\boldsymbol{p}^{\mathrm{T}}(\dot{\boldsymbol{q}}-\boldsymbol{s})+L(\boldsymbol{q},\boldsymbol{s},t)]\mathrm{d}t=0 \tag{1.6.3}$$

其中 $\boldsymbol{q},\boldsymbol{p},\boldsymbol{s}$ 三类变量皆可独立地变分. 完成其变分推导得

$$\delta\boldsymbol{s}:\boldsymbol{p}=\partial L(\boldsymbol{q},\boldsymbol{s},t)/\partial\boldsymbol{s}[\text{解出}:\boldsymbol{s}=\boldsymbol{s}(\boldsymbol{q},\boldsymbol{p},t)] \tag{1.6.4a}$$

$$\delta\boldsymbol{p}:\dot{\boldsymbol{q}}=\boldsymbol{s} \tag{1.6.4b}$$

$$\delta\boldsymbol{q}:\dot{\boldsymbol{p}}=\partial L(\boldsymbol{q},\boldsymbol{s},t)/\partial\boldsymbol{q} \tag{1.6.4c}$$

将(1.6.4b)式代入(1.6.4a)式就成为(1.6.2)式. 并且还应当在(1.6.3)式中引入

$$H(\boldsymbol{q},\boldsymbol{p},t)=\boldsymbol{p}^{\mathrm{T}}\boldsymbol{s}-L(\boldsymbol{q},\boldsymbol{s},t)\qquad[=\boldsymbol{p}^{\mathrm{T}}\dot{\boldsymbol{q}}-L(\boldsymbol{q},\dot{\boldsymbol{q}},t)] \tag{1.6.5}$$

其中的 $\boldsymbol{s}$ 应当看成为 $\boldsymbol{q},\boldsymbol{p},t$ 的函数. H 称为**哈密顿函数**. 它的微分本为

$$\mathrm{d}H=\left(\frac{\partial H}{\partial\boldsymbol{q}}\right)^{\mathrm{T}}\cdot\mathrm{d}\boldsymbol{q}+\left(\frac{\partial H}{\partial\boldsymbol{p}}\right)^{\mathrm{T}}\cdot\mathrm{d}\boldsymbol{p}+\left(\frac{\partial H}{\partial t}\right)\mathrm{d}t \tag{1.6.6a}$$

但由(1.6.5)式可导出

$$\mathrm{d}H=(\mathrm{d}\boldsymbol{p})^{\mathrm{T}}\cdot\boldsymbol{s}+\boldsymbol{p}^{\mathrm{T}}\mathrm{d}\boldsymbol{s}-\left(\frac{\partial L}{\partial\boldsymbol{q}}\right)^{\mathrm{T}}\cdot\mathrm{d}\boldsymbol{q}-\left(\frac{\partial L}{\partial\boldsymbol{s}}\right)^{\mathrm{T}}\cdot\mathrm{d}\boldsymbol{s}-\frac{\partial L}{\partial t}\mathrm{d}t$$

由(1.6.4a)式, $\mathrm{d}\boldsymbol{s}$ 的项已经抵消; 再由(1.6.4b, c)式可将上式写成

$$\mathrm{d}H=\dot{\boldsymbol{q}}^{\mathrm{T}}\cdot\mathrm{d}\boldsymbol{p}-\dot{\boldsymbol{p}}^{\mathrm{T}}\cdot\mathrm{d}\boldsymbol{q}-\left(\frac{\partial L}{\partial t}\right)\cdot\mathrm{d}t \tag{1.6.6b}$$

两相对比有

$$\dot{\boldsymbol{q}}=\frac{\partial H}{\partial\boldsymbol{p}} \tag{1.6.7a}$$

$$\dot{\boldsymbol{p}}=-\frac{\partial H}{\partial\boldsymbol{q}} \tag{1.6.7b}$$

$$-\frac{\partial L}{\partial t}=\frac{\partial H}{\partial t} \tag{1.6.8}$$

(1.6.7a, b)式称为哈密顿**正则方程**, 共 $2n$ 个一阶微分方程以代替拉格朗日方程.

方程(1.6.7a)相当于本构关系(1.6.2)之逆, 或者是(1.6.4a, b)式之逆. 方程(1.6.7b)是动力方程. 哈密顿函数 $H(\boldsymbol{q},\boldsymbol{p},t)$ 表明, 它

是对偶变量 $\boldsymbol{q},\boldsymbol{p}$ 与时间 t 的函数. 将关系(1.6.5)代入变分原理(1.6.3)得

$$\delta\int_{t_0}^{t_f}[\boldsymbol{p}^{\mathrm{T}}\dot{\boldsymbol{q}} - H(\boldsymbol{q},\boldsymbol{p})]\mathrm{d}t = 0 \tag{1.6.9}$$

这就是与方程组(1.6.7),哈密顿正则方程相对应的变分原理. 这是二类变量(对偶变量 $\boldsymbol{q},\boldsymbol{p}$)的变分原理.

哈密顿函数是非常重要的,一系列基本方程与基本定理都可由此导出. 这里概括一下从拉格朗日函数导出哈密顿函数的步骤.

1)选好广义位移 $\boldsymbol{q}$,找出拉格朗日函数 $L(\boldsymbol{q},\dot{\boldsymbol{q}},t)$.

2)将 $\dot{\boldsymbol{q}}$ 写成 $\boldsymbol{s}$,由(1.6.4a)式引入广义动量,即对偶变量.

3)将 $\boldsymbol{s}=\boldsymbol{s}(\boldsymbol{q},\boldsymbol{p},t)$ 自方程 $\boldsymbol{p}=\partial L/\partial\dot{\boldsymbol{q}}$ 解出.

4)将 $\boldsymbol{s}$ 代入(1.6.5)式,求出哈密顿函数. 它只是$(\boldsymbol{q},\boldsymbol{p},t)$的函数.

以上所述步骤是很一般的. 对于动力学系统,$L = T - V$,而且动能 T 可以由 $\dot{\boldsymbol{q}}$ 的二次、一次与零次的项来表述,见(1.5.7)式. 设

$$L(\boldsymbol{q},\dot{\boldsymbol{q}},t) = L_0(\boldsymbol{q},t) + \dot{\boldsymbol{q}}^{\mathrm{T}}\cdot\boldsymbol{a}(\boldsymbol{q},t) + \dot{\boldsymbol{q}}^{\mathrm{T}}\boldsymbol{M}\dot{\boldsymbol{q}}/2 \tag{1.6.10}$$

其中 $\boldsymbol{a}$ 是 n 维向量,$\boldsymbol{M}(\boldsymbol{q},t)$是 $n\times n$ 正定对称矩阵. 于是其对偶向量(广义动量)为

$$\boldsymbol{p} = \boldsymbol{M}\dot{\boldsymbol{q}} + \boldsymbol{a} \qquad (= \boldsymbol{M}\boldsymbol{s} + \boldsymbol{a}) \tag{1.6.11}$$

求解有

$$\dot{\boldsymbol{q}} = \boldsymbol{M}^{-1}(\boldsymbol{p} - \boldsymbol{a}) \tag{1.6.12}$$

于是哈密顿函数为

$$\begin{aligned} H(\boldsymbol{q},\boldsymbol{p},t) &= \boldsymbol{p}^{\mathrm{T}}\dot{\boldsymbol{q}} - [L_0 + \dot{\boldsymbol{q}}^{\mathrm{T}}\boldsymbol{a} + \dot{\boldsymbol{q}}^{\mathrm{T}}\boldsymbol{M}\dot{\boldsymbol{q}}/2] \\ &= \dot{\boldsymbol{q}}^{\mathrm{T}}\boldsymbol{M}\dot{\boldsymbol{q}}/2 - L_0 \\ &= (\boldsymbol{p} - \boldsymbol{a})^{\mathrm{T}}\boldsymbol{M}^{-1}(\boldsymbol{p} - \boldsymbol{a})/2 - L_0(\boldsymbol{q},t) \end{aligned} \tag{1.6.13}$$

人们注意到,哈密顿正则方程(1.6.7)对于对偶变量 $\boldsymbol{q},\boldsymbol{p}$ 并不完全对称,因为方程(1.6.7b)有一个负号. 如将 $\boldsymbol{q},\boldsymbol{p}$ 共同组成

一个状态向量

$$\boldsymbol{v} = \begin{pmatrix} \boldsymbol{q} \\ \boldsymbol{p} \end{pmatrix} \tag{1.6.14}$$

于是写成 $H(\boldsymbol{q},\boldsymbol{p},t)=H(\boldsymbol{v},t)$. $\partial H/\partial \boldsymbol{v}$ 成为 $2n$ 向量,

$$\left(\frac{\partial H}{\partial \boldsymbol{v}}\right)_i = \frac{\partial H}{\partial q_i}, \quad \left(\frac{\partial H}{\partial \boldsymbol{v}}\right)_{n+i} = \frac{\partial H}{\partial p_i}, \quad i \leqslant n \tag{1.6.15}$$

为了将正则方程写成一个,引入 $2n \times 2n$ 矩阵

$$\boldsymbol{J} = \begin{pmatrix} \boldsymbol{0} & \boldsymbol{I}_n \\ -\boldsymbol{I}_n & \boldsymbol{0} \end{pmatrix} \begin{matrix} n \\ n \end{matrix} \tag{1.6.16}$$

于是哈密顿正则方程就可写成合并形式

$$\dot{\boldsymbol{v}} = \boldsymbol{J}\left(\frac{\partial H}{\partial \boldsymbol{v}}\right) \tag{1.6.17}$$

这种对正则方程的表述可称为哈密顿正则方程的**辛**(symplectic)表示.辛原本是一个希腊字,直译可表示为互相纠缠在一起(intertwined)之意.这是外尔(H. Weyl)于1939年在其著作 The Classical Groups 中引入的专门名词.矩阵 $\boldsymbol{J}$ 在辛表示中有特殊重要的意义,它具有性质

$$\boldsymbol{J}^2 = -\boldsymbol{I}_{2n}, \qquad \text{注:像是矩阵的虚数}$$

$$\boldsymbol{J}^{\mathrm{T}}\boldsymbol{J} = \boldsymbol{I}_{2n}, \qquad \text{注:是正交阵} \tag{1.6.18}$$

故

$$\boldsymbol{J}^{\mathrm{T}} = \boldsymbol{J}^{-1} = -\boldsymbol{J}, \quad \text{且} \quad \det(\boldsymbol{J}) = 1$$

对于任意的向量 $\boldsymbol{v}$ 恒有 $\boldsymbol{v}^{\mathrm{T}}\boldsymbol{J}\boldsymbol{v}=0$,因为 $\boldsymbol{J}$ 是反对称矩阵.

在此已可以看到,辛这个性质与哈密顿体系是不可分割的.凡是保守体系都可纳入哈密顿体系的轨道,因此都是具有辛性质的.工程力学及现代控制论中有许多保守体系,如果用对偶变量来表述,纳入哈密顿体系的描述,就有望在辛性质的框架下建立一套统一方法论.这对于不同学科间的互相沟通是很有利的.

回到(1.6.3)式,这是三类变量 $\boldsymbol{q},\boldsymbol{p},\boldsymbol{s}$ 的变分原理.与正则方程相对应的变分原理(1.6.9)是消去 $\boldsymbol{s}$ 而得到的二类变量的变分原理.其实还可以保留 $\boldsymbol{q},\boldsymbol{s}$ 而消去 $\boldsymbol{p}$,得到另外一个二类变量的变

分原理.将 $\boldsymbol{p}=\partial L/\partial \boldsymbol{s}$ 代入(1.6.3)式,即得

$$\delta\int_{t_0}^{t_f}\left[\left(\frac{\partial L}{\partial \boldsymbol{s}}\right)^{\mathrm{T}}(\dot{\boldsymbol{q}}-\boldsymbol{s})+L(\boldsymbol{q},\boldsymbol{s},t)\right]\mathrm{d}t=0 \quad (1.6.19)$$

其中 $\boldsymbol{q}$——广义位移与 $\boldsymbol{s}$——广义速度被看成为独立的二类变量.其变分推导而得的方程可导向(文献[10]第 247 页)

$$\dot{\boldsymbol{q}}-\boldsymbol{s}=0,\quad -\frac{\mathrm{d}}{\mathrm{d}t}\left(\frac{\partial L}{\partial \boldsymbol{s}}\right)+\frac{\partial L}{\partial \boldsymbol{q}}=0 \quad (1.6.20)$$

变分原理(1.6.19)在计算中是有用的.

1.6.2 循环坐标与守恒性

所谓循环坐标,就是在拉格朗日函数 L 中不出现的广义坐标 q_i,这并不排除 $\dot{q}_i$ 仍可出现在 L 中.此时由(1.6.4c)及(1.6.7b)式

$$\dot{p}_i=\frac{\partial L}{\partial q_i}=-\frac{\partial H}{\partial q_i}=0$$

p_i 将是一个常值,而在哈密顿函数中循环坐标将不出现.循环坐标在例如动量守恒的系统,或动量矩守恒的系统中等,都有应用.

哈密顿函数 H 本身怎样随时间变化也是很重要的.由正则方程可导出 H 的全微商为

$$\frac{\mathrm{d}H}{\mathrm{d}t}=\left(\frac{\partial H}{\partial \boldsymbol{q}}\right)^{\mathrm{T}}\dot{\boldsymbol{q}}+\left(\frac{\partial H}{\partial \boldsymbol{p}}\right)^{\mathrm{T}}\dot{\boldsymbol{p}}+\frac{\partial H}{\partial t}=\frac{\partial H}{\partial t}=-\frac{\partial L}{\partial t} \quad (1.6.21)$$

这样,如拉格朗日函数 L 的表达式中不显含时间 t,则哈密顿函数中也不显含 t,并且 H 将保持为一个常值.

哈密顿函数的物理意义当然是关心的.当动能的表示式(1.5.7)中,只是 $T=T_2$ 时,$H=\dot{\boldsymbol{q}}^{\mathrm{T}}\boldsymbol{M}\dot{\boldsymbol{q}}/2+\Pi=T+\Pi$,即动能加势能.$H=$常数,即成为**机械能守恒定理**.只有当 $\boldsymbol{q}$ 是在惯性坐标中表达时,因为有 $T=T_2$,这样才能达到机械能守恒.

这种解释是在动力学范围内的.在别的领域中将有别的解释,应当按问题进行分析.

有循环坐标，就表示有某种守恒性，即该循环坐标 q_i 对应的 p_i 为常值，记为 α_i. 对此有罗斯(Routh)方法. 即从拉格朗日函数，只选择这些循环坐标而引入对偶变量 p_i，而其余的广义位移则不作变换. 设 $s+1\leqslant i\leqslant n$ 的坐标为循环坐标，而对 $1\sim s$ 下标的广义位移则不作变换. 于是 $p_{s+1}\sim p_n$ 取常值 $\alpha_{s+1},\cdots,\alpha_n$. 对这些循环坐标作勒让德变换得到罗斯函数

$$R(q_1,\cdots,q_s;\dot{q}_1,\dot{q}_2,\cdots,\dot{q}_s;\alpha_{s+1},\cdots,\alpha_n,t)=\sum_{i=s+1}^{n}p_i\dot{q}_i-L \tag{1.6.22}$$

由罗斯函数可导出前 s 个坐标的拉格朗日方程

$$\frac{\mathrm{d}}{\mathrm{d}t}\left(\frac{\partial R}{\partial\dot{q}_i}\right)-\frac{\partial R}{\partial q_i}=0,\quad i=1,2,\cdots,s \tag{1.6.23}$$

将 R 当作拉格朗日函数，它只有 q_i，$1\leqslant i\leqslant s$ 的广义坐标了. 至于常数 α_i，$s+1\leqslant i\leqslant n$ 则可以由边界条件来确定.

采用纯解析的方法进行积分，未知函数越少就可能越方便些，但也未必一定如此. 在运用数值方法求解时，转换到状态空间也可能更方便些，这就应当将全部广义位移都转换到哈密顿体系.

1.7 正则变换

上文正则方程的表达，已将变量扩展到相空间，即用 $\boldsymbol{q},\boldsymbol{p}$ 来表示，其意义与拉格朗日体系只用其位形 $\boldsymbol{q}$ 的表达完全不同了. 在拉格朗日体系中，坐标变换只是从这一个位形 $\boldsymbol{q}$ 变换到另一个位形 $\boldsymbol{Q}$，这一类变换称为**点变位**. 所谓位形，只是空间中的一个点，$\boldsymbol{q}$ 或 $\boldsymbol{Q}$ 的每一个分量皆只是对点的描述而已，这不是体系的状态，状态应当还有动量 $\boldsymbol{p}$.

在哈密顿体系的描述中，其变换应当是状态空间中的变换，从 $\boldsymbol{q},\boldsymbol{p}$ 变换到 $\boldsymbol{Q},\boldsymbol{P}$，是 $2n$ 维状态空间的变换. 有关变换相应地称之为**正则变换**. 并不是随便一个 $2n$ 维空间的变换都可称为正则变换的，只有在变换后的变量 $\boldsymbol{Q},\boldsymbol{P}$ 表示中，其系统的微分方程依然

具有正则方程的形式，这样的变换才称为正则变换．这里对符号说明一下，通常我们总是将小写黑体当成向量，大写黑体当成矩阵．但在讨论正则变换时，$\boldsymbol{Q}$，$\boldsymbol{P}$ 仍旧是向量，这一点要予以声明．用公式来表达，即

点变换： $$\boldsymbol{Q}=\boldsymbol{Q}(\boldsymbol{q},t) \tag{1.7.1}$$

正则变换： $$\boldsymbol{Q}=\boldsymbol{Q}(\boldsymbol{q},\boldsymbol{p},t),\quad \boldsymbol{P}=\boldsymbol{P}(\boldsymbol{q},\boldsymbol{p},t) \tag{1.7.2a,b}$$

以上的公式是时变的点变换与正则变换．简单一些的是时不变的变换，或定常变换：

定常点变换： $$\boldsymbol{Q}=\boldsymbol{Q}(\boldsymbol{q}) \tag{1.7.3}$$

定常正则变换： $$\boldsymbol{Q}=\boldsymbol{Q}(\boldsymbol{q},\boldsymbol{p}),\quad \boldsymbol{P}=\boldsymbol{P}(\boldsymbol{q},\boldsymbol{p}) \tag{1.7.4a,b}$$

以后在振动理论的应用中，通常惯性坐标中的本征向量展开，是定常的点变换；而陀螺系统中的本征向量展开，则是定常的正则变换．定常变换的讲述要容易得多．

正则变换要求，在变换后的坐标 $\boldsymbol{Q}$，$\boldsymbol{P}$ 的描述下，其微分方程依然具有正则方程的形式．这就要求有一个新坐标下的哈密顿函数 $K(\boldsymbol{Q},\boldsymbol{P},t)$，且微分方程为

$$\dot{\boldsymbol{Q}}=\frac{\partial K}{\partial \boldsymbol{P}},\quad \dot{\boldsymbol{P}}=-\frac{\partial K}{\partial \boldsymbol{Q}} \tag{1.7.5}$$

相应地，在新坐标下的变分原理成为

$$\delta\int_{t_0}^{t_f}[\boldsymbol{P}^{\mathrm{T}}\dot{\boldsymbol{Q}}-K(\boldsymbol{Q},\boldsymbol{P},t)]\mathrm{d}t=0 \tag{1.7.6}$$

但原问题在老正则坐标下的变分原理为

$$\delta\int_{t_0}^{t_f}[\boldsymbol{p}^{\mathrm{T}}\dot{\boldsymbol{q}}-H(\boldsymbol{q},\boldsymbol{p},t)]\mathrm{d}t=0 \tag{1.7.7}$$

以上两个变分式表示同一套事物，但这并不说明其被积函数一定相等．在 t_0 与 t_f 两端可以认为没有变分，因此被积函数相差一个全微商不会影响变分结果，即

$$\boldsymbol{p}^{\mathrm{T}}\dot{\boldsymbol{q}}-H(\boldsymbol{q},\boldsymbol{p},t)=\boldsymbol{P}^{\mathrm{T}}\dot{\boldsymbol{Q}}-K(\boldsymbol{Q},\boldsymbol{P},t)+\frac{\mathrm{d}F}{\mathrm{d}t} \tag{1.7.8}$$

其中 F 是 $2n$ 个变量的函数，但应**一半是原有坐标而另一半是变换后的坐标**．例如，可以选择其第一类函数为

$$F = F_1(\boldsymbol{q}, \boldsymbol{Q}, t) \tag{1.7.9}$$

其中 F_1 为一个待定函数. 代入(1.7.8)式,有

$$\boldsymbol{p}^{\mathrm{T}}\dot{\boldsymbol{q}} - H = \boldsymbol{P}^{\mathrm{T}}\dot{\boldsymbol{Q}} - K + \left(\frac{\partial F_1}{\partial \boldsymbol{q}}\right)^{\mathrm{T}}\dot{\boldsymbol{q}} + \left(\frac{\partial F_1}{\partial \boldsymbol{Q}}\right)^{\mathrm{T}}\dot{\boldsymbol{Q}} + \frac{\partial F_1}{\partial t}$$

注意在变换前,$\boldsymbol{q}, \boldsymbol{p}$ 是独立无关的向量,共有 $2n$ 个独立变量. 变换后依然有 $2n$ 个独立变量. 现在选择 $\boldsymbol{q}$ 与 $\boldsymbol{Q}$ 为独立无关的向量,也是共 $2n$ 个独立变量. 因此上式仅当 $\dot{\boldsymbol{q}}$ 及 $\dot{\boldsymbol{Q}}$ 的系数皆为零时才成立,于是

$$\boldsymbol{p} = \frac{\partial F_1}{\partial \boldsymbol{q}}, \qquad \boldsymbol{P} = -\frac{\partial F_1}{\partial \boldsymbol{Q}}, \qquad K = H + \frac{\partial F_1}{\partial t} \tag{1.7.10a,b,c}$$

其中(1.7.10a)式表明 $\boldsymbol{p}$ 是 $\boldsymbol{q}, \boldsymbol{Q}, t$ 的函数,将它对 $\boldsymbol{Q}$ 求解就可得到正则变换的(1.7.2a)式;再将 $\boldsymbol{Q}$ 代入(1.7.10b)式即得(1.7.2b)式,这就给出了正则变换. 从这个推导可以看到,**正则变换只与函数 $F_1(\boldsymbol{q}, \boldsymbol{Q}, t)$ 有关,而对于函数 H 是无关的**. 因此变换(1.7.10)可以适用于任一个哈密顿函数. 当具体选定了哈密顿函数 $H(\boldsymbol{q}, \boldsymbol{p}, t)$ 后,将 $\boldsymbol{q}, \boldsymbol{p}$ 表达为新正则变量 $\boldsymbol{Q}, \boldsymbol{P}$ 的函数,代入(1.7.10c)式即得到新的哈密顿函数 $K(\boldsymbol{Q}, \boldsymbol{P}, t)$.

这个正则变换是由 $F_1(\boldsymbol{q}, \boldsymbol{Q}, t)$ 导出的,称之为**第一类生成函数**(generating function). F_1 不显式依赖于 t 的变换是定常正则变换,此时 K 在数值上等于 H. 虽然 K 与 H 在数值上相等,但表达式却可以完全不同,因为自变量是不同的.

以下看另一种生成函数. 有时用(1.7.9)式的生成函数不方便,就可运用**第二类生成函数** $F_2(\boldsymbol{q}, \boldsymbol{P}, t)$,组成

$$F = F_2(\boldsymbol{q}, \boldsymbol{P}, t) - \boldsymbol{P}^{\mathrm{T}}\boldsymbol{Q} \tag{1.7.11}$$

代入(1.7.8)式有

$$\boldsymbol{p}^{\mathrm{T}}\dot{\boldsymbol{q}} - H = -\dot{\boldsymbol{P}}^{\mathrm{T}}\boldsymbol{Q} - K + \left(\frac{\partial F_2}{\partial \boldsymbol{q}}\right)^{\mathrm{T}}\dot{\boldsymbol{q}} + \left(\frac{\partial F_2}{\partial \boldsymbol{P}}\right)^{\mathrm{T}}\dot{\boldsymbol{P}} + \frac{\partial F_2}{\partial t}$$

上式中 $\dot{\boldsymbol{q}}$ 及 $\dot{\boldsymbol{P}}$ 的系数应为零,于是

$$\boldsymbol{p} = \frac{\partial F_2}{\partial \boldsymbol{q}}, \quad \boldsymbol{Q} = \frac{\partial F_2}{\partial \boldsymbol{P}}, \quad K = H + \frac{\partial F_2}{\partial t} \tag{1.7.12a,b,c}$$

方程(1.7.12a)应将 $\boldsymbol{P}$ 求解为 $\boldsymbol{q},\boldsymbol{p},t$ 的函数,这就是(1.7.2)式;然后代入(1.7.12b)式以求得 $\boldsymbol{Q}(\boldsymbol{q},\boldsymbol{p},t)$. 这个**正则变换只与函数 $F_2(\boldsymbol{q},\boldsymbol{P},t)$ 有关,而对于函数 H 是无关的**. 最后对于给定的 $H(\boldsymbol{q},\boldsymbol{p},t)$,可求得 $K(\boldsymbol{Q},\boldsymbol{P},t)$.

第 3 类生成函数为 $F_3(\boldsymbol{p},\boldsymbol{Q},t)$. 相应地取

$$F = \boldsymbol{p}^{\mathrm{T}}\boldsymbol{q} + F_3(\boldsymbol{p},\boldsymbol{Q},t) \tag{1.7.13}$$

代入(1.7.8)式,有

$$-H = \boldsymbol{P}^{\mathrm{T}}\dot{\boldsymbol{Q}} - K + \left(\frac{\partial F_3}{\partial \boldsymbol{p}}\right)^{\mathrm{T}}\dot{\boldsymbol{p}} + \left(\frac{\partial F_3}{\partial \boldsymbol{Q}}\right)^{\mathrm{T}}\dot{\boldsymbol{Q}} + \frac{\partial F_3}{\partial t} + \dot{\boldsymbol{p}}^{\mathrm{T}}\boldsymbol{q}$$

上式中 $\dot{\boldsymbol{p}}$ 及 $\dot{\boldsymbol{Q}}$ 的系数应为零,于是

$$\boldsymbol{q} = -\frac{\partial F_3}{\partial \boldsymbol{p}},\quad \boldsymbol{P} = -\frac{\partial F_3}{\partial \boldsymbol{Q}},\quad K = H + \frac{\partial F_3}{\partial t} \tag{1.7.14a,b,c}$$

前两式是隐式的正则变换;然后对给定的 $H(\boldsymbol{q},\boldsymbol{p},t)$ 可求出 $K(\boldsymbol{Q},\boldsymbol{P},t)$.

第 4 类生成函数为 $F_4(\boldsymbol{p},\boldsymbol{P},t)$. 选择

$$F = \boldsymbol{p}^{\mathrm{T}}\boldsymbol{q} - \boldsymbol{P}^{\mathrm{T}}\boldsymbol{Q} + F_4(\boldsymbol{p},\boldsymbol{P},t) \tag{1.7.15}$$

类同地有

$$\boldsymbol{q} = -\frac{\partial F_4}{\partial \boldsymbol{p}},\quad \boldsymbol{Q} = \frac{\partial F_4}{\partial \boldsymbol{P}},\quad K = H + \frac{\partial F_4}{\partial t} \tag{1.7.16a,b,c}$$

应当指出,这 4 类生成函数是可以混合使用的,见文献[11,12].

如果选择生成函数为

$$F_2 = \boldsymbol{P}^{\mathrm{T}}\boldsymbol{f}(\boldsymbol{q},t) + g(\boldsymbol{q},t) \tag{1.7.17}$$

于是按方程(1.7.12b)新坐标的公式成为

$$\boldsymbol{Q} = \frac{\partial F_2}{\partial \boldsymbol{P}} = \boldsymbol{f}(\boldsymbol{q},t) \tag{1.7.18}$$

这就成为点变换(1.7.1)了. 但又有

$$\boldsymbol{p} = \frac{\partial F_2}{\partial \boldsymbol{q}} = \left(\frac{\partial \boldsymbol{f}}{\partial \boldsymbol{q}}\right)\boldsymbol{P} + \frac{\partial g}{\partial \boldsymbol{q}}$$

由此解出

$$\boldsymbol{P} = \left(\frac{\partial \boldsymbol{f}}{\partial \boldsymbol{q}}\right)^{-1}\left(\boldsymbol{p} - \frac{\partial g}{\partial \boldsymbol{q}}\right) \tag{1.7.19}$$

其中有向量 $\boldsymbol{f}$ 对向量 $\boldsymbol{q}$ 的微商,这里规定为

$$\frac{\partial \boldsymbol{f}}{\partial \boldsymbol{q}} = \begin{pmatrix} \frac{\partial f_1}{\partial q_1} & \frac{\partial f_2}{\partial q_1} & \cdots & \frac{\partial f_m}{\partial q_1} \\ \frac{\partial f_1}{\partial q_2} & \cdots & \cdots & \frac{\partial f_m}{\partial q_2} \\ \vdots & & & \vdots \\ \frac{\partial f_1}{\partial q_n} & \frac{\partial f_2}{\partial q_n} & \cdots & \frac{\partial f_m}{\partial q_n} \end{pmatrix} \tag{1.7.20}$$

这里为一般起见,将 $\boldsymbol{f}$ 写成了 m 维向量.按上文要求 $m = n$.方程(1.7.19)中还有任意函数 $g(\boldsymbol{q}, t)$,表明这并不是点变换的操作,故仍是一种正则变换.

1.8 正则变换的辛描述

上一节的正则变换是由生成函数引来的,生成函数的方法并不是惟一的方法.正则变换也可以通过辛方法来描述.这二者实质是一致的,但形式上相差很大.为简单起见,这里只介绍定常正则变换(1.7.4).

定常正则变换并不改变哈密顿函数的值.即数值上 $H(\boldsymbol{q}, \boldsymbol{p}) = K(\boldsymbol{Q}, \boldsymbol{P})$.辛表示的哈密顿正则方程为

$$\dot{\boldsymbol{v}} = \boldsymbol{J}\left(\frac{\partial H}{\partial \boldsymbol{v}}\right) \tag{1.6.17}$$

其中 $\boldsymbol{v}$ 是 $2n$ 维状态向量 $\boldsymbol{v} = (\boldsymbol{q}^{\mathrm{T}}, \boldsymbol{p}^{\mathrm{T}})^{\mathrm{T}}$.在状态向量的形式下,定常正则变换可以用 $2n$ 维向量的变换描述

$$\zeta = \zeta(\boldsymbol{v}), \quad \zeta = (\boldsymbol{Q}^{\mathrm{T}}, \boldsymbol{P}^{\mathrm{T}})^{\mathrm{T}} \tag{1.8.1}$$

其逆函数的正则变换当然也是定常的

$$\boldsymbol{v} = \boldsymbol{v}(\zeta) \tag{1.8.2}$$

将上式代入(1.6.17)式，有

$$\left(\frac{\partial \boldsymbol{v}}{\partial \zeta}\right)^{\mathrm{T}} \dot{\zeta} = \boldsymbol{J}\left(\frac{\partial \zeta}{\partial \boldsymbol{v}}\right)\frac{\partial K}{\partial \zeta} \tag{1.8.3}$$

另一方面，将(1.8.2)式中的 ζ 用(1.8.1)式代入当然得到恒等变换，即 $\boldsymbol{v}(\zeta(\boldsymbol{v}))=\boldsymbol{v}$.求其对 $\boldsymbol{v}$ 的偏微商，有

$$\left(\frac{\partial \boldsymbol{v}}{\partial \zeta}\right)^{\mathrm{T}}\left(\frac{\partial \zeta}{\partial \boldsymbol{v}}\right)^{\mathrm{T}} = \boldsymbol{I}_{2n}, \quad \text{或} \quad \left(\frac{\partial \zeta}{\partial \boldsymbol{v}}\right)\left(\frac{\partial \boldsymbol{v}}{\partial \zeta}\right) = \boldsymbol{I}_{2n}$$

于是(1.8.3)式成为

$$\dot{\zeta} = \left(\frac{\partial \zeta}{\partial \boldsymbol{v}}\right)^{\mathrm{T}}\boldsymbol{J}\left(\frac{\partial \zeta}{\partial \boldsymbol{v}}\right)\frac{\partial K}{\partial \zeta} = \boldsymbol{S}^{\mathrm{T}}\boldsymbol{J}\boldsymbol{S}\,\frac{\partial K}{\partial \zeta}$$

其中定义

$$\boldsymbol{S} = \frac{\partial \zeta}{\partial \boldsymbol{v}} \tag{1.8.4}$$

正则变换要求变换后，方程仍是(1.6.17)式之形，即

$$\dot{\zeta} = \boldsymbol{J}\,\frac{\partial K}{\partial \zeta} \tag{1.8.5}$$

于是有正则变换(1.8.1)的条件

$$\boldsymbol{S}^{\mathrm{T}}\boldsymbol{J}\boldsymbol{S} = \boldsymbol{J} \tag{1.8.6}$$

因此定义，凡是满足条件(1.8.6)的矩阵，都称为**辛矩阵**.

以上的推导并不提及生成函数，而是直接对正则变换提出了条件，其偏微商应当是辛矩阵.两种导出正则变换的方法，即 1)用生成函数来导出，或 2)采用辛的推导，实质上可得到相同的结果.这里的辛推导仅只介绍了定常正则变换.对于非定常正则变换，读者请参见文献[11,12,151]及其所引的文献.定常正则变换在应用中很重要.

辛矩阵在后面要一再出现，因此应当将其性质作一归纳探究.首先对其定义的方程(1.8.6)取行列式值，因 $\boldsymbol{J}$ 阵的行列式值为1；转置阵的行列式值等于原阵的行列式值，故知 $\det(\boldsymbol{S})=\pm 1$.这表明**辛矩阵分成二类**：一类是 $\det(\boldsymbol{S})=1$，另一类是 -1.回顾正交变换阵中也可以分成 $+1$ 与 -1 两类，情况是类同的.因其行列式不为零，辛矩阵当然就有逆阵.

容易验证 $\boldsymbol{J}$ 与 $\boldsymbol{I}_{2n}$ 皆为辛矩阵.

辛矩阵的转置阵也为辛矩阵. 其证明为将(1.8.6)式取逆阵, 有 $\boldsymbol{S}^{-1}\boldsymbol{J}\boldsymbol{S}^{-\mathrm{T}}=\boldsymbol{J}$, 左乘 $\boldsymbol{S}$, 右乘 $\boldsymbol{S}^{\mathrm{T}}$, 即得 $\boldsymbol{J}=\boldsymbol{S}\boldsymbol{J}\boldsymbol{S}^{\mathrm{T}}$, 证毕.

辛矩阵的逆阵也是辛矩阵.

两个辛矩阵之乘积仍是辛矩阵. $\boldsymbol{I}_{2n}$ 是其单位元素.

辛矩阵的乘法就是普通矩阵的乘法, 当然适用结合律

$$(\boldsymbol{S}_1\boldsymbol{S}_2)\boldsymbol{S}_3 = \boldsymbol{S}_1(\boldsymbol{S}_2\boldsymbol{S}_3) = \boldsymbol{S}_1\boldsymbol{S}_2\boldsymbol{S}_3$$

因此知, **辛矩阵构成一个群**. 它显然有一个子群, **即行列式为 1 的辛矩阵子群**. 行列式为 -1 的辛矩阵也是其子群, 这些情况与正交阵很相似.

顺次两个正则变换的作用就是两个辛矩阵的相乘, 依然是辛矩阵, 仍然是正则变换。

1.9 泊松括号

定义 一对正则变量 $\boldsymbol{q}, \boldsymbol{p}$ 的任意两个函数 $u_1(\boldsymbol{q}, \boldsymbol{p})$, $u_2(\boldsymbol{q}, \boldsymbol{p})$ 的泊松括号为

$$[u_1, u_2]_{\boldsymbol{q},\boldsymbol{p}} = \left(\frac{\partial u_1}{\partial \boldsymbol{q}}\right)^{\mathrm{T}} \frac{\partial u_2}{\partial \boldsymbol{p}} - \left(\frac{\partial u_1}{\partial \boldsymbol{p}}\right)^{\mathrm{T}} \frac{\partial u_2}{\partial \boldsymbol{q}} \qquad (1.9.1)$$

泊松括号给出了一个纯量, 其中 u_1, u_2 也可以是时间的函数, 时间在此只是一个参数而已. 采用辛的表示也许更简洁些,

$$[u_1, u_2]_{\boldsymbol{v}} = \left(\frac{\partial u_1}{\partial \boldsymbol{v}}\right)^{\mathrm{T}} J \left(\frac{\partial u_2}{\partial \boldsymbol{v}}\right), \quad \text{其中}\ \boldsymbol{v} = (\boldsymbol{q}^{\mathrm{T}}, \boldsymbol{p}^{\mathrm{T}})^{\mathrm{T}} \qquad (1.9.2)$$

如果 u_1, u_2 直接选自正则变量的分量, 易知

$$\begin{aligned} &[q_i, q_j]_{\boldsymbol{v}} = 0, \quad [p_i, p_j]_{\boldsymbol{v}} = 0, \quad i, j = 1, \cdots, n \\ &[q_j, p_k]_{\boldsymbol{v}} = \delta_{jk}, \quad [p_j, q_k]_{\boldsymbol{v}} = -\delta_{jk}, \quad j, k = 1, \cdots, n \end{aligned} \qquad (1.9.3)$$

这些正则变量都是 $\boldsymbol{v}$ 的分量, 若将泊松括号写成 $2n \times 2n$ 矩阵, 有

$$[\boldsymbol{v}, \boldsymbol{v}]_{\boldsymbol{v}} = \boldsymbol{J} \qquad (1.9.3')$$

现在将 u_1, u_2 取为正则变换后的变量 $\boldsymbol{Q}$, $\boldsymbol{P}$, 或 $\zeta=\{\boldsymbol{Q}^{\mathrm{T}},\boldsymbol{P}^{\mathrm{T}}\}^{\mathrm{T}}$的分量,则其泊松括号的矩阵可计算为

$$[\zeta,\zeta]_{\boldsymbol{v}}=\left(\frac{\partial\zeta}{\partial\boldsymbol{v}}\right)^{\mathrm{T}}\boldsymbol{J}\left(\frac{\partial\zeta}{\partial\boldsymbol{v}}\right)=\boldsymbol{S}^{\mathrm{T}}\boldsymbol{J}\boldsymbol{S}=\boldsymbol{J}\tag{1.9.4}$$

这是利用了(1.8.4)式,而 $\boldsymbol{S}$ 是辛矩阵.由 $\boldsymbol{v}$ 转换到 ζ 是正则变换就必然有此结果.正则变量的泊松括号矩阵称为基本泊松括号矩阵.(1.9.4)式表明,基本泊松括号阵在正则变换下是不变的.还可以证明,泊松括号对哪一组正则变量求微商是无关的.因

$$\left(\frac{\partial u}{\partial\boldsymbol{v}}\right)=\left(\frac{\partial\zeta}{\partial\boldsymbol{v}}\right)\frac{\partial u}{\partial\zeta}=\boldsymbol{S}\frac{\partial u}{\partial\zeta}$$

故

$$[u_1,u_2]_{\boldsymbol{v}}=\left(\frac{\partial u_1}{\partial\boldsymbol{v}}\right)^{\mathrm{T}}\boldsymbol{J}\frac{\partial u_2}{\partial\boldsymbol{v}}=\left(\frac{\partial u_1}{\partial\zeta}\right)^{\mathrm{T}}\boldsymbol{S}^{\mathrm{T}}\boldsymbol{J}\boldsymbol{S}\frac{\partial u_2}{\partial\zeta}$$

由于 $\boldsymbol{v}$ 变换到 ζ 是正则变换,故 $\boldsymbol{S}$ 是辛矩阵,(1.8.6)式成立,故

$$[u_1,u_2]_{\boldsymbol{v}}=\left(\frac{\partial u_1}{\partial\zeta}\right)^{\mathrm{T}}\boldsymbol{J}\frac{\partial u_2}{\partial\zeta}=[u_1,u_2]_{\zeta}\tag{1.9.5}$$

由此看到,泊松括号对哪一组正则变量做微商是无关的,因此下标 $\boldsymbol{v}$ 或 ζ 都不必标明.

哈密顿正则方程的要点,是在正则变换下其形式不变.现在泊松括号也是在正则变换下不变.事实上正则方程可以用泊松括号来表示

$$\dot{\boldsymbol{q}}=[\boldsymbol{q},H],\quad\dot{\boldsymbol{p}}=[\boldsymbol{p},H],\quad\text{或}\quad\dot{\boldsymbol{v}}=[\boldsymbol{v},H]\tag{1.9.6}$$

括号中一个是向量,一个是哈密顿函数 H 为纯量,结果仍是向量.无非是将 n 个方程写在一起而已.采用泊松括号的辛表示

$$[\boldsymbol{v},H]=\boldsymbol{J}\frac{\partial H}{\partial\boldsymbol{v}}\tag{1.9.7}$$

以上方程(1.9.6),(1.9.7)是将正则变量直接代入泊松括号.如对任意函数 $u(\boldsymbol{q},\boldsymbol{p},t)$求 t 的全微商,则有

$$\dot{u}=\frac{\mathrm{d}u}{\mathrm{d}t}=\left(\frac{\partial u}{\partial\boldsymbol{q}}\right)^{\mathrm{T}}\dot{\boldsymbol{q}}+\left(\frac{\partial u}{\partial\boldsymbol{p}}\right)^{\mathrm{T}}\dot{\boldsymbol{p}}+\frac{\partial u}{\partial t}$$

$$
\begin{aligned}
&= \left(\frac{\partial u}{\partial \boldsymbol{q}}\right)^{\mathrm{T}}\left(\frac{\partial H}{\partial \boldsymbol{p}}\right) - \left(\frac{\partial u}{\partial \boldsymbol{p}}\right)^{\mathrm{T}}\left(\frac{\partial H}{\partial \boldsymbol{q}}\right) + \frac{\partial u}{\partial t} \\
&= [u, H] + \frac{\partial u}{\partial t}
\end{aligned}
\tag{1.9.8}
$$

或

$$
\dot{u} = \left(\frac{\partial u}{\partial \boldsymbol{v}}\right)^{\mathrm{T}} \dot{\boldsymbol{v}} + \frac{\partial u}{\partial t} = \left(\frac{\partial u}{\partial \boldsymbol{v}}\right)^{\mathrm{T}} \boldsymbol{J}\left(\frac{\partial H}{\partial \boldsymbol{v}}\right) + \frac{\partial u}{\partial t} \tag{1.9.8′}
$$

这就是辛表示.如果将哈密顿函数 H 代替上式中的 u,则因对于任意的向量 $\boldsymbol{v}_a$ 恒有 $\boldsymbol{v}_a^{\mathrm{T}} \boldsymbol{J} \boldsymbol{v}_a = 0$,故有

$$
\frac{\mathrm{d}H}{\mathrm{d}t} = \frac{\partial H}{\partial t}
$$

正则坐标 $\boldsymbol{q}, \boldsymbol{p}$ 是用于描述运动的坐标系统,而哈密顿函数 H 是针对某一运动而给的,因此说哈密顿函数 H 生成了一个运动.

上文看到泊松括号的重要性,因此对泊松括号的代数运算当然也有极大的兴趣了.首先是它的反对称性

$$
[u_1, u_2] = -[u_2, u_1], \quad [u, u] = 0 \tag{1.9.9}
$$

以及线性及分配律

$$
[au_1 + bu_2, u_3] = a[u_1, u_3] + b[u_2, u_3] \tag{1.9.10}
$$

其中 a, b 为任意常数,u_1, u_2, u_3 是任意 $\boldsymbol{q}, \boldsymbol{p}, t$ 的函数.再次

$$
[u_1 \cdot u_2, u_3] = [u_1, u_3]u_2 + u_1[u_2, u_3] \tag{1.9.11}
$$

泊松括号还有一个性质,就是雅可比恒等式

$$
[u, [v, w]] + [v, [w, u]] + [w, [u, v]] \equiv 0 \tag{1.9.12}
$$

即双重泊松括号,将任意三个函数 $u(\boldsymbol{q}, \boldsymbol{p}, t), v(\boldsymbol{q}, \boldsymbol{p}, t), w(\boldsymbol{q}, \boldsymbol{p}, t)$,作循环一周时其和为零.

现予证明上式.(1.9.12)式中第 1 项只有 u 的一阶微商,只有第二和第三两项有 u 的二阶微商.所有(1.9.12)式的展开式中,全都是两个一阶微商与一个二阶微商的乘积.按二阶微商项集合,当其系数皆为零时,全式就成为零.

将(1.9.12)式的第三项展开,首先是以 ζ 当作正则变量,(1.9.2)式便成为

$$[u,v]=\left(\frac{\partial u}{\partial \zeta}\right)^{\mathrm{T}} J\left(\frac{\partial v}{\partial \zeta}\right)$$

它也是 ζ 的函数,于是(1.9.12)式的第三个双重泊松括号成为

$$\begin{aligned}[w,[u,v]] &= \left(\frac{\partial w}{\partial \zeta}\right)^{\mathrm{T}} \boldsymbol{J} \frac{\partial}{\partial \zeta}\left[\left(\frac{\partial u}{\partial \zeta}\right)^{\mathrm{T}} \boldsymbol{J} \frac{\partial v}{\partial \zeta}\right] \\ &= \left(\frac{\partial w}{\partial \zeta}\right)^{\mathrm{T}} \boldsymbol{J}\left(\frac{\partial^2 u}{\partial \zeta \partial \zeta} \boldsymbol{J} \frac{\partial v}{\partial \zeta}-\frac{\partial^2 v}{\partial \zeta \partial \zeta} \boldsymbol{J} \frac{\partial u}{\partial \zeta}\right)\end{aligned}$$

其中只有前一项有 u 的二阶偏微商,并且$\frac{\partial^2 u}{\partial \zeta \partial \zeta}$是一个对称 $2n \times 2n$ 阵.循环之,有

$$[v,[w,u]]=\left(\frac{\partial v}{\partial \zeta}\right)^{\mathrm{T}} \boldsymbol{J}\left[\left(\frac{\partial^2 w}{\partial \zeta \partial \zeta}\right) \boldsymbol{J} \frac{\partial u}{\partial \zeta}-\left(\frac{\partial^2 u}{\partial \zeta \partial \zeta}\right) \boldsymbol{J} \frac{\partial w}{\partial \zeta}\right]$$

其中包含 u 的二阶微商也只有一项,该项是一纯量,取转置有

$$-\left(\frac{\partial v}{\partial \zeta}\right)^{\mathrm{T}} \boldsymbol{J}\left(\frac{\partial^2 u}{\partial \zeta \partial \zeta}\right) \boldsymbol{J} \frac{\partial w}{\partial \zeta}=-\left(\frac{\partial w}{\partial \zeta}\right)^{\mathrm{T}} \boldsymbol{J}\left(\frac{\partial^2 u}{\partial \zeta \partial \zeta}\right) \boldsymbol{J} \frac{\partial v}{\partial \zeta}$$

可知 u 的二阶微商项相互抵消.同理,v 与 w 的二阶微商也相互抵消.因此雅可比恒等式得证.

从代数的角度看,泊松括号的运算可以看成为两个函数 u_1 与 u_2 的乘法.乘法的普通规则常常是服从结合律的,例如对矩阵乘法,$(\boldsymbol{AB})\boldsymbol{C}=\boldsymbol{A}(\boldsymbol{BC})$.但如将泊松括号当成乘法,则结合律不成立而$[u,[v,w]] \neq [[u,v],w]=-[w,[u,v]]$.雅可比恒等式取代了乘法结合律.

方程(1.9.9),(1.9.10)及(1.9.12)定义了一种非结合律的代数,称为李代数.泊松括号并不是仅有的李代数.将矩阵的交叉乘

$$[\boldsymbol{A},\boldsymbol{B}]=\boldsymbol{AB}-\boldsymbol{BA}$$

看成为乘法,也是一种李代数的例子.

1.10 作　用　量

在 1.5 节中曾讲过哈密顿原理,研究过下式的积分,即作用量

$$S=\int_{t_0}^{t_f} L(\boldsymbol{q},\dot{\boldsymbol{q}},t)\mathrm{d}t \tag{1.10.1}$$

哈密顿原理指出当两端 t_0,t_f 处 $\boldsymbol{q}$ 给定而在区间 $t_0<t<t_f$ 内 $\boldsymbol{q}$ 在其正轨(即真解) $\boldsymbol{q}_*$ 的附近变分时,取 S 的一阶变分为零,即可导出欧拉-拉格朗日动力学方程.

当轨道是真实 $\boldsymbol{q}=\boldsymbol{q}_*$ 时,为了简便起见将下标 * 拿掉,现在要研究的是当端点 t_f 处发生 $\boldsymbol{q}_f$ 的变化时(当然 $\boldsymbol{q}(t)$ 在时间区段内部也随之而变),作用量 S 的变化.更进一步可以考虑时间区段 $[t_0,t_f]$ 内的任一个区段 (t_1,t_2),将作用量 S 看作是其两端广义位移 $\boldsymbol{q}_1$ 与 $\boldsymbol{q}_2$ 的函数,即 $S(\boldsymbol{q}_1,\boldsymbol{q}_2)$.

根据变分法的推导有

$$\delta S = \left[\left(\frac{\partial L}{\partial \dot{\boldsymbol{q}}}\right)^{\mathrm{T}} \cdot \delta \boldsymbol{q}\right]_{t_1}^{t_2} + \int_{t_1}^{t_2}\left[\frac{\partial L}{\partial \boldsymbol{q}} - \left(\frac{\mathrm{d}}{\mathrm{d}t}\right)\left(\frac{\partial L}{\partial \dot{\boldsymbol{q}}}\right)\right]\mathrm{d}t$$

既然认为区段内采用真实解 $\boldsymbol{q}=\boldsymbol{q}_*$,则上式积分号下被积函数为零.如果认为起始时位移为给定,则只有 $\delta\boldsymbol{q}_2$ 在变分,故

$$\delta S = \boldsymbol{p}_2^{\mathrm{T}}\delta\boldsymbol{q}_2 \tag{1.10.2}$$

如果将 S 看成区段终端广义位移 $\boldsymbol{q}$ 的函数(下标 2 拿掉),则

$$\frac{\partial S}{\partial \boldsymbol{q}} = \boldsymbol{p} \tag{1.10.3}$$

以上是 t_2 不变,而只是 t_2 处的位移变化而导出的,作用量 $S(\boldsymbol{q}_2,t_2)$.现在看 t_2 也变化到 $t_2+\delta t$,而 $\boldsymbol{q}_2$ 则同时光滑地延伸,即全微商;它发生的变分为

$$\delta\boldsymbol{q}_2 = \dot{\boldsymbol{q}}_2\delta t$$

则因内部的正轨不变,故有 $\delta S=L\delta t$,或

$$\dot{S} = \frac{\mathrm{d}S}{\mathrm{d}t} = L \tag{1.10.4}$$

如果发生 δt 时,$\boldsymbol{q}_2$ 保持不变,则区段内正轨也变动,这种变化当然是 $\partial S/\partial t$.综合起来

$$\dot{S} = \frac{\partial S}{\partial t} + \left(\frac{\partial S}{\partial \boldsymbol{q}}\right)^{\mathrm{T}}\dot{\boldsymbol{q}} = \frac{\partial S}{\partial t} + \boldsymbol{p}^{\mathrm{T}}\dot{\boldsymbol{q}} \tag{1.10.5}$$

因此

$$\frac{\partial S}{\partial t} = L - \boldsymbol{p}^{\mathrm{T}}\dot{\boldsymbol{q}} = -H(\boldsymbol{q},\boldsymbol{p},t) \tag{1.10.6}$$

如果将作用量 S 作为两端 t_1, t_2 都发生变化的函数 $S(\boldsymbol{q}_1, t_1; \boldsymbol{q}_2, t_2)$,则

$$\mathrm{d}S = \boldsymbol{p}_2^{\mathrm{T}}\mathrm{d}\boldsymbol{q}_2 - H_2\mathrm{d}t_2 - \boldsymbol{p}_1^{\mathrm{T}}\mathrm{d}\boldsymbol{q}_1 + H_1\mathrm{d}t_1 \quad (1.10.7)$$

作用量函数在应用中是很重要的,在不同的学科领域中有不同的名称,在结构动力学中作用量函数就是动力势能函数.

1.11 哈密顿-雅可比方程

(1.10.6)式实际上已给出了哈密顿-雅可比方程.式中 S 是区段终端 $\boldsymbol{q}, t$ 的函数,而哈密顿函数中还有 $\boldsymbol{p}$,也是终端处的动量,它可以由(1.10.3)式来代入,即得

$$\frac{\partial S}{\partial t} + H\left(\boldsymbol{q}, \frac{\partial S}{\partial \boldsymbol{q}}, t\right) = 0 \quad (1.11.1)$$

上式是函数 $S(\boldsymbol{q}, t)$ 应当满足的一个一阶偏微分方程,**哈密顿-雅可比方程**.

从数学上看,方程(1.11.1)有 $n+1$ 个独立变量,为 n 个坐标 $\boldsymbol{q}$ 及 1 个时间 t.方程的完全积分应当含有 $n+1$ 个独立的任意积分常数,见文献[11,12,44].由于函数 S 在(1.11.1)式中只以微商出现,因此 S 可以任意加一个常数,故其完全积分(complete integral)具有如下形式:

$$S = S(\boldsymbol{q}, t, \alpha_1, \alpha_2, \cdots, \alpha_n) + A \quad (1.11.2)$$

其中 $\alpha_1, \alpha_2, \cdots, \alpha_n, A$ 是任意常数.显然,常数 A 是无用的.

求出了完全积分(1.11.2),怎样回到运动方程的积分呢?为此可以采用正则变换生成函数的方法.设运动的初始条件是 $t = t_0$ 时 $\boldsymbol{q}_0$ 与 $\boldsymbol{p}_0$ 为已知.将 $S(\boldsymbol{q}, t, \alpha_1, \alpha_2, \cdots, \alpha_n)$,即作用量的完全积分,看成为第 1 类生成函数 $F_1(\boldsymbol{q}, \boldsymbol{Q}, t)$,$S$ 中常数 α_i 就看成为 $\boldsymbol{Q}_i$

$$\boldsymbol{Q}_i = \alpha_i, \quad i = 1, 2, \cdots, n \quad (1.11.3)$$

于是可运用三个转换公式(1.7.10a~c).首先是(1.7.10a)式成为(由雅可比提出)

$$\boldsymbol{p} = \frac{\partial S}{\partial \boldsymbol{q}} \tag{1.11.4a}$$

该式对于任意的时间 t 皆成立．将 $t = t_0$ 用于上式，因 $\boldsymbol{p}_0, \boldsymbol{q}_0$ 皆为已知，故成为 n 个方程，可解出全部常数 $\alpha_i(\boldsymbol{q}_0, \boldsymbol{p}_0, t_0) = \boldsymbol{Q}_i$．其次，(1.7.10b)式成为

$$P_i = -\frac{\partial S}{\partial \boldsymbol{Q}_i} = -\frac{\partial S}{\partial \alpha_i} \tag{1.11.4b}$$

至于正则变换后的哈密顿函数 $K(\boldsymbol{Q}, \boldsymbol{P}, t)$，由(1.7.10c)式，且 F_1 就是 S，正好成为(1.11.1)式，故 $K = 0$．这是由于采用了哈密顿-雅可比方程的完全积分当作其生成函数之故．因此广义动量 $\boldsymbol{P}$ 也是常向量，记为 $\boldsymbol{\beta}$

$$\boldsymbol{P} = -\frac{\partial S}{\partial \boldsymbol{\alpha}} = \boldsymbol{\beta} \tag{1.11.5}$$

将 $t = t_0$ 时的 $\boldsymbol{q}_0$，及刚才解出的 $\boldsymbol{\alpha}(\boldsymbol{q}_0, \boldsymbol{p}_0, t_0)$代入上式，即算得作为$(\boldsymbol{q}, \boldsymbol{\alpha}, t)$函数的常数向量 $\boldsymbol{\beta}$．然后，由(1.11.5)式对任意时间 t 将 $\boldsymbol{q}$ 解出，即得 $\boldsymbol{q}$ 的轨线 $\boldsymbol{q}(\boldsymbol{\alpha}, \boldsymbol{\beta}, t)$．将 $\boldsymbol{q}(\boldsymbol{\alpha}, \boldsymbol{\beta}, t)$代入(1.11.4a)式，即得 $\boldsymbol{p}(\boldsymbol{\alpha}, \boldsymbol{\beta}, t)$．因 n 维常向量 $\boldsymbol{\alpha}$ 与 $\boldsymbol{\beta}$ 可任意选择，倒过来可以代替初始条件，故有名称**完全积分**．

有时，只找到了哈密顿－雅可比方程的不完全的积分，其中只含有少于 n 个的任意常数．此时虽不能解出运动方程的普遍积分，但可使积分问题简化．例如有 m 个任意常数 α_i，$i = 1, 2, \cdots, m$ 的积分函数 S，则关系式

$$\frac{\partial S}{\partial \boldsymbol{\alpha}_m} = \boldsymbol{\beta}_m \tag{1.11.6}$$

其中 $\boldsymbol{\alpha}_m$ 与 $\boldsymbol{\beta}_m$ 皆为 m 维任意常值向量，将给出联系 $q_1, \cdots, q_n$ 和 t 的方程．

1.11.1 简谐振子

现在用一维振动来举一个例．其哈密顿函数为

$$H(q, p) = (p^2 + m^2\omega^2 q^2)/(2m), \quad \omega = \sqrt{k/m} \tag{1.11.7}$$

m,k 分别是质量与弹簧常数，ω 为角频率. 哈密顿-雅可比方程将 p 代以$\partial S/\partial q$ 即得

$$\frac{\partial S}{\partial t}+\left[\left(\frac{\partial S}{\partial q}\right)^2+m^2\omega^2q^2\right]/(2m)=0 \qquad (1.11.8)$$

因该方程中 t 只出现于$\partial S/\partial t$ 中，故其解必为

$$S(q,\alpha,t)=W(q,\alpha)-\alpha t \qquad (1.11.9)$$

其中 α 为积分常数. 对 W 的方程为

$$\left[\left(\frac{\partial W}{\partial q}\right)^2+m^2\omega^2q^2\right]/(2m)=\alpha \qquad (1.11.10)$$

这样 α 就是守恒的机械能. 对 W 积分得

$$W=\sqrt{2m\alpha}\int\sqrt{1-m\omega^2q^2/(2\alpha)}\,\mathrm{d}q$$

$$=\frac{\alpha}{\omega}\left[\arcsin\left(q\sqrt{\frac{m\omega^2}{2\alpha}}\right)+\sqrt{\frac{m\omega^2}{2\alpha}}q\sqrt{1-\frac{m\omega^2}{2\alpha}q^2}\right]$$

$$S=\sqrt{2m\alpha}\int\sqrt{1-m\omega^2q^2/(2\alpha)}\,\mathrm{d}q-\alpha t \qquad (1.11.10')$$

重要的是

$$\beta=-\frac{\partial S}{\partial\alpha}=t-\sqrt{2m/\alpha}\int\mathrm{d}q/\sqrt{1-m\omega^2q^2/(2\alpha)}$$

$$=t-\arcsin(q\sqrt{m\omega^2/2\alpha})/\omega$$

由此解出 q 作为时间 t 及两个积分常数 α,β 的函数

$$q=\sqrt{2\alpha/(m\omega^2)}\sin\omega(t-\beta) \qquad (1.11.11)$$

该式就是熟知的简谐振子的解. 动量则由(1.11.4)式有

$$p=\frac{\partial S}{\partial q}=\frac{\partial W}{\partial q}=\sqrt{2m\alpha-m^2\omega^2q^2}$$

将(1.11.11)式代入，得

$$p=\sqrt{2m\alpha}\cos\omega(t-\beta)$$

这个 p 与 $m\dot{q}$ 正相符合.

α,β 还应由初始条件 q_0,p_0 来定出. 首先

$$p_0^2/2m\alpha+m\omega^2q_0^2/2\alpha=1$$

然后由 $\tan\omega\beta = -(q_0/\sqrt{2\alpha/m\omega^2})/(p_0/\sqrt{2m\alpha}) = -m\omega q_0/p_0$ 定出相角 β_0.

这是最简单的课题,一维简谐振子.但 W 或 S 的表达式已如此复杂.对这个问题如此求解似乎小题大做,直接积分微分方程简单得多.但哈密顿－雅可比方程理论较深刻.这一套正则变换可以用于非线性方程的求解,下一章会讲到.

1.11.2 时不变系统

当 $\boldsymbol{q},\boldsymbol{p}$ 的哈密顿函数不显式包含时间 t 时,为时不变系统.许多应用课题是时不变的.此时(1.11.1)式成为

$$\frac{\partial S}{\partial t} + H\left(\boldsymbol{q},\frac{\partial S}{\partial \boldsymbol{q}}\right) = 0 \qquad (1.11.1')$$

由于时间只在第一项出现,表明作用量为

$$S(\boldsymbol{q},\boldsymbol{\alpha},t) = W(\boldsymbol{q},\boldsymbol{\alpha}) - \alpha_1 t \qquad (1.11.12)$$

代入微分方程后可导出哈密顿-雅可比特征方程

$$H\left(\boldsymbol{q},\frac{\partial W}{\partial \boldsymbol{q}}\right) = \alpha_1 \qquad (1.11.13)$$

该式不显式出现 t,表明哈密顿函数守恒.$\boldsymbol{\alpha}$ 为常数向量,其中 α_1 为特殊的常量.函数 W 是作用量的一部分,称为哈密顿特征(characteristic)函数.在以下的推导中可以将 W 当成第二类生成函数 $F_2(\boldsymbol{q},\boldsymbol{P})$,意即将 $\boldsymbol{\alpha}$ 当作变换后的向量 $\boldsymbol{P}$,为常向量.于是

$$\boldsymbol{p} = \frac{\partial W}{\partial \boldsymbol{q}},\quad \boldsymbol{Q} = \frac{\partial W}{\partial \boldsymbol{P}} = \frac{\partial W}{\partial \boldsymbol{\alpha}},\quad K = \alpha_1 \quad (1.11.14)$$

此即(1.7.12)式.并且正则变换后的正则方程为

$$\dot{\boldsymbol{P}} = -\frac{\partial K}{\partial \boldsymbol{Q}} = 0,\quad \dot{\boldsymbol{Q}} = \frac{\partial K}{\partial \boldsymbol{P}} = \frac{\partial K}{\partial \boldsymbol{\alpha}} = \{1,0,0,\cdots,0\}^{\mathrm{T}}$$

因此,第 1 个方程符合 $\boldsymbol{P} = \boldsymbol{\alpha}$;第 2 个方程积分为

$$Q_1 = t + \beta_1 = \frac{\partial W}{\partial \alpha_1},\quad Q_i = \beta_i = \frac{\partial W}{\partial \alpha_i} \qquad (i > 1) \qquad (1.11.15)$$

其中 β_i 为积分常数.所以变换后只有广义位移 Q_1 为 t 的线性函

数，其余全为常数．至于变换前的原坐标 $\boldsymbol{q}$，则可以由(1.11.15)式求解出来．而 $\boldsymbol{p}$ 则可于求解了 $\boldsymbol{q}$ 后，代入 $\boldsymbol{p}=\partial W/\partial \boldsymbol{q}$ 就可算得．

特征函数的特征在于它不显式倚赖于时间 t，它的全微分为

$$\frac{\mathrm{d}W}{\mathrm{d}t} = \left(\frac{\partial W}{\partial \boldsymbol{q}}\right)^{\mathrm{T}} \dot{\boldsymbol{q}} = \boldsymbol{p}^{\mathrm{T}}\dot{\boldsymbol{q}}, \quad W = \int \boldsymbol{p}^{\mathrm{T}}\mathrm{d}\boldsymbol{q} \qquad (1.11.16)$$

而对于作用量 S 则

$$\dot{S} = \boldsymbol{p}^{\mathrm{T}}\dot{\boldsymbol{q}} - H(\boldsymbol{q},\boldsymbol{p},t), \quad S = \int [\boldsymbol{p}^{\mathrm{T}}\dot{\boldsymbol{q}} - H]\mathrm{d}t$$

因此 W 也称为缩短(abbreviated)了的作用量．

哈密顿-雅可比理论是很优美的，但其难处在于必须先找到作用量 S 或特征函数 W 的完全积分．(1.11.2)式中的 S 或(1.11.12)式中的 W，其中常数向量 $\boldsymbol{\alpha}$ 并不仅仅是给定的一组常数，而**是一组可变的参变量**，对 $\boldsymbol{\alpha}$ 是要做微商的．求解偏微分方程比之于求解常微分方程组，要麻烦许多，这是应当指出的．

但是如果问题是可以分离变量的话，哈密顿-雅可比理论还是很有帮助的．

1.11.3 分离变量

如果哈密顿-雅可比方程中，有一个坐标 q_1 以及与之相应的微商 $\partial S/\partial q_1$，仅以某种组合 $\varphi(q_1,\partial S/\partial q_1)$ 的形式出现，而 φ 中并不包含其他坐标(或时间)和微商，也就是哈密顿-雅可比方程具有如下形式：

$$\Phi\left(q_i, t, \frac{\partial S}{\partial q_i}, \frac{\partial S}{\partial t}; \varphi\left(q_1, \frac{\partial S}{\partial q_1}\right)\right) = 0 \qquad (1.11.17)$$

其中 q_i 表示除 q_1 之外其余所有坐标．

在这种情况下，q_1 就是可以分离变量的．可以寻求如下形式的解：

$$S = S'(q_i, t) + S_1(q_1) \qquad (1.11.18)$$

S_1 中只有 q_1，当然还可以有其他积分常数，这样变量 q_1 与其他 q_i 就分离开了．代入(1.11.17)式，成为

$$\Phi\left(q_i, t, \frac{\partial S'}{\partial q_i}, \frac{\partial S'}{\partial t}; \varphi\left(q_1, \frac{\mathrm{d}S_1}{\mathrm{d}q_1}\right)\right) = 0 \qquad (1.11.19)$$

该式不论 q_1 取何值,都是成立的. 但 q_1 变化时只有 φ 可能变化,因此要求

$$\varphi(q_1, \mathrm{d}S_1/\mathrm{d}q_1) = \alpha_1 \qquad (1.11.20)$$

$$\Phi\left(q_i, t, \frac{\partial S'}{\partial q_i}, \frac{\partial S'}{\partial t}, \alpha_1\right) = 0 \qquad (1.11.21)$$

其中 α_1 为任意常数. 上面分离出来的方程(1.11.20)已是 S_1 对于以 q_1 为自变量的常微分方程了,由此可便于积分出函数 $S_1(q_1)$. 偏微分方程(1.11.21)也已减少了一个自变量 q_1.

如果能分离全部所有 n 个坐标和时间,则寻求哈密顿-雅可比方程的完全积分就成为求解常微分方程了. 对于保守体系,首先可以分离出时间 t

$$S(\boldsymbol{q}, \alpha, t) = W(\boldsymbol{q}, \alpha) + S_0(t, \alpha) \qquad (1.11.22)$$

因为 H 中并不显含时间 t,哈密顿-雅可比方程成为

$$H\left(\boldsymbol{q}, \frac{\partial W}{\partial \boldsymbol{q}}\right) + \frac{\partial S_0}{\partial t} = 0$$

由于 S_0 与 $\boldsymbol{q}$ 无关,而 H 中并不显含时间 t,故可以分离为

$$\frac{\partial S_0}{\partial t} = -\alpha_0, \quad S_0 = -\alpha_0 t \qquad (1.11.23\text{a})$$

$$H\left(\boldsymbol{q}, \frac{\partial W}{\partial \boldsymbol{q}}\right) = \alpha_0 \qquad (1.11.23\text{b})$$

这就分离了时间. 当然条件许可还可进一步将各坐标分离出来.

分离了变量,得到常微分方程(1.11.20),积分也不是轻而易举的. 因为其中有 n 个任意常数. 这对于分析法比较有利. 但也并不是总能轻易地就分离变量的. 只能对某些特定的课题,方能在恰当的广义坐标选择下,予以分离变量. 例如有循环坐标、中心力场等的一些问题.

1.11.4 线性体系的分离变量

哈密顿-雅可比理论当然不论对线性或非线性问题都好用. 理

论上虽然好说，但实现上相当困难.工程应用中的许多问题还是先从线性理论着手，非线性问题也是在线性问题的基础上，再行采用摄动法、平均法等加以近似处理的. 如果一般地讨论广泛的非线性课题，总有无从措手之感.只有对于时不变线性问题，其哈密顿函数是二次式.对这类特定的函数形式，讨论其分离变量就有路径可循.

首先考虑一个惯性坐标下的微振动系统问题.此时动能本是广义速度 $\dot{\boldsymbol{q}}$ 的二次式，而约束的时不变性质使动能为

$$T = \dot{\boldsymbol{q}}^{\mathrm{T}}\boldsymbol{M}\dot{\boldsymbol{q}}/2 \tag{1.11.24a}$$

其中 $\boldsymbol{M}$ 是 $n \times n$ 的正定对称质量阵.势能则可略去高阶小量，在平衡点附近成为

$$\Pi = \boldsymbol{q}^{\mathrm{T}}\boldsymbol{K}\boldsymbol{q}/2, \quad L = T - \Pi \tag{1.11.24b,c}$$

广义动量

$$\boldsymbol{p} = \boldsymbol{M}\dot{\boldsymbol{q}}, \quad H = \boldsymbol{p}^{\mathrm{T}}\boldsymbol{M}^{-1}\boldsymbol{p}/2 + \boldsymbol{q}^{\mathrm{T}}\boldsymbol{K}\boldsymbol{q}/2 \tag{1.11.25a,b}$$

因为是时不变系统，故有哈密顿特征方程

$$\boldsymbol{q}^{\mathrm{T}}\boldsymbol{K}\boldsymbol{q}/2 + \left(\frac{\partial W}{\partial \boldsymbol{q}}\right)^{\mathrm{T}}\boldsymbol{M}^{-1}\left(\frac{\partial W}{\partial \boldsymbol{q}}\right)/2 = E \tag{1.11.26}$$

其中 E 是能量.前文有一维简谐振子的例题，W 函数相当复杂.直接处理 n 维问题的方程仍旧非常困难，因此应当对 $\boldsymbol{q}$ 作线性变换，当前作一个点变换已够.设

$$\boldsymbol{q} = \boldsymbol{U}\boldsymbol{q}_a, \quad \dot{\boldsymbol{q}} = \boldsymbol{U}\dot{\boldsymbol{q}}_a \tag{1.11.27}$$

其中 $\boldsymbol{U}$ 是一个线性变换阵.于是动能、势能变换为

$$\begin{aligned} T &= \dot{\boldsymbol{q}}_a^{\mathrm{T}}\boldsymbol{M}_a\dot{\boldsymbol{q}}_a/2, \quad \boldsymbol{M}_a = \boldsymbol{U}^{\mathrm{T}}\boldsymbol{M}\boldsymbol{U} \\ \Pi &= \dot{\boldsymbol{q}}_a\boldsymbol{K}_a\boldsymbol{q}_a/2, \quad \boldsymbol{K}_a = \boldsymbol{U}^{\mathrm{T}}\boldsymbol{K}\boldsymbol{U} \end{aligned} \tag{1.11.28}$$

同时特征方程也转换为

$$\boldsymbol{q}_a^{\mathrm{T}}\boldsymbol{K}_a\boldsymbol{q}_a/2 + \left(\frac{\partial W}{\partial \boldsymbol{q}_a}\right)^{\mathrm{T}}\boldsymbol{U}\boldsymbol{M}_a{}^{-1}\left(\frac{\partial W}{\partial \boldsymbol{q}_a}\right)/2 = E \tag{1.11.29}$$

于是问题成为寻求变换矩阵 $\boldsymbol{U}$ 使 $\boldsymbol{K}_a$ 阵与 $\boldsymbol{M}_a$ 阵同时对角化，这样就可以全部分离变量了.这类问题的算法与分析，在振动理论中

也是一个主题，因此在此就不再深入了.

进一步，可以考虑在相对坐标中的时不变微振动问题. 此时动能是广义速度的二次式

$$T = \dot{\boldsymbol{q}}^{\mathrm{T}}\boldsymbol{M}\dot{\boldsymbol{q}}/2 + \dot{\boldsymbol{q}}^{\mathrm{T}}\boldsymbol{G}\boldsymbol{q}/2 + \boldsymbol{q}^{\mathrm{T}}\boldsymbol{K}_t\boldsymbol{q}/2 \qquad (1.11.30)$$

于是有拉格朗日函数

$$L(\boldsymbol{q},\dot{\boldsymbol{q}}) = \dot{\boldsymbol{q}}^{\mathrm{T}}\boldsymbol{M}\dot{\boldsymbol{q}}/2 + \dot{\boldsymbol{q}}^{\mathrm{T}}\boldsymbol{G}\boldsymbol{q}/2 - \boldsymbol{q}^{\mathrm{T}}\boldsymbol{K}\boldsymbol{q}/2 \qquad (1.11.31)$$

其 $\boldsymbol{K}$ 阵已将 T 中的 $\boldsymbol{K}_t$ 并入，因此 $\boldsymbol{K}$ 对称但不能保证正定，$\boldsymbol{M}$ 阵仍为对称正定；$\boldsymbol{G}$ 阵称为陀螺阵，是反对称阵.

广义动量

$$\boldsymbol{p} = \frac{\partial L}{\partial \dot{\boldsymbol{q}}} = \boldsymbol{M}\dot{\boldsymbol{q}} + \boldsymbol{G}\boldsymbol{q}/2 \qquad (1.11.32)$$

$$H(\boldsymbol{q},\boldsymbol{p}) = \boldsymbol{p}^{\mathrm{T}}\boldsymbol{D}\boldsymbol{p}/2 + \boldsymbol{p}^{\mathrm{T}}\boldsymbol{A}\boldsymbol{q} + \boldsymbol{q}^{\mathrm{T}}\boldsymbol{B}\boldsymbol{q}/2$$
$$\boldsymbol{D} = \boldsymbol{M}^{-1}, \quad \boldsymbol{A} = -\boldsymbol{M}^{-1}\boldsymbol{G}/2, \quad \boldsymbol{B} = \boldsymbol{K} + \boldsymbol{G}^{\mathrm{T}}\boldsymbol{M}^{-1}\boldsymbol{G}/4 \qquad (1.11.33)$$

注意，$\boldsymbol{D}$ 为对称正定，$\boldsymbol{B}$ 阵则虽为对称却未必正定，$\boldsymbol{A}$ 阵则为 $n \times n$ 阵，设皆为常矩阵. 这依然是时不变系统，因为哈密顿-雅可比方程(1.11.13)为

$$\boldsymbol{q}^{\mathrm{T}}\boldsymbol{B}\boldsymbol{q}/2 + \left(\frac{\partial W}{\partial \boldsymbol{q}}\right)^{\mathrm{T}}\boldsymbol{A}\boldsymbol{q} + \left(\frac{\partial W}{\partial \boldsymbol{q}}\right)^{\mathrm{T}}\boldsymbol{D}\left(\frac{\partial W}{\partial \boldsymbol{q}}\right)/2 = E \qquad (1.11.34)$$

求解这个偏微分方程的关键是分离变量，因此应设法寻求一种变换，将哈密顿函数对角化. 当前是一个二次型，其自变量为 $\boldsymbol{q},\boldsymbol{p}$ 的对偶向量. 点变换不可能完成对角化，只可能采用正则线性变换.

先看一下相应的正则方程组，有

$$\dot{\boldsymbol{q}} = \boldsymbol{A}\boldsymbol{q} + \boldsymbol{D}\boldsymbol{p}$$
$$\dot{\boldsymbol{p}} = -\boldsymbol{B}\boldsymbol{q} - \boldsymbol{A}^{\mathrm{T}}\boldsymbol{p} \qquad (1.11.35)$$

或合并写成

$$\dot{\boldsymbol{v}} = \boldsymbol{H}\boldsymbol{v}, \quad \boldsymbol{v} = \begin{pmatrix} \boldsymbol{q} \\ \boldsymbol{p} \end{pmatrix}, \quad \boldsymbol{H} = \begin{bmatrix} \boldsymbol{A} & \boldsymbol{D} \\ -\boldsymbol{B} & -\boldsymbol{A}^{\mathrm{T}} \end{bmatrix} \qquad (1.11.36)$$

$\boldsymbol{v}$ 是状态向量而 $\boldsymbol{H}$ 称为哈密顿矩阵,其特点为

$$-\boldsymbol{JH} = \begin{bmatrix} \boldsymbol{B} & \boldsymbol{A}^{\mathrm{T}} \\ \boldsymbol{A} & \boldsymbol{D} \end{bmatrix}, \quad (\boldsymbol{JH})^{\mathrm{T}} = \boldsymbol{JH}, \qquad \text{或 } \boldsymbol{JHJ} = \boldsymbol{H}^{\mathrm{T}} \tag{1.11.37}$$

哈密顿阵本身不是对称阵,但($\boldsymbol{JH}$)是对称阵. 哈密顿阵具有辛的特点,这是可以想到的.

前面讲到用正则线性变换来变换正则变量 $\boldsymbol{q}$, $\boldsymbol{p}$,或其状态向量 $\boldsymbol{v}$.(1.8.6)式给出了正则变换的条件,这是一般形式,并不限于线性变换,但对线性系统当然适用. 故知正则线性变换可用 $\boldsymbol{S}$ 矩阵代表

$$\zeta = \boldsymbol{S}^{-1}\boldsymbol{v}, \quad \zeta = (\boldsymbol{Q}^{\mathrm{T}}, \boldsymbol{P}^{\mathrm{T}})^{\mathrm{T}}, \quad \boldsymbol{v} = \boldsymbol{S}\zeta \tag{1.11.38}$$

$\boldsymbol{S}^{-1}$应满足方程(1.8.6),表明 $\boldsymbol{S}^{-1}$是一个辛矩阵. $\boldsymbol{S}$ 也是辛矩阵.

在线性代数教材中,其主题之一是怎样通过正交阵的变换,将二次型予以对角化. 这一套理论与方法适用于拉格朗日体系的点变换. 点变换只有一类变量,其几何形态属欧几里得型. 但现在的变换阵是辛阵 $\boldsymbol{S}$,其哈密顿函数 H 是二次型,在变换后成为 $K(\boldsymbol{Q}, \boldsymbol{P})$,我们希望变换后成为某种对角之型. 考察变换后的正则方程

$$\dot{\boldsymbol{Q}} = \frac{\partial K}{\partial \boldsymbol{P}}, \quad \dot{\boldsymbol{P}} = -\frac{\partial K}{\partial \boldsymbol{Q}}; \quad \text{或} \quad \dot{\zeta} = \boldsymbol{J}\frac{\partial K}{\partial \zeta}$$

其最好的形态是 $\dot{\boldsymbol{Q}}$ 的方程中只有 $\boldsymbol{Q}$, $\dot{\boldsymbol{P}}$ 的方程中只有 $\boldsymbol{P}$,并且都对角化,因此 K 中只有 $\boldsymbol{P}_i$ 对应 $\boldsymbol{Q}_i$ 的项在一起,用矩阵表示为

$$K(\boldsymbol{Q}, \boldsymbol{P}) = \boldsymbol{P}^{\mathrm{T}} \times \mathrm{diag}(\mu_i) \times \boldsymbol{Q} \tag{1.11.39}$$

其中 $\mathrm{diag}(\mu_i)$是以 μ_i($i = 1, \cdots, n$)为对角元的对角阵. 此时的正则方程组将成为

$$\dot{Q}_i = \mu_i Q_i, \quad \dot{P}_i = -\mu_i P_i \qquad (i = 1, 2, \cdots, n) \tag{1.11.40}$$

这是最简单的了.

因此辛转换阵 $\boldsymbol{S}$ 的选择,应当使二次型 $H(\boldsymbol{q}, \boldsymbol{p})$ 变换到(1.11.39)式之型. 回到(1.11.33)式,

$$H(\boldsymbol{q},\boldsymbol{p}) = \begin{pmatrix}\boldsymbol{q}\\ \boldsymbol{p}\end{pmatrix}^{\mathrm{T}}\begin{bmatrix}\boldsymbol{B} & \boldsymbol{A}^{\mathrm{T}}\\ \boldsymbol{A} & \boldsymbol{D}\end{bmatrix}\begin{pmatrix}\boldsymbol{q}\\ \boldsymbol{p}\end{pmatrix}\Big/2 = \boldsymbol{v}^{\mathrm{T}}(-\boldsymbol{JH})\,\boldsymbol{v}/2$$

由于是时不变系统，K 只需将变换(1.11.38)代入即可

$$K(\boldsymbol{Q},\boldsymbol{P}) = -\zeta^{\mathrm{T}}\boldsymbol{S}^{\mathrm{T}}\boldsymbol{JHS}\zeta/2 = \zeta^{\mathrm{T}}\begin{bmatrix}0 & \mathrm{diag}(\mu_i)\\ \mathrm{diag}(\mu_i) & 0\end{bmatrix}\zeta/2$$

后面的等式只是将(1.11.39)式改写而已. 所以辛矩阵的相合(congruent transformation)变换，要求将对称矩阵 $\boldsymbol{JH}$ 变换成

$$\boldsymbol{S}^{\mathrm{T}}(-\boldsymbol{JH})\boldsymbol{S} = \begin{bmatrix}0 & \mathrm{diag}(\mu_i)\\ \mathrm{diag}(\mu_i) & 0\end{bmatrix} \tag{1.11.41}$$

之型. 左乘 $\boldsymbol{SJ}$，并利用 $\boldsymbol{S}$ 是辛矩阵的特点，可以导出哈密顿阵的本征值问题

$$\boldsymbol{HS} = \boldsymbol{S}\begin{bmatrix}\mathrm{diag}(\mu_i) & 0\\ 0 & -\mathrm{diag}(\mu_i)\end{bmatrix} \tag{1.11.42}$$

可知辛矩阵 $\boldsymbol{S}$ 的每一列都是哈密顿阵的本征向量. 第二章将给出哈密顿阵本征向量的算法，但这里还要对一个理论问题作一些说明. 由于 $\boldsymbol{H}$ 不是对称矩阵，可能出现复值本征值与本征向量. 可是如果用变分法，哈密顿函数应当取实值. 这里要说明的是，只要保证本征向量的共轭辛正交归一，就可以通过辛矩阵的进一步变换，使变换后的 $K(\boldsymbol{Q},\boldsymbol{P})$取实值. 但实型的变换已不能达到完全对角化. 这是一定要讲清楚的.

在变换后的正则坐标 $\boldsymbol{Q},\boldsymbol{P}$ 下，对偶方程(1.11.35)变换成(1.11.40)式之型. 相应地其系统矩阵成为

$$\boldsymbol{A}_Q = \mathrm{diag}(\mu_i), \quad \boldsymbol{B}_Q = 0, \quad \boldsymbol{D}_Q = 0 \tag{1.11.43}$$

因此正则变换后的哈密顿-雅可比特征方程(1.11.34)将成为

$$\left(\frac{\partial W}{\partial \boldsymbol{Q}}\right)^{\mathrm{T}}\mathrm{diag}(\mu_i)\boldsymbol{Q} = E,\ 或\ \sum_{i=1}^{n}\left(\frac{\partial W(Q_i,\alpha_i)}{\partial Q_i}\right)\cdot Q_i\mu_i = E \tag{1.11.44}$$

于是每个广义坐标 Q_i 都分离了变量. 按(1.11.18)和(1.11.20)式，分离变量后的哈密顿-雅可比特征方程为

$$W = \sum_{i=1}^{n} W_i, \qquad \left(\frac{\partial W_i}{\partial Q_i}\right) \cdot Q_i \mu_i = \alpha_i; \quad i = 1, \cdots, n$$

(1.11.45)

以下的求解就方便了.

这里的正则变换是为了分离变量,将 n 维振子化成 n 个一维振子;而 1.11.1 节的正则变换则是对一维振子的,变换到能量与相位.两者可以顺次使用,因为顺次两个正则变换的合成仍然是正则变换.哈密顿矩阵的本征问题是状态空间表示中的基本环节.但过去在力学教材中很少提及.下一章还要介绍.

以上仅只在线性问题的范围内进行一番讨论,虽可有利于理解.但在理论讲述中或在数值计算中,并不是非要回到哈密顿-雅可比偏微分方程不可的.线性问题的重要性正是在于作为摄动法,迭代法的出发点,以处理时变系统以及非线性问题.其基本线性系统的正则变换可以用该线性系统的本征解来导出.

第二章　振动理论

在机械、电路、航空航天以及各种工程结构等问题中，振动问题比比皆是．本书中只能提供一些基本理论与方法，以线性振动的内容为主；即使是线性振动也无法给出其全貌，只能选择重要的部分讲述．振动理论的基本方程已为大家所熟悉，不再多讲．

求解振动问题最常用的方法是：(1)直接积分法，(2)本征向量展开法，还有一些派生出来的方法等．对振动理论已出版了各类不计其数的教材，本书除了一些基本内容外，尽量介绍一些新的有效方法与理论．例如，精细积分法可以在一些常用差分类算法之外提供一种全新的有效方法．又如，对于陀螺系统的求解理论，将显示出状态空间法、对偶空间、哈密顿体系方法论的特色等．对此，分离变量与本征向量展开，将把体系的几何形态从欧几里得型引向辛(symplectic)型．这一套方法论在传统的数学物理方法教材中很少讲到；但在波的传播，结构力学，弹性力学，现代控制论等课题中将一再出现．

用对偶变量空间与辛几何方法，将不同领域的求解理论加以统一描述，这是本书的主要宗旨与特色．精细积分法则作为其后继的数值计算方法，使它在应用中发挥作用．

2.1　单自由度体系的振动

这是振动中最简单的问题．然而也只有常系数线性一维振动方才容易些，它是多自由度振动体系分析的基础，所以很重要．一维变系数线性方程的分析就有许多课题，一维的非线性振动分析还有很多问题要深入．

2.1.1 线性振动

线性振动是最简单的振动,在理论力学课程中已讲过.它的重要性在于,多自由度体系按本征模态展开化简后,得到的依然是许多互相正交的单自由度体系振动的叠加.况且在应用中本来就有许多问题是可以由单自由度体系来描述的.单自由度线性振动的方程为

$$m\ddot{x}(t)+c\dot{x}(t)+kx(t)=f(t)$$
$$x(0)=\text{已知},\quad \dot{x}(0)=\text{已知}\tag{2.1.1}$$

这是有阻尼的强迫振动方程.其无阻尼自由振动有 $\omega_1=\sqrt{k/m}$ 的角频率;周期为 $T=2\pi/\omega_1=2\pi\sqrt{m/k}$.其一般解为

$$x=x_0\cos\omega_1 t+(v_0/\omega_1)\sin\omega_1 t\tag{2.1.2}$$

在有阻尼自由振动时,应注意所谓临界阻尼 C_c,

$$C_c=2\sqrt{km},\quad \text{令}\ \zeta=c/C_c\tag{2.1.3}$$

其中 ζ 为阻尼比.其特征方程 $ms^2+cs+k=0$ 的根为

$$s_{1,2}=\left(-\zeta\pm\sqrt{\zeta^2-1}\right)\omega_1\tag{2.1.4}$$

当 $\zeta>1$ 时,振动只表现为衰减而无反复;当 $\zeta<1$ 时振动将有来回振荡的特点.对 $\zeta<1$ 的小阻尼情况,可定义**对数阻尼率**

$$\delta=\ln(x_i/x_{i+1})\tag{2.1.5}$$

其中 x_i, x_{i+1}代表相临的二个最大位移,它与 i 无关.阻尼振动的周期与对数阻尼率为

$$T=2\pi/(\omega_1\sqrt{1-\zeta^2}),\quad \delta=2\pi\zeta/\sqrt{1-\zeta^2}\approx 2\pi\zeta\tag{2.1.6}$$

测量 ζ 值常可运用振幅半衰时往复次数 n 的记数,

$$\delta=\ln(x_0/x_n)/n=\ln 2/n\approx 2\pi\zeta,\quad n\zeta\approx 0.110\tag{2.1.7}$$

以下看一下周期力激励下的强迫振动

$$m\ddot{x}+c\dot{x}+kx=F_0\sin\omega t\tag{2.1.8}$$

当时间较长时,初值的影响将趋于消失,剩下只有稳态振动的解.

取 X 为其振幅，ϕ 为其相位滞后

$$x = X\sin(\omega t - \phi) \tag{2.1.9a}$$

代入(2.1.8)式解出

$$X = F_0/\sqrt{(k - m\omega^2)^2 + (c\omega)^2}, \quad \tan\phi = c\omega/(k - m\omega^2) \tag{2.1.9b}$$

用无量纲形式表达，令 $X_0 = F_0/k$——静态位移，有

$$\frac{X}{X_0} = \left[\left(1 - \frac{\omega^2}{\omega_1^2}\right)^2 + \left(\frac{2\zeta\omega}{\omega_1}\right)^2\right]^{-\frac{1}{2}}, \quad \tan\phi = \frac{2\zeta\omega/\omega_1}{1 - (\omega/\omega_1)^2} \tag{2.1.10}$$

大体上说，当外力角频率 ω 等于自由振动角频率 $\omega_1 = \sqrt{k/m}$ 时发生共振. 按(2.1.10)式，$X/X_0 = 1/2\zeta$，且 $\phi = \pi/2$ 为其相位差. 振幅与相位差的曲线见图 2.1.

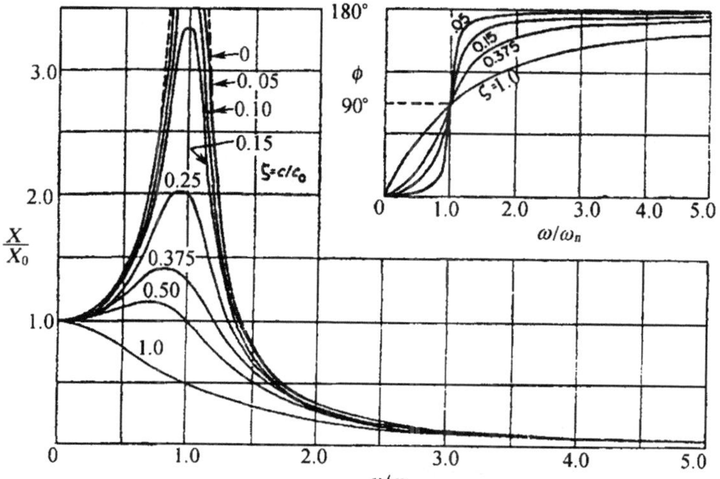

图 2.1 振幅与相位的曲线

还有非周期外力的强迫振动响应. 为此可首先分析突加单位常外力，即在 $t=0$ 将定常外力 $\boldsymbol{F}_0$ 作用在原先静止的阻尼质量弹簧系统上，即

$$m\ddot{x} + c\dot{x} + kx = F_0$$

或

$$\ddot{x} + 2\zeta\omega_1\dot{x} + \omega_1^2 x = F_0/m, \quad x(0) = \dot{x}(0) = 0 \tag{2.1.11}$$

其解可写为 $x = F_0 \cdot h_1(t)$,其中

$$h_1(t) = \left[1 - \left(\frac{e^{-\zeta\omega_1 t}}{\sqrt{1-\zeta^2}}\right)\sin(\sqrt{1-\zeta^2}\omega_1 t + \phi)\right]\Big/k,$$

$$\tan\phi = \frac{\sqrt{1-\zeta^2}}{\zeta} \tag{2.1.12}$$

如果令 $\boldsymbol{F}_0 = 1$,则其响应就是 $x = h_1(t)$,称为**单位力响应函数**.根据这个函数就可以写出任意外载 $F(t)$的响应

$$x(t) = F(0)h(t) + \int_0^t \dot{F}(\tau)h_1(t-\tau)\mathrm{d}\tau \tag{2.1.13}$$

该式称为杜哈梅尔(Duhamel)积分.对此式作分步积分有

$$x(t) = \int_0^t F(\tau)\dot{h}_1(t-\tau)\mathrm{d}\tau \tag{2.1.14}$$

因为 $h_1(0)=0$ 总是成立的.(2.1.14)式形式的杜哈梅尔积分用得更多,其中 $\dot{h}_1(t-\zeta)$称为**单位脉冲响应函数**,将(2.1.12)式对时间 t 微商得

$$\dot{h}_1(t) = \left[\frac{1}{\sqrt{mk\cdot(1-\zeta^2)}}\right]e^{-\zeta\omega_1 t}\sin(\sqrt{1-\zeta^2}\omega_1 t) = h(t) \tag{2.1.15}$$

2.1.2 参数共振

以上讲述了定常系统单自由度线性振动,当外力的频率等于系统的固有频率时,系统就会发生共振.但变系数线性振动问题却可能发生**参数共振**,此时即使没有方程右端非齐次项的激励,系统仍可能发生激烈的振动.这里只能讲一些参数共振最基本的内容.设有如图 2.2 的单摆,端部质量 m 除重力外还有垂直力 $f_0\cos2\omega t$ 作用.平衡点显然是 $\theta=0$.运动的动力方程为

$$ml^2\ddot{\theta} + (mgl + lf_0\cos 2\omega t)\theta = 0$$

或

$$\ddot{\theta} + (\omega_1^2 + 2\varepsilon\cos 2\omega t)\theta = 0,\ \omega_1^2 = g/l,\ 2\varepsilon = f_0/ml \tag{2.1.16}$$

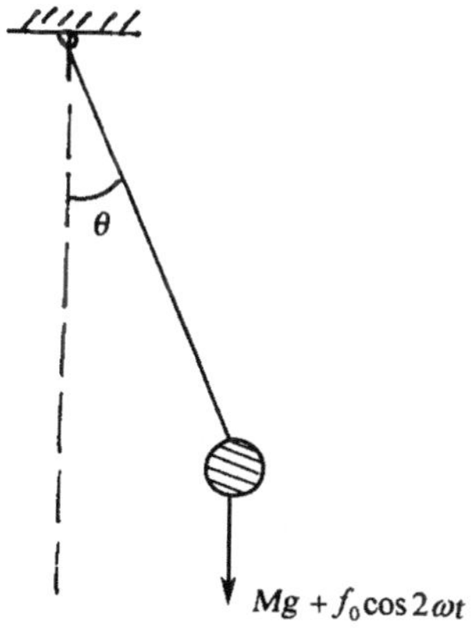

图 2.2　单摆

方程(2.1.16)称为马蒂厄(Mathieu)方程. 这是最简单的**周期系数**线性微分方程.

既然是线性微分方程,就适用叠加原理. 方程(2.1.16)有两个基本解 $\Theta_1(t)$及 $\Theta_2(t)$,除满足微分方程(2.1.16)外,还满足初始条件

$$\Theta_1(0) = 1,\quad \dot{\Theta}_1(0) = 0,\quad \text{在 } t = 0 \text{ 时} \tag{2.1.17a}$$

$$\Theta_2(0) = 0,\quad \dot{\Theta}_2(0) = 1,\quad \text{在 } t = 0 \text{ 时} \tag{2.1.17b}$$

当在系数的一个周期 $t = T = \pi/\omega$ 后,微分方程(2.1.16)又与 $t = 0$ 时一样,但 $\Theta_1(T)$,$\dot{\Theta}_1(T)$;及 $\Theta_2(T)$,$\dot{\Theta}_2(T)$的值已不是(2.1.17)式了,设它们分别取值为 k_{11},k_{12};k_{21},k_{22}. 利用叠加原理知

$$\Theta_1(t + T) = k_{11}\Theta_1(t) + k_{12}\Theta_2(t)$$

$$\Theta_2(t+T)=k_{21}\Theta_1(t)+k_{22}\Theta_2(t) \tag{2.1.18}$$

将它写成矩阵形式

$$\boldsymbol{u}(t+T)=\boldsymbol{K}\boldsymbol{u}(t),\quad \boldsymbol{u}=\begin{pmatrix}\Theta_1\\ \Theta_2\end{pmatrix},\quad \boldsymbol{K}=\begin{pmatrix}k_{11} & k_{12}\\ k_{21} & k_{22}\end{pmatrix} \tag{2.1.19}$$

下一步是将 $\boldsymbol{u}$ 作一个线性变换 $\boldsymbol{P}$ 而成 $\boldsymbol{v}$,如下

$$\boldsymbol{v}(t)=\boldsymbol{P}\boldsymbol{u}(t),\quad \boldsymbol{P}=\begin{pmatrix}p_{11} & p_{12}\\ p_{21} & p_{22}\end{pmatrix} \tag{2.1.20}$$

将该变换代入(2.1.19)式,有

$$\boldsymbol{v}(t+T)=\boldsymbol{PKP}^{-1}\boldsymbol{v}(t)=\boldsymbol{Bv}(t),\quad \boldsymbol{B}=\boldsymbol{PKP}^{-1} \tag{2.1.21}$$

$\boldsymbol{K}$ 与 $\boldsymbol{B}$ 阵互相是相似矩阵,它们有相同的本征值.因

$$\det(\boldsymbol{B}-\lambda\boldsymbol{I})=\det[\boldsymbol{P}(\boldsymbol{K}-\lambda\boldsymbol{I})\boldsymbol{P}^{-1}]=\det(\boldsymbol{K}-\lambda\boldsymbol{I})$$

这表明要寻求 $\boldsymbol{K}$ 阵的本征值,记为 λ_1,λ_2;相应的本征向量为 v_1,v_2.于是

$$v_1(t+T)=\lambda_1 v_1(t),\quad v_1(t+2T)=\lambda_1^2 v_1(t),\cdots$$

$$v_1(t+nT)=\lambda_1^n v_1(t),\cdots \tag{2.1.22}$$

对 v_2 亦然.这样,当其中有一个 $|\lambda|>1$ 时,$\boldsymbol{v}$ 将变得越来越大,成为不稳定.这一套弗洛凯(Floquet)理论[32]适用于线性周期系数常微分方程组.矩阵 $\boldsymbol{K}$ 则称为弗洛凯矩阵.

因此,周期系数微分方程面临稳定性分析问题.它应当划分为二步,首先是计算弗洛凯矩阵;然后是对该矩阵寻求本征值(或其他方法)分析其稳定性.以上只是对于二阶方程讲述了该理论,但显然该理论对任意阶次的微分方程都可用.周期系数微分方程并不必定失稳.例如对于方程(2.1.16),只当干扰力 ω 的角频率及 ε 的大小恰当配合,系统才会失稳.因此称为**参数共振**(parametric resonance)问题.

首先是计算弗洛凯矩阵 $\boldsymbol{K}$.按上文所述,就要寻求初值(2.1.17)的微分方程基本解.解析法求解变系数微分方程往往很

困难，因此可以采用数值积分的方法寻求之，这是关键的一步，尤其是当今有了强大的数字计算机．后一步本征值计算则有标准子程序可用．

以上是周期方程的稳定性理论以及其求解方法．但这种一般讲述，其力学的直观性不够．为此对马蒂厄方程作一些小参数法分析求解的讲述也是有益的．当 ε 很小时，自由振动为 $\theta = A\cos\omega_1 t$，当将 ε 项考虑进去时，可写成

$$\begin{aligned}\ddot{\theta} + \omega_1^2\theta &= -2\varepsilon\cos 2\omega t \cdot A\cos\omega_1 t \\ &= -\varepsilon A[\cos(2\omega - \omega_1)t + \cos(2\omega + \omega_1)t]\end{aligned}$$

该方程在 $2\omega - \omega_1 = \omega_1$ 时将发生共振，即 $\omega = \omega_1$ 时．注意 2ω 为参数共振干扰力的角频率，当它为频率 ω_1 的 2 倍时发生参数共振．共振频率比干扰力的频率小一倍，故称**次谐共振**．

以上的处理方法将视作小量的项置于方程右侧，实际上是运用了小参数摄动法，取了一阶近似．小参数展开法是参数共振问题与非线性振动分析中常用的分析求解方法．小参数展开法[33]也有很多文献，然而应当指出推导是很麻烦的，现在应当用数学公式推导软件辅助来做，例如 MATHEMATICA，MAPLE 等．

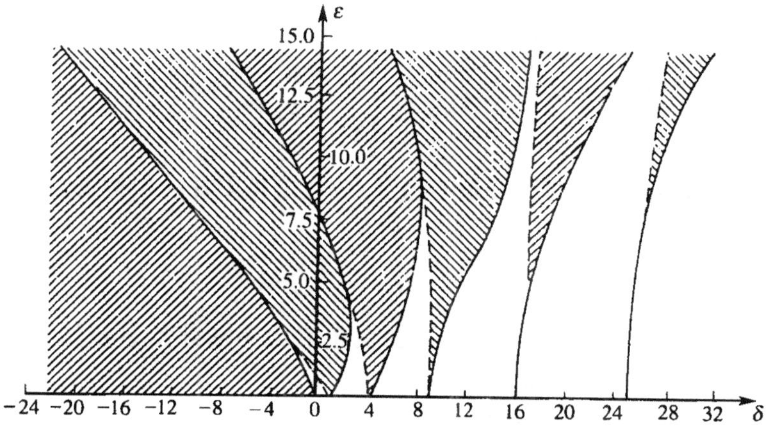

图 2.3　马蒂厄方程参数面内稳定与不稳定区

马蒂厄方程的稳定区和不稳定区域可见图 2.3.

非线性微分方程的周期解给出了极限环,而极限环的运动有稳定性问题. 在极限环附近摄动可以导出一组周期系数的微分方程,分析这组微分方程的稳定性就是给出了极限环的稳定性. 所以弗洛凯理论是很重要的.

2.1.3 非线性振动初步

非线性振动是非常广大的领域. 即使是单自由度的非线性振动,仍有许多问题尚需继续深入. 这里只能选择个别问题略作介绍.

2.1.3.1 极限环

这里先介绍一个非线性阻尼项与极限环的课题. 经无量纲处理后,取 $m=1, k=1$;由于非线性的阻尼项,振动微分方程为

$$\ddot{x} - c\dot{x}[1-(x^2+\dot{x}^2)] + x = 0, \quad c>0 \quad (2.1.23)$$

通过观察知,上式中有二种阻尼项. $F_{d1} = -c\dot{x}$ 是负的线性阻尼项;$F_{d2} = c\dot{x}(x^2+\dot{x}^2)$是非线性的. 显然,原点 $x=0$ 是一个平衡点. 当振动的幅度很小时,非线性项很小,于是方程可描述为

$$\ddot{x} - c\dot{x} + x = 0, \quad c>0$$

其本征值为

$$s_{1,2} = \frac{c}{2} \pm \mathrm{i}\left(1-\frac{c^2}{4}\right)^{1/2}$$

其实部取正值,表明原点是不稳定点. 这是负阻尼所引起的,由它所作的功为

$$W_1 = \int c\dot{x}\,\mathrm{d}x = \int c\dot{x}^2\,\mathrm{d}t$$

总是取正值. 因此 $F_{d1} = -c\dot{x}$ 的负阻尼力不断地给系统增加能量,造成原点的不稳定.

现在应观察非线性阻尼项的作用. 其作功为

$$W_2 = \int -c\dot{x}(x^2+\dot{x}^2)\,\mathrm{d}x = -\int c\dot{x}^2(x^2+\dot{x}^2)\,\mathrm{d}t$$

总是取负值.这表明该非线性项起到了消耗能量的作用.在原点附近,x,$\dot{x}$ 很小,故有 abs(W_2)≪abs(W_1),正阻尼抵不过负阻尼,因此振动会加剧.另一方面,如果振幅很大,$(x^2+\dot{x}^2)\gg 1$,正阻尼做功大大超过负阻尼做功,于是振幅就会减少.两类阻尼力的功互相相抵.当振幅很小时,W_1 的负功为主,振幅会加大;当振幅很大时,W_2 的正功为主,振幅会减少.于是就会有一个中间适当的振幅达到一种平衡.在$(x,\dot{x})$的相平面内表达,会有一个封闭曲线的**极限环**.当振动沿极限环运动时,W_1 的负阻尼功与 W_2 的正阻尼功平均相抵,因此振动既不增加也不减少[31].

方程(2.1.23)是可以求解其极限环的.将 $x(t)=\cos t$ 代入(2.1.23)式,有

$$-\cos t + c\sin t[1-(\cos^2 t+\sin^2 t)]+\cos t=0$$

这样,极限环在相平面内是一个单位圆.在圆内的点会逐步运动到该极限环;而在圆外的点也会趋于该环.图 2.4 给出了这样的运动轨线.

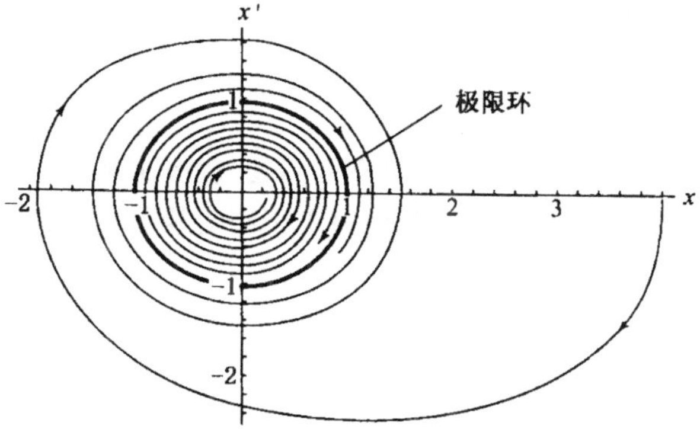

图 2.4 极限环

极限环也有其稳定性问题.方程(2.1.23)在相平面内的原点 $x=0,\dot{x}=0$ 是平衡点,但它不稳定.只要在某一个方向有一点偏离,该偏离就会不断发展而不会再回到原点了,这就是不稳定.对

于极限环也有其稳定性问题.方程(2.1.23)的极限环是稳定的,因为在该环附近的任何一个点,其后续的运动总是趋近该极限环,表明该环的运动是稳定的.

现在给出不稳定极限环的例.若将方程(2.1.23)中的系数 c 取为负值,可以同样验证单位圆仍是其极限环.然而,此时线性阻尼项成为正阻尼,而非线性阻尼项变成负阻尼.在圆内的点,其后续运动将趋于原点.原点成为稳定平衡点.但单位圆的微小偏离将使运动轨线偏离该极限环,因此该极限环不稳定.

在结构与气流相互作用时,会发生振动不稳定的现象.例如大跨度桥梁的风致振动,飞机机翼的颤振等.这些课题对工程都是很重要的.

以上对于特定的课题举了一个例,说明一个特定的非线性振动现象.题目是特别简单,凑好的,因此求解出来了.由于叠加原理不能运用,一般的非线性振动的课题求解是非常困难的.以下就一个自由度的达芬(Duffing)方程的求解,看一下正则变换对于求解非线性方程的应用.

2.1.3.2 达芬非线性方程

达芬方程是非线性振动的典型问题,现有求解方法主要是摄动法,见文献[31,33].这一节将引入正则变换导向对偶体系来求解.达芬方程为

$$\ddot{x} + c\dot{x} + x + bx^3 = f\cos\omega_a t, \quad c \geqslant 0 \qquad (2.1.24)$$

其中 b, c, f 与 ω_a 是给定参数.由于 bx^3 项,该方程成为非线性微分方程.现在要寻求其强迫振动周期解.注意,强迫振动频率 ω_a 应当在 1 附近,这样可以求出接近于共振的解.显然,周期解的频率应当与强迫振动频率一样,也是 ω_a.

达芬方程不是保守体系,但其基本体系是保守自治的,为

$$\ddot{x} + x + bx^3 = 0 \qquad (2.1.25)$$

其相应的拉格朗日函数是

$$L(x,\dot{x})=\frac{\dot{x}^2}{2}-\frac{x^2}{2}-\frac{bx^4}{4} \tag{2.1.26}$$

于是对偶体系就可引入哈密顿的框架,令对偶变量为

$$p=\frac{\partial L}{\partial \dot{x}}=\dot{x} \tag{2.1.27}$$

于是勒让德变换给出

$$H(x,p)=p\dot{x}-L(x,\dot{x})=\frac{p^2}{2}+\frac{x^2}{2}+\frac{bx^4}{4} \tag{2.1.28}$$

显然,能量守恒给出

$$H(x,p)=\frac{p^2}{2}+\frac{x^2}{2}+\frac{bx^4}{4}=C \tag{2.1.29}$$

其中 C 是能量守恒常数. 而正则对偶方程可以写出为

$$\dot{x}=\frac{\partial H}{\partial p}=p,\quad \dot{p}=-\frac{\partial H}{\partial x}=-x-bx^3 \tag{2.1.30}$$

对应正则系统的哈密顿-雅可比方程可以写为

$$\frac{\partial S}{\partial t}+H\left(x,\frac{\partial S}{\partial x},t\right)=0 \tag{2.1.31}$$

其中函数 $S(x,t)$就是作用量,其定义为

$$S=\int_{t_0}^{t}L(x,\dot{x},\tau)\mathrm{d}\tau \tag{2.1.32}$$

初始条件为

$$x(0)=x_0=\text{已知},\quad \text{当 }\tau=t_0 \tag{2.1.33}$$

现在的意图是对应于方程(2.1.25)推导一个正则变换,再在变换后的正则坐标下求解原问题. 由于基本体系(2.1.25)是保守体系,哈密顿-雅可比方程(2.1.31)的解应当为

$$S=S(\boldsymbol{q},t,\alpha_1,\alpha_2,\cdots,\alpha_n)+A \tag{2.1.34}$$

其中 $\alpha_1,\alpha_2,\cdots,\alpha_n,A$ 是任意常数,这是对 n 个自由度系统的公式,见 1.10 节. 显然,常数 A 是无用的. 当前 $n=1$,故哈密顿-雅可比方程为

$$\frac{\partial S}{\partial t}+\left[\left(\frac{\partial S}{\partial x}\right)^2+x^2+\frac{bx^4}{2}\right]\Big/2=0 \tag{2.1.35}$$

对于时不变系统，时间 t 只在$\frac{\partial S}{\partial t}$项出现，故解的形式必为

$$S(x,C,t)=W(x,C)-Ct \tag{2.1.36}$$

其中 C 是积分常数. 而 W 是特征函数，为

$$\left[\left(\frac{\mathrm{d}W}{\mathrm{d}x}\right)^2+x^2+\frac{bx^4}{2}\right]\Big/2=C \tag{2.1.37}$$

其中 C 是保守的机械能. 对于 W 积分给出

$$W(x,C)=\sqrt{2C}\int\sqrt{1-(x^2+bx^4/2)/(2C)}\,\mathrm{d}x \tag{2.1.38}$$

$W(x,C)$是一个椭圆函数，而 C 为待定常数. 将 $W(x,C)$代入方程(2.1.36)就给出了作用量. 运用能量守恒 $p^2/2+x^2/2+bx^4/4=C$ 与 $t=t_0$，有

$$p_0^2=2C-x_0^2-bx_0^4/2 \tag{2.1.39}$$

初始动量 p_0 就由 C 表达出来.

将作用量 $S(x,C,t)$的完全积分当作第一类生成函数 $F_1(\boldsymbol{q},\boldsymbol{Q},t)$，而将 S 中的积分常数C 当作变换后的广义坐标Q

$$Q=C \tag{2.1.40a}$$

于是就可运用第一章(1.11.2)式以下根据完全积分求解运动方程的雅可比方法. 首先给出

$$p=\frac{\partial S}{\partial x}=\frac{\partial W}{\partial x}=\sqrt{(2C)-(x^2/2+bx^4/4)} \tag{2.1.41}$$

其中 $w(x,Q)$是已知函数并且在任何时间 t 都成立. 下一步是(对于 n 个自由度)

$$P_i=-\frac{\partial S}{\partial Q_i}=-\frac{\partial S}{\partial \alpha_i} \tag{2.1.42}$$

因为将哈密顿-雅可比方程的完全解当作正则变换的生成函数，故变换后的哈密顿函数 $K=0$，而广义动量 P 也成为常数，记为 β

$$P=\beta \tag{2.1.40b}$$

方程(2.1.40a,b)给出 Q,P 为常数，相当于保守系统(2.1.25)的自由振动. 该振动的周期要确定出来，这是与振幅$x_{\max}$有关的.

$x_{\max}$可以由能量守恒计算为

$$\frac{x_{\max}^2}{2}+\frac{bx_{\max}^4}{4}=C,\quad x_{\max}=\left(\frac{\sqrt{1+4Cb}-1}{b}\right)^{1/2}$$

为了与外力的给定频率 ω_a 一致，自由振动周期应当也是 $T=2\pi/\omega_a$，计算为

$$T=2\int_{-x_{\max}}^{x_{\max}}\left(2C-x^2-\frac{bx^4}{2}\right)^{-1/2}\mathrm{d}x$$

周期 T 是参数C 的函数，这是应当仔细算好的. 按方程(2.1.36)与(2.1.41)

$$\beta=-\frac{\partial S}{\partial C}=t-w(x,Q) \qquad (2.1.43)$$

其中

$$w(x,C)=\sqrt{\frac{2}{C}}\int\frac{\mathrm{d}x}{\sqrt{1-(x^2+bx^4/2)/(2C)}} \qquad (2.1.43a)$$

由方程(2.1.43)，x 可求解为时间t 与两个积分参数C，β 的函数.

按方程(2.1.40a,b)，参数 C 与β 现在处理为两个新的坐标 Q，P. 对于能量保守系统(2.1.25)，它们是常数. 回到原先的系统(2.1.24)，Q，P 就不是常数了；但变换还是按保守系统推导的正则变换. 因此变换后就写成 Q，P，对原来的系统它们是待求的未知量. 将(2.1.41)，(2.1.43)式中的参数 C 与β 换成Q 与P，有

$$p=\sqrt{(2Q)-(x^2/2+bx^4/4)}\quad 与\quad P=t-w(x,Q) \qquad (2.1.44a,b)$$

这就是正则变换. 由(2.1.44b)式，x 可以求解为

$$x=x(Q,P,t)[=x(C,\beta,t)] \qquad (2.1.45a)$$

然后，将以上方程代入(2.1.44a)式给出

$$p=\sqrt{(2Q)-(x^2/2+bx^4/4)}=p(Q,P,t) \qquad (2.1.45b)$$

方程(2.1.45a,b)给出的正则变换是将原有变量 x，p 表达为Q，P 与t 的函数.

在以上正则变换下，原有系统可先分解为

$$\dot{x} = p, \quad \dot{p} = -x - bx^3 - cp + f\cos\omega_a t \tag{2.1.46a,b}$$

将正则变换方程(2.1.45a,b)代入方程(2.1.46a,b)给出

$$p = \frac{\partial x}{\partial Q}\dot{Q} + \frac{\partial x}{\partial P}\dot{P} + \frac{\partial x}{\partial t}, \quad 或 \quad \frac{\partial x}{\partial Q}\dot{Q} + \frac{\partial x}{\partial P}\dot{P} = p - \frac{\partial x}{\partial t} \tag{2.1.46c}$$

$$\dot{p} = -x - bx^3 - c\left(\frac{\partial x}{\partial Q}\dot{Q} + \frac{\partial x}{\partial P}\dot{P} + \frac{\partial x}{\partial t}\right) + f\cos\omega_a t$$

另一方面,直接对方程(2.1.45b)进行微分,

$$\dot{p} = \frac{\partial p}{\partial Q}\dot{Q} + \frac{\partial p}{\partial P}\dot{P} + \frac{\partial p}{\partial t}$$

故

$$\left(\frac{\partial p}{\partial Q} + c\frac{\partial x}{\partial Q}\right)\dot{Q} + \left(\frac{\partial p}{\partial P} + c\frac{\partial x}{\partial P}\right)\dot{P} = -x - bx^3 - c\frac{\partial x}{\partial t} - \frac{\partial p}{\partial t} + f\cos\omega_a t \tag{2.1.46d}$$

对以上方程(2.1.46c,d),运用 $x = x(Q,P,t)$,$p = p(Q,P,t)$是保守系统(2.1.25)的正则变换的性质,对偶方程便成为

$$\frac{\partial x}{\partial Q}\dot{Q} + \frac{\partial x}{\partial P}\dot{P} = 0 \tag{2.1.47a}$$

$$\left(\frac{\partial p}{\partial Q} + c\frac{\partial x}{\partial Q}\right)\dot{Q} + \left(\frac{\partial p}{\partial P} + c\frac{\partial x}{\partial P}\right)\dot{P} = -c\frac{\partial x}{\partial t} + f\cos\omega_a t \tag{2.1.47b}$$

对此求解 $\dot{Q}$ 与 $\dot{P}$ 给出了原有系统对于 Q,P 新的对偶方程.推导至此并未引入近似.

在方程(2.1.47a,b)中,含有 x,p 的所有项皆看作为 Q,P 的函数.得到的当然还是非线性系统.要求解非线性系统,总得用数值积分.当然对一些简单问题,某些近似分析解也是可用的.

2.1.3.3 达芬方程的简化解法

现在提供一个简化解法举例.代替非线性保守系统(2.1.25),也可以选择为简谐振子,这是最常用的方法.保守系统无非是提供

一个正则变换,当然也可以选择为

$$\ddot{x} + \omega_a^2 x = 0 \tag{2.1.25'}$$

因为要寻求周期解,其固有频率与外力的频率相同.其拉格朗日函数是

$$L(x,\dot{x}) = \frac{\dot{x}^2}{2} - \frac{\omega_a^2 x^2}{2} \tag{2.1.26'}$$

其对偶变量为

$$p = \frac{\partial L}{\partial \dot{x}} = \dot{x} \tag{2.1.27'}$$

勒让德变换给出哈密顿函数

$$H(x,p) = p\dot{x} - L(x,\dot{x}) = \frac{p^2}{2} + \frac{\omega_a^2 x^2}{2} \tag{2.1.28'}$$

能量守恒给出

$$H(x,p) = \frac{p^2}{2} + \frac{\omega_a^2 x^2}{2} = C \tag{2.1.29'}$$

其中 C 为常数,简化系统的保守能量.其正则对偶方程为

$$\dot{x} = \frac{\partial H}{\partial p} = p, \quad \dot{p} = -\frac{\partial H}{\partial x} = -\omega_a^2 x \tag{2.1.30'}$$

其哈密顿-雅可比方程仍是(2.1.31)式,而作用量 $S(x,t)$仍定义为(2.1.32)式,有

$$\frac{\partial S}{\partial t} + \left[\left(\frac{\partial S}{\partial x}\right)^2 + \omega_a^2 x^2\right]\Big/2 = 0 \tag{2.1.35'}$$

时不变系统,故解的形式必为

$$S(x,C,t) = W(x,C) - Ct \tag{2.1.36'}$$

其中 C 是积分常数,而 W 是特征函数,为

$$\left[\left(\frac{\mathrm{d}W}{\mathrm{d}x}\right)^2 + \omega_a^2 x^2\right]\Big/2 = C \tag{2.1.37'}$$

由于方程简单,可以求出 W 的原函数

$$\begin{aligned} W(x,C) &= \sqrt{2C}\int\sqrt{1-(\omega_a^2 x^2)/(2C)}\,\mathrm{d}x \\ &= \frac{C}{\omega}\left[\arcsin\left(x\sqrt{\frac{\omega_a^2}{2C}}\right) + \sqrt{\frac{\omega_a^2}{2C}}x\sqrt{1-\frac{\omega_a^2}{2C}x^2}\right] \end{aligned} \tag{2.1.38'}$$

$$S = \sqrt{2C}\int\sqrt{1-\omega_a^2x^2/(2C)}\,\mathrm{d}x - Ct$$

重要的是

$$\beta = -\frac{\partial S}{\partial C} = t - \sqrt{2/C}\int \mathrm{d}x/\sqrt{1-\omega_a^2x^2/(2C)}$$

$$= t - \arcsin(x\sqrt{\omega_a^2/2C})/\omega_a$$

由此方程 x 可以解出为时间 t 与两个参数 C,β 的函数

$$x = \sqrt{2C/(\omega_a^2)}\sin\omega_a(t-\beta)$$

这是熟知的简谐振动.而其动量解出为

$$p = \sqrt{2C}\cos\omega_a(t-\beta)$$

参数 C,β 的物理意义是能量与相角.这些都是对于简化系统的.将参数 C,β 当作对偶坐标 Q,P 就给出正则变换

$$x = \frac{\sqrt{2Q}}{\omega_a}\sin\omega_a(t-P)$$

$$p = \sqrt{2Q}\cos\omega_a(t-P) \qquad (2.1.45\mathrm{a}',\mathrm{b}')$$

以上的推导是平行于上一节的,现在回到原系统(2.1.24).对偶方程是

$$\dot{x} = p, \quad \dot{p} = -\omega_a^2x + (\omega_a^2-1)x - bx^3 - cp + f\cos\omega_a t \qquad (2.1.46\mathrm{a},\mathrm{b}')$$

将变换(2.1.45a,b′)代入方程(2.1.46a,b′),给出

$$[\sin\omega_a(t-P)/(\omega_a\sqrt{2Q})]\dot{Q} - [\sqrt{2Q}\cos\omega_a(t-P)]\dot{P} = 0 \qquad (2.1.47\mathrm{a}')$$

直接对(2.1.45b′)式微商给出

$$\dot{p} = [\cos\omega_a(t-P)/\sqrt{2Q}]\dot{Q} + [\omega_a\sqrt{2Q}\sin\omega_a(t-P)]\dot{P}$$

$$-\omega_a\sqrt{2Q}\sin\omega_a(t-P)$$

再代入(2.1.46b′)式给出

$$[\cos\omega_a(t-P)/\sqrt{2Q}]\dot{Q} + [\omega_a\sqrt{2Q}\sin\omega_a(t-P)]\dot{P}$$

$$= (\omega_a^2 - 1)(\sqrt{2Q}/\omega_a)\sin\omega_a(t-P) - c\sqrt{2Q}\cos\omega_a(t-P)$$
$$- b(\sqrt{2Q}/\omega_a)^3\sin^3\omega_a(t-P) + f\cos\omega_a t \tag{2.1.47b'}$$

对于方程(2.1.47a,b′)求解 $\dot{Q},\dot{P}$ 给出

$$\dot{Q} = \left\{ f\cos\omega_a t + (\omega_a^2-1)\frac{\sqrt{2Q}}{\omega_a}\sin\omega_a(t-P) - c\sqrt{2Q}\cos\omega_a(t-P) - b\left(\frac{\sqrt{2Q}}{\omega_a}\right)^3\sin^3\omega_a(t-P)\right\} \times \sqrt{2Q}\cos\omega_a(t-P) \tag{2.1.48a}$$

$$\dot{P} = \left\{(\omega_a^2-1)\frac{\sqrt{2Q}}{\omega_a}\sin\omega_a(t-P) - b\left(\frac{\sqrt{2Q}}{\omega_a}\right)^3\sin^3\omega_a(t-P) + f\cos\omega_a t - c\sqrt{2Q}\cos\omega_a(t-P)\right\} \times \sin\omega_a(t-P)/(\omega_a\sqrt{2Q}) \tag{2.1.48b}$$

至此推导都是精确的,但联立微分方程比较复杂.当然可以直接作数值积分;分析解法就要引入一些近似.注意 Q 是简化振子(2.1.25′)的能量,寻求周期解时 Q 在一个周期 $T=2\pi/\omega_a$ 后不应变化.因此 $\dot{Q}$ 在一个周期内的积分应为零,这给出

$$\int_0^T \left\{ f\cos\omega_a t + (\omega_a^2-1)\frac{\sqrt{2Q}}{\omega_a}\sin\omega_a(t-P) - c\sqrt{2Q}\cos\omega_a(t-P) - b\left(\frac{\sqrt{2Q}}{\omega_a}\right)^3\sin^3\omega_a(t-P)\right\} \times \sqrt{2Q}\cos\omega_a(t-P)\mathrm{d}t = 0 \tag{2.1.49a}$$

同样,幅角在一个周期后也不应变化,这给出方程

$$\int_0^T \left\{ f\cos\omega_a t + (\omega_a^2-1)\frac{\sqrt{2Q}}{\omega_a}\sin\omega_a(t-P) - c\sqrt{2Q}\cos\omega_a(t-P) - b\left(\frac{\sqrt{2Q}}{\omega_a}\right)^3\sin^3\omega_a(t-P)\right\} \times \sin\omega_a(t-P)/(\omega_a\sqrt{2Q})\mathrm{d}t = 0 \tag{2.1.49b}$$

然而,未知量$\sqrt{2Q}$与P仍在被积分函数中.作为第一次近似,这些量可以在积分号下当作为常数.于是就可以直接积分出来,得到的联立方程为

$$f\cos\omega_a P - c\sqrt{2Q} = 0,$$

$$-f\sin\omega_a P+\left(\omega_a-\frac{1}{\omega_a}\right)\sqrt{2Q}-\frac{3b}{4}\left(\frac{\sqrt{2Q}}{\omega_a}\right)^3=0$$

这是对于$\sqrt{2Q}$与P的方程.消去P有

$$(2Q)^3\times\frac{9b^2}{16\omega_a^6}+(2Q)^2\times\frac{3b}{2\omega_a^4}(1-\omega_a^2)$$
$$+(2Q)\left[c^2+\left(\omega_a-\frac{1}{\omega_a}\right)^2\right]-f^2=0$$

由该三次代数方程解出根$2Q_0$,然后再解出相位P_0.注意,解出的Q_0,P_0是一个周期内的平均值.解出了平均值Q_0,P_0后,就可以代入(2.1.48a,b)式右侧,再进行积分以求出一次近似$Q_{0a}(t)$,$P_{0a}(t)$.

进一步的近似解应当将$Q_{0a}(t),P_{0a}(t)$代入(2.1.49a,b)式积分号内,积分.此时仍然必须注意积分而得的周期性条件(2.1.49a,b).因此其平均值也要修改为$2Q_1$与P_1等.非线性方程求解当然是费劲的,还有许多分析等,可以参见非线性振动的著作.总之,非线性系统在正则变换下也能计算了.非线性振动当然也关心多自由度的体系,正则变换的方法当然可用于多自由度非线性振动体系,这是兴趣所在.下文在讲多自由度体系振动时还要讲到.

求周期解就是求极限环,极限环有**稳定性**问题.极限环并不总稳定.应当对周期运动做摄动,得到变系数常微分方程再用前文讲的弗络德理论分析其稳定性问题.对具体问题还得具体分析.非线性振动往往对初值很敏感,即使很小的偏离也有可能就进入**混沌**,混沌就不稳定了.这表明极限环附近能保持稳定的带很薄,经不起干扰.

混沌有如风筝有线牵着,虽然运动不太规则,大家仍然喜爱.但混沌应与向无穷远发散相区别.向无穷远发散是不可接受的,就有如断了线的风筝.而混沌可以是近乎周期的运动,还可以是有某种规律的.虽然偏离了理想轨道但毕竟还可以回来.中国人俗称"魔高一尺,道高一丈";洋人俗称是"虽然有撒旦、但毕竟有上帝".

如果什么都完全稳定，世界也有点儿太单调了．混沌给研究带来了新的课题．

看一个特殊情况，即无阻尼、无外力驱动的情形．这是保守系统(2.1.25)，本来可以求分析解的，解应当是**保辛**的(symplectic conservative)．但现在是近似解，周期解一次近似由(2.1.49)式解得 $2Q_0=4\omega_a^2(\omega_a^2-1)/3b$，取 $P_0=0$．然后积分，有

$$
\begin{aligned}
Q_{0a}(t) &= \frac{2Q_0}{\omega_a}\int_0^t\left[(\omega_a^2-1)\sin\omega_a\tau - b\,\frac{2Q_0}{\omega_a^2}\sin^3\omega_a\tau\right]\cos\omega_a\tau\,\mathrm{d}\tau \\
&= \frac{Q_0}{2\omega_a^2}\left[(\omega_a^2-1)+\frac{bQ_0}{2\omega_a^2}\right](1-\cos2\omega_a t) \\
&\quad -\frac{bQ_0^2}{16\omega_a^4}(1-\cos4\omega_a t)
\end{aligned}
$$

$$
\begin{aligned}
P_{0a}(t) &= \frac{1}{\omega_a^2}\int_0^t\left[(\omega_a^2-1)\sin\omega_a\tau - b\,\frac{2Q_0}{\omega_a^2}\sin^3\omega_a\tau\right]\sin\omega_a\tau\,\mathrm{d}\tau \\
&= \frac{1}{4\omega_a^3}\left[\sin2\omega_a t\left(1-\omega_a^2+\frac{2bQ_0}{\omega_a^2}\right)+\frac{bQ_0}{4\omega_a^2}\sin4\omega_a t\right]
\end{aligned}
$$

由于用了近似，运动只能对一个周期后保辛，而不能对任何时间 t 都满足 $\dot{Q}=\dfrac{\partial K}{\partial P},\dot{P}=-\dfrac{\partial K}{\partial Q}$，其中

$$
K(Q,P)=Q(\omega_a^{-2}-1)\sin^2\omega_a(t-P)+\frac{bQ^2}{\omega_a^4}\sin^4\omega_a(t-P)
$$

要求处处保辛的近似积分是很关心的．处处保辛意味着找到一个近似哈密顿函数 $K_a(Q,P)$以使 $K_a(Q,P)\approx K(Q,P)$，并且运动是按对偶正则方程

$$
\dot{Q}=\frac{\partial K_a}{\partial P},\quad \dot{P}=-\frac{\partial K_a}{\partial Q}
$$

积分的．对于当前课题，如果取

$$
\begin{aligned}
K_a(Q,P) &= Q_0(\omega_a^{-2}-1)\sin^2\omega_a(t-P) \\
&\quad +\frac{bQ_0^2}{\omega_a^4}\sin^4\omega_a(t-P)\approx K(Q,P)
\end{aligned}
$$

则导出的对偶方程为

$$\dot{Q}_{0a}(t)=Q_0(\omega_a-\omega_a^{-1})\sin 2\omega_a(t-P_{0a})$$

$$-\frac{2bQ_0^2}{\omega_a^3}\sin^2\omega_a(t-P_{0a})\sin 2\omega_a(t-P_{0a})$$

$$\dot{P}_{0a}=0.$$

积分得 $P_{0a}=0$,从而

$$\dot{Q}_{0a}(t)=Q_0(\omega_a-\omega_a^{-1})\sin 2\omega_a t-\frac{2bQ_0^2}{\omega_a^3}\sin^2\omega_a t\sin 2\omega_a t$$

$$=\left[Q_0(\omega_a-\omega_a^{-1})+\frac{bQ_0^2}{2\omega_a^3}\right]\sin 2\omega_a t-\frac{bQ_0^2}{4\omega_a^3}\sin 4\omega_a t$$

积分得

$$Q_{0a}(t)=\left[Q_0(1-\omega_a^{-2})\big/2+bQ_0^2/4\omega_a^4\right](1-\cos 2\omega_a t)$$

$$-\frac{bQ_0^2}{16\omega_a^4}(1-\cos 4\omega_a t)$$

可以看到,$Q_{0a}(t)$是一致的,然而 $P_{0a}(t)$不一样.

这一章讲振动,有时间坐标的积分.在讲到波传播时,时间坐标就成为长度坐标,出现非线性时也可以采用正则变换的方法去求解.尤其,在面对非线性状态空间控制理论的问题时,正则变换方法也是很有用的.这些就是以后的前景了.总之,正则变换方法是有重要意义的.它与寻求本征解有密切关系,所以下文讲解本征解的计算用了很多篇幅.

2.2 多个自由度系统的振动

两个以上带质量自由度的振动就是多自由度的振动.各类工程中多自由度振动的课题很多,这里先从分析力学的角度进行推导.按(1.5.7)式知,动能的算式划分为速度 $\dot{\boldsymbol{q}}$ 的二次式、一次及零次式.如果惯性坐标中质点向量 $\boldsymbol{r}_i$ 与时间 t 不显式相关,则由(1.5.8)式知 $T_1=T_0=0$,而只有 T_2,即动能是广义速度的二次齐次式.这是惯性坐标中的微振动,设发生的振动是小幅的,此时(1.5.8)式中 $m_{rs}(\boldsymbol{q},t)$被认为是常值的,写成向量-矩阵形式

$$T = \dot{\boldsymbol{q}}^{\mathrm{T}}\boldsymbol{M}\dot{\boldsymbol{q}}/2 \tag{2.2.1}$$

其中 $\dot{\boldsymbol{q}}$ 是 n 维广义速度向量,$\boldsymbol{M}$ 是 $n\times n$ 对称正定矩阵.势能 $\boldsymbol{\Pi}$ 在平衡点 $\boldsymbol{q}=\boldsymbol{0}$ 附近成为

$$\boldsymbol{\Pi} = \boldsymbol{q}^{\mathrm{T}}\boldsymbol{K}\boldsymbol{q}/2,\qquad \boldsymbol{K}^{\mathrm{T}} = \boldsymbol{K} \tag{2.2.2}$$

这里重点讲无阻尼自由振动这个专题,这是用于有阻尼振动与强迫振动分析的基础.例如后文对于随机振动的分析,就要用无阻尼振动的本征向量展开.其余的应用可以从众多的著作找到.

2.2.1 无阻尼自由振动、本征解

如果不考虑外力激励也不考虑阻尼作用,则由 $L = T - \Pi$ 可从拉格朗日方程导出多自由度的无阻尼线性自由振动方程

$$\boldsymbol{M}\ddot{\boldsymbol{q}} + \boldsymbol{K}\boldsymbol{q} = \boldsymbol{0} \tag{2.2.3}$$

该方程只有二项,可以分离变量.取 $\boldsymbol{q}(t) = \boldsymbol{\psi}f(t)$,其中 $f(t)$是纯量函数,而 n 维向量 $\boldsymbol{\psi}$ 则反映了 $\boldsymbol{q}$ 随其分量号 i,$1\leqslant i\leqslant n$ 的变化规则.代入(2.2.3)式经简单操作有

$$-(\ddot{f}/f)\boldsymbol{M}\boldsymbol{\psi} = \boldsymbol{K}\boldsymbol{\psi} \tag{2.2.4}$$

因为右端只与向量的分量号 i 有关而与时间无关,所以左端也应与时间无关,因此只可能 $-(\ddot{f}/f) = \omega^2$,其中 ω^2 是一个常数.通常 $\boldsymbol{K}$ 是正定阵,所以写成 ω^2 是合适的.由此可以解得 $f(t) = a\cos\omega t + B\sin\omega t$;而对广义本征向量 $\boldsymbol{\psi}$ 的方程为

$$\boldsymbol{K}\boldsymbol{\psi} - \omega^2\boldsymbol{M}\boldsymbol{\psi} = \boldsymbol{0} \tag{2.2.5}$$

这就得到多自由度系统的本征振动方程.本征值应满足

$$\det(\boldsymbol{K} - \omega^2\boldsymbol{M}) = 0 \tag{2.2.6}$$

这是 ω^2 的 n 次代数方程,有 n 个根,若有重根则应重复记数.对应于每一个根 $\omega_i^2(i=1,2,\cdots,n)$,存在一个本征向量 $\boldsymbol{\psi}_i$ 满足(2.2.5)式,即

$$\boldsymbol{K}\boldsymbol{\psi}_i = \omega_i^2\boldsymbol{M}\boldsymbol{\psi}_i,\quad \boldsymbol{K}\boldsymbol{\psi}_j = \omega_j^2\boldsymbol{M}\boldsymbol{\psi}_j\quad (i,j=1,2,\cdots,n)$$

以下证明本征向量互相间的正交性.将 $\boldsymbol{\psi}_j^{\mathrm{T}}$ 与 $\boldsymbol{\psi}_i^{\mathrm{T}}$ 分别左乘上

二式并相减，则由于 $\boldsymbol{K}$，$\boldsymbol{M}$ 皆为对称矩阵，故 $\boldsymbol{\psi}_j^{\mathrm{T}}\boldsymbol{M}\boldsymbol{\psi}_i=\boldsymbol{\psi}_i^{\mathrm{T}}\boldsymbol{M}\boldsymbol{\psi}_j$，对 $\boldsymbol{K}$ 同，有

$$(\omega_i^2-\omega_j^2)\boldsymbol{\psi}_j^{\mathrm{T}}\boldsymbol{M}\boldsymbol{\psi}_i=0$$

表明

$$\text{当 } \omega_i^2\neq\omega_j^2 \text{ 时，}\quad \boldsymbol{\psi}_j^{\mathrm{T}}\boldsymbol{M}\boldsymbol{\psi}_i=0 \tag{2.2.7a}$$

同样，

$$\text{当 } \omega_i^2\neq\omega_j^2 \text{ 时，}\quad \boldsymbol{\psi}_i^{\mathrm{T}}\boldsymbol{K}\boldsymbol{\psi}_j=0 \tag{2.2.7b}$$

这表明**本征向量对质量阵与刚度阵分别都正交**. 本征向量还有一个任意常数的乘子可以选定，为此令

$$\boldsymbol{\psi}_i^{\mathrm{T}}\boldsymbol{M}\boldsymbol{\psi}_i=1 \tag{2.2.8}$$

这就是归一化，**对质量阵的归一化**.

还要证明**全部本征值 ω_i^2 皆为实数**. 由本征方程(2.2.5)知若 ω_i^2 为复数，则 $\boldsymbol{\psi}_i$ 也必为复值向量. 用上面一横代表取复共轭值，将方程(2.2.5)双方取复共轭有

$$\boldsymbol{K}\overline{\boldsymbol{\psi}}_i=\overline{\omega}_i^2\boldsymbol{M}\overline{\boldsymbol{\psi}}_i\Rightarrow\boldsymbol{\psi}_i^{\mathrm{T}}\boldsymbol{K}\overline{\boldsymbol{\psi}}_i=\overline{\omega}_i^2\boldsymbol{\psi}_i^{\mathrm{T}}\boldsymbol{M}\overline{\boldsymbol{\psi}}_i$$

有如上文正交性证明一样，这将导致 $\boldsymbol{\psi}_i^{\mathrm{T}}\boldsymbol{M}\overline{\boldsymbol{\psi}}_i=0$. 现将质量阵三角化分解为

$$\boldsymbol{M}=\boldsymbol{L}\boldsymbol{L}^{\mathrm{T}} \tag{2.2.9}$$

称为楚列斯基(Cholesky)三角化. 条件成为 $(\boldsymbol{L}^{\mathrm{T}}\boldsymbol{\psi}_i)^{\mathrm{T}}(\overline{\boldsymbol{L}^{\mathrm{T}}\boldsymbol{\psi}_i})=0$，这只有零向量才成立. 但 $\boldsymbol{\psi}_i$ 不是零向量，出现矛盾，故知 ω_i^2 不是复数. 注意，由于运用了(2.2.9)式，这个结论只当 $\boldsymbol{M}$ 为正定时才成立.

将全部本征解按本征值 ω_i^2 自小而大排列，并以本征向量为列排成 $n\times n$ 矩阵

$$\boldsymbol{\Psi}=(\boldsymbol{\psi}_1,\boldsymbol{\psi}_2,\cdots,\boldsymbol{\psi}_n) \tag{2.2.10}$$

根据正交归一化的性质，可知

$$\boldsymbol{\Psi}^{\mathrm{T}}\boldsymbol{M}\boldsymbol{\Psi}=\boldsymbol{I}_n \tag{2.2.11}$$

令 $\boldsymbol{S}=\boldsymbol{L}^{\mathrm{T}}\boldsymbol{\Psi}$，则由(2.2.9)式有 $\boldsymbol{S}^{\mathrm{T}}\boldsymbol{S}=\boldsymbol{I}$ 或写成

$$\boldsymbol{S}^{\mathrm{T}}\boldsymbol{I}_n\boldsymbol{S}=\boldsymbol{I}_n \tag{2.2.12}$$

表明 $\boldsymbol{S}$ 是一个正交矩阵. 正交矩阵的行列式值为 ± 1. 可取其为 1.

本征值可以通过变分原理来寻求. 按哈密顿变分原理其作用量积分应当取驻值, 即

$$\delta\int_0^{t_f}[\dot{\boldsymbol{q}}^{\mathrm{T}}\boldsymbol{M}\dot{\boldsymbol{q}}/2-\boldsymbol{q}^{\mathrm{T}}\boldsymbol{K}\boldsymbol{q}/2]\mathrm{d}t=0 \tag{2.2.13}$$

此式推导时要求 $0, t_f$ 两端的 $\boldsymbol{q}$ 为给定, 见(1.5.4)式. 现取

$$\boldsymbol{q}=\boldsymbol{u}\sin\omega t,\quad \dot{\boldsymbol{q}}=\omega\boldsymbol{u}\cos\omega t \tag{2.2.14}$$

代入(2.2.13)式, 并取 $t_f=2m\pi/\omega$, m 是一个很大的整数. 在这个试函数的表述中, ω 只是一个参数, 不参加变分, 变分的只是向量 $\boldsymbol{u}$. 这样, 两端的条件已满足. 于是积分后得

$$\delta[\boldsymbol{u}^{\mathrm{T}}(\omega^2\boldsymbol{M}-\boldsymbol{K})\boldsymbol{u}]=0 \tag{2.2.15}$$

其中变分只对 $\boldsymbol{u}$ 取. 另一方面用 $\boldsymbol{u}^{\mathrm{T}}$ 左乘(2.2.5)式, 知本征解应使上式方括号内为零, 故

$$\omega_i^2=\boldsymbol{\psi}_i^{\mathrm{T}}\boldsymbol{K}\boldsymbol{\psi}_i/\boldsymbol{\psi}_i^{\mathrm{T}}\boldsymbol{M}\boldsymbol{\psi}_i\quad(=\Pi/T) \tag{2.2.16}$$

称为**瑞利商**(Rayleigh quotient). 变分式(2.2.15)可写成瑞利商的极值

$$\delta[\boldsymbol{u}^{\mathrm{T}}\boldsymbol{K}\boldsymbol{u}/\boldsymbol{u}^{\mathrm{T}}\boldsymbol{M}\boldsymbol{u}]=0 \tag{2.2.17}$$

如果只是寻求基频 ω_1^2, 则上式可写成为

$$\omega_1^2=\min_{u}(\Pi/T) \tag{2.2.17'}$$

在无阻尼自由振动变分式中, 取变分的只是位移向量 $\boldsymbol{u}$. 其各个分量是独立变分的. 由此可求得共 n 对的本征值与本征向量

$$[\omega_i^2, \boldsymbol{\psi}_i]\qquad(i=1,2,\cdots,n)$$

寻求本征向量的一个重要应用是, 任意的 n 维向量皆可以由本征向量来线性叠加, 称为本征向量展开. 由(2.2.11)式知 $\boldsymbol{\Psi}$ 不是奇异矩阵, 它所有的列向量, 即本征向量, 组成 n 维空间的一个线性无关基底向量组. 对任意向量 $\boldsymbol{u}$ 可展开为

$$\boldsymbol{u}=\boldsymbol{\Psi}\cdot\boldsymbol{a}\quad(=a_1\boldsymbol{\psi}_1+a_2\boldsymbol{\psi}_2+\cdots+a_n\boldsymbol{\psi}_n) \tag{2.2.18}$$

a_i 待求. 利用正交归一关系(2.2.6), (2.2.8)式, 用 $\boldsymbol{\psi}_i^{\mathrm{T}}\boldsymbol{M}$ 左乘上式, 有

$$a_i = \boldsymbol{\psi}_i^{\mathrm{T}} \boldsymbol{M} \boldsymbol{u} \qquad (i = 1,2,\cdots,n) \tag{2.2.19}$$

或合并在一起,有

$$\boldsymbol{a} = \boldsymbol{\Psi}^{\mathrm{T}} \boldsymbol{M} \boldsymbol{u} \tag{2.2.19$'$}$$

这就是**用本征向量展开**的公式.用本征向量展开求解是振动理论中最常用的解法之一.现用一个简单的例来表示.

例 设有二自由度体系 $n=2$,其质量阵 $\boldsymbol{M}$ 与刚度阵 $\boldsymbol{K}$ 分别为

$$\boldsymbol{M} = \begin{pmatrix} 100 & 0 \\ 0 & 1 \end{pmatrix}, \quad \boldsymbol{K} = \begin{pmatrix} 900 & 1 \\ 1 & 9 \end{pmatrix}$$

无阻尼自由振动.其初始条件为,当 $t=0$ 时,$q_1=1, q_2=0; \dot{q}_1=0, \dot{q}_2=0$,求解之.

解 先由 $\det(\boldsymbol{K}-\omega^2\boldsymbol{M})=0$,求出

$\omega_1^2=8.9$,本征向量 $\psi_{11}=1.0, \psi_{12}=-10.0$;以及 $\omega_2^2=9.1$, $\psi_{21}=1.0, \psi_{22}=10.0$.归一化后有

$$\boldsymbol{\Psi} = \frac{1}{\sqrt{2}}\begin{pmatrix} 0.1 & 0.1 \\ -1.0 & 1.0 \end{pmatrix}$$

$$q_1 = A_1 \psi_{11} \cos\omega_1 t + A_2 \psi_{21} \cos\omega_2 t$$

$$q_2 = A_1 \psi_{12} \cos\omega_1 t + A_2 \psi_{22} \cos\omega_2 t$$

$\dot{\boldsymbol{q}}=0$ 的条件已满足;还有初值条件为

$$A_1 + A_2 = 1, \quad -10A_1 + 10A_2 = 0, \quad 解得 \quad A_1 = A_2 = 0.5$$

$$q_1 = 0.5\cos\omega_1 t + 0.5\cos\omega_2 t = \cos(0.0166t)\cos(3t)$$

$$q_2 = 0.5(-10\cos\omega_1 t + 10\cos\omega_2 t) = 10\sin(0.0166t)\sin(3t)$$

这是典型的发生拍的现象的振动,见图 2.5.

产生拍的物理机制是,大质量在 $t=0$ 时有机械能,而小质量无初始位移,但它们的频率很接近且耦合很小.这表现在 $M_{11}/K_{11} \approx M_{22}/K_{22}$,而且 K_{12} 比较小.于是大质量振动就激发小质量共振,能量逐步传送到小质量上,使其发生很激烈的振动.然后,小质量的振动能量又逐渐输送回到大质量,如此往复不已.称为能量的游荡(wandering of the energy).

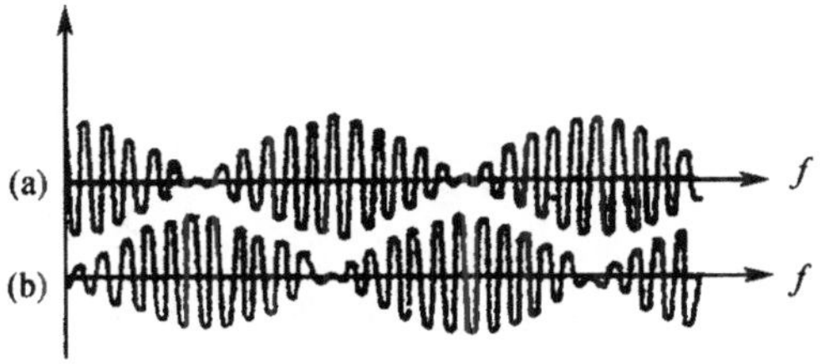

图 2.5 能量游荡,拍的现象

此等系统内部的共振应予注意,凡是共振都应注意.它有用的一方面是用于设计动力消振器[4],共振的作用是将附加上去的消振器(一般它的质量相对小),激振起来,同时装上消能装置,抑制原结构的振动.但结构不同部分之间发生这类共振时,往往造成一些不良结果.例如高层建筑顶部的某些附加建筑部分,设计时应注意其局部振动的频率,不可与主体结构的固有频率接近,否则整体结构的振动相当于大质量 M_1,其能量会如例题所说的,传送到小质量上.就可能发生所谓"鞭鞘效应"的内部共振,造成小质量的很大振动,见文献[152].

结构两部分之间的耦合关系,并不一定是线性系统的相互关系,也可能有非线性耦合,或内部参数共振的耦合.后文将就斜拉桥拉索的参数共振分析,讨论能量游荡问题.

2.2.2 约束,本征值计数

以上给出了本征解,正交性,本征向量展开等.这些是在自由振动系统(2.2.3)没有约束的条件下给出的.以下要考虑如果振动系统受有约束时的一些性质,由此可以得出一些重要定理.

先看一下瑞利商,如果将(2.2.17)式中的试向量用本征向量展开,即用(2.2.18)式的 $\boldsymbol{u}$ 代换(2.2.16)式中的 $\boldsymbol{\psi}$.因

$$\boldsymbol{\Psi}^{\mathrm{T}}\boldsymbol{M}\boldsymbol{\Psi} = \boldsymbol{I}_n, \quad \boldsymbol{\Psi}^{\mathrm{T}}\boldsymbol{K}\boldsymbol{\Psi} = \mathrm{diag}(\omega_1^2, \omega_2^2, \cdots, \omega_n^2) \tag{2.2.20}$$

故有

$$\omega^2 = \frac{\boldsymbol{a}^{\mathrm{T}}\mathrm{diag}(\omega_1^2,\cdots,\omega_n^2)\boldsymbol{a}}{\boldsymbol{a}^{\mathrm{T}}\boldsymbol{a}} = \frac{\sum_{i-1}^{n}\omega_i^2 a_i^2}{\sum_{i=1}^{n} a_i^2} \qquad (2.2.21)$$

利用本征向量展开的公式,可以进一步考察一个情况.如果变分的向量 $\boldsymbol{\psi}$ 不是全部独立的,而是具有 m 个线性约束的,则系统只有 $n-m$ 个自由度了,当然只能有 $n-m$ 个本征值了.该受约束系统的本征值特性将有何种性质呢?

设该线性约束表示为

$$\boldsymbol{b}_j^{\mathrm{T}}\boldsymbol{\psi} = 0 \qquad (j = 1,2,\cdots,m) \qquad (2.2.22)$$

其中 $\boldsymbol{b}_j$ 是给定的 n 维向量.当然有 $m<n$.问题是当 $\boldsymbol{b}_j$ 变化时,本征值的变化特点.

采用无约束时的本征向量展开表示.将 $\boldsymbol{\psi}=\boldsymbol{\Psi}\cdot\boldsymbol{a}$ 代入

$$(\boldsymbol{b}_j^{\mathrm{T}}\cdot\boldsymbol{\Psi})\boldsymbol{a} = 0, \quad 或 \quad \boldsymbol{\beta}_j^{\mathrm{T}}\cdot\boldsymbol{a} = 0, \quad \boldsymbol{\beta}_j = \boldsymbol{\Psi}^{\mathrm{T}}\boldsymbol{b}_j, \quad j\leqslant m \qquad (2.2.23)$$

问题在于观察 ω^2 随约束条件变化的特性.公式(2.2.21)应当要再加上(2.2.23)式的 m 个条件.此时再对 $\boldsymbol{a}$ 取 ω^2 的最小.这个 ω^2 当然依赖于约束条件的 $\boldsymbol{\beta}_j$.

如果这些 $\boldsymbol{\beta}_j$ 的选择为$\boldsymbol{\beta}_1^{\mathrm{T}}=(1,0,0,\cdots,0)$,$\boldsymbol{\beta}_2^{\mathrm{T}}=(0,1,\cdots,0)$,$\cdots$,则 $\boldsymbol{a}$ 必然只能是$\boldsymbol{a}=(0,0,\cdots,0,a_{m+1},a_{m+2},\cdots,a_n)^{\mathrm{T}}$,于是

$$\omega^2 = \min_{\boldsymbol{a}}\sum_{i=m+1}^{n}\omega_i^2 a_i^2 \Big/ \sum_{i=m+1}^{n} a_i^2 = \omega_{m+1}^2$$

这样,在 m 个约束条件下,本征值 ω^2 已经可以达到 ω_{m+1}^2.再分析 $\boldsymbol{\beta}_j(j=1,2,\cdots,m)$为任意向量的情形.此时可以先令 a 的分量

$$a_{m+2} = a_{m+3} = \cdots = a_n = 0$$

剩下只有 $a_1,a_2,\cdots,a_m,a_{m+1}$个分量可以选择.$m+1$ 个变量当然可以满足 m 个约束条件(2.2.23).并且这个特殊的选择只会限制其下式取极小的范围.因此有

$$\omega^2 = \min_{a} \sum_{i=1}^{m+1} \omega_i^2 a_i^2 \Big/ \sum_{i=1}^{m+1} a_i^2 \leqslant \omega_{m+1}^2$$

所以在 m 个线性约束条件之下,其最小本征值最多并确能达到 ω_{m+1}^2. 这就是本征值的**最大-最小**性质[1]. 第$(m+1)$个本征值 ω_{m+1}^2的特点是,选择 m 个约束条件以使本征值为最大,而 $\boldsymbol{\psi}$ 的选择则是在约束条件下使本征值最小

$$\omega_{m+1}^2 = \max_{b_j, j=1,\cdots,m} \left[\min_{\boldsymbol{\psi} | \boldsymbol{b}_j^{\mathrm{T}} \cdot \boldsymbol{\psi} = 0} (\boldsymbol{\psi}^{\mathrm{T}} \boldsymbol{K} \boldsymbol{\psi} / \boldsymbol{\psi}^{\mathrm{T}} \boldsymbol{M} \boldsymbol{\psi}) \right] \quad (2.2.24)$$

以上讨论了本征值的最大-最小性质. 以下要考虑系统在确定的一个线性约束下,其本征值分布的情况. 设未受约束的系统本有 n 个自由度;加上一个确定的约束

$$\boldsymbol{b}^{\mathrm{T}} \boldsymbol{\psi} = 0 \quad (2.2.25)$$

后就成为 $n-1$ 自由度的系统. 设原系统本征值为 $\omega_1^2, \omega_2^2, \cdots, \omega_n^2$ 由小到大排列. 约束后系统的本征值为 $\omega_{c1}^2, \omega_{c2}^2, \cdots, \omega_{c,n-1}^2$. 以下要证明所谓包含定理(inclusion theorem):

$$\omega_1^2 \leqslant \omega_{c1}^2 \leqslant \omega_2^2 \leqslant \omega_{c2}^2 \leqslant \cdots \leqslant \omega_{n-1}^2 \leqslant \omega_{c,n-1}^2 \leqslant \omega_n^2 \quad (2.2.26)$$

即约束系统的本征值是插在原系统相应两个本征值之间的.

证明可以运用以上的最大-最小性质. 设要证明

$$\omega_m^2 \leqslant \omega_{cm}^2 \leqslant \omega_{m+1}^2, \quad m < n \quad (2.2.26')$$

考虑到,原系统受一个给定约束的第 m 号本征值 ω_{cm}^2,应当是对此系统再任加 $m-1$ 个约束,并对这 $m-1$ 个约束取最大. 而 ω_{m+1}^2则是原系统任加 m 个约束取最大. 两者相比,都是 m 个约束,但 ω_{cm}^2 中有一个约束是给定的,而 ω_{m+1}^2则是 m 个约束都任意选. 因此选择范围更大,故有 $\omega_{cm}^2 \leqslant \omega_{m+1}^2$. 至于 $\omega_m^2 \leqslant \omega_{cm}^2$ 则是因为ω_m^2 是原系统任选 $m-1$ 个线性约束取最大而得;ω_{cm}^2 是任选 $m-1$个线性约束,再加上给定一个约束(2.2.25),受的约束更多些之故. 至此(2.2.26′)式都已证明.

对于给定的 ω^2,常常将矩阵

$$R(\omega^2) = K - \omega^2 M \tag{2.2.27}$$

称为**动力刚度阵**[155]. 动力刚度阵当然与 ω 有关,并且常常用于波传播问题、振动问题中. 确定振动系统的本征值计数也是其重要应用. 即,给定 $\omega_{\#}^2$,并计算出矩阵 $\boldsymbol{R}(\omega_{\#})$,问原有 $\boldsymbol{M},\boldsymbol{K}$ 系统的固有振动本征值 ω_i^2,在满足条件

$$\omega_i^2 < \omega_{\#}^2 \quad (i = 1,2,\cdots,m) \tag{2.2.28}$$

之下,共有几个(m 个)本征值? 怎样才能将其计数 m 确定下来?

这个问题最简单就是将本征值全部解出来,由(2.2.28)式就可知道. 但现在要求在只知道矩阵 $\boldsymbol{R}(\omega_{\#}^2)$的值的条件下,就将其计数 m 确定下来. 为此,应当先考虑所谓施图姆(Sturm)序列. 即 $\boldsymbol{R}$ 阵一系列主对角块的行列式值,

$$d_0 = 1, \quad d_1 = \det(r_{11}), \quad d_2 = \det\begin{pmatrix} r_{11} & r_{12} \\ r_{21} & r_{22} \end{pmatrix}, \cdots \tag{2.2.29}$$

见图 2.6. 虽然取出的是 $\boldsymbol{R}$ 阵的对角子块,但其构造仍是如(2.2.27)式所示为 $\boldsymbol{M},\boldsymbol{K}$ 阵的相应对角子块组成.

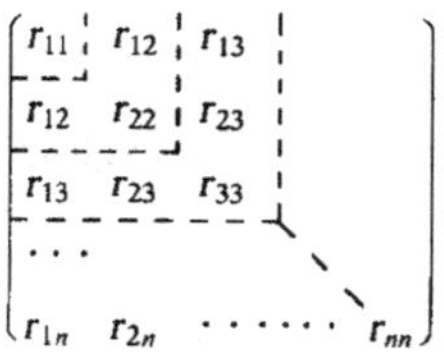

图 2.6 施图姆序列,主对角子矩阵的行列式

分析施图姆序列 $d_0, d_1, d_2, \cdots, d_n$ 的符号变化可以回答(2.2.28)式的本征值记数问题. (2.2.29)式中一系列子矩阵的生成,例如 d_k,可以从原结构 n 个自由度中约束掉后面的$(n-k)$个位移,只剩下前 k 个位移自由度. 这 k 个自由度的动力刚度阵就是第k 个对角子块,d_k 就是其行列式值. 先看 d_n 应有的正负号,

d_n 是$\omega_{\#}^2$的 n 次多项式

$$d_n \underset{\text{def}}{=} \det(\boldsymbol{K} - \omega_{\#}^2 \boldsymbol{M})$$
$$= \det(\boldsymbol{K}) \cdot \left(1 - \frac{\omega_{\#}^2}{\omega_1^2}\right)\left(1 - \frac{\omega_{\#}^2}{\omega_2^2}\right)\cdots\left(1 - \frac{\omega_{\#}^2}{\omega_n^2}\right) \quad (2.2.30)$$

$\boldsymbol{K}$ 是正定的，而且它的每一个主对角块行列式皆为正. 因此按(2.2.28)式，其中有 m 个因子出现负值，因此 m 为奇数时为负，否则为正，$(-1)^m$.

下一步看 d_{n-1}，这相当于加上一个线性约束的系统的行列式.

$$d_{n-1} = \det(\boldsymbol{K}_1) \cdot \left(1 - \frac{\omega_{\#}^2}{\omega_{c1}^2}\right) \cdot \left(1 - \frac{\omega_{\#}^2}{\omega_{c2}^2}\right)\cdots\left(1 - \frac{\omega_{\#}^2}{\omega_{c,n-1}^2}\right)$$

这些受约束本征值的分布有如(2.2.26)式所示. 其中 $\omega_{c1}^2, \cdots, \omega_{c,m-1}^2$肯定小于 $\omega_{\#}^2$；而 $\omega_{c,m+1}^2, \cdots, \omega_{c,n-1}^2$则肯定大于 $\omega_{\#}^2$；只有 ω_{cm}^2则不确定. 当 $\omega_{cm}^2 < \omega_{\#}^2$ 时，d_{n-1}与 d_n 的正负号相同，当 $\omega_{cm}^2 > \omega_{\#}^2$ 时，d_{n-1}与 d_n 异号. 因此发生一次行列式符号变化，表明本征值就减少一个小于 $\omega_{\#}^2$ 的. 从 $n-1$ 个自由度的系统再加上一个约束，成为 $n-2$ 自由度的系统，同样的推理又可运用，直至所有的自由度都约束掉，此时行列式值 $d_0 = 1$. 这样，**施图姆序列的变号次数，就是原系统小于 $\omega_{\#}^2$ 的本征值个数 m**.

施图姆序列要计算一系列的行列式值. 从计算的角度上看还应当更方便一些. 既然已经有了 $\boldsymbol{R}$ 的动力刚度阵，可以对它作出以下三角分解[37]：

$$\boldsymbol{R} = \boldsymbol{L}\boldsymbol{D}\boldsymbol{L}^{\mathrm{T}} \quad (2.2.31)$$

这是最常用的对称阵分解算法. 只要将 $\boldsymbol{L}, \boldsymbol{D}$ 阵如同 $\boldsymbol{R}$ 一样地截取子块，简单的验算可知(2.2.31)式对于这些子块矩阵依然成立. 但是 $\det(\boldsymbol{L}) = 1$，因此 $\det(\boldsymbol{R}) = \det(\boldsymbol{D})$. 但 $\boldsymbol{D}$ 阵的行列式无非是将其对角元乘起来便可. 因此 $\boldsymbol{D}$ 阵中有几个负元素，行列式的施图姆序列便变几次号. 这样(2.2.28)式的计数 m 只需将动力刚度阵 $\boldsymbol{R}$ 执行三角化分解(2.2.31)式，**其对角阵 $\boldsymbol{D}$ 中对角元为负数的**

个数就是其计数 m.

2.2.3 子结构拼装时的本征值计数

当代有限元方法已用于工程结构等很多方面,在分析大型结构时,子结构拼装已成为最常用的方法之一.子结构拼装时整体结构的本征值计算当然是很关心的.当然,首先应当将各个子结构的本征值计算好,在此基础上就要探讨整体结构的本征值计算.这里只讲本征值计数.有限元程序系统一般都采用位移法计算,因此以下先讲位移法的本征值计数.

从联立方程消元的角度来看,子结构无非是其内部未知数消元在先之意.因此上一节施图姆序列的方法依然可用.以下具体看一下两个子结构拼装,以生成结构(上一级子结构),图 2.7 中结构含有两个超级单元(子结构),子结构的节点可以区分为:

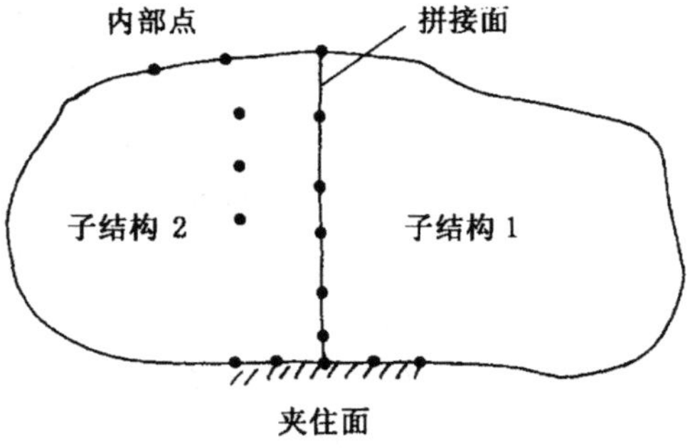

图 2.7 子结构拼装

(a) 不再与外界发生连接的节点称为**内部节点**,内部节点的位移称为内部位移,内部位移可以在子结构层次上予以消元.

(b) 与外界发生连接的,即拼装面上的节点称为**出口节点**,出口节点的位移称为出口位移,出口位移不可在子结构层次上予以消元,而子结构的出口刚度阵就是对出口位移定义的.另外,还可以有夹住面上的节点,它的位移是零,故不参加消元.如果这里的结构实际上只是高一个层次的子结构,则这些出口节点还将与更高层次的结构相拼接.

采用位移法,意味着采用动力刚度矩阵进行消元运算.采用子结构法意味着子结构的内部位移自由度先行消元,然后再对拼接面及结构本身的自由度(如果有的话)进行消元.

第1步是子结构1的内部未知数的消元.设子结构1的位移编排是内部位移编排在先,然后是出口(外部)位移.在子结构这个层次,消元只是针对内部位移.现在用 $\omega_{\#}$ 表示给定的一个频率,动力刚度阵就是对于这个标称频率的,记之以 $\boldsymbol{R}(\omega_{\#}^2)$,但往往为方便起见就写为 $\boldsymbol{R}$.位移既然区分为内部与出口,则刚度阵也应当相应地划分为

$$\boldsymbol{v} = \begin{pmatrix} \boldsymbol{v}_{\mathrm{i}} \\ \boldsymbol{v}_{\mathrm{o}} \end{pmatrix} \begin{matrix} n_{\mathrm{i}} \\ n_{\mathrm{o}} \end{matrix}, \quad \boldsymbol{R}(\omega_{\#}^2) = \begin{pmatrix} \boldsymbol{R}_{\mathrm{ii}} & \boldsymbol{R}_{\mathrm{io}} \\ \boldsymbol{R}_{\mathrm{oi}} & \boldsymbol{R}_{\mathrm{oo}} \end{pmatrix} \qquad (2.2.32)$$

下标 i 表示内部,o 表示出口;内部位移的维数为 n_{i} 等.子结构消元算法只消去内部位移,共 n_{i} 个.消去内部未知数后,其出口刚度阵成为

$$\boldsymbol{R}_{\mathrm{oo}}' = \boldsymbol{R}_{\mathrm{oo}} - \boldsymbol{R}_{\mathrm{oi}}\boldsymbol{R}_{\mathrm{ii}}^{-1}\boldsymbol{R}_{\mathrm{io}}, \quad \boldsymbol{R}_{\mathrm{ii}} = \boldsymbol{LDL}^{\mathrm{T}} \qquad (2.2.33)$$

这些算法是熟知的,读者很容易自己再推导一遍.上式也指出,$\boldsymbol{R}_{\mathrm{ii}}$ 的求逆可以采用修改的三角化方法.例如 JIGFEX 的子结构消元就是采用 $\boldsymbol{LDL}^{\mathrm{T}}$ 分解的.

如果是静力问题,则提供了 $\boldsymbol{R}_{\mathrm{oo}}'$ 后,就可以了.因为静力问题不关心固有频率.但现在是动力刚度阵,还有一个要求,子结构内部的固有振动频率有多少个是小于 $\omega_{\#}^2$ 的计数.

$$共\ J_{\mathrm{i}}(\omega_{\#}^2)\ 个, \quad \omega_{\mathrm{i}1}^2, \cdots, \omega_{\mathrm{i}J_i}^2 < \omega_{\#}^2 \qquad (2.2.34)$$

应当要提供这个内部固有频率的计数 $J_{\mathrm{i}}(\omega_{\#}^2)$.

这个计数的确定其实就可以用上一节对 $\boldsymbol{R}_{\mathrm{ii}}$ 阵三角分解阵 $\boldsymbol{D}$ 中出现负元的个数来确定.只要看到子结构消元时,所有出口位移都当作是夹住的.因此只要将内部位移的动力刚度阵,当成上一节

(2.2.27)式的动力刚度阵,再逐句重复其理由,就可得此结论.即

$$J_{\mathrm{i}}(\omega_{\#}^{2}) = (2.2.33)\text{ 式中 } \boldsymbol{D} \text{ 阵的负值元的个数} \tag{2.2.35}$$

这个公式当然对于全部子结构都可用.

下一步是对于结构的消元了.其实可以将这个消元过程看成为一个整体结构的消元过程,只是将子结构的内部位移编排在先作了消元而已.现在已经将全部子结构的内部位移共若干个 n_{i} 的位移作了消元,并且求得了共有

$$\sum_{\text{子结构}} J_{\mathrm{i}}(\omega_{\#}^{2}) = \sum_{\text{子结构}} (\boldsymbol{D} \text{ 阵中的负元个数})$$

个内部振动固有频率.下一步还要对结构的未知数的刚度阵进行消元.这其实仍旧是逐个放松约束的过程,是继续消元的过程.其动力刚度阵是由各子结构的出口刚度提供的,以及结构本身单元所贡献,再由组装规则叠加而成的,记之为 $\boldsymbol{R}(\omega_{\#}^{2})$.结构本身动力刚度阵仍旧采用同样的 $\boldsymbol{LDL}^{\mathrm{T}}$ 算法消元,还是上一节的规则,只要计及其 $\boldsymbol{D}$ 阵中的负元的个数即可.于是结构的本征值计数

$$J_{\mathrm{i}}(\omega_{\#}) = \sum_{\text{subs.}} J_{\mathrm{i}}(\omega_{\#}) + s\{\boldsymbol{R}(\omega_{\#}^{2})\} \tag{2.2.36}$$

式中下标 subs. 代表子结构,而 $s\{\cdots\}$ 为计数(sign count)之意,即统计其三角化后对角阵 $\boldsymbol{D}$ 的负元的个数.其意义与(2.2.35)式是一样的,只是采用了惯用的符号而已.(2.2.36)式就是所谓的 W-W(Wittrick-Williams)算法,这是一种纯位移的算法,见文献[36].

对多层子结构法,(2.2.36)式可逐级反复使用.以上的证明过程已表现了这一点.

但是纯位移法的消元过程有其不足之处,这就是当网格变得较密时,其计算的舍入误差可能很快增长.这是一个很重要的问题,见附录.采用混合能与混合变量的方法可以免于这一类舍入误差.相应地就提出了采用混合变量时的 W-W 改进算法[37].

2.2.3.1 混合能、混合变量时的本征值计数

应当先解释清楚混合能与混合变量的子结构法. 位移法的子结构描述,其出口节点未知数全部由其位移来表达,相应的子结构的弹性性质由其出口刚度阵表达. 采用混合变量时,子结构的出口节点可以划分为二类,一类以位移作为其未知量,另一类以节点力作为其未知量. 这类子结构描述法可用于"波阵面"推进的消元算法. 波阵面法用于链式结构的消元算法是常见的. 图 2.8 表示子结构链,子结构的顺次消元相当于波阵法的阵面推进.

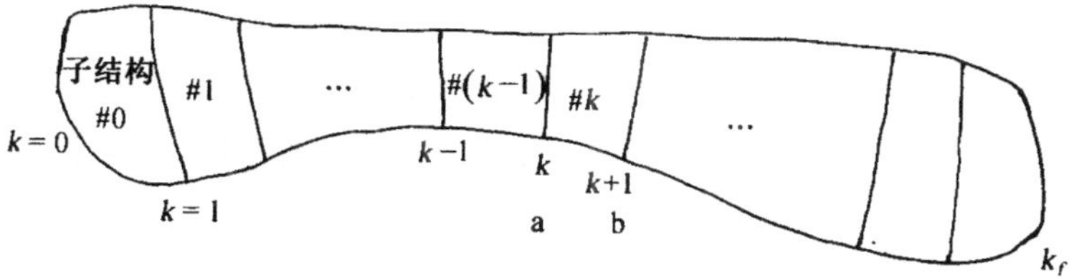

图 2.8 子结构链,或阵面推进

位移法既然是广泛采用的模型,就可由此模型讲起. 设有典型的子结构 # k(图 2.8),其两个出口面为 k 与 $k+1$,或记之为 a 与 b 面. 其出口位移向量 $\boldsymbol{q}_{\mathrm{o}}$ 可以自然地区分为 $\boldsymbol{q}_k$ 与 $\boldsymbol{q}_{k+1}$ 或记之为 $\boldsymbol{q}_{\mathrm{a}}$ 及 $\boldsymbol{q}_{\mathrm{b}}$,其维数分别为 n_{a} 与 n_{b}. 从而子结构的出口刚度阵 $\boldsymbol{R}_{\mathrm{o}}(\omega_{\#}^2)$ 成为 $(n_{\mathrm{a}}+n_{\mathrm{b}})\times(n_{\mathrm{a}}+n_{\mathrm{b}})$,相应地子结构还有出口力 $\boldsymbol{p}_{\mathrm{a}}$ 及 $\boldsymbol{p}_{\mathrm{b}}$ 其维数相应地为 n_{a} 与 n_{b}. 按刚度阵之意

$$\boldsymbol{R}_{\mathrm{o}}(\omega_{\#}^2) = \begin{pmatrix} \boldsymbol{R}_{\mathrm{aa}} & \boldsymbol{R}_{\mathrm{ab}} \\ \boldsymbol{R}_{\mathrm{ba}} & \boldsymbol{R}_{\mathrm{bb}} \end{pmatrix}$$

$$\boldsymbol{q}_{\mathrm{o}} = \begin{pmatrix} \boldsymbol{q}_{\mathrm{a}} \\ \boldsymbol{q}_{\mathrm{b}} \end{pmatrix} \begin{matrix} n_{\mathrm{a}} \\ n_{\mathrm{b}} \end{matrix}, \quad \boldsymbol{p}_{\mathrm{o}} = \begin{pmatrix} \boldsymbol{p}_{\mathrm{a}} \\ \boldsymbol{p}_{\mathrm{b}} \end{pmatrix} = \boldsymbol{R}_{\mathrm{o}}\boldsymbol{q}_{\mathrm{o}} \qquad (2.2.37)$$

混合变量的表示则将上式转换到

$$\boldsymbol{M}\boldsymbol{w}_{\mathrm{ab}} = \boldsymbol{w}_{\mathrm{ba}}, \quad \boldsymbol{M} = \begin{pmatrix} \boldsymbol{F} & -\boldsymbol{G} \\ \boldsymbol{Q} & \boldsymbol{F}^{\mathrm{T}} \end{pmatrix}$$

$$\boldsymbol{w}_{ab} = \begin{Bmatrix} \boldsymbol{q}_a \\ \boldsymbol{p}_b \end{Bmatrix}, \quad \boldsymbol{w}_{ba} = \begin{Bmatrix} \boldsymbol{q}_b \\ \boldsymbol{p}_a \end{Bmatrix} \tag{2.2.38}$$

其中 $\boldsymbol{M}$ 称为混合能矩阵,其中子矩阵

$$\boldsymbol{Q} = \boldsymbol{R}_{aa} - \boldsymbol{R}_{ab}\boldsymbol{R}_{bb}^{-1}\boldsymbol{R}_{ba}, \quad \boldsymbol{G} = \boldsymbol{R}_{bb}^{-1}, \quad \boldsymbol{F} = -\boldsymbol{R}_{bb}^{-1}\boldsymbol{R}_{ba} \tag{2.2.39}$$

皆具有相应的尺度;$\boldsymbol{Q}$,$\boldsymbol{G}$ 对称. 显然 $\boldsymbol{M}$ 与 $\boldsymbol{R}$ 相互关联. 混合变量表示与位移法表示之间相差一个勒让德变换,这在理论上是有兴趣的,简单地表示如下.

子结构势能为 Π_o,一路推导下去,即由勒让德变换得到混合能 V_o,

$$\Pi_o = \boldsymbol{q}_o^T\boldsymbol{R}_o\boldsymbol{q}_o/2 = \boldsymbol{q}_a^T\boldsymbol{R}_{aa}\boldsymbol{q}_a/2 + \boldsymbol{q}_b^T\boldsymbol{R}_{ba}\boldsymbol{q}_a + \boldsymbol{q}_b^T\boldsymbol{R}_{bb}\boldsymbol{q}_b/2,$$

$$\boldsymbol{p}_b = \partial\Pi_o/\partial\boldsymbol{q}_b = \boldsymbol{R}_{ba}\boldsymbol{q}_a + \boldsymbol{R}_{bb}\boldsymbol{q}_b, \quad \boldsymbol{q}_b = -\boldsymbol{R}_{bb}^{-1}\boldsymbol{R}_{ba}\boldsymbol{q}_a + \boldsymbol{R}_{bb}^{-1}\boldsymbol{p}_b \tag{2.2.40}$$

$$\begin{aligned} V_o(\boldsymbol{q}_a, \boldsymbol{p}_b) &= \boldsymbol{p}_b^T\boldsymbol{q}_b - \Pi_o = \boldsymbol{q}_b^T\boldsymbol{R}_{bb}\boldsymbol{q}_b/2 - \boldsymbol{q}_a^T\boldsymbol{R}_{aa}\boldsymbol{q}_a/2 \\ &= \boldsymbol{p}_b^T\boldsymbol{G}\boldsymbol{p}_b/2 + \boldsymbol{p}_b^T\boldsymbol{F}\boldsymbol{q}_a - \boldsymbol{q}_a^T\boldsymbol{Q}\boldsymbol{q}_a/2 \end{aligned} \tag{2.2.41}$$

而(2.2.38)式则成为

$$\boldsymbol{q}_b = \frac{\partial V_o}{\partial \boldsymbol{p}_b}, \qquad \boldsymbol{p}_a = \frac{\partial V_o}{\partial \boldsymbol{q}_a} \tag{2.2.38$'$}$$

如果 $\boldsymbol{R}_o$ 不是动力刚度阵,不考虑惯性力而是静力刚度阵,则也就不必考虑本征值计数了. 动力刚度阵则还有一个本征值计数的问题,因此需用该子结构的内部未知数的本征值计数 $J_i(\omega_\#^2)$ 来予以补充. 但现在采用混合变量表示,其刚度矩阵 $\boldsymbol{R}_o$ 已转换到 $\boldsymbol{M}$ 阵的混合能矩阵,其本征值计数也应当由 $J_i(\omega_\#^2)$ 转换到 $J_m(\omega_\#^2)$ 的混合能相应的本征值计数.

从 J_i 转换到 J_m,相当于将对 $\boldsymbol{q}_b$ 的约束放松掉. 利用恒等式

$$\begin{aligned} \boldsymbol{R}_o(\omega_\#) &= \begin{bmatrix} \boldsymbol{R}_{aa} & \boldsymbol{R}_{ab} \\ \boldsymbol{R}_{ba} & \boldsymbol{R}_{bb} \end{bmatrix} \\ &= \begin{bmatrix} \boldsymbol{I} & \boldsymbol{R}_{ab}\boldsymbol{R}_{bb}^{-1} \\ \boldsymbol{0} & \boldsymbol{I} \end{bmatrix} \begin{bmatrix} \boldsymbol{R}_{aa} - \boldsymbol{R}_{ab}\boldsymbol{R}_{bb}^{-1}\boldsymbol{R}_{ba} & \boldsymbol{0} \\ \boldsymbol{0} & \boldsymbol{R}_{bb} \end{bmatrix} \begin{bmatrix} \boldsymbol{I} & \boldsymbol{0} \\ \boldsymbol{R}_{bb}^{-1}\boldsymbol{R}_{ba} & \boldsymbol{I} \end{bmatrix} \end{aligned}$$

右端的左、右两个右三角和左三角阵，其行列式为1. 因此，由(2.2.34)式

$$\det(\boldsymbol{R}_{\mathrm{o}}) = \det(\boldsymbol{Q})\det(\boldsymbol{R}_{\mathrm{bb}}) \tag{2.2.42}$$

将 $\boldsymbol{R}_{\mathrm{o}}, \boldsymbol{Q}, \boldsymbol{R}_{\mathrm{bb}}$ 都执行 $\boldsymbol{LDL}^{\mathrm{T}}$ 三角化，由(2.2.42)式知其对角阵是一样的，即 $\boldsymbol{R}_{\mathrm{o}}$ 的对角阵 $\boldsymbol{D}_{\mathrm{o}} = \mathrm{diag}(\boldsymbol{D}_Q, \boldsymbol{D}_{\mathrm{bb}})$，因此，关于其负元的个数有公式

$$s\{\boldsymbol{R}_{\mathrm{o}}\} = s\{\boldsymbol{Q}\} + s\{\boldsymbol{R}_{\mathrm{bb}}\} \tag{2.2.43}$$

又因 $\boldsymbol{G}$ 与 $\boldsymbol{R}_{\mathrm{bb}}$ 互为逆阵，故 $s\{\boldsymbol{G}\} = s\{\boldsymbol{R}_{\mathrm{bb}}\}$，因此

$$s\{\boldsymbol{R}_{\mathrm{o}}\} = s\{\boldsymbol{Q}\} + s\{\boldsymbol{G}\} \tag{2.2.43$'$}$$

原有的结构本征值计数公式(将子结构看成结构)为

$$J(\omega_{\#}^2) = J_{\mathrm{i}}(\omega_{\#}^2) + s\{\boldsymbol{R}_{\mathrm{o}}\}$$

而放松了 b 端约束的结构，其左端刚度阵为 Q，故有

$$J(\omega_{\#}^2) = J_{\mathrm{m}}(\omega_{\#}^2) + s\{\boldsymbol{Q}\}$$

对比之下有

$$J_{\mathrm{m}}(\omega_{\#}^2) = J_{\mathrm{i}}(\omega_{\#}^2) + s\{\boldsymbol{G}\} \tag{2.2.44}$$

这便是混合能表示下相应的本征值计数.

2.2.3.2 混合能表示下的子结构拼接与其本征值计数

在位移法时，子结构拼接很明确，运用最小总势能原理便可. 需要注意的是动力刚度阵时，已经不能保证动力刚度阵的正定性，但也只要将取最小改成取驻值即可. 变形能相加则因为只有位移一类变量，也不造成任何问题.

在混合能表示时出现两类变量，混合能与变形能不能简单地相加，并且在变分原理方面还应探讨. 首先应当将混合能矩阵 $\boldsymbol{Q}$，$\boldsymbol{G}$，$\boldsymbol{F}$ 的力学意义予以解释. 矩阵 $\boldsymbol{G}$ 是 $\boldsymbol{R}_{\mathrm{bb}}$ 的逆阵，因此它是柔度阵，a 端认为是夹住，在 b 端放松并施加单位力(n 种)，在 b 端发生的位移. 这个描述与悬臂梁差不多. $\boldsymbol{Q}$ 阵也是这个“悬臂梁”模型，b 端自由，在 a 端发生 n 种单位位移时，在 a 端施加的反力. 故 $\boldsymbol{Q}$ 是子结构在 b 端放松时，a 端的刚度矩阵. 当前的模型 $\boldsymbol{Q}$ 是

$n_a \times n_a$对称阵，而 $\boldsymbol{G}$ 是 $n_b \times n_b$ 对称阵. $\boldsymbol{F}^{\mathrm{T}}$ 阵是 b 端施加单位力时，在 a 端的支承力；而 $\boldsymbol{F}$，$n_b \times n_a$ 阵，则是 a 端发生单位位移时，在 b 端发生的位移. 即 $\boldsymbol{F}^{\mathrm{T}}$ 与 $\boldsymbol{F}$ 矩阵分别是力与位移的传递.

混合能 V_o 的变分式可运用(2.2.38′)式，为

$$\delta V_o = \left(\frac{\partial V_o}{\partial \boldsymbol{q}_a}\right)^{\mathrm{T}} \delta \boldsymbol{q}_a + \left(\frac{\partial V_o}{\partial \boldsymbol{p}_b}\right)^{\mathrm{T}} \delta \boldsymbol{p}_b = \boldsymbol{p}_a^{\mathrm{T}} \delta \boldsymbol{q}_a + \boldsymbol{q}_b^{\mathrm{T}} \delta \boldsymbol{p}_b \tag{2.2.45}$$

变分式对于子结构的拼装很有用. 设在子结构＃1 的 b 端要继续拼接另一个子结构＃2，记之以 b 端及 c 端. b 端的自由度也是 n_b，这是拼接的要求，而 c 端的自由度为 n_c(图 2.9). 拼接后，b 面成内含成子结构的内部点，合成子结构的出口为 a 与 c 面. 设能量表示皆为混合变量、混合能.

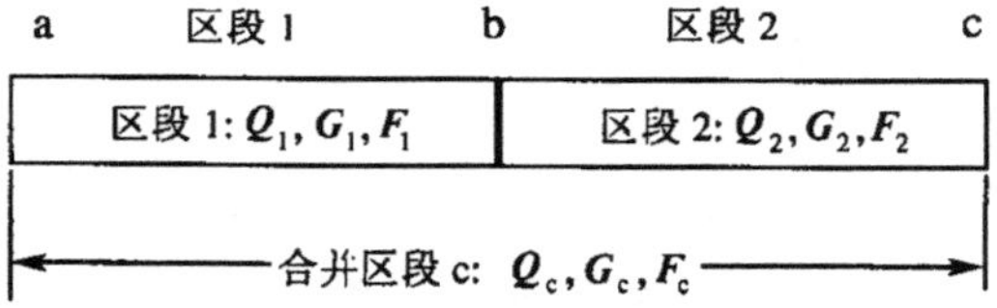

图 2.9　子结构混合能的区段合并

子结构＃1 的混合能变分式为(2.2.45)式，而子结构＃2 的混合能变分式则为

$$\delta V_{o2} = \boldsymbol{p}_b^{\mathrm{T}} \delta \boldsymbol{q}_b + \boldsymbol{q}_c^{\mathrm{T}} \delta \boldsymbol{p}_c$$

故可知合成子结构＃c 的混合能应为

$$V_{oc}(\boldsymbol{q}_a, \boldsymbol{p}_c) = V_{o1}(\boldsymbol{q}_a, \boldsymbol{p}_b) - \boldsymbol{p}_b^{\mathrm{T}} \boldsymbol{q}_b + V_{o2}(\boldsymbol{q}_b, \boldsymbol{p}_c) \tag{2.2.46}$$

$$\begin{aligned} \delta V_{oc} &= \boldsymbol{p}_a^{\mathrm{T}} \delta \boldsymbol{q}_a + \boldsymbol{q}_b^{\mathrm{T}} \delta \boldsymbol{p}_b - \boldsymbol{p}_b^{\mathrm{T}} \delta \boldsymbol{q}_b - \boldsymbol{p}_b^{\mathrm{T}} \delta \boldsymbol{q}_b + \boldsymbol{p}_b^{\mathrm{T}} \delta \boldsymbol{q}_b + \boldsymbol{q}_c^{\mathrm{T}} \delta \boldsymbol{p}_c \\ &= \boldsymbol{p}_a^{\mathrm{T}} \delta \boldsymbol{q}_a + \boldsymbol{q}_c^{\mathrm{T}} \delta \boldsymbol{p}_c \end{aligned}$$

因此知(2.2.46)式是混合能在拼接时的公式，但 $\boldsymbol{p}_b$ 与 $\boldsymbol{q}_b$ 是要消元的. 将(2.2.41)式用于＃1 与＃2 子结构，并将其结果代入(2.2.46)式，

$$\begin{aligned} V_{oc}(\boldsymbol{q}_a, \boldsymbol{p}_c) &= -\boldsymbol{q}_a^T \boldsymbol{Q}_1 \boldsymbol{q}_a/2 + \boldsymbol{p}_b^T \boldsymbol{F}_1 \boldsymbol{q}_a + \boldsymbol{p}_b^T \boldsymbol{G}_1 \boldsymbol{p}_b/2 - \boldsymbol{p}_b^T \boldsymbol{q}_b \\ &\quad - \boldsymbol{q}_b^T \boldsymbol{Q}_2 \boldsymbol{q}_b/2 + \boldsymbol{p}_c^T \boldsymbol{F}_2 \boldsymbol{q}_b + \boldsymbol{p}_c^T \boldsymbol{G}_2 \boldsymbol{p}_c/2 \\ &= -\boldsymbol{q}_a^T \boldsymbol{Q}_c \boldsymbol{q}_a/2 + \boldsymbol{p}_c^T \boldsymbol{F}_c \boldsymbol{q}_a + \boldsymbol{p}_c^T \boldsymbol{G}_c \boldsymbol{p}_c/2 \end{aligned} \quad (2.2.47)$$

为了消去 $\boldsymbol{q}_b$ 与 $\boldsymbol{p}_b$，应分别取其偏微商为零

$$\partial/\partial \boldsymbol{q}_b: \boldsymbol{p}_b + \boldsymbol{Q}_2 \boldsymbol{q}_b = \boldsymbol{F}_2^T \boldsymbol{p}_c$$

$$\partial/\partial \boldsymbol{p}_b: \boldsymbol{q}_b - \boldsymbol{G}_1 \boldsymbol{p}_b = \boldsymbol{F}_1 \boldsymbol{q}_a$$

求解得

$$\begin{aligned} \boldsymbol{q}_b &= (\boldsymbol{I} + \boldsymbol{G}_1 \boldsymbol{Q}_2)^{-1} (\boldsymbol{F}_1 \boldsymbol{q}_a + \boldsymbol{G}_1 \boldsymbol{F}_2^T \boldsymbol{p}_c) \\ \boldsymbol{p}_b &= (\boldsymbol{I} + \boldsymbol{Q}_2 \boldsymbol{G}_1)^{-1} (-\boldsymbol{Q}_2 \boldsymbol{F}_1 \boldsymbol{q}_a + \boldsymbol{F}_2^T \boldsymbol{p}_c) \end{aligned} \quad (2.2.48)$$

将 $\boldsymbol{q}_b, \boldsymbol{p}_b$ 代入 V_{oc} 的算式，经对比便得

$$\left.\begin{aligned} \boldsymbol{Q}_c &= \boldsymbol{Q}_1 + \boldsymbol{F}_1^T (\boldsymbol{Q}_2^{-1} + \boldsymbol{G}_1)^{-1} \boldsymbol{F}_1, & n_a \times n_a \text{ 阵} \\ \boldsymbol{G}_c &= \boldsymbol{G}_2 + \boldsymbol{F}_2 (\boldsymbol{G}_1^{-1} + \boldsymbol{Q}_2)^{-1} \boldsymbol{F}_2^T, & n_c \times n_c \text{ 阵} \\ \boldsymbol{F}_c &= \boldsymbol{F}_2 (\boldsymbol{I} + \boldsymbol{G}_1 \boldsymbol{Q}_2)^{-1} \boldsymbol{F}_1, & n_c \times n_a \text{ 阵} \end{aligned}\right\} \quad (2.2.49)$$

这就是混合能表示下的子结构拼接消元公式. 将这些矩阵代入(2.2.47)式，即得合并后子结构的混合能.

这些合并消元公式与离散时间最优控制一样[14]，但结构力学容许每个拼接面各有自己的维数，n_a, n_b, n_c，其涵义广泛多了.

$\boldsymbol{Q}_1, \boldsymbol{Q}_2, \boldsymbol{G}_1, \boldsymbol{G}_2$ 本来是对称阵. 由(2.2.49)式很容易证明，$\boldsymbol{Q}_c, \boldsymbol{G}_c$ 也是对称阵. 如果是 ω^2 很小或 $\omega^2 = 0$ 的静力问题，则 $\boldsymbol{Q}$，$\boldsymbol{G}$ 皆为非负的矩阵，此时消元公式中的加法表明混合能消元公式不会因两个大数相减而出现病态条件. 这对于局部化、边界效应等课题是很重要的性质.

有了消元公式，对本征值问题还应补充其计数公式. (2.2.49)式是一种递推形式，本征值计数也应当相应地递推. 设 $J_{m1}(\omega_\#^2)$ 与 $J_{m2}(\omega_\#^2)$ 已知，现在应找出 $J_{mc}(\omega_\#^2)$.

第一步是将子结构反过来转换到两端皆为给定位移的表示，此时 $J_{m1}(\omega_\#^2)$ 就按(2.2.44)式变换回 $J_{i1}(\omega_\#^2) = J_{m1}(\omega_\#^2) - s\{\boldsymbol{G}\}$. 此时子结构依然是 b 端为给定位移而 c 端给定力. 这样在

拼接面上都是给定位移，而拼接面上的刚度阵即成为两个子结构贡献的叠加，$(\boldsymbol{G}_1^{-1}+\boldsymbol{Q}_2)$. 对于这种纯位移消元的拼接，可以利用 W-W 算法(2.2.36)式，给出消元后的计数

$$J_{mc}(\omega_{\#}^2) = J_{i1}(\omega_{\#}^2) + J_{m2}(\omega_{\#}^2) + s\{\boldsymbol{G}_1^{-1} + \boldsymbol{Q}_2\}$$

再将 $J_{i1}(\omega_{\#}^2)$转换回 $J_{m1}(\omega_{\#}^2)$，即得欲求的递归公式

$$J_{mc}(\omega_{\#}^2) = J_{m1}(\omega_{\#}^2) + J_{m2}(\omega_{\#}^2) + s\{\boldsymbol{G}_1^{-1} + \boldsymbol{Q}_2\} - s\{\boldsymbol{G}_1\} \tag{2.2.49a}$$

这就是扩展的 W-W 算法公式，(extended W-W algorithm[37]).

本征值计数对于子结构振动、稳定性、波导问题等很重要，对于最优控制理论也是基本环节. 用纯位移法求解二端边值问题很容易在网格变密时发生严重数值病态，因此应当采用混合能、混合位移的方法方可有效地运用两端边值问题的精细积分法. 此时本征值计数的扩展算法是必要的.

2.2.4 对称阵本征解的子空间迭代法

以上讲的是本征值计数，可用来保证计算时不会漏掉本征值. 本征向量展开求解是结构振动最常用的方法之一，应用中需要求出其本征解的数值结果. 理论上说，应当求出全部本征解来展开. 然而，例如有限元结构系统往往具有 n = 数千、数万自由度，当然也就有同样多的本征解. 对于高频振动，阻尼作用很快就会将它消除，较长时间的振动主要成分是低频的. 而且找出太多的本征解也会无法处理. 因此在结构工程应用中并不需要解出全部本征解，而只要其最低频的 q 个本征解，例如 $q=20\sim200$. 因此就有许多工作用于解决此问题. 子空间迭代法[8]便是最有效的算法之一.

以最低频的 q 个本征向量为基底，就组成了 n 维全空间的一个子空间. 问题是怎样将这些基底找出来，对此只能用迭代法求解. 设提供了 q 个近似向量 $\boldsymbol{\psi}_j'$，$j=1,\cdots,q$，以这些向量为基底也可组成一个 q 维子空间. 对它们用本征向量展开来表示，有

$$\boldsymbol{\psi}_j' = \sum_{i=1}^{n} c_{ji}\boldsymbol{\psi}_i, \quad j = 1,\cdots,q \tag{2.2.50}$$

子空间迭代法的目标是要求得 $\boldsymbol{\psi}_j'$, $j=1,\cdots,q$,使其成为前 q 个本征向量,即

$$c_{ji}=\delta_{ji},\quad j\leqslant q,\quad i\leqslant n$$

其中当 $i=j$ 时,$\delta_{ji}=1$,否则 $\delta_{ij}=0$. 注意到本征向量是对质量阵归一化的,$\boldsymbol{\psi}_j'$, $j=1,\cdots,q$ 虽然还不是本征向量,但仍应对质量阵归一. 以下提供其归一化算法,称为格拉姆-施密特算法.

2.2.4.1 对质量阵的归一化算法

本征向量的正交归一化是对于质量阵 $\boldsymbol{M}$ 而言的. 对于近似向量组 $\boldsymbol{\psi}_j'$, $j=1,\cdots,q$ 也应当对于质量阵执行归一化. 其算法程序如下:

for($j=1$; $j<=q$; $j++$){

for($k=1$; $k<j$; $k++$){$a=\boldsymbol{\psi}'^{\mathrm{T}}_k\boldsymbol{M}\boldsymbol{\psi}_j'$; $\boldsymbol{\psi}_j'=\boldsymbol{\psi}_j'-a\boldsymbol{\psi}_k'$;}

注:完成正交化

[$a=\boldsymbol{\psi}'^{\mathrm{T}}_j\boldsymbol{M}\boldsymbol{\psi}_j'$; $a=\mathrm{sqrt}(a)$; $\boldsymbol{\psi}_j'=\boldsymbol{\psi}_j'/a$;]注:归一化

} (2.2.51)

这些近似本征向量就可以当作子空间的基底. 以下就要将质量阵和刚度阵向子空间投影.

2.2.4.2 子空间投影及本征解

n 维全空间有 n 个基底向量. 其中 $\boldsymbol{\psi}_j'$, $j=1,\cdots,q$ 只是其一部分,其他的基底向量与这 q 个基底向量按质量阵正交. 将基底 $\boldsymbol{\psi}_j'$, $j=1,\cdots,q$ 作为列以组成 $n\times q$ 的子空间基底向量阵

$$\boldsymbol{\Phi}=(\boldsymbol{\psi}_1',\boldsymbol{\psi}_2',\cdots,\boldsymbol{\psi}_q')\tag{2.2.52}$$

于是质量阵的子空间投影阵为 $\boldsymbol{\Phi}^{\mathrm{T}}\boldsymbol{M}\boldsymbol{\Phi}=\boldsymbol{I}_q$;而刚度阵的子空间投影为

$$\boldsymbol{K}_q=\boldsymbol{\Phi}^{\mathrm{T}}\boldsymbol{K}\boldsymbol{\Phi}\tag{2.2.53}$$

显然仍是对称阵. 于是在子空间的 q 维本征问题为

$$\boldsymbol{K}_q\xi=s^2\xi\tag{2.2.54}$$

这是标准的对称阵本征问题，有标准的解法．例如可调用[38,39]的标准子过程．可求出全部本征值与本征向量对 $s_j^2, \xi_j, j=1\sim q$．s_j^2 代表 q 维投影子空间的本征值，请勿与原空间的 ω_j^2 混同．

2.2.4.3　子空间迭代

现在已求出 $s_j^2, \boldsymbol{\xi}_j, j=1\sim q$ 的子空间全部本征解．应当将这些 q 维子空间本征解回归到 n 维原空间．这就是

$$\boldsymbol{\varphi}_j = \boldsymbol{\Phi}\boldsymbol{\xi}_j, \quad j = 1 \sim q \tag{2.2.55}$$

虽然 $\boldsymbol{\xi}_j$ 是子空间的本征向量，但 $\boldsymbol{\varphi}_j$ 却不是原空间的本征向量而只是原空间近似的本征向量．虽然完成了子空间的本征向量计算，但这些向量的线性组合依然在由 $\boldsymbol{\Phi}$ 所表征的子空间内．即子空间没有变．因此必须将这些 $\boldsymbol{\varphi}_j$ 向量在原空间作一次（或几次）迭代，作出**子空间旋转**，即计算新的近似本征向量

$$\boldsymbol{\psi}_j' = s_j^2\boldsymbol{K}^{-1}\boldsymbol{M}\boldsymbol{\varphi}_j, \quad j = 1,\cdots,q \tag{2.2.56}$$

上式的迭代表示这些近似本征向量，也就是子空间的基底向量，在原空间作了一轮旋转．这就是子空间迭代．

现在要将(2.2.56)式的作用讲清楚．仍然将 $\boldsymbol{\varphi}_j$ 用本征向量 $\boldsymbol{\psi}_i, i=1,\cdots,n$ 展开为

$$\boldsymbol{\varphi}_j = \sum_{i=1}^{n} d_{ji}\boldsymbol{\psi}_i, \qquad j = 1,\cdots,q \tag{2.2.57}$$

代入(2.2.56)式，有

$$\boldsymbol{\psi}_j' = \sum_{i=1}^{n} s_j^2 d_{ji}\boldsymbol{\psi}_i/\omega_i^2, \quad j = 1,\cdots,q \tag{2.2.58}$$

这些新的 $\boldsymbol{\psi}_j', j=1,\cdots,q$ 已经不在原有的子空间内了．这就是子空间在原空间内作了旋转．由于除了 ω_1^2，展开(2.2.57)式中频率 ω_i^2 越高，则除数越大，迭代步后占的成分越小．所以说，子空间旋转就是为了将高频的振型成分过滤出去．经过若干次迭代，就会只剩下前 q 个本征振型，即 $\boldsymbol{\psi}'_j, j=1,\cdots,q$ 将趋于 $\boldsymbol{\psi}_j, j=1,\cdots,q$．

这就是子空间迭代法的实质．以下提供一次迭代的步骤如下：

[已经选好了子空间维数 q,以及 $\boldsymbol{\psi}_j'$, $j=1,\cdots,q$]
[进行对质量阵归一化,组成 $n\times q$ 的 $\boldsymbol{\Phi}$ 阵,(2.2.52)式]
[计算投影刚度阵,(2.2.53)式]
[子空间本征解的求解,得 s_j^2, ξ_j, $j=1\sim q$]
[回到原空间(2.2.55)]
[子空间迭代步,(2.2.56)式] (2.2.59)

2.2.4.4 子空间迁移

迭代法在开始时总有第一个近似解的选择问题.而且迭代中子空间的维数也是可以灵活地选择的.设最后需要提供的本征解数目为 p,例如随机振动的工程应用分析需要选 $p=50\sim200$.但迭代的子空间维数 q 是可以变化的.例如在最早的第一步,可以就选 $q=1$,其初始"近似"向量选为单位向量 $\boldsymbol{\psi}_1'=(1,0,\cdots,0)^{\mathrm{T}}$,因为还没有任何有效的选择方法.迭代一次后,$\boldsymbol{\psi}_1'$ 就将高频的成分滤去许多,突出了第一、第二等前几个本征向量.再迭代一次后,应当将上一次的 $\boldsymbol{\psi}'_1$ 当作 $\boldsymbol{\psi}'_2$ 的近似解,而将子空间迭代的维数选为 $q=2$.再作一次子空间迭代后,还需要扩大子空间的维数,此时可以提供的近似本征向量是上一次迭代的两个向量了,等.

迭代法总要有一个停止的检查,例如连续数次其迭代中的最小本征值已经不发生变化.此时,本征值最小的几个本征解已经满足精度要求,可以入库.同时再从过去迭代中丢弃的向量中选择几个予以补上,再继续迭代.只是应当注意,对质量阵的正交化时一定要将这些入库的本征向量也包含在内.

当入库的本征向量数 p 达到要求时,就可停止.

2.2.5 不对称实矩阵的本征问题

一般的实型矩阵本征解在许多工程问题中有用处.设 n 维实型矩阵 $\boldsymbol{A}$ 的本征问题为

$$\boldsymbol{A}\boldsymbol{x}=\mu\boldsymbol{x} \tag{2.2.60}$$

其本征值 μ 应满足方程

$$\det(\boldsymbol{A}-\mu\boldsymbol{I})=0 \tag{2.2.61}$$

这是 μ 的 n 阶代数方程，有 n 个本征根. 其中可以有重根，但应重复计数. 按矩阵代数的本征问题理论知，对应于不对称矩阵的多重本征值(设为 m 重)，可能有若尔当型出现. 有以下定理：对于 $n\times n$ 矩阵 $\boldsymbol{A}$，一定存在非奇异 $n\times n$ 复值矩阵 $\boldsymbol{X}$，使得

$$\boldsymbol{AX}=\boldsymbol{X}\cdot\mathrm{diag}(\boldsymbol{J}_1,\boldsymbol{J}_2,\cdots,\boldsymbol{J}_t) \tag{2.2.62}$$

其中，矩阵 $\boldsymbol{J}_i$ 为 $m_i\times m_i$ 维，称为若尔当块，$i=1,\cdots,t$，其型为

$$\boldsymbol{J}_i=\begin{pmatrix}\mu_i & 1 & & \\ & \mu_i & 1 & \\ & & \ddots & 1\\ & & & \mu_i\end{pmatrix} \tag{2.2.63}$$

并且 $m_1+m_2+\cdots+m_t=n$；在 $\boldsymbol{X}$ 阵中有 m_i 个向量与之相对应，对于 m_i 重的本征值 μ_i，其对应的方程为

$$\begin{aligned}\boldsymbol{Ax}_{i1}&=\mu_i\boldsymbol{x}_{i1}\\ \boldsymbol{Ax}_{i2}&=\mu_i\boldsymbol{x}_{i2}+\boldsymbol{x}_{i1}\\ &\cdots\cdots\cdots\cdots\\ \boldsymbol{Ax}_{im_i}&=\mu_i\boldsymbol{x}_{im_i}+\boldsymbol{x}_{i(m_i-1)}\end{aligned} \tag{2.2.64}$$

当然，对于每一个若尔当块都有这样一套方程，不同的若尔当块也可以有相同的本征值. 这是对于一般矩阵本征分解的定理[26,40,41].

对于维数 n 不大的矩阵 $\boldsymbol{A}$，求解其本征值问题有标准程序可以调用，见文献[38,39]. 需要说明，当出现若尔当型时，其数值结果是不稳定的. 应当指出，若尔当型在应用中出现很少，通常出现的情况是具有不同本征值与不同本征向量的情形. 当维数不大时，直接调用文献[38]中的子程序就可以了；当维数很大时，寻求其全部本征解既有困难又往往无必要，因此可以用子空间迭代法寻求其绝对值小的若干个(p 个)本征值及本征向量对. 以下介绍不对称矩阵的子空间迭代法.

不对称矩阵的子空间迭代法

在没有若尔当型时,本征方程成为

$$\boldsymbol{A}\boldsymbol{X} = \boldsymbol{X} \cdot \mathrm{diag}(\mu_i) \tag{2.2.65a}$$

这里采用表示 $\mathrm{diag}(\mu_i)=\mathrm{diag}(\mu_1,\mu_2,\cdots,\mu_n)$. 共轭的转置阵本征问题为

$$\boldsymbol{A}^{\mathrm{T}}\boldsymbol{Y} = \boldsymbol{Y} \cdot \mathrm{diag}(\mu_i), \quad \boldsymbol{Y} = \boldsymbol{X}^{-\mathrm{T}} \tag{2.2.65b}$$

如果有了全部本征向量,有了 $\boldsymbol{X}$ 阵则取其逆阵再转置,也就有了 $\boldsymbol{Y}$. 但如果只有 q 个本征向量 $\boldsymbol{x}_1,\boldsymbol{x}_2,\cdots,\boldsymbol{x}_q$,它们组成 $n\times q$ 矩阵

$$\boldsymbol{X}_q = (\boldsymbol{x}_1 \quad \boldsymbol{x}_2 \quad \cdots \quad \boldsymbol{x}_q) \tag{2.2.66a}$$

就不能通过求逆来寻找其共轭本征向量 $\boldsymbol{y}_1,\boldsymbol{y}_2,\cdots,\boldsymbol{y}_q$,只有将它们一起迭代找出. 令

$$\boldsymbol{Y}_q = (\boldsymbol{y}_1 \quad \boldsymbol{y}_2 \quad \cdots \quad \boldsymbol{y}_q) \tag{2.2.66b}$$

并且有

$$\boldsymbol{Y}_q^{\mathrm{T}}\boldsymbol{X}_q = \boldsymbol{I}_q \tag{2.2.67}$$

然而,迭代时本征向量并没有找到,因此这些向量都是近似的. 子空间就是以这些向量为基底的子空间投影,矩阵 $\boldsymbol{A}$ 的 $q\times q$ 投影矩阵为

$$\boldsymbol{A}_q = \boldsymbol{Y}_q^{\mathrm{T}}\boldsymbol{A}\boldsymbol{X}_q \tag{2.2.68}$$

既然已经将维数大大地降低了,$q\ll n$,因此矩阵 $\boldsymbol{A}_q$ 的全部本征向量可以调用标准子程序求得[38]

$$\boldsymbol{A}_q\boldsymbol{\xi} = \boldsymbol{\xi} \cdot \mathrm{diag}(\mu_1,\mu_2,\cdots,\mu_q)[= \boldsymbol{\xi} \cdot \mathrm{diag}(\mu_q)] \tag{2.2.69a}$$

$$\boldsymbol{A}_q^{\mathrm{T}}\boldsymbol{\eta} = \boldsymbol{\eta} \cdot \mathrm{diag}(\mu_q) \tag{2.2.69b}$$

其中 $\boldsymbol{\xi},\boldsymbol{\eta}$ 为 $q\times q$ 的共轭本征矩阵,且 $\boldsymbol{\eta}^{\mathrm{T}}\boldsymbol{\xi}=\boldsymbol{I}_q$. 但这只是子空间内的本征解,并不真就是原空间的本征解,本征值也并不就是原空间的本征值,$\mathrm{diag}(\mu_q)$也是近似的.

有了 $\boldsymbol{\xi},\boldsymbol{\eta}$ 的子空间共轭本征解,就可以返回到原空间

$$\boldsymbol{X}_q := \boldsymbol{X}_q \cdot \boldsymbol{\xi}; \quad \boldsymbol{Y}_q := \boldsymbol{Y}_q \cdot \boldsymbol{\eta} \tag{2.2.70a,b}$$

这一步只是在共轭子空间内部的组合,并且组合后(2.2.67)式依

然满足，但子空间本身并未变化.要使得 $\boldsymbol{X}_q,\boldsymbol{Y}_q$ 逐步逼近原空间的本征向量，就要使共轭子空间也在原空间内旋转.从(2.2.65)式看出，这一步可以是[:=代表将右侧的表达式取代左侧的量]

$$\boldsymbol{X}_q := \boldsymbol{A}^{-1}\boldsymbol{X}_q\cdot\mathrm{diag}(\mu_q);\qquad \boldsymbol{Y}_q := \boldsymbol{A}^{-\mathrm{T}}\boldsymbol{Y}_q\cdot\mathrm{diag}(\mu_q)\tag{2.2.71a,b}$$

经过这一个子空间旋转变换，应当重新对 $\boldsymbol{X}_q,\boldsymbol{Y}_q$ 作出共轭正交归一化计算.其程序应当是

```
for  (i=1;i≤q;i++){
    for  (j=1;j≤i-1;j++){
        [修改 X_q 的第 i 列，以与 Y_q 的第 j 列正交]
        [修改 Y_q 的第 i 列，以与 X_q 的第 j 列正交]
    }
    [将 X_q 的第 i 列，与 Y_q 的第 i 列都共轭归一化]
}
```
(2.2.72)

这里要指出，当前是不对称实型矩阵 $\boldsymbol{A}_q$ 的本征问题，可能出现复值的本征解.复共轭本征值 $\alpha\pm\beta\mathrm{i}$ 一定成对出现，且其本征向量也必互为复共轭向量，例如记为 $\boldsymbol{f}\pm\boldsymbol{g}\mathrm{i}$.数值计算以采用实型较为方便，其对应的方程为

$$\boldsymbol{A}_q\cdot[\boldsymbol{f},\boldsymbol{g}] = [\boldsymbol{f},\boldsymbol{g}]\cdot\begin{pmatrix}\alpha & \beta\\ -\beta & \alpha\end{pmatrix}\tag{2.2.73}$$

此时，复值对角阵 $\mathrm{diag}(\mu_q)$ 也应当理解为含有(2.2.73)式中的 2×2 子块.原空间中的 $n\times q$ 近似向量矩阵 $\boldsymbol{X}_q,\boldsymbol{Y}_q$ 也是实型的.这样，可以先给出子空间迭代算法如下[18,42]：

1)［凭经验选择 q，以及初始 $n\times q$ 近似向量矩阵 $\boldsymbol{X}_q,\boldsymbol{Y}_q$］

2)［按(2.2.72)式将 $\boldsymbol{X}_q,\boldsymbol{Y}_q$ 共轭正交归一化］

3)［按(2.2.68)式计算子空间投影矩阵 $\boldsymbol{A}_q$］

4)［求出 $\boldsymbol{A}_q$ 阵的全部本征解，得本征值与共轭的本征向量矩阵 $\boldsymbol{\xi},\boldsymbol{\eta}$］

5)［返回原空间，(2.2.70a,b)式］

6)［如果前后迭代所得的本征解相符程度满足要求，停止；否

则做下一步]

7) [子空间旋转,(2.2.71a,b)式;然后转向第 2 步] (2.2.74)

在具体执行时的一些方法,例如迁移子空间迭代等,与对称阵时一样,不再多讲.以下只就不对称阵的具体问题,做出说明.不对称阵可能有复本征值,一定成对地出现.按以上算法,选出的本征解是按本征值的模自小而大排列的.但此时固定的子空间维数 q 很可能将一对复本征值分开了,即第 q 个近似本征解恰是复本征解中的一个,另一个被排除在外.出现这种情况时迭代将有本征值发生跳动的现象,此时就应当将子空间维数 q 增加 1,迭代就会收敛的.不对称实型矩阵子空间迭代的收敛性,其理由与对称阵一样,不再多讲.举例略.

2.2.6 矩阵的奇异值分解

设 $\boldsymbol{A}$ 为 $m\times n$ 实型矩阵.显然 $n\times n$ 的乘积矩阵 $\boldsymbol{A}^{\mathrm{T}}\boldsymbol{A}$ 是对称非负矩阵,因为

$$\boldsymbol{x}^{\mathrm{T}}\boldsymbol{A}^{\mathrm{T}}\boldsymbol{A}\boldsymbol{x} = (\boldsymbol{A}\boldsymbol{x})^{\mathrm{T}}(\boldsymbol{A}\boldsymbol{x}) = \|\boldsymbol{A}\boldsymbol{x}\|^2 \geqslant 0$$

故 $\boldsymbol{A}^{\mathrm{T}}\boldsymbol{A}$ 的本征值不会出现负值.问题是何时有零本征值.这当然只在 $\boldsymbol{A}\boldsymbol{x}=\boldsymbol{0}$ 时才可能.由此即得 $\boldsymbol{A}^{\mathrm{T}}\boldsymbol{A}$ 阵的非负性质.如果 $\boldsymbol{A}$ 阵所有的列皆线性无关,则 $\boldsymbol{A}^{\mathrm{T}}\boldsymbol{A}$ 为正定矩阵;否则 $\boldsymbol{A}^{\mathrm{T}}\boldsymbol{A}$ 至少有一个零本征值,为奇异阵.$\boldsymbol{A}$ 与 $\boldsymbol{A}^{\mathrm{T}}\boldsymbol{A}$ 具有相同的秩(rank).

2.2.6.1 *QR* 分解

首先介绍 $\boldsymbol{A}=\boldsymbol{Q}\boldsymbol{R}$ 的分解,它本身是极其重要的.$m\times n$ 的 $\boldsymbol{A}$ 阵由线性无关的列向量 $\boldsymbol{a}_1,\cdots,\boldsymbol{a}_n$ 组成($m\geqslant n$),$\boldsymbol{Q}$ 阵($m\times n$)具有正交归一的列向量 $\boldsymbol{q}_1,\cdots,\boldsymbol{q}_n$(即 $\boldsymbol{q}_i^{\mathrm{T}}\boldsymbol{q}_j=\delta_{ij}$).$\boldsymbol{R}$ 为 $n\times n$ 的右上三角阵.$\boldsymbol{Q}$ 阵的生成是逐列的.选择 $\boldsymbol{a}_1$ 予以归一化作为 $\boldsymbol{q}_1$;选择 $\boldsymbol{a}_2$ 对于 $\boldsymbol{q}_1$ 正交化后再归一化,就得 $\boldsymbol{q}_2$;选择 $\boldsymbol{a}_i$,对 $\boldsymbol{q}_j(j<i)$正交化后再归一化,就得 $\boldsymbol{q}_i$;直至 $\boldsymbol{q}_n$.即

$$\boldsymbol{a}_i = \boldsymbol{q}_1\cdot(\boldsymbol{q}_1^{\mathrm{T}}\boldsymbol{a}_i)+\cdots+\boldsymbol{q}_{i-1}\cdot(\boldsymbol{q}_{i-1}^{\mathrm{T}}\boldsymbol{a}_i)+\boldsymbol{q}_i\cdot(\boldsymbol{q}_i^{\mathrm{T}}\boldsymbol{a}_i) \tag{2.2.75}$$

这样就得到了 $\boldsymbol{Q}$ 阵.在确定 $\boldsymbol{R}$ 阵时,应看到 $\boldsymbol{a}_i$ 与 $\boldsymbol{q}_i(j<i)$无关,因此知 $\boldsymbol{R}$ 是右上三角阵.以下还要对 $\boldsymbol{R}$ 的元素加以认定,其实由(2.2.75)式,就已经知道了.以 $n=3$ 为例,有

$$\begin{aligned}\boldsymbol{A} &= (\boldsymbol{a}_1 \quad \boldsymbol{a}_2 \quad \boldsymbol{a}_3) \\ &= (\boldsymbol{q}_1 \quad \boldsymbol{q}_2 \quad \boldsymbol{q}_3) \times \begin{pmatrix} \boldsymbol{q}_1^{\mathrm{T}}\boldsymbol{a}_1 & \boldsymbol{q}_1^{\mathrm{T}}\boldsymbol{a}_2 & \boldsymbol{q}_1^{\mathrm{T}}\boldsymbol{a}_3 \\ \boldsymbol{0} & \boldsymbol{q}_2^{\mathrm{T}}\boldsymbol{a}_2 & \boldsymbol{q}_2^{\mathrm{T}}\boldsymbol{a}_3 \\ \boldsymbol{0} & \boldsymbol{0} & \boldsymbol{q}_3^{\mathrm{T}}\boldsymbol{a}_3 \end{pmatrix} = \boldsymbol{QR}\end{aligned} \tag{2.2.76}$$

2.2.6.2 奇异值分解

奇异值分解(singular value decomposition, SVD),要求将 $\boldsymbol{A}$ 阵分解为

$$\boldsymbol{A} = \boldsymbol{Q}_1\boldsymbol{D}\boldsymbol{Q}_2^{\mathrm{T}} \tag{2.2.77}$$

其中 $\boldsymbol{A}$ 为 $m\times n$ 实型矩阵,秩为 r;$\boldsymbol{Q}_1,\boldsymbol{Q}_2$ 分别为 $m\times m$ 与 $n\times n$的正交矩阵;而

$$\boldsymbol{D} = \begin{pmatrix} \boldsymbol{S}_r & \boldsymbol{0} \\ \boldsymbol{0} & \boldsymbol{0} \end{pmatrix}, \quad \boldsymbol{S}_r = \operatorname{diag}(\sigma_1,\sigma_2,\cdots,\sigma_r),\sigma_1\geqslant\sigma_2\geqslant\cdots\geqslant\sigma_r \tag{2.2.78}$$

$\sigma_i,i=1\sim r$ 即所谓奇异值,即矩阵 $\boldsymbol{A}^{\mathrm{T}}\boldsymbol{A}$ 的 r 个正的本征值的平方根.当然也是 $\boldsymbol{A}\boldsymbol{A}^{\mathrm{T}}$ 的 r 个本征值的平方根.$\boldsymbol{Q}_1,\boldsymbol{Q}_2$ 的列分别是 $\boldsymbol{A}\boldsymbol{A}^{\mathrm{T}},\boldsymbol{A}^{\mathrm{T}}\boldsymbol{A}$ 的本征向量.

当 $\boldsymbol{A}$ 是$n\times n$ 的对称正定矩阵时,$\boldsymbol{Q}_2$ 即成为 $\boldsymbol{A}$ 的本征向量阵,$\boldsymbol{Q}_1=\boldsymbol{Q}_2^{\mathrm{T}}$.

从变分的角度看,有[43]

$$\sigma_1(\boldsymbol{A}) = \max_{\boldsymbol{q}}(\|\boldsymbol{Aq}\|/\|\boldsymbol{q}\|) \underset{\text{def}}{=} \|\boldsymbol{A}\| \tag{2.2.79}$$

这里用向量 $\boldsymbol{q}$ 的(欧几里得)模来定义矩阵 $\boldsymbol{A}$ 的模,称为引导模(induced norm).这类引导模具有以下性质:

1) $\|\boldsymbol{A}\|>0$

2) $\|c\boldsymbol{A}\|=c\|\boldsymbol{A}\|$

3) $\| \boldsymbol{A}+\boldsymbol{B} \| \leqslant \| \boldsymbol{A} \| + \| \boldsymbol{B} \|$ 证明为

$$\| \boldsymbol{A}+\boldsymbol{B} \| = \max_{\| \boldsymbol{q} \| = 1} \| \boldsymbol{Aq}+\boldsymbol{Bq} \| \leqslant \max_{\| \boldsymbol{q} \| = 1} \| \boldsymbol{Aq} \| + \max_{\| \boldsymbol{q} \| = 1} \| \boldsymbol{Bq} \| = \| \boldsymbol{A} \| + \| \boldsymbol{B} \|$$

以上性质是所有模都应当满足的.但引导模还满足次乘法性质(submultiplicative property)

4. $\| \boldsymbol{AB} \| \leqslant \| \boldsymbol{A} \| \cdot \| \boldsymbol{B} \|$.证明为

$$\| \boldsymbol{AB} \| = \max_{\| \boldsymbol{q} \| = 1} \| \boldsymbol{ABq} \| = \max_{\| \boldsymbol{q} \| = 1} ((\| \boldsymbol{ABq} \| / \| \boldsymbol{Bq} \|) \cdot \| \boldsymbol{Bq} \|)$$

$$\leqslant \max_{\| \boldsymbol{p} \| = 1} (\| \boldsymbol{Ap} \| / \| \boldsymbol{p} \|) \cdot \max_{\| \boldsymbol{q} \| = 1} \| \boldsymbol{Bq} \| = \| \boldsymbol{A} \| \cdot \| \boldsymbol{B} \|$$

基于以上性质,即有以下性质:

$$\boldsymbol{\sigma}_1(\boldsymbol{A}+\boldsymbol{B}) \leqslant \boldsymbol{\sigma}_1(\boldsymbol{A}) + \boldsymbol{\sigma}_1(\boldsymbol{B})$$

$$\boldsymbol{\sigma}_1(\boldsymbol{AB}) \leqslant \boldsymbol{\sigma}_1(\boldsymbol{A}) \cdot \boldsymbol{\sigma}_1(\boldsymbol{B})$$

2.3 陀螺系统的微振动

应用中经常要考虑相对坐标中或运动部件的振动问题.按动力学分析,其动能为 $T = T_2 + T_1 + T_0$,见(1.5.7)式,其中不仅有 $T_2 = \dot{\boldsymbol{q}}^{\mathrm{T}} \boldsymbol{M} \dot{\boldsymbol{q}} / 2$,还有 T_1 与 T_0. T_1 为广义速度 $\dot{\boldsymbol{q}}$ 的一次项

$$T_1 = \dot{\boldsymbol{q}}^{\mathrm{T}} \boldsymbol{G} \boldsymbol{q} / 2, \quad \boldsymbol{G}^{\mathrm{T}} = -\boldsymbol{G} \tag{2.3.1}$$

(这里用 $\boldsymbol{G}$ 代表陀螺矩阵,其意义与上节完全不同)而 T_0 项则可合并到势能 Π 中去.于是拉格朗日函数为

$$L(\boldsymbol{q}, \dot{\boldsymbol{q}}) = \dot{\boldsymbol{q}}^{\mathrm{T}} \boldsymbol{M} \dot{\boldsymbol{q}} / 2 + \dot{\boldsymbol{q}}^{\mathrm{T}} \boldsymbol{G} \boldsymbol{q} / 2 - \boldsymbol{q}^{\mathrm{T}} \boldsymbol{K} \boldsymbol{q} / 2 \tag{2.3.2}$$

其中 $\boldsymbol{q}$ 为 n 维广义位移向量.由此可导出动力方程[12]

$$\boldsymbol{M} \ddot{\boldsymbol{q}} + \boldsymbol{G} \dot{\boldsymbol{q}} + \boldsymbol{K} \boldsymbol{q} = \boldsymbol{f}_1(t) \tag{2.3.3}$$

其中 $\boldsymbol{f}_1(t)$ 为外力向量.这个动力方程与以前相比,多了一个陀螺项 $\boldsymbol{G}\dot{\boldsymbol{q}}$,其中 $\boldsymbol{G}$ 为反对称矩阵.(2.3.3)式依然是二阶微分方程,按常微分方程的理论,应当先求解其齐次方程的通解,得到脉冲响应函数,然后再用杜哈梅尔积分来处理其非齐次项.齐次方程

$$\boldsymbol{M} \ddot{\boldsymbol{q}} + \boldsymbol{G} \dot{\boldsymbol{q}} + \boldsymbol{K} \boldsymbol{q} = \boldsymbol{0} \tag{2.3.4}$$

有三项,直接对该方程用分离变量法将有困难.

其实分离变量法对陀螺系统也是可以发挥作用的.其关键的一步是要采用状态空间法.现采用哈密顿正则方程体系,引入对偶向量,即动量

$$\boldsymbol{p}=\partial L/\partial\dot{\boldsymbol{q}}=\boldsymbol{M}\dot{\boldsymbol{q}}+\boldsymbol{G}\boldsymbol{q}/2 \tag{2.3.5}$$

或

$$\dot{\boldsymbol{q}}=-\boldsymbol{M}^{-1}\boldsymbol{G}\boldsymbol{q}/2+\boldsymbol{M}^{-1}\boldsymbol{p} \tag{2.3.6}$$

并引入哈密顿函数

$$\begin{aligned}H(\boldsymbol{q},\boldsymbol{p})&=\boldsymbol{p}^{\mathrm{T}}\dot{\boldsymbol{q}}-L(\boldsymbol{q},\dot{\boldsymbol{q}})=\dot{\boldsymbol{q}}^{\mathrm{T}}\boldsymbol{M}\dot{\boldsymbol{q}}/2+\boldsymbol{q}^{\mathrm{T}}\boldsymbol{K}\boldsymbol{q}/2\\&=\boldsymbol{p}^{\mathrm{T}}\boldsymbol{M}^{-1}\boldsymbol{p}/2-\boldsymbol{p}^{\mathrm{T}}\boldsymbol{M}^{-1}\boldsymbol{G}\boldsymbol{q}/2+\boldsymbol{q}^{\mathrm{T}}(\boldsymbol{K}+\boldsymbol{G}^{\mathrm{T}}\boldsymbol{M}^{-1}\boldsymbol{G}/4)\boldsymbol{q}/2\end{aligned}$$

可以写成为

$$\begin{gathered}\boldsymbol{H}(\boldsymbol{q},\boldsymbol{p})=\boldsymbol{p}^{\mathrm{T}}\boldsymbol{D}\boldsymbol{p}/2+\boldsymbol{p}^{\mathrm{T}}\boldsymbol{A}\boldsymbol{q}+\boldsymbol{q}^{\mathrm{T}}\boldsymbol{B}\boldsymbol{q}/2\\\boldsymbol{D}=\boldsymbol{M}^{-1},\ \boldsymbol{A}=-\boldsymbol{M}^{-1}\boldsymbol{G}/2,\ \boldsymbol{B}=\boldsymbol{K}+\boldsymbol{G}^{\mathrm{T}}\boldsymbol{M}^{-1}\boldsymbol{G}/4\end{gathered} \tag{2.3.7}$$

注意,$\boldsymbol{D}$,$\boldsymbol{B}$ 阵为对称,$\boldsymbol{D}$ 为正定;而 $\boldsymbol{B}$ 阵未必能保证为正定,因为 T_0 项合并进势能 Π 而使 $\boldsymbol{K}$ 阵未必能保证正定.变分原理依然为

$$\delta\int_{t_0}^{t_f}[\boldsymbol{p}^{\mathrm{T}}\dot{\boldsymbol{q}}-H(\boldsymbol{q},\boldsymbol{p})]\mathrm{d}t=0 \tag{2.3.8}$$

完成变分推导,得到一对正则方程

$$\dot{\boldsymbol{q}}=\frac{\partial H}{\partial\boldsymbol{p}}=\boldsymbol{A}\boldsymbol{q}+\boldsymbol{D}\boldsymbol{p} \tag{2.3.9a}$$

$$\dot{\boldsymbol{p}}=-\frac{\partial H}{\partial\boldsymbol{q}}=-\boldsymbol{B}\boldsymbol{q}-\boldsymbol{A}^{\mathrm{T}}\boldsymbol{p} \tag{2.3.9b}$$

其中前一式就是(2.3.6)式.

将 $\boldsymbol{q}$,$\boldsymbol{p}$ 合在一起组成状态向量 $\boldsymbol{v}(t)$

$$\boldsymbol{v}=(\boldsymbol{q}^{\mathrm{T}},\boldsymbol{p}^{\mathrm{T}})^{\mathrm{T}} \tag{2.3.10}$$

于是对偶正则方程便成为

$$\dot{\boldsymbol{v}}=\boldsymbol{H}\boldsymbol{v},\quad \boldsymbol{H}=\begin{bmatrix}\boldsymbol{A}&\boldsymbol{D}\\-\boldsymbol{B}&-\boldsymbol{A}^{\mathrm{T}}\end{bmatrix} \tag{2.3.11}$$

初值条件是

$$\boldsymbol{q}_0\underset{\mathrm{def}}{=}\boldsymbol{q}(0)=\text{已知},\quad \dot{\boldsymbol{q}}_0\underset{\mathrm{def}}{=}\dot{\boldsymbol{q}}(0)=\text{已知} \tag{2.3.12}$$

但在求解本征向量与本征值时,暂时还用不到初值条件.

以下的讲述以本征解为重点而展开，本征解给正则变换方法提供了分离变量的基础，是非常重要的一步．即使要求解非线性系统，也以先执行正则变换为好．达芬方程求解的推导已经看出了一点端倪．多自由度体系也可以仿照而行．

2.3.1 分离变量法，本征问题

求解振动方程，最常用的两类方法便是：(1)直接积分法，(2)分离变量法．直接积分法通常总是逐步积分．过去总是采用差分近似来推导逐步积分公式；有了精细积分法后，当然就应当采用之．精细积分法前文已经讲过，这里不再多讲．下文就分离变量法与本征问题讲述其要点．$\boldsymbol{K}$ 阵只要对称，不必正定．状态动力方程(2.3.11)当然有时间坐标，向量的各个分量相当于一个自变量，离散的自变量，由其向量的下标来代表．分离变量就是要将时间 t 与这个下标分离．令

$$\boldsymbol{v} = \boldsymbol{\psi} \cdot \varphi(t)$$

其中 $\boldsymbol{\psi}$ 是一个 $2n$ 维常向量，$\varphi(t)$是一个纯量函数而与向量的下标无关．代入(2.3.11)式导向

$$\boldsymbol{\psi} \cdot (\dot{\varphi}/\varphi) = \boldsymbol{H}\boldsymbol{\psi}$$

右侧与时间无关，故 $\dot{\varphi}/\varphi = \mu$ 一定是一个常数，从而

$$\boldsymbol{H}\boldsymbol{\psi} = \mu\boldsymbol{\psi}, \quad \varphi = \exp(\mu t) \tag{2.3.13}$$

这就导向了 $\boldsymbol{H}$ 矩阵的本征问题．

先讲清楚 $\boldsymbol{H}$ 是哈密顿矩阵，因

$$\left.\begin{aligned} &\boldsymbol{JH} = \begin{pmatrix} -\boldsymbol{B} & -\boldsymbol{A}^{\mathrm{T}} \\ -\boldsymbol{A} & -\boldsymbol{D} \end{pmatrix} = (\boldsymbol{JH})^{\mathrm{T}}, \quad \boldsymbol{J} = \begin{pmatrix} \boldsymbol{0} & \boldsymbol{I} \\ -\boldsymbol{I} & \boldsymbol{0} \end{pmatrix} \\ &\boldsymbol{JJ} = -\boldsymbol{I}_{2n}, \quad \boldsymbol{J}^{\mathrm{T}} = \boldsymbol{J}^{-1} = -\boldsymbol{J}, \quad \boldsymbol{JHJ} = \boldsymbol{H}^{\mathrm{T}} \end{aligned}\right\} \tag{2.3.14}$$

哈密顿矩阵的本征问题具有许多特点．首先是若 μ 是其本征值，则 $-\mu$ 也一定是其本征值．证明如下．由(2.3.13)式，有

$$\boldsymbol{JHJJ\psi} = \mu\boldsymbol{J\psi}, \quad \boldsymbol{H}^{\mathrm{T}}(\boldsymbol{J\psi}) = -\mu(\boldsymbol{J\psi})$$

这说明$(\boldsymbol{J\psi})$是 $\boldsymbol{H}^{\mathrm{T}}$ 的本征向量，本征值为 $-\mu$．但 $\boldsymbol{H}^{\mathrm{T}}$ 的本征值也必是 $\boldsymbol{H}$ 的本征值，证毕．于是 $\boldsymbol{H}$ 阵的 $2n$ 个本征值可以划分为两

类：

(α) μ_i， $\mathrm{Re}(\mu_i)<0$ 或 $\mathrm{Re}(\mu_i)=0 \wedge \mathrm{Im}(\mu_i)>0, i=1,2,\cdots,n$；

$$(2.3.15)$$

(β) μ_{n+i}， $\mu_{n+i}=-\mu_i$

其中 $\mathrm{Re}(\mu_i)=0$ 的情况是特殊的，将 $\mathrm{Im}(\mu_i)>0$ 的根选择为 α 类是有后果的，后文 2.4 节会讲到的. 另外，若 $\mu=0$ 是本征值时，它必是一个重根，因 $\mu=-\mu$. 并且会出现若尔当型. 弹性力学中常有这种情况[19]. μ_i 与 μ_{n+1}的一对本征解称为互相辛共轭.

从分析力学中看到，出现 $\boldsymbol{J}$ 阵就表示有辛的性质. 以下证明 $\boldsymbol{H}$ 阵的本征向量有辛正交的性质. 设

$$\boldsymbol{H\psi}_i=\mu_i\boldsymbol{\psi}_i, \qquad \boldsymbol{H\psi}_j=\mu_j\boldsymbol{\psi}_j$$

则

$$\boldsymbol{H}^{\mathrm{T}}(\boldsymbol{J\psi}_i)=-\mu_i\boldsymbol{J\psi}_i, \quad \boldsymbol{JH\psi}_j=\mu_j\boldsymbol{J\psi}_j$$

$$\boldsymbol{\psi}_j^{\mathrm{T}}\boldsymbol{H}^{\mathrm{T}}\boldsymbol{J\psi}_i=-\mu_i\boldsymbol{\psi}_j^{\mathrm{T}}\boldsymbol{J\psi}_i, \ \boldsymbol{\psi}_i^{\mathrm{T}}\boldsymbol{JH\psi}_j=\mu_j\boldsymbol{\psi}_i^{\mathrm{T}}\boldsymbol{J\psi}_j$$

$$\boldsymbol{\psi}_i^{\mathrm{T}}\boldsymbol{JH\psi}_j=-\mu_i\boldsymbol{\psi}_i^{\mathrm{T}}\boldsymbol{J\psi}_j,$$

从而

$$(\mu_i+\mu_j)\boldsymbol{\psi}_i^{\mathrm{T}}\boldsymbol{J\psi}_j=0$$

以上二列的一行行都是推导. 公式(2.3.16)表明，除非 $j=n+i$ 或$i=n+j$ 的互相辛共轭，$\mu_i+\mu_j=0$，否则本征向量 $\boldsymbol{\psi}_i$ 与 $\boldsymbol{\psi}_j$ 一定互相辛正交

$$\boldsymbol{\psi}_i^{\mathrm{T}}\boldsymbol{J\psi}_j=0, \quad \boldsymbol{\psi}_j^{\mathrm{T}}\boldsymbol{J\psi}_i=0, \quad \text{当 } \mu_i+\mu_j\neq 0 \text{ 时} \tag{2.3.16}$$

这种正交称为**辛正交**，因为中间出现了 $\boldsymbol{J}$ 阵. 普通的对称矩阵本征向量之间也有正交性，但中间是 $\boldsymbol{I}$ 阵，或者对于广义本征问题，中间有非负的对称质量阵 $\boldsymbol{M}$. 现在的 $\boldsymbol{J}$ 阵是反对称阵，这是辛的特征. **任何向量必定自相辛正交**. 当然也一定有

$$\boldsymbol{\psi}_i^{\mathrm{T}}\boldsymbol{JH\psi}_j=0, \quad \text{当 } \mu_i+\mu_j\neq 0 \text{ 时} \tag{2.3.16′}$$

本征向量可以任意乘一个常数因子. 因此可以要求

$$\boldsymbol{\psi}_i^{\mathrm{T}}\boldsymbol{J\psi}_{n+i}=1, \quad \text{必然有} \quad \boldsymbol{\psi}_{n+i}^{\mathrm{T}}\ \boldsymbol{J\psi}_i=-1 \tag{2.3.17}$$

这种关系称为归一化. 因此常称**共轭辛正交归一关系**. 应当注意, $\boldsymbol{\psi}_i$ 与 $\boldsymbol{\psi}_{n+i}$ 各有一个常数可乘, 当 $\mathrm{Re}(\mu_i)<0$ 时, 为此可以再规定 $\boldsymbol{\psi}_i^{\mathrm{T}}\boldsymbol{\psi}_i=\boldsymbol{\psi}_{n+1}^{\mathrm{T}}\boldsymbol{\psi}_{n+i}$.

将全部本征向量按编号排成列, 而构成 $2n\times 2n$ 阵

$$\boldsymbol{\Psi}=(\boldsymbol{\psi}_1,\boldsymbol{\psi}_2,\cdots,\boldsymbol{\psi}_n;\boldsymbol{\psi}_{n+1},\boldsymbol{\psi}_{n+2},\cdots,\boldsymbol{\psi}_{2n})\qquad(2.3.18)$$

则根据共轭辛正交归一关系, 有

$$\boldsymbol{\Psi}^{\mathrm{T}}\boldsymbol{J}\boldsymbol{\Psi}=\boldsymbol{J}\qquad(2.3.19)$$

由此知, $\boldsymbol{H}$ 的本征向量矩阵 $\boldsymbol{\Psi}$ 是一个辛矩阵. $\boldsymbol{\Psi}$ 的行列式值为 1, 故知其所有的列向量, 即本征向量, 张成了 $2n$ 维空间的一个基底. 因此, $2n$ 维空间(相空间)内任一向量皆可由本征向量来展开. 即任意向量 $\boldsymbol{v}$ 可表示为

$$\left.\begin{aligned}\boldsymbol{v}&=\sum_{i=1}^{n}[a_i\boldsymbol{\psi}_i+b_i\boldsymbol{\psi}_{n+i}]\\ a_i&=-\boldsymbol{\psi}_{n+i}^{\mathrm{T}}\boldsymbol{J}\boldsymbol{v},\quad b_i=\boldsymbol{\psi}_i^{\mathrm{T}}\boldsymbol{J}\boldsymbol{v}\end{aligned}\right\}\qquad(2.3.20)$$

这就是哈密顿阵本征向量的**展开定理**.

这里应当指出, 以上的推导是在所有的本征值 μ_i 皆为单根的条件下做出的. 在此条件下也还应当补充一个证明, 即**相互辛共轭的本征向量 $\boldsymbol{\psi}_i$ 与 $\boldsymbol{\psi}_{n+i}$ 不可能互相辛正交**. 否则任意常数因子是无法达成(2.3.17)式的辛共轭归一性质的. 证明需要线性代数方程求解的一条基本定理. 叙述如下: n 维代数方程组

$$\boldsymbol{A}\boldsymbol{x}=\boldsymbol{y}\qquad(2.3.21)$$

$\boldsymbol{A}$ 是 $n\times n$ 矩阵给定, $\boldsymbol{y}$ 是给定 n 维外力向量, 需求解 $\boldsymbol{x}$. 则当行列式 $\det(\boldsymbol{A})\neq 0$ 时, $\boldsymbol{x}$ 有惟一解; 否则当右端向量为零 $\boldsymbol{y}=\boldsymbol{0}$ 时, 齐次方程必有 $\rho\geqslant 0$ 个线性无关的非平凡解 $\boldsymbol{x}_1,\boldsymbol{x}_2,\cdots,\boldsymbol{x}_\rho$, 此时其转置齐次方程 $\boldsymbol{A}^{\mathrm{T}}\boldsymbol{z}=\boldsymbol{0}$ 也必有 ρ 个线性无关非平凡解 $\boldsymbol{z}_1,\boldsymbol{z}_2,\cdots,\boldsymbol{z}_\rho$, 非齐次方程(2.3.21)有解的条件是, 向量 $\boldsymbol{y}$ 与 $\boldsymbol{z}_1,\boldsymbol{z}_2,\cdots,\boldsymbol{z}_\rho$ 皆正交, 此时 $\boldsymbol{x}$ 的解为一个非齐次方程的特解再叠加上 $\boldsymbol{x}_1,\boldsymbol{x}_2,\cdots,\boldsymbol{x}_\rho$ 的任一线性组合. 例如见文献[1]第 6 页.

以下证明 $\boldsymbol{\psi}_i$ 与 $\boldsymbol{\psi}_{n+i}$ 不可能辛正交. 按条件它们都是单本征

根，故$(\boldsymbol{H}-\mu_i\boldsymbol{I})\boldsymbol{x}=\boldsymbol{\psi}_i$必定没有解，否则就成为若尔当型的重根了. 按代数基本定理，右端向量$\boldsymbol{\psi}_i$不会与其转置方程$(\boldsymbol{H}^{\mathrm{T}}-\mu_i\boldsymbol{I})\boldsymbol{z}=\boldsymbol{0}$的解全正交. 由于$\boldsymbol{H}$为哈密顿阵，该转置齐次方程为$(\boldsymbol{H}+\mu_i\boldsymbol{I})(\boldsymbol{J}\boldsymbol{z})=\boldsymbol{0}$，这正是辛共轭的本征方程，故知$\boldsymbol{J}\boldsymbol{z}=\boldsymbol{\psi}_{n+i}$，或$\boldsymbol{z}=-\boldsymbol{J}\boldsymbol{\psi}_{n+i}$. $\boldsymbol{\psi}_i$不与$\boldsymbol{z}$正交就成为$\boldsymbol{\psi}_i^{\mathrm{T}}\boldsymbol{J}\boldsymbol{\psi}_{n+i}\neq 0$，即不辛正交. 证毕.

当本征解出现重根时，由于$\boldsymbol{H}$不是对称阵，出现若尔当型是可能的，请参见文献[40,41].

展开定理对于非齐次方程的求解

$$\dot{\boldsymbol{v}}(t)=\boldsymbol{H}\boldsymbol{v}+\boldsymbol{f},\quad \boldsymbol{v}(0)=\boldsymbol{v}_0=\text{已知} \tag{2.3.22}$$

很有用，可以展开求解. 对$\boldsymbol{v}$的展开就采用(2.3.30)式，对$\boldsymbol{f}$则公式也类同，只是a_i,b_i换成f_{ai},f_{bi}而已；当然，a_i,b_i等皆为t的函数. 采用本征向量展开后，利用本征方程得

$$\begin{aligned}\dot{a}_i&=\mu_i a_i+f_{ai},\quad \dot{b}_i=-\mu_i b_i+f_{bi}\\ a_i(0)&=a_{i0},\quad b_i(0)=b_{i0}\end{aligned} \tag{2.3.23}$$

对a_i及b_i的脉冲响应函数为

$$\begin{aligned}\Phi_{ai}(t,\tau)&=\exp[\mu_i(t-\tau)]\\ \Phi_{bi}(t,\tau)&=\exp[-\mu_i(t-\tau)]\end{aligned} \tag{2.3.24}$$

变成了纯量函数，特别简单. 其原因是本征向量将向量方程最大限度地解耦了. 然后，根据杜哈梅尔积分得

$$\begin{aligned}a_i&=a_{i0}\mathrm{e}^{\mu_i t}+\int_0^t\Phi_{ai}(t,\tau)f_{ai}(\tau)\mathrm{d}\tau\\ b_i&=b_{i0}\mathrm{e}^{-\mu_i t}+\int_0^t\Phi_{bi}(t,\tau)f_{bi}(\tau)\mathrm{d}\tau\end{aligned} \tag{2.3.25}$$

这些就是常规的了.

于是问题现在归结为怎样将$\boldsymbol{H}$阵的本征值与本征向量求解出来. 可以看到，这里的思路与通常的多自由度振动是平行的.

2.3.2 正定哈密顿函数的情形

上节的理论推导是对于一般的哈密顿矩阵说的，这一节是在$H(\boldsymbol{q},\boldsymbol{p})$为正定二次型[见(2.3.7)式]的条件下讲的. 虽然现在是

对哈密顿函数的形式讲的，但也可以转回到 $\boldsymbol{M}, \boldsymbol{K}, \boldsymbol{G}$ 的表示中去观察. 由(2.3.7′)式中看到，哈密顿函数的正定正是由 $\boldsymbol{M}$ 与 $\boldsymbol{K}$ 阵皆为正定来保证的. 文献[45]中讨论了这种情况的理论与算法.

虽然在应用中 $\boldsymbol{K}$ 阵并不总能保证正定，但 $\boldsymbol{K}$ 阵为对称正定的情况还是有的. 况且对这个问题弄清楚是很有好处的. 回顾普通的无陀螺项的振动问题，对此有一大套本征值问题的理论与方法. 现在加上一个陀螺项，即使很小，忽然都不好用了. 发生如此变化，至少从理论角度看，不理想. 因此总是要探索其相互联系，尽量将以往这一套成功的内容尽量在这里再现.

首先应探究一下哈密顿阵的本征值问题. 上一节的结论都能用，但 H 为正定却对其本征值赋予了一个性质，即此时哈密顿矩阵的本征值问题(2.3.13)式，其本征值全为纯虚数. 以下给出其证明.

最简单的方法是考虑其哈密顿函数. 由(2.3.9a,b)式，知 H 的值应当保持为常值，即

$$\frac{\mathrm{d}H}{\mathrm{d}t} = \left(\frac{\partial H}{\partial \boldsymbol{q}}\right)^{\mathrm{T}} \dot{\boldsymbol{q}} + \left(\frac{\partial H}{\partial \boldsymbol{p}}\right) \dot{\boldsymbol{p}} = - \dot{\boldsymbol{p}}^{\mathrm{T}} \dot{\boldsymbol{q}} + \dot{\boldsymbol{q}}^{\mathrm{T}} \dot{\boldsymbol{p}} = 0$$

H 函数应当在运行时守恒. 令本征值取复数值，其状态向量解为

$$\boldsymbol{v} = \boldsymbol{\psi}_i \mathrm{e}^{\mu_i t}$$

将哈密顿函数扩展到复值向量，写成

$$H = - \boldsymbol{v}^{\mathrm{H}} \boldsymbol{J} \boldsymbol{H} \boldsymbol{v} / 2,$$

则

$$H = - \boldsymbol{\psi}_i^{\mathrm{H}} \boldsymbol{J} \boldsymbol{H} \boldsymbol{\psi}_i / 2 \cdot \exp[(\mu_i + \bar{\mu}_i) t]$$

其中上标 H 表示取厄米(Hermite)转置，即**取复数共轭再做转置**的操作，而上面加一横表示取复数共轭之意.

哈密顿函数为正定，即矩阵 $-\boldsymbol{J}\boldsymbol{H}$ 为正定对称之意. 因此 $\boldsymbol{\psi}_i^{\mathrm{H}}(-\boldsymbol{J}\boldsymbol{H})\boldsymbol{\psi}_i/2$ 取正值而不为零，H 函数在运行时守恒必然要求 $(\mu_i + \bar{\mu}_i) = 0$，即本征值 μ_i 为纯虚数. 并且即使出现重根，因 H 守恒也不会出现若尔当型. 证毕.

这里有了复数运算. 复数运算毕竟也是一种理解上的麻烦. 但

哈密顿阵的本征向量却无法避免出现复数.现在从另一角度再给一个证明,这对以后也有用处.因

$\boldsymbol{H\psi} = \mu\boldsymbol{\psi}$,意味着 $-\boldsymbol{\psi}^{\mathrm{H}}\boldsymbol{JH\psi} = \boldsymbol{\psi}^{\mathrm{H}}\boldsymbol{J\psi}\cdot(-\mu) =$ 正实数

但 $\boldsymbol{\psi}^{\mathrm{H}}\boldsymbol{J\psi} = \boldsymbol{q}^{\mathrm{H}}\boldsymbol{p} - \boldsymbol{p}^{\mathrm{H}}\boldsymbol{q}$,因其中这二项互为复共轭,故得纯虚数.因此本征值 μ 必须也是纯虚数方能等于正实数,证毕.其实证明都很简单.

纯虚数本征值的重要特点,是本征值的共轭复数也就是其辛共轭的本征值.

变分原理,本征值的瑞利商,极大-极小性质,约束下的本征值,本征值计数等这一套理论,在哈密顿函数为正定的条件下,是可以进一步探讨的.

2.3.2.1 本征值的变分原理

上文已证明,当哈密顿函数为正定时相应哈密顿矩阵的本征值必为纯虚数.记之为

$$\boldsymbol{H\psi} = \mu\boldsymbol{\psi},\quad \boldsymbol{\gamma} = \mathrm{i}\omega,\quad \boldsymbol{\psi} = \boldsymbol{\psi}_{\mathrm{r}} + \mathrm{i}\boldsymbol{\psi}_{\mathrm{i}} \tag{2.3.26}$$

其中 ω 为实数,即本征值的虚部. $\boldsymbol{\psi}$ 为复向量,故有其实部的 $\boldsymbol{\psi}_{\mathrm{r}}$ 及虚部的 $\boldsymbol{\psi}_{\mathrm{i}}$,它们都是 $2n$ 维的实状态向量.

纯虚数本征值 $\mathrm{i}\omega$ 有辛共轭本征值 $-\mathrm{i}\omega$ 等于其复数共轭的特点.因此本征方程的复共轭就是辛共轭本征方程

$\boldsymbol{H}(\boldsymbol{\psi}_{\mathrm{r}} - \mathrm{i}\boldsymbol{\psi}_{\mathrm{i}}) = -\mathrm{i}\omega(\boldsymbol{\psi}_{\mathrm{r}} - \mathrm{i}\boldsymbol{\psi}_{\mathrm{i}})$,其辛共轭本征向量为$(\boldsymbol{\psi}_{\mathrm{i}} + \mathrm{i}\boldsymbol{\psi}_{\mathrm{r}})$而本征向量的复共轭乘 $-\mathrm{i}$ 即其辛共轭向量.将方程划分为二个实型方程

$$\boldsymbol{H\psi}_{\mathrm{r}} = -\omega\boldsymbol{\psi}_{\mathrm{i}},\quad \boldsymbol{H\psi}_{\mathrm{i}} = \omega\boldsymbol{\psi}_{\mathrm{r}} \tag{2.3.27}$$

以 $-\boldsymbol{\psi}_{\mathrm{r}}^{\mathrm{T}}\boldsymbol{J}$ 左乘第 1 个方程, $-\boldsymbol{\psi}_{\mathrm{i}}^{\mathrm{T}}\boldsymbol{J}$ 左乘第 2 个方程,相加即导出

$$\omega = [\boldsymbol{\psi}_{\mathrm{r}}^{\mathrm{T}}(-\boldsymbol{JH})\boldsymbol{\psi}_{\mathrm{r}} + \boldsymbol{\psi}_{\mathrm{i}}^{\mathrm{T}}(-\boldsymbol{JH})\boldsymbol{\psi}_{\mathrm{i}}]/2\boldsymbol{\psi}_{\mathrm{r}}^{\mathrm{T}}\boldsymbol{J\psi}_{\mathrm{i}} \tag{2.3.28}$$

这个推导只是表明本征值虚部可以由本征向量的实部与虚部计算,但这可以扩展为变分原理.即对 $\boldsymbol{\psi}_{\mathrm{i}}$ 的选用总要求上式分母取正值.则对 ω 有变分原理,可称广义瑞利商

$$\omega = \min_{\boldsymbol{\psi}_r^T J \boldsymbol{\psi}_i > 0} [\boldsymbol{\psi}_r^T(-\boldsymbol{JH})\boldsymbol{\psi}_r + \boldsymbol{\psi}_i^T(-\boldsymbol{JH})\boldsymbol{\psi}_i]/2\boldsymbol{\psi}_r^T\boldsymbol{J}\boldsymbol{\psi}_i \tag{2.3.28'}$$

证明：这个泛函有两个实型自变状态向量 $\boldsymbol{\psi}_r$ 与 $\boldsymbol{\psi}_i$，只有一个不等式条件. 分子则按哈密顿函数为正定的条件，二项分别为正定，当然也正定. 所以分式是有下界的，可以取最小. 现在取变分有

$$\delta\omega = [\delta\boldsymbol{\psi}_r^T(-\boldsymbol{JH}\boldsymbol{\psi}_r - \boldsymbol{J}\boldsymbol{\psi}_i\omega) + \delta\boldsymbol{\psi}_i^T(-\boldsymbol{JH}\boldsymbol{\psi}_i + \boldsymbol{J}\boldsymbol{\psi}_r\omega)]/\boldsymbol{\psi}_r^T\boldsymbol{J}\boldsymbol{\psi}_i = 0$$

因为一个条件只是不等式，故 $-\delta\boldsymbol{\psi}_r^T$ 与 $-\delta\boldsymbol{\psi}_i^T$ 所乘的项应为零，这就导出了(2.3.27)式的二套实型方程. 证毕.

变分原理(2.3.28)并无惟一的本征向量，$\boldsymbol{\psi} = \boldsymbol{\psi}_r + i\boldsymbol{\psi}_i$，有一个任意复常数可以乘的.

(2.3.28)式写成取极小，因此只适用于最小的正 ω. 如果改成 $\delta\omega = 0$，则这个证明导出的方程，对任何纯虚本征值都好用的. 但是一阶变分为零，毕竟不如取最小、最大. 于是我们又想起了(2.2.24)式的最大-最小性质，它在当前依然成立吗？以下就要建立当前的本征值最大-最小性质.

由于采用了实型 $\boldsymbol{\psi}_r, \boldsymbol{\psi}_i$ 作为变分向量，因此要将辛正交条件(2.3.16′)与(2.3.16″)用实型向量来表示. 为免于混淆，下标 r 与 i 专门用来标记实部与虚部，而用 j, k 来表示本征向量序号.

辛正交：$\boldsymbol{\psi}_{rj}^T\boldsymbol{J}\boldsymbol{\psi}_{rk} - \boldsymbol{\psi}_{ij}^T\boldsymbol{J}\boldsymbol{\psi}_{ik} = 0, \quad \boldsymbol{\psi}_{rj}^T\boldsymbol{J}\boldsymbol{\psi}_{ik} + \boldsymbol{\psi}_{ij}^T\boldsymbol{J}\boldsymbol{\psi}_{rk} = 0$

当 $\mu_k + \mu_j \neq 0$

及

$$\boldsymbol{\psi}_{rj}^T\boldsymbol{JH}\boldsymbol{\psi}_{rk} - \boldsymbol{\psi}_{ij}^T\boldsymbol{JH}\boldsymbol{\psi}_{ik} = 0, \quad \boldsymbol{\psi}_{rj}^T\boldsymbol{JH}\boldsymbol{\psi}_{ik} + \boldsymbol{\psi}_{ij}^T\boldsymbol{JH}\boldsymbol{\psi}_{rk} = 0$$

当 $\mu_k + \mu_j \neq 0$ (2.3.29)

根据当前讨论的是 $(-\boldsymbol{JH})$ 为正定阵的情况，复共轭就是辛共轭. (2.3.29)式的辛正交式中，除非 $n + j = k$ 的辛共轭情形，否则 $-$ 号与 $+$ 号都可改成 $\pm$ 号. 既然辛共轭的一对本征向量就是互相复共轭的一对，因此可以一起考虑其辛正交，于是可以写成实型的形式

$$\boldsymbol{\psi}_{rj}^T\boldsymbol{J}\boldsymbol{\psi}_{rk} = 0, \boldsymbol{\psi}_{ij}^T\boldsymbol{J}\boldsymbol{\psi}_{ik} = 0, \boldsymbol{\psi}_{rj}^T\boldsymbol{J}\boldsymbol{\psi}_{ik} = \delta_{jk}/2, \boldsymbol{\psi}_{ij}^T\boldsymbol{J}\boldsymbol{\psi}_{rk} = -\delta_{jk}/2$$

$$\boldsymbol{\psi}_{rj}^{T}\boldsymbol{J}\boldsymbol{H}\boldsymbol{\psi}_{rk} = \boldsymbol{\psi}_{ij}^{T}\boldsymbol{J}\boldsymbol{H}\boldsymbol{\psi}_{ik} = -\omega_j\delta_{jk}/2, \boldsymbol{\psi}_{rj}^{T}\boldsymbol{J}\boldsymbol{H}\boldsymbol{\psi}_{ik} = \boldsymbol{\psi}_{ij}^{T}\boldsymbol{J}\boldsymbol{H}\boldsymbol{\psi}_{rk} = 0$$
$$j, k \leqslant n \tag{2.3.30}$$

其中本征值的编排为

$$0 < \omega_1 < \omega_2 < \cdots < \omega_n \tag{2.3.31}$$

将(2.3.28′)式的试函数用本征向量展开,并利用辛正交关系(2.3.30),将得到展开条件下的对于本征值虚部 ω 的变分式

$$\boldsymbol{\psi}_r = \sum_{j=1}^{n}(a_{rj}\boldsymbol{\psi}_{rj} + a_{ij}\boldsymbol{\psi}_{ij}),$$
$$\boldsymbol{\psi}_i = \sum_{j=1}^{n}(b_{rj}\boldsymbol{\psi}_{rj} + b_{ij}\boldsymbol{\psi}_{ij}) \tag{2.3.32}$$

$$\omega = \frac{\sum_{j=1}^{n}\omega_j(a_{rj}^2 + a_{ij}^2 + b_{rj}^2 + b_{ij}^2)}{2\sum_{j=1}^{n}(a_{rj}b_{ij} - b_{rj}a_{ij})} \tag{2.3.32′}$$

当选择 $a_{r1} = b_{i1} = 1$,其余为零时就得到 ω_1,余类推.(2.3.32)式相当于(2.3.28′)式,还应当按(2.3.28)式做变分,有一个不等式条件便是(2.3.32′)式的分母.(2.3.32′)式相当于(2.2.21)式.

现在要证明这些本征值 ω_j,编排如(2.3.31)式具有最大-最小性质.用公式表示时类同于(2.2.24)式.

$$\omega_{m+1} = \max_{c_j, j=1,m}\left(\min_{\boldsymbol{\psi}, c_j^T J\boldsymbol{\psi}=0, \boldsymbol{\psi}_r^T J\boldsymbol{\psi}_i>0}\frac{\boldsymbol{\psi}_r^{T}(-\boldsymbol{J}\boldsymbol{H})\boldsymbol{\psi}_r + \boldsymbol{\psi}_i^{T}(-\boldsymbol{J}\boldsymbol{H})\boldsymbol{\psi}_i}{2\boldsymbol{\psi}_r^{T}\boldsymbol{J}\boldsymbol{\psi}_i}\right) \tag{2.3.33}$$

其中 $\boldsymbol{c}_j, j = 1, \cdots, m$ 是实型状态向量,$\boldsymbol{\psi} = \boldsymbol{\psi}_r + i\boldsymbol{\psi}_i$,是自变向量,由(2.3.32)式展开表示.如果选用向量 $\boldsymbol{c}_1 = \alpha_1\boldsymbol{\psi}_{r1} + \alpha_2\boldsymbol{\psi}_{i1}$,$\alpha_1$,$\alpha_2$,是给定常数.根据辛正交性质(2.3.30),有 $-a_{r1}\alpha_2 + a_{i1}\alpha_1 = 0$,及 $-b_{r1}\alpha_2 + b_{i1}\alpha_1 = 0$.由于 α_1,α_2 是不同时为零的两组常数,故其行列式为零 $\Delta_1 = a_{r1}b_{i1} - b_{r1}a_{i1} = 0$,这说明对(2.3.33)式的分母项没有贡献.因此必有 $a_{r1} = b_{i1} = a_{i1} = b_{r1} = 0$.否则只能使(2.3.33)式的分子增加而分母不变,有悖于取极小之意.

最大-最小变分原理(2.3.33)的证明,可以采用前文证明式

(2.2.24)类同的方法.变换到本征向量的坐标,将变分式用(2.3.32′)式来表示,再加上 m 个用 $\boldsymbol{c}_j$ 表示的条件.当分别选择 $\boldsymbol{c}_j = \boldsymbol{\psi}_{rj}(j=1,2,\cdots,m)$ 时,(2.3.32)式分母上的求和将自 $j=m+1$ 开始,因为取极小后必有 $a_{rj}=a_{ij}=b_{rj}=b_{ij}=0,(j=1,2,\cdots,m)$;在此基础上对(2.3.33)式继续取极小将有 $\omega=\omega_{m+1}$,同时 $a_{rj}=a_{ij}=b_{rj}=b_{ij}=0(j>m+1)$.因此知其下界为 ω_{m+1}.

还要证明,如果选择其他的 $\boldsymbol{c}_j$,则只会使(2.3.33)式大括号内的项取极小后比 ω_{m+1} 减少.为此先取 $a_{rj}=a_{ij}=b_{rj}=b_{ij}=0,(j>m+1)$.这个条件只会使极小的值增加.还有 $4\times(m+1)$ 个任选常数,m 个 $\boldsymbol{c}_j,(j=1,2,\cdots,m)$ 提供了 $2m$ 个实数条件,还有选择余地.可以选择 $2\times(m+1)$ 个条件如下:

$$b_{ij}=a_{rj},\quad b_{rj}=-a_{ij}, j=1,\cdots,m+1$$

于是

$$\Delta_j=a_{rj}b_{ij}-b_{rj}a_{ij}=a_{rj}^2+a_{ij}^2 \tag{2.3.34}$$

尚有2个任选参数,不必再选.此时(2.3.33)式成为

$$\omega=\frac{\sum_{j=1}^{m+1}\omega_j(a_{rj}^2+a_{ij}^2)}{\sum_{j=1}^{m+1}(a_{rj}^2+a_{ij}^2)}\leqslant\omega_{m+1}$$

所以取任何其他的 $\boldsymbol{c}_j$,不会比 ω_{m+1} 更大.这就证明了(2.3.33)式表达的最大-最小原理.

建立了最大-最小的变分原理,下文的包含定理,本征值计数,等一套理论是其理所当然的发展.这和以前是一样的.以往的变分原理可以在点变换,拉格朗日体系中进行;陀螺系统则必须用对偶变量、相空间、辛几何了.

2.3.2.2 本征值计数,包含定理

本征值的最大-最小性质是一个基础,由此就推出了本征值分布的包含定理.这以下的推理过程与2.2节很接近.

设未受约束的陀螺系统有 n 个自由度,现在加上一个确定的约束

$$\boldsymbol{c}^{\mathrm{T}}\boldsymbol{v}=0 \tag{2.3.35}$$

式中 $\boldsymbol{c}$ 是 n 维实型向量,这是位移约束.这就成为 $n-1$ 个自由度的系统.设原系统的本征值为 $\pm \mathrm{i}\omega_1, \pm \mathrm{i}\omega_2, \cdots, \pm \mathrm{i}\omega_n$,按 $0<\omega_1<\omega_2<\cdots<\omega_n$ 排列.约束后同样规则的本征值为 $\pm \mathrm{i}\omega_{c1}, \pm \mathrm{i}\omega_{c2}, \cdots, \pm \mathrm{i}\omega_{c,n-1}$,现在要在哈密顿函数为正定的条件下,证明包含定理

$$\omega_1 \leqslant \omega_{c1} \leqslant \omega_2 \leqslant \omega_{c2} \leqslant \cdots \leqslant \omega_{n-1} \leqslant \omega_{c,n-1} \leqslant \omega_n \tag{2.3.36}$$

即约束系统的本征值是处于原系统相应两个本征值之间的.

证明:运用本征值的最大-最小性质.先证明

$$\omega_m \leqslant \omega_{cm} \leqslant \omega_{m+1}, \quad m < n \tag{2.3.36$'$}$$

受约束系统的第 m 号本征值应任加 $m-1$ 个约束,再加上给定的一个约束,共 m 个约束.$m-1$ 个约束是取 ω_{cm} 为最大的.与 ω_{m+1} 相比,它的最大-最小原理是 m 个约束都使 ω_{m+1} 取最大,因此 ω_{m+1} 多一个选择取最大,当然只可能比 ω_{cm} 大些,(2.3.36′)式的后一个不等式成立了.再看 ω_m,它的最大-最小是任选 $m-1$ 个约束条件.与 ω_{cm} 的相比,任选条件 $m-1$ 个是一样的,但 ω_{cm} 还多一个给定的约束,当然只可能使 ω_{cm} 增加,因此(2.3.36′)式的前一不等式也成立.由于 m 可以从 1 变化到 $n-1$,(2.3.36)式的包含定理已证明.

杨秉恩(B. E. Yang)曾证明过特定陀螺系统的包含定理[46],方法完全不同.

再考虑本征值计数问题.对给定的 ω,**动力刚度阵**为

$$\boldsymbol{R}(\omega)=\boldsymbol{K}+\mathrm{i}\omega\boldsymbol{G}-\omega^2\boldsymbol{M} \tag{2.3.37}$$

在 $\boldsymbol{K}$ 为正定,保证了哈密顿函数为正定的条件下,问 $\boldsymbol{M},\boldsymbol{G},\boldsymbol{K}$ 的陀螺系统的固有振动频率 ω_i,按条件

$$\omega_i < \omega \qquad (i=1,2,\cdots,m) \tag{2.3.38}$$

问这个计数 m 怎样确定.当然这不是要将 n 个本征值全部求出来,以确定 m,而是要根据动力刚度阵 $\boldsymbol{R}(\omega)$将 m 定下来.由于 $\boldsymbol{G}$ 为反对称阵,故当前 $\boldsymbol{R}(\omega)$是厄米对称阵.

厄米阵的行列式值是实数. $\boldsymbol{R}$ 阵的主对角块也都是厄米阵. 将 $\boldsymbol{R}$ 阵一系列主对角块的行列式值,如(2.2.29)式所示,构成其施图姆序列.

本征值计数 m,可以统计施图姆序列 $d_0,d_1,\cdots,d_n$ 的符号变化,就可以给出其计数. 既然包含定理与无陀螺项时相同. 行列式尺度小 1 就相当于多加了一个约束,以下的推导理由与无陀螺项时相同. 结论是,**施图姆序列的变号次数,就是小于 ω 的本征值个数 m**.

为了免于计算一系列厄米阵的行列式值. 可以利用厄米阵的 $\boldsymbol{LDL}^{\mathrm{H}}$ 三角分解. **其实值对角阵 $\boldsymbol{D}$ 中对角元为负元的个数,就是计数**.

厄米阵动力刚度阵在子结构拼接时的算法与本征值计数的理论与算法,与普通对称阵也是一样的. 差别只在于实数运算要更换成复数运算而已. 这里就不必再重复了,以节省篇幅.

以上介绍了本征值的一些理论问题,就如同无陀螺力时的系统一样的思路. 但这是在哈密顿函数为正定的条件下方能成立,亦即 $\boldsymbol{M}$ 阵,$\boldsymbol{K}$ 阵皆为正定条件下方能成立. 对此还有数值计算方法问题.

2.3.3 哈密顿函数不正定的本征问题

前文讲的一套理论需要体系的哈密顿函数为正定. 应用中有许多课题不能满足此条件. 这一节只在其质量阵 $\boldsymbol{M}$ 为正定的条件下探讨. 本征方程仍为

$$\boldsymbol{H\psi} = \mu\boldsymbol{\psi} \tag{2.3.13}$$

但现在 $-\boldsymbol{JH}$ 已不再保持为正定,虽然它仍是对称的. 为了使讨论与计算方便起见,可先用(2.2.10)式中的 $\boldsymbol{\Psi}_n$ 阵执行点变换. 为免于混淆,以下将 $\boldsymbol{\Psi}_n$ 记作 $\boldsymbol{Q}$ 阵. 令 $\boldsymbol{q} = \boldsymbol{Qq}'$,于是

$$\boldsymbol{Q}^{\mathrm{T}}\boldsymbol{MQ} = \boldsymbol{I}_n, \quad \boldsymbol{Q}^{\mathrm{T}}\boldsymbol{KQ} = \mathrm{diag}(k_i) = \boldsymbol{K}', \quad \boldsymbol{Q}^{\mathrm{T}}\boldsymbol{GQ} = \boldsymbol{G}' \tag{2.3.39}$$

即点变换后,质量阵成为单位阵,而刚度阵成为实对角阵. $(-\boldsymbol{JH})$

不正定则表现为这些对角元 k_i 不能全部保证为正数，其中有某些负数. 陀螺阵 $\boldsymbol{G}'$ 仍为反对称. 以下为方便起见，就当作点变换已完成，一撇的记号就不写了.

在导入状态空间法时，也可以引入另一个状态向量 $\boldsymbol{w}_t$

有

$$\boldsymbol{w}_t = \begin{pmatrix} \boldsymbol{q} \\ \dot{\boldsymbol{q}} \end{pmatrix}, \quad \boldsymbol{p} = \boldsymbol{M}\dot{\boldsymbol{q}} + \boldsymbol{G}\boldsymbol{q}/2$$
$$\boldsymbol{v} = \begin{pmatrix} \boldsymbol{q} \\ \boldsymbol{p} \end{pmatrix} = \boldsymbol{L}\boldsymbol{w}_t, \quad \dot{\boldsymbol{v}} = \boldsymbol{N}\boldsymbol{w}_t \tag{2.3.40}$$

其中

$$\boldsymbol{L} = \begin{pmatrix} \boldsymbol{I}_n & \boldsymbol{0} \\ \boldsymbol{G}/2 & \boldsymbol{M} \end{pmatrix}, \quad \boldsymbol{N} = \begin{pmatrix} \boldsymbol{0} & \boldsymbol{I}_n \\ -\boldsymbol{K} & -\boldsymbol{G}/2 \end{pmatrix}, \quad \boldsymbol{H} = \boldsymbol{N}\boldsymbol{L}^{-1} \tag{2.3.41}$$

用 $\boldsymbol{w}_t$ 表示的系统方程为

$$\boldsymbol{L}\dot{\boldsymbol{w}}_t = \boldsymbol{N}\boldsymbol{w}_t \tag{2.3.42}$$

相应的本征方程可导出为

$$\boldsymbol{N}\boldsymbol{w} = \mu\boldsymbol{L}\boldsymbol{w}, \quad \boldsymbol{w}_t = \boldsymbol{w}\exp(\mu t) \tag{2.3.43}$$

μ 为本征值而 $\boldsymbol{w}$ 为相应的本征向量，显然 $\boldsymbol{\psi} = \boldsymbol{L}\boldsymbol{w}$，在理论上并无本质差别，但在计算中，用 $\boldsymbol{w}$ 较好.

容易验证以下恒等式

$$\boldsymbol{L}^{\mathrm{T}}\boldsymbol{J}\boldsymbol{L} = \begin{pmatrix} \boldsymbol{G} & \boldsymbol{M} \\ -\boldsymbol{M} & \boldsymbol{0} \end{pmatrix}, \quad \boldsymbol{N}^{\mathrm{T}}\boldsymbol{J}\boldsymbol{N} = \begin{pmatrix} \boldsymbol{0} & \boldsymbol{K} \\ -\boldsymbol{K} & -\boldsymbol{G} \end{pmatrix}$$
$$\boldsymbol{N}^{\mathrm{T}}\boldsymbol{J}\boldsymbol{L} = -\boldsymbol{L}^{\mathrm{T}}\boldsymbol{J}\boldsymbol{N} = \begin{pmatrix} \boldsymbol{K} & \boldsymbol{0} \\ \boldsymbol{0} & \boldsymbol{M} \end{pmatrix} \tag{2.3.44}$$

本征方程(2.3.43)可导致

及

$$\begin{pmatrix} \boldsymbol{0} & \boldsymbol{K} \\ -\boldsymbol{K} & -\boldsymbol{G} \end{pmatrix}\boldsymbol{w} = \mu\begin{pmatrix} \boldsymbol{K} & \boldsymbol{0} \\ \boldsymbol{0} & \boldsymbol{M} \end{pmatrix}\boldsymbol{w}$$
$$-\mu\begin{pmatrix} \boldsymbol{G} & \boldsymbol{M} \\ -\boldsymbol{M} & \boldsymbol{0} \end{pmatrix}\boldsymbol{w} = \begin{pmatrix} \boldsymbol{K} & \boldsymbol{0} \\ \boldsymbol{0} & \boldsymbol{M} \end{pmatrix}\boldsymbol{w} \tag{2.3.45}$$

合并后有

$$\begin{pmatrix} 0 & -K \\ K & G \end{pmatrix} w = \mu^2 \begin{pmatrix} G & M \\ -M & 0 \end{pmatrix} w \tag{2.3.46}$$

该方程两侧都是反对称矩阵. 求解本征问题(2.3.43),可以先求解(2.3.46)式. 由此将整个状态空间划分为一系列的子空间,这些子空间的构成是根据每一个 α 类的本征解再加上其在 β 类中的辛共轭本征解. 如果本征值是实数则子空间为二维;而如果本征值为复数则还要加上其复数共轭共四维. 然后再通过一系列子空间的本征问题求解,得到(2.3.43)式的本征解. 因方程(2.3.46)求的是 μ^2 的本征值,故不能区分 $+\mu$ 与 $-\mu$ 的解. 因此相应于(2.3.43)式的 $\pm\mu$ 的本征解,需要在求出(2.3.46)式的 μ^2 重本征向量后,再予以分辨. 先求解 μ^2 的重本征解,这是哈密顿矩阵本征问题有效解法的重要一环[47].

本征值 μ 与 $-\mu$ 当然仍如(2.3.15)式所述区分成两类. 共轭辛加权正交归一成为

$$w_i^{\mathrm{T}}(L^{\mathrm{T}}JL)w_j = 0, \quad w_i^{\mathrm{T}}(L^{\mathrm{T}}JN)w_j = 0, \quad \text{当 } \mu_i + \mu_j \neq 0 \tag{2.3.47}$$

而辛加权归一则成为

$$w_i^{\mathrm{T}}(L^{\mathrm{T}}JL)w_{n+i} = 1, \text{即 } w_{n+i}^{\mathrm{T}}(L^{\mathrm{T}}JL)w_i = -1$$

另外,

$$w_i^{\mathrm{T}}w_i = w_{n+i}^{\mathrm{T}}w_{n+i} \tag{2.3.48}$$

根据共轭辛加权正交归一关系,立即可写出其展开定理,不赘述.

2.3.3.1 陀螺力对振动稳定性的影响

当没有陀螺力时,振动的稳定性只取决于刚度阵 $\boldsymbol{K}$. 质量阵 $\boldsymbol{M}$ 一定是正定的,当 $\boldsymbol{K}$ 阵也为正定时,则振动为稳定. 而在 $\boldsymbol{K}$ 为正定阵时,按 2.3.2 节的分析,有陀螺力作用时体系仍为稳定. 当 $\boldsymbol{K}$ 阵不正定而出现负本征值时,无陀螺力作用时体系为不稳定. 现在的问题是如果有陀螺力作用,而 $\boldsymbol{K}$ 阵出现负的本征值,体系的稳定性如何?

在这方面有汤姆孙-泰德(Thomson-Tait)的经典结果[48]. 后文将证明他们的定理:**如果 $\boldsymbol{K}$ 阵对角化时有奇数个负元,那么不**

论用何种陀螺力都不能使系统变为稳定.

首先说明,陀螺力是可以使某种不稳定系统变为稳定的.设有二自由度系统,当没有陀螺力时是不稳定的

$$\ddot{q}_1 + k_1 q_1 = 0, \quad \ddot{q}_2 + k_2 q_2 = 0 \quad (k_1 < 0, \quad k_2 < 0)$$

现在再加上陀螺力,成为方程组

$$\ddot{q}_1 + \Gamma\dot{q}_2 + k_1 q = 0, \quad \ddot{q}_2 - \Gamma\dot{q}_1 + k_2 q = 0$$

$$\boldsymbol{M} = \begin{pmatrix} 1 & 0 \\ 0 & 1 \end{pmatrix}, \quad \boldsymbol{K} = \begin{pmatrix} k_1 & 0 \\ 0 & k_2 \end{pmatrix}, \quad \boldsymbol{G} = \begin{pmatrix} 0 & \Gamma \\ -\Gamma & 0 \end{pmatrix}$$

$$\boldsymbol{L} = \begin{pmatrix} 1 & 0 & 0 & 0 \\ 0 & 1 & 0 & 0 \\ 0 & \Gamma/2 & 1 & 0 \\ -\Gamma/2 & 0 & 0 & 1 \end{pmatrix}, \quad \boldsymbol{N} = \begin{pmatrix} 0 & 0 & 1 & 0 \\ 0 & 0 & 0 & 1 \\ -k_1 & 0 & 0 & -\Gamma/2 \\ 0 & -k_2 & \Gamma/2 & 0 \end{pmatrix}$$

本征值 μ 的方程自 $\det(\mu\boldsymbol{L} - \boldsymbol{N}) = 0$ 导出.

$$\mu^4 + (\Gamma^2 + k_1 + k_2)\mu^2 + k_1 k_2 = 0 \tag{2.3.49}$$

如

$$k_1 k_2 > 0, \ \Gamma^2 + k_1 + k_2 > 0, \ (\Gamma^2 + k_1 + k_2)^2 - 4k_1 k_2 > 0$$

则 μ^2 的根将取负值,从而 μ 为纯虚数,运动是稳定的.而 $k_1<0$, $k_2<0$ 已保证了第 1 个条件满足,所以只要

$$[\Gamma^2 + (k_1 + k_2)]^2 > 4k_1 k_2$$

则系统就是稳定的.这表明只要陀螺项够大便行.

从这里也看到,如 $k_1>0$,$k_2<0$,则系统肯定是不稳定的,不论 Γ 取得多大.

现在证明汤姆孙-泰德定理.对本征值 μ 的方程为

$$\Delta(\mu) = \det(\mu\boldsymbol{L} - \boldsymbol{N}) = 0$$

$\boldsymbol{N}$ 阵、$\boldsymbol{L}$ 阵皆为实矩阵.当 μ 取任何实数时,$\Delta(\mu)$也取实值且为 μ 的连续函数.当 $\mu=0$ 时,$\Delta(0) = \det(\boldsymbol{JN}) = \prod_1^n k_i$,而当 $\mu\to\infty$时 $\Delta(\infty)>0$ 肯定取正值,为 μ^{2n}.$\Delta(0)$的符号取决于 k_i 中出现负元的个数,如果是奇数则 $\Delta(0)<0$;当 μ 自 0 变化到∞时,

$\Delta(\mu)$将由负变正，而且是连续地变化，因此在某个 $\mu>0$ 处必有 $\Delta(\mu)=0$. 这意味着存在 $\mu>0$ 的本征根，因此必然不稳定. 证毕.

这里要讲一下阻尼. 阻尼项通常用瑞利阻尼(Rayleigh dissipation)来表征. 耗散函数为 $\dot{\boldsymbol{q}}^{\mathrm{T}}\boldsymbol{G}\dot{\boldsymbol{q}}/2$，其中 $\boldsymbol{C}$ 阵为对称正定，或至少为非负 $n\times n$ 矩阵. 阻尼力为 $\boldsymbol{C}\dot{\boldsymbol{q}}$，耗散函数就是阻尼力消耗的功.

对 $\boldsymbol{M},\boldsymbol{K}$ 所组成的系统，守恒是机械能的守恒，阻尼表明系统的机械能减少，耗散函数就是耗散功率. 对于陀螺系统，阻尼力的作用又如何呢？这就要区分哈密顿函数 $H(\boldsymbol{q},\boldsymbol{p})$为正定或不正定两种情况. 只要哈密顿函数为正定，则哈密顿函数就可以选作李雅普诺夫函数. 动力方程可导出哈密顿函数不断耗散而减少，所以系统仍是渐近稳定的. 问题在于在哈密顿函数不正定(当然 $\boldsymbol{K}$ 阵不正定)的条件下，阻尼力起什么作用. 契塔也夫(Chetaev)证明了，耗散力将会使由陀螺力稳定下来的偶数个原本为不稳定的自由度，又变成不稳定. 后文 2.5 节对此还有论述.

按汤姆孙-泰德定理，$\boldsymbol{K}$ 阵如有偶数个不稳定的自由度，则陀螺力可能使系统变为稳定，但这只对没有阻尼的系统才成立. 有了阻尼，系统重又成为不稳定. 但是这种不稳定发展得非常慢，所以系统实际是处于一种亚稳定的状态之下.

2.3.3.2 辛本征问题及其求解

本征方程的解是许多应用课题的基础，光有理论分析还是不够的，现在应提供算法对本征方程有效地求解. 本征解对于正则变换是一个基础，非线性系统的分析也可以在正则变换的基础上寻求其数值解. 当 $\boldsymbol{K}$ 阵为正定时，文献[45]已提供了本征解的计算方法，现在要考虑 $\boldsymbol{K}$ 不能保证为正定时的一般对称阵的情况.

求解本征方程(2.3.43)可先求解(2.3.46)式. 对应于 μ 及 $-\mu$本征根的(2.3.43)式的本征向量 $\boldsymbol{w}$，一定也是(2.3.46)式的本征向量. 但反过来(2.3.46)式的本征向量是两重的，却未必是(2.3.43)式的本征向量，然必可由(2.3.46)式的两个本征向量，记之为 $\boldsymbol{w}_{\mathrm{a}},\boldsymbol{w}_{\mathrm{b}}$，线性组合而成. 因此应当将(2.3.43)或(2.3.45)式在

子空间 $\boldsymbol{w}_{\mathrm{a}}, \boldsymbol{w}_{\mathrm{b}}$ 内表示出来.在子空间内投影是很重要的手段,应当在变分原理表达下来执行.由于状态向量 $\boldsymbol{w}(t)$ 的构造(2.3.40),应当采用变分原理(1.6.19)

$$\delta\int_{t_0}^{t_f}\left[\left(\frac{\partial L}{\partial \boldsymbol{s}}\right)^{\mathrm{T}}(\dot{\boldsymbol{q}}-\boldsymbol{s})+L(\boldsymbol{q},\boldsymbol{s})\right]\mathrm{d}t=0$$

$$L(\boldsymbol{q},\boldsymbol{s})=\boldsymbol{s}^{\mathrm{T}}\boldsymbol{M}\boldsymbol{s}/2+\boldsymbol{s}^{\mathrm{T}}\boldsymbol{G}\boldsymbol{s}/2-\boldsymbol{s}^{\mathrm{T}}\boldsymbol{K}\boldsymbol{s}/2 \quad (2.3.49\mathrm{a})$$

这将导致

$$\delta\int_{t_0}^{t_f}\left\{\dot{\boldsymbol{w}}_t^{\mathrm{T}}\begin{pmatrix}\boldsymbol{G} & \boldsymbol{M}\\ -\boldsymbol{M} & \boldsymbol{0}\end{pmatrix}\frac{\boldsymbol{w}_t}{2}-\boldsymbol{w}_t^{\mathrm{T}}\begin{pmatrix}\boldsymbol{K} & \boldsymbol{0}\\ \boldsymbol{0} & \boldsymbol{M}\end{pmatrix}\frac{\boldsymbol{w}_t}{2}\right\}\mathrm{d}t=0,\quad \boldsymbol{w}_t=\begin{pmatrix}\boldsymbol{q}\\ \boldsymbol{s}\end{pmatrix} \quad (2.3.50)$$

该变分原理在代以 $\boldsymbol{w}_t=\boldsymbol{w}\mathrm{e}^{\mu t}$ 后,即成为

$$\delta\left\{\mu\boldsymbol{w}^{\mathrm{T}}\begin{pmatrix}\boldsymbol{G} & \boldsymbol{M}\\ -\boldsymbol{M} & \boldsymbol{0}\end{pmatrix}\frac{\boldsymbol{w}}{2}-\boldsymbol{w}^{\mathrm{T}}\begin{pmatrix}\boldsymbol{K} & \boldsymbol{0}\\ \boldsymbol{0} & \boldsymbol{M}\end{pmatrix}\frac{\boldsymbol{w}}{2}\right\}=0 \quad (2.3.51)$$

完成变分即得(2.3.45)式.此变分式用于子空间投影较方便.

现在既然有了二个基底向量 $\boldsymbol{w}_a, \boldsymbol{w}_b$,可组成二维子空间 ξ,令

$$\boldsymbol{w}=(\boldsymbol{w}_a, \boldsymbol{w}_b)\boldsymbol{\xi},\quad \boldsymbol{\xi}=(\xi_1,\xi_2)^{\mathrm{T}} \quad (2.3.52)$$

变分原理成为

$$\delta\{\mu\xi^{\mathrm{T}}\boldsymbol{A}_2\xi/2-\xi^{\mathrm{T}}\boldsymbol{B}_2\xi/2\}=0$$

$$\boldsymbol{A}_2=\begin{Bmatrix}\boldsymbol{w}_a^{\mathrm{T}}\\ \boldsymbol{w}_b^{\mathrm{T}}\end{Bmatrix}\begin{pmatrix}\boldsymbol{G} & \boldsymbol{M}\\ -\boldsymbol{M} & \boldsymbol{0}\end{pmatrix}(\boldsymbol{w}_a, \boldsymbol{w}_b) \quad (2.3.53)$$

$$\boldsymbol{B}_2=\begin{Bmatrix}\boldsymbol{w}_a^{\mathrm{T}}\\ \boldsymbol{w}_b^{\mathrm{T}}\end{Bmatrix}\begin{pmatrix}\boldsymbol{K} & \boldsymbol{0}\\ \boldsymbol{0} & \boldsymbol{M}\end{pmatrix}(\boldsymbol{w}_a, \boldsymbol{w}_b)$$

这就是二维的投影矩阵与投影子空间的极值原理,

$$(\boldsymbol{B}_2-\mu\boldsymbol{A}_2)\boldsymbol{\xi}=0,\quad \det(\boldsymbol{B}_2-\mu\boldsymbol{A}_2)=0$$

很容易就解出了二维问题,此时还可以核对本征值 μ 是否正确.由于 $\boldsymbol{w}_a, \boldsymbol{w}_b$ 可能是复向量,此时是复数矩阵.对此,可以将 $\boldsymbol{w}_a, \boldsymbol{w}_b$ 的复共轭向量一起考虑,这相当于分别采用 $\boldsymbol{w}_a, \boldsymbol{w}_b$ 的实部与虚部,子空间成为实型的 4 维,其计算也不难.这就解决了二维投影子空间的计算问题.

现在主要任务是求解(2.3.46)式，不妨认为点变换(2.3.39)已经执行过，因此方程为

$$\begin{pmatrix} 0 & \mathrm{diag}(-k_i) \\ \mathrm{diag}(k_i) & \boldsymbol{G}' \end{pmatrix} \boldsymbol{w}' = \begin{pmatrix} \boldsymbol{G}' & \boldsymbol{I}_n \\ -\boldsymbol{I}_n & \boldsymbol{0} \end{pmatrix} \boldsymbol{w}' \cdot \mu^2, \quad \boldsymbol{w} = \begin{pmatrix} \boldsymbol{Q} & \boldsymbol{0} \\ \boldsymbol{0} & \boldsymbol{Q} \end{pmatrix} \boldsymbol{w}' \tag{2.3.54}$$

其中 k_i 认为按 $k_i < k_{i+1}$ 的次序排列，可能出现负值．为了适应计算，可将 $\boldsymbol{w}'$ 向量重新编排成为 $\boldsymbol{w}_n$，如下之形：

$$\boldsymbol{w}_n = (q_1', \dot{q}_1'; q_2', \dot{q}_2'; \cdots; q_n', \dot{q}_n')^{\mathrm{T}} \tag{2.3.55}$$

相应地(2.3.54)式中的矩阵也应换行换列．设若

$$\boldsymbol{G}' = \begin{pmatrix} 0 & g_{12} & g_{13} & g_{14} \\ -g_{12} & 0 & g_{23} & g_{24} \\ -g_{13} & -g_{23} & 0 & g_{34} \\ -g_{14} & -g_{24} & -g_{34} & 0 \end{pmatrix}, \quad 对\ n = 4，余类推$$

则编排后写为

$$\boldsymbol{A}_k \boldsymbol{w}_n = \mu^2 \boldsymbol{B} \boldsymbol{w}_n \tag{2.3.54$'$}$$

$$\boldsymbol{J} = \begin{pmatrix} \boldsymbol{0} & \boldsymbol{I}_n \\ -\boldsymbol{I}_n & \boldsymbol{0} \end{pmatrix} \Rightarrow \boldsymbol{J}_n', \quad \boldsymbol{J}_n' = \mathrm{diag}(\boldsymbol{J}_1), \quad \boldsymbol{J}_1 = \begin{pmatrix} 0 & 1 \\ -1 & 0 \end{pmatrix} \tag{2.3.56}$$

$\boldsymbol{J}_n'$ 为将 $\boldsymbol{J}_1$ 在对角线上重复 n 次而成．而(2.3.54′)式中的矩阵则变换成

$$\begin{pmatrix} \boldsymbol{G}' & \boldsymbol{I}_n \\ -\boldsymbol{I}_n & \boldsymbol{0} \end{pmatrix} \Rightarrow \boldsymbol{B} = \begin{pmatrix} 0 & 1 & g_{12} & 0 & g_{13} & 0 & g_{14} & 0 \\ -1 & 0 & 0 & 0 & 0 & 0 & 0 & 0 \\ & & 0 & 1 & g_{23} & 0 & g_{24} & 0 \\ \text{反} & & -1 & 0 & 0 & 0 & 0 & 0 \\ & & & & 0 & 1 & g_{34} & 0 \\ & & \text{对} & & -1 & 0 & 0 & 0 \\ & & & & & & 0 & 1 \\ & & & & \text{称} & & -1 & 0 \end{pmatrix} \tag{2.3.57}$$

以及

$$\begin{pmatrix} \mathbf{0} & -\operatorname{diag}(k_i) \\ \operatorname{diag}(k_i) & \boldsymbol{G}' \end{pmatrix} \Rightarrow \boldsymbol{A}_k = \begin{pmatrix} 0 & -k_1 & 0 & 0 & 0 & 0 & 0 & 0 \\ k_1 & 0 & 0 & g_{12} & 0 & g_{13} & 0 & g_{14} \\ & & 0 & -k_2 & 0 & 0 & 0 & 0 \\ & & k_2 & 0 & 0 & g_{23} & 0 & g_{24} \\ & & & & 0 & -k_3 & 0 & 0 \\ \text{反} & & & & k_3 & 0 & 0 & g_{34} \\ & \text{对} & & & & & 0 & -k_4 \\ & & \text{称} & & & & k_4 & 0 \end{pmatrix}$$

(2.3.58)

由以上公式看出,反对称矩阵 $\boldsymbol{B}$,$\boldsymbol{A}_k$ 等应看成为以 2×2 矩阵作为单位,称作胞块(cell)的 $n \times n$ 胞块阵;$\boldsymbol{J}_1$ 相当于单位反对称胞块.方程(2.3.54′)还可以化归**正则形式**[18,49],运用胞块反对称矩阵 $\boldsymbol{L}\boldsymbol{D}_J\boldsymbol{L}^{\mathrm{T}}$ 分解[18,50].对于(2.3.57)式中的 $\boldsymbol{B}$ 阵,则可以分解为

$$\boldsymbol{B} = \boldsymbol{L}_a \boldsymbol{J}_n' \boldsymbol{L}_a^{\mathrm{T}} \tag{2.3.59}$$

其中

$$\boldsymbol{L}_a = \begin{pmatrix} 1 & 0 & & & & & & \\ 0 & 1 & & & & & 0 & \\ 0 & g_{12} & 1 & 0 & & & & \\ 0 & 0 & 0 & 1 & & & & \\ 0 & g_{13} & 0 & g_{23} & 1 & 0 & & \\ 0 & 0 & 0 & 0 & 0 & 1 & & \\ 0 & g_{14} & 0 & g_{24} & 0 & g_{34} & 1 & 0 \\ 0 & 0 & 0 & 0 & 0 & 0 & 0 & 1 \end{pmatrix} \tag{2.3.60}$$

用代入验证法即可验明(2.3.59)式.同样可验证

$$
L_a^{-1} = \begin{pmatrix}
1 & 0 & & & & & & \\
0 & 1 & & & & & 0 & \\
0 & -g_{12} & 1 & 0 & & & & \\
0 & 0 & 0 & 1 & & & & \\
0 & -g_{13} & 0 & -g_{23} & 1 & 0 & & \\
0 & 0 & 0 & 0 & 0 & 1 & & \\
0 & -g_{14} & 0 & -g_{24} & 0 & -g_{34} & 1 & 0 \\
0 & 0 & 0 & 0 & 0 & 0 & 0 & 1
\end{pmatrix} \tag{2.3.60'}
$$

将(2.3.59)式代回到本征方程(2.3.54′),可以化成

$$
\boldsymbol{A}\boldsymbol{w}_b = \mu^2 \boldsymbol{J}_n' \boldsymbol{w}_b \tag{2.3.61}
$$

$$
\boldsymbol{A} = \boldsymbol{L}_a^{-1}\boldsymbol{A}_k\boldsymbol{L}_a^{-\mathrm{T}}, \quad \boldsymbol{w}_b = \boldsymbol{L}_a^{\mathrm{T}}\boldsymbol{w}_n \tag{2.3.62}
$$

以后为简便计,将 $\boldsymbol{w}_b$ 仍写成 $\boldsymbol{w}$. $\boldsymbol{A}$ 阵显然仍是反对称矩阵,而(2.3.61)式乃是反对称矩阵辛本征问题的**正则型**. 请注意,(2.3.61)式之型与文献[45]中所述之型完全不同,(2.3.61)式右方有 $\boldsymbol{J}_n'$,故称辛本征问题,而通常的是反对称矩阵的本征问题,右方无 $\boldsymbol{J}$.

当本征方程(2.3.61)的维数较高时可以运用共轭辛子空间迭代法来求其主要本征解. 公式类同于(2.3.53)式可作出其子空间投影. 但子空间旋转的迭代要执行 $\boldsymbol{A}^{-1}$乘以胞块向量的运算,因此对于 $\boldsymbol{A}$ 阵的 $\boldsymbol{L}\boldsymbol{D}_J\boldsymbol{L}^{\mathrm{T}}$ 分解很有用. 其实不必将(2.3.62)式乘出来,而是应当将 $\boldsymbol{A}_k$ 阵也予以分解

$$
\boldsymbol{A}_k = \boldsymbol{L}_k[\mathrm{diag}(-k_i\boldsymbol{J}_1)]\boldsymbol{L}_k^{\mathrm{T}} \tag{2.3.63}
$$

$$
\boldsymbol{L}_k = \begin{pmatrix}
1 & & & & & & & 0 \\
0 & 1 & & & & & & \\
0 & 0 & 1 & & & & & \\
g_{12}/k_1 & 0 & 0 & 1 & & & & \\
0 & 0 & 0 & 0 & 1 & & & \\
g_{13}/k_1 & 0 & g_{23}/k_2 & 0 & 0 & 1 & & \\
0 & 0 & 0 & 0 & 0 & 0 & 1 & \\
g_{14}/k_1 & 0 & g_{24}/k_2 & 0 & g_{34}/k_3 & 0 & 0 & 1
\end{pmatrix} \tag{2.3.64}
$$

$$
\boldsymbol{L}_k^{-1} = \begin{pmatrix}
1 & & & & & & & 0 \\
0 & 1 & & & & & & \\
0 & 0 & 1 & & & & & \\
-g_{12}/k_1 & 0 & 0 & 1 & & & & \\
0 & 0 & 0 & 0 & 1 & & & \\
-g_{13}/k_1 & 0 & -g_{23}/k_2 & 0 & 0 & 1 & & \\
0 & 0 & 0 & 0 & 0 & 0 & 1 & \\
-g_{14}/k_1 & 0 & -g_{24}/k_2 & 0 & -g_{34}/k_3 & 0 & 0 & 1
\end{pmatrix} \tag{2.3.64'}
$$

从这些公式很容易生成其矩阵,编程计算时是有用的.

化归正则型的算法为:已知 $n, \boldsymbol{M}, \boldsymbol{K}, \boldsymbol{G}$ 阵,

1) 求解 $\boldsymbol{M}, \boldsymbol{K}$ 对称阵广义本征问题(2.3.39),得 $\boldsymbol{Q}, k_i, (i = 1, \cdots, n)$.

2) 计算 $\boldsymbol{G}' = \boldsymbol{Q}^{\mathrm{T}}\boldsymbol{G}\boldsymbol{Q}$,并按(2.3.58)式组成 $\boldsymbol{A}_k$ 阵.

3) 按(2.3.60)式组成 $\boldsymbol{L}_a, \boldsymbol{L}_a^{-1}$ 阵.

4) 计算 $\boldsymbol{A}$ 阵,(2.3.62)式.

5) 求解(2.3.61)辛本征解,得 $\mu^2, \boldsymbol{w}_b$;再 $\boldsymbol{w}_n = \boldsymbol{L}_a^{-\mathrm{T}}\boldsymbol{w}_b$.

6) 由(2.3.55)式反向编排得 $\boldsymbol{w}'$,再 $\boldsymbol{q} = \boldsymbol{Q}\boldsymbol{q}'$, $\dot{\boldsymbol{q}} = \boldsymbol{Q}\dot{\boldsymbol{q}}'$;组成 $\boldsymbol{w}$.

7) 由 μ^2 及对应的本征向量 $\boldsymbol{w}_a, \boldsymbol{w}_b$,按(2.3.52),(2.3.53)

式,求得(2.3.45)式的本征解.

其中第5步求解(2.3.61)式辛本征解的标准问题的算法还要予以明确,这是下一节的内容.

2.3.3.3 反对称矩阵的辛本征问题算法

反对称矩阵辛本征问题的正则型可表示为

$$\boldsymbol{A}\boldsymbol{w} = \mu^2 \boldsymbol{J}_n' \boldsymbol{w} \tag{2.3.65}$$

其中 $\boldsymbol{A}$ 是 $2n\times 2n$ 反对称矩阵.将 2×2 的子矩阵看成为胞块,则 $\boldsymbol{A}$ 就是 $n\times n$ 的胞块阵.$\boldsymbol{J}_n'$ 见(2.3.56)式.辛本征问题与普通本征问题 $\boldsymbol{A}\boldsymbol{w}=\mu^2\boldsymbol{w}$ 不同,传统形式右方没有 $\boldsymbol{J}_n'$ 的反对称阵,因此是欧几里得类的度量;(2.3.65)式则对应于辛度量,所以叫辛本征问题.现在要找出辛本征问题的有效求解算法.

辛本征问题的求解可以从对称矩阵或一般实矩阵本征问题的算法中得到许多启示.往往总是通过一系列的变换将原阵导向对角形式或某种标准形式而求解的.传统本征问题用的是欧几里得度量,因此变换阵应当采用正交阵以保持其度量不变.但当前是辛度量,对任意二个 $2n$ 维的状态向量 $\boldsymbol{w}_{\mathrm{a}},\boldsymbol{w}_{\mathrm{b}}$,可定义其**辛模**为

$$d(\boldsymbol{w}_{\mathrm{a}},\boldsymbol{w}_{\mathrm{b}}) = \boldsymbol{w}_{\mathrm{a}}^{\mathrm{T}}\boldsymbol{J}_n'\boldsymbol{w}_{\mathrm{b}} = -\boldsymbol{w}_{\mathrm{b}}^{\mathrm{T}}\boldsymbol{J}_n'\boldsymbol{w}_{\mathrm{a}} = -d(\boldsymbol{w}_{\mathrm{b}},\boldsymbol{w}_{\mathrm{a}}) \tag{2.3.66}$$

它反对称.数学中对于模的通常定义要求满足1)正定性;2)对称性;3)三角不等式.但**辛模**,不正定,反对称,因此也没有三角不等式.设有变换阵 $\boldsymbol{S}$,

$$\boldsymbol{w}_{\mathrm{a}} = \boldsymbol{S}\boldsymbol{w}_{\mathrm{a}}',\quad \boldsymbol{w}_{\mathrm{b}} = \boldsymbol{S}\boldsymbol{w}_{\mathrm{b}}',\ \text{则}\ d(\boldsymbol{w}_{\mathrm{a}},\boldsymbol{w}_{\mathrm{b}}) = \boldsymbol{w}_{\mathrm{a}}'^{\mathrm{T}}(\boldsymbol{S}^{\mathrm{T}}\boldsymbol{J}_n'\boldsymbol{S})\boldsymbol{w}_{\mathrm{b}}'$$

欲使辛模在 $\boldsymbol{S}$ 阵的变换下不变,即 $d(\boldsymbol{w}_{\mathrm{a}},\boldsymbol{w}_{\mathrm{b}})=d(\boldsymbol{w}_{\mathrm{a}}',\boldsymbol{w}_{\mathrm{b}}')$ 对任意二个向量成立,应有

$$\boldsymbol{S}^{\mathrm{T}}\boldsymbol{J}_n'\boldsymbol{S} = \boldsymbol{J}_n' \tag{2.3.67}$$

这表明 $\boldsymbol{S}$ 应是一个辛矩阵.注意这里的辛矩阵相当于常用辛矩阵的换行换列,见(2.3.55)式,即将对偶变量 $\boldsymbol{q},\boldsymbol{p}$ 的共轭分量编排在一起之意.辛矩阵构成一个群,这已在第一章提及.

对称矩阵本征问题最有效的求解方法之一是，先通过豪斯霍尔德(Householder)正交变换将原阵化成三对角线之形，然后对之采用 QL 算法.对于一般的实型矩阵的本征问题也有类同的方法，请见文献[38,39].对于反对称矩阵的辛本征问题，也可采用雷同的策略.现分成以下几步来介绍[50]：

(1)辛-豪斯霍尔德变换(**SH** 变换)及正交 **SH** 变换；

(2)化归**半边三对角线胞块阵**；

(3)对半边三对角线胞块阵的辛本征解.

逐段介绍如下.

(1)辛-豪斯霍尔德变换，及正交 SH 变换；

正交阵的豪斯霍尔德变换是由一个投影向量产生的[26].现在是辛矩阵，因此应当由一个胞块向量的 $\boldsymbol{u}$ 阵来产生. $\boldsymbol{u}$ 是以 2×2 的胞块为元素的 n 维向量，从而 $\boldsymbol{u}$ 是 $2n\times2$ 的矩阵.由 $\boldsymbol{u}$ 可形成 $2n\times2n$ 的变换阵

$$\boldsymbol{S}_h = \boldsymbol{I}_{2n} - 2\boldsymbol{J}_n'\boldsymbol{u}(\boldsymbol{u}^{\mathrm{T}}\boldsymbol{J}_n'\boldsymbol{u})^{-1}\boldsymbol{u}^{\mathrm{T}} \tag{2.3.68}$$

注意，$\boldsymbol{J}_n'^{\mathrm{T}} = -\boldsymbol{J}_n', \boldsymbol{J}_n'^{-1} = -\boldsymbol{J}_n', (\boldsymbol{J}_n')^2 = -\boldsymbol{I}_{2n}$，故验算 $\boldsymbol{S}_h$ 为辛矩阵如下：

$$\begin{aligned}
\boldsymbol{S}_h^{\mathrm{T}}\boldsymbol{J}_n'\boldsymbol{S}_h &= [\boldsymbol{I}_{2n} - 2\boldsymbol{u}(\boldsymbol{u}^{\mathrm{T}}\boldsymbol{J}_n'\boldsymbol{u})^{-1}\boldsymbol{u}^{\mathrm{T}}\boldsymbol{J}_n']\boldsymbol{J}_n'[\boldsymbol{I}_{2n} - 2\boldsymbol{J}_n'\boldsymbol{u}(\boldsymbol{u}^{\mathrm{T}}\boldsymbol{J}_n'\boldsymbol{u})^{-1}\boldsymbol{u}^{\mathrm{T}}] \\
&= \boldsymbol{J}_n' + 2\boldsymbol{u}(\boldsymbol{u}^{\mathrm{T}}\boldsymbol{J}_n'\boldsymbol{u})^{-1}\boldsymbol{u}^{\mathrm{T}} + 2\boldsymbol{u}(\boldsymbol{u}^{\mathrm{T}}\boldsymbol{J}_n'\boldsymbol{u})^{-1}\boldsymbol{u}^{\mathrm{T}} \\
&\quad - 4\boldsymbol{u}(\boldsymbol{u}^{\mathrm{T}}\boldsymbol{J}_n'\boldsymbol{u})^{-1}\boldsymbol{u}^{\mathrm{T}}\boldsymbol{J}_n'\boldsymbol{u} \times (\boldsymbol{u}^{\mathrm{T}}\boldsymbol{J}_n'\boldsymbol{u})^{-1}\boldsymbol{u}^{\mathrm{T}} \\
&= \boldsymbol{J}_n' + 4\boldsymbol{u}(\boldsymbol{u}^{\mathrm{T}}\boldsymbol{J}_n'\boldsymbol{u})^{-1}\boldsymbol{u}^{\mathrm{T}} - 4\boldsymbol{u}(\boldsymbol{u}^{\mathrm{T}}\boldsymbol{J}_n'\boldsymbol{u})^{-1}\boldsymbol{u}^{\mathrm{T}} = \boldsymbol{J}_n'.
\end{aligned}$$
验毕.

在 SH 变换阵中，其子类正交 SH 变换阵有很大兴趣. **正交矩阵的变换其数值稳定性比较好**.正交 SH 变换阵的公式仍为(2.3.68)式，但对胞块向量 $\boldsymbol{u}$ 的选择有一定要求.只要再进一步验证 $\boldsymbol{S}_h^{\mathrm{T}}\boldsymbol{S}_h = \boldsymbol{I}_{2n}$，则该 $\boldsymbol{S}_h$ 阵就是正交 **SH** 阵.现选择胞块向量 $\boldsymbol{u}$ 中的每一个胞块(2×2 矩阵)皆具有形式

$$\boldsymbol{u}_i = \begin{pmatrix} a_i & -b_i \\ b_i & a_i \end{pmatrix} \tag{2.3.69}$$

其 a_i, b_i 为任意实数，则由(2.3.68)式所给出的 SH 阵同时也是正

交矩阵. 验证如下，首先注意，对任意的 2×2 阵 $\boldsymbol{P}$ 有

$$\boldsymbol{P}^{\mathrm{T}}\boldsymbol{J}\boldsymbol{P}\equiv\boldsymbol{J}_1\det(\boldsymbol{P})$$

其次 $\boldsymbol{u}_i$ 不会全为零阵，否则 $\boldsymbol{S}_h=\boldsymbol{I}_{2n}$，就不必变换了. 因此

$$(\boldsymbol{u}^{\mathrm{T}}\boldsymbol{J}_n'\boldsymbol{u})^{-1}=-\boldsymbol{J}_1d^{-1},\quad d=\sum_i\det(\boldsymbol{u}_i)=\sum_i(a_i^2+b_i^2)>0;$$

同时 $\boldsymbol{u}^{\mathrm{T}}\boldsymbol{u}=\boldsymbol{I}_2d$. 于是

$$\begin{aligned}\boldsymbol{S}_h^{\mathrm{T}}\boldsymbol{S}_h&=[\boldsymbol{I}_{2n}-2\boldsymbol{u}(\boldsymbol{u}^{\mathrm{T}}\boldsymbol{J}_n'\boldsymbol{u})^{-1}\boldsymbol{u}^{\mathrm{T}}\boldsymbol{J}_n']\cdot[\boldsymbol{I}_{2n}-2\boldsymbol{J}_n'\boldsymbol{u}(\boldsymbol{u}^{\mathrm{T}}\boldsymbol{J}_n'\boldsymbol{u})^{-1}\boldsymbol{u}^{\mathrm{T}}]\\&=\boldsymbol{I}_{2n}+2d^{-1}\boldsymbol{u}\boldsymbol{J}_1\boldsymbol{u}^{\mathrm{T}}\boldsymbol{J}_n'+2d^{-1}\boldsymbol{J}_n'\boldsymbol{u}\boldsymbol{J}_1\boldsymbol{u}^{\mathrm{T}}\boldsymbol{J}_n'\\&\quad-4d^{-2}\boldsymbol{u}\boldsymbol{J}_1\boldsymbol{u}^{\mathrm{T}}\boldsymbol{u}\boldsymbol{J}_1\boldsymbol{u}^{\mathrm{T}}\\&=\boldsymbol{I}_{2n}-2d^{-1}\boldsymbol{u}\boldsymbol{u}^{\mathrm{T}}-2d^{-1}\boldsymbol{u}\boldsymbol{u}^{\mathrm{T}}+4d^{-1}\boldsymbol{u}\boldsymbol{u}^{\mathrm{T}}=\boldsymbol{I}_{2n}\end{aligned}$$

其中用了等式 $\boldsymbol{u}^{\mathrm{T}}\boldsymbol{J}_n'=\boldsymbol{J}_1\boldsymbol{u}^{\mathrm{T}}$. 验毕.

(2)化归半边三对角线胞块阵

上节 SH 变换的一个主要用途是，将反对称阵 $\boldsymbol{A}$ 进行胞块三对角线化，或进行胞块半边三对角线化(正交 SH 阵). 这里只讲半边三对角线化，其形如下式所示：

$$\begin{pmatrix}0&d_1&&\text{反}&&&&\\-d_1&0&&&&&&\\0&*&0&d_2&&\text{对}&&\\ *&*&-d_2&0&&&&\\0&*&0&*&0&d_3&&\text{称}\\0&*&*&*&-d_3&0&&\\0&*&0&*&0&*&0&d_4\\0&*&0&*&*&*&-d_4&0\end{pmatrix}\tag{2.3.70}$$

其中 * 代表实数. 如果将半边三对角线胞块阵换行换列，即(2.3.55)式的逆编排，(即将奇数行列与偶数行列分别编排). 此时(2.3.70)式将成

$$
\begin{pmatrix} \mathbf{0} & \boldsymbol{M}_1^{\mathrm{T}} \\ -\boldsymbol{M}_1 & \boldsymbol{C} \end{pmatrix} = \begin{pmatrix}
 & & & & d_1 & * & & 0 \\
 & 0 & & & * & d_2 & * & \\
 & & & & * & * & d_3 & * \\
 & & & & * & * & * & d_4 \\
-d_1 & * & * & * & 0 & \text{反} & & \\
* & -d_2 & * & * & * & 0 & \text{对} & \\
 & * & -d_3 & * & * & * & 0 & \text{称} \\
0 & & * & -d_4 & * & * & * & 0
\end{pmatrix} \tag{2.3.71}
$$

其左上已成零阵；左下 $-\boldsymbol{M}_1$ 已经化成了 $n \times n$ 的海森伯格(Hessenberg)型矩阵. 右下 $\boldsymbol{C}$ 阵为反对称；右上与左下也互为反对称. 化成上式的形式已便于求辛本征解了，这是(3)的任务. 现在讲述如何用正交 SH 阵将 $\boldsymbol{A}$ 阵化成(2.3.70)式之型.

可以用 $n-2$ 步，逐个对第 1 列，…，第 $n-2$ 列的胞块进行消去. 其消元就像普通矩阵通过海森伯格变换化归海森伯格型矩阵类同. 设对于 1，…，$r-1$ 胞块列已完成了半边胞块三对角线化，$\boldsymbol{A}$ 已经变为 $\boldsymbol{A}_r$ 阵. 现在要寻找胞块列以组成正交 SH 矩阵，这就是要寻找辛矩阵 $\boldsymbol{S}_r$，作出相合变换(congruent transformation)

$$
\boldsymbol{A}_{r+1} = \boldsymbol{S}_r^{\mathrm{T}} \boldsymbol{A}_r \boldsymbol{S}_r \tag{2.3.72}
$$

使 $\boldsymbol{A}_{r+1}$ 的第 r 胞块列与行也实现半边胞块三对角线化，而前面的 $r-1$ 个胞块列与行则形式不变. $\boldsymbol{S}_r$ 可由一个吉文斯(Givens)旋转及一个正交 SH 变换的组合来组成，由于二者都是正交辛矩阵，故 $\boldsymbol{S}_r$ 也是正交辛矩阵. 先执行吉文斯旋转，其作用是消去 $\boldsymbol{A}_r$ 阵中的 $(r+1,r)$ 号胞块 $\boldsymbol{a}_{r+1,r}^{(r)}$ 左上的元素. 这里上标(r)是由 $\boldsymbol{A}_r$ 阵的下标上移的，下同. 设该块原来是

$$
\boldsymbol{a}_{r+1,r}^{(r)} = \begin{pmatrix} a_1 & a_2 \\ a_3 & a_4 \end{pmatrix}
$$

则吉文斯旋转只需用一个胞块对角阵，除$(r+1, r+1)$的对角胞

块

$$S_{g,(r+1,r+1)} = \begin{pmatrix} c & s \\ -s & c \end{pmatrix}, \quad c = \frac{a_3}{\sqrt{a_1^2 + a_3^2}}, \quad s = \frac{a_1}{\sqrt{a_1^2 + a_3^2}}$$

外，吉文斯旋转阵 $\boldsymbol{S}_g$ 是一个单位阵 $\boldsymbol{I}_{2n}$. 经 $\boldsymbol{S}_g$ 的相合变换后，$\boldsymbol{A}_r$ 阵($\boldsymbol{S}_g^{\mathrm{T}}\boldsymbol{A}_r\boldsymbol{S}_g$ 仍记为 $\boldsymbol{A}_r$)的$(r+1,r)$胞块之左上角元素已为零了. 接下来便是找出正交 SH 变换阵 $\boldsymbol{S}_{h0}$了. 作为 r 步的变换阵 $\boldsymbol{S}_r$ 为

$$\boldsymbol{S}_r = \boldsymbol{S}_g \times \boldsymbol{S}_{h0} \tag{2.3.72a}$$

构成 $\boldsymbol{S}_{h0}$阵的胞块向量 $\boldsymbol{u}$ 可以选择如下：设在 $\boldsymbol{S}_g$ 的吉文斯旋转后，$\boldsymbol{A}_r$ 的$(r+1,r)$胞块为

$$\boldsymbol{a}_{r+1,r}^{(r)} = \begin{pmatrix} 0 & \beta \\ \alpha & \gamma \end{pmatrix}, \quad \alpha = \sqrt{a_1^2 + a_3^2}$$

则 $\boldsymbol{u}$ 的各胞块为

$$i \leqslant r \text{ 时}, \boldsymbol{u}_i = 0, \quad i = r+1 \text{ 时}, \boldsymbol{u}_{r+1} = -(\alpha + \sigma)\boldsymbol{J}_1$$

$$i \geqslant r \text{ 时}, \boldsymbol{a}_{r+1,r}^{(r)} = \begin{pmatrix} a_i & c_i \\ b_i & d_i \end{pmatrix}, \quad \text{选择 } \boldsymbol{u}_i = \begin{pmatrix} a_i & -b_i \\ b_i & a_i \end{pmatrix} \tag{2.3.73}$$

式中 σ 为待定参数. 因为 $i \leqslant r$ 时 $\boldsymbol{u}_i = 0$ 的选择，由 $\boldsymbol{u}$ 产生的 SH 变换阵 $\boldsymbol{S}_{h0}$只在$(r+1)$胞块后的右下角，才不同于单位阵 $\boldsymbol{I}_{2n}$. 因此用 $\boldsymbol{S}_{h0}$的相合变换，如果写为

$$\boldsymbol{B}_r = \boldsymbol{S}_{h0}^{\mathrm{T}}\boldsymbol{A}_r, \quad \text{再 } \boldsymbol{A}_{r+1} = \boldsymbol{B}_r\boldsymbol{S}_{h0} \tag{2.3.74}$$

则可以看出，只有 $\boldsymbol{S}_{h0}^{\mathrm{T}}$的左乘才能使第 r 胞块列发生变化，因此 $\boldsymbol{A}_{r+1}$阵的第 r 列胞块与 $\boldsymbol{B}_r$ 阵相同. 由于当前执行半边三对角线化，故只对 r 胞块列的左侧数列感到关切，现予验证.

将(2.3.74)式中 $\boldsymbol{B}_r$ 阵的 r 胞块列显式乘出. 因 $\boldsymbol{S}_{h0}$中

$$(\boldsymbol{u}^{\mathrm{T}}\boldsymbol{J}_n'\boldsymbol{u})^{-1} = \left[\boldsymbol{J}_1 \cdot \left(\sigma^2 + 2\sigma\alpha + \alpha^2 + \sum_{i=r+2}^{n}(a_i^2 + b_i^2)\right)\right]^{-1}$$

$$= -(\sigma^2 + 2\sigma\alpha + d)^{-1}\boldsymbol{J}_1$$

$$d = \alpha^2 + \sum_{i=r+2}^{n}(a_i^2 + b_i^2) > 0 \tag{2.3.75}$$

现在对于 $\boldsymbol{A}_r$ 阵的 r 胞块列,记之为 $\boldsymbol{A}_r^{(r)}$,作乘法,有

$$\boldsymbol{u}^{\mathrm{T}}\boldsymbol{J}_n'\boldsymbol{A}_r^{(r)} = -(\alpha+\sigma)\times\begin{pmatrix}0 & \beta\\ \alpha & \gamma\end{pmatrix} + \sum_{i=r+2}^{n}\begin{pmatrix}-b_i & a_i\\ -a_i & -b_i\end{pmatrix}\times\begin{pmatrix}a_i & c_i\\ b_i & d_i\end{pmatrix}$$

$$= \begin{bmatrix} 0 & -\beta(\alpha+\sigma)+\sum_{r+2}^{n}(a_id_i - b_ic_i) \\ -\alpha^2-\alpha\sigma-\sum_{r+2}^{n}(a_i^2+b_i^2) & -\gamma(\alpha+\sigma)-\sum_{r+2}^{n}(a_ic_i+b_id_i)\end{bmatrix}$$

从而

$$2\boldsymbol{u}(\boldsymbol{u}^{\mathrm{T}}\boldsymbol{J}_n'\boldsymbol{u})^{-1}\boldsymbol{u}^{\mathrm{T}}\boldsymbol{J}_n'\boldsymbol{A}_r^{(r)} = 2(\sigma^2+2\sigma\alpha+d)^{-1}\boldsymbol{u}$$

$$\times\begin{bmatrix}(d+\sigma\alpha) & \gamma(\alpha+\sigma)-\sum_{r+2}^{n}(a_ic_i+b_id_i)\\ 0 & -\beta(\alpha+\sigma)+\sum_{r+2}^{n}(a_id_i-b_ic_i)\end{bmatrix}$$

乘得 $\boldsymbol{B}_r$ 阵的(i,r)胞块,$i>r+1$,记之为 $\boldsymbol{B}_{i,r}$,

$$\boldsymbol{B}_{i,r} = \begin{bmatrix}a_i & c_i\\ b_i & d_i\end{bmatrix} - (\sigma^2+2\sigma\alpha+d)^{-1}(2d+2\sigma\alpha)\begin{bmatrix}a_i & *\\ b_i & *\end{bmatrix},\quad i>r+1$$

欲使 $\boldsymbol{B}_{i,r}$的左列为零,应当使

$$2d+2\sigma\alpha = \sigma^2+2\sigma\alpha+d,\quad 即\ \sigma=\sqrt{d} \tag{2.3.75$'$}$$

由(2.3.75)式,当然有 $d>0$,且 $\alpha\geqslant 0$ 也有保证. 定出 σ 后也就定出了胞块向量 $\boldsymbol{u}$,从而正交 SH 变换阵 $\boldsymbol{S}_{h0}$也已确定

$$\boldsymbol{S}_{h0} = \boldsymbol{I}_{2n} - (d+\sqrt{d}\alpha)^{-1}\boldsymbol{u}\boldsymbol{u}^{\mathrm{T}} \tag{2.3.76}$$

此式便于数值计算. 由(2.3.72a)式即得 $\boldsymbol{S}_r$ 阵. 再由(2.3.72)式就完成了第 r 步的半边胞块三对角线化计算.

(3)半边胞块三对角线化反对称阵的辛本征解

将 $\boldsymbol{A}$ 阵化归半边胞块三对角线化后,便很有利于寻求其辛本征解. (2.3.71)式指出通过换行换列可将形如(2.3.70)式的半边胞块三对角阵的辛本征问题化成

$$\begin{bmatrix}\boldsymbol{0} & \boldsymbol{M}_1^{\mathrm{T}}\\ -\boldsymbol{M}_1 & \boldsymbol{C}\end{bmatrix}\begin{pmatrix}\boldsymbol{q}\\ \boldsymbol{p}\end{pmatrix} = \mu^2\begin{bmatrix}\boldsymbol{0} & \boldsymbol{I}_n\\ -\boldsymbol{I}_n & \boldsymbol{0}\end{bmatrix}\begin{pmatrix}\boldsymbol{q}\\ \boldsymbol{p}\end{pmatrix} \tag{2.3.77}$$

$\boldsymbol{q}, \boldsymbol{p}$ 是 n 维对偶向量. 经过一系列辛变换(即正则变换),已不是原来的位移与动量了. 将上式分离成本征问题

$$\boldsymbol{M}_1^{\mathrm{T}}\boldsymbol{p} = \mu^2\boldsymbol{p} \tag{2.3.78a}$$

$$\boldsymbol{M}_1\boldsymbol{q} - \boldsymbol{C}\boldsymbol{p} = \mu^2\boldsymbol{q} \tag{2.3.78b}$$

其中(2.3.78a)式显然是 n 阶实型矩阵的本征问题,而且矩阵 $\boldsymbol{M}_1^{\mathrm{T}}$ 已经下海森伯格型化了. 而(2.3.78b)式的齐次方程 $\boldsymbol{M}_1\boldsymbol{q}_0 = \mu^2\boldsymbol{q}_0$ 与(2.3.78a)式成为对偶,该方程是上海森伯格型矩阵的本征问题,完全符合文献[38]-Ⅱ-15 中算法的要求,因此可以套用其中的标准子过程 HQR2 求出其全部本征值 μ_i^2 与本征向量 $\boldsymbol{q}_{0i}(i = 1,\cdots,n)$. 表为矩阵式

$$\boldsymbol{M}_1^{\mathrm{T}}\boldsymbol{Q}_0 = \boldsymbol{Q}_0\mathrm{diag}(\mu_i^2) \tag{2.3.79}$$

其中 $\boldsymbol{Q}_0$ 为由本征向量 $\boldsymbol{q}_{0i}$组成的矩阵,$\mathrm{diag}(\mu_i^2)$为对角阵. 然后,(2.3.78a)式的全部本征解即可导出为(设本征根皆为单重)

$$\boldsymbol{M}_1^{\mathrm{T}}\boldsymbol{P}_0 = \boldsymbol{P}_0\mathrm{diag}(\mu_i^2), \quad \boldsymbol{P}_0 = \boldsymbol{Q}_0^{-\mathrm{T}} \tag{2.3.80}$$

现在要找出(2.3.78b)式的全部解. 这是对于向量 $\boldsymbol{q}$ 的非齐次代数联立方程,由于 μ_i^2 是本征值, $\det(\boldsymbol{M}_1 - \mu_i^2\boldsymbol{I}_n) = 0$, 方程(2.3.73b)是奇异代数方程. 它有解的约束条件为,其对偶齐次方程(2.3.78a)的解,即本征解 $\boldsymbol{p}_i$,即 $\boldsymbol{P}_0$ 的列,应与非齐次项相正交. 将 $\boldsymbol{P}_i^{\mathrm{T}}$ 左乘(2.3.78b)式,根据(2.3.78a)式,有

$$\boldsymbol{p}_i^{\mathrm{T}}\boldsymbol{C}\boldsymbol{p}_i = 0 \tag{2.3.81}$$

这是有解的条件. 但 $\boldsymbol{C}$ 是反对称阵,对于任意向量 $\boldsymbol{p}$,上式是恒等式,因此(2.3.78b)式是一个相容方程. 对它的求解无非是找出其非齐次方程的特解 $\boldsymbol{q}_i'$

$$\boldsymbol{M}_1\boldsymbol{q}_i' - \mu_i^2\boldsymbol{q}_i' - \boldsymbol{C}\boldsymbol{p}_i = 0 \tag{2.3.82}$$

其解可以用本征向量展开

$$\boldsymbol{q}_i' = \sum_{j=1}^{n}{}^{*} b_{ij}\boldsymbol{q}_{0j}, \quad b_{ij}\ \text{待求} \tag{2.3.83}$$

其中 b_{ii}可选为零,因 $\boldsymbol{q}_{0i}$是齐次方程的解,这就是 $\sum^{*}$ 之意. 将(2.3.83)式代入(2.3.82)式,得

$$\sum_{j=1}^{n}{}^{*}(\mu_j^2-\mu_i^2)b_{ij}\boldsymbol{q}_{0j}=\boldsymbol{C}\boldsymbol{p}_i$$

为确定系数 b_{ij}，用 $\boldsymbol{p}_k^{\mathrm{T}}$ 左乘上式，因 $\boldsymbol{p}_k$ 是 $\boldsymbol{Q}_0^{\mathrm{T}}$ 的第 k 列，见(2.3.80)式，故当 $k\neq j$ 时 $\boldsymbol{p}_k^{\mathrm{T}}\boldsymbol{q}_{0j}=0$，从而

$$b_{ij}=\boldsymbol{p}_k^{\mathrm{T}}\boldsymbol{C}\boldsymbol{p}_i/(\mu_k^2-\mu_i^2) \tag{2.3.84}$$

又因 $\boldsymbol{C}$ 为反对称阵，故知 $b_{ik}=b_{ki}$.

至此辛本征方程(2.3.77)的 $2n$ 个本征解皆已找到.它们由 n 个二重本征根 μ_i^2，$(i=1,2,\cdots,n)$所组成，其相应的两个本征向量为

$$\boldsymbol{w}_i=\begin{pmatrix}\boldsymbol{q}_{0i}\\ \boldsymbol{0}\end{pmatrix},\quad \text{及}\quad \boldsymbol{w}_{n+i}=\begin{pmatrix}\boldsymbol{q}_i'\\ \boldsymbol{p}_i\end{pmatrix},\quad i=1,2,\cdots,n \tag{2.3.85}$$

它们显然互相独立，不出现若尔当型.它们互相辛共轭，即

$$\boldsymbol{w}_i^{\mathrm{T}}\boldsymbol{J}\boldsymbol{w}_{n+i}=\boldsymbol{q}_{0i}^{\mathrm{T}}\boldsymbol{p}_i=1$$

而对于不同本征值 μ_i^2 的本征向量，一定互相辛正交.

对反对称矩阵 $\boldsymbol{A}$ 的辛本征问题(2.3.65)的求解算法为

1) 通过正交辛变换 $\boldsymbol{S}$，将 $\boldsymbol{A}$ 阵化归半边胞块三对角线化之形，$\boldsymbol{A}_{s3d}=\boldsymbol{S}^{\mathrm{T}}\boldsymbol{A}\boldsymbol{S}$，见(2.3.68)～(2.3.76)式的一段. $\boldsymbol{S}=\boldsymbol{S}_1\boldsymbol{S}_2\cdots\boldsymbol{S}_{n-2}$;

2) 通过换行换列，将 $\boldsymbol{A}_{s3d}$化归(2.3.77)式之型，得 $\boldsymbol{M}_1$，$\boldsymbol{C}$;

3) 调用 HGR2 子过程，求解(2.3.79)式的全部本征解，得 $\boldsymbol{Q}_0$ 阵及 $\mathrm{diag}(\mu_i^2)$阵.

4) 按(2.3.80)式，计算 $\boldsymbol{P}_0$ 阵.

5) 按(2.3.84)式计算 b_{ik}，并求得本征向量(2.3.85)，$\boldsymbol{w}_i$，$\boldsymbol{w}_{n+i}$.

6) 将本征向量重新编排：$\boldsymbol{w}'=(q_1,p_1;q_2,p_2;\cdots;q_n,p_n)^{\mathrm{T}}$.

7) $\boldsymbol{w}=\boldsymbol{S}\boldsymbol{w}'$即得 $\boldsymbol{A}$ 阵辛本征问题(2.3.65)的解.

2.3.3.4 数例

本节数例要表现两个方面，即(1)陀螺系统怎样化归标准的反

对称矩阵辛本征问题;(2)反对称矩阵 **A** 辛本征问题的求解. 本节用一个数例分别表述这两个方面. 计算矩阵

$$\boldsymbol{M}=\begin{pmatrix} 8 & & \text{对} & \\ -2 & 10 & & \text{称} \\ 1 & 4 & 10 & \\ 0 & 4 & -1.2 & 8 \end{pmatrix},\quad \boldsymbol{G}=\begin{pmatrix} 0 & -16 & -8 & -12 \\ 16 & 0 & -40 & -12 \\ 8 & 40 & 0 & 16 \\ 12 & 12 & -16 & 0 \end{pmatrix}$$

$$\boldsymbol{K}=\begin{pmatrix} 4 & & \text{对} & \\ -3 & -3 & & \text{称} \\ 2 & 1 & -3 & \\ 0 & -3 & -2 & 4 \end{pmatrix}$$

由 **M**,**K** 求得主坐标矩阵 **Q**,再计算 **G**′,有

$$\boldsymbol{Q}=\begin{pmatrix} -0.0201 & 0.3091 & -0.0652 & 0.2137 \\ -0.1526 & -0.0099 & -0.2186 & 0.3549 \\ -0.1835 & -0.0720 & -0.0311 & -0.3356 \\ -0.1196 & -0.1135 & -0.3822 & -0.1385 \end{pmatrix}$$

$$\boldsymbol{G}'=\begin{pmatrix} 0 & \text{反} & & \\ 0.8818 & 0 & \text{对} & \\ 1.4241 & -0.2528 & 0 & \text{称} \\ -6.7678 & 0.9914 & 0.9546 & 0 \end{pmatrix}$$

$$\boldsymbol{K}'=\mathrm{diag}(-0.2577\quad 0.5498\quad 0.9889\quad -1.3272)$$

而按(2.3.62)式得 **A** 阵为

$$\boldsymbol{A}=\begin{pmatrix} 0 & 0.2571 & & & & & & \\ -0.2571 & 0 & & & & \text{反对称} & & \\ -0.2267 & 0 & 0 & -1.3274 & & & & \\ 0 & -0.8818 & 1.3274 & 0 & & & & \\ -0.3661 & -0.2230 & -.3356 & -1.2558 & 0 & -3.0810 & & \\ 0 & 1.4241 & 1.2558 & -0.2528 & 3.0810 & 0 & & \\ -1.7397 & 2.2337 & 2.5148 & -6.2093 & -5.6951 & 9.3876 & 0 & -46.3700 \\ 0 & 6.7678 & 5.9680 & 0.9914 & -9.3876 & 0.9546 & 46.3700 & 0 \end{pmatrix}$$

这就完成了第(1)方面,化归标准的反对称矩阵辛本征问题的计算.

下一个阶段就是求解反对称矩阵 $\boldsymbol{A}$ 的辛本征问题.第一步是利用吉文斯旋转与正交 SH 变换,执行 $\boldsymbol{A}$ 阵的半边胞块三对角线化.变换后有

$$\boldsymbol{A}_{s3d}=\boldsymbol{S}^{\mathrm{T}}\boldsymbol{A}\boldsymbol{S}$$

$$=\begin{bmatrix} 0 & 0.2571 & & & & & & \\ -0.2571 & 0 & & & & & & \\ 0 & -6.9720 & 0 & -49.1260 & & & & \\ -1.7922 & 2.1227 & 49.1260 & 0 & & & & \\ 0 & 0.6797 & 0 & 5.8466 & 0 & -0.8750 & & \\ 0 & -0.0670 & -1.3674 & -0.6339 & 0.8750 & 0 & & \\ 0 & 0.2136 & 0 & 1.8491 & 0 & -0.3880 & 0 & -0.7730 \\ 0 & -0.1452 & 0 & -0.9635 & 0.3348 & -0.2071 & 0.7730 & 0 \end{bmatrix}$$

其中旋转积累的辛矩阵,当然是正交辛矩阵 $\boldsymbol{S}$ 为

$$\boldsymbol{S}=\begin{bmatrix} 1 & 0 & 0 & 0 & 0 & 0 & 0 & 0 \\ 0 & 1 & 0 & 0 & 0 & 0 & 0 & 0 \\ 0 & 0 & 0 & 0.1256 & -0.6660 & -0.0030 & 0.6909 & -0.2511 \\ 0 & 0 & -0.1265 & 0 & 0.0030 & -0.6660 & 0.2511 & 0.6909 \\ 0 & 0 & 0 & 0.2043 & -0.7011 & 0.0979 & -0.5983 & 0.3149 \\ 0 & 0 & -0.2043 & 0 & -0.0979 & -0.7011 & -0.3149 & -0.5983 \\ 0 & 0 & 0 & 0.9707 & 0.2343 & -0.0202 & 0.0359 & -0.0336 \\ 0 & 0 & -0.9707 & 0 & 0.0202 & 0.2343 & 0.0336 & 0.0359 \end{bmatrix}$$

可以验证,$\boldsymbol{S}^{\mathrm{T}}\boldsymbol{S}=\boldsymbol{I}_{2n}$,及 $\boldsymbol{S}^{\mathrm{T}}\boldsymbol{J}_n'\boldsymbol{S}=\boldsymbol{J}_n'$,可由计算机完成之.然后便是将 $\boldsymbol{A}_{s3d}$ 转换到块对角之形,(2.3.77)式,有

$$\boldsymbol{M}_1=\begin{bmatrix} 0.2571 & -6.9720 & 0.6797 & 0.2136 \\ 1.7922 & -49.1260 & 5.8466 & 1.8491 \\ 0 & 1.3674 & -0.8795 & -0.3880 \\ 0 & 0 & -0.3348 & -0.7730 \end{bmatrix}$$

$$\boldsymbol{C}=\begin{bmatrix} 0 & \text{反} & & \\ 2.1227 & 0 & \text{对} & \\ -0.0670 & -0.6339 & 0 & \text{称} \\ -0.1452 & -0.9635 & -0.2071 & 0 \end{bmatrix}$$

$\boldsymbol{M}_1$ 阵已是上海森伯格型矩阵了. 调用 HQR2 子过程可算得本征值

$$\mu^2 = -0.0088041, \quad -0.39988, \quad -1.07452, \quad -49.0382$$

$$\mu = \pm 0.09383\mathrm{i}, \quad \pm 0.63236\mathrm{i}, \quad \pm 1.03659\mathrm{i}, \quad \pm 7.00273\mathrm{i}$$

当然也算得了本征向量等. 以下还有些计算,已成为常规,予以略去. 前文讲得很清楚了.

自由振动模态计算是一个基本环节,有多方面的应用. 例如随机振动,往往选用若干个模态作响应分析. 对此应当用辛子空间迭代法进行计算. 况且正则变换也需要本征解.

2.4 多自由度系统的非线性振动

上文对于多自由度线性振动作了分析,尤其是本征解的分析计算. 但有许多问题需要考虑其非线性项的影响. 于是就要面对多自由度系统非线性振动的分析问题[51].

即使是单自由度的非线性振动,其各种问题的分析也非易事. 前文分析过达芬方程的非线性振动,也只考虑了其强迫振动问题的周期解,强迫振动具任意初值条件的解往往就会进入其混沌运动. 混沌运动需要作时间域的逐步积分,用精细积分法执行其数值效果可能更稳定些. 但数值积分是做到哪里就哪里,因此如果能够用分析法做的话,仍是很欢迎的.

多自由度非线性振动当然比单自由度复杂许多,但可以从单自由度非线性振动方面借鉴到许多有用的经验. 例如前文采用了正则变换的方法,就可以用到多自由度振动体系来. 这里就介绍采用正则变换对多自由度体系振动的分析方法. 采用正则变换需要知道其**基本系统**的分析解,上文讲过的本征解就可以用作其基本线性系统的分析解. 对于较弱非线性的系统,采用**线性系统作为其基本系统**是合理的. 将多自由度非线性振动的方程写成为

$$\boldsymbol{M}\ddot{\boldsymbol{q}} + (\boldsymbol{G} + \boldsymbol{C})\dot{\boldsymbol{q}} + \boldsymbol{K}\boldsymbol{q} + \boldsymbol{K}_n(\boldsymbol{q}, \dot{\boldsymbol{q}})\boldsymbol{q} = \boldsymbol{f}_1(t) \quad (2.4.1)$$

其中 $\boldsymbol{M}, \boldsymbol{G}, \boldsymbol{K}$ 的意义同前, $\boldsymbol{q}$ 是 n 维广义位移向量, $\boldsymbol{C}$ 是 $n \times n$

维的对称正定阻尼阵，$\boldsymbol{K}_n(\boldsymbol{q},\dot{\boldsymbol{q}})$是与位移 $\boldsymbol{q}$ 和速度 $\dot{\boldsymbol{q}}$ 有关的$n\times n$矩阵，不大的非线性项．外力项 $\boldsymbol{f}_1(t)$通常考虑为给定周期的简谐力．

该非线性振动方程的**基本系统选为线性振动方程**

$$\boldsymbol{M}\ddot{\boldsymbol{q}}+\boldsymbol{G}\dot{\boldsymbol{q}}+\boldsymbol{K}\boldsymbol{q}=\boldsymbol{0} \tag{2.4.2}$$

设其全部本征解已由如前所述的方法全部解出，现在用这些解作出正则变换．当然认为已经变换到哈密顿体系，1.11.3 节(1.11.30)式以下的推导，以及 2.3 节的推导与计算都完成了．

当前正是基本系统的哈密顿-雅可比方程为可分离变量的情况．理论上其本征解应予全部解出．但在应用中无非是采用其前若干个本征解而已．以下就当作完成了正则变换，变量已经分离，相当于采用(1.11.38)式的 $\boldsymbol{Q},\boldsymbol{P}$，

$$\boldsymbol{\zeta}=\boldsymbol{S}^{-1}\boldsymbol{v},\quad \boldsymbol{\zeta}=(\boldsymbol{Q}^{\mathrm{T}},\boldsymbol{P}^{\mathrm{T}})^{\mathrm{T}},\quad \boldsymbol{v}=\boldsymbol{S}\boldsymbol{\zeta} \tag{1.11.38}$$

为了留下符号 $\boldsymbol{Q},\boldsymbol{P}$ 进一步使用，以下将 $\boldsymbol{Q},\boldsymbol{P}$ 改写为 $\hat{\boldsymbol{q}},\hat{\boldsymbol{p}}$．变换后的哈密顿函数为 $K(\hat{\boldsymbol{q}},\hat{\boldsymbol{p}})$已成为对角之型，用矩阵表示为

$$K(\hat{\boldsymbol{q}},\hat{\boldsymbol{p}})=\hat{\boldsymbol{p}}^{\mathrm{T}}\times\mathrm{diag}(\mu_i)\times\hat{\boldsymbol{q}} \tag{1.11.39}$$

以上的正则变换分离了变量．但由于哈密顿矩阵为不对称矩阵，其本征解可能出现复值．即 $\boldsymbol{S}$ 为复值矩阵，对应地 $\hat{\boldsymbol{q}},\hat{\boldsymbol{p}}$ 也是复值向量．这对以后的推导不很方便．以下要改换为实型的辛矩阵 $\boldsymbol{S}_{\mathrm{r}}$．

稳定振动的陀螺系统，其本征值 $\mu_i, i=1,2,\cdots,n$ 全都是纯虚数．设相应的本征解记为

$$\mu_i=\mathrm{i}\omega_i,\quad \omega_i>0,\quad \boldsymbol{\psi}_i=(\boldsymbol{q}_i^{\mathrm{T}},\boldsymbol{p}_i^{\mathrm{T}})^{\mathrm{T}} \tag{2.4.3a}$$

由于复本征值出现，本征向量 $\boldsymbol{\psi}_i$ 也是复值的．其辛共轭的本征值 $\mu_{n+i}=-\mathrm{i}\omega_i$，且 $\mu_{n+i}=\bar{\mu}_i$ 互为复共轭数，上面一横代表取其复数共轭．其辛共轭的解为

$$\mu_{n+i}=-\mathrm{i}\omega_i,\quad \boldsymbol{\psi}_{n+i}=a_i(\bar{\boldsymbol{q}}_i^{\mathrm{T}},\bar{\boldsymbol{p}}_i^{\mathrm{T}})^{\mathrm{T}}=a_i\bar{\boldsymbol{\psi}}_i \tag{2.4.3b}$$

其中 a_i 是 $\mathrm{abs}(a_i)=1$ 的复值常数．由于已经分离变量，**各个 $\boldsymbol{i}$ 都是独立的**．按共轭辛归一关系，应当有 $\boldsymbol{\psi}_{n+i}^{\mathrm{T}}\boldsymbol{J}\boldsymbol{\psi}_i=-1$．用 $\boldsymbol{q}_i,\boldsymbol{p}_i$ 来表示，为

$$a_i(\bar{\boldsymbol{q}}_i^{\mathrm{T}}\boldsymbol{p}_i - \bar{\boldsymbol{p}}_i^{\mathrm{T}}\boldsymbol{q}_i) = a_i(\bar{\boldsymbol{q}}_i^{\mathrm{T}}\boldsymbol{p}_i - \boldsymbol{q}_i^{\mathrm{T}}\bar{\boldsymbol{p}}_i) = -1$$

括号中$(\bar{\boldsymbol{q}}_i^{\mathrm{T}}\boldsymbol{p}_i - \boldsymbol{q}_i^{\mathrm{T}}\bar{\boldsymbol{p}}_i)$为两个共轭复数之差，可以用一个实数调节为单位纯虚数. 故 a_i 必为纯虚数 $a_i = \pm \mathrm{i}$. **究竟取 $\boldsymbol{a_i = \mathrm{i}}$ 还是 $\boldsymbol{a_i = -\mathrm{i}}$，这是很重要的.**

从(2.4.3b)式看到，$\boldsymbol{\psi}_i$ 与 $\boldsymbol{\psi}_{n+i}$ 只有两个实型向量的基底. 既然已经将这一对基底与其他的基底分离了变量，就不妨采用两个实型基底 $\boldsymbol{\psi}_i^{(\mathrm{r})}$ 与 $\boldsymbol{\psi}_i^{(\mathrm{i})}$，分别是本征向量 $\boldsymbol{\psi}_i$ 的实部与虚部，以代替 $\boldsymbol{\psi}_i$ 与 $\boldsymbol{\psi}_{n+i}$. 再加以归一化，相当于采用转换矩阵，当 $a_i = \mathrm{i}$

$$(\boldsymbol{\psi}_i \quad \boldsymbol{\psi}_{n+i}) = (\boldsymbol{\psi}_i^{(\mathrm{r})} \quad \boldsymbol{\psi}_i^{(\mathrm{i})}) \times \begin{pmatrix} 1 & \mathrm{i} \\ \mathrm{i} & 1 \end{pmatrix} \Big/ \sqrt{2} \tag{2.4.4a}$$

当 $a_i = -\mathrm{i}$

$$(\boldsymbol{\psi}_i \quad \boldsymbol{\psi}_{n+i}) = (\boldsymbol{\psi}_i^{(\mathrm{r})} \quad \boldsymbol{\psi}_i^{(\mathrm{i})}) \times \begin{pmatrix} 1 & -\mathrm{i} \\ \mathrm{i} & -1 \end{pmatrix} \Big/ \sqrt{2}$$

应当指出，$\begin{pmatrix} 1 & \mathrm{i} \\ \mathrm{i} & 1 \end{pmatrix} \Big/ \sqrt{2}$ 是一个行列式值为 1 的辛矩阵；但 $\begin{pmatrix} 1 & -\mathrm{i} \\ \mathrm{i} & -1 \end{pmatrix} \Big/ \sqrt{2}$ 的行列式为 -1，是辛矩阵的另一支. 出现另一支的辛矩阵不方便. 为此可将两个实型基底 $\boldsymbol{\psi}_i^{(\mathrm{r})}$ 与 $\boldsymbol{\psi}_i^{(\mathrm{i})}$ 定义为 $\boldsymbol{\psi}_{n+i}$ 的实部与负的虚部，即当 $a_i = -\mathrm{i}$ 时

$$(\boldsymbol{\psi}_i \quad \boldsymbol{\psi}_{n+i}) = (\boldsymbol{\psi}_i^{(\mathrm{r})} \quad \boldsymbol{\psi}_i^{(\mathrm{i})}) \times \begin{pmatrix} \mathrm{i} & 1 \\ -1 & -\mathrm{i} \end{pmatrix} \Big/ \sqrt{2} \tag{2.4.4b}$$

据此可以由

$$\boldsymbol{S}^{\mathrm{T}}(-\boldsymbol{J}\boldsymbol{H})\boldsymbol{S} = \begin{pmatrix} 0 & \mathrm{diag}(\mu_i) \\ \mathrm{diag}(\mu_i) & 0 \end{pmatrix} \tag{1.11.41}$$

改用

$$\boldsymbol{S}_{\mathrm{r}} = (\boldsymbol{\psi}_1^{(\mathrm{r})} \cdots \boldsymbol{\psi}_n^{(\mathrm{r})}; \quad \boldsymbol{\psi}_1^{(\mathrm{i})} \cdots \boldsymbol{\psi}_n^{(\mathrm{i})}) \tag{2.4.5}$$

$\boldsymbol{S}_{\mathrm{r}}$ 阵也是辛矩阵，$\boldsymbol{S}_{\mathrm{r}}^{\mathrm{T}}\boldsymbol{J}\boldsymbol{S}_{\mathrm{r}} = \boldsymbol{J}$，它对 $\boldsymbol{S}$ 阵的分块转换阵已经由(2.4.4a,b)式表达. 可以导出

$$\boldsymbol{S}_{\mathrm{r}}^{\mathrm{T}}(-\boldsymbol{JH})\boldsymbol{S}_{\mathrm{r}} = \begin{pmatrix} \mathrm{diag}(\pm\omega_i) & \boldsymbol{0} \\ \boldsymbol{0} & \mathrm{diag}(\pm\omega_i) \end{pmatrix} \quad (2.4.6)$$

其中,$\pm\omega_i$ 符号的取法是,当 $a_i = \mathrm{i}$ 时取 ω_i,而当 $a_i = -\mathrm{i}$ 时取 $-\omega_i$. 代替(1.11.38)式,采用实型正则变换

$$\zeta = \boldsymbol{S}_{\mathrm{r}}^{-1}\boldsymbol{v}, \quad \zeta = (\hat{\boldsymbol{q}}^{\mathrm{T}}, \hat{\boldsymbol{p}}^{\mathrm{T}})^{\mathrm{T}}, \quad \boldsymbol{v} = \boldsymbol{S}_{\mathrm{r}}\zeta \quad (2.4.7)$$

变换后的哈密顿函数为 $K(\hat{\boldsymbol{q}}, \hat{\boldsymbol{p}})$已成为

$$\begin{aligned} K(\hat{\boldsymbol{q}}, \hat{\boldsymbol{p}}) &= [\hat{\boldsymbol{p}}^{\mathrm{T}}\mathrm{diag}(\pm\omega_i)\hat{\boldsymbol{p}} + \hat{\boldsymbol{q}}^{\mathrm{T}}\mathrm{diag}(\pm\omega_i)\hat{\boldsymbol{q}}]/2 \\ &= \sum_{i=1}^{n} \pm\omega_i(\hat{p}_i^2 + \hat{q}_i^2)/2 \end{aligned} \quad (2.4.8)$$

相应的正则方程组为 $\dot{\hat{\boldsymbol{q}}} = \mathrm{diag}(\pm\omega_i)\hat{\boldsymbol{p}}, \dot{\hat{\boldsymbol{p}}} = -\mathrm{diag}(\pm\omega_i)\hat{\boldsymbol{q}}$. **符号规则为,当 $a_i = \mathrm{i}$ 时取 ω_i,而当 $a_i = -\mathrm{i}$ 时取 $-\omega_i$.**

在分离变量后,哈密顿-雅可比特征方程就要采用 $K(\hat{\boldsymbol{q}}, \hat{\boldsymbol{p}})$作为哈密顿算子了,为

$$W = \sum_{i=1}^{n} W_i, \pm\omega_i\left[\left(\frac{\partial W_i}{\partial \hat{q}_i}\right)^2 + \hat{q}_i^2\right]\Big/2 = \alpha_i, \quad i = 1, \cdots, n \quad (2.4.9)$$

$\mu_i = \mathrm{i}\omega_i$ 是本征值. 按约定 ω_i 总是取正值的. 由于 $\pm$ 号的出现,应当分别加以处理,以下采用一个**简化的约定**,即认为只出现 $a_i = \mathrm{i}$ 的情况. 这种约定实质上就是认为**哈密顿函数为正定**的情况. $a_i = -\mathrm{i}$ 的情况在 2.5 节还有进一步的论述. 对此可以得到

$$W_i(\hat{q}_i, \alpha_i) = \sqrt{2\alpha_i/\omega_i}\int\sqrt{1 - \omega_i\hat{q}_i^2/(2\alpha_i)}\,\mathrm{d}\hat{q}_i + A_i, i = 1, \cdots, n \quad (2.4.10)$$

相应地,其作用量函数为

$$S_i(\hat{q}_i, \alpha_i, t) = W_i(\hat{q}_i, \alpha_i) - \alpha_i t \quad (2.4.11)$$

无非是将 1.11.1 节的一维振子套用过来而已. 分离变量之下 α_i 就成为该振子的保守机械能. 将作用量 $S_i(\hat{q}_i, \alpha_i, t)$当成第一类生成函数再作正则变换,其中 α_i 就当成是新坐标

$$Q_i = \alpha_i, \quad i = 1, \cdots, n \quad (2.4.12)$$

运用转换公式(1.7.10),先是(1.7.10a)式成为

$$\hat{p}_i = \frac{\partial S_i}{\partial \hat{q}_i} = \sqrt{(2\alpha_i / \omega_i) - \hat{q}_i^2}, \quad i = 1, \cdots, n \qquad (2.4.13)$$

该式对于任意的时间 t 皆成立. 其次,(1.7.10b)式成为

$$P_i = -\frac{\partial S_i}{\partial \alpha_i}, \quad i = 1, \cdots, n$$

至于正则变换后的哈密顿函数 $K_2(\boldsymbol{Q}, \boldsymbol{P}, t)$,由(1.7.10c)式,$F_1$ 就是 S,正好成为哈密顿-雅可比方程,故 $K_2 = 0$. 广义动量 P_i 也是常向量,记为 β_i

$$P_i = \beta_i = -\frac{\partial S_i}{\partial \alpha_i} = -\left(\arcsin \sqrt{\omega_i / (2\alpha_i)}\, \hat{q}_i\right) / \omega_i + t \qquad (2.4.14)$$

将上式对任意 t 将 $\hat{q}_i$ 解出,即得

$$\hat{q}_i(\alpha_i, \beta_i, t) = \sqrt{2\alpha_i / \omega_i} \sin[\omega_i(t - \beta_i)] \qquad (2.4.15a)$$

再代入(2.4.13)式即得

$$\hat{p}_i(\alpha_i, \beta_i, t) = \sqrt{2\alpha_i / \omega_i} \cos[\omega_i(t - \beta_i)] \qquad (2.4.15b)$$

(2.4.15a,b)式就是正则变换,其中新的正则对偶变量是 $Q_i = \alpha_i$ 及 $P_i = \beta_i$,都是常量. 这是因为采用(2.4.2)式的保守体系之故.

但(2.4.15a,b)式只是一个变换,正则变换. 现在要在**该变换下计算原有系统(2.4.1)的振动**问题. 此时正则变量 Q_i, P_i 就不再是常量了. 因此正则变换应写成

$$\hat{q}_i(Q_i, P_i, t) = \sqrt{2Q_i / \omega_i} \sin[\omega_i(t - p_i)] \qquad (2.4.15a')$$

$$\hat{\boldsymbol{p}}_i(Q_i, P_i, t) = \sqrt{2Q_i / \omega_i} \cos[\omega_i(t - p_i)] \qquad (2.4.15b')$$

现在要写出原系统的对偶方程. 先是采用基本系统(2.4.2)到哈密顿体系的变换,

$$\boldsymbol{p} = \boldsymbol{M}\dot{\boldsymbol{q}} + \boldsymbol{G}\boldsymbol{q}/2 \qquad (2.3.5)$$

这使原方程(2.4.1)成为

$$\dot{\boldsymbol{q}} = \boldsymbol{A}\boldsymbol{q} + \boldsymbol{D}\boldsymbol{p} \qquad (2.4.16a)$$

$$\dot{\boldsymbol{p}} = -\boldsymbol{B}\boldsymbol{q} - \boldsymbol{A}^{\mathrm{T}}\boldsymbol{p} - \boldsymbol{C}(\boldsymbol{A}\boldsymbol{q} + \boldsymbol{D}\boldsymbol{p}) - \boldsymbol{K}_n\boldsymbol{q} + \boldsymbol{f}_1(t) \qquad (2.4.16b)$$

其中按(2.3.7)式

$$\boldsymbol{D}=\boldsymbol{M}^{-1},\quad \boldsymbol{A}=-\boldsymbol{M}^{-1}\boldsymbol{G}/2,\quad \boldsymbol{B}=\boldsymbol{K}+\boldsymbol{G}^{\mathrm{T}}\boldsymbol{M}^{-1}\boldsymbol{G}/4$$

$$\boldsymbol{H}=\begin{pmatrix}\boldsymbol{A} & \boldsymbol{D}\\ -\boldsymbol{B} & -\boldsymbol{A}^{\mathrm{T}}\end{pmatrix}$$

对该对偶方程作(2.4.7)式的实型正则变换,表达为

$$\boldsymbol{S}_{\mathrm{r}}\underset{\mathrm{def}}{=}\begin{pmatrix}\boldsymbol{S}_{\mathrm{r11}} & \boldsymbol{S}_{\mathrm{r12}}\\ \boldsymbol{S}_{\mathrm{r21}} & \boldsymbol{S}_{\mathrm{r22}}\end{pmatrix}$$

$$\boldsymbol{q}=\boldsymbol{S}_{\mathrm{r11}}\hat{\boldsymbol{q}}+\boldsymbol{S}_{\mathrm{r12}}\hat{\boldsymbol{p}},\quad \boldsymbol{p}=\boldsymbol{S}_{\mathrm{r21}}\hat{\boldsymbol{q}}+\boldsymbol{S}_{\mathrm{r22}}\hat{\boldsymbol{p}}\qquad(2.4.17)$$

其中 $\boldsymbol{S}_{\mathrm{r}}$ 是时不变矩阵,已根据基本系统算出,已知.代入(2.4.16a,b)式有

$$(\dot{\boldsymbol{q}}=)\boldsymbol{S}_{\mathrm{r11}}\dot{\hat{\boldsymbol{q}}}+\boldsymbol{S}_{\mathrm{r12}}\dot{\hat{\boldsymbol{p}}}=\boldsymbol{A}(\boldsymbol{S}_{\mathrm{r11}}\hat{\boldsymbol{q}}+\boldsymbol{S}_{\mathrm{r12}}\hat{\boldsymbol{p}})+\boldsymbol{D}(\boldsymbol{S}_{\mathrm{r21}}\hat{\boldsymbol{q}}+\boldsymbol{S}_{\mathrm{r22}}\hat{\boldsymbol{p}})$$

$$\begin{aligned}(\dot{\boldsymbol{p}}=)\boldsymbol{S}_{\mathrm{r21}}\dot{\hat{\boldsymbol{q}}}+\boldsymbol{S}_{\mathrm{r22}}\dot{\hat{\boldsymbol{p}}}=&-\boldsymbol{B}(\boldsymbol{S}_{\mathrm{r11}}\hat{\boldsymbol{q}}+\boldsymbol{S}_{\mathrm{r12}}\hat{\boldsymbol{p}})-\boldsymbol{A}^{\mathrm{T}}(\boldsymbol{S}_{\mathrm{r21}}\hat{\boldsymbol{q}}+\boldsymbol{S}_{\mathrm{r22}}\hat{\boldsymbol{p}})\\ &-(\boldsymbol{CA}+\boldsymbol{K}_n)(\boldsymbol{S}_{\mathrm{r11}}\hat{\boldsymbol{q}}+\boldsymbol{S}_{\mathrm{r12}}\hat{\boldsymbol{p}})\\ &-\boldsymbol{CD}(\boldsymbol{S}_{\mathrm{r21}}\hat{\boldsymbol{q}}+\boldsymbol{S}_{\mathrm{r22}}\hat{\boldsymbol{p}})+\boldsymbol{f}_1(t)\end{aligned}$$

求解 $\dot{\hat{\boldsymbol{q}}},\dot{\hat{\boldsymbol{p}}}$ 的代数联立方程.由于 $\boldsymbol{S}_{\mathrm{r}}$ 阵是辛矩阵 $\boldsymbol{S}_{\mathrm{r}}^{-1}=-\boldsymbol{J}\boldsymbol{S}_{\mathrm{r}}^{\mathrm{T}}\boldsymbol{J}$;$\boldsymbol{S}_{\mathrm{r}}$ 又满足(2.4.6)式,故

$$\begin{aligned}\dot{\hat{\boldsymbol{q}}}=&\operatorname{diag}(\omega_i)\hat{\boldsymbol{p}}+\boldsymbol{S}_{\mathrm{r12}}^{\mathrm{T}}[(\boldsymbol{CA}+\boldsymbol{K}_n)(\boldsymbol{S}_{\mathrm{r11}}\hat{\boldsymbol{q}}+\boldsymbol{S}_{\mathrm{r12}}\hat{\boldsymbol{p}})\\ &+\boldsymbol{CD}(\boldsymbol{S}_{\mathrm{r21}}\hat{\boldsymbol{q}}+\boldsymbol{S}_{\mathrm{r22}}\hat{\boldsymbol{p}})-\boldsymbol{f}_1(t)]\end{aligned}\qquad(2.4.18\mathrm{a})$$

$$\begin{aligned}\dot{\hat{\boldsymbol{p}}}=&-\operatorname{diag}(\omega_i)\hat{\boldsymbol{q}}-\boldsymbol{S}_{\mathrm{r11}}^{\mathrm{T}}[(\boldsymbol{CA}+\boldsymbol{K}_n)(\boldsymbol{S}_{\mathrm{r11}}\hat{\boldsymbol{q}}+\boldsymbol{S}_{\mathrm{r12}}\hat{\boldsymbol{p}})\\ &+\boldsymbol{CD}(\boldsymbol{S}_{\mathrm{r21}}\hat{\boldsymbol{q}}+\boldsymbol{S}_{\mathrm{r22}}\hat{\boldsymbol{p}})-\boldsymbol{f}_1(t)]\end{aligned}\qquad(2.4.18\mathrm{b})$$

至此,通过正则变换已经对其主要的基本部分分离了变量,成为简单振子.应当指出,阻尼阵 $\boldsymbol{C}$ 阵与非线性项的 $\boldsymbol{K}_n$ 阵都是小量,它们的确定也许更应当在模态的基础上进行.

在以上分离变量基础上,再作出(2.4.15a,b′)式的正则变换,将各个振子的能量 Q_i 与辐角 P_i 选择为新的积分变量

$$\begin{aligned}\dot{\hat{q}}_i(Q_i,P_i,t)=&(\dot{Q}_i/\sqrt{2Q_i\omega_i})\sin[\omega_i(t-P_i)]\\ &-(\dot{P}_i-1)\sqrt{2Q_i\omega_i}\cos[\omega_i(t-P_i)]\end{aligned}\qquad(2.4.19\mathrm{a})$$

$$\dot{p}_i(Q_i,P_i,t)=(\dot{Q}_i/\sqrt{2Q_i\omega_i})\cos[\omega_i(t-P_i)]$$
$$+(\dot{P}_i-1)\sqrt{2Q_i\omega_i}\sin[\omega_i(t-P_i)] \quad (2.4.19b)$$

代入方程(2.4.18a,b)并对 $\dot{Q}_i,\dot{P}$ 求解得

$$\dot{\boldsymbol{Q}}=\begin{pmatrix}\mathrm{diag}[\sqrt{2Q_i\omega_i}\sin[\omega_i(t-P_i)]]\times\boldsymbol{S}_{r12}^{\mathrm{T}}\\-\mathrm{diag}[\sqrt{2Q_i\omega_i}\cos[\omega_i(t-P_i)]]\times\boldsymbol{S}_{r11}^{\mathrm{T}}\end{pmatrix} \quad (2.4.20a)$$
$$\times((\boldsymbol{CA}+\boldsymbol{K}_n(\boldsymbol{S}_{r11}\hat{\boldsymbol{q}}+\boldsymbol{S}_{r12}\hat{\boldsymbol{p}})+\boldsymbol{CD}(\boldsymbol{S}_{r21}\hat{\boldsymbol{q}}+\boldsymbol{S}_{r22}\hat{\boldsymbol{p}})-\boldsymbol{f}_1(t))$$

$$\dot{\boldsymbol{P}}=-\begin{pmatrix}\mathrm{diag}[\cos[\omega_i(t-P_i)]/\sqrt{2Q_i\omega_i}]\times\boldsymbol{S}_{r12}^{\mathrm{T}}\\+\mathrm{diag}[\sin[\omega_i(t-P_i)]/\sqrt{2Q_i\omega_i}]\times\boldsymbol{S}_{r11}^{\mathrm{T}}\end{pmatrix} \quad (2.4.20b)$$
$$\times((\boldsymbol{CA}+\boldsymbol{K}_n)(\boldsymbol{S}_{r11}\hat{\boldsymbol{q}}+\boldsymbol{S}_{r12}\hat{\boldsymbol{p}})+\boldsymbol{CD}(\boldsymbol{S}_{r21}\hat{\boldsymbol{q}}+\boldsymbol{S}_{r22}\hat{\boldsymbol{p}})-\boldsymbol{f}_1(t))$$

其中方程右侧的 $\hat{\boldsymbol{q}},\hat{\boldsymbol{p}}$ 还要用(2.4.15a,b′)式代入,以建立对于 $\boldsymbol{Q},\boldsymbol{P}$ 的微分方程.在方程中还有阻尼阵 $\boldsymbol{C}$ 以及非线性阵 $\boldsymbol{K}_n$ 阵有待确定,它们应当是原坐标中给定的.实际应用中的确定也还要研究.在模态坐标 $\hat{\boldsymbol{q}},\hat{\boldsymbol{p}}$ 中确定也许比较好.

以下就要积分了,非线性问题的分析还要进一步研究.先从两个自由度问题开始.

2.4.1 二自由度系统的非线性内部参数共振

为了迅速把握斜拉桥拉索与桥面耦合振动的本质,考察一个二自由度的非线性振动系统,见图 2.10.利用牛顿定律,容易建立这一几何非线性系统的振动微分方程:

$$\begin{cases}m_1\ddot{x}_1+c\dot{x}_1+(2T_0/L+EAx_1^2/L^3)x_1+EAx_1x_2/L^2=0\\m_2\ddot{x}_2+EAx_1^2/(2L^2)+EAx_2/(2L)=0\end{cases} \quad (2.4.21)$$

在该方程组中,若不考虑非线性项,则其解 $x_1(t)$ 和 $x_2(t)$ 是独立的两种单自由度线性振动,各自有确定的固有频率 ω_1 和 ω_2 及两种独立的主振动.然而二阶项和三阶项的存在决定了该系统的非线性性质.虽然系统的结构参数并未显含时间 t,但由于 m_2 的振动将导致拉索的拉力随时间变化,即拉索相当于受到了刚度不断

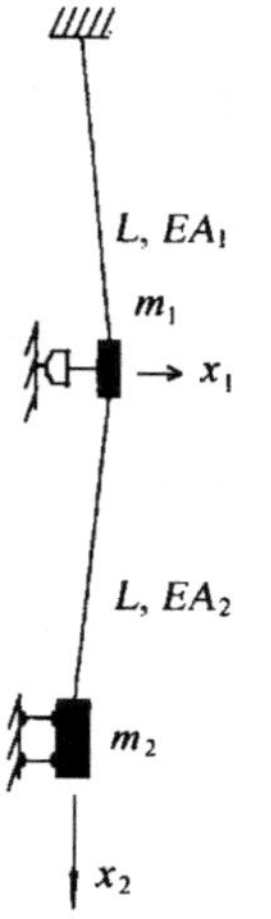

图 2.10 拉索振动的二自由度模型

变化的回复力的作用，因此，m_1 相当于受到参数激励. 正是 m_1 在水平方向上所承受的回复力的刚度的变化使得 m_1 的横向振动和 m_2 的竖向振动发生耦合. 根据二阶非线性系统的内共振性质，可以预料，当 m_1 的局部振动频率 ω_1 接近于 m_2 的局部振动频率 ω_2 的一半时，m_2 的竖向振动将激发 m_1 在水平方向上的大幅度振动. 由于以上提到的原因，我们将 m_1 看作是承受参数激励的振子，将 m_1 和 m_2 在 $\omega_1 \approx 0.5\omega_2$ 时所发生的共振看作是**参数共振**，是**内部参数共振**.

将方程组(2.4.21)写为

$$\begin{cases} m_1\ddot{x}_1 + m_1\omega_1^2 x_1 = -c\dot{x}_1 + 2\kappa x_1 x_2 + \beta_1 x_1^3 \\ m_2\ddot{x}_2 + m_2\omega_2^2 x_2 = \kappa x_1^2 \end{cases} \tag{2.4.22a,b}$$

其中 $\omega_1^2 = 2T_0/(m_1 L)$，$\omega_2^2 = EA/(2m_2 L)$，$\beta_1 = -EA/L^3, \kappa = -EA/2L^2$，这不是无量纲形式. 以下要求解该方程组(2.4.22a,b).

采用正则变换的方法来求解. 其基本体系选择为

$$m_1\ddot{x}_1 + m_1\omega_1^2 x_1 = 0,\quad m_2\ddot{x}_2 + m_2\omega_2^2 x_2 = 0 \tag{2.4.23a,b}$$

这已经是分离了变量了，令 $q_i \underset{\text{def}}{=} x_i, i = 1, 2, p_i = m_i\dot{q}_i$. 现在写出哈密顿函数

$$H(\boldsymbol{q}, \boldsymbol{p}) = \sum_{i=1}^{2}(m_i\omega_i^2 q_i^2 + p_i^2/m_i)/2 \tag{2.4.24}$$

对应的哈密顿-雅可比特征方程为

$$W = \sum_{i=1}^{2} W_i, [(\partial W_i / \partial \hat{q}_i)^2 / m_i + m_i \omega_i^2 \hat{q}_i^2] / 2 = \alpha_i, \quad i = 1,2$$

(2.4.25)

对 W 积分得

$$W_i = \sqrt{2m_i\alpha_i}\int \sqrt{1 - m_i\omega_i^2 q_i^2/(2\alpha_i)}\,\mathrm{d}q_i$$

$$= \frac{\alpha_i}{\omega_i}\left[\arcsin\left(q_i\sqrt{\frac{m_i\omega_i^2}{2\alpha_i}}\right) + \sqrt{\frac{m_i\omega_i^2}{2\alpha_i}}q_i\sqrt{1 - \frac{m_i\omega_i^2}{2\alpha_i}q_i^2}\right]$$

$$S = \sqrt{2m_i\alpha_i}\int \sqrt{1 - m_i\omega_i^2 q_i^2/(2\alpha_i)}\,\mathrm{d}q_i - \alpha_i t$$

重要的是

$$\beta_i = -\frac{\partial S}{\partial \alpha_i} = t - \sqrt{2m_i/\alpha_i}\int \mathrm{d}q_i / \sqrt{1 - m_i\omega_i^2 q_i^2/(2\alpha_i)}$$

$$= t - \arcsin(q_i\sqrt{m_i\omega_i^2/2\alpha_i})/\omega_i$$

(2.4.26)

由此解出 q_i 作为时间 t 及二个积分常数 α_i, β_i 的函数

$$q_i = \sqrt{2\alpha_i/(m_i\omega_i^2)}\sin\omega_i(t - \beta_i) \qquad (2.4.27a)$$

该式就是熟知的简谐振子的解. 动量则有

$$p_i = \frac{\partial S}{\partial q_i} = \frac{\partial W}{\partial q_i} = \sqrt{2m_i\alpha_i - m_i^2\omega_i^2 q_i^2}$$

将(2.4.27a)式代入,得

$$p_i = \sqrt{2m_i\alpha_i}\cos\omega_i(t - \beta_i) \qquad (2.4.27b)$$

给出了正则变换

$$\left.\begin{aligned} q_i &= \sqrt{2Q_i/m_i\omega_i^2}\sin\omega_i(t - P_i) \\ p_i &= \sqrt{2m_iQ_i}\cos\omega_i(t - P_i) \end{aligned}\right\}, i = 1,2$$

(2.4.27a′,b′)

对于基本体系(2.4.23a,b), Q_i, P_i 保持为常数;然而,待分析的是非线性系统(2.4.22),当然 Q_i, P_i 就是时间的变量了.

将(2.4.22a,b)式写成对偶变量之型 $q_i \underset{\mathrm{def}}{=} x_i, i = 1,2$,有

$$\dot{q}_1 = \frac{p_1}{m_1}, \quad \dot{p}_1 = -m_1\omega_1^2 q_1 - \frac{cp_1}{m_1} + 2\kappa q_1 q_2 + \beta_1 q_1^3$$

$$\dot{q}_2 = \frac{p_2}{m_2}, \quad \dot{p}_2 = -m_2\omega_2^2 q_2 + \kappa q_1^2 \tag{2.4.28a～d}$$

现在将方程(2.4.27a,b′)代入上式.微商给出

$$\begin{aligned}\dot{q}_i &= [\dot{Q}_i/(\omega_i\sqrt{2m_iQ_i})]\sin[\omega_i(t-P_i)] \\ &\quad + (1-\dot{P}_i)\sqrt{2Q_i/m_i}\cos[\omega_i(t-P_i)] \\ \dot{p}_i &= \dot{Q}_i\sqrt{m_i/2Q_i}\cos[\omega_i(t-P_i)] \\ &\quad - (1-\dot{P}_i)\omega_i\sqrt{2m_iQ_i}\sin[\omega_i(t-P_i)]\end{aligned}$$

于是对于 $i=1,2$ 分别导出

$$\begin{aligned}\dot{Q}_1 &= \sqrt{2Q_1/m_1}\cos[\omega_1(t-P_1)] \\ &\quad \times [-cp_1/m_1 + 2\kappa q_1q_2 + \beta_1 q_1^3]\end{aligned} \tag{2.4.29a}$$

$$\begin{aligned}\dot{P}_1 &= (\omega_1\sqrt{2m_1Q_1})^{-1}\sin[\omega_1(t-P_1)] \\ &\quad \times [-cp_1/m_1 + 2\kappa q_1q_2 + \beta_1 q_1^3]\end{aligned} \tag{2.4.29b}$$

$$\dot{Q}_2 = \sqrt{2Q_2/m_2}\cos[\omega_2(t-P_2)] \times \kappa q_1^2 \tag{2.4.29c}$$

$$\dot{P}_2 = (\omega_2\sqrt{2m_2Q_2})^{-1}\sin[\omega_2(t-P_2)] \times \kappa q_1^2 \tag{2.4.29d}$$

其中的 q_i, p_i 应当用(2.4.27a,b′)式代入消去的.剩下的问题是对于这些方程作出积分.

积分之前还应分析一番.当 $c=0$ 时,系统是保守的.此时方程(2.4.28a～d)的哈密顿函数是

$$H(\boldsymbol{q},\boldsymbol{p}) = \sum_{i=1,2}[p_i^2/m_i + m_i\omega_i^2 q_i^2]/2 - \kappa q_1^2 q_2 - \beta_1 q_1^4/4 = E \tag{2.4.30}$$

其中 E 是保守的能量.将(2.4.27a,b′)式的正则变换代入后

$$\begin{aligned}K(\boldsymbol{Q},\boldsymbol{P}) &= H(\boldsymbol{q}(\boldsymbol{Q},\boldsymbol{P}),\boldsymbol{p}(\boldsymbol{Q},\boldsymbol{P})) = E \\ &= Q_1 + Q_2 - \kappa(2Q_1/m_1\omega_1^2)\sqrt{2Q_2/m_2\omega_2^2} \\ &\quad \times \sin^2[\omega_1(t-P_1)]\sin[\omega_2(t-P_2)]\end{aligned}$$

$$- \beta_1 (Q_1 / m_1 \omega_1^2)^2 \sin^4 [\omega_1 (t - P_1)] \tag{2.4.31}$$

直至此处，并未引入近似. 将 $c=0$ 代入(2.4.29)式，为简单起见令 $\beta_1 = 0$，这一项对参数共振并不重要. 方程成为

$$\dot{Q}_1 = \kappa [2Q_1 / (m_1 \omega_1 \omega_2)] \sqrt{2Q_2 / m_2} \sin[2\omega_1 (t - P_1)] \times \sin\omega_2 (t - P_2) \tag{2.4.32a}$$

$$\dot{Q}_2 = \kappa [Q_1 / (m_1 \omega_1^2)] \sqrt{2Q_2 / m_2} \cos[\omega_2 (t - P_2)] \times [1 - \cos 2\omega_1 (t - P_1)] \tag{2.4.32b}$$

$$\dot{P}_1 = \kappa [\sqrt{2Q_2} / (m_1 \omega_1^2 \omega_2 \sqrt{m_2})] \times [1 - \cos 2\omega_1 (t - P_1)] \times \sin\omega_2 (t - P_2) \tag{2.4.32c}$$

$$\dot{P}_2 = \kappa [Q_1 / (m_1 \omega_1^2 \omega_2 \sqrt{2 m_2 Q_2})] \sin[\omega_2 (t - P_2)] \times [1 - \cos 2\omega_1 (t - P_1)] \tag{2.4.32d}$$

这也与由 $K(\boldsymbol{Q}, \boldsymbol{P})$ 的正则对偶方程 $\dot{\boldsymbol{Q}} = \partial K / \partial \boldsymbol{P}, \dot{\boldsymbol{P}} = -\partial K / \partial \boldsymbol{Q}$ 推出的相符.

参数 κ 表征了两个振子之间的耦合. 当振幅比较小时，振子能量 Q_1, Q_2 也小. (2.4.31)式中保守的能量 E 的主要部分就是 $Q_1 + Q_2$. 由于参数 κ 小，每个振子的能量变化不快，振动主要是每个振子的自由振动. 但由于参数 κ, Q_1, Q_2 之间是有能量交换的，在一个周期 $T_1 = 2\pi / \omega_1$ 或 $T_2 = 2\pi / \omega_2$ 之内变化不大，因此可以作为常数对待. (2.4.32a)式有两个正弦函数的乘积

$$\begin{aligned} & 2\sin[2\omega_1 (t - P_1)] \times \sin\omega_2 (t - P_2) \\ = & \cos[(\omega_2 - 2\omega_1) t + 2\omega_1 P_1 - \omega_2 P_2] \\ & - \cos[(\omega_2 + 2\omega_1) t - 2\omega_1 P_1 - \omega_2 P_2] \end{aligned}$$

后一项是高频振动，积分时互相抵消. 但前一项在 $\omega_1 \approx 0.5\omega_2$ 时，成为很低频率的谐波甚至是常数，因此在 T_1 或 T_2 的一个周期内不会抵消. 同样

$$\begin{aligned} & 2\cos[\omega_2 (t - P_2)] \cos[2\omega_1 (t - P_1)] \\ = & \cos[(\omega_2 + 2\omega_1) t - (2\omega_1 P_1 + \omega_2 P_2)] \\ & + \cos[(\omega_2 - 2\omega_1) t + 2\omega_1 P_1 - \omega_2 P_2] \end{aligned}$$

对 $\dot{P}_1,\dot{P}_2$ 也有相同的分解.总之,使能量 Q_1,Q_2 与相位 P_1,P_2 发生变化主要是在 $\omega_1\approx0.5\omega_2$ 附近.如果将时间划分为等步长 η 的点,取 $\eta=T_2=2\pi/\omega_2$,在每一步积分中认为 Q_1,Q_2 与 P_1,P_2 取常值.通过(2.4.32a~d)式就可以将各时间步的 $\Delta Q_1,\Delta Q_2$ 与 $\Delta P_1,\Delta P_2$ 积分出来.当然,每积分一步还应当用能量守恒(2.4.31)予以校验.这个课题展示了多自由度非线性振动体系的**内部参数共振**,是很重要的.文献[52]就此课题用精细积分法做过数值分析,可以参考,模型虽然比较粗糙,但基本的力学图像很清楚.具体的计算可以自己做,不多讲了.

以上对于 $c=0$ 的守恒系统介绍了积分问题.其实,对于有阻尼的系统,公式推导是一样的,就是长一点.这一节的目的就是向读者介绍对偶体系在非线性振动问题方面的应用.看来运用正则变换可以提供一套有特色的分析途径.

2.4.2 非线性内部次谐共振

振动问题中非常重要的部分是稳定性与共振.上一节分析了内部参数共振,但还有非线性内部次谐共振,例如见文献[51],也应当讲一下.设有一个大质量的系统发生非线性振动,例如达芬振子,设达芬振子上再连接一个振子,成为两个自由度的振动系统.达芬振子除其基本频率 ω_1 外还有次谐振动 $3\omega_1$,如果小质量振子的频率 ω_2 接近于 $3\omega_1$ 时,也会产生共振的.两个自由度系统的方程组为

$$\begin{aligned} m_1\ddot{x}_1 + K_1x_1 + K_bx_1^3 + k_cx_2 &= f\cos\omega_1 t \\ m_2\ddot{x}_2 + c\dot{x}_2 + k_2x_2 + k_cx_1 &= 0, \quad c>0 \end{aligned} \tag{2.4.33}$$

其中 k_c 是两个振子的耦合项,这是非线性系统,仍采用正则变换的方法来求解.对此,为了考虑周期振动,选择其基本线性系统为

$$\begin{aligned} m_1\ddot{x}_1 + k_1x_1 &= 0, \quad k_1 = m_1\omega_1^2 \\ m_2\ddot{x}_2 + k_2x_2 &= 0 \end{aligned} \tag{2.4.34}$$

这是两个分离的系统.考虑 $K_1/m_1=\omega_a^2\approx\omega_1^2$ 的情况.记 $q_1=x_1$,

$q_2 = x_2$. 其哈密顿函数为

$$p_1 = m_1 \dot{x}_1, \quad p_2 = m_2 \dot{x}_2$$
$$H(\boldsymbol{q}, \boldsymbol{p}) = H_1(q_1, p_1) + H_2(q_2, p_2) = A$$
$$H_1(q_1, p_1) = p_1^2/2m_1 + k_1 x_1^2/2 \tag{2.4.35}$$
$$H_2(q_2, p_2) = p_2^2/2m_2 + k_2 x_2^2/2$$

其中 $A = \alpha_1 + \alpha_2$ 是基本线性系统的守恒能量. 其对应的哈密顿-雅可比特征函数为

$$[(\mathrm{d}W_1/\mathrm{d}q_1)^2/m_1 + m_1\omega_1^2 q_1^2]/2 = \alpha_1$$
$$[(\mathrm{d}W_2/\mathrm{d}q_2)^2/m_2 + m_2\omega_2^2 q_2^2]/2 = \alpha_2, \quad \omega_2^2 = k_2/m_2 \tag{2.4.36a,b}$$

由此解出

$$W_i = \sqrt{2m_i\alpha_i}\int\sqrt{1 - m_i\omega_i^2 q_i^2/(2\alpha_i)}\,\mathrm{d}q_i$$
$$= \frac{\alpha_i}{\omega_i}\left\{\arcsin\left(q_i\sqrt{\frac{m_i\omega_i^2}{2\alpha_i}}\right) + \sqrt{\frac{m_i\omega_i^2}{2\alpha_i}}q_i\sqrt{1 - \frac{m_i\omega_i^2}{2\alpha_i}q_i^2}\right\}$$
$$i = 1,2$$
$$S_i = W_i - \alpha_i t \tag{2.4.37}$$

重要的是

$$\beta_i = -\frac{\partial S}{\partial \alpha_i} = t - \sqrt{2m_i/\alpha_i}\int \mathrm{d}q_i/\sqrt{1 - m_i\omega_i^2 q_i^2/(2\alpha_i)}$$
$$= t - \arcsin(q_i\sqrt{m_i\omega_i^2/2\alpha_i})/\omega_i \tag{2.4.38}$$

由此解出 q_i 作为时间 t 及二个积分常数 α_i, β_i 的函数

$$q_i = \sqrt{2\alpha_i/(m_i\omega_i^2)}\sin\omega_i(t - \beta_i)$$

当处理的是基本系统时, α_i, β_i 是常数. 但正则变换用于求解原方程(2.4.33)时, 就是时间的变量了. 因此改为 Q_i, P_i, 从而可导出

$$\left.\begin{aligned} q_i &= \sqrt{2Q_i/m_i\omega_i^2}\sin\omega_i(t - P_i) \\ p_i &= \sqrt{2m_iQ_i}\cos\omega_i(t - P_i) \end{aligned}\right\}, i = 1,2 \tag{2.4.39a,b}$$

其中 Q_i, P_i 是新的正则变量, 其物理意义分别是振子的能量与相

位.将原方程(2.4.33)写成

$$\dot{q}_1=\frac{p_1}{m_1},\dot{p}_1=-K_1q_1-K_bq_1^3-k_cq_2+f\cos\omega_1 t$$

$$\dot{q}_2=\frac{p_2}{m_2},\dot{p}_2=-cp_2/m_2-k_2q_2-k_cq_1 \qquad (2.4.40\text{a}\sim\text{d})$$

对方程(2.4.39a,b)做微商,有

$$\begin{aligned}\dot{q}_i &=[\dot{Q}_i/(\omega_i\sqrt{2m_iQ_i})]\sin[\omega_i(t-P_i)]\\&\quad+(1-\dot{P}_i)\sqrt{2Q_i/m_i}\cos[\omega_i(t-P_i)]\\\dot{p}_i &=\dot{Q}_i\sqrt{m_i/2Q_i}\cos[\omega_i(t-P_i)]\\&\quad-(1-\dot{P}_i)\omega_i\sqrt{2m_iQ_i}\sin[\omega_i(t-P_i)]\end{aligned}$$

代入方程(2.4.40a~d),建立对于 $\dot{Q}_i,\dot{P}_i,i=1,2$ 的联立方程.解之得

$$\begin{aligned}\dot{Q}_1 &=\sqrt{2Q_1/m_1}\cos[\omega_1(t-P_1)]\\&\quad\times[f\cos\omega_1 t-(K_1-k_1)q_1-K_bq_1^3-k_cq_2] \qquad (2.4.41\text{a})\\\dot{P}_1 &=[\sin[\omega_1(t-P_1)]/(\omega_1\sqrt{2m_1Q_1})]\\&\quad\times[f\cos\omega_1 t-(K_1-k_1)q_1-K_bq_1^3-k_cq_2] \qquad (2.4.41\text{b})\\\dot{Q}_2 &=\sqrt{2Q_2/m_2}\cos[\omega_2(t-P_2)]\\&\quad\times[-cp_2/m_2-k_cq_1] \qquad (2.4.41\text{c})\\\dot{P}_2 &=[\sin[\omega_2(t-P_2)]/(\omega_2\sqrt{2m_2Q_2})]\\&\quad\times[-cp_2/m_2-k_cq_1] \qquad (2.4.41\text{d})\end{aligned}$$

这就是对 $Q_i,P_i,i=1,2$ 的微分方程,其中的 q_1,q_2 当然应当用(2.4.39a)式代入消去的.

按前文所述,外力的频率与振子的线性基频相近,即 $\omega_1\approx\omega_a$.强迫振动的周期为 $T_1=2\pi/\omega_1$.如果根据初始条件直接积分,往往就得到混沌的解.现在寻找周期解,这是其中的一个特解.与一个自由度的达芬方程一样,周期条件成为

$$\int_0^{T_1}\dot{Q}_i\mathrm{d}t=0,\quad\int_0^{T_1}\dot{P}_i\mathrm{d}t=0,\quad i=1,2 \qquad (2.4.42\text{a}\sim\text{d})$$

但微分方程(2.4.41a~d)很复杂,纯分析法积分非常复杂,只能数值积分.最初步的近似可以认为 $Q_i, P_i, i=1,2$ 取常值,4 个未知数 4 个方程.将(2.4.41a~d)式代入(2.4.42a~d)式,

$$\int_0^{T_1}\begin{bmatrix} f\cos(\omega_1 t) - K_b(\sqrt{2Q_1/m_1}/\omega_1)^3\sin^3\Big(\omega_1(t-P_1)\Big) \\ -(K_1-k_1)(\sqrt{2Q_1/m_1}/\omega_1)\sin\Big(\omega_1(t-P_1)\Big) \\ -k_c(\sqrt{2Q_2/m_2}/\omega_2)\sin\Big(\omega_2(t-P_2)\Big) \end{bmatrix}$$

$$\times\sqrt{\frac{2Q_1}{m_1}}\cos(\omega_1(t-P_1))\mathrm{d}t = 0 \tag{2.4.43a}$$

$$\int_0^{T_1}\begin{bmatrix} f\cos(\omega_1 t) - K_b(\sqrt{2Q_1/m_1}/\omega_1)^3\sin^3\Big(\omega_1(t-P_1)\Big) \\ -(K_1-k_1)(\sqrt{2Q_1/m_1}/\omega_1)\sin\Big(\omega_1(t-P_1)\Big) \\ -k_c(\sqrt{2Q_2/m_2}/\omega_2)\sin\Big(\omega_2(t-P_2)\Big) \end{bmatrix}$$

$$\times\frac{\sin\Big(\omega_1(t-P_1)\Big)}{\omega_1\sqrt{2Q_1m_1}}\mathrm{d}t = 0 \tag{2.4.43b}$$

$$\int_0^{T_1}\begin{bmatrix} -c\sqrt{2Q_2/m_2}\cos\Big(\omega_2(t-P_2)\Big) \\ -k_c(\sqrt{2Q_1/m_1}/\omega_1)\sin\Big(\omega_1(t-P_1)\Big) \end{bmatrix}$$

$$\times\sqrt{\frac{2Q_2}{m_2}}\cos\Big(\omega_2(t-P_2)\Big)\mathrm{d}t = 0 \tag{2.4.43c}$$

$$\int_0^{T_1}\begin{bmatrix} -c\sqrt{2Q_2/m_2}\cos\Big(\omega_2(t-P_2)\Big) \\ -k_c(\sqrt{2Q_1/m_1}/\omega_1)\sin\Big(\omega_1(t-P_1)\Big) \end{bmatrix}$$

$$\times\frac{\sin\Big(\omega_2(t-P_2)\Big)}{\omega_2\sqrt{2Q_2m_2}}\mathrm{d}t = 0 \tag{2.4.43d}$$

积分得到的是,当 $\omega_2=3\omega_1$ 时,Q_1, P_1 与 Q_2, P_2 互不相关.表明

初步近似只能得到 Q_2,P_2 为常值,而 Q_1,P_1 是达芬振子的初步近似解.次谐共振在高阶近似中方才会出现.不过,这也是因为基本系统(2.4.34)的选择只采用了线性项而导致的.如果基本系统的选择为

$$\begin{aligned} m_1\ddot{x}_1 + K_1x_1 + K_b x_1^3 &= 0 \\ m_2\ddot{x}_2 + k_2x_2 &= 0 \end{aligned} \tag{2.4.34$'$}$$

它也是互不相干的两个子系统.则基本体系已经考虑了非线性因素.所以在初步近似中就会出现次谐共振的.

这里的介绍比较简略,无非是提供一条进一步探讨的线索而已.

2.5 陀螺系统振动稳定性的讨论

继续讨论 2.4 节的方程,陀螺系统稳定性应区分哈密顿函数正定与不正定两种情况.

2.5.1 正定哈密顿函数时系统稳定

陀螺系统自由振动方程为 $\boldsymbol{M\ddot{q}} + \boldsymbol{G\dot{q}} + \boldsymbol{Kq} = \boldsymbol{0}$,其推导

有

$$\begin{aligned} \boldsymbol{w}_t &= \begin{pmatrix} \boldsymbol{q} \\ \dot{\boldsymbol{q}} \end{pmatrix}, \quad \boldsymbol{p} = \boldsymbol{M\dot{q}} + \boldsymbol{Gq}/2 \\ \boldsymbol{v} &= \begin{pmatrix} \boldsymbol{q} \\ \boldsymbol{p} \end{pmatrix} = \boldsymbol{Lw}_t, \quad \dot{\boldsymbol{v}} = \boldsymbol{Nw}_t \end{aligned} \tag{2.3.40}$$

其中

$$\boldsymbol{L} = \begin{pmatrix} \boldsymbol{I}_n & \boldsymbol{0} \\ \boldsymbol{G}/2 & \boldsymbol{M} \end{pmatrix}, \quad \boldsymbol{N} = \begin{pmatrix} \boldsymbol{0} & \boldsymbol{I}_n \\ -\boldsymbol{K} & -\boldsymbol{G}/2 \end{pmatrix}, \quad \boldsymbol{H} = \boldsymbol{NL}^{-1} \tag{2.3.41}$$

用 $\boldsymbol{w}_t$ 表示的系统方程为

$$\boldsymbol{L\dot{w}}_t = \boldsymbol{Nw}_t \tag{2.3.42}$$

相应的本征方程可导出为

$$\boldsymbol{N}\boldsymbol{w} = \mu\boldsymbol{L}\boldsymbol{w}, \quad \boldsymbol{w}_t = \boldsymbol{w} \times \exp(\mu t) \tag{2.3.43}$$

本征值 μ 的方程自 $\det(\mu\boldsymbol{L} - \boldsymbol{N}) = 0$ 导出. 前文已经讲过线性系统的稳定性了.

由(2.3.40)式知哈密顿阵的本征向量为 $\boldsymbol{\psi} = \boldsymbol{L}\boldsymbol{w}$. 但本征向量会出现复值向量,因此可以采用两个实型基底 $\boldsymbol{\psi}_i^{(\mathrm{r})}$ 与 $\boldsymbol{\psi}_i^{(\mathrm{i})}$,分别是本征向量 $\boldsymbol{\psi}_i$ 的实部与虚部,以代替 $\boldsymbol{\psi}_i$ 与 $\boldsymbol{\psi}_{n+i}$,当(2.4.3b)式中只出现 $a_i = \mathrm{i}$ 时,就组成辛矩阵

$$\boldsymbol{S}_{\mathrm{r}} = (\boldsymbol{\psi}_1^{(\mathrm{r})} \cdots \boldsymbol{\psi}_n^{(\mathrm{r})}; \boldsymbol{\psi}_1^{(\mathrm{i})} \cdots \boldsymbol{\psi}_n^{(\mathrm{i})}) \tag{2.4.5}$$

完全是前面讲过的. 代替(1.11.38)式,采用正则变换(2.4.5)及以下的推导. 现在要在该变换下计算原有系统(2.4.1)的振动问题. 此时 Q_i, P_i 就不再是常量了. 因此变换应写成

$$\hat{\boldsymbol{q}} = \mathrm{diag}\left[\sqrt{2Q_i/\omega_i}\sin[\omega_i(t - P_i)]\right] \tag{2.4.15a$'$}$$

$$\hat{\boldsymbol{p}} = \mathrm{diag}\left[\sqrt{2Q_i/\omega_i}\cos[\omega_i(t - P_i)]\right] \tag{2.4.15b$'$}$$

现在写出原系统的对偶方程. 先是采用基本系统(2.4.2)到哈密顿体系的变换,

$$\boldsymbol{p} = \boldsymbol{M}\dot{\boldsymbol{q}} + \boldsymbol{G}\boldsymbol{q}/2 \tag{2.3.5}$$

这使原方程(2.4.1)成为(2.4.16)式

$$\dot{\boldsymbol{q}} = \boldsymbol{A}\boldsymbol{q} + \boldsymbol{D}\boldsymbol{p}$$

$$\dot{\boldsymbol{p}} = -\boldsymbol{B}\boldsymbol{q} - \boldsymbol{A}^{\mathrm{T}}\boldsymbol{p} - \boldsymbol{C}(\boldsymbol{A}\boldsymbol{q} + \boldsymbol{D}\boldsymbol{p}) - \boldsymbol{K}_n\boldsymbol{q} + \boldsymbol{f}_1(t)$$

完全按(2.4.16)式以下的推导,再设 $\boldsymbol{K}_n = \boldsymbol{0}$,$\boldsymbol{f}_1(t) = \boldsymbol{0}$,有

$$\dot{\boldsymbol{Q}} = \begin{pmatrix} \mathrm{diag}\left[\sqrt{2Q_i\omega_i}\sin[\omega_i(t - P_i)]\right] \times \boldsymbol{S}_{\mathrm{r}12}^{\mathrm{T}} \\ -\,\mathrm{diag}\left[\sqrt{2Q_i\omega_i}\cos[\omega_i(t - P_i)]\right] \times \boldsymbol{S}_{\mathrm{r}11}^{\mathrm{T}} \end{pmatrix} \times \boldsymbol{C} \times \begin{pmatrix} (\boldsymbol{A}\boldsymbol{S}_{\mathrm{r}11} + \boldsymbol{D}\boldsymbol{S}_{\mathrm{r}21})\hat{\boldsymbol{q}} \\ +\,(\boldsymbol{A}\boldsymbol{S}_{\mathrm{r}12} + \boldsymbol{D}\boldsymbol{S}_{\mathrm{r}22})\hat{\boldsymbol{p}} \end{pmatrix} \tag{2.5.1a}$$

$$\dot{\boldsymbol{P}} = -\begin{pmatrix} \mathrm{diag}\left[\cos[\omega_i(t - P_i)]/\sqrt{2Q_i\omega_i}\right] \times \boldsymbol{S}_{\mathrm{r}12}^{\mathrm{T}} \\ +\,\mathrm{diag}\left[\sin[\omega_i(t - P_i)]/\sqrt{2Q_i\omega_i}\right] \times \boldsymbol{S}_{\mathrm{r}11}^{\mathrm{T}} \end{pmatrix}$$

$$\times \boldsymbol{C} \times \begin{Bmatrix} (\boldsymbol{AS}_{r11} + \boldsymbol{DS}_{r21})\hat{\boldsymbol{q}} \\ + (\boldsymbol{AS}_{r12} + \boldsymbol{DS}_{r22})\hat{\boldsymbol{p}} \end{Bmatrix} \tag{2.5.1b}$$

用 $\boldsymbol{S}_r\boldsymbol{J}$ 左乘(2.4.4a)式,并利用 $\boldsymbol{S}_r$ 为辛矩阵的特点,有

$$\boldsymbol{HS}_r = \begin{pmatrix} \boldsymbol{A} & \boldsymbol{D} \\ -\boldsymbol{B} & -\boldsymbol{A}^T \end{pmatrix} \times \begin{pmatrix} \boldsymbol{S}_{r11} & \boldsymbol{S}_{r12} \\ \boldsymbol{S}_{r21} & \boldsymbol{S}_{r22} \end{pmatrix}$$

$$= \boldsymbol{S}_r \begin{pmatrix} \boldsymbol{0} & \mathrm{diag}(\omega_i) \\ -\mathrm{diag}(\omega_i) & \boldsymbol{0} \end{pmatrix}$$

分解之,有

$$(\boldsymbol{AS}_{r11} + \boldsymbol{DS}_{r21}) = -\boldsymbol{S}_{r12} \times \mathrm{diag}(\omega_i)$$

$$(\boldsymbol{BS}_{r11} + \boldsymbol{A}^T\boldsymbol{S}_{r21}) = \boldsymbol{S}_{r22} \times \mathrm{diag}(\omega_i)$$

$$(\boldsymbol{AS}_{r12} + \boldsymbol{DS}_{r22}) = \boldsymbol{S}_{r11} \times \mathrm{diag}(\omega_i)$$

$$(\boldsymbol{BS}_{r12} + \boldsymbol{A}^T\boldsymbol{S}_{r22}) = -\boldsymbol{S}_{r21} \times \mathrm{diag}(\omega_i)$$

代入(2.4.20′)式. 利用(2.4.15′)式,可导出

$$\mathrm{diag}(\omega_i) \times \hat{\boldsymbol{q}} = \mathrm{diag}\left[\sqrt{2Q_i\omega_i}\sin[\omega_i(t - P_i)]\right] \times \{1\}$$

$$\mathrm{diag}(\omega_i) \times \hat{\boldsymbol{p}} = \mathrm{diag}\left[\sqrt{2Q_i\omega_i}\cos[\omega_i(t - P_i)]\right] \times \{1\}$$

其中 $\{\boldsymbol{1}\} \underset{\text{def}}{=} \{1,1,\cdots,1\}^T$ 是 n 维空间的全 1 向量. 从而有

$$\dot{\boldsymbol{Q}} = -\begin{Bmatrix} \mathrm{diag}\left[\sqrt{2Q_i\omega_i}\sin[\omega_i(t - P_i)]\right] \times \boldsymbol{S}_{r12}^T \\ -\mathrm{diag}\left[\sqrt{2Q_i\omega_i}\cos[\omega_i(t - P_i)]\right] \times \boldsymbol{S}_{r11}^T \end{Bmatrix} \times \boldsymbol{C}$$

$$\times \begin{Bmatrix} \boldsymbol{S}_{r12} \times \mathrm{diag}\left[\sqrt{2Q_i\omega_i}\sin[\omega_i(t - P_i)]\right] \\ -\boldsymbol{S}_{r11} \times \mathrm{diag}\left[\sqrt{2Q_i\omega_i}\cos[\omega_i(t - P_i)]\right] \end{Bmatrix} \times \{\boldsymbol{1}\} \tag{2.5.2a}$$

$$\dot{\boldsymbol{P}} = -\begin{Bmatrix} \mathrm{diag}\left[\cos[\omega_i(t - P_i)]/\sqrt{2Q_i\omega_i}\right] \times \boldsymbol{S}_{r12}^T \\ +\mathrm{diag}\left[\sin[\omega_i(t - P_i)]/\sqrt{2Q_i\omega_i}\right] \times \boldsymbol{S}_{r11}^T \end{Bmatrix} \times \boldsymbol{C}$$

$$\times\begin{Bmatrix}-\boldsymbol{S}_{r12}\times\operatorname{diag}\left[\sqrt{2Q_i\omega_i}\sin[\omega_i(t-P_i)]\right]\\+\boldsymbol{S}_{r11}\times\operatorname{diag}\left[\sqrt{2Q_i\omega_i}\cos[\omega_i(t-P_i)]\right]\end{Bmatrix}\times\{\boldsymbol{1}\}$$

(2.5.2b)

以$\{\boldsymbol{1}\}^{\mathrm{T}}$左乘(2.5.2a)式，得方程的右侧为，正定矩阵 $\boldsymbol{C}$ 左右相乘的向量是互相为转置的，故必取负值. $\dot{E}=\sum\dot{Q}_i$ 取负值，系统是渐近稳定的. 但这个结论是在全部 $a_i=\mathrm{i}$ 的前提下导出的. 也就是哈密顿函数为正定时，正定阻尼阵必使系统为渐近稳定，这是已知的结论. 但现在的公式是可以用作数值计算的. 如果再加入小非线性项，也只是计算更复杂些而已.

2.5.2 哈密顿函数不正定的情况

这里论述是对于一般 n 维自由度的，现用二自由度体系举例. 设有不稳定的二自由度系统，

$$\ddot{q}_1+k_1q_1=0,\quad \ddot{q}_2+k_2q_2=0\quad (k_1<0,\quad k_2<0)$$

现在再加上陀螺力，成为方程组

$$\ddot{q}_1+\Gamma\dot{q}_2+k_1q=0,\quad \ddot{q}_2-\Gamma\dot{q}_1+k_2q=0$$

或

$$\boldsymbol{M}\ddot{\boldsymbol{q}}+\boldsymbol{G}\dot{\boldsymbol{q}}+\boldsymbol{K}\boldsymbol{q}=\boldsymbol{0},\quad \boldsymbol{M}=\begin{pmatrix}1&0\\0&1\end{pmatrix}$$

$$\boldsymbol{K}=\begin{pmatrix}k_1&0\\0&k_2\end{pmatrix},\quad \boldsymbol{G}=\begin{pmatrix}0&\Gamma\\-\Gamma&0\end{pmatrix}$$

$$H(\boldsymbol{q},\boldsymbol{p})=\boldsymbol{p}^{\mathrm{T}}\boldsymbol{D}\boldsymbol{p}/2+\boldsymbol{p}^{\mathrm{T}}\boldsymbol{A}\boldsymbol{q}+\boldsymbol{q}^{\mathrm{T}}\boldsymbol{B}\boldsymbol{q}/2\qquad(2.3.7)$$

其中

$$\boldsymbol{D}=\boldsymbol{M}^{-1}=\boldsymbol{I},\quad \boldsymbol{A}=\begin{pmatrix}0&-\Gamma/2\\\Gamma/2&0\end{pmatrix},$$

$$\boldsymbol{B}=\begin{pmatrix}k_1+\Gamma^2/4&0\\0&k_2+\Gamma^2/4\end{pmatrix}$$

当$(k_1<0,k_2<0)$时，这是哈密顿函数不正定的情形．哈密顿矩阵及本征问题为

$$H = \begin{bmatrix} A & D \\ -B & -A^{\mathrm{T}} \end{bmatrix}, \quad H\psi = \mu\psi$$

本征值 μ 的方程自 $\det(H-\mu I)=0$ 导出为

$$\mu^4 + (\Gamma^2 + k_1 + k_2)\mu^2 + k_1 k_2 = 0$$

如

$$k_1 k_2 > 0, \Gamma^2 + k_1 + k_2 > 0, (\Gamma^2 + k_1 + k_2)^2 - 4k_1 k_2 > 0$$

则 μ^2 的根将取负值，从而 μ 为纯虚数，运动就是稳定的．而 $k_1<0,k_2<0$ 已保证了第 1 个条件满足，这表明只要陀螺项够大系统就是稳定的．但，按(2.4.3)式以下的论述，还应当确定 a_1,a_2 的值是否出现 $a_i=-\mathrm{i}$ 的情况．令

$$\bar{\psi}_i^{\mathrm{T}}(-JH)\psi_i = h_i, \quad i = 1,\cdots,n \tag{2.5.3a}$$

由于 JH 为实型对称矩阵，h_i 必为实数．由于

$$\mu_{n+i} = -\mathrm{i}\omega_i, \psi_{n+i} = a_i\{\bar{q}_i^{\mathrm{T}}, \bar{p}_i^{\mathrm{T}}\}^{\mathrm{T}} = a_i\bar{\psi}_i, \bar{a}_i a_i = 1 \tag{2.4.3b}$$

故

$$\begin{aligned} \bar{\psi}_{n+i}^{\mathrm{T}}(-JH)\psi_{n+i} &= \bar{a}_i a_i \psi_i^{\mathrm{T}}(-JH)\bar{\psi}_i \\ &= \bar{a}_i a_i \bar{h}_i = h_i = h_{n+i}, \quad i = 1,\cdots,n \end{aligned} \tag{2.5.3b}$$

当前哈密顿函数不正定，而 $2n$ 个本征向量一定线性无关，故至少必有一个 $h_i<0$. (2.5.3a)式也意味着

$$\begin{aligned} \bar{\psi}_i^{\mathrm{T}}(-JH)\psi_i &= -\mu_i\bar{\psi}_i^{\mathrm{T}}J\psi_i = (-\mathrm{i}\omega_i/a_i)\psi_{n+i}^{\mathrm{T}}J\psi_i \\ &= (\mathrm{i}\omega_i/a_i) = h_i \end{aligned}$$

由 $h_i<0$ 可导出 $a_i=-\mathrm{i}$．至此也就明白了如果对全部模态 $i=1,\cdots,n$ 皆为 $a_i=\mathrm{i}$，这就是哈密顿函数为正定之意．从对称矩阵$(-JH)$的 LDL^{T} 三角分解可以立即推知共有几个 $a_i=-\mathrm{i}$．分离变量后，其哈密顿-雅可比的特征方程成为

$$W=\sum_{i=1}^{n}W_i,\quad \omega_i\left[\left(\frac{\partial W_i}{\partial \hat{q}_i}\right)^2+\hat{q}_i^2\right]\Big/2=(\pm)\alpha_i,\quad i=1,\cdots,n \tag{2.5.4}$$

其中±号的选择是当 $a_i=\mathrm{i}$ 时为正号，而当 $a_i=-\mathrm{i}$ 时取负号. 前文已经讲到过上式，但当时假定哈密顿函数为正定而回避了困难. 现在就要面对哈密顿函数不正定的情况. $\omega_i>0$，因此如果出现 $a_i=-\mathrm{i}$，则该 α_i 必取负值. 不失一般性，令 $a_1=-\mathrm{i}$，即 α_1 为负. 但 α_1 是能量，取负值不方便，宁可将 α_1 仍取为正值，而将负号放在守恒量 E 中显式写出，这样(2.5.4)式中的±总是取正号.

陀螺系统(2.4.2)是保守系统，其哈密顿函数是守恒的. 保守量为

$$\begin{aligned}E=H(\boldsymbol{q},\boldsymbol{p})&=-\boldsymbol{v}^{\mathrm{H}}\boldsymbol{J}\boldsymbol{H}\boldsymbol{v}/2=\boldsymbol{\zeta}^{\mathrm{T}}\boldsymbol{S}_{\mathrm{r}}^{\mathrm{T}}(-\boldsymbol{J}\boldsymbol{H})\boldsymbol{S}_{\mathrm{r}}\boldsymbol{\zeta}/2\\&=\sum_{i=1}^{n}\boldsymbol{\zeta}_{\mathrm{r}i}^{\mathrm{T}}\begin{pmatrix}\omega_i&0\\0&\omega_i\end{pmatrix}\boldsymbol{\zeta}_{\mathrm{r}i}/2=-\alpha_1+\cdots+\alpha_n\end{aligned} \tag{2.5.5}$$

但其中出现了负值. α_1 是能量，上式中已经将负号直接写入. 对于完全分离变量的情况，各个 $\alpha_i,i=1,\cdots,n$ 都是守恒的，因此振动是稳定的，然不是渐近稳定. 如果有某种因素破坏了变量的完全分离，例如阻尼，即使 E 在减少，却保证不了各个 α_i 在数值上也减少. 而 α_i 增加就会造成振动的不稳定.

哈密顿函数不正定的情况，也要求解方程(2.5.4). 不失一般性，设 $a_1=-\mathrm{i}$. 此时

$$W_1(\hat{q}_1,\alpha_1)=\sqrt{2\alpha_1/\omega_1}\int\sqrt{1-\omega_1q_1^2/(2\alpha_1)}\,\mathrm{d}q_1+A_1 \tag{2.5.6}$$

按相同的手续，其作用量函数相应地为

$$S_1(\hat{q}_1,\alpha_1,t)=W_1(\hat{q}_1,\alpha_1)-\alpha_1t \tag{2.5.7}$$

然后就是

$$Q_1=\alpha_1, \tag{2.5.8}$$

$$P_1=\beta_1=-\frac{\partial S_1}{\partial\alpha_1}=-\left(\arcsin\sqrt{\omega_1/(2\alpha_1)}\,\hat{q}_1\right)/\omega_1+t \tag{2.5.9}$$

$$\hat{p}_1 = \frac{\partial S_1}{\partial \hat{q}_1} = \sqrt{(2\alpha_1/\omega_1) - \hat{q}_1^2} \tag{2.5.10}$$

由(2.5.8～10)式可得

$$\hat{q}_1(\alpha_1, \beta_1, t) = \sqrt{2\alpha_1/\omega_1}\sin[\omega_1(t - \beta_1)],$$

$$\hat{p}_1(\alpha_1, \beta_1, t) = \sqrt{2\alpha_1/\omega_1}\cos[\omega_1(t - \beta_1)]$$

以上公式是对于纯分离变量系统的.现在要将它看成为一个正则变换,α_1, β_1 应换成 Q_1, P_1 的一对变量

$$\hat{q}_1(Q_1, P_1, t) = \sqrt{2Q_1/\omega_1}\sin[\omega_1(t - P_1)] \tag{2.5.11a}$$

$$\hat{p}_1(Q_1, P_1, t) = \sqrt{2Q_1/\omega_1}\cos[\omega_1(t - P_1)] \tag{2.5.11b}$$

这些推导与过去完全一样.这样,将原系统方程写成对偶形式

$$\dot{\boldsymbol{q}} = \boldsymbol{Aq} + \boldsymbol{Dp} \tag{2.5.12a}$$

$$\dot{\boldsymbol{p}} = -\boldsymbol{Bq} - \boldsymbol{A}^{\mathrm{T}}\boldsymbol{p} - \boldsymbol{C}(\boldsymbol{Aq} + \boldsymbol{Dp}) \tag{2.5.12b}$$

按完全雷同的推导,(2.4.20a,b′)式仍适用

$$\dot{\boldsymbol{Q}} = \begin{pmatrix} \mathrm{diag}\left[\sqrt{2Q_i\omega_i}\sin[\omega_i(t - P_i)]\right] \times \boldsymbol{S}_{\mathrm{r}12}^{\mathrm{T}} \\ -\mathrm{diag}\left[\sqrt{2Q_i\omega_i}\cos[\omega_i(t - P_i)]\right] \times \boldsymbol{S}_{\mathrm{r}11}^{\mathrm{T}} \end{pmatrix} \times \boldsymbol{C} \times \begin{pmatrix} (\boldsymbol{AS}_{\mathrm{r}11} + \boldsymbol{DS}_{\mathrm{r}21})\hat{\boldsymbol{q}} \\ +(\boldsymbol{AS}_{\mathrm{r}12} + \boldsymbol{DS}_{\mathrm{r}22})\hat{\boldsymbol{p}} \end{pmatrix} \tag{2.5.13a}$$

$$\dot{\boldsymbol{P}} = -\begin{pmatrix} \mathrm{diag}\left[\cos[\omega_i(t - P_i)]/\sqrt{2Q_i\omega_i}\right] \times \boldsymbol{S}_{\mathrm{r}12}^{\mathrm{T}} \\ +\mathrm{diag}\left[\sin[\omega_i(t - P_i)]/\sqrt{2Q_i\omega_i}\right] \times \boldsymbol{S}_{\mathrm{r}11}^{\mathrm{T}} \end{pmatrix} \times \boldsymbol{C} \times \begin{pmatrix} (\boldsymbol{AS}_{\mathrm{r}11} + \boldsymbol{DS}_{\mathrm{r}21})\hat{\boldsymbol{q}} \\ +(\boldsymbol{AS}_{\mathrm{r}12} + \boldsymbol{DS}_{\mathrm{r}22})\hat{\boldsymbol{p}} \end{pmatrix} \tag{2.5.13b}$$

至此,还看不出有什么变化.用 $\boldsymbol{S}_{\mathrm{r}}\boldsymbol{J}$ 左乘(2.4.6)式,并利用 $\boldsymbol{S}_{\mathrm{r}}$ 为辛矩阵的特点,有

$$\boldsymbol{HS}_{\mathrm{r}} = \begin{pmatrix} \boldsymbol{A} & \boldsymbol{D} \\ -\boldsymbol{B} & -\boldsymbol{A}^{\mathrm{T}} \end{pmatrix} \times \begin{pmatrix} \boldsymbol{S}_{\mathrm{r}11} & \boldsymbol{S}_{\mathrm{r}12} \\ \boldsymbol{S}_{\mathrm{r}21} & \boldsymbol{S}_{\mathrm{r}22} \end{pmatrix}$$

$$= \boldsymbol{S}_{\mathrm{r}} \begin{pmatrix} \mathbf{0} & \mathrm{diag}(\pm \omega_i) \\ -\mathrm{diag}(\pm \omega_i) & \mathbf{0} \end{pmatrix}$$

符号规则仍为,当 $a_i = \mathrm{i}$ 时取正号,而当 $a_i = -\mathrm{i}$ 时取负号.分解之,有

$$\begin{aligned} (\boldsymbol{A}\boldsymbol{S}_{\mathrm{r}11} + \boldsymbol{D}\boldsymbol{S}_{\mathrm{r}21}) &= -\boldsymbol{S}_{\mathrm{r}12} \times \mathrm{diag}(\pm \omega_i) \\ (\boldsymbol{B}\boldsymbol{S}_{\mathrm{r}11} + \boldsymbol{A}^{\mathrm{T}}\boldsymbol{S}_{\mathrm{r}21}) &= \boldsymbol{S}_{\mathrm{r}22} \times \mathrm{diag}(\pm \omega_i) \\ (\boldsymbol{A}\boldsymbol{S}_{\mathrm{r}12} + \boldsymbol{D}\boldsymbol{S}_{\mathrm{r}22}) &= \boldsymbol{S}_{\mathrm{r}11} \times \mathrm{diag}(\pm \omega_i) \\ (\boldsymbol{B}\boldsymbol{S}_{\mathrm{r}12} + \boldsymbol{A}^{\mathrm{T}}\boldsymbol{S}_{\mathrm{r}22}) &= -\boldsymbol{S}_{\mathrm{r}21} \times \mathrm{diag}(\pm \omega_i) \end{aligned} \tag{2.5.14}$$

代入(2.5.13)式.利用(2.4.15′)式及(2.5.11)式,可导出

$$\mathrm{diag}(\pm \omega_i) \times \hat{\boldsymbol{q}} = \mathrm{diag}(\pm \sqrt{2Q_i\omega_i} \sin[\omega_i(t - P_i)]) \times (\mathbf{1})$$

$$\mathrm{diag}(\pm \omega_i) \times \hat{\boldsymbol{p}} = \mathrm{diag}(\pm \sqrt{2Q_i\omega_i} \cos[\omega_i(t - P_i)]) \times (\mathbf{1})$$

从而有

$$\dot{\boldsymbol{Q}} = -\begin{pmatrix} \mathrm{diag}\left[\sqrt{2Q_i\omega_i} \sin[\omega_i(t - P_i)]\right] \times \boldsymbol{S}_{\mathrm{r}12}^{\mathrm{T}} \\ -\mathrm{diag}\left[\sqrt{2Q_i\omega_i} \cos[\omega_i(t - P_i)]\right] \times \boldsymbol{S}_{\mathrm{r}11}^{\mathrm{T}} \end{pmatrix} \times \boldsymbol{C}$$
$$\times \begin{pmatrix} \boldsymbol{S}_{\mathrm{r}12} \times \mathrm{diag}\left[\pm \sqrt{2Q_i\omega_i} \sin[\omega_i(t - P_i)]\right] \\ -\boldsymbol{S}_{\mathrm{r}11} \times \mathrm{diag}\left[\pm \sqrt{2Q_i\omega_i} \cos[\omega_i(t - P_i)]\right] \end{pmatrix} \times (\mathbf{1}) \tag{2.5.15a}$$

$$\dot{\boldsymbol{P}} = -\begin{pmatrix} \mathrm{diag}\left[\cos[\omega_i(t - P_i)] / \sqrt{2Q_i\omega_i}\right] \times \boldsymbol{S}_{\mathrm{r}12}^{\mathrm{T}} \\ +\mathrm{diag}\left[\sin[\omega_i(t - P_i)] / \sqrt{2Q_i\omega_i}\right] \times \boldsymbol{S}_{\mathrm{r}11}^{\mathrm{T}} \end{pmatrix} \times \boldsymbol{C}$$
$$\times \begin{pmatrix} -\boldsymbol{S}_{\mathrm{r}12} \times \mathrm{diag}\left[\pm \sqrt{2Q_i\omega_i} \sin[\omega_i(t - P_i)]\right] \\ +\boldsymbol{S}_{\mathrm{r}11} \times \mathrm{diag}\left[\pm \sqrt{2Q_i\omega_i} \cos[\omega_i(t - P_i)]\right] \end{pmatrix} \times (\mathbf{1}) \tag{2.5.15b}$$

其符号选择规则已经讲了多次了,这是由正则变换确定的,与阻尼阵无关.这套公式就是哈密顿函数不正定时(2.5.2a,b)式的扩展.

当哈密顿函数为正定时，一切都是正值.其稳定性当然得到保证.但哈密顿函数为不正定而出现 $a_i=-\mathrm{i}$ 时，例如 $i=1$，则(2.5.15a)式的右侧 ± 号选择就出现负值.此时 $\dot{Q}_1$ 出现正值，表明了系统在原点 $Q_i=0$ 处是不稳定的.不正定的哈密顿函数决定了必然有 $a_i=-\mathrm{i}$ 的一对本征解，而由此产生的负号决定了阻尼会造成平衡点的不稳定.

给一个例，设 $\boldsymbol{M}=\begin{pmatrix}1&0\\0&1\end{pmatrix}$，$\boldsymbol{K}=\begin{bmatrix}k_1&0\\0&k_2\end{bmatrix}$，$\boldsymbol{G}=\begin{pmatrix}0&\Gamma\\-\Gamma&0\end{pmatrix}$，$\begin{cases}k_1=k_2=-1\\\Gamma=4\end{cases}$.算得 $\boldsymbol{D}=\boldsymbol{M}^{-1}=\boldsymbol{I}$，$\boldsymbol{A}=\begin{pmatrix}0&-2\\2&0\end{pmatrix}$，$\boldsymbol{B}=\begin{pmatrix}3&0\\0&3\end{pmatrix}$.组成哈密顿阵

$$\boldsymbol{H}=\begin{bmatrix}0&-2&1&0\\2&0&0&1\\-3&0&0&-2\\0&-3&2&0\end{bmatrix}$$

后，其本征解为

$$\boldsymbol{\psi}_1=(1\mathrm{i}\quad 1\quad \sqrt{3}\quad -\sqrt{3}\mathrm{i})^{\mathrm{T}},\quad \boldsymbol{\psi}_2=(1\mathrm{i}\quad 1\quad -\sqrt{3}\quad \sqrt{3}\mathrm{i})^{\mathrm{T}}$$

$$\mu_1=\omega_1\mathrm{i}=(2-\sqrt{3})\mathrm{i},\qquad \mu_2=\omega_2\mathrm{i}=(2+\sqrt{3})\mathrm{i}$$

按(2.4.3b)式，

$$\mu_{n+i}=-\mathrm{i}\omega_i,\quad \boldsymbol{\psi}_{n+i}=a_i(\bar{\boldsymbol{q}}_i^{\mathrm{T}},\bar{\boldsymbol{p}}_i^{\mathrm{T}})^{\mathrm{T}}=a_i\bar{\boldsymbol{\psi}}_i$$

$$\boldsymbol{\psi}_3=a_1(-1\mathrm{i}\ 1\ \sqrt{3}\ \sqrt{3}\mathrm{i})^{\mathrm{T}},\quad \boldsymbol{\psi}_4=a_2(-1\mathrm{i}\ 1\ -\sqrt{3}\ -\sqrt{3}\mathrm{i})^{\mathrm{T}}$$

$$\mu_3=\omega_3\mathrm{i}=-(2-\sqrt{3})\mathrm{i},\qquad \mu_4=\omega_4\mathrm{i}=-(2+\sqrt{3})\mathrm{i}$$

然后计算归一化条件

$$\begin{aligned}\bar{\boldsymbol{\psi}}_3^{\mathrm{T}}\boldsymbol{J}\boldsymbol{\psi}_1&=a_1\bar{\boldsymbol{\psi}}_1^{\mathrm{T}}\boldsymbol{J}\boldsymbol{\psi}_1\\&=a_1(-\sqrt{3}-\sqrt{3}-\sqrt{3}-\sqrt{3})\mathrm{i}=-4\sqrt{3}\mathrm{i}a_1\end{aligned}$$

它应当是 −1.这表明 $a_1=-\mathrm{i}$，而另外还有 $3^{-1/4}/2$ 的乘子应分别乘在 $\boldsymbol{\psi}_1$ 与 $\boldsymbol{\psi}_3$ 上.还有

$$\bar{\boldsymbol{\psi}}_4^{\mathrm{T}}\boldsymbol{J}\boldsymbol{\psi}_2=a_2\bar{\boldsymbol{\psi}}_2^{\mathrm{T}}\boldsymbol{J}\boldsymbol{\psi}_2$$

$$= a_2(\sqrt{3}+\sqrt{3}+\sqrt{3}+\sqrt{3})\mathrm{i} = 4\sqrt{3}\mathrm{i}a_2$$

按辛归一条件它应当是 -1,因此 $a_2=\mathrm{i}$,另有 $3^{-1/4}/2$ 的乘子应分别乘在 $\boldsymbol{\psi}_2$ 与 $\boldsymbol{\psi}_4$ 上.

下一步是组成 $\boldsymbol{S}_\mathrm{r}$ 辛矩阵.按(2.4.3c,d)与(2.4.4a)得

$$\boldsymbol{S}_\mathrm{r} = \begin{bmatrix} 0 & 0 & -1 & 1 \\ 1 & 1 & 0 & 0 \\ \sqrt{3} & -\sqrt{3} & 0 & 0 \\ 0 & 0 & \sqrt{3} & \sqrt{3} \end{bmatrix} \Big/ (2\sqrt{3})^{1/2}$$

可以验证这是辛矩阵.分解为

$$\boldsymbol{S}_{\mathrm{r}11} = \begin{pmatrix} 0 & 0 \\ 1 & 1 \end{pmatrix} \Big/ (2\sqrt{3})^{1/2}, \qquad \boldsymbol{S}_{\mathrm{r}12} = \begin{pmatrix} -1 & 1 \\ 0 & 0 \end{pmatrix} \Big/ (2\sqrt{3})^{1/2}$$

$$\boldsymbol{S}_{\mathrm{r}21} = \begin{bmatrix} \sqrt{3} & -\sqrt{3} \\ 0 & 0 \end{bmatrix} \Big/ (2\sqrt{3})^{1/2}, \quad \boldsymbol{S}_{\mathrm{r}22} = \begin{bmatrix} 0 & 0 \\ \sqrt{3} & \sqrt{3} \end{bmatrix} \Big/ (2\sqrt{3})^{1/2}$$

(2.5.14)式可以自己验证.以上是无阻尼的情况.以下加入阻尼阵,可得(2.5.15a,b)式,请自行完成该方程组的数值计算.

第三章　概率论与随机过程初步

本章内容并不是对概率论与随机过程作深入系统的讲述,而只是对于应具备的基本知识作一简练介绍.

3.1　概率论初步

许多事物的出现并不完全是确定性的而是有随机性的.对于这些事物的数学描述方法便是概率论.发生一个事件 A 是进行一次试验的结果.用 $\Pr(A)$表示发生事件 A 的概率,而 $\Pr(A)$可看成为事件 A 出现的次数与大量实验次数之比.如果共有 n 种实验结果 $A_i, i=1,2,\cdots,n$,则有

$$\sum_{i=1}^{n}\Pr(A_i) = 1 \tag{3.1.1}$$

当然这些事件 $A_i, i=1,2,\cdots,n$ 是互相排斥的.概率论有一些基本运算规则,罗列如下.

同时出现 A,B,C 的联合事件可用$A\cdot B\cdot C$ 来表示,其概率用 $P(ABC)$表示.如果事件 A,B,C 是互相独立的,则联合事件的概率是简单事件概率的乘积

$$P(ABC) = P(A)\cdot P(B)\cdot P(C) \tag{3.1.2}$$

将出现 A 或出现B 或出现C 的事件用$A+B+C$ 来表示,则其概率为 $P(A+B+C)$.如果事件 A,B,C 互不相容,则有

$$P(A+B+C) = P(A)+P(B)+P(C) \tag{3.1.3}$$

若事件 A 与B 不是互不相容的,则

$$P(A+B) = P(A)+P(B)-P(AB) \tag{3.1.4}$$

显然,若事件 A 与 B 为互不相容,则 $P(AB)=0$,又回到了(3.1.3)式.

对于不独立的事件,可引入条件概率 $P(A|B)$ 的概念,即在事件 B 出现的条件下,出现事件 A 的概率

$$P(A \mid B) = P(AB)/P(B) \tag{3.1.5}$$

可以验证,若事件 A 与 B 互相独立,则条件概率退化为简单概率 $P(A)$. 由于事件 A 与 B 可以互相置换,故有

$$P(A \mid B)P(B) = P(B \mid A)P(A) \tag{3.1.6}$$

对于互相排斥的事件 A_i, $i=1,2,\cdots,n$,再考虑其在 B 出现条件下的概率. 根据上式有

$$P(A_i \mid B) = P(B \mid A_i)P(A_i)/P(B)$$

但又有

$$P(B) = \sum_{i=1}^{n} P(B \mid A_i)P(A_i)$$

故

$$P(A_i \mid B) = P(B \mid A_i)P(A_i) \Big/ \sum_{j=1}^{n} P(B \mid A_j)P(A_j) \tag{3.1.7}$$

上式称为 Bayes 公式.

3.1.1 概率分布函数与概率密度函数

通常随机变量的取值是实数,记之为 X. 以 $F(x)$ 表示随机变量 X 的概率分布函数

$$F(x) = \Pr(X \leqslant x) \tag{3.1.8}$$

显然, $X \leqslant x$ 是一个事件. 对于连续取值的随机变量 X,界限变量 x 也是连续取值的. 随机变量 X 在区间 $[x, x+\Delta x)$,即左端为闭区间右端为开区间,取值的概率为

$$\Pr(X \in [x, x+\Delta x)) = f(x)\Delta x \tag{3.1.9}$$

其中 $f(x)$ 称为随机变量 X 的概率密度函数,它一定取正值. 并且

$$f(x) = \mathrm{d}F(x)/\mathrm{d}x \tag{3.1.10}$$

当随机变量 X 的取值范围为整个实轴 $-\infty < X < \infty$ 时,按(3.1.2)式有

$$F(x)=\int_{-\infty}^{x}f(u)\mathrm{d}u,\quad F(\infty)\int_{-\infty}^{\infty}f(u)\mathrm{d}u=1 \tag{3.1.11}$$

状态空间法是这本书的特点，其基本未知量是状态向量，当然是多维（n 维）的. 此时应考虑多个未知量的联合概率密度. 现以两个随机变量 X,Y 的情况来表述. 其联合概率分布函数可写为

$$F(x,y)=\Pr(X\leqslant x,Y\leqslant y) \tag{3.1.12}$$

相应地，联合概率密度函数为

$$f(x,y)=\partial^2F(x,y)/\partial x\partial y \tag{3.1.13}$$

如果只看随机变量 Y 的密度函数 $p(y)$，则有

$$p(y)=\int_{-\infty}^{\infty}f(x,y)\mathrm{d}x \tag{3.1.14}$$

在给定条件 $Y=y$ 之下，X 的条件概率密度函数为

$$f(x\mid y)=f(x,y)/p(y) \tag{3.1.15}$$

当 X,Y 为互相独立的随机变量时，

$$f(x,y)=p(x)\cdot p(y) \tag{3.1.16}$$

这些公式对于多维情况的推广是直接的.

3.1.2 数学期望、方差和协方差

概率分布函数或概率密度函数是随机变量最详尽的描述. 但确定这些函数很困难，因此人们就转而寻求随机变量的数字特征. 最常用的是**数学期望**、**方差**和**协方差**等.

对于连续变量 X，其数学期望可表示为

$$E[X]=\int_{-\infty}^{\infty}xf(x)\mathrm{d}x \tag{3.1.17}$$

即其可能的取值乘上取该值的概率再取积分. **期望值**亦称**平均值**或**均值**，亦称**一次矩**. 同理，随机变量函数 $g(X)$ 的平均值为

$$E[g(X)]=\int_{-\infty}^{\infty}g(x)f(x)\mathrm{d}x \tag{3.1.18}$$

描述随机变量 X 的另一个重要统计特征是其**均方值**. X 的均方值是 X^2 的期望值

$$E[X^2]=\int_{-\infty}^{\infty}x^2 f(x)\mathrm{d}x \tag{3.1.19}$$

$E[X^2]$亦称 X 的**二次矩**,或**二次原点矩**.随机变量 X 的方差(variance)是其对期望值偏离的均方值,故亦称**二次中心矩**,通常表示为 σ^2

$$\begin{aligned}\sigma^2 &= E[(X-E(X))^2]=\int_{-\infty}^{\infty}(x-E(X))^2 f(x)\mathrm{d}x\\ &= E(X^2)-[E(X)]^2\end{aligned} \tag{3.1.20}$$

其平方根 σ 是随机变量 X 的**标准离差**.只有零均值的随机变量,其二次矩才与方差相等.

协方差是对于不同的随机变量之间的.设有两个随机变量 X,Y,协方差定义为

$$\begin{aligned}&E[(X-E(X))\cdot(Y-E(Y))]\\ &=\int_{-\infty}^{\infty}(x-E(X))(y-E(Y))f(x,y)\mathrm{d}x\mathrm{d}y\\ &=E(XY)-E(X)\cdot E(Y)\end{aligned} \tag{3.1.21}$$

即随机变量对其均值偏差乘积的期望值.两个随机变量的**相关系数**定义为

$$\rho_{xy}=[E(XY)-E(X)\cdot E(Y)]/(\sigma_x\sigma_y) \tag{3.1.22}$$

相关系数是 X,Y 间线性相关程度的度量.若 X,Y 相互独立,则 $\rho_{xy}=0$.但其逆不成立.若 Y 是 X 的线性函数,则 $\rho_{xy}=\pm 1$.

给出数字特性的一些性质是有用的.常用的有如下性质.

1) 随机变量线性组合的期望等于各个期望的线性组合,即不论 $X_i,\ i=1,\cdots,n$ 是否线性相关,皆有 $E\left[\sum_{i=1}^{n}c_iX_i\right]=\sum_{i=1}^{n}c_iE[X_i]$;

2) 如果 $X_i,\ i=1,\cdots,n$ 为相互独立,则 $E[X_1X_2\cdots X_n]=\prod_{i=1}^{n}E[X_i]$;其和 $X=\sum_{j=1}^{n}X_j$ 的方差是各方差之和,即 $\sigma_X^2=$

$\sum_{j=1}^{n}\sigma_{X_j}^2$；常数乘 cX 将使方差乘平方 $\sigma_{cX}^2=c^2\sigma_X^2$.

3）当 $x=E[X]$时,$E[(X-x)^2]$取最小值 σ_x^2.

等等.

3.1.3 随机向量的期望向量和协方差阵

一个 n 维向量,它的每一个分量 X_i 皆为随机变量

$$\boldsymbol{X}=(X_1 \quad X_2 \quad \cdots \quad X_n)^{\mathrm{T}} \tag{3.1.23}$$

$\boldsymbol{X}$ 便为 n 维随机向量.一个随机向量的均值向量、及其协方差矩阵可用这些随机变量的均值(期望值)及方差来定义.其期望向量定义为

$$\begin{aligned}E(\boldsymbol{X})&=(E(X_1),E(X_2),\cdots,E(X_n))^{\mathrm{T}}\\&=\int_{-\infty}^{\infty}\cdots\int_{-\infty}^{\infty}f(x_1,x_2,\cdots,x_n)\\&\quad\times(x_1,x_2,\cdots,x_n)^{\mathrm{T}}\mathrm{d}x_1\mathrm{d}x_2\cdots\mathrm{d}x_n\\&=\int_{-\infty}^{\infty}\cdots\int_{-\infty}^{\infty}f(\boldsymbol{x})\cdot\boldsymbol{x}\mathrm{d}x_1\mathrm{d}x_2\cdots\mathrm{d}x_n\end{aligned} \tag{3.1.24}$$

如将密度函数 $f(\boldsymbol{x})$设想为整个 n 维空间质量的密度,其总质量为 1,则 $E(\boldsymbol{X})$便为其质心的位置.因此可以说 $E(\boldsymbol{X})$是质量分布的一次矩.

随机向量 $\boldsymbol{X}$ 的**协方差**阵定义为

$$\begin{aligned}\boldsymbol{P}_{xx}&=E[(\boldsymbol{X}-E(\boldsymbol{X}))\cdot(\boldsymbol{X}-E(\boldsymbol{X}))^{\mathrm{T}}]\\&=\int_{-\infty}^{\infty}\cdots\int_{-\infty}^{\infty}(\boldsymbol{x}-E(\boldsymbol{X}))(\boldsymbol{x}-E(\boldsymbol{X}))^{\mathrm{T}}\\&\quad\times f(\boldsymbol{x})\mathrm{d}x_1\mathrm{d}x_2\cdots\mathrm{d}x_n\end{aligned} \tag{3.1.25}$$

上式积分号内是列向量乘行向量,得到的是 $n\times n$ 矩阵.$\boldsymbol{P}_{xx}$可以解释为分布质量相对于质心的二次矩,常称为二阶中心矩;其第 i 号对角元素 p_{ii}为分量$\boldsymbol{X}_i$ 的方差,而 p_{ij}则为$\boldsymbol{X}_i$ 与 $\boldsymbol{X}_j$ 的协方差.可以证明,协方差矩阵与二次矩的关系为

$$P_{xx} = \int_{-\infty}^{\infty} \cdots \int_{-\infty}^{\infty} \boldsymbol{x}\boldsymbol{x}^{\mathrm{T}} \cdot f(\boldsymbol{x}) \mathrm{d}x_1 \mathrm{d}x_2 \cdots \mathrm{d}x_n - [E(\boldsymbol{X})][E(\boldsymbol{X})]^{\mathrm{T}} \tag{3.1.26}$$

n 维向量 $\boldsymbol{X}$ 与 m 维向量 $\boldsymbol{Y}$ 之间的**互协方差**阵可定义为

$$\begin{aligned} \boldsymbol{P}_{xy} &= E[(\boldsymbol{X} - E(\boldsymbol{X})) \cdot (\boldsymbol{Y} - E(\boldsymbol{Y}))^{\mathrm{T}}] \\ &= \int_{-\infty}^{\infty} \cdots \int_{-\infty}^{\infty} (\boldsymbol{x} - E(\boldsymbol{X}))(\boldsymbol{y} - E(\boldsymbol{Y}))^{\mathrm{T}} \\ &\quad \times f(\boldsymbol{x}, \boldsymbol{y}) \mathrm{d}x_1 \mathrm{d}x_2 \cdots \mathrm{d}x_n \mathrm{d}y_1 \mathrm{d}y_2 \cdots \mathrm{d}y_m \end{aligned} \tag{3.1.27}$$

其中 $f(\boldsymbol{x},\boldsymbol{y})$为 $\boldsymbol{X}$ 与 $\boldsymbol{Y}$ 的联合概率密度函数. 显然,$\boldsymbol{P}_{xy}$是 $n \times m$ 的矩阵,且 $\boldsymbol{P}_{xy} = \boldsymbol{P}_{yx}^{\mathrm{T}}$. 随机向量 $\boldsymbol{X}$ 的函数$g(\boldsymbol{X})$的期望可定义为

$$E(g(\boldsymbol{X})) = \int_{-\infty}^{\infty} \cdots \int_{-\infty}^{\infty} g(\boldsymbol{x}) f(\boldsymbol{x}) \mathrm{d}x_1 \mathrm{d}x_2 \cdots \mathrm{d}x_n \tag{3.1.28}$$

以上这些都是常规.

3.1.4 随机向量的条件期望与条件协方差

设有随机向量 $\boldsymbol{X}$ 与 $\boldsymbol{Y}$ 的联合概率密度函数$f(\boldsymbol{x},\boldsymbol{y})$,$\boldsymbol{X}$ 对于给定($\boldsymbol{Y}=\boldsymbol{y}$)的条件期望为

$$E(\boldsymbol{X} \mid \boldsymbol{Y} = \boldsymbol{y}) = \int_{-\infty}^{\infty} \cdots \int_{-\infty}^{\infty} \boldsymbol{x} f(\boldsymbol{x}, \boldsymbol{y}) \mathrm{d}x_1 \mathrm{d}x_2 \cdots \mathrm{d}x_n \tag{3.1.29}$$

相应的条件协方差矩阵定义为

$$\begin{aligned} \boldsymbol{P}_{x|y} &= E[(\boldsymbol{X} - E(\boldsymbol{X} \mid \boldsymbol{y})) \cdot (\boldsymbol{X} - E(\boldsymbol{X} \mid \boldsymbol{y}))^{\mathrm{T}}] \\ &= \int_{-\infty}^{\infty} \cdots \int_{-\infty}^{\infty} (\boldsymbol{x} - E(\boldsymbol{X} \mid \boldsymbol{y}))(\boldsymbol{x} - E(\boldsymbol{X} \mid \boldsymbol{y}))^{\mathrm{T}} \\ &\quad \times f(\boldsymbol{x}, \boldsymbol{y}) \mathrm{d}x_1 \mathrm{d}x_2 \cdots \mathrm{d}x_n \end{aligned} \tag{3.1.30}$$

条件期望有以下的性质:

$$E(\boldsymbol{A}\boldsymbol{X} \mid \boldsymbol{Y} = \boldsymbol{y}) = \boldsymbol{A}E(\boldsymbol{X} \mid \boldsymbol{Y} = \boldsymbol{y}), \quad \text{其中 } \boldsymbol{A} \text{ 为给定矩阵}$$

$$E(\boldsymbol{X} + \boldsymbol{Y} \mid \boldsymbol{Z} = \boldsymbol{z}) = E(\boldsymbol{X} \mid \boldsymbol{Z} = \boldsymbol{z}) + E(\boldsymbol{Y} \mid \boldsymbol{Z} = \boldsymbol{z})$$

$$E_{y_1}[E(\boldsymbol{X} \mid \boldsymbol{Y} = \boldsymbol{y}_1)] = E(\boldsymbol{X}) \tag{3.1.31}$$

E_{y_1}代表在给定条件($\boldsymbol{Y}=\boldsymbol{y}_1$)下,(当然是 $\boldsymbol{y}_1$ 的函数)对 $\boldsymbol{y}_1$ 的均值.

3.1.5 随机变量的特征函数

上文的讲述是基于概率分布函数的,这里要介绍特征函数.一个随机变量 $\boldsymbol{X}$ 的特征函数可表达为[随机变量 $\boldsymbol{X}$ 的分布函数是 $f(x)$]

$$\phi_X(s) = E[\exp(\mathrm{i}sx)] = \int_{-\infty}^{\infty}\exp(\mathrm{i}sx)f(x)\mathrm{d}x \tag{3.1.32}$$

显然,$\phi_X(0)=1$. 可以看到,特征函数就是分布函数的傅里叶变换.反之,若已知特征函数 $\phi_X(s)$,则其密度函数也可通过傅里叶反变换求得

$$f(x) = (1/2\pi)\int_{-\infty}^{\infty}\exp(-\mathrm{i}sx)\phi_X(s)\mathrm{d}s \tag{3.1.33}$$

将特征函数在 $s=0$ 处展开为幂级数,有

$$\phi_X(s) = 1 + \sum_{k=1}^{\infty}(\mathrm{i}s)^k m_k/k!$$

$\boldsymbol{X}$ 的 k 阶矩可由特征函数的微分求得

$$m_k = E(X^k) = \mathrm{i}^{-k}\lfloor \mathrm{d}^k\phi_X(s)/\mathrm{d}s^k \rfloor_{s=0} \tag{3.1.34}$$

n 维随机向量 $\boldsymbol{X}=\{X_1 \quad X_2 \quad \cdots \quad X_n\}^{\mathrm{T}}$ 的联合特征函数可雷同地定义为

$$\begin{aligned}\phi_{\boldsymbol{X}}(\boldsymbol{s}) &= E\left[\exp\left(\mathrm{i}\sum_{j=1}^{n} s_j x_j\right)\right] \\ &= \int_{-\infty}^{\infty}\cdots\int_{-\infty}^{\infty}\exp\left(\mathrm{i}\sum_{j=1}^{n} s_j x_j\right)f(\boldsymbol{x})\mathrm{d}x_1\cdots\mathrm{d}x_n\end{aligned} \tag{3.1.35}$$

这是多维的傅里叶变换公式.当然,概率密度函数 $f(\boldsymbol{x})$也可以通过反向傅里叶变换公式来求得.

若 $\boldsymbol{X}$ 各分量 X_i, $i=1,\cdots,n$ 皆互不相关,则特征函数可表示

为

$$\phi_X(s) = \prod_{j=1}^{n} \phi_{X_j}(s_j) \tag{3.1.36}$$

即各个分量特征函数的乘积.

3.1.6 正态分布

由于这本书主要讲线性振动、控制与滤波系统,因此主要只用到高斯(Gauss)正态分布.以后的介绍也只限于高斯正态分布的情况.首先从一维正态分布讲起,此时其概率密度函数为

$$f(x) = \frac{1}{\sqrt{2\pi}\,\sigma}\exp\left[-\frac{(x-m)^2}{2\sigma^2}\right] \tag{3.1.37}$$

其函数的形态见图 3.1.由上式见到,参数 m 与 σ,即其期望值(均值)与标准离差,决定了该函数.范围 $(m-\sigma, m+\sigma)$ 之内曲线下的面积为 0.68,而 $(m-2\sigma, m+2\sigma)$ 之内的面积为 0.95.这表明正态分布随机变量取值于 $m \pm 2\sigma$ 之外的概率约为 0.05.

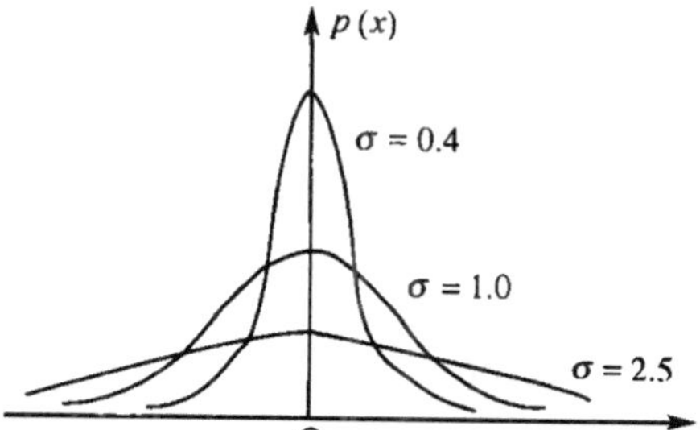

$$p(x) = \frac{1}{\sqrt{2\pi}\,\sigma} e^{-\frac{x^2}{2\sigma^2}}, \quad -\infty < x < \infty$$

图 3.1 正态分布曲线

可以证明,若干个正态分布变量之和的分布也是正态的.更为重要的是,概率论有**中心极限定理**,如果 $X_1, X_2, \cdots, X_n$ 是一系列独立的具有相同分布的随机变量;当变量数目 n 无限增加时,它

们的平均值 $S_n = (X_1 + X_2 + \cdots + X_n)/n$ 的分布,将趋于正态分布.而经验也表明,大量随机变量所表现出来的概率分布非常接近于正态分布.

以下讲述 n 维随机向量 $\boldsymbol{X} = \{X_1 \quad X_2 \quad \cdots \quad X_n\}^{\mathrm{T}}$ 的联合密度函数为高斯分布

$$f(\boldsymbol{x}) = [(2\pi)^n \cdot \det(\boldsymbol{P}_{xx})]^{-1/2} \times \exp[-(\boldsymbol{x} - E(\boldsymbol{X}))^{\mathrm{T}} \boldsymbol{P}_{xx}^{-1} (\boldsymbol{x} - E(\boldsymbol{X}))/2] \tag{3.1.38}$$

的情况,其中 $\boldsymbol{P}_{xx}$ 为 $\boldsymbol{X}$ 的协方差阵

$$\boldsymbol{P}_{xx} = E[(\boldsymbol{X} - E(\boldsymbol{X}))(\boldsymbol{X} - E(\boldsymbol{X}))^{\mathrm{T}}] \tag{3.1.39}$$

相应的特征函数为

$$\begin{aligned} \phi_X(\boldsymbol{s}) &= E[\exp(\mathrm{i}\boldsymbol{X}^{\mathrm{T}}\boldsymbol{s})] \\ &= \int_{-\infty}^{\infty} \cdots \int_{-\infty}^{\infty} \exp(\mathrm{i}\boldsymbol{x}^{\mathrm{T}}\boldsymbol{s}) f(\boldsymbol{x}) \mathrm{d}x_1 \mathrm{d}x_2 \cdots \mathrm{d}x_n \\ &= \exp(\mathrm{i}\boldsymbol{m}_X^{\mathrm{T}}\boldsymbol{s} - \boldsymbol{s}^{\mathrm{T}}\boldsymbol{P}_{xx}\boldsymbol{s}/2) \end{aligned} \tag{3.1.40}$$

其中 $\boldsymbol{m}_X = E(\boldsymbol{X})$ 为 $\boldsymbol{X}$ 的期望向量.如果有随机向量 $\boldsymbol{Y}$,同样 $\boldsymbol{m}_Y = E(\boldsymbol{Y})$.反过来,根据傅里叶反变换,有

$$\begin{aligned} f(\boldsymbol{x}) &= (2\pi)^{-n} \int_{-\infty}^{\infty} \cdots \int_{-\infty}^{\infty} \exp(-\mathrm{i}\boldsymbol{s}^{\mathrm{T}}\boldsymbol{x}) \phi_X(\boldsymbol{s}) \mathrm{d}s_1 \mathrm{d}s_2 \cdots \mathrm{d}s_n \\ &= [(2\pi)^n \cdot \det(\boldsymbol{P}_{xx})]^{-1/2} \\ &\quad \times \exp[-(\boldsymbol{x} - E(\boldsymbol{X}))^{\mathrm{T}} \boldsymbol{P}_{xx}^{-1} (\boldsymbol{x} - E(\boldsymbol{X}))/2] \end{aligned}$$

有了特征函数表达式,往往喜欢用它来定义高斯分布,以免于逆阵 $\boldsymbol{P}_{xx}^{-1}$.于是在 $\boldsymbol{P}_{xx}$ 为半正定时也可用了.

现考虑 n 维向量 $\boldsymbol{X}$ 与 m 维向量 $\boldsymbol{Y}$ 的联合高斯分布.采用联合特征函数来表示,为

$$\phi_{XY}(\boldsymbol{s}, \boldsymbol{r}) = \exp\left[\mathrm{i}\begin{pmatrix}\boldsymbol{m}_X \\ \boldsymbol{m}_Y\end{pmatrix}^{\mathrm{T}} \begin{pmatrix}\boldsymbol{m}_X \\ \boldsymbol{m}_Y\end{pmatrix} - \frac{1}{2}\begin{pmatrix}\boldsymbol{s} \\ \boldsymbol{r}\end{pmatrix}^{\mathrm{T}} \boldsymbol{P} \begin{pmatrix}\boldsymbol{s} \\ \boldsymbol{r}\end{pmatrix}\right] \tag{3.1.41}$$

其中 $\boldsymbol{s}, \boldsymbol{r}$ 分别为 n, m 维的向量,而 $\boldsymbol{P}$ 为 $(n+m)\times(n+m)$ 的对称阵,该阵可分块如下:

$$\boldsymbol{P} = \begin{pmatrix} \boldsymbol{P}_{XX} & \boldsymbol{P}_{XY} \\ \boldsymbol{P}_{YX} & \boldsymbol{P}_{YY} \end{pmatrix}$$

$$\boldsymbol{P}_{XY} = E[(\boldsymbol{X} - \boldsymbol{m}_X)(\boldsymbol{Y} - \boldsymbol{m}_Y)^{\mathrm{T}}], \quad \boldsymbol{P}_{YX} = \boldsymbol{P}_{XY}^{\mathrm{T}}$$

$$\boldsymbol{P}_{XX} = E[(\boldsymbol{X} - \boldsymbol{m}_X)(\boldsymbol{X} - \boldsymbol{m}_X)^{\mathrm{T}}]$$

$$\boldsymbol{P}_{YY} = E[(\boldsymbol{Y} - \boldsymbol{m}_Y)(\boldsymbol{Y} - \boldsymbol{m}_Y)^{\mathrm{T}}] \tag{3.1.42}$$

当 $\boldsymbol{P}$ 阵为对称正定时,可以用分块矩阵的求逆公式,

$$\boldsymbol{P}^{-1} = \begin{pmatrix} \boldsymbol{A} & \boldsymbol{B} \\ \boldsymbol{B}^{\mathrm{T}} & \boldsymbol{C} \end{pmatrix} \begin{matrix} n \\ m \end{matrix}$$

$$\boldsymbol{A} = (\boldsymbol{P}_{XX} - \boldsymbol{P}_{XY}\boldsymbol{P}_{YY}^{-1}\boldsymbol{P}_{YX})^{-1} = \boldsymbol{P}_{XX}^{-1} + \boldsymbol{P}_{XX}^{-1}\boldsymbol{P}_{XY}\boldsymbol{C}\boldsymbol{P}_{YX}\boldsymbol{P}_{XX}^{-1}$$

$$\boldsymbol{B} = -\boldsymbol{A}\boldsymbol{P}_{XY}\boldsymbol{P}_{YY}^{-1} = -\boldsymbol{P}_{XX}^{-1}\boldsymbol{P}_{XY}\boldsymbol{C}$$

$$\boldsymbol{C} = (\boldsymbol{P}_{YY} - \boldsymbol{P}_{YX}\boldsymbol{P}_{XX}^{-1}\boldsymbol{P}_{XY})^{-1} = \boldsymbol{P}_{YY}^{-1} + \boldsymbol{P}_{YY}^{-1}\boldsymbol{P}_{YX}\boldsymbol{A}\boldsymbol{P}_{XY}\boldsymbol{P}_{YY}^{-1}$$

从而可得联合高斯分布

$$f(\boldsymbol{x}, \boldsymbol{y}) = [(2\pi)^{n+m}\det(\boldsymbol{P})]^{-1/2} \times \exp\left(-\frac{1}{2}\begin{pmatrix} \boldsymbol{x} - \boldsymbol{m}_X \\ \boldsymbol{y} - \boldsymbol{m}_Y \end{pmatrix}^{\mathrm{T}} \begin{pmatrix} \boldsymbol{A} & \boldsymbol{B} \\ \boldsymbol{B}^{\mathrm{T}} & \boldsymbol{C} \end{pmatrix} \begin{pmatrix} \boldsymbol{x} - \boldsymbol{m}_X \\ \boldsymbol{y} - \boldsymbol{m}_Y \end{pmatrix}\right) \tag{3.1.43}$$

如欲求得单纯对 $\boldsymbol{Y}$ 的概率分布密度,可完成对 $\boldsymbol{x}$ 的积分. 这可以利用特征函数,得

$$f(\boldsymbol{y}) = [(2\pi)^{m}\det(\boldsymbol{P}_{YY})]^{-1/2} \times \exp(-(\boldsymbol{y} - \boldsymbol{m}_Y)^{\mathrm{T}}\boldsymbol{P}_{YY}^{-1}(\boldsymbol{y} - \boldsymbol{m}_Y)/2)$$

其相应的特征函数为

$$\phi_Y(\boldsymbol{r}) = \exp(\mathrm{i}\boldsymbol{m}_Y^{\mathrm{T}}\boldsymbol{r} - \boldsymbol{r}^{\mathrm{T}}\boldsymbol{P}_{YY}\boldsymbol{r}/2)$$

现给出条件高斯密度函数 $f(\boldsymbol{x} \mid \boldsymbol{y})$ 的表达式. 这可利用条件密度的 Bayes 公式,经一番推导得

$$f(\boldsymbol{x} \mid \boldsymbol{y}) = f(\boldsymbol{x}, \boldsymbol{y})/f(\boldsymbol{y}) = [(2\pi)^{n}\det(\boldsymbol{Q})]^{-1/2}$$

$$\times \exp(-(\boldsymbol{x}-\boldsymbol{m})^{\mathrm{T}}\boldsymbol{Q}^{-1}(\boldsymbol{x}-\boldsymbol{m})/2) \tag{3.1.44}$$

其中 $\boldsymbol{m},\boldsymbol{Q}$ 分别为条件均值与条件协方差阵，依然是正态分布.但 $\boldsymbol{m}$ 当然与条件 $\boldsymbol{Y}=\boldsymbol{y}$ 有关，而 $\boldsymbol{Q}$ 阵却与条件 $\boldsymbol{Y}=\boldsymbol{y}$ 无关，

$$\boldsymbol{m} = E(\boldsymbol{X} \mid \boldsymbol{y}) = E(\boldsymbol{X}) + \boldsymbol{P}_{XY}\boldsymbol{P}_{YY}^{-1}(\boldsymbol{y} - E(\boldsymbol{Y})) \tag{3.1.45}$$

$$\boldsymbol{Q} = \boldsymbol{P}_{X\mid y} = \boldsymbol{P}_{XX} - \boldsymbol{P}_{XY}\boldsymbol{P}_{YY}^{-1}\boldsymbol{P}_{YX} \tag{3.1.46}$$

相应的条件特征函数

$$\phi_{X\mid y}(\boldsymbol{s}) = \exp(\mathrm{i}\boldsymbol{m}^{\mathrm{T}}\boldsymbol{s} - \boldsymbol{s}^{\mathrm{T}}\boldsymbol{Q}\boldsymbol{s}/2) \tag{3.1.47}$$

由以上看到，高斯分布的一个特性是只要知道期望向量与协方差阵，就可定出随机向量的概率分布.这给分析带来很大便利.

3.1.7 高斯随机向量的线性变换与线性组合

将高斯随机向量作用于一个线性系统，这就是对该线性系统的输入；系统作出的响应就是输出.从输入到输出相当于进行了一个线性变换.线性变换当然也包含线性组合.以下将阐明高斯随机向量经过任意的线性变换（或线性组合）后，仍给出高斯随机向量的输出.

先看线性变换.设 n 维随机高斯向量 $\boldsymbol{X}$ 有均值 $E(\boldsymbol{X})$ 以及协方差 $\boldsymbol{P}_{XX}$.再设 $\boldsymbol{A}$ 为给定 $m\times n$ 的确定性矩阵，对 $\boldsymbol{X}$ 作线性变换 $\boldsymbol{Y}=\boldsymbol{A}\boldsymbol{X}$ 给出一个 m 维随机向量 $\boldsymbol{Y}$.以下要证明，$\boldsymbol{Y}$ 是均值为 $E(\boldsymbol{Y})=\boldsymbol{A}E(\boldsymbol{X})$，协方差阵为 $\boldsymbol{P}_{YY}=\boldsymbol{A}\boldsymbol{P}_{XX}\boldsymbol{A}^{\mathrm{T}}$ 的高斯随机向量.

证明 $\boldsymbol{Y}$ 的特征函数可推导为

$$\begin{aligned}
\phi_Y(\boldsymbol{r}) &= E[\exp(\mathrm{i}\boldsymbol{Y}^{\mathrm{T}}\boldsymbol{r})] = E[\exp(\mathrm{i}(\boldsymbol{A}\boldsymbol{X})^{\mathrm{T}}\boldsymbol{r})] \\
&= E[\exp(\mathrm{i}\boldsymbol{X}^{\mathrm{T}}\boldsymbol{A}^{\mathrm{T}}\boldsymbol{r})] = \phi_X(\boldsymbol{A}^{\mathrm{T}}\boldsymbol{r}) \\
&= \exp[\mathrm{i}\boldsymbol{m}_X^{\mathrm{T}}\boldsymbol{A}^{\mathrm{T}}\boldsymbol{r} - (\boldsymbol{A}^{\mathrm{T}}\boldsymbol{r})^{\mathrm{T}}\boldsymbol{P}_{XX}\boldsymbol{A}^{\mathrm{T}}\boldsymbol{r}/2] \\
&= \exp[\mathrm{i}(\boldsymbol{A}\boldsymbol{m}_X)^{\mathrm{T}}\boldsymbol{r} - \boldsymbol{r}^{\mathrm{T}}(\boldsymbol{A}\boldsymbol{P}_{XX}\boldsymbol{A}^{\mathrm{T}})\boldsymbol{r}/2]
\end{aligned}$$

于是知，$\boldsymbol{m}_Y=\boldsymbol{A}\boldsymbol{m}_X$，$\boldsymbol{P}_{YY}=\boldsymbol{A}\boldsymbol{P}_{XX}\boldsymbol{A}^{\mathrm{T}}$，而特征函数的形式表明 $\boldsymbol{Y}$ 是高斯的.证毕.

再看线性组合.若 $\boldsymbol{X},\boldsymbol{Y}$ 分别是 n,m 维的高斯随机向量，则

其联合 $\boldsymbol{X}_a=(\boldsymbol{X}^{\mathrm{T}},\boldsymbol{Y}^{\mathrm{T}})^{\mathrm{T}}$ 也是$(n+m)$维的高斯随机向量.由此而得的线性组合可表达为 $\boldsymbol{Z}=\boldsymbol{AX}+\boldsymbol{BY}$,设为 p 维,其中 $\boldsymbol{A},\boldsymbol{B}$ 分别为$p\times n$,$p\times m$ 矩阵,则 $\boldsymbol{Z}$ 必定也是高斯随机向量.这可阐明如下,显然 $\boldsymbol{Z}$ 是对于 $\boldsymbol{X}_a$ 的一个线性变换,其变换矩阵是$(\boldsymbol{A},\boldsymbol{B})$.因此根据以上证明的推知,$\boldsymbol{Z}$ 是高斯随机向量,并且

$$\boldsymbol{m}_Z=\boldsymbol{A}\boldsymbol{m}_X+\boldsymbol{B}\boldsymbol{m}_Y,\quad \boldsymbol{P}_{ZZ}=(\boldsymbol{A},\boldsymbol{B})\begin{pmatrix}\boldsymbol{P}_{XX} & \boldsymbol{P}_{XY}\\ \boldsymbol{P}_{YX} & \boldsymbol{P}_{YY}\end{pmatrix}\begin{pmatrix}\boldsymbol{A}^{\mathrm{T}}\\ \boldsymbol{B}^{\mathrm{T}}\end{pmatrix}\tag{3.1.48}$$

阐明完成.

由于高斯分布由其均值及方差矩阵完全确定,故只要两个高斯向量 $\boldsymbol{X},\boldsymbol{Y}$ 的交互方差阵 $\boldsymbol{P}_{XY}=\boldsymbol{0}$,就意味着两个高斯向量互不相关.对于其他概率分布,这个性质未必成立.

3.1.8 最小二乘法

概率论经常用于对随机对象作出估计,而最小二乘法是最常见的方法.对于动态对象的估计常常称为滤波.滤波的逼近比较复杂.第六章将就此问题作详细讲述.这里先对静态问题的最小二乘法估计作一讲述.

最小二乘法是高斯提出的.最简单的是一个未知数 x 的估计问题.静态问题意味着没有任何动力过程噪声的干扰.用微分方程表示,便是

$$\dot{x}=0,\quad x(0)=\hat{x}$$

现在对它进行 q 次量测,得到 $y_i,i=1,2,\cdots,q$ 的结果.在量测时不可避免会有噪声的干扰,噪声(量测误差)为 $v_i,i=1,2,\cdots,q$.因此有量测方程

$$y_i=\hat{x}+v_i,\quad i=1,2,\cdots,q$$

在该方程中,已知的是 $y_i,i=1,2,\cdots,q$,而 $\hat{x}$ 为待求.真正的 x 是不知道的.$\hat{x}$ 只能是其最优估计.

寻求 $\hat{x}$ 的准则是指标$\boldsymbol{J}=\sum\limits_{j=1}^{q}(y_j-\hat{x})^2$ 取极小,即 $\sum\limits_{j=1}^{q}v_j^2$ 取

最小.对 $\hat{x}$ 完成取最小,即取$\partial J/\partial\hat{x}=0$,可得

$$\hat{x} = \sum_{j=1}^{q} y_j/n$$

显然,指标 J 是误差的平方之和,二乘方之和,所以称为最小二乘方法.这种指标度量相当于取长度的平方,因此是欧几里得型的度量.以上是每次量测权重相同的情形.

如果在 q 次量测中,前几次采用普通仪器,而以后采用精密仪器;则取平均当然以精密仪器为主.即精密仪器的权重(即置信度)k_j 大.故最小二乘法的指标应改为

$$\boldsymbol{J} = \sum_{j=1}^{q} k_j(y_j - \hat{x})^2 \text{ 取极小}, \quad \hat{x} = \sum k_j y_j \Big/ \sum k_j$$

权重大意味着精度高,或离散度小,即其方差 r_j^2 小,$k_j = r_j^{-2}$.用方差表示为

$$\boldsymbol{J} = \sum_{j=1}^{q} (y_j - \hat{x})^2/r_j^2 \text{ 取极小}$$

或用向量表示,为

$$\boldsymbol{v}^{\mathrm{T}}\boldsymbol{R}^{-1}\boldsymbol{v} \text{ 取极小}$$

其中

$$\boldsymbol{v} = (v_1, v_2, \cdots, v_q)^{\mathrm{T}}, \quad \boldsymbol{R} = \mathrm{diag}(r_1^2, r_2^2, \cdots, r_q^2)$$

最小二乘法就是最原始的滤波. $\boldsymbol{R}$ 取为对角阵,表明这 q 次量测互相无关.

最小二乘法是静态估计,它与力学有密切关系.可以用一个力学的模型与最小二乘法的方程联系起来.该力学模型如下:设有一个点在一维的 x 轴上,其位置 $\hat{x}$ 有待确定.将每一次量测 y_j 解释为,在 $\hat{x}$ 与 y_j 之间有一根弹簧相连,弹簧刚度为 k_j 而该 j 号弹簧的平衡点是 y_j.当量测 q 次后,寻求其平衡位置 $\hat{x}$,图 3.2.当然 $\hat{x}$ 是所有弹簧的综合平衡点,运用最小势能原理,即

$$U(x) = \sum_{j=1}^{q} k_j(y_j - x)^2, \quad U(x) \text{ 取极小}$$

以求出平衡点 $\hat{x}$.势能就是指标 $\boldsymbol{J}$.取

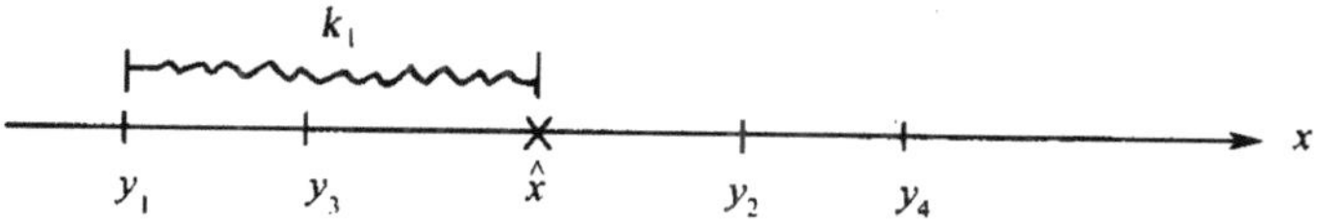

图 3.2 最小二乘法的力学模型

$$\partial U(x)/\partial x = 0$$

即得

$$\sum_{j=1}^{q} k_j(y_j - \hat{x}) = 0, \quad \hat{x} = \sum k_j y_j \Big/ \sum k_j \tag{3.1.49}$$

结果相同.所以知,权重其实就是力学中的弹簧刚度 k_j,也是方差之逆 r_j^{-2},**最小二乘法其实就是力学中的最小势能原理**.

最小二乘法是一种估计,除了求出其平均值之外,进一步还要问这个 $\hat{x}$ 的方差是多少.**方差是刚度的倒数**,即柔度.$\hat{x}$ 的刚度是 $\sum k_j$,势能 $U(x)$是变量 x 的二次函数.刚度相加表明弹簧是并联的.$\hat{x}$ 的方差即柔度,为

$$1\Big/\sum k_j = 1\Big/\sum r_j^{-2} \tag{3.1.50}$$

将方差与力学的柔度联系起来,这在概念上是很有用处的.

以上是对一个未知数的多次量测.还要考虑多个(n 个)未知数 $\boldsymbol{x} = (x_1, x_2, \cdots, x_n)^{\mathrm{T}}$ 的情况.每一次量测可以是 $\boldsymbol{x}$ 的线性组合,共 q 次量测.于是量测方程为

$$\boldsymbol{y} = \boldsymbol{C}\boldsymbol{x} + \boldsymbol{v} \tag{3.1.51}$$

其中 $\boldsymbol{C}$ 是 $q \times n$ 的给定矩阵,当然 $q > n$ 并且 $\boldsymbol{C}$ 阵的秩为 n.为了给出 $\boldsymbol{x}$ 的估计 $\hat{\boldsymbol{x}}$,选择指标函数为

$$\begin{aligned} J = U(\boldsymbol{x}) &= \boldsymbol{v}^{\mathrm{T}}\boldsymbol{V}^{-1}\boldsymbol{v}/2 \\ &= (\boldsymbol{y} - \boldsymbol{C}\boldsymbol{x})^{\mathrm{T}}\boldsymbol{V}^{-1}(\boldsymbol{y} - \boldsymbol{C}\boldsymbol{x})/2 \end{aligned} \tag{3.1.52}$$

其中

$$\boldsymbol{V} = E[\boldsymbol{v}\boldsymbol{v}^{\mathrm{T}}] \tag{3.1.53}$$

是 $q \times q$ 阵,误差向量 $\boldsymbol{v}$ 的方差阵,正定.最优估计 $\hat{\boldsymbol{x}}$ 应当使指标

函数取最小,即

$$\partial J / \partial \boldsymbol{x} = \boldsymbol{0}$$

有

$$\boldsymbol{C}^{\mathrm{T}}\boldsymbol{V}^{-1}\boldsymbol{C}\hat{\boldsymbol{x}} - \boldsymbol{C}^{\mathrm{T}}\boldsymbol{V}^{-1}\boldsymbol{y} = \boldsymbol{0}, \quad \hat{\boldsymbol{x}} = (\boldsymbol{C}^{\mathrm{T}}\boldsymbol{V}^{-1}\boldsymbol{C})^{-1}\boldsymbol{C}^{\mathrm{T}}\boldsymbol{V}^{-1}\boldsymbol{y}$$

这就是多维无约束条件下的估计公式.还要给出估值 $\hat{\boldsymbol{x}}$ 的方差.势能式 $U(\boldsymbol{x})$对于**变量 $\boldsymbol{x}$ 二次项的系数矩阵为 $\boldsymbol{C}^{\mathrm{T}}\boldsymbol{V}^{-1}\boldsymbol{C}$,它就是刚度阵**,相应地驱动外力便是 $\boldsymbol{C}^{\mathrm{T}}\boldsymbol{V}^{-1}\boldsymbol{y}$.现在要验证估值 $\hat{\boldsymbol{x}}$ 的方差就是柔度阵$(\boldsymbol{C}^{\mathrm{T}}\boldsymbol{V}^{-1}\boldsymbol{C})^{-1}$.从方差阵的定义,有

$$\boldsymbol{P} = E[(\boldsymbol{x} - \hat{\boldsymbol{x}})(\boldsymbol{x} - \hat{\boldsymbol{x}})^{\mathrm{T}}] \tag{3.1.54}$$

但 $\boldsymbol{x} - \hat{\boldsymbol{x}} = (\boldsymbol{C}^{\mathrm{T}}\boldsymbol{V}^{-1}\boldsymbol{C})^{-1}\boldsymbol{C}^{\mathrm{T}}\boldsymbol{V}^{-1}(\boldsymbol{C}\boldsymbol{x} - \boldsymbol{y}) = -(\boldsymbol{C}^{\mathrm{T}}\boldsymbol{V}^{-1}\boldsymbol{C})^{-1}\boldsymbol{C}^{\mathrm{T}}\boldsymbol{V}^{-1}\boldsymbol{v}$,故

$$\begin{aligned}\boldsymbol{P} &= (\boldsymbol{C}^{\mathrm{T}}\boldsymbol{V}^{-1}\boldsymbol{C})^{-1}\boldsymbol{C}^{\mathrm{T}}\boldsymbol{V}^{-1}E[\boldsymbol{v}\boldsymbol{v}^{\mathrm{T}}]\boldsymbol{V}^{-1}\boldsymbol{C}(\boldsymbol{C}^{\mathrm{T}}\boldsymbol{V}^{-1}\boldsymbol{C})^{-1} \\ &= (\boldsymbol{C}^{\mathrm{T}}\boldsymbol{V}^{-1}\boldsymbol{C})^{-1}\end{aligned}$$

又一次看到,**方差就是刚度阵之逆,即柔度阵**.

再看对于 $\boldsymbol{x}$ 为有约束的情况.仍考虑多个(n 个)未知数 $\boldsymbol{x} = (x_1, x_2, \cdots, x_n)^{\mathrm{T}}$,但这些分量受有 g 个约束,表示为

$$\boldsymbol{G}\boldsymbol{x} = \boldsymbol{w}, \quad E(\boldsymbol{w}\boldsymbol{w}^{\mathrm{T}}) = \boldsymbol{W} \tag{3.1.55}$$

其中 $\boldsymbol{G}$ 为$g \times n$ 的给定约束矩阵,不失一般性可以认为 $\boldsymbol{G}$ 是满秩的,并且 $g < n$,$\boldsymbol{w}$ 也是随机变量,$\boldsymbol{W}$ 则是$g \times g$ 正定矩阵,给定的确定性矩阵.现在做了 q 次量测,其量测方程为(3.1.61)式.将 g 个约束与q 次量测合在一起应当能覆盖n 维全空间,即$(g+q) \times n$ 矩阵

$$\boldsymbol{C}' = \begin{pmatrix} \boldsymbol{C} \\ \boldsymbol{G} \end{pmatrix} \tag{3.1.56}$$

的秩为 n.现在要求对 $\boldsymbol{x}$ 作出估计,即给出其最优估计均值 $\hat{\boldsymbol{x}}$ 以及方差矩阵 $\boldsymbol{P}$.

对此问题仍可取其指标函数如(3.1.62)式所示.当然仍要取最小,对于约束的噪声也要加入指标函数,于是就有了扩展的指标函数

$$J_A = \boldsymbol{w}^{\mathrm{T}}\boldsymbol{W}^{-1}\boldsymbol{w}/2 + \boldsymbol{v}^{\mathrm{T}}\boldsymbol{V}^{-1}\boldsymbol{v}/2$$

$$= (Gx)^{T} W^{-1} Gx/2 + (y - Cx)^{T} V^{-1} (y - Cx)/2 \tag{3.1.57}$$

这仍相当于无约束最小问题. 对于 x 取微商为零

$$\partial J_A / \partial x = 0$$

即

$$(C^{T} V^{-1} C + G^{T} W^{-1} G)\hat{x} - C^{T} V^{-1} y = 0$$

式中 $n \times n$ 阵$(C^{T} V^{-1} C + G^{T} W^{-1} G)$一定保证正定,因为 C' 为满秩. 由此有

$$\hat{x} = (C^{T} V^{-1} C + G^{T} W^{-1} G)^{-1} C^{T} V^{-1} y$$

式中与前面一样,$C^{T} V^{-1} y$ 就是驱动外力. 因此矩阵

$$P = (C^{T} V^{-1} C + G^{T} W^{-1} G)^{-1} \tag{3.1.58}$$

依然给出柔度阵. 请对比(3.1.64)式以下的柔度阵. P 阵当然依然是对称阵,并且还能保证为非负. 柔度是力学的解释,以下验证估值 $\hat{x}$ 的方差 $P_e = E[(x - \hat{x})(x - \hat{x})^{T}]$,也得到 $P_e = P$ 的结论.

从力学的角度看,只要计算相应结构的柔度阵就是计算了系统的方差阵,这就方便多了. 这一条规则对于线性系统的滤波、平滑的方差分析很有用.

3.2 随机过程概述

顾名思义,过程意味着与时间有关,随机过程常常考虑为动态的概率论. 但广泛一点说,以连续坐标为自变量的随机函数也可看成为随机过程. 但这里仍是作为时间的函数来表述的.

随机过程可区分为离散时间与连续时间两类,这是从取值的时间来区分的. 还有一种区分是按其所取的值来划分. 通常,信号的取值往往是连续的,例如力、位移、电流、电压、温度等;但有的随机过程取值是离散的,常常称为数值信号(digital signal),在计算机处理中常用,例如,图素的灰度采用 256 级,金钱的计数有一个基本单位等. 这里只讨论连续取值的情形.

图 3.3 给出了某随机变量随时间变化的曲线. 看来没有什么

规律,这只是一份随机过程的样本.如果再作一次量测,得到的将是另外一条曲线.这就是一个随机过程的例子.这类课题只能用统计的方法处理.

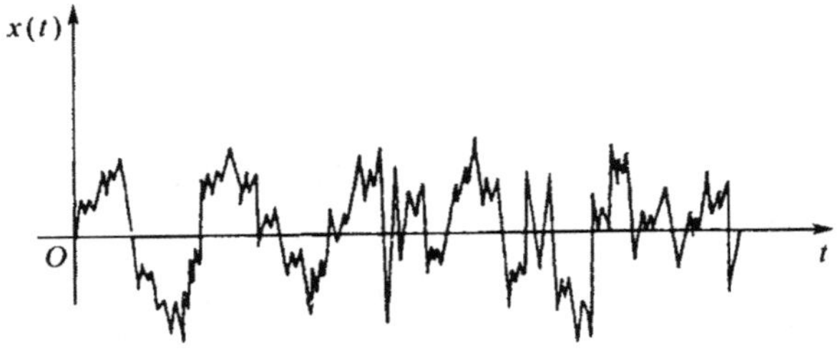

图 3.3 某随机变量随时间变化的曲线

一个随机过程 $\boldsymbol{X}(t)$,可以用其不同时间的联合概率分布来表述,例如用前后 $\boldsymbol{n}$ 个时间点取值的概率分布,

$$F(x_1,t_1;x_2,t_2;\cdots;x_n,t_n)$$
$$= \Pr(X(t_1)\leqslant x_1,X(t_2)\leqslant x_2,\cdots,X(t_n)\leqslant x_n) \tag{3.2.1}$$

当然,可以取 $n=1,2,\cdots$的数值.这些分布函数应当满足下述两个条件:

(a) 对称性条件.即对任意$(1,2,\cdots,n)$的置换$(j_1,j_2,\cdots,j_n)$,总有

$$F(x_{j_1},t_{j_1};x_{j_2},t_{j_2};\cdots;x_{j_n},t_{j_n}) = F(x_1,t_1;x_2,t_2;\cdots;x_n,t_n)$$

(b) 协调条件.即对任意 $m<n$,有

$$F(x_1,t_1;x_2,t_2;\cdots;x_m,t_m;\infty,t_{m+1};\cdots;\infty,t_n)$$
$$= F(x_1,t_1;x_2,t_2;\cdots;x_m,t_m)$$

分布函数的表述在数学上虽然确切,但要求给出详尽的分布函数,在应用中却难于措手.在力学或线性控制理论中,通常只用到高斯分布的过程.根据以上所述,在线性变换下其正态分布的性质是依然保留的,这就只需考虑其均值及二次矩或者方差就够了.大大地

简化了其分析.

对于单变量的高斯过程 $\boldsymbol{X}(t)$,给出 n 个时间 $t_1,t_2,\cdots,t_n$,就有 $\boldsymbol{X}(t_1),\cdots,\boldsymbol{X}(t_n)$,$\boldsymbol{n}$ 个随机变量,就有 n 维的高斯分布,其均值与协方差分别为

$$E[X(t_i)] = m(t_i)$$

$$E[(X(t_i) - m(t_i))(X(t_j) - m(t_j))] = p(t_i,t_j)i,j = 1,\cdots,n$$

将均值组成向量 $\boldsymbol{m}$,而协方差组成矩阵 $\boldsymbol{P}$,于是有高斯密度分布

$$f(x_1,x_2,\cdots;x_n;t_1,t_2;\cdots,t_n) = [(2\pi)^n \cdot \det(\boldsymbol{P})]^{-1/2}\exp[-(\boldsymbol{x} - \boldsymbol{m})^{\mathrm{T}}\boldsymbol{P}^{-1}(\boldsymbol{x} - \boldsymbol{m})/2]$$

采用特征函数

$$\phi_X(\boldsymbol{s};t_1,t_2,\cdots,t_n) = \exp(\mathrm{i}\boldsymbol{m}^{\mathrm{T}}\boldsymbol{s} - \boldsymbol{s}^{\mathrm{T}}\boldsymbol{P}\boldsymbol{s}/2)$$

也许更为方便.一个未知量的随机过程就已经如此复杂,因此选择 $n=2$,二次相关,是常用的.

3.2.1 平稳和非平稳随机过程

若一个随机过程的统计性质不依赖于时间原点,则它是一个**平稳随机过程**;反之,若其统计性质显式地依赖于时间原点,则它是**非平稳随机过程**.

严格平稳的随机过程的概率分布在时间坐标平移下不变,即

$$F(x_1,t_1;x_2,t_2;\cdots;x_n,t_n) = F(x_1,t_1+\tau;x_2,t_2+\tau;\cdots;x_n,t_n+\tau) \tag{3.2.2}$$

其中 τ 是任意时间长.这表明概率分布只依赖于时间差,而与时间的原点无关.在(3.2.1)式的基础上,可计算概率密度函数(一阶的)以及其期望值

$$p(x,t) = p(x,0) = p(x),\quad E[x(t)] = m = \text{const.} \tag{3.2.3}$$

对于二次相关函数的计算,由于其密度函数有

$$p(x_1,t_1;x_2,t_2) = p(x_1,x_2,\tau)$$
$$\tau = t_2 - t_1 \tag{3.2.4}$$

其交互二次矩 $\mu_2(\tau)=E[X(t)\cdot X(t+\tau)]$ 只是时间差 τ 的函数，其协方差也只是 τ 的函数

$$\begin{aligned}\mathrm{var}[X(t),X(t+\tau)] &= E[(X(t)-m)(X(t+\tau)-m)] \\ &= \mu_2(\tau)-m^2=r(\tau)\end{aligned}\tag{3.2.5}$$

以上的平稳条件(3.2.2)，(3.2.4)过于严格．如果只讲究平均值为常值、且其协方差只是 τ 的函数，而不管其分布函数的(3.2.2)式，则称为**宽平稳随机过程**(弱平稳过程，二阶平稳过程)．好在高斯随机过程的密度函数由其均值及协方差完全决定，所以只要协方差如(3.2.5)式所示，而均值 m 为常值，则也就是严平稳的过程了．显然 $r(\tau)=r(-\tau)$．

更放松一些，如果不要求 m 为常值，而只要求协方差如(3.2.5)式所示，则称为**协方差平稳随机过程**．结构振动有很多自由度，通常都在高斯随机过程的假定下做分析．

对于离散时间随机过程的平稳性，以上定义也可使用．

3.2.2 平稳过程的遍历性(各态历经)

概率论对于期望值的定义是，作出大量实验(即**样本**)，称为**系综**(assembly)．平均是对**系综**作出的，也就是对在同一个时间的大量实验结果作出的．但由随机过程的平稳性，一个合理的设想是对一个长时间的样本(sample)，截取其不同时间段的值进行平均．也就是将**系综平均改为时间平均**．这是基于这样的考虑，根据平稳性，任一时间段的统计性质都是一样的．因此不同时间的时间段就可以当作系综中的另一个样本．这就蕴含了一个假定，即只要时间足够长，各种可能的状态都会经历．这就是**各态历经**(ergodic)假定，或**遍历性**．

遍历性的数学定义如下．设 $f(X)$ 是随机过程 $X(t)$ 的给定函数，如果以下的平均值以概率 1[即几乎处处，a.s.(almost sure)]成立

随机序列(离散时间)：$\lim\limits_{k\to\infty}\dfrac{1}{k+1}\sum\limits_{j=0}^{k}f(X(j))=E[f(X(i))]$

$$(3.2.6)$$

随机过程：$\lim\limits_{T\to\infty}\dfrac{1}{2T}\int_{-T}^{T}f(X(t))\mathrm{d}t=E[f(X(t))]$ (3.2.7)

则称平稳随机过程是**遍历的**.

遍历过程必定是平稳的,但平稳过程却并不一定是遍历的.在实际应用时,往往假定随机过程是平稳的、各态遍历的.如其不然,问题往往变得复杂不堪,分析时难于措手.

3.3 二阶矩随机过程(正规随机过程)

凡是满足条件

$$E[(X(t))^2]<\infty \tag{3.3.1}$$

的随机过程皆称为**二阶矩过程**,亦称**正规随机过程**,例如参见文献[53～56].

由于要处理随机微分方程,因此,连续、微分、积分等极限的运算,对于随机过程也要建立.这就需要二阶矩过程的概念,所谓**均方微积分**.对于确定性的函数或过程,总是对一个函数进行分析;随机过程则一定会面对一个系综的运算.

首先注意,二阶矩过程总存在均值 $m(t)$ 与协方差 $v(t,\tau)$

$$m(t)=E[X(t)]$$

$$v(t,\tau)=E[(X(t)-m(t))\times(X(\tau)-m(\tau))]$$

只要由(3.3.1)式再运用施瓦茨(Schwarz)不等式就可证明.

取极限是微分、积分等的基础.应当先从**均方极限**讲起.设 $\boldsymbol{X}(t)$ 是二阶矩随机过程,而 t_0 是一个极限点.如有一个随机变量 $\boldsymbol{X}_0$,使

$$E(|X(t)-X_0|^2)\to 0,\quad 当\ t\to t_0\ 时 \tag{3.3.2}$$

则称在 $t\to t_0$ 处 $X(t)$ 收敛于随机变量 X_0.表示为均方(mean square)极限式

$$\boldsymbol{X}(t) \to X_0(\text{m.s.}), \quad \text{当 } t \to t_0 \text{ 时} \qquad (3.3.3)$$

即随机函数均方收敛于随机变量.从上式再对双方取均值,有

$$\lim_{t \to t_0} E[X(t)] = E[\lim_{t \to t_0} X(t)] = m(t_0) \qquad (3.3.4)$$

这表示对二阶矩过程来说,取均值与取均方极限可以交换次序.

以下定理表明协方差函数收敛于有限值是均方收敛的必要充分条件.

均方收敛定理 设 $X(t)$是二阶矩随机过程,并且自相关函数 $r(t,\tau)=E[X(t)\cdot X(\tau)]$在 $t,\tau \to t_0$ 时取有限值,则(3.3.3)式成立;反之如(3.3.3)式成立,则 $r(t,\tau)=E[X(t)\cdot X(\tau)]$在 $t,\tau \to t_0$ 时取有限值,其极限为 $r(t,\tau) \to E[X_0^2]$.

证明 设(3.3.3)式成立,则运用等式

$$\begin{aligned} &E[(X(t) - X_0) \cdot (X(\tau) - X_0)] + E[(X(t) - X_0) \cdot X_0] \\ &\quad + E[(X(\tau) - X_0) \cdot X_0] \\ &= E[X(t) \cdot X(\tau)] - E[X_0 \cdot X_0] \end{aligned}$$

根据施瓦茨不等式,有

$$\begin{aligned} &\{E[(X(t) - X_0) \cdot (X(\tau) - X_0)]\}^2 \leqslant E[(X(t) - X_0)^2] \\ &\quad \times E[(X(\tau) - X_0)^2] \to 0 \end{aligned}$$

$$\{E[(X(t) - X_0)X_0]\}^2 \leqslant E[(X(t) - X_0)^2] \times E[X_0^2] \to 0$$

$$\{E[X_0(X(\tau) - X_0)]\}^2 \leqslant E[X_0^2] \times E[(X(\tau) - X_0)^2] \to 0$$

因而当 $t,\tau \to t_0$ 时,$r(t,\tau)=E[X(t)\cdot X(\tau)] \to E[X_0^2]$.

反过来,如果当 $t,\tau \to t_0$ 时 $r(t,\tau) \to \gamma < \infty$,则有

$$\begin{aligned} E[(X(t) - X(\tau))^2] &= E[X(t)X(t)] \\ &\quad - E[2X(t)X(\tau)] + E[X(\tau)X(\tau)] \\ &= r(t,t) - 2r(t,\tau) + r(\tau,\tau) \\ &\to \gamma - 2\gamma + \gamma = 0, \quad \text{当 } t,\tau \to t_0 \end{aligned}$$

这就满足了均方收敛的条件,故知当 $t \to t_0$ 时 $X(t) \to X_0$,其中 X_0 是一个随机变量.(3.3.3)式成立.证毕.

3.3.1 正规随机过程的连续与可微性质

均方连续性可表示为

$$X(t+h) \to X(t)(\mathrm{m.s.})$$

或

$$E[[X(t+h)-X(t)]^2] \to 0, \quad 当 h \to 0 时 \tag{3.3.5}$$

于是运用均方收敛定理,就有**均方连续定理:自相关函数 $r(t,t+h)$在 $h\to 0$ 处连续,是正规随机过程 $X(t)$在 t 处连续的充要条件**.

均方微分可表示为,

$$[X(t+h)-X(t)]/h \to \dot{X}(t) \quad (\mathrm{m.s.}), \quad h \to 0 \tag{3.3.6}$$

于是有**均方微分定理:一个正规随机过程 $X(t)$在 t 处均方可微的充要条件是,其自相关函数 $r(t,\tau)$为广义二次可微,并且在(t,t)处有界**.

证明 将 t 固定,$Y(h)=[X(t+h)-X(t)]/h$ 就成为h 的随机过程.令 $h\to 0$,根据均方收敛定理,只要

$$\begin{aligned} E[Y_hY_{h'}] &= [r(t+h,t+h')-r(t+h,t) \\ &\quad -r(t,t+h')+r(t,t)]/hh' \\ &\to \partial^2 r(t,\tau=t)/\partial t\partial\tau \end{aligned}$$

当取 $\boldsymbol{h},\boldsymbol{h}'\to 0$ 的极限存在,均方微分(3.3.6)就存在.但上式的极限就是 $r(t,\tau)$在(t,t)处广义二次微商.证毕.

如 $\boldsymbol{X}(t)$的均方微商在区间(t_0,t_f)处处存在,则

$$\mathrm{d}m(t)/\mathrm{d}t = \mathrm{d}E[X(t)]/\mathrm{d}t = E[\dot{X}(t)] \tag{3.3.7}$$

即取期望与均方微商的次序可以交换;其自相关函数 $r(t,\tau)$及以下微商存在

$$E[\dot{X}(t)\cdot X(\tau)] = \partial r(t,\tau)/\partial t$$

$$E[X(t)\cdot \dot{X}(\tau)] = \partial r(t,\tau)/\partial \tau$$

$$E[\dot{X}(t)\cdot \dot{X}(\tau)] = \partial^2 r(t,\tau)/\partial t\partial\tau$$

$$对\ t,\tau \in (t_0, t_f) \tag{3.3.8}$$

只要注意到自相关函数与协方差函数有关系

$$r(t,\tau) = v(t,\tau) + m(t)m(\tau)$$

则它们的微商相互之间的关系是显然的.

以上的讨论并未假定过程的平稳性.对于宽平稳过程,有

$$v(t,\tau) = v(t-\tau) = v(\eta), \quad \eta = t - \tau$$

$$\partial^2 v(t,\tau)/\partial t\partial\tau = \partial^2 v(t-\tau)/\partial t\partial\tau = -\mathrm{d}^2 v(\eta)/\mathrm{d}\eta^2 \tag{3.3.9}$$

宽平稳过程的微商也是宽平稳过程.应用中的很多情况是宽平稳过程.

3.3.2 随机均方积分

这里按黎曼积分同样的途径来定义积分

$$I = \int_a^b X(t)\mathrm{d}t \tag{3.3.10}$$

I 当然也是随机变量.可以证明,一个正规随机过程 $X(t)$,其自相关函数为 $r(t,\tau)$在区间(t_0,t_f)是黎曼可积的;当且仅当以下双重积分存在:

$$\int_{t_0}^{t_f}\int_{t_0}^{t_f} r(t,\tau)\mathrm{d}t\mathrm{d}\tau = E\left[\int_{t_0}^{t_f} X(t)\mathrm{d}t\int_{t_0}^{t_f} X(\tau)\mathrm{d}\tau\right] = E[I_t I_\tau]$$

证明略.同样积分与取均值也可以交换次序,即

$$E\int_{t_0}^{t_f} X(t)\mathrm{d}t = \int_{t_0}^{t_f} EX(t)\mathrm{d}t = \int_{t_0}^{t_f} m(t)\mathrm{d}t$$

通常的一些操作皆依然成立,如

$$\int_{t_0}^{t_f}[aX_1(t) + bX_2(t)]\mathrm{d}t = a\int_{t_0}^{t_f}[X_1(t)]\mathrm{d}t + b\int_{t_0}^{t_f}[X_2(t)]\mathrm{d}t$$

若

$$Y(t) = \int_a^t X(s)\mathrm{d}s \quad 则 \quad \dot{Y}(t) = X(t) \tag{3.3.11}$$

但即使 $X(t)$是平稳随机过程,$Y(t)$也不再保证为平稳了.

若随机过程 $X(t)$ 均方可积，而确定性函数 $f(t,s)$ 连续可微，则

$$Y(t) = \int_a^t f(t,s)X(s)\mathrm{d}s$$

有均方微商

$$\dot{Y}(t) = \int_a^t (\partial f(t,s)/\partial t)\cdot X(s)\mathrm{d}s + f(t,t)X(t) \tag{3.3.12}$$

这又与通常的卷积微商一样. 另外，还有分部积分公式成立

$$\int_a^t f(t,s)\dot{X}(s)\mathrm{d}s = [f(t,s)X(s)]_a^t - \int_a^t [\partial f(t,s)/\partial s]X(s)\mathrm{d}s \tag{3.3.13}$$

以上的阐述都是对于一个随机过程 $X(t)$ 的. 以后用到的则大多是向量随机过程. 然而，只要各分量过程皆为正规且均方连续，则向量过程即为均方连续. 可微与可积也是如此.

3.4 高斯正态随机过程

高斯分布是平方可积的，因此高斯分布的随机过程是正规随机过程. 在力学与控制理论中高斯随机过程是经常用到的. 前文就单个变量随机过程推导的公式，可以推广到 n 维向量随机过程 $\boldsymbol{X}(t)$. 现取用 m 个时间点 $t_1,\cdots,t_m$，则 m 个 n 维随机向量 $\boldsymbol{X}(t_1),\cdots,\boldsymbol{X}(t_m)$ 的联合概率分布为高斯分布时就称为高斯向量随机过程. 用联合特征函数来表达，则

$$\boldsymbol{\phi}_{\boldsymbol{X}}(\boldsymbol{s}_1,\cdots,\boldsymbol{s}_m) = \exp\left[\mathrm{i}\sum_{j=1}^m \boldsymbol{m}_j^{\mathrm{T}}\boldsymbol{s}_j - \sum_{i=1}^m\sum_{j=1}^m \boldsymbol{s}_i^{\mathrm{T}}\boldsymbol{P}_{ij}\boldsymbol{s}_j/2\right]$$

$$\boldsymbol{m}_j = E[\boldsymbol{X}(t_j)] \tag{3.4.1}$$

其中 $\boldsymbol{s}_1,\boldsymbol{s}_2,\cdots,\boldsymbol{s}_m$ 是 m 个 n 维向量，而

$$\boldsymbol{P}_{ij} = E[(\boldsymbol{X}(t_i)-\boldsymbol{m}_i)(\boldsymbol{X}(t_j)-\boldsymbol{m}_j)^{\mathrm{T}}] \tag{3.4.2}$$

由此可见，高斯分布完全由 m 个 n 维均值向量 $\boldsymbol{m}_i$，以及 m^2 个

$n\times n$的协方差矩阵 $\boldsymbol{P}_{ij}(i,j=1,\cdots,m)$所决定. 因此只要对任意两个时间, $t,t+\tau$, 将其**自相关矩阵函数**

$$\begin{aligned}\boldsymbol{R}(t,t+\tau)&=E[\boldsymbol{X}(t)\boldsymbol{X}^{\mathrm{T}}(t+\tau)]\\&=\boldsymbol{m}(t)\boldsymbol{m}^{\mathrm{T}}(t+\tau)+\boldsymbol{P}(t,t+\tau)\end{aligned}\tag{3.4.3}$$

求出, 则高斯分布便确定了. $\boldsymbol{P}(t,t+\tau)$就是协方差矩阵.

平稳过程的自相关函数只与时间差 τ 有关, $\boldsymbol{R}(t,t+\tau)=\boldsymbol{R}(\tau)$, 协方差矩阵函数亦然. 显然, 平稳过程有

$$\boldsymbol{R}(\tau)=\boldsymbol{R}^{\mathrm{T}}(-\tau)\tag{3.4.4}$$

高斯过程在线性运算之下仍保持为高斯正态分布. 例如经过均方微商、均方积分等依然保持为高斯过程. 这是很重要的优点. 还有中心极限定理, 使其他分布也趋向于高斯分布. 因此在力学与控制理论中得到广泛应用, 这本书中用到的基本都是高斯过程.

以上的公式是对于实随机过程推导的. 对于复随机过程其相应的公式为

$$\begin{aligned}\boldsymbol{R}(t,t+\tau)&=E[\bar{\boldsymbol{X}}(t)\boldsymbol{X}^{\mathrm{T}}(t+\tau)]\\&=\bar{\boldsymbol{m}}(t)\boldsymbol{m}^{\mathrm{T}}(t+\tau)+\boldsymbol{P}(t,t+\tau)\end{aligned}\tag{3.4.3$'$}$$

$$\boldsymbol{R}(\tau)=\bar{\boldsymbol{R}}^{\mathrm{T}}(-\tau)\tag{3.4.4$'$}$$

上面一横表示取复数共轭.

3.5 马尔可夫随机过程

马尔可夫过程在微分方程中很重要. 如果有任意 m 个时间点 $t_1<t_2<\cdots<t_m$, 在这些时间点上共有 m 个 n 维向量 $\boldsymbol{X}_1,\boldsymbol{X}_2,\cdots,\boldsymbol{X}_m$. 当前面 $\boldsymbol{X}_1,\boldsymbol{X}_2,\cdots,\boldsymbol{X}_{m-1}$的值 $\boldsymbol{x}_1,\boldsymbol{x}_2,\cdots,\boldsymbol{x}_{m-1}$给定以后, $\boldsymbol{X}_m$ 对于这些条件下的条件概率分布函数具有下式的特点

$$\begin{aligned}&\Pr(\boldsymbol{X}_m\leqslant\boldsymbol{x}_m\mid\boldsymbol{X}_{m-1}=\boldsymbol{x}_{m-1},\cdots,\boldsymbol{X}_1=\boldsymbol{x}_1)\\&\quad=\Pr(\boldsymbol{X}_m\leqslant\boldsymbol{x}_m\mid\boldsymbol{X}_{m-1}=\boldsymbol{x}_{m-1})\end{aligned}\tag{3.5.1}$$

则称该随机过程为马尔可夫过程.其特点是下一步的概率分布只与当前一步的状态有关,而与以往的历史无关,此性质称为马尔可夫性质.用条件概率密度函数表示时,有

$$f(\boldsymbol{x}_m \mid \boldsymbol{x}_{m-1}, \boldsymbol{x}_{m-2}, \cdots, \boldsymbol{x}_1) = f(\boldsymbol{x}_m \mid \boldsymbol{x}_{m-1}) \tag{3.5.2}$$

上式只是一步的条件概率密度分布.可以逐步推导出

$$\begin{aligned} & f(\boldsymbol{x}_m, \boldsymbol{x}_{m-1}, \cdots, \boldsymbol{x}_1) \\ & \quad = f(\boldsymbol{x}_m \mid \boldsymbol{x}_{m-1}) f(\boldsymbol{x}_{m-1} \mid \boldsymbol{x}_{m-2}) \cdots f(\boldsymbol{x}_2 \mid \boldsymbol{x}_1) f(\boldsymbol{x}_1) \end{aligned} \tag{3.5.3}$$

这表明,如果初始概率密度函数 $f(\boldsymbol{x}_0)$为已知,再给出传递概率密度函数 $f(\boldsymbol{x}_k \mid \boldsymbol{x}_{k-1})$,则过程的分布特性可被完全表征.

马尔可夫过程可以是任意概率分布的,如果分布函数是高斯的,则称为**高斯-马尔可夫过程**.这是通常用到最多的,本书大量用到高斯-马尔可夫过程.

3.6 平稳随机过程的谱密度

相关函数描述的是平稳随机过程的时域特性,即随时间变化的特性.在振动理论以及系统分析等领域中线性系统是基本的,对线性系统,频域方法是常用的.频域法描述系统的响应随频率变化的规律.谱密度将描述平稳随机过程随频率变化的特性,即频域特性.输入外载与系统响应都将表示为频率的函数.因此,谱密度在平稳过程的描述与响应分析中与相关函数一样起着关键作用.

最常用的谱分解是对于自相关函数与功率谱密度函数的变换,注意这两个函数都是确定性的.另一方面,则是直接对随机过程本身的谱分解.以下分别讲述之.

3.6.1 维纳-辛钦关系

频域法当然与傅里叶变换密切相关.一个在$(-\infty,\infty)$上绝对可积的非周期函数方可表示为傅里叶积分.然而平稳随机过程的样本函数一般未必能满足绝对可积的要求.文献[53]给出了3种

谱密度的定义,并证明了其等价性.最通常的谱密度表示是维纳-辛钦关系,是他们分别提出了以下变换式.

$$\boldsymbol{R}_X(\tau)=\int_{-\infty}^{\infty}\boldsymbol{S}_X(\omega)\exp(\mathrm{i}\omega\tau)\mathrm{d}\omega \tag{3.6.1}$$

$$\boldsymbol{S}_X(\omega)=\int_{-\infty}^{\infty}\boldsymbol{R}_X(\tau)\exp(-\mathrm{i}\omega\tau)\mathrm{d}\tau/2\pi \tag{3.6.2}$$

就称为**维纳-辛钦(Wiener-Khintchin)关系**.显然 $\boldsymbol{R}_X(\tau)$与 $\boldsymbol{S}_X(\omega)$互为傅里叶变换与逆变换.自相关函数代表的是时域的幅度统计信息,而**谱密度$\boldsymbol{S}_X(\omega)$**表示的是该过程在频域内对于幅度的统计信息,$\boldsymbol{S}_X(\omega)$也称**功率谱密度矩阵**.根据(3.4.4)式可知,$\boldsymbol{S}_X(\omega)$是厄米阵.它并且也是正定的.

$\boldsymbol{S}_X(\omega)$与 $\boldsymbol{R}_X(\tau)$是同一套信息的不同表达形式.当采用时域法分析时,多半愿意采用自相关函数;如果采用频域法分析,则频谱密度函数当然会受欢迎.在工程实际量测中,仪器反映出来的往往是其频域信息. 1965 年发现了**快速傅里叶变换算法**(Cooley&Tukey),称为 FFT 算法,两者的变换高速方便,推动了整个通讯与仪器行业的发展,于此可见高效算法的巨大推动作用.

3.6.2 平稳随机过程 $\boldsymbol{X}(t)$的谱分解

以上变换的是相关函数 $\boldsymbol{R}_X(\tau)$.但还有对平稳随机过程 $\boldsymbol{X}(t)$本身的谱分解.维纳发展了一种广义谱和分析理论,任一确定性的振荡型时间函数 $\boldsymbol{x}(t)$在$(-\infty,\infty)$可表示为如下的傅里叶-斯蒂尔吉斯(Fourier-Stierjes)积分

$$\boldsymbol{x}(t)=\int_{-\infty}^{\infty}\exp(\mathrm{i}\omega t)\mathrm{d}\boldsymbol{z}(\omega) \tag{3.6.3}$$

其中 $\boldsymbol{z}(\omega)$是被 $\boldsymbol{x}(t)$惟一地确定的复函数.当 $\boldsymbol{x}(t)$随 $t\to\infty$足够快地衰减时,$\boldsymbol{z}(\omega)$对所有 ω 可微,从而上式可化为傅里叶积分.当 $\boldsymbol{x}(t)$是不衰减又非周期函数时,$\boldsymbol{z}(\omega)$不可微,且$|\mathrm{d}\boldsymbol{z}(\omega)|=O(\sqrt{\mathrm{d}\omega})$,这说明$|\mathrm{d}\boldsymbol{z}(\omega)|$比 $\mathrm{d}\omega$ 大得多,因此不可微而只能表达为斯蒂尔吉斯积分.因为在$(-\infty,\infty)$,非衰减信号的能量比衰减

信号大得多.

如果 $\boldsymbol{x}(t)$是实过程,则 $\mathrm{d}\boldsymbol{z}(\omega)=\mathrm{d}\bar{\boldsymbol{z}}(-\omega)$.

将以上结果用于随机过程.对于一个均方连续的零均值的平稳随机过程 $\boldsymbol{X}(t)$,有

$$\boldsymbol{X}(t)=\int_{-\infty}^{\infty}\exp(\mathrm{i}\omega t)\mathrm{d}\boldsymbol{Z}_X(\omega) \tag{3.6.4}$$

式中$\{\boldsymbol{Z}_X(\omega),-\infty<\omega<\infty\}$是一个由 $\boldsymbol{X}(t)$惟一确定的左连续的复随机过程,它具有正交增量,即对 $\omega_1<\omega_2\leqslant\omega_3<\omega_4$,有

$$E[(\bar{\boldsymbol{Z}}_X(\omega_2)-\bar{\boldsymbol{Z}}_X(\omega_1))(\boldsymbol{Z}_X(\omega_4)-\boldsymbol{Z}_X(\omega_3))^{\mathrm{T}}]=\boldsymbol{0}$$

用微分表示

$$E[\mathrm{d}\bar{\boldsymbol{Z}}_X(\omega)\mathrm{d}\boldsymbol{Z}_X^{\mathrm{T}}(\omega_2)]=\boldsymbol{S}_X(\omega)\delta(\omega_2-\omega)\mathrm{d}\omega\mathrm{d}\omega_2 \tag{3.6.5}$$

其中上面一横表示取复数共轭,而 $\boldsymbol{S}_X(\omega)$就是平稳随机过程$\boldsymbol{X}(t)$的谱密度.验证如下:

$$\begin{aligned}\boldsymbol{R}(\tau)&=E[\bar{\boldsymbol{X}}(t)\boldsymbol{X}^{\mathrm{T}}(t+\tau)]\\&=\int_{-\infty}^{\infty}\int_{-\infty}^{\infty}\exp[-\mathrm{i}\omega t+\mathrm{i}\omega_2(t+\tau)]E[\mathrm{d}\bar{\boldsymbol{Z}}_X(\omega)\mathrm{d}\boldsymbol{Z}_X^{\mathrm{T}}(\omega_2)]\\&=\int_{-\infty}^{\infty}\exp(\mathrm{i}\omega\tau)\boldsymbol{S}(\omega)\mathrm{d}\omega\end{aligned}$$

正是维纳-辛钦关系.验毕.谱密度与谱分解(3.6.4),就通过(3.6.5)式联系起来了.

3.6.3 白噪声过程

在随机过程理论中,平稳随机过程常根据其谱密度的特性来分类,其中最通常的是**白噪声**.白噪声是均值为零、谱密度为非零常数 $\boldsymbol{S}_0$ 的平稳随机过程.这是随机振动、系统分析、控制理论等课题之中经常采用的一类随机干扰的模型.真实系统中并无真正的白噪声,它只是一种人为的抽象,是为了数学上的方便.当然它又是一种很好的近似,所以在随机系统分析中特别有用.

先从离散时间序列讲起.如果随机序列 $\boldsymbol{X}(k)$, $k=0,1,2\cdots$,

的均值为零向量

$$\boldsymbol{m}_k = E[\boldsymbol{X}(k)] = \boldsymbol{0} \tag{3.6.6}$$

并且不同时间的协方差(自相关)矩阵为零

$$\boldsymbol{P}_{kj} = E[\boldsymbol{X}(k)\boldsymbol{X}^{\mathrm{T}}(j)] = \boldsymbol{Q}(k)\delta_{jk}$$
$$\delta_{jk} = \begin{cases} 1, k = j \\ 0, k \neq j \end{cases} \tag{3.6.7}$$

其中 $\boldsymbol{Q}(k)$为非负矩阵.这样的 $\boldsymbol{X}(k)$, $k=0,1,2\cdots$是白噪声序列,$\boldsymbol{Q}(k)$或 $\boldsymbol{Q}_k$ 乃白噪声强度的表征.$\boldsymbol{Q}(k)$也可以与时间步的 k 有关,但这就不是平稳白噪声随机过程了,平稳过程要求 $\boldsymbol{Q}(k)$阵与 k 无关.由于(3.6.6)式,因此这是零均值的白噪声.有时 $\boldsymbol{m}_k$ 不为零时也称为白噪声,有漂移的白噪声.有漂移的白噪声是**协方差平稳过程**.

连续时间的白噪声 $\boldsymbol{X}(t)$可以类似地定义,均值为零

$$\boldsymbol{m}(t) = E[\boldsymbol{X}(t)] = \boldsymbol{0} \tag{3.6.8}$$

而自相关函数(矩阵),或协方差为

$$\boldsymbol{R}(t,\tau) = E[\boldsymbol{X}(t)\boldsymbol{X}^{\mathrm{T}}(\tau)] = \boldsymbol{Q}(t)\delta(t-\tau) \tag{3.6.9}$$

其中 $\boldsymbol{Q}(t)$是与白噪声强度有关的矩阵,对称非负.$\boldsymbol{Q}(t)$的表示意味着白噪声强度与时间有关,这不是平稳随机过程的白噪声,平稳随机过程要求 $\boldsymbol{Q}(t)$与时间无关,是常值.由上式看到,即使是非常小的时间差,白噪声也是互不相关,这表明其惯性为零.因此其时程曲线是毫无规律地乱跳一气(见图 3.2)其实即使这种过程仍不真是白噪声.真实的白噪声是不存在的.

应当将相关函数(3.6.9)与谱密度表示联系起来.将(3.6.9)式代入(3.6.2)式,认为 $\boldsymbol{Q}(t)$为常值,于是得

$$\boldsymbol{S}(\omega) = \boldsymbol{Q}/2\pi = \boldsymbol{S}_0 \tag{3.6.10}$$

也是取常值.这表示白噪声的功率谱密度函数为常值,其能量均匀地分布于全部频率.这表明其能量为无穷大,这实际是不可能的.频率很高很高的地方,由于惯性的缘故,功率谱密度不可能保持为常值.但白噪声只是一种合理的抽象,它代表带很宽很宽的谱密度函数.与此相应,(3.6.9)式中也不真正是 δ 函数.例如对于限带

白噪声

$$S(\omega)=\begin{cases}S_0, & \omega_1\leqslant\omega\leqslant\omega_2\\ 0, & \text{其余 }\omega\end{cases} \tag{3.6.11}$$

$$R(\tau)=2S_0(\sin\omega_2\tau-\sin\omega_1\tau)/\tau \tag{3.6.12}$$

理想白噪声是 $\omega_1=0,\omega_2\to\infty$ 的极限.

上述白噪声定义中只涉及了相关函数,因此并不确定对哪一种概率分布.通常应用中都认为其概率分布是高斯的.

凡不是白噪声,便是有色噪声.为了数学处理方便起见,可引入有理谱密度的噪声类,其谱密度可表示为

$$S(\omega)=S_0\times\frac{\omega^{2n}+a_1\omega^{2n-2}+\cdots+a_n}{\omega^{2m}+b_1\omega^{2m-2}+\cdots+b_m} \tag{3.6.13}$$

这种噪声可以由一个**平稳白噪声作用在一个线性动力系统上**,系统产生的输出便具有这样的功率谱.实际噪声往往用此类由白噪声驱动而得的噪声来逼近.

3.6.4 维纳过程

维纳过程与泊松过程也是最常见的两种随机过程.对其讲述应当先从独立增量过程开始.一个连续时间随机过程 $X(t),0<t<\infty$,如果对于 $t_0<t_1<\cdots<t_n$,其各个时间区段的增量 $X(t_1)-X(t_0),\cdots,X(t_n)-X(t_{n-1})$,为独立无关的随机变量,则该过程 $X(t)$ 称为独立增量过程.即 $E[(X(t_{i+1})-X(t_i))\cdot(X(t_{j+1})-X(t_j))]=0$,当 $i\neq j$ 时.

如果对于任意的 t_2,t_1,h,其增量 $X(t_2+h)-X(t_1+h)$ 具有与 $X(t_2)-X(t_1)$ 相同的概率分布,则该过程 $X(t)$ 称为平稳独立增量过程,当然也是马尔可夫过程.如果这些增量都是零均值的,即对任意步 i,皆有 $E[X(t_{i+1})-X(t_i)]=0$,则 $X(t)$ 称为正交增量过程.其分布函数有

$$\begin{aligned}&f(x_m,x_{m-1},\cdots,x_1)\\&\quad=f(x_m\mid x_{m-1})f(x_{m-1}\mid x_{m-2})\cdots f(x_2\mid x_1)f(x_1)\end{aligned}$$

维纳过程是最基本的随机过程之一.维纳过程提供了描述布

朗运动以及电子线路热噪声等的数学模型.1827 年,布朗观察到花粉在水中有不规则的运动,称为布朗运动.对布朗运动现象的解释是统计力学的成功事例之一.1905 年爱因斯坦指出,布朗运动可以解释为粒子不断地受到周围介质分子的撞击所致.令 $X(t)$ 代表布朗运动粒子在时间 t 的位移,初始位移 $X(0)=0$.粒子运动是许多次分子碰撞的后果,按中心极限定理,可以认为每一步位移 $X(t_2)-X(t_1)$的概率分布皆为正态的,均值为零,当然是独立增量过程,并且也是平稳的.这类运动便是维纳过程,其定义为:

(1)$X(t)$是平稳独立增量过程;

(2)$X(t)$是正态分布的;

(3)均值为零 $E[X(t)]=0$,当然其增量也是均值为零;

(4)初始位移 $X(0)=0$.

具备以上条件的随机过程便是**维纳过程**.

虽然其增量过程是平稳的,但维纳过程本身却不是平稳随机过程.

考察任意位移增量 $X(t_2)-X(t_1)$,它当然是正态的,因此其分布可由均值与方差确定.容易验证 $E[X(t_2)-X(t_1)]=0$.至于方差,可选择等步长区段 $t_k=k\eta$,其中 η 为时间区段长.于是概率分布函数有

$$f_{X(t_k),X(t_1)}(x_k,x_1)=f_{X(t_k)|X(t_1)}(x_k\mid x_1)\cdot f_{X(t_1)}(x_1)$$

记 $f_{X(t_1)}(x_1)=f_\eta(x_1)$.选择 $k=2$,由于性质 1 有

$$f_{X(t_2)|X(t_1)}(x_2\mid x_1)=f_{X(t_2)-X(t_1)}(x_2-x_1)=f_\eta(x_2-x_1)$$

因为

$$\begin{aligned}f_{X(t_2)}(x_2)=f_{2\eta}(x_2)&=\int_{-\infty}^{\infty}f_{X(t_2),X(t_1)}(x_2,x_1)\mathrm{d}x_1\\&=\int_{-\infty}^{\infty}f_\eta(x_2-x_1)\cdot f_\eta(x_1)\mathrm{d}x_1\end{aligned}\tag{3.6.14}$$

考虑到概率分布函数是正态的,并且均值为零,故

$$f_\eta(x)=[1/\sqrt{2}\pi\sigma(\eta)]\exp[-x^2/2\sigma^2(\eta)]$$

现在要确定函数 $\sigma^2(\eta)$. 由于性质 4,故知 $\sigma^2(0)=0$. 将上式代入(3.6.14)式并完成对 x_1 的积分,有

$$f_{2\eta}(x) = \frac{1}{\sqrt{2\pi}[\sigma(2\eta)]}\exp\left[-\frac{x^2}{2\sigma^2(2\eta)}\right]$$
$$= \frac{1}{\sqrt{2\pi}[\sqrt{2}\sigma(\eta)]}\exp\left[-\frac{x^2}{4\sigma^2(\eta)}\right]$$

可知有 $\sigma^2(2\eta)=2\sigma^2(\eta)$. 进一步还可以得出 $\sigma^2(k\eta)=k\sigma^2(\eta)$,其中 k 是任意正整数. 根据 η 是可任意选择的参数,可导出

$$\sigma^2(t_2-t_1) = s^2\cdot(t_2-t_1) \tag{3.6.15}$$

其中 s^2 为常数,其物理意义是质点单位时间的均方位移,当然这是对于布朗运动而言的. 对于不同的课题应当有不同的解释. 维纳过程是一种扩散过程,s^2 是正比于扩散常数的. 维纳过程 $X(t)$ 在 $t=0$ 时是确定为零的. 从概率的角度看,其均值为零而其方差也是零. (3.6.15)式与此相符. 对任意时刻 t,均值为零由条件(3)规定,其均方偏离则为 $s\sqrt{t}$.

将时间表达为离散的一系列时刻 $t_k=k\eta$ 后,维纳过程的增量 $X(t_k)-X(t_{k-1})=\Delta X_k$ 也是随机过程. ΔX_k 是均值为零的正态分布,又由于增量独立,故 $E[\Delta X_i\cdot\Delta X_j]=0$. 从(3.6.15)式看到,有

$$E[\Delta X_i\cdot\Delta X_j] = \delta_{ij}\cdot s^2\eta$$

因此 $\Delta X_k, k=1,2,\cdots$ 是白噪声过程. 因此说,**维纳过程是白噪声过程的积分**.

第四章 结构的随机振动

大量作用于结构的外荷载不仅随时间变化,而且具有明显的随机性.即在同样的环境条件下,各次量测得到的动荷载的时程曲线都不相同.事实上,每一条时程曲线相当于随机过程的一条样本曲线.分析结构在随机环境条件下的响应就自然地成为受到多方关注的课题.

随机振动当然要研究结构在给定的随机激励作用下的响应,但对于外界作用的随机激励的描述却是不可缺少的.对于不同结构不同环境,其随机激励也各不相同.例如路面粗糙度引发的车辆振动;海洋波浪对于船舶或海洋平台的作用力;风荷载对于桥梁、高耸结构的相互作用;大气湍流对于飞行器的作用;燃烧喷射湍流引发的随机激励等等,都各有其特点.因此首先要建立随机激励的数学模型.它们显然应当用随机过程来描述,通常可分为平稳与非平稳两大类.由于随机激励通常受多种不确定因素的影响,因此通常假设它具有正态分布的特点.正态分布过程通过一个线性系统后,其输出依然具有正态分布的性质,这是很优良的性质.由概率论知,大量无关的随机变量之和,给出的结果具有近乎正态分布的特性.如无特别声明,后文讨论的随机过程,认为都是正态分布的.正态分布的广义平稳随机过程就是平稳随机过程.

给出了外力激励,就要分析结构的动力响应了.这是结构力学的重要任务之一.有如在确定性荷载作用之下,结构的变形、强度、振动、稳定等课题的分析,随机振动的分析也应当区分为,线性随机振动分析,以及非线性随机振动分析两方面.这主要是由于数学理论方面的因素,如所熟知,线性体系的数学理论比较成熟;但非线性系统在理论上分析上都还有很多困难.这一章主要讲述线性系统的随机振动理论与计算方法.

线性随机振动理论的基本构架已经建立.国内外已有不少著作讲述了随机振动的理论,尤其是线性随机振动的理论,请见文献[53,54,57~59].粗略一看,似乎没有多少问题可以继续探讨了.然而,已经建立起来的理论成果,在许多重要工程领域并未得到充分应用.究其原因,可以看出是现有的理论方法的**计算复杂性**,使得工程师望而生畏,成为线性随机振动理论通向工程应用的**瓶颈**.例如,地震工程界普遍认为,按随机振动理论进行大跨度结构抗震分析是比较合理的,其分析理论也早已建立.但经多年探索,却解决不了这个计算上的困难.例如美国加州大学伯克利分校工学院院长 Kiureghian 著文说[60]:“虽然随机振动方法以其统计的特性而很吸引人,但是它还不能成为执业工程师的分析方法.”普林斯顿大学土木系的 Vanmarke 也认为[61]:“虽然在随机激励场中随机响应分析方法的理论框架已经建立,但是将其应用于地震工程界还是不现实的,除非是对于只有少量支承和少量自由度的简单结构”.为了绕过计算复杂性的困难,他们都采用了近似方法——反应谱方法.即使如此,他们给出的近似计算过程仍然相当复杂,计算量也很大.为此,他们在美国 ASCE 的学报上就计算效率,误差等问题展开了辩论[62].

常用随机振动分析一般采用傅里叶频域分析法.给定随机激励的频谱,要分析出结构响应的频谱.当然也可以采用时域法进行分析,见文献[53,57].时域分析往往引向李雅普诺夫微分方程,对此可以用**精细积分法**予以高度精确地求解.多维随机微分方程,如奥恩斯坦-乌伦贝克过程[56,63],也往往导向李雅普诺夫方程求解.第六章将详细地介绍李雅普诺夫方程的求解.由于随机激励通常由其频谱提供,对此采用频域分析是自然的.

随机振动的应用涉及多种学科,其中抗地震结构的响应分析显然是主要领域之一.本书将对结构的随机响应作一个简述,重点是介绍由林家浩教授提出的随机振动高效算法——**虚拟激励法**[64~69].虚拟激励法可用于复杂结构的随机振动响应分析,其计算效率比常规的随机振动计算方法提高了 2~4 个数量级,已经形成了**整套的算法体系**,既可用于平稳随机响应又可用于非平稳随机响应的分析;可用于多源激励,当然也可用于单源激励;还可处理均匀调制或非均匀调制的演变型随机激励的响应分析.按虚拟激励法的计算可直接得到CQC(complete quadratic combination)即完全二次组合的结果.CQC的表示考虑了各个参振振型互相之间的相干性,是统计分析的精确解.**虚拟激励法适用于大规模大跨度结构的分析**,当然这是针对线性结构体系的振动的.

虚拟激励法是又一个例子,表明虽然理论框架已经建立,但如果计算方法过于复杂,在应用上还是很难推动的;这对于理论的进一步发展也是严重障碍.理论应与算法同步推进,只有在此条件下,方能健康地发展.

随机振动当然也要考虑非线性系统的响应.但即使是确定性的结构非线性振动分析,也比线性振动的分析要困难得多.其根本原因是对于非线性系统叠加原理不再适用.对于随机振动来说,即使其输入是正态分布的随机激励,结构的响应也未必是正态分布的.这样就不能由响应的二阶统计量来直接得到响应的概率分布.

当前虽然已有多种结构非线性随机响应的分析方法,但还没有一个方法是令人满意的,尤其是对多自由度非线性系统.只要想到确定性非线性系统的分析也有很大困难,就可理解非线性随机振动的难处.理论上,通常要求解FPK(Fokker-Planck-Kolmogolov)方程,或者求解随机常微分方程组,伊藤(Ito)微积分等.对于多个未知数的课题,求解很困难.本书不打算讲述此问题,有兴趣的读者请见文献[53,56,63]等.

4.1 随机激励的模型

设随机激励作用下的振动方程为

$$\boldsymbol{M}\ddot{\boldsymbol{x}} + \boldsymbol{C}\dot{\boldsymbol{x}} + \boldsymbol{K}\boldsymbol{x} = \boldsymbol{g}(t) \tag{4.1.1}$$

其中$\boldsymbol{x}(t)$是n维待求位移向量,$\boldsymbol{g}(t)$是n维外力随机激励向量;$\boldsymbol{M},\boldsymbol{C},\boldsymbol{K}$分别是$n\times n$时不变对称给定质量、阻尼以及刚度矩阵.

$\boldsymbol{M},\boldsymbol{C}$ 为非负矩阵. 由于激励 $\boldsymbol{g}(t)$的随机性,其引起的响应 $\boldsymbol{x}(t)$ 也是随机向量. 随机性是由系统的激励引起的,因此应当先将随机激励作一探讨. 随机激励应当区分为平稳与非平稳两大类. 在这两类中又分别各有几种不同的随机激励模型. 以下分别就平稳与非平稳两类随机激励进行介绍.

4.1.1 平稳随机激励

将外力激励 $\boldsymbol{g}(t)$看成为平稳随机过程. 平稳随机过程的均值是常量,而其相关函数只依赖于时间差,即

$$E[\boldsymbol{g}(t)] = \boldsymbol{m}_g, \quad \boldsymbol{R}_g(t_1,t_2) = \boldsymbol{R}_g(\tau), \quad \tau = t_2 - t_1 \tag{4.1.2}$$

其中 $\boldsymbol{m}_g$ 是 n 维向量,而 $\boldsymbol{R}_g$ 是 $n \times n$ 的协方差矩阵. 在应用中,经常只是假定外力激励 $\boldsymbol{g}(t)$ 为协方差平稳随机过程,即其均值 $\boldsymbol{m}_g(t)$也可以是时间 t 的函数。如果有 $\boldsymbol{m}_g = \boldsymbol{0}$,则 $\boldsymbol{g}(t)$为零均值平稳随机过程,这种情况是用得最多的. 因为均值 $\boldsymbol{m}_g(t)$是确定性的函数,运用叠加原理,确定性外力对系统的作用可另外计算,只剩下 $\boldsymbol{g}(t)$的零均值平稳随机过程. 此时,自相关矩阵函数就是协方差矩阵函数. 协方差函数与其功率谱密度函数 $\boldsymbol{S}_g(\omega)$之间有维纳-辛钦关系

$$\boldsymbol{R}_g(\tau) = \int_{-\infty}^{\infty} \boldsymbol{S}_g(\omega)\exp(\mathrm{i}\omega\tau)\mathrm{d}\omega \tag{4.1.3}$$

$$\boldsymbol{S}_g(\omega) = \int_{-\infty}^{\infty} \boldsymbol{R}_g(\tau)\exp(-\mathrm{i}\omega\tau)\mathrm{d}\tau/2\pi \tag{4.1.4}$$

它们相互之间是傅里叶变换对.

通常的随机激励是由大量不可预见因素综合而成的. 因此常常假定其概率分布是正态的. 这样,根据均值与相关函数或功率谱密度,就能完全确定该随机激励模型的统计特征. 不同的平稳随机激励可以反映在其协方差函数或功率谱函数的不同上.

上一段所说的是激励对于时间变化的性质,就好像对于单自由度激励那样. 多自由度激励还要考虑其不同激励自由度之间的

关系，所谓空间相关性，或者称为多点激励．对此，还应考虑以下情况，即 1)单源同相位的激励，这是最简单的平稳随机激励；2)单源多点异相位的激励；以及 3)多源多点异相位，即任意平稳随机的激励等．

单源多点激励表示这些多自由度的激励是由某一个单纯因素所产生的．因此这些不同点的激励相互密切关联，在数学上的表现是激励力的功率谱矩阵之秩为 1．单源激励还应区分不同点的相位．同相位表示所有的激励都按同一个相位运动．例如，在普通房屋结构的抗地震分析中经常采用激励同相位的假定．因为房屋的基础尺寸不大，只是地震波长的许多分之一，因此可以假定房屋的基础是同相位运动的而不致引起太大的误差．但是，有些大跨度工程结构的基底尺寸比较大，例如桥梁，管线，水坝等．地震波的速度有限，到达基础各点的时间不同，表现为激励的相位不同，然而激励依然是单源的．此类现象在车辆行驶时经受路面不平整的激励，对于大跨度结构不同支承点受到的地震激励等是常见的．

还有就是任意平稳随机场的激励．当然这是指多点的激励，$\boldsymbol{S}_g(\omega)$的功率谱矩阵是一般的．这表示随机激励是由多种因素联合作用造成的．例如是地震波，虽然是同一个震源，但震源往往不是一个点，而是一个局部开裂的过程；再由于传输时介质的不均匀性，经多次反射、折射的影响，到达各点时已经不是单纯的一种因素了．功率谱矩阵 $\boldsymbol{S}_g(\omega)$的秩设为 r，$r\leqslant n$，并且激励的相位也可以不同．不过 $\boldsymbol{S}_g(\omega)$阵仍为厄米对称，且非负．

这些介绍只是从概念上加以阐述而已，较为具体一些的表述公式则将在讲述结构响应时一并阐述．但 $\boldsymbol{S}_g(\omega)$是外力随机激励的功率谱，是系统的输入．输入函数的形式，大小如何等，还应当根据大量实际的测量或记录，再进一步加以分析推断，方可用于实际．这是一种基础性的工作，例如地震的地面运动，风、海浪激励等，需要长期的积累．以上只是平稳激励谱密度的一些基本分类性质的介绍而已．

4.1.2 非平稳随机激励

结构经受的随机激励一般都是非平稳的.有许多问题简化为平稳随机激励来近似,在工程分析中也可以得到满意的结果.但还是有一些问题,不宜简化为平稳激励问题的.例如结构的阵风响应,飞行器的机动飞行等.非平稳随机激励有许多种数学描述,目前在结构工程中采用最多的是,均匀调制的非平稳随机激励.均匀调制需要有一个**基本的平稳随机激励 $\boldsymbol{g}(t)$ 作为基本模型**,其外力随机激励的功率谱仍为 $\boldsymbol{S}_g(\omega)$.也就是将上文的平稳外力随机激励作为现在非平稳激励的基本模型.在此基础上,乘以一个**确定性**的纯量函数,即**激励调制函数** $f(t)$,即得均匀调制的非平稳随机激励

$$\boldsymbol{G}(t) = f(t)\boldsymbol{g}(t) \tag{4.1.5}$$

调制函数 $f(t)$ 表征了随机激励的非平稳特性,它的意义就是激励的幅度.

这个模型很简单,比较容易处理.对于空间多个点激励的分布也与平稳时一样,有 1)单源多点同相位非平稳激励;2)单源多点不同相位非平稳激励;以及 3)结构受多点任意相干非平稳随机激励.在按平稳随机激励确定了其功率谱之后,就已经表达清楚了.对于该非平稳随机激励的相关函数与谱密度函数,可以借助于平稳随机激励 $\boldsymbol{g}(t)$ 的相关函数 $\boldsymbol{R}_g(\omega)$ 与谱密度函数 $\boldsymbol{S}_g(\omega)$ 而得到,为

$$\boldsymbol{R}_G(t_1,t_2) = f(t_1)f(t_2)\boldsymbol{R}_g(\tau), \quad \tau = t_2 - t_1 \tag{4.1.6}$$

$$\boldsymbol{S}_G(\omega,t) = [f(t)]^2\boldsymbol{S}_g(\omega) \tag{4.1.7}$$

应用中,应根据大量实测记录,首先应合理确定平稳随机激励 $\boldsymbol{g}(t)$ 的统计特性,即先确定其相关函数或谱密度函数;然后再合理地确定表征非平稳特性的确定性函数 $f(t)$.

具体确定函数 $f(t)$,当然还是需要根据大量实际的测量或记录.通常应当查阅有关手册.例如,对于地震的工程抗震结构,就提供了三段曲线的调制函数以供选用.

以上的均匀调制非平稳随机激励模型虽然比较简单，但这个模型的特点是，从激励一开始的谱密度分布，直至发展到最后时间的谱密度分布是不变的．但真实激励的谱密度分布却未必如此．例如地震动激励，在开始时激励有各种频率成分，但随着时间的发展，激励的较高频率会逐渐被阻尼掉，而成为以低频激励成分为主．对此，就应当考虑非均匀调制的**演变型随机激励模型**[70]．取

$$\boldsymbol{G}(t)=\int_{-\infty}^{\infty}A(\omega,t)\exp(\mathrm{i}\omega t)\mathrm{d}\boldsymbol{Z}_G(\omega) \tag{4.1.8}$$

其中 $A(\omega,t)$是确定性的非均匀调制函数．如果设定 $A(\omega,t)=f(t)$，则就会退化到前面均匀调制的情况．这是一种 Stieltjes 积分的表示，在(3.6.4)式中已看见过随机过程的这种谱分解的形式．$\mathrm{d}\boldsymbol{Z}_G(\omega)$是在频域表示的均值为零的复值正交增量过程

$$E[\mathrm{d}\bar{\boldsymbol{Z}}_G(\omega_1)\mathrm{d}\boldsymbol{Z}_G^{\mathrm{T}}(\omega_2)]=\boldsymbol{S}_G(\omega_1)\delta(\omega_2-\omega_1)\mathrm{d}\omega_1\mathrm{d}\omega_2 \tag{4.1.9}$$

其中 $\mathrm{d}\bar{\boldsymbol{Z}}_G$ 表示取其复共轭之意．

演变型调制随机激励模型，有如前面情况一样，同样有 1)单源多点同相位的演变型非平稳激励；2)单源多点不同相位的演变型非平稳激励；以及 3)结构受多点任意相干的演变型非平稳随机激励，等情况．

虚拟激励法解决了所有以上所述各种随机激励的线性响应问题，这在理论上也是重要推进，见评述[71]．

4.2 结构的平稳随机响应

对随机激励作出了表达，就应进行结构的响应分析了．结构的响应 $\boldsymbol{x}(t)$当然也是随机过程．如前文所述，这里只分析结构的线性响应．其控制微分方程为线性

$$\boldsymbol{M}\ddot{\boldsymbol{x}}+\boldsymbol{C}\dot{\boldsymbol{x}}+\boldsymbol{K}\boldsymbol{x}=\boldsymbol{g}(t) \tag{4.1.1}$$

于是叠加原理就可以运用．并且如输入是正态过程，则输出也是正态过程．从而只要将响应输出的均值及协方差(或二次矩)求出，就

可以确定其响应的概率分布.以下先从单自由度线性体系的随机响应讲起.

4.2.1 单自由度线性系统的随机响应分析

单自由度系统的动力方程为

$$\boldsymbol{m}\ddot{\boldsymbol{x}} + \boldsymbol{c}\dot{\boldsymbol{x}} + \boldsymbol{k}\boldsymbol{x} = g(t) \tag{4.2.1}$$

其中 $g(t)$,$x(t)$都是随机过程,因为是单自由度,故只是两个函数而不再是向量.采用新的参数表示,有

$$\begin{gathered}\ddot{x} + 2\zeta\omega_1\dot{x} + \omega_1^2 x = g'(t) \\ x(0) = 0, \quad \dot{x}(0) = 0\end{gathered} \tag{4.2.2}$$

其中 $\omega_1 = \sqrt{k/m}$,$\zeta = c/(2\sqrt{km})$分别为固有频率与阻尼比,$g'(t) = g(t)/m$ 依然为随机过程的外力,均值为 m_g' 而自相关函数为$R_g'(\tau)$.运用杜哈梅尔积分公式,对任一样本外力有

$$x(t) = \int_0^t h(t-s)g'(s)\mathrm{d}s \tag{4.2.3}$$

积分当然应当理解为均方的,式中 $h(t-s)$为确定性的单位脉冲响应函数,见(2.1.15)式

$$h(t) = \left(e^{-\zeta\omega_1 t}/\sqrt{mk(1-\zeta^2)}\right)\sin\left(\sqrt{1-\zeta^2}\,\omega_1 t\right)$$

这个解有初值条件(4.2.2)的影响在内,因此虽然外力是平稳的,但其响应 $\boldsymbol{x}(t)$仍为非平稳随机过程.取其均值为

$$\begin{aligned}m_x(t) &= E[x(t)] = \int_0^t h(t-s)E[g'(s)]\mathrm{d}s \\ &= m_g'\int_0^t h(t-s)\mathrm{d}s \\ &= (m_g'/\omega_1^2)\left\{1 - \mathrm{e}^{-\zeta\omega_1 t}\left[(\zeta\omega_1/\omega_d)\sin\omega_d t + \cos\omega_d t\right]\right\}\end{aligned} \tag{4.2.4}$$

其中 $\omega_d = \omega_1\sqrt{1-\zeta^2}$.当 $t\to\infty$时,由于阻尼因素,其响应将趋于平稳随机过程,其均值为

$$\lim_{t\to\infty} m_x(t) = m_g'/\omega_1^2 \tag{4.2.5}$$

而响应的相关函数,从(4.2.3)式可求得

$$R_x(t_1,t_2)=E[x(t_1),x(t_2)]$$

$$=\int_0^{t_1}\int_0^{t_2}h(t_1-s_1)h(t_2-s_2)R_g'(s_2-s_1)\mathrm{d}s_2\mathrm{d}s_1 \tag{4.2.6}$$

该积分当然需要给出外力激励的相关函数 $R_g'(\tau)$方能求得.

以上分析是在时域中的,对相关函数积分并不很受欢迎.另一种分析方法是频域法.频域法对定常系统平稳随机激励的响应分析很方便,时域分析在 $t\to\infty$时就出现平稳随机响应.若外力激励为 $g'(t)=g_\omega\exp(\mathrm{i}\omega t)$,在不考虑初始条件时其响应为 $x(t)=A(\omega)\exp(\mathrm{i}\omega t)$.代入(4.2.2)式,有$[\omega_1^2+2\zeta\omega_1\omega\mathrm{i}-\omega^2]A\exp(\mathrm{i}\omega t)=g_\omega\exp(\mathrm{i}\omega t)$. 解出 $A(\omega)$,有

$$\begin{aligned} x(t) &= H(\omega)g_\omega\exp(\mathrm{i}\omega t) \\ H(\omega) &= 1/[\omega_1^2+2\zeta\omega_1\omega\mathrm{i}-\omega^2] \end{aligned} \tag{4.2.7}$$

函数 $H(\omega)$称为体系的频率响应(频响)函数,或传递函数.这是单色随机激励的响应,频率为 ω.现在将 $H(\omega)$与脉冲响应函数 $h(t)$联系起来.$h(t)$是有初值的影响在内的,但只要时间作用很长,则初值影响将趋于消失而成为平稳的响应.这一点也可以用脉冲响应函数的杜哈梅尔积分来表示

$$\int_0^t h(t-s)\exp(\mathrm{i}\omega s)\mathrm{d}s=\exp(\mathrm{i}\omega t)\int_0^t h(\theta)\exp(-\mathrm{i}\omega\theta)\mathrm{d}\theta$$

当 $t\to\infty$时,这就相当于初值影响消退的(4.2.7)式,同时还有 $g_\omega=1$ 的响应,故有

$$H(\omega)=\int_0^\infty h(\theta)\exp(\mathrm{i}\omega\theta)\mathrm{d}\theta \tag{4.2.8}$$

这表示体系的频响(传递)函数 $H(\omega)$就是脉响函数 $h(t)$的傅里叶变换.频响函数是可以积分出来的

$$H(\omega,t)=\int_0^t h(\theta)\mathrm{e}^{\mathrm{i}\omega\theta}\mathrm{d}\theta=H(\omega)\{1-\mathrm{e}^{-(\omega_1\zeta+\mathrm{i}\omega)t}[\cos\omega_d t$$

$$+((\omega_1\zeta+\mathrm{i}\omega)/\omega_d)\sin\omega_d t]\}$$

其中后一项是初值的影响.因 $\zeta>0$,该项将随 $t\to\infty$ 而消失.

按平稳随机过程的谱分解(3.6.4)式,随机激励 $g'(t)$ 可表示为各色频率分量的组合

$$g'(t)=\int_{-\infty}^{\infty}\exp(\mathrm{i}\omega t)\mathrm{d}Z_g(\omega) \tag{4.2.9}$$

其中 $Z_g(\omega)$ 是激励的正交增量过程,这相当于 $g_\omega=\mathrm{d}Z_g(\omega)/\mathrm{d}\omega$. 对应于上式的激励谱分解,其响应的谱分解为

$$x(t)=\int_{-\infty}^{\infty}H(\omega,t)\exp(\mathrm{i}\omega t)\mathrm{d}Z_g(\omega) \tag{4.2.10}$$

当时间 $t\to\infty$ 时,初值的影响消退,成为

$$x(t)=\int_{-\infty}^{\infty}H(\omega)\exp(\mathrm{i}\omega t)\mathrm{d}Z_g(\omega) \tag{4.2.10'}$$

$Z_g(\omega)$ 增量的谱为,参见(3.6.5)式

$$E[\mathrm{d}\bar{Z}_g(\omega_1)\mathrm{d}Z_g(\omega_2)]=S_g(\omega_1)\delta(\omega_2-\omega_1)\mathrm{d}\omega_1\mathrm{d}\omega_2 \tag{4.2.11}$$

设随机激励 $g'(t)$ 的均值 $m_g'=0$,此时响应也是零均值 $m_x=0$,其自相关函数可表达为

$$\begin{aligned}
R_x(t_1,t_2)&=E[\bar{x}(t_1),x(t_2)]\\
&=E\left[\int_{-\infty}^{\infty}\overline{H}(\omega_1)\exp(-\mathrm{i}\omega_1t_1)\mathrm{d}\bar{Z}_g(\omega_1)\int_{-\infty}^{\infty}H(\omega_2)\right.\\
&\qquad\left.\times\exp(\mathrm{i}\omega_2t_2)\mathrm{d}Z_g(\omega_2)\right]\\
&=\int_{-\infty}^{\infty}\int_{-\infty}^{\infty}\overline{H}(\omega_1)H(\omega_2)\exp[\mathrm{i}(\omega_2t_2-\omega_1t_1)]\\
&\qquad\times E[\mathrm{d}\bar{Z}_g(\omega_1)\mathrm{d}Z_g(\omega_2)]\\
&=\int_{-\infty}^{\infty}\int_{-\infty}^{\infty}\overline{H}(\omega_1)H(\omega_2)\exp[\mathrm{i}\omega_2(t_2-t_1)\\
&\qquad-\mathrm{i}(\omega_1-\omega_2)t_1]S_g(\omega_1)\delta(\omega_2-\omega_1)\mathrm{d}\omega_1\mathrm{d}\omega_2
\end{aligned}$$

完成积分,就导出

$$R_x(t_1,t_2)=\int_{-\infty}^{\infty}\overline{H}(\omega)H(\omega)\exp[\mathrm{i}\omega(t_2-t_1)]S_g(\omega)\mathrm{d}\omega \tag{4.2.12}$$

这表明，响应随机过程的自相关函数 R_x 在时间很长后，只与其时间差 $\tau = t_2 - t_1$ 有关，且为 τ 的偶函数，而响应的谱密度为

$$S_x(\omega) = S_g(\omega) \mid H(\omega) \mid^2 \tag{4.2.13}$$

这是线性平稳随机振动理论的一个重要公式. 由(4.2.7)式，有

$$\begin{gathered} \mid H(\omega) \mid^2 = [(\omega^2 - \omega_1^2)^2 + 4\zeta^2\omega^2\omega_1^2]^{-1} \\ \omega_1^2 = k/m \end{gathered} \tag{4.2.14}$$

有了 $S_x(\omega)$，则 $S_{\dot{x}}(\omega)$，$S_{\ddot{x}}(\omega)$等皆可由此导出，

$$S_{\dot{x}}(\omega) = \omega^2 S_x(\omega) = \omega^2 \mid H(\omega) \mid^2 S_g(\omega) \tag{4.2.15}$$

$$S_{\ddot{x}}(\omega) = \omega^4 S_x(\omega) = \omega^4 \mid H(\omega) \mid^2 S_g(\omega) \text{ 等} \tag{4.2.16}$$

功率谱传递因子 $|H(\omega)|^2$ 很重要，其图形如图 4.1 所示. 传递函数 $H(\omega)$就是在白噪声作用下的系统响应. 通常 ζ 是一个小量，例如 $\zeta < 0.05$，此时的系统对白噪声的响应功率谱是一个窄带过程了，在固有频率附近有一个尖峰.

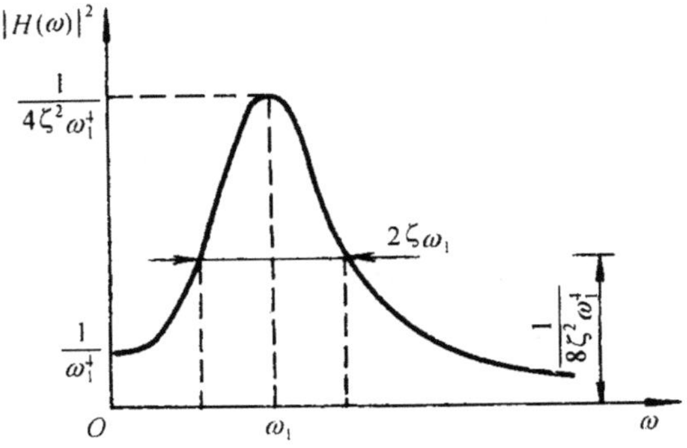

图 4.1　功率谱传递因子

4.2.2　多自由度线性体系的单源激励平稳响应

单自由度线性随机响应的分析理论已经很成熟，有许多著作作出了详尽阐述. 与单自由度系统雷同的一套方法也推广到了多

自由度系统,理论与公式已经发展了很长一段时间,也已经相当成熟.然而当将这些公式用于实际工程问题的计算时,却发现其计算工作量很大.这造成了计算实现方面的巨大障碍.成为随机振动通向工程应用的瓶颈.

林家浩针对此问题提出了**虚拟激励法**,抓住了这个应用上的关键问题,为工程界提供了随机振动的高效计算手段.这套虚拟激励算法已实际应用于一系列重要工程问题,包括东北的小丰满水坝的抗震分析、香港青马大桥随机风振与地震响应分析、南京长江大跨度桥与湖南洞庭湖大桥地震响应分析等[72~75].运用虚拟激励法当然以采用有限元模型为宜,例如可以以中国自己发展的有限元程序系统 JIGFEX/DDJ 为平台,予以继续发展.林家浩带领他的集体,在微机上实现了的 DDJ-R 系统,已经计算了 10000 振动自由度、参振振型达到 $q=200$、风致激励点达 1000、而地震的地面激励点为 17(大桥)、与 102(水坝)等课题;考虑了地面行波效应及部分相干的激励等等,已经可以实用了.以下就以虚拟激励法为重点来进行讲述.推导时并不拘泥于数学上的严格,而着重于力学概念合理,以及计算上的高效.

单源激励的意思是,所有结构激励点都受到相同形式的激励.例如普通房屋结构受平稳随机地震激励,其所有地面节点的运动状态认为完全同步.这是最简单的一类外界激励.n 个自由度的体系在单源平稳随机荷载的作用下,其动力方程可写为

$$\boldsymbol{M}_n\ddot{\boldsymbol{y}} + \boldsymbol{C}_n\dot{\boldsymbol{y}} + \boldsymbol{K}_n\boldsymbol{y} = \boldsymbol{p}e(t) \tag{4.2.17}$$

其中 $\boldsymbol{M}_n,\boldsymbol{K}_n,\boldsymbol{C}_n$,分别是 $n\times n$ 的质量阵、刚度阵、及阻尼阵;而 $\boldsymbol{p}$ 是给定的 n 维确定性常向量,$e(t)$是一维的正态分布的零均值平稳随机过程,其谱密度 $S_e(\omega)$认为已给定;$\boldsymbol{y}(t)$则是待求随机位移向量.由于是线性系统,因此 $\boldsymbol{y}(t)$仍是正态分布、均值为零的向量,待求的是 $\boldsymbol{y}(t)$的自相关(协方差)函数(时域表示),或功率谱 $n\times n$ 矩阵函数(频域表示)$\boldsymbol{S}_y(\omega)$.只要将所需要验算响应量的功率谱矩阵算出,就可以根据各种统计推断方法用于工程了.

工程中的结构有限元模型,选用上万自由度($n=10000$)并不

少见.结构随机振动分析也可用这个模型.因此常用振型分解法,选用其前 q 阶本征(固有)振型对系统作降阶处理,例如选用 $q=20-200$ 阶,依具体的结构与设计要求而定.子空间迭代法因此常被用于从 n 阶自由度结构的振型中提取前 q 个本征频率 $\omega_j^2, j=1,2,\cdots,q$,以及相应的本征振型 $\boldsymbol{\varphi}_j$,按 $\boldsymbol{M}_n$ 质量阵归一化.通常质量阵与刚度阵的估计比较可靠,而阻尼阵 $\boldsymbol{C}_n$ 虽然较难精确估计,但通常其数值较小.因此 $(\omega_j^2,\boldsymbol{\varphi}_j), j=1,\cdots,q$ 通常选自

$$(\omega^2\boldsymbol{M}_n-\boldsymbol{K}_n)\boldsymbol{\varphi}=\boldsymbol{0}$$

的本征解中.质量阵 $\boldsymbol{M}_n$ 总是对称非负阵,而刚度阵 $\boldsymbol{K}_n$ 是正定的.阻尼矩阵的量值不大,因此确定本征解时予以略去.而如果是陀螺系统,则应当含有陀螺项.

在求出前 q 个本征解后,可组成 $n\times q$ 的矩阵 $\boldsymbol{\Phi}$

$$\boldsymbol{\Phi}=(\boldsymbol{\varphi}_1\quad\boldsymbol{\varphi}_2\quad\cdots\quad\boldsymbol{\varphi}_q) \tag{4.2.18}$$

并将位移向量 $\boldsymbol{y}(t)$ 投影在 q 维空间中.即近似地取

$$\boldsymbol{y}=\boldsymbol{\Phi}\boldsymbol{u} \tag{4.2.19}$$

其中 $\boldsymbol{u}$ 是 q 维待求向量.其意义是将本征向量 $\boldsymbol{\varphi}_1,\boldsymbol{\varphi}_2,\cdots,\boldsymbol{\varphi}_q$ 看成为 q 维子空间的基底向量,而 $\boldsymbol{u}$ 则成为 $\boldsymbol{y}$ 在 q 维子空间的投影向量.将(4.2.19)式代入动力方程(4.2.17),再左乘 $\boldsymbol{\Phi}^{\mathrm{T}}$,其意义是将力也投影到 q 维子空间去,这样有

$$(\boldsymbol{\Phi}^{\mathrm{T}}\boldsymbol{M}_n\boldsymbol{\Phi})\ddot{\boldsymbol{u}}+(\boldsymbol{\Phi}^{\mathrm{T}}\boldsymbol{C}_n\boldsymbol{\Phi})\dot{\boldsymbol{u}}+(\boldsymbol{\Phi}^{\mathrm{T}}\boldsymbol{K}_n\boldsymbol{\Phi})\boldsymbol{u}=\boldsymbol{\Phi}^{\mathrm{T}}\boldsymbol{p}e(t)$$

根据矩阵 $\boldsymbol{\Phi}$ 的列为归一化本征向量的组成规则,有

$$\left.\begin{aligned}\boldsymbol{\Phi}^{\mathrm{T}}\boldsymbol{M}_n\boldsymbol{\Phi}&=\boldsymbol{I}_q\\ \boldsymbol{K}_q&=\boldsymbol{\Phi}^{\mathrm{T}}\boldsymbol{K}_n\boldsymbol{\Phi}=\mathrm{diag}(\omega_1^2,\omega_2^2,\cdots,\omega_q^2)\end{aligned}\right. \tag{4.2.20}$$

即这两个矩阵对角化了.但还有阻尼阵,这就要区分所谓协调阻尼阵与一般阻尼阵.所谓协调阻尼阵,就是假定 $\boldsymbol{C}_n$ 阻尼阵的子空间投影阵 $\boldsymbol{C}_q$ 也对角化了,将它写成为

$$\boldsymbol{C}_q=\boldsymbol{\Phi}^{\mathrm{T}}\boldsymbol{C}_n\boldsymbol{\Phi}=\mathrm{diag}(2\zeta_1\omega_1,2\zeta_2\omega_2,\cdots,2\zeta_q\omega_q) \tag{4.2.21}$$

例如 $\boldsymbol{C}_n$ 阵常常予以表达成为

$$C_n = c_m M_n + c_k K_n \tag{4.2.22}$$

之形. 另外再记

$$\gamma_q = \Phi^{\mathrm{T}} p \tag{4.2.23}$$

于是子空间的动力方程成为

$$\ddot{u} + C_q \dot{u} + K_q u = \gamma_q e(t) \tag{4.2.24}$$

如果是协调阻尼阵, C_q 也对角化了, 则可将方程写成分离的形式,

$$\ddot{u}_j + 2\zeta_j \omega_j \dot{u}_j + \omega_j^2 u_j = \gamma_j e(t), \quad j = 1, \cdots, q \tag{4.2.25}$$

该方程已成为 $j=1,\cdots,q$ 个一维振动之形, 其中 γ_j 称为第 j 号振型的振型参与系数, γ_q 当然就是振型参与向量了. 当前方程右端有表征随机激励的 $e(t)$, 零均值, 因此 $u_j(t)$ 也是零均值的. 所以应着重分析其响应的相关函数或谱密度.

定常系统平稳随机激励的平稳随机响应的分析, 以采用频域法较为方便. 对于给定的频率 ω, 其频率响应(传递)函数为

$$H_j(\omega) = 1/[\omega_j^2 - \omega^2 + \mathrm{i}2\zeta_j \omega_j \omega], \quad j = 1, \cdots, q \tag{4.2.26}$$

于是知 u_j 的谱密度为

$$S_{uj}(\omega) = \gamma_j^2 \mid H_j(\omega) \mid^2 S_e(\omega), \quad j = 1, \cdots, q \tag{4.2.27}$$

但, 应当提供的是原位移向量 $y(t)$ 的 $n \times n$ 谱密度矩阵 $S_y(\omega)$. 对此, 采用随机激励 $e(t)$ 的谱分解

$$e(t) = \int_{-\infty}^{\infty} \exp(\mathrm{i}\omega t) \mathrm{d}Z_e(\omega) \tag{4.2.28}$$

最为方便. 谱分解后, 相当于用各个单色干扰来激励, 可以算出位移的随机响应

$$y(t) = \int_{-\infty}^{\infty} \Big[\sum_{j=1}^{q} \varphi_j \gamma_j H_j(\omega) \Big] \exp(\mathrm{i}\omega t) \mathrm{d}Z_e(\omega) \tag{4.2.29}$$

积分中只有频域的正交增量 $\mathrm{d}Z_e(\omega)$ 是随机变量, 其余的因子皆为确定性的. 取增量的相关, 有

$$E[\mathrm{d}\bar{Z}_e(\omega_1) \mathrm{d}Z_e(\omega_2)] = S_e(\omega_1) \delta(\omega_2 - \omega_1) \mathrm{d}\omega_1 \mathrm{d}\omega_2 \tag{4.2.30}$$

其中上面一横表示取复数共轭之意.

有了位移的随机响应 $\boldsymbol{y}(t)$,就可计算其自相关矩阵函数

$$\begin{aligned}\boldsymbol{R}_y(\tau) &= E[\boldsymbol{y}(t)\bar{\boldsymbol{y}}^{\mathrm{T}}(t+\tau)] \\ &= \int_{-\infty}^{\infty}\int_{-\infty}^{\infty}\sum_{i=1}^{q}\sum_{j=1}^{q}[\boldsymbol{\varphi}_j\gamma_j H_j(\omega_1)\boldsymbol{\varphi}_i^{\mathrm{T}}\gamma_i H_i(-\omega_2)] \\ &\quad\times \exp[\mathrm{i}\omega_1 t - \mathrm{i}\omega_2(t+\tau)]E[\mathrm{d}Z_e(\omega_1)\mathrm{d}\bar{Z}_e(\omega_2)] \\ &= \int_{-\infty}^{\infty}\int_{-\infty}^{\infty}\sum_{i=1}^{q}\sum_{j=1}^{q}[\boldsymbol{\varphi}_j\boldsymbol{\varphi}_i^{\mathrm{T}}H_j(\omega_1)H_i(-\omega_2)\gamma_j\gamma_i] \\ &\quad\times \exp[-\mathrm{i}\omega_2\tau - \mathrm{i}(\omega_2-\omega_1)t]S_e(\omega_1)\delta(\omega_2-\omega_1)\mathrm{d}\omega_1\mathrm{d}\omega_2 \\ &= \int_{-\infty}^{\infty}\sum_{i=1}^{q}\sum_{j=1}^{q}[\boldsymbol{\varphi}_j\boldsymbol{\varphi}_i^{\mathrm{T}}H_j(\omega)H_i(-\omega)\gamma_j\gamma_i]S_e(\omega)\exp(-\mathrm{i}\omega\tau)\mathrm{d}\omega\end{aligned}$$

于是,根据自相关矩阵函数与谱密度矩阵之间的转换关系即知

$$\boldsymbol{S}_y(\omega) = S_e(\omega)\cdot\sum_{i=1}^{q}\sum_{j=1}^{q}[\boldsymbol{\varphi}_j\boldsymbol{\varphi}_i^{\mathrm{T}}H_j(-\omega)H_i(\omega)\gamma_j\gamma_i] \tag{4.2.31}$$

这就是熟知的结构位移响应谱矩阵,CQC(complete quadratic combination 完全二次组合)的精确公式.它含有全部 q 个参振振型之间的互相关项,所以被认为是 $\boldsymbol{S}_y(\omega)$的精确公式.

公式已经表达清楚,但直接用该公式进行计算却碰到了巨大的困难,计算上的困难.现在来估计一下它的**计算工作量**.应用中要进行统计推断,其频率 ω 的选点至少也要 $p_\omega \geqslant 100$ 点以上,对这些频率点要反复地按(4.2.31)式进行计算.设系统自由度为 $n = 1000 \sim 10000$,于是(4.2.31)式中的 $\boldsymbol{\varphi}_j\boldsymbol{\varphi}_i^{\mathrm{T}}$ 需乘法次数 $n^2 = 10^6 \sim 10^8$,对每一对(i,j),$i \leqslant j$ 都要执行;参振振型数设为 $q = 50 \sim 200$ 这样便有 $p_\omega n^2 q^2/2$ 次乘法运算.因此对于这种最简单的单源激励,计算工作量也是非常大的.作为对比,结构的总刚度阵的三角化,设其平均带宽也是 q,其乘法的次数约为 $nq^2/2$.两者相差 $p_\omega n$ 倍.

这还只是对单源激励的估计,实际应用的激励当然也是很复

杂的.由于计算的困难,对于各种较复杂激励的结构响应分析受到了影响.以下讲解的各种平稳、非平稳激励的分析也只有在虚拟激励法的基础上才得以解决.

因此,传统谱密度矩阵的计算工作量是惊人的.国外有许多经典的随机振动著作[58,59]都推荐使用一个简化的近似理论,这就是将(4.2.31)式中 $\sum\sum$ 号下 $i \neq j$ 的项全部略去,而得到下列SRSS(square root of the sum of squares)近似计算公式

$$\boldsymbol{S}_y(\omega) \approx S_e(\omega) \cdot \sum_{j=1}^{q} [\boldsymbol{\varphi}_j \boldsymbol{\varphi}_j^{\mathrm{T}} H_j(-\omega) H_j(\omega) \gamma_j^2] \tag{4.2.32}$$

这一个近似算法的计算工作量约为上述CQC法的 $1/q$.但该种近似只能在小阻尼、以及全部参振本征频率相距很远的前提下方能应用.事实上,三维工程结构的前 q 阶本征频率并不相距很远,相反往往有许多是密集在一堆的.在这种条件下,SRSS近似对三维空间结构的可用性是有很大问题的.

解决这CQC公式计算工作量太大的问题,理应采用林家浩的**虚拟激励法**.当前是单源 $e(t)$ 的平稳激励,其谱密度为 $S_e(\omega)$,这是非负的纯量函数.如将此随机激励 $e(t)$ 在方程(4.2.25)中代之以**虚拟的确定性简谐激励**

$$e(t) \sim \sqrt{S_e(\omega)} \exp(\mathrm{i}\omega t) \tag{4.2.33}$$

则方程就成为确定性的强迫振动方程

$$\ddot{u}_j + 2\zeta_j \omega_j \dot{u}_j + \omega_j^2 u_j = \gamma_j \sqrt{S_e(\omega)} \exp(\mathrm{i}\omega t) \tag{4.2.34}$$

对该方程的求解是常规的,可得

$$u_j = H_j(\omega) \gamma_j \sqrt{S_e(\omega)} \exp(\mathrm{i}\omega t)$$

于是,系统位移的确定性响应便为

$$\boldsymbol{y}(t, \omega) = \sum_{j=1}^{q} \boldsymbol{\varphi}_j H_j(\omega) \gamma_j \sqrt{S_e(\omega)} \exp(\mathrm{i}\omega t) \tag{4.2.35}$$

系统的谱密度矩阵 $\boldsymbol{S}_y(\omega)$ 便可计算为

$$\boldsymbol{S}_y(\omega) = \bar{\boldsymbol{y}} \cdot \boldsymbol{y}^{\mathrm{T}} \tag{4.2.36}$$

其中上面一横代表取复共轭.如将(4.2.35)式代入上式,就成为双重求和 $\sum\sum$ 之形,可以看出仍旧回到(4.2.31)式之形.

虽然公式(4.2.36)在代数上与(4.2.31)式是一样的,都是CQC的结果.表明两者都是精确解.但**计算工作量**相差非常大,虚拟激励法的意义首先表现在算法的高效上.如令

$$\boldsymbol{z}_j(\omega)=\boldsymbol{\varphi}_j H_j(\omega)\gamma_j\sqrt{S_e(\omega)} \tag{4.2.37}$$

则将三种计算公式列举于下.

常规 CQC

$$\boldsymbol{S}_y(\omega)=\sum_{i=1}^{q}\sum_{j=1}^{q}(\bar{\boldsymbol{z}}_i\cdot\boldsymbol{z}_j^{\mathrm{T}}) \tag{4.2.38a}$$

SRSS 近似:

$$\boldsymbol{S}_y(\omega)\approx\sum_{j=1}^{q}(\bar{\boldsymbol{z}}_j\cdot\boldsymbol{z}_j^{\mathrm{T}}) \tag{4.2.38b}$$

虚拟激励:

$$\boldsymbol{S}_y(\omega)=\Big(\sum_{j=1}^{q}\bar{\boldsymbol{z}}_j\Big)\cdot\Big(\sum_{i=1}^{q}\boldsymbol{z}_i^{\mathrm{T}}\Big) \tag{4.2.38c}$$

以下对比它们的计算工作量.其计算主要是 n 维向量 $\boldsymbol{z}$ 的复数共轭乘上 $\boldsymbol{z}$ 的转置,共 n^2 次复数相乘,常规 CQC 法是 q^2 次这种向量乘法;SRSS 近似则是 q 次这种乘法;而虚拟激励法则只是 1 次这种乘法.

SRSS 近似牺牲了精度,却依然需要 q 次这种乘法,这与虚拟激励法相比,一无是处.常规 CQC 法可以得到精确解,但计算工作量是虚拟激励法的 q^2 倍.虚拟激励法也是给出精确解,又何必多花费 q^2 倍的计算工作量去采用常规 CQC 法呢?问题在于这种矩阵相乘是**计算量的主要消费**.如取 $q=50$,则两种方法的计算量将相差 2500 倍!主要计算工作量相差 3 个数量级,这就太大了.常规 CQC 法计算 10 小时,虚拟激励法计算不到一分钟便完成了.

直观地说,有如以下代数恒等式

$$\begin{aligned}&(x_1+x_2+\cdots+x_{50})\times(x_1+x_2+\cdots+x_{50})\\&\quad=x_1^2+x_1x_2+\cdots+x_1x_{50}+x_2x_1+x_2x_2+\cdots\end{aligned}$$

$$+ x_2x_{50} + \cdots + x_{50}x_1 + x_{50}x_2 + \cdots + x_{50}x_{50}$$

其中等式左、右两种表达式在代数上虽然相等，但计算起来就完全不同了. 左侧只有一次乘法，而右侧有 2500 次乘法；谁愿意真按右侧的展开式进行数值计算呢！然而从(4.2.38c)式对比(4.2.38a)式来看，后者就是展开的表示，而虚拟激励法就是上式左侧的表示，双方的对比是清楚的.

以上表示显示了其实质，是通过一个代数恒等式而解决问题的，似乎非常简单. 但这却曾经是一个困扰多年的大问题. 解决问题并不是越高深越难懂才越高明. 人们常说要"**深入浅出**". 解决问题以越简单、越易懂就越好、越高明. 虚拟激励法的高明之处就在于其精确高效，然而又很简单易懂.

SRSS 法虽然牺牲了精度以求减少计算工作量，但其计算工作量比虚拟激励法依然大了 q 倍，这是一种"赔了夫人又折兵"的方法，当然不应再予选用. 但在有些手册与著作中至今还在推荐 SRSS 近似，**应予修改了**. 在没有发现虚拟激励法之前，广泛引用 SRSS 法是可以理解的，但现在应该修正了.

SRSS 也是一种理论，但这是过去由于计算的困难而导致的. 虚拟激励法推动了计算同时也推动了理论的进展. 以下两个小节也是虚拟激励法对理论作出推动的例子.

4.2.2.1 非正交阻尼的响应计算

前文的推导是基于正交阻尼的假定之上的，见(4.2.21)式. 这是为了数学上分离变量的方便. 但比例阻尼的假定是否总能应用呢，这就不一定了. 例如对人工安装的阻尼装置，一般只能在有限几个点处安装，这样就很难用比例阻尼的模型来逼近了. 此时，q 维子空间的动力方程(4.2.24)就不能完全分离变量了. 如方程(4.2.25)那样，全化成一维振动的方程便不成立了. 于是方程(4.2.32)的 CQC 双重求和公式不再成立，常规方法无法处理.

虚拟激励法仍然能适应非比例阻尼这种情况. 事实上，仍然可将方程(4.2.24)右侧的随机激励 $e(t)$ 代之以虚拟激励(4.2.33)式

$$e(t) \sim \sqrt{S_e(\omega)}\exp(\mathrm{i}\omega t)$$

这已经是确定性荷载了.方程(4.2.24)就成为

$$\begin{gathered}\ddot{\boldsymbol{u}} + \boldsymbol{C}_q\dot{\boldsymbol{u}} + \boldsymbol{K}_q\boldsymbol{u} = \boldsymbol{\gamma}_q\sqrt{S_e(\omega)}\exp(\mathrm{i}\omega t)\\ \boldsymbol{\gamma}_q = \boldsymbol{\Phi}^{\mathrm{T}}\boldsymbol{p}\end{gathered} \tag{4.2.39}$$

$\boldsymbol{K}_q=\boldsymbol{\Phi}^{\mathrm{T}}\boldsymbol{K}_n\boldsymbol{\Phi}=\mathrm{diag}(\omega_1^2,\omega_2^2,\cdots,\omega_q^2)$,这是 q 维方程,要寻求平稳态的解.现在寻求以下形式的解

$$\boldsymbol{u}(t,\omega) = \boldsymbol{H}_q(\omega)\boldsymbol{\gamma}_q\sqrt{S_e(\omega)}\exp(\mathrm{i}\omega t) \tag{4.2.40}$$

其中 $\boldsymbol{H}_q(\omega)$是待求 $q\times q$ 传递矩阵.代入方程(4.2.39),有

$$[-\omega^2\boldsymbol{I}_q - \mathrm{i}\omega\boldsymbol{C}_q + \boldsymbol{K}_q]\boldsymbol{H}_q(\omega)\boldsymbol{\gamma}_q = \boldsymbol{\gamma}_q$$

故

$$\boldsymbol{H}_q(\omega) = [-\omega^2\boldsymbol{I}_q - \mathrm{i}\omega\boldsymbol{C}_q + \boldsymbol{K}_q]^{-1} \tag{4.2.41}$$

它与(4.2.26)式相比,无非是不能对角化而已,要作出复值矩阵的求逆.于是

$$\boldsymbol{y}(t,\omega) = \boldsymbol{\Phi}\boldsymbol{H}_q(\omega)\boldsymbol{\gamma}_q\sqrt{S_e(\omega)}\exp(\mathrm{i}\omega t)$$

由此其谱密度矩阵 $\boldsymbol{S}_y(\omega)$便可计算为

$$\boldsymbol{S}_y(\omega) = \bar{\boldsymbol{y}}\cdot\boldsymbol{y}^{\mathrm{T}} \tag{4.2.42}$$

该式与(4.2.36)式仍是同样的.于是

$$\boldsymbol{S}_y(\omega) = S_e(\omega)\cdot[\boldsymbol{\Phi}\boldsymbol{H}_q(-\omega)\bar{\boldsymbol{\gamma}}_q]\cdot[\boldsymbol{\Phi}\boldsymbol{H}_q(\omega)\boldsymbol{\gamma}_q]^{\mathrm{T}} \tag{4.2.43}$$

上式方括号中是 n 维复值向量.显然 $\boldsymbol{S}_y(\omega)$矩阵的秩为 1.其计算步骤可表示如下:

1) 对于 $\boldsymbol{M}_n,\boldsymbol{K}_n$,采用子空间迭代法找出前 q 个本征向量,组成 $\boldsymbol{\Phi}$,$n\times q$ 的实型阵,并计算 $\boldsymbol{\gamma}_q=\boldsymbol{\Phi}^{\mathrm{T}}\boldsymbol{p}$.
2) 按(4.2.41)式求逆计算 $\boldsymbol{H}_q(\omega)$,$q\times q$ 的复型矩阵.
3) 计算 $\boldsymbol{\Phi}\boldsymbol{H}_q(\omega)\boldsymbol{\gamma}_q$,$n$ 维复型向量.都是复型阵与实型阵的乘法.
4) 计算(4.2.43)式得 $\boldsymbol{S}_y(\omega)$,n^2 次复数相乘.

所以对于虚拟激励法来说,非正交阻尼阵并不造成什么麻烦.阻尼往往还有与频率 ω 有关的性质,在频域求解可以适应此类情况.

虚拟激励法对非比例阻尼的分析依然是精确的.

通过非比例阻尼随机振动的分析,可以看出虚拟激励法的灵活性.它比以往的 CQC 法更有效.事实上,为了使传统 CQC 法能用于非比例阻尼,历年来发表了许多论文[76].但这些文章只能给出各种近似解,计算方法也很繁琐,未能如虚拟激励法给出的是精确解,计算方法简单高效.这就有质的差别了.

4.2.2.2 多自由度结构多点受不同相位单源平稳激励

大跨度结构正日益得到广泛应用,其抗震分析的特殊性亦受到了高度重视.现已广泛认识到对于这类结构,考虑地面不同节点的激励相位差(即所谓**行波效应**)是很重要的,而用随机振动理论来处理这类问题是合理的.但传统 CQC 法要求系统能分离变量,其计算量不但随参振振型数 q 而急剧增加,而且随地面节点数的增加而急剧上升.国内外一些学者试图修改现行抗震分析反应谱法,使之能适应于这类多相位地震激励问题[60,61],但要引进许多近似,并不成功.

采用虚拟激励法来处理这类多相位随机激励问题是直截了当的,因为行波效应的激励依然是单源的.对谱分解时任一频率 ω,各点激励互相间的相位差,可由地面节点的坐标及波速等确定[77].相位差的因素可以在动力方程(4.2.17)右侧的激励分配向量 $\boldsymbol{p}$ 中予以包含,从而 $\boldsymbol{p}$ 成为一个复值向量,已知.而 $e(t)$则仍为零均值平稳随机过程,与以前一样.$\boldsymbol{p}$ 是一个复值向量的情况在(4.2.43)式中已经考虑.这么一来,与以前单源同相位激振相比,只是其随机激励在各点的分配向量 $\boldsymbol{p}$ 从实型变为复型,而其他的公式完全一样,从而其计算工作量增加不多,依然可以高效计算."行波效应"问题也就这样简单地解决了[154],所得到的结果仍然是精确的.虚拟激励法又一次显示出了其优越性.这表示,虚拟激励法以其简单明快的手法,在理论上也作出了推进.

4.2.3 多源激励复杂结构的平稳随机响应

上一小节将虚拟激励法对异相位激励的推广，可谓意外顺利地解决了问题. 在以往，由于处理“行波效应“的困难，总假定地面各点是一起移动的，将概念导入了一种固定的格式，不合实际. 现在对多源激励问题也应当采用虚拟激励法作出分析.

多源随机激励问题无非表明，随机激励有多个（m 个）独立的源头. 相应地，代替动力方程(4.2.17)，现在应当是

$$\boldsymbol{M}_n\ddot{\boldsymbol{y}} + \boldsymbol{C}_n\dot{\boldsymbol{y}} + \boldsymbol{K}_n\boldsymbol{y} = \boldsymbol{P}\boldsymbol{e}(t) \tag{4.2.44}$$

其中 $\boldsymbol{e}(t)$是 m 维向量，而 $\boldsymbol{P}$ 则是$n \times m$ 维的给定矩阵. 单源时只有一个随机激励 $e(t)$，其激励分配也只是一个 n 维向量$\boldsymbol{P}$；而现在 $\boldsymbol{e}(t)$的 m 个分量$e_i(t)$，$i=1,\cdots,m$ 是互相独立的零均值随机激励，它的功率谱为 $\boldsymbol{S}_e(\omega)$，$m \times m$ 正定厄米阵. 而激励分配也就成为 m 组，合在一起就成为 $\boldsymbol{P}$ 的$n \times m$ 维给定矩阵. $\boldsymbol{P}$ 的元素可以取复值，以考虑行波效应.

随机响应的分析仍可在($\boldsymbol{M}_n$，$\boldsymbol{K}_n$)本征向量的 q 维投影空间进行. 其投影空间中的动力方程成为

$$\ddot{\boldsymbol{u}} + \boldsymbol{C}_q\dot{\boldsymbol{u}} + \boldsymbol{K}_q\boldsymbol{u} = \boldsymbol{\Gamma}_{qm}\boldsymbol{e}(t) \tag{4.2.45}$$

该方程依然是随机的，其中

$$\boldsymbol{\Gamma}_{qm} = \boldsymbol{\Phi}^{\mathrm{T}}\boldsymbol{P}$$

是 $q \times m$ 矩阵，$m \leqslant q$，已确定. 以下要用虚拟激励法来予以求解.

4.2.3.1 谱分解

采用随机激励的谱分解，见第三章

$$\boldsymbol{e}(t) = \int_{-\infty}^{\infty} \exp(\mathrm{i}\omega t)\mathrm{d}\boldsymbol{Z}_e(\omega)$$

其中

$$E[\mathrm{d}\boldsymbol{Z}_e(\omega)] = 0$$

$$E[\mathrm{d}\overline{\boldsymbol{Z}}_e(\omega)\mathrm{d}\boldsymbol{Z}_e(\omega_2)^{\mathrm{T}}] = \boldsymbol{S}_e(\omega)\delta(\omega_2 - \omega)\mathrm{d}\omega_2\mathrm{d}\omega$$

正交增量过程 $\mathrm{d}\boldsymbol{Z}_e(\omega)$是与随机激励有关的，因为乘有一个谱矩

阵的因子 $\boldsymbol{S}_e(\omega)$，它当然是确定性的给定厄米正定矩阵. 以下采用**单位增量过程** $\mathrm{d}\boldsymbol{Z}(\omega)$：

$$E[\mathrm{d}\boldsymbol{Z}(\omega)] = \boldsymbol{0}$$

$$E[\mathrm{d}\bar{\boldsymbol{Z}}(\omega)\mathrm{d}\boldsymbol{Z}(\omega_2)^{\mathrm{T}}] = \boldsymbol{I}_m\delta(\omega_2 - \omega)\mathrm{d}\omega_2\mathrm{d}\omega$$

来表达随机激励 $\boldsymbol{e}(t)$ 的谱展开. 单位增量过程的好处是，它与哪一个随机激励无关. 由此

$$\boldsymbol{e}(t) = \int_{-\infty}^{\infty}\exp(\mathrm{i}\omega t)\boldsymbol{S}_{\sqrt{e}}(\omega)\mathrm{d}\boldsymbol{Z}(\omega) \tag{4.2.46}$$

其中 $\boldsymbol{S}_{\sqrt{e}}(\omega)$ 是 $m\times m$ 阵. 通过用上式对 $\boldsymbol{e}(t)$ 作出相关函数的计算

$$\begin{aligned}\boldsymbol{R}_e(\tau) &= E[\bar{\boldsymbol{e}}(t)\boldsymbol{e}^{\mathrm{T}}(t+\tau)] = \cdots \\ &= \int_{-\infty}^{\infty}\exp(\mathrm{i}\omega\tau)\bar{\boldsymbol{S}}_{\sqrt{e}}(\omega)\boldsymbol{S}_{\sqrt{e}}^{\mathrm{T}}(\omega)\mathrm{d}\omega\end{aligned} \tag{4.2.47}$$

故知有

$$\bar{\boldsymbol{S}}_{\sqrt{e}}(\omega)\boldsymbol{S}_{\sqrt{e}}^{\mathrm{T}}(\omega) = \boldsymbol{S}_e(\omega) \tag{4.2.48}$$

这也表明 $\boldsymbol{S}_e(\omega)$ 是 $m\times m$ 的厄米矩阵. 方程(4.2.48)表明了，根据 $\boldsymbol{S}_e(\omega)$ 对 $\boldsymbol{S}_{\sqrt{e}}(\omega)$ 的分解求法.

4.2.3.2 响应分析

将随机激励 $\boldsymbol{e}(t)$ 按(4.2.46)式作谱分解后，其虚拟激励即为以下方程的右侧：

$$\ddot{\boldsymbol{u}} + \boldsymbol{C}_q\dot{\boldsymbol{u}} + \boldsymbol{K}_q\boldsymbol{u} = \boldsymbol{\Gamma}_{qm}\boldsymbol{S}_{\sqrt{e}}(\omega)\exp(\mathrm{i}\omega t) \tag{4.2.49}$$

由此解出 $\boldsymbol{u}$，当然这是 $q\times m$ 阵. 然后可以计算 $\boldsymbol{Y}=\boldsymbol{\Phi u}$，故除因子 $\exp(\mathrm{i}\omega t)$ 外，$\boldsymbol{Y}(\omega)$ 为 $n\times m$ 的阵，m 是独立的随机激励数.

$$\boldsymbol{Y}(\omega) = \boldsymbol{\Phi}\boldsymbol{H}_q(\omega)\boldsymbol{\Gamma}_{qm}\boldsymbol{S}_{\sqrt{e}}(\omega) \tag{4.2.50}$$

于是响应的谱密度矩阵成为

$$\boldsymbol{S}_y(\omega) = \bar{\boldsymbol{Y}}\cdot\boldsymbol{Y}^{\mathrm{T}} \tag{4.2.51}$$

公式很简明. 该公式是按同一套虚拟激励思路推导的.

将(4.2.50)式代入(4.2.51)式，利用(4.2.48)式，就得

$$\boldsymbol{S}_y(\omega) = [\bar{\boldsymbol{\Phi}}\boldsymbol{H}_q(-\omega)\bar{\boldsymbol{\Gamma}}_{qm}]\boldsymbol{S}_e(\omega)[\boldsymbol{\Phi}\boldsymbol{H}_q(\omega)\boldsymbol{\Gamma}_{qm}]^{\mathrm{T}} \tag{4.2.52}$$

所以说,分解(4.2.48)式也可免于执行,只要套用上式就可以了.但通过分解(4.2.48)式的计算是很高效的.

4.3 结构的非平稳随机响应

平稳随机过程只是一种实际问题的简化,真实的激励都是非平稳的.如果说结构平稳随机响应的计算工作量已经难以承受,则非平稳激励的响应问题又要困难多了.当前在结构工程中采用得最多的还是均匀调制的非平稳随机激励模型,表达为

$$F(t) = a(t)e(t) \tag{4.3.1}$$

其中 $e(t)$是平稳随机激励,简单些,当作是一维零均值激励,其自谱密度为 $S_e(\omega)$;$a(t)$则是表征非平稳特性的确定性的调制函数,在应用中应当根据统计资料而给定.通常的考虑是认为 $a(t)$是变化很缓慢的函数;设 ω_l 是重要频率的下界,则满足条件$(\mathrm{d}a/\mathrm{d}t)/\omega_l \ll 1$ 就表示变化缓慢.均匀调制激励是最简单的非平稳激励,更复杂的是演变调制,当然也与时间有关.可以先介绍均匀调制的.

4.3.1 均匀调制非平稳随机激励下的响应

由于 $e(t)$为零均值,故 $F(t)$也是零均值的,其功率谱可近似为

$$S_F(\omega, t) \approx S_e(\omega) \cdot a^2(t) \tag{4.3.2}$$

常规 CQC 法对该问题变得十分复杂[78],其计算公式以及计算工作量是惊人的.对此问题,正是虚拟激励法发挥作用的地方.

均匀调制激励时,仍然有以下 3 种情况,

1) 结构受单源同相位非平稳激励;

2) 单源多点异相位非平稳激励;

3) 多点任意相干非平稳激励.

对于这些情况的虚拟激励法可以从平稳激励的对应手法雷同地移植过来.

现在对多点任意相干情况作一简单说明.其原有动力方程仍为(4.2.44)式,子空间投影的动力方程仍为(4.2.45)式.随机激励的谱展开式现在应为

$$\boldsymbol{e}(t)=\int_{-\infty}^{\infty}\exp(\mathrm{i}\omega t)a(t)\boldsymbol{S}_{\sqrt{e}}(\omega)\mathrm{d}\boldsymbol{Z}(\omega) \quad (4.3.3)$$

其中单位增量过程 $\mathrm{d}\boldsymbol{Z}(\omega)$与上文一样.于是(4.2.49)式现在应为

$$\ddot{\boldsymbol{u}}+\boldsymbol{C}_q\dot{\boldsymbol{u}}+\boldsymbol{K}_q\boldsymbol{u}=\boldsymbol{\Gamma}_{qm}\boldsymbol{S}_{\sqrt{e}}(\omega)a(t)\exp(\mathrm{i}\omega t) \quad (4.3.4)$$

这个方程的求解可以用**精细积分法**通过逐步积分来完成,得到的是 $q\times m$ 的矩阵函数 $\boldsymbol{u}(\omega,t)$.然后,通过 $\boldsymbol{Y}=\boldsymbol{\Phi u}$ 回到原来的 n 维空间.谱密度矩阵也是时间的函数,为

$$\boldsymbol{S}_y(\omega,t)=\bar{\boldsymbol{Y}}\boldsymbol{Y}^{\mathrm{T}}$$

详细的推导请见有关的系列文章[65~68].

4.3.2 演变型调制非平稳随机激励下的响应

均匀调制随机激励是最简单的非平稳问题,还应当考虑非均匀调制的随机激励问题.非均匀调制也假定调制是缓变的.对于抗地震工程来说,其激励在初始阶段往往具有很丰富的各个频率成分,但随着时间的推进其激励高频成分较快地被阻尼掉,而逐渐以低频成分为主.为了反映该类情况,在地震工程中常采用激励模型如下:

$$\boldsymbol{e}(t)=\int_{-\infty}^{\infty}\exp(\mathrm{i}\omega t)\boldsymbol{A}(\omega,t)\boldsymbol{S}_{\sqrt{e}}(\omega)\mathrm{d}\boldsymbol{Z}(\omega) \quad (4.3.5)$$

其中 $A(\omega,t)$也是给定的函数.于是子空间虚拟激励动力方程便成为

$$\ddot{\boldsymbol{u}}+\boldsymbol{C}_q\dot{\boldsymbol{u}}+\boldsymbol{K}_q\boldsymbol{u}=\boldsymbol{\Gamma}_{qm}\boldsymbol{S}_{\sqrt{e}}(\omega)A(\omega,t)\exp(\mathrm{i}\omega t) \quad (4.3.6)$$

其求解仍可以用精细积分法逐步积分来完成.得到的仍是 $q\times m$ 的矩阵函数 $\boldsymbol{u}(\omega,t)$.然后,通过 $\boldsymbol{Y}=\boldsymbol{\Phi u}$ 回到原来的 n 维空间.谱密度矩阵也是时间的函数,为

$$S_y(\omega, t) = \bar{Y}Y^{\mathrm{T}} \tag{4.3.7}$$

非平稳随机响应的虚拟激励法的详细情况请见林家浩及同事的系列文章.这里指出,非平稳随机响应的理论与计算是一个挑战,常规方法对此举步维艰.而虚拟激励法得出了当前最好的结果.有关虚拟激励法的评述,见文献[71].文献[148]也应当关注.

第五章　单连续坐标弹性体系的求解

"弹性力学"通常讲的都是平面或空间问题，这是不可缺少的一门基础课．但是在哈密顿体系的框架内讲述，可以更加理性、以破除传统的半逆解凑合法的局限．为了易于理解起见，先从单坐标弹性体系的求解着手．该问题本身也是很有用的，因为半解析法有限元横向离散后，得到的便是单连续坐标弹性体系的方程．况且材料力学、结构力学的方程，例如铁木辛柯梁的理论，本就是单连续坐标中的．

单连续坐标弹性体系分析的重要性还在于与最优控制理论的模拟关系．在第六章讲到 Kalman 滤波以及线性二次控制理论时，将看到结构力学的对偶方程哈密顿体系与控制理论的对偶方程体系在数学上是相雷同的，因此就建立起其模拟关系[18,79~83]．尤其，如果说 LQG 理论对应与结构静力学，则鲁棒控制的 $\boldsymbol{H}_\infty$ 理论对应于结构稳定性或振动理论的本征值问题[84~86]，这是意味深长的．模拟理论对结构力学与控制理论双方都有很大好处．

前文讲的分析力学、振动理论，将质量限于 n 个自由度，只有时间是连续的，因此也是单连续坐标的体系．差别在于弹性体系的单连续坐标是空间的，而动力学则是时间．前者应属椭圆型边界问题；而后者是发展型的．因此弹性体系的单连续坐标为两端边值问题；而时间域的则是初值问题．在频域内分析弹性波的传播也是两端边值问题．

从铁木辛柯梁理论开始介绍比较容易理解．

5.1　计及剪切变形梁的基本方程

计及剪切变形梁的理论是由铁木辛柯提出的．现只考虑其横

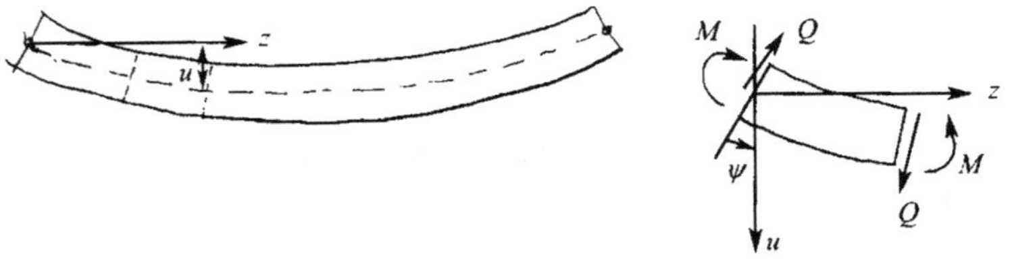

图 5.1 铁木辛柯梁的示意图

向弯曲. 令坐标 z 沿着变形前梁的轴线(图 5.1)任一横截面的位移可用 $\tilde{u}(z)$, $\tilde{\psi}(z)$来表示,即横向 x 的线变位及角变位. 由于只考虑横向弯曲,故轴 z 向位移为零. 在每一个小的梁段上都有弯曲变形 $\mathrm{d}\tilde{\psi}/\mathrm{d}z$ 及剪切变形 $\tilde{\gamma}=(\mathrm{d}\tilde{u}/\mathrm{d}z-\tilde{\psi})$. 于是梁的变形能为

$$\Pi=\int_0^L[EJ(\mathrm{d}\tilde{\psi}/\mathrm{d}z)^2/2+kGA(\mathrm{d}\tilde{u}/\mathrm{d}z-\tilde{\psi})^2/2]\mathrm{d}z \tag{5.1.1}$$

其中 EJ 为弯曲刚度,A 为截面积,k 为截面剪切模量系数,矩形截面时 $k\approx1.2$. 梁的内力为

$$\begin{aligned}\tilde{M}&=EJ\tilde{\kappa}=EJ(\mathrm{d}\tilde{\psi}/\mathrm{d}z)\\ \tilde{Q}&=kGA\tilde{\gamma}=kGA(\mathrm{d}\tilde{u}/\mathrm{d}z-\tilde{\psi})\end{aligned} \tag{5.1.2}$$

梁的动力方程为

$$\begin{aligned}&\partial\tilde{Q}/\partial z+\tilde{g}=\rho A\partial^2\tilde{u}/\partial t^2\\ &\tilde{Q}-\partial\tilde{M}/\partial z+\tilde{m}=\rho J\partial^2\tilde{\psi}/\partial t^2\end{aligned} \tag{5.1.3}$$

其中 $\tilde{g}$ 为横向分布荷载,$\tilde{m}$ 是分布外力矩,正向与 $\tilde{u}$ 及 $\tilde{\psi}$ 同. 符号上加~是为了留下符号给频域描述用.

将内力与应变消去,得到以位移表示的动力方程

$$\begin{aligned}&(\partial/\partial z)[kGA(\partial\tilde{u}/\partial z-\tilde{\psi})]+\tilde{g}=\rho A\partial^2\tilde{u}/\partial t^2\\ &(\partial/\partial z)(EJ\partial\tilde{\psi}/\partial z)+kGA(\partial\tilde{u}/\partial z-\tilde{\psi})+\tilde{m}=\rho J\partial^2\tilde{\psi}/\partial t^2\end{aligned} \tag{5.1.4}$$

初值条件为

$$\tilde{u}=u_0(z),\quad \tilde{\psi}=\psi_0(z),\quad 当\ t=0\ 时 \tag{5.1.5}$$

两端边界在 $z=0$ 及 $z=L$ 处,其边界条件的提法为

$$\begin{aligned} \tilde{u} &= \text{已知}, \quad \text{或}\ \widetilde{Q} = \text{已知}; \\ \widetilde{\psi} &= \text{已知}, \quad \text{或}\ \widetilde{M} = \text{已知} \end{aligned} \tag{5.1.6}$$

在分析振动或波动问题时,对时间经常采用化为频域之法.此时采用

$$\tilde{u} = u(z,\omega)\cdot e^{-i\omega t}, \quad \widetilde{\psi} = \psi(z,\omega)\cdot e^{-i\omega t} \tag{5.1.7}$$

其中 ω 是角频率,参数.于是动力方程变为

$$(\mathrm{d}/\mathrm{d}z)[kGA(\mathrm{d}u/\mathrm{d}z - \psi)] + \rho A\omega^2 u + g = 0 \tag{5.1.8a}$$

$$(\mathrm{d}/\mathrm{d}z)(EJ\mathrm{d}\psi/\mathrm{d}z) + kGA(\mathrm{d}u/\mathrm{d}z - \psi) + \rho J\omega^2\psi + m = 0 \tag{5.1.8b}$$

这是位移法的表达式,可以用向量来表示

$$\boldsymbol{q} = (u,\psi)^{\mathrm{T}}, \quad \dot{\boldsymbol{q}} = (\dot{u},\dot{\psi})^{\mathrm{T}} \tag{5.1.9}$$

采用矩阵-向量列式有利于概括为一般情况.

5.2 势能与混合能密度

对应于铁木辛柯梁的动力方程(5.1.8),可给出相应的势能变分原理

$$\delta\int_0^L \frac{1}{2}\left[EJ\left(\frac{\mathrm{d}\psi}{\mathrm{d}z}\right)^2 + kGA\left(\frac{\mathrm{d}u}{\mathrm{d}z} - \psi\right)^2 - \rho\omega^2(Au^2 + J\psi^2) - 2gu - 2m\psi\right]\mathrm{d}z = 0 \tag{5.2.1}$$

其中,由于有了动力项,它已经不能保证为最小势能,但势能仍应取驻值.用向量(5.1.9)式表示,变分式成为

$$L(\boldsymbol{q},\dot{\boldsymbol{q}}) = \dot{\boldsymbol{q}}^{\mathrm{T}}\boldsymbol{K}_{22}\dot{\boldsymbol{q}}/2 + \dot{\boldsymbol{q}}^{\mathrm{T}}\boldsymbol{K}_{21}\boldsymbol{q} + \boldsymbol{q}^{\mathrm{T}}\boldsymbol{K}_{11}\boldsymbol{q}/2 - \boldsymbol{g}^{\mathrm{T}}\boldsymbol{q} \tag{5.2.2}$$

$$\delta\int_0^L L(\boldsymbol{q},\dot{\boldsymbol{q}})\mathrm{d}z = 0 \tag{5.2.3}$$

$$\boldsymbol{K}_{22} = \begin{pmatrix} kGA & 0 \\ 0 & EJ \end{pmatrix}, \quad \boldsymbol{K}_{21} = \begin{pmatrix} 0 & -kGA \\ 0 & 0 \end{pmatrix}$$

$$-\boldsymbol{K}_{11}=\begin{pmatrix}\rho A\omega^2 & 0\\ 0 & \rho J\omega^2-kGA\end{pmatrix} \tag{5.2.4}$$

$$\boldsymbol{g}=(g,m)^{\mathrm{T}},\quad \boldsymbol{K}_{12}=\boldsymbol{K}_{21}^{\mathrm{T}}$$

端部坐标为 L,拉格朗日函数也用 L,它们出现地方不同.不会混淆的.(5.2.4)式是适用于铁木辛柯梁的.对于一般情况的单连续坐标问题,(5.2.2)式与(5.2.3)式仍可适用,只要将(5.2.4)式改掉即可,本章的讲述是面对一般情况的.展开(5.2.3)式有拉格朗日方程

$$(\mathrm{d}/\mathrm{d}z)(\partial L/\partial\dot{\boldsymbol{q}})-\partial L/\partial\boldsymbol{q}=\boldsymbol{0}$$

只是以往的时间坐标 t 换成了空间坐标 z,为

$$\boldsymbol{K}_{22}\ddot{\boldsymbol{q}}+(\boldsymbol{K}_{21}-\boldsymbol{K}_{12})\dot{\boldsymbol{q}}-\boldsymbol{K}_{11}\boldsymbol{q}+\boldsymbol{g}=\boldsymbol{0} \tag{5.2.5}$$

采用矩阵、向量列式可以用于一般情况,而不限于铁木辛柯梁.以下的求解当然是对于一般情况的,认为 $\boldsymbol{q}$ 是 n 维的而不限于铁木辛柯梁的二维.而铁木辛柯梁正可作为其例题.

变分式(5.2.3),动力方程(5.2.5)都只有位移这一类变量.采用引入对偶变量的方法,令

$$\boldsymbol{p}=\partial L/\partial\dot{\boldsymbol{q}},\quad 即\quad \boldsymbol{p}=\boldsymbol{K}_{22}\dot{\boldsymbol{q}}+\boldsymbol{K}_{21}\boldsymbol{q} \tag{5.2.6}$$

将此方程与动力方程(5.2.5)联立,有以下对偶方程

$$\dot{\boldsymbol{q}}=-\boldsymbol{K}_{22}^{-1}\boldsymbol{K}_{21}\boldsymbol{q}+\boldsymbol{K}_{22}^{-1}\boldsymbol{p} \tag{5.2.7a}$$

$$\dot{\boldsymbol{p}}=(\boldsymbol{K}_{11}-\boldsymbol{K}_{12}\boldsymbol{K}_{22}^{-1}\boldsymbol{K}_{21})\boldsymbol{q}+\boldsymbol{K}_{12}\boldsymbol{K}_{22}^{-1}\boldsymbol{p}-\boldsymbol{g} \tag{5.2.7b}$$

(5.2.7a)式为协调方程,而(5.2.7b)式是动力方程.为了简单起见,可引入矩阵

$$\boldsymbol{D}=\boldsymbol{K}_{22}^{-1},\quad \boldsymbol{A}=-\boldsymbol{K}_{22}^{-1}\boldsymbol{K}_{21},\quad \boldsymbol{B}=\boldsymbol{K}_{11}-\boldsymbol{K}_{12}\boldsymbol{K}_{22}^{-1}\boldsymbol{K}_{21} \tag{5.2.8}$$

对偶微分方程成为

$$\dot{\boldsymbol{q}}=\boldsymbol{A}\boldsymbol{q}+\boldsymbol{D}\boldsymbol{p}+\boldsymbol{f}_q,\quad \dot{\boldsymbol{p}}=\boldsymbol{B}\boldsymbol{q}-\boldsymbol{A}^{\mathrm{T}}\boldsymbol{p}+\boldsymbol{f}_p \tag{5.2.9a,b}$$

其中 $\boldsymbol{f}_q=\boldsymbol{0}$,$\boldsymbol{f}_p=-\boldsymbol{g}$.由于 $\boldsymbol{K}_{22}$与 $\boldsymbol{K}_{11}$皆为对称矩阵,$\boldsymbol{K}_{22}$正定,故知 $\boldsymbol{D}$ 也为正定对称,且 $\boldsymbol{B}^{\mathrm{T}}=\boldsymbol{B}$.

(5.2.9a,b)式是非齐次方程组,其求解应当先解决其齐次方程组(齐次的协调与动力方程)

$$\dot{\boldsymbol{q}} = \boldsymbol{A}\boldsymbol{q} + \boldsymbol{D}\boldsymbol{p}, \quad \dot{\boldsymbol{p}} = \boldsymbol{B}\boldsymbol{q} - \boldsymbol{A}^{\mathrm{T}}\boldsymbol{p} \tag{5.2.10a,b}$$

相应地可引入哈密顿函数

$$H(\boldsymbol{q},\boldsymbol{p}) = \boldsymbol{p}^{\mathrm{T}}\boldsymbol{D}\boldsymbol{p}/2 + \boldsymbol{p}^{\mathrm{T}}\boldsymbol{A}\boldsymbol{q} - \boldsymbol{q}^{\mathrm{T}}\boldsymbol{B}\boldsymbol{q}/2 \tag{5.2.11}$$

其相应的变分原理为

$$S = \int_{z_0}^{z_f}[\boldsymbol{p}^{\mathrm{T}}\dot{\boldsymbol{q}} - H(\boldsymbol{q},\boldsymbol{p})]\mathrm{d}t, \quad \delta S = 0 \tag{5.2.12}$$

完成其变分的推导,就得到(5.2.10a,b)式.其实这就是线性的哈密顿体系.当前的对偶方程组(5.2.10a,b)式还应与陀螺系统的(2.3.9a,b)式相对比,除了 $\boldsymbol{B}$ 阵前的正负号之外,是一样的.当前的课题是连续坐标为空间坐标,因此边界条件应当给定在 $z_0=0$ 与 $z_f=L$ 的两端;而陀螺系统则连续坐标为时间,其边界条件应当给出在 $t=t_0$ 处.两端边值问题具有结构力学、弹性力学问题的特点,从边值问题给法来看,相当于椭圆型偏微分方程,而初值边界条件则具有双曲型偏微分方程的特点.从分析力学的角度看,$S(z_0,\boldsymbol{q}_0;z_f,\boldsymbol{q}_f)$是**作用量**函数;但从结构力学的角度看,它是**变形能**函数.

将对偶向量 $\boldsymbol{q},\boldsymbol{p}$ 合在一起组成状态向量$\boldsymbol{v}(z)$

$$\boldsymbol{v} = (\boldsymbol{q}^{\mathrm{T}},\boldsymbol{p}^{\mathrm{T}})^{\mathrm{T}}, \quad \dot{\boldsymbol{v}} = \boldsymbol{H}\boldsymbol{v} \tag{5.2.13}$$

$$\boldsymbol{H} = \begin{bmatrix} \boldsymbol{A} & \boldsymbol{D} \\ \boldsymbol{B} & -\boldsymbol{A}^{\mathrm{T}} \end{bmatrix} \tag{5.2.14}$$

以及在两端的边界条件,这可以按不同边界来确定.矩阵 $\boldsymbol{H}$ 是哈密顿矩阵,其特点为

$$\boldsymbol{J} = \begin{pmatrix} \boldsymbol{0} & \boldsymbol{I} \\ -\boldsymbol{I} & \boldsymbol{0} \end{pmatrix}, \quad \boldsymbol{J}\boldsymbol{H} = \begin{bmatrix} \boldsymbol{B} & -\boldsymbol{A}^{\mathrm{T}} \\ -\boldsymbol{A} & -\boldsymbol{D} \end{bmatrix}, \quad (\boldsymbol{J}\boldsymbol{H})^{\mathrm{T}} = \boldsymbol{J}\boldsymbol{H}$$

对应的哈密顿函数 $H(\boldsymbol{q},\boldsymbol{p}) = -\boldsymbol{v}^{\mathrm{T}}(\boldsymbol{J}\boldsymbol{H})\boldsymbol{v}/2$ 是 $\boldsymbol{q},\boldsymbol{p}$ 的二次齐次函数,这是线性体系的特征.

哈密顿函数 $H(\boldsymbol{q},\boldsymbol{p})$也称**混合能密度**,相对应的拉格朗日函数 $L(\boldsymbol{q},\dot{\boldsymbol{q}})$就是势能密度.注意以往讲弹性力学变分原理,其变形

能函数或者全用应变(位移)为自变量,即变形能密度 $U_0(\varepsilon)$;或者全用应力为自变量,即应变余能密度 $U_0^*(\sigma)$. 这类表示方法都不是混合能. 哈密顿函数的表示则部分采用了位移与应变,另一部分采用对偶变量,且其值既不是应变能密度,也不是应变余能密度,而是二者的综合,所以可称为**混合能密度**.

混合能密度可以取正值,也可以取负值,它是不定的. 而弹性应变能密度或应变余能密度则是正定的(静力问题).

过去讲分析动力学体系时,拉格朗日函数的构成是(动能 - 势能),为什么是减号使很多人困惑;而其对应的哈密顿函数的构成为(动能 + 势能),很容易就接受了. 现在将长度坐标当成是时间坐标 t,推导了平行于分析动力学一套的哈密顿体系,也有类似情况. 当前拉格朗日函数就是应变能密度,很容易理解;然而其哈密顿函数成为混合能,也使人困惑,恰好将动力学的情况倒过来了. 表现在对偶方程中,也就是 $\boldsymbol{B}$ 阵前的正负号之差.

从分析力学中看到,哈密顿体系理论是很一般的,并不限于线性体系. 当前用于处理线性弹性力学的课题,当然就反映了线性哈密顿体系的内容. 应当指出,**哈密顿体系对于非线性弹性体系也是好用的**,但并不是所有非线性系统都能分离变量. 然而线性系统的分析计算是有把握的,线性问题能分离变量. 在非线性振动问题的推导上已经见到,线性问题的本征解及相应的正则变换是处理非线性课题的基础. 这是很重要的.

以上这一段是对于一般的 n 维的位移 $\boldsymbol{q}$ 而讲的,现在来用于铁木辛柯梁的课题上. 此时 $n=2$,且对偶变量

$$\boldsymbol{p} = \boldsymbol{K}_{22}\dot{\boldsymbol{q}} + \boldsymbol{K}_{21}\boldsymbol{q} = (kGA(\dot{u}-\psi), EJ\dot{\psi})^{\mathrm{T}} = (Q, -M)^{\mathrm{T}}$$

其力学意义为广义内力. 再看其矩阵

$$\boldsymbol{D} = \begin{pmatrix} (kGA)^{-1} & 0 \\ 0 & (EJ)^{-1} \end{pmatrix}$$

$$\boldsymbol{A} = \begin{pmatrix} 0 & 1 \\ 0 & 0 \end{pmatrix}, \quad \boldsymbol{B} = \begin{pmatrix} -\rho\omega^2 A & 0 \\ 0 & -\rho\omega^2 J \end{pmatrix}$$

其哈密顿函数的**混合能密度**为

$$H(\boldsymbol{q},\boldsymbol{p}) = Q\psi + Q^2(kGA)^{-1}/2 + M^2/(2EJ) + \rho\omega^2(Au^2 + J\psi^2)/2$$

它是不定的二次函数，自变函数为 u,ψ,Q,M，其中并无对 z 的微商.

5.3 分离变量，本征问题，共轭辛正交归一

对偶方程(5.2.9a,b)的求解大体上可分为两类方法，直接积分法与分离变量法. 直接积分法对当前的两端边值问题的积分比较费事，对于维数 n 不太大时可以用**精细积分法**来计算. 即使用精细积分也应注意，如将它当成初值问题来硬做，将会碰到严重的**数值病态**问题，对于两端边值问题的精细积分应当采用求解黎卡提(Riccati)微分方程的算法，方能取得较好的效果. 后文于 5.7 节将给出其精细积分算法.

分离变量法与本征向量展开法求解，也是非常有效的. 有时应当将两者混合使用. 这里先讲分离变量法. 齐次方程

$$\dot{\boldsymbol{v}} = \boldsymbol{H}\boldsymbol{v} \tag{5.3.1}$$

中的 $\boldsymbol{H}$ 是哈密顿矩阵. 分离变量法要寻求以下形式的解：

$$\boldsymbol{v}(z) = \boldsymbol{\psi}\cdot Z(z) \tag{5.3.2}$$

其中 $Z(z)$只是 z 的函数，而与 $\boldsymbol{v}$ 的哪一个分量无关；而 $\boldsymbol{\psi}$ 则是 $2n$ 维的向量，它与 z 无关

$$\boldsymbol{\psi} = (\psi_1,\cdots,\psi_{2n})^{\mathrm{T}} \tag{5.3.3}$$

它代表了‘横向’的变化. 将(5.3.2)式代入(5.2.13)式可导出

$$\boldsymbol{H}\boldsymbol{\psi}_i = (\dot{Z}/Z)\boldsymbol{\psi}_i,\quad i = 1,2,\cdots,2n$$

上式左端与 z 无关，因此右端的$(\dot{Z}/Z)$也必与坐标 z 无关，只能为常量，记为 μ. 这样有 $Z(z)=\exp(\mu z)$，以及

$$\boldsymbol{H}\boldsymbol{\psi} = \mu\cdot\boldsymbol{\psi} \tag{5.3.4}$$

这就是哈密顿矩阵的本征问题了.

$2n$ 维矩阵的本征方程一定有 $2n$ 个根 $\mu_i(i=1,2,\cdots,2n)$. 哈

密顿矩阵的这些本征根是有特点的. 将(5.3.4)式左乘 $\boldsymbol{J}$, 且因 $\boldsymbol{J}^2 = -\boldsymbol{I}_{2n}$, 有

$$-\boldsymbol{JHJ}\cdot\boldsymbol{J\psi}=\mu\cdot\boldsymbol{J\psi},\quad 或\quad \boldsymbol{H}^{\mathrm{T}}(\boldsymbol{J\psi})=-\mu(\boldsymbol{J\psi})$$

这说明 $\boldsymbol{H}$ 的转置矩阵必有以 $\boldsymbol{J\psi}$ 为其本征向量而以 $-\mu$ 为其本征值的解. 由于转置阵与原阵应有相同的本征值, 因此推知 $\boldsymbol{H}$ 阵必定还有本征值 $-\mu$. 这样, $2n$ 个本征值可以分成为如下二组:

$$(\alpha)\mu_i,\quad \mathrm{Re}(\mu_i)<0 \text{ 或 } \mathrm{Re}(\mu_i)=0\wedge \mathrm{Im}(\mu_i)>0 \quad (i=1,2,\cdots,n) \tag{5.3.5a}$$

$$(\beta)\mu_{n+i}=-\mu_i \qquad (i=1,2,\cdots,n) \tag{5.3.5b}$$

在(α)组中还可以按 $\mathrm{Re}(\mu_i)$ 的大小来编排, 例如负得越少越在前.

$\boldsymbol{H}$ 阵是不对称矩阵, 因此可能出现复数根, 而且还可能产生重根. 出现重根时还可以有若尔当(Jordan)型的本征向量与次级本征向量发生. 在弹性力学问题中不能完全回避若尔当型. $\mathrm{Re}(\mu)=0$ 时出现若尔当型是可能的; 在 $\mathrm{Re}(\mu)\neq 0$ 时出现若尔当型是很偶然的, 例如对边简支板的弯曲. 在一般理论推导中, 对这种偶然情况并不很强调, 虽然在理论上仍是很感兴趣的.

本征值 $\mu=0$ 是特殊情况. 该值并不包含在(5.3.5)式中. 所以(5.3.5)式的写法仍嫌不足. 在结构静力学、弹性静力学中 $\mu=0$ 是常见的, 这正是简单的情况, 反而容易求解. 但在理论上却带来了某种问题, 此时 $\mu=-\mu$, 其对偶的本征向量与其若尔当型的解混在一起. 其处理是应当将零本征值解的子空间先行求出, 并将哈密顿矩阵降维到不含有零本征值, 使之适应于(5.3.5)式的划分.

零本征值解是结构力学或弹性力学解中最重要的部分, 因为它没有指数衰减的性质. 在波传播问题中, $\mathrm{Re}(\mu)=0$ 的解也没有指数衰减部分, 相应于传播波的解, 也是非常重要的. 而 $\mathrm{Re}(\mu)\neq 0$ 的解则反映了局部效应.

5.3.1 共轭辛正交归一关系

实对称矩阵的本征问题因结构振动、稳定理论, 以及其他理论的需要已作了深入的研究. 它的全部本征值皆为实数, 即使有重根

也不会有若尔当型；全部本征向量互相皆正交，因此可以正交归一化；以本征向量为列编排而成的矩阵必为正交矩阵. 这些本征向量张成了全空间，该空间的任一向量皆可由这些本征向量线性组合而成，这就是展开定理.

哈密顿矩阵的本征问题也可证明其**共轭辛正交**归一关系. 设有编号为 i 与 j 的两个本征向量

$$\boldsymbol{H\psi}_i = \mu_i\boldsymbol{\psi}_i, \quad \boldsymbol{H\psi}_j = \mu_j\boldsymbol{\psi}_j$$

运用(5.3.4)式以下的推导有 $\boldsymbol{H}^{\mathrm{T}}\boldsymbol{J\psi}_i = -\mu_i\boldsymbol{J\psi}_i$；再用 $\boldsymbol{\psi}_j^{\mathrm{T}}$ 左乘该式，并因纯量可任意取其转置，故

$$\boldsymbol{\psi}_j^{\mathrm{T}}\boldsymbol{H}^{\mathrm{T}}\boldsymbol{J\psi}_i = -\boldsymbol{\psi}_i\boldsymbol{JH\psi}_j = -\mu_i\boldsymbol{\psi}_j^{\mathrm{T}}\boldsymbol{J\psi}_i = \mu_i\boldsymbol{\psi}_i^{\mathrm{T}}\boldsymbol{J\psi}_j$$

另一方面，以 $\boldsymbol{\psi}_i^{\mathrm{T}}\boldsymbol{J}$ 左乘 $\boldsymbol{\psi}_j$ 的本征方程有 $\boldsymbol{\psi}_i^{\mathrm{T}}\boldsymbol{JH\psi}_j = \mu_j\boldsymbol{\psi}_i^{\mathrm{T}}\boldsymbol{J\psi}_j$，两式相加有

$$(\mu_i + \mu_j)\boldsymbol{\psi}_i^{\mathrm{T}}\boldsymbol{J\psi}_j = 0 \tag{5.3.6}$$

从这个方程即得到本征向量之间的**共轭辛正交关系**

$$\boldsymbol{\psi}_i^{\mathrm{T}}\boldsymbol{J\psi}_j = 0, \quad \text{当 } \mu_i + \mu_j \neq 0 \text{ 时} \tag{5.3.7}$$

先考虑全部本征值皆为单重的情形. $2n$ 个本征根可以按(5.3.5)式所示分组编排. 对于 $\mu_i(i \leqslant n)$ 的本征向量 $\boldsymbol{\psi}_i$，只有一个 $j = n + i$ 的 $\boldsymbol{\psi}_j$ 与之非辛正交，即共轭；其余 $2n-1$ 个本征向量包括 $\boldsymbol{\psi}_i$ 自身，与 $\boldsymbol{\psi}_i$ 全是辛正交的. 读者在此见到，这一段与陀螺系统振动的哈密顿矩阵本征解是平行的.

回顾对称矩阵本征问题中的正交关系为 $\boldsymbol{\psi}_i^{\mathrm{T}}\cdot\boldsymbol{\psi}_j = 0$，或写成为 $\boldsymbol{\psi}_i^{\mathrm{T}}\boldsymbol{I\psi}_j = 0$，即向量内积等于零. 与共轭辛正交的公式相比为 $\boldsymbol{I}$ 换成了 $\boldsymbol{J}$，这相当于**度量矩阵由欧几里得型过度到了辛型**了. 相应地就有了向量**辛内积**的概念，两个向量 $\boldsymbol{v}_i, \boldsymbol{v}_j$ 的辛内积定义为

$$\boldsymbol{v}_i^{\mathrm{T}}\boldsymbol{J v}_j = -\boldsymbol{v}_j^{\mathrm{T}}\boldsymbol{J v}_i$$

在单本征根时，应当证明**互相辛共轭的一对本征向量不可能辛正交**，即

$$\boldsymbol{\psi}_i^{\mathrm{T}}\boldsymbol{J\psi}_{n+i} = 1, \quad i = 1,2,\cdots,n \tag{5.3.8}$$

其中由于本征向量可以任选常数乘子，因此总可以使其“归一”，因

此写成了辛归一之形.其证明可以运用**代数基本定理**,如下.单根意味着其若尔当型方程$(\boldsymbol{H}-\mu_i\boldsymbol{I})\boldsymbol{v}=\boldsymbol{\psi}_i$无解.代数基本定理要求其转置阵方程$(\boldsymbol{H}^{\mathrm{T}}-\mu_i\boldsymbol{I})\boldsymbol{v}_*=\mathbf{0}$的解$\boldsymbol{v}_*$,与$\boldsymbol{\psi}_i$不正交,即$\boldsymbol{v}_*^{\mathrm{T}}\boldsymbol{\psi}_i\neq 0$.但$\boldsymbol{J}\boldsymbol{v}_*=\boldsymbol{\psi}_{n+i}$,于是知$\boldsymbol{\psi}_{n+i}^{\mathrm{T}}\boldsymbol{J}\boldsymbol{\psi}_i\neq 0$,通过常数选择,即达到(5.3.8)式的辛归一.

$\boldsymbol{\psi}_i$与$\boldsymbol{\psi}_{n+i}$有二个任意常数,故可令

$$\boldsymbol{\psi}_i^{\mathrm{T}}\boldsymbol{\psi}_i=\boldsymbol{\psi}_{n+i}^{\mathrm{T}}\boldsymbol{\psi}_{n+i},\quad i=1,2,\cdots,n \tag{5.3.9}$$

(5.3.7)式及(5.3.8)式在一起即共轭辛正交归一关系.将$2n$个$\boldsymbol{\psi}_i$当作列,组成$2n\times 2n$的矩阵

$$\boldsymbol{\Psi}=[\boldsymbol{\psi}_1,\boldsymbol{\psi}_2,\cdots,\boldsymbol{\psi}_{2n}] \tag{5.3.10}$$

根据共轭辛正交关系,不难验明

$$\boldsymbol{\Psi}^{\mathrm{T}}\boldsymbol{J}\boldsymbol{\Psi}=\boldsymbol{J} \tag{5.3.11}$$

凡满足上式的矩阵$\boldsymbol{\Psi}$,皆称**辛矩阵**.该式也可以作为辛矩阵的定义.辛矩阵有突出的性质.

(1)辛矩阵的乘积仍为辛矩阵;

(2)辛矩阵的逆阵为辛矩阵;转置阵也是辛矩阵;

(3)单位阵是辛矩阵,$\boldsymbol{J}$也是辛矩阵;

(4)辛矩阵的行列式值为1(还有-1的,是另一支辛矩阵的子群).

$\boldsymbol{\Psi}$作为本征向量阵,显然有

$$\boldsymbol{\Psi}^{-1}\boldsymbol{H}\boldsymbol{\Psi}=\mathrm{diag}(\mu_1,\mu_2,\cdots,\mu_n;-\mu_1,\cdots,-\mu_n) \tag{5.3.12}$$

5.3.2 展开定理

既然$2n$个本征向量线性无关,则该$2n$维的状态空间内任一向量$\boldsymbol{g}$皆可由这些本征向量的线性组合来表示,即

$$\boldsymbol{g}=\sum_{i=1}^{n}(a_i\boldsymbol{\psi}_i+b_i\boldsymbol{\psi}_{n+i}) \tag{5.3.13}$$

其中a_i,b_i为待定系数.利用共轭辛正交归一关系,有

$$a_i = -\boldsymbol{\psi}_{n+i}^{\mathrm{T}} \boldsymbol{J} \boldsymbol{g}, \quad b_i = \boldsymbol{\psi}_i^{\mathrm{T}} \boldsymbol{J} \boldsymbol{g} \tag{5.3.14}$$

这就是**展开定理**.

哈密顿矩阵本征值问题、辛正交这些内容,是引入了对偶变量、状态空间等而导出的.过去在铁木辛柯的教材系统中不曾出现过这些概念.以上的讲述是从数学分离变量的角度推导的,物理的体现不够;但这些理论又是从力学问题导出的,理应有其力学意义.即,辛正交的背景就是**功的互等原理**(Betti)[87,88].后文 5.4.2 节将会论及.

5.4 本征值多重根与若尔当型

以上的推导是在本征值为单根的条件下作出的.但哈密顿矩阵是不对称阵,此时对应于多重根(m 重),可能有若尔当型出现.对于一般矩阵有以下定理[40,41]:对于 $n \times n$ 矩阵 $\boldsymbol{A}$,一定存在一个 $n \times n$ 非奇异矩阵 $\boldsymbol{X}$,其元素可取复值,使

$$\boldsymbol{A}\boldsymbol{X} = \boldsymbol{X} \times \mathrm{diag}(\boldsymbol{J}_1, \boldsymbol{J}_2, \cdots, \boldsymbol{J}_t) \tag{5.4.1a}$$

其中

$$\boldsymbol{J}_i = \begin{pmatrix} \lambda_i & 1 & & 0 \\ & \lambda_i & & \\ & & \ddots & 1 \\ 0 & & & \lambda_i \end{pmatrix} \quad m_i \text{ 维} \tag{5.4.1b}$$

且 $m_1 + m_2 + \cdots + m_t = n$. $\boldsymbol{J}_i$ 叫做若尔当块,在 $\boldsymbol{X}$ 中有 m_i 个本征向量及次级本征向量与之对应,相当于 m_i 重本征值 λ_i.方程为

$$\begin{aligned} \boldsymbol{A}\boldsymbol{x}_{i1} &= \boldsymbol{\lambda}_i \boldsymbol{x}_{i1} \\ \boldsymbol{A}\boldsymbol{x}_{i2} &= \boldsymbol{\lambda}_i \boldsymbol{x}_{i2} + \boldsymbol{x}_{i1} \\ &\cdots\cdots\cdots\cdots \\ \boldsymbol{A}\boldsymbol{x}_{im_i} &= \boldsymbol{\lambda}_i \boldsymbol{x}_{im_i} + \boldsymbol{x}_{i(m_i-1)} \end{aligned} \tag{5.4.1c}$$

对于每一个若尔当块,$i = 1, 2, \cdots, t$,都有这样一套方程.以上是对于一般 $n \times n$ 矩阵 $\boldsymbol{A}$ 的定理.

哈密顿矩阵是有其结构的,不应将全部若尔当块及方程全按(5.4.1)式安排.设 μ_i 是 m_i 重本征根,则 $-\mu_i$ 也必是 m_i 重本征根.为了保持其矩阵结构,互为辛共轭的对偶块应为

$$\boldsymbol{J}_i = \begin{pmatrix} \mu_i & 1 & & 0 \\ & \mu_i & 1 & \\ & & \cdots & 1 \\ 0 & & & \mu_i \end{pmatrix}, \quad -\boldsymbol{J}_i^{\mathrm{T}} = \begin{pmatrix} -\mu_i & 0 & & 0 \\ -1 & -\mu_i & & \\ & -1 & \cdots & 0 \\ 0 & & -1 & -\mu_i \end{pmatrix} \tag{5.4.2a,b}$$

因此原有的若尔当型(5.4.1)还应作出一定的修改,使之适应(5.4.2)哈密顿矩阵的形式.这里要说明,用**辛矩阵对哈密顿矩阵作相似变换**

$$\boldsymbol{H}_p = \boldsymbol{S}^{-1}\boldsymbol{HS}, \quad \boldsymbol{S}^{\mathrm{T}}\boldsymbol{JS} = \boldsymbol{J} \tag{5.4.3}$$

则因 $\boldsymbol{JH}_p = \boldsymbol{JS}^{-1}\boldsymbol{HS} = (\boldsymbol{JS}^{-1}\boldsymbol{J})(\boldsymbol{JHJ})\boldsymbol{JS} = -\boldsymbol{S}^{\mathrm{T}}\boldsymbol{H}^{\mathrm{T}}\boldsymbol{S}^{-T}\boldsymbol{J} = (\boldsymbol{JS}^{-1}\boldsymbol{HS})^{\mathrm{T}} = (\boldsymbol{JH}_p)^{\mathrm{T}}$ 故知 $\boldsymbol{H}_p$ 仍为**哈密顿矩阵**.

按若尔当型原有的构造规则,其本征值为 $-\mu_i$ 的若尔当块为

$$\begin{pmatrix} \mu_i & 1 & & 0 \\ & \mu_i & 1 & \\ & & \cdots & 1 \\ 0 & & & \mu_i \end{pmatrix}$$

对应于

$$\boldsymbol{H\psi}_{n+i} = -\mu_i\boldsymbol{\psi}_{n+i}$$
$$\boldsymbol{H\psi}_{n+i+1} = -\mu_i\boldsymbol{\psi}_{n+i+1} + \boldsymbol{\psi}_{n+i}$$
$$\cdots\cdots\cdots\cdots$$
$$\boldsymbol{H\psi}_{n+i+m_i-1} = -\mu_i\boldsymbol{\psi}_{n+i+m_i-1} + \boldsymbol{\psi}_{n+i+m_i-2}$$

该形式显然不符哈密顿矩阵的构造.将若尔当块换成(5.4.2b)式的形式,则应掉换其向量的次序.其规则为,首先将次级本征向量交替地改符号,即将 $\boldsymbol{\psi}_{n+i+1}, \boldsymbol{\psi}_{n+i+3}, \cdots$ 等向量乘以 -1,而其余向量不改符号;然后再将次序倒排.这样就可将若尔当块变换为(5.4.2b)式之形.

本征向量为单重根时,按(5.3.2)式即得状态向量的解.出现

若尔当型时,其(α)类本征值 μ_i 所对应的状态向量解为

$$
\begin{aligned}
\boldsymbol{v}_i &= \boldsymbol{\psi}_i \exp(\mu_i z) \\
\boldsymbol{v}_i^{(1)} &= [\boldsymbol{\psi}_{i+1} + z \cdot \boldsymbol{\psi}_i]\exp(\mu_i z) \\
\boldsymbol{v}_i^{(2)} &= [\boldsymbol{\psi}_{i+2} + z\boldsymbol{\psi}_{i+1} + (z^2/2!) \cdot \boldsymbol{\psi}_i]\exp(\mu_i z)
\end{aligned}
\tag{5.4.4}
$$

以上假设 μ_i 为 3 重根. 相应地 $-\mu_i = \mu_{n+i}$ 也是 3 重根,按原来若尔当型的解为

$$
\begin{aligned}
\boldsymbol{v}_{n+i} &= \boldsymbol{\psi}_{n+i} \exp(-\mu_i z) \\
\boldsymbol{v}_{n+i}^{(1)} &= [\boldsymbol{\psi}_{n+i+1} + z \cdot \boldsymbol{\psi}_{n+i}]\exp(-\mu_i z) \\
\boldsymbol{v}_{n+i}^{(2)} &= [\boldsymbol{\psi}_{n+i+2} + z\boldsymbol{\psi}_{n+i+1} + (z^2/2!) \cdot \boldsymbol{\psi}_{n+i}]\exp(-\mu_i z)
\end{aligned}
$$

式中的次级本征向量并未掉换,因此不合于(5.4.2b)式. 此时用本征向量与次级本征向量为列编排的 $\boldsymbol{\Psi}$ 阵就不是辛矩阵了. 要保持共轭辛正交归一关系,必须变换到(5.4.2b)式相对应的若尔当块. 这个变换的必要性还可以从共轭辛正交归一的力学意义方面得到解释,见 5.4.2 节.

以上的若尔当型还没有讲到零本征值. 为容易理解起见,可以先从具体的课题讲起.

5.4.1 铁木辛柯梁理论的波传播分析及其推广

以上所述是单连续坐标下一般的理论. 对于铁木辛柯的梁理论,有

$$
\boldsymbol{H} = \begin{pmatrix} 0 & 1 & 1/kGA & 0 \\ 0 & 0 & 0 & 1/EJ \\ -\rho\omega^2 A & 0 & 0 & 0 \\ 0 & -\rho\omega^2 J & -1 & 0 \end{pmatrix}
$$

$$
\det(\boldsymbol{H} - \mu \boldsymbol{I}) = 0 \tag{5.4.5}
$$

展开行列式,有

$$
\mu^4 + \mu^2 \rho\omega^2(1/E + 1/kG) + \rho^2\omega^4/(EGk) - \rho\omega^2 A/EJ = 0
$$

自该方程已见到,μ 与 $-\mu$ 同时为本征根,符合哈密顿矩阵的特

征. 这是对 μ^2 的二次方程,其判别式为

$$\rho^2\omega^4(1/E - 1/Gk)^2 + \rho\omega^2 A/EJ > 0$$

因此 μ^2 必为实根. 但尚应区分,(1)μ^2 为二个负根,(2)μ^2 为一个负根,一个实根,两种情况. 分界线为

$$\omega_{cr}^2 = kGA/(\rho J) \tag{5.4.6}$$

当 ω^2 较大时,μ^2 有二个负根. 将本征根记为 $\mu_1 \mathrm{i}, \mu_2 \mathrm{i}; -\mu_1 \mathrm{i}, -\mu_2 \mathrm{i}$,于是状态向量的解为

$$\boldsymbol{v}_1(z) = \boldsymbol{\psi}_1 \exp(\mathrm{i}\mu_1 z), \quad \boldsymbol{v}_2(z) = \boldsymbol{\psi}_2 \exp(\mathrm{i}\mu_2 z)$$

等. 这相当于

$$\begin{aligned}
\tilde{\boldsymbol{v}}_1(z,t) &= \boldsymbol{\psi}_1 \exp[\mathrm{i}(\mu_1 z - \omega t)] \\
\tilde{\boldsymbol{v}}_2(z,t) &= \boldsymbol{\psi}_2 \exp[\mathrm{i}(\mu_2 z - \omega t)] \\
\tilde{\boldsymbol{v}}_3(z,t) &= \boldsymbol{\psi}_3 \exp[\mathrm{i}(-\mu_1 z - \omega t)] \\
\tilde{\boldsymbol{v}}_4(z,t) &= \boldsymbol{\psi}_4 \exp[\mathrm{i}(-\mu_2 z - \omega t)]
\end{aligned}$$

其中 $\tilde{\boldsymbol{v}} = \{\tilde{u}, \widetilde{\psi}, \widetilde{Q}, -\widetilde{M}\}^{\mathrm{T}}$. 显然,这是二对传播波,其波速分别为 $\omega/\mu_1, \omega/\mu_2$. 而且分别沿 $+z$ 方向与 $-z$ 方向行进.

再看一个负根另一个为正根的情况. 负根表示有一对传播波,分别向 z 的正向与 z 的负向传输;正根则将产生

$$\boldsymbol{v}_1(z) = \boldsymbol{\psi}_1 \exp(-\mu_1 z), \quad \boldsymbol{v}_3(z) = \boldsymbol{\psi}_3 \exp(\mu_1 z)$$

的解. 这类解表现为**局部振动**的形式,而且可以引发**共振现象**,应于重视. 对于传播波引起的"波激共振",后文还将讨论.

当 $\omega^2 = \omega_{cr}^2$ 时,μ^2 会出现零根,即 μ 的二个零根. 此时将出现若尔当型. 其本征向量可求自方程

$$\begin{array}{ccccccccc}
0 & + & \psi & + & Q/(kGA) & + & 0 & = & 0 \\
0 & + & 0 & + & 0 & & -M/EJ & = & 0 \\
-kGA^2 u/J & + & 0 & + & 0 & + & 0 & = & 0 \\
0 & & -kGA\psi & - & Q & + & 0 & = & 0
\end{array}$$

得

$$\boldsymbol{\psi}_1^{(0)} = \{u = 0, \psi = -1, Q = kGA, -M = 0\}^{\mathrm{T}} \tag{5.4.7}$$

再列出其一阶若尔当型的方程 $\boldsymbol{H}\boldsymbol{\psi}_1^{(1)} = \boldsymbol{\psi}_1^{(0)}$,

$$
\begin{array}{ccccc}
0 & + \psi & + Q/(kGA) + & 0 & = 0 \\
0 & + 0 + & 0 & - M/EJ & = -1 \\
-kGA^2 u/J + & 0 + & 0 & + 0 & = kGA \\
0 & -kGA\psi - & Q & + 0 & = 0
\end{array}
$$

得

$$
\boldsymbol{\psi}_1^{(1)} = (u = -J/A, \psi = 0, Q = 0, -M = -EJ)^{\mathrm{T}} \tag{5.4.8}
$$

的次级本征向量,其中 $\boldsymbol{\psi}_1^{(1)}$ 也可任意加上 $a\boldsymbol{\psi}_1^{(0)}$,作线性相加.

由本征向量 $\boldsymbol{\psi}_1^{(0)}$,按(5.3.2)式即可得状态齐次方程(5.2.13)的解,

$$
\boldsymbol{v}_1 = \boldsymbol{\psi}_1^{(0)}, \quad \tilde{\boldsymbol{v}}_1(z,t) = \boldsymbol{\psi}_1^{(0)} \mathrm{e}^{\mathrm{i}\omega_{cr} t}
$$

就是状态方程的解.但次级本征方程向量本身不是解.它必须按(5.4.3)式的规则组成状态微分方程(5.2.13)的解

$$
\boldsymbol{v}_2 (= \boldsymbol{v}_1^{(1)}) = [\boldsymbol{\psi}_1^{(1)} + z\boldsymbol{\psi}_1^{(0)}], \quad \tilde{\boldsymbol{v}}_2 = \boldsymbol{v}_2 \mathrm{e}^{\mathrm{i}\omega_{cr} t}
$$

应当看到,$\boldsymbol{\psi}_1^{(0)}$ 与 $\boldsymbol{\psi}_1^{(1)}$ 互相是辛共轭的,这可直接验证.

对于 ω_{cr}^2,还有 μ^2 的负根 $\mu^2 = -A(1 + kG/E)/J$,故

$$
\mu_{3,4} = \mp \mathrm{i} \cdot \sqrt{(A/J)(1 + kG/E)}
$$

其相应本征向量应满足

$$
\begin{array}{ccccc}
-\mu u & + \psi & + Q/(kGA) + & 0 & = 0 \\
0 & - \mu\psi + & 0 & - M/EJ & = 0 \\
-kGA^2 u/J + & 0 - & \mu Q & + 0 & = 0 \\
0 & -kGA\psi - & Q & + \mu M & = 0
\end{array}
$$

由此解出本征向量

$$
\boldsymbol{\psi}_i = (-1/(kGA), 1/(\mu_i EJ), A/(\mu_i J), 1)^{\mathrm{T}} \quad (i = 3,4)
$$

这二个向量也是互相辛共轭的.除上这二个辛共轭之外,其余的向量之间皆为辛正交,这也可以直接验证的.

以上在 ω_{cr}^2 时,有了 $\mu = 0$ 的若尔当型的经验.由于 $\omega_{cr}^2 \neq 0$,故从传播波的角度看,其相速度趋于无穷!但这是仅从单色波的角度看问题.波传播代表一种能量传递过程,因此观察其波的群速度

更有意义.

当 $\omega=0$ 时的静力问题时,本征值方程成为 $\mu^4=0$,零本征根是四重的.这类情形在弹性静力学中是常见的.此时本征向量的方程连同其各个若尔当型次级本征向量的方程可写为

$$\begin{array}{llllll} & & \boldsymbol{\psi}^{(0)} & \boldsymbol{\psi}^{(1)} & \boldsymbol{\psi}^{(2)} & \boldsymbol{\psi}^{(3)} \\ 0+\psi+Q/(kGA)+0 & =0 & 1 & 0 & 0 & 0 \\ 0+0+0-M/EJ & =0 & 0 & 1 & 0 & EJ/(kGA) \\ 0+0+0+0 & =0 & 0 & 0 & 0 & -EJ \\ 0+0-Q+0 & =0 & 0 & 0 & EJ & 0 \end{array} \tag{5.4.9}$$

上式右端第1列全为零,对它求解得到本征向量

$$\boldsymbol{\psi}^{(0)}=\{u=1,\psi=0,Q=0,-M=0\}^{\mathrm{T}}$$

该向量就成为以上方程右端的第2列.对该方程右端第2列求解,就得到一阶若尔当型的次级本征向量 $\boldsymbol{\psi}^{(1)}$,该向量又成为(5.4.9)式右端第3列.再继续对该右端项第3列求解,由于该向量与本征向量辛正交,因此仍能求得其二阶的若尔当型次级本征向量 $\boldsymbol{\psi}^{(2)}$,该向量又成为(5.4.9)式右端第4列.再继续对该右端第4列求解.由于该向量与本征向量依然为辛正交,因此仍解出其三阶若尔当型次级本征向量 $\boldsymbol{\psi}^{(3)}$,该向量成为方程右端的第5列.该次级本征向量与本征向量是辛共轭的,因此该方程已不能继续求解.若尔当型至此断绝.

至此已求出全部若尔当型次级本征向量.这些 $\boldsymbol{\psi}$ 并不必定是原方程(5.2.13)的解.但可以从这些向量构造出原方程的解:

$$\left.\begin{array}{ll} \boldsymbol{v}_1=\boldsymbol{\psi}^{(0)}, & \text{平移} \\ \boldsymbol{v}_2=\boldsymbol{\psi}^{(1)}+z\cdot\boldsymbol{\psi}^{(0)}, & \text{旋转} \\ \boldsymbol{v}_3=\boldsymbol{\psi}^{(2)}+z\boldsymbol{\psi}^{(1)}+z^2\boldsymbol{\psi}^{(0)}/2, & \text{纯弯曲} \\ \boldsymbol{v}_4=\boldsymbol{\psi}^{(3)}+z\boldsymbol{\psi}^{(2)}+z^2\boldsymbol{\psi}^{(1)}/2+z^3\boldsymbol{\psi}^{(0)}/3!, & \text{常剪力弯曲} \end{array}\right\} \tag{5.4.10}$$

解的物理解释很明确,具有典型性.这种静力零本征值若尔当型关

联的解也是典型的.在弹性静力学的平面、空间的圣维南问题求解中,这类物理意义的解释将一再出现[19].

5.4.2 共轭辛正交的物理解释——功的互等

共轭辛正交关系是一个数学名称,给出其物理背景可以帮助理解.力学系统原方程是(5.2.13)式,运用分离变量法.求出了本征解$(\mu_i,\boldsymbol{\psi}_i)$,$(\mu_j,\boldsymbol{\psi}_j)$后,可以组成原方程的解

$$\boldsymbol{v}_i = \boldsymbol{\psi}_i\exp(\mu_i z),\quad \boldsymbol{v}_j = \boldsymbol{\psi}_j\exp(\mu_j z) \quad (5.4.11\text{a,b})$$

方程(5.2.13)是由保守系统导来的,当然可以运用功的互等定理.

在 $z=0$ 及 $z=z_b$ 二处取截面,相应地有位移 $\boldsymbol{q}_{0i}$ 及力 $\boldsymbol{p}_{0i}$,与 $\boldsymbol{q}_{bi}$ 及 $\boldsymbol{p}_{bi}$;当然还有 $\boldsymbol{q}_{0j}$,$\boldsymbol{p}_{0j}$ 以及 $\boldsymbol{q}_{bj}$,$\boldsymbol{p}_{bj}$.功的互等要求分别计算解 i 的力对解 j 位移所作的功,以及解 j 的力对解 i 位移所作的功.现在写出解 i 的内力 $\boldsymbol{p}_i$ 对解 j 的位移 $\boldsymbol{q}_j$ 的功,由于 $\boldsymbol{p}_b$ 是内力,在 b 端为反向,故

$$\boldsymbol{p}_{0i}^{\mathrm{T}}\boldsymbol{q}_{0j} - \boldsymbol{p}_{bi}^{\mathrm{T}}\boldsymbol{q}_{bj} = [1-\exp(\mu_i+\mu_j)z]\cdot(\boldsymbol{p}_{0i}^{\mathrm{T}}\boldsymbol{q}_{0j})$$

这是因为由(5.4.11)式,$\boldsymbol{v}_{0i}=\boldsymbol{\psi}_i$,故 $\boldsymbol{\psi}_i=\{\boldsymbol{q}_{0i}^{\mathrm{T}},\boldsymbol{p}_{0j}^{\mathrm{T}}\}^{\mathrm{T}}$,对 j 同.另一方面,解 j 的内力 $\boldsymbol{p}_j$ 对解 i 的位移 $\boldsymbol{q}_i$ 的功为

$$\boldsymbol{p}_{0j}^{\mathrm{T}}\boldsymbol{q}_{0i} - \boldsymbol{p}_{bj}^{\mathrm{T}}\boldsymbol{q}_{bi} = [1-\exp(\mu_i+\mu_j)z](\boldsymbol{p}_{0j}^{\mathrm{T}}\boldsymbol{q}_{0i})$$

两者功相等,故有

$$[1-\exp(\mu_i+\mu_j)z](\boldsymbol{\psi}_i^{\mathrm{T}}\boldsymbol{J}\boldsymbol{\psi}_j) = 0 \qquad (5.4.12)$$

由此可知,除非$(\mu_i+\mu_j)=0$,否则 $\boldsymbol{\psi}_i$ 与 $\boldsymbol{\psi}_j$ 必然辛正交.这表明了**互等定理与共轭辛正交**的关系.这有明确的力学意义.

以上的推导是在单重本征根的前提下建立的,但还应当考虑 $\mu_i\neq 0$ 是 m_i 重本征根若尔当型的情况.此时的共轭辛正交归一关系当然也可以用(5.4.1)~(5.4.4)式来证明,物理意义更加清楚.(m_i+1)重本征根的若尔当型的方程为

$$\left.\begin{aligned}
&\boldsymbol{H}\boldsymbol{\psi}_i^{(0)} = \mu_i\boldsymbol{\psi}_i^{(0)}\\
&\boldsymbol{H}\boldsymbol{\psi}_i^{(1)} = \mu_i\boldsymbol{\psi}_i^{(1)} + \boldsymbol{\psi}_i^{(0)}\\
&\cdots\cdots\cdots\cdots\\
&\boldsymbol{H}\boldsymbol{\psi}_i^{(m_i)} = \mu_i\boldsymbol{\psi}_i^{(m_i)} + \boldsymbol{\psi}_i^{(m_i-1)}
\end{aligned}\right\} \qquad (5.4.13)$$

显然，次级本征向量 $\boldsymbol{\psi}_i^{(1)},\cdots,\boldsymbol{\psi}_i^{(m_i)}$ 可以任意叠加上 $\boldsymbol{\psi}_i^{(0)}$. 由(5.4.13)式可知原方程(5.2.13)有解

$$\left.\begin{aligned}
&\boldsymbol{v}_i^{(0)} = \boldsymbol{\psi}_i^{(0)}\exp(\mu_i z)\\
&\boldsymbol{v}_i^{(1)} = [\boldsymbol{\psi}_i^{(1)} + z\boldsymbol{\psi}_i^{(0)}]\exp(\mu_i z)\\
&\cdots\cdots\cdots\cdots\\
&\boldsymbol{v}_i^{(m_i)} = [\boldsymbol{\psi}_i^{(m_i)} + z\boldsymbol{\psi}_i^{(m_i-1)} + \cdots + (z^{m_i}/m_i!)\boldsymbol{\psi}_i^{(0)}]\exp(\mu_i z)
\end{aligned}\right\}\tag{5.4.14}$$

设另有本征解$(\mu_j,\boldsymbol{\psi}_j)$，但 $\mu_i+\mu_j\neq 0$，其原问题的解为

$$\boldsymbol{v}_j = \boldsymbol{\psi}_j\exp(\mu_j z)$$

将它对(5.4.14)式的逐个解运用功的互等定理，方法同前，可以证明 $\boldsymbol{\psi}_j$ 与各阶次的 $\boldsymbol{\psi}_i^{(k)}(k=0,\cdots,m_i)$全皆辛正交. 同样方法可证这些 $\boldsymbol{\psi}_i^{(k)}$ 互相间也全正交，这是在 $\mu_i\neq 0$ 下证明的.

对偶本征向量$(\mu_{n+i}=-\mu_i,\boldsymbol{\psi}_{n+i}^{(0)},\cdots,\boldsymbol{\psi}_{n+i}^{(m_i)})$，其本征值重数也必为$(m_i+1)$. 按若尔当型的原意

$$\left.\begin{aligned}
&\boldsymbol{H}\boldsymbol{\psi}_{n+i}^{(0)} = -\mu_i\boldsymbol{\psi}_{n+i}^{(0)}\\
&\boldsymbol{H}\boldsymbol{\psi}_{n+i}^{(1)} = -\mu_i\boldsymbol{\psi}_{n+i}^{(1)} + \boldsymbol{\psi}_{n+i}^{(0)}\\
&\cdots\cdots\cdots\cdots\\
&\boldsymbol{H}\boldsymbol{\psi}_{n+i}^{(m_i)} = -\mu_i\boldsymbol{\psi}_{n+i}^{(m_i)} + \boldsymbol{\psi}_{n+i}^{(m_i-1)}
\end{aligned}\right\}\tag{5.4.15}$$

原方程的解为

$$\left.\begin{aligned}
&\boldsymbol{v}_{n+i}^{(0)} = \boldsymbol{\psi}_{n+i}^{(0)}\exp(-\mu_i z)\\
&\boldsymbol{v}_{n+i}^{(1)} = [\boldsymbol{\psi}_{n+i}^{(1)} + z\boldsymbol{\psi}_{n+i}^{(0)}]\exp(-\mu_i z)\\
&\cdots\cdots\cdots\cdots\\
&\boldsymbol{v}_{n+i}^{(m_i)} = [\boldsymbol{\psi}_{n+i}^{(m_i)} + z\boldsymbol{\psi}_{n+i}^{(m_i-1)} + \cdots + (z^{m_i}/m_i!)\boldsymbol{\psi}_{n+i}^{(0)}]\exp(-\mu_i z)
\end{aligned}\right\}\tag{5.4.16}$$

应当明确，方程

$$\boldsymbol{H}\boldsymbol{\psi} = -\mu_i\boldsymbol{\psi} + \boldsymbol{\psi}_{n+i}^{(m_i)}$$

已不能求解. 根据代数基本定理，如前面所述，$\boldsymbol{\psi}_i^{(0)}$ 与非齐次项 $\boldsymbol{\psi}_{n+i}^{(m_i)}$一定不辛正交，它们构成一对辛共轭向量. 同样，$\boldsymbol{\psi}_{n+i}^{(0)}$ 与

$\boldsymbol{\psi}_i^{(m_i)}$ 互相一定也辛共轭.

先对$\boldsymbol{v}_i^{(0)}$与$\boldsymbol{v}_{n+i}^{(m_i)}$之间运用功的互等定理. 可证 $\boldsymbol{\psi}_i^{(0)}$ 与 $\boldsymbol{\psi}_{n+i}^{(j)}$, $j=0\sim m_i-1$ 全皆正交. 将$\boldsymbol{v}_i^{(m_i)}$ 与$\boldsymbol{v}_{n+i}^{(0)}$之间运用互等定理, 可证 $\boldsymbol{\psi}_{n+i}^{(0)}$与 $\boldsymbol{\psi}_i^{(j)}$, $j=0\sim m_i-1$, 也全部辛正交. 这些辛正交关系也是对应的, 有了这一套辛正交关系, 也可证明其对应的辛正交关系, 以后就不再重复讲了.

下一步是将$\boldsymbol{v}_i^{(1)}$ 与$\boldsymbol{v}_{n+i}^{(m_i)}$之间运用互等定理. 基于已经证明的辛正交关系, 以及 $\boldsymbol{\psi}_i^{(1)}$ 可任意叠加一个 $\boldsymbol{\psi}_i^{(0)}$, 得知 $\boldsymbol{\psi}_i^{(1)}$ 与 $\boldsymbol{\psi}_{n+i}^{(j)}$, $j=0, \cdots, m_i-2, m_i$, 全皆辛正交; 只有 $\boldsymbol{\psi}_i^{(1)\mathrm{T}}\boldsymbol{J}\boldsymbol{\psi}_{n+i}^{(m_i-1)}+\boldsymbol{\psi}_i^{(0)\mathrm{T}}\boldsymbol{J}\boldsymbol{\psi}_{n+i}^{(m_i)}=0$, 因此 $\boldsymbol{\psi}_i^{(1)}$ 与 $\boldsymbol{\psi}_{n+i}^{(m_i-1)}$ 为辛共轭. 但 $\boldsymbol{\psi}_{n+i}^{m_i-1}$ 应改一个负号(即乘 -1)以达到辛归一化. 将$\boldsymbol{v}_i^{(1)}$ 与$\boldsymbol{v}_{n+i}^{(m_i-1)}$之间运用功的互等, 验证了 $\boldsymbol{\psi}_i^{(1)}$ 与 $\boldsymbol{\psi}_{n+i}^{(m_i-1)}$之间的辛共轭性质.

然后就是$\boldsymbol{v}_i^{(2)}$ 与$\boldsymbol{v}_{n+i}^{(m_i)}$之间的互等定理了. 略去推导, 结果是 $\boldsymbol{\psi}_i^{(2)}$ 应与 $\boldsymbol{\psi}_{n+i}^{(m_i-2)}$为辛共轭, 而与其余的对偶本征向量皆辛正交, 等.

总之, 如果要求(β)类的本征向量 $\boldsymbol{\psi}_{n+i}^{(j)}$与($\alpha$)类[见(5.3.5)式]中对应的向量为共轭辛正交归一, 其次序应当倒排, 而且每隔一个应乘以 -1, 如 5.4 节中所述.

以上对若尔当型的证明是对于 $\mu_i\neq 0$ 的条件下作出的. 还应当靠考虑零本征值的情况. 零本征值必然出现若尔当型, 它对于其他非零本征值的向量互相间皆有辛正交的性质. 但零本征向量簇自身是互相共轭辛正交的, 这一点与非零本征值的情况不同. 零本征向量簇一定是偶数个的, 即 m_0 为奇数. 它们满足方程

$$\left.\begin{aligned}\boldsymbol{H}\boldsymbol{\psi}^{(0)}&=0\\ \boldsymbol{H}\boldsymbol{\psi}^{(1)}&=\boldsymbol{\psi}^{(0)}\\ &\cdots\cdots\cdots\cdots\\ \boldsymbol{H}\boldsymbol{\psi}_i^{(m_0)}&=\boldsymbol{\psi}^{(m_0-1)}\end{aligned}\right\}\tag{5.4.17}$$

相应地, 其原方程的解为

$$\left.\begin{aligned}
&\boldsymbol{v}^{(0)} = \boldsymbol{\psi}^{(0)} \\
&\boldsymbol{v}^{(1)} = \boldsymbol{\psi}^{(1)} + z\boldsymbol{\psi}^{(0)} \\
&\cdots\cdots\cdots\cdots \\
&\boldsymbol{v}^{(m_0)} = \boldsymbol{\psi}_i^{(m_0)} + z\boldsymbol{\psi}^{(m_0-1)} + \cdots + (z^{m_0}/m_0!)\boldsymbol{\psi}^{(0)}
\end{aligned}\right\} \tag{5.4.18}$$

应予说明,对于一个次级本征向量 $\boldsymbol{\psi}^{(j)}$及其更高阶次,可以将

$$\boldsymbol{\psi}^{(j+i)}\text{代以 } \boldsymbol{\psi}^{(j+i)} + c_j\boldsymbol{\psi}^{(i)}, \quad i = 0,1,\cdots,m_0 - j \tag{5.4.19}$$

其中 c_j 是任意常数,依然满足方程(5.4.17).

为了证明这些若尔当型次级本征向量互相间的共轭辛正交关系,仍可运用**功的互等定理**如下.先对$\boldsymbol{v}^{(0)}$与$\boldsymbol{v}^{(m_0)}$之间运用互等定理.其方法为,取出 $z=0$ 与 $z=z_b$ 之间的截段,在其两端有

$$\begin{aligned}
&\boldsymbol{v}^{(0)}\Big|_{z=0} = \boldsymbol{\psi}^{(0)} \\
&\boldsymbol{v}^{(m_0)}\Big|_{z=0} = \boldsymbol{\psi}^{(m_0)} \\
&\boldsymbol{v}^{(0)}\Big|_{z=z_b} = \boldsymbol{\psi}^{(0)} \\
&\boldsymbol{v}^{(m_0)}\Big|_{z=z_b} = \boldsymbol{\psi}^{(m_0)} + z_b\boldsymbol{\psi}^{(m_0-1)} + \cdots + (z_b^{m_0}/m_0!)\boldsymbol{\psi}^{(0)}
\end{aligned}$$

运用互等定理将给出

$$\begin{aligned}
\boldsymbol{\psi}^{(0)\mathrm{T}}\boldsymbol{J}\boldsymbol{\psi}^{(m_0)} = {}&\boldsymbol{\psi}^{(0)\mathrm{T}}\boldsymbol{J}\boldsymbol{\psi}^{(m_0)} + z_b\boldsymbol{\psi}^{(0)\mathrm{T}}\boldsymbol{J}\boldsymbol{\psi}^{(m_0-1)} + \cdots \\
&+ (z_b^{m_0}/m_0!)\boldsymbol{\psi}^{(0)\mathrm{T}}\boldsymbol{J}\boldsymbol{\psi}^{(0)}
\end{aligned}$$

左端与右端第 1 项抵消,而由于 z_b 是可以任意选择的,因此右端的其余各项必分别为零.这就证明了,除 $\boldsymbol{\psi}^{(m_0)}$外,$\boldsymbol{\psi}^{(0)}$将与其余的若尔当型本征向量皆辛正交.

$\boldsymbol{\psi}^{(0)}$与 $\boldsymbol{\psi}^{(m_0)}$必为辛共轭这一点,可证明如下,因为 m_0 之后已不存在若尔当型,故 $\boldsymbol{H}\boldsymbol{\psi} = \boldsymbol{\psi}^{(m_0)}$无解,按代数基本定理,$\boldsymbol{H}^{\mathrm{T}}\boldsymbol{\psi}=0$ 的解不能与 $\boldsymbol{\psi}^{(m_0)}$相正交,即 $\boldsymbol{\psi}^{(0)\mathrm{T}}\boldsymbol{J}\boldsymbol{\psi}^{(m_0)}$必不为零,即辛共轭.

下一步要证明 $\boldsymbol{\psi}^{(1)}$与其余若尔当型向量的辛正交性质.为此选择$\boldsymbol{v}^{(1)}$与$\boldsymbol{v}^{(m_0-1)}$运用功的互等定理.由于 $\boldsymbol{\psi}^{(0)}$已证明与构成$\boldsymbol{v}^{(m_0-1)}$的全部若尔当型向量皆辛正交,因此就可证明 $\boldsymbol{\psi}^{(1)}$与$\boldsymbol{\psi}^{(1)}\sim\boldsymbol{\psi}^{(m_0-2)}$全为辛正交.将$\boldsymbol{v}^{(1)}$与$\boldsymbol{v}^{(m_0)}$运用功的互等,即验明

$$\boldsymbol{\psi}^{(0)\mathrm{T}}\boldsymbol{J}\boldsymbol{\psi}^{(m_0)}+\boldsymbol{\psi}^{(1)\mathrm{T}}\boldsymbol{J}\boldsymbol{\psi}^{(m_0-1)}=0$$

这表明 $\boldsymbol{\psi}^{(1)}$与 $\boldsymbol{\psi}^{(m_0-1)}$相互辛共轭.至于 $\boldsymbol{\psi}^{(m_0)}$与 $\boldsymbol{\psi}^{(1)}$的辛正交,就应当在(5.4.19)式中恰当地选择 c_1,便可.

然后便是 $\boldsymbol{\psi}^{(2)}$与其余若尔当型向量的辛正交性质,等等.总之不断运用功的互等定理,并运用(5.4.19)式中 c_j 的任意常数选择,可证明 $\boldsymbol{\psi}^{(i)}$与 $\boldsymbol{\psi}^{(m_0-i)}$的辛共轭性质,以及其余的向量之间皆为辛正交的特点.详情略去.

零本征值通常在结构静力学及弹性静力学中很重要,多出现圣维南解等问题中.在波传播问题中,零本征值只在某些特殊问题中才出现.

5.5 非齐次方程的展开求解

以上讲的本征解是对于齐次方程的.本征解很重要的应用就是展开求解.非齐次方程既可以用精细积分法求解,也可以用本征向量展开求解.将方程(5.2.9)写成

$$\dot{\boldsymbol{v}}=\boldsymbol{H}\boldsymbol{v}+\boldsymbol{h}\tag{5.5.1}$$

外力向量 $\boldsymbol{h}(z)$是已知的.令

$$\boldsymbol{v}(z)=\sum_{i=1}^{n}\left(a_i(z)\boldsymbol{\psi}_i+b_i(z)\boldsymbol{\psi}_{n+i}\right)\tag{5.5.2}$$

$$\boldsymbol{h}(z)=\sum_{i=1}^{n}\left(c_i(z)\boldsymbol{\psi}_i+d_i(z)\boldsymbol{\psi}_{n+i}\right)\tag{5.5.3}$$

将它们代入(5.5.1)式,再利用共轭辛正交归一关系,有

$$\dot{a}_i=\mu_i a_i+c_i,\quad \dot{b}_i=-\mu_i b_i+d_i,\quad i=1,\cdots,n \tag{5.5.4a,b}$$

这些公式认为本征根皆为单根,但即使有若尔当型,方程也并不复

杂太多.这些方程已经最大限度的解耦了,其求解有标准的方法,一般可以用通式

$$a_i(z) = A_i\exp(\mu_i z) + \int_0^z \exp[\mu_i(z-\zeta)]c_i(\zeta)\mathrm{d}\zeta,$$

$$b_i(z) = B_i\exp[\mu_i(z_b - z)] + \int_z^{z_b} \exp[\mu_i(\zeta - z)]d_i(\zeta)\mathrm{d}\zeta,$$

$$i = 1 \sim n \qquad (5.5.5a,b)$$

其中 A_i, B_i 为待定常数,将由两端边值条件定出.至于 $c_i(z)$ 与 $d_i(z)$,则可由共轭辛正交关系定出

$$c_i(z) = -\boldsymbol{\psi}_{n+i}^{\mathrm{T}}\boldsymbol{Jh}(z), \quad d_i(z) = \boldsymbol{\psi}_i^{\mathrm{T}}\boldsymbol{Jh}(z) \qquad (5.5.6a,b)$$

非齐次方程也可利用本征向量展开与精细积分混合求解,以发挥各自的优点.随机振动的分析就奠基于展开求解.

5.6 两端边界条件

弹性力学方程是椭圆型的,应当在周界上给出其边界条件.对于单坐标体系,则成为在其两端给出边界条件,数学上称为两点边界条件(two point boundary value problems 或 TPBVP).

$2n$ 个一阶微分方程组有 $2n$ 个积分常数待定.两端边值问题共应提供 $2n$ 个边界条件,每一端为 n 个.例如对于铁木辛柯梁,其边界条件通常的给法是

$$\begin{aligned} &\text{自由}: Q = 0, M = 0 \\ &\text{铰支}: u = 0, M = 0 \\ &\text{固支}: u = 0, \psi = 0 \\ &\text{对称}: Q = 0, \psi = 0 \end{aligned} \qquad (5.6.1)$$

每端两个.以上所列是理想的端部条件,还有多种其他形式.

求解方法是多种多样的.可以用黎卡提微分方程的精细积分法[37,89~95],在后文叙述;而本征向量展开法求解也不失为一种有效的方法.尤其是本征向量求解可用于弹性力学二维与三维问题.

由于每一端只有 n 个条件，因此由某一端给出其余 n 个边界值，即初值，直接求解之，以在另一端的边界条件来确定这个初值. 这种初参数法并不总是好用的，当本征值实部较大时，数值病态将造成很大的干扰. 应当将两端的边界条件合起来，建立代数方程求解之. 建立方程的方法很多，但应注意体系的对称性质，它也是互等定理的反映. 这里提供一个变分方法，可以保证其对称性质.

边界条件(5.6.1)，或者力为零，或者位移为零，其实可以是力为已知或位移为已知，这就分别与变分原理中的 S_σ 或 S_u 边界相对应. 现在有 $z=0$ 及 $z=L(=z_f)$ 两端，对于 n 个未知位移的体系，在两端可以分别为混合的边界条件，即一部分为给定力另一部分为给定位移，其相应的边界区分为 $S_{\sigma 0}, S_{u0}; S_{\sigma f}, S_{uf}$. 其实这些端部面只是一些离散的点. 显然 $S_{\sigma 0}+S_{u0}$ 就是 n 个点的条件，

$$
\begin{aligned}
&\text{在 } z = 0 \text{ 端}, [\boldsymbol{q} = \bar{\boldsymbol{q}}_0]_{S_{\sigma f}}; [\boldsymbol{p} = \bar{\boldsymbol{p}}_0]_{S_{u0}} \\
&\text{在 } z = z_f \text{ 端}, [\boldsymbol{q} = \bar{\boldsymbol{q}}_f]_{S_{\sigma f}}; [\boldsymbol{p} = \bar{\boldsymbol{p}}_f]_{S_{uf}}
\end{aligned}
\tag{5.6.2}
$$

在上式中，表达式看来似乎是对于全部位移与全部内力，但 $S_{\sigma f}$，S_{uf} 的标记，表示是对于分别的部分.

现在写出混合能变分原理，将对偶方程(5.2.9)连同边界条件(5.6.2)都包含在内，为

$$
\delta \left\{
\begin{aligned}
&\int_0^{z_f} [\boldsymbol{p}^{\mathrm{T}} \dot{\boldsymbol{q}} - \boldsymbol{H}(\boldsymbol{q}, \boldsymbol{p})] \mathrm{d}z \\
&- [\boldsymbol{p}^{\mathrm{T}}(\boldsymbol{q} - \bar{\boldsymbol{q}}_f)]_{S_{uf}} + [\boldsymbol{p}^{\mathrm{T}}(\boldsymbol{q} - \bar{\boldsymbol{q}}_0)]_{S_{u0}} - [\bar{\boldsymbol{p}}_f^{\mathrm{T}} \boldsymbol{q}]_{S_{\sigma f}} + [\bar{\boldsymbol{p}}_0^{\mathrm{T}} \boldsymbol{q}]_{S_{\sigma 0}}
\end{aligned}
\right\} = 0
\tag{5.6.3}
$$

执行变分推导，由于对偶方程已满足，故留下两端的

$$
\begin{aligned}
&- [\delta \boldsymbol{p}^{\mathrm{T}}(\boldsymbol{q} - \bar{\boldsymbol{q}}_f)]_{S_{uf}} + [\delta \boldsymbol{p}^{\mathrm{T}}(\boldsymbol{q} - \bar{\boldsymbol{q}}_0)]_{S_{u0}} \\
&+ [(\boldsymbol{p} - \bar{\boldsymbol{p}}_f)^{\mathrm{T}} \delta \boldsymbol{q}]_{S_{\sigma f}} - [(\boldsymbol{p} - \bar{\boldsymbol{p}}_0)^{\mathrm{T}} \delta \boldsymbol{q}]_{S_{\sigma 0}} = 0
\end{aligned}
\tag{5.6.4}
$$

由于在 S_u 上 $\delta \boldsymbol{p}$ 的任意性，以及在 S_σ 上 $\delta \boldsymbol{q}$ 的任意选择特性，这就得到了边界条件(5.6.2)的全部. 这表明变分方程(5.6.4)可代替直接设定的边界条件，比较灵活.

现在采用本征向量展开解法. 微分方程已全部满足，因此变分

方程(5.6.4)正可代替原有边界条件(5.6.2).应当注意变分式中用的是实数的向量,而本征向量却可能是复值的.好在本征解的复数共轭也是本征解.总可以组合出实向量来.设 $\boldsymbol{\psi}_i=(\boldsymbol{q}_i^{\mathrm{T}},\boldsymbol{p}_i^{\mathrm{T}})^{\mathrm{T}}$,

$$\boldsymbol{v}(z)=\sum_{i=1}^{n}[A_i\boldsymbol{\psi}_i\mathrm{e}^{\mu_i z}+B_i\boldsymbol{\psi}_{n+i}\mathrm{e}^{\mu_i(z_f-z)}]+\boldsymbol{v}_h(z)$$

$$\boldsymbol{v}(0)=\sum_{i=1}^{n}\left[A_i\begin{pmatrix}\boldsymbol{q}_i\\ \boldsymbol{p}_i\end{pmatrix}+B_i\begin{pmatrix}\boldsymbol{q}_{n+i}\\ \boldsymbol{p}_{n+i}\end{pmatrix}\mathrm{e}^{\mu_i z_f}\right]+\boldsymbol{v}_h(0)$$

$$\boldsymbol{v}(z_f)=\sum_{i=1}^{n}\left[A_i\mathrm{e}^{\mu_i z_f}\begin{pmatrix}\boldsymbol{q}_i\\ \boldsymbol{p}_i\end{pmatrix}+B_i\begin{pmatrix}\boldsymbol{q}_{n+i}\\ \boldsymbol{p}_{n+i}\end{pmatrix}\right]+\boldsymbol{v}_h(z_f) \tag{5.6.5}$$

其中 $\boldsymbol{v}_h$ 代表特解,不带任意常数,而 $A_i,B_i(i=1,\cdots,n)$ 为任意复常数.应当注意,解应当是实值的;$\boldsymbol{v}_h$ 可认为已经是实值,因此如 μ_i 出现复数,其复共轭解 $\mu_{i+1}=\bar{\mu}_i$,$\boldsymbol{\psi}_{i+1}$ 编排在一起,则必有 $A_{i+1}=\bar{A}_i$,$\boldsymbol{\psi}_{i+1}=\bar{\boldsymbol{\psi}}_i$ 其中上横 ¯ 代表复共轭.这样,仍旧是 $2n$ 个任意常数.但是还应当注意,如果 $\mathrm{Re}(\mu_i)=0$ 时,则其复共轭就是辛共轭,因此其复共轭不能编排在一起.但保持实型仍可令 $B_i=\bar{A}_i$ 而达成.注意此时的本征向量将有因子

$$A_i\exp(\mu_i z-\mathrm{i}\omega t)=A_i\exp[\mathrm{i}(k_i z-\omega t)]$$

及

$$B_i\exp[\mathrm{i}(-k_i z-\omega t)] \tag{5.6.6}$$

其中 $\mu_i=\mathrm{i}k_i$,k_i 为实数,这就是波传播解的波数.A_i 解相应于 $+z$ 轴向的转播波,波速为 $c=\omega/k_i$,而 B_i 解相应于 $-z$ 轴方向的波.

现在选择两端 $z=0$ 及 $z=z_f$ 皆为给定位移 $\bar{\boldsymbol{q}}_0,\bar{\boldsymbol{q}}_f$ 的课题,看一下变分推导的边值问题.此时不存在 S_σ 的边界,因此变分方程(5.6.4)成为

$$[\delta\boldsymbol{p}^{\mathrm{T}}(\boldsymbol{q}-\bar{\boldsymbol{q}}_0)]_{z=0}-[\delta\boldsymbol{p}^{\mathrm{T}}(\boldsymbol{q}-\bar{\boldsymbol{q}}_f)]_{z=z_f}=0 \tag{5.6.7}$$

采用本征向量展开求解,变分的也就是 A_i 与 B_i.得到的 B_i 方程,由 $\delta A_i=0$ 导出

$$\boldsymbol{C}\boldsymbol{a}+\boldsymbol{D}\boldsymbol{b}=\boldsymbol{h}_1,\quad \boldsymbol{a}=(A_1,\cdots,A_n)^{\mathrm{T}},\quad \boldsymbol{b}=(B_1,\cdots,B_n)^{\mathrm{T}}$$

$$c_{11}=p_1^{\mathrm{T}}q_1(1-\mathrm{e}^{2\mu_1 z_f}),c_{12}=p_1^{\mathrm{T}}q_2[1-\mathrm{e}^{(\mu_1+\mu_2)z_f}],\cdots$$
$$c_{1n}=p_1^{\mathrm{T}}q_n[1-\mathrm{e}^{(\mu_1+\mu_2)z_f}]$$
$$\cdots\cdots\cdots\cdots$$
$$c_{n1}=p_n^{\mathrm{T}}q_1[1-\mathrm{e}^{(\mu_1+\mu_n)z_f}],c_{n2}=p_n^{\mathrm{T}}q_2[1-\mathrm{e}^{(\mu_n+\mu_2)z_f}],\cdots$$
$$c_{nn}=p_n^{\mathrm{T}}q_n[1-\mathrm{e}^{2\mu_n z_f}]$$

而

$$d_{11}=0,d_{12}=p_1^{\mathrm{T}}q_{n+2}[\mathrm{e}^{\mu_2 z_f}-\mathrm{e}^{\mu_1 z_f}],\cdots$$
$$d_{1n}=p_1^{\mathrm{T}}q_{2n}[\mathrm{e}^{\mu_n z_f}-\mathrm{e}^{\mu_1 z_f}]$$
$$\cdots\cdots\cdots\cdots$$
$$d_{n1}=p_n^{\mathrm{T}}q_{n+1}[\mathrm{e}^{\mu_1 z_f}-\mathrm{e}^{\mu_n z_f}],\cdots,d_{nn}=0$$

(5.6.8a ~ d)

另一方面，由 $\delta B_i=0$，有

$$\boldsymbol{E}\boldsymbol{a}+\boldsymbol{F}\boldsymbol{b}=\boldsymbol{h}_2$$
$$e_{11}=0,e_{12}=p_{n+1}^{\mathrm{T}}q_2[\mathrm{e}^{\mu_1 z_f}-\mathrm{e}^{\mu_2 z_f}],\cdots$$
$$e_{1n}=p_{n+1}^{\mathrm{T}}q_n[\mathrm{e}^{\mu_1 z_f}-\mathrm{e}^{\mu_n z_f}]$$
$$e_{21}=p_{n+2}^{\mathrm{T}}q_1[\mathrm{e}^{\mu_2 z_f}-\mathrm{e}^{\mu_1 z_f}],e_{22}=0,\cdots$$
$$e_{2n}=p_{n+2}^{\mathrm{T}}q_n[\mathrm{e}^{\mu_2 z_f}-\mathrm{e}^{\mu_n z_f}]$$
$$\cdots\cdots\cdots\cdots$$
$$e_{n1}=p_{2n}^{\mathrm{T}}q_1[\mathrm{e}^{\mu_n z_f}-\mathrm{e}^{\mu_1 z_f}],\cdots,e_{nn}=0$$

以及

$$f_{11}=p_{n+1}^{\mathrm{T}}q_{n+1}(\mathrm{e}^{2\mu_1 z_f}-1),$$
$$f_{12}=p_{n+1}^{\mathrm{T}}q_{n+2}(\mathrm{e}^{(\mu_1+\mu_2)z_f}-1),\cdots$$
$$f_{1n}=p_{n+1}^{\mathrm{T}}q_{2n}(\mathrm{e}^{(\mu_1+\mu_n)z_f}-1)$$
$$\cdots\cdots\cdots\cdots$$
$$f_{n1}=p_{2n}^{\mathrm{T}}q_{n+1}(\mathrm{e}^{(\mu_n+\mu_1)z_f}-1),\cdots$$
$$f_{2n}=p_{2n}^{\mathrm{T}}q_{2n}(\mathrm{e}^{2\mu_n z_f}-1)$$

以上是在两端给定位移时的边界条件的正则方程，由此可解出常

数 $A_i, B_i(i=1-n)$. 解出了这些常数之后,问题就已解决了.

这里有一些基本问题要予以讨论. 首先要说明方程是对称的. 先看矩阵 $\boldsymbol{C}$,应当验明例如 $\boldsymbol{C}_{1n}=\boldsymbol{C}_{n1}$. 由以上公式,两者的乘子相同,但还应验证 $\boldsymbol{p}_1^{\mathrm{T}}\boldsymbol{q}_n=\boldsymbol{p}_n^{\mathrm{T}}\boldsymbol{q}_1$. 该方程恰为 $\boldsymbol{\psi}_1^{\mathrm{T}}\boldsymbol{J}\boldsymbol{\psi}_n=0$,共轭辛正交条件. 因此 $\boldsymbol{C}$ 是对称阵. 同理,$\boldsymbol{F}$ 阵也可证明为对称.

还应当证明 $\boldsymbol{D}^{\mathrm{T}}=\boldsymbol{E}$,这也是共轭辛正交条件可以保证的. 而辛共轭的本征向量对,正好是 $\boldsymbol{D}$ 与 $\boldsymbol{E}$ 阵的对角,但它们前面的乘子为零. 所以对称条件也保证了.

还有一个问题是复数的运算. 好在复共轭本征向量的系数也一定是复共轭的,因此依然是两个实常数待求. 在此条件下,这对复本征向量 $\boldsymbol{\psi}_j, \boldsymbol{\psi}_{j+1}$ 可以组合成为两个实型向量. 这对实型向量与其他的本征向量依然是辛正交的,因此可以保证其对称性. 其验证为:设 $\boldsymbol{\psi}_j=\boldsymbol{\psi}_{\mathrm{r}}+\mathrm{i}\boldsymbol{\psi}_{\mathrm{i}}$,则 $\boldsymbol{\psi}_{j+1}=\boldsymbol{\psi}_{\mathrm{r}}-\mathrm{i}\boldsymbol{\psi}_{\mathrm{i}}$,其中 $\boldsymbol{\psi}_{\mathrm{r}}, \boldsymbol{\psi}_{\mathrm{i}}$ 分别为其实部与虚部向量. $\boldsymbol{\psi}_j$ 与 $\boldsymbol{\psi}_{j+1}$ 的辛正交条件给出 $\boldsymbol{\psi}_{\mathrm{r}}^{\mathrm{T}}\boldsymbol{J}\boldsymbol{\psi}_{\mathrm{i}}=0$,其辛正交性质依然保证. 复本征向量 $\boldsymbol{\psi}_j$ 还有其辛共轭本征向量,设为 $\boldsymbol{\varphi}_j=\boldsymbol{\varphi}_{\mathrm{r}}+\mathrm{i}\boldsymbol{\varphi}_{\mathrm{i}}$,以及 $\boldsymbol{\varphi}_{j+1}=\boldsymbol{\varphi}_{\mathrm{r}}-\mathrm{i}\boldsymbol{\varphi}_{\mathrm{i}}$,它们当然也是辛正交的. 对它们运用共轭辛正交关系,就可证明 $\boldsymbol{\psi}_{\mathrm{r}}$ 与 $\boldsymbol{\varphi}_{\mathrm{r}}$ 为辛共轭,$\boldsymbol{\psi}_{\mathrm{i}}$ 与 $\boldsymbol{\varphi}_{\mathrm{i}}$ 也是辛共轭;其余皆为辛正交. 因此,采用实向量(它们已不是本征向量)来计算也是可以的.

以上介绍了两端皆为给定位移时,边界条件所定出的正则方程. 但按实际问题的不同,边界条件的提法也是不同的,例如也可以是 $z=0$ 端为给定位移,而在 $z=z_{\mathrm{f}}$ 端为给定力的边界条件(像悬臂梁). 按变分法方程,这些各式各样的边界条件都不难列出.

本征向量展开求解只是解法之一,只要将哈密顿矩阵的全部本征值与本征向量都算得即可. 但这一个要求却并不总是容易做到的,只有本征解中不出现若尔当型时方才有可靠的算法. 当出现若尔当型时,就会出现数值不稳定性. 若尔当型本身就是数值不稳定的,这是理论本身带来的,计算上当然有困难. 对此还有另一个数值方法,即精细积分法. 即使面对有若尔当型的矩阵,精细积分法也会给出具有计算机精度的数值结果的.

5.7 区段变形能、精细积分法

上文的求解采用了分离变量法,本征函数展开等.但求解方法也不是非选用此种方法不可.例如多自由度体系的振动,既可以用本征向量展开求解之法,也可用逐步积分法直接求解.直接逐步积分的算法研究很多,例如龙格-库塔(Runge-Kutta)法,纽马克(Newmark)法,Wilson-θ 法,中央差分法等等,这些都是差分类算法.差分类近似很容易就引起误差,有鉴于此,出现了精细积分法,可求得具有计算机精度的解,将直接积分法的精度提高了许多.

精细积分法首先在时程积分中出现,并取得了很好的效果.对于两端边值问题,同样可以发展一套精细积分法.精细积分法有**两个要点**:(1)运用 2^N 类算法,将区段长度分割得特别小,再对此运用非常精密的方法将误差排除在计算机字长之外;(2)计算中只考虑其待求矩阵、向量的**增量**,以免除舍入误差的干扰.精细积分法的数值结果可以**达到计算机的精度**,非常吸引人.

5.7.1 位移法

方程(5.2.2),(5.2.3)给出了最小势能原理与拉格朗日函数.既然有拉格朗日函数,就应当将当前课题与分析力学中的哈密顿原理、正则方程体系联系起来.此时纵向坐标 z 就相当于动力学中的时间坐标 t.应当将变分式(5.2.3)的积分上、下限换成变量 (z_a, z_b),$z_a < z_b$.可以将 (z_a, z_b) 看成一个区段,而其势能密度即拉格朗日函数,积分

$$U(z_a, z_b, \boldsymbol{q}_a, \boldsymbol{q}_b) = \int_{z_a}^{z_b} [\dot{\boldsymbol{q}}^{\mathrm{T}} \boldsymbol{K}_{22} \dot{\boldsymbol{q}} / 2 + \dot{\boldsymbol{q}}^{\mathrm{T}} \boldsymbol{K}_{21} \boldsymbol{q} + \boldsymbol{q}^{\mathrm{T}} \boldsymbol{K}_{11} \boldsymbol{q} / 2 - \boldsymbol{g}^{\mathrm{T}} \boldsymbol{q}] \mathrm{d}z \tag{5.7.1}$$

的物理意义就是区段的变形能.从分析力学的角度来观察,**区段变形能就是作用量积分**.

作用量当然是 z_a, z_b 的函数，并且还与边界 z_a, z_b 处的条件有关. 如果边界条件给的是两端的位移 $\boldsymbol{q}_a, \boldsymbol{q}_b$，则(5.7.1)式给出的便是区段变形能 $U(z_a, z_b, \boldsymbol{q}_a, \boldsymbol{q}_b)$. 如果将该区段看成为一个子结构，则其两端位移 $\boldsymbol{q}_a, \boldsymbol{q}_b$ 便是该子结构与外界联系的口子，故统称为出口位移. 只要出口位移 $\boldsymbol{q}_a, \boldsymbol{q}_b$ 确定，则其内部的位移、内力等皆已确定，尤其是在 z_a, z_b 处的力向量 $\boldsymbol{p}_a, \boldsymbol{p}_b$. 将区段内部的位移 $\boldsymbol{q}$ 表达为 $\boldsymbol{q}_a, \boldsymbol{q}_b$ 的函数，代入(5.7.1)式，完成其积分，即可得到区段变形能，它也是 $\boldsymbol{q}_a, \boldsymbol{q}_b$ 的二次齐次式

$$U(\boldsymbol{q}_a, \boldsymbol{q}_b) = \boldsymbol{q}_a^{\mathrm{T}} \boldsymbol{K}_{aa} \boldsymbol{q}_a / 2 + \boldsymbol{q}_b^{\mathrm{T}} \boldsymbol{K}_{bb} \boldsymbol{q}_b / 2 + \boldsymbol{q}_a^{\mathrm{T}} \boldsymbol{K}_{ab} \boldsymbol{q}_b \tag{5.7.2}$$

其中 $\boldsymbol{K}_{aa}^{\mathrm{T}} = \boldsymbol{K}_{aa}, \boldsymbol{K}_{bb}^{\mathrm{T}} = \boldsymbol{K}_{bb}$，再令 $\boldsymbol{K}_{ba}^{\mathrm{T}} = \boldsymbol{K}_{ab}$，这里为简单起见而将 (z_a, z_b) 省略了. 当不考虑动力作用时，$\boldsymbol{K}_{aa}, \boldsymbol{K}_{bb}$ 皆为正定.

以上的公式并未将外荷载考虑进去，因此区段变形能成为二次齐次式. 但如果将外荷载考虑进去，则区段变形能将出现 $\boldsymbol{q}_a$ 与 $\boldsymbol{q}_b$ 的一次项，成为

$$\begin{aligned} U_f(\boldsymbol{q}_a, \boldsymbol{q}_b) = & \boldsymbol{q}_a^{\mathrm{T}} \boldsymbol{K}_{aa} \boldsymbol{q}_a / 2 + \boldsymbol{q}_b^{\mathrm{T}} \boldsymbol{K}_{bb} \boldsymbol{q}_b / 2 \\ & + \boldsymbol{q}_a^{\mathrm{T}} \boldsymbol{K}_{ab} \boldsymbol{q}_b - \boldsymbol{f}_a^{\mathrm{T}} \boldsymbol{q}_a - \boldsymbol{f}_b^{\mathrm{T}} \boldsymbol{q}_b \end{aligned} \tag{5.7.2$'$}$$

其中 $\boldsymbol{f}_a, \boldsymbol{f}_b$ 是由于在 z_a, z_b 处的外力或区段内部的外力引起的，可以认为是已知的.

将区段的上、下界 z_a, z_b 看成为变量，其好处是可以将整个长度 (z_0, z_f) 划分成为一系列区段的组合. 例如，取

$$z_0(=0) < z_1 < z_2 < \cdots < z_{k_f - 1} < z_f, \quad z_f = z_{k_f} \tag{5.7.3}$$

共 k_f 个首尾相连的子区段. 理论上说，各子区段的长度是可以任意选的，但通常总是选为等长的，即 $\eta = z_k - z_{k-1}$，与 k 无关.

两个相邻的子区段可以合并成一个较长的区段，见图 5.2. 合并后的两端成为 (z_a, z_c)，因此 b 站的位移 $\boldsymbol{q}_b$ 便成为内部位移，应当予以消元. 消元可以运用势能原理. 设

$$(z_a, z_b): \quad \begin{aligned} U_1(\boldsymbol{q}_a, \boldsymbol{q}_b) = & \boldsymbol{q}_a^{\mathrm{T}} \boldsymbol{K}_{aa}^{(1)} \boldsymbol{q}_a / 2 + \boldsymbol{q}_b^{\mathrm{T}} \boldsymbol{K}_{bb}^{(1)} \boldsymbol{q}_b / 2 \\ & + \boldsymbol{q}_a^{\mathrm{T}} \boldsymbol{K}_{ab}^{(1)} \boldsymbol{q}_b - \boldsymbol{f}_a^{(1)^{\mathrm{T}}} \boldsymbol{q}_a - \boldsymbol{f}_b^{(1)^{\mathrm{T}}} \boldsymbol{q}_b \end{aligned}$$

(z_b, z_c): $U_2(\boldsymbol{q}_b, \boldsymbol{q}_c) = \boldsymbol{q}_b^{\mathrm{T}}\boldsymbol{K}_{aa}^{(2)}\boldsymbol{q}_b/2 + \boldsymbol{q}_c^{\mathrm{T}}\boldsymbol{K}_{bb}^{(2)}\boldsymbol{q}_c/2$

$$+ \boldsymbol{q}_b^{\mathrm{T}}\boldsymbol{K}_{ab}^{(2)}\boldsymbol{q}_c - \boldsymbol{f}_a^{(2)^{\mathrm{T}}}\boldsymbol{q}_b - \boldsymbol{f}_b^{(2)^{\mathrm{T}}}\boldsymbol{q}_c$$

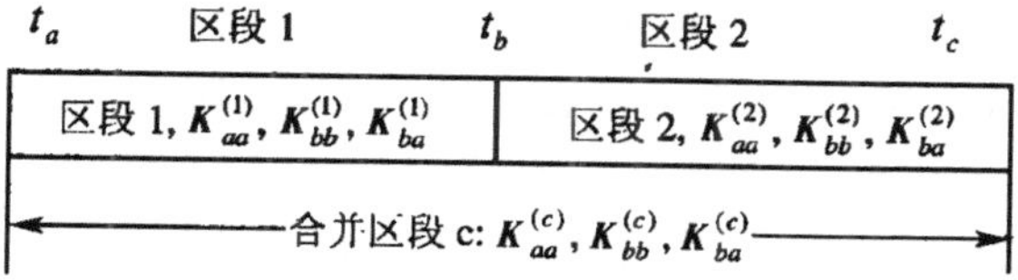

图 5.2　区段合并

其中下标 a, b 分别代表左、右端，对(z_b, z_c)段也是如此. 合并后势能依然具有相同形式

(z_a, z_c): $U_c(\boldsymbol{q}_a, \boldsymbol{q}_c) = \boldsymbol{q}_a^{\mathrm{T}}\boldsymbol{K}_{aa}^{(c)}\boldsymbol{q}_a/2 + \boldsymbol{q}_c^{\mathrm{T}}\boldsymbol{K}_{bb}^{(c)}\boldsymbol{q}_c/2$

$$+ \boldsymbol{q}_a^{\mathrm{T}}\boldsymbol{K}_{ab}^{(c)}\boldsymbol{q}_c - \boldsymbol{f}_a^{(c)^{\mathrm{T}}}\boldsymbol{q}_a - \boldsymbol{f}_b^{(c)^{\mathrm{T}}}\boldsymbol{q}_c \qquad (5.7.4)$$

上式中，$\boldsymbol{K}$, $\boldsymbol{f}$ 的下标 a, b 仍应分别看成为左、右，上标(c)则代表合并后的区段. 势能原理可导出

$$U_c = \underset{\boldsymbol{q}_b}{\mathrm{sta}}(U_1 + U_2)$$

即

$$\partial(U_1 + U_2)/\partial \boldsymbol{q}_b = 0$$

sta 代表 stationary 取驻值之意. 这给出方程

$$\boldsymbol{K}_{ba}^{(1)}\boldsymbol{q}_a + (\boldsymbol{K}_{bb}^{(1)} + \boldsymbol{K}_{aa}^{(2)})\boldsymbol{q}_b + \boldsymbol{K}_{ab}^{(2)}\boldsymbol{q}_c - \boldsymbol{f}_a^{(2)} - \boldsymbol{f}_b^{(1)} = \boldsymbol{0}$$

解出 $\boldsymbol{q}_b$，再代入$(U_1 + U_2)$的算式，然后对比(5.7.4)式有

$$\boldsymbol{K}_{aa}^{(c)} = \boldsymbol{K}_{aa}^{(1)} - \boldsymbol{K}_{ab}^{(1)}(\boldsymbol{K}_{bb}^{(1)} + \boldsymbol{K}_{aa}^{(2)})^{-1}\boldsymbol{K}_{ba}^{(1)} \qquad (5.7.5a)$$

$$\boldsymbol{K}_{bb}^{(c)} = \boldsymbol{K}_{bb}^{(2)} - \boldsymbol{K}_{ba}^{(2)}(\boldsymbol{K}_{bb}^{(1)} + \boldsymbol{K}_{aa}^{(2)})^{-1}\boldsymbol{K}_{ab}^{(2)} \qquad (5.7.5b)$$

$$\boldsymbol{K}_{ab}^{(c)} = -\boldsymbol{K}_{ab}^{(1)}(\boldsymbol{K}_{bb}^{(1)} + \boldsymbol{K}_{aa}^{(2)})^{-1}\boldsymbol{K}_{ab}^{(2)}, \quad \boldsymbol{K}_{ba}^{(c)} = \boldsymbol{K}_{ab}^{(c)^{\mathrm{T}}} \qquad (5.7.5c)$$

以及

$$\boldsymbol{f}_a^{(c)} = \boldsymbol{f}_a^{(1)} - \boldsymbol{K}_{ab}^{(1)}(\boldsymbol{K}_{bb}^{(1)} + \boldsymbol{K}_{aa}^{(2)})^{-1}(\boldsymbol{f}_a^{(2)} + \boldsymbol{f}_b^{(1)}) \qquad (5.7.6a)$$

$$f_b^{(c)} = f_b^{(2)} - K_{ab}^{(2)}(K_{bb}^{(1)} + K_{aa}^{(2)})^{-1}(f_a^{(2)} + f_b^{(1)}) \quad (5.7.6b)$$

这就是相邻子区段合并的消元公式.

这些公式在子结构算法的程序系统中是基本的.但这是以位移为基本未知数的.因此与现有有限元程序系统很协调,成为子结构算法的首选.然而,它也有不适应之处.在前文讲到过梁元的例题,当网格变得很密时,它可能发生严重的数值病态.

正是由于这个数值病态问题,刚度矩阵法不合于精细积分算法的需要.在后文讲混合能、混合变量方法与精细积分时,还会分析该问题.这里只是指出,(5.7.5a,b)式中矩阵出现了减号.减号的潜在危险是可能将数值的主要部分减去,而只剩下尾数,从而丧失了计算精度.

5.7.2 混合能、对偶变量

以上分析采用的是纯位移法.区段两端 z_a, z_b 处的变量都采用位移 $\boldsymbol{q}_a, \boldsymbol{q}_b$.但位移法并不是惟一的方法.哈密顿在分析力学中引入广义动量,将广义位移与广义动量同等看待,成为对偶变量状态空间,取得很大成功.结构力学也可以引入对偶变量,而成为对偶变量、混合能体系.先考虑无外力作用的情形.有外力时见 5.9 节以及 6.5 节.

由变形能表达式 U,(5.7.2)式,可引入内力向量

$$\boldsymbol{p}_a = -\partial U/\partial \boldsymbol{q}_a, \quad \boldsymbol{p}_b = \partial U/\partial \boldsymbol{q}_b \quad (5.7.7a,b)$$

注意到 $\boldsymbol{p}_a$ 引入了负号,这是按内力的要求,在无外力时有$(\boldsymbol{p}_b)_k = (\boldsymbol{p}_a)_{k+1}$.负号表明了作用力、反作用力方向相反的性质.将 $U(\boldsymbol{q}_a, \boldsymbol{q}_b)$代入有

$$\boldsymbol{p}_a = -\boldsymbol{K}_{aa}\boldsymbol{q}_a - \boldsymbol{K}_{ab}\boldsymbol{q}_b, \quad \boldsymbol{p}_b = \boldsymbol{K}_{ba}\boldsymbol{q}_a + \boldsymbol{K}_{bb}\boldsymbol{q}_b \quad (5.7.8a,b)$$

写成区段变形能的全变分形式

$$\delta U(\boldsymbol{q}_a, \boldsymbol{q}_b) = -\boldsymbol{p}_a^{\mathrm{T}}\delta\boldsymbol{q}_a + \boldsymbol{p}_b^{\mathrm{T}}\delta\boldsymbol{q}_b \quad (5.7.9)$$

这是纯位移法的表达.以下转到混合能形式,令区段混合能为

$$V(\boldsymbol{q}_a,\boldsymbol{p}_b)=\boldsymbol{p}_b^{\mathrm{T}}\boldsymbol{q}_b-U(\boldsymbol{q}_a,\boldsymbol{q}_b) \tag{5.7.10}$$

上式中右侧虽然有 $\boldsymbol{q}_b$，但它不是独立变量，$\boldsymbol{q}_b$ 应当自(5.7.8b)式予以求解

$$\boldsymbol{q}_b=-\boldsymbol{K}_{bb}^{-1}(\boldsymbol{K}_{ba}\boldsymbol{q}_a-\boldsymbol{p}_b)$$

再代入(5.7.10)式消去 $\boldsymbol{q}_b$，所以 V 只是 $\boldsymbol{q}_a,\boldsymbol{p}_b$ 的函数. 可以见到，混合能的列式(5.7.10)就是由变形能对其变量 $\boldsymbol{q}_b$ 作了**勒让德变换**. 勒让德(Legendre)变换的意义可以自以下偏微商看出

$$\partial V/\partial\boldsymbol{p}_b=\boldsymbol{q}_b+\boldsymbol{p}_b^{\mathrm{T}}(\partial\boldsymbol{q}_b/\partial\boldsymbol{p}_b)-(\partial U/\partial\boldsymbol{q}_b)^{\mathrm{T}}(\partial\boldsymbol{q}_b/\partial\boldsymbol{p}_b)=\boldsymbol{q}_b \tag{5.7.11a}$$

这是因(5.7.7b)式之故；还有

$$\begin{aligned}\partial V/\partial\boldsymbol{q}_a=&\boldsymbol{p}_b^{\mathrm{T}}(\partial\boldsymbol{q}_b/\partial\boldsymbol{q}_a)-\partial U/\partial\boldsymbol{q}_a\\&-(\partial U/\partial\boldsymbol{q}_b)^{\mathrm{T}}(\partial\boldsymbol{q}_b/\partial\boldsymbol{q}_a)=\boldsymbol{p}_a\end{aligned} \tag{5.7.11b}$$

这也是用了(5.7.7a,b)式而得的. 因此，区段混合能的全变分为

$$\delta V(\boldsymbol{q}_a,\boldsymbol{p}_b)=\boldsymbol{q}_b^{\mathrm{T}}\delta\boldsymbol{p}_b+\boldsymbol{p}_a^{\mathrm{T}}\delta\boldsymbol{q}_a \tag{5.7.11}$$

上式并不限于 U 是二次式. 现在设 U 为二次式，将 $\boldsymbol{q}_b$ 代入(5.7.10)式有

$$V(\boldsymbol{q}_a,\boldsymbol{p}_b)=\boldsymbol{p}_b^{\mathrm{T}}\boldsymbol{G}\boldsymbol{p}_b/2+\boldsymbol{p}_b^{\mathrm{T}}\boldsymbol{F}\boldsymbol{q}_a-\boldsymbol{q}_a^{\mathrm{T}}\boldsymbol{Q}\boldsymbol{q}_a/2 \tag{5.7.12}$$

其中

$$\begin{aligned}&\boldsymbol{G}=\boldsymbol{K}_{bb}^{-1},\quad \boldsymbol{F}=-\boldsymbol{K}_{bb}^{-1}\boldsymbol{K}_{ba}\\&\boldsymbol{Q}=\boldsymbol{K}_{aa}-\boldsymbol{K}_{ab}\boldsymbol{K}_{bb}^{-1}\boldsymbol{K}_{ba}\end{aligned} \tag{5.7.13}$$

这就得到了无外力时 $V(\boldsymbol{q}_a,\boldsymbol{p}_b)$ 混合能的算式. 代入(5.7.11a,b)式即得齐次对偶方程组

$$\boldsymbol{q}_b=\boldsymbol{F}\boldsymbol{q}_a+\boldsymbol{G}\boldsymbol{p}_b \tag{5.7.14a}$$

$$\boldsymbol{p}_a=-\boldsymbol{Q}\boldsymbol{q}_a+\boldsymbol{F}^{\mathrm{T}}\boldsymbol{p}_b \tag{5.7.14b}$$

以上的推导是从数学运算的角度给出的，还应当对这些矩阵做一个物理解释.

当将 $\boldsymbol{q}_a=\boldsymbol{0}$ 代入(5.7.14a)式，即 a 端夹住. 该方程即成为 b 端的作用力 $\boldsymbol{p}_b$ 而引起 b 端的位移 $\boldsymbol{q}_b$. 于是矩阵 $\boldsymbol{G}$ 即为 a 端夹住，b 端自由，在 b 端的柔度阵.

其次，将 $\boldsymbol{p}_b = \boldsymbol{0}$ 代入(5.7.14b)式时，即 a 端有给定位移 $\boldsymbol{q}_a$，b 端自由而无外力作用时，在 a 端的力向量 $\boldsymbol{p}_a$. 这说明 $\boldsymbol{Q}$ 矩阵是 b 端自由时 a 端的刚度阵，负号表明 $\boldsymbol{p}_a$ 的内力，在左端其正向与位移 $\boldsymbol{q}_a$ 的方向相反之故.

再次，令 $\boldsymbol{p}_b = \boldsymbol{0}$，(5.7.14a)式表明 $\boldsymbol{F}$ 阵乃是 a 端位移向 b 端位移的传递阵，等.

可以看出，结构模型总是 a 端为给定位移，b 端为给定力. 这是典型的"悬臂梁"式的边界条件. 混合能表达正适应于该模型的边界条件.

回顾 5.2 节，(5.7.10)式的混合能与(5.2.11)式的哈密顿函数即混合能密度，应当有其密切关系. 况且 $\boldsymbol{q}, \boldsymbol{p}$ 这些量之间的关系也应当讲清楚. 5.2 节是对连续坐标 z 的，**混合能密度**是由变形能密度转换到混合能密度的. 在这一节则是先积分出区段(z_a, z_b)(即子结构)的变形能，再引入对偶内力变量(5.7.7)及区段混合能的，这里要讲清其相互关系.

首先是位移向量 $\boldsymbol{q}_a, \boldsymbol{q}_b$. 它们就是连续坐标位移 $\boldsymbol{q}(z)$ 在特定的坐标 z_a, z_b 处的值，$\boldsymbol{q}(z_a)$ 及 $\boldsymbol{q}(z_b)$. 这由其定义即可看出.

其次应将对偶向量 $\boldsymbol{p}_a, \boldsymbol{p}_b$ 与连续坐标 z 的 $\boldsymbol{p}(z)$，(5.2.6)式，相关联起来. 由直接验算，知 $U = (\boldsymbol{p}_b^{\mathrm{T}}\boldsymbol{q}_b - \boldsymbol{p}_a^{\mathrm{T}}\boldsymbol{q}_a)/2$；另一方面，由变形能密度直接积分，利用分部积分

$$
\begin{aligned}
U(z_a, z_b) &= \int_{z_a}^{z_b} [\dot{\boldsymbol{q}}^{\mathrm{T}}\boldsymbol{K}_{22}\dot{\boldsymbol{q}}/2 + \dot{\boldsymbol{q}}^{\mathrm{T}}\boldsymbol{K}_{21}\boldsymbol{q} + \boldsymbol{q}^{\mathrm{T}}\boldsymbol{K}_{11}\boldsymbol{q}/2]\mathrm{d}z \\
&= \int_{z_a}^{z_b} [\boldsymbol{p}^{\mathrm{T}}\dot{\boldsymbol{q}}/2 + \boldsymbol{q}^{\mathrm{T}}\boldsymbol{K}_{12}\dot{\boldsymbol{q}}/2 + \boldsymbol{q}^{\mathrm{T}}\boldsymbol{K}_{11}\boldsymbol{q}/2]\mathrm{d}z \\
&= [\boldsymbol{p}^{\mathrm{T}} \cdot \boldsymbol{q}/2]_{z_a}^{z_b} + \int_{z_a}^{z_b} \boldsymbol{q}^{\mathrm{T}}[-\boldsymbol{K}_{22}\ddot{\boldsymbol{q}} \\
&\qquad - (\boldsymbol{K}_{21} - \boldsymbol{K}_{12})\dot{\boldsymbol{q}} + \boldsymbol{K}_{11}\boldsymbol{q}]\mathrm{d}z/2 \\
&= [\boldsymbol{p}^{\mathrm{T}}(z_b) \cdot \boldsymbol{q}_b - \boldsymbol{p}^{\mathrm{T}}(z_a)\boldsymbol{q}_a]/2
\end{aligned}
$$

通过对比，即知 $\boldsymbol{p}_a, \boldsymbol{p}_b$ 即连续坐标时的对偶变量在坐标 z_a, z_b 处的值. 所以采用相同的符号是合理的.

再下一步是将区段混合能与混合能密度关联起来.由区段混合能的定义(5.7.10)式,有

$$V(\boldsymbol{q}_a,\boldsymbol{p}_b)=\boldsymbol{p}_b^{\mathrm{T}}\boldsymbol{q}_b-\int_{z_a}^{z_b}[\dot{\boldsymbol{q}}^{\mathrm{T}}\boldsymbol{K}_{22}\dot{\boldsymbol{q}}/2+\dot{\boldsymbol{q}}^{\mathrm{T}}\boldsymbol{K}_{21}\boldsymbol{q}+\boldsymbol{q}^{\mathrm{T}}\boldsymbol{K}_{11}\boldsymbol{q}/2]\mathrm{d}z$$

$$=\boldsymbol{p}_b^{\mathrm{T}}\boldsymbol{q}_b-\int_{z_a}^{z_b}[\boldsymbol{p}^{\mathrm{T}}\dot{\boldsymbol{q}}-H(\boldsymbol{q},\boldsymbol{p})]\mathrm{d}z \tag{5.7.15}$$

H 见(5.2.11)式,即混合能密度.这里的推导是对于无分布外力的情况的.相应于齐次方程系统.当另有外力作用时,可运用叠加的性质,以后再作处理.

虽然给出了式(5.7.15),这只是说明区段混合能可由哈密顿函数积分而得. H 中有矩阵 $\boldsymbol{A},\boldsymbol{D},\boldsymbol{B}$,而区段混合能的二次型(5.7.12)有矩阵 $\boldsymbol{F},\boldsymbol{G},\boldsymbol{Q}$,它们当然是关联的. $\boldsymbol{F},\boldsymbol{G},\boldsymbol{Q}$ 应当由 $\boldsymbol{A}$, $\boldsymbol{D},\boldsymbol{B}$ **通过积分求得**.要将这个课题做好,就得**用精细积分法**. $\boldsymbol{F}$, $\boldsymbol{G},\boldsymbol{Q}$ 的计算与外力无关,可以先介绍清楚然后再讲外力.

5.7.3 黎卡提微分方程及其精细积分

上文导出了区段混合能矩阵,首先应当将这些区段混合能矩阵 $\boldsymbol{F}(z_a,z_b)$, $\boldsymbol{G}(z_a,z_b)$与 $\boldsymbol{Q}(z_a,z_b)$所满足的微分方程组写出.至于 $\boldsymbol{A},\boldsymbol{B},\boldsymbol{D}$ 矩阵则是已知的.它们也可以是 z 坐标的函数.以下做出推导.

令对偶齐次方程的(5.7.14), z_b 坐标增加到 $z_b+\Delta z_b$,当然 Δz_b 是无限的小; z_a 及 $\boldsymbol{q}_a$ 则认为不变,而 $\boldsymbol{p}_b$ 则在 $z_b+\Delta z_b$ 处,增加成为 $\boldsymbol{p}(z_b+\Delta z_b)=\boldsymbol{p}_b+\dot{\boldsymbol{p}}_b\Delta z_b$.其增加量与连续坐标的微分方程一致.因此原有区段的解实际没有变(在一阶小量范围内).当然 $\boldsymbol{p}_a$ 不变;而在 z_b 处的 $\boldsymbol{q}_b$ 也不变,只是因 Δz_b 之故,右端位移成为 $\boldsymbol{q}_b+\Delta\boldsymbol{q}_b$, $\Delta\boldsymbol{q}_b=\dot{\boldsymbol{q}}_b\Delta z_b$.根据以上观察,可导出微分方程

$$\boldsymbol{0}=-(\partial\boldsymbol{Q}/\partial z_b)\boldsymbol{q}_a+(\partial\boldsymbol{F}^{\mathrm{T}}/\partial z_b)\boldsymbol{p}_b+\boldsymbol{F}^{\mathrm{T}}\dot{\boldsymbol{p}}_b$$

$$\dot{\boldsymbol{q}}_b=(\partial\boldsymbol{F}/\partial z_b)\boldsymbol{q}_a+(\partial\boldsymbol{G}/\partial z_b)\boldsymbol{p}_b-\boldsymbol{G}\dot{\boldsymbol{p}}_b$$

利用微分方程(5.2.10),有

$$\mathbf{0} = -(\partial \boldsymbol{Q}/\partial z_b)\boldsymbol{q}_a + (\partial \boldsymbol{F}^{\mathrm{T}}/\partial z_b)\boldsymbol{p}_b + \boldsymbol{F}^{\mathrm{T}}(\boldsymbol{B}\boldsymbol{q}_b - \boldsymbol{A}^{\mathrm{T}}\boldsymbol{p}_b)$$

$$\boldsymbol{A}\boldsymbol{q}_b + \boldsymbol{D}\boldsymbol{p}_b = (\partial \boldsymbol{F}/\partial z_b)\boldsymbol{q}_a + (\partial \boldsymbol{G}/\partial z_b)\boldsymbol{p}_b + \boldsymbol{G}(\boldsymbol{B}\boldsymbol{q}_b - \boldsymbol{A}^{\mathrm{T}}\boldsymbol{p}_b)$$

但上式中 3 个向量 $\boldsymbol{q}_a, \boldsymbol{p}_b$ 与 $\boldsymbol{q}_b$ 并非完全独立，用(5.7.14a)式代入消去 $\boldsymbol{q}_b$，有

$$[-\partial \boldsymbol{Q}/\partial z_b + \boldsymbol{F}^{\mathrm{T}}\boldsymbol{B}\boldsymbol{F}]\boldsymbol{q}_a + [\partial \boldsymbol{F}^{\mathrm{T}}/\partial z_b - \boldsymbol{F}^{\mathrm{T}}\boldsymbol{A}^{\mathrm{T}} + \boldsymbol{F}^{\mathrm{T}}\boldsymbol{B}\boldsymbol{G}]\boldsymbol{p}_b = \mathbf{0}$$

$$[\partial \boldsymbol{F}/\partial z_b - \boldsymbol{A}\boldsymbol{F} + \boldsymbol{G}\boldsymbol{B}\boldsymbol{F}]\boldsymbol{q}_a + [\partial \boldsymbol{G}/\partial z_b - \boldsymbol{D} - \boldsymbol{A}\boldsymbol{G} - \boldsymbol{G}\boldsymbol{A}^{\mathrm{T}} + \boldsymbol{G}\boldsymbol{B}\boldsymbol{G}]\boldsymbol{p}_b = \mathbf{0}$$

由于 $\boldsymbol{q}_a, \boldsymbol{p}_b$ 的值恰相当于两端边界条件，可以任意设定，因此就导出了以下三个微分方程：

$$\partial \boldsymbol{F}/\partial z_b = (\boldsymbol{A} - \boldsymbol{G}\boldsymbol{B})\boldsymbol{F} \tag{5.7.16a}$$

$$\partial \boldsymbol{G}/\partial z_b = \boldsymbol{D} + \boldsymbol{A}\boldsymbol{G} + \boldsymbol{G}\boldsymbol{A}^{\mathrm{T}} - \boldsymbol{G}\boldsymbol{B}\boldsymbol{G} \tag{5.7.16b}$$

$$\partial \boldsymbol{Q}/\partial z_b = \boldsymbol{F}^{\mathrm{T}}\boldsymbol{B}\boldsymbol{F} \tag{5.7.16c}$$

第 4 个方程恰为(5.7.16a)式的转置，不必列出了. 由于 $\boldsymbol{D}, \boldsymbol{B}$ 为对称阵，所以 $\boldsymbol{G}, \boldsymbol{Q}$ 也保持为对称阵，$\boldsymbol{G}^{\mathrm{T}} = \boldsymbol{G}, \boldsymbol{Q}^{\mathrm{T}} = \boldsymbol{Q}$.

以上 3 个方程是 z_a 不变而让 z_b 增加 Δz_b 而导出的. 反方向可让 z_a 增加 Δz_a，而 z_b 不变作类同推导，可得出

$$\partial \boldsymbol{F}/\partial z_a = -\boldsymbol{F}(\boldsymbol{A} - \boldsymbol{D}\boldsymbol{Q}) \tag{5.7.17a}$$

$$\partial \boldsymbol{G}/\partial z_a = -\boldsymbol{F}\boldsymbol{D}\boldsymbol{F}^{\mathrm{T}} \tag{5.7.17b}$$

$$\partial \boldsymbol{Q}/\partial z_a = -\boldsymbol{B} - \boldsymbol{A}^{\mathrm{T}}\boldsymbol{Q} - \boldsymbol{Q}\boldsymbol{A} + \boldsymbol{Q}\boldsymbol{D}\boldsymbol{Q} \tag{5.7.17c}$$

二套 3 个矩阵 $\boldsymbol{F}, \boldsymbol{G}, \boldsymbol{Q}$ 的联立一阶微分方程，应当有 3 个初始条件. 这些条件可令区段长度 $z_b - z_a \to 0$ 而给出，为

$$\boldsymbol{Q} = \mathbf{0}, \boldsymbol{G} = \mathbf{0}, \boldsymbol{F} = \boldsymbol{I}_n, \quad \text{当 } z_b \to z_a + 0 \text{ 时} \tag{5.7.18}$$

以上的推导并不要求 $\boldsymbol{A}, \boldsymbol{B}, \boldsymbol{D}$ 为常矩阵. 但当 $\boldsymbol{A}, \boldsymbol{B}, \boldsymbol{D}$ 为常矩阵时，$\boldsymbol{F}, \boldsymbol{G}, \boldsymbol{Q}$ 阵将只与区段长度

$$\eta = z_b - z_a \tag{5.7.19}$$

有关，可写为

$$\boldsymbol{F}(z_a, z_b) = \boldsymbol{F}(\eta), \quad \partial \boldsymbol{F}/\partial z_b = \mathrm{d}\boldsymbol{F}/\mathrm{d}\eta, \quad \partial \boldsymbol{F}/\partial z_a = -\mathrm{d}\boldsymbol{F}/\mathrm{d}\eta \tag{5.7.20}$$

$\boldsymbol{G},\boldsymbol{Q}$ 同.此时方程(5.7.16),(5.7.17)简化为

$$\mathrm{d}\boldsymbol{F}/\mathrm{d}\eta = (\boldsymbol{A} - \boldsymbol{GB})\boldsymbol{F} \tag{5.7.16a$'$}$$

$$\mathrm{d}\boldsymbol{G}/\mathrm{d}\eta = \boldsymbol{D} + \boldsymbol{AG} + \boldsymbol{GA}^{\mathrm{T}} - \boldsymbol{GBG} \tag{5.7.16b$'$}$$

$$\mathrm{d}\boldsymbol{Q}/\mathrm{d}\eta = \boldsymbol{F}^{\mathrm{T}}\boldsymbol{BF} \tag{5.7.16c$'$}$$

以及

$$\mathrm{d}\boldsymbol{F}/\mathrm{d}\eta = \boldsymbol{F}(\boldsymbol{A} - \boldsymbol{DQ}) \tag{5.7.17a$'$}$$

$$\mathrm{d}\boldsymbol{G}/\mathrm{d}\eta = \boldsymbol{FDF}^{\mathrm{T}} \tag{5.7.17b$'$}$$

$$\mathrm{d}\boldsymbol{Q}/\mathrm{d}\eta = \boldsymbol{B} + \boldsymbol{A}^{\mathrm{T}}\boldsymbol{Q} + \boldsymbol{QA} - \boldsymbol{QDQ} \tag{5.7.17c$'$}$$

初始条件为

$$\boldsymbol{Q} = \boldsymbol{0},\boldsymbol{G} = \boldsymbol{0},\boldsymbol{F} = \boldsymbol{I}_n,\quad \text{当 } \eta \to +0 \text{ 时} \tag{5.7.18$'$}$$

以上两套微分方程组看来很不相同,但它们实际上是一样的.方程(5.7.16b′)及(5.7.17c′)就是黎卡提微分方程.从方程式本身来看这是非线性的矩阵微分方程组,如果就这样用差分近似求解黎卡提方程,问题就很多了.但黎卡提微分方程是由线性系统导出的,完全可以运用精细积分法予以数值求解.

由(5.7.16)式及(5.7.17)式可知,当 $\boldsymbol{A},\boldsymbol{B},\boldsymbol{D}$ 为常矩阵时,区段阵 $\boldsymbol{F}(\eta),\boldsymbol{G}(\eta),\boldsymbol{Q}(\eta)$ 满足关系式

$$\begin{aligned}
&(\boldsymbol{A} - \boldsymbol{GB})\boldsymbol{F} = \boldsymbol{F}(\boldsymbol{A} - \boldsymbol{DQ}) \quad [= \mathrm{d}\boldsymbol{F}/\mathrm{d}\eta] \\
&\boldsymbol{FDF}^{\mathrm{T}} = \boldsymbol{D} + \boldsymbol{AG} + \boldsymbol{GA}^{\mathrm{T}} - \boldsymbol{GBG} \quad [= \mathrm{d}\boldsymbol{G}/\mathrm{d}\eta] \\
&\boldsymbol{F}^{\mathrm{T}}\boldsymbol{BF} = \boldsymbol{B} + \boldsymbol{A}^{\mathrm{T}}\boldsymbol{Q} + \boldsymbol{QA} - \boldsymbol{QDQ} \quad [= \mathrm{d}\boldsymbol{Q}/\mathrm{d}\eta]
\end{aligned} \tag{5.7.17$''$}$$

5.7.4 幂级数展开

导出了联立微分方程组,但它是非线性的,对它的求解是一种挑战.但当区段长 η 分得非常小时,泰勒级数展开之法就可顺利地运用.精细积分法的要点之一是将积分步长,即划分的区段长 η,再继续细分为 2^N 段,普通选择

$$N = 20,\quad 2^N = 1048576,\quad \tau = \eta/2^N \tag{5.7.19$'$}$$

于是

$$\boldsymbol{F}'(\tau) = \boldsymbol{\varphi}_1\tau + \boldsymbol{\varphi}_2\tau^2 + \boldsymbol{\varphi}_3\tau^3 + \boldsymbol{\varphi}_4\tau^4 + O(\tau^5)$$

$$\boldsymbol{F}(\tau) = \boldsymbol{I} + \boldsymbol{F}'(\tau) \tag{5.7.20a}$$

$$\boldsymbol{G}(\tau) = \boldsymbol{\gamma}_1\tau + \boldsymbol{\gamma}_2\tau^2 + \boldsymbol{\gamma}_3\tau^3 + \boldsymbol{\gamma}_4\tau^4 + O(\tau^5) \tag{5.7.20b}$$

$$\boldsymbol{Q}(\tau) = \boldsymbol{\theta}_1\tau + \boldsymbol{\theta}_2\tau^2 + \boldsymbol{\theta}_3\tau^3 + \boldsymbol{\theta}_4\tau^4 + O(\tau^5) \tag{5.7.20c}$$

其中 $\boldsymbol{\phi}_i, \boldsymbol{\gamma}_i, \boldsymbol{\theta}_i, i = 1 \sim 4$,皆为 $n \times n$ 的矩阵,泰勒展开的系数矩阵.将(5.7.20a)式代入(5.7.16b′)式,注意式中 η 就应改为 τ,比较 τ 的各阶幂次即有

$$\begin{aligned}
&\boldsymbol{\gamma}_1 = \boldsymbol{D}, \quad \boldsymbol{\gamma}_2 = (\boldsymbol{A}\boldsymbol{\gamma}_1 + \boldsymbol{\gamma}_1\boldsymbol{A}^{\mathrm{T}})/2 \\
&\boldsymbol{\gamma}_3 = (\boldsymbol{A}\boldsymbol{\gamma}_2 + \boldsymbol{\gamma}_2\boldsymbol{A}^{\mathrm{T}} - \boldsymbol{\gamma}_1\boldsymbol{B}\boldsymbol{\gamma}_1)/3 \\
&\boldsymbol{\gamma}_4 = (\boldsymbol{A}\boldsymbol{\gamma}_3 + \boldsymbol{\gamma}_3\boldsymbol{A}^{\mathrm{T}} - \boldsymbol{\gamma}_2\boldsymbol{B}\boldsymbol{\gamma}_1 - \boldsymbol{\gamma}_1\boldsymbol{B}\boldsymbol{\gamma}_2)/4
\end{aligned} \tag{5.7.21a}$$

再将 $\boldsymbol{F}$ 的(5.7.20a)式代入(5.7.16a′)式,比较 η 的各幂次给出

$$\begin{aligned}
&\boldsymbol{\varphi}_1 = \boldsymbol{A}, \qquad \boldsymbol{\varphi}_2 = (\boldsymbol{A}\boldsymbol{\varphi}_1 - \boldsymbol{\gamma}_1\boldsymbol{B})/2 \\
&\boldsymbol{\varphi}_3 = (\boldsymbol{A}\boldsymbol{\varphi}_2 - \boldsymbol{\gamma}_2\boldsymbol{B} - \boldsymbol{\gamma}_1\boldsymbol{B}\boldsymbol{\varphi}_1)/3 \\
&\boldsymbol{\varphi}_4 = (\boldsymbol{A}\boldsymbol{\varphi}_3 - \boldsymbol{\gamma}_3\boldsymbol{B} - \boldsymbol{\gamma}_2\boldsymbol{B}\boldsymbol{\varphi}_1 - \boldsymbol{\gamma}_1\boldsymbol{B}\boldsymbol{\varphi}_2)/4
\end{aligned} \tag{5.7.21b}$$

然后,对于 $\boldsymbol{Q}$ 阵的展开式,当然可以用(5.7.17c′)式;但也可以用(5.7.16c′)式,这给出

$$\begin{aligned}
&\boldsymbol{\theta}_1 = \boldsymbol{B}, \qquad \boldsymbol{\theta}_2 = (\boldsymbol{\varphi}_1^{\mathrm{T}}\boldsymbol{B} + \boldsymbol{B}\boldsymbol{\varphi}_1)/2 \\
&\boldsymbol{\theta}_3 = (\boldsymbol{\varphi}_2^{\mathrm{T}}\boldsymbol{B} + \boldsymbol{B}\boldsymbol{\varphi}_2 + \boldsymbol{\varphi}_1^{\mathrm{T}}\boldsymbol{B}\boldsymbol{\varphi}_1)/3 \\
&\boldsymbol{\theta}_4 = (\boldsymbol{\varphi}_3^{\mathrm{T}}\boldsymbol{B} + \boldsymbol{B}\boldsymbol{\varphi}_3 + \boldsymbol{\varphi}_2^{\mathrm{T}}\boldsymbol{B}\boldsymbol{\varphi}_1 + \boldsymbol{\varphi}_1^{\mathrm{T}}\boldsymbol{B}\boldsymbol{\varphi}_2)/4
\end{aligned} \tag{5.7.21c}$$

幂级数展开的好处是,当步长 τ 特别小时,则展开到四阶所略去的是 $O(\tau^5)$,已是非常小的量.如果 η 区段长所相应的区段混合能矩阵具有 $O(1)$量级,则因 $\tau \approx \eta \cdot 10^{-6}$,展开式(5.7.20)略去项的相对误差为 $O(\tau^4) \approx \eta^4/10^{24}$.注意到倍精度表示的计算机实型量有效位数为十进制 16 位.10^{-24}已超出了当前计算机倍精度位数之外了.

5.7.5 区段合并消元

区段合并消元在子结构算法中是基本的.(5.7.5)式已给出了

其基本公式，但这是位移法的表达方式．位移法可能引起严重数值病态，尤其是当网格划分的过于稠密时．精细积分正是要将网格密度大为提高．在普通长度 η 上还要予以细分 $1048576=2^{20}$ 段．这样的网格密度已完全无法采用位移法了．**混合能表示的好处是不怕网格分得细，其数值精度好，适合于精细积分法**．

精细积分法需要运用混合能形式的区段合并消元．区段的混合表示在本质上与位移表示是一样的，是同一事物的不同表象，因此它们相互间能转换．混合能的区段合并推导可以用变分法来完成．

两个相邻的子区段合并，其区段的变分方程分别为

$$\delta V_1(\boldsymbol{q}_a,\boldsymbol{p}_b)=\boldsymbol{p}_a^{\mathrm{T}}\delta\boldsymbol{q}_a+\boldsymbol{q}_b^{\mathrm{T}}\delta\boldsymbol{p}_b$$

$$\delta V_2(\boldsymbol{q}_b,\boldsymbol{p}_c)=\boldsymbol{p}_b^{\mathrm{T}}\delta\boldsymbol{q}_b+\boldsymbol{q}_c^{\mathrm{T}}\delta\boldsymbol{p}_c$$

合并后的混合能用下标 c 表示．混合能变分方程应为

$$\delta V_c(\boldsymbol{q}_a,\boldsymbol{p}_c)=\boldsymbol{p}_a^{\mathrm{T}}\delta\boldsymbol{q}_a+\boldsymbol{q}_c^{\mathrm{T}}\delta\boldsymbol{p}_c$$

于是，显然应当用

$$V_c(\boldsymbol{q}_a,\boldsymbol{p}_c)=\underset{\boldsymbol{q}_b,\boldsymbol{p}_b}{\mathrm{sta}}[V_1(\boldsymbol{q}_a,\boldsymbol{p}_b)+V_2(\boldsymbol{q}_b,\boldsymbol{p}_c)-\boldsymbol{p}_b^{\mathrm{T}}\boldsymbol{q}_b] \tag{5.7.22}$$

式中 sta 表明对 $\boldsymbol{q}_b$ 与 $\boldsymbol{p}_b$ 都应当取驻值予以消元．将 V 的算式(5.7.12)代入

$$\underset{\boldsymbol{q}_b,\boldsymbol{p}_b}{\mathrm{sta}}[-\boldsymbol{q}_a^{\mathrm{T}}\boldsymbol{Q}_1\boldsymbol{q}_a/2+\boldsymbol{p}_b^{\mathrm{T}}\boldsymbol{F}_1\boldsymbol{q}_a+\boldsymbol{p}_b^{\mathrm{T}}\boldsymbol{G}_1\boldsymbol{p}_b/2-\boldsymbol{p}_b^{\mathrm{T}}\boldsymbol{q}_b$$
$$-\boldsymbol{q}_b^{\mathrm{T}}\boldsymbol{Q}_2\boldsymbol{q}_b/2+\boldsymbol{p}_c^{\mathrm{T}}\boldsymbol{F}_2\boldsymbol{q}_b+\boldsymbol{p}_c^{\mathrm{T}}\boldsymbol{G}_2\boldsymbol{p}_c/2]$$

得

$$-\boldsymbol{q}_b+\boldsymbol{G}_1\boldsymbol{p}_b+\boldsymbol{F}_1\boldsymbol{q}_a=\boldsymbol{0},$$
$$-\boldsymbol{p}_b-\boldsymbol{Q}_2\boldsymbol{q}_b+\boldsymbol{F}_2^{\mathrm{T}}\boldsymbol{p}_c=\boldsymbol{0}$$

求得

$$\boldsymbol{q}_b=(\boldsymbol{I}+\boldsymbol{G}_1\boldsymbol{Q}_2)^{-1}(\boldsymbol{F}_1\boldsymbol{q}_a+\boldsymbol{G}_1\boldsymbol{F}_2^{\mathrm{T}}\boldsymbol{p}_c) \tag{5.7.22a}$$

$$\boldsymbol{p}_b=(\boldsymbol{I}+\boldsymbol{Q}_2\boldsymbol{G}_1)^{-1}(\boldsymbol{Q}_2\boldsymbol{F}_1\boldsymbol{q}_a-\boldsymbol{F}_2^{\mathrm{T}}\boldsymbol{p}_c) \tag{5.7.22b}$$

因此就导出区段合并公式

$$\boldsymbol{F}_c = \boldsymbol{F}_2(\boldsymbol{I} + \boldsymbol{G}_1\boldsymbol{Q}_2)^{-1}\boldsymbol{F}_1 \tag{5.7.23a}$$

$$\boldsymbol{G}_c = \boldsymbol{G}_2 + \boldsymbol{F}_2(\boldsymbol{G}_1^{-1} + \boldsymbol{Q}_2)^{-1}\boldsymbol{F}_2^{\mathrm{T}} \tag{5.7.23b}$$

$$\boldsymbol{Q}_c = \boldsymbol{Q}_1 + \boldsymbol{F}_1^{\mathrm{T}}(\boldsymbol{Q}_2^{-1} + \boldsymbol{G}_1)^{-1}\boldsymbol{F}_1 \tag{5.7.23c}$$

这套公式表明，$\boldsymbol{G}_c$，$\boldsymbol{Q}_c$ 保持着对称矩阵的特性. 而且后二式出现的是加号. 在静力问题中，或 ω 不高时，$\boldsymbol{Q}$ 与 $\boldsymbol{G}$ 总是正定矩阵，此时加号保证不会发生相近大数相减而丢失有效位数的情况.

在 τ 很小时，势能表示的矩阵 $\boldsymbol{K}_{aa}(\tau)$，$\boldsymbol{K}_{bb}(\tau)$ 等具有 $1/\tau^2$ 量级的元素，如果直接用 $\boldsymbol{K}$ 阵进行数值计算，将在 $1/\tau^2$ 这样大的数位开始，当区段长增长到通常长度 η 时，$\boldsymbol{K}$ 阵将降到 $O(1)$. 当 τ 取得非常小，如精细积分那样，将会严重丧失有效数位的. 而在混合能表示下，$\boldsymbol{Q}$，$\boldsymbol{G}$ 的初值为零，在 τ 很小时有 $\boldsymbol{Q}(\tau) \approx O(\tau)$ 的量级，因此不怕 τ 取得很小的. ω 不高时，$\boldsymbol{Q}$ 与 $\boldsymbol{G}$ 为正定矩阵意味着 (5.7.23b,c) 的矩阵总是增长，因此不会有病态条件. 虽然在较高频率条件下，$\boldsymbol{Q}$，$\boldsymbol{G}$ 也不能保证为正定，但其初值仍是从 $\boldsymbol{Q}(\tau) \approx O(\tau)$ 开始，不会如势能表达式这般病态地从 $O(\tau^{-2})$ 跌落.

但是 $\boldsymbol{F}(\tau)$ 当 τ 很小时趋于单位阵，这在展开式(5.7.20a)中已经显式指出了. 运用(5.7.23a)直接计算 $\boldsymbol{F}_c$，得到的也是近乎单位阵. 重要的是 $O(\tau)$ 部分，因此应将 $\boldsymbol{I}_n$ 部分从 $\boldsymbol{F}(\tau)$ 中予以剥离，所以数值计算中，当 τ 很小时应当计算 $\boldsymbol{F}'$. 这一步恰就是精细积分的第 2 个要点：**关注 $\boldsymbol{F}$ 阵的增量 $\boldsymbol{F}'$ 而剥离掉单位阵的部分**. 为此应将(5.7.23)式修改为 2 个 τ 段合并为一个 2τ 段之型

$$\boldsymbol{F}_c' = (\boldsymbol{F}' - \boldsymbol{G}\boldsymbol{Q}/2)(\boldsymbol{I} + \boldsymbol{Q}\boldsymbol{G})^{-1} + (\boldsymbol{I} + \boldsymbol{Q}\boldsymbol{G})^{-1}(\boldsymbol{F}' - \boldsymbol{G}\boldsymbol{Q}/2) + \boldsymbol{F}'(\boldsymbol{I} + \boldsymbol{Q}\boldsymbol{G})^{-1}\boldsymbol{F}' \tag{5.7.24a}$$

$$\boldsymbol{G}_c = \boldsymbol{G} + (\boldsymbol{I} + \boldsymbol{F}')(\boldsymbol{G}^{-1} + \boldsymbol{Q})^{-1}(\boldsymbol{I} + \boldsymbol{F}')^{\mathrm{T}} \tag{5.7.24b}$$

$$\boldsymbol{Q}_c = \boldsymbol{Q} + (\boldsymbol{I} + \boldsymbol{F}')^{\mathrm{T}}(\boldsymbol{Q}^{-1} + \boldsymbol{G})^{-1}(\boldsymbol{I} + \boldsymbol{F}') \tag{5.7.24c}$$

这套公式可用于区段长度很小时. 尤其是用于由 2^N 算法生成 η 长的区段混合能时.

5.7.6 基本区段的精细积分算法

黎卡提微分方程是非线性的.纯分析法求解普通只对一维 $n=1$的课题尚可解决.多维课题的求解只能寻求数值解.当然首先是定常系统,由矩阵 $\boldsymbol{A},\boldsymbol{B},\boldsymbol{D}$ 表达;或在位移法表象中 $\boldsymbol{K}_{11}$, $\boldsymbol{K}_{21},\boldsymbol{K}_{22}$,这些矩阵与坐标 z 无关.

数值求解不能对全部连续坐标 z 都给出其数值结果,只能先对格点作出计算.等距格点是最常用的.其典型长度 η 当然应是合理的长度.对精细积分法来说,η 的选择比有限元、有限差分的适应范围大得多.

选定了典型步长 η,它只是作为数值结果的输出用的.就如同指数矩阵的精细积分,真实计算还要在每步 η 内细分为 2^N 个更小的区段.通常选择其精细步长 τ 为

$$N = 20,\quad 2^N = 1048576,\quad \tau = \eta/2^N \qquad (5.7.19')$$

前文已一再提及.对 τ 步长,运用幂级数展开可达到倍精度实型数的精度.对于 η 长的区段矩阵 $\boldsymbol{F},\boldsymbol{G},\boldsymbol{Q}$ 的计算,可运用 N 次区段合并消元以完成之.其算法可用元语言表示如下:

[已知维数 n;矩阵 $\boldsymbol{K}_{22},\boldsymbol{K}_{21},\boldsymbol{K}_{11}$,由(5.2.8)式计算 $\boldsymbol{A},\boldsymbol{B},\boldsymbol{D}$]

[选择步长 η;选择 N,得到 τ;]

[按(5.7.20)式,(5.7.21)式,计算生成 $\boldsymbol{F}'(\tau),\boldsymbol{G}(\tau),\boldsymbol{Q}(\tau)$寄存于 $\boldsymbol{F}_c',\boldsymbol{G}_c,\boldsymbol{Q}_c$]

for($iter=0$; $iter<N$; $iter++$){

　　[$\boldsymbol{F}'=\boldsymbol{F}_c'$; $\boldsymbol{G}=\boldsymbol{G}_c$; $\boldsymbol{Q}=\boldsymbol{Q}_c$;]

　　[按(5.7.24′)式计算 $\boldsymbol{F}_c',\boldsymbol{G}_c,\boldsymbol{Q}_c$]

}

[$\boldsymbol{F}=\boldsymbol{I}+\boldsymbol{F}_c'$; $\boldsymbol{G}=\boldsymbol{G}_c$; $\boldsymbol{Q}=\boldsymbol{Q}_c$;] (5.7.25)

注:此时 $\boldsymbol{F},\boldsymbol{G},\boldsymbol{Q}$ 就是长为 η 的区段混合能矩阵 $\boldsymbol{F}(\eta),\boldsymbol{G}(\eta)$, $\boldsymbol{Q}(\eta)$.

全部推导都是精确公式,除了幂级数展开(5.7.20).对此取了展开式的 4 项,并选用了精细步长 τ,其误差已在倍精度数表示之

外了.所以说,这套二端边值问题,黎卡提微分方程典型长 η 的精细积分,已达到了计算机精度了.

有了基本区段 η 的混合能矩阵 $\boldsymbol{F}(\eta),\boldsymbol{G}(\eta),\boldsymbol{Q}(\eta)$,就可以对任意两端边界条件的课题求解.对于有限长的区段,有 $z_f=k_f\eta$,即 k_f 个区段 η.最简单的方法便是一步步向前进,执行 k_f-1 步便得到了$(0,z_f)$区段的混合能矩阵.区段合并公式为(5.7.23)式.这里要指出,区段内部是未考虑有外力的.

要将问题求解出来,还得有边界条件.当前适应的是两端边界条件.每一端应当给 n 个条件,共 $2n$ 个条件.

最简单的边界条件是在 $z=0$ 端 $\boldsymbol{q}_0=$已知,即$(0,z_f)$区段的 $\boldsymbol{q}_a$,而在 $z=z_f$ 端 $\boldsymbol{p}_f=$已知,即 $\boldsymbol{p}_b$.方程(5.7.14a,b)中的矩阵 $\boldsymbol{F}$,$\boldsymbol{G},\boldsymbol{Q}$,对$(0,z_f)$区段已经计算得到.这一对方程共 $2n$ 个,其中有 $\boldsymbol{q}_a,\boldsymbol{p}_a,\boldsymbol{q}_b,\boldsymbol{p}_b$ 共 4 个 n 维向量.如果给出 $\boldsymbol{q}_a,\boldsymbol{p}_b$,则直接代入就算得了 $\boldsymbol{p}_a,\boldsymbol{q}_b$.于是两端的状态向量都知道了.至于区段内点的状态,则可由(5.7.22a,b)式回溯算得.

上述的计算方法全是以区段混合能矩阵为基础的.其实在完成了基本区段 η 的混合能矩阵精细积分后,转换到位移法表象继续执行也是可以的.因为 η 已不是 τ 这样很小的量,不至于造成严重的数值病态了.

(5.7.13)式给出了由位移法的刚度矩阵 $\boldsymbol{K}_{aa},\boldsymbol{K}_{bb},\boldsymbol{K}_{ba}$,转换到 $\boldsymbol{F},\boldsymbol{G},\boldsymbol{Q}$ 的混合能矩阵的公式.其反向变换为

$$\boldsymbol{K}_{bb}=\boldsymbol{G}^{-1},\quad \boldsymbol{K}_{ba}=-\boldsymbol{G}^{-1}\boldsymbol{F},\quad \boldsymbol{K}_{aa}=\boldsymbol{Q}+\boldsymbol{F}^{\mathrm{T}}\boldsymbol{G}^{-1}\boldsymbol{F} \tag{5.7.26}$$

在(5.7.5)式,(5.7.6)式已给出了其区段合并消元公式.

位移法概念清晰,易学易懂,有限元法就是用的位移法.在完成了基本区段的精细积分计算后,变换到位移法继续计算,也不失为一种有效的方法.当然继续在混合变量空间中计算,也是有效的.以下继续在混合变量空间讲.这对控制论的模拟有用.

边界 z_f 处有弹性支承的情况也是感兴趣的.设弹性支承的条

件为

$$p_f = -S_f q_f \tag{5.7.27}$$

其中 S_f 为 $n \times n$ 对称非负矩阵，弹性支承的刚度矩阵. 式中负号是由于 p 是内力，其符号规则给出了(5.7.8a)式或(5.7.14b)式，与 K_{aa}及Q 前的负号. 一个弹性支承也相当于一个“区段”，其相应的矩阵是 $F_2 = 0, G_2 = 0, Q_2 = S_f$. 因为是支承，其作用只是对于 $z < z_f$区段的，并且已不再向 $z > z_f$ 传递，所以取 $F_2 = 0$. 因为在另一端已经没有意义，故与 G_2 无关；Q_2 也就是弹性支承的刚度阵.

套用(5.7.23c)式，其 Q_1, F_1, G_1 为 $Q(z_f - z), F(z_f - z), G(z_f - z)$

$$S(z) = Q + F^{\mathrm{T}}(I + S_f G)^{-1} S_f F \tag{5.7.28}$$

矩阵 $S(z)$就是区段(z, z_f)且在 z_f 处有弹性支承矩阵 S_f 的边界条件，在 z 处的刚度矩阵.

另一种课题是在 $z = 0$ 端有一个弹性支承，其条件为

$$q_0 = P_0 p_0 \tag{5.7.29}$$

其中 P_0 为对称非负矩阵，弹性支承的柔度矩阵. 该弹性支承也相当于一个“区段”，其相应的 $F_1 = 0, G_1 = P_0, Q_1 = 0$. 支承已不再向 $z < 0$ 传递，因此取 $F_1 = 0$；对 $z < 0$ 端已经无关，因此 Q_1 可以取任意值，而 G_1 就是弹性支承柔度阵.

取 F_2, G_2, Q_2 为 $F(z), G(z), Q(z)$，调用(5.7.23b)式得

$$P(z) = G + F(I + P_0 Q)^{-1} P_0 F^{\mathrm{T}} \tag{5.7.30}$$

$P(z)$阵就是区段$(0, z)$且在 $z = 0$ 处有弹性支承柔度阵 P_0，在 z 端的柔度阵.

这里是按结构力学讲的，但这套计算在控制论中非常重要，是基本性质的计算. $S(z)$与 $P(z)$满足微分方程

$$\dot{S} = -B - A^{\mathrm{T}}S - SA + SDS, \quad S(z_f) = S_f \tag{5.7.31}$$

$$\dot{P} = D + AP + PA^{\mathrm{T}} - PBP, \quad P(0) = P_0 \tag{5.7.32}$$

只要将(5.7.28)式的 $S(z)$ 代入方程(5.7.31)，并运用方程(5.7.16)，(5.7.17)，即可验证微分方程得到满足；再运用边界条

件(5.7.18)即可验证 z_f 处的边界条件得到满足.同样,$\boldsymbol{P}(z)$也可证明满足微分方程与边界条件(5.7.32).

例 1 设 $n=1$,一维问题可分析求解.可用于比较精细积分结果的精度.设

$\boldsymbol{A}=0.8, \boldsymbol{B}=-0.87935, \boldsymbol{D}=0.64, z_f=0.8, \boldsymbol{S}_f=0.01$ 微分方程为(5.7.31),试求解 $\boldsymbol{S}$

解 将微分方程写为

$$\dot{S} = c + 2aS + bS^2 \tag{5.7.33}$$

该方程可解析积分.应区分 $\Delta=a^2-b\times c, \Delta>0$,或 $\Delta<0$.

(i)$\Delta>0$ 时,有二个实根 p_1, p_2 满足 $c+2aS+bS^2=0$.积分为

$$(S-p_1)/(S-p_2) = A\exp[b*(p_1-p_2)*(z-z_f)]$$

$$A = (S_f-p_1)/(S_f-p_2)$$

于是就可计算出各个 z 的 $S(z)$.

(ii)$\Delta<0$ 时,二次方程出现复根,令 $\mu=2\sqrt{-\Delta}$,则解为

$$z-z_f+A = (2/\mu)\arctan[(2/\mu)(a+bS)]$$

再代入边界条件,$z=z_f$ 时,$S=S_f$ 即求得

$$A = (2/\mu)\arctan[(2/\mu)(a+bS)]$$

$$S(z) = (1/b)\times[-a+(\mu/2)\tan(\mu\times(A-z_f+z)/2)]$$

对本题 $a=-0.8, b=-0.87965, c=-0.64, \Delta=0.077216>0$,情况(i),积分得,$\boldsymbol{S}(z)$是分析解,$\boldsymbol{S}_p(z)$是精细积分而得的.

$z=$	0	0.05	0.1	0.15	0.2	0.25
$S=$	1430.93208	1216.51221	1038.756	889.0473	761.2844	651.0094
$S_p=$	1430.93206	1216.51220	1038.753	889.0473	761.2844	651.0094
$z=$	0.3	0.35	0.4	0.45	0.5	0.55
$S=$	554.8965	470.4127	395.5952	328.8911	269.0920	251.1788
$S_p=$	554.8965	470.4127	395.5952	328.8911	269.0920	251.1788
$z=$	0.6	0.65	0.7	0.75	0.8	
$S=$	166.3472	121.9273	81.3622	44.1846	0.01	
$S_p=$	166.3472	121.9273	81.3622	44.1846	0.01	

相差非常小,说明精细积分相当精细.在计算中也不免有各种算术误差,因此尾数上总有差异的.

例 2 $n=4$,取 $\eta=2.0$ 试计算 $\boldsymbol{F}(\eta),\boldsymbol{G}(\eta),\boldsymbol{Q}(\eta)$,数据取自文献[21]:p.199

$$\boldsymbol{A}=\begin{pmatrix}0 & 0 & 1.0 & 0\\ 0 & 0 & 0 & 1.0\\ -2 & 1 & 0 & 0\\ 0.5 & -0.5 & 0 & 0\end{pmatrix}$$

$$\boldsymbol{B}=\begin{pmatrix}2.0 & & \text{对} & \\ -1.0 & 1.0 & & \text{称}\\ 0 & 0 & 1.0 & \\ 0 & 0 & 0 & 2.0\end{pmatrix}$$

$$\boldsymbol{D}=\begin{pmatrix}0 & 0 & 0 & 0\\ 0 & 0 & 0 & 0\\ 0 & 0 & 0 & 0\\ 0 & 0 & 0 & 0.25\end{pmatrix}$$

解 题目很明确.可以直接套用精细积分算法(5.7.25)得到的数值结果为

$$\boldsymbol{F}(\eta)=\begin{pmatrix}-0.80474 & 0.79784 & 0.29733 & 0.58414\\ 0.26821 & 0.51292 & 0.34377 & 0.92005\\ -0.26490 & -0.03238 & -0.79752 & 0.47219\\ -0.12804 & -0.23571 & 0.31772 & 0.10195\end{pmatrix}$$

$$\boldsymbol{G}(\eta)=\begin{pmatrix}0.03646 & 0.08702 & 0.04660 & 0.03031\\ 0.08702 & 0.26763 & 0.13223 & 0.16037\\ 0.04660 & 0.13223 & 0.06794 & 0.06407\\ 0.03031 & 0.06037 & 0.06407 & 0.21841\end{pmatrix}$$

$$\boldsymbol{Q}(\eta)=\begin{pmatrix}3.93011 & -1.91804 & -0.03492 & -0.22521\\ -1.91804 & 1.89915 & 0.04782 & 0.25011\\ -0.03492 & 0.04782 & 1.97209 & -0.08174\\ -0.22521 & 0.25011 & -0.08174 & 2.68508\end{pmatrix}$$

有了基本区段 η 的矩阵,其他一些计算就很明确了.

后文将在哈密顿矩阵本征解的基础上给出这些矩阵的分析解.这些数值结果与分析解的数值结果完全吻合.

以上的算法都是在哈密顿体系的基础上讲的,得到的黎卡提方程(5.7.31～32)称为对称黎卡提方程,在无阻尼波的传播以及最优控制与滤波问题中非常重要.但在阻尼介质中波的传播或输运过程问题,对偶微分方程可由以下一般的线性方程描述

$$\dot{\boldsymbol{q}} = \boldsymbol{Aq} + \boldsymbol{Dp}, \quad \dot{\boldsymbol{p}} = \boldsymbol{Bq} + \boldsymbol{Cp}$$

其中 $\boldsymbol{q}, \boldsymbol{p}$ 为 n, m 维向量.对应的一般多维黎卡提微分方程可以表达为

$$\dot{\boldsymbol{S}}(t) = -\boldsymbol{B} + \boldsymbol{SA} - \boldsymbol{CS} + \boldsymbol{SDS}$$

其中 $\boldsymbol{S}(t)$为 $m \times n$ 待求矩阵,$\dot{\boldsymbol{S}}$ 为$\boldsymbol{S}(t)$对时间 t 的微商,积分域为 $t_0 = 0 \leqslant t \leqslant t_f$, 其中 t_f 是某一给定的时刻. $\boldsymbol{A}, \boldsymbol{B}, \boldsymbol{C}, \boldsymbol{D}$ 皆为给定的常值矩阵,其维数分别为 $n \times n, m \times n, m \times m, n \times m$.黎卡提微分方程在应用中非常重要,例如在最优控制与滤波,波导理论,辐射输运,结构力学,以及博弈论等.黎卡提微分方程的边界条件通常给定为

$$\boldsymbol{S}(t_f) = \boldsymbol{S}_f, \quad t = t_f$$

相应的对偶黎卡提微分方程为

$$\dot{\boldsymbol{T}}(t) = -\boldsymbol{D} - \boldsymbol{TC} + \boldsymbol{AT} + \boldsymbol{TBT}$$

其中 $\boldsymbol{T}(t)$是 $n \times m$ 维的待求矩阵,初始条件为

$$\boldsymbol{T}(0) = \boldsymbol{T}_0$$

其中 $\boldsymbol{T}_0$ 是给定 $n \times m$ 初始矩阵.其相应的精细积分法与分析法求解可以在文献[153]中找到.

5.8 本征解与区段混合能,黎卡提方程的分析解

上一节用精细积分法求解了区段混合能及黎卡提微分方程.但这不是惟一的方法.前面介绍的本征向量展开解法也可以生成区段混合能.设已全部求得本征解 $\boldsymbol{\psi}_i, i = 1, \cdots, 2n$,再给出基本

区段长 η,要计算 $\boldsymbol{F}(\eta),\boldsymbol{G}(\eta),\boldsymbol{Q}(\eta)$. 这是可以通过本征解代数运算得到的.介绍如下.

将全部本征向量编排成矩阵 $\boldsymbol{\Psi}_{2n\times 2n}$如(5.3.10)式所示,并分块成 4 个 $n\times n$ 矩阵

$$\boldsymbol{\Psi} = \begin{pmatrix} \boldsymbol{Q}_\alpha & \boldsymbol{Q}_\beta \\ \boldsymbol{P}_\alpha & \boldsymbol{P}_\beta \end{pmatrix}\begin{matrix} n \\ n \end{matrix} \tag{5.8.1}$$

由于是本征向量阵,设 μ 本征解不出现若尔当型,记 diag(…)为对角阵,则

$$\boldsymbol{H\Psi} = \boldsymbol{\Psi}\begin{pmatrix} \mathrm{diag}(\mu_i) & \boldsymbol{0} \\ \boldsymbol{0} & -\mathrm{diag}(\mu_i) \end{pmatrix}$$

或

$$\boldsymbol{H} = \boldsymbol{\Psi}\begin{pmatrix} \mathrm{diag}(\mu_i) & \boldsymbol{0} \\ \boldsymbol{0} & -\mathrm{diag}(\mu_i) \end{pmatrix}\boldsymbol{\Psi}^{-1}$$

由此可导出

$$\boldsymbol{A} = \boldsymbol{Q}_\alpha\mathrm{diag}(\mu_i)\boldsymbol{P}_\beta^{\mathrm{T}} + \boldsymbol{Q}_\beta\mathrm{diag}(\mu_i)\boldsymbol{P}_\alpha^{\mathrm{T}} \tag{5.8.2a}$$

$$\boldsymbol{D} = -\boldsymbol{Q}_\alpha\mathrm{diag}(\mu_i)\boldsymbol{Q}_\beta^{\mathrm{T}} - \boldsymbol{Q}_\beta\mathrm{diag}(\mu_i)\boldsymbol{Q}_\alpha^{\mathrm{T}} \tag{5.8.2b}$$

$$\boldsymbol{B} = \boldsymbol{P}_\alpha\mathrm{diag}(\mu_i)\boldsymbol{P}_\beta^{\mathrm{T}} + \boldsymbol{P}_\beta\mathrm{diag}(\mu_i)\boldsymbol{P}_\alpha^{\mathrm{T}} \tag{5.8.2c}$$

还可导出

$$\boldsymbol{Q}_\alpha^{\mathrm{T}}\boldsymbol{BQ}_\beta - \boldsymbol{Q}_\alpha^{\mathrm{T}}\boldsymbol{A}^{\mathrm{T}}\boldsymbol{P}_\beta - \boldsymbol{P}_\alpha^{\mathrm{T}}\boldsymbol{AQ}_\beta - \boldsymbol{P}_\alpha^{\mathrm{T}}\boldsymbol{DP}_\beta = -\mathrm{diag}(\mu_i) \tag{5.8.3a}$$

$$\boldsymbol{Q}_\alpha^{\mathrm{T}}\boldsymbol{BQ}_\alpha - \boldsymbol{Q}_\alpha^{\mathrm{T}}\boldsymbol{A}^{\mathrm{T}}\boldsymbol{P}_\alpha - \boldsymbol{P}_\alpha^{\mathrm{T}}\boldsymbol{AQ}_\alpha - \boldsymbol{P}_\alpha^{\mathrm{T}}\boldsymbol{DP}_\alpha = \boldsymbol{0} \tag{5.8.3b}$$

$$\boldsymbol{Q}_\beta^{\mathrm{T}}\boldsymbol{BQ}_\beta - \boldsymbol{Q}_\beta^{\mathrm{T}}\boldsymbol{A}^{\mathrm{T}}\boldsymbol{P}_\beta - \boldsymbol{P}_\beta^{\mathrm{T}}\boldsymbol{AQ}_\beta - \boldsymbol{P}_\beta^{\mathrm{T}}\boldsymbol{DP}_\beta = \boldsymbol{0} \tag{5.8.3c}$$

这些推导都要运用 $\boldsymbol{\Psi}$ 是辛矩阵的事实.

对区段$(0,\eta)$中齐次方程(5.2.13)的解总可展开为

$$\boldsymbol{v}(z) = \sum_{i=1}^{n}[\boldsymbol{\psi}_i a_i\exp(\mu_i z) + \boldsymbol{\psi}_{n+i}b_i\exp(\mu_i(\eta - z))] \tag{5.8.4a}$$

式中 $a_i,b_i,i=1,2,\cdots,n$ 为任意常数.写成向量 $\boldsymbol{a},\boldsymbol{b}$,则

$$\boldsymbol{v}(z)=\begin{Bmatrix}\boldsymbol{Q}_\alpha\\ \boldsymbol{P}_\alpha\end{Bmatrix}\exp[\mathrm{diag}(\mu_i z)]\boldsymbol{a} + \begin{Bmatrix}\boldsymbol{Q}_\beta\\ \boldsymbol{P}_\beta\end{Bmatrix}\exp(\mathrm{diag}[\mu_i(\eta-z)])\boldsymbol{b} \tag{5.8.4b}$$

向量 $\boldsymbol{a},\boldsymbol{b}$ 应当由边界条件来确定. 按阵 $\boldsymbol{Q}(\eta),\boldsymbol{F}(\eta)$的物理解释，应当取 $z=0$ 处为单位位移阵；相应地 $\boldsymbol{a},\boldsymbol{b}$ 向量也各有 n 个，合起来就成为二个 $n\times n$ 阵$\boldsymbol{A}_1,\boldsymbol{B}_1$ 待求. 两端 $z=0,z=\eta$ 的边界条件为

$$\boldsymbol{Q}_\alpha\boldsymbol{A}_1+\boldsymbol{Q}_\beta\boldsymbol{D}_{c\eta}\boldsymbol{B}_1=\boldsymbol{I}_n,\quad \text{注:}z=0\text{ 端为单位位移} \tag{5.8.5a}$$

$$\boldsymbol{P}_\alpha\boldsymbol{D}_{c\eta}\boldsymbol{A}_1+\boldsymbol{P}_\beta\boldsymbol{B}_1=\boldsymbol{0},\quad \text{注:}z=\eta\text{ 端无外力,自由} \tag{5.8.5b}$$

其中定义了

$$\boldsymbol{D}_{c\eta}=\exp[\mathrm{diag}(\mu_i\eta)]$$

由此求解出 $\boldsymbol{A}_1,\boldsymbol{B}_1$ 二个 $n\times n$ 矩阵. 再计算 $\boldsymbol{Q}(\eta)$，它是在 $z=0$ 端的力，为

$$\boldsymbol{Q}(\eta)=-(\boldsymbol{P}_\alpha\boldsymbol{A}_1+\boldsymbol{P}_\beta\boldsymbol{D}_{c\eta}\boldsymbol{B}_1) \tag{5.8.5c}$$

而 $\boldsymbol{F}(\eta)$则是在 $z=\eta$ 端的位移，为

$$\boldsymbol{F}(\eta)=\boldsymbol{Q}_\alpha\boldsymbol{D}_{c\eta}\boldsymbol{A}_1+\boldsymbol{Q}_\beta\boldsymbol{B}_1 \tag{5.8.5d}$$

另一方面，按矩阵 $\boldsymbol{G}(\eta)$与 $\boldsymbol{F}^{\mathrm{T}}(\eta)$的物理解释，应当在 $z=0$ 端不发生位移，而在 $z=\eta$ 处则其力向量为单位阵；相应地(5.8.4b)式中向量也各有 n 个，合起来就成为二个 $n\times n$ 阵 $\boldsymbol{A}_2,\boldsymbol{B}_2$ 待求. 这样在 $z=0,z=\eta$ 有边界条件方程为

$$\boldsymbol{Q}_\alpha\boldsymbol{A}_2+\boldsymbol{Q}_\beta\boldsymbol{D}_{c\eta}\boldsymbol{B}_2=\boldsymbol{0},\quad \text{注:}z=0\text{ 端为夹住} \tag{5.8.6a}$$

$$\boldsymbol{P}_\alpha\boldsymbol{D}_{c\eta}\boldsymbol{A}_2+\boldsymbol{P}_\beta\boldsymbol{B}_2=\boldsymbol{I},\quad \text{注:}z=\eta\text{ 端有单位力} \tag{5.8.6b}$$

由这两个矩阵方程求解出 $\boldsymbol{A}_2,\boldsymbol{B}_2$ 二个 $n\times n$ 阵. 然后计算

$$\boldsymbol{G}(\eta)=\boldsymbol{Q}_\alpha\boldsymbol{D}_{c\eta}\boldsymbol{A}_2+\boldsymbol{Q}_\beta\boldsymbol{B}_2 \tag{5.8.6c}$$

$$\boldsymbol{F}^{\mathrm{T}}(\eta)=\boldsymbol{P}_\alpha\boldsymbol{A}_2+\boldsymbol{P}_\beta\boldsymbol{D}_{c\eta}\boldsymbol{B}_2 \tag{5.8.6d}$$

以上这些公式表明，只要求得共轭辛正交归一的本征向量阵，

计算 $\boldsymbol{F}(\eta),\boldsymbol{G}(\eta),\boldsymbol{Q}(\eta)$，只剩下普通的代数运算，不需再作迭代求解.

但上面所述的理由只是根据物理意义的分析，严格来说这是不够的，还应在数学上作出证明. 首先是(5.8.5c)式与(5.8.6c)式的$\boldsymbol{Q}(\eta)$与 $\boldsymbol{G}(\eta)$为对称阵，以及(5.8.5d)与(5.8.6d)式的 $\boldsymbol{F}(\eta)$与 $\boldsymbol{F}^{\mathrm{T}}(\eta)$确实互为转置. 在此基础上还得证明 $\boldsymbol{Q}(\eta),\boldsymbol{G}(\eta)$与$\boldsymbol{F}(\eta)$确实满足微分方程组(5.7.16′)，(5.7.17′)等. 这些验算只是多花些力气而已. 为节省篇幅就免去了.

至于 $\eta=0$ 时的边界条件，只要将(5.8.5b,c)式互作对比，将(5.8.6a,c)式作对比，即知 $\boldsymbol{Q}(0),\boldsymbol{G}(0)$必为零阵. (5.8.5a,d)式的对比，以及(5.8.6b,d)式的对比，皆说明 $\boldsymbol{F}(0)$为单位阵. 因此(5.8.5)，(5.8.6)式只给出了区段混合能矩阵 $\boldsymbol{F}(\eta),\boldsymbol{G}(\eta),\boldsymbol{Q}(\eta)$的分析解，相当于零终端条件 $\boldsymbol{S}_f=\boldsymbol{0}$. 但运用(5.7.28)式，即可找到对应于 $\boldsymbol{S}_f$ 阵终端条件的(5.7.31)黎卡提方程解. 而对于初值弹性柔度阵 $\boldsymbol{P}_0$ 的，则运用(5.7.30)式即得到向前积分黎卡提微分方程(5.7.32)的解.

当然，这个分析解是在本征向量阵的基础上的，所以仍是要作数值求解的.

5.8.1 哈密顿矩阵本征问题的算法

黎卡提方程的分析解表明了哈密顿矩阵的本征问题求解是十分重要的. 前文已给出其方程

$$\boldsymbol{H}\boldsymbol{\Psi}=\mu\boldsymbol{\Psi} \tag{5.3.4}$$

并讲解了其本征向量阵 $\boldsymbol{\Psi}$ 为辛矩阵. 但应用中还要求将该辛矩阵解具体地计算出来.

哈密顿矩阵是有其矩阵结构的，因此其本征值 μ 可以按(5.3.5)式划分为 α 与 β 两类. 利用哈密顿阵的种种有结构的特性，其本征值的计算也可以化归 $n\times n$ 矩阵的本征值问题[49]. 在讲述陀螺系统振动问题时，已经讲过哈密顿矩阵的本征值与本征向量的计算. 其要点是化成为反对称矩阵的辛本征问题，见 2.3.3

节.化到了该典则型,就可套用完全相同的算法,将本征值与本征向量全部计算出来.因此只要将哈密顿矩阵的本征问题(5.3.4)化到反对称矩阵的辛本征问题,即可.

在陀螺系统问题时,前文是从矩阵 $\boldsymbol{M},\boldsymbol{G},\boldsymbol{K}$,即质量、陀螺、与刚度阵开始讲的.相当于当前可以从 $\boldsymbol{K}_{22},\boldsymbol{K}_{21}$ 及 $\boldsymbol{K}_{11}$ 阵的位移法表示来讲述.但这里将直接由哈密顿矩阵

$$\boldsymbol{H}=\begin{pmatrix}\boldsymbol{A} & \boldsymbol{D}\\ \boldsymbol{B} & -\boldsymbol{A}^{\mathrm{T}}\end{pmatrix},\quad \boldsymbol{D}=\boldsymbol{D}^{\mathrm{T}},\quad \boldsymbol{B}=\boldsymbol{B}^{\mathrm{T}}\tag{5.2.14}$$

来讲.只要用矩阵 $\boldsymbol{J}$ 左乘(5.3.4)式,即有下式对称矩阵的辛本征问题:

$$\boldsymbol{B}_H\boldsymbol{\psi}=\mu\boldsymbol{J}\boldsymbol{\psi},\quad 其中\quad \boldsymbol{B}_H=\boldsymbol{J}\boldsymbol{H},\quad \boldsymbol{B}_H^{\mathrm{T}}=\boldsymbol{B}_H$$

不难进一步推出反对称矩阵的辛本征问题

$$\boldsymbol{A}_H\boldsymbol{\psi}=\mu^2\boldsymbol{J}\boldsymbol{\psi},\quad 其中\quad \boldsymbol{A}_H=-\boldsymbol{B}_H\boldsymbol{J}\boldsymbol{B}_H\tag{5.8.7}$$

显然 $\boldsymbol{A}_H^{\mathrm{T}}=-\boldsymbol{A}_H$.于是只要将向量、矩阵重新编排,即

$$\boldsymbol{\psi}'=\{q_1,p_1;q_2,p_2;\cdots;q_n,p_n\}^{\mathrm{T}}\tag{5.8.8}$$

当然矩阵也按相同规则重新编排,即得典则型的反对称矩阵辛本征问题,如 2.3.3 节所述.(2.3.61)式中的 $\boldsymbol{w}_b$ 就是 $\boldsymbol{\psi}'$.

因此,(5.8.7)式中的 μ^2 及相应的二个本征向量可以认为已经找到.(5.3.4)式的本征值 $\mu_i,\mu_{n+i}=-\mu_i,\boldsymbol{\psi}_i,\boldsymbol{\psi}_{n+i}$ 肯定是对应于(5.8.7)式的两重本征解

$$(\mu_i^2,\boldsymbol{\psi}_i),与(\mu_i^2,\boldsymbol{\psi}_{n+i})\tag{5.8.9}$$

的;但其逆却不真,因为 $\boldsymbol{\psi}_i,\boldsymbol{\psi}_{n+i}$ 的任一个线性组合也是(5.8.7)式的本征向量,但却不是原问题(5.3.4)的本征向量.然而本征向量的二维子空间,正对应于($\boldsymbol{\psi}_i,\boldsymbol{\psi}_{n+i}$)为基底的子空间.为了得到哈密顿矩阵的本征解向量 $\boldsymbol{\psi}_i$ 与 $\boldsymbol{\psi}_{n+i}$,应当将 $\boldsymbol{H}$ 阵投影到其本征向量 $\boldsymbol{\psi}_i,\boldsymbol{\psi}_{n+i}$ 为基底的子空间内再予以求解.这是二维本征问题,当然就容易求解.问题在于怎样计算哈密顿矩阵的子空间投影.这应当从方程

$$\boldsymbol{\Psi}^{-1}\boldsymbol{H}\boldsymbol{\Psi} = \mathrm{diag}[\mathrm{diag}(\mu), -\mathrm{diag}(\mu)] \tag{5.3.12}$$

开始.由于 $\boldsymbol{\Psi}$ 为辛矩阵,故上式成为

$$\boldsymbol{\Psi}^{\mathrm{T}}\boldsymbol{J}\boldsymbol{H}\boldsymbol{\Psi} = \begin{pmatrix} 0 & -\mathrm{diag}(\mu) \\ -\mathrm{diag}(\mu) & 0 \end{pmatrix} \tag{5.8.10}$$

注意到反对称矩阵辛本征问题(5.8.7)只是将互相辛共轭的本征向量混合而成二维子空间.要分析清楚,可以采用(5.2.2)式的编排.编排后 $\boldsymbol{\Psi}$ 成为 $\boldsymbol{\Psi}'$,而(5.8.10)式右端成为

$$\mathrm{diag}\left(\begin{pmatrix} 0 & -\mu_1 \\ \mu_1 & 0 \end{pmatrix}, \begin{pmatrix} 0 & -\mu_2 \\ \mu_2 & 0 \end{pmatrix}, \cdots, \begin{pmatrix} 0 & -\mu_n \\ \mu_n & 0 \end{pmatrix}\right) \tag{5.8.11}$$

之形.重新编排相当与乘一个排列(permutation)矩阵 $\boldsymbol{P}_e$.例如对于 $n=6$,

$$\boldsymbol{P}_e = \begin{bmatrix}
1 & 0 & & & \boldsymbol{0} & & 0 & & & & \boldsymbol{0} & \\
 & 0 & & & & & 1 & 0 & & & & \\
 & 1 & 0 & & & & & 0 & & & & \\
 & & 0 & & & & & 1 & 0 & & & \\
 & & 1 & 0 & & & & & 0 & & & \\
 & & & 0 & & & & & 1 & 0 & & \\
 & & & 1 & 0 & & & & & 0 & & \\
 & & & & 0 & & & & & 1 & 0 & \\
 & & & & 1 & 0 & & & & & 0 & \\
 & & \boldsymbol{0} & & & 0 & & & \boldsymbol{0} & & 1 & 0 \\
 & & & & & 1 & & & & & & 0 \\
 & & & & & 0 & & & & & & 1
\end{bmatrix},$$

$$\begin{aligned} \boldsymbol{P}_e^{-1} &= \boldsymbol{P}_e^{\mathrm{T}} \\ \boldsymbol{\psi}' = \boldsymbol{P}_e\boldsymbol{\psi}, &\qquad \boldsymbol{\psi} = \boldsymbol{P}_e^{\mathrm{T}}\boldsymbol{\psi}' \end{aligned} \tag{5.8.12}$$

由(5.8.10)式到(5.8.11)式的变换,对应于左乘 $\boldsymbol{P}_e$ 再右乘 $\boldsymbol{P}_e^{\mathrm{T}}$. 当然在程序执行时,这只是换行换列,没有必要真的去生成 $\boldsymbol{P}_e$、再作矩阵相乘.

由于只有互相辛共轭的本征向量才可能在(5.8.7)式中互相混合,这表明,在(5.8.11)式中只有这些二维对角块才可能发生变化,成为 2×2 的对称矩阵. 显然,(5.8.10)式左端正是子空间投影公式的根据,只需将(5.8.7)式对应于 μ_i^2 的互相辛共轭的两个向量($\boldsymbol{\psi}_{ia}, \boldsymbol{\psi}_{ib}$)组成二维基底

$$\boldsymbol{\Psi}_2 = (\boldsymbol{\psi}_{ia}, \boldsymbol{\psi}_{ib}), \quad \text{有} \quad \boldsymbol{\Psi}_2^{\mathrm{T}}\boldsymbol{J}\boldsymbol{\Psi}_2 = \boldsymbol{J}_1 = \begin{pmatrix} 0 & 1 \\ -1 & 0 \end{pmatrix} \tag{5.8.13}$$

由此可以组成二维的子空间,其投影矩阵为

$$\boldsymbol{\Psi}_2^{\mathrm{T}}\boldsymbol{J}\boldsymbol{H}\boldsymbol{\Psi}_2 = \boldsymbol{J}_1\boldsymbol{H}_1 \tag{5.8.14}$$

式中左侧显然是对称矩阵,因为 $\boldsymbol{JH}$ 是对称阵,因此右端也是2×2对称阵. 这种在子空间中投影而仍保持为哈密顿矩阵结构的子空间,可称为**保辛子空间**. 注意 $\boldsymbol{J}_1$ 是 2×2 阵,$\boldsymbol{H}_1$ 是哈密顿阵,相当于 $n=1$. 对应于 μ_i^2 的两维子空间,原阵 $\boldsymbol{H}$ 的本征向量必可由 $\boldsymbol{\psi}_{ia}, \boldsymbol{\psi}_{ib}$ 线性组合而成. 其组合公式为

$$\boldsymbol{\psi} = c_1\boldsymbol{\psi}_{ia} + c_2\boldsymbol{\psi}_{ib} = \boldsymbol{\Psi}_2\boldsymbol{c}, \quad \boldsymbol{c} = (c_1, c_2)^{\mathrm{T}} \tag{5.8.15}$$

本征方程为

$$\boldsymbol{H}\boldsymbol{\Psi}_2\boldsymbol{c} = \mu\boldsymbol{\Psi}_2\boldsymbol{c}$$

左乘 $\boldsymbol{\Psi}_2^{\mathrm{T}}\boldsymbol{J}$,得

$$\boldsymbol{J}_1\boldsymbol{H}_1\boldsymbol{c} = \mu\boldsymbol{J}_1\boldsymbol{c} \Rightarrow \boldsymbol{H}_1\boldsymbol{c} = \mu\boldsymbol{c} \tag{5.8.16}$$

这就成为 $n=1$ 的投影哈密顿矩阵 $\boldsymbol{H}_1$ 的本征问题,很容易就求得了其本征解

$$\mu = \mu_i, \quad \boldsymbol{c}_1 = (c_{11}, c_{21})^{\mathrm{T}}$$

及

$$\mu = -\mu_i, \quad \boldsymbol{c}_2 = (c_{12}, c_{22})^{\mathrm{T}}$$

求出了二个子空间本征向量,代入(5.8.15)式就得到原阵 $\boldsymbol{H}$ 的两

个互为辛共轭的本征向量.

因此作为结论,哈密顿矩阵本征问题的算法为,

[已知 $\boldsymbol{H}$,化归反对称矩阵的辛本征问题,见(5.8.7)]

[求解反对称矩阵的辛本征问题(5.8.7),得全部二重本征解(μ_i^2, $\boldsymbol{\psi}_{ia}$, $\boldsymbol{\psi}_{ib}$), $i=1,\cdots,n$.]

注:这是关键一步,其算法已给于前文.

for($i=1$;$i\leqslant n$;$i++$) {

[组成 $\boldsymbol{\Psi}$,并计算投影哈密顿阵 $\boldsymbol{H}_1$,求其本征解]

[按(5.8.15)式计算原阵 $\boldsymbol{H}$ 的本征向量,$\boldsymbol{\psi}_i$, $\boldsymbol{\psi}_{n+i}$]

} 注:已求出原阵 $\boldsymbol{H}$ 的全部本征解.已组成 $\boldsymbol{\Psi}$ 阵. (5.8.17)

5.8.2 化归实型的计算

黎卡提方程的解应当是实型矩阵,从微分方程组(5.7.16),(5.7.17)看都是实型的方程.但其分析求解要用到本征向量的矩阵,而哈密顿矩阵的本征值与本征向量可能有复根与复本征向量.直接按(5.8.5),(5.8.6)式进行计算,就会面临复代数方程.如能免于这一套复数运算就可方便许多.

对于全部本征值都不在虚轴上,即 $\mathrm{Re}(\mu)\neq 0$ 的情形,采取实数运算是可以达成的.按(5.3.5)式的分类,出现复本征根时,其复共轭本征根也一定在同一类中,并且可以排在一起,其本征向量也一定是复共轭的.两个复共轭本征向量一起,可以认为由其实部向量与虚部向量线性组合而成.其转换阵为,对实型本征向量对角上就是1,复本征向量对的对角为

$$\boldsymbol{C}_c=\begin{pmatrix}1/2 & -\mathrm{i}/2\\ 1/2 & \mathrm{i}/2\end{pmatrix},\quad \boldsymbol{C}_d=\mathrm{diag}(1,\cdots,\boldsymbol{C}_c,\cdots,\boldsymbol{C}_c,\cdots) \tag{5.8.18a}$$

$\boldsymbol{C}_d$ 是转换阵,由1以及 $\boldsymbol{C}_c$ 作为对角块而组成,n 维.逆阵为

$$\boldsymbol{C}_c^{-1}=\begin{pmatrix}1 & 1\\ \mathrm{i} & -\mathrm{i}\end{pmatrix},\quad \boldsymbol{C}_d^{-1}=\mathrm{diag}(1,\cdots,\boldsymbol{C}_c^{-1},\cdots,\boldsymbol{C}_c^{-1},\cdots) \tag{5.8.18b}$$

(5.8.5),(5.8.6)式中的矩阵 $\boldsymbol{Q}_\alpha,\boldsymbol{Q}_\beta,\boldsymbol{P}_\alpha,\boldsymbol{P}_\beta$ 皆为复值的,其对应的实型阵可以表达为,加一个下标 r 来表明,

$$\boldsymbol{Q}_{\alpha r} = \boldsymbol{Q}_\alpha \boldsymbol{C}_d, \quad \boldsymbol{Q}_{\beta r} = \boldsymbol{Q}_\beta \boldsymbol{C}_d$$
$$\boldsymbol{P}_{\alpha r} = \boldsymbol{P}_\alpha \boldsymbol{C}_d, \quad \boldsymbol{P}_{\beta r} = \boldsymbol{P}_\beta \boldsymbol{C}_d \tag{5.8.19a}$$

$$\boldsymbol{Q}_\alpha = \boldsymbol{Q}_{\alpha r} \boldsymbol{C}_d^{-1}, \quad \boldsymbol{Q}_\beta = \boldsymbol{Q}_{\beta r} \boldsymbol{C}_d^{-1}$$
$$\boldsymbol{P}_\alpha = \boldsymbol{P}_{\alpha r} \boldsymbol{C}_d^{-1}, \quad \boldsymbol{P}_\beta = \boldsymbol{P}_{\beta r} \boldsymbol{C}_d^{-1} \tag{5.8.19b}$$

变换阵 $\boldsymbol{C}_d$ 非但对于 $\boldsymbol{Q}_\alpha$ 等好用,并且乘上 $\boldsymbol{D}_\eta$ 后,也可以将复数的 $\boldsymbol{D}_\eta$ 阵变换到实型阵. 这样(5.8.5a,b)式成为

$$\boldsymbol{Q}_{\alpha r} \boldsymbol{C}_d^{-1} \boldsymbol{A}_1 + \boldsymbol{Q}_{\beta r} \boldsymbol{C}_d^{-1} \boldsymbol{D}_\eta \boldsymbol{C}_d \boldsymbol{C}_d^{-1} \boldsymbol{B}_1 = \boldsymbol{I}_n$$
$$\boldsymbol{P}_{\alpha r} \boldsymbol{C}_d^{-1} \boldsymbol{D}_\eta \boldsymbol{C}_d \boldsymbol{C}_d^{-1} \boldsymbol{A}_1 + \boldsymbol{P}_{\beta r} \boldsymbol{Q}_\alpha \boldsymbol{C}_d^{-1} \boldsymbol{B}_1 = \boldsymbol{0}$$

当 $e^{\mu_i \eta} = a_\eta + \mathrm{i} b_\eta$ 则其复子矩阵为 $\mathrm{diag}(a_\eta + \mathrm{i} b_\eta, a_\eta - \mathrm{i} b_\eta)$,设 μ_1 为实数(负),故

$$\boldsymbol{C}_d^{-1} e^{\mu\eta} \boldsymbol{C}_d = \mathrm{diag}\left[e^{\mu_1 \eta}, \cdots, \begin{pmatrix} a_\eta & b_\eta \\ -b_\eta & a_\eta \end{pmatrix}_i, \cdots, \begin{pmatrix} a_\eta & b_\eta \\ -b_\eta & a_\eta \end{pmatrix}_k, \cdots \right] = \boldsymbol{D}_\eta$$

成为实型阵. 于是方程成为

$$\boldsymbol{Q}_{\alpha r} \boldsymbol{A}_{r1} + \boldsymbol{Q}_{\beta r} \boldsymbol{D}_\eta \boldsymbol{B}_{r1} = \boldsymbol{I}_n, \quad \boldsymbol{A}_{r1} = \boldsymbol{C}_d^{-1} \boldsymbol{A}_1$$
$$\boldsymbol{P}_{\alpha r} \boldsymbol{D}_\eta \boldsymbol{A}_{r1} + \boldsymbol{P}_{\beta r} \boldsymbol{B}_{r1} = \boldsymbol{0}, \quad \boldsymbol{B}_{r1} = \boldsymbol{C}_d^{-1} \boldsymbol{B}_1$$
$$\tag{5.8.20a,b}$$

这里的系数矩阵已成为实型阵,因此其解 $\boldsymbol{A}_{r1},\boldsymbol{B}_{r1}$ 也是实型向量了. 解出后就可计算出

$$\boldsymbol{Q}(\eta) = -(\boldsymbol{P}_{\alpha r} \boldsymbol{A}_{r1} + \boldsymbol{P}_{\beta r} \boldsymbol{D}_\eta \boldsymbol{B}_{r1}) \tag{5.8.20c}$$

$$\boldsymbol{F}(\eta) = \boldsymbol{Q}_{\alpha r} \boldsymbol{D}_\eta \boldsymbol{A}_{r1} + \boldsymbol{Q}_{\beta r} \boldsymbol{B}_{r1} \tag{5.8.20d}$$

类同地,

$$\boldsymbol{Q}_{\alpha r} \boldsymbol{A}_{r2} + \boldsymbol{Q}_{\beta r} \boldsymbol{D}_\eta \boldsymbol{B}_{r2} = \boldsymbol{0} \tag{5.8.21a}$$

$$\boldsymbol{P}_{\alpha r} \boldsymbol{D}_\eta \boldsymbol{A}_{r2} + \boldsymbol{P}_{\beta r} \boldsymbol{B}_{r2} = \boldsymbol{I}_n \tag{5.8.21b}$$

由此解出的解 $\boldsymbol{A}_{r2},\boldsymbol{B}_{r2}$ 也是实向量. 然后计算

$$\boldsymbol{G}(\eta) = \boldsymbol{Q}_{\alpha r} \boldsymbol{D}_\eta \boldsymbol{A}_{r2} + \boldsymbol{Q}_{\beta r} \boldsymbol{B}_{r2} \tag{5.8.21c}$$

$$\boldsymbol{F}^{\mathrm{T}}(\eta) = \boldsymbol{P}_{\alpha r} \boldsymbol{A}_{r2} + \boldsymbol{P}_{\beta r} \boldsymbol{D}_\eta \boldsymbol{B}_{r2} \tag{5.8.21d}$$

至此方程和矩阵已全部化为实型数的计算.但这是在哈密顿矩阵 $\boldsymbol{H}$ 没有纯虚数根的条件下推出的.在最优控制与滤波问题的计算中,其基本要求为系统的可控性与可测性,它在结构力学中就是保证区段变形能为正定,这就保证了 $\boldsymbol{H}$ 阵不会出现纯虚数的本征根.因此就可按如上方程对黎卡提方程的分析解作出实型方程求解的计算.

例 3 设有 $n=4$,相应的哈密顿矩阵 $\boldsymbol{H}=\begin{bmatrix}\boldsymbol{A} & \boldsymbol{D}\\ \boldsymbol{B} & -\boldsymbol{A}^{\mathrm{T}}\end{bmatrix}$ 的子矩阵为

$$\boldsymbol{A}=\begin{bmatrix}0 & 0 & 1.0 & 0\\ 0 & 0 & 0 & 1.0\\ -2.0 & 1.0 & 0 & 0\\ 0.5 & -0.5 & 0 & 0\end{bmatrix}$$

$$\boldsymbol{B}=\begin{bmatrix}2.0 & & \text{对} & \\ -1.0 & 1.0 & & \text{称}\\ 0 & 0 & 1.0 & \\ 0 & 0 & 0 & 2.0\end{bmatrix}$$

$$\boldsymbol{D}=\begin{bmatrix}0 & & 0 & \\ 0 & 0 & & \\ 0 & 0 & 0 & \\ 0 & 0 & 0 & 0.25\end{bmatrix}$$

取 $\eta=2.0$.试计算 $\boldsymbol{Q}(\eta),\boldsymbol{G}(\eta),\boldsymbol{F}(\eta)$.

解 该课题可以用精细积分法解算.现在用本征解及黎卡提方程的分析解来计算.首先求出哈密顿阵的本征解为

$$\mu_\alpha=\begin{matrix}-0.428314 & -0.428314 & -0.165241 & -0.165241\\ +0.440528\mathrm{i} & -0.440528\mathrm{i} & +1.505554\mathrm{i} & -1.505554\mathrm{i}\end{matrix}$$

$$Q_{\alpha r}=\begin{bmatrix}-0.113723 & -0.024276 & 0.018632 & 0.005832\\ -0.235399 & -0.005378 & -0.001559 & -0.010667\\ 0.059403 & -0.039700 & -0.011858 & 0.027088\\ 0.103194 & -0.101396 & 0.016317 & -0.000584\end{bmatrix}$$

$$Q_{\beta r}=\begin{bmatrix}-0.342272 & 0.266434 & 0.530198 & -0.592210\\ -0.580368 & 0.659203 & -0.421583 & -0.122037\\ -0.029229 & 0.264898 & -0.803993 & -0.896100\\ 0.041817 & 0.538014 & -0.253396 & 0.614551\end{bmatrix}$$

$$P_{\alpha r}=\begin{bmatrix}0.074802 & 0.054414 & -0.230835 & -0.147770\\ 0.276241 & 0.072064 & 0.123604 & 0.081417\\ -0.092352 & 0.124747 & 0.098987 & -0.156310\\ -0.241480 & 0.393352 & -0.047628 & 0.065653\end{bmatrix}$$

$$P_{\beta r}=\begin{bmatrix}-0.334906 & 0.082968 & 9.367597 & -6.063866\\ -0.868810 & 0.615754 & -5.100899 & 3.208352\\ 0.134514 & 0.563106 & -4.124294 & -6.303385\\ 0.543493 & 1.633608 & 1.629908 & 2.872549\end{bmatrix}$$

由本征值可算得矩阵

$$D_{\eta}=\mathrm{diag}\left(\begin{bmatrix}0.270183 & 0.327534\\ -0.327534 & 0.270183\end{bmatrix},\begin{bmatrix}-0.712468 & 0.093497\\ -0.093497 & -0.712468\end{bmatrix}\right)$$

由此按(5.8.21a,b)式求解 $\boldsymbol{A}_{r2}$,$\boldsymbol{B}_{r2}$,按(5.8.20a,b)式解出 $\boldsymbol{A}_{r1}$,$\boldsymbol{B}_{r1}$,再计算 $\boldsymbol{Q}(\eta)$,$\boldsymbol{G}(\eta)$,$\boldsymbol{F}(\eta)$,其数值与精细积分法所得完全相同,相符在十位有效数值以上.

按完全不同的两种算法,精细积分法与基于本征解的分析解,得到相同结果.可知这二种算法都是很精细的算法.这三个矩阵的数值已在 5.7.6 节中列出,此处不重复.

以上采用实型数值计算的方法,对于没有纯虚数本征根的系统已经可以适用了,但这是在求出全部本征向量、且不出现若尔当型本征解的条件下推导的.若尔当型往往使本征向量发生严重数值问题,这是应进一步考虑的.

应当指出,精细积分法完全不在意是否有若尔当型.

以上分析解公式并不排除出现纯虚根，但实数计算还应进一步包括纯虚本征根的情况. 在最优控制与卡尔曼-布西滤波的课题中，纯虚根是不出现的. 但在弹性波导等课题中，纯虚根是很重要的，它代表传输波，机械能传播就靠这种波. 现在要对这种本征根出现时实数计算黎卡提方程予以阐述.

出现纯虚根时，其负数即其复共轭数；即辛共轭与复共轭数相重合. 故其复共轭的本征向量处于 β 类之中. 当将其本征向量的实部置于 $\boldsymbol{Q}_{\alpha r}$，$\boldsymbol{P}_{\alpha r}$阵中时，其虚部将处于 $\boldsymbol{Q}_{\beta r}$，$\boldsymbol{P}_{\beta r}$ 的相同列中. 在方程(5.8.5a,b)中也应作出处理，化归实数形式. 对纯虚本征根对应的列，应取 $\boldsymbol{B}_1' = \mathrm{diag}(\mathrm{e}^{\mu\eta})\boldsymbol{B}_1 = \boldsymbol{D}_{c\eta}\boldsymbol{B}_1$，于是

$$\boldsymbol{Q}_\alpha \boldsymbol{A}_1 + \boldsymbol{Q}_\beta \boldsymbol{B}_1' = \boldsymbol{I}, \quad \boldsymbol{P}_\alpha \boldsymbol{D}_{c\eta} \boldsymbol{A}_1 + \boldsymbol{P}_\beta \boldsymbol{D}_{c\eta}^{-1} \boldsymbol{B}_1' = \boldsymbol{0}$$

该方程组仍为复数. 但应看到对应于纯虚本征根的有关列，在 $\boldsymbol{Q}_\alpha$ 与$\boldsymbol{Q}_\beta$ 中，以及在 $\boldsymbol{P}_\alpha \boldsymbol{D}_{c\eta}$ 与 $\boldsymbol{P}_\beta \boldsymbol{D}_{c\eta}^{-1}$ 中的列向量，必为分别互相复共轭. 因此 $\boldsymbol{A}_1$ 与 $\boldsymbol{B}_1'$ 中的有关行也必为互相复共轭，记为

$$\boldsymbol{A}_1 = (\boldsymbol{A}_{pr}' - \mathrm{i}\boldsymbol{B}_{pr}')/2, \quad \boldsymbol{B}_1' = (\boldsymbol{A}_{pr}' + \mathrm{i}\boldsymbol{B}_{pr}')/2$$

负号与除 2 只是为了方便. 上式 $\boldsymbol{A}_{pr}'$与 $\boldsymbol{B}_{pr}'$ 皆为实型. 在复型矩阵有关列中，有

$$\boldsymbol{Q}_\alpha = \boldsymbol{Q}_{\alpha r} + \mathrm{i}\boldsymbol{Q}_{\beta r}, \quad \boldsymbol{Q}_\beta = \boldsymbol{Q}_{\alpha r} - \mathrm{i}\boldsymbol{Q}_{\beta r}$$

$$\boldsymbol{P}_{\alpha r} = \mathrm{Re}(\boldsymbol{P}_\alpha), \quad \boldsymbol{P}_{\beta r} = \mathrm{Im}(\boldsymbol{P}_\alpha)$$

于是求解的方程成为

$$\boldsymbol{Q}_{\alpha r}\boldsymbol{A}_{pr}' + \boldsymbol{Q}_{\beta r}\boldsymbol{B}_{pr}' = \boldsymbol{I} \tag{5.8.22a}$$

$$\boldsymbol{P}_{\alpha r\eta}\boldsymbol{A}_{pr}' + \boldsymbol{P}_{\beta r\eta}\boldsymbol{B}_{pr}' = \boldsymbol{0} \tag{5.8.22b}$$

其中

$$\boldsymbol{P}_{\alpha r\eta} = \mathrm{Re}(\boldsymbol{P}_\alpha \boldsymbol{D}_{c\eta}), \quad \boldsymbol{P}_{\beta r\eta} = \mathrm{Im}(\boldsymbol{P}_\alpha \boldsymbol{D}_{c\eta})$$

于是这就补上了(5.8.20a,b)式不能包含纯虚本征根的不足. 当解出 $\boldsymbol{A}_{pr}'$，$\boldsymbol{B}_{pr}'$后(与 $\boldsymbol{A}_{r1}$，$\boldsymbol{B}_{r1}$一起计算)，可计算

$$\boldsymbol{Q}(\eta) = -\boldsymbol{P}_{\alpha r}\boldsymbol{A}_{pr}' - \boldsymbol{P}_{\beta r}\boldsymbol{B}_{pr}' \tag{5.8.22c}$$

$$\boldsymbol{F}(\eta) = \boldsymbol{Q}_{\alpha r\eta}\boldsymbol{A}_{\beta r}' + \boldsymbol{Q}_{\beta r\eta}\boldsymbol{B}_{pr}' \tag{5.8.22d}$$

其中

$$Q_{\alpha r\eta} = \mathrm{Re}(Q_\alpha D_{c\eta}), \quad Q_{\beta r\eta} = \mathrm{Im}(Q_\alpha D_{c\eta}), \quad \mathrm{diag}(e^{\mu\eta}) = D_{c\eta} \tag{5.8.22e}$$

对于 $\boldsymbol{F}(\eta)$与 $\boldsymbol{F}^{\mathrm{T}}(\eta)$的计算是类同的.这里只将公式罗列于下.求解的方程为

$$Q_{\alpha r}A_{pr}^{(2)} + Q_{\beta r}B_{pr}^{(2)} = 0 \tag{5.8.23a}$$

$$P_{\alpha r\eta}A_{pr}^{(2)} + P_{\beta r\eta}B_{pr}^{(2)} = I \tag{5.8.23b}$$

这里右上的 2 不是平方,只是一个标记.解出 $A_{pr}^{(2)}$与 $B_{pr}^{(2)}$后

$$G(\eta) = Q_{\alpha r\eta}A_{pr}^{(2)} + Q_{\beta r\eta}B_{pr}^{(2)} \tag{5.8.23c}$$

$$F^{\mathrm{T}}(\eta) = P_{\alpha r}A_{pr}^{(2)} + P_{\beta r}B_{pr}^{(2)} \tag{5.8.23d}$$

当然这些公式只是对于纯虚本征根的部分.对于实部非零的本征根部分,其计算公式在(5.8.20),(5.8.21)式已给出了.

例 4　$n=5$,设哈密顿矩阵 $\boldsymbol{H}$ 的子矩阵为

$$A = \begin{pmatrix} -0.2 & 0.5 & 0 & 0 & 0 \\ 0 & -0.5 & 1.6 & 0 & 0 \\ 0 & 0 & -0.2 & 0.8 & 0 \\ 0 & 0 & 0 & -0.25 & 7.5 \\ 0 & 0 & 0 & 0 & -0.1 \end{pmatrix}$$

$$B = \mathrm{diag}(1.0, 0.0, 0.0, -1.0, 0.0),$$

$$D = \mathrm{diag}(0, 0, 0, 0, 0.09),$$

解出本征解为

$$\mathrm{Re}(\mu) = \quad 0 \quad -0.7878 \quad -0.7878 \quad 0 \quad -1.5259$$

$$\mathrm{Im}(\mu) = \quad 0.8150 \quad 0.4050 \quad -0.4050 \quad 1.4747 \quad 0$$

$$Q_{\alpha r} = \begin{pmatrix} 0.5788 & 0.3275 & 0.1216 & -0.1566 & -0.1295 \\ 0.1379 & -0.4835 & 0.1223 & -0.2413 & 0.3435 \\ -0.4492 & 0.0560 & -0.1444 & 0.3280 & -0.2203 \\ -0.4916 & 0.0320 & 0.1345 & 0.7441 & 0.3651 \\ 0.0232 & -0.0096 & -0.0079 & -0.0764 & -0.0621 \end{pmatrix}$$

$$P_{\alpha r}=\begin{bmatrix}-0.0979 & -0.2406 & -0.2217 & 0.0549 & 0.0751\\ 0.2790 & -0.0604 & -0.1051 & -0.0244 & 0.0185\\ 0.5550 & -0.0240 & -0.1800 & -0.0320 & 0.0172\\ 0.0232 & 0.0138 & 0.0038 & -0.2473 & 0.2133\\ 0.6196 & 0.1087 & 0.0175 & -2.7637 & 0.9839\end{bmatrix}$$

$$Q_{\beta r}=\begin{bmatrix}0.0574 & 0.1974 & -0.3247 & 0.0606 & -0.0995\\ 0.9664 & 0.1270 & -0.8015 & -0.4376 & -0.3435\\ 0.3723 & -0.1007 & -0.6773 & -0.3592 & -0.4350\\ -0.3646 & -0.4672 & -0.7853 & 0.5148 & -0.9384\\ -0.0656 & -0.1071 & -0.0834 & 0.1635 & -0.2222\end{bmatrix}$$

$$P_{\beta r}=\begin{bmatrix}-0.6861 & 0.4858 & -0.2176 & 0.0988 & -0.0751\\ -0.2312 & -0.4617 & -0.2716 & 0.0268 & 0.0366\\ 0.4116 & 0.5067 & 1.0884 & -0.0222 & -0.0441\\ -0.0655 & 0.1497 & -0.0460 & 0.5292 & 0.7632\\ 0.1375 & -1.4317 & -0.3413 & -1.0705 & -4.0141\end{bmatrix}$$

如选择 $\eta=2.0$,则计算得

$$Q(\eta)=\begin{bmatrix}1.3766 & & & & \\ 0.5006 & 0.2466 & & \text{对称} & \\ 0.5167 & 0.2942 & 0.3877 & & \\ 0.1725 & 0.1042 & 0.1437 & -0.4420 & \\ 0.2274 & 0.1387 & 0.1920 & 0.7797 & 21.7425\end{bmatrix}$$

$$G(\eta)=\begin{bmatrix}-0.0089 & -0.0652 & & \text{对称} & \\ -0.0652 & -0.3748 & & & \\ -0.1211 & -0.5986 & -0.8341 & & \\ -0.2850 & -1.2519 & -1.4906 & -1.9657 & \\ -0.0412 & -0.1683 & -0.1718 & -0.1052 & 0.0410\end{bmatrix}$$

$$F(\eta)=\begin{bmatrix}0.6715 & 0.5049 & 0.8881 & 0.3750 & 0.4652\\ 0.0140 & 0.3773 & 1.6274 & 0.8197 & 0.4965\\ 0.0305 & 0.0201 & 0.7005 & 0.2297 & -1.3161\\ 0.0787 & 0.0514 & 0.0762 & -0.8628 & -5.9511\\ 0.0119 & 0.0077 & 0.0114 & -0.1766 & -1.0065\end{bmatrix}$$

得到这个基本区段的混合能矩阵,随后就可有许多发挥.如对本课题用精细积分法计算,所得数值结果有十位以上相符.表明两种算法皆非常精确.

单坐标结构力学系统,如果约束不允许发生几何可动的变形,且在频率 ω 较低时,其变形能将取正值.这就能保证不出现纯虚根的哈密顿矩阵本征值.这一类**结构力学问题与最优控制系统有互相模拟的关系**[18,79~86],变形能取正值则与控制系统的可控性与可测性相当,见 6.7 节.另一方面,变形能的正定性说明结构系统可以与最小二乘法相对应.第三章讲过,最小二乘法的协方差阵就是结构系统的柔度阵,所以对单坐标系统的结构分析还应当进一步考虑.采用子结构拼装来实现条形结构的逐步积分是精细积分法的应用,这个课题对于滤波也有意义.

哈密顿矩阵出现纯虚根本征值表明了其特殊性.事实上这是与能量传递密切相关的.涉及到能量传输时,复本征向量是必要的.功率流、波的散射等一些课题也将在后文阐述.还要说明,以上讲到的是对称黎卡提方程的求解.一般黎卡提方程的求解,其相应的精细积分法与分析法求解可以在文献[153]中找到.

5.9 子结构拼装的逐步积分算法

前文讲述的精细积分算法,主要是对于长度为 η 的典型区段作出精细积分计算,以得到相应的矩阵 $\boldsymbol{F}(\eta),\boldsymbol{G}(\eta),\boldsymbol{Q}(\eta)$.这是关键的一步,可用于各种各样的课题.该典型区段就是一个子结构,可以用子结构的拼装算法求解逐步积分问题.采用子结构法相当于已经将问题离散化为一系列 η 长的分段.设该问题的提法为,求 n 维位移向量 $\boldsymbol{q}(z)$,在 $z=0$ 处的左端初始点有弹簧,其弹性变形能为

$$\boldsymbol{\Pi}_0(\boldsymbol{q}_0) = (\boldsymbol{q}_0 - \hat{\boldsymbol{q}}_0)^{\mathrm{T}}\boldsymbol{P}_0^{-1}(\boldsymbol{q}_0 - \hat{\boldsymbol{q}}_0)/2 \qquad (5.9.1)$$

其中 $\hat{\boldsymbol{q}}_0$ 为弹性支承点的给定位移,$\boldsymbol{P}_0^{-1}$ 是弹性支承刚度阵,$\boldsymbol{P}_0$ 为弹性支承柔度阵.令

$$\boldsymbol{p}_0 = \partial \boldsymbol{\Pi}_0 / \partial \boldsymbol{q}_0 = \boldsymbol{P}_0^{-1}(\boldsymbol{q}_0 - \hat{\boldsymbol{q}}_0)$$

则

$$\boldsymbol{q}_0 = \boldsymbol{P}_0 \boldsymbol{p}_0 + \hat{\boldsymbol{q}}_0$$

现在逐个向右拼装长度为 η 的典型子结构，共 k_f 次．这样就自然形成了节点

$$z_0 = 0, \quad z_1 = \eta, \cdots, \quad z_k = k\eta, \cdots, \quad z_f = k_f \eta$$

每一个子结构的弹性性质由其混合能矩阵 $\boldsymbol{F}(\eta)$, $\boldsymbol{G}(\eta)$, $\boldsymbol{Q}(\eta)$表示；另外还有分布外力作用在各个＃k 子结构(z_{k-1}, z_k)内部，这些分布外力由子结构消元算法映射为子结构两端的外力，记为 $\boldsymbol{f}_{ak}$, $\boldsymbol{f}_{bk}$，分别代表＃k 子结构左端的与右端的外力．$\boldsymbol{f}_{ak}$ 作用在 z_{k-1}站，而 $\boldsymbol{f}_{bk}$作用在 z_k 站．

用能量法求解该问题，最普通的便是最小总势能原理．总势能＝变形能＋外力势能．设子结构＃k 的变形势能表达式为 $U_k^{(1)}(\boldsymbol{q}_a, \boldsymbol{q}_b) = \boldsymbol{q}_a^{\mathrm{T}} \boldsymbol{K}_{aa} \boldsymbol{q}_a / 2 + \boldsymbol{q}_b^{\mathrm{T}} \boldsymbol{K}_{bb} \boldsymbol{q}_b / 2 + \boldsymbol{q}_b^{\mathrm{T}} \boldsymbol{K}_{ba} \boldsymbol{q}_a$，而其外力势能为 $U_k^{(2)}(\boldsymbol{q}_a, \boldsymbol{q}_b) = -\boldsymbol{f}_{ak}^{\mathrm{T}} \boldsymbol{q}_a - \boldsymbol{f}_{bk}^{\mathrm{T}} \boldsymbol{q}_b$．于是＃$k$ 子结构的总势能为

$$\begin{aligned} U_k(\boldsymbol{q}_a, \boldsymbol{q}_b) = &\boldsymbol{q}_a^{\mathrm{T}} \boldsymbol{K}_{aa} \boldsymbol{q}_a / 2 + \boldsymbol{q}_b^{\mathrm{T}} \boldsymbol{K}_{bb} \boldsymbol{q}_b / 2 \\ &+ \boldsymbol{q}_b^{\mathrm{T}} \boldsymbol{K}_{ba} \boldsymbol{q}_a - \boldsymbol{f}_{ak}^{\mathrm{T}} \boldsymbol{q}_a - \boldsymbol{f}_{bk}^{\mathrm{T}} \boldsymbol{q}_b \end{aligned} \tag{5.9.2}$$

其中，下标$_{a,b}$分别代表左，右端$k-1$, k站．于是整体结构的最小总势能原理为

$$\min_{\boldsymbol{q}} \left[\sum_{k=1}^{k_f} U_k(\boldsymbol{q}_{k-1}, \boldsymbol{q}_k) + (\boldsymbol{q}_0 - \hat{\boldsymbol{q}}_0)^{\mathrm{T}} \boldsymbol{P}_0^{-1} (\boldsymbol{q}_0 - \hat{\boldsymbol{q}}_0) / 2 \right] \tag{5.9.3}$$

完成变分运算可导出以下平衡方程

$$\boldsymbol{K}_{ba} \boldsymbol{q}_{k-1} + (\boldsymbol{K}_{bb} + \boldsymbol{K}_{aa}) \boldsymbol{q}_k + \boldsymbol{K}_{ab} \boldsymbol{q}_{k+1} = \boldsymbol{f}_{b,k-1} + \boldsymbol{f}_{a,k} \tag{5.9.4}$$

这个方程是位移法推出的，因此与混合能矩阵 $\boldsymbol{F}(\eta)$, $\boldsymbol{G}(\eta)$, $\boldsymbol{Q}(\eta)$没有联系起来．为此，可以采用混合能

$$V_k(\boldsymbol{q}_a, \boldsymbol{p}_b) = \boldsymbol{p}_b^{\mathrm{T}} \boldsymbol{G} \boldsymbol{p}_b / 2 + \boldsymbol{p}_b^{\mathrm{T}} \boldsymbol{F} \boldsymbol{q}_a - \boldsymbol{q}_a^{\mathrm{T}} \boldsymbol{Q} \boldsymbol{q}_a / 2 + \boldsymbol{p}_b^{\mathrm{T}} \boldsymbol{r}_{bk} + \boldsymbol{q}_a^{\mathrm{T}} \boldsymbol{r}_{ak} \tag{5.9.5}$$

$\boldsymbol{r}_{ak}$与$\boldsymbol{r}_{bk}$分别为#k 子结构混合能左端的与右端的非齐次项.混合能与势能之间当然可以互相变换,常数项不论.事实上它们的互相关系是勒让德变换

$$\begin{aligned} \boldsymbol{p}_b &= \partial U/\partial \boldsymbol{q}_b = \boldsymbol{K}_{ba}\boldsymbol{q}_a + \boldsymbol{K}_{bb}\boldsymbol{q}_b - \boldsymbol{f}_b \\ \boldsymbol{q}_b &= \boldsymbol{F}\boldsymbol{q}_a + \boldsymbol{G}\boldsymbol{p}_b + \boldsymbol{G}\boldsymbol{f}_b \end{aligned} \tag{5.9.6}$$

其中

$$\boldsymbol{G} = \boldsymbol{K}_{bb}^{-1}, \quad \boldsymbol{F} = -\boldsymbol{K}_{bb}^{-1}\boldsymbol{K}_{ba}, \quad \boldsymbol{Q} = \boldsymbol{K}_{aa} - \boldsymbol{K}_{ab}\boldsymbol{K}_{bb}^{-1}\boldsymbol{K}_{ba}$$

已在前面讲过.当时是对于没有外力项的情况推导的,现在补上这一点.混合能是

$$V(\boldsymbol{q}_a, \boldsymbol{p}_b) = \boldsymbol{p}_b^{\mathrm{T}}\boldsymbol{q}_b - U(\boldsymbol{q}_a, \boldsymbol{q}_b)$$

其中 $\boldsymbol{q}_b$ 应当用(5.9.6)式代入消去,其中下标$_k$ 已予以省略.经一番推导可得

$$\boldsymbol{r}_a = \boldsymbol{f}_a + \boldsymbol{F}\boldsymbol{f}_b, \quad \boldsymbol{r}_b = \boldsymbol{G}\boldsymbol{f}_b \tag{5.9.7}$$

这说明势能的非齐次项 $\boldsymbol{f}_a, \boldsymbol{f}_b$ 与混合能的非齐次项$\boldsymbol{r}_a, \boldsymbol{r}_b$ 是可以互相变换的.

混合能与势能有关系

$$U_k(\boldsymbol{q}_{k-1}, \boldsymbol{q}_k) = \max_{\boldsymbol{p}_k}[\boldsymbol{p}_k^{\mathrm{T}}\boldsymbol{q}_k - V_k(\boldsymbol{q}_{k-1}, \boldsymbol{p}_k)] \tag{5.9.8}$$

将上式并入势能原理(5.9.3),就可转换成为

$$\begin{aligned} \min_{\boldsymbol{q}} \max_{\boldsymbol{p}} \Big[& \sum_{k=1}^{k_f} [\boldsymbol{p}_k^{\mathrm{T}}\boldsymbol{q}_k - V_k(\boldsymbol{q}_{k-1}, \boldsymbol{p}_k)] \\ & + (\boldsymbol{q}_0 - \hat{\boldsymbol{q}}_0)^{\mathrm{T}}\boldsymbol{P}_0^{-1}(\boldsymbol{q}_0 - \hat{\boldsymbol{q}}_0)/2 \Big] \end{aligned} \tag{5.9.9}$$

完成变分运算可导出下对偶方程

$$\begin{aligned} \boldsymbol{q}_{k+1} &= \boldsymbol{F}\boldsymbol{q}_k + \boldsymbol{G}\boldsymbol{p}_{k+1} + \boldsymbol{r}_{bk} \\ \boldsymbol{p}_k &= -\boldsymbol{Q}\boldsymbol{q}_k + \boldsymbol{F}^{\mathrm{T}}\boldsymbol{p}_{k+1} + \boldsymbol{r}_{ak} \end{aligned} \tag{5.9.10}$$

这对方程以及变分原理(5.9.9)将会看到,与卡尔曼滤波问题的方程相同,从而建立起**最优滤波与结构力学之间的模拟关系**.

从卡尔曼滤波模拟关系看,子结构逐步拼装的算法更加贴切.以下讲拼装算法.在 z_0 处的支承弹簧可以看成初始的结构,其总

势能由(5.9.1)式表示.设第 $k-1$ 步子结构 #$(k-1)$的拼装已结束,其右端位移 $\boldsymbol{q}_{k-1}$仍当作待定.已拼装部分的总势能在右端反映为

$$\Pi_{k-1}(\boldsymbol{q}_{k-1}) = (\boldsymbol{q}_{k-1} - \hat{\boldsymbol{q}}_{k-1})^{\mathrm{T}} \boldsymbol{P}_{k-1}^{-1} (\boldsymbol{q}_{k-1} - \hat{\boldsymbol{q}}_{k-1})/2 \tag{5.9.1$'$}$$

显然,其结构右端平衡位移为 $\hat{\boldsymbol{q}}_{k-1}$,而其柔度阵为 $\boldsymbol{P}_{k-1}$.下一步要拼装子结构 #k.拼装完成后,子结构链的右端就伸展到 z_k,此时应求出结构右端的 $\hat{\boldsymbol{q}}_k$ 以及柔度阵 $\boldsymbol{P}_k$;当然对于 z_{k-1}处的位移 $\tilde{\boldsymbol{q}}_{k-1}$及其柔度阵 $\boldsymbol{P}_{k-1|k}$也是关切的.因为此时 #$(k-1)$已经是内部点了,所以应当用不同的符号.

理论上可以用最小总势能原理来推导.子结构 #k 的势能表达式为(5.9.2)式的 $U_k(\boldsymbol{q}_a, \boldsymbol{q}_b)$,其中下标 $_{a,b}$ 分别代表左,右端 $k-1$,k站.子结构链直至 #k 部分的最小总势能原理为

$$\min_{\boldsymbol{q}_{k-1}, \boldsymbol{q}_k} [\Pi_{k-1}(\boldsymbol{q}_{k-1}) + U_k(\boldsymbol{q}_{k-1}, \boldsymbol{q}_k)] \tag{5.9.11}$$

但子结构势能的计算不方便,计算中可以采用混合能(5.9.5)的 $V_k(\boldsymbol{q}_a, \boldsymbol{p}_b)$.混合能与势能之间的互相关系是勒让德变换(5.9.6).

混合能与势能有关系(5.9.8).将该式并入势能原理(5.9.11),就可转换成为

$$\min_{\boldsymbol{q}_{k-1}, \boldsymbol{q}_k} \max_{\boldsymbol{p}_k} [\Pi_{k-1}(\boldsymbol{q}_{k-1}) + \boldsymbol{p}_k^{\mathrm{T}} \boldsymbol{q}_k - V_k(\boldsymbol{q}_{k-1}, \boldsymbol{p}_k)] \tag{5.9.12}$$

变分运算给出

$$\begin{aligned}
\delta\boldsymbol{q}_{k-1}: \quad & \boldsymbol{q}_{k-1} = (\boldsymbol{I} + \boldsymbol{P}_{k-1}\boldsymbol{Q})^{-1}\hat{\boldsymbol{q}}_{k-1} \\
& \qquad + (\boldsymbol{P}_{k-1}^{-1} + \boldsymbol{Q})^{-1}(\boldsymbol{r}_{k-1} + \boldsymbol{F}^{\mathrm{T}}\boldsymbol{p}_k) \\
\delta\boldsymbol{p}_k: \quad & \boldsymbol{q}_k = \boldsymbol{G}\boldsymbol{p}_k + \boldsymbol{F}\boldsymbol{q}_{k-1} + \boldsymbol{r}_k \\
\delta\boldsymbol{q}_k: \quad & \boldsymbol{p}_k = \boldsymbol{0}
\end{aligned}$$

将 $\boldsymbol{q}_{k-1}$消去,有

$$\boldsymbol{q}_k = \boldsymbol{P}_k \boldsymbol{p}_k + \hat{\boldsymbol{q}}_k \tag{5.9.13}$$

$$\boldsymbol{P}_k = \boldsymbol{G} + \boldsymbol{F}(\boldsymbol{P}_{k-1}^{-1} + \boldsymbol{Q})^{-1}\boldsymbol{F}^{\mathrm{T}} \tag{5.9.14}$$

$$\hat{\boldsymbol{q}}_k = \boldsymbol{F}(\boldsymbol{I} + \boldsymbol{P}_{k-1}\boldsymbol{Q})^{-1}\hat{\boldsymbol{q}}_{k-1} + \boldsymbol{F}(\boldsymbol{P}_{k-1}^{-1} + \boldsymbol{Q})^{-1}\boldsymbol{r}_{k-1} + \boldsymbol{r}_k \tag{5.9.15}$$

至此,求得了结构右端的 $\hat{\boldsymbol{q}}_k$ 以及柔度阵 $\boldsymbol{P}_k$,又可以从 z_k 向前拼装#$(k+1)$子结构了.

当然,代替(5.9.1′)式,此时又有

$$\Pi_k(\boldsymbol{q}_k) = (\boldsymbol{q}_k - \hat{\boldsymbol{q}}_k)^{\mathrm{T}}\boldsymbol{P}_k^{-1}(\boldsymbol{q}_k - \hat{\boldsymbol{q}}_k)/2 \tag{5.9.1″}$$

这是由(5.9.12),保留位移变量 $\boldsymbol{q}_k$ 而变分得到的右端势能

$$\Pi_k(\boldsymbol{q}_k) = \min_{\boldsymbol{q}_{k-1}} \max_{\boldsymbol{p}_k}[\Pi_{k-1}(\boldsymbol{q}_{k-1}) + \boldsymbol{p}_k^{\mathrm{T}}\boldsymbol{q}_k - V_k(\boldsymbol{q}_{k-1}, \boldsymbol{p}_k)]$$

这样,递归推导的情势看得更清楚.

求得的还不止是 $\hat{\boldsymbol{q}}_k, \boldsymbol{P}_k$,它们位于最前端.还可以求解内部点 z_{k-1}的位移与柔度阵.

$$\begin{aligned} \tilde{\boldsymbol{q}}_{k-1} &= (\boldsymbol{I} + \boldsymbol{P}_{k-1}\boldsymbol{Q})^{-1}\hat{\boldsymbol{q}}_{k-1} + \boldsymbol{P}_{k-1|k}\boldsymbol{r}_{k-1} \\ \boldsymbol{P}_{k-1|k} &= (\boldsymbol{P}_{k-1}^{-1} + \boldsymbol{Q})^{-1} \end{aligned} \tag{5.9.16}$$

现在结构的前端已经在 z_k 处,所以 z_{k-1}是只落后一个子结构的内部点.虽然只落后一个子结构,但子结构长度 η 是可以任意选择的,因此公式还是一般的.

这些公式的意义并不仅仅限于结构分析,在以后讲到卡尔曼滤波时,会看到其分析是一样的.因此知离散时间卡尔曼滤波问题就相当于子结构链逐步拼装问题.而连续时间卡尔曼-布西滤波问题,则相当于单连续坐标的结构分析问题.

最优控制还有线性二次(linear quadratic, LQ)控制问题.它也与子结构链的分析相模拟[18,79].设链的右端 k_f 站处有弹性支承,其弹性支承矩阵为 $\boldsymbol{S}_f$.于是其最小总势能为

$$\min_{\boldsymbol{q}}\left[\sum_{k=1}^{k_f} U_k(\boldsymbol{q}_{k-1}, \boldsymbol{q}_k) + \boldsymbol{q}_f^{\mathrm{T}}\boldsymbol{S}_f\boldsymbol{q}_f/2\right] \tag{5.9.17}$$

同样运用混合能的变分原理,有

$$\min_{\boldsymbol{q}}\max_{\boldsymbol{p}}\left[\sum_{k=1}^{k_f}[\boldsymbol{p}_k^{\mathrm{T}}\boldsymbol{q}_k - V_k(\boldsymbol{q}_{k-1}, \boldsymbol{p}_k)] + \boldsymbol{q}_f^{\mathrm{T}}\boldsymbol{S}_f\boldsymbol{q}_f/2\right] \tag{5.9.18}$$

完成变分运算，有对偶方程及边界条件

$$\boldsymbol{q}_{k+1} = \boldsymbol{F}\boldsymbol{q}_k + \boldsymbol{G}\boldsymbol{p}_{k+1} + \boldsymbol{r}_{bk}, \quad \boldsymbol{p}_k = -\boldsymbol{Q}\boldsymbol{q}_k + \boldsymbol{F}^{\mathrm{T}}\boldsymbol{p}_{k+1} + \boldsymbol{r}_{ak}$$

$$k = 0,1,\cdots,k_f - 1 \tag{5.9.19}$$

$$\boldsymbol{p}_f = -\boldsymbol{S}_f\boldsymbol{q}_f + \boldsymbol{r}_{bf}, \quad \boldsymbol{p}_0 = \boldsymbol{0}$$

与 LQ 控制对应的结构分析问题，其外力为零，即 $\boldsymbol{r}_{ak} = \boldsymbol{r}_{bk} = \boldsymbol{0}$. 以后讲 LQ 控制时会提到的.

5.10 功 率 流

弹性波的传播是比较复杂的课题，有多部专著及文献[96～104]. 弹性波导是其中的一个重要方面，其区域是条形的. 如果在其横截面上予以离散，就成为单连续坐标的问题.

在以往的弹性波导分析中，绝大部分都采用位移法求解. 从铁木辛柯梁理论的分析中看出，对于波导也以采用状态空间法为好. 这样，无阻尼的波传播就成为哈密顿理论的体系，对此就有如上所述的分离变量法、哈密顿矩阵本征值问题、辛正交归一的本征向量、展开定理等方法可用. 以下在横向离散的单连续坐标下讲述波的散射与共振等[104～109]. 在横向也是连续坐标的情况下也可采用相同的方法论分离变量，此时就是无穷未知数的辛空间了. 第七章将对弹性力学介绍在无穷维辛空间的求解.

设弹性波导离散成横截面上有 n 个位移(铁木辛柯梁理论是 $n=2$)，采用频域法分析. 给定频率 ω，于是位移 $\boldsymbol{q}$ 及内力 $\boldsymbol{p}$ 都有乘子 $\mathrm{e}^{-\mathrm{i}\omega t}$. 可以取其位移、速度与内力分别为

$$\mathrm{Re}\{\boldsymbol{q}\mathrm{e}^{-\mathrm{i}\omega t}\}, \quad \mathrm{Re}\{-\mathrm{i}\omega\boldsymbol{q}\mathrm{e}^{-\mathrm{i}\omega t}\}, \quad \mathrm{Re}\{\boldsymbol{p}\mathrm{e}^{-\mathrm{i}\omega t}\} \tag{5.10.1}$$

于是通过坐标 z 的平均功率流可计算为

$$W_z = \frac{\omega}{2\pi}\int_0^{2\pi/\omega}\mathrm{Re}\{\boldsymbol{p}^{\mathrm{T}}\mathrm{e}^{-\mathrm{i}\omega t}\}\cdot\mathrm{Re}\{\mathrm{i}\omega\boldsymbol{q}\mathrm{e}^{-\mathrm{i}\omega t}\}\mathrm{d}t \tag{5.10.2}$$

上式中 $\boldsymbol{p}=\boldsymbol{p}(z)$等，这是一般的公式. 利用展开定理

$$\boldsymbol{q} = \boldsymbol{Q}_\alpha\tilde{\boldsymbol{a}}(z) + \boldsymbol{Q}_\beta\tilde{\boldsymbol{b}}(z), \quad \boldsymbol{p} = \boldsymbol{P}_\alpha\tilde{\boldsymbol{a}}(z) + \boldsymbol{P}_\beta\tilde{\boldsymbol{b}}(z)$$

其中 $\tilde{\boldsymbol{a}},\tilde{\boldsymbol{b}}$ 为 n 维向量 $\tilde{\boldsymbol{a}}(z)=\boldsymbol{D}_{c\eta}\boldsymbol{a}$，$\tilde{\boldsymbol{b}}(z)=\boldsymbol{D}_{c\eta}^{-1}\boldsymbol{b}$

$$
\begin{aligned}
\boldsymbol{q} &= \boldsymbol{Q}_\alpha \boldsymbol{D}_{c\eta} \boldsymbol{a} + \boldsymbol{Q}_\beta \boldsymbol{D}_{c\eta}^{-1} \boldsymbol{b} \\
\boldsymbol{p} &= \boldsymbol{P}_\alpha \boldsymbol{D}_{c\eta} \boldsymbol{a} + \boldsymbol{P}_\beta \boldsymbol{D}_{c\eta}^{-1} \boldsymbol{b}
\end{aligned}
\tag{5.10.3}
$$

其中

$$
\boldsymbol{D}_{c\eta} = \mathrm{diag}(\mathrm{e}^{\mu_i z}) = \mathrm{diag}(\mathrm{e}^{\mu_1 z}, \mathrm{e}^{\mu_2 z}, \cdots, \mathrm{e}^{\mu_n z}), \quad \eta = z
$$

将(5.9.3)式代入 W_z 中,有

$$
\begin{aligned}
W_z = & \left(\frac{\mathrm{i}\omega^2}{8\pi}\right)\int_0^{2\pi/\omega} \{(\boldsymbol{a}^{\mathrm{T}} \boldsymbol{D}_{c\eta} \boldsymbol{P}_\alpha^{\mathrm{T}} + \boldsymbol{b}^{\mathrm{T}} \boldsymbol{D}_{c\eta}^{-1} \boldsymbol{P}_\beta^{\mathrm{T}}) \mathrm{e}^{-\mathrm{i}\omega t} \\
& + (\bar{\boldsymbol{a}}^{\mathrm{T}} \bar{\boldsymbol{D}}_{c\eta} \bar{\boldsymbol{P}}_\alpha^{\mathrm{T}} + \bar{\boldsymbol{b}}^{\mathrm{T}} \bar{\boldsymbol{D}}_{c\eta}^{-1} \bar{\boldsymbol{P}}_\beta^{\mathrm{T}}) \mathrm{e}^{-\mathrm{i}\omega t}\} \\
& \times \{(\boldsymbol{Q}_\alpha \boldsymbol{D}_{c\eta} \boldsymbol{a} + \boldsymbol{Q}_\beta \boldsymbol{D}_{c\eta}^{-1} \boldsymbol{b}) \mathrm{e}^{-\mathrm{i}\omega t} - (\bar{\boldsymbol{Q}}_\alpha \bar{\boldsymbol{D}}_{c\eta} \bar{\boldsymbol{a}} + \bar{\boldsymbol{Q}}_\beta \bar{\boldsymbol{D}}_{c\eta}^{-1} \bar{\boldsymbol{b}}) \mathrm{e}^{-\mathrm{i}\omega t}\} \mathrm{d}t \\
= & (\mathrm{i}\omega/4)\{(\bar{\boldsymbol{a}}^{\mathrm{T}} \bar{\boldsymbol{D}}_{c\eta} (\bar{\boldsymbol{P}}_\alpha^{\mathrm{T}} \boldsymbol{Q}_\alpha - \bar{\boldsymbol{Q}}_\alpha^{\mathrm{T}} \boldsymbol{P}_\alpha) \boldsymbol{D}_{c\eta} \boldsymbol{a} \\
& + \bar{\boldsymbol{b}}^{\mathrm{T}} \bar{\boldsymbol{D}}_{c\eta}^{-1} (\bar{\boldsymbol{P}}_\beta^{\mathrm{T}} \boldsymbol{Q}_\alpha - \bar{\boldsymbol{Q}}_\beta^{\mathrm{T}} \boldsymbol{P}_\alpha) \boldsymbol{D}_{c\eta} \boldsymbol{a} + \bar{\boldsymbol{a}}^{\mathrm{T}} \bar{\boldsymbol{D}}_{c\eta} (\bar{\boldsymbol{P}}_\alpha^{\mathrm{T}} \boldsymbol{Q}_\beta - \bar{\boldsymbol{Q}}_\alpha^{\mathrm{T}} \boldsymbol{P}_\beta) \boldsymbol{D}_{c\eta}^{-1} \boldsymbol{b} \\
& + \bar{\boldsymbol{b}}^{\mathrm{T}} \bar{\boldsymbol{D}}_{c\eta}^{-1} (\bar{\boldsymbol{P}}_\beta^{\mathrm{T}} \boldsymbol{Q}_\beta - \bar{\boldsymbol{Q}}_\beta^{\mathrm{T}} \boldsymbol{P}_\beta) \boldsymbol{D}_{c\eta}^{-1} \boldsymbol{b} \\
= & (\omega/4)\{(\bar{\boldsymbol{a}}^{\mathrm{T}} \bar{\boldsymbol{D}}_{c\eta} \boldsymbol{A}_\alpha \boldsymbol{D}_{c\eta} \boldsymbol{a} - \bar{\boldsymbol{b}}^{\mathrm{T}} \bar{\boldsymbol{D}}_{c\eta}^{-1} \boldsymbol{A}_\beta \boldsymbol{D}_{c\eta}^{-1} \boldsymbol{b} + \bar{\boldsymbol{a}}^{\mathrm{T}} \bar{\boldsymbol{D}}_{c\eta} \boldsymbol{A}_\gamma \boldsymbol{D}_{c\eta}^{-1} \boldsymbol{b} \\
& + \bar{\boldsymbol{b}}^{\mathrm{T}} \bar{\boldsymbol{D}}_{c\eta}^{-1} \boldsymbol{A}_\gamma^{\mathrm{T}} \boldsymbol{D}_{c\eta} \boldsymbol{a}\}
\end{aligned}
\tag{5.10.4}
$$

其中

$$
\begin{aligned}
& \boldsymbol{A}_\alpha = \mathrm{i}(\bar{\boldsymbol{P}}_\alpha^{\mathrm{T}} \boldsymbol{Q}_\alpha - \bar{\boldsymbol{Q}}_\alpha^{\mathrm{T}} \boldsymbol{P}_\alpha), \quad \boldsymbol{A}_\beta = -\mathrm{i}(\bar{\boldsymbol{P}}_\beta^{\mathrm{T}} \boldsymbol{Q}_\beta - \bar{\boldsymbol{Q}}_\beta^{\mathrm{T}} \boldsymbol{P}_\beta) \\
& \boldsymbol{A}_\gamma = \mathrm{i}(\bar{\boldsymbol{P}}_\alpha^{\mathrm{T}} \boldsymbol{Q}_\beta - \bar{\boldsymbol{Q}}_\alpha^{\mathrm{T}} \boldsymbol{P}_\beta)
\end{aligned}
\tag{5.10.5a,b,c}
$$

这些矩阵与 z 无关,它代表了能量传输,或功率的特性.只要恰当选择其中的常数向量 $\boldsymbol{a}$ 与 $\boldsymbol{b}$,(5.10.4)式可计算任意波形的功率.

以上是对于单连续坐标 z 的分析;与此相关的课题是周期性结构的波传播问题.只要对于给定的频率 ω、对选定的区段长 η 作出区段混合能的精细积分,就成为周期性结构了.所以周期性结构的波传播也就是单连续坐标 z 的波传播,两者是一致的.

5.10.1 黎卡提代数方程

讨论波的功率传输时,宜于先从半无限条形域来分析,$0 \leqslant z$

$<\infty$. 此时应当选用在 $z\to\infty$ 时衰减的解. 即 α 类本征解. 当不存在纯虚根时,所有本征解皆为衰减的解. 可以想见这类解不会将能量向无穷远发送. 只有纯虚根本征解, α 类有 $\mu=\mathrm{i}k$, $k>0$,此时有因子

$$\exp[\mathrm{i}(kz-\omega t)]$$

表明有波速 $c=\omega/k$ 的解向 $+\infty$ 行进,这些解将有能量发送.

在没有纯虚根时,在 $+\infty$ 处只有衰亡的解. 这在区段表示(5.7.14)中,其(5.7.14b)中取 $\boldsymbol{p}_b\to 0$,即有

$$\boldsymbol{p}_a=-\boldsymbol{Q}_\infty\boldsymbol{q}_a \tag{5.10.6a}$$

其中下标 a 为左端,可为任一 z,例如 $z=0$. $\boldsymbol{Q}_\infty$ 就是半无穷长的条形域波导左端的刚度阵,动力刚度阵. 将该关系 $\boldsymbol{p}=-\boldsymbol{Q}_\infty\boldsymbol{q}$ 代入对偶微分方程(5.2.10a,b),即导出 $\boldsymbol{Q}_\infty$ 应满足

$$\boldsymbol{B}+\boldsymbol{Q}_\infty\boldsymbol{A}+\boldsymbol{A}^{\mathrm{T}}\boldsymbol{Q}_\infty-\boldsymbol{Q}_\infty\boldsymbol{D}\boldsymbol{Q}_\infty=\boldsymbol{0} \tag{5.10.7a}$$

黎卡提代数方程. 以上的推导是对于波导理论的. 但该方程在最优控制理论中具有重要意义. 最优控制的可控可测条件可以保证对于任意长的区段,其变形势能为正定,因此也就保证了没有纯虚数的本征根. 于是也将导出该方程.

由共轭辛正交条件可知 $\boldsymbol{Q}_\alpha^{\mathrm{T}}\boldsymbol{P}_\alpha$ 为对称矩阵,这就保证了 $\boldsymbol{P}_\alpha\boldsymbol{Q}_\alpha^{-1}$ 也是对称矩阵. 事实上

$$\boldsymbol{Q}_\infty=-\boldsymbol{P}_\alpha\boldsymbol{Q}_\alpha^{-1} \tag{5.10.8a}$$

只要对(5.7.14b)式轮番地代入 $\boldsymbol{p}_a$ 为 $\boldsymbol{P}_\alpha$ 的各列,则 $\boldsymbol{q}_a$ 为 $\boldsymbol{Q}_\alpha$ 的各列,而 $\boldsymbol{p}_b=0$,即可得到上式. 该式也正是方程(5.8.5)的特殊情况. 以上方程中的 $\boldsymbol{P}_\alpha$, $\boldsymbol{Q}_\alpha$ 为复值的矩阵,对计算有所不便. 在没有纯虚根的条件下,可利用(5.8.19),(5.8.18)式,有

$$\boldsymbol{Q}_\infty=-\boldsymbol{P}_\alpha\boldsymbol{Q}_\alpha^{-1}=-\boldsymbol{P}_{\alpha r}\boldsymbol{C}_d^{-1}(\boldsymbol{Q}_{\alpha r}\boldsymbol{C}_d^{-1})^{-1}=-\boldsymbol{P}_{\alpha r}\boldsymbol{Q}_{\alpha r}^{-1} \tag{5.10.8a$'$}$$

这就化成了实数运算了. 有纯虚根时则不能将 $n\times n$ 的 $\boldsymbol{C}_d$ 阵化为实数矩阵,这涉及到波的传播,正是下一步讨论的.

还有 $-\infty<z\leqslant 0$ 的半无穷长区段应予考虑. 此时应当选用 β

类本征解.在没有纯虚根时,在 $-\infty$ 处只有衰亡的解.在(5.7.14a)式中取 a 端(左端)$\boldsymbol{q}_a \to 0$,故有

$$\boldsymbol{q}_b = \boldsymbol{G}_\infty \boldsymbol{p}_b \tag{5.10.6b}$$

其中下标 b 表明这是右端. $\boldsymbol{G}_\infty$ 就是半无穷长条形域波导右端的柔度阵.由对偶微分方程(5.2.10a,b)即可导出 $\boldsymbol{G}_\infty$ 的方程

$$\boldsymbol{D} + \boldsymbol{A}\boldsymbol{G}_\infty + \boldsymbol{G}_\infty \boldsymbol{A}^{\mathrm{T}} - \boldsymbol{G}_\infty \boldsymbol{B} \boldsymbol{G}_\infty = \boldsymbol{0} \tag{5.10.7b}$$

黎卡提代数方程.该方程在滤波问题中具有重要意义.在卡尔曼-布西滤波中,其可测可控条件(见第六章)能保证没有纯虚本征值.

只要求出了全部本征解,则有

$$\boldsymbol{G}_\infty = \boldsymbol{Q}_\beta \boldsymbol{P}_\beta^{-1} \tag{5.10.8b}$$

利用共轭辛正交归一条件即知 $\boldsymbol{G}_\infty$ 为对称阵.只要对(5.7.14a)式轮番地代入 $\boldsymbol{P}_\beta$ 的各列为 $\boldsymbol{p}_b$, $\boldsymbol{Q}_\beta$ 的对应列为 $\boldsymbol{q}_b$,而 $\boldsymbol{q}_a = \boldsymbol{0}$ 则为衰减条件,即可导出上式.该式也正是(5.8.6)式的特殊情况.但以上方程中的矩阵 $\boldsymbol{Q}_\beta, \boldsymbol{P}_\beta$ 为复值矩阵,对计算有所不便.在无纯虚根条件下,可利用(5.8.19),(5.8.18)式,有

$$\boldsymbol{G}_\infty = \boldsymbol{Q}_\beta \boldsymbol{P}_\beta^{-1} = \boldsymbol{Q}_{\beta r} \boldsymbol{C}_d^{-1} (\boldsymbol{P}_{\beta r} \boldsymbol{C}_d^{-1})^{-1} = \boldsymbol{Q}_{\beta r} \boldsymbol{P}_{\beta r}^{-1} \tag{5.10.8b$'$}$$

即成为实数计算.

5.10.2 传输波

以上指出没有纯虚根时二个黎卡提代数方程的解.虽然其本征根可以出现共轭复数,并相应地有复共轭的本征向量在 α 类或 β 类中因此其黎卡提代数方程的解矩阵定为对称.可以由(5.10.8a$'$,b$'$)式计算.

具有纯虚根的本征值时,其复共轭本征向量分别处于 α 类与 β 类中,因此(5.8.18)式中的 $\boldsymbol{C}_d$ 阵不能只包含在 α 类或在 β 类的变换中.当采用 α 类解时,就只存在走向 $+\infty$ 的行进波,而由于排除了 β 类解,所以没有波从 $+\infty$ 反向向内传输.这类解是符合于辐射条件的.

符合辐射条件的解应当严格与在 $+\infty$ 处有完全反射的解相区别. 辐射条件表明能量只可能向 $+\infty$ 流失，这是一种损耗；但在 $+\infty$ 处如果有完全的反射，这表明辐射出去的能量会反射回来，在 $+\infty$ 处并无能量损耗. 当然也可以说成是在 $+\infty$ 处有一个波向内行进，即传输能量，由于内部并无损耗，因此又辐射出去. 达到这类能量平衡的解，表明并不只是有 α 类的本征解，同时还有 β 类的纯虚根解. 前文讲述的精细积分，微分方程(5.7.16)，(5.7.17)，采用二点边值条件，在 $z=z_f$ 处的边界条件是 $\boldsymbol{p}_f=\boldsymbol{0}$，这就是一种能量完全反射的条件. 这种边界条件在 $z_f\to\infty$ 时，积分得到的区段矩阵 $\boldsymbol{F},\boldsymbol{G},\boldsymbol{Q}$ 都是实型的. 上一节所述的分析解也是根据两点边值条件而定出的，因此所得的区段矩阵也是实型的.

这里现在分析 α 类解. 仍按(5.10.8a)式定出 $\boldsymbol{Q}_\infty$ 阵，有纯虚根时该阵是复值的，当然仍满足黎卡提代数方程(5.10.7a). 由此而有，对纯 α 类解其功率流为

$$\begin{aligned}\boldsymbol{A}_\alpha &= \mathrm{i}(\bar{\boldsymbol{P}}_\alpha^{\mathrm{T}}\boldsymbol{Q}_\alpha-\bar{\boldsymbol{Q}}_\alpha^{\mathrm{T}}\boldsymbol{P}_\alpha)=-\mathrm{i}\bar{\boldsymbol{Q}}_\alpha^{\mathrm{T}}(\bar{\boldsymbol{Q}}_\infty-\boldsymbol{Q}_\infty)\boldsymbol{Q}_\alpha\\ \boldsymbol{W}_z^{(\alpha)} &= (\omega/4)\bar{\boldsymbol{a}}^{\mathrm{T}}\bar{\boldsymbol{D}}_{c\eta}\boldsymbol{A}_\alpha\boldsymbol{D}_{c\eta}\boldsymbol{a},\quad \eta=z\end{aligned}\tag{5.10.9a}$$

这里 $\boldsymbol{Q}_\infty$ 仍将是对称阵，但取复值，对称是由辛正交条件保证的. 请严格区别复对称与厄米对称，后者是复共轭对称.

设有二个坐标 $z_a,z_b>z_a$，从功率流的角度看应有等式 $W_{za}=W_{zb}$. 从(5.10.2)式可导出

$$W_{za}=(\mathrm{i}\omega/4)\{\bar{\boldsymbol{p}}_a^{\mathrm{T}}\boldsymbol{q}_a-\boldsymbol{p}_a^{\mathrm{T}}\bar{\boldsymbol{q}}_a\},\quad W_{zb}=(\mathrm{i}\omega/4)\{\bar{\boldsymbol{p}}_b^{\mathrm{T}}\boldsymbol{q}_b-\boldsymbol{p}_b^{\mathrm{T}}\bar{\boldsymbol{q}}_b\}$$

然后代以(5.7.14b)与(5.7.14a)式，根据 $\boldsymbol{Q}$ 与 $\boldsymbol{G}$ 皆为对称实矩阵的事实，有

$$\begin{aligned}W_{za} &= (\mathrm{i}\omega/4)\{\bar{\boldsymbol{p}}_b^{\mathrm{T}}\boldsymbol{F}\boldsymbol{q}_a-\boldsymbol{p}_b^{\mathrm{T}}\boldsymbol{F}\bar{\boldsymbol{q}}_a\}\\ W_{zb} &= (\mathrm{i}\omega/4)\{\bar{\boldsymbol{p}}_b^{\mathrm{T}}\boldsymbol{F}\boldsymbol{q}_a-\boldsymbol{p}_b^{\mathrm{T}}\boldsymbol{F}\bar{\boldsymbol{q}}_a\}\end{aligned}$$

再由于 $\boldsymbol{F}$ 也为实型阵，因此这就从数学上给出了功率流沿 z 轴为常值的定理.

还应分析 β 类解. 按(5.10.8b)式定出 $\boldsymbol{G}_\infty$ 阵，有纯虚根时，它

与按两点边值条件定出的不同，此时该阵是复值对称的．该阵仍满足黎卡提代数方程(5.10.7b)，而对于 β 类解的功率流也可导出

$$\boldsymbol{A}_\beta = -\mathrm{i}(\bar{\boldsymbol{P}}_\beta^{\mathrm{T}}\boldsymbol{Q}_\beta - \bar{\boldsymbol{Q}}_\beta^{\mathrm{T}}\boldsymbol{P}_\beta) = \mathrm{i}\bar{\boldsymbol{Q}}_\beta^{\mathrm{T}}(\bar{\boldsymbol{G}}_\beta - \boldsymbol{G}_\beta)\boldsymbol{Q}_\beta$$

$$W_z^{(\beta)} = -(\omega/4)\bar{\boldsymbol{b}}^{\mathrm{T}}\bar{\boldsymbol{D}}_{c\eta}^{-1}\mathrm{e}^{-\bar{\mu}z}\boldsymbol{A}_\beta\boldsymbol{D}_{c\eta}^{-1}\boldsymbol{b} \tag{5.10.9b}$$

5.10.3 功率正交性

观察(5.10.9a)式，由于 $W_z^{(\alpha)}$ 是与 z 无关的，因此有

$$\bar{\boldsymbol{D}}_{c\eta}\boldsymbol{A}_\alpha\boldsymbol{D}_{c\eta}\mathrm{e}^{\mu z} = \boldsymbol{A}_\alpha$$

对以上矩阵方程的(i,j)元素取出，有 $A_{\alpha ij}(1-\mathrm{e}^{\bar{\mu}_i z}\mathrm{e}^{\mu_j z})=0$．对于非对角 $i\neq j$ 元，括号中的项不为零，因此 $A_{\alpha ij}=0$，当 $i\neq j$．再看对角元 $A_{\alpha ii}$，如果 μ_i 不是纯虚根，同样有 $A_{\alpha ii}=0$．只有纯虚根时，$A_{\alpha ii}$才可能非零．因此向右的功率流为

$$W_z^{(\alpha)} = (\omega/4)\sum_{i=1}^{n}A_{\alpha ii}\mid a_i^2\mid \tag{5.10.10a}$$

结论是衰减波没有功率流，波相互间也无功率流，只有纯虚本征根的本征波可有功率流．这就是功率流的正交性．

对于 β 类本征解，分析类同．

还应考虑向左与向右行进的波是否有交互功率流的问题．功率流为常值的结果仍可运用．由(5.10.5c)及(5.10.8)式有

$$\boldsymbol{A}_\gamma = i\bar{\boldsymbol{Q}}_\alpha^{\mathrm{T}}(\bar{\boldsymbol{Q}}_\infty + \boldsymbol{G}_\infty^{-1})\boldsymbol{Q}_\beta$$

$$\bar{\boldsymbol{a}}^{\mathrm{T}}\boldsymbol{A}_\gamma\boldsymbol{b} + \boldsymbol{a}^{\mathrm{T}}\bar{\boldsymbol{A}}_\gamma\bar{\boldsymbol{b}} = \bar{\boldsymbol{a}}^{\mathrm{T}}\bar{\boldsymbol{D}}_{c\eta}\boldsymbol{A}_\gamma\boldsymbol{D}_{c\eta}^{-1}\boldsymbol{b} + \boldsymbol{a}^{\mathrm{T}}\boldsymbol{D}_{c\eta}\bar{\boldsymbol{A}}_\gamma\bar{\boldsymbol{D}}_{c\eta}^{-1}\bar{\boldsymbol{b}} \tag{5.10.9c}$$

上式对任意的向量 $\boldsymbol{a},\boldsymbol{b}$ 都成立．现选用二种情况，

$$a_i = 1, b_j = i;\quad a_i = 1, b_j = 1 \qquad (i,j\leqslant n)$$

分别代入以上等式，即知 $A_{\gamma ij}\{\exp[(\bar{\mu}_i-\mu_j)z]-1\}=0$．于是除非 $\bar{\mu}_i=\mu_j(i,j\leqslant n)$，否则其相互功必为零．这又是功率正交性定理．这说明纯虚本征根(通过谱)的解没有相互功率流．只有复共轭的本征根，α 类与 β 类之间的本征解可以有交互，但这只在有限长

区段时才有意义,因为这些对偶解在无穷远处一定会发散,故只能用于有限时段.

只讲到功率正交性还显得不够充分,还应当讲究功率流的正定性.这当然只对纯虚根的本征值而言的,即通过谱.由于因子 $\exp[\mathrm{i}(kz-\omega t)]$,知 $\mu_\alpha=\mathrm{i}k, k>0$ 的 α 类传输波,必为向右传输的波,其向右的功率流应当是正值的;其表现为(5.10.10a)式中对角元 $A_{\alpha ii}$ 不得取负值,而对应于纯虚本征根的第 i 行对角元必取正值.另一方面,对于 $\mu=-\mathrm{i}k$ 的 β 类传输波,是向左的,因此其向右的功率应当取负值,故对应于 β 类波,有

$$W_z^{(\beta)}=-(\omega/4)\sum_{i=1}^{n}A_{\beta ii}\mid b_i^2\mid \tag{5.10.10b}$$

其对角元 $A_{\beta ii}$ 也应取正值,因反向传输的因素已在前面的负号中考虑了.这就是正定性.

以上的分析是由物理概念确定的,但还应在数学上予以证明.这将在下一节给出.以上讲功率流等都采用本征向量展开法,当然认为沿长度 z 方向波导是均匀的.实际上条形域总有端部,或者在波导内部也可能有不均匀的结合部.在这些不均匀处波是会发生散射的.在应用中,波的散射(scattering)分析很重要.

5.11 波的散射

波的散射对于应用很重要.在边界附近或波导不规则处都会发生波的散射.本征向量展开法对波散射分析是很有用的工具.

设有一个弹性体连接了两个半无穷长的弹性波导,见图 5.3,现分析之.对于多个半无穷长的波导,也可同样分析.这两个波导可以有不同性质,设其维数分别为 n_1, n_2,本征解矩阵 $\boldsymbol{\Psi}_1$ 的子矩阵分解为 $\boldsymbol{Q}_{\alpha1}, \boldsymbol{Q}_{\beta1}, \boldsymbol{P}_{\alpha1}, \boldsymbol{P}_{\beta1}$ 阵,皆为 $n_1\times n_1$ 阵;$\boldsymbol{\Psi}_2$ 的子矩阵则可分解为 $\boldsymbol{Q}_{\alpha2}, \boldsymbol{Q}_{\beta2}, \boldsymbol{P}_{\alpha2}, \boldsymbol{P}_{\beta2}$, $n_2\times n_2$ 阵.相应地,弹性体提供一个出口动力刚度阵 $\boldsymbol{R}(\omega)$,为 $(n_1+n_2)\times(n_1+n_2)$ 阵.它应当是厄米对称阵,即

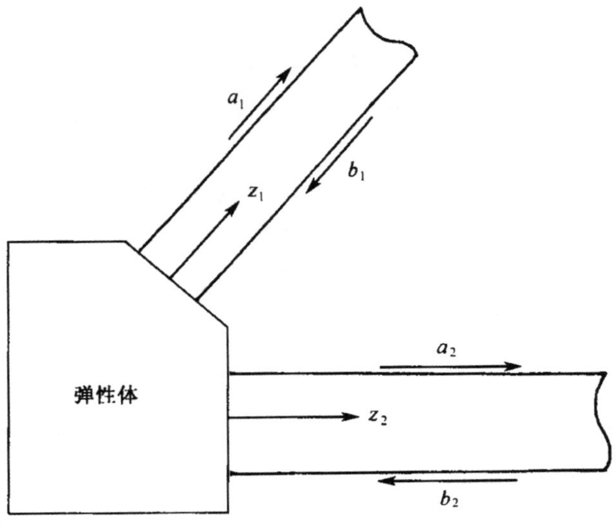

图 5.3 一个弹性体连接两个半无穷长波导

$$\boldsymbol{R}(\omega)=\begin{pmatrix}\boldsymbol{R}_{11} & \boldsymbol{R}_{12}\\ \boldsymbol{R}_{21} & \boldsymbol{R}_{22}\end{pmatrix}\begin{matrix}n_1\\ n_2\end{matrix} \tag{5.11.1}$$

$$\boldsymbol{R}_{11}^{\mathrm{H}}=\boldsymbol{R}_{11},\quad \boldsymbol{R}_{22}^{\mathrm{H}}=\boldsymbol{R}_{22},\quad \boldsymbol{R}_{21}^{\mathrm{H}}=\boldsymbol{R}_{12} \tag{5.11.2}$$

式中上标^{H}代表厄米转置，即取复共轭再取转置，$\boldsymbol{M}^{\mathrm{H}}\underset{\mathrm{def}}{=}\overline{\boldsymbol{M}}^{\mathrm{T}}$.

两个波导各有一个入射波，分别由 $\boldsymbol{b}_1,\boldsymbol{b}_2$ 表征，其中只有与纯虚本征根对应的分量才可以非零. 由于弹性体的散射，各 α 类本征解将在 $\boldsymbol{a}_1,\boldsymbol{a}_2$ 中表现出来，其中对应于纯虚根的本征解将会向无穷远处辐射能量. 现在应建立代数方程组，以便将这些散射向量 $\boldsymbol{a}_1,\boldsymbol{a}_2$ 求解出来. 解出 $\boldsymbol{a}_1,\boldsymbol{a}_2$ 之后，还应从能量平衡的角度予以验证，即入射向量 $\boldsymbol{b}_1,\boldsymbol{b}_2$ 带入的功率流，应与散射向量 $\boldsymbol{a}_1,\boldsymbol{a}_2$ 所辐射的功率流相平衡.

对两个波导分别选择坐标，使其与弹性体连接处为 $z_1=0$ 与 $z_2=0$. 运用展开定理，可将其解表示为

$$\boldsymbol{q}_1 = \boldsymbol{Q}_{1\alpha}\exp[\mathrm{diag}(\mu_{1i}z_1)]\boldsymbol{a}_1 + \boldsymbol{Q}_{1\beta}\exp[\mathrm{diag}(-\mu_{1i}z_1)]\boldsymbol{b}_1$$
$$\boldsymbol{p}_1 = \boldsymbol{P}_{1\alpha}\exp[\mathrm{diag}(\mu_{1i}z_1)]\boldsymbol{a}_1 + \boldsymbol{P}_{1\beta}\exp[\mathrm{diag}(-\mu_{1i}z_1)]\boldsymbol{b}_1 \tag{5.11.3a,b}$$

$$\boldsymbol{q}_2 = \boldsymbol{Q}_{2\alpha}\exp[\mathrm{diag}(\mu_{2i}z_2)]\boldsymbol{a}_2 + \boldsymbol{Q}_{2\beta}\exp[\mathrm{diag}(-\mu_{2i}z_2)]\boldsymbol{b}_2$$
$$\boldsymbol{p}_2 = \boldsymbol{P}_{2\alpha}\exp[\mathrm{diag}(\mu_{2i}z_2)]\boldsymbol{a}_2 + \boldsymbol{P}_{2\beta}\exp[\mathrm{diag}(-\mu_{2i}z_2)]\boldsymbol{b}_2 \tag{5.11.4a,b}$$

在弹性体的两个连接处 $z_1=0$ 与 $z_2=0$,可列出方程

$$\boldsymbol{p}_1 = -(\boldsymbol{R}_{11}\boldsymbol{q}_1 + \boldsymbol{R}_{12}\boldsymbol{q}_2)$$
$$\boldsymbol{p}_2 = -(\boldsymbol{R}_{21}\boldsymbol{q}_1 + \boldsymbol{R}_{22}\boldsymbol{q}_2) \tag{5.11.5a,b}$$

将(5.11.3),(5.11.4)式代入,区分出散射与入射项,有

$$(\boldsymbol{R}_{11}\boldsymbol{Q}_{1\alpha} + \boldsymbol{P}_{1\alpha})\boldsymbol{a}_1 + \boldsymbol{R}_{12}\boldsymbol{Q}_{2\alpha}\boldsymbol{a}_2 = -(\boldsymbol{R}_{11}\boldsymbol{Q}_{1\beta} + \boldsymbol{P}_{1\beta})\boldsymbol{b}_1 - \boldsymbol{R}_{12}\boldsymbol{Q}_{2\beta}\boldsymbol{b}_2 \tag{5.11.6a}$$

$$\boldsymbol{R}_{21}\boldsymbol{Q}_{1\alpha}\boldsymbol{a}_1 + (\boldsymbol{R}_{22}\boldsymbol{Q}_{2\alpha} + \boldsymbol{P}_{2\alpha})\boldsymbol{a}_2 = -\boldsymbol{R}_{21}\boldsymbol{Q}_{1\beta}\boldsymbol{b}_1 - (\boldsymbol{R}_{22}\boldsymbol{Q}_{2\beta} + \boldsymbol{P}_{2\beta})\boldsymbol{b}_2 \tag{5.11.6b}$$

入射波 $\boldsymbol{b}_1,\boldsymbol{b}_2$ 应当是给定的,于是可解得散射波为

$$\begin{pmatrix}\boldsymbol{a}_1\\ \boldsymbol{a}_2\end{pmatrix} = -\begin{bmatrix}\boldsymbol{R}_{11}\boldsymbol{Q}_{1\alpha} + \boldsymbol{P}_{1\alpha} & \boldsymbol{R}_{12}\boldsymbol{Q}_{2\alpha}\\ \boldsymbol{R}_{21}\boldsymbol{Q}_{1\alpha} & \boldsymbol{R}_{22}\boldsymbol{Q}_{2\alpha} + \boldsymbol{P}_{2\alpha}\end{bmatrix}^{-1} \times \begin{bmatrix}\boldsymbol{R}_{11}\boldsymbol{Q}_{1\beta} + \boldsymbol{P}_{1\beta} & \boldsymbol{R}_{12}\boldsymbol{Q}_{2\beta}\\ \boldsymbol{R}_{21}\boldsymbol{Q}_{1\beta}\boldsymbol{b}_1 & \boldsymbol{R}_{22}\boldsymbol{Q}_{2\beta} + \boldsymbol{P}_{2\beta}\end{bmatrix}\begin{pmatrix}\boldsymbol{b}_1\\ \boldsymbol{b}_2\end{pmatrix} \tag{5.11.7}$$

得到了反射波向量的公式,还应当验证能量平衡之性质.由于前一节证明的功率正交性质,以及入射波 $\boldsymbol{b}_1,\boldsymbol{b}_2$ 只有传输的分量,因此入射波与反射波相互间并无功率流.功率流只可能发生于纯虚根的传输分量上.对方程(5.11.6a)左乘以 $\mathrm{i}(\boldsymbol{a}_1^{\mathrm{H}}\boldsymbol{Q}_{1\alpha}^{\mathrm{H}} + \boldsymbol{b}_1^{\mathrm{H}}\boldsymbol{Q}_{1\beta}^{\mathrm{H}})$,并取其实部、注意按(5.10.5)式,有

$$\boldsymbol{a}^{\mathrm{H}}\boldsymbol{A}_\alpha\boldsymbol{a} = -\mathrm{i}\boldsymbol{a}^{\mathrm{H}}(\boldsymbol{P}_\alpha^{\mathrm{H}}\boldsymbol{Q}_\alpha - \boldsymbol{Q}_\alpha^{\mathrm{H}}\boldsymbol{P}_\alpha)\boldsymbol{a} = -2\boldsymbol{a}^{\mathrm{H}}\mathrm{Re}(\mathrm{i}\boldsymbol{Q}_\alpha^{\mathrm{H}}\boldsymbol{P}_\alpha)\boldsymbol{a}$$
$$\boldsymbol{b}^{\mathrm{H}}\boldsymbol{A}_\beta\boldsymbol{b} = \mathrm{i}\boldsymbol{b}^{\mathrm{H}}(\boldsymbol{P}_\beta^{\mathrm{H}}\boldsymbol{Q}_\beta - \boldsymbol{Q}_\beta^{\mathrm{H}}\boldsymbol{P}_\beta)\boldsymbol{b} = 2\boldsymbol{b}^{\mathrm{H}}\mathrm{Re}(\mathrm{i}\boldsymbol{Q}_\beta^{\mathrm{H}}\boldsymbol{P}_\beta)\boldsymbol{b}$$
$$\mathrm{Re}[\mathrm{i}\boldsymbol{a}^{\mathrm{H}}\boldsymbol{Q}_\alpha^{\mathrm{H}}\boldsymbol{P}_\beta\boldsymbol{b} + \mathrm{i}\boldsymbol{b}^{\mathrm{H}}\boldsymbol{Q}_\beta^{\mathrm{H}}\boldsymbol{P}_\alpha\boldsymbol{a}] = \mathrm{Re}[-\mathrm{i}\boldsymbol{a}^{\mathrm{H}}(\boldsymbol{P}_\alpha^{\mathrm{H}}\boldsymbol{Q}_\beta - \boldsymbol{Q}_\alpha^{\mathrm{H}}\boldsymbol{P}_\beta)\boldsymbol{b}]$$

$$= \mathrm{Re}[\boldsymbol{a}^{\mathrm{H}}\boldsymbol{A}_{\gamma}\boldsymbol{b}] = 0$$

等于零是因为 $\boldsymbol{b}$ 中只有与纯虚根相对应的分量. 运用 $\boldsymbol{R}_{11}$ 为厄米对称阵的性质,故

$$\mathrm{Re}[\mathrm{i}(\boldsymbol{a}_1^{\mathrm{H}}\boldsymbol{Q}_{1\alpha}^{\mathrm{H}} + \boldsymbol{b}_1^{\mathrm{H}}\boldsymbol{Q}_{1\beta}^{\mathrm{H}})\boldsymbol{R}_{11}(\boldsymbol{Q}_{1\alpha}\boldsymbol{a}_1 + \boldsymbol{Q}_{1\beta}\boldsymbol{b}_1)] = 0$$

等. 运用这些等式,就给出了方程

$$- \boldsymbol{a}_1^{\mathrm{H}}\boldsymbol{A}_{1\alpha}\boldsymbol{a}_1/2 + \boldsymbol{b}_1^{\mathrm{H}}\boldsymbol{A}_{1\beta}\boldsymbol{b}_1/2$$
$$+ \mathrm{Re}[\mathrm{i}(\boldsymbol{a}_1^{\mathrm{H}}\boldsymbol{Q}_{1\alpha}^{\mathrm{H}} + \boldsymbol{b}_1^{\mathrm{H}}\boldsymbol{Q}_{1\beta}^{\mathrm{H}})\boldsymbol{R}_{12}(\boldsymbol{Q}_{2\alpha}\boldsymbol{a}_2 + \boldsymbol{Q}_{2\beta}\boldsymbol{b}_2)] = 0$$

将方程(5.11.6b)左乘 $\mathrm{i}(\boldsymbol{a}_2^{\mathrm{H}}\boldsymbol{Q}_{2\alpha}^{\mathrm{H}} + \boldsymbol{b}_2^{\mathrm{H}}\boldsymbol{Q}_{2\beta}^{\mathrm{H}})$,并取实部,同样得

$$- \boldsymbol{a}_2^{\mathrm{H}}\boldsymbol{A}_{2\alpha}\boldsymbol{a}_2/2 + \boldsymbol{b}_2^{\mathrm{H}}\boldsymbol{A}_{2\beta}\boldsymbol{b}_2/2$$
$$+ \mathrm{Re}[\mathrm{i}(\boldsymbol{a}_2^{\mathrm{H}}\boldsymbol{Q}_{2\alpha}^{\mathrm{H}} + \boldsymbol{b}_2^{\mathrm{H}}\boldsymbol{Q}_{2\beta}^{\mathrm{H}})\boldsymbol{R}_{21}(\boldsymbol{Q}_{1\alpha}\boldsymbol{a}_1 + \boldsymbol{Q}_{1\beta}\boldsymbol{b}_1)] = 0$$

由于 $\boldsymbol{R}_{12}$ 与 $\boldsymbol{R}_{21}$ 是互相厄米转置的矩阵,故上两式中有 Re 的项相加为零. 将两式相加即得

$$\boldsymbol{a}_1^{\mathrm{H}}\boldsymbol{A}_{1\alpha}\boldsymbol{a}_1/2 + \boldsymbol{a}_2^{\mathrm{H}}\boldsymbol{A}_{2\alpha}\boldsymbol{a}_2/2 = \boldsymbol{b}_1^{\mathrm{H}}\boldsymbol{A}_{1\beta}\boldsymbol{b}_1/2 + \boldsymbol{b}_2^{\mathrm{H}}\boldsymbol{A}_{2\beta}\boldsymbol{b}_2/2$$

该式表明入射波的功率流之和等于散射波的功率流之和. 表明了能量守恒的原则.

弹性体如连接多个波导,其分析方法是一样的. 其实两个波导也可予以合并而看成为一个大的波导, $n = n_1 + n_2$, $\boldsymbol{Q}_\alpha = \mathrm{diag}(\boldsymbol{Q}_{1\alpha}, \boldsymbol{Q}_{2\alpha})$等就行.

5.12 波激共振

振动与波是紧密结合在一起的. 共振是振动理论中极为重要的现象,在波动中也应当考虑其雷同的现象. 在声学、电磁学波导中共振腔是相关问题. 从上文散射分析看到,虽然可能有多个波导通向一个弹性体,但仍可合并看成为一个大的波导. 因此这里分析的模型是一个波导,其一端连结一个弹性体. 此时,(5.11.7)式成为

$$\boldsymbol{a} = -(\boldsymbol{R}\boldsymbol{Q}_\alpha + \boldsymbol{P}_\alpha)^{-1}(\boldsymbol{R}\boldsymbol{Q}_\beta + \boldsymbol{P}_\beta)\boldsymbol{b} \qquad (5.12.1)$$

按通常的想法,应当考虑上式中的逆阵是否有奇异性. 由于

R 应当是厄米矩阵，但 $Q_\infty = -P_\alpha Q_\alpha^{-1}$ 却是复值对称阵，因为有纯虚本征根. 复值对称阵一定不是厄米对称阵，因此 $RQ_\alpha + P_\alpha$ 不会是零阵，然而其行列式可能为零，此时便会出现共振. 虽然可能出现共振，但并不表明散射向量 a 的所有分量都趋于无穷. 事实上，还有功率流平衡的条件

$$a^{H}A_\alpha a/2 = b^{H}A_\beta b/2$$

因此相应纯虚本征根的散射波仍是有限的，但其余局部振动的分量却可能变得很大.

共振发生的条件实际为

$$\det(R - Q_\infty) = 0$$

但这是复值矩阵，因此也相当于 2 个实型方程. 这与通常的多自由度体系，其行列式为实型是有所不同的. 由于有向无穷远处辐射能量的项，这就表现出具有阻尼的特性. 因此，波激共振发生时，其振幅虽然很大，却仍是有界的. 大体说起来，

$$R \approx \mathrm{Re}\{Q_\infty\}$$

就是其共振的条件. 式中，左、右端的矩阵都是频率 ω 的函数.

以下给一个数例，表明波激共振是可能发生的. 设 $n=4$，相当于原先是 2 个自由度的振动系统，转化到状态空间表示，就成为 $n=4$. 设在某一个 ω 之下，有矩阵

$$A = \begin{pmatrix} 0 & 0 & 1 & 0 \\ 0 & 0 & 0 & 0.3 \\ -2 & 0 & 0 & 0 \\ 1 & 1.5 & 0 & 0 \end{pmatrix}$$

$$B = \mathrm{diag}(2 \quad 1 \quad 0.1 \quad -0.1)$$

$$D = (4.1 \quad 1 \quad 0.1 \quad 0.01)$$

经本征解计算，得本征值为(只列举 α 类)

$$0.339315\mathrm{i} \qquad -0.461340 \qquad \begin{matrix} -1.492474 \\ +0.349041\mathrm{i} \end{matrix} \qquad \begin{matrix} -1.492474 \\ -0.349041\mathrm{i} \end{matrix}$$

得

$$
\boldsymbol{Q}_{\infty} = \begin{pmatrix} 0.7224 & & \text{对} & \\ 0.0525 & 0.4428 & & \text{称} \\ -0.0393 & 0.0699 & 0.4172 & \\ -0.0074 & 0.3015 & -0.0010 & -0.0220 \end{pmatrix}
$$

$$
+\mathrm{i}\begin{pmatrix} -0.0009 & & \text{对} & \\ -0.0170 & -0.3333 & & \text{称} \\ 0.0043 & 0.0843 & -0.0213 & \\ 0.0051 & 0.1002 & -0.0253 & -0.0301 \end{pmatrix}
$$

$$
\boldsymbol{A}_{\alpha} = \mathrm{diag}(2 \quad 0 \quad 0 \quad 0), \quad \boldsymbol{A}_{\beta} = (2 \quad 0 \quad 0 \quad 0)
$$

如果弹性体的散射矩阵为

$$
\boldsymbol{R}_0 = \begin{pmatrix} 0.722 & & \text{对} & \\ 0.0525 & 0.443 & & \text{称} \\ -0.0393 & 0.0699 & 0.417 & \\ -0.0074 & 0.301 & -0.001 & -0.022 \end{pmatrix}, \quad \boldsymbol{R} = \boldsymbol{R}_0
$$

根据公式(5.12.1)可计算得,当 $b_1=1, b_2=b_3=b_4=0$ 时

$$
a_1 = 0.26718516 - 0.96364521\mathrm{i}, \quad a_2 = 4.5885 + 6.0338\mathrm{i}
$$

$$
a_3 = 119.2092 - 6.0873\mathrm{i}, \quad a_4 = 25.9849 - 116.5018\mathrm{i}
$$

先对功率流做校核.输入功率为 $\boldsymbol{b}^{\mathrm{T}}\boldsymbol{A}_{\beta}\boldsymbol{b}/2=1$;输出功率可以用反射波的 a_1 来计算,得 $\boldsymbol{a}^{\mathrm{T}}\boldsymbol{A}_{\alpha}\boldsymbol{a}/2=\boldsymbol{a}_1^{\mathrm{H}}a_1=0.999999998$.双方符合.

从数值结果来看,反射波的其他分量数值相当大,表明发生了共振.但共振峰的范围很小,如果取 $\boldsymbol{R}=0.99\boldsymbol{R}_0$,偏离很小,但 $b_1=1, b_2=b_3=b_4=0$ 时

$$
a_1 = 0.3102 - 0.9507\mathrm{i}, \quad a_2 = -0.0702 - 0.0968\mathrm{i}
$$

$$
a_3 = 8.1850 + 0.8366\mathrm{i}, \quad a_4 = -1.7438 + 8.0408\mathrm{i}
$$

功率流的校核依然符合,但振幅已大幅降低了.

共振有时会产生破坏性的后果;但有时也可加以利用.波激共振并不总发生,但却应密切关注.以上只是提供一个简单的描述而已.

第六章　线性控制系统的理论与计算

自动控制理论脱胎于力学．然而长期以来已发展成为独立的主干大学科了．在20世纪50年代以前，经典控制系统理论已经发展得相当成熟，并在不少工程技术领域中得到了成功的应用．其数学基础是常微分方程理论，拉普拉斯变换，传递函数等；主要的分析和综合是根轨迹法、频率响应法等．它对于**单输入-单输**出线性定常系统的分析与综合是很有效的，但在处理多输入-多输出系统时便有困难，并且经典理论对系统内部特性也缺乏描述．

在计算技术冲击下，20世纪50～60年代控制系统理论发生了从经典控制论向以**状态空间法为标志的现代控制论**的过渡．现代控制论并不只是在原有经典控制理论体系上加以延伸而已，而是改变了方法论，使控制论的基本理论体系也发生了**根本性的更迭**，达到了新的境界．状态空间描述**进入了体系的内部，而不仅仅是描述输入-输出关系**．可直接在时间域内对有限时间段进行讨论．系统的可控性与可观测性表明了对系统结构的深入理解．线性系统理论是系统与控制理论中的基础部分．

21世纪来临，可以看到智能材料、智能结构、智能系统等发展迅猛．突显了控制的重要性．应用力学的发展不能无视这个走向．

控制论既已按自身的规律发展，产生了体系换代，初想起来在理论体系上似乎离开应用力学更远了．然而交叉学科的研究表明，现代控制论的数学问题与结构力学中的某类问题，如上一章所述，是一一对应地**相互模拟的**．这表明应用力学与控制论之间，在理论上和算法上可以互相渗透，取长补短，以取得新的推进．

本书前些章中讲述的精细积分，哈密顿矩阵本征问题，共轭辛正交归一，黎卡提方程的求解等，一系列理论与方法，都将在现代控制论中得到体现．学科一旦交叉就缩短了双方的距离．这对于工程力学与控制的教学也有很大好处.

6.1 线性系统的状态空间

动力学系统通常是用一组常微分方程或差分方程来表达的.系统与控制理论也是在动力学系统的基础上展开的.当该方程为线性时,就称为线性系统.虽然真实的系统都有非线性因素,但在其状态的**标称**(nominal)轨道附近的扰动,往往可以用线性系统理论很好地加以描述.线性系统便于数学处理,故线性系统理论在控制工程学科领域中占有重要地位.

6.1.1 系统的输入-输出描述与状态空间描述

动态过程的数学描述有两种基本类型.(1)外部描述或称输入-输出描述;(2)状态空间描述,可以用图 6.1 表示.由该图看出 $\boldsymbol{u}=(u_1,u_2,\cdots,u_m)^{\mathrm{T}}$ 向量乃系统的输入,而输出向量为 $\boldsymbol{y}=(y_1,y_2,\cdots,y_q)^{\mathrm{T}}$.向量 $\boldsymbol{u},\boldsymbol{y}$ 又被称为系统的外部变量.深入到系统内部,刻画系统每时每刻状态变化是系统的状态变量,用 $x_1,x_2,\cdots,x_n$,来表示,或状态向量

$$\boldsymbol{x}=(x_1,x_2,\cdots,x_n)^{\mathrm{T}} \tag{6.1.1}$$

状态向量 $\boldsymbol{x}$ 的变化当然也经量测而成为系统的输出,但同时也刻画了系统的(内部)行为.

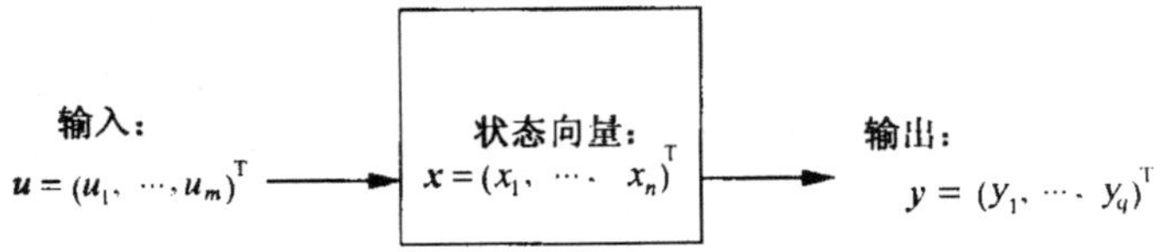

图 6.1 状态空间法

传统的控制理论将系统看成一个"黑箱",将注意力集中在输

出变量 y 怎样随输入变量 u 而变化. 虽然系统本是多自由度体系,但数学上仍是尽量消元使基本方程成为单输入-单输出的一个高阶常微分方程;在工程力学中这种方法论也是传统典型的. 对于时不变线性系统,并且只有一个输入 u 和一个输出变量 y 时,则其外部的数学描述为一个常系数线性常微分方程

$$\begin{aligned} & y^{(n)} + a_{n-1}y^{(n-1)} + \cdots + a_1 y^{(1)} + a_0 y \\ & = b_{n-1}u^{(n-1)} + b_{n-2}u^{(n-2)} + \cdots + b_1 u^{(1)} + b_0 u \end{aligned} \tag{6.1.2}$$

其中 a_i, b_i 均为实常数,而 $y^{(i)} = d^i y/dt^i$. 对上式取拉普拉斯变换,并假定输入、输出变量 u, y 皆有零初始条件,则得到系统的复频率域的描述

$$\tilde{y}(s) = G(s) \times \tilde{u}(s) \tag{6.1.3}$$

$$L(y) = \tilde{y}(s) = \int_0^\infty e^{-st} y(t) dt$$

$$L^{-1}(\tilde{y}) = y(t) = \frac{1}{2\pi i}\int_{\sigma - i\infty}^{\sigma + i\infty} e^{ts}\tilde{y}(s) ds \tag{6.1.4}$$

其中 $\tilde{y}(s)$,$\tilde{u}(s)$为输出与输入的拉普拉斯变换像函数,而$G(s)$

$$G(s) = \frac{b_{n-1}s^{n-1} + \cdots + b_1 s + b_0}{s^n + a_{n-1}s^{n-1} + \cdots + a_1 s + a_0} = \frac{B(s)}{A(s)} \tag{6.1.5}$$

则称为该系统的传递函数.

经典控制论着重分析系统的输入-输出及其传递函数,主要的关注点是系统的稳定性. 然而输入-输出的描述是对系统的不完全描述,它不能讲清黑箱内的全部情况. 状态空间法则深入到系统内部,能给出系统完全的动力学特性. 现代控制论奠基于状态空间的描述基础上是很大的进步.

状态空间不是新概念,在质点和刚体动力学中早就有了系统的表达与应用. 哈密顿体系就是用状态空间描述的. 动力学系统的状态定义为,完全表征系统时间域行为的一个最小变量组,记之为 $x_1(t), x_2(t), \cdots, x_n(t)$. (6.1.1)式用状态向量予以表示. 只要在 $t = t_0$ 给出初始状态,则在无外界输入或无干扰条件下,动力学方

程就惟一确定了系统状态以后的运动.只要输入是确定的,则状态的运动也就确定了.

动力学系统是由一组常微分方程描述的.但这组方程中总有一些参数,这些参数并不是很精确地确定的,尤其是系统总在不断受到外界的随机干扰,因此仅仅根据 t_0 的初始状态,对于随后长时间的有干扰运行的估计是不够的.因此控制系统一定要不断地量测,这就是量测向量 $\boldsymbol{y}$ 的输出,用于对当前状态的估计.当然最好是将当前的状态 $\boldsymbol{x}$ 全部予以量测,但这非常费事甚至不可能,因此量测到的向量 $\boldsymbol{y}$ 只是 $q \leqslant n$ 个.这样,状态空间的数学模型可描述为动力方程与初始条件

$$\dot{\boldsymbol{x}}(t) = \boldsymbol{f}(\boldsymbol{x}, \boldsymbol{u}, t), \qquad \boldsymbol{x}(0) = \boldsymbol{x}_0 \tag{6.1.6}$$

以及量测输出

$$\boldsymbol{y} = \boldsymbol{g}(\boldsymbol{x}, \boldsymbol{u}, t) \tag{6.1.7}$$

其中 $\boldsymbol{f}$ 与 $\boldsymbol{g}$ 都是向量函数.以上表示是比较笼统的,另外还应当有随机干扰等项.这类一般的表示比较抽象,$\boldsymbol{f}$ 与 $\boldsymbol{g}$ 都可以是非线性函数.一般来说,实际系统都是非线性的.但非线性系统的一般求解方法在数学上有很大困难,好在相当多的实际系统都可以按线性系统来近似地分析处理,其结果可接近于系统的实际运动状态.如果只限于考虑系统在某个**标称**运动 $\boldsymbol{x}_*(t), \boldsymbol{u}_*(t)$ 的邻域内运动时,则在此邻域内可以用一个线性系统来逼近.令

$$\begin{aligned} \boldsymbol{x}(t) &= \boldsymbol{x}_*(t) + \boldsymbol{\xi}(t), \quad & \boldsymbol{y}(t) &= \boldsymbol{y}_*(t) + \boldsymbol{\zeta}(t) \\ \boldsymbol{u}(t) &= \boldsymbol{u}_*(t) + \boldsymbol{\eta}(t), \quad & \boldsymbol{y}_*(t) &= \boldsymbol{g}(\boldsymbol{x}_*, \boldsymbol{u}_*, t) \end{aligned} \tag{6.1.8}$$

对(6.1.6)与(6.1.7)式中的 $\boldsymbol{f}, \boldsymbol{g}$ 在 $\boldsymbol{x}_*, \boldsymbol{u}_*$ 附近作泰勒展开并略去高阶小量

$$\begin{aligned} \boldsymbol{f}(\boldsymbol{x}, \boldsymbol{u}, t) &\simeq \boldsymbol{f}(\boldsymbol{x}_*, \boldsymbol{u}_*, t) + (\partial \boldsymbol{f}/\partial \boldsymbol{x})_*^{\mathrm{T}} \xi(t) + (\partial \boldsymbol{f}/\partial \boldsymbol{u})_*^{\mathrm{T}} \boldsymbol{\eta}(t) \\ \boldsymbol{g}(\boldsymbol{x}, \boldsymbol{u}, t) &\simeq \boldsymbol{g}(\boldsymbol{x}_*, \boldsymbol{u}_*, t) + (\partial \boldsymbol{g}/\partial \boldsymbol{x})_*^{\mathrm{T}} \xi(t) + (\partial \boldsymbol{g}/\partial \boldsymbol{u})_*^{\mathrm{T}} \boldsymbol{\eta}(t) \end{aligned} \tag{6.1.9}$$

这里又面临向量对向量的求导,仍采用规则(1.7.20)

$$\frac{\partial \boldsymbol{f}}{\partial \boldsymbol{x}} \equiv \begin{pmatrix} \frac{\partial f_1}{\partial x_1} & \cdots & \frac{\partial f_n}{\partial x_1} \\ \vdots & \ddots & \vdots \\ \frac{\partial f_1}{\partial x_n} & \cdots & \frac{\partial f_n}{\partial x_n} \end{pmatrix} = \boldsymbol{A}(t), \quad \begin{aligned} \boldsymbol{C}(t) &= (\partial \boldsymbol{g}/\partial \boldsymbol{x})_*^{\mathrm{T}} \\ \boldsymbol{B}_u(t) &= (\partial \boldsymbol{f}/\partial \boldsymbol{u})_*^{\mathrm{T}} \\ \boldsymbol{D}_u(t) &= (\partial \boldsymbol{g}/\partial \boldsymbol{u})_*^{\mathrm{T}} \end{aligned} \tag{6.1.10}$$

于是动力方程与量测方程(6.1.6),(6.1.7)近似地成为

$$\dot{\boldsymbol{\xi}} = \boldsymbol{A}(t)\xi + \boldsymbol{B}_u\boldsymbol{\eta} + [\boldsymbol{f}(\boldsymbol{x}_*, \boldsymbol{u}_*, t) - \dot{\boldsymbol{x}}_*] \tag{6.1.11}$$

$$\boldsymbol{\zeta} = \boldsymbol{C}(t)\boldsymbol{\xi} + \boldsymbol{D}_u(t)\boldsymbol{\eta} \tag{6.1.12}$$

这样成为 $\boldsymbol{\xi}, \boldsymbol{\eta}$ 与 $\boldsymbol{\zeta}$ 的线性方程了. 由于线性系统较容易进行数学分析,因此对大多数实际系统,通常都通过一定简化而化为线性系统加以研究. 对非线性系统的计算也是在对其近似的线性系统作出求解的基础上,迭代进行的.

即使进行了线性化近似处理,矩阵 $\boldsymbol{A}(t), \boldsymbol{B}_u(t), \boldsymbol{C}(t), \boldsymbol{D}(t)$ 仍与时间相关. 在线性微分方程中属时变系统. 线性时变系统在数学理论的展开方面比非线性系统已有很大的方便,但毕竟系统性能时时变化,其性质仍不易掌握,尤其在计算方面也不够方便. 时不变(或定常)系统的 $\boldsymbol{A}, \boldsymbol{B}_u, \boldsymbol{C}, \boldsymbol{D}$ 阵皆不随时间变化,而且在理论与计算方面更为方便. 在某些情况下用定常系统代替时变系统仍可得到有意义的结果. 因此时不变系统是研究得最多的,以下的讲述仍将着重于时不变系统.

控制理论中还有一种重要区分,即连续时间系统与离散时间系统. 以上表述都是在 t 连续变化下推导的,这是**连续**时间**系统**,其状态变化用微分方程描述.

当系统的状态变量只取值于离散时刻时,相应描述系统运动的方程将成为差分形式的. 这可以是一类实际的**离散**时间的数学问题,如许多社会经济问题,生态问题等;也可以本是一个连续时间系统,因采用数字计算机作计算或控制的需要而人为地加以时间离散化而导出的模型. 在计算结构力学中,常常采用子结构的分析,这是相类同的. 线性离散时间系统的状态空间描述为

$$\boldsymbol{x}(k+1)=\boldsymbol{F}(k)\boldsymbol{x}(k)+\boldsymbol{B}(k)\boldsymbol{u}(k) \tag{6.1.13}$$

$$\boldsymbol{y}(k)=\boldsymbol{C}(k)\boldsymbol{x}(k)+\boldsymbol{D}(k)\boldsymbol{u}(k) \tag{6.1.14}$$

这是时变的系统，当 $\boldsymbol{F},\boldsymbol{B},\boldsymbol{C},\boldsymbol{D}$ 皆与 k 无关时，就成为时不变系统，k 相当于时间坐标.

系统分析中还有确定性系统和随机系统之分. 所谓确定性系统指系统的参数按确定性的规律而变化的，而且其输入变量(包括控制与干扰)也是有确定性规律的. 随机系统中，或者是作用于系统的输入(控制与干扰)是随机变量；进一步甚至系统的参数或结构特性也有随机变化的成分. 这在结构振动中相应于随机振动问题或者随机结构. 随机系统的特点是不能确定其状态和输出变量的确定性时间过程，只能确定其统计规律性.

本书的讲述以状态空间法为主线，当然也不排斥经典方法论. 以连续时间系统为主. 着重介绍时不变系统的理论与算法. 由于结构力学与控制理论的模拟关系，可以引入力学中的一些成功的算法，得到一些新的视点与推进. 连续时间系统的描述为

动力方程：

$$\dot{\boldsymbol{x}}(t)=\boldsymbol{A}\boldsymbol{x}+\boldsymbol{B}_u\boldsymbol{u},\qquad \boldsymbol{x}(0)=\boldsymbol{x}_0 \tag{6.1.15}$$

量测输出：

$$\boldsymbol{y}=\boldsymbol{C}\boldsymbol{x}+\boldsymbol{D}_u\boldsymbol{u} \tag{6.1.16}$$

其中

$$\boldsymbol{x}=(x_1,x_2,\cdots,x_n)^{\mathrm{T}},\quad \boldsymbol{u}=(u_1,u_2,\cdots,u_m)^{\mathrm{T}}$$

$$\boldsymbol{y}=(y_1,y_2,\cdots,y_q)^{\mathrm{T}}$$

分别为**状态、输入、输出**向量. 矩阵 $\boldsymbol{A},\boldsymbol{B}_u,\boldsymbol{C},\boldsymbol{D}_u$ 皆为给定矩阵，分别具有维数 $n\times n,n\times m,q\times n,q\times m$. 对于时变系统，则这些矩阵为 t 的函数.

例 1 设有一个质量-弹簧的振动体系，如图 6.2 所示. 力 F 及阻尼器气缸速度 v 为其输入，质量 m 的位移 x 为输出. 现给出其状态方程的列式.

解 该质量受到的力有：惯性力 $m\ddot{x}$、阻尼力 $c(\dot{x}-v)$、弹簧

力 kx 以及外力 F. 因此其动力学方程为

$$m\ddot{x} + c(\dot{x} - v) + kx - F = 0$$

现选择其状态变量为 $x_1 = x, x_2 = \dot{x}$, 于是状态与输入向量的维数为 $n = 2, m_u = 2$.

$$\boldsymbol{x} = (x, \dot{x})^{\mathrm{T}}, \qquad \boldsymbol{u} = (F, v)^{\mathrm{T}}$$

并且在动力方程与量测方程中取

$$\boldsymbol{A} = \begin{pmatrix} 0 & 1 \\ -k/m & -c/m \end{pmatrix}, \quad \boldsymbol{B} = \begin{pmatrix} 0 & 0 \\ 1/m & c/m \end{pmatrix}, \quad \boldsymbol{C} = [1 \quad 0]$$

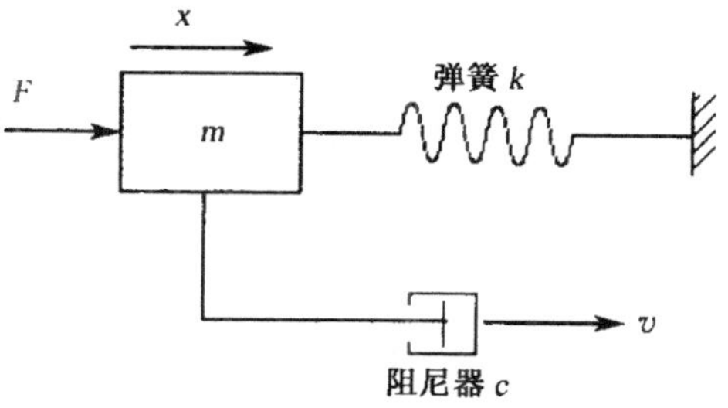

图 6.2 质量-弹簧的振动体系

将方程展开有

$$\dot{x}_1 = x_2, \dot{x}_2 = -\frac{k}{m}x_1 - \frac{c}{m}x_2 + \left(\frac{c}{m}v + \frac{1}{m}F\right), \quad y = x_1$$

对此可以用状态变量图(图 6.3)加以描述. 状态变量图乃状态方程的展开图形, 它便于在模拟计算机上仿真. 状态变量图中仅含有

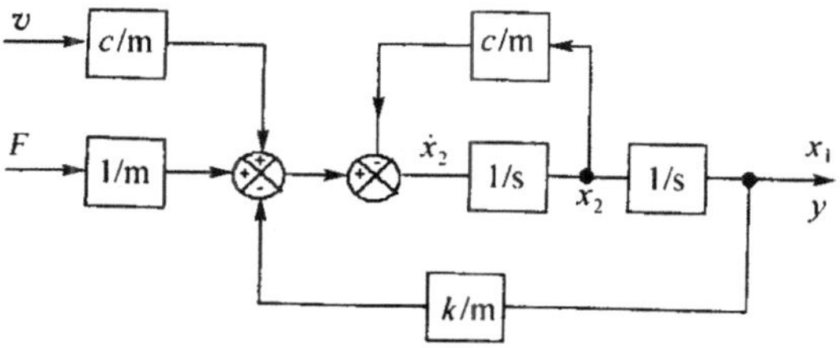

图 6.3 例 1 的状态变量图

积分器，加法器，比例器三种元件以及一些连接线．输出量可根据输出方程状态变量图中引出．图中 $1/s$ 相当于积分，s 是拉普拉斯变换的变量．

6.1.2 单输入-单输出系统化成状态空间系统

设单输入-单输出线性定常连续系统的微分方程为

$$\begin{aligned}&y^{(n)}+a_{n-1}y^{(n-1)}+\cdots+a_1y^{(1)}+a_0y\\&=b_{n-1}u^{(n-1)}+b_{n-2}u^{(n-2)}+\cdots+b_1u^{(1)}+b_0u\end{aligned}\tag{6.1.2}$$

现在要寻求状态空间的实现，其输入-输出关系仍保持不变．由于所选状态变量不同，其动态方程也不同，所以状态空间实现方法也有多种．其中以导出标准型最有意义．对于(6.1.2)式，其传递函数 $\widetilde{G}(s)$ 如(6.1.5)所示．现给出两种标准型，化为量测标准型及化为控制标准型[15]．

6.1.2.1 化为量测标准型

(6.1.2)式中含有输入 u 的微商，可选择状态变量如下

$$x_n=y$$

$$x_i=\dot{x}_{i+1}+a_iy-b_iu,\quad i=n-1,n-2,\cdots,1$$

逆向递推到 x_1．对以上方程作一次微商；消元，并利用(6.1.2)，可以推导如

$$\begin{aligned}\dot{x}_1&=\ddot{x}_2+a_1\dot{y}-b_1\dot{u}\\&=x_3^{(3)}+a_1\dot{y}-b_1\dot{u}+a_2y^{(2)}-b_2u^{(2)}\\&=\cdots=-a_0x_n+b_0u\end{aligned}\tag{6.1.17}$$

于是有

$$\text{动力方程:}\quad\left.\begin{aligned}&\dot{x}_1=-a_0x_n+b_0u\\&\dot{x}_2=x_1-a_0x_n+b_1u\\&\cdots\cdots\cdots\cdots\\&\dot{x}_n=x_{n-1}-a_{n-1}x_n+b_{n-1}u\end{aligned}\right\}\tag{6.1.18}$$

量测方程：

$$y = x_n \tag{6.1.19}$$

即

$$\dot{\boldsymbol{x}} = \boldsymbol{A}\boldsymbol{x} + \boldsymbol{B}\boldsymbol{u}, \qquad \boldsymbol{y} = \boldsymbol{C}\boldsymbol{x}$$

$$\boldsymbol{A} = \begin{pmatrix} 0 & 0 & \cdots & 0 & -a_0 \\ 1 & & & & -a_1 \\ 0 & 1 & & & -a_2 \\ \vdots & & \ddots & 0 & \vdots \\ 0 & & 0 & 1 & -a_{n-1} \end{pmatrix}$$

$$\boldsymbol{B} = \begin{pmatrix} b_0 \\ b_1 \\ b_2 \\ \vdots \\ b_{n-1} \end{pmatrix}, \quad \begin{array}{l} \boldsymbol{C} = (0,\cdots,0,1) \\ \boldsymbol{D}_u = \boldsymbol{0} \end{array} \tag{6.1.20}$$

6.1.2.2 化为控制标准型

引入中间变量 $\tilde{z}(s)$并将(6.1.3)式写成

$$\tilde{y}(s)/\widetilde{B}(s) = \tilde{u}(s)/\widetilde{A}(s) = \tilde{z}(s)$$

这分别相应于拉普拉斯变换的方程

$$z^{(n)} + a_{n-1}z^{(n-1)} + \cdots + a_1 z^{(1)} + a_0 z = u$$

$$b_{n-1}z^{(n-1)} + \cdots + b_1 z^{(1)} + b_0 z = y$$

于是引入状态变量

$$x_1 = z, \quad x_2 = z^{(1)}, \quad x_3 = z^{(2)}, \cdots, x_n = z^{(n-1)}$$

就有

$$\begin{aligned} \dot{x}_1 &= x_2 \\ \dot{x}_2 &= x_3 \\ &\cdots\cdots\cdots\cdots \\ \dot{x}_n &= -a_0 x_1 - a_1 x_2 - \cdots - a_{n-1} x_n + u \end{aligned} \tag{6.1.21}$$

而输出方程则成为

$$y = b_0 x_1 + b_1 x_2 + \cdots + b_{n-1} x_n \tag{6.1.22}$$

于是状态空间相应的矩阵为

$$\boldsymbol{A} = \begin{pmatrix} 0 & 1 & & & \\ & 0 & 1 & & \\ & & \ddots & \ddots & \\ & & & 0 & 1 \\ -a_0 & -a_1 & \cdots & & -a_{n-1} \end{pmatrix}$$

$$\boldsymbol{B}_u = \begin{pmatrix} 0 \\ 0 \\ \vdots \\ 0 \\ 1 \end{pmatrix}, \quad \begin{array}{c} \boldsymbol{C} = (b_0 \quad b_1 \quad \cdots \quad b_{n-1}) \\ \boldsymbol{D}_u = \boldsymbol{0} \end{array} \tag{6.1.23}$$

此种形式的状态空间矩阵的方程称为控制标准型方程.

6.1.3 线性时不变系统的积分

动力方程(6.1.15)的积分当然是很关注的.这是线性非齐次方程,其求解应首先针对齐次方程

$$\dot{\boldsymbol{x}}(t) = \boldsymbol{A}\boldsymbol{x}, \qquad \boldsymbol{x}(0) = \boldsymbol{x}_0 \tag{6.1.24}$$

这是具有基本重要性质的课题.与纯量(一维)微分方程的解一样,(6.1.24)式的解可写为

$$\boldsymbol{x}(t) = \exp(\boldsymbol{A}t) \times \boldsymbol{x}_0 = \boldsymbol{\Phi}(t) \times \boldsymbol{x}_0 \tag{6.1.25}$$

其中指数矩阵的定义与指数函数的幂级数展开是一样的,为

$$\exp(\boldsymbol{A}t) = \boldsymbol{I}_n + \boldsymbol{A}t + (\boldsymbol{A}t)^2/2! + \cdots + (\boldsymbol{A}t)^k/k! + \cdots = \boldsymbol{\Phi}(t) \tag{6.1.26}$$

该矩阵又可称为**状态转移矩阵**,意即 $\boldsymbol{x}(t)$是由 $\boldsymbol{x}(0)$转移来的.

矩阵指数函数具有以下的性质:

1) $\lim_{t\to 0}\exp(\boldsymbol{A}t) = \boldsymbol{I}_n$

2) $\exp[\boldsymbol{A}(t_1 + t_2)] = \exp(\boldsymbol{A}t_1) \times \exp(\boldsymbol{A}t_2)$,进一步有 $[\exp(\boldsymbol{A}t)]^m = \exp[\boldsymbol{A}mt]$

3）$[\exp(\boldsymbol{A}t)]^{-1}=\exp(-\boldsymbol{A}t)$，即指数函数总有逆矩阵

4）一般来说，指数矩阵不适用乘法交换律，即

$\exp(\boldsymbol{A}t)\times\exp(\boldsymbol{B}t)\neq\exp(\boldsymbol{B}t)\times\exp(\boldsymbol{A}t)$，当 $\boldsymbol{AB}\neq\boldsymbol{BA}$ 时，但 $\exp(\boldsymbol{A}t)\times\exp(\boldsymbol{B}t)=\exp(\boldsymbol{B}t)\times\exp(\boldsymbol{A}t)=\exp[(\boldsymbol{A}+\boldsymbol{B})t]$，当 $\boldsymbol{AB}=\boldsymbol{BA}$ 时，即，当 $\boldsymbol{A},\boldsymbol{B}$ 为乘法可交换时，其指数矩阵乘法也可交换.

5）指数函数的微商

$$(\mathrm{d}/\mathrm{d}t)\exp(\boldsymbol{A}t)=\boldsymbol{A}\times\exp(\boldsymbol{A}t)$$

指数矩阵是零输入的初始状态响应.当存在输入 $\boldsymbol{u}$ 时，其状态响应可由下式计算

$$\boldsymbol{x}(t)=\exp(\boldsymbol{A}t)\boldsymbol{x}_0+\int_0^t\exp[\boldsymbol{A}(t-\tau)]\boldsymbol{B}_u\boldsymbol{u}(\tau)\mathrm{d}\tau \tag{6.1.27}$$

在控制论中输入项是可以选择的，恰当地选择输入 $\boldsymbol{u}$ 可使状态响应 $\boldsymbol{x}(t)$ 受控.人们往往将时间的起点写成 t_0，则上式成为

$$\boldsymbol{x}(t;t_0,\boldsymbol{x}_0,\boldsymbol{u})=\boldsymbol{\Phi}(t-t_0)\boldsymbol{x}_0+\int_{t_0}^t\boldsymbol{\Phi}(t-\tau)\boldsymbol{B}_u\boldsymbol{u}(\tau)\mathrm{d}\tau \tag{6.1.27$'$}$$

指数矩阵的计算是很重要的课题，文献[25]给出了多种算法，但并不满意.此后在文献[26]中又作了探讨.但现在有了精细积分法可以作出计算机精度的数值结果，这些已经在前文提到.这些数值结果是在给定步长 η 的等间距时刻的

$$t_0,t_0+\eta,t_0+2\eta,\cdots \tag{6.1.28}$$

指数矩阵函数也可以用本征向量展开的方法求解，这与振动理论的方法是相似的.这就涉及到任意 $n\times n$ 矩阵 $\boldsymbol{A}$ 的本征向量与若尔当标准型，见 5.4 节.在不出现若尔当标准型时，$\boldsymbol{A}$ 阵有 n 个本征向量，相互线性无关.于是就可写成

$$\boldsymbol{A\varphi}_i=\mu_i\boldsymbol{\varphi}_i,\quad i=1,2,\cdots,n \tag{6.1.29}$$

将全部本征向量 $\boldsymbol{\varphi}_i$ 作为列，可组成矩阵

$$\boldsymbol{\Phi}_u=(\boldsymbol{\varphi}_1,\boldsymbol{\varphi}_2,\cdots,\boldsymbol{\varphi}_n) \tag{6.1.30}$$

$$\boldsymbol{A\Phi}_u = \boldsymbol{\Phi}_u \mathrm{diag}(\mu_1, \mu_2, \cdots, \mu_n) = \boldsymbol{\Phi}_u \mathrm{diag}(\mu_i)$$

$$\boldsymbol{A} = \boldsymbol{\Phi}_u \mathrm{diag}(\mu_i) \boldsymbol{\Phi}_u^{\mathrm{T}} \tag{6.1.29$'$}$$

如果取

$$\boldsymbol{\Phi}(t) = \boldsymbol{\Phi}_u \mathrm{diag}[\exp(\mu_i t)] \boldsymbol{\Phi}_u^{-1} \tag{6.1.31}$$

显然,$\boldsymbol{\Phi}(0) = \boldsymbol{I}_n$;并且

$$\begin{aligned}\dot{\boldsymbol{\Phi}}(t) &= \boldsymbol{\Phi}_u \mathrm{diag}[\mu_i \exp(\mu_i t)] \boldsymbol{\Phi}_u^{-1} = \boldsymbol{\Phi}_u \mathrm{diag}(\mu_i) \mathrm{diag}[\exp(\mu_i t)] \boldsymbol{\Phi}_u^{-1} \\ &= \boldsymbol{A\Phi}_u \mathrm{diag}[\exp(\mu_i t)] \boldsymbol{\Phi}_u^{-1} = \boldsymbol{A\Phi}\end{aligned}$$

这样,微分方程和初始条件都与指数矩阵一样,故知下式成立

$$\exp(\boldsymbol{A}t) = \boldsymbol{\Phi}(t) \tag{6.1.26}$$

因此(6.1.31)式给出了状态转移矩阵的解析算法.其中关键的一步是要找出全部本征向量以构成 $\boldsymbol{\Phi}_u$ 阵,以及本征值 μ_i,($i = 1, 2, \cdots, n$).

$\boldsymbol{A}$ 阵也可能出现重根及若尔当型.若尔当型在理论上很完整、明确,但在数值计算方面却是不稳定的.只要在数值计算中出现最低限的误差,也会将重根变换成非常接近的两个不同本征值,其对应的两个本征向量也成为几乎是平行的两个向量,其数值很大但矩阵 $\boldsymbol{\Phi}_u$ 成为非常病态的矩阵.此种情况下其数值计算结果的精度便很成问题了.

在许多情况下,矩阵 $\boldsymbol{A}$ 并不出现若尔当型,此时本征向量展开的(6.1.31)式很吸引人的.精细积分法却并不在意于是否出现若尔当型,它总能得到很高精度的数值结果.

状态转移矩阵的计算还要进一步用于状态响应的计算(6.1.27)式,进一步就可得到其输出

$$\boldsymbol{y}(t) = \boldsymbol{C\Phi}(t - t_0)\boldsymbol{x}_0 + \int_{t_0}^{t} \boldsymbol{C\Phi}(t - \tau)\boldsymbol{B}_u \boldsymbol{u}(t) \mathrm{d}\tau + \boldsymbol{D}_u \boldsymbol{u}(t) \tag{6.1.32}$$

控制理论总是非常关心输入-输出关系.为此有脉冲响应矩阵 $\boldsymbol{G}(t-\tau)$,用于由 m 个输入 $\boldsymbol{u}(t)$ 引起的 q 个输出 $\boldsymbol{y}(t)$,

$$
G(t-\tau)=\begin{pmatrix} g_{11}(t-\tau) & \cdots & g_{1m}(t-\tau) \\ g_{21}(t-\tau) & \cdots & g_{2m}(t-\tau) \\ \vdots & & \vdots \\ g_{q1}(t-\tau) & \cdots & g_{qm}(t-\tau) \end{pmatrix}
$$

(6.1.33a)

$$
\boldsymbol{y}(t)=\int_{t_0}^{t}\boldsymbol{G}(t-\tau)\boldsymbol{u}(\tau)\mathrm{d}\tau \qquad (6.1.33b)
$$

对比(6.1.32)式,有脉冲响应矩阵,$q\times m$ 维

$$
\boldsymbol{G}(t-\tau)=\boldsymbol{C\Phi}(t-\tau)\boldsymbol{B}_u+\boldsymbol{D}_u\delta(t-\tau) \quad (6.1.34)
$$

在讲到矩阵 $\boldsymbol{A}$ 的本征问题时,有它的本征方程

$$
\det(\boldsymbol{A}-\mu\boldsymbol{I}_n)=0
$$

将它展开成为的 n 次多项式方程

$$
\mu^n+\alpha_{n-1}\mu^{n-1}+\cdots+\alpha_1\mu+\alpha_0=0
$$

凯莱-哈密顿(Cayley-Hamilton)定理指出,如果将矩阵 $\boldsymbol{A}$ 代入上式,得到矩阵的多项式一定为零,即

$$
\boldsymbol{A}^n+\alpha_{n-1}\boldsymbol{A}^{n-1}+\cdots+\alpha_1\boldsymbol{A}+\alpha_0\boldsymbol{I}_n=\boldsymbol{0} \qquad (6.1.35)
$$

这说明 $\boldsymbol{A}^n$ 可以用 $\boldsymbol{A}^{n-1},\boldsymbol{A}^{n-2},\cdots,\boldsymbol{A},\boldsymbol{I}_n$ 的线性组合来表示,当然 $\boldsymbol{A}^{n+1}$ 及更高的幂次都可由 $\boldsymbol{A}^{n-1},\cdots,\boldsymbol{I}_n$ 来线性组合而成.凯莱-哈密顿定理的证明见文献[40,41].在不出现若尔当型时很容易理解.因 $\boldsymbol{A}^m=\boldsymbol{\Phi}_a\mathrm{diag}(\mu_i^m)\boldsymbol{\Phi}_a^{\mathrm{T}}$,故

$$
\begin{aligned}
&\boldsymbol{A}^n+\alpha_{n-1}\boldsymbol{A}^{n-1}+\cdots+\alpha_1\boldsymbol{A}+\alpha_0\boldsymbol{I}_n \\
&=\boldsymbol{\Phi}_a\mathrm{diag}(\mu_i^n+\alpha_{n-1}\mu_i^{n-1}+\cdots+\alpha_1\mu_i+\alpha_0)\boldsymbol{\Phi}_a^{-1}=\boldsymbol{0}
\end{aligned}
$$

以上的计算都是在时域表示的.为了考察经典控制论的输入-输出表示,采用频域分析是最常用的.

6.1.4 频域分析

状态转移矩阵与传递函数矩阵的频域表示是最为关心的方面,以往的稳定性分析奠基于此.状态转移矩阵来源于方程(6.1.24).对此作拉普拉斯变换

$$(s\boldsymbol{I}_n - \boldsymbol{A})\tilde{\boldsymbol{x}}(s) = \boldsymbol{x}_0, \qquad \tilde{\boldsymbol{x}}(s) = (s\boldsymbol{I}_n - \boldsymbol{A})^{-1}\boldsymbol{x}_0$$

显然

$$\widetilde{\boldsymbol{\Phi}}(s) = (s\boldsymbol{I}_n - \boldsymbol{A})^{-1}$$

这就是状态转移矩阵的频域表示.

进一步要看传递函数矩阵.它显然是

$$\widetilde{\boldsymbol{G}}(s) = \boldsymbol{C}(s\boldsymbol{I}_n - \boldsymbol{A})^{-1}\boldsymbol{B}_u + \boldsymbol{D}_u \tag{6.1.36}$$

将动力方程与量测方程进行拉普拉斯变换得

$$(s\boldsymbol{I}_n - \boldsymbol{A})\tilde{\boldsymbol{x}} - \boldsymbol{B}_u\tilde{\boldsymbol{u}} = \boldsymbol{x}_0, \qquad \tilde{\boldsymbol{y}} = \boldsymbol{C}\tilde{\boldsymbol{x}} + \boldsymbol{D}_u\tilde{\boldsymbol{u}}$$

$\boldsymbol{x}_0$ 是无关的取为零,消去 $\tilde{\boldsymbol{x}}$,即得(6.1.36)式.由(6.1.34)式执行拉普拉斯变换,也得到(6.1.36)式.显然,传递函数矩阵是有理分式.

6.1.5 线性系统的可控性与可观测性

可控制性是对于动力方程(6.1.15)中的矩阵对$(\boldsymbol{A},\boldsymbol{B}_u)$而言的.而可测性是对于矩阵对$(\boldsymbol{A},\boldsymbol{C})$而言的.状态空间是描述系统内部变量的,但人们只能通过量测 $\boldsymbol{y}$ 来估计状态;也只能通过输入 $\boldsymbol{u}$ 来使状态的运行发生变化.可测与可控就是研究系统的内部状态是否可由输出 $\boldsymbol{y}$ 来反映;是否可由输入 $\boldsymbol{u}$ 来任意操作.对于 t_0 时任一个状态 $\boldsymbol{x}_0$,如果可以选择 $\boldsymbol{u}(t)$ 使在 $t_1 > t_0$ 时达到 $\boldsymbol{x}(t_1)=0$ 者,称系统是完全能控的或可控的.

对应地,t_0 时任一个状态 $\boldsymbol{x}_0$ 如果根据量测 $\boldsymbol{y}(t)$,就可以在 t_1 时完全推知 $\boldsymbol{x}_0$,则称系统是完全可测的,或可测的.当然量测是在 $t_0 < t < t_1$ 内给出的,并且输入 $\boldsymbol{u}(t)$ 也应是已知的.

前面谈及的对于 $n \times n$ 矩阵$\boldsymbol{A}$ 的凯莱-哈密顿定理,在证明可控性与可测性时很有用.该定理表明,$\boldsymbol{A}^n$ 可以由 $\boldsymbol{I},\boldsymbol{A},\boldsymbol{A}^2,\cdots,\boldsymbol{A}^{n-1}$线性组合而成.当然 $\boldsymbol{A}$ 阵更高的幂次也可以由$\boldsymbol{I},\boldsymbol{A},\boldsymbol{A}^2,\cdots,\boldsymbol{A}^{n-1}$来线性组合.

6.1.5.1 定常系统的可控性

根据可控性的要求,状态方程的解应有

$$x(t)=\boldsymbol{\Phi}(t_1-t_0)x_0+\int_{t_0}^{t_1}\boldsymbol{\Phi}(t_1-t)\boldsymbol{B}_u\boldsymbol{u}(t)\mathrm{d}t=\boldsymbol{0}$$

其中 $\boldsymbol{\Phi}$ 是指数矩阵(6.1.26). 以上要求可化为

$$x_0=-\int_0^t \mathrm{e}^{-A(t-t_0)}\boldsymbol{B}_u\boldsymbol{u}(t)\mathrm{d}t$$

将指数矩阵展开为幂级数,并利用凯莱-哈密顿定理,有

$$\exp^{-A(t-t_0)}=\sum_{i=0}^{n-1}\alpha_i(t-t_0)\boldsymbol{A}^i$$

其中 α_i 是 $t-t_0$ 确定性的函数. 代入前式后得

$$x_0=-\sum_{i=0}^{n-1}\boldsymbol{A}^i\boldsymbol{B}_u\boldsymbol{u}_i,\quad \boldsymbol{u}_i=\int_{t_0}^{t_1}\alpha_i(t-t_0)\boldsymbol{u}(t)\mathrm{d}t$$

将以上写成矩阵形式,有

$$x_0=-(\boldsymbol{B}_u\quad \boldsymbol{A}\boldsymbol{B}_u\quad \boldsymbol{A}^2\boldsymbol{B}_u\cdots\quad \boldsymbol{A}^{n-1}\boldsymbol{B}_u)\times(\boldsymbol{u}_0^{\mathrm{T}}\quad \boldsymbol{u}_1^{\mathrm{T}}\quad\cdots\quad \boldsymbol{u}_{n-1}^{\mathrm{T}})^{\mathrm{T}}$$

令

$$\boldsymbol{Q}_c=(\boldsymbol{B}_u,\ \boldsymbol{A}\boldsymbol{B}_u,\cdots,\boldsymbol{A}^{n-1}\boldsymbol{B}_u)\ 为\ n\times mn\ 阵 \tag{6.1.37}$$

可控性要求 x_0 为任意的初始状态向量,因此必须要求 $\boldsymbol{Q}_c$ 为满秩矩阵,即

$$\mathrm{rank}(\boldsymbol{Q}_c)=n \tag{6.1.37a}$$

为可控的必要条件. 其实这也是充分条件. 由于 $\boldsymbol{u}(t)$ 可以任意选择,$\boldsymbol{u}_0,\boldsymbol{u}_1,\cdots,\boldsymbol{u}_{n-1}$ 可分别取任意向量. 因此只要 $\boldsymbol{Q}_c$ 满秩,x_0 可以取任意值的.

可控性的充要条件也可由格拉姆矩阵

$$\boldsymbol{W}_c(t)=\int_0^t\exp(\boldsymbol{A}\tau)\boldsymbol{B}_u\boldsymbol{B}_u^{\mathrm{T}}\exp(\boldsymbol{A}^{\mathrm{T}}\tau)\mathrm{d}\tau>0 \tag{6.1.37b}$$

的对称正定条件表示. 6.7 节还要讲到该矩阵.

6.1.5.2 定常系统的可观测性

不失一般性,令输入 $\boldsymbol{u}\equiv 0$. 因 $\boldsymbol{u}$ 为已知,不过是将 $\boldsymbol{y}$ 作一个

修改而已.现在要根据(0,t)期间的量测 $\boldsymbol{y}(t)$惟一地确定系统的任意初始状态 $\boldsymbol{x}_0$. 按(6.1.32)式有($t_0=0$)

$$\boldsymbol{y}(t)-\boldsymbol{D}_u\boldsymbol{u}-\boldsymbol{C}\int_0^t \mathrm{e}^{\boldsymbol{A}(t-\tau)}\boldsymbol{B}_u\boldsymbol{u}(\tau)\mathrm{d}\tau=\boldsymbol{C}\mathrm{e}^{\boldsymbol{A}t}\boldsymbol{x}_0$$

取 $\boldsymbol{u}=0$ 再利用凯莱-哈密顿定理,有

$$\begin{aligned}\boldsymbol{y}(t)&=\boldsymbol{C}\sum_{k=0}^{n-1}\alpha_k(t)\boldsymbol{A}^k\boldsymbol{x}_0\\&=(\alpha_0(t)\boldsymbol{I}_q\quad \alpha_1\boldsymbol{I}_q\quad\cdots\quad \alpha_{n-1}\boldsymbol{I}_q)\times\begin{pmatrix}\boldsymbol{C}\\ \boldsymbol{CA}\\ \vdots\\ \boldsymbol{CA}^{n-1}\end{pmatrix}\boldsymbol{x}_0\end{aligned}$$

其中 $\boldsymbol{I}_q$ 为 q 阶单位阵. 前一矩阵($\alpha_0(t)\boldsymbol{I}_q,\cdots,\alpha_{n-1}(t)\boldsymbol{I}_q$)肯定为满秩,而

$$\boldsymbol{Q}_0=\begin{pmatrix}\boldsymbol{C}\\ \boldsymbol{CA}\\ \vdots\\ \boldsymbol{CA}^{n-1}\end{pmatrix}\tag{6.1.38}$$

称为可测性矩阵. 如果该 $nq\times n$ 阵不满秩,则初值向量 $\boldsymbol{x}_0$ 的某个子空间对量测 $\boldsymbol{y}(t)$将毫无作用,即不能量测到. 因此

$$\mathrm{rank}(\boldsymbol{Q}_0)=n\tag{6.1.38a}$$

显然是可测性的必要条件, 这其实也是充分条件,证明略去.

可测性的充要条件可以用格拉姆矩阵的条件

$$W_o(t)=\int_0^t \exp(\boldsymbol{A}^{\mathrm{T}}\tau)\boldsymbol{C}^{\mathrm{T}}\boldsymbol{C}\exp(\boldsymbol{A}\tau)\mathrm{d}\tau\tag{6.1.38b}$$

在任一 $t>0$ 皆为对称正定来表示. (6.1.37b),(6.1.38b)式的格拉姆矩阵似乎是凭空蹦出来的,但后文将对此作出详细推导,见6.7节. 这里给出的可控与可测,只能用于定常系统. 但还有时变系统,甚至非线性系统,其可控与可观的性质应当如何考虑,也将在6.7节讨论.

前文给出了状态空间法频率域的传递函数

$$\widetilde{G}(s) = C(sI_n - A)^{-1}B_u + D_u \qquad (6.1.36)$$

反过来,对于一个给定的有理分式传递函数 $\widetilde{G}(s)$,可以找到矩阵 A,B_u,C,D_u 与之对应,称为该传递函数 $\widetilde{G}(s)$状态空间的一个实现,或简写为形式(A,B_u,C,D_u).传递函数矩阵的实现具有如下基本性质:

1) 实现是不惟一的.给定了传递矩阵 $\widetilde{G}(s)$,可以有不同维数的不同实现;即使是相同维数的实现,也不是惟一的.
2) 在 $\widetilde{G}(s)$的所有实现中,一定存在一类维数最低的实现,称为**最小实现**.最小实现就是具有输入-输出特性 $\widetilde{G}(s)$的一个最简单的外部等价的系统模型.
3) 传递函数矩阵 $\widetilde{G}(s)$的各种实现之间,没有必然的代数等价关系;只有最小实现,相互间才有代数等价关系.
4) 如果真实系统是完全可控、完全可测的;而根据 $\widetilde{G}(s)$找到的**最小实现**也是完全可控、完全可测的,则这种实现可表征真实系统的构造.
5) 如果给定的传递函数 $\widetilde{G}(s)$是严格真的有理分式,则其实现必具有形式(A,B_u,C),即.$D_u=0$.如果 $\widetilde{G}(s)$仅为真而不是严格真时.其实现形式为(A,B_u,C,D_u),且$\lim\limits_{s\to\infty}\widetilde{G}(s)=D_u$.

对于最小实现有定理:设 $\widetilde{G}(s)$是严格真的传递函数矩阵,(A,B_u,C)为其最小实现的充分必要条件为,(A,B_u)为完全可控,且(A,C)为完全可测.证明略去,见文献[13~15].

6.1.6 线性变换

设原系统由方程

$$\dot{x} = Ax + B_u u \qquad (6.1.15)$$

$$y = Cx + D_u u \qquad (6.1.16)$$

表达.由于建立系统时,对状态向量 x 的选择有一定的随意性,如对状态向量选择另一套表示,记为 $\bar{x}$,它与原状态 x 之间相差一个

非奇异的线性变换 $\boldsymbol{P}$,如下

$$\boldsymbol{x} = \boldsymbol{P}\bar{\boldsymbol{x}} \tag{6.1.39}$$

则代入(6.1.15)式再左乘 $\boldsymbol{P}^{-1}$即得

$$\bar{\boldsymbol{A}} = \boldsymbol{P}^{-1}\boldsymbol{A}\boldsymbol{P}, \quad \bar{\boldsymbol{B}}_u = \boldsymbol{P}^{-1}\boldsymbol{B}_u, \quad \bar{\boldsymbol{C}} = \boldsymbol{C}\boldsymbol{P}, \quad \bar{\boldsymbol{D}}_u = \boldsymbol{D}_u \tag{6.1.40}$$

及

$$\dot{\bar{\boldsymbol{x}}} = \bar{\boldsymbol{A}}\bar{\boldsymbol{x}} + \boldsymbol{B}_u\boldsymbol{u}, \qquad y = \bar{\boldsymbol{C}}\boldsymbol{x} + \bar{\boldsymbol{D}}_u\boldsymbol{u}$$

的系统方程.这里的上面一横,如 $\bar{\boldsymbol{x}}$ 等,并不是取复数共轭之意,请注意.由于 $\bar{\boldsymbol{A}}$ 与 $\boldsymbol{A}$ 只是作了一个相似变换,因此

1) 它们有相同的本征值;且本征向量也作了(6.1.39)式的变换.

2) 线性变换后,状态转移矩阵 $\boldsymbol{\Phi}(t)$也经受了相似的变换

$$\bar{\boldsymbol{\Phi}}(t) = \exp(\boldsymbol{P}^{-1}\boldsymbol{A}\boldsymbol{P}t) = \boldsymbol{P}^{-1}\exp(\boldsymbol{A}t)\boldsymbol{P} = \boldsymbol{P}^{-1}\boldsymbol{\Phi}(t)\boldsymbol{P}$$

3) 线性变换后,系统的传递函数矩阵不变,验证为

$$\begin{aligned}\tilde{\tilde{\boldsymbol{G}}} &= \bar{\boldsymbol{C}}(s\boldsymbol{I} - \bar{\boldsymbol{A}})^{-1}\bar{\boldsymbol{B}}_u + \boldsymbol{D}_u \\ &= \boldsymbol{C}\boldsymbol{P}(s\boldsymbol{I} - \boldsymbol{P}^{-1}\boldsymbol{A}\boldsymbol{P})^{-1}\boldsymbol{P}^{-1}\boldsymbol{B}_u + \boldsymbol{D}_u \\ &= \boldsymbol{C}\boldsymbol{P}[\boldsymbol{P}^{-1}(s\boldsymbol{I} - \boldsymbol{A})\boldsymbol{P}]^{-1}\boldsymbol{P}^{-1}\boldsymbol{B}_u + \boldsymbol{D}_u \\ &= \boldsymbol{C}(s\boldsymbol{I} - \boldsymbol{A})\boldsymbol{B}_u + \boldsymbol{D}_u = \tilde{\boldsymbol{G}}\end{aligned}$$

这是因为状态 $\boldsymbol{x}$ 只是内部变量;而外部变量 $\boldsymbol{u}$, $\boldsymbol{y}$ 并未变换之故.

4) 线性变换不改变系统的可控性.因

$$\begin{aligned}\bar{\boldsymbol{Q}}_c &= (\bar{\boldsymbol{B}}_u, \bar{\boldsymbol{A}}\bar{\boldsymbol{B}}_u, \cdots, \bar{\boldsymbol{A}}^{n-1}\bar{\boldsymbol{B}}_u) \\ &= \boldsymbol{P}^{-1}(\boldsymbol{B}_u, \boldsymbol{A}\boldsymbol{B}_u, \cdots, \boldsymbol{A}^{n-1}\boldsymbol{B}_u) = \boldsymbol{P}^{-1}\boldsymbol{Q}_c\end{aligned}$$

而 $\boldsymbol{P}$ 为满秩矩阵(非奇异),因此 $\bar{\boldsymbol{Q}}_c$ 的秩与 $\boldsymbol{C}_c$ 的秩相同.

5) 线性变换不改变系统的可测性.

线性变换对于按本征向量分解,以及按可控性或按可测性的结构分解等一系列的应用都很重要.又,采用本征解展开的方法在理论与计算中很有用.

6.1.7 对偶原理

考察两个线性时不变系统 Γ_1,Γ_2,其动力与量测方程分别为

$$\Gamma_1:\quad \dot{\boldsymbol{x}} = \boldsymbol{A}\boldsymbol{x} + \boldsymbol{B}_u\boldsymbol{u},\quad \boldsymbol{y} = \boldsymbol{C}\boldsymbol{x}$$

$$\Gamma_2:\quad \boldsymbol{x}_2 = -\boldsymbol{A}^{\mathrm{T}}\boldsymbol{x}_2 - \boldsymbol{C}^{\mathrm{T}}\boldsymbol{v},\quad \boldsymbol{y}_2 = \boldsymbol{B}_u^{\mathrm{T}}\boldsymbol{x}_2$$

其中 $\boldsymbol{x},\boldsymbol{x}_2$ 均为 n 维状态向量;$\boldsymbol{u},\boldsymbol{y}_2$ 均为 m 维,$\boldsymbol{y},\boldsymbol{v}$ 均为 q 维向量.两个系统称为互相对偶的系统.若系统 Γ_1 的状态转移矩阵为 $\boldsymbol{\Phi}(t,t_0)=\exp[\boldsymbol{A}(t-t_0)]$,则 Γ_2 系统的状态转移矩阵为

$$\begin{aligned}\boldsymbol{\Phi}_2(t,t_0) &= \exp[-\boldsymbol{A}^{\mathrm{T}}(t-t_0)]\\ &= [\exp(\boldsymbol{A}(t_0-t))]^{\mathrm{T}} = \boldsymbol{\Phi}^{\mathrm{T}}(t_0,t)\end{aligned}$$

对偶系统的可控性相当于另一系统的可测性,而可测性又相应于另一系统的可控性.验证为:将 Γ_2 可控性条件写出,为

$$\begin{aligned}\boldsymbol{Q}_{c2} &= (\boldsymbol{C}^{\mathrm{T}}, -\boldsymbol{A}^{\mathrm{T}}\boldsymbol{C}^{\mathrm{T}}, \boldsymbol{A}^{2\mathrm{T}}, \cdots, (-\boldsymbol{A}^{\mathrm{T}})^{n-1}\boldsymbol{C}^{\mathrm{T}})\\ &= \begin{pmatrix}\boldsymbol{C}\\ \boldsymbol{C}\boldsymbol{A}\\ \boldsymbol{C}\boldsymbol{A}^2\\ \vdots\\ \boldsymbol{C}\boldsymbol{A}^{n-1}\end{pmatrix}(\boldsymbol{I}_q, -\boldsymbol{I}_q, \cdots, (-1)^{n-1}\boldsymbol{I}_q)\end{aligned}$$

故 $\mathrm{rank}(\boldsymbol{Q}_{c2})=\mathrm{rank}(\boldsymbol{Q}_o)$.另一方面 Γ_2 的可测性矩阵

$$\begin{aligned}\boldsymbol{Q}_{o2} &= \begin{pmatrix}\boldsymbol{B}_u^{\mathrm{T}}\\ -\boldsymbol{B}_u^{\mathrm{T}}\boldsymbol{A}^{\mathrm{T}}\\ \vdots\\ \boldsymbol{B}_u^{\mathrm{T}}(-\boldsymbol{A}^{\mathrm{T}})^{n-1}\end{pmatrix} = (\boldsymbol{B}_u, \boldsymbol{A}\boldsymbol{B}_u, \cdots, \boldsymbol{A}^{n-1}\boldsymbol{B}_u)\\ &\quad \times \mathrm{diag}(\boldsymbol{I}_m, -\boldsymbol{I}_m, \cdots, (-1)^{n-1}\boldsymbol{I}_m)\end{aligned}$$

故又有

$$\mathrm{rank}(Q_{o2}) = \mathrm{rank}(Q_c).$$

鉴于可控性与可测性的重要性,给出一些简单的例.

例 2 设 $n=2$, $\boldsymbol{A}=\begin{pmatrix}-1 & 0\\ 0 & 2\end{pmatrix}$, $\boldsymbol{B}_u=\begin{pmatrix}1\\ 0\end{pmatrix}$, $\boldsymbol{C}=(1\quad 1)$,即

$q=1, m=1$. 试分析其可控与可测性.

解 $Q_c=(B_u, AB_u)=\begin{pmatrix}1 & -1\\0 & 0\end{pmatrix}$, $\mathrm{rank}(Q_c)=1<n$, 不可控.

但 $Q_o=\begin{pmatrix}C\\CA\end{pmatrix}=\begin{pmatrix}1 & 1\\1 & 2\end{pmatrix}$, $\mathrm{rank}(Q_o)=2=n$, 此系统可测.

如果 $B_u=(1 \quad 0.001)^{\mathrm{T}}$, 则 $Q_c=\begin{pmatrix}1 & -1\\0.001 & 0.002\end{pmatrix}$, 故 $\mathrm{rank}(Q_c)=2$, 系统为可控. 但离开不可控很近.

其实, 不可控或不可测, 是偶然出现的. 稍加变化便可成为可控, 可测. 但近乎不可控或近乎不可测的系统, 其运行是病态的.

例 3 设 $n=4; q=1; m=1$; 对以下矩阵所表示的系统, 分析其可控、可测性.

$$A=\begin{pmatrix}0 & 0 & 1 & 0\\0 & 0 & 0 & 1\\-2 & 1 & 0 & 0\\0.5 & -0.5 & 0 & 0\end{pmatrix},\quad B_u=\begin{pmatrix}0\\0\\0\\0.5\end{pmatrix},\quad C=(1 \quad 0 \quad 0 \quad 0)$$

解 $Q_c=\begin{pmatrix}0 & 0 & 1 & 0\\0 & 0.5 & 0 & -0.25\\0 & 0 & 0.5 & 0\\0.5 & 0 & -0.25 & 0\end{pmatrix}$, $\mathrm{rank}(Q_c)=4(=n)$, 故可控.

$$Q_o=\begin{pmatrix}1 & 0 & 0 & 0\\0 & 0 & 1 & 0\\-2 & 1 & 0 & 0\\0 & 0 & -2 & 1\end{pmatrix},\ \mathrm{rank}(Q_o)=4(=n), \text{为可测.}$$

6.1.8 离散时间控制

运用计算机等离散控制装置来控制连续时间系统时, 或者由于采样分析时间, 将面临连续时间系统要化成等价的离散时间系统的问题. 在转化时采用以下假定:

1)采样周期 η 为常值,即等间隔采样. 当然每次采样时间的宽度应远小于 η. 取

$$\boldsymbol{y}_k = \boldsymbol{y}(k\eta), \quad t_0 = 0$$

2)认为输入向量在 η 步长内保持为常值,当 $k\eta \leqslant t < (k+1)\eta$ 时

$$\boldsymbol{u}(t) = \boldsymbol{u}(k\eta) = \boldsymbol{u}_k$$

当然,步长 η 的选择应当很小,以保证香农(Shannon)采样定理(sampling theorem)得以满足. 采样定理为:

设连续时间信号 $x(t)$ 所包含的最高频率为 $f_{\max} = B\text{Hz}$. 如果 $x(t)$ 以采样频率 $f_s = 1/T_s > 2B$ 进行采样,得到序列 $x(k)$, $k = -\infty, \cdots, \infty$, 于是原信号 $x(t)$ 可以由

$$x(t) = \sum_{k=-\infty}^{\infty} x(kT_s) h(t - kT_s), h(t) = \sin(\pi t / T_s)/(\pi t / T_s)$$

确切地恢复,见文献[110]10.12 节. $f_s^* = 2B$ 常称为 Nyquist 采样率. 应用时必须使 $f_s > f_s^*$, 等于号不行. 而 $f_n = f_s/2$ 则常称为 Nyquist 频率,采样条件也可表示为 $f_n > B$.

6.2 稳定性理论

稳定性是系统极重要的特性. 对系统运动稳定性的分析是系统与控制理论的一个重要组成部分. 系统稳定性有两种定义,即:(a)用输入-输出关系来表征的**外部稳定性**,(b)在零输入条件下状态运动所表征的**内部稳定性**. 可以描述如下:

(a) 外部稳定性: 如果对应于一个有界的输入 $\boldsymbol{u}(t)$,即

$$\| \boldsymbol{u}(t) \| \leqslant k_1 < \infty, \quad t_0 \leqslant t < \infty \tag{6.2.1}$$

其所产生的输出 $\boldsymbol{y}(t)$ 也必有界,即

$$\| \boldsymbol{y}(t) \| \leqslant k_2 < \infty, \quad t_0 \leqslant t < \infty \tag{6.2.2}$$

则称此系统是外部稳定的,即有界输入-输出稳定的,简称 BIBO 稳定(bounded input, bounded output),式中 $\| * \|$ 代表向量的模

运算.

对于零初始条件的线性定常系统,记 $\boldsymbol{G}(t)$为其脉冲的响应矩阵,或者在频域表示中以 $\widetilde{\boldsymbol{G}}(s)$表示其传递函数矩阵. 则系统的 BIBO 稳定充分必要条件为

$$\int_0^{\infty} | g_{ij}(t) | \mathrm{d}t \leqslant k < \infty, \quad i = 1,2,\cdots,q; j = 1,2,\cdots,m \tag{6.2.3}$$

或其传递函数矩阵 $\widetilde{\boldsymbol{G}}(s)$的每一个元素 $\widetilde{g}_{ij}(s)$的极点均具有负的实部.

(b) 内部稳定性. 如果对于线性定常系统

$$\dot{\boldsymbol{x}} = \boldsymbol{A}\boldsymbol{x} + \boldsymbol{B}_u\boldsymbol{u}, \quad \boldsymbol{x}(0) = \text{已知} \tag{6.2.4}$$

$$\boldsymbol{y} = \boldsymbol{C}\boldsymbol{x} + \boldsymbol{D}_u\boldsymbol{u} \tag{6.2.5}$$

对于无输入 $\boldsymbol{u}(t)=\boldsymbol{0}$,而初始状态为任意时,状态响应为

$$\boldsymbol{x} = \boldsymbol{\Phi}(t,t_0)\boldsymbol{x}_0 \to \boldsymbol{0}, \text{当 } t \to \infty \tag{6.2.6}$$

则称系统是**内部稳定的**,并且是内部渐近稳定的. 如所熟知,**微分方程 $\dot{\boldsymbol{x}}(t) = \boldsymbol{A}\boldsymbol{x}$ 渐近稳定的充分必要条件是矩阵 $\boldsymbol{A}$ 的全部本征值皆具有负实部**. 这是最基本的定理.

如果线性定常系统(6.2.4),(6.2.5)是内部稳定的,则必是 BIBO 稳定的.

但 BIBO 稳定并不能保证其系统的内部稳定性. 然而如果线性定常系统可控可测,则其内部稳定性等价于其外部稳定性.

6.2.1 李雅普诺夫意义下的运动稳定性

运动稳定性通常研究没有外输入的系统. 当系统为非线性的一般情况时可描述为

$$\dot{\boldsymbol{x}} = \boldsymbol{f}(\boldsymbol{x},t), \quad \boldsymbol{x}(t_0) = \boldsymbol{x}_0, \quad t \geqslant t_0 \tag{6.2.7}$$

其中, $\boldsymbol{x}$, $\boldsymbol{f}$ 分别为 n 维状态向量与函数. 一般的非线性系统问题很复杂,不易分析. 对线性时变系统,设其方程为

$$\dot{\boldsymbol{x}} = \boldsymbol{A}(t)\boldsymbol{x}, \quad \boldsymbol{x}(t_0) = \boldsymbol{x}_0, \quad t \geqslant t_0 \tag{6.2.8}$$

则因线性方程组有叠加原理可用,分析计算方便不少. 对于周期函

数的 $\boldsymbol{A}(t)$,有一套弗洛凯(Floquet)理论,化成离散时间系统,便于作稳定性分析.对于一般的系统只能做一个描述,设(6.2.7)式的解有惟一轨线,

$$\boldsymbol{x}(t)=\boldsymbol{\Phi}(t;\boldsymbol{x}_0,t_0),\qquad t\geqslant t_0 \tag{6.2.9}$$

如果系统运动有平衡点 $\boldsymbol{x}_e$,则应当描述在该平衡点附近运动的稳定性.

更一般些,如果运动在未受扰动时具有周期性质,称为极限环.于是就应当分析当运动对极限环有偏离时,系统是否能回到该极限环.在极限环附近作摄动,得到的是具有周期系数矩阵 $\boldsymbol{A}(t)$ 的线性微分方程.

在一般非线性系统下,运动往往进入混沌状态.此时系统在近乎周期的环形轨道上运动,如何考虑此种情况下的运动稳定性,还需要进一步研究.往往连一个标称的运动都未能说清楚.分析解往往做不出来,只能数值积分,但每次也只能算出一个解,而且对于状态初值非常敏感,即运动进入混沌状态.对此有很长的路要走.

现在考虑平衡点 $\boldsymbol{x}_e=\boldsymbol{0}$ 附近的稳定性,要考虑当偏离平衡点时能否自动回到其平衡状态,或至少可限于其一个有界邻域内.

李雅普诺夫意义下的稳定性可表达为:任意给定一个小量 $\varepsilon>0$,必可找到一个值 $\delta(\varepsilon,t_0)>0$,使任意满足 $\|\boldsymbol{x}_0-\boldsymbol{x}_e\|<\delta(\varepsilon,t_0)$ 的初态 $\boldsymbol{x}_0$ 所引起的运动满足

$$\|\boldsymbol{\Phi}(t;\boldsymbol{x}_0,t_0)-\boldsymbol{x}_e\|<\varepsilon,\quad 当\ \|\boldsymbol{x}_0-\boldsymbol{x}_e\|<\delta(\varepsilon,t_0),t>t_0 \tag{6.2.10}$$

渐近稳定性对工程应用更有意义,即

$$\lim_{t\to\infty}\boldsymbol{\Phi}(t;\boldsymbol{x}_0,t_0)=\boldsymbol{x}_e,\quad 当\ \|\boldsymbol{x}_0-\boldsymbol{x}_e\|<\delta \tag{6.2.11}$$

但上式定义还要求初值离平衡点不远.而大范围渐近稳定则要求

$$\lim_{t\to\infty}\boldsymbol{\Phi}(t;\boldsymbol{x}_0,t_0)=\boldsymbol{x}_e \tag{6.2.12}$$

以上讲的只是概念与定义,至于如何去满足这些稳定性的要求,就是很大的问题了.

6.2.2 李雅普诺夫稳定性分析

可以先从自治系统的稳定性讲起. 即分析方程

$$\dot{\boldsymbol{x}} = \boldsymbol{f}(\boldsymbol{x}), \quad \boldsymbol{x}(t_0) = \boldsymbol{x}_0, \quad t \geqslant t_0 \tag{6.2.13}$$

的稳定性. 对此**李雅普诺夫第二方法**,或称**直接法**,应用得最多. 直接法要用到一个辅助函数,称为**李雅普诺夫函数**,是状态的连续可微纯量函数,记之为 $V(\boldsymbol{x})$. 该函数沿轨道的时间微商为

$$\dot{V}(\boldsymbol{x}) \underset{\text{def}}{=} \frac{\mathrm{d}V(\boldsymbol{x})}{\mathrm{d}t} = \sum_{j=1}^{n} \frac{\partial V}{\partial x_j}\dot{x}_j = \left(\frac{\partial V}{\partial \boldsymbol{x}}\right)^{\mathrm{T}} \boldsymbol{f}(\boldsymbol{x}) \tag{6.2.14}$$

它也是状态向量 $\boldsymbol{x}$ 的一个连续函数. 要求 V 与 $\dot{V}$ 在包含平衡点 $\boldsymbol{x}_e$ 的开集 $\boldsymbol{\Omega}$ 上有定义,并满足以下条件:

(1) $V(\boldsymbol{x}) > V(\boldsymbol{x}_e)$,当 $\boldsymbol{x} \neq \boldsymbol{x}_e$ 时. 不失一般性,认定 $V(\boldsymbol{x}_e) = 0$ 且 $\boldsymbol{x}_e = \boldsymbol{0}$. 引入函数

$$\psi(r) = \sup_{|\boldsymbol{x}| \leqslant r} V(\boldsymbol{x}), \quad \varphi(r) = \inf_{r \leqslant |\boldsymbol{x}|} V(\boldsymbol{x})$$

由 $V(\boldsymbol{x})$的连续性知,$\psi(r)$,$\varphi(r)$皆为 r 的连续非降函数,并且 $\psi(0) = \varphi(0) = 0$.

(2) 如果 $\boldsymbol{\Omega}$ 无界,则当$|\boldsymbol{x}| \to \infty$时,$V(\boldsymbol{x}) \to \infty$.

(3) $\dot{V}(\boldsymbol{x}) < 0$,当 $\boldsymbol{0} \neq \boldsymbol{x} \in \boldsymbol{\Omega}$

如果能找到这样的一个纯量函数 $V(\boldsymbol{x})$,则该系统是稳定的.

李雅普诺夫直接法的函数 $V(\boldsymbol{x})$选择非常接近于系统的能量考虑. 通常耗散的因素将使系统的能量下降. 这种设想是基于物理概念,很有帮助;但 $V(\boldsymbol{x})$并非一定是能量函数. 至今还没有统一的方法生成这个李雅普诺夫函数.

对于线性时不变系统

$$\dot{\boldsymbol{x}} = \boldsymbol{A}\boldsymbol{x}, \quad \boldsymbol{x}(t_0) = \boldsymbol{x}_0, \quad t \geqslant t_0 \tag{6.2.15}$$

它可以考虑为在平衡点 $\boldsymbol{x}_e = \boldsymbol{0}$ 附近的线性展开. 李雅普诺夫第一方法是分析矩阵 $\boldsymbol{A}$ 的全部本征值 λ_i, $(i = 1, \cdots, n)$, 即方程 $\det(s\boldsymbol{I} - \boldsymbol{A}) = 0$ 的根,稳定性要求这些根全位于 s 左半平面. 即

$$\mathrm{Re}(\lambda_i) < 0, \quad i = 1, \cdots, n \tag{6.2.16}$$

这样就可以保证 $\exp(\boldsymbol{A}t)\to\boldsymbol{0}$，当 $t\to\infty$ 时.

现在对方程(6.2.16)运用李雅普诺夫第二方法(直接法)，这就要构造李雅普诺夫函数.线性定常系统可考虑选择 $\boldsymbol{x}$ 的二次函数，即

$$V(\boldsymbol{x}) = \boldsymbol{x}^{\mathrm{T}}\boldsymbol{P}\boldsymbol{x} \tag{6.2.17}$$

其中，$\boldsymbol{P}$ 是 $n\times n$ 对称正定阵，其数值待定.按条件微商得

$$\dot{V}(\boldsymbol{x}) = \dot{\boldsymbol{x}}^{\mathrm{T}}\boldsymbol{P}\boldsymbol{x} + \boldsymbol{x}^{\mathrm{T}}\boldsymbol{P}\dot{\boldsymbol{x}} = \boldsymbol{x}^{\mathrm{T}}(\boldsymbol{A}^{\mathrm{T}}\boldsymbol{P} + \boldsymbol{P}\boldsymbol{A})\boldsymbol{x} = -\boldsymbol{x}^{\mathrm{T}}\boldsymbol{Q}\boldsymbol{x} \tag{6.2.18}$$

其中

$$\boldsymbol{A}^{\mathrm{T}}\boldsymbol{P} + \boldsymbol{P}\boldsymbol{A} = -\boldsymbol{Q} \tag{6.2.19}$$

称为**李雅普诺夫代数方程**，这是对于 $\boldsymbol{P}$ 的线性代数联立方程.任意选择一个正定的 $\boldsymbol{Q}$ 阵，求解之即得 $\boldsymbol{P}$ 阵.对于 n 维问题，$\boldsymbol{P}$ 有 $n\times(n+1)/2$ 个未知参数.如果 $\boldsymbol{P}$ 阵解得为正定阵，则李雅普诺夫函数便已找到，系统为稳定.只要(6.2.16)满足，则

$$\boldsymbol{P} = \int_0^{\infty}\exp(\boldsymbol{A}^{\mathrm{T}}t)\boldsymbol{Q}\exp(\boldsymbol{A}t)\mathrm{d}t \tag{6.2.20}$$

事实上，李雅普诺夫微分方程

$$\dot{\boldsymbol{P}}(t) = \boldsymbol{A}^{\mathrm{T}}\boldsymbol{P}(t) + \boldsymbol{P}(t)\boldsymbol{A} + \boldsymbol{Q},\quad \boldsymbol{P}(0) = \boldsymbol{0} \tag{6.2.21}$$

的解为

$$\boldsymbol{P}(t) = \int_0^{t}\exp[\boldsymbol{A}^{\mathrm{T}}(t-\tau)]\boldsymbol{Q}\exp[\boldsymbol{A}(t-\tau)]\mathrm{d}\tau \tag{6.2.22}$$

只要代入微分方程，便可验明. 这些矩阵都是可以用**精细积分法**加以精细计算的.在后文讲到预测方程时，又将见到李雅普诺夫方程.其求解又会要求执行(6.2.22)式的积分，其中 $\boldsymbol{Q}$ 可以是 τ 的函数.

线性时不变系统是最简单的微分方程.对于非线性方程李雅普诺夫函数的选择便无一般的通用方法.但仍可提供一般的定理：这是主要的稳定性定理，表述为：对系统(6.2.7)，如果存在一个连

续可微纯量函数 $V(\boldsymbol{x},t)$，且 $V(\boldsymbol{0},t)=\boldsymbol{0}$，并有

(1)存在两个连续非降纯量函数 $\psi(\|\boldsymbol{x}\|)$，$\varphi(\|\boldsymbol{x}\|)$，且 $\psi(0)=0$，$\varphi(0)=0$，且

$$\psi(\|\boldsymbol{x}\|)\geqslant V(\boldsymbol{x},t)\geqslant\varphi(\|\boldsymbol{x}\|)>0,\quad 当\ t\geqslant t_0,\boldsymbol{x}\neq\boldsymbol{0}$$

(2) $\dot{V}(\boldsymbol{x},t)\leqslant-\gamma(\|\boldsymbol{x}\|)<0$， 当 $\boldsymbol{x}\neq 0$

其中 $\gamma(\boldsymbol{0})=0$；$\gamma(\|\boldsymbol{x}\|)>\boldsymbol{0}$，当 $\boldsymbol{x}\neq 0$ 时. 且 $\|\boldsymbol{x}\|\rightarrow\infty$ 时，$\varphi(\|\boldsymbol{x}\|)\rightarrow\infty$. 则系统在原点为大范围一致渐近稳定的. 请见文献[111,112].

如前所述，应用时对 V 的选择还要下功夫.

6.3 最优估计理论的三类问题

在科技领域中，估计是经常遇到的. 通常可将估计分为两类，即状态估计与参数估计. 状态估计是对给定的系统，在噪声干扰下对状态作出估计，状态 $\boldsymbol{x}(t)$ 是随机向量. 参数估计则往往是对系统本身的参数进行辨识估计；参数估计也常常用于曲线拟合. 最小二乘法则是在估计理论中最为常用的准则，这里主要对状态估计作出论述.

状态估计主要是对于动态系统而言的，静态系统只是动态系统的特例. 设系统状态动力方程和量测方程分别为

$$\dot{\boldsymbol{x}}(t)=\boldsymbol{A}(t)\boldsymbol{x}+\boldsymbol{B}_w(t)\boldsymbol{w}(t)+\boldsymbol{B}_u(t)\boldsymbol{u}(t)\tag{6.3.1}$$

$$\boldsymbol{y}(t)=\boldsymbol{C}_y(t)\boldsymbol{x}(t)+\boldsymbol{v}(t)\tag{6.3.2}$$

其中，$\boldsymbol{x}(t)$，$\boldsymbol{y}(t)$，$\boldsymbol{u}(t)$分别为 n,q,m 维的状态、量测和控制向量；$\boldsymbol{v}(t)$，$\boldsymbol{w}(t)$为 q,l 维的量测噪声与过程噪声向量. $\boldsymbol{A}$，$\boldsymbol{B}_w$，$\boldsymbol{B}_u$，$\boldsymbol{C}_y$ 为已知矩阵. 估计，就是要根据量测到的 $\boldsymbol{y}(\tau)$，$\tau\leqslant t$ 来估计状态向量 $\boldsymbol{x}(t)$. 连续时间系统常用卡尔曼-布西滤波来作出估计. 对离散时间系统的估计称为卡尔曼滤波. 以上的提法是滤波估计的提法.

在控制理论方面，LQG 最优控制理论需要用状态向量 $\boldsymbol{x}(t)$

来确定反馈向量 $\boldsymbol{u}(t)$，但状态向量并未直接量测到. 因此其反馈只能采用状态的滤波估计值 $\hat{\boldsymbol{x}}(t)$来代替. 从而卡尔曼滤波便成为 LQG(linear quadratic Gaussian)最优控制的重要组成部分.

通常，假定 $\boldsymbol{w}, \boldsymbol{v}$ 是期望为零的白噪声，相互独立，其协方差阵分别为

$$
\begin{aligned} E[\boldsymbol{w}(t)] &= \boldsymbol{0} \\ E[\boldsymbol{v}(t)] &= \boldsymbol{0} \end{aligned}, \quad
\begin{aligned} E[\boldsymbol{w}(t)\boldsymbol{w}^{\mathrm{T}}(\tau)] &= \boldsymbol{W}(t)\delta(t-\tau) \\ E[\boldsymbol{v}(t)\boldsymbol{v}^{\mathrm{T}}(\tau)] &= \boldsymbol{V}(t)\delta(t-\tau) \\ E[\boldsymbol{w}(t)\boldsymbol{v}^{\mathrm{T}}(\tau)] &= \boldsymbol{0} \end{aligned} \tag{6.3.3}
$$

其中 $\delta(t-\tau)$是狄拉克函数，$\boldsymbol{W}, \boldsymbol{V}$ 皆为对称正定矩阵，它们是白噪声的协方差矩阵.

初始状态的数学期望及协方差矩阵为

$$
E[\boldsymbol{x}(0)] = \hat{\boldsymbol{x}}_0, \quad E[(\boldsymbol{x}(0) - \hat{\boldsymbol{x}}_0)(\boldsymbol{x}(0) - \hat{\boldsymbol{x}}_0)^{\mathrm{T}}] = \boldsymbol{P}_0 \tag{6.3.4}
$$

而且还认为噪声与初始状态无关. $E[(\boldsymbol{x}(0) - \hat{\boldsymbol{x}}_0)\boldsymbol{w}^{\mathrm{T}}] = \boldsymbol{0}$ 等.

设量测向量是 $\boldsymbol{y}(\tau), 0 \leqslant \tau \leqslant t_1$，而 t 是当前时刻. 有三种可能:

(1) $t > t_1$，(2) $t = t_1$，(3) $t < t_1$. 问题是要根据动力方程、量测以及初始条件，找出状态 $\boldsymbol{x}(t)$的最优估计 $\hat{\boldsymbol{x}}(t)$，以及其估计误差的协方差矩阵 $\boldsymbol{P}(t)$

$$
\begin{aligned} E[\boldsymbol{x}(t)] &= \hat{\boldsymbol{x}}(t) \\ E[(\boldsymbol{x}(t) - \hat{\boldsymbol{x}}(t))(\boldsymbol{x}(t) - \hat{\boldsymbol{x}}(t))^{\mathrm{T}}] &= \boldsymbol{P}(t) \end{aligned} \tag{6.3.5}
$$

按照量测的三种划分:

(1) $t_1 > t$ 时，乃是一种预测问题. 更具体点说是$(0, t_1)$之间的估计是有量测支撑的，但 t 已经超前，在(t_1, t)之间并无量测结果以资核对，只能根据动力方程进行推算. 对该种问题的求解是首先进行滤波分析到 t_1，得到 $\hat{\boldsymbol{x}}(t_1)$与$\boldsymbol{P}(t_1)$；下一步以此作为 t_1 处的初始条件，对时段(t_1, t)进行无量测的分析，这就是预测(prediction).

(2) 如果量测也是直到 $t_1 = t$，要求估计 $\hat{\boldsymbol{x}}(t)$，这是最常用的

提法，称为**滤波**(filtering). 实时响应的分析应当用滤波.

(3)当 $t<t_1$ 时，称为**平滑**(smoothing)问题. 这是根据较长时间的数据来估计 t 时刻的状态. 例如用于现场实测，回家再进行分析. 这已经是离线的分析了.

预测估计因为可资利用的数据最少，因此其估计的精度不如滤波的高；平滑则可资利用的量测数据比滤波还要多，因此平滑估计的精度比滤波还要高. 也就是说，预测的方差比滤波的方差大，而平滑的方差比滤波的方差小.

实际系统大部都是非线性的，当然最好能对一般非线性系统作出其预测、滤波、平滑的理论分析及响应算法. 但这在当前是十分困难的. 在应用中往往是在某个**标称**状态附近对方程作线性近似，往往可以得到满意的近似. 化成线性系统在数学上就有许多方法可用. 因此下文着重只讲线性系统的估计. 并且特别着重于算法. 一般来说，非线性系统的求解也可在线性系统求解的基础上用迭代法来逼近.

现代控制论紧密地依赖滤波估计. 由图 6.4 看到，从控制起始时间 t_0 到结束时间 t_f，由当前时刻 t 划分为过去与未来两个时段. 当然 t 总是从 t_0 逐步增加直至 t_f. 对于过去时段，控制向量 $\boldsymbol{u}$ 业已选定并实施，已成为历史. 对过去时段应当是根据对系统的认识与量测记录，以认识当前的状态. 由于有过程噪音与量测噪音的影响，不可能测知当前的真实确切状态，只能得到其最佳估计 $\hat{\boldsymbol{x}}(t)$ 以及其协方差矩阵 $\boldsymbol{P}(t)$. 这就是说，过去时段的任务是滤波. 进一步也还要对系统性能作再认识的工作，这就是系统辨识. 首先的一步是滤波，这是下文要着重讲的. 至于系统辨识是进一步

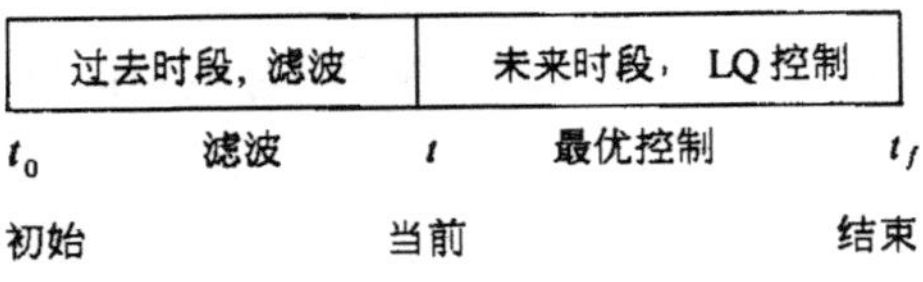

图 6.4　过去、现在、将来，基于状态空间的控制

的要求，相关联的便是自适应控制了.

对未来时段则应当进行线性二次(LQ, linear quadratic)最优控制的分析、其初始条件便是当前时刻的状态估计(滤波)$\hat{\boldsymbol{x}}(t)$，当然也还有对当前状态协方差矩阵 $\boldsymbol{P}(t)$的要求.

在当前时刻 t，应当给出反馈控制向量 $\boldsymbol{u}(t)$，这当然应当基于对过去时段滤波与对未来时段控制分析的结果. 反馈控制向量 $\boldsymbol{u}(t)$必须实时提供. 因此分析计算应当分成两部分，离线计算部分与在**线计算**部分. 凡是与量测数据 $\boldsymbol{y}$ 无关的数据可以预先计算出来并存储好，而与量测数据有关的计算只能**实时执行**，这一部分计算工作量应降到最低. 以下就这三类估计课题逐个介绍.

6.4 预测及其精细积分

预测，这是非常吸引人的课题. 作出决策就应当基于预测的结果. 研究，设计都是为了预测. 这样说题目也太大了，这里只能就最简单的可以由线性系统描述的课题作一番叙述. 先给出两个例子.

例 1 设有一个质量 M 由柱支撑. 当地面因地震激起运动时，质量的振动服从微分方程：

$$M\ddot{x} + C\dot{x} + Kx = f(t), \quad x(0) = \dot{x}(0) = 0 \quad (6.4.1)$$

由于地面运动引起的干扰力 $f(t)$是随机的，将它处理为随机变量，只能给出其统计参数. 于是响应 x 也只能是随机变量，课题是寻求其随机响应的问题. 就是前文的随机振动.

例 2 经济分析时，需要分析市场的短期利率. 由于影响经济的事件不断发生，诸如国家公布的失业率、物价指数、个人收入、房地产销售率、商品销售指数等，都会影响短期利率而使其发生波动，这些因素综合在一起可认为是高斯分布的白噪声. 但短期利率 $r(t)$不会离开其均值 θ 很远，总有一种向 θ 靠近的倾向，因此 $r(t)$服从随机微分方程

$$\dot{r}(t) = K \cdot (\theta - r) + \sigma X(t), \quad r(0) = \text{给定值} \quad (6.4.2)$$

其中 $X(t)$乃单位强度的噪音,σ 表征噪音强度,K 表征短期利率的恢复能力;σ、K 皆可取常值.求解 $r(t)$,它当然也是随机变量.这个利率模型是最简单的,称为 Vasicek 模型.

预测问题的例子很多.由这些例题看到,总是要分析带随机过程项的微分方程.以上两个例子都只有随机输入项,而在方程参数中并无随机参数,因此比较简单.本章着重讲随机输入项的方程,它只用到均方积分.带随机参数项时应另外讲述.

随机控制系统,随机预测等问题归结在数学模型所提供的随机微分方程求解上.以后用 $x(t)$表示这个解.由于有随机因素,解 $x(t)$也是随机过程.严格来说,求解随机变量应当找出其分布函数,但这在数学上是很复杂的;其次这也不太现实,哪怕要给出初始条件 x_0 的概率分布实际也很难做到.因此在作系统分析时,很少求联合分布,而是求取其解 $x(t)$的少量统计特性.好在概率论的中心极限定理指出,大量随机因素的综合将给出高斯分布,而高斯分布则只要找出其均值及其协方差就已完全确定.在随机过程时则表现为均值函数 $\hat{x}(t)$及相关函数 $R(t,t_1)$,最重要是均方值 $R(t)$.因此除非特别声明,我们总是认为随机过程是高斯分布,求解也只是寻求其均值与相关函数或方差函数了.

虽然过程是随机的,但其均值 $\hat{x}(t)$与均方函数 $R(t)$却是确定性的.因此以下将会看到,对随机微分方程的求解,转化为对常微分方程的求解.于是一整套行之有效的数值方法便可以得用了.

6.4.1 预测问题的数学模型

预测是没有量测的系统,相当于开环.现采用状态变量法来描述.动力方程以及输出方程可写为

$$\dot{\boldsymbol{x}} = \boldsymbol{f}(\boldsymbol{x},\boldsymbol{u},t) + \boldsymbol{B}_1(\boldsymbol{x},t)\boldsymbol{w}(t) + \boldsymbol{B}_u(\boldsymbol{x},t)\boldsymbol{u}(t) \tag{6.4.3}$$

$$\boldsymbol{z} = \boldsymbol{g}(\boldsymbol{x},\boldsymbol{u},t) \tag{6.4.4}$$

其中 $\boldsymbol{x}$ 是 n 维状态向量;$\boldsymbol{z}$ 是 q 维输出向量;$\boldsymbol{u}$ 为 m 维确定性输入向量,$\boldsymbol{w}$ 称为 l 维过程噪音,$\boldsymbol{f}$ 是 n 维函数,$\boldsymbol{B}_1$,$\boldsymbol{B}_u$ 分别是 $n\times l$,

$n \times m$ 矩阵函数，$\boldsymbol{g}$ 是 p 维确定性输出向量.

以上的方程可以是非线性的.非线性随机方程的求解当前尚有很大困难.线性系统的方程可表达为

$$\dot{\boldsymbol{x}}(t) = \boldsymbol{A}(t)\boldsymbol{x}(t) + \boldsymbol{B}_u(t)\boldsymbol{u}(t) + \boldsymbol{B}_1(t)\boldsymbol{w}(t) \tag{6.4.5}$$

$$\boldsymbol{z}(t) = \boldsymbol{C}(t)\boldsymbol{x}(t) + \boldsymbol{D}(t)\boldsymbol{u}(t) \tag{6.4.6}$$

其中，$\boldsymbol{A}$ 是 $n \times n$ 工厂阵(plant matrix)，$\boldsymbol{B}_u$ 是 $n \times m$ 输入阵，$\boldsymbol{B}_1$ 为 $n \times l$ 随机量输入矩阵，$\boldsymbol{C}$ 是 $q \times n$ 是输出阵，$\boldsymbol{D}$ 为 $q \times m$ 阵往往取为 $\boldsymbol{0}$ 阵.对于线性时不变系统，上述这些系统矩阵均为常值.

以上为连续时间的线性系统数学模型.当离散时间时，其线性系统方程可表示为

$$\boldsymbol{x}(k+1) = \boldsymbol{A}_k\boldsymbol{x}(k) + \boldsymbol{B}_{uk}\boldsymbol{u}(k) + \boldsymbol{B}_{wk}\boldsymbol{w}(k) \tag{6.4.7}$$

$$\boldsymbol{z}(k) = \boldsymbol{C}_k\boldsymbol{x}(k) + \boldsymbol{D}_k\boldsymbol{u}(k) \tag{6.4.8}$$

如果是时不变系统，则 $\boldsymbol{A}_k, \boldsymbol{B}_{uk}, \boldsymbol{B}_{wk}, \boldsymbol{C}_k$ 等阵与 k 无关.

微分方程与差分方程都应当有初值条件.当前的方程中有过程噪音 $\boldsymbol{w}$，因此状态向量 $\boldsymbol{x}$ 与输出向量 $\boldsymbol{z}$ 皆为随机过程向量.既然是线性系统，则如 $\boldsymbol{w}$ 为高斯分布则 $\boldsymbol{x}, \boldsymbol{z}$ 也必为高斯分布.因此 $\boldsymbol{x}$，$\boldsymbol{z}$ 可以由其均值 $\hat{\boldsymbol{x}}, \hat{\boldsymbol{z}}$ 以及相应的方差矩阵来表示.其初值条件也应当给出均值与方差.

$$\hat{\boldsymbol{x}}(0) = \hat{\boldsymbol{x}}_0, \quad \boldsymbol{G}(0) = \boldsymbol{G}_0 \tag{6.4.9}$$

$\hat{\boldsymbol{x}}(t)$ 与 $\boldsymbol{G}(t)$ 为 n 维状态向量均值与 $n \times n$ 方差矩阵，对称非负，都是确定性的量.

如将方程(6.4.5)写成为微分形式 $\mathrm{d}\boldsymbol{x} = (\boldsymbol{B}_u\boldsymbol{u} + \boldsymbol{A}\boldsymbol{x})\mathrm{d}t + \boldsymbol{B}_1\mathrm{d}\boldsymbol{w}$，这称为奥恩斯坦-乌伦贝克(Ornstein-Uhlenbeck)过程[56,63].在多种学科中都有应用.

6.4.2 一个自由度系统的预测

方程(6.4.5)乃是随机微分方程.由于 $\boldsymbol{w}$ 的过程噪音认为是高斯分布，微分方程又是线性的，因此其响应分布也必是高斯的.

高斯分布由其均值与协方差所确定,所以预测线性方程的求解,实际是求其均值与协方差.化成待求函数 $\hat{\boldsymbol{x}}(t)$,$\boldsymbol{G}(t)$的确定性方程而求解.

先考虑最简单的情形,一个未知量的情况.要求对状态 $x(t)$,$0<t<T$,作出估计.设动力方程为

$$\dot{x}=\alpha(\theta-x)+\sigma w \tag{6.4.10}$$

其中 θ 为给定的平衡点,初始条件为

$$\hat{x}(0)=\theta,\quad G(0)=G_0,\quad \text{当 } t=0 \text{ 时} \tag{6.4.11}$$

其中 w 为白噪音

$$E(w)=0,\quad E[w(t)w(\tau)]=R_w(t)\delta(t-\tau) \tag{6.4.12}$$

其中 R_w 就是 W.

预测的基本要求是寻求 $\hat{x}(t)$,在满足动力方程与初始条件的前提下,使干扰的指标(势能的积分,见第二章)为最小,即令

$$J=\int_0^T[R_w^{-1}(t)w^2(t)/2]\mathrm{d}t+G_0^{-1}(x_0-\hat{x}_0)^2/2,\quad \min J \tag{6.4.13}$$

这是一个条件极值问题.采用拉格朗日乘子法,引入动力方程的对偶函数 $\lambda(t)$,有

$$J_A=\int_0^T[\lambda\dot{x}-\lambda\sigma w+\lambda\alpha x-\lambda\alpha\theta+R_w^{-1}w^2/2]\mathrm{d}t$$
$$+G_0^{-1}(x_0-\hat{x}_0)^2/2,\qquad \delta J_A=0 \tag{6.4.14}$$

J_A 指的是扩展的随机指标,变分是对 w,x,λ 独立地进行的.先完成对 w 取极小,有

$$w=\sigma R_u\lambda \tag{6.4.15}$$

再将此式代回(6.4.14)式,有

$$J_A=\int_0^T[\lambda\dot{x}+\lambda\alpha x-\lambda\alpha\theta-\sigma^2R_u\lambda^2/2]\mathrm{d}t$$
$$+G_0^{-1}(x_0-\hat{x}_0)^2/2,\qquad \delta J_A=0 \tag{6.4.15′}$$

此式中只有 x,λ 两类变量了,当然 x_0 也是变分的.这两个函数

x,λ 互为对偶，都是随机过程函数. 执行变分运算有

$$\delta J_A = \int_0^T [\delta\lambda(\dot{x} - \alpha(\theta - x) - \sigma^2 R_u \lambda) + \delta x(\alpha\lambda - \dot{\lambda})]\mathrm{d}t$$

$$+ \lambda(T)\delta x(T) + [-\lambda(0) + G_0^{-1}(x_0 - \hat{x}_0)]\delta x_0 = 0$$

由此得出对偶方程组

$$\dot{x} = -\alpha x + \sigma^2 R_u \lambda + \alpha\theta$$

$$\dot{\lambda} = \alpha\lambda \tag{6.4.16}$$

及初始条件

$$x_0 = \hat{x}_0 + G_0\lambda(0), \quad 当\ t = 0 \tag{6.4.17}$$

现在是如何求解对偶方程组的问题. 既然 $x(t)$是高斯分布的随机过程，则它必然可以表示为均值及一个零均值高斯过程之和. λ 也是一个零均值的高斯分布. 由 x 的初值条件(6.4.17)已见到了此种解的形式. 取

$$x(t) = \hat{x}(t) + G(t)\lambda(t) \tag{6.4.18}$$

代入(6.4.16)式，因 $\dot{x} = \dot{\hat{x}} + \dot{G}\lambda + G\dot{\lambda} = \dot{\hat{x}} + \dot{G}\lambda + G\alpha\lambda$，从而有

$$\dot{\hat{x}} + \dot{G}\lambda = -\alpha\hat{x} + \alpha\theta - 2G\alpha\lambda + \sigma^2 R_u \lambda \tag{6.4.19}$$

上式有两部分的项组成，一部分是有关均值的确定性项

$$\dot{\hat{x}} = -\alpha\hat{x} + \alpha\theta, \quad \hat{x}(0) = \hat{x}_0 \tag{6.4.20}$$

另一部分是 λ 的随机项，消去 λ 后有

$$\dot{G} = -2\alpha G + \sigma^2 R_w, \qquad G(0) = G_0(已知) \tag{6.4.21}$$

由(6.4.20)式解出 x 的期望值

$$\hat{x}(t) = \theta + (\hat{x}_0 - \theta)\mathrm{e}^{-\alpha t} \tag{6.4.22}$$

当 t 很大时，期望值渐近于 θ. 由(6.4.21)式解出

$$G(t) = \sigma^2 R_w/(2\alpha) + (G_0 - \sigma^2 R_w/(2\alpha))\mathrm{e}^{-2\alpha t} \tag{6.4.23}$$

该函数在 t 很大时，趋于常值 $\sigma^2 R_w/(2\alpha)$. 由(6.4.18)式有

$$\lambda(t) = G^{-1}(t)(x - \hat{x}), \qquad w = \sigma R_u G^{-1}(x - \hat{x}) \tag{6.4.24}$$

有一个特殊情况应当注意，即 $\alpha=0$ 的情况. 此时 $\hat{x}=\hat{x}_0$，并且取 $\alpha\to 0$ 的极限有 $G(t)=G_0+\sigma^2 R_w t$. 当 $\hat{x}_0=0$ 且 $G_0=0$ 及 $\sigma^2 R_w=1$ 时，$G(t)=t$，这种过程称为维纳过程，它就是布朗运动，当然是高斯分布的.

6.4.3 多个自由度系统的预测

预测问题就是未能提供量测数据来反馈，以检验其估计的结果并予以尽可能的纠偏. 其方程已于(6.4.5)，(6.4.6)式给出.

多自由度系统的求解方法几乎是单自由度系统的翻版. 预测要寻求的 $\boldsymbol{x}(t)$，应在满足动力方程(6.4.5)及初始条件(6.4.9)的前提下，使干扰的指标为最小，即令

$$J=\int_0^T[\boldsymbol{\lambda}^{\mathrm{T}}\boldsymbol{x}-\boldsymbol{\lambda}^{\mathrm{T}}\boldsymbol{A}-\boldsymbol{\lambda}^{\mathrm{T}}\boldsymbol{B}_u\boldsymbol{u}-\boldsymbol{\lambda}^{\mathrm{T}}\boldsymbol{B}_1\boldsymbol{w}+\boldsymbol{w}^{\mathrm{T}}\boldsymbol{W}^{-1}\boldsymbol{w}/2]\mathrm{d}t$$

$$+(\boldsymbol{x}_0-\hat{\boldsymbol{x}}_0)^{\mathrm{T}}\boldsymbol{G}_0^{-1}(\boldsymbol{x}_0-\hat{\boldsymbol{x}}_0)/2,\quad \delta J_A=0 \tag{6.4.25}$$

其中变分是独立地对 $\boldsymbol{x},\boldsymbol{\lambda},\boldsymbol{w}$ 进行的，$\boldsymbol{u}$ 则是确定性输入. 完成对 $\boldsymbol{w}$ 的变分，有

$$\boldsymbol{w}=\boldsymbol{W}\boldsymbol{B}^{\mathrm{T}}\boldsymbol{\lambda} \tag{6.4.26}$$

消去 $\boldsymbol{w}$ 后 J_A 成为

$$J_A=\int_0^T[\boldsymbol{\lambda}^{\mathrm{T}}\dot{\boldsymbol{x}}-\boldsymbol{\lambda}^{\mathrm{T}}\boldsymbol{B}_u\boldsymbol{u}-\boldsymbol{\lambda}^{\mathrm{T}}\boldsymbol{B}_1\boldsymbol{W}\boldsymbol{B}_1^{\mathrm{T}}\boldsymbol{\lambda}/2]\mathrm{d}t$$

$$+(\boldsymbol{x}_0-\hat{\boldsymbol{x}}_0)^{\mathrm{T}}\boldsymbol{G}_0^{-1}(\boldsymbol{x}_0-\hat{\boldsymbol{x}}_0)/2 \tag{6.4.27}$$

现在取 $\delta J_A=0$ 就只有 $\boldsymbol{x},\boldsymbol{\lambda}$ 的两类变量了. 完成变分推导有

$$\dot{\boldsymbol{x}}=\boldsymbol{A}\boldsymbol{x}+\boldsymbol{B}_1\boldsymbol{W}\boldsymbol{B}_1^{\mathrm{T}}\boldsymbol{\lambda}+\boldsymbol{B}_u\boldsymbol{u} \tag{6.4.28}$$

$$\dot{\boldsymbol{\lambda}}=-\boldsymbol{A}^{\mathrm{T}}\boldsymbol{\lambda} \tag{6.4.29}$$

及初始条件

$$\boldsymbol{x}_0=\hat{\boldsymbol{x}}_0+\boldsymbol{G}_0\boldsymbol{\lambda}_0,\quad 当\ t=0\ 时 \tag{6.4.30}$$

其中 $\boldsymbol{x},\boldsymbol{\lambda}$ 为高斯分布的随机向量函数，而 $\hat{\boldsymbol{x}}_0,\boldsymbol{G}_0$ 则为初始均值与方差. 对有高斯分布向量特征的随机过程 $\boldsymbol{x}(t)$，再考虑其初始条件，可设

$$x(t) = \hat{x}(t) + G(t)\lambda(t) \tag{6.4.31}$$

由微商规则有 $\dot{x} = \dot{\hat{x}} + \dot{G}\lambda + G\dot{\lambda} = \dot{\hat{x}} + \dot{G}\lambda - GA^{T}\lambda$，再代入(6.3.29)式有

$$\dot{\hat{x}} + \dot{G}\lambda - GA^{T}\lambda = A\hat{x} + AG\lambda + B_1 WB_1^{T}\lambda + B_u u \tag{6.4.32}$$

上式有确定的项及随机性 λ 的项，分成两个方程得

$$\dot{\hat{x}} = A\hat{x} + B_u u, \qquad \hat{x}(0) = \hat{x}_0$$
$$\dot{G} = GA^{T} + AG + B_1 WB_1^{T}, \quad G(0) = G_0$$
(6.4.33,34)

方程(6.4.33)为对于 $\hat{x}$ 均值的常微分方程组，对于已知的输入 u，总可以积分的. 方程(6.4.34)也是线性常微分方程组，因 G 为 $n \times n$ 对称阵，有 $n \times (n+1)/2$ 个分量. 既然两者皆为线性常微分方程组，解肯定存在，问题是一般来说总得数值求解. 多个未知数的精细积分在下一节讲. 方程(6.4.33)为通常的线性常微分方程组；(6.4.34)式则称为李雅普诺夫微分方程. 从奥恩斯坦-乌伦贝克方程也导出(6.4.33)，(6.4.34)这对方程. 以下讲其数值积分.

6.4.4 时程精细积分

线性动力系统状态空间的分析常常要求求解方程

$$\dot{x}(t) = A(t)x(t) + r(t) \tag{6.4.35}$$

其中 x 是待求的 n 维向量，A 是给定的 $n \times n$ 矩阵，而 $r(t)$ 是非齐次的输入向量，已知. 且有初值条件

$$x(0) = x_0 (\text{已知}), \text{当 } t = t_0 = 0 \text{ 时} \tag{6.4.36}$$

从常微分方程组的求解理论知，应当先求解齐次方程

$$\dot{x} = Ax \tag{6.4.37}$$

即使 A 阵是时变矩阵，仍可用单位脉冲响应矩阵 $\Phi(t, t_0)$ 来表示. $\Phi(t, t_0)$ 满足

$$\dot{\Phi}(t, t_0) = A(t)\Phi(t, t_0), \qquad \Phi(t_0, t_0) = I_n \tag{6.4.38}$$

运用叠加原理,可将(6.4.35)式的解表示为

$$\boldsymbol{x}(t)=\boldsymbol{\Phi}(t,0)\boldsymbol{x}_0+\int_0^t\boldsymbol{\Phi}(t,\tau)\boldsymbol{r}(\tau)\mathrm{d}\tau \qquad (6.4.39)$$

这个公式虽然简洁,但问题在于如何数值计算.对于一般的时变矩阵 $\boldsymbol{A}(t)$,$\boldsymbol{\Phi}(t)$的计算不易;但当 $\boldsymbol{A}$ 阵为时不变时,有

$$\boldsymbol{\Phi}(t,t_0)=\boldsymbol{\Phi}(t-t_0)=\exp[\boldsymbol{A}(t-t_0)] \qquad (6.4.40)$$

这就要做指数矩阵的数值计算

$$\exp(\boldsymbol{A}t)=\boldsymbol{\Phi}(t)=\boldsymbol{I}+\boldsymbol{A}t+(\boldsymbol{A}t)^2/2+\cdots+(\boldsymbol{A}t)^k/k!+\cdots \qquad (6.4.41)$$

这与普通的指数展开式一样.需要注意,矩阵乘法一般是不可交换的,即 $\boldsymbol{AB}\neq\boldsymbol{BA}$.故一般 $\exp(\boldsymbol{A}).\exp(\boldsymbol{B})\neq\exp(\boldsymbol{A}+\boldsymbol{B})$.仅当矩阵乘法可交换时,方有

$$\exp(\boldsymbol{A})\cdot\exp(\boldsymbol{B})=\exp(\boldsymbol{A}+\boldsymbol{B}),\quad \text{当 } \boldsymbol{AB}=\boldsymbol{BA} \text{ 时} \qquad (6.4.42)$$

容易验明,单位脉冲响应矩阵 $\boldsymbol{\Phi}(t,t_0)$具有性质

$$\boldsymbol{\Phi}(t,t_0)=\boldsymbol{\Phi}(t,t_1)\times\boldsymbol{\Phi}(t_1,t_0) \qquad (6.4.43)$$

当系统为时不变时,有

$$\boldsymbol{\Phi}(t)=\boldsymbol{\Phi}(t-\tau)\boldsymbol{\Phi}(\tau) \qquad (6.4.43')$$

以上这些性质在 0.1 节中都讲过.

数值解总得规定一个时间步长 η,其等步长时刻为 $t_0=0$, $t_1=\eta,\cdots,t_k=k\eta,\cdots$.于是对线性时不变的齐次方程(6.4.37),有

$$\boldsymbol{x}(\eta)=\boldsymbol{x}_1=\boldsymbol{T}\boldsymbol{x}_0,\quad \boldsymbol{T}=\exp(\boldsymbol{A}\eta) \qquad (6.4.44)$$

以及递推的逐步积分公式:$\boldsymbol{x}_2=\boldsymbol{T}\cdot\boldsymbol{x}_1,\cdots,\boldsymbol{x}_{k+1}=\boldsymbol{T}\cdot\boldsymbol{x}_k,\cdots$,只要矩阵乘法便可.问题归结到(6.4.44)式 $\boldsymbol{T}$ 阵的计算.$\boldsymbol{T}$ 的精细计算非常关键,0.1 节已经提供其精细算法了.

指数矩阵用处很广,是最经常计算的矩阵函数之一.文献[25]给出了 19 种不同的算法,但在其后的文献[26]中仍指出问题并未解决.应当指出,采用本征函数展开的解法,在不出现若尔当型本征解的条件下,仍是有效的,阐述如下.

对 $\boldsymbol{A}$ 阵作出其本征值分解

$$\boldsymbol{AY} = \boldsymbol{Y}\mathrm{diag}(\mu_1,\cdots,\mu_n)$$

式中 $\boldsymbol{Y}$ 为本征向量所组成的矩阵，μ_i 是相应的本征值，$\mathrm{diag}(\mu_i)$ 是对角阵之意，[注意：由于 $\boldsymbol{A}$ 不一定是对称阵，μ_i 可能是有重根的，由此会导致若尔当型]. 于是可导出

$$\exp(\boldsymbol{A}) = \boldsymbol{Y}\exp[\mathrm{diag}(\mu_i)]\boldsymbol{Y}^{-1} = \boldsymbol{Y}\mathrm{diag}[\exp(\mu_i t)]\boldsymbol{Y}^{-1}$$

显然，以上方程是指数矩阵的分析解. 但这是建筑在对 $\boldsymbol{A}$ 阵的全部本征解基础上的，其困难在于可能出现若尔当型，此时 $\boldsymbol{A}$ 阵的本征分解在数值上是不稳定的. 而精细积分的结果能直逼计算机精度，而且即使有若尔当型，数值结果总是稳定的.

非齐次方程的精细积分

算得了指数矩阵 $\boldsymbol{T} = \exp(\boldsymbol{A}\eta)$ 后，就可对动力方程(6.4.35)作精细逐步积分了. 这里先讲时不变系统. 如果没有输入 $\boldsymbol{r} = \boldsymbol{0}$，则精细积分就成为一系列矩阵-向量乘法，这个计算是精确的；然而在有输入项时，积分就需要输入 $\boldsymbol{r}$ 的表达式，但这并不总可以精确地给出的，此时就要采用各种近似了.

非齐次方程的特解可以用(6.4.39)式中的卷积表示

$$\boldsymbol{x}_r(t) = \int_0^t \boldsymbol{\Phi}(t - t_1)\boldsymbol{r}(t_1)\mathrm{d}t_1 \qquad (6.4.45)$$

该式虽然精确，但 $\boldsymbol{\Phi}$ 阵并未对任一时刻都已算得数值，积分自零开始尤为不便. 设积分已进行到 $t_k = k\eta$，

$$\boldsymbol{x}_k = \boldsymbol{\Phi}(t_k)\cdot\boldsymbol{x}_0 + \int_0^{t_k}\boldsymbol{\Phi}(t_k - t_1)\boldsymbol{r}(t_1)\mathrm{d}t_1 \quad (6.4.45')$$

下一步积分到 t_{k+1}，可以自 t_k 开始积分

$$\boldsymbol{x}_{k+1} = \boldsymbol{T}\cdot\boldsymbol{x}_k + \int_{t_k}^{t_{k+1}}\boldsymbol{\Phi}(t_k - t)\boldsymbol{r}(t)\mathrm{d}t \qquad (6.4.46)$$

式中仍有一个时间步的积分，这就需要 $\boldsymbol{r}$ 的表达式了. 如果给不出 $\boldsymbol{r}$ 的表达式，但它在 t_k, t_{k+1} 处的值知道，则最简单便是认为在该时间步内 $\boldsymbol{r}$ 为线性变化

$$\dot{\boldsymbol{x}} = \boldsymbol{Ax} + \boldsymbol{r}_0 + \boldsymbol{r}_1\cdot(t - t_k), \quad \text{当 } t = t_k \text{ 时 } \boldsymbol{x} = \boldsymbol{x}_k$$

其中 $\boldsymbol{r}_0,\boldsymbol{r}_1$ 在 $t\in[t_k,t_{k+1}]$内是给定向量. 由此可解出

$$\boldsymbol{x}=\boldsymbol{\Phi}(t-t_k)\cdot[\boldsymbol{x}_k+\boldsymbol{A}^{-1}(\boldsymbol{r}_0+\boldsymbol{A}^{-1}\boldsymbol{r}_1)]$$
$$-\boldsymbol{A}^{-1}[\boldsymbol{r}_0+\boldsymbol{A}^{-1}\boldsymbol{r}_1+(t-t_k)\boldsymbol{r}_1]$$

将 $t=t_{k+1}$代入,有

$$\boldsymbol{x}_{k+1}=\boldsymbol{T}[\boldsymbol{x}_k+\boldsymbol{A}^{-1}(\boldsymbol{r}_0+\boldsymbol{A}^{-1}\boldsymbol{r}_1)]$$
$$-\boldsymbol{A}^{-1}[\boldsymbol{r}_0+\boldsymbol{A}^{-1}\boldsymbol{r}_1+\boldsymbol{r}_1\cdot\eta] \qquad (6.4.47)$$

此即非齐次项为**线性**时的时程积分公式.

例 3 设有弹性振动 2 自由度体系.

$$\boldsymbol{M}\ddot{\boldsymbol{v}}+\boldsymbol{C}\dot{\boldsymbol{v}}+\boldsymbol{K}\boldsymbol{v}=\boldsymbol{f},\quad \boldsymbol{v}(0)=0,\dot{\boldsymbol{v}}(0)=0$$

$$\boldsymbol{M}=\begin{pmatrix}2&0\\0&2\end{pmatrix},\quad \boldsymbol{C}=\boldsymbol{0},\quad \boldsymbol{K}=\begin{pmatrix}6&-2\\-2&4\end{pmatrix}$$

解 引入对偶向量 $\boldsymbol{p}=\boldsymbol{M}\boldsymbol{v}$,状态向量 $\boldsymbol{x}=(\boldsymbol{v}^{\mathrm{T}},\boldsymbol{p}^{\mathrm{T}})^{\mathrm{T}}$,

$$\boldsymbol{A}=\begin{pmatrix}0&0&0.5&0\\0&0&0&1\\-6&2&0&0\\2&-4&0&0\end{pmatrix},\quad \boldsymbol{r}=\begin{pmatrix}0\\0\\0\\10\end{pmatrix}^{\mathrm{T}}$$

选用步长 $\eta=0.28$,输入 $\boldsymbol{r}_0=\boldsymbol{r},\boldsymbol{r}_1=\boldsymbol{0}$ 项. 其数值结果为

$k=$	1	2	3	4	5	6
$v_1=$	0	0.003	0.176	0.486	0.996	1.657
$v_2=$	0	0.382	1.412	2.781	4.094	5.291
$k=$	7	8	9	10	11	12
$v_1=$	2.338	2.861	3.052	2.806	2.131	1.157
$v_2=$	4.986	4.227	3.457	2.806	2.484	2.489

其实精细积分对此例的结果,12 位有效数字都是精确的,只是未曾写出而已. 对此简单例题,文献[8]第 8 章用各种差分法计算,都偏离了正确结果.

每个时间步内假定输入 $\boldsymbol{r}$ 为线性是一种很粗糙的近似. 一些常有的输入时变规律往往是指数函数或三角函数型的,或者还有幂函数与三角函数的乘积等. 对这些类型的输入变化规律也已做

出了其步长的解析积分[27]，使用这些积分解，数值计算便可提高精度.

（1）三角函数式的输入

$$\boldsymbol{r}(t)=\boldsymbol{r}_1\sin(\omega t)+\boldsymbol{r}_2\cos(\omega t) \tag{6.4.48}$$

其中 $\boldsymbol{r}_1$ 与 $\boldsymbol{r}_2$ 为时不变给定向量. ω 为外加激励频率，参数. 对此可以求出特解

$$\boldsymbol{x}_r(t)=\boldsymbol{a}\sin(\omega t)+\boldsymbol{b}\cos(\omega t) \tag{6.4.49}$$

$$\boldsymbol{a}=(\omega\boldsymbol{I}+\boldsymbol{A}^2/\omega)^{-1}(\boldsymbol{r}_2-\boldsymbol{A}\boldsymbol{r}_1/\omega)$$

$$\boldsymbol{b}=(\omega\boldsymbol{I}+\boldsymbol{A}^2/\omega)^{-1}(-\boldsymbol{r}_1-\boldsymbol{A}\boldsymbol{r}_2/\omega)$$

于是得精细积分法的 HPD-S(Sinusoidal)格式

$$\begin{aligned}\boldsymbol{x}_{k+1}=\boldsymbol{T}[\boldsymbol{x}_k-\boldsymbol{a}\sin(\omega t_k)-\boldsymbol{b}\cos(\omega t_k)]\\+\boldsymbol{a}\sin(\omega t_{k+1})+\boldsymbol{b}\cos(\omega t_{k+1})\end{aligned} \tag{6.4.50}$$

其中 $\eta=t_{k+1}-t_k$. 以上的推导是精确的，只要在时间步长 η 内荷载是简谐变化的，则(6.4.50)式总给出精确的结果. 这里要指出一点，对无阻尼系统，当 ω 恰为本征频率时(6.4.49)式中矩阵不能求逆. 但在振动系统中，都有阻尼存在的. 在结构工程随机振动分析中绝少考虑完全无阻尼的系统，因此(6.4.49)式已经够了.

纯三角函数的输入相当于常数调制.

（2）多项式的调制

$$\boldsymbol{r}(t)=(\boldsymbol{r}_0+\boldsymbol{r}_1t+\boldsymbol{r}_2t^2)(\alpha\sin\omega t+\beta\cos\omega t) \tag{6.4.51}$$

其特解为

$$\left.\begin{aligned}&\boldsymbol{x}_r(t)=(\boldsymbol{a}_0+\boldsymbol{a}_1t+\boldsymbol{a}_2t^2)\sin\omega t+(\boldsymbol{b}_0+\boldsymbol{b}_1t+\boldsymbol{b}_2t^2)\cos\omega t\\&\boldsymbol{a}_i=(\boldsymbol{A}^2+\omega^2\boldsymbol{I})^{-1}(-\boldsymbol{A}\boldsymbol{p}_{ia}+\omega\boldsymbol{p}_{ib}),\quad i=2,1,0\\&\boldsymbol{b}_i=(\boldsymbol{A}^2+\omega^2\boldsymbol{I})^{-1}(-\omega\boldsymbol{p}_{ia}-\boldsymbol{H}\boldsymbol{p}_{ib})\\&\boldsymbol{p}_{2a}=\alpha\boldsymbol{r}_2,\ \boldsymbol{p}_{2b}=\beta\boldsymbol{r}_2\\&\boldsymbol{p}_{1a}=\alpha\boldsymbol{r}_1-2\boldsymbol{a}_2,\ \boldsymbol{p}_{1b}=\beta\boldsymbol{r}_1-2\boldsymbol{b}_2\\&\boldsymbol{p}_{0a}=\alpha\boldsymbol{r}_0-\boldsymbol{a}_1,\ \boldsymbol{p}_{0b}=\beta\boldsymbol{r}_0-\boldsymbol{b}_1\end{aligned}\right\} \tag{6.4.52}$$

其中 $\alpha,\beta,\boldsymbol{r}_0,\boldsymbol{r}_1,\boldsymbol{r}_2;\boldsymbol{a},\boldsymbol{a}_0,\boldsymbol{a}_1,\boldsymbol{a}_2;\boldsymbol{b},\boldsymbol{b}_0,\boldsymbol{b}_1,\boldsymbol{b}_2$ 等均为常量.

(3) 指数函数的调制.此时

$$\boldsymbol{r}(t) = \mathrm{e}^{\alpha t}(\boldsymbol{r}_1\sin\omega t + \boldsymbol{r}_2\cos\omega t) \tag{6.4.53}$$

其特解可求出为

$$\left.\begin{aligned} \boldsymbol{x} &= \mathrm{e}^{\alpha t}(\boldsymbol{a}\sin\omega t + \boldsymbol{b}\cos\omega t) \\ \boldsymbol{a} &= [(\alpha\boldsymbol{I} - \boldsymbol{A})^2 + \omega^2\boldsymbol{I}]^{-1}[(\alpha\boldsymbol{I} - \boldsymbol{A})\boldsymbol{r}_1 + \omega\boldsymbol{r}_2] \\ \boldsymbol{b} &= [(\alpha\boldsymbol{I} - \boldsymbol{A})^2 + \omega^2\boldsymbol{I}]^{-1}[(\alpha\boldsymbol{I} - \boldsymbol{A})\boldsymbol{r}_2 - \omega\boldsymbol{r}_1] \end{aligned}\right\} \tag{6.4.54}$$

以上 $\alpha,\boldsymbol{r}_1,\boldsymbol{r}_2,\boldsymbol{a},\boldsymbol{b}$ 均为常量.

由于已知输入函数的特性,可以大大提高数值积分的精度,并且效率很高.

6.4.5 李雅普诺夫方程的精细积分

上节的精细积分法对于求解均值的微分方程(6.4.33)是合宜的.但还有其方差的微分方程(6.4.34),即李雅普诺夫微分方程也需要有精细积分法.将方程写为

$$\dot{\boldsymbol{G}}(t) = \boldsymbol{G}(t)\boldsymbol{A}^{\mathrm{T}} + \boldsymbol{A}\boldsymbol{G}(t) + \boldsymbol{D}(t), \quad \boldsymbol{G}(0) = \boldsymbol{G}_0 \tag{6.4.55}$$

其中 $\boldsymbol{G}(t)$为 $n \times n$ 阵待求,$\boldsymbol{A}$ 为给定常矩阵,$\boldsymbol{G}_0$ 为 $n \times n$ 对称非负阵,$\boldsymbol{D}(t)$为对称非负干扰阵,已知.

当矩阵 $\boldsymbol{A}$ 本征值的实部全皆为负时,即 $\boldsymbol{A}$ 阵为渐近稳定时,则当 $t \to \infty$时李雅普诺夫微分方程的解矩阵 $\boldsymbol{G}(t) \to \boldsymbol{G}_\infty$.精细积分的迭代也能将 $\boldsymbol{G}_\infty$计算出来,它满足方程

$$\boldsymbol{G}_\infty\boldsymbol{A}^{\mathrm{T}} + \boldsymbol{A}\boldsymbol{G}_\infty + \boldsymbol{D}_0 = \boldsymbol{0} \tag{6.4.56}$$

称为代数李雅普诺夫方程,其中 $\boldsymbol{D}_0$ 是常对称阵.精细积分求得的解往往有 10 位以上有效数字.

李雅普诺夫微分方程是线性方程,由于 $\boldsymbol{G}$ 为对称阵,有 $n_2 = n(n+1)/2$ 个未知量,初始条件当然也是 n_2 个常数.故首先应求解齐次方程

$$\dot{\boldsymbol{G}} = \boldsymbol{A}\boldsymbol{G} + \boldsymbol{G}\boldsymbol{A}^{\mathrm{T}}, \quad \boldsymbol{G}(0) = \boldsymbol{G}_0 \tag{6.4.55a}$$

该方程的解为

$$G(t) = \Phi(t) G_0 \Phi^{\mathrm{T}}(t) \tag{6.4.57}$$

其中 $\dot{\Phi}(t) = A\Phi(t)$，$\Phi(0) = I$，乃单位脉冲矩阵. 验证为：直接将(6.4.57)的 G 代入(6.4.55a)式进行验证，有

$$\begin{aligned}\dot{G} &= \Phi G_0 \Phi^{\mathrm{T}} + \Phi G_0 \dot{\Phi}^{\mathrm{T}} \\ &= (A\Phi) G_0 \Phi^{\mathrm{T}} + \Phi G_0 (A\Phi)^{\mathrm{T}} = AG + GA^{\mathrm{T}}\end{aligned}$$

微分方程已经满足；初始条件 $G(0) = \Phi(0) G_0 \Phi^{\mathrm{T}}(0) = G_0$ 也满足. 根据微分方程解的惟一性定理[32]，(6.4.57)式就是方程及初始条件(6.4.55a)的解. 由于 G_0 有 n_2 个无关常数可以设定，故(6.4.57)式能产生该方程组的全部基底解.

由于有了齐次方程的基本解，非齐次方程(6.4.55)的解可以写出为

$$G(t) = \Phi(t) G_0 \Phi^{\mathrm{T}}(t) + \int_0^t \sum_{i=1}^{n} \sum_{j=1}^{n} D_{ij}(s) G_{ij}(t-s) \mathrm{d}s \tag{6.4.58}$$

式中 D_{ij} 是 D 阵的 i 行 j 列元素，而 G_{ij} 是齐次李雅普诺夫微分方程的基解，由 $G_{0ij} = 1$ 而其余元素为 0 的初始矩阵 G_0 发展而来. 可以证明，解 $G(t)$ 也可写为以下封闭形式：

$$G(t) = \Phi(t) G_0 \Phi^{\mathrm{T}}(t) + \int_0^t \Phi(t-s) D(s) \Phi^{\mathrm{T}}(t-s) \mathrm{d}s \tag{6.4.58$'$}$$

虽然此封闭形式的解具有简明的形式，但并不说明已求得了精细的数值解. 但既然有了计算 $\Phi(t)$ 的精细积分法，就可以算出李雅普诺夫方程的精细数值解了.

如果仅是齐次方程初值问题的解(6.4.57)，则计算了 $\Phi(t)$，只要做矩阵乘法就可得到 $G(t)$ 的精细解. 现在应当考虑非齐次方程的解. 最基本的当然是 $D(t)$ = 常数阵 = D_0 时方程(6.4.55)的解.

6.4.5.1 代数李雅普诺夫方程的解

方程(6.4.56)是线性代数方程组，共 $n_2 = n(n+1)/2$ 个未知

数.代数李雅普诺夫方程的意义是相应微分方程的极限 $t\to\infty$ 时的解.极限存在与否就要看 $\boldsymbol{A}$ 阵本征值 $\mu_i, i\leqslant n$ 的分布.当 $\boldsymbol{A}$ 阵全部本征值都在左半平面时,即 $\mathrm{Re}(\mu_i)<0$ 时,这个极限方存在,此时当 $t\to\infty$, $\boldsymbol{\Phi}(t)\to\boldsymbol{0}$ 是以指数函数的速度趋于零矩阵的.因此式(6.4.58)中的积分项一定收敛,而初值项的作用趋于零.计算时应先作出积分

$$\boldsymbol{G}(t)=\int_0^t\boldsymbol{\Phi}(t-s)\boldsymbol{D}_0\boldsymbol{\Phi}^{\mathrm{T}}(t-s)\mathrm{d}s \tag{6.4.59}$$

完成了这一步,就可将时间点 t 作为继续向前积分的起点,初值条件为 $\boldsymbol{G}_0=\boldsymbol{G}(t)$,有

$$\begin{aligned}\boldsymbol{G}(2t)&=\boldsymbol{\Phi}(t)\boldsymbol{G}_0\boldsymbol{\Phi}^{\mathrm{T}}(t)+\int_0^t\boldsymbol{\Phi}(t-s)\boldsymbol{D}_0\boldsymbol{\Phi}^{\mathrm{T}}(t-s)\mathrm{d}s\\&=\boldsymbol{\Phi}(t)\boldsymbol{G}(t)\boldsymbol{\Phi}^{\mathrm{T}}(t)+\boldsymbol{G}(t)\end{aligned} \tag{6.4.60}$$

上式的意义为:以 t 处的状态作为初始点,于是初始值便是 $\boldsymbol{G}(t)$,在此基点上再向前积分 t 的长度,就成为积分了 $2t$ 的长度.这样,以前时域的精细积分的要点为根据 $\boldsymbol{\Phi}(t)$ 可计算 $\boldsymbol{\Phi}(2t)$;现在(6.4.60)式说明,根据 $\boldsymbol{\Phi}(t)$ 与 $\boldsymbol{G}(t)$ 可计算 $\boldsymbol{G}(2t)$,当然还有 $\boldsymbol{\Phi}(2t)$.于是当前 2^N 算法的计算方案便为:根据 $\boldsymbol{\Phi}(2^m t)$, $\boldsymbol{G}(2^m t)$ 可计算 $\boldsymbol{\Phi}(2^{m+1}t)$, $\boldsymbol{G}(2^{m+1}t)$, $m=1,2,\cdots$,等[113].每一次迭代就将时间增加一倍,这是精细积分很大的优点.$\boldsymbol{\Phi}$ 的计算在6.4.4节已详细讲过,现在是连同 $\boldsymbol{G}$ 一起计算了.

(6.4.60)式还需要一个初始时段 $t=\tau$ 的解,其中 τ 非常小.并且 $t=0$ 时取 $\boldsymbol{G}_0=\boldsymbol{0}$,此时泰勒展开式取到 τ^4 已很充分了.有

$$\begin{aligned}\boldsymbol{\Phi}(\tau)=\boldsymbol{I}+\boldsymbol{T}_a,\quad \boldsymbol{T}_a&\approx\boldsymbol{A}\tau+(\boldsymbol{A}\tau)^2\\&\times[\boldsymbol{I}+(\boldsymbol{A}\tau)/3+(\boldsymbol{A}\tau)^2/12]/2\end{aligned} \tag{6.4.41$'$}$$

再代入下式逐项积分有

$$\begin{aligned}\boldsymbol{G}(\tau)\approx\int_0^\tau\boldsymbol{\Phi}(s)\boldsymbol{D}_0\boldsymbol{\Phi}^{\mathrm{T}}(s)\mathrm{d}s&=\boldsymbol{D}_0\tau+(\boldsymbol{A}\boldsymbol{D}_0+\boldsymbol{D}_0\boldsymbol{A}^{\mathrm{T}})\tau^2/2\\&+(\boldsymbol{A}^2\boldsymbol{D}_0+2\boldsymbol{A}\boldsymbol{D}_0\boldsymbol{A}^{\mathrm{T}}+\boldsymbol{D}_0\boldsymbol{A}^{2\mathrm{T}})\tau^3/6\\&+\tau^4(\boldsymbol{A}^3\boldsymbol{D}_0+3\boldsymbol{A}^2\boldsymbol{D}_0\boldsymbol{A}^{\mathrm{T}}+3\boldsymbol{A}\boldsymbol{D}_0\boldsymbol{A}^{2\mathrm{T}}+\boldsymbol{D}_0\boldsymbol{A}^{3\mathrm{T}})/24\end{aligned} \tag{6.4.61}$$

略去的已是 $O(\tau^5)$ 了.

当 τ 很小时,(6.4.41′)式非常准;但当 $t\to\infty$ 时,$\boldsymbol{\Phi}(t)\to\mathbf{0}$,所以 $\boldsymbol{T}_a\to-\boldsymbol{I}$. $\boldsymbol{I}+\boldsymbol{T}_a$ 大数相减仍会出现数值病态的,结果将丧失其精度. 对此可选择一个适当大小的 η,令 $\tau=\eta/2^N$,$N=20$. 这样就有以下算法:

{给定 $\boldsymbol{A},\boldsymbol{D}_0$;选择 η,令 $\tau=\eta/2^N$,$N=20$;选择迭代误差 ε}

{由(6.4.41)及(6.4.61)式计算 $\boldsymbol{T}_a(\tau),\boldsymbol{G}(\tau)$. 开工步长 τ 的矩阵}

for($i=0;i<N;i++$) { $\boldsymbol{G}=\boldsymbol{G}+(\boldsymbol{I}+\boldsymbol{T}_a)\times\boldsymbol{G}\times(\boldsymbol{I}+\boldsymbol{T}_a)$;

$\boldsymbol{T}_a=2\boldsymbol{T}_a+\boldsymbol{T}_a*\boldsymbol{T}_a$;}

$\boldsymbol{T}=\boldsymbol{I}+\boldsymbol{T}_a$;

Do{ $\boldsymbol{G}=\boldsymbol{G}+\boldsymbol{T}\times\boldsymbol{G}\times\boldsymbol{T}^{\mathrm{T}}$; $\boldsymbol{T}=\boldsymbol{T}\times\boldsymbol{T}$;}while($\|\boldsymbol{T}\|>\varepsilon$)

(6.4.62)

其中 $\|\boldsymbol{T}\|$ 代表 $\boldsymbol{T}$ 的模,例如最大元素绝对值;ε 可选为 10^{-8}. 迭代法结束时 $\boldsymbol{G}$ 就是代数李雅普诺夫方程的解. 收敛只能在 $\boldsymbol{A}$ 阵的全部本征值皆在左半平面时达到,即渐近稳定;否则发散.

例 4 设有矩阵

$$\boldsymbol{A}=\begin{bmatrix}-0.25 & 1.0 & \\ & -0.25 & 1.0\\ & & -0.25\end{bmatrix},\boldsymbol{D}_0=\begin{bmatrix}10.0 & 1.0 & 5.0\\ 1.0 & 7.0 & 4.0\\ 5.0 & 4.0 & 9.0\end{bmatrix}$$

选取 $\eta=0.50$,可以算出相应的矩阵

$$\boldsymbol{T}=\boldsymbol{\Phi}(\eta)=\begin{bmatrix}0.88250 & 0.44125 & 0.11031\\ & 0.88250 & 0.44215\\ & & 0.88250\end{bmatrix}$$

$$\boldsymbol{G}(\eta)=\begin{bmatrix}5.11362 & 1.97947 & 2.79160\\ 1.97947 & 4.25601 & 2.72356\\ 2.79160 & 2.72356 & 3.98159\end{bmatrix}$$

虽然 $\boldsymbol{A}$ 出现若尔当型重根,$\boldsymbol{T}$ 阵的精度仍达十位以上. $\boldsymbol{G}$ 阵表示了暂态历程在 $t=0.5$ 的结果. 继续迭代给出

$$G_{\infty} = \begin{bmatrix} 2332.00000 & 578.00000 & 98.00000 \\ 578.00000 & 190.00000 & 44.00000 \\ 98.00000 & 44.00000 & 18.00000 \end{bmatrix} \quad (6.4.63)$$

其验算为,计算 $\boldsymbol{AG}_{\infty}+\boldsymbol{G}_{\infty}\boldsymbol{A}^{\mathrm{T}}$并与 $-\boldsymbol{D}_0$ 相比较,可知其位数达十位以上.其实本例题,用手工就可验证.

还可举出许多数例,这里为节省篇幅不再列举.应当指出,精细算法可用于暂态历程对任意的区间$[0,t_f]$的计算.$\boldsymbol{G}_{\infty}$的迭代收敛需要 $\boldsymbol{A}$ 的渐近稳定来保证收敛;暂态历程则无此必要.但相应地 t_f 也不可过大.

6.4.5.2 非对称李雅普诺夫方程

应用中还有非对称李雅普诺夫方程,即 $\boldsymbol{D},\boldsymbol{G}(t)$是 $n\times m$ 矩阵,满足线性微分方程

$$\dot{\boldsymbol{G}}(t)=\boldsymbol{AG}+\boldsymbol{GB}^{\mathrm{T}}+\boldsymbol{D},\quad \boldsymbol{G}(0)=\boldsymbol{G}_0 \quad (6.4.64)$$

其中 $\boldsymbol{A},\boldsymbol{B}$ 分别为$n\times n$ 与 $m\times m$ 矩阵.要求解(6.4.63)式,对时不变的 $\boldsymbol{A},\boldsymbol{B}$ 阵,应首先计算出二个脉冲响应矩阵函数

$$\dot{\boldsymbol{\Phi}}_a=\boldsymbol{A\Phi}_a,\quad \boldsymbol{\Phi}_a(0)=\boldsymbol{I}_n,\quad \dot{\boldsymbol{\Phi}}_b=\boldsymbol{B\Phi}_b,\quad \boldsymbol{\Phi}_b(0)=\boldsymbol{I}_m \quad (6.4.65)$$

显然 $\boldsymbol{\Phi}_a(t)=\exp(\boldsymbol{A}t);\boldsymbol{\Phi}_b(t)=\exp(\boldsymbol{B}t)$.对于给定时间步长,可以用精细积分法计算有如前文所述.根据观察,可直接提出齐次方程的解为

$$\boldsymbol{G}(t)=\boldsymbol{\Phi}_a(t)\boldsymbol{G}_0\boldsymbol{\Phi}_b^{\mathrm{T}}(t) \quad (6.4.66)$$

直接作微商可验证

$\dot{\boldsymbol{G}}=\dot{\boldsymbol{\Phi}}_a\boldsymbol{G}_0\boldsymbol{\Phi}_b+\boldsymbol{\Phi}_a\boldsymbol{G}_0\dot{\boldsymbol{\Phi}}_b^{\mathrm{T}}=\boldsymbol{A\Phi}_a\boldsymbol{G}_0\boldsymbol{\Phi}_b+\boldsymbol{\Phi}_a\boldsymbol{G}_0(\boldsymbol{B\Phi}_b)^{\mathrm{T}}=\boldsymbol{AG}+\boldsymbol{GB}^{\mathrm{T}},\boldsymbol{G}(0)=\boldsymbol{G}_0$.验毕.

由于有了相当于脉冲响应方程的解(6.4.66),可以给出非齐次方程(6.4.63)的一般解

$$\boldsymbol{G}(t)=\boldsymbol{\Phi}_a(t)\boldsymbol{G}_0\boldsymbol{\Phi}_b(t)+\int_0^t\boldsymbol{\Phi}_a(t-s)\boldsymbol{D}_0\boldsymbol{\Phi}_b^{\mathrm{T}}(t-s)\mathrm{d}s \quad (6.4.67)$$

令

$$G_d(t) = \int_0^t \boldsymbol{\Phi}_a(t-s)\boldsymbol{D}(s)\boldsymbol{\Phi}_b^{\mathrm{T}}(t-s)\mathrm{d}s \quad (6.4.68)$$

可直接验证

$$\begin{aligned}\dot{\boldsymbol{G}}_d(t) &= \boldsymbol{\Phi}_a(0)\boldsymbol{G}(t)\boldsymbol{\Phi}_b^{\mathrm{T}}(0) + \int_0^t [\dot{\boldsymbol{\Phi}}_a(t-s)\boldsymbol{D}(s)\boldsymbol{\Phi}_b^{\mathrm{T}}(t-s) \\ &\quad + \boldsymbol{\Phi}_a(t-s)\boldsymbol{D}(s)\dot{\boldsymbol{\Phi}}_b^{\mathrm{T}}(t-s)]\mathrm{d}s \\ &= \boldsymbol{D}(t) + \boldsymbol{A}\boldsymbol{G}_d + \boldsymbol{G}_d\boldsymbol{B}^{\mathrm{T}}\end{aligned}$$

因此 $\boldsymbol{G}_d(t)$就是非齐次方程(6.4.63)在初值 $\boldsymbol{G}_0=0$ 时的解.

非对称代数李雅普诺夫方程的解也是关切的

$$\boldsymbol{A}\boldsymbol{G}_{d\infty} + \boldsymbol{G}_{d\infty}\boldsymbol{B}^{\mathrm{T}} + \boldsymbol{D}_0 = \boldsymbol{0} \quad (6.4.69)$$

其中 $\boldsymbol{D}_0$ 是给定常 $n\times m$ 矩阵,求 $\boldsymbol{G}_{d\infty}$. 当 $\boldsymbol{A},\boldsymbol{B}$ 的本征值全在左半平面时可以保证迭代收敛. 迭代取初值 $\boldsymbol{G}_0=\boldsymbol{0}$.

(6.4.68)式已给出了 $\boldsymbol{G}_d$,但其中 $\boldsymbol{D}(s)=\boldsymbol{D}_0=$常值尚应给出其精细数值. 可运用 t 作为初始时间并运用(6.4.67)式的解,有

$$\boldsymbol{G}_d(2t) = \boldsymbol{G}_d(t) + \boldsymbol{\Phi}_a(t)\boldsymbol{G}_d(t)\boldsymbol{\Phi}_b^{\mathrm{T}}(t) \quad (6.4.70)$$

于是如同(6.4.60)式以下一样,$\boldsymbol{G}_d,\boldsymbol{\Phi}_a,\boldsymbol{\Phi}_b$ 共同迭代,计算 $t,2t,2^2t,\cdots,2^kt,\cdots$的矩阵,直至收敛. 开始时应对非常小的 τ 采用泰勒展开

$$\boldsymbol{\Phi}_a(\tau) = \boldsymbol{I} + \boldsymbol{T}_a,\ \boldsymbol{T}_a \approx \boldsymbol{A}\tau + (\boldsymbol{A}\tau)^2[\boldsymbol{I}_n + (\boldsymbol{A}\tau)/3 + (\boldsymbol{A}\tau)^2/12]/2$$

$$\boldsymbol{\Phi}_b(\tau) = \boldsymbol{I} + \boldsymbol{T}_b,\ \boldsymbol{T}_b \approx \boldsymbol{B}\tau + (\boldsymbol{B}\tau)^2[\boldsymbol{I}_m + (\boldsymbol{B}\tau)/3 + (\boldsymbol{B}\tau)^2/12]/2$$

$$\begin{aligned}\boldsymbol{G}_d(\tau) &\approx \boldsymbol{D}_0\tau + \tau^2(\boldsymbol{A}\boldsymbol{D}_0 + \boldsymbol{D}_0\boldsymbol{B}^{\mathrm{T}})/2 \\ &+ \tau^3(\boldsymbol{A}^2\boldsymbol{D}_0 + 2\boldsymbol{A}\boldsymbol{D}_0\boldsymbol{B}^{\mathrm{T}} + \boldsymbol{D}_0\boldsymbol{B}^{2\mathrm{T}})/6 \\ &+ \tau^4(\boldsymbol{A}^3\boldsymbol{D}_0 + 3\boldsymbol{A}^2\boldsymbol{D}_0\boldsymbol{B}^{\mathrm{T}} + 3\boldsymbol{A}\boldsymbol{D}_0\boldsymbol{B}^{2\mathrm{T}} + \boldsymbol{D}_0\boldsymbol{B}^{3\mathrm{T}})/24\end{aligned} \quad (6.4.71)$$

截断项已是 $O(\tau^5)$了.

当 τ 很小时展开式(6.4.71)很精确,但当 $t\to\infty$时有 $\boldsymbol{\Phi}_a(t)\to\boldsymbol{0}$,$\boldsymbol{\Phi}_b(t)\to\boldsymbol{0}$ 的渐近稳定性,即 $\boldsymbol{T}_a\to-\boldsymbol{I}_n$,$\boldsymbol{T}_b\to-\boldsymbol{I}_m$,于是计算 $\boldsymbol{\Phi}_a(t)$,$\boldsymbol{\Phi}_b(t)$仍会出现大数相减的问题. 为此应在一个适当的时

间 t_0 处进行转换,当 $t<t_0$ 时用 $\boldsymbol{T}_a,\boldsymbol{T}_b$,而在 $t\geqslant t_0$ 时直接采用 $\boldsymbol{\Phi}_a,\boldsymbol{\Phi}_b$. 选择 $\tau=t_0/2^N, N=20, 2^N=1048576$. 展开(6.4.71)式截断项的乘子是 $\tau^5/120$, 与首项相比其因子为 $\tau^4/120=t_0^4\cdot(1048576)^{-4}/120\approx10^{-26}\cdot t_0^4$. 注意双精度浮点数的计算机表示精度为 $O(10^{-16})$,只要 t_0 选择恰当,其误差已超出了计算机的精度范围外了. 这一步的 t_0 选择对于对称阵的计算也应当采用的.

以下提供非对称李雅普诺夫代数方程迭代解的算法.

[给出 $n,m,\boldsymbol{A},\boldsymbol{B},\boldsymbol{D}_0$;选择 t_0,令 $\tau=t_0/2^N$;选取迭代误差 ε]

[由(6.4.71)式计算 $\boldsymbol{T}_a(\tau),\boldsymbol{T}_b(\tau),\boldsymbol{G}_d(\tau)$]

for ($iter=0$; $iter<N$; $iter++$) { $\boldsymbol{G}_d=\boldsymbol{G}_d+(\boldsymbol{I}_n+\boldsymbol{T}_a)\boldsymbol{G}_d(\boldsymbol{I}_m+\boldsymbol{T}_b)^{\mathrm{T}}$; $\boldsymbol{T}_a=2\boldsymbol{T}_a+\boldsymbol{T}_a*\boldsymbol{T}_a$; $\boldsymbol{T}_b=2\boldsymbol{T}_b+\boldsymbol{T}_b*\boldsymbol{T}_b$; }

[$\boldsymbol{\Phi}_a=\boldsymbol{I}_n+\boldsymbol{T}_a$; $\boldsymbol{\Phi}_b=\boldsymbol{I}_m+\boldsymbol{T}_b$;]

Do{ $\boldsymbol{G}_d=\boldsymbol{G}_d+\boldsymbol{\Phi}_a\times\boldsymbol{G}_d\times\boldsymbol{\Phi}_b^{\mathrm{T}}$; $\boldsymbol{\Phi}_a=\boldsymbol{\Phi}_a\times\boldsymbol{\Phi}_a$; $\boldsymbol{\Phi}_b=\boldsymbol{\Phi}_b\times\boldsymbol{\Phi}_b$;

}while(($\|\boldsymbol{\Phi}_a\|>\varepsilon$) $\vee$ ($\|\boldsymbol{\Phi}_b\|>\varepsilon$))   (6.4.72)

注:迭代结束收敛时,$\boldsymbol{G}_d=\boldsymbol{G}_{d\infty}$就是代数李雅普诺夫方程的解.

虽然代数李雅普诺夫方程是线性方程组,但以上算法是可以用于暂态历程的李雅普诺夫微分方程的,这往往是很感兴趣的.

有时需要求解齐次黎卡提方程

$$\dot{\boldsymbol{P}}=\boldsymbol{B}^{\mathrm{T}}\boldsymbol{P}+\boldsymbol{P}\boldsymbol{A}+\boldsymbol{P}\boldsymbol{D}\boldsymbol{P},\quad \boldsymbol{P}(0)=\boldsymbol{P}_0 \tag{6.4.73}$$

其中 $\boldsymbol{A},\boldsymbol{B},\boldsymbol{D},\boldsymbol{P}$ 皆为 $n\times n$ 阵,$\boldsymbol{P}(t)$待求. 这可如下处理,令 $\boldsymbol{P}^{-1}=\boldsymbol{G}$,于是 $\boldsymbol{G}\boldsymbol{P}=\boldsymbol{I}$;$\dot{\boldsymbol{G}}\boldsymbol{P}+\boldsymbol{G}\dot{\boldsymbol{P}}=\boldsymbol{0}$;故 $\dot{\boldsymbol{G}}=-\boldsymbol{P}^{-1}\dot{\boldsymbol{P}}\boldsymbol{P}^{-1}$. 将它代入(6.4.73)式

$$\dot{\boldsymbol{G}}=-\boldsymbol{A}\boldsymbol{G}-\boldsymbol{G}\boldsymbol{B}^{\mathrm{T}}-\boldsymbol{D},\quad \boldsymbol{G}(0)=\boldsymbol{P}_0^{-1} \tag{6.4.73$'$}$$

这就是李雅普诺夫方程,求解方法同.

例 5 设有矩阵 $\boldsymbol{A},\boldsymbol{B},\boldsymbol{D}_0$,($n=3,m=4$)

$$\boldsymbol{A}=\begin{bmatrix}-0.25 & 1.0 & \\ & -0.25 & 1.0\\ & & -0.25\end{bmatrix},\boldsymbol{B}=\begin{bmatrix}-4 & 2 & 1 & 1\\ 0 & -3 & 2 & 1\\ 1 & -4 & -9 & -1\\ 0.5 & 1 & 0 & -2\end{bmatrix}$$

$$D_0 = \begin{pmatrix} 10.0 & 2.0 & 1.0 & 1.0 \\ 2.0 & 5.0 & 2.0 & 1.0 \\ 1.0 & 2.0 & 9.0 & -1.0 \end{pmatrix}$$

选择 $t_0=0.4, N=20$,此时精细计算结果有

$$\boldsymbol{\Phi}_a = \begin{bmatrix} 0.90484 & 0.36193 & 0.07239 \\ & 0.90484 & 0.36193 \\ & & 0.90484 \end{bmatrix}$$

$$\boldsymbol{\Phi}_b = \begin{bmatrix} 0.22915 & 0.16557 & 0.07389 & 0.15075 \\ 0.03624 & 0.23865 & 0.08184 & 0.11327 \\ 0.01946 & -0.15539 & -0.01068 & -0.09548 \\ 0.06932 & 0.15715 & 0.03783 & 0.49126 \end{bmatrix}$$

$$\boldsymbol{G}_d = \begin{bmatrix} 2.30703 & 0.75230 & 0.00405 & 0.66121 \\ 0.86257 & 1.29359 & -0.13090 & 0.52891 \\ 0.50351 & 0.73135 & 0.75064 & -0.10115 \end{bmatrix}$$

$$\boldsymbol{G}_{d\infty} = \begin{bmatrix} 4.23965 & 1.81182 & -0.61134 & 3.03819 \\ 1.96802 & 2.07290 & -0.60909 & 1.90428 \\ 0.92309 & 1.05083 & 0.59374 & 0.22772 \end{bmatrix}$$

迭代到最后收敛的 $\boldsymbol{G}_{d\infty}$ 也已列出．查验 $\boldsymbol{A}\boldsymbol{G}_{d\infty}+\boldsymbol{G}_{d\infty}\boldsymbol{B}^{\mathrm{T}}$,与 $\boldsymbol{D}_0$ 相对比,可知有十位的精确度．

6.4.5.3 强度可调制时的求解

以上的精细积分法是针对非齐次项矩阵 $\boldsymbol{D}(t)=\boldsymbol{D}_0$ 为常数的情况的．这相当于在 $t=0$ 突加一个定常强度的白噪音干扰．在实际工程应用中,(例如地震工程),其强度是随时间变化的函数．这是有实际应用背景的课题．

如果在方程(6.4.63)中 $\boldsymbol{D}(t)$ 是一个幂函数,如

$$\boldsymbol{D}(t)=\boldsymbol{D}_1\cdot t \qquad [\boldsymbol{G}(0)=\boldsymbol{0}] \tag{6.4.74}$$

则可做出其精细积分．其他一些函数可类推,现在关心的是其暂态历程．给出一系列等距 η 的时刻

$$t_0=0, t_1=\eta, \cdots, t_k=k\eta, \cdots \tag{6.4.75}$$

要将 $\boldsymbol{G}(t_k)$阵逐个计算出来(下标 d 已取消). 按(6.4.67)式,有

$$\boldsymbol{G}^{(1)}(t)=\int_0^t\boldsymbol{\Phi}_a(t-s)\boldsymbol{D}_1 s\boldsymbol{\Phi}_b^{\mathrm{T}}(t-s)\mathrm{d}s \quad (6.4.76')$$

其中上标$^{(1)}$表示是 1 次幂的积分. 当然可定义

$$\boldsymbol{G}^{(0)}(t)=\int_0^t\boldsymbol{\Phi}_a(t-s)\boldsymbol{D}_1\boldsymbol{\Phi}_b^{\mathrm{T}}(t-s)\mathrm{d}s \quad (6.4.76)$$

对于 $t=0,\eta,2\eta,\cdots$的 $\boldsymbol{G}^{(1)}$ 与 $\boldsymbol{G}^{(0)}$ 只能逐步进行计算. 设已经算得了 $\boldsymbol{G}^{(0)}(\eta)$, $\boldsymbol{G}^{(1)}(\eta)$ 与 $\boldsymbol{G}^{(0)}(t_k)$, $\boldsymbol{G}^{(1)}(t_k)$, 现要计算 $\boldsymbol{G}^{(0)}(t_k+\eta)$, $\boldsymbol{G}^{(1)}(t_k+\eta)$. 显然 $\boldsymbol{G}^{(1)}(t_{k+1})\equiv\boldsymbol{G}^{(1)}(t_k+\eta)$;再者 $\boldsymbol{\Phi}_a(t+\eta)=\boldsymbol{\Phi}_a(t)\boldsymbol{\Phi}_a(\eta)$, $\boldsymbol{\Phi}_b$ 同. 有

$$\begin{aligned}\boldsymbol{G}^{(0)}(t_{k+1})&=\int_0^{t_{k+1}}\boldsymbol{\Phi}_a(t_{k+1}-s)\boldsymbol{D}_1\boldsymbol{\Phi}_b^{\mathrm{T}}(t_{k+1}-s)\mathrm{d}s\\&=\boldsymbol{\Phi}_a(\eta)\boldsymbol{G}^{(0)}(t_k)\boldsymbol{\Phi}_b^{\mathrm{T}}(\eta)+\int_{t_k}^{t_{k+1}}\boldsymbol{\Phi}_a(\eta+t_k-s)\\&\quad\times\boldsymbol{D}_1\boldsymbol{\Phi}_b^{\mathrm{T}}(\eta+t_k-s)[-\mathrm{d}(t_k-s)]\\&=\boldsymbol{\Phi}_a(\eta)\boldsymbol{G}^{(0)}(t_k)\boldsymbol{\Phi}_b^{\mathrm{T}}(\eta)\\&\quad+\int_0^{\eta}\boldsymbol{\Phi}_a(\eta-s')\boldsymbol{D}_1\boldsymbol{\Phi}_b^{\mathrm{T}}(\eta-s')\mathrm{d}s'\\&=\boldsymbol{\Phi}_a(\eta)\boldsymbol{G}^{(0)}(t_k)\boldsymbol{\Phi}_b^{\mathrm{T}}(\eta)+\boldsymbol{G}^{(0)}(\eta)\end{aligned} \quad (6.4.77)$$

同理有

$$\boldsymbol{G}^{(0)}(2t)=\boldsymbol{\Phi}_a(t)\boldsymbol{G}^{(0)}(t)\boldsymbol{\Phi}_b^{\mathrm{T}}(t)+\boldsymbol{G}^{(0)}(t) \quad (6.4.77')$$

对于 $\boldsymbol{G}^{(1)}$的计算,有

$$\begin{aligned}\boldsymbol{G}^{(1)}(t_{k+1})&=\int_0^{t_k+\eta}\boldsymbol{\Phi}_a(t_{k+1}-s)\boldsymbol{D}_1 s\boldsymbol{\Phi}_b^{\mathrm{T}}(t_{k+1}-s)\mathrm{d}s\\&=\boldsymbol{\Phi}_a(\eta)\boldsymbol{G}^{(1)}(t_k)\boldsymbol{\Phi}_b^{\mathrm{T}}(\eta)+\int_{t_k}^{t_k+\eta}\boldsymbol{\Phi}_a(\eta+t_k-s)\\&\quad\times\boldsymbol{D}_1 s\boldsymbol{\Phi}_b^{\mathrm{T}}(\eta+t_k-s)\mathrm{d}(s-t_k)\\&=\boldsymbol{\Phi}_a(\eta)\boldsymbol{G}^{(1)}(t_k)\boldsymbol{\Phi}_b^{\mathrm{T}}(\eta)+\int_0^{\eta}\boldsymbol{\Phi}_a(\eta-s')\boldsymbol{D}_1\\&\quad\times(s'+t_k)\boldsymbol{\Phi}_b^{\mathrm{T}}(\eta-s')\mathrm{d}s'\end{aligned}$$

$$=\boldsymbol{\Phi}_a(\eta)\boldsymbol{G}^{(1)}(t_k)\boldsymbol{\Phi}_b^{\mathrm{T}}(\eta)+t_k\cdot\boldsymbol{G}^{(0)}(\eta)+\boldsymbol{G}^{(1)}(\eta) \tag{6.4.78a}$$

同样的推导,可推出

$$\boldsymbol{G}^{(1)}(2t)=\boldsymbol{\Phi}_a(t)\boldsymbol{G}^{(1)}(t)\boldsymbol{\Phi}_b^{\mathrm{T}}(t)+t\boldsymbol{G}^{(0)}(t)+\boldsymbol{G}^{(1)}(t) \tag{6.4.78b}$$

以上公式都是精确的.(6.4.77b),(6.4.78b)式可用于倍步长积分,而(6.4.77a)与(6.4.78a)式则可用于定步长递推.但倍步长积分时还应当有一个初始步长.可以选择一个非常小的步长 τ. $\tau=\eta/2^N$,选取 $N=20, 2^N=1048576$.对于 τ 的小步长可以用泰勒展开,对 $\boldsymbol{\Phi}_a(\tau)$,$\boldsymbol{\Phi}_b(\tau)$已见于(6.4.71)式,还有

$$\begin{aligned}\boldsymbol{G}^{(0)}(\tau)\approx&\boldsymbol{D}_1\tau+\tau^2(\boldsymbol{A}\boldsymbol{D}_1+\boldsymbol{D}_1\boldsymbol{B}^{\mathrm{T}})/2\\&+\tau^3(\boldsymbol{A}^2\boldsymbol{D}_1+2\boldsymbol{A}\boldsymbol{D}_1\boldsymbol{B}^{\mathrm{T}}+\boldsymbol{D}_1\boldsymbol{B}^{2\mathrm{T}})/6\\&+\tau^4(\boldsymbol{A}^3\boldsymbol{D}_1+3\boldsymbol{A}^2\boldsymbol{D}_1\boldsymbol{B}^{\mathrm{T}}+3\boldsymbol{A}\boldsymbol{D}_1\boldsymbol{B}^{2\mathrm{T}}+\boldsymbol{D}_1\boldsymbol{B}^{3\mathrm{T}})/24\end{aligned} \tag{6.4.79}$$

$$\begin{aligned}\boldsymbol{G}^{(1)}(\tau)\approx&\boldsymbol{D}_1\tau^2/2+(\boldsymbol{A}\boldsymbol{D}_1+\boldsymbol{D}_1\boldsymbol{B}^{\mathrm{T}})\tau^3/6\\&+(\boldsymbol{A}^2\boldsymbol{D}_1+2\boldsymbol{A}\boldsymbol{D}_1\boldsymbol{B}^{\mathrm{T}}+\boldsymbol{D}_1\boldsymbol{B}^{2\mathrm{T}})\tau^4/24\end{aligned} \tag{6.4.80}$$

其截去部分已是 $O(\tau^5)$,已在双精度误差范围之外.

于是可给出以下暂态历程算法:

[给出步长 η,及 $\boldsymbol{A},\boldsymbol{B},\boldsymbol{D}_1$ 阵;选取 $N=20$;$\tau=\eta/2^N$;]

[按(6.4.71)式计算 $\boldsymbol{T}_a$,$\boldsymbol{T}_b$,按(6.4.79),(6.4.80)式得 $\boldsymbol{G}_0=\boldsymbol{G}^{(0)}(\tau)$;$\boldsymbol{G}_1=\boldsymbol{G}^{(1)}(\tau)$;$tt=\tau$;]

for($iter=0$;$iter<N$;$iter++$){注:倍时间区段

$\boldsymbol{G}_1=\boldsymbol{G}_1+(\boldsymbol{I}_n+\boldsymbol{T}_a)\boldsymbol{G}_1(\boldsymbol{I}_m+\boldsymbol{T}_b)^{\mathrm{T}}+tt*\boldsymbol{G}_0$;注:(6.4.78b)式

$\boldsymbol{G}_0=\boldsymbol{G}_0+(\boldsymbol{I}_n+\boldsymbol{T}_a)\boldsymbol{G}_0(\boldsymbol{I}_m+\boldsymbol{T}_b)^{\mathrm{T}}$;注:(6.4.77b)式

$\boldsymbol{T}_a=2\times\boldsymbol{T}_a+\boldsymbol{T}_a\times\boldsymbol{T}_a$;$\boldsymbol{T}_b=2\times\boldsymbol{T}_b+\boldsymbol{T}_b\times\boldsymbol{T}_b$;$tt=2\times tt$;}

$\boldsymbol{G}_1^{(1)}=\boldsymbol{G}_1$;$\boldsymbol{G}_1^{(0)}=\boldsymbol{G}_0$;$tt=\eta$;$\boldsymbol{\Phi}_a=\boldsymbol{I}_n+\boldsymbol{T}_a$;$\boldsymbol{\Phi}_b=\boldsymbol{I}_m+\boldsymbol{T}_b$;注:为逐步积分开工

for($k=1;k\leqslant k_{\max};k++$) {注:逐步积分迭代

$\boldsymbol{G}_{k+1}^{(1)}=\boldsymbol{\Phi}_a\boldsymbol{G}_k^{(1)}\boldsymbol{\Phi}_b^{\mathrm{T}}+\boldsymbol{G}_1+tt\times\boldsymbol{G}_0$;注:(6.4.78a)式

$\boldsymbol{G}_{k+1}^{(0)}=\boldsymbol{\Phi}_a\boldsymbol{G}_k^{(0)}\boldsymbol{\Phi}_b^{\mathrm{T}}+\boldsymbol{G}_0$;注:(6.4.77a)式

$tt=tt+\eta$;注:步进} (6.4.81)

至此已完成了逐步积分.

讨论:外力干扰(6.4.74)是最简单的情况.上文推导的积分公式(6.4.78)无非是利用了 $t=t_k+(t-t_k)$ 的性质.如果是 $\boldsymbol{D}=\boldsymbol{D}_2t^2$,则应当采用 $t^2=t_k^2+2t_k(t-t_k)+(t-t_k)^2$ 的性质,采用类同的方法仍可将其相应的精细积分做出来.依次类推,多项式的 $\boldsymbol{D}(t)$精细积分总可做出.

对于指数函数 $\boldsymbol{D}(t)=\boldsymbol{D}_e\exp(\mu t)$,利用 $\mathrm{e}^{\mu t}=\mathrm{e}^{\mu t_k}\cdot\mathrm{e}^{\mu(t-t_k)}$,依然可将精细积分做出.

对于三角函数则可利用其加法公式

$$\sin(\omega t)=\sin(\omega t_k)\cos[\omega(t-t_k)]+\cos(\omega t_k)\sin[\omega(t-t_k)]$$

$$\cos(\omega t)=\cos(\omega t_k)\cos[\omega(t-t_k)]-\sin(\omega t_k)\sin[\omega(t-t_k)]$$

对于这些函数的外力干扰,可将李雅普诺夫微分方程的精细积分做出.

为节省篇幅,略去了数例.对于随机振动预测的应用可见文献[114].

6.4.6 有色噪音的干扰

前文对多自由度的预测中,对过程噪音有(6.4.25)式表示的白噪音认定.但是当控制精度要求较高、或者实际系统中的噪音具有较强的相关性,这就应按有色噪音考虑.在应用中,相当广泛的一类有色噪音可用一个由**白噪音激励的线性系统响应**来表达.在此模型下系统分析就可以通过增广状态向量之法,仍归结为只有白噪音激励的线性系统.

首先考虑过程噪音为有色噪音,量测噪音为白色的增广数学模型.在预测问题中不讲究量测反馈分析的.于是

$$\dot{\boldsymbol{x}}(t)=\boldsymbol{A}(t)\boldsymbol{x}(t)+\boldsymbol{B}(t)\boldsymbol{w}(t) \tag{6.4.82}$$

其中 $\boldsymbol{w}(t)$为有色噪音,由下述线性系统成形

$$\dot{\boldsymbol{w}}(t)=\boldsymbol{F}(t)\boldsymbol{w}(t)+\boldsymbol{H}(t)\boldsymbol{r}(t) \tag{6.4.83}$$

其中 $\boldsymbol{r}(t)$为已知强度的白噪音.

在要求作出数值解时,一般的时变系统就引起了其复杂度;最基本的先是考虑时不变系统的情况.此时可将以上方程组合成为

$$\dot{\boldsymbol{x}}_*=\boldsymbol{A}_*\boldsymbol{x}_*+\boldsymbol{B}_*\boldsymbol{r} \tag{6.4.84}$$

其中

$$\boldsymbol{x}_*=\begin{pmatrix}\boldsymbol{x}\\ \boldsymbol{w}\end{pmatrix},\boldsymbol{A}_*=\begin{pmatrix}\boldsymbol{A} & \boldsymbol{B}\\ \boldsymbol{0} & \boldsymbol{F}\end{pmatrix}\begin{matrix}n\\ l\end{matrix},\quad \boldsymbol{B}_*=\begin{pmatrix}\boldsymbol{0}\\ \boldsymbol{H}\end{pmatrix} \tag{6.4.85}$$

以上为增广后的数学模型,$\boldsymbol{x}_*$为增广后的状态向量,$\boldsymbol{A}_*$为增广后的工厂阵.白噪音 $\boldsymbol{r}(t)$认为是独立于 $\boldsymbol{x}_*$的.在此情况下,下文要考虑要预测的计算.

至于量测噪音为有色时的分析,应当在有量测反馈的滤波分析时予以考虑.

增广系统的精细积分

精细积分就要计算指数矩阵

$$\boldsymbol{T}_*=\exp(\boldsymbol{A}_*\eta) \tag{6.4.86}$$

式中 η 为积分步长.如果不讲究计算工作量,则将 $\boldsymbol{A}_*$当成为满阵按精细积分公式计算,也可得出满意的结果.但其中有许多零的乘法本是完全不必要的.应当利用 $\boldsymbol{A}_*$阵的分块对角之形,称之为分块 R 阵之形.两个分块 R 阵之乘积以及之和仍是分块R 阵.

$$\begin{bmatrix}\boldsymbol{A}_1 & \boldsymbol{A}_2\\ \boldsymbol{0} & \boldsymbol{A}_3\end{bmatrix}\begin{bmatrix}\boldsymbol{A}_4 & \boldsymbol{A}_5\\ \boldsymbol{0} & \boldsymbol{A}_6\end{bmatrix}=\begin{bmatrix}\boldsymbol{A}_1\boldsymbol{A}_4 & (\boldsymbol{A}_1\boldsymbol{A}_5+\boldsymbol{A}_2\boldsymbol{A}_6)\\ \boldsymbol{0} & \boldsymbol{A}_3\boldsymbol{A}_6\end{bmatrix} \tag{6.4.87}$$

其中对角块乘积与右上子块无关,这些性质可在计算中加以应用.

首先是在启动公式(6.4.48)中 $\boldsymbol{A}_*$阵的操作都是乘法与加

法,因此得到的 $\boldsymbol{T}_a$ 阵也是分块 R 阵,又在 N 次迭代中也只是矩阵的乘与加,因此仍保持分块 R 阵的性质不变,因此 $\boldsymbol{T}_*$ 也是分块 R 阵.其实指数矩阵只有乘加,本就保持其分块 R 阵的.

$$\boldsymbol{T}_a \doteq \begin{pmatrix} \boldsymbol{T}_{an} & \boldsymbol{T}_{nl} \\ \boldsymbol{0} & \boldsymbol{T}_{al} \end{pmatrix} \tag{6.4.88}$$

于是算法(6.4.71)可改为

for($iter=0$; $iter<N$; $iter++$){ $\boldsymbol{T}_{nl}=2\boldsymbol{T}_{al}+\boldsymbol{T}_{an}\cdot\boldsymbol{T}_{nl}+\boldsymbol{T}_{nl}\cdot\boldsymbol{T}_{al}$;

$\boldsymbol{T}_{an}=2\boldsymbol{T}_{an}+\boldsymbol{T}_{an}\cdot\boldsymbol{T}_{an}$; $\boldsymbol{T}_{al}=2\boldsymbol{T}_{al}+\boldsymbol{T}_{al}\cdot\boldsymbol{T}_{al}$;}

[组成 $\boldsymbol{T}_a$; 再 $\boldsymbol{T}_*=\boldsymbol{I}_{n+l}+\boldsymbol{T}_a$;] (6.4.89)

为寻求非齐次项作用之下的响应,需计算逆阵.分块 R 阵之逆仍为分块 R 阵,为

$$\begin{pmatrix} \boldsymbol{A}_1 & \boldsymbol{A}_2 \\ \boldsymbol{0} & \boldsymbol{A}_3 \end{pmatrix}^{-1} = \begin{pmatrix} \boldsymbol{A}_1^{-1} & -\boldsymbol{A}_1^{-1}\boldsymbol{A}_2\boldsymbol{A}_3^{-1} \\ \boldsymbol{0} & \boldsymbol{A}_3^{-1} \end{pmatrix} \tag{6.4.90}$$

于是 6.4.4.2 节中的非齐次项也可以在分块 R 阵的范围内完成其计算以减轻其计算工作量.

分块 R 阵的 $\boldsymbol{T}_*$ 对李雅普诺夫方程的精细积分也能利用.在(6.4.62)式中计算 $\boldsymbol{T}_*\times\boldsymbol{G}\times\boldsymbol{T}_*^{\mathrm{T}}$ 时也可以分块计算

$$\begin{pmatrix} \boldsymbol{T}_n & \boldsymbol{T}_{nl} \\ \boldsymbol{0} & \boldsymbol{T}_l \end{pmatrix} \begin{pmatrix} \boldsymbol{G}_n & \boldsymbol{G}_{nl} \\ \boldsymbol{G}_{nl}^{\mathrm{T}} & \boldsymbol{G}_l \end{pmatrix} \begin{pmatrix} \boldsymbol{T}_n^{\mathrm{T}} & \boldsymbol{0} \\ \boldsymbol{T}_{nl}^{\mathrm{T}} & \boldsymbol{T}_l^{\mathrm{T}} \end{pmatrix} = \begin{pmatrix} \boldsymbol{G}'_n & \boldsymbol{G}'_{nl} \\ \boldsymbol{G}'^{\mathrm{T}}_{nl} & \boldsymbol{G}'_l \end{pmatrix}$$

$$\boldsymbol{G}'_n = \boldsymbol{T}_n\boldsymbol{G}_n\boldsymbol{T}_n^{\mathrm{T}} + \boldsymbol{T}_{nl}\boldsymbol{G}_{nl}^{\mathrm{T}}\boldsymbol{T}_n^{\mathrm{T}} + \boldsymbol{T}_n\boldsymbol{G}_{nl}\boldsymbol{T}_{nl}^{\mathrm{T}} + \boldsymbol{T}_{nl}\boldsymbol{G}_l\boldsymbol{T}_{nl}^{\mathrm{T}}$$

$$\boldsymbol{G}'_{nl} = \boldsymbol{T}_n\boldsymbol{G}_{nl}\boldsymbol{T}_l^{\mathrm{T}} + \boldsymbol{T}_{nl}\boldsymbol{G}_l\boldsymbol{T}_l^{\mathrm{T}}, \quad \boldsymbol{G}'_l = \boldsymbol{T}_l\boldsymbol{G}_l\boldsymbol{T}_l^{\mathrm{T}}$$

尤其是当 $\boldsymbol{T}_*$ 为分块对角阵时,$\boldsymbol{G}$ 阵的各分块互不相关独立积分,其右上的分块就是不对称李雅普诺夫方程的积分.

6.5 卡尔曼滤波

在控制问题中,状态的反馈是非常重要的;为了掌握一个系统的运行,就要了解状态.然而由于系统的实际情况,量测并不能对全部状态变量都测得,测得的数据只是 n 维状态向量 $\boldsymbol{x}$ 的 q 维子

空间的向量 $\boldsymbol{y}$. 这些量测数据并不能精确量得，而是有量测误差的. 因此有必要根据观测到的数据 $\boldsymbol{y}$ 推测实际的随机状态向量 $\boldsymbol{x}$.

卡尔曼(R.E. Kalman)于 1960 年给出了最优线性递推滤波算法. 卡尔曼滤波不要求计算机存储所有过去的数据，只要根据新的量测数据和前一时刻的估计值，就可递推计算出新的状态估计值. 这就大大减少了计算机的存储量和计算量，便于实时处理. 卡尔曼滤波也适用于非平稳过程的估计，由于这些优点，卡尔曼滤波在航空-航天技术及其控制中得到了应用，并在其他行业中也有多方面的应用.

卡尔曼滤波先有离散时间的，随后很快又有了连续时间的卡尔曼-布西(Bucy)滤波. 其实类同的一套提法，有**预测**、**滤波**以及**平滑**三种估计. 预测就是量测 $\boldsymbol{y}$ 只收集到时刻 t_1，但要估计 $t_2>t_1$ 时刻的状态；滤波的意思是量测到 t_1，要估计当前 t_1 的状态，是不违背因果律的；平滑则常用于现场实测后回实验室的数据处理，根据时段 $0\sim t_2$ 的量测数据，回顾 t_1 时的状态，作出估计. 许多发展见文献[115].

这整套理论与方法都是在计算机冲击下产生与发展的. 计算在其中占了极重要的部分. 虽然已出版了许多著作，但在计算这个方面仍远非完善. 本书在结构力学与控制理论相模拟理论的基础上，结合精细积分法以及分析解方法，将其计算的理论与方法作了系统性的改革，许多内容都是首次出现的.

6.5.1 线性估计问题的提法

卡尔曼滤波总是采用状态空间的模型. 现在比较成熟的理论与计算是对于线性系统，而且认为外界的干扰是高斯分布的随机过程. 按概率论，在高斯分布的干扰输入下，线性系统所激发的状态依然是高斯分布的. 这就提供了极大的方便，只要设法求出其状态的均值与方差，便可知状态的分布与估计. 在考虑其动力方程及取样时，应将系统区分为**离散**时间系统与**连续**时间**系统**两种，虽然它们是密切关联的.

6.5.1.1 离散时间系统模型

系统的动力方程、量测方程及输出设为

$$\boldsymbol{x}_{k+1} = \boldsymbol{F}_k \boldsymbol{x}_k + \boldsymbol{B}_k \boldsymbol{w}_k + \boldsymbol{B}_{uk} \boldsymbol{u}_k \tag{6.5.1}$$

$$\boldsymbol{y}_k = \boldsymbol{C}_k \boldsymbol{x}_k + \boldsymbol{v}_k \tag{6.5.2}$$

$$\boldsymbol{z}_k = \boldsymbol{C}_{zk} \boldsymbol{x}_k \tag{6.5.3}$$

其中 $k=0,1,2,\cdots$为时间步，$\boldsymbol{x}_k$ 为 n 维状态向量，$\boldsymbol{u}_k$ 为 m 维确定性控制输入向量，$\boldsymbol{w}_k$ 为过程噪音 l 维，$\boldsymbol{y}_k$ 为 q 维量测向量，$\boldsymbol{v}_k$ 是量测噪音，$\boldsymbol{z}_k$ 是输出向量；正由于有噪音 $\boldsymbol{w}_k$，$\boldsymbol{v}_k$，故 $\boldsymbol{x}_k$，$\boldsymbol{y}_k$ 皆为随机过程. $\boldsymbol{F}_k$ 是 $n\times n$ 工厂阵，$\boldsymbol{B}_{uk}$为 $n\times m$ 阵，$\boldsymbol{B}_k$ 为 $n\times l$ 阵，$\boldsymbol{C}_k$ 为 $q\times n$ 阵，$\boldsymbol{C}_{zk}$为 $p\times n$ 阵，都是确定性的. 初始条件为

$$\hat{\boldsymbol{x}}_0 = \text{已知}, \quad \boldsymbol{P}_0 = \text{已知} \tag{6.5.4}$$

即其均值与初始的方差. 求解主要是根据量测到的向量 $\boldsymbol{y}_k$，$\boldsymbol{y}_{k-1}$，$\cdots$，$\boldsymbol{y}_0$，要对状态 $\boldsymbol{x}_k$ 作出估计，从而也对 $\boldsymbol{z}_k$ 作出估计. 即使对同一个时刻 k，也应区分验前（验 $\boldsymbol{y}_k$ 前）与验后估计. 验前的状态均值与方差记为 $\hat{\boldsymbol{x}}_k$ 与 $\boldsymbol{P}_k$，而验后则记为 $\hat{\boldsymbol{x}}'_k$ 与 $\boldsymbol{P}'_k$. 可以看到，这里所讲的是滤波. 预测的提法则相当于量测时间 j 落后于当前的 k，于是就可将 j 的验后估计作为初始状态，当前的时刻就移位成为第 $(k-j)$步了，预测的算法已在上一节讲过. 无非是前一段滤波，后一段予测.

平滑的算法则在估计中运用了以后量测到的结果，破坏了因果关系，其估计算法就有所不同了，结构力学的方法正可以用到. **均值就是结构力学中的位移，而方差就是结构力学中的柔度阵**. 前面讲最小二乘法时已经看到过这些了.

6.5.1.2 连续时间系统

连续时间系统的方程为

$$\text{动力：}\dot{\boldsymbol{x}}(t) = \boldsymbol{A}(t)\boldsymbol{x}(t) + \boldsymbol{B}_1(t)\boldsymbol{w}(t) + \boldsymbol{B}_u(t)\boldsymbol{u}(t) \tag{6.5.5}$$

$$\text{输出}: \boldsymbol{z}(t) = \boldsymbol{C}_z(t)\boldsymbol{x}(t) + \boldsymbol{D}(t)\boldsymbol{u}(t) \tag{6.5.6}$$

$$\text{量测}: \boldsymbol{y}(t) = \boldsymbol{C}_y(t)\boldsymbol{x}(t) + \boldsymbol{v}(t) \tag{6.5.7}$$

有关符号的意义与离散时间系统相同.

这是最优线性估计的问题,故只要噪音是高斯分布的随机过程,则系统响应也是高斯分布的,其初始条件为给出其均值与方差

$$\hat{\boldsymbol{x}}(0) = \hat{\boldsymbol{x}}_0 = \text{已知}, \boldsymbol{P}(0) = \boldsymbol{P}_0 = \text{已知} \tag{6.5.8}$$

以下着重考虑滤波问题.

6.5.2 离散时间线性系统的卡尔曼滤波

输出向量 $\boldsymbol{z}_k$ 的估计完全依赖于状态向量 $\boldsymbol{x}_k$ 的估计. 由(6.5.3)式取期望,即得

$$\hat{\boldsymbol{z}}_k = \boldsymbol{C}_{zk}\hat{\boldsymbol{x}}_k \tag{6.5.9}$$

再与(6.5.3)式相减,$\boldsymbol{z}_k - \hat{\boldsymbol{z}}_k = \boldsymbol{C}_{zk}(\boldsymbol{x}_k - \hat{\boldsymbol{x}}_k)$,由此得其方差为

$$\begin{aligned}\boldsymbol{P}_{zk} &= E[(\boldsymbol{z}_k - \hat{\boldsymbol{z}}_k)(\boldsymbol{z}_k - \hat{\boldsymbol{z}}_k)^{\mathrm{T}}] \\ &= E[\boldsymbol{C}_{zk}(\boldsymbol{x}_k - \hat{\boldsymbol{x}}_k)(\boldsymbol{x}_k - \hat{\boldsymbol{x}}_k)^{\mathrm{T}}\boldsymbol{C}_{zk}^{\mathrm{T}}] \\ &= \boldsymbol{C}_{zk}\boldsymbol{P}_k\boldsymbol{C}_{zk}^{\mathrm{T}}\end{aligned} \tag{6.5.10}$$

因此只要对 $\boldsymbol{x}_k$ 作出其估计 $\hat{\boldsymbol{x}}_k$ 与 $\boldsymbol{P}_k$ 即可. 所以要着重考虑的是(6.5.1),(6.5.2)式.

先考虑最简单的情况,认为干扰 $\boldsymbol{w}_k, \boldsymbol{v}_k$ 为互不相干的白噪音,即认为

$$\left.\begin{aligned}&E(\boldsymbol{w}_k) = \boldsymbol{0}, \quad \mathrm{var}[\boldsymbol{w}_k, \boldsymbol{w}_j] = \boldsymbol{W}_k\delta_{kj}, \quad \mathrm{var}[\boldsymbol{w}_k, \boldsymbol{v}_j] = \boldsymbol{0} \\ &E(\boldsymbol{v}_k) = \boldsymbol{0}, \quad \mathrm{var}[\boldsymbol{v}_k, \boldsymbol{v}_j] = \boldsymbol{V}_k\delta_{kj}\end{aligned}\right\} \tag{6.5.11}$$

设滤波进程当前达到 k_t,即时间步为 $k = 0, 1, \cdots, k_t$;而量测到的为 $\boldsymbol{y}_0, \boldsymbol{y}_1, \cdots, \boldsymbol{y}_{t-1}$. 要寻求滤波估计 $\hat{\boldsymbol{x}}_t$,对它的估计不得违反因果关系,即计算 $\boldsymbol{x}_t$ 时只能运用 $k < k_t$ 的 $\boldsymbol{y}$,即以前的量测,初始 $\boldsymbol{x}(0)$ 的估计(6.5.8)式,它当然与干扰 $\boldsymbol{w}_k, \boldsymbol{v}_k$ 无关.

寻找估计值的原则仍然是使误差指标为最小. 当前应设定其误差指标 J_t 为

$$J_t = \sum_{k=0}^{k_t} [\boldsymbol{w}_k^{\mathrm{T}} \boldsymbol{W}_k^{-1} \boldsymbol{w}_k / 2 + \boldsymbol{v}_k^{\mathrm{T}} \boldsymbol{V}_k^{-1} \boldsymbol{v}_k / 2]$$

$$+ (\boldsymbol{x}_0 - \hat{\boldsymbol{x}}_0)^{\mathrm{T}} \boldsymbol{P}_0^{-1} (\boldsymbol{x}_0 - \hat{\boldsymbol{x}}_0) / 2, \quad \min_{\boldsymbol{x}} J_t \quad (6.5.12)$$

其中下标 k_t 换成了 t 以易于书写. 这是一个**条件极小**问题,因为还有动力方程与量测方程的条件. 从指标的构造看到,这是**最小二乘法**. 其提法是滤波只到当前时间 k_t 的一个问题. 随着时间 k_t 的一步步增长,每一步就出现一个最小二乘问题,这就形成了一系列的最小二乘问题. 然后又在 k_t 处作了量测,因此在 k_t 处还有验后滤波估计,而在 k_t+1 处有验前滤波估计. 量测方程没有差分因素,故可先将 $\boldsymbol{v}_k$ 消去而成为

$$J_t = \frac{1}{2} \sum_{k=0}^{k_t} [\boldsymbol{w}_k^{\mathrm{T}} \boldsymbol{W}_k^{-1} \boldsymbol{w}_k + (\boldsymbol{y}_k - \boldsymbol{C}_k \boldsymbol{x}_k)^{\mathrm{T}} \boldsymbol{V}_k^{-1} (\boldsymbol{y}_k - \boldsymbol{C}_k \boldsymbol{x}_k)]$$

$$+ (\boldsymbol{x}_0 - \hat{\boldsymbol{x}}_0)^{\mathrm{T}} \boldsymbol{P}_0^{-1} (\boldsymbol{x}_0 - \hat{\boldsymbol{x}}_0) / 2$$

现在引入动力方程的对偶向量(拉格朗日参数)$\boldsymbol{\lambda}_k, k=1,2,\cdots$,得扩充指标

$$J_{et} = \sum_{k=0}^{k_t} [\boldsymbol{\lambda}_{k+1}^{\mathrm{T}} (\boldsymbol{x}_{k+1} - \boldsymbol{F}_k \boldsymbol{x}_k - \boldsymbol{B}_k \boldsymbol{w}_k - \boldsymbol{B}_{uk} \boldsymbol{u}_k)$$

$$+ (\boldsymbol{y}_k - \boldsymbol{C}_k \boldsymbol{x}_k)^{\mathrm{T}} \boldsymbol{V}_k^{-1} (\boldsymbol{y}_k - \boldsymbol{C}_k \boldsymbol{x}_k) / 2 + \boldsymbol{w}_k^{\mathrm{T}} \boldsymbol{W}_k^{-1} \boldsymbol{w}_k / 2]$$

$$+ (\boldsymbol{x}_0 - \hat{\boldsymbol{x}}_0)^{\mathrm{T}} \boldsymbol{P}_0^{-1} (\boldsymbol{x}_0 - \hat{\boldsymbol{x}}_0) / 2, \quad \delta J_{et} = 0$$

$$(6.5.13)$$

其中独立的变分量为 $\boldsymbol{x}, \boldsymbol{\lambda}, \boldsymbol{w}$. 对(6.5.13)式完成对 $\boldsymbol{w}_k$ 取最小,有

$$\boldsymbol{w}_k = \boldsymbol{W}_k \boldsymbol{B}_k^{\mathrm{T}} \boldsymbol{\lambda}_{k+1} \quad (6.5.14')$$

再代入(6.5.13)式,将 $\boldsymbol{w}_k$ 自 J_{et} 中消去有

$$J_{et} = \sum_{k=0}^{k_t} [\boldsymbol{\lambda}_{k+1}^{\mathrm{T}} \boldsymbol{x}_{k+1} - \boldsymbol{\lambda}_{k+1}^{\mathrm{T}} \boldsymbol{F}_k \boldsymbol{x}_k - \boldsymbol{\lambda}_{k+1}^{\mathrm{T}} \boldsymbol{B}_{uk} \boldsymbol{u}_k$$

$$- \boldsymbol{\lambda}_{k+1}^{\mathrm{T}} (\boldsymbol{B}_k \boldsymbol{W}_k \boldsymbol{B}_k^{\mathrm{T}}) \boldsymbol{\lambda}_{k+1} / 2 - \boldsymbol{y}_k^{\mathrm{T}} \boldsymbol{V}_k^{-1} \boldsymbol{C}_k \boldsymbol{x}_k + \boldsymbol{x}_k^{\mathrm{T}} (\boldsymbol{C}_k^{\mathrm{T}} \boldsymbol{V}_k^{-1} \boldsymbol{C}_k) \boldsymbol{x}_k / 2]$$

$$+ (\boldsymbol{x}_0 - \hat{\boldsymbol{x}}_0)^{\mathrm{T}} \boldsymbol{P}_0^{-1} (\boldsymbol{x}_0 - \hat{\boldsymbol{x}}_0) / 2, \quad \delta J_{et} = 0 \quad (6.5.14)$$

这成为二类独立变量 $\boldsymbol{x}, \boldsymbol{\lambda}$ 的变分原理,已经是无条件的了. 完成

变分运算,有

$$[\delta\boldsymbol{\lambda}_{k+1}^{\mathrm{T}}]:\boldsymbol{x}_{k+1}=\boldsymbol{F}_k\boldsymbol{x}_k+(\boldsymbol{B}_k\boldsymbol{W}_k\boldsymbol{B}_k^{\mathrm{T}})\boldsymbol{\lambda}_{k+1}+\boldsymbol{B}_{uk}\boldsymbol{u}_k,k=0,\cdots,k_t \tag{6.5.15a}$$

$$[\delta\boldsymbol{x}_k^{\mathrm{T}}]:\boldsymbol{\lambda}_k=-\boldsymbol{C}_k^{\mathrm{T}}\boldsymbol{V}_k^{-1}\boldsymbol{C}_k\boldsymbol{x}_k+\boldsymbol{F}_k^{\mathrm{T}}\boldsymbol{\lambda}_{k+1}+\boldsymbol{C}_k^{\mathrm{T}}\boldsymbol{V}_k^{-1}\boldsymbol{y}_k,k=1,\cdots,k_t \tag{6.5.15b}$$

$$[\delta\boldsymbol{x}_0^{\mathrm{T}}]:(\boldsymbol{P}_0^{-1}+\boldsymbol{C}_0^{\mathrm{T}}\boldsymbol{V}_0^{-1}\boldsymbol{C}_0)(\boldsymbol{x}_0-\hat{\boldsymbol{x}}_0)=\boldsymbol{C}_0^{\mathrm{T}}\boldsymbol{V}_0^{-1}(\boldsymbol{y}_0-\boldsymbol{C}_0\hat{\boldsymbol{x}}_0)+\boldsymbol{F}_0^{\mathrm{T}}\boldsymbol{\lambda}_1 \tag{6.5.16}$$

$$[\delta\boldsymbol{x}_{t+1}^{\mathrm{T}}]:\qquad \hat{\boldsymbol{\lambda}}_{t+1}=\boldsymbol{0} \tag{6.5.17}$$

对这套方程(6.5.14～17)的解,只有 k_t 站的解才是滤波解,而其他站 $k<k_t$ 则都是平滑解,因为利用了以后的量测数据.设已完成了对 k_t 站的验前滤波估计,有

$$\boldsymbol{x}_t=\hat{\boldsymbol{x}}_t+\boldsymbol{P}_t\boldsymbol{\lambda}_t \tag{6.5.18}$$

现在要寻求 k_t+1 站的验前滤波估计,即一个步进循环.一个步进包含两步,k_t 站的验后滤波估计以及随后 k_t+1 站的验前滤波估计.这两步可以合在一起分析.求解对偶差分方程(6.5.15a,b),其中 $k=k_t$.在量测 $\boldsymbol{y}_t$ 前,$\boldsymbol{x}_t$ 已经表示为(6.5.18)式之形式,代入(6.5.15)式,有

$$\boldsymbol{x}_{k+1}=\boldsymbol{F}_k\boldsymbol{P}_k\boldsymbol{\lambda}_k+\boldsymbol{B}_k\boldsymbol{W}_k\boldsymbol{B}_k^{\mathrm{T}}\boldsymbol{\lambda}_{k+1}+\boldsymbol{F}_k\hat{\boldsymbol{x}}_k+\boldsymbol{B}_{uk}\boldsymbol{u}_k,k=k_t \tag{6.5.19}$$

$$\boldsymbol{\lambda}_k=-\boldsymbol{C}_k^{\mathrm{T}}\boldsymbol{V}_k^{-1}\boldsymbol{C}_k\boldsymbol{P}_k\boldsymbol{\lambda}_k+\boldsymbol{F}_k^{\mathrm{T}}\boldsymbol{\lambda}_{k+1}+\boldsymbol{C}_k^{\mathrm{T}}\boldsymbol{V}_k^{-1}(\boldsymbol{y}_k-\boldsymbol{C}_k\hat{\boldsymbol{x}}_k)$$

或

$$\boldsymbol{P}_k\boldsymbol{\lambda}_k=\boldsymbol{P}'_k\boldsymbol{F}_k^{\mathrm{T}}\boldsymbol{\lambda}_{k+1}+\boldsymbol{P}'_k\boldsymbol{C}_k^{\mathrm{T}}\boldsymbol{V}_k^{-1}(\boldsymbol{y}_k-\boldsymbol{C}_k\hat{\boldsymbol{x}}_k) \tag{6.5.20}$$

其中 $\boldsymbol{P}'_k$ 见(6.5.25)式.消去 $\boldsymbol{P}_k\boldsymbol{\lambda}_k$,有

$$\boldsymbol{x}_{t+1}=\hat{\boldsymbol{x}}_{t+1}+\boldsymbol{P}_{t+1}\boldsymbol{\lambda}_{t+1} \tag{6.5.21}$$

$$\hat{\boldsymbol{x}}_{t+1}=\boldsymbol{F}_t\cdot[\hat{\boldsymbol{x}}_t+\boldsymbol{K}_t(\boldsymbol{y}_t-\boldsymbol{C}_t\hat{\boldsymbol{x}}_t)]+\boldsymbol{B}_{u,t}\boldsymbol{u}_t=\boldsymbol{F}_t\hat{\boldsymbol{x}}'_t+\boldsymbol{B}_{u,t}\boldsymbol{u}_t \tag{6.5.22}$$

$$\hat{\boldsymbol{x}}'_t=\hat{\boldsymbol{x}}_t+\boldsymbol{K}_t(\boldsymbol{y}_t-\boldsymbol{C}_t\hat{\boldsymbol{x}}_t) \tag{6.5.23}$$

$$\boldsymbol{K}_t=\boldsymbol{P}'_t\boldsymbol{C}_t^{\mathrm{T}}\boldsymbol{V}_t^{-1} \tag{6.5.24}$$

$$\boldsymbol{P}'_t=(\boldsymbol{P}_t^{-1}+\boldsymbol{C}_t^{\mathrm{T}}\boldsymbol{V}_t^{-1}\boldsymbol{C}_t)^{-1} \tag{6.5.25}$$

$$P_{t+1} = F_t P'_t F_t^{\mathrm{T}} + B_t W_t B_t^{\mathrm{T}} \tag{6.5.26}$$

这些方程造成了一种递推的情势:设在第 k_t 步已求得 P_t 与 $\hat{x}_t$,就如同初始条件(6.5.4)一样.于是先由(6.5.25)式计算 P'_t;再由(6.5.24)式计算 K_t 增益阵;再由(6.5.23)式计算 $\hat{x}'_t$,即验后 x_t 的均值,而 P'_t 为验后 x_t 方差.这些是 k_t 站的验后计算.继而由(6.5.22)式计算 $\hat{x}_{t+1}$,由(6.5.26)式计算 P_{t+1},从而完成了从 k_t 步进到 k_t+1 站的计算.注意(6.5.21)式即(6.5.18)式的步进,故这些方程就是一轮递归算法.于是由(6.5.8′)式 $k_t=0$ 的初始条件可推出 $k_t=1$;再由 $k_t=1$ 推出 $k_t=2,\cdots$,实现了数学归纳法.

让(6.5.15a,b),(6.5.16)式都得到满足,但 λ_{t+1} 则仍作为变量.此时可导出指标 $J_{et}=(x_{t+1}-\hat{x}_{t+1})^{\mathrm{T}}P_{t+1}^{-1}(x_{t+1}-\hat{x}_{t+1})/2+$ const.;实际上,上式也可以由

$$\begin{aligned} J_{et} = & (x_t - \hat{x}_t)^{\mathrm{T}} P_t^{-1} (x_t - \hat{x}_t)/2 \\ & + \lambda_{t+1}^{\mathrm{T}} [x_{t+1} - F_t x_t - B_{ut} u_t - B_t W_t B_t^{\mathrm{T}} \lambda_{t+1}/2] \\ & + x_t^{\mathrm{T}} C_t^{\mathrm{T}} V_t^{-1} C_t x_t/2 - x_t^{\mathrm{T}} C_t^{\mathrm{T}} V_t^{-1} y_t, \quad \max_{\lambda_{t+1}} [\min_{x_t} J_{et}] \end{aligned} \tag{6.5.14′}$$

而导出.求解 $t+1$ 步处的滤波解,用了极大;但 J_{et} 的计算只要在方括号之内取一个极小就可以了.这里写成 k_t 无非是强调在过去时段的前沿,是滤波而不是平滑.滤波的均值在方程(6.5.17)处达到,由(6.5.21)式知,这就是 $\hat{x}_{t+1}$.以后为简单起见,将下标 k_t 仍写为 k.

这一节推导离散时间卡尔曼滤波公式采用了变分法,可以说是非常简捷.得的公式与常用的完全一样,只要注意以下符号对比

常用的	$\hat{x}_k(k\mid k-1)$	$\hat{x}_k(k\mid k)$	$P(k\mid k-1)$	$P(k\mid k)$
现用的	$\hat{x}_k$	$\hat{x}'_k$	P_k	P'_k

对于线性问题高斯过程,变分法给出的估计当然自动就是无偏的.

在(6.5.22)~(6.5.26)递推公式中,方差阵 P_k,P'_k 以及增益

阵 $\boldsymbol{K}_k$ 与量测 $\boldsymbol{y}$ 是无关的，因此可以预先离线计算好存储起来. 在实时处理时只需对(6.5.22)，(6.5.23)式进行计算. 在整个推演过程中，确定性输入 $\boldsymbol{u}_k$ 只是在均值动力方程(6.5.22)中加一项，其他无影响. 所以在下文的滤波中不再列入.

用变分法推导了卡尔曼滤波的公式后，现在就应当介绍以下卡尔曼滤波与结构力学的模拟关系了. 将变分原理的(6.5.14)式与(5.9.9)式相对比，列举为

$$\boldsymbol{V}_k(\boldsymbol{q}_a, \boldsymbol{p}_b) = \boldsymbol{p}_b^{\mathrm{T}}\boldsymbol{G}\boldsymbol{p}_b/2 + \boldsymbol{p}_b^{\mathrm{T}}\boldsymbol{F}\boldsymbol{q}_a - \boldsymbol{q}_a^{\mathrm{T}}Q q_a + \boldsymbol{p}_b^{\mathrm{T}}\boldsymbol{r}_{bk} + \boldsymbol{q}_a^{\mathrm{T}}\boldsymbol{r}_{ak} \tag{5.9.5}$$

$$\min_q \max_p \left[\sum_{k=1}^{k_f} [\boldsymbol{p}_k^{\mathrm{T}}\boldsymbol{q}_k - V_k(\boldsymbol{q}_{k-1}, \boldsymbol{p}_k)] + (\boldsymbol{q}_0 - \hat{\boldsymbol{q}}_0)^{\mathrm{T}}\boldsymbol{P}_0^{-1}(\boldsymbol{q}_0 - \hat{\boldsymbol{q}}_0)/2 \right] \tag{5.9.9}$$

便知以下对比

结构力学	卡尔曼滤波
位移、内力 $\boldsymbol{q}, \boldsymbol{p}$	对偶向量 $\boldsymbol{x}, \boldsymbol{\lambda}$
区段$[0,k)$的右端 k 与 $k+1$	k_t, k_{t+1}
$\boldsymbol{F}, \boldsymbol{G}, \boldsymbol{Q}$	$\boldsymbol{F}, \boldsymbol{C}^{\mathrm{T}}\boldsymbol{V}^{-1}\boldsymbol{C}, \boldsymbol{BWB}^{\mathrm{T}}$
等价外力 $\boldsymbol{r}_{bk}, \boldsymbol{r}_{ak}$	$\boldsymbol{B}_u\boldsymbol{u}_k, \boldsymbol{C}^{\mathrm{T}}\boldsymbol{V}^{-1}\boldsymbol{y}_k$
混合能 $V_k(\boldsymbol{q}_a, \boldsymbol{p}_b)$	混合能 $V_k(\boldsymbol{q}_a, \boldsymbol{p}_b)$
对偶方程(5.9.10)	对偶方程(6.5.15a,b)
区段$[0,k)$的势能 $\Pi_k(\boldsymbol{q}_k)$	时段$[0,k_t)$的指标 J_{e,k_t}
等等.	

过程噪音与量测噪音相关的情况

当考虑有色噪音时，要用到 $\boldsymbol{w}_k$ 与 $\boldsymbol{v}_k$ 相关的情况. 此时(6.5.11)式应修改为

$$E(\boldsymbol{w}_k) = \boldsymbol{0}, \quad E(\boldsymbol{v}_k) = \boldsymbol{0}$$
$$\mathrm{covar}[\boldsymbol{w}_i\boldsymbol{w}_j^{\mathrm{T}}] = \boldsymbol{W}_i\delta_{ij}, \quad \mathrm{covar}[\boldsymbol{v}_i\boldsymbol{v}_j^{\mathrm{T}}] = \boldsymbol{V}_i\delta_{ij}$$
$$\mathrm{covar}[\boldsymbol{w}_i\boldsymbol{v}_j^{\mathrm{T}}] = \boldsymbol{S}_i\delta_{ij} \tag{6.5.27}$$

因此其指标应为

$$J=\sum_{k=0}^{k_f}\frac{1}{2}\begin{pmatrix}\boldsymbol{w}_k\\ \boldsymbol{y}_k-\boldsymbol{C}_k\boldsymbol{x}_k\end{pmatrix}^{\mathrm{T}}\begin{pmatrix}\boldsymbol{W}_k & \boldsymbol{S}_k\\ \boldsymbol{S}_k^{\mathrm{T}} & \boldsymbol{V}_k\end{pmatrix}^{-1}\begin{pmatrix}\boldsymbol{w}_k\\ \boldsymbol{y}_k-\boldsymbol{C}_k\boldsymbol{x}_k\end{pmatrix}$$

$$+(\boldsymbol{x}_0-\hat{\boldsymbol{x}}_0)\boldsymbol{P}_0^{-1}(\boldsymbol{x}_0-\hat{\boldsymbol{x}}_0)^{\mathrm{T}}/2\quad \min J \tag{6.5.28}$$

由于噪声的能量应取正值,故上式中矩阵为正定,可以求逆. 有分块矩阵的求逆公式

$$\begin{pmatrix}\boldsymbol{Q} & \boldsymbol{S}\\ \boldsymbol{S}^{\mathrm{T}} & \boldsymbol{R}\end{pmatrix}^{-1}$$

$$=\begin{pmatrix}(\boldsymbol{Q}-\boldsymbol{S}\boldsymbol{R}^{-1}\boldsymbol{S}^{\mathrm{T}})^{-1} & -\boldsymbol{Q}^{-1}\boldsymbol{S}(\boldsymbol{R}-\boldsymbol{S}^{\mathrm{T}}\boldsymbol{Q}^{-1}\boldsymbol{S})^{-1}\\ -\boldsymbol{R}^{-1}\boldsymbol{S}^{\mathrm{T}}(\boldsymbol{Q}-\boldsymbol{S}\boldsymbol{R}^{-1}\boldsymbol{S}^{\mathrm{T}})^{-1} & (\boldsymbol{R}-\boldsymbol{S}^{\mathrm{T}}\boldsymbol{Q}^{-1}\boldsymbol{S})^{-1}\end{pmatrix} \tag{6.5.29}$$

由此可得矩阵求逆引理,以备后用

$$(\boldsymbol{R}-\boldsymbol{S}^{\mathrm{T}}\boldsymbol{Q}^{-1}\boldsymbol{S})^{-1}=\boldsymbol{R}^{-1}+\boldsymbol{R}^{-1}\boldsymbol{S}^{\mathrm{T}}(\boldsymbol{Q}-\boldsymbol{S}\boldsymbol{R}^{-1}\boldsymbol{S}^{\mathrm{T}})^{-1}\boldsymbol{S}\boldsymbol{R}^{-1} \tag{6.5.30}$$

(6.5.28)式为条件极值,引入拉格朗日参数 $\boldsymbol{\lambda}_k$,扩展指标为

$$J_e=\sum_{k=0}^{k_f}[\boldsymbol{\lambda}_{k+1}^{\mathrm{T}}(\boldsymbol{x}_{k+1}-\boldsymbol{F}_k\boldsymbol{x}_k-\boldsymbol{B}_k\boldsymbol{w}_k)$$

$$+\boldsymbol{w}_k^{\mathrm{T}}(\boldsymbol{W}_k-\boldsymbol{S}_k\boldsymbol{V}_k^{-1}\boldsymbol{S}_k^{\mathrm{T}})^{-1}\boldsymbol{w}_k/2-\boldsymbol{w}_k^{\mathrm{T}}\boldsymbol{W}_k^{-1}\boldsymbol{S}_k(\boldsymbol{V}_k-\boldsymbol{S}_k^{\mathrm{T}}\boldsymbol{W}_k^{-1}\boldsymbol{S}_k)^{-1}$$

$$(\boldsymbol{y}_k-\boldsymbol{C}_k\boldsymbol{x}_k)+(\boldsymbol{y}_k-\boldsymbol{C}_k\boldsymbol{x}_k)^{\mathrm{T}}(\boldsymbol{V}_k-\boldsymbol{S}_k^{\mathrm{T}}\boldsymbol{W}_k^{-1}\boldsymbol{S}_k)^{-1}$$

$$(\boldsymbol{y}_k-\boldsymbol{C}_k\boldsymbol{x}_k)/2]+(\boldsymbol{x}_0-\hat{\boldsymbol{x}}_0)^{\mathrm{T}}\boldsymbol{P}_0^{-1}(\boldsymbol{x}_0-\hat{\boldsymbol{x}}_0)/2,\quad \delta J_e=0 \tag{6.5.31}$$

以上算式已是三类变量 $\boldsymbol{x}$,$\boldsymbol{\lambda}$ 与 $\boldsymbol{w}$ 无条件的变分. 完成对 $\boldsymbol{w}$ 取最小,因恒等式

$$(\boldsymbol{Q}-\boldsymbol{S}\boldsymbol{R}^{-1}\boldsymbol{S}^{\mathrm{T}})\boldsymbol{Q}^{-1}\boldsymbol{S}(\boldsymbol{R}-\boldsymbol{S}^{\mathrm{T}}\boldsymbol{Q}^{-1}\boldsymbol{S})^{-1}\equiv\boldsymbol{S}\boldsymbol{R}^{-1}$$

有

$$\boldsymbol{w}_k=(\boldsymbol{W}_k-\boldsymbol{S}_k\boldsymbol{V}_k^{-1}\boldsymbol{S}_k^{\mathrm{T}})\boldsymbol{B}_k^{\mathrm{T}}\boldsymbol{\lambda}_{k+1}+\boldsymbol{S}_k\boldsymbol{V}_k^{-1}(\boldsymbol{y}_k-\boldsymbol{C}_k\boldsymbol{x}_k) \tag{6.5.32}$$

代入 J_e 的算式,再经一番矩阵运算

$$
\begin{aligned}
J_e = \sum_{k=0}^{k_t} [& \boldsymbol{\lambda}_{k+1}^{\mathrm{T}}(\boldsymbol{x}_{k+1} - \boldsymbol{F}_k\boldsymbol{x}_k) + (\boldsymbol{y}_k - \boldsymbol{C}_k\boldsymbol{x}_k)^{\mathrm{T}}\boldsymbol{V}_k^{-1}(\boldsymbol{y}_k - \boldsymbol{C}_k\boldsymbol{x}_k)/2 \\
& - \boldsymbol{\lambda}_{k+1}^{\mathrm{T}}\boldsymbol{B}_k(\boldsymbol{W}_k - \boldsymbol{S}_k\boldsymbol{V}_k^{-1}\boldsymbol{S}_k^{\mathrm{T}})\boldsymbol{B}_k^{\mathrm{T}}\boldsymbol{\lambda}_{k+1}/2 \\
& - \boldsymbol{\lambda}_{k+1}^{\mathrm{T}}\boldsymbol{B}_k\boldsymbol{S}_k\boldsymbol{V}_k^{-1}(\boldsymbol{y}_k - \boldsymbol{C}_k\boldsymbol{x}_k)] \\
& + (\boldsymbol{x}_0 - \hat{\boldsymbol{x}}_0)^{\mathrm{T}}\boldsymbol{P}_0^{-1}(\boldsymbol{x}_0 - \hat{\boldsymbol{x}}_0)/2 \quad \delta J_e = 0
\end{aligned} \tag{6.5.31$'$}
$$

上式的变分是对 $\boldsymbol{x},\boldsymbol{\lambda}$ 二类变量取的.完成变分推导有对偶方程

$$
\boldsymbol{x}_{k+1} = (\boldsymbol{F}_k - \boldsymbol{J}_k\boldsymbol{C}_k)\boldsymbol{x}_k + \boldsymbol{B}_k(\boldsymbol{W}_k - \boldsymbol{S}_k\boldsymbol{V}_k^{-1}\boldsymbol{S}_k^{\mathrm{T}})\boldsymbol{B}_k^{\mathrm{T}}\boldsymbol{\lambda}_{k+1} + \boldsymbol{J}_k\boldsymbol{y}_k \quad k = 0,\cdots \tag{6.5.33a}
$$

$$
\boldsymbol{\lambda}_k = -\boldsymbol{C}_k^{\mathrm{T}}\boldsymbol{R}_k^{-1}\boldsymbol{C}_k\boldsymbol{x}_k + (\boldsymbol{F}_k - \boldsymbol{J}_k\boldsymbol{C}_k)^{\mathrm{T}}\boldsymbol{\lambda}_{k+1} + \boldsymbol{C}_k^{\mathrm{T}}\boldsymbol{V}_k^{-1}\boldsymbol{y}_k, \quad k = 1,\cdots \tag{6.5.33b}
$$

$$
\begin{aligned}
(\boldsymbol{P}_0^{-1} + \boldsymbol{C}_0^{\mathrm{T}}\boldsymbol{V}_0^{-1}\boldsymbol{C}_0)(\boldsymbol{x}_0 - \hat{\boldsymbol{x}}_0) &= \boldsymbol{C}_0^{\mathrm{T}}\boldsymbol{V}_0^{-1}(\boldsymbol{y}_0 - \boldsymbol{C}_0\boldsymbol{x}) \\
&+ (\boldsymbol{F}_0 - \boldsymbol{J}_0\boldsymbol{C}_0)^{\mathrm{T}}\boldsymbol{\lambda}_1
\end{aligned} \tag{6.5.34}
$$

$$
\boldsymbol{J}_k = \boldsymbol{B}_{k+1}\boldsymbol{S}_k\boldsymbol{V}_k^{-1} \qquad (k = 0,1,\cdots) \tag{6.5.35}
$$

显然,这套方程与(6.5.15),(6.5.16)式结构相同,只是多了反映交互项 $\boldsymbol{S}_k$ 的$\boldsymbol{J}_k$.求解之,(6.5.21)与(6.5.18)式也取为相同形式;代入(6.5.33)式有

$$
\boldsymbol{x}_{k+1} = \boldsymbol{F}_{*k}\boldsymbol{P}_k\boldsymbol{\lambda}_k + \boldsymbol{B}_k\boldsymbol{W}_{*k}\boldsymbol{B}_k^{\mathrm{T}}\boldsymbol{\lambda}_{k+1} + \boldsymbol{F}_{*k}\hat{\boldsymbol{x}}_k + \boldsymbol{J}_k\boldsymbol{y}_k
$$

$$
\boldsymbol{F}_{*k} = \boldsymbol{F}_k - \boldsymbol{J}_k\boldsymbol{C}_k
$$

$$
\boldsymbol{\lambda}_k = -\boldsymbol{C}_k^{\mathrm{T}}\boldsymbol{V}_k^{-1}\boldsymbol{C}_k\boldsymbol{P}_k\boldsymbol{\lambda}_k + \boldsymbol{W}_{*k}^{\mathrm{T}}\boldsymbol{\lambda}_{k+1} + \boldsymbol{C}_k^{\mathrm{T}}\boldsymbol{V}_k^{-1}(\boldsymbol{y}_k - \boldsymbol{C}_k\hat{\boldsymbol{x}}_k)
$$

$$
\boldsymbol{W}_{*k} = \boldsymbol{W}_k - \boldsymbol{S}_k\boldsymbol{V}_k^{-1}\boldsymbol{S}_k^{\mathrm{T}}
$$

由上式消去 $\boldsymbol{\lambda}_k$,记住下标 k 就是k_t,给出

$$
\boldsymbol{x}_{k+1} = \boldsymbol{P}_{k+1}\boldsymbol{\lambda}_{k+1} + \hat{\boldsymbol{x}}_{k+1} \tag{6.5.36}
$$

$$
\begin{aligned}
\hat{\boldsymbol{x}}_{k+1} &= \boldsymbol{F}_{*k}\cdot[\hat{\boldsymbol{x}}_k + \boldsymbol{K}_k(\boldsymbol{y}_k - \boldsymbol{C}_k\hat{\boldsymbol{x}}_k)] + \boldsymbol{J}_k\boldsymbol{y}_k \\
&= \boldsymbol{F}_k\hat{\boldsymbol{x}}'_k + \boldsymbol{J}_k(\boldsymbol{y}_k - \boldsymbol{C}_k\hat{\boldsymbol{x}}'_k)
\end{aligned} \tag{6.5.37}
$$

$$
\hat{\boldsymbol{x}}'_k = \hat{\boldsymbol{x}}_k + \boldsymbol{K}_k(\boldsymbol{y}_k - \boldsymbol{C}_k\hat{\boldsymbol{x}}_k) \tag{6.5.38}
$$

$$
\boldsymbol{K}_k = \boldsymbol{P}'_k\boldsymbol{C}_k^{\mathrm{T}}\boldsymbol{V}_k^{-1} \tag{6.5.39}
$$

$$
\boldsymbol{P}'_k = (\boldsymbol{P}_k^{-1} + \boldsymbol{C}_k^{\mathrm{T}}\boldsymbol{V}_k^{-1}\boldsymbol{C}_k)^{-1} \tag{6.5.40}
$$

$$P_{k+1} = F_{*k} P'_k F^{\mathrm{T}}_{*k} + B_k W_{*k} B_k^{\mathrm{T}} \tag{6.5.41}$$

以上这些公式的推导说明，即使 w_k, v_k 相干，也只是公式多一些，其计算是一样的. 在下文采用有色噪声以代替白噪声的假定时，这些公式是有用的.

滤波的特点是 $\hat{x}_0$ 及 P_0 都是给定的初值问题，并且不再根据此后的量测数据来修改. 这一点与平滑是很不相同的.

6.5.3 连续时间线性系统的卡尔曼滤波

连续时间卡尔曼滤波(也称卡尔曼-布西滤波)的基本公式也可以采用将离散时间卡尔曼滤波的采样时间变稠密的方法，取其极限而导出. 以下采用变分法导出其基本方程，也请见文献[116]. 以上已看到确定性输入 u 对方程的作用，只存在于其均值的方程. 以下推导仍保留该项 u

$$\dot{x} = Ax + B_1 w + B_u u \tag{6.5.5'}$$

$$y = Cx + v \tag{6.5.7'}$$

对随机干扰采用最简单的假定

$$E(w(t)) = 0, \quad \mathrm{var}[w(t), w(\tau)] = W(t)\delta(t-\tau) \tag{6.5.42a}$$

$$E(v(t)) = 0, \quad \mathrm{var}[v(t), v(\tau)] = V(t)\delta(t-\tau) \tag{6.5.42b}$$

$$\mathrm{covar}[w(t), v(\tau)] = 0 \tag{6.5.42c}$$

其中 $W(t)$ 与 $V(t)$ 皆为正定对称阵. 初始条件：$x(0)$ 为随机高斯分布向量，与 w 及 v 互不相关，即 $\mathrm{covar}[x_0, w] = 0$，$\mathrm{covar}[x_0, v] = 0$. 并且

$$E(x(0)) = \hat{x}_0, \quad \mathrm{var}[x_0, x_0] = P_0 \tag{6.5.43}$$

已知，或

$$x_0 = x(0) = \hat{x}_0 + P_0 \lambda_0 \tag{6.5.43a}$$

式中 λ_0 是均值为零高斯向量，$E[(x_0 - \hat{x}_0)(x_0 - \hat{x}_0)^{\mathrm{T}}] = P_0$.

滤波方程应当根据量测 y 寻找 x 使指标 J 为最小

$$J=\int_0^t[\boldsymbol{w}^{\mathrm{T}}\boldsymbol{W}^{-1}\boldsymbol{w}+\boldsymbol{v}^{\mathrm{T}}\boldsymbol{V}^{-1}\boldsymbol{v}]\mathrm{d}\tau/2$$
$$+(\boldsymbol{x}_0-\hat{\boldsymbol{x}}_0)^{\mathrm{T}}\boldsymbol{P}_0^{-1}(\boldsymbol{x}_0-\hat{\boldsymbol{x}}_0)/2,\quad \min_{x} J \tag{6.5.44}$$

将(6.5.7′)式代入

$$J=\int_0^t[\boldsymbol{w}^{\mathrm{T}}\boldsymbol{W}^{-1}\boldsymbol{w}+(\boldsymbol{y}-\boldsymbol{C}\boldsymbol{x})^{\mathrm{T}}\boldsymbol{V}^{-1}(\boldsymbol{y}-\boldsymbol{C}\boldsymbol{x})]\mathrm{d}\boldsymbol{\tau}/2$$
$$+(\boldsymbol{x}_0-\hat{\boldsymbol{x}}_0)^{\mathrm{T}}\boldsymbol{P}_0^{-1}(\boldsymbol{x}_0-\hat{\boldsymbol{x}}_0)/2,\ \min_{x} J$$

在变分 $\boldsymbol{w},\boldsymbol{x}$ 时有动力方程(6.5.5′)的约束条件,故为**条件极值**问题.引入拉格朗日乘子函数 $\boldsymbol{\lambda}(t)$而有扩展指标 J_{At} 的变分式

$$J_{At}=\int_0^t[\boldsymbol{\lambda}^{\mathrm{T}}(\dot{\boldsymbol{x}}-\boldsymbol{A}\boldsymbol{x}-\boldsymbol{B}_1\boldsymbol{w}-\boldsymbol{B}_u\boldsymbol{u})+(\boldsymbol{y}-\boldsymbol{C}\boldsymbol{x})^{\mathrm{T}}\boldsymbol{V}^{-1}(\boldsymbol{y}-\boldsymbol{C}\boldsymbol{x})/2$$
$$+\boldsymbol{w}^{\mathrm{T}}\boldsymbol{W}^{-1}\boldsymbol{w}/2]\mathrm{d}\tau+(\boldsymbol{x}_0-\hat{\boldsymbol{x}}_0)^{\mathrm{T}}\boldsymbol{P}_0^{-1}(\boldsymbol{x}_0-\hat{\boldsymbol{x}}_0)/2,\delta J_{At}=0 \tag{6.5.45}$$

式中有三类独立变分的向量函数 $\boldsymbol{x},\boldsymbol{\lambda},\boldsymbol{w}$.对此可先对 $\boldsymbol{w}$ 取最小,有

$$\boldsymbol{w}=\boldsymbol{W}\boldsymbol{B}_1^{\mathrm{T}}\boldsymbol{\lambda} \tag{6.5.46}$$

将该式代入(6.5.45)式消去 $\boldsymbol{w}$,即得二类变量 $\boldsymbol{x},\boldsymbol{\lambda}$ 的变分原理

$$J_{At}=\int_0^t[\boldsymbol{\lambda}^{\mathrm{T}}(\dot{\boldsymbol{x}}-\boldsymbol{A}\boldsymbol{x}-\boldsymbol{B}_u\boldsymbol{u})+(\boldsymbol{y}-\boldsymbol{C}\boldsymbol{x})^{\mathrm{T}}\boldsymbol{V}^{-1}(\boldsymbol{y}-\boldsymbol{C}\boldsymbol{x})/2$$
$$-\boldsymbol{\lambda}^{\mathrm{T}}(\boldsymbol{B}_1\boldsymbol{W}\boldsymbol{B}_1^{\mathrm{T}})\boldsymbol{\lambda}/2]\mathrm{d}\tau+(\boldsymbol{x}_0-\hat{\boldsymbol{x}}_0)^{\mathrm{T}}\boldsymbol{P}_0^{-1}(\boldsymbol{x}_0-\hat{\boldsymbol{x}}_0)/2$$
$$\delta J_{At}=0 \tag{6.5.45′}$$

其中 $\boldsymbol{u}$ 是确定性输入,量测 $\boldsymbol{y}$ 也是确定的,故不变分.完成变分的推导,得对偶微分方程

$$\dot{\boldsymbol{x}}=\boldsymbol{A}\boldsymbol{x}+\boldsymbol{B}_1\boldsymbol{W}\boldsymbol{B}_1^{\mathrm{T}}\boldsymbol{\lambda}+\boldsymbol{B}_u\boldsymbol{u} \tag{6.5.47a}$$
$$\dot{\boldsymbol{\lambda}}=\boldsymbol{C}^{\mathrm{T}}\boldsymbol{V}^{-1}\boldsymbol{C}\boldsymbol{x}-\boldsymbol{A}^{\mathrm{T}}\boldsymbol{\lambda}-\boldsymbol{C}^{\mathrm{T}}\boldsymbol{V}^{-1}\boldsymbol{y} \tag{6.5.47b}$$

这一对方程互为对偶.初始条件已由(6.5.43a)式列出,当然 $\hat{\boldsymbol{x}}_0$ 与 $\boldsymbol{P}_0$ 为给定.引入时间区段(也称时段或区段)的概念很重要,滤波的时段为[0,t),在 $t_0=0$ 端有非零初值,所以用闭区间的符号;t 端则是不断向前推进的,滤波问题讲究因果律而不做回溯(回顾),

是初值问题.表现在 $\hat{x}_0$ 给定,P_0 给定,只求 t 端的 $x(t)$.

现在对比结构分析第五章的对偶微分方程

$$\dot{q} = Aq + Dp + f_q, \quad \dot{p} = Bq - A^{T}p + f_p \tag{5.18a,b}$$

即知结构力学与卡尔曼-布西滤波又有模拟关系,

结构力学	**卡尔曼滤波**
位移、内力 q, p	对偶向量 x, λ
区段$[z_0, z)$	时间区段$[t_0, t)$
A, B, D	$A, C^{T}V^{-1}C, B_1WB_1^{T}$
等价分布外力 f_q, f_p	$B_uu, -C^{T}V^{-1}y$
对偶方程(5.18a,b)	对偶方程(6.5.47)
区段$[z_0, z)$的作用量函数 S	时段$[t_0, t)$的指标 J_{At}

等等.

对偶方程(6.5.47)可求解如下:高斯随机过程总可以由其均值函数及一个零均值高斯过程之和组成,其协方差阵待求.令

$$x = \hat{x}(t) + P(t)\lambda(t) \tag{6.5.48}$$

推导如下

$$\dot{x} = \dot{\hat{x}} + \dot{P}\lambda + P\dot{\lambda} = A\hat{x} + AP\lambda + B_1WB_1^{T}\lambda + B_uu$$

$$P\dot{\lambda} = PC^{T}V^{-1}C\hat{x} + PC^{T}V^{-1}CP\lambda - PA^{T}\lambda - PC^{T}V^{-1}y$$

由此二个方程消去 $P\dot{\lambda}$,得

$$\begin{aligned}\dot{\hat{x}} + \dot{P}\lambda = & A\hat{x} + AP\lambda + B_1WB_1^{T}\lambda - PC^{T}V^{-1}C\hat{x} \\ & - PC^{T}V^{-1}CP\lambda + PA^{T}\lambda + PC^{T}V^{-1}y + B_uu\end{aligned}$$

此式中含 λ 的项乃随机量,不含 λ 的是均值等确定性项.将它们分列有

$$\dot{\hat{x}} = A\hat{x} + PC^{T}V^{-1}(y - C\hat{x}) + B_uu, \quad \hat{x}(0) = \hat{x}_0 \tag{6.5.49}$$

$$\dot{P} = B_1WB_1^{T} + AP + PA^{T} - PC^{T}V^{-1}CP, P(0) = P_0 \tag{6.5.50}$$

(6.5.50)式称为**矩阵黎卡提微分方程**. 请参见 5.7.6 节(5.7.32)式,$\boldsymbol{P}$ 是 $n\times n$ 对称阵,只需系统为可控可测,则 $\boldsymbol{P}$ 为对称正定,可见 6.7 节. (6.5.49)式是对均值的线性微分方程,可称之为**滤波微分方程**. 它也可写成

$$\dot{\hat{\boldsymbol{x}}} = \boldsymbol{A}\hat{\boldsymbol{x}} + \boldsymbol{K}(\boldsymbol{y} - \boldsymbol{C}\hat{\boldsymbol{x}}) + \boldsymbol{B}_u\boldsymbol{u}, \quad \boldsymbol{K} = \boldsymbol{P}\boldsymbol{C}^{\mathrm{T}}\boldsymbol{V}^{-1} \tag{6.5.51}$$

$\boldsymbol{K}$ 称为增益阵. 以上推导适用于时变线性系统.

黎卡提微分方程的求解是非常重要的数值计算工作. 对比预测问题,由于有量测项存在,因此比李雅普诺夫方程多出了 $\boldsymbol{P}\boldsymbol{C}^{\mathrm{T}}\boldsymbol{V}^{-1}\boldsymbol{C}\boldsymbol{P}$这一项. 这是二次项,从微分方程角度看是非线性的. 但它仍能化为线性系统的有关量来求解,从结构力学的角度看,解矩阵相当于二端边值问题的**端部柔度矩阵**,对于时不变系统仍可予以**精细求解**. 而且由上一章看到,它也有基于本征解的分析解. 这一点在下文还要谈及.

黎卡提微分方程也可用于无穷长时段(infinite horizon) $t_f\to\infty$,此时在 $t=0$ 附近有一段暂态过程,然后当 $t\to\infty$时 $\boldsymbol{P}(t)\to\boldsymbol{P}_\infty$. $\boldsymbol{P}_\infty$满足黎卡提代数方程

$$\boldsymbol{B}_1\boldsymbol{W}\boldsymbol{B}_1^{\mathrm{T}} + \boldsymbol{A}\boldsymbol{P}_\infty + \boldsymbol{P}_\infty\boldsymbol{A}^{\mathrm{T}} - \boldsymbol{P}_\infty\boldsymbol{C}^{\mathrm{T}}\boldsymbol{V}^{-1}\boldsymbol{C}\boldsymbol{P}_\infty = \boldsymbol{0} \tag{6.5.52}$$

不考虑其初始阶段暂态历程时,(6.5.49a)式中的增益阵 $\boldsymbol{K}_\infty = \boldsymbol{P}_\infty\boldsymbol{C}^{\mathrm{T}}\boldsymbol{V}^{-1}$便是常矩阵,故滤波方程(6.5.49a)的系数矩阵$(\boldsymbol{A}-\boldsymbol{K}_\infty\boldsymbol{C})$乃一常矩阵,因此可以采用精细积分法予以积分. 事先将给定时间步长 η 的矩阵

$$\boldsymbol{\Phi}_\infty = \exp[(\boldsymbol{A} - \boldsymbol{K}_\infty\boldsymbol{C})\eta] \tag{6.5.53}$$

计算好,因此实时计算只要做矩阵乘法就可以了. 无穷时段时不变系统常矩阵的积分当然容易,但即使是有限时段而面对$(\boldsymbol{A}-\boldsymbol{K}\boldsymbol{C})$的变系数方程,仍有办法作出精细积分的. 当然这个推导是费力气的,见后文.

注意,方程(6.5.52)的代数黎卡提方程是二次的,因此并不只

有一个解. 但这里采用的 $\boldsymbol{P}_\infty$ 是对称正定阵的解,这是非常重要的条件. 后文要给出黎卡提方程的分析解. 利用相应哈密顿矩阵的本征解,$\boldsymbol{P}_\infty$ 相当于采用了(β)类的本征解,见(6.5.117)式. 有关哈密顿矩阵本征解的求法请见 5.3 节.

观察方程(6.5.49)及(6.5.50)式可知:$\boldsymbol{P}(t)$阵与量测 $\boldsymbol{y}$ 无关;而且均值 $\hat{\boldsymbol{x}}(t)$对 $\boldsymbol{y}$ 的依赖是线性的. 从而对 $\boldsymbol{y}$ 积分 $\hat{\boldsymbol{x}}$ 时,可以适用叠加原理,这一点对于精细积分很重要.

6.5.3.1 连续时间过程噪声与量测噪声相关的情况

要考虑有色噪声时,会用到 $\boldsymbol{w}$ 与 $\boldsymbol{v}$ 相关的情况. 此时(6.5.42c)式应改为

$$\text{covar}[\boldsymbol{w}(t),\boldsymbol{v}(\tau)] = \boldsymbol{S}(t)\delta(t-\tau) \quad (6.5.42\text{c}')$$

指标 J 应当取最小,写成为

$$J = \int_0^t \frac{1}{2}\begin{pmatrix}\boldsymbol{w}\\ \boldsymbol{v}\end{pmatrix}^{\mathrm{T}} \boldsymbol{W}_e^{-1}\begin{pmatrix}\boldsymbol{w}\\ \boldsymbol{v}\end{pmatrix}\mathrm{d}\tau + (\boldsymbol{x}_0-\hat{\boldsymbol{x}}_0)^{\mathrm{T}}\boldsymbol{P}_0^{-1}(\boldsymbol{x}_0-\hat{\boldsymbol{x}}_0)/2$$

$$\boldsymbol{W}_e = \begin{bmatrix}\boldsymbol{W} & \boldsymbol{S}\\ \boldsymbol{S}^{\mathrm{T}} & \boldsymbol{V}\end{bmatrix}, \quad \min_{x} J \quad (6.5.54)$$

当然这仍然是条件极值,还有**动力与量测**方程,其中噪声能量应当正定,故 $\boldsymbol{W}_e$ 是正定矩阵. 利用分块矩阵求逆公式(6.5.29),再引入拉格朗日乘子

$$\begin{aligned} J_e = \int_0^t [\, & \boldsymbol{\lambda}^{\mathrm{T}}(\dot{\boldsymbol{x}} - \boldsymbol{A}\boldsymbol{x} - \boldsymbol{B}_1\boldsymbol{w} - \boldsymbol{B}_u\boldsymbol{u}) \\ & + (\boldsymbol{y}-\boldsymbol{C}\boldsymbol{x})^{\mathrm{T}}(\boldsymbol{V}-\boldsymbol{S}^{\mathrm{T}}\boldsymbol{W}^{-1}\boldsymbol{S})^{-1}(\boldsymbol{y}-\boldsymbol{C}\boldsymbol{x})/2 \\ & + \boldsymbol{w}^{\mathrm{T}}(\boldsymbol{W}-\boldsymbol{S}\boldsymbol{V}^{-1}\boldsymbol{S}^{\mathrm{T}})^{-1}\boldsymbol{w}/2 \\ & - \boldsymbol{w}^{\mathrm{T}}\boldsymbol{W}^{-1}\boldsymbol{S}(\boldsymbol{V}-\boldsymbol{S}^{\mathrm{T}}\boldsymbol{W}^{-1}\boldsymbol{S})^{-1}(\boldsymbol{y}-\boldsymbol{C}\boldsymbol{x})]\mathrm{d}\tau \\ & + (\boldsymbol{x}_0-\hat{\boldsymbol{x}}_0)^{\mathrm{T}}\boldsymbol{P}_0^{-1}(\boldsymbol{x}_0-\hat{\boldsymbol{x}}_0)/2, \quad \delta J_e = 0 \quad (6.5.55) \end{aligned}$$

这个变分原理已是三类变量 $\boldsymbol{x}$,$\boldsymbol{\lambda}$ 与 $\boldsymbol{w}$ 的无条件变分了. 完成对 $\boldsymbol{w}$ 取最小,再因$(\boldsymbol{W}-\boldsymbol{S}\boldsymbol{V}^{-1}\boldsymbol{S}^{\mathrm{T}})\boldsymbol{W}^{-1}\boldsymbol{S}(\boldsymbol{V}-\boldsymbol{S}^{\mathrm{T}}\boldsymbol{W}^{-1}\boldsymbol{S})^{-1} \equiv \boldsymbol{S}\boldsymbol{V}^{-1}$,有

$$\boldsymbol{w} = (\boldsymbol{W}-\boldsymbol{S}\boldsymbol{V}^{-1}\boldsymbol{S}^{\mathrm{T}})\boldsymbol{B}_1^{\mathrm{T}}\boldsymbol{\lambda} + \boldsymbol{S}\boldsymbol{V}^{-1}(\boldsymbol{y}-\boldsymbol{C}\boldsymbol{x}) \quad (6.5.56)$$

代入(6.5.55)式之后有

$$J_e = \int_0^t [\boldsymbol{\lambda}^{\mathrm{T}}(\dot{\boldsymbol{x}} - \boldsymbol{A}\boldsymbol{x} - \boldsymbol{B}_u\boldsymbol{u}) - \boldsymbol{\lambda}^{\mathrm{T}}\boldsymbol{B}_1(\boldsymbol{W} - \boldsymbol{S}\boldsymbol{V}^{-1}\boldsymbol{S}^{\mathrm{T}})\boldsymbol{B}_1^{\mathrm{T}}\lambda/2$$

$$+ (\boldsymbol{y} - \boldsymbol{C}\boldsymbol{x})^{\mathrm{T}}\boldsymbol{V}^{-1}(\boldsymbol{y} - \boldsymbol{C}\boldsymbol{x})/2$$

$$- \boldsymbol{\lambda}^{\mathrm{T}}\boldsymbol{B}_1\boldsymbol{S}\boldsymbol{V}^{-1}(\boldsymbol{y} - \boldsymbol{C}\boldsymbol{x})]\mathrm{d}\tau + (\boldsymbol{x}_0 - \hat{\boldsymbol{x}}_0)^{\mathrm{T}}\boldsymbol{P}_0^{-1}(\boldsymbol{x}_0 - \hat{\boldsymbol{x}}_0)/2$$

$$\delta J_e = 0 \qquad (6.5.55')$$

推导时要运用矩阵求逆引理(6.5.30). 这是二类变量 $\boldsymbol{x},\boldsymbol{\lambda}$ 的变分原理.完成变分推导,得对偶方程

$$\dot{\boldsymbol{x}} = (\boldsymbol{A} - \boldsymbol{J}\boldsymbol{C})\boldsymbol{x} + \boldsymbol{B}_1(\boldsymbol{W} - \boldsymbol{S}\boldsymbol{V}^{-1}\boldsymbol{S}^{\mathrm{T}})\boldsymbol{B}_1^{\mathrm{T}}\boldsymbol{\lambda} + \boldsymbol{B}_u\boldsymbol{u} + \boldsymbol{J}\boldsymbol{y} \qquad (6.5.57a)$$

$$\dot{\boldsymbol{\lambda}} = \boldsymbol{C}^{\mathrm{T}}\boldsymbol{V}^{-1}\boldsymbol{C}\boldsymbol{x} - (\boldsymbol{A} - \boldsymbol{J}\boldsymbol{C})^{\mathrm{T}}\boldsymbol{\lambda} - \boldsymbol{C}^{\mathrm{T}}\boldsymbol{V}^{-1}\boldsymbol{y},\ [\boldsymbol{J} = \boldsymbol{B}_1\boldsymbol{S}\boldsymbol{V}^{-1}] \qquad (6.5.57b)$$

其中由于噪音 $\boldsymbol{w},\boldsymbol{v}$ 联合的能量应当为正,故$(W - SV^{-1}S^{\mathrm{T}})$必为正定. 由于是高斯随机过程,其解的形式仍为(6.5.48)式,推导为

$$\dot{\boldsymbol{x}} = \dot{\hat{\boldsymbol{x}}} + \dot{\boldsymbol{P}}\boldsymbol{\lambda} + \boldsymbol{P}\dot{\boldsymbol{\lambda}}$$

$$= (\boldsymbol{A} - \boldsymbol{J}\boldsymbol{C})\hat{\boldsymbol{x}} + (\boldsymbol{A} - \boldsymbol{J}\boldsymbol{C})\boldsymbol{P}\boldsymbol{\lambda}$$

$$+ \boldsymbol{B}_1(\boldsymbol{W} - \boldsymbol{S}\boldsymbol{V}^{-1}\boldsymbol{S}^{\mathrm{T}})\boldsymbol{B}_1^{\mathrm{T}}\boldsymbol{\lambda} + \boldsymbol{B}_u\boldsymbol{u} + \boldsymbol{J}\boldsymbol{y}$$

$$\boldsymbol{P}\dot{\boldsymbol{\lambda}} = \boldsymbol{P}\boldsymbol{C}^{\mathrm{T}}\boldsymbol{V}^{-1}\boldsymbol{C}\hat{\boldsymbol{x}} + \boldsymbol{P}\boldsymbol{C}^{\mathrm{T}}\boldsymbol{V}^{-1}\boldsymbol{C}\boldsymbol{P}\boldsymbol{\lambda} - \boldsymbol{P}(\boldsymbol{A} - \boldsymbol{J}\boldsymbol{C})\boldsymbol{\lambda} - \boldsymbol{P}\boldsymbol{C}^{\mathrm{T}}\boldsymbol{V}^{-1}\boldsymbol{y}$$

消去 $\boldsymbol{P}\dot{\boldsymbol{\lambda}}$ 有

$$\dot{\hat{\boldsymbol{x}}} + \dot{\boldsymbol{P}}\boldsymbol{\lambda} = (\boldsymbol{A} - \boldsymbol{J}\boldsymbol{C} - \boldsymbol{P}\boldsymbol{C}^{\mathrm{T}}\boldsymbol{V}^{-1}\boldsymbol{C})\hat{\boldsymbol{x}} + \boldsymbol{P}\boldsymbol{C}^{\mathrm{T}}\boldsymbol{V}^{-1}\boldsymbol{y} + \boldsymbol{B}_u\boldsymbol{u} + \boldsymbol{J}\boldsymbol{y}$$

$$+ \boldsymbol{B}_1(\boldsymbol{W} - \boldsymbol{S}\boldsymbol{V}^{-1}\boldsymbol{S}^{\mathrm{T}})\boldsymbol{B}_1^{\mathrm{T}}\boldsymbol{\lambda} + (\boldsymbol{A} - \boldsymbol{J}\boldsymbol{C})\boldsymbol{P}\boldsymbol{\lambda}$$

$$+ \boldsymbol{P}(\boldsymbol{A} - \boldsymbol{J}\boldsymbol{C})^{\mathrm{T}}\boldsymbol{\lambda} - \boldsymbol{P}\boldsymbol{C}^{\mathrm{T}}\boldsymbol{V}^{-1}\boldsymbol{C}\boldsymbol{P}\boldsymbol{\lambda}$$

此式是高斯随机过程微分方程,可将其**均值**及**方差**分别列出方程:

$$\dot{\hat{\boldsymbol{x}}} = \boldsymbol{A}\hat{\boldsymbol{x}} + \boldsymbol{B}_u\boldsymbol{u} + \boldsymbol{K}(\boldsymbol{y} - \boldsymbol{C}\hat{\boldsymbol{x}}) \qquad (6.5.58)$$

$$\boldsymbol{K} = \boldsymbol{P}\boldsymbol{C}^{\mathrm{T}}\boldsymbol{V}^{-1} + \boldsymbol{J} \qquad (6.5.59)$$

$$\dot{\boldsymbol{P}} = \boldsymbol{B}_1(\boldsymbol{W} - \boldsymbol{S}\boldsymbol{V}^{-1}\boldsymbol{S}^{\mathrm{T}})\boldsymbol{B}_1^{\mathrm{T}} + (\boldsymbol{A} - \boldsymbol{J}\boldsymbol{C})\boldsymbol{P}$$

$$+ \boldsymbol{P}(\boldsymbol{A} - \boldsymbol{J}\boldsymbol{C})^{\mathrm{T}} - \boldsymbol{P}\boldsymbol{C}^{\mathrm{T}}\boldsymbol{V}^{-1}\boldsymbol{C}\boldsymbol{P} \qquad (6.5.60)$$

初始条件为

$$\hat{\boldsymbol{x}}(0) = \hat{\boldsymbol{x}}_0, \qquad \boldsymbol{P}(0) = \boldsymbol{P}_0 \tag{6.5.43′}$$

皆为给定.这些方程就是 $\boldsymbol{w}$ 与 $\boldsymbol{v}$ 相干时的基本方程,与不相干的情况相比,$\boldsymbol{K}$ 是增益阵,增加了 $\boldsymbol{J}=\boldsymbol{B}_1\boldsymbol{S}\boldsymbol{V}^{-1}$ 这一项;而方差阵 $\boldsymbol{P}$ 的黎卡提矩阵微分方程中 $\boldsymbol{A}$ 阵换成了 $(\boldsymbol{A}-\boldsymbol{J}\boldsymbol{C})$ 而 $\boldsymbol{W}$ 阵换成了 $(\boldsymbol{W}-\boldsymbol{S}\boldsymbol{V}^{-1}\boldsymbol{S}^{\mathrm{T}})$.以上的推导适用于时变系统.

对无穷长时段的调节器,就不讲究初始条件了,系统认为是时不变的.这时要求解的是黎卡提代数方程,乃是令(6.5.60)式中 $\dot{\boldsymbol{P}}=\boldsymbol{0}$ 而得.可以采用精细积分法,在 $t_f\to\infty$ 条件下作为黎卡提微分方程的渐近解 $\boldsymbol{P}_\infty$ 而求得.无穷时段是长时间效应,因此对于 $\boldsymbol{P}_0$ 初始条件引起的暂态历程并不在意.于是相应的增益阵 $\boldsymbol{K}_\infty$ 是一个定常矩阵,所以时程精细积分法仍然适用.精细积分法的特点是精细且数值稳定性好,在应用中可以有所发挥.

6.5.3.2 有色噪声下连续时间卡尔曼滤波

干扰来自过程噪声 $\boldsymbol{w}(t)$ 与量测噪声 $\boldsymbol{v}(t)$ 两方面.在以上分析中,其相关函数的假定为(6.5.42abc)及(6.5.42c′)式,总是离不了一个 $\delta(t-\tau)$,亦即认为这些噪声皆为白色.然而白噪声是一种近似,实际噪声都是有色的.

在预测问题分析时,6.4.6 节考虑了 $\boldsymbol{w}$ 为有色噪声的处理方法,采用由白噪声驱动另一个线性系统的方法而产生.此时可以采用增广状态空间的方法.当前,如果 $\boldsymbol{w}$ 为有色且用同样的方法来驱动生成,而 $\boldsymbol{v}$ 仍为白噪声,则 6.4.6 节中的增广状态向量的方法仍可使用.因此这里只讨论 $\boldsymbol{w}(t)$ 为白噪声而量测噪声 $\boldsymbol{v}(t)$ 为有色的情况.仍采用 $\boldsymbol{v}(t)$ 由白噪声 $\boldsymbol{r}(t)$ 通过另一个线性系统来驱动输出的有色模型.于是系统的数学模型为

$$\dot{\boldsymbol{x}} = \boldsymbol{A}\boldsymbol{x} + \boldsymbol{B}\boldsymbol{w} \tag{6.5.61a}$$

$$\boldsymbol{y} = \boldsymbol{C}\boldsymbol{x} + \boldsymbol{v} \tag{6.5.61b}$$

$$\dot{\boldsymbol{v}} = \boldsymbol{F}\boldsymbol{v} + \boldsymbol{H}\boldsymbol{r} \tag{6.5.61c}$$

其中已令 $\boldsymbol{u}=\boldsymbol{0}$,固定它对于分析没有多少影响,$\boldsymbol{r}$ 是驱动 $\boldsymbol{v}$ 的白噪声,与 $\boldsymbol{w}$ 无关.

方程组(6.5.61)是线性代数微分方程组.将(6.5.61b)式微分一次

$$\dot{\boldsymbol{v}} = \dot{\boldsymbol{y}} - \boldsymbol{C}\dot{\boldsymbol{x}} - \dot{\boldsymbol{C}}\boldsymbol{x}$$

代入(6.5.61c)式消去$\dot{\boldsymbol{v}}$，再代入(6.5.61a)式以消去 $\dot{\boldsymbol{x}}$，有

$$\dot{\boldsymbol{y}} = \boldsymbol{F}\boldsymbol{v} + (\boldsymbol{C}\boldsymbol{A} + \dot{\boldsymbol{C}})\boldsymbol{x} + \boldsymbol{C}\boldsymbol{B}\boldsymbol{w} + \boldsymbol{H}\boldsymbol{r}$$

再用(6.5.61b)式消去$\boldsymbol{v}$，有

$$\boldsymbol{z} = \boldsymbol{C}_z\boldsymbol{x} + \boldsymbol{v}_z, \quad 其中\ \boldsymbol{z} = \dot{\boldsymbol{y}} - \boldsymbol{F}\boldsymbol{y} \tag{6.5.62a}$$

$$\boldsymbol{C}_z = \boldsymbol{C}\boldsymbol{A} + \dot{\boldsymbol{C}} - \boldsymbol{F}\boldsymbol{C} \tag{6.5.62b}$$

$$\boldsymbol{v}_z = \boldsymbol{C}\boldsymbol{B}\boldsymbol{w} + \boldsymbol{H}\boldsymbol{r} \tag{6.5.62c}$$

于是(6.5.62a)式成为新的量测方程. $\boldsymbol{v}_z$ 是其相应的量测干扰白噪声，其均值为零而协方差为

$$\mathrm{var}(\boldsymbol{v}_z(t), \boldsymbol{v}_z(\tau)) = \boldsymbol{V}_z\delta(t - \tau)$$

$$\boldsymbol{V}_z = \boldsymbol{C}\boldsymbol{B}\boldsymbol{W}\boldsymbol{B}^{\mathrm{T}}\boldsymbol{C}^{\mathrm{T}} + \boldsymbol{H}\boldsymbol{V}\boldsymbol{H}^{\mathrm{T}} \tag{6.5.63a}$$

其中 $\boldsymbol{V}$ 是白噪声 $\boldsymbol{r}(t)$ 的协方差阵. $\boldsymbol{v}_z$ 与 $\boldsymbol{w}$ 是相干的白噪声，其互协方差为

$$\mathrm{covar}[\boldsymbol{w}(t), \boldsymbol{v}_z(t)] = \boldsymbol{S}_z\delta(t - \tau), \quad \boldsymbol{S}_z = \boldsymbol{W}\boldsymbol{B}^{\mathrm{T}}\boldsymbol{C}^{\mathrm{T}} \tag{6.5.63b}$$

这样，(6.5.61a)与(6.5.62a)式构成了系统动力方程及量测方程，只是量测噪声 $\boldsymbol{v}_z$，过程噪声 $\boldsymbol{w}$ 为互相相干. 对此正可以运用6.5.3.1 节的结果，按同样的推导得滤波基本公式

$$\dot{\hat{\boldsymbol{x}}} = \boldsymbol{A}\hat{\boldsymbol{x}} + \boldsymbol{K}[\dot{\boldsymbol{y}} - \boldsymbol{F}\boldsymbol{y} - (\boldsymbol{C}\boldsymbol{A} + \dot{\boldsymbol{C}} - \boldsymbol{F}\boldsymbol{C})\hat{\boldsymbol{x}}] \tag{6.5.64}$$

$$\begin{aligned}\boldsymbol{K} = &[\boldsymbol{P}\cdot(\boldsymbol{C}\boldsymbol{A} + \dot{\boldsymbol{C}} - \boldsymbol{F}\boldsymbol{C})^{\mathrm{T}} + \boldsymbol{B}\boldsymbol{W}\boldsymbol{B}^{\mathrm{T}}\boldsymbol{C}^{\mathrm{T}}]\\ &\cdot(\boldsymbol{C}\boldsymbol{B}\boldsymbol{W}\boldsymbol{B}^{\mathrm{T}}\boldsymbol{C}^{\mathrm{T}} + \boldsymbol{H}\boldsymbol{V}\boldsymbol{H}^{\mathrm{T}})^{-1}\end{aligned} \tag{6.5.65}$$

$$\boldsymbol{J} = \boldsymbol{B}\boldsymbol{W}\boldsymbol{B}^{\mathrm{T}}\boldsymbol{C}(\boldsymbol{C}\boldsymbol{B}\boldsymbol{W}\boldsymbol{B}^{\mathrm{T}}\boldsymbol{C}^{\mathrm{T}} + \boldsymbol{H}\boldsymbol{V}\boldsymbol{H}^{\mathrm{T}})^{-1} \tag{6.5.66}$$

$$\begin{aligned}\dot{\boldsymbol{P}} = &\boldsymbol{B}(\boldsymbol{W} - \boldsymbol{S}_z\boldsymbol{V}_z^{-1}\boldsymbol{S}_z^{\mathrm{T}})\boldsymbol{B}^{\mathrm{T}} + (\boldsymbol{A} - \boldsymbol{J}\boldsymbol{C}_z)\boldsymbol{P}\\ &+ \boldsymbol{P}(\boldsymbol{A} - \boldsymbol{J}\boldsymbol{C}_z)^{\mathrm{T}} + \boldsymbol{P}\boldsymbol{C}_z^{\mathrm{T}}\boldsymbol{V}_z^{-1}\boldsymbol{C}_z\boldsymbol{P}\end{aligned} \tag{6.5.67}$$

以上对某些情况推导了滤波问题的微分方程. 由于是高斯分布，因此总是寻求其均值向量 $\hat{\boldsymbol{x}}$ 及其协方差矩阵$\boldsymbol{P}$，问题总是归结

为分别求解微分方程.对均值 $\hat{x}$ 的微分方程是线性的,式中的非齐次项总是量测向量 y 的线性组合,因此 y 就像是一种驱动"外力".线性性质是从系统本来是线性而来的.方差矩阵 $P(t)$ 的微分方程(6.5.50),(6.5.60),(6.5.67)等总是黎卡提微分方程;并且它与量测向量 y 无关,表明这是系统的固有特性.如果令量测噪声强度很大 $V\to\infty$,表明量测结果无用.则其黎卡提方程的二次项就趋于零,退化成为李雅普诺夫方程,变为预测问题了.

黎卡提微分方程本身是非线性的,但它又是从线性系统导来的.从力学的角度看它的解矩阵相当于**柔度矩阵**.寻求其精细积分法是一个有意义的课题.当然,在求解了相应哈密顿矩阵的全部本征解后,也可以分析求解.情况与第五章所述完全类同.这是最优控制与结构力学间的模拟关系所决定的.以下先讲精细积分,然后再介绍分析解.

6.5.4 区段混合能

以上虽然对卡尔曼滤波推导了公式,要求解其均值 $\hat{x}$ 的微分方程组(6.5.49),以及求解其方差的常微分方程组(6.5.50).然而传统的差分类算法,即使对常系数线性方程,也存在误差积累问题,不可取.如采用精细积分,则其数值结果可相当于计算机上的精确解.这表明对黎卡提微分方程(6.5.50)的求解也应当寻找其精细积分法.况且以后平滑的计算也要用到区段混合能的.

逐步积分总得有一个时间步长 η,其时间格点为

$$t_0 = 0, t_1 = \eta, \cdots, t_k = k\eta, \cdots \tag{6.5.68}$$

采用精细积分就不再对该步长 η 采用差分近似了.相应地引入了**区段混合能**的概念,如下

$$\begin{aligned} V(\boldsymbol{x}_a, \boldsymbol{\lambda}_b) = \boldsymbol{\lambda}_b^{\mathrm{T}}\boldsymbol{x}_b - \int_{t_a}^{t_b} [\boldsymbol{\lambda}^{\mathrm{T}}\dot{\boldsymbol{x}} - H(\boldsymbol{x}, \boldsymbol{\lambda}) \\ - \boldsymbol{x}^{\mathrm{T}}\boldsymbol{C}^{\mathrm{T}}\boldsymbol{V}^{-1}\boldsymbol{y} - \boldsymbol{\lambda}^{\mathrm{T}}\boldsymbol{B}_u\boldsymbol{u}]\mathrm{d}t \end{aligned} \tag{6.5.69}$$

$$H(\boldsymbol{x}, \boldsymbol{\lambda}) = \boldsymbol{\lambda}^{\mathrm{T}}\boldsymbol{A}\boldsymbol{x} + \boldsymbol{\lambda}^{\mathrm{T}}\boldsymbol{B}\boldsymbol{W}\boldsymbol{B}^{\mathrm{T}}\boldsymbol{\lambda}/2 - \boldsymbol{x}^{\mathrm{T}}\boldsymbol{C}^{\mathrm{T}}\boldsymbol{V}^{-1}\boldsymbol{C}\boldsymbol{x}/2$$

$$[\text{此后 } \boldsymbol{B}_1 \text{ 写为 } \boldsymbol{B}] \tag{6.5.70}$$

(6.5.69)式所定义的混合能 V 是 t_a 时状态向量 $\boldsymbol{x}_a$，及 t_b 时的对偶向量 $\boldsymbol{\lambda}_b$(即 $\boldsymbol{\lambda}(t_b)$)的函数；$t_0 \leqslant t_a < t_b \leqslant t_f$，$(t_a, t_b)$是一个区段；$\boldsymbol{y}$ 是量测到的给定函数值；$\boldsymbol{x}, \boldsymbol{\lambda}$ 则应当取变分使 V 取驻值，

$$\begin{aligned}
&\delta \boldsymbol{V}(\boldsymbol{x}_a, \boldsymbol{\lambda}_b) \\
&= (\delta \boldsymbol{\lambda}_b)^{\mathrm{T}} \cdot \boldsymbol{x}_b + \boldsymbol{\lambda}_b^{\mathrm{T}} \cdot \delta \boldsymbol{x}_b - \int_{t_a}^{t_b} [(\delta \boldsymbol{\lambda})^{\mathrm{T}} \cdot (\dot{\boldsymbol{x}} - \boldsymbol{A}\boldsymbol{x} \\
&\quad - \boldsymbol{B}\boldsymbol{W}\boldsymbol{B}^{\mathrm{T}}\boldsymbol{\lambda} - \boldsymbol{B}_u \boldsymbol{u}) + \delta \boldsymbol{x}^{\mathrm{T}}(-\dot{\boldsymbol{\lambda}} + \boldsymbol{C}^{\mathrm{T}}\boldsymbol{V}^{-1}\boldsymbol{C}\boldsymbol{x} \\
&\quad - \boldsymbol{A}^{\mathrm{T}}\boldsymbol{\lambda} - \boldsymbol{C}^{\mathrm{T}}\boldsymbol{V}^{-1}\boldsymbol{y})]\mathrm{d}t - [\boldsymbol{\lambda}^{\mathrm{T}} \cdot \delta \boldsymbol{x}]_{t_a}^{t_b}
\end{aligned}$$

由于在区段内 $\delta\boldsymbol{\lambda}$ 与 $\delta\boldsymbol{x}$ 可任意变分，故有对偶方程

$$\dot{\boldsymbol{x}} = \boldsymbol{A}\boldsymbol{x} + \boldsymbol{B}\boldsymbol{W}\boldsymbol{B}^{\mathrm{T}}\boldsymbol{\lambda} + \boldsymbol{B}_u\boldsymbol{u} \tag{6.5.47a$'$}$$

$$\dot{\boldsymbol{\lambda}} = \boldsymbol{C}^{\mathrm{T}}\boldsymbol{V}^{-1}\boldsymbol{C}\boldsymbol{x} - \boldsymbol{A}^{\mathrm{T}}\boldsymbol{\lambda} - \boldsymbol{C}^{\mathrm{T}}\boldsymbol{V}^{-1}\boldsymbol{y} \tag{6.5.47b$'$}$$

这里为简单计，令 $\boldsymbol{B} = \boldsymbol{B}_1$. 从而有

$$\begin{aligned}
\delta \boldsymbol{V}(\boldsymbol{x}_a, \boldsymbol{\lambda}_b) &= \boldsymbol{x}_b^{\mathrm{T}} \cdot \delta\boldsymbol{\lambda}_b + \boldsymbol{\lambda}_a^{\mathrm{T}} \cdot \delta \boldsymbol{x}_a \\
&\equiv (\partial V / \partial \boldsymbol{\lambda}_b)^{\mathrm{T}} \delta \boldsymbol{\lambda}_b + (\partial V / \partial \boldsymbol{x}_a)^{\mathrm{T}} \cdot \delta \boldsymbol{x}_a
\end{aligned} \tag{6.5.71}$$

故

$$\boldsymbol{x}_b = \partial V / \partial \boldsymbol{\lambda}_b, \qquad \boldsymbol{\lambda}_a = \partial V / \partial \boldsymbol{x}_a \tag{6.5.71a}$$

由区段混合能的定义(6.5.69)可以看到，这是 $\boldsymbol{x}_a, \boldsymbol{\lambda}_b$ 的二次式，其中一次项是由量测 $\boldsymbol{y}$ 引起的. 二次式的一般型为

$$V(\boldsymbol{x}_a, \boldsymbol{\lambda}_b) = \boldsymbol{\lambda}_b^{\mathrm{T}}\boldsymbol{F}\boldsymbol{x}_a + \boldsymbol{\lambda}_b^{\mathrm{T}}\boldsymbol{G}\boldsymbol{\lambda}_b/2 - \boldsymbol{x}_a^{\mathrm{T}}\boldsymbol{Q}\boldsymbol{x}_a/2 + \boldsymbol{\lambda}_b^{\mathrm{T}}\boldsymbol{r}_x + \boldsymbol{x}_a^{\mathrm{T}}\boldsymbol{r}_\lambda \tag{6.5.72}$$

其中 $\boldsymbol{Q}, \boldsymbol{F}, \boldsymbol{G}$ 为 $n \times n$ 矩阵，$\boldsymbol{Q}^{\mathrm{T}} = \boldsymbol{Q}$，$\boldsymbol{G}^{\mathrm{T}} = \boldsymbol{G}$，这三个矩阵决定了其二次项，而 $\boldsymbol{r}_x, \boldsymbol{r}_\lambda$ 为 n 维向量，线性项. $\boldsymbol{Q}, \boldsymbol{F}, \boldsymbol{G}$ 只与系统阵 $\boldsymbol{A}$，$\boldsymbol{C}^{\mathrm{T}}\boldsymbol{V}^{-1}\boldsymbol{C}$ 及 $\boldsymbol{B}\boldsymbol{W}\boldsymbol{B}^{\mathrm{T}}$ 有关，而 $\boldsymbol{r}_x, \boldsymbol{r}_\lambda$ 则与 $\boldsymbol{y}$ 线性相关. 将(6.5.72)式代入(6.5.71a)式，有区段对偶方程

$$\boldsymbol{x}_b = \boldsymbol{F}\boldsymbol{x}_a + \boldsymbol{G}\boldsymbol{\lambda}_b + \boldsymbol{r}_x \tag{6.5.73a}$$

$$\boldsymbol{\lambda}_a = -\boldsymbol{Q}\boldsymbol{x}_a + \boldsymbol{F}^{\mathrm{T}}\boldsymbol{\lambda}_b + \boldsymbol{r}_\lambda \tag{6.5.73b}$$

虽然 $\boldsymbol{Q}, \boldsymbol{F}, \boldsymbol{G}, \boldsymbol{r}_x, \boldsymbol{r}_\lambda$ 是 t_a, t_b 的函数，$\boldsymbol{Q} = \boldsymbol{Q}(t_a, t_b)$等. 令 $t_b \to t_a$，

有

$$\text{当 } t_b \to t_a \text{ 时}, \boldsymbol{G} \to \boldsymbol{0}, \boldsymbol{Q} \to \boldsymbol{0}, \boldsymbol{F} \to \boldsymbol{I}_n, \boldsymbol{r}_x \to \boldsymbol{0}, \boldsymbol{r}_\lambda \to \boldsymbol{0} \tag{6.5.74}$$

这是初值条件. 以上是数学上的描述,但物理解释是有益的. $\boldsymbol{x}_a$ 是 t_a 端的状态;$\boldsymbol{\lambda}_b$ 则为 t_b 端的"力"向量. $\boldsymbol{r}_x$ 则为 b 端力 $\boldsymbol{\lambda}_b = \boldsymbol{0}$ 且 a 端状态 $\boldsymbol{x}_a = \boldsymbol{0}$ 时,由于 $\boldsymbol{y}$ 引起 b 端的状态;$\boldsymbol{r}_\lambda$ 则是在 $\boldsymbol{x}_a = \boldsymbol{0}$,$\boldsymbol{\lambda}_b = \boldsymbol{0}$ 的条件下,a 端由于 $\boldsymbol{y}$ 而产生的力. $\boldsymbol{F}$ 则是传递阵,即 $\boldsymbol{r}_x = \boldsymbol{0}$(即 $\boldsymbol{y} = \boldsymbol{0}$),且 b 端没有力($\boldsymbol{\lambda}_b = \boldsymbol{0}$)时,由 a 端状态 $\boldsymbol{x}_a$ 引起的 b 端状态. $\boldsymbol{G}$ 则为 b 端的"柔度阵",$\boldsymbol{G}\boldsymbol{\lambda}_b$ 为由 b 端力 $\boldsymbol{\lambda}_b$ 引起的状态 $\boldsymbol{x}_b$;$\boldsymbol{Q}$ 则为 a 端的"刚度阵".

6.5.4.1 区段合并消元

定义了区段混合能就要对它操作. 设有首尾相接的两个区段 (t_a, t_b),(t_b, t_c),当然可以合并成区段 (t_a, t_c). 相应地其有关矩阵则用下标 1,2,c 予以标记(图 6.5).

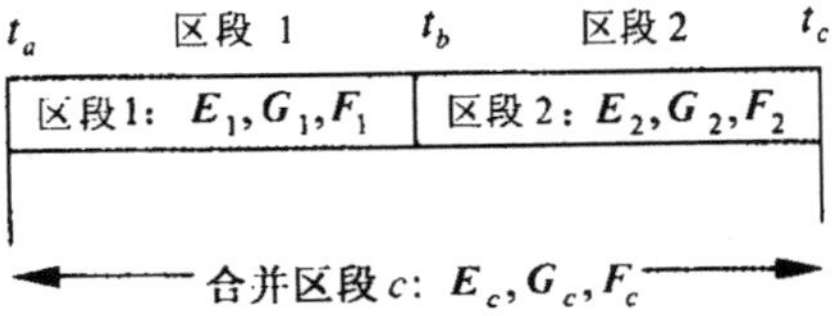

图 6.5 区段合并

合并区段的区段混合能 V_c 应当由区段 1,2 合并生成,

$$V_c(\boldsymbol{x}_a, \boldsymbol{\lambda}_c) = \min_{\boldsymbol{\lambda}_b} \max_{\boldsymbol{x}_b} [V_1(\boldsymbol{x}_a, \boldsymbol{\lambda}_b) + V_2(\boldsymbol{x}_b, \boldsymbol{\lambda}_c) - \boldsymbol{\lambda}_b^{\mathrm{T}} \boldsymbol{x}_b] \tag{6.5.75}$$

是对 $\boldsymbol{x}_b, \boldsymbol{\lambda}_b$ 的消元 $\min\limits_{\boldsymbol{\lambda}_b} \max\limits_{\boldsymbol{x}_b}$. 运用(6.5.73)式

$$\boldsymbol{\lambda}_a = -\boldsymbol{Q}_1 \boldsymbol{x}_a + \boldsymbol{F}_1^{\mathrm{T}} \boldsymbol{\lambda}_b \boldsymbol{r}_{\lambda 1}, \quad \boldsymbol{x}_b = \boldsymbol{F}_1 \boldsymbol{x}_a + \boldsymbol{G}_1 \boldsymbol{\lambda}_b + \boldsymbol{r}_{x1}$$

$$\boldsymbol{\lambda}_b = -\boldsymbol{Q}_2 \boldsymbol{x}_b + \boldsymbol{F}_2^{\mathrm{T}} \boldsymbol{\lambda}_c \boldsymbol{r}_{\lambda 2}, \quad \boldsymbol{x}_c = \boldsymbol{F}_2 \boldsymbol{x}_b + \boldsymbol{G}_2 \boldsymbol{\lambda}_c + \boldsymbol{r}_{x2}$$

由其中($\boldsymbol{x}_b =$)与($\boldsymbol{\lambda}_b =$)二式可解出

$$\boldsymbol{x}_b = (\boldsymbol{I}_n + \boldsymbol{G}_1\boldsymbol{Q}_2)^{-1}(\boldsymbol{F}_1\boldsymbol{x}_a + \boldsymbol{G}_1\boldsymbol{F}_2\boldsymbol{\lambda}_c + \boldsymbol{r}_{c1} + \boldsymbol{G}_1\boldsymbol{r}_{\lambda 2}) \tag{6.5.76a}$$

$$\boldsymbol{\lambda}_b = (\boldsymbol{I}_n + \boldsymbol{Q}_2\boldsymbol{G}_1)^{-1}(-\boldsymbol{Q}_2\boldsymbol{F}_1\boldsymbol{x}_a + \boldsymbol{F}_2^{\mathrm{T}}\boldsymbol{\lambda}_c - \boldsymbol{Q}_2\boldsymbol{r}_{x1} + \boldsymbol{r}_{\lambda 2}) \tag{6.5.76b}$$

再代回(6.5.75)式,或代入 $\boldsymbol{\lambda}_a, \boldsymbol{x}_c$ 的算式中,可得

$$\boldsymbol{G}_c = \boldsymbol{G}_2 + \boldsymbol{F}_2(\boldsymbol{G}_1^{-1} + \boldsymbol{Q}_2)^{-1}\boldsymbol{F}_2^{\mathrm{T}} \tag{6.5.77b}$$

$$\boldsymbol{F}_c = \boldsymbol{F}_2(\boldsymbol{I}_n + \boldsymbol{G}_1\boldsymbol{Q}_2)^{-1}\boldsymbol{F}_1 \tag{6.5.77c}$$

$$\boldsymbol{r}_{\lambda c} = \boldsymbol{r}_{\lambda 1} + \boldsymbol{F}_1^{\mathrm{T}}(\boldsymbol{I}_n + \boldsymbol{Q}_2\boldsymbol{G}_1)^{-1}(\boldsymbol{r}_{\lambda 2} - \boldsymbol{E}_2\boldsymbol{r}_{x1}) \tag{6.5.78a}$$

$$\boldsymbol{r}_{xc} = \boldsymbol{r}_{x2} + \boldsymbol{F}_2(\boldsymbol{I}_n + \boldsymbol{G}_1\boldsymbol{Q}_2)^{-1}(\boldsymbol{r}_{x1} + \boldsymbol{G}_1\boldsymbol{r}_{\lambda 2}) \tag{6.5.78b}$$

这样,V_c 中的矩阵及向量 $\boldsymbol{r}$ 已由区段 1,2 的量生成,(6.5.77)及(6.5.78)式就是区段合并消元公式.也请见文献[117].

应当指出,矩阵 $\boldsymbol{Q}_c, \boldsymbol{G}_c, \boldsymbol{F}_c$ 的合并消元,只涉及系统固有的矩阵 $\boldsymbol{Q}, \boldsymbol{G}, \boldsymbol{F}$,而不涉及量测,或者说分布"外力"$\boldsymbol{y}$.

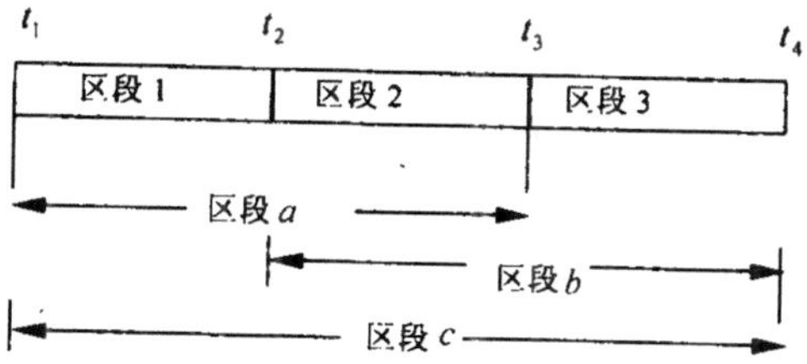

图 6.6　首尾相连的三个区段,消元合并成区段 c 的两种次序

区段合并消元是次序无关的,可以表述如下.设有顺次首尾相连的三个区段如图 6.6 所示,今欲将其消元合并成区段 c.这就可以调用两次区段合并的算法来完成之.显然有两种消元过程,第一种为先执行区段 1 与 2 的消元合并而成为区段 a,再将区段 a 与区段 3 消元合并而成区段 c.第二种消元合并过程为先执行区段 2 与区段 3 的合并而成区段 b,然后将区段 1 与区段 b 合并而成区

段c.这两种消元过程之差别在于次序不同,然而其消元运算皆为矩阵相乘、求逆、相加等,不存在矩阵乘法的次序交换如 $\boldsymbol{AB}$ 换成 $\boldsymbol{BA}$ 之类.根据矩阵乘法满足结合律,即$(\boldsymbol{AB})\boldsymbol{C}=\boldsymbol{A}(\boldsymbol{BC})$之性质,可以推知其结果与消元合并之次序无关.

直接验证消元次序无关定理可以在文献[18]中找到.鉴于区段消元合并的重要性,可以将其算法用运算符"$\backsim$"代表.

$$(t_a,t_b)\backsim(t_b,t_c)=(t_a,t_c) \tag{6.5.79}$$

表示其相应的区段矩阵、向量,按(6.5.77),(6.5.78)式合并.$\backsim$可理解为某种代数乘法,而消元次序无关定理就是$\backsim$乘法的结合律

$$\begin{aligned}&[(t_1,t_2)\backsim(t_2,t_3)]\backsim(t_3,t_4)\\=&(t_1,t_2)\backsim[(t_2,t_3)\backsim(t_3,t_4)]\\=&(t_1,t_2)\backsim(t_2,t_3)\backsim(t_3,t_4)\end{aligned}$$

应当指出,这里的区段混合能矩阵及精细积分,与第五章所述是完全相似的.这就是最优控制与结构力学的模拟理论.

6.5.4.2 区段矩阵及区段向量的微分方程

区段矩阵 $\boldsymbol{Q}(t_a,t_b)$,$\boldsymbol{G}(t_a,t_b)$,$\boldsymbol{F}(t_a,t_b)$及区段向量 $\boldsymbol{r}_x(t_a,t_b)$,$\boldsymbol{r}_\lambda(t_a,t_b)$应当满足一些微分方程,现推导如下,将 t_a 端固定,$\boldsymbol{x}_a$,$\boldsymbol{\lambda}_a$ 给定,于是 $\boldsymbol{x}_b$,$\boldsymbol{\lambda}_b$ 就随之确定.将(6.5.73a,b)式分别对 t_b 微商,有

$$\frac{\partial \boldsymbol{x}_b}{\partial t_b}=\frac{\partial \boldsymbol{F}}{\partial t_b}\boldsymbol{x}_a+\frac{\partial \boldsymbol{G}}{\partial t_b}\boldsymbol{\lambda}_b+\boldsymbol{G}\frac{\partial \boldsymbol{\lambda}_b}{\partial t_b}+\frac{\partial \boldsymbol{r}_x}{\partial t_b}$$

$$\boldsymbol{0}=-\frac{\partial \boldsymbol{Q}}{\partial t_b}\boldsymbol{x}_a+\frac{\partial \boldsymbol{F}^{\mathrm{T}}}{\partial t_b}\boldsymbol{\lambda}_b+\boldsymbol{F}^{\mathrm{T}}\frac{\partial \boldsymbol{\lambda}_b}{\partial t_b}+\frac{\partial \boldsymbol{r}_\lambda}{\partial t_b}$$

将方程(6.5.47)用于 $t=t_b$ 处,

$$\begin{aligned}\partial \boldsymbol{\lambda}_b/\partial t_b&=\boldsymbol{C}^{\mathrm{T}}\boldsymbol{V}^{-1}\boldsymbol{C}\boldsymbol{x}_b-\boldsymbol{A}^{\mathrm{T}}\boldsymbol{\lambda}_b-\boldsymbol{C}^{\mathrm{T}}\boldsymbol{V}^{-1}\boldsymbol{y}_b,\\ \partial \boldsymbol{x}_b/\partial t_b&=\boldsymbol{A}\boldsymbol{x}_b+\boldsymbol{BWB}^{\mathrm{T}}\boldsymbol{\lambda}_b+\boldsymbol{B}_u\boldsymbol{u}_b\end{aligned}$$

代入上式有

$$(\partial \boldsymbol{F}/\partial t_b)\boldsymbol{x}_b+(\partial \boldsymbol{G}/\partial t_b-\boldsymbol{GA}^{\mathrm{T}}-\boldsymbol{BWB}^{\mathrm{T}})\boldsymbol{\lambda}_b$$

$$-(\boldsymbol{A}-\boldsymbol{G}\boldsymbol{C}^{\mathrm{T}}\boldsymbol{V}^{-1}\boldsymbol{C})\boldsymbol{x}_b+\partial\boldsymbol{r}_x/\partial t_b-\boldsymbol{G}\boldsymbol{C}^{\mathrm{T}}\boldsymbol{V}^{-1}\boldsymbol{y}_b-\boldsymbol{B}_u\boldsymbol{u}_b=\boldsymbol{0}$$

$$-(\partial\boldsymbol{Q}/\partial t_b)\boldsymbol{x}_a+(\partial\boldsymbol{F}^{\mathrm{T}}/\partial t_b-\boldsymbol{F}^{\mathrm{T}}\boldsymbol{A}^{\mathrm{T}})\boldsymbol{\lambda}_b$$
$$+\boldsymbol{F}^{\mathrm{T}}\boldsymbol{C}^{\mathrm{T}}\boldsymbol{V}^{-1}\boldsymbol{C}\boldsymbol{x}_b+\partial\boldsymbol{r}_\lambda/\partial t_b-\boldsymbol{F}^{\mathrm{T}}\boldsymbol{C}^{\mathrm{T}}\boldsymbol{V}^{-1}\boldsymbol{y}_b=\boldsymbol{0}$$

在上二式中 $\boldsymbol{x}_a,\boldsymbol{\lambda}_b,\boldsymbol{x}_b$ 并不完全独立,应将(6.5.73a)式代入得

$$[\partial\boldsymbol{F}/\partial t_b-(\boldsymbol{A}-\boldsymbol{G}\boldsymbol{C}^{\mathrm{T}}\boldsymbol{V}^{-1}\boldsymbol{C})\boldsymbol{F}]\boldsymbol{x}_a$$
$$+[\partial\boldsymbol{G}/\partial t_b-\boldsymbol{G}\boldsymbol{A}^{\mathrm{T}}-\boldsymbol{B}\boldsymbol{W}\boldsymbol{B}^{\mathrm{T}}-(\boldsymbol{A}-\boldsymbol{G}\boldsymbol{C}^{\mathrm{T}}\boldsymbol{V}^{-1}\boldsymbol{C})\boldsymbol{G}]\boldsymbol{\lambda}_b$$
$$+\partial\boldsymbol{r}_x/\partial t_b-\boldsymbol{G}\boldsymbol{C}^{\mathrm{T}}\boldsymbol{V}^{-1}\boldsymbol{y}_b-(\boldsymbol{A}-\boldsymbol{G}\boldsymbol{C}^{\mathrm{T}}\boldsymbol{V}^{-1}\boldsymbol{C})\boldsymbol{r}_x=\boldsymbol{0}$$

$$(-\partial\boldsymbol{Q}/\partial t_b+\boldsymbol{F}^{\mathrm{T}}\boldsymbol{C}^{\mathrm{T}}\boldsymbol{V}^{-1}\boldsymbol{C}\boldsymbol{F})\boldsymbol{x}_a$$
$$+(\partial\boldsymbol{F}^{\mathrm{T}}/\partial t_b-\boldsymbol{F}^{\mathrm{T}}\boldsymbol{A}^{\mathrm{T}}+\boldsymbol{F}^{\mathrm{T}}\boldsymbol{C}^{\mathrm{T}}\boldsymbol{V}^{-1}\boldsymbol{C}\boldsymbol{G})\boldsymbol{\lambda}_b$$
$$+\partial\boldsymbol{r}_\lambda/\partial t_b-\boldsymbol{F}^{\mathrm{T}}\boldsymbol{C}^{\mathrm{T}}\boldsymbol{V}^{-1}\boldsymbol{y}_b+\boldsymbol{F}^{\mathrm{T}}\boldsymbol{C}^{\mathrm{T}}\boldsymbol{V}^{-1}\boldsymbol{C}\boldsymbol{r}_x=\boldsymbol{0}$$

这二个公式不论 $\boldsymbol{x}_a,\boldsymbol{\lambda}_b$ 取何值总是成立的,故必有

$$\partial\boldsymbol{G}/\partial t_b=\boldsymbol{B}\boldsymbol{W}\boldsymbol{B}^{\mathrm{T}}+\boldsymbol{G}\boldsymbol{A}^{\mathrm{T}}+\boldsymbol{A}\boldsymbol{G}-\boldsymbol{G}\boldsymbol{C}^{\mathrm{T}}\boldsymbol{V}^{-1}\boldsymbol{C}\boldsymbol{G}\quad(6.5.80a)$$

$$\partial\boldsymbol{Q}/\partial t_b=\boldsymbol{F}^{\mathrm{T}}\boldsymbol{C}^{\mathrm{T}}\boldsymbol{V}^{-1}\boldsymbol{C}\boldsymbol{F}\quad(6.5.80b)$$

$$\partial\boldsymbol{F}/\partial t_b=(\boldsymbol{A}-\boldsymbol{G}\boldsymbol{C}^{\mathrm{T}}\boldsymbol{V}^{-1}\boldsymbol{C})\boldsymbol{F}\quad(6.5.80c)$$

$$\partial\boldsymbol{r}_x/\partial t_b=\boldsymbol{A}\boldsymbol{r}_x+\boldsymbol{G}\boldsymbol{C}^{\mathrm{T}}\boldsymbol{V}^{-1}(\boldsymbol{y}_b-\boldsymbol{C}\boldsymbol{r}_x)+\boldsymbol{B}_u\boldsymbol{u}_b\quad(6.5.81)$$

$$\partial\boldsymbol{r}_\lambda/\partial t_b=\boldsymbol{F}^{\mathrm{T}}\boldsymbol{C}^{\mathrm{T}}\boldsymbol{V}^{-1}(\boldsymbol{y}_b-\boldsymbol{C}\boldsymbol{r}_x)\quad(6.5.82)$$

(6.5.80a,b,c)式是 $\boldsymbol{Q},\boldsymbol{G},\boldsymbol{F}$ 的齐次方程组,其初值条件于(6.5.74)式已经给出,适用于 $\boldsymbol{A},\boldsymbol{B},\boldsymbol{C},\boldsymbol{V},\boldsymbol{W}$ 阵为时变矩阵的系统.方程(6.5.81)~(6.5.82)为量测 $\boldsymbol{y}$ 所引发的响应,其初值条件也于(6.5.74)式给出,是线性方程组,且对 $\boldsymbol{y}$ 也是线性的.以上推导适用于时变系统.式中 $\boldsymbol{y}_b=\boldsymbol{y}(t_b)$.

以上公式是对 t_b 端作微商导出的微分方程组,将 t_b 端固定,认为 $\boldsymbol{x}_b,\boldsymbol{\lambda}_b$ 不变,并对 t_a 将方程(6.5.73)作微商,有

$$\boldsymbol{0}=\frac{\partial\boldsymbol{F}}{\partial t_a}\boldsymbol{x}_a+\boldsymbol{F}\frac{\partial\boldsymbol{x}_a}{\partial t_a}+\frac{\partial\boldsymbol{G}}{\partial t_a}\boldsymbol{\lambda}_b+\frac{\partial\boldsymbol{r}_x}{\partial t_a}$$

$$\frac{\partial\boldsymbol{\lambda}_a}{\partial t_a}=-\frac{\partial\boldsymbol{E}}{\partial t_a}\boldsymbol{x}_a-\boldsymbol{Q}\frac{\partial\boldsymbol{x}_a}{\partial t_a}+\frac{\partial\boldsymbol{F}^{\mathrm{T}}}{\partial t_a}\boldsymbol{\lambda}_b+\frac{\partial\boldsymbol{r}_\lambda}{\partial t_a}$$

将方程(6.5.47b)及(6.5.47a′)用于 t_a 处,代入上式即得

$$(\partial \boldsymbol{F}/\partial t_a + \boldsymbol{FA})\boldsymbol{x}_a + \boldsymbol{FBWB}^{\mathrm{T}}\boldsymbol{\lambda}_a + (\partial \boldsymbol{G}/\partial t_a)\boldsymbol{\lambda}_b + \partial \boldsymbol{r}_x/\partial t_a = \boldsymbol{0}$$

$$-(\partial \boldsymbol{E}/\partial t_a + \boldsymbol{C}^{\mathrm{T}}\boldsymbol{V}^{-1}\boldsymbol{C} + \boldsymbol{QA})\boldsymbol{x}_a + (\boldsymbol{A}^{\mathrm{T}} - \boldsymbol{QBWB}^{\mathrm{T}})\boldsymbol{\lambda}_a$$

$$+ (\partial \boldsymbol{F}^{\mathrm{T}}/\partial t_a)\boldsymbol{\lambda}_b + \partial \boldsymbol{r}_\lambda/\partial t_a + \boldsymbol{C}^{\mathrm{T}}\boldsymbol{V}^{-1}\boldsymbol{y}_a - \boldsymbol{QB}_u\boldsymbol{u}_a = \boldsymbol{0}$$

然而上两式中 $\boldsymbol{x}_a,\boldsymbol{\lambda}_a,\boldsymbol{\lambda}_b$ 并不完全独立.应当用(6.5.73b)式将 $\boldsymbol{\lambda}_a$ 自公式中消去,只剩下 $\boldsymbol{x}_a,\boldsymbol{\lambda}_b$ 就完全独立了

$$(\partial \boldsymbol{F}/\partial t_a + \boldsymbol{FA} - \boldsymbol{FBWB}^{\mathrm{T}}\boldsymbol{Q})\boldsymbol{x}_a + (\partial \boldsymbol{G}/\partial t_a + \boldsymbol{FBWB}^{\mathrm{T}}\boldsymbol{F}^{\mathrm{T}})\boldsymbol{\lambda}_b$$

$$+ \partial \boldsymbol{r}_x/\partial t_a + \boldsymbol{FBWB}^{\mathrm{T}}\boldsymbol{r}_\lambda = \boldsymbol{0}$$

$$[\partial \boldsymbol{E}/\partial t_a + \boldsymbol{C}^{\mathrm{T}}\boldsymbol{V}^{-1}\boldsymbol{C} + \boldsymbol{QA} + (A^{\mathrm{T}} - \boldsymbol{QBWB}^{\mathrm{T}})\boldsymbol{Q}]\boldsymbol{x}_a$$

$$-[\partial \boldsymbol{F}^{\mathrm{T}}/\partial t_b + (\boldsymbol{A}^{\mathrm{T}} - \boldsymbol{QBWB}^{\mathrm{T}})\boldsymbol{F}^{\mathrm{T}}]\boldsymbol{\lambda}_b$$

$$-\partial \boldsymbol{r}_\lambda/\partial t_a - \boldsymbol{C}^{\mathrm{T}}\boldsymbol{V}^{-1}\boldsymbol{y}_a + \boldsymbol{QB}_u\boldsymbol{u}_a - (\boldsymbol{A}^{\mathrm{T}} - \boldsymbol{QBWB}^{\mathrm{T}})\boldsymbol{r}_\lambda = \boldsymbol{0}$$

由于 $\boldsymbol{x}_a,\boldsymbol{\lambda}_b$ 的独立性(它们相当于区段两端的边界条件),故有

$$\partial \boldsymbol{F}/\partial t_a = -\boldsymbol{F}\cdot(\boldsymbol{A} - \boldsymbol{BWB}^{\mathrm{T}}\boldsymbol{Q}) \tag{6.5.83}$$

$$\partial \boldsymbol{G}/\partial t_a = -\boldsymbol{FBWB}^{\mathrm{T}}\boldsymbol{F}^{\mathrm{T}} \tag{6.5.84}$$

$$\partial \boldsymbol{Q}/\partial t_a = -\boldsymbol{C}^{\mathrm{T}}\boldsymbol{V}^{-1}\boldsymbol{C} - \boldsymbol{QA} - \boldsymbol{A}^{\mathrm{T}}\boldsymbol{Q} + \boldsymbol{QBWB}^{\mathrm{T}}\boldsymbol{Q} \tag{6.5.85}$$

$$\partial \boldsymbol{r}_x/\partial t_a = -\boldsymbol{FBWB}^{\mathrm{T}}\boldsymbol{r}_\lambda \tag{6.5.86}$$

$$\partial \boldsymbol{r}_\lambda/\partial t_a = -(\boldsymbol{A}^{\mathrm{T}} - \boldsymbol{QBWB}^{\mathrm{T}})\boldsymbol{r}_\lambda - \boldsymbol{C}^{\mathrm{T}}\boldsymbol{V}^{-1}\boldsymbol{y}_a + \boldsymbol{QB}_u\boldsymbol{u}_a \tag{6.5.87}$$

积分是反向进行的,边界条件为

$$\left.\begin{array}{l}\boldsymbol{F}(t_b,t_b) = \boldsymbol{I}_n, \boldsymbol{G}(t_b,t_b) = \boldsymbol{Q}(t_b,t_b) = \boldsymbol{0} \\ \boldsymbol{r}_x(t_b,t_b) = \boldsymbol{0}, \quad \boldsymbol{r}_\lambda(t_b,t_b) = \boldsymbol{0}\end{array}\right\}, \quad 当\ t_a \to t_b\ 时 \tag{6.5.88}$$

依然可以看到 $\boldsymbol{Q},\boldsymbol{G},\boldsymbol{F}$ 的方程组(6.5.83)~(6.5.85)是齐次的,因此这些矩阵的解与量测 $\boldsymbol{y}$ 的数值无关. $\boldsymbol{y}$ 只影响到 $\boldsymbol{r}_\lambda$ 与 $\boldsymbol{r}_x$,而 $\boldsymbol{r}_x$ 的(6.5.81)式就是均值 $\hat{\boldsymbol{x}}$ 的微分方程.

还应当看到方程(6.5.80),(6.5.85)分别是正向与逆向的黎卡提微分方程.对时不变系统情况下黎卡提微分方程的精细积分是下文的任务.

区段混合能的引入对于求解黎卡提方程很有用.已经看到方

程(6.5.80)就是黎卡提微分方程,与(6.5.50)式一样,不同之处在于初始条件. 取 $t_a=t_0, t_b=t$,则因 $\boldsymbol{G}(0)$即 $\boldsymbol{G}(t_0)=\boldsymbol{0}$,因此矩阵 $\boldsymbol{G}$ 就与 $\boldsymbol{P}$ 不同,但既然微分方程相同,则两者总有关联. 在线性微分方程时,可以采用叠加原理,将初值引起的齐次方程解与外力驱动的非齐次方程解加起来即可. 黎卡提微分方程为非线性,简单叠加是不行的.

区段混合能的合并公式(6.5.77)提供了将 $\boldsymbol{G}$ 变换为 $\boldsymbol{P}$ 的方法. 设想在 $t_0=0$ 端有一个无穷短区段,其矩阵为

$$\boldsymbol{Q}_1=\boldsymbol{0}, \quad \boldsymbol{F}_1=\boldsymbol{I}, \quad \boldsymbol{G}_1=\boldsymbol{P}_0 \tag{6.5.89}$$

而将$(0,t)$视作区段 2. 运用(6.5.77b)式即得

$$\boldsymbol{P}(t)=\boldsymbol{G}+\boldsymbol{F}(\boldsymbol{P}_0^{-1}+\boldsymbol{Q})^{-1}\boldsymbol{F}^{\mathrm{T}}, \boldsymbol{F}_c=\boldsymbol{F}(\boldsymbol{I}_n+\boldsymbol{P}_0\boldsymbol{Q})^{-1}$$

$$\boldsymbol{Q}_c=(\boldsymbol{Q}^{-1}+\boldsymbol{P}_0)^{-1} \tag{6.5.90}$$

当 $t\to 0$ 时,因 $\boldsymbol{G}(0)=\boldsymbol{0}$, $\boldsymbol{Q}(0)=\boldsymbol{0}$, $\boldsymbol{F}(0)\to\boldsymbol{I}_n$,故 $\boldsymbol{P}(0)\to\boldsymbol{P}_0$. $\boldsymbol{P}(t)$满足了初值条件. 区段合并消元(6.5.77)并不损害矩阵 $\boldsymbol{Q}$, $\boldsymbol{G}$, $\boldsymbol{F}$ 满足微分方程(6.5.80),因此黎卡提微分方程依然满足. 所以说,(6.5.90)式提供的 $\boldsymbol{P}(t)$就是(6.5.50)的解. 进一步的论证见下一节.

回顾条件(6.5.74),它相应于区段 t_b 处(或 t_a 处),并不存在一个集中的无穷短区段如(6.5.89)式那样,因此可以称条件(6.5.74)为自然初始条件.

6.5.4.3 黎卡提方程解的物理意义

在讲述黎卡提方程解矩阵 $\boldsymbol{P}(t)$的精细积分之前,对该矩阵的物理意义及变分形式再探讨一下无疑是有益的. $\boldsymbol{P}(t)$的重要性在于它是状态向量 $\boldsymbol{x}(t)$滤波的方差阵. 在变分列式中可以看出其表现形式,推导如下. (6.5.44)式的指标 J,引入拉格朗日乘子后,转化到(6.5.45′)式的变分式,成为 $\boldsymbol{x}$, $\boldsymbol{\lambda}$ 互为对偶的两类独立变量的泛函$J_e(\boldsymbol{x},\boldsymbol{\lambda})$. J_e 在数值上与J 相等,但自变函数已经不同. 为了让初值条件(6.5.43a)也能由变分式来满足,可令($\boldsymbol{u}=0$)

$$J_e = \int_0^t [\boldsymbol{\lambda}^{\mathrm{T}}\dot{\boldsymbol{x}} - \boldsymbol{\lambda}^{\mathrm{T}}\boldsymbol{A}\boldsymbol{x} - \boldsymbol{\lambda}^{\mathrm{T}}(\boldsymbol{B}\boldsymbol{W}\boldsymbol{B}^{\mathrm{T}})\boldsymbol{\lambda}/2$$
$$+ (\boldsymbol{y} - \boldsymbol{C}\boldsymbol{x})^{\mathrm{T}}\boldsymbol{V}^{-1}(\boldsymbol{y} - \boldsymbol{C}\boldsymbol{x})/2]\mathrm{d}\tau$$
$$+ (\boldsymbol{x}_0 - \hat{\boldsymbol{x}}_0)\boldsymbol{P}_0^{-1}(\boldsymbol{x}_0 - \hat{\boldsymbol{x}}_0)/2 \qquad (6.5.45'')$$

执行变分运算,并作分部积分有

$$\delta J_e = \int_0^t [\delta\boldsymbol{\lambda}^{\mathrm{T}}(\dot{\boldsymbol{x}} - \boldsymbol{A}\boldsymbol{x} - \boldsymbol{B}\boldsymbol{W}\boldsymbol{B}^{\mathrm{T}}\boldsymbol{\lambda})$$
$$- \delta\boldsymbol{x}^{\mathrm{T}}(\dot{\boldsymbol{\lambda}} + \boldsymbol{A}^{\mathrm{T}}\boldsymbol{\lambda} - \boldsymbol{C}^{\mathrm{T}}\boldsymbol{V}^{-1}\boldsymbol{C}\boldsymbol{x} + \boldsymbol{C}^{\mathrm{T}}\boldsymbol{V}^{-1}\boldsymbol{y})]\mathrm{d}\tau$$
$$+ \boldsymbol{\lambda}^{\mathrm{T}}(t)\cdot\delta\boldsymbol{x}(t) - \delta\boldsymbol{x}_0^{\mathrm{T}}\cdot[\boldsymbol{\lambda}_0 - \boldsymbol{P}_0^{-1}(\boldsymbol{x}_0 - \hat{\boldsymbol{x}}_0)] = 0$$

现在让对偶微分方程(6.5.47a,b)以及初值条件(6.5.43a)满足,于是

$$\delta J_e = \boldsymbol{\lambda}^{\mathrm{T}}(t)\cdot\delta\boldsymbol{x}(t)$$

注意(6.5.47a,b)式以及初值条件(6.5.43a)求解的是滤波解,但在 t 端尚未要求 $\boldsymbol{\lambda}(t)$ 为零,因此解的形式为

$$\boldsymbol{x}(t) = \hat{\boldsymbol{x}}(t) + \boldsymbol{P}(t)\boldsymbol{\lambda}(t) \qquad (6.5.48)$$

其中均值 $\hat{\boldsymbol{x}}(t)$ 与方差阵 $\boldsymbol{P}(t)$ 由(6.5.49)及(6.5.50)式解出,是确定量.故有 $\delta\hat{\boldsymbol{x}}(t)=\boldsymbol{0}$,$\delta\boldsymbol{P}(t)=\boldsymbol{0}$,从而 $\delta\boldsymbol{x}(t)=\boldsymbol{P}(t)\delta\boldsymbol{\lambda}(t)$,

$$\delta J_e = \delta[\boldsymbol{\lambda}^{\mathrm{T}}(t)\boldsymbol{P}(t)\boldsymbol{\lambda}(t)/2] = \delta[(\boldsymbol{x} - \hat{\boldsymbol{x}})^{\mathrm{T}}\boldsymbol{P}^{-1}(\boldsymbol{x} - \hat{\boldsymbol{x}})/2]$$
$$= \delta[\boldsymbol{\lambda}^{\mathrm{T}}\cdot(\boldsymbol{x} - \hat{\boldsymbol{x}})/2]$$

由此可以看出 $\boldsymbol{P}$ 阵的物理意义,柔度阵.可以用弹簧来类比,$\hat{\boldsymbol{x}}$ 是平衡点,$(\boldsymbol{x}-\hat{\boldsymbol{x}})$是位移的偏离,$\boldsymbol{\lambda}=\boldsymbol{P}^{-1}(\boldsymbol{x}-\hat{\boldsymbol{x}})$是力向量.如果分别用 $\boldsymbol{\lambda}_1=(1,0,0,\cdots)^{\mathrm{T}}$,$\boldsymbol{\lambda}_2=(0,1,0,\cdots)^{\mathrm{T}}$,$\cdots$,$\boldsymbol{\lambda}_n=(0,0,\cdots,1)^{\mathrm{T}}$ 的 n 个单位向量作用到弹簧上,则其响应$(\boldsymbol{x}_1-\hat{\boldsymbol{x}})$,$(\boldsymbol{x}_2-\hat{\boldsymbol{x}})$,$\cdots$,$(\boldsymbol{x}_n-\hat{\boldsymbol{x}})$就分别为 $\boldsymbol{P}$ 阵的列向量.因此 $\boldsymbol{P}(t)$阵就是区段$[0,t)$在 t 端的滤波柔度阵.

由此得知寻求协方差阵的一个方法,找出齐次方程的柔度阵,就是其协方差阵.第三章讲述最小二乘法时,已经讲过**协方差阵就是柔度阵**了.

6.5.5 黎卡提微分方程的精细积分

对于预测的线性方程(6.4.35),6.4.4 节给出了其时程精细积分,但只是在时不变的条件下方能适用.黎卡提微分方程的精细积分也是在时不变的方程下给出的.方程(6.5.90)已经提供了只需计算初值为零阵的方差阵 $\boldsymbol{G}(t)$,$\boldsymbol{F}(t)$,$\boldsymbol{Q}(t)$之法,只要在求解了 $\boldsymbol{G}$ 阵等之后,再按(6.5.90)计算 $\boldsymbol{P}(t)$就是.因此以下只讲 $\boldsymbol{G}$ 阵的精细积分.

当选定了时间步长 η,均分了(6.5.68)式的时段后,非常重要的一步就是将步长 η 相应的$\boldsymbol{Q}(\eta)$,$\boldsymbol{G}(\eta)$,$\boldsymbol{F}(\eta)$阵计算出来.前文指出这些区段矩阵是 t_a,t_b 的函数,然而对时不变系统来说,它只与区段时间长

$$\eta = t_b - t_a \tag{6.5.91}$$

有关,而与起点 t_a 无关,因此可以写成 $\boldsymbol{Q}(t_a, t_b) = \boldsymbol{Q}(t_b - t_a) = \boldsymbol{Q}(\eta)$,等.于是对于方程(6.5.80)~(6.5.82),以及(6.5.83)~(6.5.87)式,可写成

$$\mathrm{d}\boldsymbol{F}/\mathrm{d}\tau = (\boldsymbol{A} - \boldsymbol{G}\boldsymbol{C}^{\mathrm{T}}\boldsymbol{V}^{-1}\boldsymbol{C})\boldsymbol{F} = \boldsymbol{F}(\boldsymbol{A} - \boldsymbol{B}\boldsymbol{W}\boldsymbol{B}^{\mathrm{T}}\boldsymbol{Q}) \tag{6.5.92a,b}$$

$$\begin{aligned}\mathrm{d}\boldsymbol{G}/\mathrm{d}\tau &= \boldsymbol{B}\boldsymbol{W}\boldsymbol{B}^{\mathrm{T}} + \boldsymbol{G}\boldsymbol{A}^{\mathrm{T}} + \boldsymbol{A}\boldsymbol{G} - \boldsymbol{G}\boldsymbol{C}^{\mathrm{T}}\boldsymbol{V}^{-1}\boldsymbol{C}\boldsymbol{G} \\ &= \boldsymbol{F}\boldsymbol{B}\boldsymbol{W}\boldsymbol{B}^{\mathrm{T}}\boldsymbol{F}^{\mathrm{T}}\end{aligned} \tag{6.5.93a,b}$$

$$\begin{aligned}\mathrm{d}\boldsymbol{Q}/\mathrm{d}\tau &= \boldsymbol{F}^{\mathrm{T}}\boldsymbol{C}^{\mathrm{T}}\boldsymbol{V}^{-1}\boldsymbol{C}\boldsymbol{F} \\ &= \boldsymbol{C}^{\mathrm{T}}\boldsymbol{V}^{-1}\boldsymbol{C} + \boldsymbol{Q}\boldsymbol{A} + \boldsymbol{A}^{\mathrm{T}}\boldsymbol{Q} - \boldsymbol{Q}\boldsymbol{B}\boldsymbol{W}\boldsymbol{B}^{\mathrm{T}}\boldsymbol{Q}\end{aligned} \tag{6.5.94a,b}$$

当量测 $\boldsymbol{y}$ 及控制 $\boldsymbol{u}$ 为常值的特殊情况下,还有

$$\begin{aligned}\mathrm{d}\boldsymbol{r}_x/\mathrm{d}\tau &= (\boldsymbol{A} - \boldsymbol{G}\boldsymbol{C}^{\mathrm{T}}\boldsymbol{V}^{-1}\boldsymbol{C})\boldsymbol{r}_x - \boldsymbol{G}\boldsymbol{C}^{\mathrm{T}}\boldsymbol{V}^{-1}\boldsymbol{y} + \boldsymbol{B}_u\boldsymbol{u}_b \\ &= \boldsymbol{F}\boldsymbol{B}\boldsymbol{W}\boldsymbol{B}^{\mathrm{T}}\boldsymbol{r}_\lambda\end{aligned} \tag{6.5.95a,b}$$

$$\begin{aligned}\mathrm{d}\boldsymbol{r}_\lambda/\mathrm{d}\tau &= \boldsymbol{F}^{\mathrm{T}}\boldsymbol{C}^{\mathrm{T}}\boldsymbol{V}^{-1}(\boldsymbol{y} - \boldsymbol{C}\boldsymbol{r}_x) \\ &= (\boldsymbol{A}^{\mathrm{T}} - \boldsymbol{Q}\boldsymbol{B}\boldsymbol{W}\boldsymbol{B}^{\mathrm{T}})\boldsymbol{r}_\lambda + \boldsymbol{C}^{\mathrm{T}}\boldsymbol{V}^{-1}\boldsymbol{y} - \boldsymbol{Q}\boldsymbol{B}_u\boldsymbol{u}_a\end{aligned} \tag{6.5.96a,b}$$

这些公式都有由 t_a 端或 t_b 端导出的两种版本,它们当然是相容

的. 这是由区段消元合并次序无关所保证的.

但量测 $\boldsymbol{y}$ 有随机干扰的成分,不会是常值. 因此(6.5.95),(6.5.96)式只能用于非常特殊之场合,一定要特别小心.

方程组(6.5.92)~(6.5.94)依然是非线性微分方程组,要做出其精细积分必须利用问题本身的构造. 回顾指数矩阵的精细积分,首先是其 2^N 算法. 指数矩阵利用了加法定理,当前则可以运用其区段合并消元算法. 其次应当有一个初始时间区段,取为

$$\tau = \eta/2^N, \quad N = 20, \quad 2^N = 1048576 \qquad (6.5.97)$$

对于这非常小的时段长 τ,应当生成其矩阵 $\boldsymbol{Q}(\tau),\boldsymbol{G}(\tau),\boldsymbol{F}(\tau)$,其相对精度应当在计算机双精度范围内不受影响. 当前仍可以采用幂级数展开之法,并保留直至 τ^4 的项. 取

$$\boldsymbol{Q}(\tau) \approx \boldsymbol{e}_1\tau + \boldsymbol{e}_2\tau^2 + \boldsymbol{e}_3\tau^3 + \boldsymbol{e}_4\tau^4 \qquad (6.5.98)$$

$$\boldsymbol{G}(\tau) \approx \boldsymbol{g}_1\tau + \boldsymbol{g}_2\tau^2 + \boldsymbol{g}_3\tau^3 + \boldsymbol{g}_4\tau^4 \qquad (6.5.99)$$

$$\boldsymbol{F}(\tau) \approx \boldsymbol{I}_n + \boldsymbol{F}'(\tau), \boldsymbol{F}'(\tau) \approx \boldsymbol{f}_1\tau + \boldsymbol{f}_2\tau^2 + \boldsymbol{f}_3\tau^3 + \boldsymbol{f}_4\tau^4 \qquad (6.5.100)$$

其中 $\boldsymbol{e}_i, \boldsymbol{g}_i, \boldsymbol{f}_i$ $(i=1,2,3,4)$ 待求. 此处的 $\boldsymbol{f}_1$ 不可与前文的相混淆,这里的 $\boldsymbol{f}_1$ 也仅在这一节局部出现. 将(6.5.98)~(6.5.100)式代入(6.5.92a)~(6.5.96a)式,执行乘法,并归并 τ 的各幂次系数项为零,有

$$\begin{gathered}
\boldsymbol{e}_1 = \boldsymbol{C}^{\mathrm{T}}\boldsymbol{V}^{-1}\boldsymbol{C}, \qquad \boldsymbol{g}_1 = \boldsymbol{BWB}^{\mathrm{T}}, \qquad \boldsymbol{f}_1 = \boldsymbol{A} \\
\boldsymbol{e}_2 = (\boldsymbol{f}_1^{\mathrm{T}}\boldsymbol{e}_1 + \boldsymbol{e}_1\boldsymbol{f}_1)/2, \qquad \boldsymbol{g}_2 = (\boldsymbol{A}\boldsymbol{g}_1 + \boldsymbol{g}_1\boldsymbol{A}^{\mathrm{T}})/2 \\
\boldsymbol{f}_2 = (\boldsymbol{A}^2 - \boldsymbol{g}_1\boldsymbol{e}_1)/2 \\
\boldsymbol{e}_3 = (\boldsymbol{f}_2^{\mathrm{T}}\boldsymbol{e}_1 + \boldsymbol{e}_1\boldsymbol{f}_2 + \boldsymbol{f}_1^{\mathrm{T}}\boldsymbol{e}_1\boldsymbol{f}_1)/3 \\
\boldsymbol{g}_3 = (\boldsymbol{A}\boldsymbol{g}_2 + \boldsymbol{g}_2\boldsymbol{A}^{\mathrm{T}} - \boldsymbol{g}_1\boldsymbol{e}_1\boldsymbol{g}_1)/3 \\
\boldsymbol{f}_3 = (\boldsymbol{A}\boldsymbol{f}_2 - \boldsymbol{g}_2\boldsymbol{e}_1 - \boldsymbol{g}_1\boldsymbol{e}_1\boldsymbol{f}_1)/3 \qquad (6.5.101) \\
\boldsymbol{e}_4 = (\boldsymbol{f}_3^{\mathrm{T}}\boldsymbol{e}_1 + \boldsymbol{e}_1\boldsymbol{f}_3 + \boldsymbol{f}_2^{\mathrm{T}}\boldsymbol{e}_1\boldsymbol{f}_1 + \boldsymbol{f}_1^{\mathrm{T}}\boldsymbol{e}_1\boldsymbol{f}_2)/4 \\
\boldsymbol{g}_4 = (\boldsymbol{A}\boldsymbol{g}_3 + \boldsymbol{g}_3\boldsymbol{A}^{\mathrm{T}} - \boldsymbol{g}_1\boldsymbol{e}_1\boldsymbol{g}_2 - \boldsymbol{g}_2\boldsymbol{e}_1\boldsymbol{g}_1)/4 \\
\boldsymbol{f}_4 = (\boldsymbol{A}\boldsymbol{f}_3 - \boldsymbol{g}_3\boldsymbol{e}_1 - \boldsymbol{g}_2\boldsymbol{e}_1\boldsymbol{f}_1 - \boldsymbol{g}_1\boldsymbol{e}_1\boldsymbol{f}_2)/4
\end{gathered}$$

这些公式只要逐个计算便可,不须迭代求解;$\boldsymbol{e}_i, \boldsymbol{g}_i, \boldsymbol{f}_i$,$(i=1\sim4)$

皆为 $n\times n$ 阵，且 $\boldsymbol{e}_i^{\mathrm{T}}=\boldsymbol{e}_i,\boldsymbol{g}_i^{\mathrm{T}}=\boldsymbol{g}_i$.

计算了这些矩阵，再代入(6.5.98)～(6.5.100)式，就有了 $\boldsymbol{Q}(\tau),\boldsymbol{G}(\tau),\boldsymbol{F}'(\tau)$，因时段长 τ 特别小，可以计算得很精确. 时段长 τ 即可作为时段合并 2^N 算法的出发段. 在(6.5.96)式以前所有的公式推导都是精确的，只有(6.5.98)～(6.5.100)式的展开式截断于 τ^4. 截去的首项是 τ^5，它与首项之比是 τ^4. 由于 $\tau^4=(\eta/1048576)^4\approx\eta^4\cdot10^{-24}$，这个相对误差乘子已超出了倍精度实数的有效位数 10^{-16}之外了. 故这步近似也已达到计算机精度了.

有了时段 τ 的混合能表示，就可递归地执行(6.5.77a～c)式 N 次，其中 $\boldsymbol{Q},\boldsymbol{G},\boldsymbol{F}$ 为相同的时段长为$(2^i\tau)$的矩阵. 循环结束时相应于时段 η 的矩阵为 $\boldsymbol{Q}(\eta),\boldsymbol{G}(\eta),\boldsymbol{F}(\eta)$. 但应特别注意，在按(6.5.77c)式执行时，(6.5.100)式中 $\boldsymbol{I}_n+\boldsymbol{F}'$ 的加法一定不可执行，这是第二个要点. 因为当 τ 很小时 $\boldsymbol{F}'$ 也很小，加法将严重地损害计算精度. 以往区间加倍(即 2^N 算法)不被看好(文献[120]第 7 章)的原因，就是因为其数值病态. 这一种情况在指数矩阵计算中已经见到. 因此应当将(6.5.77)式改写为

$$\boldsymbol{Q}_c=\boldsymbol{Q}+(\boldsymbol{I}+\boldsymbol{F}')^{\mathrm{T}}(\boldsymbol{Q}^{-1}+\boldsymbol{G})^{-1}(\boldsymbol{I}+\boldsymbol{F}') \tag{6.5.102a}$$

$$\boldsymbol{G}_c=\boldsymbol{G}+(\boldsymbol{I}+\boldsymbol{F}')(\boldsymbol{G}^{-1}+\boldsymbol{Q})^{-1}(\boldsymbol{I}+\boldsymbol{F}')^{\mathrm{T}} \tag{6.5.102b}$$

$$\begin{aligned}\boldsymbol{F}'_c=&(\boldsymbol{F}'-\boldsymbol{GQ}/2)(\boldsymbol{I}+\boldsymbol{GQ})^{-1}+(\boldsymbol{I}+\boldsymbol{GQ})^{-1}(\boldsymbol{F}'-\boldsymbol{GQ}/2)\\&+\boldsymbol{F}'(\boldsymbol{I}+\boldsymbol{GQ})^{-1}\boldsymbol{F}'\end{aligned} \tag{6.5.102c}$$

就解决了计算的病态问题. 这些公式适用于两个相同时段的合并.

至此精细积分公式已经齐备. 据此可给出算法如下：

[给出 $\boldsymbol{A},\boldsymbol{B},\boldsymbol{C},\boldsymbol{W},\boldsymbol{V}$ 阵，定出步长 $\eta,t_f=k_f\eta$ 及 $\boldsymbol{P}_0$ 阵]

[计算 $\boldsymbol{C}^{\mathrm{T}}\boldsymbol{V}^{-1}\boldsymbol{C},\boldsymbol{BWB}^{\mathrm{T}}$；定出 $N=20,\tau=\eta/2^N$，]

[按(6.5.98)～(6.5.101)式计算 $\boldsymbol{Q}(\tau),\boldsymbol{G}(\tau),\boldsymbol{F}'(\tau)$]

for(*iter* = 0; *iter* < N; *iter* + +){注：η 时段内精细计算

[按(6.5.102a～c)式计算 $\boldsymbol{Q}_c,\boldsymbol{G}_c,\boldsymbol{F}'_c$；再令 $\boldsymbol{Q}=\boldsymbol{Q}_c$；$\boldsymbol{G}=\boldsymbol{G}_c$；$\boldsymbol{F}'=\boldsymbol{F}'_c$；]}

[$\boldsymbol{F}=\boldsymbol{I}+\boldsymbol{F}'$；]注：$\boldsymbol{Q},\boldsymbol{G},\boldsymbol{F}$，现在相应于 η 时段；以上为前半段.

$[Q_2 = Q; G_2 = G; F_2 = F; G_1 = P_0; Q_1 = I; F_1 = I;]$注：为步进开工

for($k=0; k<k_f; k++$){[按(6.5.77b),(6.5.77c)式计算 G_c]; 再$[G_1 = G_c]$;}

注：G_c 就是$P(k\eta)$. (6.5.103)

以上算法为有限时段$[0,t_f)$的黎卡提方程的精细积分.当然，η 应是较小的步长.在步进开工时 P 的初值P_0 已经设定，所以每次步进 G_c 已经是方程(6.5.50)的解了.

卡尔曼-布西滤波是用于实时滤波计算的，但 P 阵的计算却与实时量测 y 无关，因此可以事先计算好后存储起来，而实时计算只要求解线性方程(6.5.49)即可.

非齐次项 r_x 与 r_λ 也是可以精细积分的.由于实时量测 y 事先不知道，因此与 Q,G,F 及 P 阵一起计算的**只能是其基底向量**，这也应事先离线计算好存储起来.具体的列式与算法在下二节滤波方程的积分中提供.

算法(6.5.103)是适宜于计算有限时段暂态历程的.控制理论有时要考虑稳态的情况，即无限时段的滤波，此时要计算稳态的黎卡提代数方程的解，求解(6.5.52)式的 P_∞，要求正定对称阵.这可以令(6.5.103)式的 $t_f\to\infty$而求出，因为(6.5.77b)式表明，G_c 阵只可能增值，不会出现负值的.

于是，在计算了 η 时段的$Q(\eta),G(\eta),F(\eta)$后，执行：

[已按(6.5.103)式前半段计算了 η 的Q,G,F 阵;$Q_c = Q; G_c = G; F_c = F$;]

while($\|F_c\| > \varepsilon$){$[Q_1 = Q_2 = Q_c; G_1 = G_2 = G_c; F_1 = F_2 = F_c;]$

[按(6.5.77a),(6.5.77b)及(6.5.77c)式计算 Q_c, G_c, F_c]}

$[P_\infty = G_c;]$注：迭代对可控可测系统一定收敛 (6.5.104)

迭代结束得到了 P_∞后，就得增益阵

$$K_\infty = P_\infty C^{\mathrm{T}} R^{-1} \tag{6.5.105}$$

因此对 P_∞的精细计算是非常重要的.

P_∞满足黎卡提代数方程(6.5.52)，由于没有微商，因此容易

验证其精确性,方法是计算

$$\boldsymbol{BWB}^{\mathrm{T}} + \boldsymbol{AP}_{\infty} + \boldsymbol{P}_{\infty}\boldsymbol{A} \quad 与 \quad \boldsymbol{P}_{\infty}\boldsymbol{C}^{\mathrm{T}}\boldsymbol{V}^{-1}\boldsymbol{CP}_{\infty} \tag{6.5.106}$$

比较两个矩阵有多少位有效数字是相同的,就可知道其精确性.由于 $\boldsymbol{P}_{\infty}$ 是由(6.5.104)式迭代而得,而并未用代数黎卡提方程来修改过,因此这也间接地验证了 $\boldsymbol{E}(\eta)$,$\boldsymbol{G}(\eta)$,$\boldsymbol{F}(\eta)$ 以及区段合并消元算法的可靠性.以下用一个例题来表明.

例 1 设有一维动力过程

$$\dot{x} = -ax + w(t), \qquad \hat{x}_0 = 0, \quad P_0 = \sigma_0^2$$

w 为零均值白噪音高斯分布,其方差为 σ_w^2.量测信号为

$$y(t) = x(t) + v(t)$$

v 也为零均值高斯白噪音,与 w 无关,方差 σ_v^2,w,v 与 x_0 都无关.

解 按该题为 $n=1$ 维,$A=-a$,$B=1$,$C=1$,$W=\sigma_w^2$,$V=\sigma_v^2$.计算有 $CV^{-1}C=1/\sigma_v^2$,$\boldsymbol{BWB}^{\mathrm{T}}=\sigma_w^2$,因此(6.5.50)成为

$$\dot{p} = \sigma_w^2 - 2aP - P^2/\sigma_v^2, \quad P(0) = \sigma_0^2$$

这个黎卡提微分方程可以解析求解.

$$\mathrm{d}t = \sigma_v^2 \mathrm{d}P/(\sigma_v^2\sigma_w^2 - 2a\sigma_v^2 P - P^2)$$

分母上的二次式可以求根,积分后有

$$(P(t) - p_1)/(P(t) - p_2) = C\mathrm{e}^{-2\mu t}, \mu = (a^2 + \sigma_w^2/\sigma_v^2)^{1/2}$$

$$p_{1,2} = -a\sigma_v^2 \pm \sigma_v\sqrt{a^2\sigma_v^2 + \sigma_w^2} = \sigma_v^2 \cdot (-a \pm \mu)$$

代以初始条件后,有

$$P(t) = (p_1 - p_2 c\mathrm{e}^{-2\mu t})/(1 - c\mathrm{e}^{-2\mu t})$$

$$c = (\sigma_0^2 - p_1)/(\sigma_0^2 - p_2)$$

当 $t \to \infty$ 时

$$P_{\infty} = p_1 = -a\sigma_v^2 + \sigma_v\sqrt{a^2\sigma_v^2 + \sigma_w^2}$$

增益阵为 $k(t)=P(t)/\sigma_v^2$,$k_{\infty}=p_1/\sigma_v^2$.

设给出数值:$\sigma_w = 0.8$;$\sigma_v = 0.2$;$\sigma_0 = 0.1$;$a = 0.8$;选

$\eta=0.05$,可按解析公式算出黎卡提微分方程的解,列于表 6.1 中.

考虑到黎卡提微分方程的非线性性质,纯解析解非常少.为了比较精细积分的精确度,本课题也用算法 (6.5.103)计算,并与解析解计算而得的数值结果一起列表.表中列举的十位有效数字,两种算法结果完全相同.

表 6.1 黎卡提微分方程的数值解

$A=-0.8;B=0.8;C=5.0;W=1.0;V=1.0;P_0=0.01;\eta=0.05$

t	0	0.05	0.10	0.15
解析解	0.01	0.0391420552	0.0635840094	0.0828723355
精细积分	0.01	0.0391420552	0.0635840094	0.0828723355
t	0.20	0.25	0.3	0.4
解析解	0.0973748072	0.1078871053	0.1153066324	0.1239579232
精细积分	0.0973748072	0.1078871053	0.1153066324	0.1239579232
t	0.5	∞		
解析解	0.1279397834	0.1311686244		
精细积分	0.1279397834			

于此可见精细积分高度精确的特点.

更多数例就不必了,因结构力学已有例题,可参见第五章.

6.5.6 黎卡提微分方程的分析解

黎卡提微分方程还可找得分析解,方法已在第五章讲过了.现将其要点说一下.回到对偶方程(6.5.47),其相应的哈密顿矩阵为

$$\boldsymbol{H}=\begin{pmatrix}\boldsymbol{A} & \boldsymbol{B}_1\boldsymbol{W}\boldsymbol{B}_1^{\mathrm{T}}\\ \boldsymbol{C}^{\mathrm{T}}\boldsymbol{V}^{-1}\boldsymbol{C} & -\boldsymbol{A}^{\mathrm{T}}\end{pmatrix}\tag{6.5.107}$$

这相应于全状态向量及其齐次方程

$$\boldsymbol{v}=\begin{pmatrix}\boldsymbol{x}\\ \boldsymbol{\lambda}\end{pmatrix},\qquad \dot{\boldsymbol{v}}=\boldsymbol{H}\boldsymbol{v}\tag{6.5.108}$$

其相应的本征方程 $\boldsymbol{H\psi}=\mu\boldsymbol{\psi}$ 有全部本征解的矩阵 $\boldsymbol{\Psi}$

$$\boldsymbol{H\Psi} = \boldsymbol{\Psi}\begin{pmatrix}\mathrm{diag}(\mu_i) & 0 \\ 0 & -\mathrm{diag}(\mu_i)\end{pmatrix}, \quad \boldsymbol{\Psi} = \begin{pmatrix}\boldsymbol{X}_\alpha & \boldsymbol{X}_\beta \\ \boldsymbol{N}_\alpha & \boldsymbol{N}_\beta\end{pmatrix}\begin{matrix} n \\ n\end{matrix} \tag{6.5.109}$$

现在组成矩阵 $\boldsymbol{M}(\eta)$ 并予以求逆,有

$$\boldsymbol{M}(\eta) = \begin{pmatrix}\boldsymbol{X}_\alpha & \boldsymbol{X}_\beta\mathrm{diag}(\mathrm{e}^{\mu_i\eta}) \\ \boldsymbol{N}_\alpha\mathrm{diag}(\mathrm{e}^{\mu_i\eta}) & \boldsymbol{N}_\beta\end{pmatrix}\begin{matrix} n \\ n\end{matrix} \tag{6.5.110}$$

$$\boldsymbol{M}^{-1} = \begin{pmatrix}\boldsymbol{A}_1 & \boldsymbol{A}_2 \\ \boldsymbol{B}_1 & \boldsymbol{B}_2\end{pmatrix} \tag{6.5.111}$$

$$\boldsymbol{D}_{c\eta} \underset{\mathrm{def}}{=} \mathrm{diag}(\mathrm{e}^{\mu_i\eta}) \underset{\mathrm{def}}{=} \mathrm{diag}(\mathrm{e}^{\mu_1\eta}, \mathrm{e}^{\mu_2\eta}, \cdots, \mathrm{e}^{\mu_n\eta}) = \exp[\mathrm{diag}(\mu_i\eta)] \tag{6.5.112}$$

为对角阵. 根据分块矩阵求逆公式有

$$\left.\begin{aligned}\boldsymbol{A}_1 &= (\boldsymbol{X}_\alpha - \boldsymbol{X}_\beta\boldsymbol{D}_{c\eta}\boldsymbol{N}_\beta^{-1}\boldsymbol{N}_\alpha\boldsymbol{D}_{c\eta})^{-1}, \boldsymbol{A}_2 = -\boldsymbol{X}_\alpha^{-1}\boldsymbol{X}_\beta\boldsymbol{D}_{c\eta}\boldsymbol{B}_2 \\ \boldsymbol{B}_2 &= (\boldsymbol{N}_\beta - \boldsymbol{N}_\alpha\boldsymbol{D}_{c\eta}\boldsymbol{X}_\alpha^{-1}\boldsymbol{X}_\beta\boldsymbol{D}_{c\eta})^{-1}, \boldsymbol{B}_1 = -\boldsymbol{N}_\beta^{-1}\boldsymbol{N}_\alpha\boldsymbol{D}_{c\eta}\boldsymbol{A}_1\end{aligned}\right\} \tag{6.5.113}$$

其中 η 为区段长,$\eta=t_b-t_a$. 由此有区段混合能矩阵

$$\boldsymbol{Q}(\eta) = -(\boldsymbol{N}_\alpha\boldsymbol{A}_1 + \boldsymbol{N}_\beta\boldsymbol{D}_{c\eta}\boldsymbol{B}_1), \quad \boldsymbol{F}(\eta) = \boldsymbol{X}_\alpha\boldsymbol{D}_{c\eta}\boldsymbol{A}_1 + \boldsymbol{X}_\beta\boldsymbol{B}_1$$
$$\boldsymbol{G}(\eta) = \boldsymbol{X}_\alpha\boldsymbol{D}_{c\eta}\boldsymbol{A}_2 + \boldsymbol{X}_\beta\boldsymbol{B}_2, \quad \boldsymbol{F}^{\mathrm{T}}(\eta) = \boldsymbol{N}_\alpha\boldsymbol{A}_2 + \boldsymbol{N}_\beta\boldsymbol{D}_{c\eta}\boldsymbol{B}_2 \tag{6.5.114a ~ d}$$

这里 $\boldsymbol{Q}$ 与 $\boldsymbol{G}$ 的对称性,以及 $\boldsymbol{F}$ 与 $\boldsymbol{F}^{\mathrm{T}}$ 互为转置关系皆可由以上关系证明;并且微分方程也都可满足,故知区段混合能矩阵基于本征解的分析解已经找到. 推导证明见第五章.

取 $\eta=t-t_0$,则

$$\boldsymbol{P}(t) = \boldsymbol{G}(\eta) + \boldsymbol{F}(\eta)(\boldsymbol{I} + \boldsymbol{P}_0\boldsymbol{Q}(\eta))^{-1}\boldsymbol{P}_0\boldsymbol{F}^{\mathrm{T}}(\eta) \tag{6.5.115}$$

就是方程(6.5.50)的解.

在执行上式计算时,同时应计算以下矩阵:

$$\boldsymbol{F}_c = \boldsymbol{F}(\eta)[\boldsymbol{I} + \boldsymbol{P}_0\boldsymbol{Q}(\eta)]^{-1}, \quad \boldsymbol{Q}_c = (\boldsymbol{Q}^{-1} + \boldsymbol{P}_0)^{-1} \tag{6.5.116}$$

以后计算状态估计 $\hat{\boldsymbol{x}}(t)$时有用.

一个特殊情况,即无穷长区段 $\eta\to\infty$应予以验证.其特点为

$$\lim_{\eta\to\infty}\boldsymbol{D}_{c\eta}\to\boldsymbol{0}$$

所以有

$$\boldsymbol{A}_1\to\boldsymbol{X}_\alpha^{-1},\boldsymbol{B}_2\to\boldsymbol{N}_\beta^{-1},\boldsymbol{A}_2\to\boldsymbol{0},\boldsymbol{B}_1\to\boldsymbol{0},\quad \text{当 }\eta\to\infty\text{ 时}$$

于是

$$\boldsymbol{P}_\infty\to\boldsymbol{X}_\beta\boldsymbol{N}_\beta^{-1},\quad \boldsymbol{S}_\infty=\boldsymbol{E}_\infty\to-\boldsymbol{N}_\alpha\boldsymbol{X}_\alpha^{-1}\tag{6.5.117}$$

这就是代数黎卡提方程的解,见文献[119,120].

分析解当然是理想的,但这依赖于 $\boldsymbol{H}$ 阵的本征解矩阵.最不利的情况是出现若尔当型本征解,此时的本征数值解是不稳定的.然而精细积分法并无这类困难.**分析解应当与精细积分解两者结合方好**[153].

6.5.7 单步长滤波方程的求解[121]

上二节讲的是黎卡提微分方程(6.5.50)的求解.但还有滤波方程(6.5.49)应予求解.应当强调指出,滤波方程要**实时求解**.这是要害之处,所以应深入探讨.观察该方程

$$\dot{\hat{\boldsymbol{x}}}=\boldsymbol{A}\hat{\boldsymbol{x}}-\boldsymbol{P}(t)\boldsymbol{C}^{\mathrm{T}}\boldsymbol{V}^{-1}\boldsymbol{C}\hat{\boldsymbol{x}}+\boldsymbol{P}(t)\boldsymbol{C}^{\mathrm{T}}\boldsymbol{V}^{-1}\boldsymbol{y}+\boldsymbol{B}_u\boldsymbol{u},\ \hat{\boldsymbol{x}}(t_0)=\hat{\boldsymbol{x}}_0\tag{6.5.49}$$

其中向量 $\boldsymbol{y},\boldsymbol{u}$ 是不能在事先确定而必须**实时量测计算**的.但进一步考察可知,(6.5.49)式是对状态滤波 $\hat{\boldsymbol{x}}(t)$的线性方程.即使 $\boldsymbol{A}$ 是时不变矩阵,但有 $\boldsymbol{P}(t)$的一项,滤波方程仍是变系数线性微分方程.根据叠加原理,求解变系数滤波方程应先解出其齐次方程

$$\dot{\hat{\boldsymbol{x}}}(t)=[\boldsymbol{A}-\boldsymbol{P}(t)\boldsymbol{C}^{\mathrm{T}}\boldsymbol{V}^{-1}\boldsymbol{C}]\hat{\boldsymbol{x}},\quad \hat{\boldsymbol{x}}(t_0)=\hat{\boldsymbol{x}}_0\tag{6.5.118}$$

或求解

$$\dot{\boldsymbol{\Phi}}=[\boldsymbol{A}-\boldsymbol{P}(t)\boldsymbol{C}^{\mathrm{T}}\boldsymbol{V}^{-1}\boldsymbol{C}]\boldsymbol{\Phi},\quad \boldsymbol{\Phi}(t_0,t_0)=\boldsymbol{I}_n\tag{6.5.119}$$

显然

$$\hat{\boldsymbol{x}}(t) = \boldsymbol{\Phi}\hat{\boldsymbol{x}}_0$$

问题是怎样求解 $\boldsymbol{\Phi}(t,t_0)$. 其实这个变系数方程的解是现成的,就是(6.5.90)式中的 $\boldsymbol{F}_c$,即

$$\boldsymbol{\Phi}(t,t_0) = \boldsymbol{F}(\eta)[\boldsymbol{I}_n + \boldsymbol{P}_0\boldsymbol{Q}(\eta)]^{-1}, \eta = t - t_0 \tag{6.5.120}$$

现在验证之. 首先是初始条件,代入初始条件(6.5.74),即知(6.5.119)式的初始条件已满足. 再验证微分方程,因 $\mathrm{d}\boldsymbol{X}^{-1}/\mathrm{d}t = -\boldsymbol{X}^{-1}\dot{\boldsymbol{X}}\boldsymbol{X}^{-1}$,运用等式(6.5.92)

$$\begin{aligned}\dot{\boldsymbol{\Phi}} &= \dot{\boldsymbol{F}}(\boldsymbol{I} + \boldsymbol{P}_0\boldsymbol{Q})^{-1} - \boldsymbol{F}(\boldsymbol{I} + \boldsymbol{P}_0\boldsymbol{Q})^{-1}P_0\dot{\boldsymbol{Q}}(\boldsymbol{I} + \boldsymbol{P}_0\boldsymbol{Q})^{-1} \\ &= (\boldsymbol{A} - \boldsymbol{G}\boldsymbol{C}^{\mathrm{T}}\boldsymbol{R}^{-1}\boldsymbol{C})\boldsymbol{F}(\boldsymbol{I} + \boldsymbol{P}_0\boldsymbol{Q})^{-1} - \boldsymbol{F}(\boldsymbol{I} + \boldsymbol{P}_0\boldsymbol{Q})^{-1} \\ &\quad \times \boldsymbol{P}_0\boldsymbol{F}^{\mathrm{T}}\boldsymbol{C}^{\mathrm{T}}\boldsymbol{V}^{-1}\boldsymbol{C}\boldsymbol{F}(\boldsymbol{I} + \boldsymbol{P}_0\boldsymbol{Q})^{-1} \\ &= [\boldsymbol{A} - (\boldsymbol{G} + \boldsymbol{F}(\boldsymbol{I} + \boldsymbol{P}_0\boldsymbol{Q})^{-1}\boldsymbol{P}_0\boldsymbol{F}^{\mathrm{T}})\boldsymbol{C}^{\mathrm{T}}\boldsymbol{V}^{-1}\boldsymbol{C}]\boldsymbol{\Phi} \\ &= (\boldsymbol{A} - \boldsymbol{P}\boldsymbol{C}^{\mathrm{T}}\boldsymbol{V}^{-1}\boldsymbol{C})\boldsymbol{\Phi}\end{aligned}$$

验毕. 满足微分方程和初始条件的解是惟一的[32],于是变系数齐次方程(6.5.119)的解就轻易地找到了. 应当指出,齐次方程的解与量测 $\boldsymbol{y}$ 和控制 $\boldsymbol{u}$ 之值无关,因此是可以离线予先计算好的. 这里再一次指出,能离线计算的部分都应当事先计算好并存放好,应将实时计算的工作量减少到最低水平. 这是算法设计的一个基本原则.

有了齐次方程的解就可以用常数变易法寻求非齐次方程的解. 结果其解可求得为

$$\hat{\boldsymbol{x}}(t) = \boldsymbol{\Phi}(t,t_0)\left\{\int_{t_0}^{t}\boldsymbol{\Phi}^{-1}(\tau,t_0)[\boldsymbol{P}(\tau)\boldsymbol{C}^{\mathrm{T}}\boldsymbol{V}^{-1}\boldsymbol{y} + \boldsymbol{B}_u\boldsymbol{u}]\mathrm{d}\tau + \hat{\boldsymbol{x}}_0\right\} \tag{6.5.121}$$

公式相当简洁,但还希望能将积分执行得更精密些有效些. 第一步应考虑积分的逐步推进性质,因此(6.5.121)式应当修改成为从任一个 t_k 开始的形式. 首先要对线性系统

$$\dot{\boldsymbol{x}}(t) = \boldsymbol{A}(t)\boldsymbol{x}, \quad \boldsymbol{x}(t_0) = \boldsymbol{x}_0$$

的状态转移矩阵

$$\dot{\boldsymbol{\Phi}}(t,t_0)=\boldsymbol{A}(t)\boldsymbol{\Phi},\quad \boldsymbol{\Phi}(t_0,t_0)=\boldsymbol{I}\tag{6.5.122}$$

建立等式

$$\boldsymbol{\Phi}(t,t_0)=\boldsymbol{\Phi}(t,t_1)\boldsymbol{\Phi}(t_1,t_0),\quad t>t_1>t_0\tag{6.5.123}$$

证明很清楚,因为 $\boldsymbol{x}_1=\boldsymbol{\Phi}(t_1,t_0)\boldsymbol{x}_0$,而 $\boldsymbol{x}(t)=\boldsymbol{\Phi}(t,t_1)\boldsymbol{x}_1$,故

$$\boldsymbol{x}(t)=\boldsymbol{\Phi}(t,t_0)\boldsymbol{x}_0=\boldsymbol{\Phi}(t,t_1)\cdot\boldsymbol{\Phi}(t_1,t_0)\boldsymbol{x}_0$$

由于 $\boldsymbol{x}_0$ 是任意 n 维向量,因此知(6.5.123)式成立.

现在可改造(6.5.121)式了,设逐步积分已经进行到 t_k,现在要计算 t_{k+1}处的 $\hat{\boldsymbol{x}}_{k+1}=\hat{\boldsymbol{x}}(t_{k+1})$. 此时已算出

$$\hat{\boldsymbol{x}}_k=\boldsymbol{\Phi}(t_k,t_0)\hat{\boldsymbol{x}}_0+\boldsymbol{\Phi}(t_k,t_0)\int_{t_0}^{t_k}\boldsymbol{\Phi}^{-1}(\tau,t_0)\times[\boldsymbol{P}(\tau)\boldsymbol{C}^{\mathrm{T}}\boldsymbol{V}^{-1}\boldsymbol{y}+\boldsymbol{B}_u\boldsymbol{u}]\mathrm{d}\tau$$

于是有以下的推导:

$$\begin{aligned}\hat{\boldsymbol{x}}(t_{k+1})&=\boldsymbol{\Phi}(t_{k+1},t_0)\cdot\Big[\hat{\boldsymbol{x}}_0+\int_{t_0}^{t_{k+1}}\boldsymbol{\Phi}^{-1}(\tau,t_0)\\&\qquad\times[\boldsymbol{P}(\tau)\boldsymbol{C}^{\mathrm{T}}\boldsymbol{V}^{-1}\boldsymbol{y}+\boldsymbol{B}_u\boldsymbol{u}]\mathrm{d}\tau\Big]\\&=\boldsymbol{\Phi}(t_{k+1},t_k)\boldsymbol{\Phi}(t_k,t_0)\Big[\hat{\boldsymbol{x}}_0+\left(\int_{t_0}^{t_k}+\int_{t_k}^{t_{k+1}}\right)\boldsymbol{\Phi}^{-1}(\tau,t_0)\\&\qquad\times[\boldsymbol{P}(\tau)\boldsymbol{C}^{\mathrm{T}}\boldsymbol{V}^{-1}\boldsymbol{y}+\boldsymbol{B}_u\boldsymbol{u}]\mathrm{d}\tau\Big]\\&=\boldsymbol{\Phi}(t_{k+1},t_k)\cdot\hat{\boldsymbol{x}}_k+\boldsymbol{\Phi}(t_{k+1},t_k)\int_{t_k}^{t_{k+1}}\boldsymbol{\Phi}(t_k,t_0)\\&\qquad\times[\boldsymbol{\Phi}(\tau,t_k)\boldsymbol{\Phi}(t_k,t_0)]^{-1}[\boldsymbol{P}(\tau)\boldsymbol{C}^{\mathrm{T}}\boldsymbol{V}^{-1}\boldsymbol{y}+\boldsymbol{B}_u\boldsymbol{u}]\mathrm{d}\tau\end{aligned}$$

$$\begin{aligned}\hat{\boldsymbol{x}}_{k+1}&=\boldsymbol{\Phi}(t_{k+1},t_k)\cdot\hat{\boldsymbol{x}}_k+\boldsymbol{\Phi}(t_{k+1},t_k)\int_{t_k}^{t_{k+1}}\boldsymbol{\Phi}^{-1}(\tau,t_k)\\&\qquad\times[\boldsymbol{P}(\tau)\boldsymbol{C}^{\mathrm{T}}\boldsymbol{V}^{-1}\boldsymbol{y}+\boldsymbol{B}_u\boldsymbol{u}]\mathrm{d}\tau\end{aligned}\tag{6.5.124}$$

该公式相当于由 t_k 开始,初值为 $\hat{\boldsymbol{x}}_k$ 的积分. 每次只计算一个时间步,形成了逐步推进的态势. 故数值计算还是以上式为佳,此时应当计算 $\boldsymbol{\Phi}(t_{k+1},t_k)$. 由于已经对步长 $\eta=t_{k+1}-t_k$ 算得了 $\boldsymbol{F}(\eta)$, $\boldsymbol{G}(\eta)$, $\boldsymbol{Q}(\eta)$,并且 $\boldsymbol{P}(t_k)$与 $\boldsymbol{P}(t_{k+1})$也已算得. 故

$$\boldsymbol{\Phi}(t_{k+1},t_k) = \boldsymbol{F}(\eta)[\boldsymbol{I}_n + \boldsymbol{P}(t_k)\boldsymbol{Q}(\eta)]^{-1},\eta = t_{k+1} - t_k \tag{6.5.125}$$

这就是(6.5.90)式或(6.5.116)式的 $\boldsymbol{F}_c$. 一直至此,公式推导都是精确的. 但(6.5.124)式中还有一份定积分,只能采用某种数值积分的方法予以近似计算了.

最粗糙的方法是采用梯形公式等. 这一类方法未能利用对系统特性的认识,不理想. 但其数值结果也可加以接受.

虽然对任意的 $\boldsymbol{y}(\tau),\boldsymbol{u}(\tau)$ 无法精细地积分,但**如果它们在 (t_k,t_{k+1}) 内采用线性插值近似,则(6.5.124)式仍是可以精细地积分而得的.** 当然在 $\boldsymbol{H}$ 阵不出现若尔当型时,也可以采用分析法求解. (6.5.120)式表明,齐次方程可先针对 $\boldsymbol{G}(t)$ 阵取代(6.5.119)式的 $\boldsymbol{P}(t)$ 阵而求解,然后再通过变换(6.5.120),就得到(6.5.119)式的解. 现在应验明滤波方程(6.5.49). 令 $\eta = t - t_a$,可以先求解

$$\dot{\boldsymbol{r}}_x(t_a,t) = \boldsymbol{A}\boldsymbol{r}_x - \boldsymbol{G}(\eta)\boldsymbol{C}^{\mathrm{T}}\boldsymbol{V}^{-1}\boldsymbol{C}\boldsymbol{r}_x + \boldsymbol{G}(\eta)\boldsymbol{C}^{\mathrm{T}}\boldsymbol{V}^{-1}\boldsymbol{y} + \boldsymbol{B}_u\boldsymbol{u},$$

$$\boldsymbol{r}_x(t_a,t_a) = \boldsymbol{0} \tag{6.5.126a}$$

$$\dot{\boldsymbol{r}}_\lambda(t_a,t) = \boldsymbol{F}^{\mathrm{T}}\boldsymbol{C}^{\mathrm{T}}\boldsymbol{V}^{-1}(\boldsymbol{y} - \boldsymbol{C}\boldsymbol{r}_x), \quad \boldsymbol{r}_\lambda(t_a,t_a) = \boldsymbol{0} \tag{6.5.126b}$$

这就是(6.5.81)和(6.5.82)式. 然后再执行

$$\boldsymbol{r}_{xp}(t_a,t) = \boldsymbol{r}_x(t_a,t) + \boldsymbol{F}(\eta)[\boldsymbol{I}_n + \boldsymbol{P}(t_a)\boldsymbol{Q}(\eta)]^{-1} \times \boldsymbol{P}(t_a)\boldsymbol{r}_\lambda(t_a,t) \tag{6.5.127}$$

其中 t_a 可选择为 t_k,再令 $t = t_{k+1}$,则(6.5.126b)式给出

$$\boldsymbol{r}_\lambda(t_k,t_{k+1}) = \int_{t_k}^{t_{k+1}}\boldsymbol{F}^{\mathrm{T}}\boldsymbol{C}^{\mathrm{T}}\boldsymbol{V}^{-1}(\boldsymbol{y} - \boldsymbol{C}\boldsymbol{r}_x)\mathrm{d}t$$

于是可给出

$$\hat{\boldsymbol{x}}_{k+1} = \boldsymbol{\Phi}(t_{k+1},t_k)\cdot\hat{\boldsymbol{x}}_k + \boldsymbol{r}_{xp}(t_k,t_{k+1}) \tag{6.5.124$'$}$$

当然还需要验明 $\boldsymbol{r}_{xp}$ 满足微分方程(6.5.49),如下

$$\dot{\boldsymbol{r}}_{xp} = \dot{\boldsymbol{r}}_x + \dot{\boldsymbol{F}}[\boldsymbol{I}_n + \boldsymbol{P}(t_a)\boldsymbol{Q}]^{-1}\boldsymbol{P}(t_a)\boldsymbol{r}_\lambda + \boldsymbol{F}[\boldsymbol{I}_n + \boldsymbol{P}(t_0)\boldsymbol{Q}]^{-1}\boldsymbol{P}(t_a)\dot{\boldsymbol{r}}_\lambda - \boldsymbol{F}[\boldsymbol{I}_n + \boldsymbol{P}(t_a)\boldsymbol{Q}]^{-1}$$

$$\times \boldsymbol{P}(t_a)\dot{\boldsymbol{Q}}[\boldsymbol{I}+\boldsymbol{P}(t_a)\boldsymbol{Q}]^{-1}\boldsymbol{P}(t_a)\boldsymbol{r}_\lambda$$

进一步运用 $\dot{\boldsymbol{F}}$,$\dot{\boldsymbol{Q}}$ 与 $\dot{\boldsymbol{r}}_x$ 的微分方程,有

$$\begin{aligned}
\dot{\boldsymbol{r}}_{xp} &= (\boldsymbol{A}-\boldsymbol{G}\boldsymbol{C}^{\mathrm{T}}\boldsymbol{V}^{-1}\boldsymbol{C})\boldsymbol{r}_x+\boldsymbol{G}\boldsymbol{C}^{\mathrm{T}}\boldsymbol{V}^{-1}\boldsymbol{y}+\boldsymbol{B}_u\boldsymbol{u}\\
&\quad +(\boldsymbol{A}-\boldsymbol{G}\boldsymbol{C}^{\mathrm{T}}\boldsymbol{V}^{-1}\boldsymbol{C})\boldsymbol{F}[\boldsymbol{I}+\boldsymbol{P}(t_a)\boldsymbol{Q}]^{-1}\boldsymbol{P}(t_a)\boldsymbol{r}_\lambda\\
&\quad -\boldsymbol{F}[\boldsymbol{I}_n+\boldsymbol{P}(t_a)\boldsymbol{Q}]^{-1}\boldsymbol{P}(t_a)\boldsymbol{F}^{\mathrm{T}}\boldsymbol{C}^{\mathrm{T}}\boldsymbol{V}^{-1}\boldsymbol{C}\boldsymbol{F}\\
&\quad \times[\boldsymbol{I}_n+\boldsymbol{P}(t_a)\boldsymbol{Q}]^{-1}\boldsymbol{P}(t_a)\boldsymbol{r}_\lambda\\
&=[\boldsymbol{A}-(\boldsymbol{G}+\boldsymbol{F}[\boldsymbol{I}_n+\boldsymbol{P}(t_a)\boldsymbol{Q}]^{-1}\boldsymbol{P}(t_a)\boldsymbol{F}^{\mathrm{T}})\boldsymbol{C}^{\mathrm{T}}\boldsymbol{V}^{-1}\boldsymbol{C}]\boldsymbol{r}_x\\
&\quad +[\boldsymbol{G}+\boldsymbol{F}[\boldsymbol{I}_n+\boldsymbol{P}(t_a)\boldsymbol{Q}]^{-1}\boldsymbol{P}(t_a)\boldsymbol{F}^{\mathrm{T}}]\boldsymbol{C}^{\mathrm{T}}\boldsymbol{V}^{-1}\boldsymbol{y}\\
&\quad +[\boldsymbol{A}-(\boldsymbol{G}+\boldsymbol{F}[\boldsymbol{I}_n+\boldsymbol{P}(t_a)\boldsymbol{Q}]^{-1}\boldsymbol{P}(t_a)\boldsymbol{F}^{\mathrm{T}})\boldsymbol{C}^{\mathrm{T}}\boldsymbol{V}^{-1}\boldsymbol{C}]\\
&\quad \times\boldsymbol{F}[\boldsymbol{I}_n+\boldsymbol{P}(t_a)\boldsymbol{Q}]^{-1}\boldsymbol{P}(t_a)\boldsymbol{r}_\lambda+\boldsymbol{B}_u\boldsymbol{u}\\
&=[\boldsymbol{A}-\boldsymbol{P}(t)\boldsymbol{C}^{\mathrm{T}}\boldsymbol{V}^{-1}\boldsymbol{C}](\boldsymbol{r}_x+\boldsymbol{F}[\boldsymbol{I}_n+\boldsymbol{P}(t_a)\boldsymbol{Q}]^{-1}\boldsymbol{P}(t_a)\boldsymbol{r}_\lambda)\\
&\quad +\boldsymbol{P}(t)\boldsymbol{C}^{\mathrm{T}}\boldsymbol{V}^{-1}\boldsymbol{y}+\boldsymbol{B}_u\boldsymbol{u}
\end{aligned}$$

因此就导出了

$$\dot{\boldsymbol{r}}_{xp}=[\boldsymbol{A}-\boldsymbol{P}(t)\boldsymbol{C}^{\mathrm{T}}\boldsymbol{V}^{-1}\boldsymbol{C}]\boldsymbol{r}_{xp}+\boldsymbol{P}(t)\boldsymbol{C}^{\mathrm{T}}\boldsymbol{V}^{-1}\boldsymbol{y}+\boldsymbol{B}_u\boldsymbol{u} \tag{6.5.127′}$$

这就是(6.5.49)式,至于 $\boldsymbol{r}_{xp}(t_a,t_a)=\boldsymbol{0}$ 可由(6.5.126)式的条件得到证明.

将(6.5.124)与(6.5.124′)式比较知,$\boldsymbol{r}_{xp}$就是(6.5.124)式中有积分的一项.验证为:将该项对 t_{k+1}作偏微商,即知它满足微分方程(6.5.49);其 $t_{k+1}\to t_k$ 的初始条件为 $\boldsymbol{0}$,故知它就是 $\boldsymbol{r}_{xp}$.(6.5.127)式表明对它的计算应当**先计算** $\boldsymbol{r}_x(t_k,t_{k+1})$ 与 $\boldsymbol{r}_\lambda(t_k,t_{k+1})$,再通过(6.5.127)式的变换而得.对比(6.5.125)式,也是先计算零初值条件的解然后再算得 $\boldsymbol{\Phi}(t_{k+1},t_k)$的.

问题已经化成为对于单步长的积分.

6.5.7.1 滤波方程的分析法 单步长积分

考察方程组(6.5.80)与(6.5.81),可知 $\boldsymbol{r}_x$ 与 $\boldsymbol{r}_\lambda$ 的方程与 $\boldsymbol{F}$,$\boldsymbol{G}$,$\boldsymbol{Q}$ 是同一类的.(6.5.77)式及(6.5.78)式区段合并算法表明,

(6.5.126a,b)式的 $\boldsymbol{r}_x$ 与 $\boldsymbol{r}_\lambda$ 可以用精细积分法计算的,请参见文献[121].但 6.5.5 节对 $\boldsymbol{Q}(\eta),\boldsymbol{F}(\eta),\boldsymbol{G}(\eta)$ 作出了精细积分后,6.5.6 节又给出了其分析解.这表明 $\boldsymbol{r}_x$ 与 $\boldsymbol{r}_\lambda$ 也一定可以用分析法积分,以下给出其分析法积分.

分析法积分仍采用本征解及展开求解之法.将对偶方程(6.5.47)写成

$$\dot{\boldsymbol{v}} = \boldsymbol{H}\boldsymbol{v} + \boldsymbol{f}_1, \quad \boldsymbol{f}_1 = \begin{pmatrix} \boldsymbol{B}_u \boldsymbol{u} \\ \boldsymbol{C}^{\mathrm{T}} \boldsymbol{V}^{-1} \boldsymbol{y} \end{pmatrix}, \quad \boldsymbol{v} \underset{\mathrm{def}}{=} \begin{pmatrix} \boldsymbol{x} \\ \boldsymbol{\lambda} \end{pmatrix} \qquad (6.5.108')$$

其齐次方程的求解相当于 $\boldsymbol{F}(\eta),\boldsymbol{G}(\eta),\boldsymbol{Q}(\eta)$ 的计算,这里要寻求非齐次方程的解.其取零值的两端边界条件为

$$\boldsymbol{x}(t_k) = \boldsymbol{0}, \quad 以及 \quad \boldsymbol{\lambda}(t_{k+1}) = \boldsymbol{0}$$

这里应当注意,$\boldsymbol{y}$ 及 $\boldsymbol{u}$ 是不能事先定出的,它们是由运行时的实时量测及其反馈而确定的,在 (t_k, t_{k+1}) 之间给不出解析表达式.因此只能根据 $\boldsymbol{y}_k, \boldsymbol{u}_k, \boldsymbol{y}_{k+1}, \boldsymbol{u}_{k+1}$ 以及以往的记录,如 $\boldsymbol{y}_{k-1}, \boldsymbol{u}_{k-1}$ 或 $\dot{\boldsymbol{y}}_k, \dot{\boldsymbol{u}}_k$ 等,予以插值.插值总是采用较简单的函数,如线性插值,二次多项式等.$\boldsymbol{y}$ 与 $\boldsymbol{u}$ 分别是 q 与 m 维向量,它们的值虽然不能事先确定,但一定可以由 q 与 m 个**基底向量叠加而成**.这些基底向量可选为 $\boldsymbol{I}_q$ 与 $\boldsymbol{I}_m$ 单位阵的列向量.这样(6.5.108)式中的非齐次"外力"项,应当扩展为

$$\boldsymbol{f} = \begin{array}{c} \quad m \qquad\quad q \\ \begin{pmatrix} \boldsymbol{B}_u & \boldsymbol{0} \\ \boldsymbol{0} & \boldsymbol{C}^{\mathrm{T}} \boldsymbol{V}^{-1} \end{pmatrix} \end{array} \begin{array}{l} \\ n \\ n \end{array}, \quad \boldsymbol{f}_1 = \boldsymbol{f} \begin{pmatrix} \boldsymbol{u} \\ \boldsymbol{y} \end{pmatrix} \qquad (6.5.128\mathrm{a})$$

只要对 $\boldsymbol{f}$ 的 $(m+q)$ 个列都作出积分,则以后系统运行时,实时计算只要执行矩阵乘法就可以了.还应当注意,区段 (t_k, t_{k+1}) 内 $\boldsymbol{u}$ 与 $\boldsymbol{y}$ 有插值

$$\boldsymbol{u}(\tau) = \boldsymbol{u}_0 + \tau \boldsymbol{u}_1 + \tau^2 \boldsymbol{u}_2, \boldsymbol{y}(\tau) = \boldsymbol{y}_0 + \tau \boldsymbol{y}_1 + \tau^2 \boldsymbol{y}_2, \tau = t - t_k \qquad (6.5.128\mathrm{b})$$

$\boldsymbol{u}_0, \boldsymbol{u}_1, \boldsymbol{u}_2$ 及 $\boldsymbol{y}_0, \boldsymbol{y}_1, \boldsymbol{y}_2$ 是要根据量测及反馈控制数据实时地确定的,但 **$\boldsymbol{f}$ 阵却与实时量测无关,与 $\boldsymbol{f}$ 有关的计算可离线预先算好.**

将 $\boldsymbol{f}$ 阵的各列用 $\boldsymbol{H}$ 阵的本征向量展开有

$$\boldsymbol{f}=\begin{pmatrix}\boldsymbol{X}_\alpha\\ \boldsymbol{N}_\alpha\end{pmatrix}\boldsymbol{f}_\alpha+\begin{pmatrix}\boldsymbol{X}_\beta\\ \boldsymbol{N}_\beta\end{pmatrix}\boldsymbol{f}_b=\boldsymbol{\Psi}\begin{pmatrix}\boldsymbol{f}_a\\ \boldsymbol{f}_b\end{pmatrix}\begin{matrix}n\\ n\end{matrix}\tag{6.5.129}$$

式中 $\boldsymbol{f}_a,\boldsymbol{f}_b$ 为$(m+q)\times n$ 的系数阵. 用 $\boldsymbol{\Psi}^{\mathrm{T}}\boldsymbol{J}$ 左乘上式,因 $\boldsymbol{\Psi}$ 为辛矩阵,故

$$\begin{pmatrix}\boldsymbol{f}_a\\ \boldsymbol{f}_b\end{pmatrix}=-\boldsymbol{J}\boldsymbol{\Psi}^{\mathrm{T}}\boldsymbol{J}\boldsymbol{f}=\boldsymbol{J}\boldsymbol{\Psi}^{\mathrm{T}}\begin{pmatrix}\boldsymbol{0} & \boldsymbol{C}^{\mathrm{T}}\boldsymbol{V}^{-1}\\ \boldsymbol{B}_u & \boldsymbol{0}\end{pmatrix}\tag{6.5.130}$$

故 $\boldsymbol{f}_a,\boldsymbol{f}_b$ 可离线计算确定. 运行时 $\boldsymbol{f}_a,\boldsymbol{f}_b$ 是已知的. 将以上各式代入(6.5.108′)式,有 τ 的方程

$$\dot{\boldsymbol{v}}(\tau)=\boldsymbol{H}\boldsymbol{v}+\boldsymbol{\Psi}\begin{pmatrix}\boldsymbol{f}_a\\ \boldsymbol{f}_b\end{pmatrix}\left(\begin{pmatrix}\boldsymbol{u}_0\\ \boldsymbol{y}_0\end{pmatrix}+\tau\begin{pmatrix}\boldsymbol{u}_1\\ \boldsymbol{y}_1\end{pmatrix}+\tau^2\begin{pmatrix}\boldsymbol{u}_2\\ \boldsymbol{y}_2\end{pmatrix}\right),\quad \begin{matrix}\boldsymbol{x}_0=\boldsymbol{0}\\ \boldsymbol{\lambda}(\eta)=\boldsymbol{0}\end{matrix}\tag{6.5.131}$$

现在对解 $\boldsymbol{v}(\tau)$ 也采用本征向量展开,即令

$$\boldsymbol{v}(\tau)=\boldsymbol{\Psi}\begin{pmatrix}\boldsymbol{a}(\tau)\\ \boldsymbol{b}(\tau)\end{pmatrix},\quad \begin{matrix}\boldsymbol{a}(\tau)\underset{\text{def}}{=}(a_1(\tau),a_2(\tau),\cdots,a_n(\tau))^{\mathrm{T}}\\ \boldsymbol{b}(\tau)\ \text{同}\end{matrix}\tag{6.5.132}$$

于是对 $\boldsymbol{a}(\tau)$与 $\boldsymbol{b}(\tau)$的各分量有方程[$\boldsymbol{f}_{ai}$是$\boldsymbol{f}_a$ 阵的第 i 行]

$$\dot{\boldsymbol{a}}_i(\tau)=\boldsymbol{\mu}_i\boldsymbol{a}(\tau)+\boldsymbol{f}_{ai}\left(\begin{pmatrix}\boldsymbol{u}_0\\ \boldsymbol{y}_0\end{pmatrix}+\tau\begin{pmatrix}\boldsymbol{u}_1\\ \boldsymbol{y}_1\end{pmatrix}+\tau^2\begin{pmatrix}\boldsymbol{u}_2\\ \boldsymbol{y}_2\end{pmatrix}\right)\tag{6.5.133a}$$

$$\dot{\boldsymbol{b}}_i(\tau)=-\boldsymbol{\mu}_i\boldsymbol{b}_i(\tau)+\boldsymbol{f}_{bi}\left(\begin{pmatrix}\boldsymbol{u}_0\\ \boldsymbol{y}_0\end{pmatrix}+\tau\begin{pmatrix}\boldsymbol{u}_1\\ \boldsymbol{y}_1\end{pmatrix}+\tau^2\begin{pmatrix}\boldsymbol{u}_2\\ \boldsymbol{y}_2\end{pmatrix}\right)\tag{6.5.133b}$$

积分要用到以下结果

$$\int_0^\eta \mathrm{e}^{\mu_i(\eta-\tau)}\mathrm{d}\tau=(\mathrm{e}^{\mu_i\eta}-1)/\mu_i\underset{\text{def}}{=}e_0(\mu_i)$$

$$\int_0^\eta \mathrm{e}^{\mu_i(\eta-\tau)}\tau\mathrm{d}\tau=-\eta/\mu_i+(\mathrm{e}^{\mu_i\eta}-1)/\mu_i^2\underset{\text{def}}{=}e_1(\mu_i)$$

$$\int_0^\eta \mathrm{e}^{\mu_i(\eta-\tau)}\tau^2\mathrm{d}\tau=-\eta^2/\mu_i-2\eta/\mu_i^2+2(\mathrm{e}^{\mu_i\eta}-1)/\mu_i^3\underset{\text{def}}{=}e_2(\mu_i)$$

注意这里的 e_1,e_2,e_3 不写黑体,与(6.5.98)式中的黑体 $\boldsymbol{e}_i$ 意义不同,于是

$$a_i(\eta)=\boldsymbol{f}_{ai}\left[\begin{pmatrix}\boldsymbol{u}_0\\\boldsymbol{y}_0\end{pmatrix}e_0(\mu_i)+\begin{pmatrix}\boldsymbol{u}_1\\\boldsymbol{y}_1\end{pmatrix}e_1(\mu_i)+\begin{pmatrix}\boldsymbol{u}_2\\\boldsymbol{y}_2\end{pmatrix}e_2(\mu_i)\right]$$
$$+a_i(0)\mathrm{e}^{\mu_i\eta}$$

$$b_i(\eta)=\boldsymbol{f}_{bi}\left[\begin{pmatrix}\boldsymbol{u}_0\\\boldsymbol{y}_0\end{pmatrix}e_0(-\mu_i)+\begin{pmatrix}\boldsymbol{u}_1\\\boldsymbol{y}_1\end{pmatrix}e_1(-\mu_i)+\begin{pmatrix}\boldsymbol{u}_2\\\boldsymbol{y}_2\end{pmatrix}e_2(-\mu_i)\right]$$
$$+b_i(0)\mathrm{e}^{-\mu_i\eta}$$

其中 $\boldsymbol{f}_{ai},\boldsymbol{f}_{bi}$ 是从矩阵 $\boldsymbol{f}_a,\boldsymbol{f}_b$ 中第 i 行取出的行向量. 令 $\boldsymbol{a}_0=\{a_1(0),\cdots,a_n(0)\}^{\mathrm{T}}$, $\boldsymbol{b}_0$ 同,就将上式写成向量形式

$$\boldsymbol{a}(\eta)=\mathrm{diag}[e_0(\mu_i)]\boldsymbol{f}_a\begin{pmatrix}\boldsymbol{u}_0\\\boldsymbol{y}_0\end{pmatrix}+\mathrm{diag}[e_1(\mu_i)]\boldsymbol{f}_a\begin{pmatrix}\boldsymbol{u}_1\\\boldsymbol{y}_1\end{pmatrix}$$
$$+\mathrm{diag}[e_2(\mu_i)]\boldsymbol{f}_a\begin{pmatrix}\boldsymbol{u}_2\\\boldsymbol{y}_2\end{pmatrix}+\boldsymbol{D}_{c\eta}\boldsymbol{a}_0$$

$$\boldsymbol{b}(\eta)=\mathrm{diag}[e_0(-\mu_i)]\boldsymbol{f}_b\begin{pmatrix}\boldsymbol{u}_0\\\boldsymbol{y}_0\end{pmatrix}+\mathrm{diag}[e_1(-\mu_i)]\boldsymbol{f}_b\begin{pmatrix}\boldsymbol{u}_1\\\boldsymbol{y}_1\end{pmatrix}$$
$$+\mathrm{diag}[e_2(-\mu_i)]\boldsymbol{f}_b\begin{pmatrix}\boldsymbol{u}_2\\\boldsymbol{y}_2\end{pmatrix}+\boldsymbol{D}_{c\eta}^{-1}\boldsymbol{b}_0\qquad(6.5.134)$$

其中 $\boldsymbol{a}_0$ 及 $\boldsymbol{b}_0$ 为待定向量. 根据(6.5.131)式的两端边界条件有

$$\boldsymbol{X}_\alpha\boldsymbol{a}_0+\boldsymbol{X}_\beta\boldsymbol{D}_{c\eta}\boldsymbol{b}'_0=\boldsymbol{0},\quad 其中\ \boldsymbol{b}'_0=\boldsymbol{D}_{c\eta}^{-1}\boldsymbol{b}_0\qquad(6.5.135\mathrm{a})$$

$$\boldsymbol{N}_\alpha\boldsymbol{D}_{c\eta}\boldsymbol{a}_0+\boldsymbol{N}_\beta\boldsymbol{b}'_0$$
$$=-(\boldsymbol{N}_\alpha\mathrm{diag}[e_0(\mu_i)]\boldsymbol{f}_a+\boldsymbol{N}_\beta\mathrm{diag}[e_0(-\mu_i)]\boldsymbol{f}_b)\begin{pmatrix}\boldsymbol{u}_0\\\boldsymbol{y}_0\end{pmatrix}$$
$$-(\boldsymbol{N}_\alpha\mathrm{diag}[e_1(\mu_i)]\boldsymbol{f}_a+\boldsymbol{N}_\beta\mathrm{diag}[e_1(-\mu_i)]\boldsymbol{f}_b)\begin{pmatrix}\boldsymbol{u}_1\\\boldsymbol{y}_1\end{pmatrix}$$
$$-(\boldsymbol{N}_\alpha\mathrm{diag}[e_2(\mu_i)]\boldsymbol{f}_a+\boldsymbol{N}_\beta\mathrm{diag}[e_2(-\mu_i)]\boldsymbol{f}_b)\begin{pmatrix}\boldsymbol{u}_2\\\boldsymbol{y}_2\end{pmatrix}$$
$$(6.5.135\mathrm{b})$$

由这对方程组可求解出 $\boldsymbol{a}_0, \boldsymbol{b}_0$，于是就可以计算出非齐次方程(6.5.108′)的解 $\boldsymbol{x}$ 与 $\boldsymbol{\lambda}$.

将进一步的细节暂时放下.应当先予以证明(6.5.127)式中

$$\boldsymbol{r}_x(t_k, t_{k+1}) = \boldsymbol{x}(\eta), \quad \boldsymbol{r}_\lambda(t_k, t_{k+1}) = \boldsymbol{\lambda}(0) \tag{6.5.136a,b}$$

其中 $\boldsymbol{x}, \boldsymbol{\lambda}$ 是(6.5.108′)式中全状态向量 $\boldsymbol{v}$ 的组成向量，然后再推导具体的公式与算法.

将方程(6.5.108′)写成对偶方程之形

$$\dot{\boldsymbol{x}}(\tau) = \boldsymbol{A}\boldsymbol{x} + \boldsymbol{B}_1 \boldsymbol{W} \boldsymbol{B}_1^{\mathrm{T}} \boldsymbol{\lambda} + \boldsymbol{B}_u \boldsymbol{u}, \quad \boldsymbol{x}_0 = \boldsymbol{0} \tag{6.5.137a}$$

$$\dot{\boldsymbol{\lambda}}(\tau) = \boldsymbol{C}^{\mathrm{T}} \boldsymbol{V}^{-1} \boldsymbol{C} \boldsymbol{x} - \boldsymbol{A}^{\mathrm{T}} \boldsymbol{\lambda} - \boldsymbol{C}^{\mathrm{T}} \boldsymbol{V}^{-1} \boldsymbol{y}, \quad \boldsymbol{\lambda}(\eta) = \boldsymbol{0} \tag{6.5.137b}$$

其中 $\tau = t - t_k$.采用黎卡提变换，

$$\boldsymbol{x}(\tau) = \boldsymbol{G}(\tau)\boldsymbol{\lambda}(\tau) + \boldsymbol{r}(\tau)$$

其中 $\boldsymbol{G}(\tau)$满足黎卡提微分方程

$$\dot{\boldsymbol{G}}(\tau) = \boldsymbol{B}_1 \boldsymbol{W} \boldsymbol{B}_1^{\mathrm{T}} + \boldsymbol{A}\boldsymbol{G} + \boldsymbol{G}\boldsymbol{A}^{\mathrm{T}} - \boldsymbol{G}\boldsymbol{C}^{\mathrm{T}} \boldsymbol{V}^{-1} \boldsymbol{C}\boldsymbol{G}, \boldsymbol{G}(0) = \boldsymbol{0}$$

代入(6.5.137)式有

$$\dot{\boldsymbol{G}}\boldsymbol{\lambda} + \boldsymbol{G}\dot{\boldsymbol{\lambda}} + \dot{\boldsymbol{r}} = \boldsymbol{A}\boldsymbol{G}\boldsymbol{\lambda} + \boldsymbol{A}\boldsymbol{r} + \boldsymbol{B}_1 \boldsymbol{W} \boldsymbol{B}_1^{\mathrm{T}} \boldsymbol{\lambda} + \boldsymbol{B}_u \boldsymbol{u}$$

$$\dot{\boldsymbol{\lambda}} = \boldsymbol{C}^{\mathrm{T}} \boldsymbol{V}^{-1} \boldsymbol{C}\boldsymbol{G}\boldsymbol{\lambda} + \boldsymbol{C}^{\mathrm{T}} \boldsymbol{V}^{-1} \boldsymbol{C}\boldsymbol{r} - \boldsymbol{A}^{\mathrm{T}} \boldsymbol{\lambda} - \boldsymbol{C}^{\mathrm{T}} \boldsymbol{V}^{-1} \boldsymbol{y}, \boldsymbol{\lambda}(\eta) = \boldsymbol{0} \tag{6.5.138a}$$

消去 $\dot{\boldsymbol{\lambda}}$，并因 $\boldsymbol{G}$ 满足黎卡提微分方程，故有

$$\dot{\boldsymbol{r}}(\tau) = \boldsymbol{A}\boldsymbol{r} - \boldsymbol{G}\boldsymbol{C}^{\mathrm{T}} \boldsymbol{V}^{-1} \boldsymbol{C}\boldsymbol{r} + \boldsymbol{G}\boldsymbol{C}^{\mathrm{T}} \boldsymbol{V}^{-1} \boldsymbol{y} + \boldsymbol{B}_u \boldsymbol{u}, \boldsymbol{r}(0) = \boldsymbol{0} \tag{6.5.138b}$$

该微分方程与(6.5.126a)式同，表明 $\boldsymbol{r}(\tau)$就是(6.5..126a)式中的 $\boldsymbol{r}_x(t_a, t), t_a$ 即 t_k.再因边界条件 $\boldsymbol{\lambda}(\eta) = \boldsymbol{0}$，故知(6.5.136a)式已得到证明.至此，$\boldsymbol{r}(\tau)$已经与 $\boldsymbol{\lambda}$ 分离出来.

现在将(6.5.138b)式左乘 $\boldsymbol{F}^{\mathrm{T}}$，注意(6.5.80c)式取转置有

$$\dot{\boldsymbol{F}}^{\mathrm{T}} = \boldsymbol{F}^{\mathrm{T}}(\boldsymbol{A}^{\mathrm{T}} - \boldsymbol{C}^{\mathrm{T}} \boldsymbol{V}^{-1} \boldsymbol{C}\boldsymbol{G})$$

利用(6.5.137b)式，有

$$\mathrm{d}(\boldsymbol{F}^{\mathrm{T}}\boldsymbol{\lambda})/\mathrm{d}\tau = -\boldsymbol{F}^{\mathrm{T}}\boldsymbol{C}^{\mathrm{T}}\boldsymbol{V}^{-1}(\boldsymbol{y}-\boldsymbol{C}\boldsymbol{r}),\quad \boldsymbol{F}^{\mathrm{T}}\boldsymbol{\lambda}(\eta) = \boldsymbol{0}$$

由于由 $\boldsymbol{F}(0)=\boldsymbol{I}_n$,故积分有

$$\boldsymbol{\lambda}(0) = \boldsymbol{F}^{\mathrm{T}}(0)\boldsymbol{\lambda}(0) = \int_0^{\eta}\boldsymbol{F}^{\mathrm{T}}\boldsymbol{C}^{\mathrm{T}}\boldsymbol{V}^{-1}(\boldsymbol{y}-\boldsymbol{C}\boldsymbol{r})\mathrm{d}\tau$$

至此又证明了 $\boldsymbol{r}_{\lambda}(t_k, t_{k+1})$就是现在的 $\boldsymbol{\lambda}(0)$.(6.5.136b)式的断言就是这样导出的.

6.5.7.2 单步长分析积分的计算公式

既已在上节证明了公式(6.5.136a,b),这节就应给出其计算公式,并将离线与在线计算予以区分.方程组(6.5.135)左端的系数矩阵就是(6.5.110)式的 $\boldsymbol{M}(\eta)$,它的逆阵已于(6.5.111)式给出.因此 $\boldsymbol{a}_0, \boldsymbol{b}_0'$ 的解为

$$\boldsymbol{a}_0 = \boldsymbol{L}_{01}\begin{pmatrix}\boldsymbol{u}_0\\\boldsymbol{y}_0\end{pmatrix} + \boldsymbol{L}_{11}\begin{pmatrix}\boldsymbol{u}_1\\\boldsymbol{y}_1\end{pmatrix} + \boldsymbol{L}_{21}\begin{pmatrix}\boldsymbol{u}_2\\\boldsymbol{y}_2\end{pmatrix}$$

$$\boldsymbol{b}_0' = \boldsymbol{L}_{02}\begin{pmatrix}\boldsymbol{u}_0\\\boldsymbol{y}_0\end{pmatrix} + \boldsymbol{L}_{12}\begin{pmatrix}\boldsymbol{u}_1\\\boldsymbol{y}_1\end{pmatrix} + \boldsymbol{L}_{22}\begin{pmatrix}\boldsymbol{u}_2\\\boldsymbol{y}_2\end{pmatrix} \tag{6.5.139a,b}$$

$$\boldsymbol{L}_{01} = -\boldsymbol{A}_2[\boldsymbol{N}_{\alpha}\mathrm{diag}[e_0(\mu_i)]\boldsymbol{f}_a + \boldsymbol{N}_{\beta}\mathrm{diag}[e_0(-\mu_i)]\boldsymbol{f}_b]$$
$$\boldsymbol{L}_{11} = -\boldsymbol{A}_2[\boldsymbol{N}_{\alpha}\mathrm{diag}[e_1(\mu_i)]\boldsymbol{f}_a + \boldsymbol{N}_{\beta}\mathrm{diag}[e_1(-\mu_i)]\boldsymbol{f}_b]$$
$$\boldsymbol{L}_{21} = -\boldsymbol{A}_2[\boldsymbol{N}_{\alpha}\mathrm{diag}[e_2(\mu_i)]\boldsymbol{f}_a + \boldsymbol{N}_{\beta}\mathrm{diag}[e_2(-\mu_i)]\boldsymbol{f}_b]$$
$$\boldsymbol{L}_{02} = -\boldsymbol{B}_2[\boldsymbol{N}_{\alpha}\mathrm{diag}[e_0(\mu_i)]\boldsymbol{f}_a + \boldsymbol{N}_{\beta}\mathrm{diag}[e_0(-\mu_i)]\boldsymbol{f}_b]$$
$$\boldsymbol{L}_{12} = -\boldsymbol{B}_2[\boldsymbol{N}_{\alpha}\mathrm{diag}[e_1(\mu_i)]\boldsymbol{f}_a + \boldsymbol{N}_{\beta}\mathrm{diag}[e_1(-\mu_i)]\boldsymbol{f}_b]$$
$$\boldsymbol{L}_{22} = -\boldsymbol{B}_2[\boldsymbol{N}_{\alpha}\mathrm{diag}[e_2(\mu_i)]\boldsymbol{f}_a + \boldsymbol{N}_{\beta}\mathrm{diag}[e_2(-\mu_i)]\boldsymbol{f}_b]$$

这些 $\boldsymbol{L}$ 阵皆为 $n\times(m+q)$矩阵,且与量测与控制的值无关,因此是可以离线算好的. $\boldsymbol{A}_2, \boldsymbol{B}_2$ 阵见(6.5.113)式.容易导出

$$\boldsymbol{a}(\eta) = (\boldsymbol{D}_{c\eta}\boldsymbol{L}_{01} + \mathrm{diag}[e_0(\mu_i)]\boldsymbol{f}_a)\begin{pmatrix}\boldsymbol{u}_0\\\boldsymbol{y}_0\end{pmatrix}$$
$$+ (\boldsymbol{D}_{c\eta}\boldsymbol{L}_{11} + \mathrm{diag}[e_1(\mu_i)]\boldsymbol{f}_a)\begin{pmatrix}\boldsymbol{u}_1\\\boldsymbol{y}_1\end{pmatrix}$$

$$+ (\boldsymbol{D}_{c\eta}\boldsymbol{L}_{21} + \mathrm{diag}[e_2(\mu_i)]\boldsymbol{f}_a)\begin{pmatrix}\boldsymbol{u}_2\\ \boldsymbol{y}_2\end{pmatrix} \quad (6.5.140a)$$

$$\boldsymbol{b}(\eta) = (\boldsymbol{L}_{02} + \mathrm{diag}[e_0(-\mu_i)]\boldsymbol{f}_b)\begin{pmatrix}\boldsymbol{u}_0\\ \boldsymbol{y}_0\end{pmatrix}$$

$$+ (\boldsymbol{L}_{12} + \mathrm{diag}[e_1(-\mu_i)]\boldsymbol{f}_b)\begin{pmatrix}\boldsymbol{u}_1\\ \boldsymbol{y}_1\end{pmatrix}$$

$$+ (\boldsymbol{L}_{22} + \mathrm{diag}[e_2(-\mu_i)]\boldsymbol{f}_b)\begin{pmatrix}\boldsymbol{u}_2\\ \boldsymbol{y}_2\end{pmatrix} \quad (6.5.140b)$$

以上公式括号内的矩阵皆为 $n \times (m + q)$,可以预先算好的,当然这是针对选定的步长 η 的.按(6.5.136)式,有

$$\boldsymbol{r}_x(t_k, t_{k+1}) = \boldsymbol{X}_\alpha \boldsymbol{a}(\eta) + \boldsymbol{X}_\beta \boldsymbol{b}(\eta)$$

$$= \boldsymbol{M}_{x0}\begin{pmatrix}\boldsymbol{u}_0\\ \boldsymbol{y}_0\end{pmatrix} + \boldsymbol{M}_{x1}\begin{pmatrix}\boldsymbol{u}_1\\ \boldsymbol{y}_1\end{pmatrix} + \boldsymbol{M}_{x2}\begin{pmatrix}\boldsymbol{u}_2\\ \boldsymbol{y}_2\end{pmatrix}$$

$$\begin{aligned}
\boldsymbol{M}_{x0} &= [\boldsymbol{X}_\alpha(\boldsymbol{D}_{c\eta}\boldsymbol{L}_{01} + \mathrm{diag}[e_0(\mu_i)]\boldsymbol{f}_a) \\
&\quad + \boldsymbol{X}_\beta(\boldsymbol{L}_{02} + \mathrm{diag}[e_0(-\mu_i)]\boldsymbol{f}_b)] \\
\boldsymbol{M}_{x1} &= [\boldsymbol{X}_\alpha(\boldsymbol{D}_{c\eta}\boldsymbol{L}_{11} + \mathrm{diag}[e_1(\mu_i)]\boldsymbol{f}_a) \\
&\quad + \boldsymbol{X}_\beta(\boldsymbol{L}_{12} + \mathrm{diag}[e_1(-\mu_i)]\boldsymbol{f}_b)] \qquad (6.5.141a) \\
\boldsymbol{M}_{x2} &= [\boldsymbol{X}_\alpha(\boldsymbol{D}_{c\eta}\boldsymbol{L}_{21} + \mathrm{diag}[e_2(\mu_i)]\boldsymbol{f}_a) \\
&\quad + \boldsymbol{X}_\beta(\boldsymbol{L}_{22} + \mathrm{diag}[e_2(-\mu_i)]\boldsymbol{f}_b)]
\end{aligned}$$

$$\boldsymbol{r}_\lambda(t_k, t_{k+1}) = \boldsymbol{N}_\alpha \boldsymbol{a}_0 + \boldsymbol{N}_\beta \boldsymbol{D}_{c\eta}\boldsymbol{b}'_0 = \boldsymbol{M}_{\lambda 0}\begin{pmatrix}\boldsymbol{u}_0\\ \boldsymbol{y}_0\end{pmatrix}$$

$$+ \boldsymbol{M}_{\lambda 1}\begin{pmatrix}\boldsymbol{u}_1\\ \boldsymbol{y}_1\end{pmatrix} + \boldsymbol{M}_{\lambda 2}\begin{pmatrix}\boldsymbol{u}_2\\ \boldsymbol{y}_2\end{pmatrix}$$

$$\boldsymbol{M}_{\lambda 0} = (\boldsymbol{N}_\alpha \boldsymbol{L}_{01} + \boldsymbol{N}_\beta \boldsymbol{D}_{c\eta}\boldsymbol{L}_{02}), \boldsymbol{M}_{\lambda 1} = (\boldsymbol{N}_\alpha \boldsymbol{L}_{11} + \boldsymbol{N}_\beta \boldsymbol{D}_{c\eta}\boldsymbol{L}_{12})$$

$$\boldsymbol{M}_{\lambda 2} = (\boldsymbol{N}_\alpha \boldsymbol{L}_{21} + \boldsymbol{N}_\beta \boldsymbol{D}_{c\eta}\boldsymbol{L}_{22}) \qquad (6.5.141b)$$

将这些代入(6.5.127)式,给出

$$\boldsymbol{r}_{xp}(t_k, t_{k+1}) = \boldsymbol{M}_{p0}\begin{pmatrix}\boldsymbol{u}_0\\ \boldsymbol{y}_0\end{pmatrix} + \boldsymbol{M}_{p1}\begin{pmatrix}\boldsymbol{u}_1\\ \boldsymbol{y}_1\end{pmatrix} + \boldsymbol{M}_{p2}\begin{pmatrix}\boldsymbol{u}_2\\ \boldsymbol{y}_2\end{pmatrix} \qquad (6.5.142)$$

$$\boldsymbol{M}_{p0} = \boldsymbol{M}_{x0} + \boldsymbol{\Phi}_{k+1,k}\boldsymbol{P}_k\boldsymbol{M}_{\lambda 0}, \quad \boldsymbol{M}_{p1} = \boldsymbol{M}_{x1} + \boldsymbol{\Phi}_{k+1,k}\boldsymbol{P}_k\boldsymbol{M}_{\lambda 1}$$

$$\boldsymbol{M}_{p2} = \boldsymbol{M}_{x2} + \boldsymbol{\Phi}_{k+1,k}\boldsymbol{P}_k\boldsymbol{M}_{\lambda 2}, \boldsymbol{\Phi}_{k+1,k} = \boldsymbol{\Phi}(t_{k+1}, t_k), \boldsymbol{P}_k = \boldsymbol{P}(t_k)$$

于是(6.5.124)式成为

$$\hat{\boldsymbol{x}}_{k+1} = \boldsymbol{\Phi}(t_{k+1}, t_k)\hat{\boldsymbol{x}}_k + \boldsymbol{M}_{p0}\begin{pmatrix}\boldsymbol{u}_0\\ \boldsymbol{y}_0\end{pmatrix} + \boldsymbol{M}_{p1}\begin{pmatrix}\boldsymbol{u}_1\\ \boldsymbol{y}_1\end{pmatrix} + \boldsymbol{M}_{p2}\begin{pmatrix}\boldsymbol{u}_2\\ \boldsymbol{y}_2\end{pmatrix} \tag{6.5.124''}$$

这是用于实时积分的公式. $\boldsymbol{\Phi}(t_{k+1}, t_k)$, $\boldsymbol{M}_{pi}(i=0,1,2)$都可以离线计算好的. 当然这些 $\boldsymbol{M}_{pi}$ 阵是与 k 有关的. 这样,实时计算部分已经极大的减少了,为 $n\times n$ 阵乘 n 维向量一次及 $n\times(m+q)$矩阵乘$(m+q)$向量三次,共 $n^2+3\times n\times(m+q)$次乘法.

上文推导将 $\boldsymbol{u}$ 与 $\boldsymbol{y}$ 混在一起是为了符号少些. 如分别推导,则成为 $n\times m$ 阵乘 m 向量及 $n\times q$ 矩阵乘 q 向量各三次. 实时计算的工作量还是一样.

基于本征解的分析解在出现若尔当型时会出现数值不稳定,但精细积分法不在意是否有若尔当型,且其数值效果与分析法相当,因此下面就讲精细积分.

6.5.7.3 精细步长滤波的泰勒展开

线性系统适用于叠加原理,再加上时不变性,每一个时间步区段 η,都有相同的系统特性,即其 $\boldsymbol{Q}(\eta)$, $\boldsymbol{G}(\eta)$, $\boldsymbol{F}(\eta)$是相同的,不同之处只在于 $\boldsymbol{y}$ 的量测值以及输入 $\boldsymbol{u}$ 不同. 设在 η 区段内其量测值为线性, 则根据叠加原理, 只要能对 $\boldsymbol{y}$ 为常值以及 $\boldsymbol{y}=\boldsymbol{y}_1\cdot(t-t_a)$的线性量测都做出精细积分,则任何线性分布的量测都可以由叠加原理算得. 更具体一点,设左端 $t_a=0$,此处的量测值 $\boldsymbol{y}_0$ 为 q 维向量,应当由 $\boldsymbol{Y}_0=\boldsymbol{I}_q$ 作为 q 个独立的常值量测求解其响应,以便运用叠加原理. 为了适用线性量测的叠加,还要计算在 $\boldsymbol{Y}_1=\boldsymbol{I}_q\cdot(t-t_a)$的量测下区段的响应. 这意味着典型的时段计算,所有实际量测都可由它线性组合而成. 对于控制输入 $\boldsymbol{u}$ 也有相同情况.

精细积分将单步长 η 再进一步划分成为

$$\tau = \eta/2^N, \quad 例如\ N = 20, 2^N = 1048576\ 段$$

精细步长 τ 的区段.每一段的量测与控制输入都可以分别由

$$\boldsymbol{Y}_0 = \boldsymbol{I}_q, \boldsymbol{Y}_1 = \boldsymbol{I}_q \cdot (t - t_a), 及\ \boldsymbol{U}_0 = \boldsymbol{I}_m, \boldsymbol{U}_1 = \boldsymbol{I}_m \cdot (t - t_a) \tag{6.5.143}$$

的 $2q$ 个量测及 $2m$ 个输入组合而成.设在 t_a 处有 $\boldsymbol{y}_0, \boldsymbol{u}_0$,在 $t_a + \eta$ 处有 $\boldsymbol{y}_1, \boldsymbol{u}_1$,则总可以组合成为

$$\begin{aligned} \boldsymbol{y}(\tau) &= \boldsymbol{I}_q \boldsymbol{y}_0 + \boldsymbol{I}_q(\boldsymbol{y}_1 - \boldsymbol{y}_0)\tau/\eta \\ \boldsymbol{u}(\tau) &= \boldsymbol{I}_m \boldsymbol{u}_0 + \boldsymbol{I}_m(\boldsymbol{u}_1 - \boldsymbol{u}_0)\tau/\eta \end{aligned} \tag{6.5.144}$$

这样,只要将(6.5.143)式中的 $2q$ 个及 $2m$ 个向量所对应的,$(\tau = t - t_a)$

$$\begin{aligned} &\boldsymbol{Y}_0 = \boldsymbol{I}_q, 对应积分: \boldsymbol{R}_{xy}^{(0)}(t_a, t_b) = \boldsymbol{R}_{xy}^{(0)}(\tau) \\ &\boldsymbol{R}_{\lambda y}^{(0)}(t_a, t_b) = \boldsymbol{R}_{\lambda y}^{(0)}(\tau) \end{aligned} \tag{6.5.145a}$$

$$\begin{aligned} &\boldsymbol{U}_0 = \boldsymbol{I}_m, 对应积分: \boldsymbol{R}_{xu}^{(0)}(t_a, t_b) = \boldsymbol{R}_{xu}^{(0)}(\tau) \\ &\boldsymbol{R}_{\lambda u}^{(0)}(t_a, t_b) = \boldsymbol{R}_{\lambda u}^{(0)}(\tau) \end{aligned} \tag{6.5.145b}$$

$$\boldsymbol{Y}_1 = \tau \boldsymbol{I}_q, 对应积分: \boldsymbol{R}_{xy}^{(1)}(0, \tau), \boldsymbol{R}_{\lambda y}^{(1)}(0, \tau) \tag{6.5.145c}$$

$$\boldsymbol{U}_1 = \tau \boldsymbol{I}_m, 对应积分: \boldsymbol{R}_{xu}^{(1)}(0, \tau), \boldsymbol{R}_{\lambda u}^{(1)}(0, \tau) \tag{6.5.145d}$$

$\boldsymbol{R}_{xy}^{(0)}, \boldsymbol{R}_{\lambda y}^{(0)}$ 以及 $\boldsymbol{R}_{xy}^{(1)}, \boldsymbol{R}_{\lambda y}^{(1)}$ 为 $n \times q$ 矩阵,应满足方程($i = 0, 1$)

$$\begin{aligned} &\partial \boldsymbol{R}_{xy}^{(i)}/\partial \tau = \boldsymbol{A}\boldsymbol{R}_{xy}^{(i)} + \boldsymbol{G}\boldsymbol{C}^{\mathrm{T}}\boldsymbol{V}^{-1}(\boldsymbol{Y}_i - \boldsymbol{C}\boldsymbol{R}_{xy}^{(i)}) \\ &\qquad \boldsymbol{R}_{xy}^{(i)} = \boldsymbol{0}, 当\ \tau \to +0\ 时 \end{aligned} \tag{6.5.146a}$$

$$\begin{aligned} &\partial \boldsymbol{R}_{\lambda y}^{(i)}/\partial \tau = \boldsymbol{F}^{\mathrm{T}}\boldsymbol{C}^{\mathrm{T}}\boldsymbol{V}^{-1}(\boldsymbol{Y}_i - \boldsymbol{C}\boldsymbol{R}_{xy}^{(i)}) \\ &\qquad \boldsymbol{R}_{\lambda y}^{(i)} = \boldsymbol{0}, 当\ \tau \to +0\ 时 \end{aligned} \tag{6.5.146b}$$

其中 $\boldsymbol{G}(\tau), \boldsymbol{F}(\tau)$ 的初始条件是 $\boldsymbol{G}(0) = 0, \boldsymbol{F}(0) = \boldsymbol{I}_n$,也就是积分以 t_a 作为起点.将(6.5.146)式对比(6.5.127′)式可看到 $\boldsymbol{G}$ 与 $\boldsymbol{P}$,$\boldsymbol{F}$ 与 $\boldsymbol{F}_p$ 的差别.这个差别将在以后补上,其方法还是运用方程(6.5.127).类同的 $\boldsymbol{R}_{xu}^{(0)}, \boldsymbol{R}_{\lambda u}^{(0)}$ 以及 $\boldsymbol{R}_{xu}^{(1)}, \boldsymbol{R}_{\lambda u}^{(1)}$ 为 $n \times m$ 矩阵,满足方程($i = 0, 1$)

$$\partial \boldsymbol{R}_{xu}^{(i)}/\partial \tau = (\boldsymbol{A} - \boldsymbol{G}\boldsymbol{C}^{\mathrm{T}}\boldsymbol{V}^{-1}\boldsymbol{C})\boldsymbol{R}_{xu}^{(i)} + \boldsymbol{B}_u \boldsymbol{U}_i$$

$$\boldsymbol{R}_{xu}^{(i)} = \boldsymbol{0}\text{，当 } \tau \to +0 \text{ 时} \qquad (6.5.146c)$$

$$\partial \boldsymbol{R}_{\lambda u}^{(i)} / \partial \tau = -\boldsymbol{F}^{\mathrm{T}} \boldsymbol{C}^{\mathrm{T}} \boldsymbol{V}^{-1} \boldsymbol{C} \boldsymbol{R}_{xu}^{(i)}$$

$$\boldsymbol{R}_{\lambda u}^{(i)} = \boldsymbol{0}\text{，当 } \tau \to +0 \text{ 时} \qquad (6.5.146d)$$

这些方程都是(6.5.81～82)式扩充的.

精细积分对 $\boldsymbol{Q}(\tau)$，$\boldsymbol{G}(\tau)$，$\boldsymbol{F}(\tau)$的泰勒级数展开式同(6.5.98～101)式，不再写出. 先对常值的 $\boldsymbol{Y}_0$ 作出推导，其对应的 $\boldsymbol{R}_{xy}^{(0)}(\tau)$，$\boldsymbol{R}_{\lambda y}^{(0)}(\tau)$展开为

$$\boldsymbol{R}_{xy}^{(0)}(\tau) \approx \boldsymbol{\rho}_{xy01}\tau + \boldsymbol{\rho}_{xy02}\tau^2 + \boldsymbol{\rho}_{xy03}\tau^3 + \boldsymbol{\rho}_{xy04}\tau^4 \quad (6.5.147a)$$

$$\boldsymbol{R}_{\lambda y}^{(0)}(\tau) \approx \boldsymbol{\rho}_{\lambda y01}\tau + \boldsymbol{\rho}_{\lambda y02}\tau^2 + \boldsymbol{\rho}_{\lambda y03}\tau^3 + \boldsymbol{\rho}_{\lambda y04}\tau^4 \quad (6.5.147b)$$

$\boldsymbol{R}_{xy}^{(0)}$，$\boldsymbol{R}_{\lambda y}^{(0)}$及其系数矩阵$\boldsymbol{\rho}_{xy0i}$，$\boldsymbol{\rho}_{\lambda y0i}$皆为 $n \times q$ 阵. (6.5.146)式为

$$\mathrm{d}\boldsymbol{R}_{xy}^{(0)}/\mathrm{d}\tau = (\boldsymbol{A} - \boldsymbol{G}\boldsymbol{C}^{\mathrm{T}}\boldsymbol{V}^{-1}\boldsymbol{C})\boldsymbol{R}_{xy}^{(0)} + \boldsymbol{G}\boldsymbol{C}^{\mathrm{T}}\boldsymbol{R}^{-1}, \boldsymbol{R}_{xy}^{(0)}(0) = \boldsymbol{0}$$

$$\mathrm{d}\boldsymbol{R}_{\lambda y}^{(i)}/\mathrm{d}\tau = \boldsymbol{F}^{\mathrm{T}}\boldsymbol{C}^{\mathrm{T}}\boldsymbol{V}^{-1}(\boldsymbol{I}_q - \boldsymbol{C}\boldsymbol{R}_{xy}^{(0)}), \qquad \boldsymbol{R}_{\lambda y}^{(0)}(0) = \boldsymbol{0}$$

将(6.5.147a,b)及(6.5.98～100)式代入，比较 τ 的各幂次系数，有

$$\boldsymbol{\rho}_{xy01} = \boldsymbol{0}, \boldsymbol{\rho}_{\lambda y01} = \boldsymbol{C}^{\mathrm{T}}\boldsymbol{V}^{-1}, \boldsymbol{\rho}_{xy02} = \boldsymbol{g}_1\boldsymbol{C}^{\mathrm{T}}\boldsymbol{V}^{-1}/2$$

$$\boldsymbol{\rho}_{\lambda y02} = \boldsymbol{f}_1^{\mathrm{T}}\boldsymbol{C}^{\mathrm{T}}\boldsymbol{V}^{-1}/2$$

$$\boldsymbol{\rho}_{xy03} = (\boldsymbol{A}\boldsymbol{\rho}_{xy02} + \boldsymbol{g}_2\boldsymbol{C}^{\mathrm{T}}\boldsymbol{V}^{-1})/3$$

$$\boldsymbol{\rho}_{\lambda y03} = (\boldsymbol{f}_2^{\mathrm{T}}\boldsymbol{C}^{\mathrm{T}}\boldsymbol{V}^{-1} - \boldsymbol{e}_1\boldsymbol{\rho}_{xy02})/3$$

$$\boldsymbol{\rho}_{xy04} = (\boldsymbol{A}\boldsymbol{\rho}_{xy03} - \boldsymbol{g}_1\boldsymbol{e}_1\boldsymbol{\rho}_{xy02} + \boldsymbol{g}_3\boldsymbol{C}^{\mathrm{T}}\boldsymbol{V}^{-1})/4 \quad (6.5.148a)$$

$$\boldsymbol{\rho}_{\lambda y04} = (\boldsymbol{f}_3^{\mathrm{T}}\boldsymbol{C}^{\mathrm{T}}\boldsymbol{V}^{-1} - \boldsymbol{f}_1^{\mathrm{T}}\boldsymbol{e}_1\boldsymbol{\rho}_{xy02} - \boldsymbol{e}_1\boldsymbol{\rho}_{xy03})/4$$

其中 $\boldsymbol{e}_1 = \boldsymbol{C}^{\mathrm{T}}\boldsymbol{V}^{-1}\boldsymbol{C}$. 这些系数矩阵只需直接计算便可，不需迭代. 算得系数矩阵后，代入(6.5.147a,b)式即得到 $\boldsymbol{R}_{xy}^{(0)}(\tau)$，$\boldsymbol{R}_{\lambda y}^{(0)}(\tau)$. 由于略去的相对误差已是 $O(\tau^4)$的量级，其误差已在倍精度数有效位数外了.

对于常值 $\boldsymbol{U}_0$ 的推导类同，其对应 $\boldsymbol{R}_{xu}^{(0)}(\tau)$，$\boldsymbol{R}_{\lambda u}^{(0)}(\tau)$的展开为

$$\boldsymbol{R}_{xu}^{(0)}(\tau) \approx \boldsymbol{\rho}_{xu01}\tau + \boldsymbol{\rho}_{xu02}\tau^2 + \boldsymbol{\rho}_{xu03}\tau^3 + \boldsymbol{\rho}_{xu04}\tau^4 \quad (6.5.147c)$$

$$\boldsymbol{R}_{\lambda u}^{(0)}(\tau) \approx \boldsymbol{\rho}_{\lambda u01}\tau + \boldsymbol{\rho}_{\lambda u02}\tau^2 + \boldsymbol{\rho}_{\lambda u03}\tau^3 + \boldsymbol{\rho}_{\lambda u04}\tau^4 \quad (6.5.147d)$$

$\boldsymbol{R}_{xu}^{(0)}, \boldsymbol{R}_{\lambda u}^{(0)}$及这些系数矩阵皆为 $n \times m$ 阵. 微分方程为

$$\mathrm{d}\boldsymbol{R}_{xu}^{(0)}/\mathrm{d}\tau = (\boldsymbol{A} - \boldsymbol{G}\boldsymbol{e}_1)\boldsymbol{R}_{xu}^{(0)} + \boldsymbol{B}_u, \quad \boldsymbol{R}_{xu}^{(0)}(0) = \boldsymbol{0}$$

$$\mathrm{d}\boldsymbol{R}_{\lambda u}^{(0)}/\mathrm{d}\tau = -\boldsymbol{F}^{\mathrm{T}}\boldsymbol{e}_1\boldsymbol{R}_{xu}^{(0)}, \quad \boldsymbol{R}_{\lambda u}^{(0)}(0) = \boldsymbol{0}$$

将(6.5.147c,d)及(6.5.98～100)式代入,比较 τ 的各幂次系数,有

$$\begin{aligned}
&\boldsymbol{\rho}_{xu01} = \boldsymbol{B}_u, \quad \boldsymbol{\rho}_{\lambda u01} = \boldsymbol{0} \\
&\boldsymbol{\rho}_{xu02} = \boldsymbol{A}\boldsymbol{\rho}_{xu01}/2, \quad \boldsymbol{\rho}_{\lambda u02} = -\boldsymbol{e}_1\boldsymbol{\rho}_{xu01}/2 \\
&\boldsymbol{\rho}_{xu03} = (\boldsymbol{A}\boldsymbol{\rho}_{xu02} - \boldsymbol{g}_1\boldsymbol{e}_1\boldsymbol{\rho}_{xu01})/3 \\
&\boldsymbol{\rho}_{\lambda u03} = -(\boldsymbol{e}_1\boldsymbol{\rho}_{xu02} + \boldsymbol{f}_1^{\mathrm{T}}\boldsymbol{e}_1\boldsymbol{\rho}_{xu01})/3 \\
&\boldsymbol{\rho}_{xu04} = (\boldsymbol{A}\boldsymbol{\rho}_{xu03} - \boldsymbol{g}_1\boldsymbol{e}_1\boldsymbol{\rho}_{xu02} - \boldsymbol{g}_2\boldsymbol{e}_1\boldsymbol{\rho}_{xu01})/4 \\
&\boldsymbol{\rho}_{\lambda u04} = -(\boldsymbol{e}\boldsymbol{\rho}_{xu03} + \boldsymbol{f}_1^{\mathrm{T}}\boldsymbol{e}_1\boldsymbol{\rho}_{xu02} + \boldsymbol{f}_2^{\mathrm{T}}\boldsymbol{e}_1\boldsymbol{\rho}_{xu01})/4
\end{aligned} \tag{6.5.148b}$$

直接计算得这些系数矩阵后,代入(6.5.147c, d)式就得到 $\boldsymbol{R}_{xu}^{(0)}(\tau), \boldsymbol{R}_{\lambda u}^{(0)}(\tau)$. 其误差也以在倍精度数有效位数之外了.

以上的展开式只是对于(6.5.145a,b)式的常值 $\boldsymbol{y}$ 与 $\boldsymbol{u}$ 部分的. 线性分布的荷载还应考虑 τ 的线性部分(6.5.145c,d)式. 对于 $\boldsymbol{R}_{xy}^{(1)}(0,\tau), \boldsymbol{R}_{\lambda y}^{(1)}(0,\tau)$,其展开式为

$$\boldsymbol{R}_{xy}^{(1)}(0,\tau) \approx \boldsymbol{\rho}_{xy11}\tau + \boldsymbol{\rho}_{xy12}\tau^2 + \boldsymbol{\rho}_{xy13}\tau^3 + \boldsymbol{\rho}_{xy14}\tau^4 \tag{6.5.149a}$$

$$\boldsymbol{R}_{\lambda y}^{(1)}(0,\tau) \approx \boldsymbol{\rho}_{\lambda y11}\tau + \boldsymbol{\rho}_{\lambda y12}\tau^2 + \boldsymbol{\rho}_{\lambda y13}\tau^3 + \boldsymbol{\rho}_{\lambda y14}\tau^4 \tag{6.5.149b}$$

其微分方程为

$$\partial\boldsymbol{R}_{xy}^{(1)}(0,\tau)/\partial\tau = (\boldsymbol{A} - \boldsymbol{G}\boldsymbol{e}_1)\boldsymbol{R}_{xy}^{(1)} + \boldsymbol{G}\boldsymbol{C}^{\mathrm{T}}\boldsymbol{V}^{-1}\tau, \boldsymbol{R}_{xy}^{(1)}(0,0) = \boldsymbol{0}$$

$$\partial\boldsymbol{R}_{\lambda y}^{(1)}(0,\tau)/\partial\tau = -\boldsymbol{F}^{\mathrm{T}}\boldsymbol{e}_1\boldsymbol{R}_{xy}^{(1)} + \boldsymbol{F}^{\mathrm{T}}\boldsymbol{C}\boldsymbol{V}^{-1}\tau, \boldsymbol{R}_{\lambda y}^{(1)}(0,0) = \boldsymbol{0}$$

将各展开式代入,并比较 τ 的各个幂次有

$$\begin{aligned}
&\boldsymbol{\rho}_{xy11} = \boldsymbol{0}, \boldsymbol{\rho}_{\lambda y11} = \boldsymbol{0}, \boldsymbol{\rho}_{xy12} = \boldsymbol{0}, \boldsymbol{\rho}_{\lambda y12} = \boldsymbol{C}^{\mathrm{T}}\boldsymbol{V}^{-1}/2 \\
&\boldsymbol{\rho}_{xy13} = \boldsymbol{g}_1\boldsymbol{C}^{\mathrm{T}}\boldsymbol{V}^{-1}/3, \boldsymbol{\rho}_{\lambda y13} = \boldsymbol{f}_1^{\mathrm{T}}\boldsymbol{C}^{\mathrm{T}}\boldsymbol{V}^{-1}/3 \\
&\boldsymbol{\rho}_{xy14} = (\boldsymbol{A}\rho_{xy13} + \boldsymbol{g}_2\boldsymbol{C}^{\mathrm{T}}\boldsymbol{V}^{-1})/4 \\
&\boldsymbol{\rho}_{\lambda y14} = (\boldsymbol{f}_2^{\mathrm{T}}\boldsymbol{C}^{\mathrm{T}}\boldsymbol{V}^{-1} - \boldsymbol{e}_1\boldsymbol{\rho}_{xy13})/4
\end{aligned} \tag{6.5.150a}$$

于是只要按(6.5.150a)式作出计算并代入(6.5.149a,b)式即得 $\boldsymbol{R}_{xy}^{(1)}(0,\tau),\boldsymbol{R}_{\lambda y}^{(1)}(0,\tau)$. 还应当对 $\boldsymbol{u}$ 的线性部分作出计算. 其展开式为

$$\boldsymbol{R}_{xu}^{(1)}(0,\tau)\approx\boldsymbol{\rho}_{xu11}\tau+\boldsymbol{\rho}_{xu12}\tau^2+\boldsymbol{\rho}_{xu13}\tau^3+\boldsymbol{\rho}_{xu14}\tau^4 \tag{6.5.149c}$$

$$\boldsymbol{R}_{\lambda u}^{(1)}(0,\tau)\approx\boldsymbol{\rho}_{\lambda u11}\tau+\boldsymbol{\rho}_{\lambda u12}\tau^2+\boldsymbol{\rho}_{\lambda u13}\tau^3+\boldsymbol{\rho}_{\lambda u14}\tau^4 \tag{6.5.149d}$$

其微分方程为

$$\partial\boldsymbol{R}_{xu}^{(1)}(0,\tau)/\partial\tau=(\boldsymbol{A}-\boldsymbol{G}\boldsymbol{e}_1)\boldsymbol{R}_{xu}^{(1)}+\tau\boldsymbol{B}_u,\boldsymbol{R}_{xu}^{(1)}(0,0)=0$$

$$\partial\boldsymbol{R}_{\lambda u}^{(1)}/\partial\tau=-\boldsymbol{F}^{\mathrm{T}}\boldsymbol{e}_1\boldsymbol{R}_{xu}^{(1)}(0,\tau),\boldsymbol{R}_{\lambda u}^{(1)}(0)=0$$

将各展开式代入,并比较 τ 的各个幂次有

$$\boldsymbol{\rho}_{xu11}=0,\boldsymbol{\rho}_{\lambda u11}=0,\boldsymbol{\rho}_{xu12}=\boldsymbol{B}_u/2,\boldsymbol{\rho}_{\lambda u12}=0$$

$$\boldsymbol{\rho}_{xu13}=\boldsymbol{A}\boldsymbol{\rho}_{xu12}/3,\boldsymbol{\rho}_{xu14}=(\boldsymbol{A}\boldsymbol{\rho}_{xu13}-\boldsymbol{g}_1\boldsymbol{e}_1\boldsymbol{\rho}_{xu12})/4 \tag{6.5.150b}$$

$$\boldsymbol{\rho}_{\lambda u13}=-\boldsymbol{e}_1\boldsymbol{\rho}_{xu12}/3,\boldsymbol{\rho}_{\lambda u14}=-(\boldsymbol{e}_1\boldsymbol{\rho}_{xu13}+\boldsymbol{f}_1^{\mathrm{T}}\boldsymbol{e}_1\boldsymbol{\rho}_{xu12})/4$$

只要按公式计算便得到 $\boldsymbol{R}_{xu}^{(1)}(0,\tau),\boldsymbol{R}_{\lambda u}^{(1)}(0,\tau)$.

这里对精细积分只给出了线性项,二次项同样也可推导的. 现予略去.

6.5.7.4 η 步长内的区段合并

精细积分将 η 步长再细分成 2^N 个非常小的步长 $\tau=\eta/2^N$. 以上只是对于 τ 步长的推导,因此要作出 N 次区段合并消元,以恢复原长 η. 这一套方法对于 $\boldsymbol{Q}(\eta),\boldsymbol{G}(\eta),\boldsymbol{F}(\eta)$ 的计算已于(6.5.97)式以下予以详细阐述. 这里还应当对 $\boldsymbol{R}_x$ 及 $\boldsymbol{R}_\lambda$ 的精细积分予以补足.

对于非齐次项(量测与控制输入)的区段合并消元公式为(6.5.78)式. 但该式只考虑了一种荷载工况. 现在为了适应量测 $\boldsymbol{y}$ 的多种实际可能,以及控制输入 $\boldsymbol{u}$ 的各种可能情况,分别提供了(6.5.145a~d)式的基底. 相应的非齐次项也有了如该式中的 $\boldsymbol{R}_x$

与 $\boldsymbol{R}_\lambda$ 的各项.相比邻的区段消元合并时应考虑 q 项(对 $\boldsymbol{y}$ 类)或 m 项基底(对 $\boldsymbol{u}$ 类)一起执行,因此(6.5.78)式应改为

$$\boldsymbol{R}_{xc} = \boldsymbol{R}_{x2} + \boldsymbol{F}_2(\boldsymbol{I}_n + \boldsymbol{G}_1\boldsymbol{Q}_2)^{-1}(\boldsymbol{R}_{x1} + \boldsymbol{G}_1\boldsymbol{R}_{\lambda 2}) \tag{6.5.151a}$$

$$\boldsymbol{R}_{\lambda c} = \boldsymbol{R}_{\lambda 1} + \boldsymbol{F}_1^{\mathrm{T}}(\boldsymbol{I}_n + \boldsymbol{Q}_2\boldsymbol{G}_1)^{-1}(\boldsymbol{R}_{\lambda 2} - \boldsymbol{E}_2\boldsymbol{R}_{x1}) \tag{6.5.151b}$$

上式中下标 1,2 代表左、右区段. $\boldsymbol{R}$ 阵则或者是 $n\times q$ 或者是 $n\times m$ 阵.根据(6.6.41a,b)式就可执行单区段$(0,\eta)$的 $\boldsymbol{y}$ 及 $\boldsymbol{u}$ 的算法了.

如果在 η 内只是对应于常值的 $\boldsymbol{y}$ 及 $\boldsymbol{u}$,则只需要 $\boldsymbol{R}_{xy}^{(0)}(\tau)$, $\boldsymbol{R}_{\lambda y}^{(0)}(\tau)$ 及 $\boldsymbol{R}_{xu}^{(0)}(\tau)$, $\boldsymbol{R}_{\lambda u}^{(0)}(\tau)$ 简单的通过(6.5.151a,b)式生成 $\boldsymbol{R}_{xy}^{(0)}(2\tau)$, $\boldsymbol{R}_{\lambda u}^{(0)}(2\tau)$ 及 $\boldsymbol{R}_{xu}^{(0)}(2\tau)$, $\boldsymbol{R}_{\lambda u}^{(0)}(2\tau)$即可.通过 N 次迭代就得到η 长区段的阵.但现在还有 $\boldsymbol{y}$ 及 $\boldsymbol{u}$ 的线性变化部分.即要求

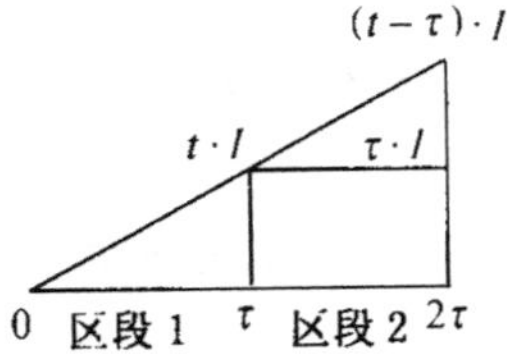

图6.7 $(0,2\tau)$的 $t\cdot I$ 分布等于$(0,\tau)$的 $t\cdot I$ 分布连上$(\tau,2\tau)$的 $\tau\cdot I$ 常值分布加上$(\tau,2\tau)$的$(t-\tau)\cdot I$ 线性分布

根据 $\boldsymbol{R}_{xy}^{(1)}(0,\tau)$, $\boldsymbol{R}_{\lambda y}^{(1)}(0,\tau)$等,计算 $\boldsymbol{R}_{xy}^{(1)}(0,2\tau)$, $\boldsymbol{R}_{\lambda y}^{(1)}(0,2\tau)$

根据 $\boldsymbol{R}_{xu}^{(1)}(0,\tau)$, $\boldsymbol{R}_{\lambda u}^{(1)}(0,\tau)$等,计算 $\boldsymbol{R}_{xu}^{(1)}(0,2\tau)$, $\boldsymbol{R}_{\lambda u}^{(1)}(0,2\tau)$

在 η 长的区段内 $\boldsymbol{y}$, $\boldsymbol{u}$ 是线性变化的,当然意味着$(0,2\tau)$内也是线性变化的.区段$(0,2\tau)$是由$(0,\tau)$及$(\tau,2\tau)$首尾相接而成的.在区段$(0,2\tau)$的分布 $t\boldsymbol{I}$,其中 t 是活动变量,相当在区段$(0,\tau)$中的分布 $t\boldsymbol{I}$ 再连接上区段$(\tau,2\tau)$的常值分布 $\tau\boldsymbol{I}$ 加上区段$(\tau,2\tau)$的线性分布$(t-\tau)\boldsymbol{I}$,见图 6.7.用区段连接合并的公式表示:

$(0,\tau)$,线性分布:

$$\boldsymbol{R}_{x1} = \boldsymbol{R}_x^{(1)}(0,\tau),\quad \boldsymbol{R}_{\lambda 1} = \boldsymbol{R}_\lambda^{(1)}(0,\tau) \tag{6.5.152}$$

$(\tau,2\tau)$,常值分布+线性分布:

$$\boldsymbol{R}_{x2} = \tau\boldsymbol{R}_x^{(0)}(\tau) + \boldsymbol{R}_x^{(1)}(0,\tau)$$

$$R_{\lambda 2} = \tau R_{\lambda}^{(0)}(\tau) + R_{\lambda}^{(1)}(0,\tau) \tag{6.5.153}$$

两个区段合并后成为$(0, 2\tau)$的线性分布：$R_{x}^{(1)}(0, 2\tau)$，$R_{\lambda}^{(1)}(0,2\tau)$区段合并公式为(6.5.151a,b)式．这样，区段合并对于线性分布的$(0,\eta)$中的N次递归计算公式皆已具备．这些R_x，R_λ矩阵的计算与实时的量测值y及控制输入u无关，因此可以与$Q(\eta)$，$G(\eta)$，$F(\eta)$一起离线生成，以备实时运行时调用．Q，G，F的区段合并公式见(6.5.102a～c)式；R_x，R_λ的合并公式则为(6.5.151a,b)式，但现在是等长τ时段二个相合并，因此公式为

$$R_{xc} = R_{x2} + F(\tau)(I_n + G(\tau)Q(\tau))^{-1}(R_{x1} + G(\tau)R_{\lambda 2}) \tag{6.5.154a}$$

$$R_{\lambda c} = R_{\lambda 2} + F^{\mathrm{T}}(\tau)(I_n + Q(\tau)G(\tau))^{-1}(R_{\lambda 2} - Q(\tau)R_{x1}) \tag{6.5.154b}$$

生成基本区段η矩阵的算法如下：

注：用2^N算法生成$(0,\eta)$基本段的$R_{xy}^{(0)}(\eta)$，$R_{xu}^{(0)}(\eta)$，$R_{\lambda y}^{(0)}(\eta)$，$R_{\lambda u}^{(0)}(\eta)$以及线性分布的$R_{xy}^{(1)}(0,\eta)$，$R_{xu}^{(1)}(0,\eta)$，$R_{\lambda y}^{(1)}(0,\eta)$，$R_{\lambda u}^{(1)}(0,\eta)$；同时与$F(\eta)$，$Q(\eta)$，$G(\eta)$一起计算．

[原始数据 n，m，q，l，$A_{n\times n}$，$B_1^{n\times l}$，$B_u^{n\times m}$，$C^{q\times n}$，$W^{l\times l}$，$V^{q\times q}$矩阵]

[确定基本积分步长η，令$\tau=\eta/2^N$，$N=20$]

[按(6.5.98～101)式计算$Q(\tau)$，$G(\tau)$，$F'(\tau)$；同时得$e_1 = C^{\mathrm{T}}V^{-1}C$]

[按(6.6.37～40)式计算：$R_{xy}^{(0)}(\tau)$，$R_{\lambda y}^{(0)}(\tau)$，$R_{xu}^{(0)}(\tau)$，$R_{\lambda u}^{(0)}(\tau)$；
以及$R_{xy}^{(1)}(\tau)$，$R_{\lambda y}^{(1)}(\tau)$，$R_{xu}^{(1)}(\tau)$，$R_{\lambda u}^{(1)}(\tau)$]

for(*iter* = 0; *iter* < *N*; *iter* + +){

[令$R_{x1}=R_{xy}^{(1)}(0,\tau)$；$R_{\lambda 1}=R_{\lambda y}^{(1)}(0,\tau)$；$R_{x2}=\tau R_{xy}^{(0)}(\tau)+R_{x1}$；$R_{\lambda 2}=\tau R_{\lambda y}^{(0)}(\tau)+R_{\lambda 1}$；]

[按(6.6.44a, b)式计算R_{xc}，$R_{\lambda c}$；再令$R_{xy}^{(1)}(0,2\tau)=R_{xc}$；$R_{\lambda y}^{(1)}(0,2\tau)=R_{\lambda c}$；]

[令$R_{x1}=R_{xu}^{(1)}(0,\tau)$；$R_{\lambda 1}=R_{\lambda u}^{(1)}(0,\tau)$；$R_{x2}=\tau R_{xu}^{(0)}(\tau)+R_{x1}$；

$\boldsymbol{R}_{\lambda 2}=\tau \boldsymbol{R}_{\lambda u}^{(0)}(\tau)+\boldsymbol{R}_{\lambda 1}$;]

[按(6.6.44a,b)式计算 $\boldsymbol{R}_{xc}$, $\boldsymbol{R}_{\lambda c}$;再令 $\boldsymbol{R}_{xu}^{(1)}(0,2\tau)=\boldsymbol{R}_{xc}$; $\boldsymbol{R}_{\lambda u}^{(1)}(0,2\tau)=\boldsymbol{R}_{\lambda c}$;]

注:以上计算线性部分,分别对 $\boldsymbol{y}$ 与 $\boldsymbol{u}$ 先按(6.6.42,43)式执行,再区段合并.以下对常量

[$\boldsymbol{R}_{x1}=\boldsymbol{R}_{xy}^{(0)}(\tau)$;$\boldsymbol{R}_{\lambda 1}=\boldsymbol{R}_{\lambda y}^{(0)}(\tau)$;$\boldsymbol{R}_{x2}=\boldsymbol{R}_{x1}$;$\boldsymbol{R}_{\lambda 2}=\boldsymbol{R}_{\lambda 1}$;]

[按(6.6.44a,b)式计算 $\boldsymbol{R}_{xc}$, $\boldsymbol{R}_{\lambda c}$;再令 $\boldsymbol{R}_{xy}^{(0)}(2\tau)=\boldsymbol{R}_{xc}$;$\boldsymbol{R}_{\lambda y}^{(0)}(2\tau)=\boldsymbol{R}_{\lambda c}$;]

[$\boldsymbol{R}_{x1}=\boldsymbol{R}_{xu}^{(0)}(\tau)$;$\boldsymbol{R}_{\lambda 1}=\boldsymbol{R}_{\lambda u}^{(0)}(\tau)$;$\boldsymbol{R}_{x2}=\boldsymbol{R}_{x1}$;$\boldsymbol{R}_{\lambda 2}=\boldsymbol{R}_{\lambda 1}$;]

[按(6.6.44a,b)式计算 $\boldsymbol{R}_{xc}$, $\boldsymbol{R}_{\lambda c}$;再令 $\boldsymbol{R}_{xu}^{(0)}(2\tau)=\boldsymbol{R}_{xc}$;$\boldsymbol{R}_{\lambda y}^{(0)}(2\tau)=\boldsymbol{R}_{\lambda c}$;]

注:以上已将 $\boldsymbol{R}_x$, $\boldsymbol{R}_\lambda$ 的荷载部分处理好.以下更新 $\boldsymbol{Q}(\tau)$, $\boldsymbol{G}(\tau)$, $\boldsymbol{F}'(\tau)$

[按(6.5.102a~c)式计算 $\boldsymbol{Q}_c$, $\boldsymbol{G}_c$, $\boldsymbol{F}'_c$;再令 $\boldsymbol{Q}(2\tau)=\boldsymbol{Q}_c$;$\boldsymbol{G}(2\tau)=\boldsymbol{G}_c$;$\boldsymbol{F}'(2\tau)=\boldsymbol{F}'_c$;]

$\tau=2*\tau$;

} $\boldsymbol{F}(\eta)=\boldsymbol{I}+\boldsymbol{F}'$; (6.5.155)

注:循环结束时,τ 已经是 η; $\boldsymbol{R}_{xy}^{(0)}(\eta)$, $\boldsymbol{R}_{\lambda y}^{(0)}(\eta)$, $\boldsymbol{R}_{xu}^{(0)}(\eta)$, $\boldsymbol{R}_{\lambda u}^{(0)}(\eta)$;$\boldsymbol{R}_{xy}^{(1)}(0,\eta)$, $\boldsymbol{R}_{\lambda y}^{(1)}(0,\eta)$, $\boldsymbol{R}_{xu}^{(1)}(0,\eta)$, $\boldsymbol{R}_{\lambda u}^{(1)}(0,\eta)$皆已生成.以上计算皆可离线完成.$\boldsymbol{Q}(\eta)$, $\boldsymbol{G}(\eta)$, $\boldsymbol{F}(\eta)$同时完成.这些矩阵与起点 t_k 无关.

6.5.8 滤波方程的全程积分

以上是对于基本区段$(0,\eta)$的计算.正是由于在基本的区段长 η 内认为$\boldsymbol{y}$与$\boldsymbol{u}$皆为线性分布,因此可以将 η 长区段内的线性基底全部预先算好,这对于实时分析很有利.但以上算法只是对于 η 步长的计算,这个基本计算步对所有步都一样.对于全部区段长$(0,t_f)$的计算还有一些离线计算应预先做好,即以下对于各站 t_k 对 $\boldsymbol{P}_k$ 的变换.按(6.5.124)式可知,可以将 t_k 作为积分的起点来

处理.每次只是积分一个 η 长的步.初值条件为

$$\boldsymbol{x}(t)=\hat{\boldsymbol{x}}_k+\boldsymbol{P}_k\boldsymbol{\lambda}(t),\quad \text{当 } t=t_k \text{ 时} \tag{6.5.156}$$

$\hat{\boldsymbol{x}}_k$ 是上一步积分的结果.而 $\boldsymbol{P}_k=\boldsymbol{P}(t_k)$是黎卡提微分方程的解,早已离线求得.

对一步 η 的$\boldsymbol{Q}(\eta),\boldsymbol{G}(\eta),\boldsymbol{F}(\eta)$积分,将 $\boldsymbol{P}_k$ 当成起点矩阵"$\boldsymbol{P}_0$",运用(6.5.90)式,得到的 $\boldsymbol{F}_c(\eta)$就是

$$\boldsymbol{F}_{pk}(\eta)=\boldsymbol{\Phi}(t_{k+1},t_k)=\boldsymbol{F}(\eta)(\boldsymbol{I}_n+\boldsymbol{P}_k\boldsymbol{Q}(\eta))^{-1} \tag{6.5.125}$$

上文计算的矩阵 $\boldsymbol{R}_{xv}^{(i)}(0,\tau),\boldsymbol{R}_{\lambda v}^{(i)}(0,\tau)$及 $\boldsymbol{R}_{xu}^{(i)}(0,\tau),\boldsymbol{R}_{\lambda u}^{(i)}(0,\tau)$所满足的微分方程为(6.5.146a～d)式,与(6.5.127′)式相比有$\boldsymbol{G},\boldsymbol{F}$ 与$\boldsymbol{P},\boldsymbol{F}_p$ 之差别.应当予以补上.其方法还是运用(6.5.127)式的变换,只是当前将 t_k 当作起点,因此公式成为[注:用于自 t_k 到t_{k+1}步的]

$$\begin{aligned}
\boldsymbol{R}_{xvp}^{(0)}(\eta)&=\boldsymbol{R}_{xv}^{(0)}(\eta)+\boldsymbol{F}(\eta)(\boldsymbol{P}_k^{-1}+\boldsymbol{Q}(\eta))^{-1}\cdot\boldsymbol{R}_{\lambda v}^{(0)}(\eta)\\
\boldsymbol{R}_{xup}^{(0)}(\eta)&=\boldsymbol{R}_{xu}^{(0)}(\eta)+\boldsymbol{F}(\eta)(\boldsymbol{P}_k^{-1}+\boldsymbol{Q}(\eta))^{-1}\cdot\boldsymbol{R}_{\lambda u}^{(0)}(\eta)\\
\boldsymbol{R}_{xvp}^{(1)}(0,\eta)&=\boldsymbol{R}_{xv}^{(1)}(0,\eta)+\boldsymbol{F}(\eta)(\boldsymbol{P}_k^{-1}+\boldsymbol{Q}(\eta))^{-1}\cdot\boldsymbol{R}_{\lambda v}^{(1)}(0,\eta)\\
\boldsymbol{R}_{xup}^{(1)}(0,\eta)&=\boldsymbol{R}_{xu}^{(0)}(0,\eta)+\boldsymbol{F}(\eta)(\boldsymbol{P}_k^{-1}+\boldsymbol{Q}(\eta))^{-1}\cdot\boldsymbol{R}_{\lambda u}^{(1)}(0,\eta)
\end{aligned} \tag{6.5.157}$$

这里再讲一下,$\boldsymbol{R}^{(0)}$对应于常值荷载,因此只与长度有关,只需写一个变量;而 $\boldsymbol{R}^{(1)}$则与起点有关,因此写两个变量.下标 p 则表示已经执行了$\boldsymbol{P}$ 阵的变换,此时 $\boldsymbol{R}_{\lambda p}$对滤波已不起作用了.它对以后平滑计算起作用,运用(6.6.15b)式即可导出.程序段(6.5.155)所生成的矩阵只与 η 有关而与t_k 无关,但 $\boldsymbol{R}_{xvp}^{(i)}$等则与$t_k$ 有关,因此每一个时间步都要分别存储好:$\boldsymbol{P}_k,\boldsymbol{F}_{pk}$两个$n\times n$ 阵,$\boldsymbol{R}_{xvp}^{(0)}(\eta)$,$\boldsymbol{R}_{xvp}^{(1)}(\eta)$两个 $n\times q$ 阵,$\boldsymbol{R}_{xup}^{(0)}(\eta),\boldsymbol{R}_{xup}^{(1)}(0,\eta)$两个 $n\times m$ 阵.现在给出其离线算法部分:

[按程序段(6.5.155)式计算步长为 η 的$\boldsymbol{Q}(\eta),\boldsymbol{G}(\eta),\boldsymbol{F}'(\eta)$,$\boldsymbol{R}_{xv}^{(0)}(\eta),\boldsymbol{R}_{\lambda v}^{(0)}(\eta),\boldsymbol{R}_{xu}^{(0)}(\eta),\boldsymbol{R}_{\lambda u}^{(0)}(\eta);\boldsymbol{R}_{xv}^{(1)}(0,\eta),\boldsymbol{R}_{\lambda v}^{(1)}(0,\eta)$,

$\boldsymbol{R}_{xu}^{(1)}(0,\eta),\boldsymbol{R}_{\lambda u}^{(1)}(0,\eta)$并保存好.]注:只做一遍.

[令 $\boldsymbol{P}=\boldsymbol{P}_0$;]注:$\boldsymbol{P}_0$ 在此输入

[令 $\boldsymbol{Q}_2=\boldsymbol{Q}(\eta)$;$\boldsymbol{G}_2=\boldsymbol{G}(\eta)$;$\boldsymbol{F}_2=\boldsymbol{F}(\eta)$;]

for($k=0;k<k_f;k++$){

[计算 $\boldsymbol{T}_1=(\boldsymbol{I}_n+\boldsymbol{PQ}_2)^{-1}$;$\boldsymbol{T}_2=\boldsymbol{T}_1\times\boldsymbol{P}$;]

[$\boldsymbol{P}=\boldsymbol{G}_2+\boldsymbol{F}_2\times\boldsymbol{T}_2\times\boldsymbol{F}_2^{\mathrm{T}}$;将 $\boldsymbol{P}$ 保存为($k+1$)站的 $\boldsymbol{P}_{k+1}$]

[$\boldsymbol{F}_p=\boldsymbol{F}_2\times\boldsymbol{T}_1$;将 $\boldsymbol{F}_p$ 保存为($k+1$)站的 $\boldsymbol{F}_p$]

[$\boldsymbol{R}_{xyp}^{(0)}=\boldsymbol{R}_{xy}^{(0)}+\boldsymbol{F}_2\times\boldsymbol{T}_2\times\boldsymbol{R}_{\lambda y}^{(0)}$;将 $\boldsymbol{R}_{xyp}^{(0)}$保存为($k+1$)站的 $\boldsymbol{R}_{xyp}^{(0)}$]

[$\boldsymbol{R}_{xup}^{(0)}=\boldsymbol{R}_{xu}^{(0)}+\boldsymbol{F}_2\times\boldsymbol{T}_2\times\boldsymbol{R}_{\lambda u}^{(0)}$;将 $\boldsymbol{R}_{xyu}^{(0)}$保存为($k+1$)站的 $\boldsymbol{R}_{xup}^{(0)}$]

[$\boldsymbol{R}_{xyp}^{(1)}=\boldsymbol{R}_{xy}^{(1)}+\boldsymbol{F}_2\times\boldsymbol{T}_2\times\boldsymbol{R}_{\lambda y}^{(1)}$;将 $\boldsymbol{R}_{xyp}^{(1)}$保存为($k+1$)站的 $\boldsymbol{R}_{xyp}^{(1)}$]

[$\boldsymbol{R}_{xup}^{(1)}=\boldsymbol{R}_{xu}^{(1)}+\boldsymbol{F}_2\times\boldsymbol{T}_2\times\boldsymbol{R}_{\lambda u}^{(1)}$;将 $\boldsymbol{R}_{xup}^{(1)}$保存为($k+1$)站的 $\boldsymbol{R}_{xup}^{(1)}$]

}注:以上为与量测和控制输入无关的部分.可离线先计算并保存好.

在完成了以上离线准备的计算后,实时计算可为

[$k=0$;即 $t=0$ 为初始点,读入 $\hat{\boldsymbol{x}}_0$ 量测 $\boldsymbol{y}_0$,控制输入 $\boldsymbol{u}_0$;存于 $\hat{\boldsymbol{x}}\_,\boldsymbol{y}\_,\boldsymbol{u}\_$]

for($k=1;k\leqslant k_f;k++$){注:逐步积分

[调出 k 站的$\boldsymbol{F}_p,\boldsymbol{R}_{xyp}^{(0)},\boldsymbol{R}_{xup}^{(0)},\boldsymbol{R}_{xyp}^{(1)},\boldsymbol{R}_{xup}^{(1)}$]

[量测 $\boldsymbol{y}_k$,控制输入 $\boldsymbol{u}_k$]*

[计算 $\hat{\boldsymbol{x}}_k=\boldsymbol{F}_p\hat{\boldsymbol{x}}_{k-1}+\boldsymbol{R}_{xyp}^{(0)}*\boldsymbol{y}_{k-1}+\boldsymbol{R}_{xyp}^{(1)}*(\boldsymbol{y}_k-\boldsymbol{y}_{k-1})/\eta+\boldsymbol{R}_{xup}^{(0)}\boldsymbol{u}_{k-1}+\boldsymbol{R}_{xup}^{(1)}(\boldsymbol{u}_k-\boldsymbol{u}_{k-1})/\eta$]

[$\hat{\boldsymbol{x}}\_=\hat{\boldsymbol{x}}_k$;$\boldsymbol{y}\_=\boldsymbol{y}_k$;$\boldsymbol{u}\_=\boldsymbol{u}_k$;]**

}注:$\hat{\boldsymbol{x}}_$就是$\hat{\boldsymbol{x}}_{k-1}$,$\boldsymbol{y}_$,$\boldsymbol{u}_$同

以上实时算法并未将控制系统的因素考虑在内.打 * 的行代表需

要说明修改.其原因是 $\boldsymbol{u}_k$ 是需要由 $\hat{\boldsymbol{x}}_k$ 来确定的.而且反馈控制的作动器的操作方式也得考虑.最简单的是在每一时段采用常值,(t_k, t_{k+1}) 采用 $\boldsymbol{u}_k$ 的常值.此时相当于打* 的一行取 $\boldsymbol{u}_k = \boldsymbol{u}_{k-1}$;打**的行 $\boldsymbol{u}\ \_ = \boldsymbol{u}_k$ 的指令应该成为最优控制 LQG 的分离性原理,$\boldsymbol{u}\ \_ = \boldsymbol{R}^{-1}\boldsymbol{B}_2^{\mathrm{T}}\boldsymbol{S}_k\hat{\boldsymbol{x}}_k$,其中 $\boldsymbol{S}_k$ 是最优控制黎卡提方程的解.

算法(6.5.159)是对于精细积分的结果写就的;但还有分析法推导的公式(6.5.142),(6.5.124″).两者相比是有对应关系的.只要将其对应项讲清楚,则其计算就可互通.

首先是以上对精细积分的推导只讲到线性插值,而分析法则在(6.5.128b)式认为有二次插值,因此对比时应退到线性插值,即认为 $\boldsymbol{y}_2, \boldsymbol{u}_2$ 为零.(6.5.156)式中步进的计算式

$$\hat{\boldsymbol{x}}_{k+1} = \boldsymbol{F}_{pk}\hat{\boldsymbol{x}}_k + \begin{pmatrix} \boldsymbol{R}_{xup}^{(0)} \\ \boldsymbol{R}_{xyp}^{(0)} \end{pmatrix} \begin{pmatrix} \boldsymbol{u}_k \\ \boldsymbol{y}_k \end{pmatrix} + \begin{pmatrix} \boldsymbol{R}_{xup}^{(1)} \\ \boldsymbol{R}_{xyp}^{(1)} \end{pmatrix} \begin{pmatrix} (\boldsymbol{u}_{k+1} - \boldsymbol{u}_k)/\eta \\ (\boldsymbol{y}_{k+1} - \boldsymbol{y}_k)/\eta \end{pmatrix} \tag{6.5.158}$$

将此式与(6.5.124″)式相比较,即知 $\boldsymbol{F}_{pk}$ 就是(6.5.156)式以下所规定的 $\boldsymbol{\Phi}$;而(6.5.142)式的矩阵相当于

$$\boldsymbol{M}_{p0} = \begin{pmatrix} \boldsymbol{R}_{xup}^{(0)} \\ \boldsymbol{R}_{xyp}^{(0)} \end{pmatrix}, \quad \boldsymbol{M}_{p1} = \begin{pmatrix} \boldsymbol{R}_{xup}^{(1)} \\ \boldsymbol{R}_{xyp}^{(1)} \end{pmatrix} \tag{6.5.159}$$

因此分析法得到的结果很容易用于计算.需要注意的是,(6.5.158)式讲这些由 k 步进到 $k+1$ 的矩阵是存放于 $k+1$ 站的.

数值算例

黎卡提方程本身是非线性方程,只有一维问题方才有纯分析解.滤波问题除了黎卡提方程外还有滤波方程要求解,它也是变系数方程,考虑量测 $\boldsymbol{y}$ 作用下对状态 $\boldsymbol{x}$ 的估计.虽然 $\boldsymbol{y}$ 应当有随机干扰,但作为例题,不妨任取 $\boldsymbol{y}$ 为常值以对 $\hat{\boldsymbol{x}}$ 作出精细积分.在一维问题时可以与分析解比较,而在多维时也可以对不同的步长相比较.

例 2 设 $n=1, A=-0.8; W=1.0; V=1.0; B=0.8; C=5.0; P_0=0.01$;对此计算其黎卡提方程的解;再取 $\hat{x}_0=0.0$; $y=0.5$;试计算滤波方程的解 $\hat{x}(t)$,取步长 $\eta=0.05$.

解 一维问题可以求得分析解.对于 $\eta=0.05$,可解出

$t=$	0.0	0.05	0.10	0.15	0.20	0.25	0.30	0.35	0.40
$P*1E3$	10.0	39.142	63.584	82.872	97.375	107.887	115.307	120.445	123.958
$Fp*1E3$		931.327	900.562	876.284	858.030	844.798	835.460	828.992	824.570
$Rx0*1E3$		6.036	12.312	17.264	20.988	23.687	25.592	26.911	27.813
$\hat{x}*1E3$	0.0	3.018	8.874	16.408	24.572	32.602	40.033	46.643	52.367
$t=$		0.45	0.50	0.55	0.60	0.65	0.70	0.75	0.80
$P*1E3$		126.338	127.940	129.014	129.733	130.212	130.532	130.745	130.887
$Fp*1E3$		821.575	819.558	818.206	817.302	816.698	816.296	816.028	815.849
$Rx0*1E3$		28.424	28.835	29.111	29.296	29.419	29.501	29.555	29.592
$\hat{x}*1E3$		57.235	61.325	64.732	67.553	69.880	71.793	73.363	74.649

表中只列举了精细积分的计算结果.因为用分析解计算的数值与之完全一致.并且精细积分对于不同步长,$\eta=0.025$, $\eta=0.1$ 等,计算出的 P 与 $\hat{x}$ 也完全一致.精细积分的精度在本数例已得到验证.再举一个多维的例.

例 3 设 $n=4$; 矩阵数据为

$$\boldsymbol{A}=\begin{pmatrix}0 & 0 & -2 & 0.5\\ 0 & 0 & 1 & -0.5\\ 1 & 0 & 0 & 0\\ 0 & 1 & 0 & 0\end{pmatrix},\quad \boldsymbol{BWB}^{\mathrm{T}}=\begin{pmatrix}2 & -1 & 0 & 0\\ -1 & 1 & 0 & 0\\ 0 & 0 & 1 & 0\\ 0 & 0 & 0 & 2\end{pmatrix}$$

$$C = (0,\ \ 0,\ \ 0,\ \ 0.5)$$
$$V = (1)$$
$$P_0 = \mathrm{diag}(0.1, 0.1, 0.1, 0.1)$$
$$\hat{x}_0 = \mathbf{0},\ y = 2.0$$

量测数据 y 应当在每一步都提供,它应当与动力方程控制下的运动相近.这里为简单起见,认为总是 $y=2.0$.应当指出,量测数据的偏离很大.

解 选择 $\eta=0.2$ 与 $\eta=0.8$ 的步长分别进行精细积分计算.这样就可比较不同时间步长的数值结果.不同步长的数值结果在 $t=0.8,\ 1.6,\ 2.4,\ 3.2$ 处的 $P(t)$ 完全一样,为

$$P(0.8)=\begin{pmatrix} 1.78125 & & \text{对} & \\ -0.85855 & 0.92609 & & \text{称} \\ -0.02226 & 0.04335 & 0.86167 & \\ -0.01341 & 0.6718 & 0.02591 & 1.55834 \end{pmatrix}$$

$$P(1.6)=\begin{pmatrix} 3.29278 & & \text{对} & \\ -1.6199 & 1.66723 & & \text{称} \\ -0.01481 & 0.04221 & 1.67061 & \\ -0.17031 & 0.23289 & -0.01755 & 2.5098 \end{pmatrix}$$

$$P(2.4)=\begin{pmatrix} 4.77971 & & \text{对} & \\ -2.3283 & 2.31155 & & \text{称} \\ -0.09309 & 0.14642 & 2.41387 & \\ -0.32622 & 0.45497 & -0.11841 & 3.0679 \end{pmatrix}$$

$$P(3.2)=\begin{pmatrix} 6.28667 & & \text{对} & \\ -3.0539 & 2.90016 & & \text{称} \\ -0.09534 & 0.25705 & 3.03551 & \\ -0.61718 & 0.71555 & -0.23121 & 3.4600 \end{pmatrix}$$

P_∞ 也相同.

离线计算并对每个区段都保存的矩阵有 $R_{xup}^{(0)}, R_{xyp}^{(0)}, R_{xup}^{(1)}, R_{xyp}^{(1)}$.数据较多,这里只对 $R_{xyp}^{(0)}$ 给出其部分数值

$$R_{xyp}^{(0)} \times 1E3 = (88.8350,\ -6.62121,\ -340.201, 1268.603)^{\mathrm{T}}, t: 12.0 \sim 12.8$$

$$\boldsymbol{R}_{xyp}^{(0)} \times 1E3 = (87.8004,\ -5.55990,\ -333.450,1266.010)^{\mathrm{T}},t:11.2 \sim 12.0$$

…………

$$\boldsymbol{R}_{xyp}^{(0)} \times 1E3 = (42.9259,\ -33.72541,14.42738,309.9350)^{\mathrm{T}},t:0.0 \sim 0.8$$

以上是离线计算的结果.以下给出在线计算的结果,在量测到的数据总是 $\boldsymbol{y}=2.0$ 的条件下,有

$$\boldsymbol{x}(t) \times 1E3 =$$

0.0000;	0.0000;	0.0000;	0.0000;	$t=0.0$
85.8518;	−67.4508;	28.8548;	619.8701;	$t=0.8$
333.5992;	−362.7209;	201.2472;	1634.5477;	$t=1.6$
470.8800;	−750.9695;	516.0311;	2301.4176;	$t=2.4$
248.0581;	−1028.4232;	775.6253;	2582.1030;	$t=3.2$
−151.5929;	−1228.9497;	730.7969;	2668.0932;	$t=4.0$
−294.4016;	−1535.2882;	420.0125;	2622.0456;	$t=4.8$
−59.8648;	−1969.4452;	114.5667;	2436.0379;	$t=5.6$
293.9691;	−2369.8579;	0.2215;	2163.1587;	$t=6.4$
…………				
565.2439;	2699.3520;	−167.0556;	1663.7985;	$t=12.8$

选取不同步长的计算结果也完全一样.表明精细积分仍是高度精确的.

例题中量测 $\boldsymbol{y}$ 的随意选取本是不合理的,好在这里只是比较不同步长而已.

概而言之,卡尔曼-布西滤波是控制论、信号处理的基本环节.数值计算是不可缺少的.通常的计算总是将它划分为离线执行好的黎卡提微分方程的求解,以及在线执行的状态估计滤波方程求解.前者是非线性微分方程,而后者是变系数微分方程组,数值求解都有麻烦.这里采用精细积分法,运用系统的时不变性质;首先将黎卡提微分方程精细积分求解;正是由于精细积分,在每一时间步 η 内量测为线性的假定下,对于滤波方程又求得了状态估计 $\hat{\boldsymbol{x}}$ 的精细积分,将实时计算的工作量减少到了最低.这是非常重要的.

精细积分计算的高度精密性对于控制与估计很有利.这里讲的是卡尔曼-布西滤波,但由此可以看到,精细积分对于量测反馈控制、信号处理、平滑计算等,都可以发挥重要作用.

6.6 最优平滑

前文介绍过有三种估计问题,**预测、滤波、平滑**.前面二大节已分别讲述了预测与滤波,以及对这些问题的分析法及精细积分计算.预测的时段是没有量测反馈的,是基于对系统模型的认识而作出对将来状态的预计.滤波则是对当前状态的估计,除了对系统数学模型的认识外,还有直至当前的量测数据以供使用.平滑则是根据收集到的整段时间的量测数据,对以往状态的回顾估计.表示为

平滑→过去; 滤波→现在; 预测→将来.

平滑估计时,量测到的数据最全,故对过去事件的估计更为可靠些;滤波则多用于当前的实时估计与控制;预测则因对前瞻阶段不可能有量测,当然估计可能发生的偏离最大.

平滑本身也有三类估计.第一类称为固定区间平滑,可记为 $\boldsymbol{x}(t_e|t_f)$,其意义为运用整个时段$[0,t_f)$的所有量测值 $\boldsymbol{y}$,来估计该时段内某时刻 t_e 的状态 $\boldsymbol{x}$.由于 t_f 为固定时刻,所以称为**固定时段平滑**或**固定区间平滑**.第二类平滑估计称为**固定点平滑**,记为 $\boldsymbol{x}(t_e|t)$,其中 t_e 为一个固定的时刻而 t 则不断向前迈进,其意义为利用直至 t 的全部量测数据以推断给定 t_e 时的状态向量 $\boldsymbol{x}$.第三类平滑估计称为**固定滞后平滑**,可表示为 $\boldsymbol{x}(t_e|t_e+k_f\eta)$,其中 η 为一个合理的小时段,k_f 为确定的段数.即量测数据已进行到时间 $t_e+k_f\eta$ 处,但估计的状态为 t_e 处的 $\boldsymbol{x}$,t_e 不断前进.由于时间差总是取常值 $k_f\eta$,故称为固定滞后平滑.

固定区间平滑用于因对现场记录的数据来不及作实时处理,只好回到实验室作分析处理时很有用.

固定点平滑对于认定关键时刻的状态很有用,例如卫星发射.卫星进入轨道后是自由运行的,因此其入轨时刻的状态是很关键

的,应利用入轨后测得的各种数据,会同入轨时刻及以前的数据对入轨时刻的状态作出估计,这就是固定点平滑.

固定滞后平滑估计可以用于通讯系统.发射讯号经远程传输,带上大气噪声等环境干扰,方由接收机处理.当然在 t_e 时刻的信号可以只根据在其以前收到的信息来估计,这就是滤波,但为了提高估计精度,可以在利用其后的一小段时间收到的信号来作出 t_e 时刻发送信号的估计.这就是固定滞后平滑.

平滑估计就不考虑因果关系了.其特点为被估计点以前及以后都有量测数据有待分析,与滤波的差别只在于分析区段的长度不同.故区段混合能之法对平滑计算仍然适用,并且对于三种平滑形成了统一的处理方法.这是不同于直接对微分方程进行数值积分的.运用精细积分或分析法可形成一整套有特色的算法.

6.6.1 连续时间线性系统的最优平滑

上一章讲了线性系统的滤波,其特点是被估计时刻总在时段的端点.这是由因果律的要求所决定的.平滑没有因果律的要求,被估计点 t_e 落于整个区间[t_0,t_f)之内(图 6.8).这就构成了平滑有别于滤波的特点.在上一章讲述滤波时考虑了过程噪音与量测

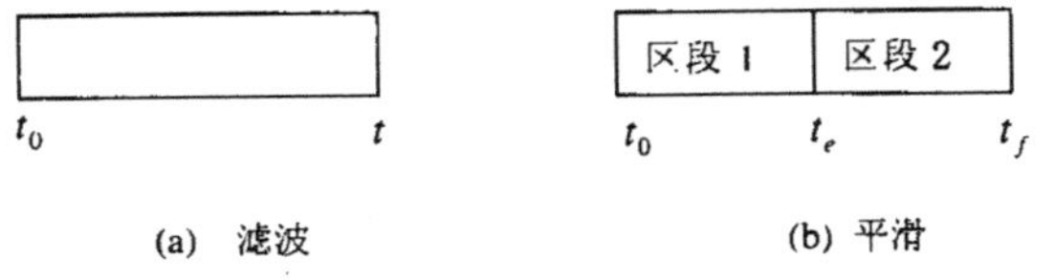

图 6.8 滤波、平滑的示意图

噪音有关联等情况,已看到这只是公式更复杂些,根本上还是相同的方法.因此这里就只考虑过程噪音 $\boldsymbol{w}(t)$与量测噪音 $\boldsymbol{v}(t)$为互不相干的情况,见(6.5.42a~c)式.方程则认为是

$$\dot{\boldsymbol{x}} = \boldsymbol{A}\boldsymbol{x} + \boldsymbol{B}_1\boldsymbol{w} + \boldsymbol{B}_u\boldsymbol{u} \tag{6.6.1}$$

$$\boldsymbol{y} = \boldsymbol{C}\boldsymbol{x} + \boldsymbol{v} \tag{6.6.2}$$

初值条件为(对于滤波开始而言)

$$\boldsymbol{x}(0)=\boldsymbol{x}_0=\hat{\boldsymbol{x}}_0+\boldsymbol{P}_0\boldsymbol{\lambda}_0,\quad \hat{\boldsymbol{x}}_0,\boldsymbol{P}_0\text{ 为已知} \tag{6.6.3}$$

$\hat{\boldsymbol{x}}_0$ 为初始状态均值,而 $\boldsymbol{P}_0$ 为初始协方差阵,$\boldsymbol{P}_0=E[(\boldsymbol{x}_0-\hat{\boldsymbol{x}}_0)\cdot(\boldsymbol{x}_0-\hat{\boldsymbol{x}}_0)^{\mathrm{T}}]$.如果只是做滤波计算,则 $\boldsymbol{x}_0$ 的均值就是 $\hat{\boldsymbol{x}}_0$ 了;然而平滑则不然,在 $t_0=0$ 之后的量测 $\boldsymbol{y}$ 对于认识 $\boldsymbol{x}_0$ 也发生作用,这意味着对于因果律的违反,因此平滑对 $\boldsymbol{x}_0$ 还有其均值估计 $\bar{\boldsymbol{x}}_0$,它与 $\hat{\boldsymbol{x}}_0$ 有所不同,这将反映在 $\boldsymbol{\lambda}(0)$的均值不为零上.同样平滑估计也有其协方差阵 $\bar{\boldsymbol{P}}_0$,它将比 $\boldsymbol{P}_0$ 小,因为平滑估计比滤波估计运用了更多的量测数据.

于是,平滑估计也是应当根据量测 $\boldsymbol{y}$ 而寻找 $\boldsymbol{x}$ 以使指标 J 为最小,但积分限应直至 t_f,

$$J=\frac{1}{2}\int_0^{t_f}[\boldsymbol{w}^{\mathrm{T}}\boldsymbol{W}^{-1}\boldsymbol{w}+\boldsymbol{v}^{\mathrm{T}}\boldsymbol{V}^{-1}\boldsymbol{v}]\mathrm{d}t$$

$$+\frac{1}{2}(\boldsymbol{x}(0)-\hat{\boldsymbol{x}}_0)^{\mathrm{T}}\boldsymbol{P}_0^{-1}(\boldsymbol{x}(0)-\hat{\boldsymbol{x}}_0),\ \min_{\boldsymbol{x}}J \tag{6.6.4}$$

将(6.6.2)式代入

$$J=\int_0^{t_f}[\boldsymbol{w}^{\mathrm{T}}\boldsymbol{W}^{-1}\boldsymbol{w}+(\boldsymbol{y}-\boldsymbol{C}\boldsymbol{x})^{\mathrm{T}}\boldsymbol{V}^{-1}(\boldsymbol{y}-\boldsymbol{C}\boldsymbol{x})]\mathrm{d}t/2$$

$$+(\boldsymbol{x}(0)-\hat{\boldsymbol{x}}_0)^{\mathrm{T}}\boldsymbol{P}_0^{-1}(\boldsymbol{x}(0)-\hat{\boldsymbol{x}}_0)/2,\ \min_{\boldsymbol{x}}J$$

在变分 $\boldsymbol{x},\boldsymbol{w}$ 时有动力方程(6.6.1)的约束,故引入拉格朗日乘子函数 $\boldsymbol{\lambda}(t)$而有扩展的泛函 J_e

$$J_e=\int_0^{t_f}[\boldsymbol{\lambda}^{\mathrm{T}}(\dot{\boldsymbol{x}}-\boldsymbol{A}\boldsymbol{x}-\boldsymbol{B}_1\boldsymbol{w}-\boldsymbol{B}_u\boldsymbol{u})+\boldsymbol{w}^{\mathrm{T}}\boldsymbol{W}^{-1}\boldsymbol{w}/2$$

$$+(\boldsymbol{y}-\boldsymbol{C}\boldsymbol{x})^{\mathrm{T}}\boldsymbol{V}^{-1}(\boldsymbol{y}-\boldsymbol{C}\boldsymbol{x})/2]\mathrm{d}t$$

$$+(\boldsymbol{x}(0)-\hat{\boldsymbol{x}}_0)^{\mathrm{T}}\boldsymbol{P}_0^{-1}(\boldsymbol{x}(0)-\hat{\boldsymbol{x}}_0)/2$$

$$\min_{\boldsymbol{x}}\max_{\boldsymbol{\lambda}}\min_{\boldsymbol{w}}J_e,\text{或 }\delta J_e=0 \tag{6.6.5}$$

对 $\boldsymbol{w}$ 可先完成取其最小的变分,得 $-\boldsymbol{B}_1^{\mathrm{T}}\boldsymbol{\lambda}+\boldsymbol{W}^{-1}\boldsymbol{w}=\boldsymbol{0}$,从而

$$\boldsymbol{w}=\boldsymbol{W}\boldsymbol{B}_1^{\mathrm{T}}\boldsymbol{\lambda} \tag{6.6.6}$$

将上式代入 J_e 消去 $\boldsymbol{w}$,即得二类变量的变分原理

$$J_e = \int_0^{t_f} [\boldsymbol{\lambda}^{\mathrm{T}}\dot{\boldsymbol{x}} - \boldsymbol{\lambda}^{\mathrm{T}}\boldsymbol{A}\boldsymbol{x} - \boldsymbol{\lambda}^{\mathrm{T}}(\boldsymbol{B}_1\boldsymbol{W}\boldsymbol{B}_1^{\mathrm{T}})\boldsymbol{\lambda}/2$$
$$- \boldsymbol{\lambda}^{\mathrm{T}}\boldsymbol{B}_u\boldsymbol{u} + (\boldsymbol{y} - \boldsymbol{C}\boldsymbol{x})^{\mathrm{T}}\boldsymbol{V}^{-1}(\boldsymbol{y} - \boldsymbol{C}\boldsymbol{x})/2]\mathrm{d}t$$
$$+ (\boldsymbol{x}(0) - \hat{\boldsymbol{x}}_0)^{\mathrm{T}}\boldsymbol{P}_0^{-1}(\boldsymbol{x}(0) - \hat{\boldsymbol{x}}_0)/2, \ \min_{\boldsymbol{x}} \max_{\boldsymbol{\lambda}} J_e \tag{6.6.7}$$

其中量测 $\boldsymbol{y}$ 是给定的,故不执行变分.展开变分式,有

$$\dot{\boldsymbol{x}} = \boldsymbol{A}\boldsymbol{x} + \boldsymbol{B}_1\boldsymbol{W}\boldsymbol{B}_1^{\mathrm{T}}\boldsymbol{\lambda} + \boldsymbol{f}_1, \boldsymbol{f}_1 = \boldsymbol{B}_u\boldsymbol{u} \tag{6.6.8a}$$

$$\dot{\boldsymbol{\lambda}} = \boldsymbol{C}^{\mathrm{T}}\boldsymbol{V}^{-1}\boldsymbol{C}\boldsymbol{x} - \boldsymbol{A}^{\mathrm{T}}\boldsymbol{\lambda} + \boldsymbol{f}_2, \boldsymbol{f}_2 = -\boldsymbol{C}^{\mathrm{T}}\boldsymbol{V}^{-1}\boldsymbol{y} \tag{6.6.8b}$$

这一对方程互为对偶.初始条件已由(6.6.3)式给出,它也是变分式的自然边界条件;而在 $t = t_f$ 处,则有自然边界条件

$$\boldsymbol{\lambda}_f = \boldsymbol{0}, \quad 当\ t = t_f\ 时 \tag{6.6.9}$$

对偶向量 $\boldsymbol{x}, \boldsymbol{\lambda}$ 仍是状态与协态向量.$\boldsymbol{y}$ 是量测到的,对于一个样本来说是确定性的,因此不变分.但变分式(6.6.4)中 $\boldsymbol{v}$,$\boldsymbol{w}$ 仍是白噪声,从而(6.6.7)式中 $\boldsymbol{x}, \boldsymbol{\lambda}$ 也是随机向量,当然是高斯分布的.高斯向量总可以用其平滑的均值再加上其零均值的随机过程来表示,但平滑计算采用了$[0, t_f)$的整段量测数据以识别过去时刻的状态,因此其均值当然就与滤波均值有差别.例如 $\hat{\boldsymbol{x}}_0$ 是初值条件,状态向量的均值,在滤波时这个向量不再回顾修正;但平滑计算就要根据以后量测到的数据对它作出修正.因此还有平滑的均值 $\bar{\boldsymbol{x}}_0 = \boldsymbol{x}(0 \mid t_f)$,即运用$[0, t_f)$的全部量测 $\boldsymbol{y}$ 对 $\boldsymbol{x}_0$ 作出的估计.使(6.6.7)式中 J_e 取极值的 $\boldsymbol{x}, \boldsymbol{\lambda}$,即满足(6.6.8)式及边界条件的,便是平滑均值.

平滑不仅是对滤波均值的修正,而且对其方差 $\boldsymbol{P}_0$ 也有修正.既然有了更多的量测数据用于估计,当然应当更有把握,因此平滑的方差将比滤波的方差小一些.

作为确定性量来分析,将方程(6.6.8a,b)取均值,其中 $\boldsymbol{x}, \boldsymbol{\lambda}$ 就成为 $\bar{\boldsymbol{x}}(t \mid t_f), \bar{\boldsymbol{\lambda}}(t \mid t_f)$.当 $t = t_f$ 时 $\bar{\boldsymbol{x}}(t_f \mid t_f) = \hat{\boldsymbol{x}}(t_f)$,即平滑在前端就是滤波;同时(6.6.9)式给出了 $\bar{\boldsymbol{\lambda}}(t_f \mid t_f) = \boldsymbol{0}$.滤波分析总在前端,总是 $\bar{\boldsymbol{\lambda}} = \bar{\boldsymbol{\lambda}}_f = \boldsymbol{0}$.平滑的 $\bar{\boldsymbol{\lambda}}(t \mid t_f)$,$t$ 在内部,$\bar{\boldsymbol{\lambda}}$ 就不是零

了.在这一节中,不会用到复数共轭,因此上面一横就用来代表平滑值,请注意.

6.6.2 区段混合能法及平滑解的微分方程

从看到滤波所考虑的 t 就在区段的前端,滤波的区段是随着 t 不断地增长的.平滑所要考虑的 t_e 在区段内部,量测到的 $\boldsymbol{y}$ 达到 t_f,要回顾 t_e 时的状态 $\boldsymbol{x}(t_e|t_f)$. t_f 可以是固定的,也可以是不断增长的,上文就分析了三类不同情况的平滑.总之,平滑就要求解区段的内部未知数,这是不同于滤波的求解区段前端状态 $\boldsymbol{x}(t|t)$的.

6.5.4 节,(6.5.69)式引入了区段混合能 $V(\boldsymbol{x}_a,\boldsymbol{\lambda}_b)$,其中 (t_a,t_b)是时间区段,其边界条件采用了(6.5.74)式.虽然 $V(\boldsymbol{x}_a,\boldsymbol{\lambda}_b)$的二次式(6.5.72)的区段矩阵 $\boldsymbol{Q}(t_a,t_b)$,$\boldsymbol{G}(t_a,t_b)$,$\boldsymbol{F}(t_a,t_b)$及向量 $\boldsymbol{r}_x(t_a,t_b)$,$\boldsymbol{r}_\lambda(t_a,t_b)$满足微分方程(6.5.80)～(6.5.82),(6.5.83)～(6.5.87),其中(6.5.80a)式就是黎卡提微分方程(6.5.50),但其边界条件却与(6.5.50)式所给不同.方程(6.5.81)与(6.5.49)的微分方程也类同,但初值条件不同,况且 $\boldsymbol{G}$ 阵与 $\boldsymbol{P}$ 阵也应当换过来.

滤波分析时,先对区段 η 采用区段合并消元做出精细积分,将 $\boldsymbol{F}(\eta)$,$\boldsymbol{G}(\eta)$,$\boldsymbol{Q}(\eta)$一并解决.当然在哈密顿阵 $\boldsymbol{H}$ 不出现若尔当型时,也可用分析法计算之.然后可由(6.5.90)式将初值条件 $\boldsymbol{P}_0$ 的因素考虑进去.对于滤波方程也可采用同样方法解决之.

平滑计算有回顾的段落,因此更需要区段混合能的算法.平滑要充分利用 t_a,$t_b\geqslant t_a$ 的时段端点可任意设定的优点.现在来讨论由(6.5.89～90)所表示的方法.记 $t_0=0$,将变分式(6.5.45′)写成

$$\delta\left\{\int_{t_0}^{t}\left[\boldsymbol{\lambda}^{\mathrm{T}}\dot{\boldsymbol{x}}-H(\boldsymbol{x},\boldsymbol{\lambda})-\boldsymbol{x}^{\mathrm{T}}\boldsymbol{C}^{\mathrm{T}}\boldsymbol{V}^{-1}\boldsymbol{y}-\boldsymbol{\lambda}^{\mathrm{T}}\boldsymbol{B}_u\boldsymbol{u}\right]\mathrm{d}\tau\right.$$
$$\left.+(\boldsymbol{x}_0-\hat{\boldsymbol{x}}_0)^{\mathrm{T}}\boldsymbol{P}_0^{-1}(\boldsymbol{x}_0-\hat{\boldsymbol{x}}_0)/2\right\}=0$$

$H(\boldsymbol{x},\boldsymbol{\lambda})$见(6.5.70)式.其中最后一项代表了 t_0 处的非齐次边界

条件.根据区段混合能的定义(6.5.69),可将变分式写为

$$\delta\{\boldsymbol{\lambda}^{\mathrm{T}}(t)\boldsymbol{x}(t)-V(\boldsymbol{x}_0,\lambda(t))+(\boldsymbol{x}_0-\hat{\boldsymbol{x}}_0)^{\mathrm{T}}\boldsymbol{P}_0^{-1}(\boldsymbol{x}_0-\hat{\boldsymbol{x}}_0)/2\}=0$$

现在将其中后一项执行变换.

$$(\boldsymbol{x}_0-\hat{\boldsymbol{x}}_0)^{\mathrm{T}}\boldsymbol{P}_0^{-1}(\boldsymbol{x}_0-\hat{\boldsymbol{x}}_0)/2=\max_{\lambda_0}[\boldsymbol{\lambda}_0^{\mathrm{T}}(\boldsymbol{x}_0-\hat{\boldsymbol{x}}_0)-\boldsymbol{\lambda}_0^{\mathrm{T}}\boldsymbol{P}_0\boldsymbol{\lambda}_0/2]$$

代入变分式,对 $\boldsymbol{\lambda}_0$ 的极大已含于变分中,故有

$$\delta\{\boldsymbol{\lambda}^{\mathrm{T}}\boldsymbol{x}-V(\boldsymbol{x}_0,\boldsymbol{\lambda})+\boldsymbol{\lambda}_0^{\mathrm{T}}\boldsymbol{x}_0-\boldsymbol{\lambda}_0^{\mathrm{T}}\boldsymbol{I}_n\hat{\boldsymbol{x}}_0-\boldsymbol{\lambda}_0^{\mathrm{T}}\boldsymbol{P}_0\boldsymbol{\lambda}_0/2\}=0$$

其中最后二项代表了一个“区段”,在端点 t_0 处有

$$V_0(\hat{\boldsymbol{x}}_0,\boldsymbol{\lambda}_0)=\boldsymbol{\lambda}_0^{\mathrm{T}}\boldsymbol{I}_n\hat{\boldsymbol{x}}_0+\boldsymbol{\lambda}_0^{\mathrm{T}}\boldsymbol{P}_0\boldsymbol{\lambda}_0/2$$

这正好相应于将 $t_0=0$ 处的初始条件也更换成一个“区段”,对应地采用

$$\boldsymbol{Q}_0=\boldsymbol{0},\quad \boldsymbol{F}_0=\boldsymbol{I}_n,\quad \boldsymbol{G}_0=\boldsymbol{P}_0,\quad \boldsymbol{r}_x(0)=\boldsymbol{0},\quad \boldsymbol{r}_\lambda(0)=\boldsymbol{0} \tag{6.6.10}$$

来表述.根据区段合并次序无关定理,可以先计算完成对 $\boldsymbol{Q},\boldsymbol{G},\boldsymbol{F}$ 矩阵微分方程(6.5.80)式在初值条件(6.5.74)下的积分.然后再将(6.6.10)式看成区段 1,而 (t_0,t) 区段看成为区段 2 执行(6.5.77a~c)式的合并算法,有

$$\boldsymbol{P}(t)=\boldsymbol{G}+\boldsymbol{F}(\boldsymbol{P}_0^{-1}+\boldsymbol{Q})^{-1}\boldsymbol{F}^{\mathrm{T}} \tag{6.6.11a}$$

$$\boldsymbol{F}_p(t)=\boldsymbol{F}(\boldsymbol{I}_n+\boldsymbol{P}_0\boldsymbol{Q})^{-1} \tag{6.6.11b}$$

$$\boldsymbol{Q}_p(t)=\boldsymbol{Q}_0+(\boldsymbol{Q}^{-1}+\boldsymbol{P}_0)^{-1} \tag{6.6.11c}$$

下标 p 表示已将初始条件的 $\boldsymbol{P}_0$ 的因素考虑在内.

现在验证 $\boldsymbol{P}$ 阵满足的微分方程.由于(6.6.10)式的区段 1,此时 $t_a=t_b=0$ 是固定的,所以对 t 的微商适用方程组(6.5.80).直接微商验证为

$$\begin{aligned}\dot{\boldsymbol{P}}&=\dot{\boldsymbol{G}}+\dot{\boldsymbol{F}}(\boldsymbol{P}_0^{-1}+\boldsymbol{Q})^{-1}\boldsymbol{F}^{\mathrm{T}}+\boldsymbol{F}(\boldsymbol{P}_0^{-1}+\boldsymbol{Q})^{-1}\dot{\boldsymbol{F}}^{\mathrm{T}}\\&\quad-\boldsymbol{F}(\boldsymbol{P}_0^{-1}+\boldsymbol{Q})^{-1}\dot{\boldsymbol{Q}}(\boldsymbol{P}_0^{-1}+\boldsymbol{Q})^{-1}\boldsymbol{F}^{\mathrm{T}}\\&=\boldsymbol{B}_1\boldsymbol{W}\boldsymbol{B}_1^{\mathrm{T}}+\boldsymbol{G}\boldsymbol{A}^{\mathrm{T}}+\boldsymbol{A}\boldsymbol{G}-\boldsymbol{G}\boldsymbol{C}^{\mathrm{T}}\boldsymbol{V}^{-1}\boldsymbol{C}\boldsymbol{G}\\&\quad+(\boldsymbol{A}-\boldsymbol{G}\boldsymbol{C}^{\mathrm{T}}\boldsymbol{V}^{-1}\boldsymbol{C})\boldsymbol{F}(\boldsymbol{P}_0^{-1}+\boldsymbol{Q})^{-1}\boldsymbol{F}^{\mathrm{T}}\\&\quad+\boldsymbol{F}(\boldsymbol{P}_0^{-1}+\boldsymbol{Q})^{-1}\boldsymbol{F}^{\mathrm{T}}(\boldsymbol{A}-\boldsymbol{G}\boldsymbol{C}^{\mathrm{T}}\boldsymbol{V}^{-1}\boldsymbol{C})^{\mathrm{T}}\end{aligned}$$

$$- F(I + P_0 Q)^{-1} P_0 F^T C^T V^{-1} C F P_0 (I + P_0 Q)^T F^T$$
$$= B_1 W B_1^T + [G + F(P_0^{-1} + Q)^{-1} F^T] A^T$$
$$+ A[G + F(P_0^{-1} + Q)^{-1} F^T] - [G + F(P_0^{-1} + Q)^{-1} F^T]$$
$$\times C^T V^{-1} C [G + F(P_0^{-1} + Q)^{-1} F^T]$$

故

$$\dot{P} = B_1 W B_1^T + P A^T + A P - P C^T V^{-1} C P \quad (6.6.12)$$

初始条件则验证为

$$P(0) = 0 + I(P_0^{-1} + 0)^{-1} I = P_0$$

因此按(6.6.11a)式用区段合并算得的 P 阵就是滤波黎卡提微分方程(6.5.50)的解. 对 F_p 也可验证为

$$\dot{F}_p = \dot{F}(I + P_0 Q)^{-1} - F(I + P_0 Q)^{-1} P_0 \dot{Q} (I + P_0 Q)^{-1}$$
$$= (A - G C^T V^{-1} C) F (I + P_0 Q)^{-1} - F(I + P_0 Q)^{-1}$$
$$\times P_0 F^T C^T V^{-1} C F (I + P_0 Q)^{-1}$$
$$= [A - (G + F(P_0^{-1} + Q)^{-1} F^T) C^T V^{-1} C] F_p$$
$$= (A - P C^T V^{-1} C) F_p$$

故有方程及初始条件

$$\dot{F}_p = (A - P C^T V^{-1} C) F_p, \quad F_p(0) = I \quad (6.6.13)$$

对 Q_p 验证也得

$$\dot{Q}_p = F_p^T C^T V^{-1} C F_p, \quad Q_p(0) = Q_0 (= 0) \quad (6.6.14)$$

表明初始条件可以在先求解($t_0 = 0, t$)区段后再用(6.6.11)式的变换来解决. 这也表明区段合并消元的次序无关性.

同样对于 r_{xp} 及 $r_{\lambda p}$ 也可采用合并公式(6.5.78a,b)导出

$$r_{xp} = r_x + F(P_0^{-1} + Q)^{-1} r_\lambda \quad (6.6.15a)$$

$$r_{\lambda p} = (I + Q P_0)^{-1} r_\lambda \quad (6.6.15b)$$

对 r_{xp} 的微分方程可利用方程(6.5.80～82)验证为

$$\dot{r}_{xp} = \dot{r}_x + F(P_0^{-1} + Q)^{-1} r_\lambda - \dot{F}(P_0^{-1} + Q)^{-1}$$
$$\times \dot{Q} (P_0^{-1} + Q)^{-1} r_\lambda + F(P_0^{-1} + Q)^{-1} \dot{r}_\lambda$$

$$
\begin{aligned}
&= (\boldsymbol{A} - \boldsymbol{G}\boldsymbol{C}^{\mathrm{T}}\boldsymbol{V}^{-1}\boldsymbol{C})\boldsymbol{r}_x + \boldsymbol{G}\boldsymbol{C}^{\mathrm{T}}\boldsymbol{V}^{-1}\boldsymbol{y} + \boldsymbol{B}_u\boldsymbol{u} \\
&\quad + (\boldsymbol{A} - \boldsymbol{G}\boldsymbol{C}^{\mathrm{T}}\boldsymbol{V}^{-1}\boldsymbol{C})\boldsymbol{F}(\boldsymbol{P}_0^{-1} + \boldsymbol{Q})^{-1}\boldsymbol{r}_\lambda \\
&\quad - \boldsymbol{F}(\boldsymbol{P}_0^{-1} + \boldsymbol{Q})^{-1}\boldsymbol{F}^{\mathrm{T}}\boldsymbol{C}^{\mathrm{T}}\boldsymbol{V}^{-1}\boldsymbol{C}\boldsymbol{F}(\boldsymbol{P}_0^{-1} + \boldsymbol{Q})^{-1}\boldsymbol{r}_\lambda \\
&\quad + \boldsymbol{F}(\boldsymbol{P}_0^{-1} + \boldsymbol{Q})^{-1}\boldsymbol{F}^{\mathrm{T}}\boldsymbol{C}^{\mathrm{T}}\boldsymbol{V}^{-1}(\boldsymbol{y} - \boldsymbol{C}\boldsymbol{r}_x)
\end{aligned}
$$

$$
\dot{\boldsymbol{r}}_{xp} = (\boldsymbol{A} - \boldsymbol{P}\boldsymbol{C}^{\mathrm{T}}\boldsymbol{V}^{-1}\boldsymbol{C})\boldsymbol{r}_{xp} + \boldsymbol{P}\boldsymbol{C}^{\mathrm{T}}\boldsymbol{V}^{-1}\boldsymbol{y} + \boldsymbol{B}_u\boldsymbol{u}, \boldsymbol{r}_{xp}(0) = \boldsymbol{0} \tag{6.6.16a}
$$

同样,可导出

$$
\dot{\boldsymbol{r}}_{\lambda p} = \boldsymbol{F}_p^{\mathrm{T}}\boldsymbol{C}^{\mathrm{T}}\boldsymbol{V}^{-1}(\boldsymbol{y} - \boldsymbol{C}\boldsymbol{r}_{xp}), \quad \boldsymbol{r}_{\lambda p}(0) = \boldsymbol{0} \tag{6.6.16b}
$$

推导这一套方程表明,将初始条件的集中时段与(t_0, t)时段合并,得到的矩阵与向量,[合并公式(6.6.11a,b,c)及(6.6.15a,b)]

$$
\boldsymbol{Q}_p(t), \boldsymbol{P}(t), \boldsymbol{F}_p(t); \boldsymbol{r}_{xp}(t), \boldsymbol{r}_{\lambda p}(t) \tag{6.6.17}
$$

满足微分方程(6.6.12)~(6.6.16),这与(6.5.80~82)式类同. 合并后的时段$[t_0, t)$混合能为

$$
V_p(\hat{\boldsymbol{x}}_0, \boldsymbol{\lambda}) = \boldsymbol{\lambda}^{\mathrm{T}}\boldsymbol{F}_p\hat{\boldsymbol{x}}_0 + \boldsymbol{\lambda}^{\mathrm{T}}\boldsymbol{P}\boldsymbol{\lambda}/2 - \hat{\boldsymbol{x}}_0\boldsymbol{Q}_p\hat{\boldsymbol{x}}_0/2 + \boldsymbol{\lambda}^{\mathrm{T}}\boldsymbol{r}_{xp} + \hat{\boldsymbol{x}}_0^{\mathrm{T}}\boldsymbol{r}_{\lambda p} \tag{6.6.18}
$$

由变分式 $\boldsymbol{x} = \partial V_p/\partial\boldsymbol{\lambda}$,有

$$
\boldsymbol{x} = \boldsymbol{F}_p\hat{\boldsymbol{x}}_0 + \boldsymbol{P}\boldsymbol{\lambda} + \boldsymbol{r}_{xp} \tag{6.6.19}
$$

这套公式对于 $0 \leqslant t \leqslant t_f$ 的 t 都适用. 如果取 $\boldsymbol{\lambda} = \bar{\boldsymbol{\lambda}}$ 代入则 $\boldsymbol{x} = \bar{\boldsymbol{x}}$,都是平滑的解.

这里先指出,滤波的均值就是

$$
\hat{\boldsymbol{x}} = \boldsymbol{F}_p\hat{\boldsymbol{x}}_0 + \boldsymbol{r}_{xp} \tag{6.6.20}
$$

这可证明如下. 首先当 $t=0$ 时,根据初始条件(6.6.3),(6.6.16a)与(6.6.13),有 $\hat{\boldsymbol{x}}(0) = \hat{\boldsymbol{x}}_0$;其次进行微商,

$$
\begin{aligned}
\dot{\hat{\boldsymbol{x}}} &= (\boldsymbol{A} - \boldsymbol{P}\boldsymbol{C}^{\mathrm{T}}\boldsymbol{V}^{-1}\boldsymbol{C})\boldsymbol{F}_c\hat{\boldsymbol{x}}_0 + (\boldsymbol{A} - \boldsymbol{P}\boldsymbol{C}^{\mathrm{T}}\boldsymbol{V}^{-1}\boldsymbol{C})\boldsymbol{r}_{xc} \\
&\quad + \boldsymbol{P}\boldsymbol{C}^{\mathrm{T}}\boldsymbol{V}^{-1}\boldsymbol{y} + \boldsymbol{B}_u\boldsymbol{u} \\
&= (\boldsymbol{A} - \boldsymbol{P}\boldsymbol{C}^{\mathrm{T}}\boldsymbol{V}^{-1}\boldsymbol{C})\hat{\boldsymbol{x}} + \boldsymbol{P}\boldsymbol{C}^{\mathrm{T}}\boldsymbol{V}^{-1}\boldsymbol{y} + \boldsymbol{B}_u\boldsymbol{u}
\end{aligned}
$$

对比(6.5.49)式得知,$\hat{\boldsymbol{x}}$ 就是滤波的均值. 因此将(6.6.19)式写成

$$
\boldsymbol{\xi}(t) = \boldsymbol{P}\bar{\boldsymbol{\lambda}}(t), \quad \boldsymbol{\xi} = \bar{\boldsymbol{x}} - \hat{\boldsymbol{x}} \tag{6.6.21}
$$

$\boldsymbol{\xi}(t)$就是平滑对滤波 $\hat{\boldsymbol{x}}$ 修改的向量. 它在内部点 t 并不为零. $\boldsymbol{\xi}$, $\bar{\boldsymbol{\lambda}}$ 的微分方程可综合(6.6.8)与(6.5.49)式有

$$\dot{\boldsymbol{\xi}}(t) = \boldsymbol{A}\boldsymbol{\xi} + \boldsymbol{B}_1\boldsymbol{W}\boldsymbol{B}_1^{\mathrm{T}}\bar{\boldsymbol{\lambda}} - \boldsymbol{P}\boldsymbol{C}^{\mathrm{T}}\boldsymbol{V}^{-1}(\boldsymbol{y} - \boldsymbol{C}\hat{\boldsymbol{x}}), \boldsymbol{\xi}(t_f) = \boldsymbol{0} \tag{6.6.22}$$

$$\dot{\bar{\boldsymbol{\lambda}}}(t) = \boldsymbol{C}^{\mathrm{T}}\boldsymbol{V}^{-1}\boldsymbol{C}\boldsymbol{\xi} - \boldsymbol{A}^{\mathrm{T}}\bar{\boldsymbol{\lambda}} - \boldsymbol{C}^{\mathrm{T}}\boldsymbol{V}^{-1}(\boldsymbol{y} - \boldsymbol{C}\hat{\boldsymbol{x}}), \bar{\boldsymbol{\lambda}}(t_f) = \boldsymbol{0} \tag{6.6.23}$$

在 $t = t_f$ 处的零边界条件是对其均值而言的. 将(6.6.21)式代入

$$\dot{\bar{\boldsymbol{\lambda}}} = (-\boldsymbol{A}^{\mathrm{T}} + \boldsymbol{C}^{\mathrm{T}}\boldsymbol{V}^{-1}\boldsymbol{C}\boldsymbol{P})\bar{\boldsymbol{\lambda}} - \boldsymbol{C}^{\mathrm{T}}\boldsymbol{V}^{-1}(\boldsymbol{y} - \boldsymbol{C}\hat{\boldsymbol{x}}), \bar{\boldsymbol{\lambda}}(t_f) = \boldsymbol{0} \tag{6.6.24}$$

对于确定的量测 $\boldsymbol{y}$,根据方程(6.6.24)积分而得的 $\bar{\boldsymbol{\lambda}}$ 就是确定性的平滑均值. 应用中希望直接求解状态变量 $\bar{\boldsymbol{x}}$. 因(6.6.21)式

$$\bar{\boldsymbol{\lambda}}(t) = \boldsymbol{P}^{-1}(\bar{\boldsymbol{x}} - \hat{\boldsymbol{x}}) \tag{6.6.21$'$}$$

上标 ¯ 显式表示这是平滑均值. 代入(6.6.8a)式有

$$\dot{\bar{\boldsymbol{x}}} = \boldsymbol{A}\bar{\boldsymbol{x}} + \boldsymbol{B}_1\boldsymbol{W}\boldsymbol{B}_1^{\mathrm{T}}\boldsymbol{P}^{-1}(\bar{\boldsymbol{x}} - \hat{\boldsymbol{x}}), \quad \bar{\boldsymbol{x}}(t_f) = \hat{\boldsymbol{x}}(t_f) \tag{6.6.25}$$

其中 $\hat{\boldsymbol{x}}(t)$是滤波的解,当成已知. $\boldsymbol{B}_1\boldsymbol{W}\boldsymbol{B}_1^{\mathrm{T}}\boldsymbol{P}^{-1}$称为平滑增益阵, $\boldsymbol{P}(t)$是滤波的方差阵,求解后也当成已知函数. (6.6.24), (6.6.25)式与文献[122]第六章中给出的方程相同.

对微分方程(6.6.25)做直接积分只是求解方法的一种,但这是时变方程,并不好. 采用区段混合能回代求解之法有许多优点. 如果相对应的哈密顿矩阵 $\boldsymbol{H}$ 的本征问题不出现若尔当型,则平滑问题还可以用本征向量展开方法找到分析解. 在滤波问题及波导的波传播问题中,我们已见到过分析求解的效能.

平滑解的方差矩阵微分方程在下一节给出.

6.6.3 区段混合能回代求解——平滑均值及其均方差阵的算式

上一节推导了平滑的微分方程,这对于理论分析很有用,但对微分方程做数值积分却不受欢迎. 当前的微分方程数值积分解法

都采用差分近似，有许多地方不能满意. 区段消元合并的算法要有效得多.

区段合并消元公式已在 6.5.4.1 节给出，现取 $t_a=t_0, t_b=t$, $t_c=t_f$. 区段 1 采用 $[t_0, t)$，即将(6.6.17)式中的矩阵写成 $\boldsymbol{Q}_1, \boldsymbol{P}, \boldsymbol{F}_1, \boldsymbol{r}_{x1}, \boldsymbol{r}_{\lambda1}$；而 (t, t_f) 的则用下标 2 标记. 再考虑边界条件 $\bar{\boldsymbol{\lambda}}(t_f)=\boldsymbol{0}$，便有

$$\bar{\boldsymbol{x}} = (\boldsymbol{I}+\boldsymbol{P}\boldsymbol{Q}_2)^{-1}(\boldsymbol{F}_1\hat{\boldsymbol{x}}_0+\boldsymbol{r}_{x1}+\boldsymbol{P}\boldsymbol{r}_{\lambda2}) \tag{6.6.26}$$

$$\bar{\boldsymbol{\lambda}} = (\boldsymbol{I}+\boldsymbol{Q}_2\boldsymbol{P})^{-1}\cdot[-\boldsymbol{Q}_2(\boldsymbol{F}_1\hat{\boldsymbol{x}}_0+\boldsymbol{r}_{x1})+\boldsymbol{r}_{\lambda2}] \tag{6.6.27}$$

但按(6.6.20)式

$$\bar{\boldsymbol{x}} = (\boldsymbol{I}+\boldsymbol{P}\boldsymbol{Q}_2)^{-1}(\hat{\boldsymbol{x}}+\boldsymbol{P}\boldsymbol{r}_{\lambda2}) \tag{6.6.26$'$}$$

$$\bar{\boldsymbol{\lambda}} = (\boldsymbol{I}+\boldsymbol{Q}_2\boldsymbol{P})^{-1}(-\boldsymbol{Q}_2\hat{\boldsymbol{x}}+\boldsymbol{r}_{\lambda2}) \tag{6.6.27$'$}$$

其中 $\bar{\boldsymbol{x}}, \bar{\boldsymbol{\lambda}}$ 是平滑的向量，而 $\hat{\boldsymbol{x}}$ 是滤波的估计向量.

既然 $\bar{\boldsymbol{x}}, \bar{\boldsymbol{\lambda}}$ 互成对偶，这两个向量是同等重要的，但在应用上更偏向于状态向量 $\bar{\boldsymbol{x}}$. $\bar{\boldsymbol{\lambda}}$ 的物理意义是对应于 $\bar{\boldsymbol{x}}$ 的左、右区段的相互作用力. 将(6.6.26′)式写成

$$\bar{\boldsymbol{x}} = (\boldsymbol{P}^{-1}+\boldsymbol{Q}_2)^{-1}(\boldsymbol{P}^{-1}\hat{\boldsymbol{x}}+\boldsymbol{r}_{\lambda2}) \tag{6.6.26$''$}$$

从结构力学的角度看，可以引入矩阵

$$\boldsymbol{P}_s = (\boldsymbol{P}^{-1}+\boldsymbol{Q}_2)^{-1} \tag{6.6.28}$$

它便是**平滑 $\bar{\boldsymbol{x}}$ 的方差阵**. 在验证之前先将这些矩阵再一次予以明确. $\boldsymbol{P}$ 阵就是滤波的方差阵 $\boldsymbol{P}(t)$（即柔度阵），它满足黎卡提矩阵微分方程，且 $\boldsymbol{P}(0)=\boldsymbol{P}_0$，见(6.5.50)式. $\boldsymbol{Q}_2(t, t_f)$ 是区段 (t, t_f) 的区段左端刚度矩阵，当 $t\to t_f$ 时适用自然边界条件(6.5.74). $\boldsymbol{r}_{\lambda2}$ 则是区段 (t, t_f) 相应的力向量. $\boldsymbol{P}_s$ 的力学意义很清楚，也是**柔度阵**. 这可以论证如下：括号内是刚度阵，由区段 2 左端刚度阵 $\boldsymbol{Q}_2$，及区段 1 右端柔度阵 $\boldsymbol{P}$ 之逆，两者之和组成，很明确.

现在要验证 $\boldsymbol{P}_s$ 满足的微分方程. 令 $\boldsymbol{K}_s=\boldsymbol{P}_s^{-1}$，则

$$\dot{\boldsymbol{P}}_s = -\boldsymbol{P}_s\dot{\boldsymbol{K}}_s\boldsymbol{P}_s = -\boldsymbol{P}_s(\dot{\boldsymbol{Q}}_2-\boldsymbol{P}^{-1}\dot{\boldsymbol{P}}\boldsymbol{P}^{-1})\boldsymbol{P}_s, \quad \boldsymbol{K}_s = \boldsymbol{P}^{-1}+\boldsymbol{Q}_2$$

代入 $\dot{\boldsymbol{Q}}_2=\partial\boldsymbol{Q}_2/\partial t_a=-\boldsymbol{C}^{\mathrm{T}}\boldsymbol{V}^{-1}\boldsymbol{C}-\boldsymbol{Q}_2\boldsymbol{A}-\boldsymbol{A}^{\mathrm{T}}\boldsymbol{Q}_2+\boldsymbol{Q}_2\boldsymbol{B}_1\boldsymbol{W}\boldsymbol{B}_1^{\mathrm{T}}\boldsymbol{Q}_2$

及(6.6.12)式，推导为

$$
\begin{aligned}
\dot{\boldsymbol{P}}_s &= \boldsymbol{P}_s[\boldsymbol{C}^{\mathrm{T}}\boldsymbol{V}^{-1}\boldsymbol{C} + \boldsymbol{Q}_2\boldsymbol{A} + \boldsymbol{A}^{\mathrm{T}}\boldsymbol{Q}_2 - \boldsymbol{Q}_2\boldsymbol{B}_1\boldsymbol{W}\boldsymbol{B}_1^{\mathrm{T}}\boldsymbol{Q}_2 \\
&\quad + \boldsymbol{P}^{-1}(\boldsymbol{B}_1\boldsymbol{W}\boldsymbol{B}_1^{\mathrm{T}} + \boldsymbol{P}\boldsymbol{A}^{\mathrm{T}} + \boldsymbol{A}\boldsymbol{P} - \boldsymbol{P}\boldsymbol{C}^{\mathrm{T}}\boldsymbol{V}^{-1}\boldsymbol{C}\boldsymbol{P})\boldsymbol{P}^{-1}]\boldsymbol{P}_s \\
&= \boldsymbol{P}_s[(\boldsymbol{P}^{-1} + \boldsymbol{Q}_2)\boldsymbol{A} + \boldsymbol{A}^{\mathrm{T}}(\boldsymbol{P}^{-1} + \boldsymbol{Q}_2) - \boldsymbol{Q}_2\boldsymbol{B}_1\boldsymbol{W}\boldsymbol{B}_1^{\mathrm{T}}\boldsymbol{Q}_2 \\
&\quad + \boldsymbol{P}^{-1}\boldsymbol{B}_1\boldsymbol{W}\boldsymbol{B}_1^{\mathrm{T}}\boldsymbol{P}^{-1}]\boldsymbol{P}_s \\
&= \boldsymbol{A}\boldsymbol{P}_s + \boldsymbol{P}_s\boldsymbol{A}^{\mathrm{T}} + \boldsymbol{P}_s[\boldsymbol{P}^{-1}\boldsymbol{B}_1\boldsymbol{W}\boldsymbol{B}_1^{\mathrm{T}}(\boldsymbol{P}^{-1} + \boldsymbol{Q}_2) \\
&\quad - (\boldsymbol{P}^{-1} + \boldsymbol{Q}_2)\boldsymbol{B}_1\boldsymbol{W}\boldsymbol{B}_1^{\mathrm{T}}\boldsymbol{Q}_2]\boldsymbol{P}_s \\
&= \boldsymbol{A}\boldsymbol{P}_s + \boldsymbol{P}_s\boldsymbol{A}^{\mathrm{T}} + \boldsymbol{P}_s\boldsymbol{P}^{-1}\boldsymbol{B}_1\boldsymbol{W}\boldsymbol{B}_1^{\mathrm{T}} - \boldsymbol{B}_1\boldsymbol{W}\boldsymbol{B}_1^{\mathrm{T}}\boldsymbol{Q}_2\boldsymbol{P}_s \\
&= \boldsymbol{P}_s(\boldsymbol{A}^{\mathrm{T}} + \boldsymbol{P}^{-1}\boldsymbol{B}_1\boldsymbol{W}\boldsymbol{B}_1^{\mathrm{T}}) + (\boldsymbol{A} + \boldsymbol{B}_1\boldsymbol{W}\boldsymbol{B}_1^{\mathrm{T}}\boldsymbol{Q}_2)\boldsymbol{P}_s \\
&= \boldsymbol{P}_s(\boldsymbol{A} + \boldsymbol{B}_1\boldsymbol{W}\boldsymbol{B}_1^{\mathrm{T}}\boldsymbol{P}^{-1})^{\mathrm{T}} + (\boldsymbol{A} + \boldsymbol{B}_1\boldsymbol{W}\boldsymbol{B}_1^{\mathrm{T}}\boldsymbol{P}^{-1})\boldsymbol{P}_s \\
&\quad - \boldsymbol{B}_1\boldsymbol{W}\boldsymbol{B}_1^{\mathrm{T}}(\boldsymbol{Q}_2 + \boldsymbol{P}^{-1})\boldsymbol{P}_s
\end{aligned}
$$

故得

$$
\dot{\boldsymbol{P}}_s = \boldsymbol{P}_s(\boldsymbol{A} + \boldsymbol{B}_1\boldsymbol{W}\boldsymbol{B}_1^{\mathrm{T}}\boldsymbol{P}^{-1})^{\mathrm{T}} + (\boldsymbol{A} + \boldsymbol{B}_1\boldsymbol{W}\boldsymbol{B}_1^{\mathrm{T}}\boldsymbol{P}^{-1})\boldsymbol{P}_s - \boldsymbol{B}_1\boldsymbol{W}\boldsymbol{B}_1^{\mathrm{T}} \tag{6.6.29}
$$

这就是 $\boldsymbol{P}_s$ 阵所满足的微分方程. 还要看边界条件，注意 $\boldsymbol{P}_s$ 的定义(6.6.28)，当 $t\to t_f$ 时，$\boldsymbol{Q}_2\to\boldsymbol{0}$，故有

$$
\boldsymbol{P}_s(t\to t_f, t_f) = \boldsymbol{P}(t_f) \tag{6.6.30}
$$

这说明，当平滑对数据的收集止于 t_f 时，方程(6.6.29)积分的端部条件可设于 t_f；t_f 处的 $\boldsymbol{P}_s$ 阵就是滤波的方差 $\boldsymbol{P}(t_f)$，在上一章已给出其算法了.

这样，$\boldsymbol{P}_s$ 阵的微分方程与端部条件都已给出，它是惟一地确定的了. 这些方程与常用推导而得的方程完全相同，这也说明 $\boldsymbol{P}_s$ 就是平滑的方差矩阵. 由(6.6.30)式知其逆向积分端部条件是对称正定的；由微分方程(6.6.29)看到它对任一时间 $t<t_f$ 一定是对称的. 根据(6.6.28)式计算还需要 $\boldsymbol{Q}_2$ 阵，它可由精细积分计算，$\boldsymbol{Q}_2$ 对于最优控制是起关键作用的，$\boldsymbol{Q}_2$ 一定是对称正定的，它也可由(6.5.94b)式逆向积分而得. 因此由(6.6.28)式积分的 $\boldsymbol{P}_s$ 阵一定对称正定，并且有不等式

$$x^{\mathrm{T}}(P-P_s)x>0 \tag{6.6.31}$$

这表明平滑结果的方差比滤波小[由(6.6.28)式,当然],符合理论的考虑.

采用(6.6.28)式的意义在于,在平滑方差计算时,不必去求解微分方程(6.6.29),而只要用已经算得的滤波方差阵 P,再结合 Q_2 阵按(6.6.28)式即可用矩阵运算得出.而 Q_2 阵对时不变系统在计算 P 阵时往往已经算得.这样,(6.6.28)式给平滑的方差计算提供了另一条途径,并且适用精细积分法.

在继续讲述之前,还应当将一些新的信息量讲清楚.首先应看到,虽然最受关心的是状态向量 $\hat{x}$,$\bar{x}$,以及由它们产生出来的输出向量(6.5.6)的 z.但也应当看到变分原理(6.5.44)或离散时间的(6.5.12)式,其中讲究的是 w 与 v.对于一个具体样本 y,通过计算得到了使其指标达到最小的 $\hat{x}$(滤波)及 $\bar{x}$(平滑),当然也有了 $\hat{v}$ 及 $\bar{v}$,其中

$$\hat{v}=y-C\hat{x} \tag{6.5.32}$$

称为"新息"(innovation).理论模型的过程与量测噪声由(6.5.42a,b,c)式表达,为零均值、互不相关的白噪声.新息 $\hat{v}(t)$ 是根据样本 y 而作出的对 v 的无偏滤波估计,它是由 y 确定的.从量测 y 样本集合的角度看,$\hat{v}$ 当然仍是一个白噪声过程,其方差仍为(6.5.42b)式,且均值为零.

对 w 也有滤波的估计.但滤波要求 $\bar{\lambda}=0$,从而 $\hat{w}=0$.其原因很清楚,因为滤波并不采用以后的量测作回顾估计,所以只能是零均值.而如果是平滑估计,对 $\bar{\lambda}$ 就会做出新的估计,当然也对 $\bar{w}$ 做出了新的估计.对于 $\bar{v}$ 也存在其平滑估计,这是由 $\bar{x}$ 的平滑估计产生出来的.有了 $\bar{x}$ 和 $\bar{\lambda}$ 的平滑估计,通常就不强调噪声的平滑估计 $\bar{v}$ 与 $\bar{w}$ 了.

上文讲到用(6.6.28)式计算平滑的方差阵 $P_s(t)$,它与量测到的样本 y 无关,而只与系统模型有关.如果是时不变系统,采用(6.6.28)式对计算有很大好处.但还有平滑估计 $\bar{x}$,$\bar{\lambda}$ 的计算.需要注意的是 $\bar{x}$,$\bar{\lambda}$ 与量测到的 y 有关,在通过(6.6.26′,27′)式回代

计算时，将由 $\hat{x}$，$r_{\lambda 2}$反映出来，这是要注意的．这些计算公式中的各项在滤波分析中都已经提供了．

以上讲述的公式推导都适应于时变线性体系；时变体系的计算有许多复杂因素，但其基本环节仍应将时不变系统做好．以下的精细积分计算，都是针对时不变体系的．

单步长典型时段的精细积分

6.6 节一开始就介绍了三种不同的平滑，即固定区间平滑，固定点平滑及固定滞后平滑．以下要根据上述的区段混合能以及其回代求解一般公式，给出这三种平滑的算法．采用区段混合能是一种统一的方法论，只是因其应用对象的不同而分别写成为三种平滑算法．

不论是哪一种平滑，在平滑计算之前，当然应当先执行好滤波算法．平滑比滤波多了回顾的一段，相应的就有回代求解(6.6.26′)，(6.6.27′)式这一步．滤波可以将过去用过的数据弃置，因为不再回顾；而平滑则要用到过去的数据，因此要求保存的数据多，这是不同的．

平滑的方差阵 $\boldsymbol{P}_s$ 可由(6.6.28)式计算，它显然与量测 $\boldsymbol{y}$ 无关，因此可以预先计算好存放起来．它在回代求解中是有用的．当然也可以在回代时一起计算．$\boldsymbol{P}$ 阵与 $\boldsymbol{Q}_2$ 阵也是如此．

问题在于 $\hat{x}$ 与 $r_{\lambda 2}$的计算，它们是与量测 $\boldsymbol{y}$ 有关的．怎样减少其计算工作量是一个很重要的问题．下文将论及该问题．对于控制输入 $\boldsymbol{u}$ 也有相同情况．

积分总得有时间步，通常总采用 $t_k = k\eta, k = 0, 1, \cdots, k_f$，其时间格点为等步长的 η．这些情况皆与滤波相同．线性系统适用叠加原理，再加上时不变性，每一个时间步区段 η，都有相同的系统特性，即其 $\boldsymbol{Q}(\eta)$，$\boldsymbol{G}(\eta)$，$\boldsymbol{F}(\eta)$是相同的，不同之处只在于 $\boldsymbol{y}$ 的量测值不同．设在 η 区段内其量测值为线性，则根据叠加原理，只要能对 $\boldsymbol{y} = \boldsymbol{I}_q$ 的常值量测，以及 $\boldsymbol{y} = \boldsymbol{I}_q \cdot (t - t_a)$的线性量测都做出精细积分，则任何线性分布的量测都可以由叠加原理算得；对于输入

$\boldsymbol{u}$ 的处理雷同.情况与滤波计算时都相同,见 6.5.7～8 节.依同样方法和计算程序(6.5.155)即可将单步长 η 内的矩阵 $\boldsymbol{Q}(\eta)$, $\boldsymbol{F}(\eta)$, $\boldsymbol{G}(\eta)$ 及常值的 $\boldsymbol{R}_{xy}^{(0)}(\eta)$, $\boldsymbol{R}_{xu}^{(0)}(\eta)$ 以及 $\boldsymbol{R}_{\lambda y}^{(0)}(\eta)$, $\boldsymbol{R}_{\lambda u}^{(0)}(\eta)$ 与线性的 $\boldsymbol{R}_{xy}^{(1)}(0,\eta)$, $\boldsymbol{R}_{xu}^{(1)}(0,\eta)$ 以及 $\boldsymbol{R}_{\lambda y}^{(1)}(0,\eta)$, $\boldsymbol{R}_{\lambda u}^{(1)}(0,\eta)$ 矩阵都算出来.这些矩阵与具体量测的数值无关,对每个 η 长时段都可反复使用.当然其基本假定便是在每个 η 段内,量测 $\boldsymbol{y}$ 及输入 $\boldsymbol{u}$ 都认为是线性分布的.在此基础上,对 η 长时段的逐步推进便容易了.

既然是事后分析,常常并不只是对状态向量进行估计.还要进一步问系统本身的特性,这就是系统辨识了.系统辨识已经是反问题(inverse problem)范畴了.当然应当先将正问题分析好,再进一步分析反问题.平滑是在确定系统下分析的,因此仍是正问题.

滤波分析也是正问题,往往是要求实时计算的.相应地也有系统辨识的需求,以求进行自适应控制.实时的辨识计算对算法的要求更高了.这里就不涉及该问题了.

6.6.4 三种平滑的算法

区段混合能方法对于固定区间、固定点、固定滞后平滑提供了一种统一的计算方法.

6.6.4.1 固定区间平滑

设给定区间已划分为

$$t_0 = 0, t_1 = \eta, \cdots, t_k = k\eta, \cdots, t_f = k_f\eta \quad (6.6.33)$$

并且 $\boldsymbol{y}_k, \boldsymbol{u}_k (k = 0, 1, \cdots, k_f)$ 为已知,要对 $\bar{\boldsymbol{x}}_k, \boldsymbol{P}_k (k = 0, \cdots, k_f)$ 作出计算.其 η 步长的矩阵当然应当认为已经算得.

按(6.6.26～28)式,应当将各站 k 的 $\boldsymbol{P}_k$, $\boldsymbol{Q}_{(k_f - k)}$ 等都算好,再将平滑的方差阵 $\boldsymbol{P}_{sk}$ 算出.并且将滤波的 $\hat{\boldsymbol{x}}_k$ 也算得,由于是平滑,不必照顾到因果律,因此(6.5.159)式的算法公式正好可用.剩下只需考虑 $\boldsymbol{r}_{\lambda 2}$ 这一项,即区段 (t_k, t_f) 的外荷项.对它的计算当然仍可利用区段合并消元公式(6.5.77,78).

利用区段合并消元是次序无关的性质，以及为确定值的事实，可以逆向执行 $\boldsymbol{r}_{\lambda 2}$ 的计算．设已经对 $k+1$ 站计算得到了 $\boldsymbol{r}_x$，$\boldsymbol{r}_\lambda(t_{k+1}, t_{k_f})$，它们可作为(6.5.78)式中的 $\boldsymbol{r}_{x2}$ 与 $\boldsymbol{r}_{\lambda 2}$；而将区段 (t_k, t_{k+1}) 的 $\boldsymbol{r}_x$，$\boldsymbol{r}_\lambda$，当成 $\boldsymbol{r}_{x1}$ 与 $\boldsymbol{r}_{\lambda 1}$，其计算公式为(6.5.141)式．或按精细积分的(6.5.155)得出的矩阵，有

$$\boldsymbol{r}_x(t_k, t_{k+1}) = \boldsymbol{R}_{xu}^{(0)} \cdot \boldsymbol{u}_k + \boldsymbol{R}_{xy}^{(0)} \cdot \boldsymbol{y}_k + \boldsymbol{R}_{xu}^{(1)} \cdot (\boldsymbol{u}_{k+1} - \boldsymbol{u}_k)/\eta + \boldsymbol{R}_{xy}^{(1)} \cdot (\boldsymbol{y}_{k+1} - \boldsymbol{y}_k)/\eta \tag{6.6.34a}$$

$$\boldsymbol{r}_\lambda(t_k, t_{k+1}) = \boldsymbol{R}_{\lambda u}^{(0)} \cdot \boldsymbol{u}_k + \boldsymbol{R}_{\lambda y}^{(0)} \cdot \boldsymbol{y}_k + \boldsymbol{R}_{\lambda u}^{(1)} \cdot (\boldsymbol{u}_{k+1} - \boldsymbol{u}_k)/\eta + \boldsymbol{R}_{\lambda y}^{(1)} \cdot (\boldsymbol{y}_{k+1} - \boldsymbol{y}_k)/\eta \tag{6.6.34b}$$

调用(6.5.78)式时，$\boldsymbol{Q}_1, \boldsymbol{F}_1, \boldsymbol{G}_1$ 就是 $\boldsymbol{Q}(\eta), \boldsymbol{F}(\eta), \boldsymbol{G}(\eta)$，早已算得；而 $\boldsymbol{Q}_2, \boldsymbol{F}_2, \boldsymbol{G}_2$ 则就是长度为 $\Delta t = (k_f - (k+1))\eta$ 的 $\boldsymbol{Q}(\Delta t)$，$\boldsymbol{F}(\Delta t), \boldsymbol{G}(\Delta t)$．这样，由(6.5.77,78)式就得到了区段 (t_k, t_f) 的 $\boldsymbol{Q}, \boldsymbol{F}, \boldsymbol{G}, \boldsymbol{r}_x(t_k, t_f)$ 与 $\boldsymbol{r}_\lambda(t_k, t_f)$，造成了逆向递推的态势．于是(6.6.26′)式的右端各项皆已获得，计算详情略去．

6.6.4.2 固定点平滑

对此当然还是运用区段合并消元公式(6.5.77,78)．固定时刻 t_e 导致左侧区段-1 的 $[t_0, t_e)$ 是给定的，右侧区段-2 的 (t_e, t) 的 t 在不断推进．对 $[t_0, t_e)$ 区段 1 的计算可先计算其开区间 (t_0, t_e) 的 $\boldsymbol{Q}, \boldsymbol{F}, \boldsymbol{G}$ 与 $\boldsymbol{r}_x, \boldsymbol{r}_\lambda$，然后再运用(6.6.11)及(6.6.15)式将 t_0 处的初始条件计入．对于每一个基本区段 η 的非齐次项计算只要运用(6.6.34)式即可．对开区段 (t_0, t_e) 的计算则只需反复调用(6.5.77,78)式即可．

右侧区段的计算则仍是一个开区段 (t_e, t)．其计算无非仍是逐段推进而已．当 (t_e, t) 已经足够长而其相应的 $\boldsymbol{F}(t_e, t)$ 阵已接近于零，即其 $\boldsymbol{Q}, \boldsymbol{G}$ 阵已趋于 $\boldsymbol{Q}_\infty, \boldsymbol{G}_\infty$ 时，其 t_e 处的平滑值及均方差阵皆已趋近其极限值，就无需再继续进行了．其余从略．

6.6.4.3 固定滞后平滑

固定滞后平滑的计算最接近于滤波，因为它往往也要求限时

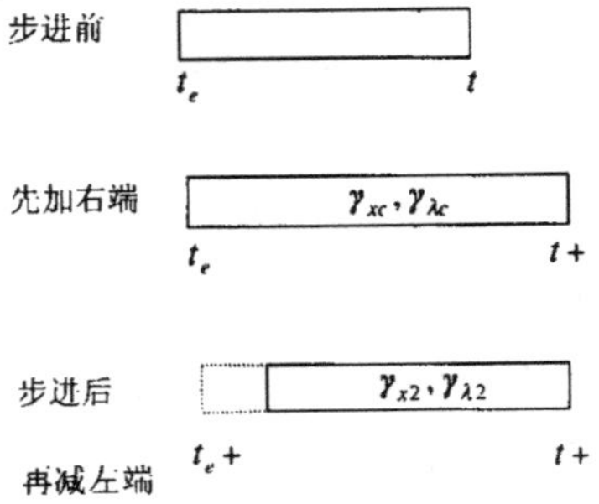

图 6.9

计算的.而且其平滑的状态均值不会有固定的极限值.计算公式仍可运用(6.5.77,78)式.当前时刻 t 不断推进,平滑时刻 t_e 以同样速度推进并保持右侧区段长(t_e,t)不变.左侧区段为$[t_0,t_e)$,其长度不断增长,而右侧区段(t_e,t)长度虽然保持不变,但 $\boldsymbol{y},\boldsymbol{u}$ 的非齐次项却在因移位而发生变动.对于$[t_0,t_e)$的计算,也是运用区段合并消元的算法,其右端每次增加一个基本区段$(t_e,t_e+\eta)$,然后再将 t_e 步进.而对其右端的(t_e,t)区段,其 $\boldsymbol{Q},\boldsymbol{F},\boldsymbol{G}$ 保持不变而$\boldsymbol{r}_x$ 与 $\boldsymbol{r}_\lambda$ 则因右端加一个、左端去一个基本区段而发生变化.在右端加上一个基本区段的公式已于(6.5.78)式给出,但还要提供左端减少一个基本区段的公式.其执行次序是先加右端再减左端(图 6.9).因此在改写(6.5.78)式时,$\boldsymbol{Q}_2,\boldsymbol{G}_2,\boldsymbol{F}_2$ 正是(t_e,t)长的区段矩阵;而 $\boldsymbol{Q}_1,\boldsymbol{F}_1,\boldsymbol{G}_1$ 是基本区段长 η 的$\boldsymbol{Q}(\eta),\boldsymbol{F}(\eta),\boldsymbol{G}(\eta)$;$\boldsymbol{E}_c,\boldsymbol{F}_c,\boldsymbol{G}_c,\boldsymbol{r}_{xc},\boldsymbol{r}_{\lambda c}$是加上右端后的矩阵与向量.由

$$\boldsymbol{r}_{\lambda c}=\boldsymbol{r}_{\lambda 1}+\boldsymbol{F}_1^{\mathrm{T}}(\boldsymbol{I}_n+\boldsymbol{Q}_2\boldsymbol{G}_1)^{-1}(\boldsymbol{r}_{\lambda 2}-\boldsymbol{Q}_2\boldsymbol{r}_{x1}) \tag{6.5.78a}$$

$$\boldsymbol{r}_{xc}=\boldsymbol{r}_{x2}+\boldsymbol{F}_2(\boldsymbol{I}_n+\boldsymbol{G}_1\boldsymbol{Q}_2)^{-1}(\boldsymbol{r}_{x1}+\boldsymbol{G}_1\boldsymbol{r}_{\lambda 2}) \tag{6.5.78b}$$

应当将 $\boldsymbol{r}_{x2}$与 $\boldsymbol{r}_{\lambda 2}$解出,只有这二个向量是未知的.只要先解出 $\boldsymbol{r}_{\lambda 2}$,然后 $\boldsymbol{r}_{x2}$只要用(6.5.78b)式移项一下即得.而 $\boldsymbol{r}_{\lambda 2}$可由(6.5.78a)式导出

$$\boldsymbol{r}_{\lambda 2} = \boldsymbol{Q}_2 \boldsymbol{r}_{x1} + (\boldsymbol{I}_n + \boldsymbol{Q}_2 \boldsymbol{G}_1) \boldsymbol{F}_1^{-\mathrm{T}} (\boldsymbol{r}_{\lambda c} - \boldsymbol{r}_{\lambda 1}) \tag{6.6.35a}$$

$$\boldsymbol{r}_{x2} = \boldsymbol{r}_{xc} - \boldsymbol{F}_2 (\boldsymbol{I}_n + \boldsymbol{G}_1 \boldsymbol{Q}_2)^{-1} (\boldsymbol{r}_{x1} + \boldsymbol{G}_1 \boldsymbol{r}_{\lambda 2}) \tag{6.6.35b}$$

于是固定滞后平滑的计算也并不困难. 至于平滑的方差 $\boldsymbol{P}_s$ 则由(6.6.28)式计算,很方便. 详情略去.

6.7 最优控制

在控制时间区段$[t_0, t_f]$中,当前时间 t,$t_0<t<t_f$,将时间划分为过去区段$[t_0, t)$与未来区段$(t, t_f]$,见图 6.4. 过去区段已经成为历史,对过去区段可做的分析是认识系统、进行滤波以得出$\hat{\boldsymbol{x}}(t)$及其方差阵 $\boldsymbol{P}(t)$,或者进一步对系统本身也进行识别. 6.5 节对滤波的理论与计算已作了详细的介绍.

未来时段是可以控制的. 在最优控制理论中,要求在动力方程得到满足的条件下,使其二次型指标函数取最小;满足该准则的解便当成是最优. 这里分析其**动力方程为线性**而**指标函数为二次**的课题,称为**线性二次**(linear quadratic, LQ)最优控制. LQ 控制是对未来时段的分析,因此没有量测可言,但却可以有输出 $\boldsymbol{z}(t)$. 未来时段的状态向量完全是在动力方程控制下运行而并无量测数据检验的. 其控制向量 $\boldsymbol{u}(\tau)$则在分析中只能根据状态向量 $\boldsymbol{x}(\tau)$来选定,$t<\tau\leqslant t_f$.

虽然过去时段的滤波以及未来时段的 LQ 控制本是互相无关的二个课题,但它们是整个控制分析的二个组成部分. 其相互连接之处便是当前时刻 t. 对 LQ 控制来说,其初值为

$$\boldsymbol{x}(\tau) = \hat{\boldsymbol{x}}(t), \qquad \text{当 } \tau = t \text{ 时} \tag{6.7.1}$$

就是说,**将滤波的状态值当作最优控制段的初值**,这就是状态的连续性. 根据未来时段的 LQ 控制理论,确定出来的控制输入向量 $\boldsymbol{u}(t)$便是当前时刻的反馈控制向量. 因此要讲清楚未来时段$(t, t_f]$的 LQ 控制的理论与计算.

6.7.1 未来时段线性二次控制的理论推导

动力方程是受控对象的运动规律，线性动力方程为

$$\dot{\boldsymbol{x}}(\tau) = \boldsymbol{A}(\tau)\boldsymbol{x}(\tau) + \boldsymbol{B}_u(\tau)\boldsymbol{u}(\tau) + \boldsymbol{B}_1(\tau)\boldsymbol{w}(\tau) \tag{6.7.2}$$

初值条件已经于(6.7.1)式给出. 输出方程为 p 维向量 $\boldsymbol{z}(\tau)$

$$\boldsymbol{z}(\tau) = \boldsymbol{C}_z(\tau)\boldsymbol{x}(\tau) + \boldsymbol{D}_u(\tau)\boldsymbol{u}(\tau) \tag{6.7.3}$$

显式表明，系统矩阵 $\boldsymbol{A}, \boldsymbol{B}_u, \boldsymbol{B}_1, \boldsymbol{C}_z, \boldsymbol{D}_u$ 可以是时间的函数，理论推导是适用于时变系统的. 在计算时，这些矩阵将认为是时不变的，这样方能用分析法或精细积分法来求解.

在动力方程中，控制向量 $\boldsymbol{u}(\tau)$是任意选择的. 其选择的准则应是以下的二次指标泛函 J 取最小

$$J = \int_t^{t_f}(\boldsymbol{z}^{\mathrm{T}}\boldsymbol{z}/2)\mathrm{d}\tau + \boldsymbol{x}_f^{\mathrm{T}}\boldsymbol{S}_f\boldsymbol{x}_f/2, \quad \boldsymbol{x}_f \underset{\text{def}}{=} \boldsymbol{x}(t_f) = \text{已知} \tag{6.7.4}$$

其中 $\boldsymbol{S}_f$ 为对称非负矩阵. 将(6.7.3)式代入，通过恰当线性变换，在输出方程中可选择

$$\boldsymbol{C}_z^{\mathrm{T}}\boldsymbol{D}_u = 0, \quad \boldsymbol{D}_u^{\mathrm{T}}\boldsymbol{D}_u = \boldsymbol{I}_m \tag{6.7.5}$$

故有

$$J = \int_t^{t_f}(\boldsymbol{x}^{\mathrm{T}}\boldsymbol{C}_z^{\mathrm{T}}\boldsymbol{C}_z\boldsymbol{x}/2 + \boldsymbol{u}^{\mathrm{T}}\boldsymbol{u}/2)\mathrm{d}\tau + \boldsymbol{x}_f^{\mathrm{T}}\boldsymbol{S}_f\boldsymbol{x}_f/2, \ \min_{\boldsymbol{u}} J \tag{6.7.4a}$$

这是有条件的极小，动力方程(6.7.2)便是其条件. 采用拉格朗日乘子函数 $\boldsymbol{\lambda}(\tau)$($n$ 维向量)以解除其约束条件，得

$$J_A = \int_t^{t_f}[\boldsymbol{\lambda}^{\mathrm{T}}(\dot{\boldsymbol{x}} - \boldsymbol{A}\boldsymbol{x} - \boldsymbol{B}_u\boldsymbol{u} - \boldsymbol{B}_1\boldsymbol{w}) + \boldsymbol{x}^{\mathrm{T}}\boldsymbol{C}_z^{\mathrm{T}}\boldsymbol{C}_z\boldsymbol{x}/2 + \boldsymbol{u}^{\mathrm{T}}\boldsymbol{u}/2]\mathrm{d}\tau$$
$$+ \boldsymbol{x}_f^{\mathrm{T}}\boldsymbol{S}_f\boldsymbol{x}_f/2, \quad \delta J_A = 0$$

J_A 为扩展的指标泛函，对它的变分已无约束条件，有三类变量 $\boldsymbol{x}$，$\boldsymbol{\lambda}$，$\boldsymbol{u}$. 变分式中没有 $\boldsymbol{u}$ 对 τ 的微商，故可先完成其取最小，(即 Понтрягин 的极小值原理)，有

$$u = B_u^{\mathrm{T}}\lambda \tag{6.7.5}$$

将它代回 J_A 的算式中有

$$J_A = \int_t^{t_f} [\lambda^{\mathrm{T}}\dot{x} - H(x,\lambda) - \lambda^{\mathrm{T}}B_1 w]\mathrm{d}\tau + x_f^{\mathrm{T}}S_f x_f/2$$

$$\min_x \max_\lambda \quad J_A \tag{6.7.6}$$

$$H(x,\lambda) = \lambda^{\mathrm{T}}Ax + \lambda^{\mathrm{T}}B_u B_u^{\mathrm{T}}\lambda/2 - x^{\mathrm{T}}C_z^{\mathrm{T}}C_z x/2 \tag{6.7.7}$$

当然还有初始条件(6.7.1).现在变分式中只有互为对偶的二类变量 x,λ 了.这已是典型的哈密顿体系的变分原理了.因此它与第五章的结构力学问题是一致的,尤其是它将导致的两端边值问题.将变分式(6.7.6)展开可导得

$$\dot{x}(\tau) = Ax + B_u B_u^{\mathrm{T}}\lambda + B_1 w, \quad x(t) = \hat{x}(t) \tag{6.7.8a}$$

$$\dot{\lambda}(\tau) = C_z^{\mathrm{T}}C_z x - A^{\mathrm{T}}\lambda, \quad \lambda(t_f) = -S_f x_f \tag{6.7.8b}$$

这是一套非齐次的对偶方程. w 为零均值的白噪声,非齐次项.取均值得齐次方程,有

$$\dot{x}_a(\tau) = Ax_a + B_u B_u^{\mathrm{T}}\lambda_a, \quad x_a(t) = \hat{x}(t) \tag{6.7.8a$'$}$$

$$\dot{\lambda}_a(\tau) = C_z^{\mathrm{T}}C_z x_a - A^{\mathrm{T}}\lambda_a, \quad \lambda_a(t_f) = -S_f x_{fa} \tag{6.7.8b$'$}$$

在求解(6.7.8a,b′)对偶方程之前,先讲一下最优控制与结构力学的相模拟理论.齐次对偶方程的变分原理为

$$J_A = \int_t^{t_f} [\lambda^{\mathrm{T}}\dot{x} - H(x,\lambda)]\mathrm{d}\tau + x_f^{\mathrm{T}}S_f x_f/2$$

$$\min_x \max_\lambda J_A \tag{6.7.6a}$$

另一方面,回顾对偶方程组、变分原理和哈密顿函数(5.2.10~21),即知它们在数学上是同一个问题. S_f 项相当于在变分式(5.2.12)、(5.2.13)中再加上一个 z_f 处的变形能 $x_f^{\mathrm{T}}S_f x_f/2$,其力学意义便是端部的弹性支承.可以从下表看到两者的对应关系

结构力学:	**线性二次控制:**
位移、内力 q,p	对偶向量 x,λ
空间坐标 z	时间坐标 t
区段 $(z_0,z_f]$	时间区段 $(t,t_f]$

混合能 $H(\boldsymbol{q},\boldsymbol{p})$	哈密顿函数 $H(\boldsymbol{x},\boldsymbol{\lambda})$
$\boldsymbol{A},\boldsymbol{B},\boldsymbol{D}$	$\boldsymbol{A},\boldsymbol{C}_z^{\mathrm{T}}\boldsymbol{C}_z,\boldsymbol{B}_u\boldsymbol{B}_u^{\mathrm{T}}$
弹性支承矩阵 $\boldsymbol{S}_f$	端部指标矩阵 $\boldsymbol{S}_f$
协调微分方程(5.2.10a)	动力微分方程(6.7.8a′)
平衡微分方程(5.2.10b)	协态微分方程(6.7.8b′)
变形能函数,作用量函数	指标函数 J_A
区段[0,$k-1$)的势能 $\Pi_{k-1}(\boldsymbol{q}_{k-1})$	时段[0,k_t)的指标 J_{e,k_t}

等等.

这就是结构力学与最优控制之间的**模拟关系**,双方沟通是有很多用处的.

对齐次方程组的求解,可采用齐次黎卡提变换

$$\boldsymbol{\lambda}_a(\tau) = -\boldsymbol{S}(\tau)\boldsymbol{x}_a(\tau) \tag{6.7.9}$$

代入(6.7.8′)式并消去 $\dot{\boldsymbol{x}}_a$,有

$$(\dot{\boldsymbol{S}} + \boldsymbol{C}_z^{\mathrm{T}}\boldsymbol{C}_z + \boldsymbol{A}^{\mathrm{T}}\boldsymbol{S} + \boldsymbol{S}\boldsymbol{A} - \boldsymbol{S}\boldsymbol{B}_u\boldsymbol{B}_u^{\mathrm{T}}\boldsymbol{S})\cdot\boldsymbol{x}_a = \boldsymbol{0}$$

由于 $\boldsymbol{x}_a(\tau)$是任意选择的向量,故必有

$$\dot{\boldsymbol{S}}(\tau) = -\boldsymbol{C}_z^{\mathrm{T}}\boldsymbol{C}_z - \boldsymbol{A}^{\mathrm{T}}\boldsymbol{S} - \boldsymbol{S}\boldsymbol{A} + \boldsymbol{S}\boldsymbol{B}_u\boldsymbol{B}_u^{\mathrm{T}}\boldsymbol{S},\ \boldsymbol{S}(t_f) = \boldsymbol{S}_f \tag{6.7.10}$$

这又是黎卡提微分方程,是对有限时段$(t,t_f]$的一阶联立微分方程组,初值条件于 t_f 处给出,$\boldsymbol{S}_f$ 为对称非负给定矩阵,逆向积分.因微分方程右侧也为对称(如 $\boldsymbol{S}$ 为对称阵的话),故知 $\boldsymbol{S}(\tau)$为对称阵.可证明:**只要$(\boldsymbol{A},\boldsymbol{B}_u)$可控,$(\boldsymbol{A},\boldsymbol{C}_z)$可测,则 $\boldsymbol{S}(\tau)$必为正定矩阵**.

当(t_f-t)的长度很大而趋于无穷时,时不变系统有极限

$$\boldsymbol{S}_\infty = \lim_{\tau\to\infty}\boldsymbol{S}(\tau)$$

它满足代数黎卡提方程(algebraic Riccati equation, ARE),

$$-\boldsymbol{C}_z^{\mathrm{T}}\boldsymbol{C}_z - \boldsymbol{A}^{\mathrm{T}}\boldsymbol{S}_\infty - \boldsymbol{S}_\infty\boldsymbol{A} + \boldsymbol{S}_\infty\boldsymbol{B}_u\boldsymbol{B}_u^{\mathrm{T}}\boldsymbol{S}_\infty = \boldsymbol{0} \tag{6.7.11}$$

这个情况与卡尔曼-布西滤波的黎卡提方程相类同.

解出黎卡提方程的主要用处在于,将(6.7.9)式代入(6.7.5)式,有

$$u(\tau) = -B_u^{\mathrm{T}}S(\tau)x_a(\tau) = -K(\tau)x_a(\tau),\ K(\tau) = B_u^{\mathrm{T}}S(\tau) \tag{6.7.12}$$

该公式给出了反馈控制向量. 而状态向量可由(6.7.8a′)式得

$$\dot{x}_a(\tau) = [A - B_u B_u^{\mathrm{T}} S(\tau)]x_a, \quad x_a(t) = \hat{x}(t) \tag{6.7.13}$$

这是状态均值的微分方程. 矩阵 $K(\tau)$称为**增益阵**(gain matrix).

(6.7.13)式为齐次线性**变系数**微分方程组,其解正比于初值 $\hat{x}(t)$. 但这只是对均值 $x_a(\tau)$的解. 对于动力方程(6.7.2),如果令其干扰为零,则其结果确为均值解. 均值为确定性的量,因此运算是普通的微积分. 但如果有干扰 $w(\tau)$的随机过程,则在运行中状态向量等都成为随机过程了,当然要运用均方微积分了. 其控制输入将为

$$u(\tau) = -K(\tau)x(\tau), \quad K(\tau) = B_u^{\mathrm{T}}S(\tau) \tag{6.7.12′}$$

代入(6.7.2)式,即得

$$\dot{x}(\tau) = [A - B_u B_u^{\mathrm{T}} S(\tau)]x + B_1 w \tag{6.7.13′}$$

于是知状态均值向量 $x_a(\tau)$的微分方程就是其齐次方程. 只是由于 $w(\tau)$的白噪声干扰,$x(t)$才成为随机过程,其**均值 $x_a(\tau)$本是确定性的**. 方程(6.7.13)虽是变系数的微分方程组,但却是可以精细地求解的,见后文 6.7.3.2 节.

通常应用中只讲究其均值解,因此就只是求解黎卡提微分方程(6.7.10)以及状态均值(6.7.13),毕竟重点在于反馈控制. 在作出数值计算以前,讲清楚其稳定性质是很重要的.

6.7.2 稳定性分析

按线性二次最优控制的理论,上文导出了受控状态均值的运动微分方程(6.7.13). 随之而来就有问题,这个运动微分方程是否稳定. (6.7.13)式是变系数微分方程,不能用求矩阵本征值的方法分析其稳定性性质. 采用李雅普诺夫(Ляпунов)第二方法是较好的选择.

稳定性分析对线性方程组是其本身的特性,因此可令外荷载 $\boldsymbol{w}=\boldsymbol{0}$ 来分析.于是控制方程为齐次方程组(6.7.8a,b′).它仍是由(6.7.4)式取 $\boldsymbol{w}=\boldsymbol{0}$ 导来的.在数值上 $J=J_A$,故

$$J(t)=J_A(t)=\boldsymbol{x}_f^{\mathrm{T}}\boldsymbol{S}_f\boldsymbol{x}_f/2+\int_t^{t_f}[\boldsymbol{\lambda}^{\mathrm{T}}\dot{\boldsymbol{x}}-\boldsymbol{\lambda}^{\mathrm{T}}\boldsymbol{A}\boldsymbol{x}-\boldsymbol{\lambda}^{\mathrm{T}}\boldsymbol{B}_u\boldsymbol{B}_u^{\mathrm{T}}\boldsymbol{\lambda}/2+\boldsymbol{x}^{\mathrm{T}}\boldsymbol{C}_z^{\mathrm{T}}\boldsymbol{C}_z\boldsymbol{x}/2]\mathrm{d}\tau$$

$$=\boldsymbol{x}_f^{\mathrm{T}}\boldsymbol{S}_f\boldsymbol{x}_f/2+\int_t^{t_f}[\boldsymbol{\lambda}^{\mathrm{T}}\boldsymbol{B}_u\boldsymbol{B}_u^{\mathrm{T}}\boldsymbol{\lambda}/2+\boldsymbol{x}^{\mathrm{T}}\boldsymbol{C}_z^{\mathrm{T}}\boldsymbol{C}_z\boldsymbol{x}/2]\mathrm{d}\tau$$

注:利用(6.7.8a′)式

$$=\boldsymbol{x}_f^{\mathrm{T}}\boldsymbol{S}_f\boldsymbol{x}_f/2+\int_t^{t_f}[\boldsymbol{\lambda}^{\mathrm{T}}\dot{\boldsymbol{x}}-\boldsymbol{\lambda}^{\mathrm{T}}\boldsymbol{A}\boldsymbol{x}+\boldsymbol{x}^{\mathrm{T}}\dot{\boldsymbol{\lambda}}+\boldsymbol{x}^{\mathrm{T}}\boldsymbol{A}^{\mathrm{T}}\boldsymbol{\lambda}]\mathrm{d}\tau/2$$

注:利用(6.7.8′)式

$$=-\boldsymbol{\lambda}^{\mathrm{T}}(t)\boldsymbol{x}(t)/2=\boldsymbol{x}^{\mathrm{T}}(t)\boldsymbol{S}(t)\boldsymbol{x}(t)/2 \tag{6.7.14}$$

其中运用了(6.7.9)式,$\boldsymbol{x}_a$ 就是 $\boldsymbol{x}$.指标 J 肯定不取负值,因此 $\boldsymbol{S}$ 阵必为对称非负矩阵.

只证明 $\boldsymbol{S}(t)$ 阵为对称非负阵还不够,**只要($\boldsymbol{A},\boldsymbol{B}_u$)为可控,且($\boldsymbol{A},\boldsymbol{C}_z$)为可测,则 $\boldsymbol{S}(t)$ 阵必为对称正定阵**.下文将予以证明.

6.7.2.1 可控性与可测性的格拉姆矩阵

考虑可控性时是不涉及输出的,因此可认为 $\boldsymbol{C}_z=\boldsymbol{0}$,从而齐次对偶方程退化成为[注:请对比(6.4.29)式]

$$\dot{\boldsymbol{x}}=\boldsymbol{A}\boldsymbol{x}+\boldsymbol{B}_u\boldsymbol{B}_u^{\mathrm{T}}\boldsymbol{\lambda},\quad \dot{\boldsymbol{\lambda}}=-\boldsymbol{A}^{\mathrm{T}}\boldsymbol{\lambda} \tag{6.7.15}$$

初始条件为 $\boldsymbol{x}(0)=\boldsymbol{x}_0$,$\boldsymbol{x}_0$ 为任意向量.对于给定的时间 t,$t>t_0$ 由 $\boldsymbol{\lambda}$ 的方程可解出

$$\boldsymbol{\lambda}(\tau)=\exp[\boldsymbol{A}^{\mathrm{T}}\cdot(t-\tau)]\boldsymbol{\lambda}(t) \tag{6.7.16}$$

于是,对状态可解出

$$\boldsymbol{x}(t)=\exp[\boldsymbol{A}\cdot(t-t_0)]\cdot\boldsymbol{x}_0+\int_{t_0}^{t}\exp[\boldsymbol{A}\cdot(t-\tau)]\boldsymbol{B}_u\boldsymbol{B}_u^{\mathrm{T}}\boldsymbol{\lambda}(\tau)\mathrm{d}\tau$$

$$=\exp[\boldsymbol{A}\cdot(t-t_0)]\cdot\boldsymbol{x}_0+\int_{t_0}^{t}\exp[\boldsymbol{A}\cdot(t-\tau)]\boldsymbol{B}_u\boldsymbol{B}_u^{\mathrm{T}}$$

$$\times \exp[\boldsymbol{A}^{\mathrm{T}}\cdot(t-\tau)]\mathrm{d}\tau\cdot\boldsymbol{\lambda}(t)$$
$$=\exp[\boldsymbol{A}\cdot(t-t_0)]\cdot\boldsymbol{x}_0+\boldsymbol{W}_c(t,t_0)\cdot\boldsymbol{\lambda}(t)$$

其中

$$\boldsymbol{W}_c(t,t_0)\underset{\mathrm{def}}{=}\int_{t_0}^{t}\exp[\boldsymbol{A}\cdot(t-\tau)]\boldsymbol{B}_u\boldsymbol{B}_u^{\mathrm{T}}\exp[\boldsymbol{A}^{\mathrm{T}}\cdot(t-\tau)]\mathrm{d}\tau$$

对时不变系统，$\boldsymbol{W}_c(t,t_0)=\boldsymbol{W}_c(t-t_0)$只与时间差有关.这就是可控性格拉姆矩阵，该矩阵为正定表明由任意的初始状态 $\boldsymbol{x}_0$ 出发，欲达到任意的状态 $\boldsymbol{x}(t)$，总可以通过 $\boldsymbol{u}=\boldsymbol{B}_u^{\mathrm{T}}\boldsymbol{\lambda}$ 的控制来实现.由于 $\boldsymbol{W}_c$ 为正定，故总可由上式解出该 $\boldsymbol{\lambda}(t)$.这就是前文(6.1.37b)式的推导.

还有对可测性的推导.可测性实际是可控性的对偶.考虑可测性时是不涉及控制的，因此可取 $\boldsymbol{B}_u=\boldsymbol{0}$，从而有

$$\dot{\boldsymbol{x}}_2=\boldsymbol{A}\boldsymbol{x}_2,\quad \dot{\boldsymbol{\lambda}}_2=-\boldsymbol{A}^{\mathrm{T}}\boldsymbol{\lambda}_2+\boldsymbol{C}_z^{\mathrm{T}}\boldsymbol{C}_z\boldsymbol{x}_2 \qquad (6.7.17)$$

这里为了区别于可控性，故加一个下标 2.先解出

$$\boldsymbol{x}_2(\tau)=\exp[\boldsymbol{A}\cdot(\tau-t_0)]\cdot\boldsymbol{x}_0 \qquad (6.7.18)$$

然后再解出

$$\boldsymbol{\lambda}_2(t_0)=\exp[\boldsymbol{A}\cdot(t-t_0)]\cdot\boldsymbol{\lambda}_2(t)$$
$$+\int_{t_0}^{t}\exp[\boldsymbol{A}^{\mathrm{T}}\cdot(\tau-t_0)]\boldsymbol{C}_z^{\mathrm{T}}\boldsymbol{C}_z\boldsymbol{x}_2(\tau)\mathrm{d}\tau$$
$$=\exp[\boldsymbol{A}\cdot(t-t_0)]\cdot\boldsymbol{\lambda}_2(t)+\int_{t_0}^{t}\exp[\boldsymbol{A}^{\mathrm{T}}\cdot(\tau-t_0)]\boldsymbol{C}_z^{\mathrm{T}}\boldsymbol{C}_z$$
$$\times\exp[\boldsymbol{A}\cdot(\tau-t_0)]\mathrm{d}\tau\cdot\boldsymbol{x}_0$$
$$=\exp[\boldsymbol{A}^{\mathrm{T}}\cdot(t-t_0)]\cdot\boldsymbol{\lambda}_2(t)-\boldsymbol{W}_o(t,t_0)\cdot\boldsymbol{x}_0$$

其中

$$\boldsymbol{W}_o(t,t_0)\underset{\mathrm{def}}{=}\int_{t_0}^{t}\exp[\boldsymbol{A}^{\mathrm{T}}\cdot(\tau-t_0)]\boldsymbol{C}_z^{\mathrm{T}}\boldsymbol{C}_z\exp[\boldsymbol{A}\cdot(\tau-t_0)]\mathrm{d}\tau$$

对时不变系统，$\boldsymbol{W}_o(t,t_0)=\boldsymbol{W}_o(t-t_0)$只与时间差有关.此即可测性的格拉姆矩阵，(6.1.38b)式.该矩阵为正定表明 $\boldsymbol{x}_0$ 可求解为

$$\boldsymbol{x}_0=\boldsymbol{W}_o^{-1}\cdot(\exp[\boldsymbol{A}^{\mathrm{T}}\cdot(t-t_0)]\boldsymbol{\lambda}_2(t)-\boldsymbol{\lambda}_2(t_0))$$

但 $\boldsymbol{\lambda}_2$ 本身不能量测，量测到的是 $\boldsymbol{z}=\boldsymbol{C}_z\boldsymbol{x}_2$. 由方程

$$\dot{\boldsymbol{\lambda}}_2=-\boldsymbol{A}^{\mathrm{T}}\boldsymbol{\lambda}_2+\boldsymbol{C}_z^{\mathrm{T}}\boldsymbol{z}$$

可解得

$$\begin{aligned}\boldsymbol{\lambda}_2(t_0)=&\exp[\boldsymbol{A}^{\mathrm{T}}\cdot(t-t_0)]\boldsymbol{\lambda}_2(t)\\&-\int_{t_0}^{t}\exp[\boldsymbol{A}^{\mathrm{T}}\cdot(\tau-t_0)]\boldsymbol{C}_z^{\mathrm{T}}\boldsymbol{z}(\tau)\mathrm{d}\tau\end{aligned}$$

故

$$\boldsymbol{x}_0=\boldsymbol{W}_o^{-1}\cdot\int_{t_0}^{t}\exp[\boldsymbol{A}^{\mathrm{T}}\cdot(\tau-t_0)]\boldsymbol{C}_z^{\mathrm{T}}\boldsymbol{z}(\tau)\mathrm{d}\tau \qquad (6.7.19)$$

这表明 $\boldsymbol{x}_0$ 已根据量测 $\boldsymbol{z}(\tau)$ 求得，即可测.

齐次方程组(6.7.8′)相应于变分式

$$J_A=\int_{t}^{t_f}[\boldsymbol{\lambda}^{\mathrm{T}}\dot{\boldsymbol{x}}-H(\boldsymbol{x},\boldsymbol{\lambda})]\mathrm{d}\tau+\boldsymbol{x}_f^{\mathrm{T}}\boldsymbol{S}_f\boldsymbol{x}_f/2,\quad \delta J_A=0 \qquad (6.7.6')$$

其中 H 由(6.7.7)式给出. 可控性证明的方程组(6.7.15)与可测性的(6.7.17)式分别相应于哈密顿函数 $H_c(\boldsymbol{x},\lambda)=\boldsymbol{\lambda}^{\mathrm{T}}\boldsymbol{A}\boldsymbol{x}+\boldsymbol{\lambda}^{\mathrm{T}}\boldsymbol{B}_u\boldsymbol{B}_u^{\mathrm{T}}\boldsymbol{\lambda}/2$；与 $H_o(\boldsymbol{x},\boldsymbol{\lambda})=\boldsymbol{\lambda}^{\mathrm{T}}\boldsymbol{A}\boldsymbol{x}-\boldsymbol{x}^{\mathrm{T}}\boldsymbol{C}_z^{\mathrm{T}}\boldsymbol{C}_z\boldsymbol{x}/2$.

可以直接验证，可控性及可测性的格拉姆矩阵($n\times n$ 阵)

$$\boldsymbol{W}_c(t)=\int_0^t \mathrm{e}^{\boldsymbol{A}\tau}\boldsymbol{B}_u\boldsymbol{B}_u^{\mathrm{T}}\mathrm{e}^{\boldsymbol{A}^{\mathrm{T}}\tau}\mathrm{d}\tau,\quad 及 \quad \boldsymbol{W}_o(t)=\int_0^t \mathrm{e}^{\boldsymbol{A}^{\mathrm{T}}\tau}\boldsymbol{C}_z^{\mathrm{T}}\boldsymbol{C}_z\mathrm{e}^{\boldsymbol{A}\tau}\mathrm{d}\tau$$

满足李雅普诺夫微分方程,[参见(6.4.65)式]

$$\dot{\boldsymbol{W}}_c(t)=\boldsymbol{A}\boldsymbol{W}_c+\boldsymbol{W}_c\boldsymbol{A}^{\mathrm{T}}+\boldsymbol{B}_u\boldsymbol{B}_u^{\mathrm{T}}$$

$$\dot{\boldsymbol{W}}_o(t)=\boldsymbol{W}_o\boldsymbol{A}+\boldsymbol{A}^{\mathrm{T}}\boldsymbol{W}_o+\boldsymbol{C}_z^{\mathrm{T}}\boldsymbol{C}_z$$

以 $\boldsymbol{W}_c(t)$ 为例，验证为：根据恒等式 $f(t)\equiv\int_0^t(\mathrm{d}/\mathrm{d}\tau)f(\tau)\mathrm{d}\tau+f(0)$，有

$$\begin{aligned}\dot{\boldsymbol{W}}_c(t)&=\mathrm{e}^{\boldsymbol{A}\tau}\boldsymbol{B}_u\boldsymbol{B}_u^{\mathrm{T}}\mathrm{e}^{\boldsymbol{A}^{\mathrm{T}}\tau}=\int_0^t(\mathrm{d}/\mathrm{d}\tau)[\mathrm{e}^{\boldsymbol{A}\tau}\boldsymbol{B}_u\boldsymbol{B}_u^{\mathrm{T}}\mathrm{e}^{\boldsymbol{A}^{\mathrm{T}}\tau}]\mathrm{d}\tau+\boldsymbol{B}_u\boldsymbol{B}_u^{\mathrm{T}}\\&=\boldsymbol{A}\boldsymbol{W}_c+\boldsymbol{W}_c\boldsymbol{A}^{\mathrm{T}}+\boldsymbol{B}_u\boldsymbol{B}_u^{\mathrm{T}}\end{aligned}$$

6.7.2.2 黎卡提矩阵的正定性

在推导可测与可控的格拉姆矩阵 $\boldsymbol{W}_o$ 与 $\boldsymbol{W}_c$ 后，就可证明 $\boldsymbol{S}$ **阵以及卡尔曼-布西滤波的 $\boldsymbol{P}$ 阵的正定性**了. 当然这是在**系统为可控、可测的条件下方才成立**. 先看 $\boldsymbol{S}(t)$阵.

(6.7.14)式给出了 $\boldsymbol{S}(t)$阵与指标泛函 $J(t)$之间的关系. $J(t)$的被积分函数由 $\boldsymbol{u}$ 与 $\boldsymbol{C}_z\boldsymbol{x}$ 两部分组成，见(6.7.4)式. 只要证明这二项不可能同时恒为零，就保证 $\boldsymbol{S}(t)$为正定了. 设 $\boldsymbol{u}(\tau)=\boldsymbol{0}$，亦即 $\boldsymbol{B}_u^{\mathrm{T}}\boldsymbol{\lambda}=\boldsymbol{0}$，在此条件下验证 $\boldsymbol{z}=\boldsymbol{C}_z\boldsymbol{x}$ 是否能保证不为零. 由于 $\boldsymbol{u}=\boldsymbol{0}$ 的假设，其齐次对偶方程恰成(6.7.17)式之形，正对应于可测性分析的情况. 按(6.7.18)式有

$$\boldsymbol{x}(\tau)=\exp[\boldsymbol{A}\cdot(\tau-t)]\cdot\boldsymbol{x}(t)$$

代回 $J(t)$的积分中，得

$$\boldsymbol{x}^{\mathrm{T}}(t)\int_{f}^{t_f}\exp[\boldsymbol{A}^{\mathrm{T}}(\tau-t)]\boldsymbol{C}_z^{\mathrm{T}}\boldsymbol{C}_z\exp[A(\tau-t)]\mathrm{d}\tau\cdot\boldsymbol{x}(t)/2$$

$$=\boldsymbol{x}^{\mathrm{T}}(t)\boldsymbol{W}_o(t_f,t)\boldsymbol{x}(t)/2$$

由于积分项恰为可测性的格拉姆矩阵 $\boldsymbol{W}_o$. 按系统为可测的条件，它保证为正定，因此不论 $\boldsymbol{x}(t)$为何种不恒为零的向量，皆有 $J(t)>0$. 即 $\boldsymbol{S}(t)$为正定. 证毕.

令 $\boldsymbol{S}_f$ 为零阵，$\boldsymbol{S}(t)$就是 $\boldsymbol{Q}(t)$阵，故 $\boldsymbol{Q}(t)$也保证正定.

卡尔曼-布西滤波与 LQ 最优控制是互成对偶的问题. 以下就证明其 $\boldsymbol{P}(t)$阵为正定，其条件是$(\boldsymbol{A},\boldsymbol{B}_1)$为可控，$(\boldsymbol{A},\boldsymbol{C}_y)$为可测. 为简单起见将 $\boldsymbol{B}_1,\boldsymbol{C}_y$ 仍写成$\boldsymbol{B},\boldsymbol{C}$.

仍旧从其指标(6.5.44)式的 $J(t)$开始. 由于是稳定性分析，因此可取 $\boldsymbol{y}=\boldsymbol{0},\boldsymbol{u}=\boldsymbol{0},\hat{\boldsymbol{x}}_0=\boldsymbol{0}$，于是 $\hat{\boldsymbol{x}}(t)\equiv\boldsymbol{0}$. 为了方便起见，将噪声 $\boldsymbol{w}$ 规格化为单位强度. 于是其指标函数为

$$J(t)=\boldsymbol{x}_0^{\mathrm{T}}\boldsymbol{P}_0^{-1}\boldsymbol{x}_0/2+\int_{t_0}^{t}[\boldsymbol{w}^{\mathrm{T}}\boldsymbol{w}+\boldsymbol{x}^{\mathrm{T}}\boldsymbol{C}^{\mathrm{T}}\boldsymbol{V}^{-1}\boldsymbol{C}\boldsymbol{x}]\mathrm{d}\tau/2$$

引入拉格朗日乘子向量 $\boldsymbol{\lambda}(\tau)$，其扩充指标 $J_{\boldsymbol{A}}(t)$在数值上与$\boldsymbol{J}(t)$同，故有

$$J(t) = J_A(t) = \boldsymbol{x}_0^{\mathrm{T}} \boldsymbol{P}_0^{-1} \boldsymbol{x}_0 / 2 + \int_{t_0}^{t} [\boldsymbol{\lambda}^{\mathrm{T}} \dot{\boldsymbol{x}} - \boldsymbol{\lambda}^{\mathrm{T}} \boldsymbol{A} \boldsymbol{x} - \boldsymbol{\lambda}^{\mathrm{T}} \boldsymbol{B} \boldsymbol{B} \boldsymbol{\lambda} / 2 + \boldsymbol{x}^{\mathrm{T}} \boldsymbol{C}^{\mathrm{T}} \boldsymbol{V}^{-1} \boldsymbol{C} \boldsymbol{x} / 2] \mathrm{d}\tau$$

$$= \boldsymbol{x}_0^{\mathrm{T}} \boldsymbol{P}_0^{-1} \boldsymbol{x}_0 / 2 + \frac{1}{2} \int_{t_0}^{t} [\boldsymbol{\lambda}^{\mathrm{T}} \boldsymbol{B} \boldsymbol{B}^{\mathrm{T}} \boldsymbol{\lambda} + \boldsymbol{x}^{\mathrm{T}} \boldsymbol{C}^{\mathrm{T}} \boldsymbol{V}^{-1} \boldsymbol{C} \boldsymbol{x}] \mathrm{d}\tau \tag{6.7.20}$$

利用变分取极值而得的对偶方程,有

$$J(t) = \boldsymbol{x}_0^{\mathrm{T}} \boldsymbol{P}_0^{-1} \boldsymbol{x}_0 / 2 + \int_{t_0}^{t} [\boldsymbol{\lambda}^{\mathrm{T}} \dot{\boldsymbol{x}} - \boldsymbol{\lambda}^{\mathrm{T}} \boldsymbol{A} \boldsymbol{x} + \boldsymbol{x}^{\mathrm{T}} \dot{\boldsymbol{\lambda}} + \boldsymbol{x}^{\mathrm{T}} \boldsymbol{A}^{\mathrm{T}} \boldsymbol{\lambda}] \mathrm{d}\tau / 2$$

$$= \boldsymbol{x}_0^{\mathrm{T}} \boldsymbol{P}_0^{-1} \boldsymbol{x}_0 / 2 + \int_{t_0}^{t} [\boldsymbol{\lambda}^{\mathrm{T}} \dot{\boldsymbol{x}} + \boldsymbol{x}^{\mathrm{T}} \dot{\boldsymbol{\lambda}}] \mathrm{d}\tau / 2$$

$$= \boldsymbol{x}^{\mathrm{T}}(t) \boldsymbol{P}^{-1}(t) \boldsymbol{x}(t) / 2 \tag{6.7.20$'$}$$

其中运用了 $\boldsymbol{x}(t) = \boldsymbol{P}(t)\boldsymbol{\lambda}(t)$. 指标 $J(t)$是时间 t 的非负、非降函数. 应予进一步证明的是 $J(t)$是 t 的正定、上升函数,从而知 $\boldsymbol{P}(t)$是正定矩阵.

如果 $\boldsymbol{C}\boldsymbol{x}(\tau)$不为零,则 $J(t)$就已经保证以上性质了. 因此设 $\boldsymbol{C}\boldsymbol{x}(\tau) = \boldsymbol{0}$,于是其齐次对偶方程成为

$$\dot{\boldsymbol{x}}(\tau) = \boldsymbol{A}\boldsymbol{x} + \boldsymbol{B}\boldsymbol{B}^{\mathrm{T}}\boldsymbol{\lambda}, \quad \dot{\boldsymbol{\lambda}}(\tau) = -\boldsymbol{A}^{\mathrm{T}}\boldsymbol{\lambda} \tag{6.7.21}$$

由 $\boldsymbol{\lambda}$ 的方程可解出

$$\boldsymbol{\lambda}(\tau) = \exp[-\boldsymbol{A}^{\mathrm{T}} \cdot (\tau - t_0)] \cdot \boldsymbol{\lambda}_0$$

代入(6.7.20′)式的积分中

$$\int_{t_0}^{t} \boldsymbol{\lambda}^{\mathrm{T}} \boldsymbol{B} \boldsymbol{B}^{\mathrm{T}} \boldsymbol{\lambda} \mathrm{d}\tau$$

$$= \int_{t_0}^{t} \boldsymbol{\lambda}_0^{\mathrm{T}} \exp[-\boldsymbol{A}(\tau - t_0)] \boldsymbol{B} \boldsymbol{B}^{\mathrm{T}} \exp[-\boldsymbol{A}^{\mathrm{T}}(\tau - t_0)] \boldsymbol{\lambda}_0 \mathrm{d}\tau$$

$$= \boldsymbol{\lambda}_0^{\mathrm{T}} \exp[-\boldsymbol{A}(t - t_0)] \boldsymbol{W}_c(t, t_0) \exp[-\boldsymbol{A}^{\mathrm{T}}(t - t_0)] \boldsymbol{\lambda}_0$$

$\boldsymbol{W}_c$ 恰是可控性的格拉姆矩阵,保证为正定,而 $\boldsymbol{\lambda}_0$ 为初始扰动不是零向量,故知 $\boldsymbol{P}(t)$正定. 证毕. 并且如 6.5 节所述,同样可知 $\boldsymbol{G}(t)$是正定阵.

黎卡提矩阵正定性的证明,表明可控性与可测性与正定性有

密切的因果关系．还应当从结构力学的角度来进一步加以观察．可以从区段混合能及变分原理开始．选取区段(t_a, t_b)，扩展泛函 J_A 中有积分项 U[不失一般性，可取 $\boldsymbol{W}=\boldsymbol{I}, \boldsymbol{V}=\boldsymbol{I}$]

$$\begin{aligned} U(t_a, t_b) &= \int_{t_a}^{t_b} [\boldsymbol{\lambda}^{\mathrm{T}} \dot{\boldsymbol{x}} - \boldsymbol{\lambda}^{\mathrm{T}} \boldsymbol{A} \boldsymbol{x} - \boldsymbol{\lambda}^{\mathrm{T}} \boldsymbol{B} \boldsymbol{B}^{\mathrm{T}} \boldsymbol{\lambda}/2 + \boldsymbol{x}^{\mathrm{T}} \boldsymbol{C}^{\mathrm{T}} \boldsymbol{C} \boldsymbol{x}/2] \mathrm{d}\tau \\ &= \int_{t_a}^{t_b} [\boldsymbol{\lambda}^{\mathrm{T}} \boldsymbol{B} \boldsymbol{B}^{\mathrm{T}} \boldsymbol{\lambda}/2 + \boldsymbol{x}^{\mathrm{T}} \boldsymbol{C}^{\mathrm{T}} \boldsymbol{C} \boldsymbol{x}/2] \mathrm{d}\tau \end{aligned} \tag{6.7.22}$$

式中被积函数为非负．但可控性表明，如果使状态 $\boldsymbol{Cx}(t)\equiv \boldsymbol{0}$，则 $U(t_a, t_b)$仍为正定；而可测性表明，如果使 $\boldsymbol{B}^{\mathrm{T}}\boldsymbol{\lambda}(t)\equiv \boldsymbol{0}$，则 $U(t_a, t_b)$仍然保持正定．总之 $U(t_a, t_b)$为正定泛函．变分 $\delta U=0$ 推导出的对偶方程为齐次的

$$\dot{\boldsymbol{x}} = \boldsymbol{A}\boldsymbol{x} + \boldsymbol{B}\boldsymbol{B}^{\mathrm{T}}\boldsymbol{\lambda}, \quad \boldsymbol{x}(t_a) = \boldsymbol{x}_a \tag{6.7.23a}$$

$$\dot{\boldsymbol{\lambda}} = \boldsymbol{C}^{\mathrm{T}}\boldsymbol{C}\boldsymbol{x} - \boldsymbol{A}^{\mathrm{T}}\boldsymbol{\lambda}, \quad \boldsymbol{x}(t_b) = \boldsymbol{x}_b \tag{6.7.23b}$$

定解需要二端边界条件，设为如式中所列．$U(t_a, t_b)$当然与两端状态有关，应当写成为 $U(t_a, \boldsymbol{x}_a; t_b, \boldsymbol{x}_b)$．简化些写成 $U(t_a, t_b)$也可以．在结构力学中 $U(t_a, t_b)$是区段(t_a, t_b)的**变形势能**，"可控性与可测性"正是**保证其势能为正定的条件**．至此，就明白了可控性与可测性可以用势能为正定(力学)来代替．也就是**性能指标为正定(控制)的条件对于任何的区段(t_a, t_b)都成立**，可以**用来代替可控制与可观测的条件**．前文 6.1 节讲的可控制与可观测条件是对于定常系统的，对于时变系统则可以用**性能指标为正定的条件**来予以扩展．

混合能 $V(\boldsymbol{x}_a, \boldsymbol{\lambda}_b)$的定义为[请对比(6.5.69)式]

$$\begin{aligned} & V(\boldsymbol{x}_a, \boldsymbol{\lambda}_b) \\ &= \boldsymbol{\lambda}_b^{\mathrm{T}} \boldsymbol{x}_b - \int_{t_0}^{t} [\boldsymbol{\lambda}^{\mathrm{T}} \dot{\boldsymbol{x}} - \boldsymbol{\lambda}^{\mathrm{T}} \boldsymbol{A} \boldsymbol{x} - \boldsymbol{\lambda}^{\mathrm{T}} \boldsymbol{B} \boldsymbol{B}^{\mathrm{T}} \boldsymbol{\lambda}/2 + \boldsymbol{x}^{\mathrm{T}} \boldsymbol{C}^{\mathrm{T}} \boldsymbol{C} \boldsymbol{x}/2] \mathrm{d}\tau \\ &= \boldsymbol{\lambda}_b^{\mathrm{T}} \boldsymbol{x}_b - U(t_a, t_b) \end{aligned} \tag{6.7.24a}$$

它是二次齐次式，其二次型的一般形式为

$$V(\boldsymbol{x}_a, \boldsymbol{\lambda}_b) = \boldsymbol{\lambda}_b^{\mathrm{T}} \boldsymbol{F} \boldsymbol{x}_a + \boldsymbol{\lambda}_b^{\mathrm{T}} \boldsymbol{G} \boldsymbol{\lambda}_b/2 - \boldsymbol{x}_a^{\mathrm{T}} \boldsymbol{Q} \boldsymbol{x}_a/2 \tag{6.7.24b}$$

由(6.7.24a)式作变分有

$$\delta V(\boldsymbol{x}_a,\boldsymbol{\lambda}_b)=\boldsymbol{\lambda}_a^{\mathrm{T}}\delta\boldsymbol{x}_a+\boldsymbol{x}_b^{\mathrm{T}}\delta\boldsymbol{\lambda}_b$$

$$\boldsymbol{\lambda}_a=\partial \boldsymbol{V}/\partial\boldsymbol{x}_a,\quad \boldsymbol{x}_b=\partial \boldsymbol{V}/\partial\boldsymbol{\lambda}_b \tag{6.7.25}$$

从而有

$$\boldsymbol{x}_b=\boldsymbol{F}\boldsymbol{x}_a+\boldsymbol{G}\boldsymbol{\lambda}_b,\quad \boldsymbol{\lambda}_a=-\boldsymbol{Q}\boldsymbol{x}_a+\boldsymbol{F}^{\mathrm{T}}\boldsymbol{\lambda}_b \tag{6.7.26}$$

由混合能的二次式(6.7.24b)可反推 $U(\boldsymbol{x}_a,\boldsymbol{x}_b)$的二次式

$$U(\boldsymbol{x}_a,\boldsymbol{x}_b)=\boldsymbol{x}_a^{\mathrm{T}}\boldsymbol{K}_{aa}\boldsymbol{x}_a/2+\boldsymbol{x}_b^{\mathrm{T}}\boldsymbol{K}_{bb}\boldsymbol{x}_b/2+\boldsymbol{x}_b^{\mathrm{T}}\boldsymbol{K}_{ba}\boldsymbol{x}_a$$

$$[=\boldsymbol{\lambda}_b^{\mathrm{T}}\boldsymbol{x}_b-\boldsymbol{V}(\boldsymbol{x}_a,\boldsymbol{\lambda}_b)] \tag{6.7.27}$$

其对应关系为[请对比(5.7.13),(5.7.26)式]

$$\boldsymbol{K}_{bb}=\boldsymbol{G}^{-1},\quad \boldsymbol{K}_{aa}=\boldsymbol{Q}+\boldsymbol{F}^{\mathrm{T}}\boldsymbol{G}^{-1}\boldsymbol{F},\quad \boldsymbol{K}_{ba}=-\boldsymbol{G}^{-1}\boldsymbol{F} \tag{6.7.28a}$$

$$\boldsymbol{G}=\boldsymbol{K}_{bb}^{-1},\quad \boldsymbol{Q}=\boldsymbol{K}_{aa}-\boldsymbol{K}_{ab}\boldsymbol{K}_{bb}^{-1}\boldsymbol{K}_{ba},\quad \boldsymbol{F}=-\boldsymbol{K}_{bb}^{-1}\boldsymbol{K}_{ba}$$

$$\boldsymbol{K}_{ab}=\boldsymbol{K}_{ba}^{\mathrm{T}} \tag{6.7.28b}$$

可控性与可测性保证了势能二次式 $U(\boldsymbol{x}_a,\boldsymbol{x}_b)$的正定性.当然 $\boldsymbol{K}_{bb}$为正定,$\boldsymbol{G}$ 也为正定;再因恒等式

$$\begin{pmatrix}\boldsymbol{K}_{aa} & \boldsymbol{K}_{ab}\\ \boldsymbol{K}_{ba} & \boldsymbol{K}_{bb}\end{pmatrix}\equiv\begin{pmatrix}\boldsymbol{I}_n & \boldsymbol{K}_{ab}\boldsymbol{K}_{bb}^{-1}\\ \boldsymbol{0} & \boldsymbol{I}_n\end{pmatrix}\times\begin{pmatrix}\boldsymbol{K}_{aa}-\boldsymbol{K}_{ab}\boldsymbol{K}_{bb}^{-1}\boldsymbol{K}_{ba} & \boldsymbol{0}\\ \boldsymbol{0} & \boldsymbol{K}_{bb}\end{pmatrix}$$

$$\times\begin{pmatrix}\boldsymbol{I}_n & \boldsymbol{0}\\ \boldsymbol{K}_{bb}^{-1}\boldsymbol{K}_{ba} & \boldsymbol{I}_n\end{pmatrix}$$

因此知 $\boldsymbol{Q}$ 阵也必为正定.这个结论对任意的(t_a,t_b)皆成立.除掉正定性之外,由区段合并算法(6.5.77a,b)可知,$\boldsymbol{Q}$ 与 $\boldsymbol{G}$ 阵还是区段长 $\eta=t_b-t_a$ 的上升矩阵.但还应考虑,其上升是否为有上界.先看 $\boldsymbol{G}$ 阵.区段合并算法(6.5.77)是在混合能表象中的.相应地还有势能表象中的区段合并算法(5.7.5).可以看到 $\boldsymbol{G}$ 的逆阵$\boldsymbol{K}_{bb}$是随 η 增加不断下降的.因此 $\boldsymbol{G}$ 有上界是显然的.对 $\boldsymbol{Q}$ 阵,则因(5.7.5)式,它也是随 η 增加不断下降,而由(6.7.28b)式看,$\boldsymbol{Q}$ 总比 $\boldsymbol{K}_{aa}$小,因此它也有上界.

还有 $\boldsymbol{F}$ 阵在$\eta\to\infty$时的性质.由区段合并(6.5.77a,b)式看,η

很大时 $\boldsymbol{G}$ 阵及 $\boldsymbol{Q}$ 阵已几乎达到极限，如果 $\boldsymbol{F}$ 阵不趋于零，则 $\boldsymbol{G}$ 与 $\boldsymbol{Q}$ 阵还要有一个有限值的增加，这是矛盾的，因此必有：$\boldsymbol{F}(\eta)\to 0$ 当 $\eta\to\infty$ 时.

总之，从结构力学的角度看，可控性与可测性要求变形势能为正定，即**排除了刚体位移的存在**，另一方面柔度阵也不可以为零，**即排除了刚性的受力状态**.

6.7.2.3　稳定性分析

对于 LQ 控制问题，要分析其状态均值微分方程(6.7.13)的稳定性. 虽然有截止时间，但分析仍有意义. 采用李雅普诺夫第二方法，关键是要给出其状态函数 $L(\boldsymbol{x}_a)$. 一个现成的函数便是其指标函数 $J(t)$，令

$$L(\boldsymbol{x}_a) = J(t) = \boldsymbol{x}_a^{\mathrm{T}}(t)\boldsymbol{S}(t)\boldsymbol{x}_a(t)/2$$

其正定性已经证明. 其对时间的全微商便是

$$-(\boldsymbol{x}_a^{\mathrm{T}}\boldsymbol{C}_z^{\mathrm{T}}\boldsymbol{C}_z\boldsymbol{x}_a/2 + \boldsymbol{u}^{\mathrm{T}}\boldsymbol{u}/2) = \dot{\boldsymbol{L}}(\boldsymbol{x}_a) < 0$$

这是由 $J(t)$的定义就看出的. 由其可测性格拉姆矩阵的正定性即知其不断下降，直至 t_f 处的 $\boldsymbol{x}_f^{\mathrm{T}}\boldsymbol{S}_f\boldsymbol{x}_f/2$，故知稳定.

还有滤波问题也导出了微分方程(6.5.49)，它的稳定性也是应予证明的. 由于系数矩阵中有 $\boldsymbol{P}(t)$，因此也是变系数常微分方程组. 不能用寻求微分方程的本征值来判定其稳定性. 对此同样可采用李雅普诺夫第二方法. 线性微分方程稳定性分析可以令其非齐次项为零

$$\dot{\hat{\boldsymbol{x}}} = \boldsymbol{A}\hat{\boldsymbol{x}} - \boldsymbol{P}(t)\boldsymbol{C}^{\mathrm{T}}\boldsymbol{R}^{-1}\boldsymbol{C}\hat{\boldsymbol{x}},\quad \hat{\boldsymbol{x}}(0) = \hat{\boldsymbol{x}}_0 \qquad (6.7.29)$$

其中 $\boldsymbol{P}(t)$是微分方程(6.5.50)的解. 这二个方程是由对偶方程(6.5.47)的齐次方程

$$\dot{\boldsymbol{x}}(\tau) = \boldsymbol{A}\boldsymbol{x} + \boldsymbol{B}\boldsymbol{B}^{\mathrm{T}}\boldsymbol{\lambda},\quad \boldsymbol{P}_0^{-1}\cdot(\boldsymbol{x}(0) - \hat{\boldsymbol{x}}_0) = \boldsymbol{\lambda}(0) \qquad (6.7.30\mathrm{a})$$

$$\dot{\boldsymbol{\lambda}}(\tau) = \boldsymbol{C}^{\mathrm{T}}\boldsymbol{R}^{-1}\boldsymbol{C}\boldsymbol{x} - \boldsymbol{A}^{\mathrm{T}}\boldsymbol{\lambda},\quad \boldsymbol{\lambda}(t) = 0 \qquad (6.7.30\mathrm{b})$$

导出的. $\hat{\boldsymbol{x}}_0$ 是初始均值，$\boldsymbol{P}_0$ 是初始的均方差. $\hat{\boldsymbol{x}}_0$ 起了初始偏离的

作用，稳定性就是对该任意给定的初始向量分析的．对偶方程相应的解由黎卡提变换

$$\boldsymbol{x}(t)=\hat{\boldsymbol{x}}(t)+\boldsymbol{P}(t)\boldsymbol{\lambda}(t) \tag{6.7.31}$$

变换到(6.7.29)及(6.5.50)式的．对偶方程的变分原理为

$$J_A(t)=\int_{t_0}^{t}[\boldsymbol{\lambda}^{\mathrm{T}}\dot{\boldsymbol{x}}-\boldsymbol{\lambda}^{\mathrm{T}}\boldsymbol{A}\boldsymbol{x}-\boldsymbol{\lambda}^{\mathrm{T}}\boldsymbol{B}\boldsymbol{B}^{\mathrm{T}}\boldsymbol{\lambda}/2+\boldsymbol{x}^{\mathrm{T}}\boldsymbol{C}^{\mathrm{T}}\boldsymbol{R}^{-1}\boldsymbol{C}\boldsymbol{x}/2]\mathrm{d}\tau$$
$$+(\boldsymbol{x}(0)-\hat{\boldsymbol{x}}_0)^{\mathrm{T}}\boldsymbol{P}_0^{-1}(\boldsymbol{x}(0)-\hat{\boldsymbol{x}}_0)/2,\quad \delta J_A=0 \tag{6.7.32}$$

在数值上，$J_A(t)=J(t)$．利用方程(6.7.30a)有

$$J_A(t)=(\boldsymbol{x}(0)-\hat{\boldsymbol{x}}_0)^{\mathrm{T}}\boldsymbol{P}_0^{-1}(\boldsymbol{x}(0)-\hat{\boldsymbol{x}}_0)/2$$
$$+\int_{t_0}^{t}[\boldsymbol{\lambda}^{\mathrm{T}}\boldsymbol{B}\boldsymbol{B}^{\mathrm{T}}\boldsymbol{\lambda}/2+\boldsymbol{x}^{\mathrm{T}}\boldsymbol{C}^{\mathrm{T}}\boldsymbol{R}^{-1}\boldsymbol{C}\boldsymbol{x}/2]\mathrm{d}\tau \tag{6.7.32a}$$

(6.7.30a)为协调方程，故上式为势能列式．由(6.7.32)式作分部积分，并令(6.7.30b)式满足，利用边界条件，有余能列式

$$J_A(t)=(\boldsymbol{x}(0)-\hat{\boldsymbol{x}}_0)^{\mathrm{T}}\boldsymbol{P}_0^{-1}(\boldsymbol{x}(0)-\hat{\boldsymbol{x}}_0)/2-\boldsymbol{\lambda}^{\mathrm{T}}(0)\boldsymbol{x}_0+\boldsymbol{\lambda}^{\mathrm{T}}(t)\boldsymbol{x}(t)$$
$$-\int_{t_0}^{t}[\boldsymbol{\lambda}^{\mathrm{T}}\boldsymbol{B}\boldsymbol{B}^{\mathrm{T}}\boldsymbol{\lambda}/2+\boldsymbol{x}^{\mathrm{T}}\boldsymbol{C}^{\mathrm{T}}\boldsymbol{R}^{-1}\boldsymbol{C}\boldsymbol{x}/2]\mathrm{d}\tau$$
$$=\hat{\boldsymbol{x}}_0^{\mathrm{T}}\boldsymbol{P}_0^{-1}\hat{\boldsymbol{x}}_0/2-\boldsymbol{x}_0^{\mathrm{T}}\boldsymbol{P}_0^{-1}\boldsymbol{x}_0/2$$
$$-\int_{t_0}^{t}[\boldsymbol{\lambda}^{\mathrm{T}}\boldsymbol{B}\boldsymbol{B}^{\mathrm{T}}\boldsymbol{\lambda}/2+\boldsymbol{x}^{\mathrm{T}}\boldsymbol{C}^{\mathrm{T}}\boldsymbol{R}^{-1}\boldsymbol{C}\boldsymbol{x}/2]\mathrm{d}\tau \tag{6.7.32b}$$

以上 $J_A(t)$的两种列式在数值上是相等的．二式相加有

$$J_A(t)=-\boldsymbol{\lambda}_0^{\mathrm{T}}\hat{\boldsymbol{x}}_0/2=-(\boldsymbol{x}_0-\hat{\boldsymbol{x}}_0)^{\mathrm{T}}\boldsymbol{P}_0^{-1}\hat{\boldsymbol{x}}_0/2,\quad \boldsymbol{x}_0\underset{\mathrm{def}}{=}\boldsymbol{x}(0) \tag{6.7.33}$$

及

$$U(t_0,t)=\int_{t_0}^{t}[\boldsymbol{\lambda}^{\mathrm{T}}\boldsymbol{B}\boldsymbol{B}^{\mathrm{T}}\boldsymbol{\lambda}+\boldsymbol{x}^{\mathrm{T}}\boldsymbol{C}^{\mathrm{T}}\boldsymbol{R}^{-1}\boldsymbol{C}\boldsymbol{x}]\mathrm{d}\tau/2=-\boldsymbol{\lambda}_0^{\mathrm{T}}\boldsymbol{x}_0/2$$

上式中 $\boldsymbol{x}_0,\boldsymbol{\lambda}_0$ 都是平滑解．由(6.7.32b)式知，$U(t_0,t)$是有上界的．

滤波的自然边界条件为 $\boldsymbol{\lambda}(t)=\boldsymbol{0}$．由混合能的定义有

$$
\begin{aligned}
J_A(t) &= (\boldsymbol{x}_0 - \hat{\boldsymbol{x}}_0)^{\mathrm{T}}\boldsymbol{P}_0^{-1}(\boldsymbol{x}_0 - \hat{\boldsymbol{x}}_0)/2 - V(\boldsymbol{x}_0, \boldsymbol{\lambda}(t)) \\
&= (\boldsymbol{x}_0 - \hat{\boldsymbol{x}}_0)^{\mathrm{T}}\boldsymbol{P}_0^{-1}(\boldsymbol{x}_0 - \hat{\boldsymbol{x}}_0)/2 + \boldsymbol{x}_0^{\mathrm{T}}\boldsymbol{Q}(\eta)\boldsymbol{x}_0/2, \\
\eta &= t - t_0
\end{aligned}
$$

其中混合能对应于区段(t_0, t)，而后一等式则用了 $\boldsymbol{\lambda}(t)=\boldsymbol{0}$ 代入. $\boldsymbol{x}_0$ 还应当变分使 $J_A(t)$取最小，即可得平滑的初始状态估计

$$
\bar{\boldsymbol{x}}_0 = (\boldsymbol{I} + \boldsymbol{P}_0\boldsymbol{Q}(\eta))^{-1}\hat{\boldsymbol{x}}_0 \tag{6.7.34}
$$

再由方程

$$
\hat{\boldsymbol{x}}(t) = \boldsymbol{F}\bar{\boldsymbol{x}}_0 + \boldsymbol{G}\boldsymbol{\lambda}(t) = \boldsymbol{F}(\eta)\cdot[\boldsymbol{I} + \boldsymbol{P}_0\boldsymbol{Q}(\eta)]^{-1}\hat{\boldsymbol{x}}_0
$$

由于前文证明 $\boldsymbol{F}(\eta)\to\boldsymbol{0}$，当 $\eta\to\infty$；故知 $\hat{\boldsymbol{x}}(t)\to\boldsymbol{0}$，当 $\eta\to\infty$，故系统稳定.

用李雅普诺夫第二方法. 注意 $U(t_0, t)$由其两端位移确定，即可以写成为 $U(\bar{\boldsymbol{x}}_0, \hat{\boldsymbol{x}}(t))$，它的上界用 U_∞表示，于是其李雅普诺夫函数即可选成为

$$
L(\boldsymbol{x}) = U_\infty - U(t_0, t) \tag{6.7.35}
$$

也可以验明系统的稳定性.

6.7.3 LQ控制的计算

上节讲述了系统的基本性质，现在可转向计算了. 从滤波计算及第五章知道，应当先将区段混合能计算好. LQ 控制只需计算 $\boldsymbol{F}(\eta)$，$\boldsymbol{G}(\eta)$，$\boldsymbol{Q}(\eta)$，其中 η 是合理的区段长. 对它们的计算有两种方法：a)精细积分法，其好处是不需寻求哈密顿矩阵的本征值，但矩阵运算有一定的计算工作量；b)分析法，只要找到相应哈密顿矩阵的全部本征值与本征向量，按 6.5.6 节的(6.5.114a～d)式就可算得 $\boldsymbol{Q}(\eta)$，$\boldsymbol{G}(\eta)$与 $\boldsymbol{F}(\eta)$. 由于哈密顿矩阵为非对称矩阵，因此可能有若尔当型重根出现，此时本征分解会出现数值不稳定性. 这里存在的困难与一般矩阵的指数矩阵类同. 因此当不出现若尔当型时，分析法还是可取的；当发现本征值很接近而产生病态时，采用精细积分法是必要的. 精细积分法由于其数值稳定性是很吸引人的.

在系统辨识课题中，哈密顿矩阵本身也要变动，此时本征向量展开分析法是有很大优点的.

选择好积分步长 η，即基本区段长 η 之后，可以用精细积分法，或采用求本征解的分析法计算，总之以下当作 $\boldsymbol{Q}(\eta),\boldsymbol{G}(\eta),\boldsymbol{F}(\eta)$皆已算得. 其计算方法在第五章及 6.5 节已有详细讲述，此处不必重复. 随后的计算应区分为，(a) 对黎卡提微分方程(6.7.10)的求解；(b)求解状态向量均值(6.7.13).

6.7.3.1 黎卡提微分方程的求解

区段混合能在 6.5.4 节作了详细见解，这里可调用其结果. 微分方程(6.7.10)的边界条件给出于 $t=t_f$ 处，积分是 t 的逆向进行的. 区段矩阵的逆向微分方程可见(6.5.83～85)式，用于当前情况相当于其中 $\boldsymbol{R}=\boldsymbol{I}_q,\boldsymbol{Q}=\boldsymbol{I}_m$.

$$\partial \boldsymbol{F}/\partial t_a=-\boldsymbol{F}(\boldsymbol{A}-\boldsymbol{B}_u\boldsymbol{B}_u^{\mathrm{T}}\boldsymbol{Q}),\quad t_a=t_b\text{ 时},\boldsymbol{F}=\boldsymbol{I}_n \tag{6.7.36a}$$

$$\partial \boldsymbol{G}/\partial t_a=-\boldsymbol{F}\boldsymbol{B}_u\boldsymbol{B}_u^{\mathrm{T}}\boldsymbol{F}^{\mathrm{T}},\quad t_a=t_b\text{ 时},\boldsymbol{G}=\boldsymbol{0} \tag{6.7.36b}$$

$$\partial \boldsymbol{Q}/\partial t_a=-\boldsymbol{C}_z^{\mathrm{T}}\boldsymbol{C}_z-\boldsymbol{Q}\boldsymbol{A}-\boldsymbol{A}^{\mathrm{T}}\boldsymbol{Q}+\boldsymbol{Q}\boldsymbol{B}_u\boldsymbol{B}_u^{\mathrm{T}}\boldsymbol{Q}$$
$$t_a=t_b\text{ 时},\boldsymbol{Q}=\boldsymbol{0} \tag{6.7.36c}$$

时不变系统只是将偏微商改成全微商，但积分仍旧为逆向. 将(6.7.10)对比(6.7.36a)，微分方程是一样的，$t_b=t_f$，但边界条件不同. 因此 $\boldsymbol{Q}(t,t_f)$并不是 $\boldsymbol{S}(t)$，它只对应于零终端条件，对应于开区段(t,t_f). 为此可以仍由齐次方程的变分原理(6.7.6′)开始. 按混合能的定义

$$V(\boldsymbol{x}(t),\boldsymbol{\lambda}_f)=\boldsymbol{\lambda}_f^{\mathrm{T}}\boldsymbol{x}_f-\int_f^{t_f}[\boldsymbol{\lambda}^{\mathrm{T}}\dot{\boldsymbol{x}}-H(\boldsymbol{x},\boldsymbol{\lambda})]\mathrm{d}\tau$$
$$=-\boldsymbol{x}^{\mathrm{T}}(t)\boldsymbol{Q}\boldsymbol{x}(t)/2+\boldsymbol{\lambda}_f^{\mathrm{T}}\boldsymbol{F}\boldsymbol{x}(t)+\boldsymbol{\lambda}_f^{\mathrm{T}}\boldsymbol{G}\boldsymbol{\lambda}_f/2 \tag{6.7.37a}$$

有

$$J_A = \boldsymbol{x}_f^{\mathrm{T}}\boldsymbol{S}_f\boldsymbol{x}_f/2 + \boldsymbol{\lambda}_f^{\mathrm{T}}\boldsymbol{x}_f - V(\boldsymbol{x}(t), \boldsymbol{\lambda}_f)$$

$$\min_{\boldsymbol{x}_f} \max_{\boldsymbol{\lambda}_f} J_A \tag{6.7.37b}$$

对上式应先对 $\boldsymbol{\lambda}_f$ 取最大，再对 $\boldsymbol{x}_f$ 取最小，经运算有

$$J_A = \boldsymbol{x}^{\mathrm{T}}(t)[\boldsymbol{Q} + \boldsymbol{F}^{\mathrm{T}}(\boldsymbol{S}_f^{-1} + \boldsymbol{G})^{-1}\boldsymbol{F}]\boldsymbol{x}(t)/2$$

与(6.7.14)式对比，即知

$$\boldsymbol{S}(t) = \boldsymbol{Q} + \boldsymbol{F}^{\mathrm{T}}(\boldsymbol{S}_f^{-1} + \boldsymbol{G})^{-1}\boldsymbol{F} \tag{6.7.38}$$

其中 $\boldsymbol{Q}, \boldsymbol{G}, \boldsymbol{F}$ 为区段(t, t_f)的混合能矩阵. 这个公式表明，可以先不管终端处的边界条件 $\boldsymbol{S}_f$，而将区段混合能沿 t 逆向积分，然后再按(6.7.38)式计算得到黎卡提方程的解.

现在对(6.7.38)式给一个简单的解释. 对比(6.5.71a)式，可知(t, t_f)的 $\boldsymbol{Q}, \boldsymbol{G}, \boldsymbol{F}$ 相当于区段 1，而$(\boldsymbol{S}_f, \boldsymbol{I}, \boldsymbol{0})$相当于“区段”2，于是 $\boldsymbol{S}(t)$就是合并后左端的 $\boldsymbol{Q}_c$. 这一套算法还是用了区段合并消元次序无关的原理.

黎卡提微分方程的解就讲到此处，读者可以很容易编制程序计算. 这一套算法与卡尔曼-布西滤波的黎卡提方程解法相同. 又，只要积分或区段消元后的长度足够长，微分方程的解将趋于黎卡提代数方程的解 $\boldsymbol{S}_\infty$.

$\boldsymbol{S}(t)$的重要性在于由(6.7.12)式确定控制向量 $\boldsymbol{u}$. 但该式是用状态向量作反馈的，因此 LQ 控制是全状态反馈. 在当前时刻 t，通过过去时段的滤波计算状态向量有估计值 $\hat{\boldsymbol{x}}(t)$，可以用来顶替状态向量. 6.7.4 节就介绍这种量测反馈的分离性原理(separation principle).

6.7.3.2 状态微分方程的积分

在 LQ 控制理论下，未来时段的状态向量应积分(6.7.13)式. 这是变系数的微分方程组. 一般的变系数微分方程是无法求取其精细积分解或分析法解的，总得采用某种近似方法. 但当前的方程是由时不变系统导来的，因此仍可以求得其精细积分解.

上文已给出了(6.7.37)式的区段混合能，其 $\boldsymbol{F}$ 阵满足微分方

程(6.7.36a). 注意到右端出现的时变项为 $Q(t_a)$ 而不是 $S(t_a)$, 为此仍可以将 t_f 处的集中"区段"2 与 (τ,t_f) 的区段混合能相合并,得

$$F_c(\tau)=(I+G(\tau,t_f)S_f)^{-1}F(\tau,t_f),\quad t\leqslant\tau\leqslant t_f \tag{6.7.39}$$

以下验证 $F_c(\tau)$ 的微分方程. 当然 F,G,Q 满足(6.7.36)式, t_a 即 τ. 运用逆阵微商的公式 $\mathrm{d}(X^{-1})/\mathrm{d}\tau=-X^{-1}\dot{X}X^{-1}$, 有

$$\begin{aligned}\mathrm{d}F_c/\mathrm{d}\tau&=-(I+GS_f)^{-1}(\mathrm{d}G/\mathrm{d}\tau)S_f(I+GS_f)^{-1}F\\&\quad+(I+GS_f)^{-1}(\mathrm{d}F/\mathrm{d}\tau)\\&=(I+GS_f)^{-1}FB_uB_u^{\mathrm{T}}F^{\mathrm{T}}(S_f^{-1}+G)^{-1}F\\&\quad-(I+GS_f)^{-1}F(A-B_uB_u^{\mathrm{T}}Q)\\&=-(I+GS_f)^{-1}F\cdot[A-B_uB_u^{\mathrm{T}}(Q+F^{\mathrm{T}}(S_f^{-1}+G)^{-1}F)]\\&=-F_c[A-B_uB_u^{\mathrm{T}}S(\tau)],\qquad \text{且 } F_c(t_f)=I_n\end{aligned} \tag{6.7.40}$$

这样,就可推得

$$\mathrm{d}(F_c^{-1})/\mathrm{d}\tau=[A-B_uB_u^{\mathrm{T}}S(\tau)]F_c^{-1} \tag{6.7.40$'$}$$

注意,这个微分方程与(6.7.13)式一样,只是 F_c^{-1} 乃是矩阵,为了化到 $x_a(t)$,以满足其初值条件,可令

$$x_a(\tau)=F_c^{-1}(\tau)\times\xi(t),\quad \xi(t)=F_c(t)\times\hat{x}(t) \tag{6.7.41}$$

τ 是 $t\leqslant\tau\leqslant t_f$ 的变量,因此 $x_a(\tau)$ 作为 τ 的函数由于 F_c^{-1} 满足(6.7.40′)式而满足(6.7.13)式;并且(6.7.13)式的初值条件也已得到保证.

公式很干净,但直接用于计算却还有障碍. 其原因是当 t,τ 较大时, $F(\tau)$ 阵,从而 $F_c(\tau)$ 阵,趋于零阵,而且矩阵本身也趋于奇异,这将引起数值计算中的病态问题. 其对策可采用步步推进方法. 由于 S 阵已经全部算出,现在要计算 $\tau=t+\eta$ 处的 x_a,这需要计算 $F_c(t)$ 及 $F_c(t+\eta)$. 为此将 $t+\eta$ 看成为当前的终结时间 t_f,

于是 $\boldsymbol{S}(t+\eta)$就是当前的 $\boldsymbol{S}_f$. 对此情形运用(6.7.39)式,为此要计算 $\tau=t$ 及$\tau=t+\eta$ 两个$\boldsymbol{F}_c$,如下

$$\begin{aligned}\tau = t:\boldsymbol{F}_c(t) &= [\boldsymbol{I}+\boldsymbol{G}(t,t+\eta)\boldsymbol{S}(t+\eta)]^{-1}\boldsymbol{F}(t,t+\eta)\\ &= [\boldsymbol{I}+\boldsymbol{G}(\eta)\boldsymbol{S}(t+\eta)]^{-1}\boldsymbol{F}(\eta)\\ \tau &= t+\eta:\boldsymbol{F}_c(t+\eta)\\ &= [\boldsymbol{I}+\boldsymbol{G}(t+\eta,t+\eta)\boldsymbol{S}(t+\eta)]^{-1}\\ &\quad\times\boldsymbol{F}(t+\eta,t+\eta)=\boldsymbol{I}\end{aligned}$$

于是由(6.7.41)式,即导出由 $t\sim t+\eta$ 积分为

$$\boldsymbol{x}_a(t+\eta)=\boldsymbol{\Phi}(t+\eta,t)\cdot\boldsymbol{x}_a(t)$$

$$\boldsymbol{\Phi}(t+\eta,t)=[\boldsymbol{I}+\boldsymbol{G}(\eta)\boldsymbol{S}(t+\eta)]^{-1}\boldsymbol{F}(\eta)\quad(6.7.42)$$

因此状态微分方程积分也需要区段混合能矩阵的计算. 计算步骤为

(1)计算 $\boldsymbol{F}(\eta)$, $\boldsymbol{G}(\eta)$, $\boldsymbol{Q}(\eta)$,并对所有格点计算黎卡提矩阵 $\boldsymbol{S}(t)$.

(2)对全部格点计算 $\boldsymbol{\Phi}(t+\eta,t)$,按(6.7.42)式.

(3)对状态微分方程的积分,则只是(6.7.42)式中的矩阵、向量乘积而已.

于是状态微分方程的积分又化成为区段矩阵的计算,以及矩阵向量乘法而已. 给出的结果是精细解,在计算机上直逼精确解.

6.7.4 量测反馈最优控制

这就是所谓 LQG(linear quadratic Gaussian)理论. 如果单纯从 LQ 控制的角度看,其控制律(6.7.12)式采用了状态向量,但状态向量并没有确切地量测到. 因此在当前时间 t,只能**用当前的滤波估计值 $\hat{x}(t)$顶替状态向量** $\boldsymbol{x}(t)$来计算反馈控制向量 $\boldsymbol{u}(t)$,以给出当前最优的控制向量,这是关键的一步. 这一步是要求立即响应的,需要实时计算.

根据 6.3 节的图 6.4,基于状态空间理论的控制分析应当将整个时段$[t_0,t_f]$划分成为过去时段$[t_0,t)$以及未来时段$(t,t_f]$, t

为当前时刻．当前要求给出控制向量 $\boldsymbol{u}=\boldsymbol{K}\boldsymbol{y}$，式中 $\boldsymbol{y}$ 代表在 t 及以前的量测，$\boldsymbol{K}$ 是一个算子，它利用过去的 $\boldsymbol{y}$ 以计算出控制向量．在未来时段则采用 LQ 控制以使其指标函数为最小，而其状态反馈则以最优估计的滤波值

$$\boldsymbol{u}(t)=\boldsymbol{B}_u^{\mathrm{T}}\boldsymbol{S}(t)\hat{\boldsymbol{x}}(t) \tag{6.7.12'}$$

来代替．这样，未来时段的 LQ 控制计算以及过去时段的滤波分析是分别进行的．而在当前时刻则用(6.7.12′)式给出控制时才将 $\hat{\boldsymbol{x}}(t)$ 与未来时段相连结．这样的分析策略称为**分离性原理**(separation principle)．

在分析清楚 LQ 控制及卡尔曼-布西滤波的基础上，运用分离性原理予以结合，就给出了 LQG 控制．前文已对滤波的计算作了详细的讲述，并对 LQ 控制也已作出了讲述，只要运用(6.7.12′)式将两者予以结合，就给出了 LQG 控制的计算了．

这几节的讲解都是在连续时间基础上的，事实上对于离散时间系统也有完全雷同的一套理论与方法．这里就不再多讲了．

6.8 鲁棒控制

鲁棒是 robust 的音译；健壮、顽强、经得起干扰的系统称为具有鲁棒性．俗称“能吃粗粮”．

前文讲了卡尔曼-布西滤波与 LQ 控制以及两者综合而成的 LQG 量测反馈控制．这一整套理论是非常优美的，构成了 20 世纪 60～70 年代控制理论发展的主流．然而正因为其分析比较仔细而且精密，其抗干扰的能力问题就呈现出来了．灵敏度高时就干扰不起了．线性系统的动力方程是最基本的，其 $n\times n$ 的 $\boldsymbol{A}$ 工厂阵在理论分析中是被看成为完全确定的．然而在实际应用中，$\boldsymbol{A}$ 阵的确定往往并不是非常精确的．$\boldsymbol{A}$ 阵是被控对象运动规律的反映，对被控系统运动的分析有赖于其数学模型的建立，其间不可避免地有许多抽象，这些抽象都将带来误差．因此实际的工厂矩阵 $\boldsymbol{A}_r$ 可以看成为

$$A_r = A \pm A_\Delta \tag{6.8.1}$$

其中 $\boldsymbol{A}$ 阵是前文公式中用的工厂阵，是**标称**的(nominal)工厂阵，而 $\boldsymbol{A}_\Delta$ 则是可能发生的偏差，其数值不知道，否则就可并入标称阵了. $\boldsymbol{A}_\Delta$ 可以估计其均值为零，而且其离差的幅度不大，也就是 $\boldsymbol{A}_\Delta$ 的模 $\|\boldsymbol{A}_\Delta\|$ 是不大的. 鲁棒控制的宗旨就是要分析在 $\boldsymbol{A}_\Delta$ 及其余参数的不确定性下，系统的响应及其稳定性. 这一点对应用非常重要，从而构成了 1981 直至如今的热点[123～129,149].

鲁棒控制当然仍旧要继承前面所述状态空间的方法论，仍旧要给出问题的分解，将有限时间区段 $[t_0, t_f]$ 划分为过去时段 $[t_0, t)$，未来时段 $(t, t_f]$，以及当前时刻 t. 对于过去时段仍是作滤波分析，但现在是鲁棒性滤波；未来时段则是作鲁棒性全状态反馈控制. 在当前时刻则还应当将这两个时段的结果融合在一起，以得到反馈控制向量 $\boldsymbol{u}(t)$. 虽然两个时段的问题是不同的，但依然可以设法予以统一在一个变分原理之下[86]. 在该变分原理下，非但可以导出各个时段的方程，还可以将 t 时刻的连接条件一并导出.

系统的基本方程可以写成为

$$\dot{\boldsymbol{x}} = \boldsymbol{A}\boldsymbol{x} + \boldsymbol{B}_1\boldsymbol{w} + \boldsymbol{B}_u\boldsymbol{u}, \quad \text{动力方程} \tag{6.8.2}$$

$$\boldsymbol{z} = \boldsymbol{C}_z\boldsymbol{x} + \boldsymbol{D}_{12}\boldsymbol{u}, \quad \text{输出方程} \tag{6.8.3}$$

$$\boldsymbol{y} = \boldsymbol{C}_y\boldsymbol{x} + \boldsymbol{D}_{21}\boldsymbol{w}, \quad \text{量测方程} \tag{6.8.4}$$

其中 $\boldsymbol{x}$ 为状态向量、$\boldsymbol{y}$ 是量测、$\boldsymbol{z}$ 是输出、$\boldsymbol{u}$ 为控制、$\boldsymbol{w}$ 为干扰输入向量，分别为 n, q, p, m, l 维，其中 $p \geqslant m, q \geqslant l$. 并且

$$\boldsymbol{D}_{12}^{\mathrm{T}}\boldsymbol{D}_{12} = \boldsymbol{I}_m, \quad \boldsymbol{D}_{21}\boldsymbol{D}_{21}^{\mathrm{T}} = \boldsymbol{I}_q \tag{6.8.5}$$

方程组(6.8.2～5)这样的表达形式称为正则形式，只要通过一系列的**分式线性变换**(linear fractional transformation, LFT)或称**双线性变换**，就可以达成以上这种正则形式，见文献[123～126].

在 LQG 理论中，输入 $\boldsymbol{w}$ 是一种给定统计特性的白噪声. 这种模型只是将外界干扰认为是完全中性的，即并不考虑 $\boldsymbol{w}$ 是会倾向于使系统发生更大偏离的. 然而鲁棒控制要考虑的是可能发生的**任何可能变动的** $\boldsymbol{A}_\Delta$ 阵，当然要考虑选用最不利的变动 $\boldsymbol{A}_\Delta$ 阵. 如果将 $\boldsymbol{A}_\Delta$ 这一项考虑进去，则动力方程将成为

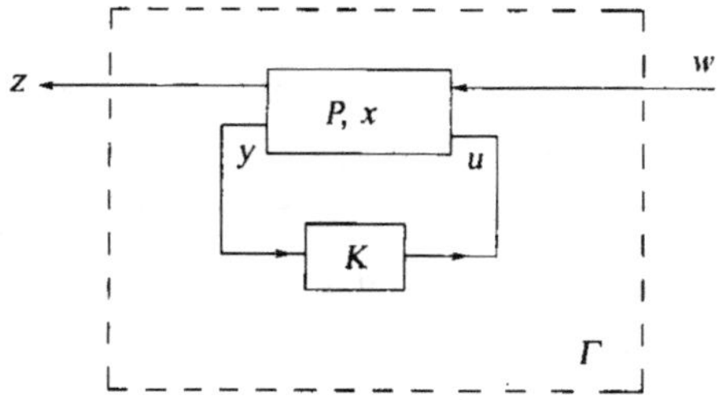

(a) 标称系统 Γ

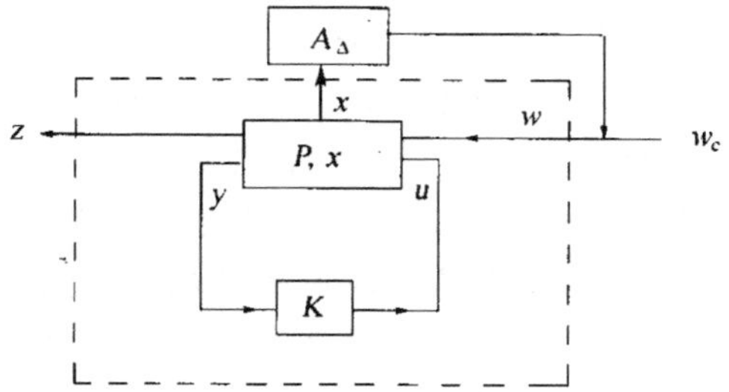

(b) $A_\Delta x$ 并入输入 w

图 6.10 (a)鲁棒控制简图,(b)将 $\boldsymbol{A}_\Delta$ 的因素并入 $\boldsymbol{w}$

$$\dot{\boldsymbol{x}} = \boldsymbol{A}\boldsymbol{x} + (\boldsymbol{B}_1\boldsymbol{w} + \boldsymbol{A}_\Delta\boldsymbol{x}) + \boldsymbol{B}_u\boldsymbol{u}$$

其中除了其模 $\|\boldsymbol{A}_\Delta\|$ 不太大外,$\boldsymbol{A}_\Delta$ 是任选的.现在可以将 $\boldsymbol{A}_\Delta\boldsymbol{x}$ 项并入到$\boldsymbol{B}_1\boldsymbol{w}$ 之中,上式中的括号就代表这个意思.图 6.10(a)表示(6.8.2~5)式的系统方框图.其中方框 $\boldsymbol{P}$ 由这些方程描述,而 K 为满足因果关系的算子,用于计算反馈控制的向量 $\boldsymbol{u}$.在图 6.10(b)中,将 $\boldsymbol{A}_\Delta$ 的因素也考虑进去而并入向量 $\boldsymbol{w}$ 了.这一步并入,改变了干扰输入随机向量 $\boldsymbol{w}$ 本是与状态无关的白噪声这种中性的性质.即 $\boldsymbol{A}_\Delta$ 应当**考虑系统鲁棒性**的要求,尽量**考虑对系统性能最不利的干扰选择**.由于 $\boldsymbol{A}_\Delta$ 的模受限,表明 $\boldsymbol{w}$ 的大小也受限,$\boldsymbol{w}$ 模将正比于$\boldsymbol{x}$ 的模.

干扰 $\boldsymbol{w}$ 与控制$\boldsymbol{u}$ 正好是两种相反的品格.控制向量 $\boldsymbol{u}$ 是由人选择的,人的选择准则是使系统的性能指标趋于最优;而 $\boldsymbol{w}$ 是人们无法掌握的偏差，鲁棒性考虑的 $\boldsymbol{w}$ 选择准则是使系统的性能最差，即使系统对任何不利的情况都能适应.控制与偏差这种相反的品格在博奕论(theory of game)中非常典型.当前情况就如两人零和对奕，“零和”意味着甲赢到的就是乙输掉的.将博奕论与鲁棒控制联系在一起的考虑可见文献[123,127].

以上的阐述是概念性的、描述性的.还需要有数学上精确的表述.以下就对未来时段、过去时段以及当前时刻的连接，逐段进行讲述.对两个时段分别的分析，以及它们在当前时刻连接而成的全时段的分析，都将给出其变分形式如下

$$\gamma^2 = \|\Gamma\| = \max_{w}(\|\Gamma \boldsymbol{w}\| / \|\boldsymbol{w}\|),\text{其中}$$

$$\|\boldsymbol{w}\| = \int(\boldsymbol{w}^{\mathrm{T}}\boldsymbol{w}/2)\mathrm{d}\tau \tag{6.8.6}$$

其中 $\boldsymbol{w}$ 的模已经明确，它是干扰的一方.对于滤波的初值问题，还应当在纳入初始条件干扰的贡献.但对于系统的响应 $\Gamma\boldsymbol{w}$ 的模，还是不够明确，因为它将与控制或滤波时段有关.到了具体讲述课题时，是会予以明确的.当然系统响应包含了控制向量 $\boldsymbol{u}$ 的最优选择.具体一些说，$\Gamma\boldsymbol{w}$ 是由其输出向量 $\boldsymbol{z}$ 表征的，因此 $\|\Gamma\boldsymbol{w}\|$ 也写成 $\|\Gamma_{zw}\|$，以说明输入-输出这一个因素.

形如(6.8.6)式的变分表达，对于干扰 $\boldsymbol{w}$ 是齐次的，这相当于在图 6.10(b)中，外界干扰 $\boldsymbol{w}_e$ 为零，即认为 $\boldsymbol{w}$ 全部是由 $\boldsymbol{A}_\Delta$ 而产生的.因此按(6.8.6)式所确定的真实的模 γ_{cr}^2 实际上是一个界，不需外界激励而自己就激励起来的界，上界.当选择 γ^2 超过这个上界时，系统就不会因自激励的 $\boldsymbol{w}$ 而失稳了，故此时系统就可以承受外界干扰 $\boldsymbol{w}_e$，这表示系统为稳定.相反，如果参数 γ^2 达不到这个上界，则即使没有 $\boldsymbol{w}_e$ 的外力激励，系统也会自行产生非零解，这表示系统为不稳定.这里说 γ^2 的上界，乃是不稳定的上界；如果从稳定的角度看，这就是下界了.确定这个界 γ_{cr}^2 是问题的关键. $\gamma_{\mathrm{cr}}^2 < \gamma^2$ 就稳定；$\gamma_{\mathrm{cr}}^2 > \gamma^2$，不稳定.

不讲具体课题而作出这些一般阐述，总是不够清楚的.还是从未来时段的鲁棒控制讲起吧.

6.8.1 鲁棒全状态反馈控制(H_∞状态反馈控制)[84]

全状态反馈表明,已经不需要考虑量测方程(6.8.4)了.对于未来时段方才可考虑反馈控制,因此其适用区段是$(t, t_f]$.系统的输入是 $\boldsymbol{w}$ 而输出为$\boldsymbol{z}$.该输出 $\boldsymbol{z}$ 已经由于控制$\boldsymbol{u}$ 的选择而趋于最小.对于 $\boldsymbol{z}$ 的度量可以用其模来表示

$$\| \boldsymbol{z} \| = \int_t^{t_f} \boldsymbol{z}^{\mathrm{T}} \boldsymbol{z} \mathrm{d}\tau / 2 + \boldsymbol{x}_f^{\mathrm{T}} \boldsymbol{S}_f \boldsymbol{x}_f / 2, \quad \min_{\boldsymbol{u}} \| \boldsymbol{z} \| \tag{6.8.7}$$

区段在 t_f 处是闭区间,所以有后一项.这在 6.7 节已经见过.

$\boldsymbol{z}$ 是由于$\boldsymbol{w}$ 而激发起来的.激励 $\boldsymbol{w}$ 的度量为

$$\| \boldsymbol{w} \| = \int_t^{t_f} (\boldsymbol{w}^{\mathrm{T}} \boldsymbol{w} / 2) \mathrm{d}\tau$$

这与(6.8.6)式一样.依照前面的讨论,激励 $\boldsymbol{w}$ 应当考虑最不利的干扰,其选择的原则是使 $\| \boldsymbol{z} \|$ 为最大,故

$$\gamma^2 = \| \boldsymbol{z} \| / \| \boldsymbol{w} \|, \qquad \max_{\boldsymbol{w}} \min_{\boldsymbol{u}} \gamma^2 = \gamma_{\mathrm{cr}}^2 \tag{6.8.8}$$

这就是问题的数学提法.γ^2 称为全状态反馈系统 Γ 的导引模(induced norm),是由平方可积函数空间 L_2 的模 $\| \boldsymbol{w} \|$ 与 $\| \boldsymbol{z} \|$ 引申出来的.这种导引模的描述,就成为 H_∞ 控制理论.当然这意味着系统是稳定的,泛函分析中的 Hardy 空间[123].

导引模取极值(6.8.8)是一个变分问题.由于动力方程与输出方程仍应预先满足,因此是**条件变分**.可以先将方程(6.8.8)改写为

$$J_c = \int_t^{t_f} (\boldsymbol{z}^{\mathrm{T}} \boldsymbol{z} / 2 - \gamma^2 \boldsymbol{w}^{\mathrm{T}} \boldsymbol{w} / 2) \mathrm{d}\tau + \boldsymbol{x}_f^{\mathrm{T}} \boldsymbol{S}_f \boldsymbol{x}_f / 2$$

$$\max_{\boldsymbol{w}} \min_{\boldsymbol{u}} J_c \tag{6.8.8$'$}$$

其约束是(6.8.2),(6.8.3)式以及初始条件

$$\boldsymbol{x}(\tau) = \bar{\boldsymbol{x}}(t), \quad \text{当 } \tau \to t \text{ 时} \tag{6.8.9}$$

将(6.8.3)式代入,并对(6.8.2)式引入拉格朗日参数向量 $\boldsymbol{\lambda}(\tau)$,有

$$J_{cA}=\int_t^{t_f}\begin{bmatrix}\boldsymbol{\lambda}^{\mathrm{T}}(\dot{\boldsymbol{x}}-\boldsymbol{A}\boldsymbol{x}-\boldsymbol{B}_1\boldsymbol{w}-\boldsymbol{B}_2\boldsymbol{u})-\gamma^2\boldsymbol{w}^{\mathrm{T}}\boldsymbol{w}/2\\+\boldsymbol{u}^{\mathrm{T}}\boldsymbol{u}/2+\boldsymbol{u}^{\mathrm{T}}\boldsymbol{D}_{12}^{\mathrm{T}}\boldsymbol{C}_z\boldsymbol{x}+\boldsymbol{x}^{\mathrm{T}}\boldsymbol{C}_z^{\mathrm{T}}\boldsymbol{C}_z\boldsymbol{x}/2\end{bmatrix}\mathrm{d}\tau$$

$$+\boldsymbol{x}_f^{\mathrm{T}}\boldsymbol{S}_f\boldsymbol{x}_f/2,\quad \delta J_{cA}=0 \tag{6.8.10a}$$

J_{cA}是扩展了的指标泛函，其中有 4 类变量．对 J_{cA} 完成对 $\boldsymbol{w}$ 取最大、对 $\boldsymbol{u}$ 取最小，有

$$\boldsymbol{w}=-\gamma^{-2}\boldsymbol{B}_1^{\mathrm{T}}\boldsymbol{\lambda},\quad \boldsymbol{u}=\boldsymbol{B}_u^{\mathrm{T}}\boldsymbol{\lambda}-\boldsymbol{D}_{12}^{\mathrm{T}}\boldsymbol{C}_z\boldsymbol{x} \tag{6.8.10b}$$

$$J_{cA}=\int_t^{t_f}[\boldsymbol{\lambda}^{\mathrm{T}}(\dot{\boldsymbol{x}}-\widetilde{\boldsymbol{A}}\boldsymbol{x})-\boldsymbol{\lambda}^{\mathrm{T}}(\boldsymbol{B}_u\boldsymbol{B}_u^{\mathrm{T}}-\gamma^{-2}\boldsymbol{B}_1\boldsymbol{B}_1^{\mathrm{T}})\boldsymbol{\lambda}/2$$

$$+\boldsymbol{x}^{\mathrm{T}}\widetilde{\boldsymbol{C}}^{\mathrm{T}}\widetilde{\boldsymbol{C}}\boldsymbol{x}/2]\mathrm{d}\tau+\boldsymbol{x}_f^{\mathrm{T}}\boldsymbol{S}_f\boldsymbol{x}_f/2,\delta J_{cA}=0$$

$$\widetilde{\boldsymbol{A}}=\boldsymbol{A}-\boldsymbol{B}_u\boldsymbol{D}_{12}^{\mathrm{T}}\boldsymbol{C}_z,\widetilde{\boldsymbol{C}}^{\mathrm{T}}\widetilde{\boldsymbol{C}}=\boldsymbol{C}_z^{\mathrm{T}}(\boldsymbol{I}_p-\boldsymbol{D}_{12}\boldsymbol{D}_{12}^{\mathrm{T}})\boldsymbol{C}_z \tag{6.8.10c}$$

其中对偶向量 $\boldsymbol{x},\boldsymbol{\lambda}$ 是变分的两类变量，而 γ^{-2}是参数待定．

完成对 J_{cA}取驻值的变分运算，有

$$\dot{\boldsymbol{x}}(\tau)=\widetilde{\boldsymbol{A}}\boldsymbol{x}+(\boldsymbol{B}_u\boldsymbol{B}_u^{\mathrm{T}}-\gamma^{-2}\boldsymbol{B}_1\boldsymbol{B}_1^{\mathrm{T}})\boldsymbol{\lambda} \tag{6.8.11a}$$

$$\dot{\boldsymbol{\lambda}}(\tau)=\widetilde{\boldsymbol{C}}^{\mathrm{T}}\widetilde{\boldsymbol{C}}\boldsymbol{x}-\widetilde{\boldsymbol{A}}^{\mathrm{T}}\boldsymbol{\lambda} \tag{6.8.11b}$$

在 $\tau=t_f$ 结束处的自然边界条件为

$$\boldsymbol{\lambda}_f=-\boldsymbol{S}_f\boldsymbol{x}_f \tag{6.8.12}$$

对偶方程组(6.8.11)的求解可依常规方法进行，引入黎卡提变换

$$\boldsymbol{\lambda}(\tau)=-\boldsymbol{X}(\tau)\cdot\boldsymbol{x}(\tau) \tag{6.8.13}$$

可将方程引向黎卡提矩阵微分方程及状态微分方程

$$\dot{\boldsymbol{X}}(\tau)=-\widetilde{\boldsymbol{C}}^{\mathrm{T}}\widetilde{\boldsymbol{C}}-\widetilde{\boldsymbol{A}}^{\mathrm{T}}\boldsymbol{X}-\boldsymbol{X}\widetilde{\boldsymbol{A}}+\boldsymbol{X}(\boldsymbol{B}_u\boldsymbol{B}_u^{\mathrm{T}}-\gamma^{-2}\boldsymbol{B}_1\boldsymbol{B}_1^{\mathrm{T}})\boldsymbol{X}$$

$$\boldsymbol{X}(t_f)=\boldsymbol{S}_f \tag{6.8.14}$$

$$\dot{\boldsymbol{x}}(\tau)=[\widetilde{\boldsymbol{A}}-(\boldsymbol{B}_u\boldsymbol{B}_u^{\mathrm{T}}-\gamma^{-2}\boldsymbol{B}_1\boldsymbol{B}_1^{\mathrm{T}})\boldsymbol{X}(\tau)]\boldsymbol{x}$$

$$\boldsymbol{x}(\tau=t)=\bar{\boldsymbol{x}}(t) \tag{6.8.15}$$

(6.8.14)式可对比(6.7.10)式，而(6.8.15)式可对比(6.7.13)式．现在多了 γ^{-2}的一项，这正是鲁棒控制的特点．很重要的是分析 $\gamma_{\mathrm{cr}}^{-2}$．在图 6.10(b)中取 $\boldsymbol{w}_e=\boldsymbol{0}$ 后，$\boldsymbol{B}_1\boldsymbol{w}$ 项就全是 $\boldsymbol{A}_{\Delta}$的体现了，即

由于 $\boldsymbol{A}$ 阵偏离引起的自干扰. 这就要研究自干扰下的稳定性. 当然,应要求($\boldsymbol{A}$,$\boldsymbol{C}_z$)为可测,以及($\boldsymbol{A}$,$\boldsymbol{B}_u$)为可控,在此条件下进行分析. 当 $\gamma^{-2} \to 0$ 时,问题自动退化到 LQ 控制,这表示 $\mathbf{A}_\Delta$的作用消失. 不考虑模型误差当然退化成为 LQ 控制了. 反过来,γ^{-2}增加表示 $\mathbf{A}_\Delta$的作用越大. 但 γ^{-2}不能无限制地增加,当 γ^{-2}增长到其临界值 γ_{cr}^{-2}时,黎卡提微分方程(6.8.14)将不存在于区间(t, t_f]中的解. 这表明系统将会失稳. 将临界值计算出来是必要的. 精细积分算法在此又可发挥其效能.

精细积分用于黎卡提微分方程的求解,已在 6.5 节详细阐述. 但在 H_∞鲁棒控制问题中还有参数 γ^{-2}有待选择. 因此在 LQ 控制中,在 $\gamma^{-2}=0$ 的条件下只要求解一次黎卡提方程;而在 H_∞控制中就要对不同的参数 γ^{-2}进行迭代求解,要多次求解黎卡提方程.

运用计算结构力学与最优控制相模拟的理论,以下先阐明**导引模**(6.8.8)就是结构力学中的**本征值问题**,即弹性稳定的欧拉临界力或结构振动的本征频率[84]. 这样就可以把握临界参数 γ_{cr}^{-2}的性质. 在此基础上就可提供最优 H_∞鲁棒控制 γ_{cr}^{-2}的精细计算. 这可运用结构力学中本征值计算的 W-W 算法,在结合黎卡提方程的精细积分,就可以给出 γ_{cr}^{-2}的算法. 注意,欧拉稳定性是在有限长度(t, t_f]中失稳的,这已不是以往的渐近失稳了.

临界值 γ_{cr}^{-2}是不能在实际中应用的,它只能提供系统设计中的界限. 应用只能选择所谓次优(suboptimal)参数

$$\gamma^{-2} < \gamma_{cr}^{-2} \tag{6.8.16}$$

进行系统设计. 此时当然仍要求解方程(6.8.14),(6.8.15),精细积分法对于这两个方程仍能保证适用. 当然在不出现若尔当型本征解时,分析法也是好用的. 求出这个界限非常重要,它正是瑞利商[84,85].

6.8.1.1 扩展瑞利商

变分原理(6.8.10)可写成

$$\delta(\Pi_1 - \gamma^{-2}\Pi_2) = 0 \tag{6.8.17}$$

其中

$$\Pi_1 = \int_t^{t_f}[-\boldsymbol{\lambda}^{\mathrm{T}}\dot{\boldsymbol{x}} + \boldsymbol{\lambda}^{\mathrm{T}}\widetilde{\boldsymbol{A}}\boldsymbol{x} + \boldsymbol{\lambda}^{\mathrm{T}}\boldsymbol{B}_u\boldsymbol{B}_u^{\mathrm{T}}\boldsymbol{\lambda}/2 - \boldsymbol{x}^{\mathrm{T}}\widetilde{\boldsymbol{C}}^{\mathrm{T}}\widetilde{\boldsymbol{C}}\boldsymbol{x}/2]\mathrm{d}\tau$$

$$- \boldsymbol{x}_f^{\mathrm{T}}\boldsymbol{S}_f\boldsymbol{x}_f/2 \tag{6.8.18a}$$

$$\Pi_2 = \int_t^{t_f}[\boldsymbol{\lambda}^{\mathrm{T}}\boldsymbol{B}_1\boldsymbol{B}_1^{\mathrm{T}}\boldsymbol{\lambda}/2]\mathrm{d}\tau \tag{6.8.18b}$$

该问题并不总有解答. 当将初值条件写成 $\boldsymbol{x}(\tau = t) = \boldsymbol{0}$ 时,对于通常的参数 γ^{-2},只可能有平凡解 $\boldsymbol{x}(\tau) = \boldsymbol{0}$. 只在特殊的 $\gamma^{-2} = \gamma_{\mathrm{cr}}^{-2}$ 的情况下,(6.8.17)式方才有非平凡解. 此时变分式(6.8.17)也可以改写为

$$\gamma^{-2} = \Pi_1/\Pi_2, \quad \gamma_{\mathrm{cr}}^{-2} = \min_{\boldsymbol{\lambda}}\max_{\boldsymbol{x}}(\Pi_1/\Pi_2) \tag{6.8.19}$$

这就是瑞利商. 传统的瑞利商是对于一类变量的,而现在是二类独立变量 $\boldsymbol{x}, \boldsymbol{\lambda}$ 在变分,因此这是扩展了的瑞利商[37].

由(6.8.18b)式可知,Π_2 为非负. 它在真实解处一定取正值. 再看 Π_1,由于 Π_2 与 $\boldsymbol{x}$ 无关,因此在变分式中可以先完成对 $\boldsymbol{x}$ 取最大的变分运算. 这样就有

$$\Pi_1 = [-\boldsymbol{\lambda}^{\mathrm{T}}\boldsymbol{x}]_t^{t_f} + \int_t^{t_f}[\boldsymbol{x}^{\mathrm{T}}(\dot{\boldsymbol{\lambda}} + \widetilde{\boldsymbol{A}}^{\mathrm{T}}\boldsymbol{\lambda} - \widetilde{\boldsymbol{C}}^{\mathrm{T}}\widetilde{\boldsymbol{C}}\boldsymbol{x})$$

$$+ \boldsymbol{\lambda}^{\mathrm{T}}\boldsymbol{B}_u\boldsymbol{B}_u^{\mathrm{T}}\boldsymbol{\lambda}/2 + \boldsymbol{x}^{\mathrm{T}}\widetilde{\boldsymbol{C}}^{\mathrm{T}}\widetilde{\boldsymbol{C}}\boldsymbol{x}/2]\mathrm{d}\tau - \boldsymbol{x}_f^{\mathrm{T}}\boldsymbol{S}_f\boldsymbol{x}_f/2$$

$$= \int_t^{t_f}[\boldsymbol{\lambda}^{\mathrm{T}}\boldsymbol{B}_u\boldsymbol{B}_u^{\mathrm{T}}\boldsymbol{\lambda}/2 + \boldsymbol{x}^{\mathrm{T}}\widetilde{\boldsymbol{C}}^{\mathrm{T}}\widetilde{\boldsymbol{C}}\boldsymbol{x}/2]\mathrm{d}\tau + \boldsymbol{x}_f^{\mathrm{T}}\boldsymbol{S}_f\boldsymbol{x}_f/2$$

其中推导时用到了初值条件 $\boldsymbol{x}(t) = \boldsymbol{0}$,终值的自然边界条件(6.8.12)与方程(6.8.11b). Π_1 取正值的事实也已得到确认.

进一步说,如果 $\widetilde{\boldsymbol{C}}^{\mathrm{T}}\widetilde{\boldsymbol{C}}$ 为正定阵,此时由(6.8.11b)式有

$$\boldsymbol{x} = (\widetilde{\boldsymbol{C}}^{\mathrm{T}}\widetilde{\boldsymbol{C}})^{-1}(\dot{\boldsymbol{\lambda}} + \widetilde{\boldsymbol{A}}^{\mathrm{T}}\boldsymbol{\lambda}) \tag{6.8.20}$$

代回 Π_1 的积分式,给出

$$\Pi_1 = \int_t^{t_f}[\dot{\boldsymbol{\lambda}}(\widetilde{\boldsymbol{C}}^{\mathrm{T}}\widetilde{\boldsymbol{C}})^{-1}\dot{\boldsymbol{\lambda}}/2 + \dot{\boldsymbol{\lambda}}\widetilde{\boldsymbol{A}}^{\mathrm{T}}\boldsymbol{\lambda}$$

$$+ \boldsymbol{\lambda}^{\mathrm{T}}(\boldsymbol{B}_u\boldsymbol{B}_u^{\mathrm{T}} + \widetilde{\boldsymbol{A}}(\widetilde{\boldsymbol{C}}^{\mathrm{T}}\widetilde{\boldsymbol{C}})^{-1}\widetilde{\boldsymbol{A}}^{\mathrm{T}})\boldsymbol{\lambda}/2]\mathrm{d}\tau + \boldsymbol{x}_f^{\mathrm{T}}\boldsymbol{S}_f\boldsymbol{x}_f/2 \tag{6.8.21}$$

其中 $\boldsymbol{x}_f$ 也应当代以 $\boldsymbol{\lambda}$ 的. 这样,变分式(6.8.19)的瑞利商就变为一类变量 $\boldsymbol{\lambda}$ 的变分原理了. 这种形式的变分是最典型的瑞利商. 但一般情况的 $\tilde{\boldsymbol{C}}^{\mathrm{T}}\tilde{\boldsymbol{C}}$ 却并不保证正定,因此(6.8.19)式的**扩展瑞利商**是必要的. $(\boldsymbol{A},\boldsymbol{B}_u)$为可控、$(\boldsymbol{A},\boldsymbol{C}_z)$为可测的性质保证了瑞利商的适定性.

瑞利商是结构稳定性与结构振动的最基本概念之一,相当于欧拉临界力或者结构的本征频率. 重要的是,可控、可测性质保证了对应结构力学问题变形能的正定性,因此本征值一定取正值. H_∞控制所要求的 $\gamma_{\mathrm{cr}}^{-2}$是其最小本征值. 按(6.8.16)式选择的 γ^{-2} 方能应用. 该种情况与结构的欧拉临界力一样,有利于理解.

还应当指出,初始时间 t 的变化总是从 t_0 开始的,本征值 $\gamma_{\mathrm{cr}}^{-2}$最小还是发生在 $t=t_0$ 处. 所以在计算 $\gamma_{\mathrm{cr}}^{-2}$时,还是应当取 t_0 为其积分下界.

6.8.1.2 区段混合能

上节变分原理的积分上、下界是给定的$(t,t_f]$. 为了推导对黎卡提方程精细积分的需要,应引入区段混合能. 对于 $t\leqslant t_a<t_b\leqslant t_f$ 的两个时刻 t_a,t_b 组成区段(t_a,t_b),如给出 t_a 时的状态向量 $\boldsymbol{x}_a=\boldsymbol{x}(t_a)$及 t_b 时的对偶向量 $\boldsymbol{\lambda}_b=\boldsymbol{\lambda}(t_b)$,则区段内部的 $\boldsymbol{x}(\tau)$, $\boldsymbol{\lambda}(\tau)$皆已确定,因此可引入区段混合能

$$V(\boldsymbol{x}_a,\boldsymbol{\lambda}_b)=\boldsymbol{\lambda}_b^{\mathrm{T}}\boldsymbol{x}_b-\int_{t_a}^{t_b}[\boldsymbol{\lambda}^{\mathrm{T}}\dot{\boldsymbol{x}}-H(\boldsymbol{x},\boldsymbol{\lambda})]\mathrm{d}\tau \quad (6.8.22)$$

$$H(\boldsymbol{x},\boldsymbol{\lambda})=\boldsymbol{\lambda}^{\mathrm{T}}\tilde{\boldsymbol{A}}\boldsymbol{x}+\boldsymbol{\lambda}^{\mathrm{T}}(\boldsymbol{B}_u\boldsymbol{B}_u^{\mathrm{T}}-\gamma^{-2}\boldsymbol{B}_1\boldsymbol{B}_1^{\mathrm{T}})\boldsymbol{\lambda}/2-\boldsymbol{x}^{\mathrm{T}}\tilde{\boldsymbol{C}}^{\mathrm{T}}\tilde{\boldsymbol{C}}\boldsymbol{x}/2 \quad (6.8.23)$$

它显然是 $\boldsymbol{x}_a,\boldsymbol{\lambda}_b$ 的二次齐次式,其一般形式为

$$V(\boldsymbol{x}_a,\boldsymbol{\lambda}_b)=\boldsymbol{\lambda}_b^{\mathrm{T}}\boldsymbol{F}\boldsymbol{x}_a+\boldsymbol{x}_a^{\mathrm{T}}\boldsymbol{Q}\boldsymbol{x}_a/2-\boldsymbol{\lambda}_b^{\mathrm{T}}\boldsymbol{G}\boldsymbol{\lambda}_b/2 \quad (6.8.24)$$

其中 $\boldsymbol{Q}(t_a,t_b)$,$\boldsymbol{G}(t_a,t_b)$,$\boldsymbol{F}(t_a,t_b)$皆为 $n\times n$ 矩阵,且 $\boldsymbol{Q}^{\mathrm{T}}=\boldsymbol{Q}$, $\boldsymbol{G}^{\mathrm{T}}=\boldsymbol{G}$.

首尾相连的两个区段可以合并为一个区段,见图 6.5. 其合并

公式已于(6.5.77)式给出

$$\boldsymbol{Q}_c = \boldsymbol{Q}_1 + \boldsymbol{F}_1^{\mathrm{T}}(\boldsymbol{Q}_2^{-1} + \boldsymbol{G}_1)^{-1}\boldsymbol{F}_1 \tag{6.8.25}$$

$$\boldsymbol{G}_c = \boldsymbol{G}_2 + \boldsymbol{F}_2(\boldsymbol{G}_1^{-1} + \boldsymbol{Q}_2)^{-1}\boldsymbol{F}_2^{\mathrm{T}} \tag{6.8.26}$$

$$\boldsymbol{F}_c = \boldsymbol{F}_2(\boldsymbol{I} + \boldsymbol{G}_1\boldsymbol{Q}_2)^{-1}\boldsymbol{F}_1 \tag{6.8.27}$$

这些区段合并公式可以递归地使用. 然而矩阵 $\boldsymbol{Q},\boldsymbol{G},\boldsymbol{F}$ 只是表达了区段在其两端的特性,而对其内部的特性表达不足. 当前关心的是其本征值 $\gamma_{\mathrm{cr}}^{-2}$. 按结构力学本征值的 W-W 算法,其本征值计数是必要的,见第二章. 原有的 W-W 算法是对于两端为给定位移的边界条件的,是对于一类变量的变分原理的. 原先瑞利商的基本形式也是对于一类变量的.

但混合能是对于两端为不同变量的变分原理的,因此适用扩展的 **W-W** 算法[37],这些课题在第二章中已有讲述. 应用于当前的问题,应当将 $\boldsymbol{\lambda}_b$ 看成为"位移",而 $\boldsymbol{x}_a$ 则看成为"内力". 这样的对应恰是扩展 W-W 算法的反方向. 其提法为:对于给定的参数 $\gamma_{\#}^{-2}=\omega_{\#}^2$,用 $J_R(\omega_{\#}^2)$表示区段(t_a,t_b)在其两端分别给定 $\boldsymbol{x}_a=\boldsymbol{0}$, $\boldsymbol{\lambda}_b=\boldsymbol{0}$ 的条件下,区段内部本征值 $\omega^2<\omega_{\#}^2$ 的计数,亦即 $\gamma_{\mathrm{cr}}^{-2}<\gamma_{\#}^{-2}$的本征值计数. J_R 当然也是 t_a,t_b 的函数,但为了书写方便起见,就不写为 $J_R(\omega_{\#}^2,t_a,t_b)$了. 于是 $J_{R1}(\omega_{\#}^2)$代表区段 1 的小于 $\omega_{\#}^2$ 的本征值个数;$J_{R2}(\omega_{\#}^2)$,$J_{Rc}(\omega_{\#}^2)$同,(见图 6.11). 在区段合并时有

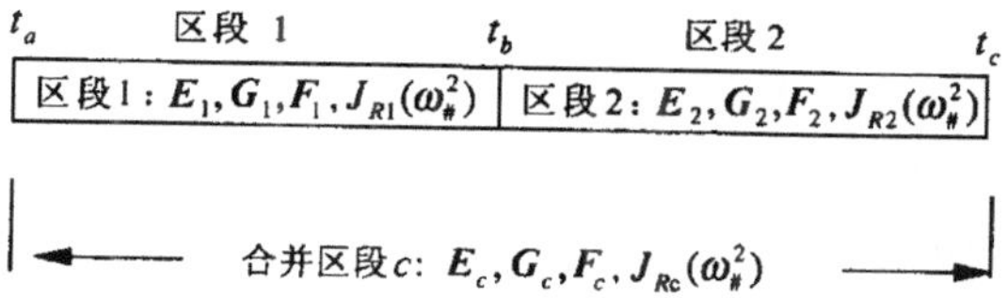

图 6.11　计数的区段合并

$$J_{Rc}(\omega_{\#}^2) = J_{R1}(\omega_{\#}^2) + J_{R2}(\omega_{\#}^2) - s\{\boldsymbol{Q}_2\} + s\{\boldsymbol{G}_1 + \boldsymbol{Q}_2^{-1}\} \tag{6.8.28}$$

其中 $s\{\boldsymbol{M}\}$ 表示,若将对称阵 $\boldsymbol{M}$ 分解为 $\boldsymbol{M}=\boldsymbol{LDL}^{\mathrm{T}}$ 的扩展三角化形式,对角阵 $\boldsymbol{D}$ 中出现的负值的个数.

这样,区段混合能用于本征值问题的表达应当扩展为($\boldsymbol{Q},\boldsymbol{G},\boldsymbol{F},J_R$),即三个矩阵及一个计数,它们当然都是两端时刻 t_a,t_b 及参数 $\gamma_{\#}^{-2}=\omega_{\#}^2$ 的函数. 在 LQ 控制,或卡尔曼-布西滤波问题中,相当于选择了 $\gamma_{\#}^{-2}=\omega_{\#}^2=0$,所以 J_R 恒为零,因此过去在区段混合能表示中就不必提及了. 在 H_∞ 理论中,本征值是关键参数,因此在区段混合能中应当予以表示. 但是区段矩阵仍写为 $\boldsymbol{Q}(t_a,t_b)$,等,$\gamma_{\#}^{-2}$ 并不显式写出.

以上的推导对于时变系统也适用. 在数值计算时,往往认为系统是时不变的,此时 $\boldsymbol{Q},\boldsymbol{G},\boldsymbol{F},J_R$ 只与区段长 $\tau=t_b-t_a$ 有关,故可写为

$$\boldsymbol{Q}=\boldsymbol{Q}(\tau),\quad \boldsymbol{G}=\boldsymbol{G}(\tau),\quad \boldsymbol{F}=\boldsymbol{F}(\tau),\quad \tau=t_b-t_a \tag{6.8.29}$$

它们满足以下微分方程(以下将 $\widetilde{\boldsymbol{A}},\widetilde{\boldsymbol{C}}$ 等仍写为 $\boldsymbol{A},\boldsymbol{C}$ 等)

$$\begin{aligned}\mathrm{d}\boldsymbol{Q}/\mathrm{d}\tau &= \boldsymbol{F}^{\mathrm{T}}\boldsymbol{C}^{\mathrm{T}}\boldsymbol{C}\boldsymbol{F}\\ &= \boldsymbol{C}^{\mathrm{T}}\boldsymbol{C}+\boldsymbol{A}^{\mathrm{T}}\boldsymbol{Q}+\boldsymbol{Q}\boldsymbol{A}-\boldsymbol{Q}(\boldsymbol{B}_u\boldsymbol{B}_u^{\mathrm{T}}-\gamma_{\#}^{-2}\boldsymbol{B}_1\boldsymbol{B}_1^{\mathrm{T}})\boldsymbol{Q}\end{aligned} \tag{6.8.30a}$$

$$\begin{aligned}\mathrm{d}\boldsymbol{G}/\mathrm{d}\tau &= (\boldsymbol{B}_u\boldsymbol{B}_u^{\mathrm{T}}-\gamma_{\#}^{-2}\boldsymbol{B}_1\boldsymbol{B}_1^{\mathrm{T}})+\boldsymbol{A}\boldsymbol{G}+\boldsymbol{G}\boldsymbol{A}^{\mathrm{T}}-\boldsymbol{G}\boldsymbol{C}^{\mathrm{T}}\boldsymbol{C}\boldsymbol{G}\\ &= \boldsymbol{F}(\boldsymbol{B}_u\boldsymbol{B}_u^{\mathrm{T}}-\gamma_{\#}^{-2}\boldsymbol{B}_1\boldsymbol{B}_1^{\mathrm{T}})\boldsymbol{F}^{\mathrm{T}}\end{aligned} \tag{6.8.30b}$$

$$\begin{aligned}\mathrm{d}\boldsymbol{F}/\mathrm{d}\tau &= \boldsymbol{F}[\boldsymbol{A}-(\boldsymbol{B}_u\boldsymbol{B}_u^{\mathrm{T}}-\gamma_{\#}^{-2}\boldsymbol{B}_1\boldsymbol{B}_1^{\mathrm{T}})\boldsymbol{Q}]\\ &= (\boldsymbol{A}-\boldsymbol{G}\boldsymbol{C}^{\mathrm{T}}\boldsymbol{C})\boldsymbol{F}\end{aligned} \tag{6.8.30c}$$

从这些方程可看出 $\boldsymbol{Q},\boldsymbol{G},\boldsymbol{F}$ 阵与原有 $\boldsymbol{A},\boldsymbol{B}_u,\boldsymbol{B}_1,\boldsymbol{C}$ 阵之间的关系. 方程的初值条件为

$$\boldsymbol{Q}=\boldsymbol{0},\ \boldsymbol{G}=\boldsymbol{0},\ \boldsymbol{F}=\boldsymbol{I}_n,\ J_R=0,\ \text{当}\ \tau=0\ \text{时} \tag{6.8.31}$$

这些方程的推导与 6.5 节几乎是相同的. 若选用 $t_b=t_f$,则微分方程(6.8.30a)与黎卡提方程(6.8.14)是相同的,只要注意到 $\mathrm{d}/\mathrm{d}\tau=-\mathrm{d}/\mathrm{d}t_a$. 但边界条件(6.8.31)与(6.8.14)的边界条件不同. 其

实只要对 t 在整个区段$(t_0,t_f]$中的各个格点先求出矩阵 $\boldsymbol{Q},\boldsymbol{G},\boldsymbol{F}$ 与区段(t_0,t_f)的 J_R 之后，再执行

$$\boldsymbol{S} = \boldsymbol{Q} + \boldsymbol{F}^{\mathrm{T}}(\boldsymbol{S}_f^{-1} + \boldsymbol{G})^{-1}\boldsymbol{F} \qquad (6.8.32)$$

即得黎卡提微分方程的解. 但这些格点是离散分布的，只在这些离散点作了计算并不能确定在整个区段$(t_0,t_f]$中是否有奇点. 确定黎卡提微分方程的解是否有奇点可以将整个区段的$(\boldsymbol{Q},\boldsymbol{G},\boldsymbol{F},J_R)$执行本征值计数

$$J_{Rf} = J_R - s\{\boldsymbol{S}_f\} + s\{\boldsymbol{S}_f^{-1} + \boldsymbol{G}\} \qquad (6.8.33)$$

的计算. 此时 $J_{Rf}=0$ 就表明 $\gamma_{\#}^{-2}$是次优(sub-optimal)参数，即在整个区段$(t_0,t_f]$中没有奇点. 根据这个判据，就可以对 $\gamma_{\#}^{-2}$运用搜索法，例如对分法，便可将本征值 $\gamma_{\mathrm{cr}}^{-2}$找出到任意指定的精度. 这种方法就如同在弹性稳定、振动问题中对 W-W 算法的运用一样.

6.8.1.3 精细积分

H_∞控制方程的积分与 LQ 控制等是非常相似的. 对于给定的参数 $\gamma_{\#}^{-2}$，首先是非线性的黎卡提微分方程(6.8.14)的积分，然后是状态微分方程(6.8.15)的积分. 数值积分首先要给出一个步长 η，当然这应是一个不大的值，合理的步长. 选定 η 后，再选一个非常小的时段 τ(还是老的一套方法)

$$\tau = \eta/2^N, \quad \text{例如选择 } N = 20, \quad 2^N = 1048576 \qquad (6.8.34)$$

对于如此小的时段 τ，采用泰勒级数展开将有非常精密的结果.

精细积分运用混合能时段合并消元进行积分. 但应当有一个初始时段，就选用长为 τ 的时段. 方程组(6.8.30)提供了其微分方程，而(6.8.31)式则是其初始条件. 由于 τ 很小，可采用幂级数展开. 设在 τ^4 之后截断，有

$$\boldsymbol{F}'(\tau) = \boldsymbol{f}_1\tau + \boldsymbol{f}_2\tau^2 + \boldsymbol{f}_3\tau^3 + \boldsymbol{f}_4\tau^4 + O(\tau^5)$$

$$\boldsymbol{F}(\tau) = \boldsymbol{I} + \boldsymbol{F}'(\tau) \qquad (6.8.35\text{a})$$

$$\boldsymbol{G}(\tau) = \boldsymbol{g}_1\tau + \boldsymbol{g}_2\tau^2 + \boldsymbol{g}_3\tau^3 + \boldsymbol{g}_4\tau^4 + O(\tau^5) \qquad (6.8.35\text{b})$$

$$\boldsymbol{Q}(\tau) = \boldsymbol{e}_1\tau + \boldsymbol{e}_2\tau^2 + \boldsymbol{e}_3\tau^3 + \boldsymbol{e}_4\tau^4 + O(\tau^5) \quad (6.8.35c)$$

该展开式已满足了初始条件(6.8.31).代入微分方程组(6.8.30)并比较 τ 各幂次的系数,有

$$\boldsymbol{e}_1 = \boldsymbol{C}^{\mathrm{T}}\boldsymbol{C}, \quad \boldsymbol{g}_1 = (\boldsymbol{B}_u\boldsymbol{B}_u^{\mathrm{T}} - \gamma_{\#}^{-2}\boldsymbol{B}_1\boldsymbol{B}_1^{\mathrm{T}}), \quad \boldsymbol{f}_1 = \boldsymbol{A}$$

$$\boldsymbol{e}_2 = (\boldsymbol{f}_1^{\mathrm{T}}\boldsymbol{e}_1 + \boldsymbol{e}_1\boldsymbol{f}_1)/2, \quad \boldsymbol{g}_2 = (\boldsymbol{A}\boldsymbol{g}_1 + \boldsymbol{g}_1\boldsymbol{A}^{\mathrm{T}})/2$$

$$\boldsymbol{f}_2 = (\boldsymbol{A}\boldsymbol{f}_1 - \boldsymbol{g}_1\boldsymbol{e}_1)/2$$

$$\boldsymbol{e}_3 = (\boldsymbol{f}_2^{\mathrm{T}}\boldsymbol{e}_1 + \boldsymbol{e}_1\boldsymbol{f}_2 + \boldsymbol{f}_1^{\mathrm{T}}\boldsymbol{e}_1\boldsymbol{f}_1)/3$$

$$\boldsymbol{g}_3 = (\boldsymbol{A}\boldsymbol{g}_2 + \boldsymbol{g}_2\boldsymbol{A}^{\mathrm{T}} - \boldsymbol{g}_1\boldsymbol{e}_1\boldsymbol{g}_1)/3$$

$$\boldsymbol{f}_3 = (\boldsymbol{A}\boldsymbol{f}_2 - \boldsymbol{g}_2\boldsymbol{e}_1 - \boldsymbol{g}_1\boldsymbol{e}_1\boldsymbol{f}_1)/3$$

$$\boldsymbol{e}_4 = (\boldsymbol{f}_3^{\mathrm{T}}\boldsymbol{e}_1 + \boldsymbol{e}_1\boldsymbol{f}_3 + \boldsymbol{f}_2^{\mathrm{T}}\boldsymbol{e}_1\boldsymbol{f}_1 + \boldsymbol{f}_1^{\mathrm{T}}\boldsymbol{e}_1\boldsymbol{f}_2)/4$$

$$\boldsymbol{g}_4 = (\boldsymbol{g}_3\boldsymbol{A}^{\mathrm{T}} + \boldsymbol{A}\boldsymbol{g}_3 - \boldsymbol{g}_2\boldsymbol{e}_1\boldsymbol{g}_1 - \boldsymbol{g}_1\boldsymbol{e}_1\boldsymbol{g}_2)/4$$

$$\boldsymbol{f}_4 = (\boldsymbol{A}\boldsymbol{f}_3 - \boldsymbol{g}_3\boldsymbol{e}_1 - \boldsymbol{g}_2\boldsymbol{e}_1\boldsymbol{f}_1 - \boldsymbol{g}_1\boldsymbol{e}_1\boldsymbol{f}_2)/4 \quad (6.8.36)$$

这些公式只要逐个进行计算便可,不需迭代求解.其中 $\boldsymbol{e}_i,\boldsymbol{g}_i,\boldsymbol{f}_i$,$(i=1\sim4)$,皆为 $n\times n$ 阵,并且 $\boldsymbol{e}_i^{\mathrm{T}}=\boldsymbol{e}_i,\boldsymbol{g}_i^{\mathrm{T}}=\boldsymbol{g}_i$.

按(6.8.35),(6.8.36)式计算出 $\boldsymbol{Q}(\tau),\boldsymbol{G}(\tau),\boldsymbol{F}'(\tau)$,再因 τ 特别小,必有 $J_R(\tau)=0$.这就给出了时段长为 τ 的混合能表达式,可以作为时段合并 2^N 算法的出发段.

以前的全部公式推导都是精确的,只有展开式(6.8.35)在 τ^4 之后截断有误差.误差与首项之比是 $O(\tau^4)$.由于 $\tau^4=(\eta/2^N)\approx\eta^4\cdot10^{-24}$,这个相对误差乘子已经超出了倍精度实数的有效位数精度 10^{-16}之外了.故这一步的近似实际上也已达到了计算机精度了.

有了初始时段 τ 的混合能表示,应再递归地执行区段合并消元 N 次,得到时段(区段)长为 η 的$(\boldsymbol{Q},\boldsymbol{G},\boldsymbol{F},J_R)$.但应特别注意,合并公式中(6.8.35a)式中 $\boldsymbol{I}+\boldsymbol{F}'$的加法,不可轻易地执行.因为 τ 很小时,$\boldsymbol{F}'$也很小,执行加法将会严重地丧失计算精度的.为此可采用

$$\boldsymbol{Q}_c = \boldsymbol{Q} + (\boldsymbol{I}+\boldsymbol{F}')^{\mathrm{T}}(\boldsymbol{Q}^{-1}+\boldsymbol{G})^{-1}(\boldsymbol{I}+\boldsymbol{F}') \quad (6.8.37a)$$

$$\boldsymbol{G}_c = \boldsymbol{G} + (\boldsymbol{I}+\boldsymbol{F}')(\boldsymbol{G}^{-1}+\boldsymbol{Q})^{-1}(\boldsymbol{I}+\boldsymbol{F}')^{\mathrm{T}} \quad (6.8.37b)$$

$$F_c' = F'(I+GQ)^{-1} + (I+GQ)^{-1}F' + F'(I+GQ)^{-1}F' \tag{6.8.37c}$$

以代替(6.5.77)式的三式. 上式是用于等长小区段的.

至此,精细积分的公式已经齐备. 控制论中黎卡提方程的解总要求对称正定(至少也是非负). 对于有限时段,要求在最后执行(6.8.32~33)式后,$J_{Rc}=0$ 就表明 $\gamma_{\#}^{-2}$是次优(sub-optimal)参数. 而对于无限时段,只要出现 $J_R>0$ 就表示该 $\gamma_{\#}^{-2}$太大,不是次优参数.

若取 $\gamma_{\#}^{-2}=0$,这就是 LQ 控制了. 此时可控、可测系统的 $\boldsymbol{Q}$,$\boldsymbol{G}$ 必为对称正定,因此就没有检查 J_R 的必要. 但 $\gamma_{\#}^{-2}>0$ 时,$\boldsymbol{G}$ 阵可能不正定,因此应检查 J_R 指标. 直到最后一步的(6.8.33)式也可能由于 $\boldsymbol{G}$ 阵的不正定而使$J_R>0$. 以下给出算法.

6.8.1.4 算法

最优参数 γ_{cr}^{-2}的算法只是给定 $\gamma_{\#}^{-2}$求解的对分法迭代. 以下给出其迭代算法. 首先是对基本区段长 η 的精细积分的程序段

[给出维数 n,$\boldsymbol{A}$,$\boldsymbol{B}_1$,$\boldsymbol{B}_u$,$\boldsymbol{C}$,$\boldsymbol{D}$ 阵,边界 $\boldsymbol{S}_f$ 阵,时间区段$(0,t_f]$. 选择一个 $\gamma_{\#}^{-2}$]

[计算$\boldsymbol{C}^{\mathrm{T}}\boldsymbol{C}$ 及$(\boldsymbol{B}_u\boldsymbol{B}_u^{\mathrm{T}}-\gamma_{\#}^{-2}\boldsymbol{B}_1\boldsymbol{B}_1^{\mathrm{T}})$阵;选择步长 η,取 $N=20$;令 $\tau=\eta/2^N$]

[按(6.8.35),(6.8.36)式计算 $\boldsymbol{Q}(\tau)$,$\boldsymbol{G}(\tau)$,$\boldsymbol{F}'(\tau)$;取 $J_R=0$;]

for($iter=0$;$iter<N$;$iter++$){

  [将 $\boldsymbol{G}$ 阵与$(\boldsymbol{Q}+\boldsymbol{G}^{-1})$阵进行三角分解,按(6.8.33)式得 J_{Rc};]

  [按(6.8.37)式计算 $\boldsymbol{Q}_c$,$\boldsymbol{G}_c$,$\boldsymbol{F}_c'$]

  [令 $\boldsymbol{Q}=\boldsymbol{Q}_c$,$\boldsymbol{G}=\boldsymbol{G}_c$;$\boldsymbol{F}'=\boldsymbol{F}_c'$;$J_R=J_{Rc}$;]}

  [令 $\boldsymbol{F}=\boldsymbol{F}_c=\boldsymbol{I}+\boldsymbol{F}'$;]注:$(\boldsymbol{Q},\boldsymbol{G},\boldsymbol{F},J_R)$已经是基本时段 η 的了. (6.8.38)

以下应区分无限时段与有限时段两种情况. 无限时段的算法

为

while ($\| \boldsymbol{F}_c \| > \varepsilon$) {

[令 $\boldsymbol{Q}_1 = \boldsymbol{Q}_2 = \boldsymbol{Q}_c$；$\boldsymbol{G}_1 = \boldsymbol{G}_2 = \boldsymbol{G}_c$；$\boldsymbol{F}_1 = \boldsymbol{F}_2 = \boldsymbol{F}_c$；$J_{R1} = J_{R2} = J_{Rc}$；]

[按(6.5.77)式计算 $\boldsymbol{Q}_c, \boldsymbol{G}_c, \boldsymbol{F}_c$ 并由(6.8.28)式计算 J_{Rc}]

if($J_{Rc}>0$){ $\gamma_{\#}^{-2}$太大,Break；}

}注：如 $\gamma_{\#}^{-2}$不太大，$\gamma_{\#}^{-2}$就是次优 H_∞解，可增大 $\gamma_{\#}^{-2}$；否则就减小 $\gamma_{\#}^{-2}$. (6.8.39)

有限时段的划分设为 $t_0 = 0, \cdots, t_k = k\eta, \cdots t_f = k_f\eta$. 设 $k_f = 2^{N_1}$，则在(6.8.38)式后，执行

for($iter = 0$；$iter < N_1$；$iter$ + +){

[令 $\boldsymbol{Q}_1 = \boldsymbol{Q}_2 = \boldsymbol{Q}_c$；$\boldsymbol{G}_1 = \boldsymbol{G}_2 = \boldsymbol{G}_c$；$\boldsymbol{F}_1 = \boldsymbol{F}_2 = \boldsymbol{F}_c$；$J_{R1} = J_{R2} = J_{Rc}$；]

[按(6.5.77)式计算 $\boldsymbol{Q}_c, \boldsymbol{G}_c, \boldsymbol{F}_c$ 并由(6.8.28)式计算 J_{Rc}]}

[令 $\boldsymbol{Q} = \boldsymbol{Q}_c$；$\boldsymbol{G} = \boldsymbol{G}_c$；$\boldsymbol{F} = \boldsymbol{F}_c$；$J_R = J_{Rc}$；执行(6.8.32)，(6.8.33)式；]

if($J_R = 0$){成功；$\gamma_{\#}^{-2}$是次优解，可以增高；如果精度已够，停止.}

else { $\gamma_{\#}^{-2}$太大，不是次优解；应予减少再算；} (6.8.40)

对 $\gamma_{\#}^{-2}$用例如对分法迭代，直至达到满意. 这就是瑞利商最小本征值的上、下界迭代.

为了说明算法的有效性，现给出两个数例. 其中 $\gamma_{\#}^{-2}$即本征值的下界. 算法给出了非常接近的上、下界，精确到 8 位有效数值. 本征值 γ_{cr}^{-2}称为 H_∞控制的最优参数，其相应黎卡提微分方程的解矩阵的特点是趋于奇异的对称阵. 根据这种数值上无限增长的病态阵来导出其增益阵及控制向量是难以实施的. 实际有意义的最优不应如此，应当从实用的角度再作探讨. 事实上，H_∞理论只是突出了鲁棒性这一点，实用上还应综合加以考虑. 当前 H_∞控制的"最优"仅只是在本征值意义之下的，整套计算只相当于结构力学中的正问题. 从系统的角度看，其输出有关的矩阵 $\boldsymbol{C}_z, \boldsymbol{D}_{12}, \boldsymbol{C}_y$，

D_{21}以及输入有关矩阵 $\boldsymbol{B}_1,\boldsymbol{B}_u$ 等,都有参数有待选择调整.这种工作相应于系统的综合、优化.对此,力学中的结构优化方法应当可以与其相结合,以寻求实际意义下的满意解.

应强调指出,结构力学中欧拉临界值是不能用的.结构工程中有稳定性问题时,选择许用值要对临界值打一个相当大的折扣的.

例 1 这是一个一维问题,便于与分析解对比.

令 $n=1,\boldsymbol{A}=0.8;\boldsymbol{B}_1=0.8;\boldsymbol{B}_u=3.0;\boldsymbol{C}=0.8;\boldsymbol{S}_f=0.01$,再设$(0,t_f)=(0,0.8)$为时间区段;欲求最优参数 γ_{cr}^{-2}及其对应的黎卡提微分方程的解.

解 将原始数据代入黎卡提微分方程有

$$\dot{\boldsymbol{S}}=-0.64-1.6\boldsymbol{S}+(9.0-0.64\gamma_{\#}^{-2})\boldsymbol{S}^2,\quad \boldsymbol{S}(0.8)=0.01$$

其中 $\boldsymbol{S}(t)$是一个纯量函数,分析解容易求出.

精细积分再结合扩展 W-W 算法,采用对分法搜索最优参数 γ_{cr}^{-2}.经 20 次对分迭代给出

$$\text{下界}=19.198742,\qquad \text{上界}=19.198751$$

应用下界作为最优参数,$\gamma_{cr}^{-2}=19.198742$.

对这个 γ_{cr}^{-2},黎卡提微分方程的分析解与精细积分解的数值结果列于下表.

表 6 一维例题的数值结果 注:16-div 与 8-div 分别代表16,8 等分区段的精细积分结果.

Time=	0.75	0.70	0.65	0.60	0.55	0.50
Analytic	0.0442861	0.0819794	0.1239372	0.1712935	0.2255860	0.2889589
16-div	0.0442861	0.0819794	0.1239372	0.1712935	0.2255860	0.2889589
8-div		0.0819794		0.1712935		0.2889589
Time=	0.45	0.40	0.35	0.30	0.25	0.20
Analytic	0.3645008	0.4568356	0.5732203	0.7257400	0.9361363	1.247880
16-div	0.3645008	0.4568356	0.5732203	0.7257400	0.9361363	1.247880

续表

8-div		0.4568356		0.7257400		1.247880
Time =	0.15	0.10	0.05	0.0		
Analytic	1.762386	2.783875	5.833399	1576124		
16-div	1.762386	2.783875	5.833399	1562431		
8-div		2.783875				

由表中看出，分析解与精细积分解的数值结果是一样的，只有在最后第 8 位有时相差 1，而这可能是由于舍入误差. 区段端点 0.0 是奇异点，只有在此奇异点处精细积分解才与分析解的数值结果有了差别. 然而，奇异点处解本应为无穷大，只因参数 γ_{cr}^{-2} 比精确值小了一点点，因此解就成为一个很大的值，该值也不是准确的.

例 2 $n=4$；且

$$\boldsymbol{A}=\begin{pmatrix}-0.08 & -3.0 & 0.0 & 2.0\\ 0.04 & -1.4 & 10.0 & 0.0\\ -0.01 & -4.0 & -2.8 & 0.0\\ 0.0 & 0.0 & 1.0 & 0.0\end{pmatrix}$$

$$\boldsymbol{B}_1=\begin{pmatrix}0.0\\0.0\\0.2\\.001\end{pmatrix},\quad \boldsymbol{B}_u=\begin{pmatrix}0.0\\0.0\\-0.30\\0.0\end{pmatrix}$$

$$\boldsymbol{C}=\mathrm{diag}[0.5\quad 0.5\quad 1.0\quad 0.0]$$

求无限时段与有限时段的解.

a) 对于无限时段问题，采用精细积分与扩展 W-W 算法，并用对分法搜索最优参数 γ_{cr}^{-2}，解得

下限 = 2.17081，　　上限 = 2.17082

取 $\gamma_{\#}^{-2}$ 的下限值，其对应的解矩阵 $\boldsymbol{S}_{\infty}$，如所予期，几乎是一个奇异阵，其元素非常大.

b) 有限时段 $t_f=4.5$，以及 $\boldsymbol{S}_f=\mathrm{diag}(0.1\quad 0.1\quad 0.1\quad 0.1)$.

γ_{cr}^{-2}的上、下限是

$$\text{下限} = 60.54692, \qquad \text{上限} = 60.54697$$

取其下限为 $\gamma_{\#}^{-2}$,用精细积分得到的解矩阵就不列出了以节省篇幅.但如所预期,端点处的解矩阵 $\boldsymbol{S}(0)$数值非常大,几乎是一个奇异阵.

6.8.2 H_∞滤波

实现对系统状态的最优估计是进行最优控制的必要环节.如同 LQG 问题一样,在 H_∞鲁棒控制理论中,H_∞滤波与 H_∞全状态控制也是互为对偶的两个方面.从控制角度看,仅当全状态皆精确地量测时,方才不必再作状态估计,但这往往是做不到的;故通常的量测反馈就需要用滤波器来对状态作出估计.事实上,真实系统的运行不可避免有随机干扰作用,而在对其量测时又受到随机噪声的干扰.因此 H_∞滤波的计算是整个 H_∞鲁棒控制理论的中心环节之一.控制是对于未来时段的,而滤波是对于过去时段的.两者可以分别求解,称为分离性理论(separation theory).两者在当前时刻 t 相连接,该连接条件将给出 H_∞控制律,并且对状态估计提供了边界条件.故 H_∞滤波的分析是必要环节.

滤波分析对于控制是必要的,但滤波的应用并不只是控制,因此鲁棒滤波本身也是重要的.滤波问题的状态空间实现为

$$\dot{\boldsymbol{x}} = \boldsymbol{A}\boldsymbol{x} + \boldsymbol{B}_1\boldsymbol{w} + \boldsymbol{B}_u\boldsymbol{u} \tag{6.8.2}$$

$$\boldsymbol{z} = \boldsymbol{C}_z\boldsymbol{x} + \boldsymbol{D}_{12}\boldsymbol{u} \tag{6.8.3}$$

$$\boldsymbol{y} = \boldsymbol{C}_y\boldsymbol{x} + \boldsymbol{D}_{21}\boldsymbol{w} \tag{6.8.4}$$

适用于过去时段$[0,t)$. $\boldsymbol{w}$ 为高斯随机白噪声的干扰输入,l 维向量,其中包含了过程噪声与量测噪声

$$E[\boldsymbol{w}(t)\boldsymbol{w}^{\mathrm{T}}(t+\tau)] = \boldsymbol{W}\delta(\tau) \tag{6.8.41}$$

$\boldsymbol{u}$ 是过去的控制,故只是给定向量而已,m 维.由于有噪声输入,因此 $\boldsymbol{x}(\tau)$也是高斯随机过程,n 维非平稳向量,其初值条件为 $\boldsymbol{x}(0)$的均值 $\hat{\boldsymbol{x}}_0$ 以及协方差阵 $\boldsymbol{P}_0$ 给定,$\boldsymbol{y}(\tau)$是 q 维量测向量,$\boldsymbol{z}$ 是 p 维输出向量有待估计;$\boldsymbol{A}, \boldsymbol{B}_1, \boldsymbol{B}_u, \boldsymbol{C}_y, \boldsymbol{C}_z, \boldsymbol{D}_{12}, \boldsymbol{D}_{21}$为具有适

定维数的给定矩阵. $\boldsymbol{x}(0)$, $\boldsymbol{w}(\tau)$互相无关. $(\boldsymbol{A}, \boldsymbol{B}_1)$可控, $(\boldsymbol{A}, \boldsymbol{C}_y)$可测. 至于在 $\tau = t$ 处的边界条件则可由 H_∞变分原理的自然边界条件导出.

H_∞滤波问题要求找出线性、满足因果律的算子 F, 使估计

$$\hat{\boldsymbol{z}}(t) = F(\boldsymbol{y}, \boldsymbol{u}) \tag{6.8.42}$$

的误差$(\hat{\boldsymbol{z}} - \boldsymbol{C}_z\boldsymbol{x} - \boldsymbol{D}_{12}\boldsymbol{u})$之模满足条件

$$\int_0^t (\hat{\boldsymbol{z}} - \boldsymbol{C}_z\boldsymbol{x} - \boldsymbol{D}_{12}\boldsymbol{u})^{\mathrm{T}}(\hat{\boldsymbol{z}} - \boldsymbol{C}_z\boldsymbol{x} - \boldsymbol{D}_{12}\boldsymbol{u})\mathrm{d}\tau/2 < \gamma^2 \| \boldsymbol{w} \| \tag{6.8.43}$$

其中 γ^2 是给定的参数. 显然该条件对于很大的 γ^2 将会得到满足, 但它有一个下界 γ_{cr}^2. 它的逆 $\gamma_{\mathrm{cr}}^{-2}$将被证明恰为瑞利商的本征值.

如果 $t_f \to \infty$则 t 也会趋于无穷. 上式提法就变成对无穷区段$[0, \infty)$的 H_∞滤波提法.

鲁棒滤波要考虑到动力方程中的工厂矩阵 $\boldsymbol{A}$ 是会带有误差的, 由于 $\boldsymbol{A}$ 的误差会带来误差项 $\boldsymbol{A}_\Delta \boldsymbol{x}$, 其中 $\boldsymbol{A}_\Delta$ 应考虑其最不利的可能性. 从概念上说, 它相当于动力方程的干扰输入 $\boldsymbol{w}$. 原来用于卡尔曼-布西滤波的基本考虑本来是: 选择状态向量 $\hat{\boldsymbol{x}}$, 使白噪声 $\boldsymbol{w}$ 的模成为最小$\min\limits_{\boldsymbol{x}} \| \boldsymbol{w} \|$, 然后再用输出方程(6.8.3)将 $\hat{\boldsymbol{z}}$ 计算出来. 由于 $\boldsymbol{A}_\Delta \boldsymbol{x}$ 项的并入, 基本考虑也要重新分析. 不能单纯地使白噪声 $\boldsymbol{w}$ 的模成为最小, 这种考虑将 $\boldsymbol{w}$ 当成是中性的. 因为还没有考察 $\boldsymbol{w}$ 对输出 $\hat{\boldsymbol{z}}$ 发生的效果. 最不利干扰表明, $\boldsymbol{w}$ 的选择是有倾向性的而不是中性的, 这是鲁棒性要求的特点. 将(6.8.43)式写成

$$\max_{\boldsymbol{w}} \| (\hat{\boldsymbol{z}} - \boldsymbol{C}_z\boldsymbol{x} - \boldsymbol{D}_{12}\boldsymbol{u}) \| / \| \boldsymbol{w} \| < \gamma^2 \tag{6.8.44}$$

左侧解释成为, $\boldsymbol{w}$ 干扰的单位能量产生最多的输出能量, 这就是 $\boldsymbol{w}$ 选择的倾向性. 当然 $\boldsymbol{w}$ 仍然满足(6.8.41)式, 因此还是白噪声.

(6.8.44)式考虑了 $\boldsymbol{w}$ 选择的倾向性, 但还要考虑另一方面, 估计算子(6.8.42). 线性、满足因果律的算子 F 的选择当然应使估计误差为最小. 因此(6.8.44)式还应进一步写为

$$\max_{w}\min_{F}\|(\hat{z}-C_z x-D_{12}u)\|/\|w\| = \gamma_{cr}^2 < \gamma^2 \tag{6.8.45}$$

上式显示出了临界值 γ_{cr}^2 的鞍点性质.情况依然是博奕论中的,零和双方对奕的情形.注意 $\hat{z}$ 本身已经含有了对 F 算子选择的意义了.这里的 γ_{cr}^2 是 H_∞ 滤波的,虽然采用同一个符号,但与 H_∞ 全状态控制的 γ_{cr}^2 是不同的.

不利干扰的模可表达为

$$2\|w\| = \int_0^t w^{\mathrm{T}} w \mathrm{d}\tau + (x(0)-\hat{x}_0)^{\mathrm{T}} P_0^{-1}(x(0)-\hat{x}_0) \tag{6.8.46}$$

以上讲的这些量,x, w, u, z, y,当然应当满足方程(6.8.2~4).条件(6.8.45)表达了两层意思,第一层意思是对 γ^{-2} 的下限 γ_{cr}^{-2} 的寻求,第二层意思是对于给定的次优参数 $\gamma^{-2}<\gamma_{cr}^{-2}$,计算其滤波输出 $\hat{z}$,以及状态 $\hat{x}(t)$ 与方差阵 $P(t)$.这里写出的状态 $\hat{x}(t)$ 与方差阵 $P(t)$ 是滤波值;如果写成状态 $\hat{x}(\tau)$ 与方差阵 $P(\tau)$,$\tau<t$,则就意味着还要平滑结果了.

对比一下结构稳定性的欧拉临界值.当然最重要是将结构的临界荷载值计算出来,记为 P_{cr};但该荷载在工程中是不能应用的,当荷载接近 P_{cr} 时,在小小的另加外力干扰作用下,结构将发生很大的变位响应.有鉴于此,第二个问题便是如何选用一个荷载 $P<P_{cr}$.

虽然这是两类不同问题,但其方程却是一致的.本征值问题的方程相当于只有荷载,而外力为零.这是齐次方程,量测可以是零,但本征值 γ_{cr}^{-2} 待定;而滤波问题则有具体的量测值 $y(\tau)$,它相当于结构分析的外力,参数 γ^{-2} 则为给定.γ^{-2} 的选择应满足条件 $\gamma^{-2}<\gamma_{cr}^{-2}$,此时的 γ^{-2} 称为次优(sub-optimal).如果 $\hat{z}$ 只是要满足不等式(6.8.43),则解是不惟一的,有许多选择余地.但其中满足最小-最大指标 J_p

$$J_p = \int_0^t [w^{\mathrm{T}} w/2 - \gamma^{-2}(\hat{z}-C_z x-D_{12}u)^{\mathrm{T}}(\hat{z}-C_z x-D_{12}u)/2]\mathrm{d}\tau$$

$$+ (\boldsymbol{x}(0) - \hat{\boldsymbol{x}}_0)\boldsymbol{P}_0^{-1}(\boldsymbol{x}(0) - \hat{\boldsymbol{x}}_0)/2$$

$$\min_{w} \max_{F} J_p \tag{6.8.47}$$

而得到的 $\hat{z}$ 称为中心解.事实上,$\hat{z}$ 由(6.8.42)式确定,其中 $\boldsymbol{y},\boldsymbol{u}$ 皆已给定,而 F 是它们的线性算子,F 算子只与系统的矩阵 $\boldsymbol{A}$, $\boldsymbol{B}_1,\boldsymbol{B}_u,\boldsymbol{C}_y,\boldsymbol{C}_z,\boldsymbol{D}_{12},\boldsymbol{D}_{21}$ 等有关而与 $\boldsymbol{w}$ 并不直接相关.因此可将方程(6.8.3)取均值,有

$$\hat{\boldsymbol{z}} = \boldsymbol{C}_z\hat{\boldsymbol{x}} + \boldsymbol{D}_{12}\boldsymbol{u} \tag{6.8.48}$$

表明只要对状态 $\boldsymbol{x}$ 作出估计就可以了.(6.8.47)的变分是有条件的,这就是方程(6.8.2),(6.8.4).引入拉格朗日乘子,n 维向量 $\boldsymbol{\lambda}(\tau)$ 与 q 维向量 $\boldsymbol{\rho}(\tau)$,得到扩展指标

$$J_{pA} = \int_0^t \begin{bmatrix} \boldsymbol{w}^{\mathrm{T}}\boldsymbol{w}/2 - \gamma^{-2}(\hat{\boldsymbol{z}} - \boldsymbol{C}_z\boldsymbol{x} - \boldsymbol{D}_{12}\boldsymbol{u})^{\mathrm{T}}(\hat{\boldsymbol{z}} - \boldsymbol{C}_z\boldsymbol{x} - \boldsymbol{D}_{12}\boldsymbol{u})/2 \\ + \boldsymbol{\rho}^{\mathrm{T}}(\boldsymbol{y} - \boldsymbol{C}_y\boldsymbol{x} - \boldsymbol{D}_{21}\boldsymbol{w}) + \boldsymbol{\lambda}^{\mathrm{T}}(\dot{\boldsymbol{x}} - \boldsymbol{A}\boldsymbol{x} - \boldsymbol{B}_1\boldsymbol{w} - \boldsymbol{B}_u\boldsymbol{u}) \end{bmatrix} \mathrm{d}\tau$$

$$+ (\boldsymbol{x}(0) - \hat{\boldsymbol{x}}_0)^{\mathrm{T}}\boldsymbol{P}_0^{-1}(\boldsymbol{x}(0) - \hat{\boldsymbol{x}}_0)/2 \tag{6.8.49}$$

先对 $\boldsymbol{w}$ 取最小,有

$$\boldsymbol{w} = \boldsymbol{B}_1^{\mathrm{T}}\boldsymbol{\lambda} + \boldsymbol{D}_{21}^{\mathrm{T}}\boldsymbol{\rho}$$

于是因(6.8.5)式,有

$$J_{pA} = \int_0^t \begin{bmatrix} \boldsymbol{\lambda}^{\mathrm{T}}(\dot{\boldsymbol{x}} - \boldsymbol{A}\boldsymbol{x}) - \boldsymbol{\lambda}^{\mathrm{T}}\boldsymbol{B}_1\boldsymbol{B}_1^{\mathrm{T}}\boldsymbol{\lambda}/2 + \boldsymbol{\rho}^{\mathrm{T}}(\boldsymbol{C}_y\boldsymbol{x} + \boldsymbol{D}_{21}\boldsymbol{B}_1^{\mathrm{T}}\boldsymbol{\lambda} - \boldsymbol{y}) \\ - \boldsymbol{\rho}^{\mathrm{T}}\boldsymbol{\rho}/2 - \boldsymbol{\lambda}^{\mathrm{T}}\boldsymbol{B}_u\boldsymbol{u} - \gamma^{-2}(\hat{\boldsymbol{z}} - \boldsymbol{C}_z\boldsymbol{x} - \boldsymbol{D}_{12}\boldsymbol{u})^{\mathrm{T}} \\ \times (\hat{\boldsymbol{z}} - \boldsymbol{C}_z\boldsymbol{x} - \boldsymbol{D}_{12}\boldsymbol{u})/2 \end{bmatrix} \mathrm{d}\tau$$

$$+ (\boldsymbol{x}(0) - \hat{\boldsymbol{x}}_0)^{\mathrm{T}}\boldsymbol{P}_0^{-1}(\boldsymbol{x}(0) - \hat{\boldsymbol{x}}_0)/2$$

再对 $\boldsymbol{\rho}$ 取极值,有

$$\boldsymbol{\rho} = -\boldsymbol{D}_{21}\boldsymbol{B}_1^{\mathrm{T}}\boldsymbol{\lambda} - \boldsymbol{C}_y\boldsymbol{x} + \boldsymbol{y}$$

$$J_{pA} = \int_0^t \begin{bmatrix} \boldsymbol{\lambda}^{\mathrm{T}}(\dot{\boldsymbol{x}} - \bar{\boldsymbol{A}}\boldsymbol{x}) - \boldsymbol{\lambda}^{\mathrm{T}}\boldsymbol{B}\boldsymbol{B}^{\mathrm{T}}\boldsymbol{\lambda}/2 + \boldsymbol{x}^{\mathrm{T}}(\boldsymbol{C}_y^{\mathrm{T}}\boldsymbol{C}_y - \gamma^{-2}\boldsymbol{C}_z^{\mathrm{T}}\boldsymbol{C}_z)\boldsymbol{x}/2 \\ - \boldsymbol{\lambda}^{\mathrm{T}}(\boldsymbol{B}_u\boldsymbol{u} + \boldsymbol{B}_1\boldsymbol{D}_{21}^{\mathrm{T}}\boldsymbol{y}) - \boldsymbol{x}^{\mathrm{T}}(\boldsymbol{C}_y^{\mathrm{T}}\boldsymbol{y} - \gamma^{-2}\boldsymbol{C}_z^{\mathrm{T}}(\hat{\boldsymbol{z}} - \boldsymbol{D}_{12}\boldsymbol{u})) \end{bmatrix} \mathrm{d}\tau$$

$$+ (\boldsymbol{x}(0) - \hat{\boldsymbol{x}}_0)^{\mathrm{T}}\boldsymbol{P}_0^{-1}(\boldsymbol{x}(0) - \hat{\boldsymbol{x}}_0)/2, \quad \delta J_{pA} = 0 \tag{6.8.50}$$

其中

$$\bar{\boldsymbol{A}} = \boldsymbol{A} - \boldsymbol{B}_1\boldsymbol{D}_{21}^{\mathrm{T}}\boldsymbol{C}_y, \quad \boldsymbol{B}\boldsymbol{B}^{\mathrm{T}} = \boldsymbol{B}_1(\boldsymbol{I}_l - \boldsymbol{D}_{21}^{\mathrm{T}}\boldsymbol{D}_{21})\boldsymbol{B}_1^{\mathrm{T}} \tag{6.8.51}$$

变分原理(6.8.50)有两类变量 $\boldsymbol{x}(\tau)$, $\boldsymbol{\lambda}(\tau)$独立地变分,皆为 n 维向量,互为对偶. 完成变分推导,就得对偶微分方程

$$\dot{\boldsymbol{x}} = \bar{\boldsymbol{A}}\boldsymbol{x} + \boldsymbol{B}\boldsymbol{B}^{\mathrm{T}}\boldsymbol{\lambda} + \boldsymbol{B}_u\boldsymbol{u} + \boldsymbol{B}_1\boldsymbol{D}_{21}^{\mathrm{T}}\boldsymbol{y} \tag{6.8.52a}$$

$$\dot{\boldsymbol{\lambda}} = (\boldsymbol{C}_y^{\mathrm{T}}\boldsymbol{C}_y - \gamma^{-2}\boldsymbol{C}_z^{\mathrm{T}}\boldsymbol{C}_z)\boldsymbol{x} - \bar{\boldsymbol{A}}^{\mathrm{T}}\boldsymbol{\lambda} - \boldsymbol{C}_y^{\mathrm{T}}\boldsymbol{y} + \gamma^{-2}\boldsymbol{C}_z^{\mathrm{T}}(\hat{\boldsymbol{z}} - \boldsymbol{D}_{12}\boldsymbol{u}) \tag{6.8.52b}$$

在 $\tau=0$ 处的自然边界条件为

$$\boldsymbol{x}(0) = \hat{\boldsymbol{x}}_0 + \boldsymbol{P}_0\boldsymbol{\lambda}(0), \quad 当\ \tau = 0\ 时 \tag{6.8.53}$$

还有在另一端 $\tau=t$ 处的边界条件有待探讨. 如果完全不理睬在 $\tau=t$ 处与未来时段$(t, t_f]$的连接,则就成为 J_{pA} 在 $\tau=t$ 处完全自由地变分,此时的自然边界条件为

$$\boldsymbol{\lambda}(\tau) = \boldsymbol{0}, \quad 当\ \tau = t\ 时 \tag{6.8.54}$$

采用这个完全自由的边界条件,求出的结果就称为滤波,H_∞滤波.

滤波并不是一定用于控制中的,因此对 H_∞滤波的计算非常重要. 但控制显然是滤波的主要应用方面之一,因此在 $\tau=t$ 处的边界条件还应再作探查. 不论采用何种边界条件方程,在 $\tau=t$ 处总有一个向量$\bar{\boldsymbol{\lambda}}(t)$,即

$$\boldsymbol{\lambda}(\tau \to t) = \bar{\boldsymbol{\lambda}}(t) \tag{6.8.55}$$

这样,问题就成为如何列出对 $\bar{\boldsymbol{\lambda}}(t)$的方程了. 控制问题的要点是还应与未来时段连接,确定 $\bar{\boldsymbol{\lambda}}(t)$当然应当从该连接条件来推导. 这将在后文给出. 方程(6.8.52,53)总是应当满足的. 在满足这些方程的条件下,$\bar{\boldsymbol{\lambda}}(t)$只有待定,因此对 J_{pA}的变分将导出

$$\delta J_{pA} = [\delta\boldsymbol{x}(t)]^{\mathrm{T}}\bar{\boldsymbol{\lambda}}(t) \tag{6.8.56}$$

以后将边界条件(6.8.54)得到满足的解称为**滤波解**,而将 $\bar{\boldsymbol{\lambda}}(t)$不为零的解称为**估值解**,虽然很像平滑解,但请不要将它当成平滑了. 滤波显然是估值的特殊情况.

以下先讲滤波解. 除了 $\tau=t$ 处的边界条件,估值解的方程组与滤波是一样的. 故求解滤波解的许多中间过程对估值解也有用.

6.8.2.1 对偶方程的求解

对比方程(6.8.52a,b)与(6.5.47a,b),可知两者在实际上是一致的.两者都是一阶非齐次方程,两端边界条件.滤波问题的边界条件也一致,解法也相同,非齐次项可以在齐次方程求解后再解决.与6.5节中一样,令

$$\boldsymbol{x}(\tau)=\hat{\boldsymbol{x}}(\tau)+\boldsymbol{P}(\tau)\boldsymbol{\lambda}(\tau) \tag{6.8.57}$$

代入(6.8.52a,b)式,有

$$\dot{\boldsymbol{x}}=\dot{\hat{\boldsymbol{x}}}+\dot{\boldsymbol{P}}\boldsymbol{\lambda}+\boldsymbol{P}\dot{\boldsymbol{\lambda}}=\bar{\boldsymbol{A}}\hat{\boldsymbol{x}}+\bar{\boldsymbol{A}}\boldsymbol{P}\boldsymbol{\lambda}+\boldsymbol{B}\boldsymbol{B}^{\mathrm{T}}\boldsymbol{\lambda}+\boldsymbol{B}_u\boldsymbol{u}+\boldsymbol{B}_1\boldsymbol{D}_{12}\boldsymbol{y}$$

$$\begin{aligned}\dot{\boldsymbol{\lambda}}=&(\boldsymbol{C}_y^{\mathrm{T}}\boldsymbol{C}_y-\gamma^{-2}\boldsymbol{C}_z^{\mathrm{T}}\boldsymbol{C}_z)(\hat{\boldsymbol{x}}+\boldsymbol{P}\boldsymbol{\lambda})-\bar{\boldsymbol{A}}^{\mathrm{T}}\boldsymbol{\lambda}-\boldsymbol{C}_y^{\mathrm{T}}\boldsymbol{y}\\&+\gamma^{-2}\boldsymbol{C}_z^{\mathrm{T}}(\hat{\boldsymbol{z}}-\boldsymbol{D}_{12}\boldsymbol{u})\end{aligned}$$

消去 $\dot{\boldsymbol{\lambda}}$,即可推出黎卡提微分方程

$$\begin{aligned}\dot{\boldsymbol{P}}(\tau)=&\boldsymbol{B}\boldsymbol{B}^{\mathrm{T}}+\bar{\boldsymbol{A}}\boldsymbol{P}+\boldsymbol{P}\bar{\boldsymbol{A}}^{\mathrm{T}}-\boldsymbol{P}(\boldsymbol{C}_y^{\mathrm{T}}\boldsymbol{C}_y\\&-\gamma^{-2}\boldsymbol{C}_z^{\mathrm{T}}\boldsymbol{C}_z)\boldsymbol{P},\quad \boldsymbol{P}(0)=\boldsymbol{P}_0\end{aligned} \tag{6.8.58}$$

以及对均值的滤波方程

$$\begin{aligned}\dot{\hat{\boldsymbol{x}}}(\tau)=&\bar{\boldsymbol{A}}\hat{\boldsymbol{x}}-\boldsymbol{P}(\boldsymbol{C}_y^{\mathrm{T}}\boldsymbol{C}_y-\gamma^{-2}\boldsymbol{C}_z^{\mathrm{T}}\boldsymbol{C}_z)\hat{\boldsymbol{x}}+\boldsymbol{P}(\boldsymbol{C}_y^{\mathrm{T}}\boldsymbol{y}\\&+\gamma^{-2}\boldsymbol{C}_z^{\mathrm{T}}(\hat{\boldsymbol{z}}-\boldsymbol{D}_{12}\boldsymbol{u}))+\boldsymbol{B}_u\boldsymbol{u}+\boldsymbol{B}_1\boldsymbol{D}_{12}\boldsymbol{y}\end{aligned}$$

其求解当然是首先解黎卡提微分方程,算出 $\boldsymbol{P}$;然后再求解滤波方程,解出 $\hat{\boldsymbol{x}}(\tau)$.由方程看出 $\boldsymbol{P}$ 阵与量测 $\boldsymbol{y}$ 及输入 $\boldsymbol{u}$ 都没有关系,即与非齐次项无关.与以往相比,方程中多了 γ^{-2}的项.现在矩阵$(\boldsymbol{C}_y^{\mathrm{T}}\boldsymbol{C}_y-\gamma^{-2}\boldsymbol{C}_z^{\mathrm{T}}\boldsymbol{C}_z)$已不再能保持为非负阵.$\gamma^{-2}$不能过大,否则$\boldsymbol{P}(\tau)$就无解了.由解存在的条件就可以将其临界值 $\gamma_{\mathrm{cr}}^{-2}$找出来,这是下一节的任务.

滤波方程中的 $\hat{\boldsymbol{z}}$,应当用(6.8.48)式代入,有

$$\dot{\hat{\boldsymbol{x}}}(\tau)=\bar{\boldsymbol{A}}\hat{\boldsymbol{x}}-\boldsymbol{P}(\tau)\boldsymbol{C}_y^{\mathrm{T}}(\boldsymbol{y}-\boldsymbol{C}_y\hat{\boldsymbol{x}})+\boldsymbol{B}_u\boldsymbol{u}+\boldsymbol{B}_1\boldsymbol{D}_{12}\boldsymbol{y} \tag{6.8.59}$$

对该方程的精细积分法,过去于6.5.7节中,已对卡尔曼-布西滤

波方程的积分作了详细的推导，此处不必再予重复了．因此，问题就集中到黎卡提微分方程(6.8.58)临界参数 γ_{cr}^{-2} 的确定，以及对于给定的次优参数 $\gamma^{-2}<\gamma_{cr}^{-2}$ 对于该方程精细积分上了．

6.8.2.2　扩展瑞利商

求解黎卡提微分方程(6.8.58)，首先是 γ_{cr}^{-2} 的确定．只有 $\gamma^{-2}<\gamma_{cr}^{-2}$ 时，(6.8.58)式方才可解．注意到该方程没有非齐次项，因此可在 $\hat{\boldsymbol{x}}_0=\boldsymbol{0},\boldsymbol{u}=\boldsymbol{0},\boldsymbol{y}=\boldsymbol{0},\hat{\boldsymbol{z}}=\boldsymbol{0}$ 条件下寻求临界值 γ_{cr}^{-2}．于是变分原理(6.8.50)变成为

$$J_A=\int_0^t[\boldsymbol{\lambda}^{\mathrm{T}}\dot{\boldsymbol{x}}-H(\boldsymbol{x},\boldsymbol{\lambda})]\mathrm{d}\tau+(\boldsymbol{x}(0))^{\mathrm{T}}\boldsymbol{P}_0^{-1}\boldsymbol{x}(0)/2,\quad \delta J_A=0 \tag{6.8.60}$$

$$H(\boldsymbol{x},\boldsymbol{\lambda})=\boldsymbol{\lambda}^{\mathrm{T}}\bar{\boldsymbol{A}}\boldsymbol{x}-\boldsymbol{x}^{\mathrm{T}}(\boldsymbol{C}_y^{\mathrm{T}}\boldsymbol{C}_y-\gamma^{-2}\boldsymbol{C}_z^{\mathrm{T}}\boldsymbol{C}_z)\boldsymbol{x}/2+\boldsymbol{\lambda}^{\mathrm{T}}\boldsymbol{B}\boldsymbol{B}^{\mathrm{T}}\boldsymbol{\lambda}/2 \tag{6.8.61}$$

由这个变分原理导得的是齐次方程(6.8.52a,b)

$$\dot{\boldsymbol{x}}=\bar{\boldsymbol{A}}\boldsymbol{x}+\boldsymbol{B}\boldsymbol{B}^{\mathrm{T}}\boldsymbol{\lambda},\quad \dot{\boldsymbol{\lambda}}=(\boldsymbol{C}_y^{\mathrm{T}}\boldsymbol{C}_y-\gamma^{-2}\boldsymbol{C}_z^{\mathrm{T}}\boldsymbol{C}_z)\boldsymbol{x}-\bar{\boldsymbol{A}}^{\mathrm{T}}\boldsymbol{\lambda} \tag{6.8.62a,b}$$

及初值条件与终端条件

$$\boldsymbol{\lambda}_0=\boldsymbol{P}_0^{-1}\boldsymbol{x}_0,\qquad \boldsymbol{\lambda}_f=\boldsymbol{\lambda}(t_f)=\boldsymbol{0}$$

这里要说明将上界写成 t_f 的理由．因为时间 t 自 $t_0=0$ 到 t_f 增长变动，γ_{cr}^{-2} 将在 $t=t_f$ 处达到其最小值，因而将区段上界选择在 t_f．$\boldsymbol{x}_0,\boldsymbol{\lambda}_0$ 就是 $\boldsymbol{x}(0),\boldsymbol{\lambda}(0)$．可以将变分式(6.8.60)写成

$$\delta(\Pi_1-\gamma_{cr}^{-2}\Pi_2)=0 \tag{6.8.63}$$

$$\Pi_1=\int_0^{t_f}[\boldsymbol{\lambda}^{\mathrm{T}}\dot{\boldsymbol{x}}-\boldsymbol{\lambda}^{\mathrm{T}}\bar{\boldsymbol{A}}\boldsymbol{x}+\boldsymbol{x}^{\mathrm{T}}\boldsymbol{C}_y^{\mathrm{T}}\boldsymbol{C}_y\boldsymbol{x}/2-\boldsymbol{\lambda}^{\mathrm{T}}\boldsymbol{B}\boldsymbol{B}^{\mathrm{T}}\boldsymbol{\lambda}/2]\mathrm{d}\tau$$
$$+\boldsymbol{x}_0^{\mathrm{T}}\boldsymbol{P}_0^{-1}\boldsymbol{x}_0/2$$

$$\Pi_2=\int_0^{t_f}[\boldsymbol{x}^{\mathrm{T}}\boldsymbol{C}_z^{\mathrm{T}}\boldsymbol{C}_z\boldsymbol{x}/2]\mathrm{d}\tau$$

其中 $\boldsymbol{x}(\tau),\boldsymbol{\lambda}(\tau)$ 是独立变分的向量．显然 Π_2 为非负．如 $\boldsymbol{x}(\tau)$，

$\boldsymbol{\lambda}(\tau)$的选择能令(6.8.62a)式满足，则

$$\Pi_1 = \int_0^{t_f} [\boldsymbol{x}^{\mathrm{T}}\boldsymbol{C}_y^{\mathrm{T}}\boldsymbol{C}_y\boldsymbol{x}/2 + \boldsymbol{\lambda}^{\mathrm{T}}\boldsymbol{B}\boldsymbol{B}^{\mathrm{T}}\boldsymbol{\lambda}/2]\mathrm{d}\tau + \boldsymbol{x}_0^{\mathrm{T}}\boldsymbol{P}_0^{-1}\boldsymbol{x}_0/2 > 0$$

大于号是由可控、可测而得到保证的.(6.8.63)式可写成为有两类变量的扩展瑞利商之形式

$$\gamma_{\mathrm{cr}}^{-2} = \min_{\boldsymbol{x}} \max_{\boldsymbol{\lambda}}(\Pi_1/\Pi_2) \tag{6.8.64}$$

变分式(6.8.63,64)中已将参数 γ^{-2}加上了下标$_{\mathrm{cr}}$，这是因为如果$\gamma^{-2}<\gamma_{\mathrm{cr}}^{-2}$，则由于已令 $\hat{\boldsymbol{x}}_0=\boldsymbol{0}, \boldsymbol{u}=\boldsymbol{0}, \boldsymbol{y}=\boldsymbol{0}, \hat{\boldsymbol{z}}=\boldsymbol{0}$，原问题只有平凡解 $\boldsymbol{x}=\boldsymbol{\lambda}=\boldsymbol{0}$. 事实上这是一个本征值问题，并且与数学物理方法中的自伴算子本征问题一样. H_∞滤波与 H_∞控制问题一样，只需要其最小本征值.

为了理解方便，考虑一个特殊情况，即 $\boldsymbol{B}\boldsymbol{B}^{\mathrm{T}}$ 阵为满秩，即正定的情况. 于是(6.8.62a)式可以用于使 Π_1 取最大，

$$\boldsymbol{\lambda} = (\boldsymbol{B}\boldsymbol{B}^{\mathrm{T}})^{-1}(\dot{\boldsymbol{x}} - \bar{\boldsymbol{A}}\boldsymbol{x})$$

于是

$$\begin{aligned}\Pi_1 &= \int_0^{t_f} [\boldsymbol{x}^{\mathrm{T}}\boldsymbol{C}_y^{\mathrm{T}}\boldsymbol{C}_y\boldsymbol{x}/2 + (\dot{\boldsymbol{x}} - \bar{\boldsymbol{A}}\boldsymbol{x})^{\mathrm{T}}(\boldsymbol{B}\boldsymbol{B}^{\mathrm{T}})^{-1}(\dot{\boldsymbol{x}} - \bar{\boldsymbol{A}}\boldsymbol{x})/2]\mathrm{d}\tau \\ &\quad + \boldsymbol{x}_0^{\mathrm{T}}\boldsymbol{P}_0^{-1}\boldsymbol{x}_0/2 \\ &= \int_0^{t_f} [\dot{\boldsymbol{x}}^{\mathrm{T}}\boldsymbol{K}_{22}\dot{\boldsymbol{x}} - \dot{\boldsymbol{x}}^{\mathrm{T}}\boldsymbol{K}_{21}\boldsymbol{x} - \boldsymbol{x}^{\mathrm{T}}\boldsymbol{K}_{21}^{\mathrm{T}}\dot{\boldsymbol{x}} + \boldsymbol{x}^{\mathrm{T}}\boldsymbol{K}_{11}\boldsymbol{x}]\mathrm{d}\tau/2 \\ &\quad + \boldsymbol{x}_0^{\mathrm{T}}\boldsymbol{P}_0^{-1}\boldsymbol{x}_0/2 > 0\end{aligned}$$

其中 $\boldsymbol{K}_{22}=(\boldsymbol{B}\boldsymbol{B}^{\mathrm{T}})^{-1}, \qquad \boldsymbol{K}_{21}=(\boldsymbol{B}\boldsymbol{B}^{\mathrm{T}})^{-1}\bar{\boldsymbol{A}}$

$$\boldsymbol{K}_{11}=\boldsymbol{C}_y^{\mathrm{T}}\boldsymbol{C}_y+\bar{\boldsymbol{A}}^{\mathrm{T}}(\boldsymbol{B}\boldsymbol{B}^{\mathrm{T}})^{-1}\bar{\boldsymbol{A}}$$

这种形式的 Π_1 已经是对应于一类变量 $\boldsymbol{x}$ 的了. 一类变量的变分是结构力学中最常见的. 不论在结构稳定性分析中或结构本征振动分析中，其瑞利商都是此种形式. 在混合变量的 W-W 算法中采用二类变量，就是由一类变量的 W-W 算法推导来的. 其势能积分式就如上式所示，见文献[37]的式(12). 本征值 $\gamma_{\mathrm{cr}}^{-2}$的计算当然是极其重要的. 运用精细积分并结合混合变量的 W-W 算法，就能将

γ_{cr}^{-2}找出到任意指定的精度.

过去时段与未来时段的临界参数都是瑞利商,很相似.两方面是互成对偶的.

6.8.2.3 区段混合能

区段混合能已经出现多次,这里可以简单些.用 $\gamma_{\#}^{-2}$表示试用的参数.令时刻 t_a,t_b 有 $0 \leqslant t_a < t_b \leqslant t_f$,并且组成区段($t_a$,$t_b$).如给出 t_a 时的状态向量 $\boldsymbol{x}_a$ 以及 t_b 时的协态向量 $\boldsymbol{\lambda}_b$,则区段内的 $\boldsymbol{x}(\tau)$,$\boldsymbol{\lambda}(\tau)$也就随之确定.定义区段混合能

$$V(\boldsymbol{x}_a, \boldsymbol{\lambda}_b) = \boldsymbol{\lambda}_b^{\mathrm{T}} \boldsymbol{x}_b - \int_{t_a}^{t_b} [\boldsymbol{\lambda}^{\mathrm{T}} \dot{\boldsymbol{x}} - H(\boldsymbol{x}, \boldsymbol{\lambda})] \mathrm{d}\tau \quad (6.8.65)$$

$$H(\boldsymbol{x}, \boldsymbol{\lambda}) = \boldsymbol{\lambda}^{\mathrm{T}} \overline{\boldsymbol{A}} \boldsymbol{x} - \boldsymbol{x}^{\mathrm{T}} (\boldsymbol{C}_y^{\mathrm{T}} \boldsymbol{C}_y - \gamma_{\#}^{-2} \boldsymbol{C}_z^{\mathrm{T}} \boldsymbol{C}_z) \boldsymbol{x} / 2 + \boldsymbol{\lambda}^{\mathrm{T}} \boldsymbol{B} \boldsymbol{B}^{\mathrm{T}} \boldsymbol{\lambda} / 2$$

它显然是 $\boldsymbol{x}_a$,$\boldsymbol{\lambda}_b$ 的二次齐次式,其一般形式为

$$V(\boldsymbol{x}_a, \boldsymbol{\lambda}_b) = \boldsymbol{\lambda}_{\mathrm{b}}^{T} \boldsymbol{F} \boldsymbol{x}_a + \boldsymbol{x}_a^{\mathrm{T}} \boldsymbol{Q} \boldsymbol{x}_a / 2 - \boldsymbol{\lambda}_b^{\mathrm{T}} \boldsymbol{G} \boldsymbol{\lambda}_b / 2 \quad (6.8.66)$$

其中 $\boldsymbol{Q}(t_a, t_b)$,$\boldsymbol{G}(t_a, t_b)$,$\boldsymbol{F}(t_a, t_b)$皆为 $n \times n$ 矩阵,且 $\boldsymbol{Q}^{\mathrm{T}} = \boldsymbol{Q}$,$\boldsymbol{G}^{\mathrm{T}} = \boldsymbol{G}$.

首尾相连的两个区段可以合并为一个区段,其合并公式已于(6.5.77)式给出,此处不重复.这些区段合并公式可以递归地使用.然而矩阵 $\boldsymbol{Q}$,$\boldsymbol{G}$,$\boldsymbol{F}$ 只是表达了区段在其两端的特性,而对其内部的特性表达不足.当前关心的是其本征值 γ_{cr}^{-2}.按结构力学本征值的 W-W 算法,其本征值计数是必要的,见第二章.原有的 W-W 算法是对于两端为给定位移的边界条件的,是对于一类变量的变分原理的.瑞利商的基本形式也是对于一类变量的.按结构力学与最优控制相模拟的理论,这相当于 t_a,t_b 两端都给定位移 $\boldsymbol{x}_a$,$\boldsymbol{x}_b$,不合于当前的情况.扩展的 W-W 算法适用于混合能 $\boldsymbol{x}_a$,$\boldsymbol{\lambda}_b$ 的混合能矩阵函数 $\boldsymbol{Q}$,$\boldsymbol{G}$,$\boldsymbol{F}$ 表达之补充.对比结构力学,$\boldsymbol{x}_a$,$\boldsymbol{\lambda}_b$ 分别相当于位移和内力.用于区段合并计算的补充公式为

$$J_{mc}(\gamma_{\#}^{-2}) = J_{m1}(\gamma_{\#}^{-2}) + J_{m2}(\gamma_{\#}^{-2}) - s\{\boldsymbol{G}_2\} + s\{\boldsymbol{G}_1^{-1} + \boldsymbol{Q}_2\} \quad (6.8.67)$$

其含义为，$\gamma_{\#}^{-2}$是试用的本征值近似，为给定参数，$J_m(\gamma_{\#}^{-2})$表示区段(t_a,t_b)在其两端条件为 $\boldsymbol{x}_a=\boldsymbol{0},\boldsymbol{\lambda}_b=\boldsymbol{0}$ 时，其内部本征值小于$\gamma_{\#}^{-2}$的计数. $J_m(\gamma_{\#}^{-2})$当然也是 t_a,t_b 的函数，为了简单起见就不写为 $J_m(\gamma_{\#}^{-2},t_a,t_b)$了. $s\{\boldsymbol{M}\}$则表示，若将对称阵 $\boldsymbol{M}$ 分解为$\boldsymbol{M}=\boldsymbol{LDL}^{\mathrm{T}}$ 的扩展三角化形式，$\boldsymbol{D}$ 中出现负值的对角元个数.

这样，区段混合能用于本征值问题的表达应当扩展为$(\boldsymbol{Q},\boldsymbol{G},\boldsymbol{F},J_m)$，即三个矩阵及一个计数，它们当然都是两端时刻 t_a,t_b 及参数$\gamma_{\#}^{-2}$的函数. 但通常 $\gamma_{\#}^{-2}$并不显式写出，只是写为 $\boldsymbol{Q}(t_a,t_b)$，等. 对 LQ 控制或卡尔曼-布西滤波，相当于选择了 $\gamma_{\#}^{-2}=0$，所以 J_m 恒为零，因此过去在区段混合能表示中就未提及本征值计数. 在 H_∞理论中，本征值是关键参数，因此在区段混合能中应当予以表示而成为$(\boldsymbol{Q},\boldsymbol{G},\boldsymbol{F},J_m)$.

以上的推导对于时变系统也适用. 当系统为时不变时，此时 $\boldsymbol{Q},\boldsymbol{G},\boldsymbol{F},J_m$ 只与区段长 $\tau=t_b-t_a$ 有关，故可写为

$$\boldsymbol{Q}=\boldsymbol{Q}(\tau),\quad \boldsymbol{G}=\boldsymbol{G}(\tau),\quad \boldsymbol{F}=\boldsymbol{F}(\tau),\quad \tau=t_b-t_a \tag{6.8.68}$$

它们满足以下微分方程

$$\begin{aligned}\mathrm{d}\boldsymbol{Q}/\mathrm{d}\tau &= \boldsymbol{F}^{\mathrm{T}}(\boldsymbol{C}_y^{\mathrm{T}}\boldsymbol{C}_y-\gamma_{\#}^{-2}\boldsymbol{C}_z^{\mathrm{T}}\boldsymbol{C}_z)\boldsymbol{F}\\ &=(\boldsymbol{C}_y^{\mathrm{T}}\boldsymbol{C}_y-\gamma_{\#}^{-2}\boldsymbol{C}_z^{\mathrm{T}}\boldsymbol{C}_z)+\bar{\boldsymbol{A}}^{\mathrm{T}}\boldsymbol{Q}+\boldsymbol{Q}\bar{\boldsymbol{A}}-\boldsymbol{QBB}^{\mathrm{T}}\boldsymbol{Q}\end{aligned} \tag{6.8.69a}$$

$$\begin{aligned}\mathrm{d}\boldsymbol{G}/\mathrm{d}\tau &= \boldsymbol{BB}^{\mathrm{T}}+\bar{\boldsymbol{A}}\boldsymbol{G}+\boldsymbol{G}\bar{\boldsymbol{A}}^{\mathrm{T}}-\boldsymbol{G}(\boldsymbol{C}_y^{\mathrm{T}}\boldsymbol{C}_y-\gamma_{\#}^{-2}\boldsymbol{C}_z^{\mathrm{T}}\boldsymbol{C}_z)\boldsymbol{G}\\ &=\boldsymbol{FBB}^{\mathrm{T}}\boldsymbol{F}^{\mathrm{T}}\end{aligned} \tag{6.8.69b}$$

$$\begin{aligned}\mathrm{d}\boldsymbol{F}/\mathrm{d}\tau &= \boldsymbol{F}[\bar{\boldsymbol{A}}-\boldsymbol{BB}^{\mathrm{T}}\boldsymbol{Q}]\\ &=[\bar{\boldsymbol{A}}-\boldsymbol{G}(\boldsymbol{C}_y^{\mathrm{T}}\boldsymbol{C}_y-\gamma_{\#}^{-2}\boldsymbol{C}_z^{\mathrm{T}}\boldsymbol{C}_z)]\boldsymbol{F}\end{aligned} \tag{6.8.69c}$$

从这些方程可看出 $\boldsymbol{Q},\boldsymbol{G},\boldsymbol{F}$ 阵与原有系统阵之间的关系. 方程的初值条件为

$$\boldsymbol{Q}=\boldsymbol{0},\ \boldsymbol{G}=\boldsymbol{0},\ \boldsymbol{F}=\boldsymbol{I}_n,\ J_m=0,\ \text{当}\ \tau=0\ \text{时} \tag{6.8.70}$$

这些方程的推导与 6.5 节几乎是相同的. 若选用 $t_a = t_0 = 0$, 则微分方程(6.8.69b)与黎卡提微分方程(6.8.58)相同, 但边界条件(6.8.70)不同. 然而, 只要对任一点 $t_b \in (0, t_f)$ 先求出 $\boldsymbol{Q}, \boldsymbol{G}, \boldsymbol{F}$ 后, 再执行

$$\boldsymbol{P}(t_b) = \boldsymbol{G} + \boldsymbol{F}(\boldsymbol{P}_0^{-1} + \boldsymbol{Q})^{-1}\boldsymbol{F}^{\mathrm{T}} \tag{6.8.71}$$

即得(6.8.58)式的解. 但这些格点是离散分布的, 只在这些离散点作了计算并不能确知整个区段 $[t_0, t_f)$ 中是否有奇点. 确定黎卡提微分方程的解是否有奇点, 应当再给出本征值计数

$$J_{mp} = J_m - s\{\boldsymbol{P}_0\} + s\{\boldsymbol{P}_0^{-1} + \boldsymbol{Q}\} \tag{6.8.72}$$

的计算. 此时 $J_{mp} = 0$ 就表明 $\gamma_{\#}^{-2}$ 是 H_∞ 滤波次优参数. 根据这个判据, 就可以对 $\gamma_{\#}^{-2}$ 运用搜索法, 例如对分法, 便可将本征值 $\gamma_{\mathrm{cr}}^{-2}$ 找出到任意指定的精度. 这种方法就如同在弹性稳定、振动问题中对 W-W 算法的运用一样.

6.8.2.4 精细积分

直接积分黎卡提微分方程将面临非线性微分方程. 通常的数值积分法往往是差分近似, 很容易引起误差并且数值稳定性也不好. 精细积分会同 W-W 算法可给黎卡提方程及其本征值提供计算机上几乎是精确的解答.

积分总得给一个步长 η, 这应当是不大的值, 合理的步长. 给定了步长后, 再选择一个非常小的时段 τ, 见(6.8.34)式. 因为区段合并消元需要有一个初始区段, 时段 τ 可供此用. 对如此小的时段 τ, 采用泰勒级数展开有很高精度. 展开式与(6.8.35)式同, 其误差已在计算机实型数的表示精度之外了.

该展开式满足初始条件(6.8.72). 代入方程组(6.8.69a～c)并比较 τ 各幂次的系数, 有

$$\boldsymbol{e}_1 = (\boldsymbol{C}_y^{\mathrm{T}}\boldsymbol{C}_y - \gamma_{\#}^{-2}\boldsymbol{C}_z^{\mathrm{T}}\boldsymbol{C}_z), \quad \boldsymbol{g}_1 = \boldsymbol{B}\boldsymbol{B}^{\mathrm{T}}, \quad \boldsymbol{f}_1 = \bar{\boldsymbol{A}}$$

$$\boldsymbol{e}_2 = (\boldsymbol{f}_1^{\mathrm{T}}\boldsymbol{e}_1 + \boldsymbol{e}_1\boldsymbol{f}_1)/2, \qquad \boldsymbol{g}_2 = (\bar{\boldsymbol{A}}\boldsymbol{g}_1 + \boldsymbol{g}_1\bar{\boldsymbol{A}}^{\mathrm{T}})/2$$

$$\boldsymbol{f}_2 = (\bar{\boldsymbol{A}}\boldsymbol{f}_1 - \boldsymbol{g}_1\boldsymbol{e}_1)/2$$

$$
\begin{aligned}
e_3 &= (f_2^{\mathrm{T}} e_1 + e_1 f_2 + f_1^{\mathrm{T}} e_1 f_1)/3 \\
g_3 &= (\bar{A} g_2 + g_2 \bar{A}^{\mathrm{T}} - g_1 e_1 g_1)/3 \\
f_3 &= (\bar{A} f_2 - g_2 e_1 - g_1 e_1 f_1)/3 \\
e_4 &= (f_3^{\mathrm{T}} e_1 + e_1 f_3 + f_2^{\mathrm{T}} e_1 f_1 + f_1^{\mathrm{T}} e_1 f_2)/4 \\
g_4 &= (g_3 \bar{A}^{\mathrm{T}} + \bar{A} g_3 - g_2 e_1 g_1 - g_1 e_1 g_2)/4 \\
f_4 &= (\bar{A} f_3 - g_3 e_1 - g_2 e_1 f_1 - g_1 e_1 f_2)/4 \qquad (6.8.73)
\end{aligned}
$$

这些公式只要逐个进行计算便可,不需迭代求解.其中 e_i, g_i, f_i,$(i=1\sim4)$,皆为 $n\times n$ 阵,并且 $e_i^{\mathrm{T}}=e_i$,$g_i^{\mathrm{T}}=g_i$.按(6.8.35),(6.8.73)式计算出 $Q(\tau)$,$G(\tau)$,$F'(\tau)$,再因 τ 特别小,必有 $J_m(\tau)=0$.这给出了时段长为 τ 的混合能表达式,可作为时段合并 2^N 算法的出发段.

以前的全部公式推导都是精确的,只有展开式(6.8.35)在 τ^4 之后截断有误差.误差与首项之比是 $O(\tau^4)$.由于 $\tau^4=(\eta/2^N)\approx\eta^4\cdot10^{-24}$,这个相对误差乘子已经超出了倍精度实数的有效位数精度 10^{-16}之外了.

有了初始时段 τ 的混合能表示,应再递归地执行区段合并消元 N 次,得到时段(区段)长为 η 的(Q,G,F,J_m).但应特别注意,合并公式中(6.8.35a)式中 $I+F'$的加法,务必不可执行.因为 τ 很小时,F'也很小,执行加法将会严重地丧失计算精度的.采用(6.8.37a～c)式以代替(6.5.77a～c)式,就可免于因数值病态而严重地丧失计算精度.

至此,精细积分的公式已经齐备.控制论中黎卡提方程的解总要求对称正定(至少也是非负).对于有限时段,要求在最后执行(6.8.71,72)式后 $J_{mp}=0$,以表明 $\gamma_{\#}^{-2}$是次优参数.而在无限时段计算中,只要出现 $J_m>0$ 就表示该 $\gamma_{\#}^{-2}$太大,应予降低再算.

6.8.2.5 算法

最优参数 $\gamma_{\mathrm{cr}}^{-2}$的算法只是给定 $\gamma_{\#}^{-2}$求解的对分法迭代.以下给出其次优解算法,至于对分法选取 $\gamma_{\mathrm{cr}}^{-2}$,只不过是不断迭代直至满足精度要求而已，不必多讲.

首先是对基本区段长 η 的精细积分的程序段

[给出维数 $n, \boldsymbol{A}, \boldsymbol{B}_1, \boldsymbol{C}_y, \boldsymbol{C}_z, \boldsymbol{D}_{12}, \boldsymbol{D}_{21}$ 阵，初始 $\boldsymbol{P}_0$ 阵，时间区段 $[0, t_f)$. 选择一个 $\gamma_{\#}^{-2}$]

[由(6.8.51)式计算 $\bar{\boldsymbol{A}}, \boldsymbol{BB}^{\mathrm{T}}$ 及 $(\boldsymbol{C}_y^{\mathrm{T}}\boldsymbol{C}_y - \gamma_{\#}^{-2}\boldsymbol{C}_z^{\mathrm{T}}\boldsymbol{C}_z)$ 阵；选择步长 η，取 $N=20$；令 $\tau=\eta/2^N$]

[按(6.8.35)，(6.8.73)式计算 $\boldsymbol{Q}(\tau), \boldsymbol{G}(\tau), \boldsymbol{F}'(\tau)$；取 $J_m=0$；]

for($iter=0$; $iter<N$; $iter++$) {

  [将 $\boldsymbol{G}$ 阵与 $(\boldsymbol{Q}+\boldsymbol{G}^{-1})$ 阵三角分解，按(6.8.67)式计算 J_{mc}；]

  [按(6.8.37)式计算 $\boldsymbol{Q}_c, \boldsymbol{G}_c, \boldsymbol{F}_c'$]

  [令 $\boldsymbol{Q}=\boldsymbol{Q}_c, \boldsymbol{G}=\boldsymbol{G}_c; \boldsymbol{F}'=\boldsymbol{F}_c'; J_m=J_{mc}$；]

}

[令 $\boldsymbol{F}=\boldsymbol{F}_c=\boldsymbol{I}+\boldsymbol{F}'$；]注：$(\boldsymbol{Q}, \boldsymbol{G}, \boldsymbol{F}, J_m)$已经是基本时段 η 的了.

(6.8.74)

以下应区分无限时段与有限时段两种情况. 无限时段的算法为

while($\|\boldsymbol{F}_c\|>\varepsilon$) {

  [令 $\boldsymbol{Q}_1=\boldsymbol{Q}_2=\boldsymbol{Q}_c; \boldsymbol{G}_1=\boldsymbol{G}_2=\boldsymbol{G}_c; \boldsymbol{F}_1=\boldsymbol{F}_2=\boldsymbol{F}_c; J_{m1}=J_{m2}=J_{mc}$；]

  [按(6.5.77)式计算 $\boldsymbol{Q}_c, \boldsymbol{G}_c, \boldsymbol{F}_c$ 并由(6.8.67)式计算 J_{mc}]

  if ($J_{mc}>0$) { $\gamma_{\#}^{-2}$太大，Break; }

} 注：如 $\gamma_{\#}^{-2}$不太大，$\gamma_{\#}^{-2}$就是次优 H_∞ 解，可增大 $\gamma_{\#}^{-2}$；否则就减小 $\gamma_{\#}^{-2}$.

(6.8.75)

有限时段的划分设为 $t_0=0, \cdots, t_k=k\eta, \cdots t_f=k_f\eta$. 则在(6.8.74)式后，执行

[$\boldsymbol{Q}_2=\boldsymbol{Q}_c; \boldsymbol{G}_2=\boldsymbol{G}_c; \boldsymbol{F}_2=\boldsymbol{F}_c; J_{m2}=0; \boldsymbol{Q}_1=0; \boldsymbol{G}_1=\boldsymbol{P}_0; \boldsymbol{F}_1=\boldsymbol{I}; J_{m1}=0$；]

for ($iter=1$; $iter\leqslant k_f$; $iter++$) {注：$\boldsymbol{Q}_2, \boldsymbol{G}_2, \boldsymbol{F}_2, J_{m2}$未曾变化.

[按(6.5.77)式计算 $\boldsymbol{Q}_c,\boldsymbol{G}_c,\boldsymbol{F}_c$ 并由(6.8.67)式计算 J_{mc}]

[令 $\boldsymbol{Q}_1=\boldsymbol{Q}_c;\boldsymbol{G}_1=\boldsymbol{G}_c;\boldsymbol{F}_1=\boldsymbol{F}_c;J_{m1}=J_{mc};$]

if ($J_{mc}>0$) Break;

}

if ($J_{mc}==0$) {$\gamma_{\#}^{-2}$是 $\gamma_{\mathrm{cr}}^{-2}$的下界,次优解,可以增高;如果精度已够,停止.}

else {$\gamma_{\#}^{-2}$太大,$\gamma_{\mathrm{cr}}^{-2}$的上界;应予减少再算;} (6.8.76)

对 $\gamma_{\#}^{-2}$用例如对分法迭代,直至达到满意.这就是瑞利商最小本征值的上、下界迭代.

下文还有对 H_∞ 量测反馈的数例,这当然会包含对 H_∞ 滤波的计算.因此这里就不再举例了.

6.8.3 整个时段量测反馈控制的综合变分原理

整个时段$[0,t_f]$是由过去$[0,t)$、未来$(t,t_f]$两个时段,在**现在时刻** t 处综合而成.综合就要运用对于两个时段的计算结果,以及在 t 处的连接条件.连接条件为,未来时段分析的初始状态 $\bar{\boldsymbol{x}}(t)$就是过去时段结束时刻 t 处的**状态**估计值,**状态连续条件**.这个状态估计值 $\bar{\boldsymbol{x}}(t)$并不就是滤波值 $\hat{\boldsymbol{x}}(t)$,而是应当由变分式(6.8.6)来确定的.这里强调指出,滤波值是在 $\boldsymbol{\lambda}(t)=\boldsymbol{0}$ 的终端条件下计算的;但估计值则并不采用该边界条件,而是根据状态连续条件由变分原理自然导出其连接条件的.按两端边界条件的提法,两个时段在连接 t 处各有 n 个边界条件,共 $2n$ 个.因此从整个时段考虑,在 t 处应当共有 $2n$ 个连接条件.**状态向量 $\boldsymbol{x}(t)$ 连续**只提供了 n 个方程,另外 n 个条件则作为变分式(6.8.6)的**自然连接条件**来定出的.

未来时段与过去时段的内部是互不直接关联的,两个时段的关联只在现在时刻 t 处.因此由(6.8.6)式,对未来时段的积分仍会导出(6.8.8′)式的 J_c.对它引入对偶变量 $\boldsymbol{\lambda}(\tau)$,如 6.8.1 节的推导,可以导出

$$\delta J_c=-\boldsymbol{\lambda}^{\mathrm{T}}(t)\cdot\delta\boldsymbol{x}(t)$$

又因(6.8.13)式,其中的 $\boldsymbol{x}(t)$ 有(6.8.9)式的变分连接条件,故

$$\delta J_c = \bar{\boldsymbol{x}}^{\mathrm{T}}(t)\boldsymbol{X}(t)\cdot\delta\boldsymbol{x}(t) \tag{6.8.77}$$

注意状态向量的变分 $\delta\boldsymbol{x}$ 与状态向量 $\bar{\boldsymbol{x}}$ 本身是没有确定关系的.

还应当看过去时段的泛函部分.它的推导也是独立进行的,因此就会导向(6.8.47)式的 J_p.显然,J_c 与 J_p 都可以任意分别乘上一个常数而不致影响到变分式导出的两个区段内的方程.因为 J_c 与 J_p 是分别针对不同时段的,因此不论它们的任一个线性组合,都可以对两个时段分别导出其方程的;只有在时刻 t,两个时段的交接点,其所对应的方程将会受到不同线性组合的影响.因此选择一个恰当的线性组合是必要的一步.

恰当线性组合之选择,应当回到全时段的变分式(6.8.6).该式中干扰 $\boldsymbol{w}$ 的模的表达式对两个时段都是一样的.因此要求 J_c 与 J_p 的线性组合仍能保持此性质不变.考察(6.8.8′)式与(6.8.47)式,可见应当选择全时段泛函 J 为

$$J = J_p - \gamma^{-2}J_c \tag{6.8.78}$$

以保证 $\boldsymbol{w}$ 模的形式与(6.8.6)式所示相同.根据 J 来推导的两个区段内部的微分方程与上两节一样,只要再增加在 t 处的方程便可.根据(6.8.77)及(6.8.56)有

$$\delta J = \delta J_p - \gamma^{-2}\delta J_c = [\delta\boldsymbol{x}(t)]^{\mathrm{T}}[\bar{\boldsymbol{\lambda}}(t) - \gamma^{-2}\boldsymbol{X}(t)\bar{\boldsymbol{x}}(t)] = 0$$

由于 $\delta\boldsymbol{x}(t)$ 是任意变分的,因此必有

$$\bar{\boldsymbol{\lambda}}(t) = \gamma^{-2}\boldsymbol{X}(t)\bar{\boldsymbol{x}}(t) \tag{6.8.79}$$

这个 $\bar{\boldsymbol{x}}(t)$,$\bar{\boldsymbol{\lambda}}(t)$**就是过去时段估值的解**.该方程是由整个区段的泛函取极值而导出的,可称之为**自然连接条件**.该连接条件是从**状态向量 $\boldsymbol{x}$ 连续**而导出的.但也应当注意,两个时段各有其对偶向量,这些对偶向量完全是互相无关的,所以在连接点 t 两侧的 $\boldsymbol{\lambda}$ 是互相无关的.

对比(6.8.79)式与滤波的自然边界条件式(6.8.54),可看出明显的区别.因此在 H_∞ 量测反馈控制的连接条件中,不能采用 H_∞ 滤波的边界条件(6.8.54),而应采用上式的自然连接条件.为

了区别于滤波,所以称为估计.

方程(6.8.57)中,将 $\tau = t$ 代入.当采用边界条件(6.8.54)时,就自然得到滤波值;现在应当用 $\bar{\boldsymbol{x}}(t)$,$\bar{\boldsymbol{\lambda}}(t)$代入而成为

$$\bar{\boldsymbol{x}}(t) = \hat{\boldsymbol{x}}(t) + \boldsymbol{P}(t)\bar{\boldsymbol{\lambda}}(t) \tag{6.8.80}$$

(6.8.79,80)式构成了求解 $\bar{\boldsymbol{x}}(t)$与 $\bar{\boldsymbol{\lambda}}(t)$的联立方程组,解得

$$\bar{\boldsymbol{x}}(t) = [\boldsymbol{I} - \gamma^{-2}\boldsymbol{P}(t)\boldsymbol{X}(t)]^{-1}\hat{\boldsymbol{x}}(t) \tag{6.8.81}$$

这个公式表明了状态估计值 $\bar{\boldsymbol{x}}(t)$与滤波值 $\hat{\boldsymbol{x}}(t)$之间的关系.因此 H_∞滤波计算的 $\hat{\boldsymbol{x}}(t)$,$\boldsymbol{P}(t)$以及 H_∞状态反馈控制的黎卡提矩阵 $\boldsymbol{X}(t)$应首先予以计算,然后方能求出 H_∞**量测反馈的状态估计** $\bar{\boldsymbol{x}}(t)$.根据 $\bar{\boldsymbol{x}}(t)$,就可以由(6.8.10″),(6.8.13)式得到反馈控制向量

$$\boldsymbol{u}(t) = -[\boldsymbol{B}_u^{\mathrm{T}}\boldsymbol{X}(t) - \boldsymbol{D}_{12}^{\mathrm{T}}\boldsymbol{C}_z]\bar{\boldsymbol{x}}(t) \tag{6.8.82}$$

反馈控制向量是应当实时(real-time)计算的,因此要求计算特别快.能够预先计算的都应储存好,随时可调出使用.但状态估计值 $\bar{\boldsymbol{x}}(t)$只好实时计算.由(6.8.81)式看到,$\boldsymbol{P}(t)$,$\boldsymbol{X}(t)$都可预先算好,只有滤波值要实时计算.所以滤波计算是非常关键的.在6.5节对其精细积分计算已详细讲过了.

6.8.3.1 瑞利商

对 H_∞滤波与 H_∞全状态反馈控制,已经分别都给出了其临界参数 $\gamma_{\mathrm{cr}}^{-2}$.这两个临界参数是不同的,现在分别记为 $\gamma_{\mathrm{cr,f}}^{-2}$与 $\gamma_{\mathrm{cr,c}}^{-2}$.但(6.8.81)式又表明因子$[\boldsymbol{I} - \gamma^{-2}\boldsymbol{P}(t)\boldsymbol{X}(t)]$应当处处非奇异.这样就给参数 γ^{-2}又提出了一个条件.前面分别对于 H_∞状态反馈控制,以及 H_∞滤波给出了条件,$\gamma^{-2} < \gamma_{\mathrm{cr,c}}^{-2}$与 $\gamma^{-2} < \gamma_{\mathrm{cr,f}}^{-2}$,其中控制与滤波的临界值 $\gamma_{\mathrm{cr,c}}^{-2}$与 $\gamma_{\mathrm{cr,f}}^{-2}$是不同的两个对于 γ^{-2}的界,前文已分别详细讲述了.但这两个界还不够,(6.8.81)式提出了第三个条件.该条件可写成为另一种形式

$$\det[\boldsymbol{P}^{-1}(t) - \gamma^{-2}\boldsymbol{X}(t)] > 0 \tag{6.8.83}$$

该方程和振动本征值问题是一样的,$\boldsymbol{P}^{-1}(t) \sim \boldsymbol{K}$ 就好像是结构的

刚度阵;而 $\boldsymbol{X}(t)\sim\boldsymbol{M}$ 就好像是结构的质量阵. t 变化时,这是一系列的本征值问题,可以写成瑞利商的形式

$$\gamma^{-2}\leqslant\min_{\boldsymbol{x}}[\boldsymbol{x}^{\mathrm{T}}\boldsymbol{P}^{-1}(t)\boldsymbol{x}/\boldsymbol{x}^{\mathrm{T}}\boldsymbol{X}(t)\boldsymbol{x}]\qquad(6.8.84)$$

因此量测反馈临界参数 $\gamma_{\mathrm{cr}}^{-2}$ 可以表示为(supreme-sup)

$$\gamma^{-2}\leqslant\gamma_{\mathrm{cr}}^{-2}=\sup_{t}\{\min_{\boldsymbol{x}}[\boldsymbol{x}^{\mathrm{T}}\boldsymbol{P}^{-1}(t)\boldsymbol{x}/\boldsymbol{x}^{\mathrm{T}}\boldsymbol{X}(t)\boldsymbol{x}]\}\qquad(6.8.85)$$

对 H_∞ 滤波与 H_∞ 全状态反馈控制,分别都已给出了其临界参数 $\gamma_{\mathrm{cr,f}}^{-2}$ 与 $\gamma_{\mathrm{cr,c}}^{-2}$,要求 $\gamma^{-2}<\gamma_{\mathrm{cr,f}}^{-2}$,$\gamma^{-2}<\gamma_{\mathrm{cr,c}}^{-2}$.上式又提出了第三个条件,其实对于任一时间 t 都是条件.能求出 $\boldsymbol{X}(t)$,$\boldsymbol{P}(t)$ 蕴涵了前两个条件必须已经满足,所以上式进一步提出了要求. $\boldsymbol{X}(t)$,$\boldsymbol{P}(t)$ 都是 $n\times n$ 正定矩阵,**对称正定阵的瑞利商**是最常见的数学计算问题,有标准程序可以调用.但该计算**对每一个时间格点都应执行**.

6.8.3.2 状态估计的方差阵

还有一个问题,$\boldsymbol{P}(t)$ 是滤波值 $\hat{\boldsymbol{x}}(t)$ 的方差阵,现在有了估计值 $\bar{\boldsymbol{x}}(t)$,请问其方差阵是什么.按结构力学的考虑,方差阵就是柔度阵.于是状态向量的估计值 $\bar{\boldsymbol{x}}(t)$ 可以如下产生:令所有的量测 $\boldsymbol{y}=\boldsymbol{0}$,初始状态均值 $\hat{\boldsymbol{x}}_0=\boldsymbol{0}$,这相当于外力为零;再令在时刻 t 处顺次作用单位外力 $\boldsymbol{e}_i$, $i=1,\cdots,n$,其中 $\boldsymbol{e}_i$ 是单位阵 $\boldsymbol{I}_n$ 的第 i 号列向量.对此,位移(即状态)向量的解可导出为

$$\begin{aligned}\delta J&=\delta J_{\mathrm{p}}+\gamma^{-2}\delta J_{\mathrm{c}}\\&=\delta\boldsymbol{x}^{\mathrm{T}}(t)(-\boldsymbol{\lambda}(t)+\gamma^{-2}\boldsymbol{X}(t)\boldsymbol{x}(t)+\boldsymbol{e}_i)=0\\&\qquad i=1,\cdots,n\end{aligned}$$

注意,因为 $\boldsymbol{y}=\boldsymbol{0}$ 故在方程(6.8.80)中对所有 $i=1,\cdots,n$,皆有 $\hat{\boldsymbol{x}}(t)=\boldsymbol{0}$.这样,就得出 $\boldsymbol{\lambda}(t)=\boldsymbol{P}^{-1}(t)\boldsymbol{x}(t)$.将此代入上式,给出

$$\boldsymbol{x}_i(t)=\boldsymbol{x}(t)=(\boldsymbol{P}^{-1}(t)-\gamma^{-2}\boldsymbol{X}(t))^{-1}\boldsymbol{e}_i,\text{对于 } i=1,\cdots,n$$

这些就是单位力向量作用下的位移.以这些位移向量 $\boldsymbol{x}_i(t)$ 作为第 i 号列向量,就组成了方差矩阵 $\boldsymbol{Z}(t)$

$$\boldsymbol{Z}(t) = (\boldsymbol{Y}^{-1}(t) - \gamma^{-2}\boldsymbol{X}(t))^{-1} \tag{6.8.86}$$

以上推导的是 t 处的柔度阵. 而方差阵则应当是 $E[(\boldsymbol{x}(t)-\bar{\boldsymbol{x}}(t))(\boldsymbol{x}(t)-\bar{\boldsymbol{x}}(t))^{\mathrm{T}}]$. 完成这个计算,可以再导出(6.8.86)式的.

6.8.3.3 算法

对于 H_∞ 全状态反馈控制与 H_∞ 滤波的精细积分已在上文介绍了. 条件(6.8.84)不可能对于连续的所有 t 都检查,只能对于离散的时间格点作检查. 通常在计算中总是采用规则网格,设整个时间区段 $[0, t_f]$ 划分成 N_{int} 段等长的小区段 $\eta = t_f / N_{\mathrm{int}}$. 对于给定的参数 γ^{-2},精细积分法就可以将 η 基本区段的区段混合能矩阵及本征值计数都计算好. 当然,应当对 H_∞ 控制与 H_∞ 滤波都作出计算. 采用区段合并消元,就可以将 H_∞ 控制与 H_∞ 滤波的黎卡提矩阵 $\boldsymbol{X}_k$ 与 $\boldsymbol{Y}_k$, $k = 0, 1, \cdots, N_{\mathrm{int}}$,对全部格点都计算出来. 并且运用 W-W 算法保证 γ^{-2} 都是次优参数.

然而,γ^{-2} 还需要进一步检验条件(6.8.84). 这是对许多点的检验.

量测反馈 H_∞ 控制的计算也有两个阶段,首先是确定其临界参数 $\gamma_{\mathrm{cr}}^{-2}$,然后再对其选定的次优参数 $\gamma^{-2} < \gamma_{\mathrm{cr}}^{-2}$ 作出精细积分计算. 后一步的算法与 LQG 问题的计算完全相似,不必多讲. 重要的仍是量测反馈 H_∞ 控制临界参数 $\gamma_{\mathrm{cr}}^{-2}$ 的计算. 显然 $\gamma_{\mathrm{cr}}^{-2} \leqslant \gamma_{\mathrm{cr,c}}^{-2}$, $\gamma_{\mathrm{cr}}^{-2} \leqslant \gamma_{\mathrm{cr,f}}^{-2}$. 算法可表示为

[维数 n, $\boldsymbol{A}$, $\boldsymbol{B}_1$, $\boldsymbol{C}_y$, $\boldsymbol{C}_z$, $\boldsymbol{D}_{12}$, $\boldsymbol{D}_{21}$ 阵,边界 $\boldsymbol{P}_0$, $\boldsymbol{S}_f$ 阵,时间区段 $[0, t_f]$. 选择一个 $\gamma_{\#}^{-2}$]

while($\gamma_{\#}^{-2}$ 精度不够) {

[计算 H_∞ 全状态反馈解,验证 $\gamma_{\#}^{-2}$ 是其次优参数,同时解得 $\boldsymbol{X}(t)$ 阵;]

if($\gamma_{\#}^{-2}$ 不是次优参数) { 减小 $\gamma_{\#}^{-2}$; Break; }

[计算 H_∞ 滤波解,验证 $\gamma_{\#}^{-2}$ 是其次优参数,同时解得 $\boldsymbol{P}(t)$

阵;]

if($\gamma_{\#}^{-2}$不是次优参数) {减小 $\gamma_{\#}^{-2}$;Break;}

for($k=0,k\leqslant N_{\text{int}};k++$) {

[求解(6.8.84)的瑞利商;检验 $\gamma_{\#}^{-2}$小于瑞利商本征值;]

if($\gamma_{\#}^{-2}$太大) Break;}

if($\gamma_{\#}^{-2}$太大) {减少 $\gamma_{\#}^{-2}$;Break;}

[$\gamma_{\#}^{-2}$是次优参数;增加 $\gamma_{\#}^{-2}$;]

}注:循环结束时,$\gamma_{\#}^{-2}$就是 H_∞量测反馈的临界参数 γ_{cr}^{-2}了

(6.8.87)

现在给出两个数例,可以看到各种临界参数之间的关系.总有 $\gamma_{\text{cr}}^{-2}\leqslant\gamma_{\text{cr,c}}^{-2}$,以及 $\gamma_{\text{cr}}^{-2}\leqslant\gamma_{\text{cr,p}}^{-2}$.但 $\gamma_{\text{cr,c}}^{-2}$与 $\gamma_{\text{cr,p}}^{-2}$之间,却并无必然的关系.

例3 先给一个一维问题的例,以便将精细积分的结果与分析解对比.设

$n=1,\boldsymbol{A}=0.8;\boldsymbol{B}_1=0.8;\boldsymbol{B}_2=2.0;\boldsymbol{C}_y=3.0;\boldsymbol{C}_z=0.8,\boldsymbol{S}_f=0.01,\boldsymbol{P}_0=0.01;\boldsymbol{D}_{12}=0,\boldsymbol{D}_{21}=0$,时间区段为$(0,t_f)=(0,0.8)$.问题是要寻找 H_∞量测反馈控制的最优参数 γ_{cr}^{-2},以及黎卡提矩阵 $\boldsymbol{X}(t),\boldsymbol{P}(t)$和 $\boldsymbol{Z}(t)$.

对一维问题,方程可分析求解.将原始数据代入黎卡提方程有

$$\dot{\boldsymbol{X}}=-0.64-1.6\boldsymbol{X}+(9.0-0.64\gamma^{-2})\boldsymbol{X}^2,\quad \boldsymbol{X}(0.8)=0.01$$

$$\dot{\boldsymbol{P}}=0.64+1.6\boldsymbol{P}-(4.0-0.64\gamma^{-2})\boldsymbol{P}^2,\quad \boldsymbol{P}(0)=0.01$$

其中 $\boldsymbol{X}(t)$与 $\boldsymbol{P}(t)$成为纯量函数,并能找出分析解.以下的数值结果是分析解与精细积分的计算值.两种算法给出几乎完全相同的结果.因此只给出一套数值结果.

H_∞状态反馈控制问题给出临界参数为 $\gamma_{\text{cr,c}}^{-2}=11.38624$,

H_∞滤波给出 $\gamma_{\text{cr,p}}^{-2}=19.19874$,

然而,(6.8.86)式给出量测反馈的临界值为 $\gamma_{\text{cr}}^{-2}=7.623978$.对应于这个临界值,三个方差阵 $\boldsymbol{X}(t),\boldsymbol{P}(t)$与 $\boldsymbol{Z}(t)$在下表给出,一维

问题矩阵只是一个数. 由于现在的临界参数 γ_{cr}^{-2}减小了,两个黎卡提方程的解已经都没有奇点了. 然而,量测反馈的方差阵在内部点 $t \approx 0.30$ 附近有奇点,$\boldsymbol{Z}(0.30)$从表中可以看到出奇地大.

表 6.3　例 1 的变化矩阵

时间	0.0	0.05	0.10
$\boldsymbol{X}(t)$	1.430932	1.216512	1.038753
$\boldsymbol{P}(t)$	0.01	0.043976	0.080115
$\boldsymbol{Z}(t)$	0.011225	0.074266	0.219171
时间	0.15	0.20	0.25
$\boldsymbol{X}(t)$	0.889047	0.761284	0.651009
$\boldsymbol{P}(t)$	0.117988	0.157065	0.196743
$\boldsymbol{Z}(t)$	0.589149	1.776944	8.368041
时间	0.30	0.35	0.40
$\boldsymbol{X}(t)$	0.554896	0.470413	0.395595
$\boldsymbol{P}(t)$	0.236378	0.275331	0.313005
$\boldsymbol{Z}(t)$	577614.2	21.938593	5.592052
时间	0.45	0.50	0.55
$\boldsymbol{X}(t)$	0.328899	0.269092	0.215179
$\boldsymbol{P}(t)$	0.348884	0.382551	0.413708
$\boldsymbol{Z}(t)$	2.787334	1.777840	1.287594
时间	0.60	0.65	0.70
$\boldsymbol{X}(t)$	0.166347	0.121927	0.081362
$\boldsymbol{P}(t)$	0.442176	0.467883	0.490852
$\boldsymbol{Z}(t)$	1.006730	0.828009	0.705731
时间	0.75	0.80	
$\boldsymbol{X}(t)$	0.044185	0.01	
$\boldsymbol{P}(t)$	0.511181	0.529024	
$\boldsymbol{Z}(t)$	0.617516	0.551258	

例 4　再解一个多维问题以说明方法. 精细积分法求解可以达到计算机精度. 当然也可以用基于本征解的分析解求解. 两者将得到相同的结果. 原始数据为

$n = 5, t_f = 4.0$

$$
\boldsymbol{A}=\begin{pmatrix} -.08 & -3.0 & 0 & 2.0 & 0.5 \\ 0.04 & -1.4 & 10.0 & 0 & 0 \\ -.01 & -4.0 & -2.8 & 0 & 0 \\ 0 & 0 & 1.0 & 0 & 0.3 \\ 0.2 & 0 & 0 & 0 & 1.0 \end{pmatrix}
$$

$$
\boldsymbol{B}_1=\begin{pmatrix} 0 & 0 & 0 \\ 0 & 0 & 0 \\ 0.2 & 0 & 0.3 \\ 0 & 0.4 & 0 \\ 0.5 & 0 & 0 \end{pmatrix},\boldsymbol{B}_2=\begin{pmatrix} 0 \\ -0.1 \\ -3.3 \\ 0 \\ 1.1 \end{pmatrix}
$$

$$
\boldsymbol{C}_y=\begin{pmatrix} 1.0 & 0.0 & 0.0 & 0.0 & 0.0 \\ 0.0 & 0.0 & 0.0 & 4.0 & 0.0 \end{pmatrix}
$$

$$
\boldsymbol{C}_z=\begin{pmatrix} 0.5 & 0 & 0 & 0 & -.5 \\ 0 & 0 & 0.8 & 0 & 0 \\ 0 & 0 & 0 & 0.5 & 0 \end{pmatrix}, \qquad \begin{array}{l} \boldsymbol{D}_{12}=\boldsymbol{0},\boldsymbol{D}_{21}=\boldsymbol{0} \\ \boldsymbol{S}_f=\boldsymbol{I}\times 1E-3 \\ \boldsymbol{P}_0=\boldsymbol{I}\times 1E-3 \end{array}
$$

精细积分法得出

H_∞状态反馈控制问题临界参数为：$\gamma_{\mathrm{cr,c}}^{-2}=0.546001$

H_∞滤波给出：$\gamma_{\mathrm{cr,p}}^{-2}=1.499859$

然而，算法(6.8.86)给出量测反馈的临界值为 $\gamma_{\mathrm{cr}}^{-2}=0.1611565$. 参数相差很大. 方差阵 $\boldsymbol{X}(t)$，$\boldsymbol{P}(t)$与 $\boldsymbol{Z}(t)$也已算出，为节省篇幅而略去. 应当指出，方差阵 $\boldsymbol{Z}(t)$在 $t=2.0$ 附近几乎是奇异阵. 事实上，对应于最优参数 $\gamma_{\mathrm{cr}}^{-2}$，在域内某处总有一个奇异点. 其实所谓最优参数将使 $\boldsymbol{Z}(t)$趋于奇异，实际是不能用的. 就好像结构稳定性中的欧拉临界值，也不能在工程中使用一样(除非考虑问题的非线性，进入其后屈曲阶段，这就超出这里的范围了).

以上介绍了状态空间线性控制理论，读者可以看到它与力学的密切关系。这些内容都可以在统一的理论框架下讲述。但线性控制理论只是控制论最基本的部分，而且自适应控制也未涉及，还有许多工作要做。

第七章　弹性力学求解的对偶体系

前文已经讲述了分析力学、振动理论、波的传播、状态空间控制理论等，都是对于离散的变量系统的．应当看到，离散变量系统大都是从连续变量系统演化来的，是连续变量系统的近似．这一章选择连续体弹性力学求解的课题，以说明对偶变量体系对无穷自由度的连续变量体系的应用．

“弹性力学”通常讲的都是平面或空间问题，这是不可缺少的一门基础课．但以往例如铁木辛柯的系列教材[2～5]，都在一类变量的体系中讲述．高阶偏微分方程的求解困难导致大量运用半逆法求解．而在哈密顿体系的框架内讲述，可以更加理性、以破除传统的半逆解凑合法的局限．为了易于理解起见，第五章单连续坐标弹性体系的求解，已经讲述了对偶变量体系的应用．这就是连续体弹性力学求解的前奏．该问题本身也是很有用的，因为弹性力学半解析法有限元横向离散后，得到的便是单连续坐标弹性体系的方程．况且材料力学、结构力学的方程，例如铁木辛柯梁的理论，本就是单连续坐标中的．

单连续坐标弹性体系分析的重要性还在于其与最优控制理论的模拟关系．卡尔曼滤波以及线性二次控制理论的对偶方程体系，与结构力学的对偶方程体系，在**数学上是互相模拟的**．模拟理论对结构力学与控制理论双方都有很大好处．连续体弹性力学是无限自由度的体系；它将与连续体系的控制理论也有数学上的模拟关系．这也是很有利的．

这一章只能选择弹性力学的某些基本问题作一介绍，以说明对偶体系对于求解的应用，进一步的内容可见文献[19,130]．

7.1 弹性力学基本方程

弹性力学的基本方程体系在众多的教材中都已讲述得很清楚了，故只需将有关方程列出即可．这些方程为：平衡方程，应变-位移关系，及本构关系（应力-应变关系）；当然还有边界条件，大体上是给定表面力或给定位移的边界条件．

7.1.1 应力与平衡方程

在直角坐标 $Oxyz$ 中，通常用 $\sigma_x, \sigma_y, \sigma_z, \tau_{xy}, \tau_{xz}, \tau_{yz}$ 来表示一个点的应力状态，其正方向如图 7.1 所示．设弹性体受到外力作用，其单位体积的外力为 X, Y, Z，再令 ρ 代表材料的密度，则有动力平衡方程

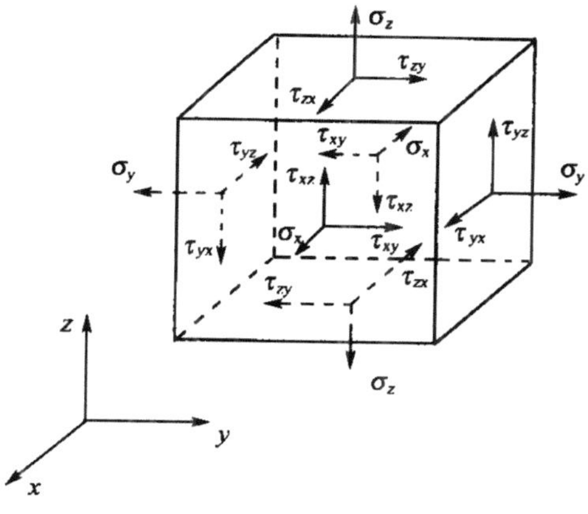

图 7.1 应力分量正向规定示意图

$$\frac{\partial \sigma_x}{\partial x} + \frac{\partial \tau_{xy}}{\partial y} + \frac{\partial \tau_{xz}}{\partial z} + X = \rho \frac{\partial^2 u}{\partial t^2}$$

$$\frac{\partial \tau_{xy}}{\partial x} + \frac{\partial \sigma_y}{\partial y} + \frac{\partial \tau_{yz}}{\partial z} + Y = \rho \frac{\partial^2 v}{\partial t^2} \qquad (7.1.1)$$

$$\frac{\partial \tau_{xz}}{\partial x} + \frac{\partial \tau_{yz}}{\partial y} + \frac{\partial \sigma_z}{\partial z} + Z = \rho \frac{\partial^2 w}{\partial t^2}$$

在坐标旋转时,一点的应力状态有变换.设有旋转后的坐标 $Ox'y'z'$,有方向余弦表

	x	y	z
x'	l_1	m_1	n_1
y'	l_2	m_2	n_2
z'	l_3	m_3	n_3

(7.1.2)

则有应力变换公式

$$\sigma_{x'} = \sigma_x l_1^2 + \sigma_y m_1^2 + \sigma_z n_1^2 + 2\tau_{yz} m_1 n_1 + 2\tau_{xz} l_1 n_1 + 2\tau_{xy} l_1 m_1$$

$$\tau_{x'y'} = \sigma_x l_1 l_2 + \sigma_y m_1 m_2 + \sigma_z n_1 n_2 + \tau_{yz}(m_1 n_2 + m_2 n_1) + \tau_{xz}(l_1 n_2 + l_2 n_1) + \tau_{xy}(l_1 m_2 + l_2 m_1)$$

$$\cdots\cdots\cdots\cdots \qquad (7.1.3)$$

等,其余的应力分量转换公式可类推而得.方向余弦为 l, m, n 的表面力转换公式为

$$X_n = \sigma_x l + \tau_{xy} m + \tau_{xz} n$$

$$Y_n = \tau_{xy} l + \sigma_y m + \tau_{yz} n \qquad (7.1.4)$$

$$Z_n = \tau_{xz} l + \tau_{yz} m + \sigma_z n$$

给定表面力(给力)边界 S_σ 的边界条件可以表示为

$$X_n = \overline{X}_n, \quad Y_n = \overline{Y}_n, \quad Z_n = \overline{Z}_n \qquad (7.1.5)$$

上面一横表示这是给定的值.

7.1.2 应变与应变协调方程

小变位弹性力学的应变状态可以由位移 u,v,w 表达为

$$\varepsilon_x=\frac{\partial u}{\partial x},\quad \gamma_{xy}=\frac{\partial u}{\partial y}+\frac{\partial v}{\partial x},\quad \gamma_{xz}=\frac{\partial u}{\partial z}+\frac{\partial w}{\partial x}$$

$$\varepsilon_y=\frac{\partial v}{\partial y},\quad \varepsilon_z=\frac{\partial w}{\partial z},\qquad \gamma_{yz}=\frac{\partial v}{\partial z}+\frac{\partial w}{\partial y} \tag{7.1.6}$$

这是根据位移求应变,微商就是.但给定应变求位移却不是很简单,这并不总有解.只有应变满足应变协调方程

$$\begin{aligned}
\frac{\partial^2\varepsilon_x}{\partial y^2}+\frac{\partial^2\varepsilon_y}{\partial x^2}&=\frac{\partial^2\gamma_{xy}}{\partial x\partial y}\\
\frac{\partial}{\partial x}\left(\frac{\partial\gamma_{xz}}{\partial y}+\frac{\partial\gamma_{xy}}{\partial z}-\frac{\partial\gamma_{yz}}{\partial x}\right)&=2\,\frac{\partial^2\varepsilon_x}{\partial y\partial z}\\
\frac{\partial^2\varepsilon_x}{\partial z^2}+\frac{\partial^2\varepsilon_z}{\partial x^2}&=\frac{\partial^2\gamma_{xz}}{\partial x\partial z}\\
\frac{\partial}{\partial y}\left(\frac{\partial\gamma_{xy}}{\partial z}+\frac{\partial\gamma_{yz}}{\partial x}-\frac{\partial\gamma_{xz}}{\partial y}\right)&=2\,\frac{\partial^2\varepsilon_y}{\partial x\partial z}\\
\frac{\partial^2\varepsilon_y}{\partial z^2}+\frac{\partial^2\varepsilon_z}{\partial y^2}&=\frac{\partial^2\gamma_{yz}}{\partial y\partial z}\\
\frac{\partial}{\partial z}\left(\frac{\partial\gamma_{yz}}{\partial x}+\frac{\partial\gamma_{xz}}{\partial y}-\frac{\partial\gamma_{xy}}{\partial z}\right)&=2\,\frac{\partial^2\varepsilon_z}{\partial x\partial y}
\end{aligned} \tag{7.1.7}$$

这些方程也称为圣维南(Saint-Venant)方程,共有 6 个方程而应变函数也是 6 个.但应当指出,这 6 个协调方程本质上并不全部完全独立,只要其中 3 个再加上适当的边界条件,就可以顶替其余的三个方程.

如果区域是多连通的,则由应变积分而得的位移可能是多值的.

7.1.3 线弹性本构关系

一般的线弹性本构关系可以表达为

$$\left.\begin{aligned}
\sigma_x &= c_{11}\varepsilon_x + c_{12}\varepsilon_y + c_{13}\varepsilon_z + c_{14}\gamma_{xy} + c_{15}\gamma_{xz} + c_{16}\gamma_{yz} \\
\sigma_y &= c_{21}\varepsilon_x + c_{22}\varepsilon_y + c_{23}\varepsilon_z + c_{24}\gamma_{xy} + c_{25}\gamma_{xz} + c_{26}\gamma_{yz} \\
\sigma_z &= c_{31}\varepsilon_x + c_{32}\varepsilon_y + c_{33}\varepsilon_z + c_{34}\gamma_{xy} + c_{35}\gamma_{xz} + c_{36}\gamma_{yz} \\
\tau_{xy} &= c_{41}\varepsilon_x + c_{42}\varepsilon_y + c_{43}\varepsilon_z + c_{44}\gamma_{xy} + c_{45}\gamma_{xz} + c_{46}\gamma_{yz} \\
\tau_{xz} &= c_{51}\varepsilon_x + c_{52}\varepsilon_y + c_{53}\varepsilon_z + c_{54}\gamma_{xy} + c_{55}\gamma_{xz} + c_{56}\gamma_{yz} \\
\tau_{yz} &= c_{61}\varepsilon_x + c_{62}\varepsilon_y + c_{63}\varepsilon_z + c_{64}\gamma_{xy} + c_{65}\gamma_{xz} + c_{66}\gamma_{yz}
\end{aligned}\right\} \tag{7.1.8}$$

其中 $c_{ij} = c_{ji}(i, j = 1, 2, \cdots, 6)$.上式可简写成向量形式为

$$\boldsymbol{\sigma} = \boldsymbol{C\varepsilon} \tag{7.1.8'}$$

$\boldsymbol{C}$ 即材料的刚度系数矩阵.

对(7.1.8)式求逆,可得到另一种形式的广义胡克定律

$$\left.\begin{aligned}
\varepsilon_x &= s_{11}\sigma_x + s_{12}\sigma_y + s_{13}\sigma_z + s_{14}\tau_{xy} + s_{15}\tau_{xz} + s_{16}\tau_{yz} \\
\varepsilon_y &= s_{21}\sigma_x + s_{22}\sigma_y + s_{23}\sigma_z + s_{24}\tau_{xy} + s_{25}\tau_{xz} + s_{26}\tau_{yz} \\
\varepsilon_z &= s_{31}\sigma_x + s_{32}\sigma_y + s_{33}\sigma_z + s_{34}\tau_{xy} + s_{35}\tau_{xz} + s_{36}\tau_{yz} \\
\gamma_{xy} &= s_{41}\sigma_x + s_{42}\sigma_y + s_{43}\sigma_z + s_{44}\tau_{xy} + s_{45}\tau_{xz} + s_{46}\tau_{yz} \\
\gamma_{xz} &= s_{51}\sigma_x + s_{52}\sigma_y + s_{53}\sigma_z + s_{54}\tau_{xy} + s_{55}\tau_{xz} + s_{56}\tau_{yz} \\
\gamma_{yz} &= s_{61}\sigma_x + s_{62}\sigma_y + s_{63}\sigma_z + s_{64}\tau_{xy} + s_{65}\tau_{xz} + s_{66}\tau_{yz}
\end{aligned}\right\} \tag{7.1.9}$$

其中 $s_{ij} = s_{ji}(i, j = 1, 2, \cdots 6)$为表征弹性特性的柔度系数,它们组成柔度系数矩阵 $\boldsymbol{S}$,于是上式可简写成

$$\boldsymbol{\varepsilon} = \boldsymbol{S\sigma} = \boldsymbol{C}^{-1}\boldsymbol{\sigma} \tag{7.1.9'}$$

在弹性体的变形过程中,外力所作的功转变为弹性体中贮存的应变能.对线性应力-应变关系,应变能密度即单位体积的应变能可用应变表达为

$$U_0(\boldsymbol{\varepsilon}) = \frac{1}{2}\boldsymbol{\varepsilon}^{\mathrm{T}}\boldsymbol{C\varepsilon} \tag{7.1.10}$$

于是应力-应变关系(7.1.8)也可用应变能密度表达为

$$\boldsymbol{\sigma} = \frac{\partial U_0(\boldsymbol{\varepsilon})}{\partial \varepsilon} \tag{7.1.11}$$

如果对应变能密度 U_0 的全部自变量 ε 实施勒让德变换，即引入函数（应变余能密度）

$$U_0^*(\boldsymbol{\sigma}) = \boldsymbol{\sigma}^{\mathrm{T}}\boldsymbol{\varepsilon} - U_0(\boldsymbol{\varepsilon}) = \frac{1}{2}\boldsymbol{\sigma}^{\mathrm{T}}\boldsymbol{S}\boldsymbol{\sigma} = \frac{1}{2}\boldsymbol{\sigma}^{\mathrm{T}}\boldsymbol{C}^{-1}\boldsymbol{\sigma} \tag{7.1.12}$$

也可将应变 ε 用应力 σ 表达为

$$\boldsymbol{\varepsilon} = \frac{\partial U_0^*(\boldsymbol{\sigma})}{\partial \boldsymbol{\sigma}} \tag{7.1.13}$$

显然，只要应变或应力不全为零，则总有

$$U_0(\boldsymbol{\varepsilon}) > 0 \quad 及 \quad U_0^*(\boldsymbol{\sigma}) > 0 \tag{7.1.14}$$

从(7.1.8)式可以看出，最一般的各向异性弹性体共有 21 个弹性常数. 但当弹性体具有对称的内部结构时，它的弹性性质也呈现某种对称性，于是广义胡克定律形式可以简化.

如在弹性物体内每一点都存在一个弹性对称平面，则对于该平面对称的任意两个方向上的弹性性质是相同的. 与弹性对称面垂直的轴（方向）称为材料的**弹性主轴**（方向）. 假设 z 轴为材料的弹性主轴，则广义胡克定律(7.1.8)可以简化为

$$\left.\begin{aligned}
\sigma_x &= c_{11}\varepsilon_x + c_{12}\varepsilon_y + c_{13}\varepsilon_z + c_{14}\gamma_{xy} \\
\sigma_y &= c_{12}\varepsilon_x + c_{22}\varepsilon_y + c_{23}\varepsilon_z + c_{24}\gamma_{xy} \\
\sigma_z &= c_{13}\varepsilon_x + c_{23}\varepsilon_y + c_{33}\varepsilon_z + c_{34}\gamma_{xy} \\
\tau_{xy} &= c_{14}\varepsilon_x + c_{24}\varepsilon_y + c_{34}\varepsilon_z + c_{44}\gamma_{xy} \\
\tau_{xz} &= c_{55}\gamma_{xz} + c_{56}\gamma_{yz} \\
\tau_{yz} &= c_{56}\gamma_{xz} + c_{66}\gamma_{yz}
\end{aligned}\right\} \tag{7.1.15}$$

这时弹性常数减少为 13 个.

如弹性物体内每一点都存在三个互相垂直的弹性对称平面，称为**正交各向异性体**，这时有三个正交的弹性主轴，此时独立的弹性常数仅有 9 个. 设坐标面与弹性对称面一致，则广义胡克定律(7.1.15)还可以继续简化为

$$
\left.\begin{aligned}
\sigma_x &= c_{11}\varepsilon_x + c_{12}\varepsilon_y + c_{13}\varepsilon_z \\
\sigma_y &= c_{12}\varepsilon_x + c_{22}\varepsilon_y + c_{23}\varepsilon_z \\
\sigma_z &= c_{13}\varepsilon_x + c_{23}\varepsilon_y + c_{33}\varepsilon_z \\
\tau_{xy} &= c_{44}\gamma_{xy} \\
\tau_{xz} &= c_{55}\gamma_{xz} \\
\tau_{yz} &= c_{66}\gamma_{yz}
\end{aligned}\right\} \tag{7.1.16}
$$

即在材料主方向上所有的反映拉伸-剪切和剪切-剪切耦合效应的弹性系数为零,这是正交各向异性材料的一个重要弹性特性.然而当坐标轴与材料主轴不一致时,弹性系数矩阵变成满阵,存在各种耦合效应,但独立的弹性系数仍为 9 个,这时称为一般正交各向异性.

如物体内的每一点存在一个各向同性平面,即在该平面的任意方向上弹性性质是相同的,称为**横观各向同性体**,与该平面垂直的轴是材料的弹性旋转对称轴,此时独立的弹性常数仅有 5 个.如取 z 轴与弹性对称轴一致,则(7.1.16)式还可以继续简化为

$$
\left.\begin{aligned}
\sigma_x &= c_{11}\varepsilon_x + c_{12}\varepsilon_y + c_{13}\varepsilon_z \\
\sigma_y &= c_{12}\varepsilon_x + c_{11}\varepsilon_y + c_{13}\varepsilon_z \\
\sigma_z &= c_{13}\varepsilon_x + c_{13}\varepsilon_y + c_{33}\varepsilon_z \\
\tau_{xy} &= (c_{11} - c_{12})\gamma_{xy}/2 \\
\tau_{xz} &= c_{55}\gamma_{xz} \\
\tau_{yz} &= c_{55}\gamma_{yz}
\end{aligned}\right\} \tag{7.1.17}
$$

最后,对各向同性材料,其独立的弹性常数仅有 2 个,则广义胡克定律可表达为

$$
\left.\begin{aligned}
\sigma_x &= \lambda\theta + 2G\varepsilon_x, \quad \tau_{xy} = G\gamma_{xy} \\
\sigma_y &= \lambda\theta + 2G\varepsilon_y, \quad \tau_{xz} = G\gamma_{xz} \\
\sigma_z &= \lambda\theta + 2G\varepsilon_z, \quad \tau_{yz} = G\gamma_{yz}
\end{aligned}\right\} \tag{7.1.18}
$$

式中 λ 与 G 为拉梅(Lame')常数,θ 为体积应变

$$\theta = \varepsilon_x + \varepsilon_y + \varepsilon_z = \frac{\partial u}{\partial x} + \frac{\partial v}{\partial y} + \frac{\partial w}{\partial z} \qquad (7.1.19)$$

对各向同性材料,应力-应变关系还通常用拉伸弹性模量[又称杨氏(Young)模量]E 和泊松(Poisson)比 ν 来表达

$$\left.\begin{aligned} \varepsilon_x &= [\sigma_x - \nu(\sigma_y + \sigma_z)]/E, \gamma_{xy} = 2(1+\nu)\tau_{xy}/E \\ \varepsilon_y &= [\sigma_y - \nu(\sigma_x + \sigma_z)]/E, \gamma_{xz} = 2(1+\nu)\tau_{xz}/E \\ \varepsilon_z &= [\sigma_z - \nu(\sigma_x + \sigma_y)]/E, \gamma_{yz} = 2(1+\nu)\tau_{yz}/E \end{aligned}\right\} \qquad (7.1.20)$$

式中弹性模量 E 及泊松比 ν 与拉梅常数间的关系为

$$E = \frac{G(3\lambda + 2G)}{\lambda + G}, \quad \nu = \frac{\lambda}{2(\lambda + G)} \qquad (7.1.21)$$

或

$$\lambda = \frac{E\nu}{(1+\nu)(1-2\nu)}, \quad G = \frac{E}{2(1+\nu)} \qquad (7.1.22)$$

其中泊松比 ν 必定满足(各向同性材料)

$$0 \leqslant \nu \leqslant 0.5 \qquad (7.1.23)$$

当 $\nu=0.5$ 时,成为不可压缩材料.

线性系统当然适用叠加原理.

7.2 弹性力学变分原理

"大自然总是走最容易和最可能的途径".经典力学中的最小作用量原理就表明了这一点.弹性静力学也按自己的途径发展了一整套变分原理.它们与微分方程是相当的,从而成为各种近似方法的基础,例如有限元法.当然,弹性力学变分原理与经典力学的变分原理是密切相关的.

变分原理的泛函与能量密切相关,因此也常称为能量变分原理.从能量原理出发可以证明弹性力学的一些基本定理,很有用处,见文献[131～133].

7.2.1 最小总势能原理

势能由变形势能与外力势能之和组成.变形能 U 就是变形能密度 U_0 对全部体积 D 的积分;而外力势能 U_e 则是给定外力作功的负值,

$$U = \int_D U_0 \mathrm{d}V$$
$$U_e = -\int_D (\overline{X}u + \overline{Y}v + \overline{Z}w)\mathrm{d}V - \int_{S_\sigma} (\overline{X}_n u + \overline{Y}_n v + \overline{Z}_n w)\mathrm{d}S \tag{7.2.1}$$

现在就要对变形能密度 U_0 加以明确.采用矩阵/向量表达可以使公式简洁,令

$$\begin{aligned} \varepsilon &= \{\varepsilon_x, \varepsilon_y, \varepsilon_z, \gamma_{xy}, \gamma_{xz}, \gamma_{yz}\}^{\mathrm{T}} \\ \sigma &= \{\sigma_x, \sigma_y, \sigma_z, \tau_{xy}, \tau_{xz}, \tau_{yz}\}^{\mathrm{T}} \end{aligned} \tag{7.2.2}$$

则

$$U_0 = \boldsymbol{\sigma}^{\mathrm{T}}\boldsymbol{\varepsilon}/2 \tag{7.2.3}$$

对于各向同性材料,有

$$\begin{aligned} 2U_0 = &(\lambda + 2G)(\varepsilon_x^2 + \varepsilon_y^2 + \varepsilon_z^2) + 2\lambda(\varepsilon_x\varepsilon_y + \varepsilon_x\varepsilon_z + \varepsilon_y\varepsilon_z) \\ &+ 2G(\gamma_{xy}^2 + \gamma_{xz}^2 + \gamma_{yz}^2) \end{aligned} \tag{7.2.4}$$

应力-应变关系可以写为

$$\boldsymbol{\sigma} = \partial U_0/\partial \boldsymbol{\varepsilon}, \quad \text{即得 } \boldsymbol{\sigma} = \boldsymbol{C\varepsilon} \tag{7.2.5}$$

应变能密度的重要性就在于此.运用勒让德变换引入余能密度

$$U_0^*(\boldsymbol{\sigma}) = \boldsymbol{\sigma}^{\mathrm{T}}\boldsymbol{\varepsilon} - U_0(\boldsymbol{\varepsilon})$$

或

$$\begin{aligned} U_0^*(\boldsymbol{\sigma}) &= \min_{\varepsilon}[\boldsymbol{\sigma}^{\mathrm{T}}\boldsymbol{\varepsilon} - U_0(\boldsymbol{\varepsilon})] \\ U_0^*(\boldsymbol{\sigma}) &= \boldsymbol{\sigma}^{\mathrm{T}}\boldsymbol{C}^{-1}\boldsymbol{\sigma}/2 \end{aligned} \tag{7.2.6}$$

相当于 $\boldsymbol{\varepsilon} = \boldsymbol{C}^{-1}\boldsymbol{\sigma}$ 自(7.2.5)解得代入.同时也有

$$\boldsymbol{\varepsilon} = \partial U_0^*(\boldsymbol{\sigma})/\partial \boldsymbol{\sigma}$$

以及

$$U_0(\boldsymbol{\varepsilon}) = \min_{\boldsymbol{\sigma}}[\boldsymbol{\sigma}^{\mathrm{T}}\boldsymbol{\varepsilon} - U_0^*(\boldsymbol{\sigma})] \tag{7.2.7}$$

最小总势能原理的表达首先是:总势能为

$$\Pi(\boldsymbol{u}) = U_0(\boldsymbol{\varepsilon}) + U_e(\boldsymbol{u}) \tag{7.2.8}$$

其中 $\boldsymbol{\varepsilon}$ 用位移向量 $\boldsymbol{u}$ 表示.最小总势能原理导出的方程是用位移表示的平衡方程,以及 S_σ 上的边界条件.当然位移应当不违反 S_u 上的位移边界条件.

导出平衡方程只用到总势能的一阶位移变分为零.它只能说明取驻值,并不能保证取最小.由于 U_0 是位移的二次函数,而 U_e 是位移 $\boldsymbol{u}$ 的一次函数,故还是取最小,即

一阶变分:$\delta\Pi(\boldsymbol{u} = 0)$;

二阶变分:$\boldsymbol{\Pi}(\boldsymbol{u} + \delta\boldsymbol{u}) = \boldsymbol{\Pi}(\boldsymbol{u}) + U_0(\delta\boldsymbol{u}) > \boldsymbol{\Pi}(\boldsymbol{u})$

(7.2.9)

总势能在真实解处为最小,故称最小总势能原理.由于总势能的泛函中只有位移这一类变量,因此在分类上就称为一类变量的变分原理.

7.2.2 二类变量的变分原理与最小总余能原理

回顾分析力学的哈密顿原理,其作用量是拉格朗日函数的积分,其中也只有广义位移这一类变量.从拉格朗日函数作广义速度的偏微商,引入其对偶变量,通过勒让德变换,就导出了正则方程体系,以及其相应的变分原理.当然该变分原理有二类变量,广义位移及其对偶、广义动量.弹性力学的变分原理也是同样情况.从最小总势能原理出发,将应变能密度看成为拉格朗日函数,通过偏微商(7.2.5)引入应变的对偶、应力;再由勒让德变换(7.2.6)导出了余能.将(7.2.7)式中的 min 就放置在变分之中,就导出了二类变量的变分原理,称为 H-R(Hellinger-Reissner)变分原理

$$\Pi_2(\boldsymbol{u},\boldsymbol{\sigma}) = \int_D[\boldsymbol{\sigma}^{\mathrm{T}}\boldsymbol{\varepsilon} - U_0^*(\boldsymbol{\sigma}) - \boldsymbol{f}^{\mathrm{T}}\boldsymbol{u}]\mathrm{d}V - \int_{S_\sigma}\overline{\boldsymbol{X}}_n^{\mathrm{T}}\boldsymbol{u}\mathrm{d}S$$

$$- \int_{S_u}\boldsymbol{X}_n^{\mathrm{T}}(\boldsymbol{u} - \overline{\boldsymbol{u}})\mathrm{d}S, \quad \delta\Pi_2 = 0 \tag{7.2.10}$$

式中,$\boldsymbol{\varepsilon}$ 应当看成为由 $\boldsymbol{u}$ 计算而得,即

$$\boldsymbol{\varepsilon} = \boldsymbol{E}^{\mathrm{T}}(\nabla) \cdot \boldsymbol{u}$$

$$\boldsymbol{E}(\nabla) = \begin{pmatrix} \frac{\partial}{\partial x} & & & \frac{\partial}{\partial y} & \frac{\partial}{\partial z} & \\ & \frac{\partial}{\partial y} & & \frac{\partial}{\partial x} & & \frac{\partial}{\partial z} \\ & & \frac{\partial}{\partial z} & & \frac{\partial}{\partial x} & \frac{\partial}{\partial y} \end{pmatrix} \tag{7.2.11}$$

$\boldsymbol{E}(\nabla)$是一个算子矩阵[132],$\boldsymbol{E}(\nabla)\cdot\boldsymbol{\sigma}$ 是平衡方程中关于应力的项,而 $\boldsymbol{E}^{\mathrm{T}}(\nabla)$代表 $\boldsymbol{E}(\nabla)$的简单转置.因此有

$$\Pi_2(\boldsymbol{u},\boldsymbol{\sigma}) = \int_D [\boldsymbol{\sigma}^{\mathrm{T}} \cdot \boldsymbol{E}^{\mathrm{T}}(\nabla)\boldsymbol{u} - U_0^*(\boldsymbol{\sigma}) - \boldsymbol{f}^{\mathrm{T}}\boldsymbol{u}]\mathrm{d}V - \int_{S_\sigma} \overline{\boldsymbol{X}}_n^{\mathrm{T}}\boldsymbol{u}\mathrm{d}S - \int_{S_u} \boldsymbol{X}_n^{\mathrm{T}}(\boldsymbol{u} - \overline{\boldsymbol{u}})\mathrm{d}S$$

这个表达式的自变函数只有 $\boldsymbol{u}$ 与 $\boldsymbol{\sigma}$ 了,更为确切.变分时,$\boldsymbol{u}$ 与 $\boldsymbol{\sigma}$ 的各分量皆独立自主地变分.

运用分部积分(即高斯积分式)可以导出

$$\Pi_2(\boldsymbol{u},\boldsymbol{\sigma}) = -\int_D [\boldsymbol{u}^{\mathrm{T}} \cdot \boldsymbol{E}(\nabla)\boldsymbol{\sigma} + U_0^*(\boldsymbol{\sigma}) + \boldsymbol{f}^{\mathrm{T}}\boldsymbol{u}]\mathrm{d}V + \int_{S_\sigma} (\boldsymbol{X}_n - \overline{\boldsymbol{X}}_n)^{\mathrm{T}}\boldsymbol{u}\mathrm{d}S + \int_{S_u} \boldsymbol{X}_n^{\mathrm{T}}\overline{\boldsymbol{u}}\mathrm{d}S$$

这是另一种形式的表达式,可用于 H-R 变分原理.从该种形式的变分原理容易导出最小总余能原理.令平衡方程(7.1.1)及给力边界条件(7.1.5)预先满足,即得

$$\Pi^*(\boldsymbol{\sigma}) = \int_D U_0^*(\boldsymbol{\sigma})\mathrm{d}V - \int_{S_u} \boldsymbol{X}_n^{\mathrm{T}}\overline{\boldsymbol{u}}\mathrm{d}S, \quad \min_{\boldsymbol{\sigma}} \Pi^*(\boldsymbol{\sigma}) \tag{7.2.12}$$

当然(7.1.4)式应当满足.这是对于 $\boldsymbol{\sigma}$ 的二次泛函,并且由于余能密度的正定性,总余能取最小值.钱令希的余能原理[133]一文,为中国对变分原理的研究打响了第一炮.

(7.2.6)式通过勒让德变换引入余能密度,这是对于全部应变

的.然而勒让德变换并未规定必须对全部 $\boldsymbol{\varepsilon}$ 的分量都要作出变换,可以按需要只对其中**一部分应变**施加勒让德变换,而对其余部分仍保持原来的应变,此时就会导致混合能及相应的变分原理.将混合能变分原理运用于弹性柱体的长度方向,就可将方程导向哈密顿体系,从而就可分离变量,并用本征向量展开等方法求解.从而就可以拓展分量变量法,突破传统施图姆-刘维尔问题用于自伴算子的限制,可以用于解决圣维南问题等.这类运用在前面离散变量单连续坐标系统的分析中很多.现在说明,在连续变量体系中也可以运用.

H-R 变分原理所用的变量 $\boldsymbol{u}$ 与 $\boldsymbol{\sigma}$ 并不直接对偶,应力 $\boldsymbol{\sigma}$ 的对偶是应变 $\boldsymbol{\varepsilon}$,它是位移 $\boldsymbol{u}$ 的微商.因此就会想到还要有一个包含 $\boldsymbol{\sigma}$, $\boldsymbol{\varepsilon}$ 和 $\boldsymbol{u}$ 的三类独立变量的变分原理.

7.2.3 三类变量的变分原理

三类变量的变分原理称为胡海昌-鹫津(H-W)变分原理.这是胡海昌于 1954 年在中国、鹫津久一郎于 1955 年在美国 MIT (Massachusetts Institute of Technology,麻省理工学院)在卞学璜(Th. H. H. Pian)指导下的博士论文中分别独立地提出的.只要注意到等式(7.2.7),并且看到取最小也可包含在变分之中,代入 H-R 变分原理的泛函 Π_2,就导出了 H-W 变分原理

$$\Pi_3(\boldsymbol{u},\boldsymbol{\sigma},\boldsymbol{\varepsilon}) = \int_D [\boldsymbol{\sigma}^{\mathrm{T}} \cdot (\boldsymbol{E}^{\mathrm{T}}(\nabla)\boldsymbol{u} - \boldsymbol{\varepsilon}) + U_0(\boldsymbol{\varepsilon}) - \boldsymbol{f}^{\mathrm{T}}\boldsymbol{u}]\mathrm{d}V - \int_{S_\sigma} \overline{\boldsymbol{X}}_n^{\mathrm{T}}\boldsymbol{u}\mathrm{d}S - \int_{S_u} \boldsymbol{X}_n^{\mathrm{T}}(\boldsymbol{u} - \overline{\boldsymbol{u}})\mathrm{d}S$$

$$\delta\Pi_3 = 0 \tag{7.2.13}$$

其中 $\boldsymbol{u}$, $\boldsymbol{\sigma}$, $\boldsymbol{\varepsilon}$ 是互相独立变分的三类变量.同样,运用高斯积分公式,可以导出

$$\Pi_3(\boldsymbol{u},\boldsymbol{\sigma},\boldsymbol{\varepsilon}) = \int_D [-\boldsymbol{\sigma}^{\mathrm{T}}\boldsymbol{\varepsilon} - \boldsymbol{u}^{\mathrm{T}}(E(\nabla)\boldsymbol{\sigma} + \boldsymbol{f}) + U_0(\boldsymbol{\varepsilon})]\mathrm{d}V + \int_{S_\sigma} (\boldsymbol{X}_n - \overline{\boldsymbol{X}}_n)^{\mathrm{T}}\boldsymbol{u}\mathrm{d}S + \int_{S_u} \boldsymbol{X}_n^{\mathrm{T}}\overline{\boldsymbol{u}}\mathrm{d}S$$

$$\delta \Pi_3 = 0 \tag{7.2.14}$$

这是 H-W 变分原理的另一种形式.当然也可以推导多种形式的三类变量混合能变分原理.

7.2.4 互等原理

弹性体系是没有能量耗散的,因此弹性变形能一定等于在准静态变形过程中的外力做功.线性体系的叠加原理与能量守恒原理相结合,就可导出一系列互等定理.

功的互等定理是最基本的.设有一个线性系统,受到两组作用在不同位置 A 与 B 的力 P_A 与 P_B.由于是弹性体系,外力在变形过程所做的功与加载次序无关,而只与最后的外力状态有关.据此可以推出**功的互等定理:在任一个线性弹性体系中,第一组外力 $\boldsymbol{P_A}$ 对由于第二组外力所引起的位移 $\boldsymbol{u_{AB}}$ 所做的功,等于第二组外力 $\boldsymbol{P_B}$ 对由于第一组外力所引起的位移 $\boldsymbol{u_{BA}}$ 所做的功,即 $\boldsymbol{P_A u_{AB} = P_B u_{BA}}$**.功的互等定理很有用,位移互等定理及反力互等定理就是它的推论.尤其,哈密顿体系表述的本征函数向量的辛正交,就是功的互等定理在数学上的反映.

位移互等定理:在任一个线性弹性体系中,在 $\boldsymbol{A}$ 处作用单位力而在 $\boldsymbol{B}$ 处引起的位移,等于在 $\boldsymbol{B}$ 处作用单位力而在 $\boldsymbol{A}$ 处引起的位移.这是对于两个内部点的.

反力互等定理:在任一个线性弹性体系中,由于支座 $\boldsymbol{A}$ 处发生单位位移而在支座 $\boldsymbol{B}$ 处引起的反力,等于在支座 $\boldsymbol{B}$ 处发生单位位移而在支座 $\boldsymbol{A}$ 处引起的反力.这是对于两个支座的.还需要一个支座、一个内部点的,即**位移与负支反力互等定理:在任一个线性弹性体系中,由于支座 $\boldsymbol{B}$ 处发生单位位移而在 $\boldsymbol{A}$ 处引起的位移,等于在 $\boldsymbol{A}$ 处作用单位力而在支座 $\boldsymbol{B}$ 处引起的反力的负值**.这些定理在弹性力学与结构力学中是基本的,例如见参考文献[19].

位移互等定理保证了结构力学中力法正则方程的对称性;反力互等定理保证了结构力学中位移法正则方程的对称性.哈密顿体系是混合法,因此还要位移与负反力互等定理,以保证矩阵是哈密顿的.

7.3 弹性力学矩形域平面问题

弹性力学平面问题是最基本的部分,老问题,已有深入研究.过去绝大部分的求解都是通过重调和方程的艾里(Airy)应力函数的[2].这是应力解法,一类变量的解法.文献[2]采用凑合解法.复变函数的解法是很重要的推进,但对矩形域等特定问题也不方便.

过去求解弹性力学偏微分方程的方法表现为,努力消去未知函数,只剩一个,宁可让方程的阶次升高.于是成为一类变量的求解方法.从前几章可以看到,进入对偶变量体系的求解有很大好处,可以分离变量,进入辛几何体系有别开生面的效果.前文结构力学与最优控制相模拟是对于有限变量空间的,弹性力学在各个方向都是连续变量的,因此从弹性力学模拟过去就是无限维的线性动力体系了.

哈密顿体系是模拟理论的根本.弹性力学应用了该体系后,其基本方程就可分离变量,进入辛几何空间就可拓广施图姆-刘维尔问题只用于自共轭算子的限制,使本征向量展开法开拓到对偶辛空间,等.根据弹性力学与无穷维最优控制或滤波的模拟理论,力学中的结论与方法也可以移植到另一方去.这是非常有兴趣的.

7.3.1 基本方程

弹性力学平面(x,z)问题可以分为平面应力与平面应变问题.多种教程已有了详细论述,这里只要罗列其结果即可.平面应变适用于y方向很长,荷载与y无关并且这些荷载的合力为零的情况.选择平面直角坐标(x,z),其中z坐标沿着较长的物体方向.平面应变认为位移条件为

$$v=0,\quad w=w(x,z),\quad u=u(x,z) \tag{7.3.1}$$

其中u,v,w分别是坐标轴x,y,z方向的线变位.此时$\varepsilon_y=\gamma_{xy}=\gamma_{yz}=0,\sigma_y=\nu(\sigma_x+\sigma_z)$.取

$$E_1 = E/(1-\nu^2), \quad \nu_1 = \nu/(1-\nu) \tag{7.3.2}$$

有

$$\begin{aligned} \varepsilon_x &= (\sigma_x - \nu\sigma_z)/E_1 \\ \varepsilon_z &= (\sigma_{zx} - \nu\sigma_{xz})/E_1 \\ \gamma_{xz} &= 2(1+\nu_1)\tau_{xz}/E_1 \end{aligned} \tag{7.3.3a}$$

$$\varepsilon_x = \frac{\partial u}{\partial x}, \quad \varepsilon_z = \frac{\partial w}{\partial z}, \quad \gamma_{xz} = \frac{\partial u}{\partial z} + \frac{\partial w}{\partial x} \tag{7.3.3b}$$

还有 $\tau_{yz} = \tau_{xy} = 0$. 平衡方程为

$$\begin{aligned} \frac{\partial \sigma_x}{\partial x} + \frac{\partial \tau_{xz}}{\partial z} + X &= \rho \frac{\partial^2 u}{\partial t^2} \\ \frac{\partial \tau_{xz}}{\partial x} + \frac{\partial \sigma_z}{\partial z} + Z &= \rho \frac{\partial^2 w}{\partial t^2} \end{aligned} \tag{7.3.4}$$

而静力边界条件可写为

$$\sigma_x l + \tau_{xz} m = \overline{X}_n, \quad \tau_{xz} l + \sigma_z m = \overline{Z}_n, \quad \text{在 } S_\sigma \text{ 上} \tag{7.3.5}$$

其中 $\boldsymbol{n}$ 是外法线方向, l, m 是外法线与 x, z 轴的方向余弦. 以上方程再加上在 S_u 上的给定位移边界条件,就构成静力问题的全部方程了.

平面应力适用于 y 方向很薄,因而可近似地认为有

$$\tau_{xy} = \tau_{yz} = \sigma_z = 0$$

于是

$$\gamma_{xy} \approx 0, \quad \gamma_{yz} \approx 0, \quad \varepsilon_y \approx -\nu(\sigma_x + \sigma_z) \tag{7.3.6}$$

除了应力-应变关系中的 E_1, ν_1 应当换成 E, ν 外,全套方程于平面应变相同. 以后就不写 E_1, ν_1,而总是写成 E, ν.

平面问题的主流求解方法一直是应力函数法,但位移法仍是重要的. 与位移法对应的变分原理是最小势能原理

$$\begin{aligned} &\Pi = U + U_e, \quad \min_{u,w} \Pi \\ &U_e = -\iint_D (Xu + Zw)\mathrm{d}x\mathrm{d}z - \int_{S_\sigma} (\overline{X}_n u + \overline{Z}_n w)\mathrm{d}S \end{aligned} \tag{7.3.7}$$

$$U = \iint_D \frac{1}{2}\left\{ \frac{E}{(1-\nu^2)}\left[\left(\frac{\partial u}{\partial x}\right)^2 + \left(\frac{\partial w}{\partial z}\right)^2 + 2\nu \frac{\partial u}{\partial x}\frac{\partial w}{\partial z} \right] + \frac{E}{2(1+\nu)}\left(\frac{\partial u}{\partial z} + \frac{\partial w}{\partial x}\right)^2 \right\} \mathrm{d}x\mathrm{d}z \tag{7.3.8}$$

采用上式的变分原理将得到平面应力的方程，如 E，ν 用(7.3.2)式的 E_1，ν_1 代入，就是平面应变.

7.3.2 导向对偶体系

设矩形域 D(图 7.1)可写成为 $D: 0 \leqslant z \leqslant L$，$-h \leqslant x \leqslant h$，其中 L 比较大. 因此，坐标 z 就选择为纵向，即将 z 模拟为时间. 设两条侧边 $x=-h$，$x=h$ 上分别有表面力

$$\begin{aligned} \sigma_x &= \overline{X}_1(z), \quad \tau_{xz} = \overline{Z}_1(z), \\ \sigma_x &= \overline{X}_2(z), \quad \tau_{xz} = \overline{Z}_2(z), \end{aligned} \quad 当 \begin{matrix} x=-h \\ x=h \end{matrix} 时 \tag{7.3.9}$$

设体积力为零，因此微分方程成为齐次方程. 还有两端 $z=0$，$z=L$ 处的边界条件，在过去的求解方法中很难处理，采用对偶变量体系就可以用本征函数向量展开的方法解决.

既然将长度方向 z 模拟为时间坐标，则可以将对 z 的偏微分表示为一点

$$\dot{w} = \partial w / \partial z, \quad \dot{u} = \partial u / \partial z \tag{7.3.10}$$

最小总势能原理采用的是位移法，一类变量. 将变形能(7.3.8)中的积分函数 U_0 写成拉格朗日函数，即有

$$L(u, w, \dot{u}, \dot{w}) = \frac{1}{2}\left\{ \frac{E}{(1-\nu^2)}\left[\left(\frac{\partial u}{\partial x}\right)^2 + \dot{w}^2 + 2v\dot{w}\frac{\partial u}{\partial x} \right] + \frac{E}{2(1+\nu)}\left(\dot{u} + \frac{\partial w}{\partial x}\right)^2 \right\} \tag{7.3.11}$$

采用勒让德变换引入对偶变量

$$\begin{aligned} \sigma &= \partial L / \partial \dot{w} = E(\dot{w} + \nu \partial u / \partial x)/(1-\nu^2) \\ \tau &= \partial L / \partial \dot{u} = E(\dot{u} + \partial w / \partial x)/(1+\nu) \end{aligned} \tag{7.3.12}$$

它们就是 σ_z，τ_{xz}. 对 $\dot{u}$，$\dot{w}$ 求解，得

$$\dot{w} = -\nu\partial u/\partial x + \sigma\cdot(1-\nu^2)/E$$
$$\dot{u} = -\partial w/\partial x + \tau\cdot 2(1+\nu)/E \tag{7.3.13}$$

将位移与其对偶变量分别组成对偶向量

$$\boldsymbol{q} = \begin{pmatrix} w \\ u \end{pmatrix}, \qquad \boldsymbol{p} = \begin{pmatrix} \sigma \\ \tau \end{pmatrix} \tag{7.3.14}$$

引入了对偶变量,还要按勒让德变换引入哈密顿密度函数

$$H(q,p) = \boldsymbol{p}^{\mathrm{T}}\dot{\boldsymbol{q}} - \boldsymbol{L}(\boldsymbol{q},\dot{\boldsymbol{q}}) = \boldsymbol{p}^{\mathrm{T}}\dot{\boldsymbol{q}} - U_0(\boldsymbol{q},\dot{\boldsymbol{q}}) \tag{7.3.15}$$

上式中的 $\dot{\boldsymbol{q}}$ 应当用(7.3.13)式代入消去,只剩下 $w,u;\sigma,\tau$ 以及它们对横向坐标 x 的微商,于是

$$\begin{aligned} B(\boldsymbol{q},\boldsymbol{p}) &= H(w,u;\sigma,\tau) \\ &= \frac{1-\nu^2}{2E}\sigma^2 - \nu\sigma\frac{\partial u}{\partial x} + \frac{1+\nu}{E}\tau^2 - \tau\frac{\partial w}{\partial x} - \frac{E}{2}\left(\frac{\partial u}{\partial x}\right)^2 \end{aligned} \tag{7.3.16}$$

相应地,变分原理也转换为

$$M = \int_0^L\int_{-h}^h[\boldsymbol{p}^{\mathrm{T}}\dot{\boldsymbol{q}} - H(q,p)]\mathrm{d}x\mathrm{d}z, \quad \min_{\boldsymbol{q}}\max_{\boldsymbol{p}}(M+U_e) \tag{7.3.17}$$

其中 $\boldsymbol{q},\boldsymbol{p}$ 的各分量认为是独立变分的量. 完成上式取变分的推导,通过分部积分即可导出协调方程(7.3.13)、其对偶(平衡)方程

$$\dot{\sigma} = -\partial\tau/\partial x - Z, \quad \dot{\tau} = -E\partial^2 u/\partial x^2 - \nu\partial\sigma/\partial x - X \tag{7.3.18}$$

以及侧边边界条件

$$\begin{aligned} \tau &= \overline{Z}_1(z), \quad E\partial u/\partial x + \nu\sigma = \overline{X}_1, \\ \tau &= \overline{Z}_2(z), \quad E\partial u/\partial x + \nu\sigma = \overline{X}_2, \end{aligned} \quad \text{当} \begin{matrix} x=-h \\ x=h \end{matrix} \text{时} \tag{7.3.19}$$

至于两端边界条件,可以在最后求出本征解后再行处理. 可以用矩阵形式写出对偶方程

$$\begin{pmatrix} \dot{\boldsymbol{q}} \\ \dot{\boldsymbol{p}} \end{pmatrix} = \begin{bmatrix} \boldsymbol{A} & -\boldsymbol{D} \\ -\boldsymbol{B} & -\boldsymbol{A}^{\mathrm{T}} \end{bmatrix}\begin{pmatrix} \boldsymbol{q} \\ \boldsymbol{p} \end{pmatrix} - \begin{pmatrix} \boldsymbol{0} \\ \boldsymbol{X} \end{pmatrix} \tag{7.3.20}$$

其中

$$\boldsymbol{A}=\begin{bmatrix}0 & -\nu\dfrac{\partial}{\partial x}\\ -\dfrac{\partial}{\partial x} & 0\end{bmatrix},\quad \boldsymbol{D}=\begin{bmatrix}\dfrac{-(1-\nu^2)}{E} & 0\\ 0 & -\dfrac{2(1+\nu)}{E}\end{bmatrix}$$

$$\boldsymbol{B}=\begin{bmatrix}0 & 0\\ 0 & E\dfrac{\partial^2}{\partial x^2}\end{bmatrix},\quad \boldsymbol{A}^{\mathrm{T}}=\begin{bmatrix}0 & \dfrac{\partial}{\partial x}\\ \nu\dfrac{\partial}{\partial x} & 0\end{bmatrix},\quad \boldsymbol{X}=\begin{pmatrix}Z\\ X\end{pmatrix}$$

(7.3.21)

是算子的矩阵.因此“转置”(即互伴算子)并不就是简单的换位.因为有分部积分,即

$$\int_{-h}^{h}\boldsymbol{p}^{\mathrm{T}}\boldsymbol{A}\boldsymbol{q}\mathrm{d}x=\int_{-h}^{h}\boldsymbol{q}^{\mathrm{T}}\boldsymbol{A}^{\mathrm{T}}\boldsymbol{p}\mathrm{d}x-[\nu\sigma u+\tau w]_{-h}^{h}$$

在域内 $-h<x<h$,$\boldsymbol{A}$ 与 $\boldsymbol{A}^{\mathrm{T}}$ 为互伴的关系就看出了.但还有边界项,它将与 $\boldsymbol{B}$ 阵分部积分时出现的边界项共同构成边界条件的方程.$\boldsymbol{D}$ 显然是对称(自伴)阵.而 $\boldsymbol{B}$ 的对称(自伴)性也留下了边界上的项,

$$\int_{-h}^{h}\boldsymbol{q}_1^{\mathrm{T}}\boldsymbol{B}\boldsymbol{q}_2\mathrm{d}x=\int_{-h}^{h}\boldsymbol{q}_2^{\mathrm{T}}\boldsymbol{B}\boldsymbol{q}_1\mathrm{d}x-E\left[u_1\frac{\partial u_2}{\partial x}-u_2\frac{\partial u_1}{\partial x}\right]_{-h}^{h}$$

其中 $\boldsymbol{q}_1$ 与 $\boldsymbol{q}_2$ 为任意连续向量.

引入全状态向量 $\boldsymbol{v}$ 及哈密顿算子矩阵 $\boldsymbol{H}$

$$\boldsymbol{v}=\begin{pmatrix}\boldsymbol{q}\\ \boldsymbol{p}\end{pmatrix},\qquad \boldsymbol{H}=\begin{bmatrix}\boldsymbol{A} & -\boldsymbol{D}\\ -\boldsymbol{B} & -\boldsymbol{A}^{\mathrm{T}}\end{bmatrix}\qquad(7.3.22)$$

于是系统的对偶方程便成为

$$\dot{\boldsymbol{v}}=\boldsymbol{H}\boldsymbol{v}+\boldsymbol{h},\quad \boldsymbol{h}=(\boldsymbol{0}^{\mathrm{T}}\quad \boldsymbol{X}^{\mathrm{T}})^{\mathrm{T}}\qquad(7.3.23)$$

以及侧边边界条件.现在引入辛算子矩阵 $\boldsymbol{J}$

$$\boldsymbol{J}=\begin{pmatrix}\boldsymbol{0} & \boldsymbol{I}\\ -\boldsymbol{I} & \boldsymbol{0}\end{pmatrix},\quad \boldsymbol{J}^{\mathrm{T}}=\boldsymbol{J}^{-1}=-\boldsymbol{J}\qquad(7.3.24)$$

其中 $\boldsymbol{I}$ 是单位算子.以下要证明

$$JH = \begin{pmatrix} -B & -A^{T} \\ -A & D \end{pmatrix}$$

是自伴算子. 与有限维时一样, $(JH)^{T} = JH$ 或 $JHJ = H^{T}$, 因此, H 可称为辛自伴算子.

将当前的体系与第五章的单连续坐标体系相比, 可知单坐标体系时的 H 阵是对于全横截面的, 而当前的 H 算子矩阵只是对于横截面上的一个点的. 因此单坐标时的哈密顿函数应当对应于当前的哈密顿密度函数对横截面的积分. 引入

$$\langle v_1^{T}, P, v_2 \rangle \underset{\text{def}}{=} \int_{-h}^{h} v_1^{T} P v_2 \mathrm{d}x$$

通过分部积分, 可以证明

$$\begin{aligned} &\langle v_1^{T}, JH, v_2 \rangle - [u_1(E\partial u_2/\partial x + \nu\sigma_2) + w_1\tau_2]_{-h}^{h} \\ &= \langle v_2^{T}, JH, v_1 \rangle - [u_2(E\partial u_1/\partial x + \nu\sigma_1) + w_2\tau_1]_{-h}^{h} \end{aligned} \tag{7.3.25}$$

其中 v_1, v_2 是任意连续的状态向量函数. 此式表明, 自伴的性质还应当连同边界条件在一起考虑的.

7.3.3 分离变量、横向本征解

常用的分离变量法对于弹性力学的位移法或应力函数法求解是无能为力的. 但进入对偶方程体系(7.3.22～23)后, 分离变量便是很自然的了. 第一步应当求解齐次方程

$$\dot{v} = Hv \tag{7.3.23'}$$

及齐次的侧边边界条件

$$E\partial u/\partial x + \nu\sigma = 0, \quad \tau = 0, \quad \text{当 } x = -h \text{ 或 } x = h \text{ 时} \tag{7.3.19'}$$

取分离变量的解为

$$v(z, x) = \psi(x) \cdot \zeta(z) \tag{7.3.26}$$

得 $\zeta(z) = \exp(\mu x)$, 其中 μ 是本征值, 可以求自本征方程

$$H\psi(x) = \mu\psi(x) \tag{7.3.27}$$

其中 $\psi(x)$ 是本征函数向量, 还应满足侧边边界条件(7.3.19′).

这是对于 x 的哈密顿算子矩阵的本征微分方程组. 由于现在横向也是连续函数，因此在横截面上是无限自由度的. 这一点是不同于前几章的.

哈密顿算子矩阵有特点 $\boldsymbol{JHJ}=\boldsymbol{H}^{\mathrm{T}}$. 运用有限维相同的方法，从(7.3.27)式可导出

$$\boldsymbol{H}^{\mathrm{T}}(\boldsymbol{J\psi})=-\boldsymbol{\mu}(\boldsymbol{J\psi}) \tag{7.3.27'}$$

然而按一般理论，互伴算子与原算子的本征值是相同的，因此推知原算子还有本征值 $-\mu$.

这样，$\boldsymbol{H}$ 的无穷多个本征值就可以分成两组

$$(\alpha)\mu_i,\mathrm{Re}(\mu_i)<0 \text{ 或 } \mathrm{Re}(\mu_i)=0\wedge\mathrm{Im}(\mu_i)>0 \quad (i=1,2,\cdots) \tag{7.3.28a}$$

$$(\beta)\mu_{-i}=-\mu_i \quad (i=1,2,\cdots) \tag{7.3.28b}$$

在(α)组中还可以按 $\mathrm{Re}(\mu_i)$ 的大小来编排，例如负得越少越在前.

$\boldsymbol{H}$ 算子矩阵是非自伴的，因此可能出现复数本征值，而且还可能出现若尔当型重根. $\boldsymbol{H}$ 的零本征值 $\mu=0$ 是很重要的，此时一定出现若尔当型重根. 在第五章求解铁木辛柯梁时已经看到零本征值若尔当型了，同样的零本征值若尔当型依然出现，它们正是问题的圣维南解，这些解是能够扩展到远处的因此也是最重要的. 还有大量的(无穷多)非零本征值解，其中当然也可能出现非零本征值若尔当型本征解，但大多数问题通常不出现.

弹性力学条形域问题，只要运用能量原理，就可以证明不存在纯虚数的本征值.

施图姆-刘维尔问题(自伴算子的本征问题)[1]，因振动理论与其他数学物理问题的需要已经有了深入的研究. 它的全部本征值皆为实数，即使有重根也不会出现若尔当型；全部本征向量互相间皆为正交，因此可以正交归一化. 尤其是，这无穷多个本征函数张成了全空间，任一个该空间的函数皆可由这些本征向量的线性组合来表示(展开定理). 这些内容构成了数学物理方法，对称核积分方程，泛函分析的主要内容之一[1].

前几章的横截面有限维问题证明本征向量之间辛正交的方

法,可类似地在无限维下套用.设有 i,j 两个本征函数向量

$$\boldsymbol{H\psi}_i = \mu_i\boldsymbol{\psi}_i,\quad \boldsymbol{H\psi}_j = \mu_j\boldsymbol{\psi}_j \tag{7.3.29a,b}$$

对应于(7.3.27′)式,有 $\boldsymbol{H}^{\mathrm{T}}(\boldsymbol{J\psi}_i) = -\mu_i(\boldsymbol{J\psi}_i)$,对该式用 $\boldsymbol{\psi}_j^{\mathrm{T}}$ 左乘并对横截面积分;由于有(7.3.25)式,且本征函数向量 $\boldsymbol{\psi}_i,\boldsymbol{\psi}_j$ 皆满足侧边边界条件,故

$$\begin{aligned}\langle \boldsymbol{\psi}_j^{\mathrm{T}},\boldsymbol{H}^{\mathrm{T}},\boldsymbol{J\psi}_i\rangle &= -\langle \boldsymbol{\psi}_i^{\mathrm{T}},\boldsymbol{JH},\boldsymbol{\psi}_j\rangle \\ &= -\mu_i\langle \boldsymbol{\psi}_j^{\mathrm{T}},\boldsymbol{J},\boldsymbol{\psi}_i\rangle = \mu_i\langle \boldsymbol{\psi}_i^{\mathrm{T}},\boldsymbol{J},\boldsymbol{\psi}_j\rangle\end{aligned}$$

另一方面,以$(\boldsymbol{\psi}_i^{\mathrm{T}}\boldsymbol{J})$左乘(7.3.29b),再对横截面积分,有

$$\langle \boldsymbol{\psi}_i^{\mathrm{T}},\boldsymbol{JH},\boldsymbol{\psi}_j\rangle = \mu_j\langle \boldsymbol{\psi}_i^{\mathrm{T}},\boldsymbol{J},\boldsymbol{\psi}_j\rangle$$

将以上两式相加可得

$$(\mu_i + \mu_j)\langle \boldsymbol{\psi}_i^{\mathrm{T}},\boldsymbol{J},\boldsymbol{\psi}_j\rangle = 0 \tag{7.3.30a}$$

由此即得到了本征函数向量之间的共轭辛正交关系

$$\langle \boldsymbol{\psi}_i^{\mathrm{T}},\boldsymbol{J},\boldsymbol{\psi}_j\rangle = 0,\quad 当(\mu_i + \mu_j) \neq 0 时 \tag{7.3.30b}$$

由于对任意的全状态函数向量$\boldsymbol{v}_i,\boldsymbol{v}_j$,有恒等式

$$\langle \boldsymbol{v}_i^{\mathrm{T}},\boldsymbol{J},\boldsymbol{v}_j\rangle \equiv -\langle \boldsymbol{v}_j^{\mathrm{T}},\boldsymbol{J},\boldsymbol{v}_i\rangle$$

共轭辛正交关系也可写成为$\langle \boldsymbol{\psi}_j^{\mathrm{T}},\boldsymbol{J},\boldsymbol{\psi}_i\rangle=0$.根据(7.3.29)式有

$$\langle \boldsymbol{\psi}_i^{\mathrm{T}},\boldsymbol{JH},\boldsymbol{\psi}_j\rangle = -\langle \boldsymbol{\psi}_j^{\mathrm{T}},\boldsymbol{JH},\boldsymbol{\psi}_j\rangle = 0,\quad 当(\mu_i + \mu_j) \neq 0 时 \tag{7.3.31}$$

所以,μ_i,μ_{-i}的一对本征解称为互相辛共轭.由以上的表达可看到,$\boldsymbol{J}$ 扮演了一个度量算子矩阵的角色.$\boldsymbol{J}$ 的度量不正定,有限维时已经有的辛在此沿用.对于任意的函数向量$\boldsymbol{v}$,恒有$\langle \boldsymbol{v}^{\mathrm{T}},\boldsymbol{J},\boldsymbol{v}\rangle \equiv 0$,即本征函数向量对本身总是辛正交的.$\boldsymbol{J}$ 是反对称的.

由于本征函数向量有一个常数因子待定,因此可以作辛归一化.其方程为

$$\langle \boldsymbol{\psi}_{-i}^{\mathrm{T}},\boldsymbol{J},\boldsymbol{\psi}_i\rangle = -1,\quad 或\quad \langle \boldsymbol{\psi}_i^{\mathrm{T}},\boldsymbol{J},\boldsymbol{\psi}_{-i}\rangle = 1 \tag{7.3.32}$$

在上式中有两个本征函数向量,因此有两个复常数因子待定.上式只是一个实数条件,可以将复数选择为实数,然后再补充一个条件,例如

$$\langle \boldsymbol{\psi}_i^{\mathrm{T}},\boldsymbol{I},\boldsymbol{\psi}_i\rangle = \langle \boldsymbol{\psi}_{-i}^{\mathrm{T}},\boldsymbol{I},\boldsymbol{\psi}_{-i}\rangle \tag{7.3.33}$$

读者可以看到,情况与有限维时是一样的.

将本征函数向量作为列,可以排成无穷维的辛变换.但不能将 $\boldsymbol{\psi}_i$ 全部编排完再编排 $\boldsymbol{\psi}_{-i}$,只能编排为

$$\boldsymbol{\Psi} = [\boldsymbol{\psi}_1, \boldsymbol{\psi}_{-1}; \boldsymbol{\psi}_2, \boldsymbol{\psi}_{-2}; \cdots] \tag{7.3.34}$$

之形.相应地,$\boldsymbol{J}$ 也应当构造成

$$\boldsymbol{J}_\infty = \mathrm{diag}(\boldsymbol{J}_1), \quad \boldsymbol{J}_1 = \begin{pmatrix} 0 & 1 \\ -1 & 0 \end{pmatrix} \tag{7.3.35}$$

显然,仍有

$$\boldsymbol{J}_\infty^2 = -\boldsymbol{I}, \quad \boldsymbol{J}_\infty^{\mathrm{T}} = \boldsymbol{J}_\infty^{-1} = -\boldsymbol{J}_\infty$$

这种形式的 $\boldsymbol{J}$ 在第二章介绍算法时就见过.

7.3.4 展开定理

任一个横截面上的全状态函数向量 $\boldsymbol{v}$ 总可以用本征解来展开

$$\boldsymbol{v} = \sum_{i=1}^{\infty} (a_i \boldsymbol{\psi}_i + b_i \boldsymbol{\psi}_{-i}) \tag{7.3.36}$$

其中 a_i, b_i 是待定系数.利用共轭辛正交归一关系,有

$$a_i = -\langle \boldsymbol{\psi}_{-i}^{\mathrm{T}}, \boldsymbol{J}, \boldsymbol{v} \rangle, \quad b_i = \langle \boldsymbol{\psi}_i^{\mathrm{T}}, \boldsymbol{J}, \boldsymbol{v} \rangle \tag{7.3.37}$$

以上就是按本征函数向量展开的公式.

按本征解展开的合法性取决于这些本征解在全状态函数向量空间的完备性.完备性问题在施图姆-刘维尔问题时是证明了的.可以先将微分方程化为对称核积分方程,然后再用希尔伯特-施密特理论加以证明[1].在泛函分析中也有关于自共轭算子谱分析的整套理论,完备性定理组成了这些学科中的主要环节之一.

当今的算子是哈密顿型的,而不是自共轭的;情况就要复杂得多.其本征值谱有如(7.3.28)式所示,并不一定是实型的,还可能出现若尔当型等.与哈密顿型算子相对应的积分方程的核也是哈密顿型的,即**哈密顿型积分方程**的本征问题.这方面的工作还有待开展.显然,它的本征函数向量也有共轭辛正交归一关系,其本征值也有(7.3.28)式的分类,也有完备性的证明需求,整套理论有待开展.

7.4 本 征 解

弹性平面是连续体问题,横向是常微分方程组.自由侧边问题还有相当于圣维南解的若尔当型零本征值解,这一部分解特别重要,以下先讲零本征值解,再讲非零本征值解.

7.4.1 零本征值的解,圣维南解

在哈密顿本征问题中,零本征值是一个很特殊的本征值,在(7.3.28)式的描述中尚未加以覆盖.这类本征值的解在弹性力学中还具有特殊的重要性.

对于矩形域弹性问题,由于采用了两侧边皆为自由的条件,就必然有重根的零本征值.现在来寻求这些零本征值的解,即求解微分方程

$$\boldsymbol{H}\boldsymbol{\psi}(x) = \boldsymbol{0} \tag{7.4.1}$$

展开为

$$\begin{cases} 0 & -\nu\dfrac{\mathrm{d}u}{\mathrm{d}x} & +\dfrac{1-\nu^2}{E}\sigma & +0 & =0 \\ -\dfrac{\mathrm{d}w}{\mathrm{d}x} & +0 & +0 & +\dfrac{2(1+\nu)}{E}\tau & =0 \\ 0 & +0 & +0 & -\dfrac{\mathrm{d}\tau}{\mathrm{d}x} & =0 \\ 0 & -E\dfrac{\mathrm{d}^2u}{\mathrm{d}x^2} & -\nu\dfrac{\mathrm{d}\sigma}{\mathrm{d}x} & +0 & =0 \end{cases} \tag{7.4.2}$$

当然,其本征解还要满足两侧边的齐次边界条件(7.3.19′).

从(7.4.2)式和边界条件(7.3.19′)的表达式可以看出,其问题的求解可以解耦成两组,即(7.4.2)式的第二式、第三式和边界条件(7.3.19′)的第二式组成关于 w,τ 的一组方程;而(7.4.2)式的第一式、第四式和边界条件(7.3.19′)的第一式则组成关于 u,σ 的另一组方程.求解前一组方程可解得

$$w = c_1, \qquad \tau = 0 \tag{7.4.3}$$

而求解后一组方程则解得

$$u = c_2, \qquad \sigma = 0 \tag{7.4.4}$$

其中，c_1 和 c_2 为任意常数. 因此，其线性无关的基本本征解有

$$\boldsymbol{\psi}_{0f}^{(0)} = \{w = 1, u = 0; \sigma = 0, \tau = 0\}^{\mathrm{T}} \tag{7.4.5}$$

$$\boldsymbol{\psi}_{0s}^{(0)} = \{w = 0, u = 1; \sigma = 0, \tau = 0\}^{\mathrm{T}} \tag{7.4.6}$$

即有两条链，我们分别用下标 f 和 s 来区别. 这两个本征向量本身就是原方程(7.3.23′)及其边界条件(7.3.19′)的解

$$\boldsymbol{v}_{0f}^{(0)} = \boldsymbol{\psi}_{0f}^{(0)}, \qquad \boldsymbol{v}_{0s}^{(0)} = \boldsymbol{\psi}_{0s}^{(0)} \tag{7.4.7}$$

这两个解的物理意义分别是 z 向和 x 向的刚体平移.

下面就要寻求若尔当型的零本征解. 若尔当型的零本征解应求解方程

$$\boldsymbol{H}\boldsymbol{\psi}_0^{(i)} = \boldsymbol{\psi}_0^{(i-1)} \tag{7.4.8}$$

其中，上标 $i, i-1$ 分别代表第 $i, i-1$ 阶若尔当型(或基本)本征解.

为求链一上的一阶若尔当型本征解，解带有齐次边界条件(7.3.19′)的方程

$$\boldsymbol{H}\boldsymbol{\psi}_{0f}^{(1)} = \boldsymbol{\psi}_{0f}^{(0)} \tag{7.4.9}$$

得

$$\boldsymbol{\psi}_{0f}^{(1)} = \{0, -\nu x; E, 0\}^{\mathrm{T}} \tag{7.4.10}$$

此时一阶若尔当型本征向量 $\boldsymbol{\psi}_{0f}^{(1)}$ 已不是原方程(7.3.23′)及其边界条件(7.3.19′)的解了，但类同(5.4.18)式由它可组成原方程的解

$$\boldsymbol{v}_{0f}^{(1)} = \boldsymbol{\psi}_{0f}^{(1)} + z\boldsymbol{\psi}_{0f}^{(0)} \tag{7.4.11}$$

写成分量形式为

$$w = z, \quad u = -\nu x, \quad \sigma = E, \quad \tau = 0 \tag{7.4.12}$$

这个解的物理意义是**轴向均匀拉伸解**.

类似地为求链二上的一阶若尔当型本征解，解带有齐次边界条件(7.3.19′)的方程

$$\boldsymbol{H}\boldsymbol{\psi}_{0s}^{(1)} = \boldsymbol{\psi}_{0s}^{(0)} \tag{7.4.13}$$

得

$$\boldsymbol{\psi}_{0s}^{(1)} = \{-x, 0; 0, 0\}^{\mathrm{T}} \tag{7.4.14}$$

同样,一阶若尔当型本征向量 $\boldsymbol{\psi}_{0s}^{(1)}$ 也不是原方程(7.3.23′)及其边界条件(7.3.19′)的解,由它组成的原方程的解为

$$\boldsymbol{v}_{0s}^{(1)} = \boldsymbol{\psi}_{0s}^{(1)} + z\boldsymbol{\psi}_{0s}^{(0)} \tag{7.4.15}$$

写成分量形式为

$$w = -x, \quad u = z, \quad \sigma = 0, \quad \tau = 0 \tag{7.4.16}$$

这个解的物理意义显然是**面内的刚体转动**.

求出一阶若尔当型本征解后,就可寻求二阶若尔当型解.首先看链一的二阶若尔当型解,即求解方程

$$\boldsymbol{H}\boldsymbol{\psi}_{0f}^{(2)} = \boldsymbol{\psi}_{0f}^{(1)} \tag{7.4.17}$$

由(7.4.17)式的第三式可求出 $\tau = -Ex + c$,其中 c 为任意常数,然而该式无法同时满足在 $x = \pm h$ 时 $\tau = 0$ 的齐次边界条件,因此无解!该若尔当型本征解链至此断绝.

再看另一条若尔当型链,其二阶若尔当型解应求解

$$\boldsymbol{H}\boldsymbol{\psi}_{0s}^{(2)} = \boldsymbol{\psi}_{0s}^{(1)} \tag{7.4.18}$$

可以先求出 $w = \tau = 0$,再自(7.4.18)式的第一和第四式积分出

$$u_{0s}^{(2)} = \nu x^2/2 + c_3 x + c_4, \quad \sigma_{0s}^{(2)} = -Ex + [E\nu/(1-\nu^2)]c_3 \tag{7.4.19}$$

将上式代入边界条件(7.3.19′)的第一式可知只要 $c_3 = 0$ 就可满足,而 c_4 可取任意常数.于是

$$\boldsymbol{\psi}_{0s}^{(2)} = (0, \nu x^2/2 + c_4; -Ex, 0)^{\mathrm{T}} \tag{7.4.20}$$

由它组成的原方程的解为

$$\boldsymbol{v}_{0s}^{(2)} = \boldsymbol{\psi}_{0s}^{(2)} + z\boldsymbol{\psi}_{0s}^{(1)} + z^2\boldsymbol{\psi}_{0s}^{(0)}/2 \tag{7.4.21}$$

写成分量形式为

$$w = -xz, \quad u = (z^2 + \nu x^2)/2 + c_4, \quad \sigma = -Ex, \quad \tau = 0 \tag{7.4.22}$$

这个解的物理意义显然是**纯弯曲解**.

需要说明的是，c_4 仅相当于在若尔当型本征解上叠加了一个基本本征解，通过将其选定为一个适当的值，可以达成相关本征解之间的辛正交关系.

下面，进一步寻求第三阶若尔当型本征解，方程为

$$\boldsymbol{H}\boldsymbol{\psi}_{0s}^{(3)} = \boldsymbol{\psi}_{0s}^{(2)} \tag{7.4.23}$$

显然可先定出 $u=\sigma=0$；然后积分(7.4.23)的第三式并代入 $x=\pm h$ 时 $\tau=0$ 的边界条件可给出

$$\tau_{0s}^{(3)} = E(x^2 - h^2)/2 \tag{7.4.24}$$

再将其代入(7.4.23)式的第二个方程，积分得

$$w_{0s}^{(3)} = -(1+\nu)h^2 x - c_4 x + (2+\nu)x^3/6 \tag{7.4.25}$$

于是

$$\boldsymbol{\psi}_{0s}^{(3)} = \begin{Bmatrix} -(1+\nu)h^2 x - c_4 x + (2+\nu)x^3/6 \\ 0 \\ 0 \\ E(x^2 - h^2)/2 \end{Bmatrix} \tag{7.4.26}$$

由它组成的原方程的解为

$$\boldsymbol{v}_{0s}^{(3)} = \boldsymbol{\psi}_{0s}^{(3)} + z\boldsymbol{\psi}_{0s}^{(2)} + z^2\boldsymbol{\psi}_{0s}^{(1)}/2 + z^3\boldsymbol{\psi}_{0s}^{(0)}/6 \tag{7.4.27}$$

写成分量形式为

$$\begin{cases} w = -(1+\nu)h^2 x - c_4 x + (2+\nu)x^3/6 - xz^2/2 \\ u = \nu x^2 z/2 + c_4 z + z^3/6 \\ \sigma = -Exz \\ \tau = E(x^2 - h^2)/2 \end{cases} \tag{7.4.28}$$

这个解的物理意义显然是**常剪弯曲解**.

最后，还应看是否存在下一阶的若尔当型，其方程为

$$\boldsymbol{H}\boldsymbol{\psi} = \boldsymbol{\psi}_{0s}^{(3)} \tag{7.4.29}$$

将其第四式

$$-E\frac{\mathrm{d}^2u}{\mathrm{d}x^2}-\nu\frac{\mathrm{d}\sigma}{\mathrm{d}x}=\frac{1}{2}E(x^2-h^2) \tag{7.4.30}$$

自 $x=-h$ 到 $x=h$ 积分得

$$-[E\mathrm{d}u/\mathrm{d}x+\nu\sigma]_{x=-h}^{x=h}=-2Eh^3/3 \tag{7.4.31}$$

由齐次边界条件(7.3.19′)知，上式的左端应为零，故无解！该若尔当型本征解链到此也告断绝.

至此，已求出零本征值全部的本征解，而且由它们组成的原问题的解都具有特定的物理意义. 显然，链一上的解 $\boldsymbol{v}_{0f}^{(0)}$ 和 $\boldsymbol{v}_{0f}^{(1)}$ 是关于 $x=0$ 轴的对称变形位移状态；而链二上的解 $\boldsymbol{v}_{0s}^{(0)}$，$\boldsymbol{v}_{0s}^{(1)}$，$\boldsymbol{v}_{0s}^{(2)}$ 和 $\boldsymbol{v}_{0s}^{(3)}$ 是关于 $x=0$ 轴的反对称变形位移状态.

零本征值各阶次本征向量之间有共轭辛正交关系. 因为链一上的本征向量 $\boldsymbol{\psi}_{0f}^{(0)}$ 和 $\boldsymbol{\psi}_{0f}^{(1)}$ 为对称变形；而链二上的本征向量 $\boldsymbol{\psi}_{0s}^{(0)}$、$\boldsymbol{\psi}_{0s}^{(1)}$、$\boldsymbol{\psi}_{0s}^{(2)}$ 和 $\boldsymbol{\psi}_{0s}^{(3)}$ 为反对称变形，所以这两个若尔当型链的本征向量之间一定是互相辛正交的.

在对称变形若尔当型链 $\boldsymbol{\psi}_{0f}^{(0)}$ 和 $\boldsymbol{\psi}_{0f}^{(1)}$ 上，只有两个函数向量，它们之间必然共轭而不辛正交. 事实上可以验证

$$\langle\boldsymbol{\psi}_{0f}^{(0)^{\mathrm{T}}},\boldsymbol{J},\boldsymbol{\psi}_{0f}^{(1)}\rangle=\int_{-h}^{h}\boldsymbol{\psi}_{0f}^{(0)^{\mathrm{T}}}\boldsymbol{J}\boldsymbol{\psi}_{0f}^{(1)}\mathrm{d}x=\int_{-h}^{h}E\mathrm{d}x=2Eh\neq 0 \tag{7.4.32}$$

再看反对称变形若尔当型链二 $\boldsymbol{\psi}_{0s}^{(0)}$、$\boldsymbol{\psi}_{0s}^{(1)}$、$\boldsymbol{\psi}_{0s}^{(2)}$ 和 $\boldsymbol{\psi}_{0s}^{(3)}$ 的共轭辛正交性质. 通过直接验证可以证明，$\boldsymbol{\psi}_{0s}^{(0)}$ 与 $\boldsymbol{\psi}_{0s}^{(1)}$、$\boldsymbol{\psi}_{0s}^{(2)}$ 是辛正交的，而 $\boldsymbol{\psi}_{0s}^{(0)}$ 与 $\boldsymbol{\psi}_{0s}^{(3)}$ 是辛共轭的

$$\langle\boldsymbol{\psi}_{0s}^{(0)^{\mathrm{T}}},\boldsymbol{J},\boldsymbol{\psi}_{0s}^{(3)}\rangle=\int_{-h}^{h}[E(x^2-h^2)/2]\mathrm{d}x=-2Eh^3/3\neq 0 \tag{7.4.33}$$

通过直接验证即知 $\boldsymbol{\psi}_{0s}^{(1)}$ 与 $\boldsymbol{\psi}_{0s}^{(2)}$ 辛共轭

$$\langle\boldsymbol{\psi}_{0s}^{(1)^{\mathrm{T}}},\boldsymbol{J},\boldsymbol{\psi}_{0s}^{(2)}\rangle=-\langle\boldsymbol{\psi}_{0s}^{(0)^{\mathrm{T}}},\boldsymbol{J},\boldsymbol{\psi}_{0s}^{(3)}\rangle=2Eh^3/3\neq 0 \tag{7.4.34}$$

而 $\boldsymbol{\psi}_{0s}^{(1)}$ 与 $\boldsymbol{\psi}_{0s}^{(3)}$ 是辛正交的.

最后是 $\boldsymbol{\psi}_{0s}^{(2)}$ 和 $\boldsymbol{\psi}_{0s}^{(3)}$ 之间的辛正交关系，它可以通过 c_4 的选择而达成辛正交关系. 由

$$\langle \boldsymbol{\psi}_{0s}^{(2)^{\mathrm{T}}}, \boldsymbol{J}, \boldsymbol{\psi}_{0s}^{(3)} \rangle = \int_{-h}^{h} \{ Ex[(2+\nu)x^3/6 - (1+\nu)h^2 x - c_4 x] + E(x^2 - h^2)(\nu x^2/2 + c_4)/2 \} \mathrm{d}x = 0 \tag{7.4.35}$$

可以解出

$$c_4 = -(2/5 + \nu/2)h^2 \tag{7.4.36}$$

至此我们已达成了零本征值本征向量之间的共轭辛正交关系，即组成了一组共轭辛正交的向量组(基底). 与第五章类似，与刚体轴向平移、横向平移和刚体旋转解共轭的解分别是简单拉伸、常剪弯曲和纯弯曲解.

零本征值的这六个解就是二维圣维南问题的基本解，这些解可以张成一个完备的零本征值辛子空间.

需要说明的是，带有齐次侧边边界条件(7.3.19′)的方程组(7.4.17)或(7.4.29)无解，仅表明其对应的若尔当型本征解链的断绝，即不再存在其他的本征解. 然而，对于有均布外力的情形，它们还可以用于继续求出非齐次特解，即通过链一的若尔当型(7.4.17)方程可以给出 z 向有均布外力的非齐次特解；通过链二的若尔当型(7.4.29)方程可以给出 x 向有均布外力的非齐次特解. 这里不再继续讲述，可以参见文献[130].

弹性力学要求得精确解不容易. 寻求近似解时特别强调圣维南原理. 圣维南原理表达了一个自相平衡的力系的影响是局部的、不能及远的特性. 也就是，其影响是随距离而快速衰减的. 这当然是指数函数的特征，非零本征值的解正是具有这种现象的.

零本征值的解并无指数函数，它对于截面上自相平衡的力系不是很敏感的，但也有一部分自相平衡的力系因协调条件而影响了零本征值的解，例如在截面上挤压会使杆件伸长从而使其影响向远处传播. 截面上的非自相平衡的外荷载正是通过零本征值解向较远的区域传播出去的. 如果用**零本征值的解**来划分，就可以将

问题表达得更为清楚些.

对当前的矩形域问题，当 $L \gg h$ 时，就可应用圣维南原理，即两端的自相平衡的力系的影响仅在两端附近，也可以理解为忽略非零本征值的解，也就是在展开定理中仅采用零本征值的解. 这样得表达更加明确. 见文献[19,130]

如欲得到较为精确的解，尤其在两端附近，就要找到非零本征值解，以用于本征函数向量展开解法.

7.4.2 非零本征值的解

零本征值的解对应的是圣维南问题的解，而由圣维南原理覆盖的部分对应的是非零本征解，为了满足两端边界条件，或者当域内的外荷载有突变时，这一部分的解很重要.

展开本征方程(7.3.23′)有

$$\left\{\begin{array}{lllll} 0 & -\nu\dfrac{\mathrm{d}u}{\mathrm{d}x} & +\dfrac{1-\nu^2}{E}\sigma & +0 & =\mu w \\ -\dfrac{\mathrm{d}w}{\mathrm{d}x} & +0 & +0 & +\dfrac{2(1+\nu)}{E}\tau & =\mu u \\ 0 & +0 & +0 & -\dfrac{\mathrm{d}\tau}{\mathrm{d}x} & =\mu\sigma \\ 0 & -E\dfrac{\mathrm{d}^2u}{\mathrm{d}x^2} & -\nu\dfrac{\mathrm{d}\sigma}{\mathrm{d}x} & +0 & =\mu\tau \end{array}\right. \tag{7.4.37}$$

这是对于 x 的联立常微分方程组，其求解首先要找出 x 方向的特征值λ，其方程为

$$\det\begin{bmatrix} -\mu & -\nu\lambda & (1-\nu^2)/E & 0 \\ -\lambda & -\mu & 0 & 2(1+\nu)/E \\ 0 & 0 & -\mu & -\lambda \\ 0 & -E\lambda^2 & -\nu\lambda & -\mu \end{bmatrix}=0 \tag{7.4.38}$$

将行列式展开，即可给出其特征方程

$$(\lambda^2+\mu^2)^2=0 \tag{7.4.39}$$

即其特征值为 $\lambda=\pm\mu\mathrm{i}$ 的重根，于是可以写出其通解为

$$\begin{cases} w = A_w\cos(\mu x)+B_w\sin(\mu x)+C_w x\sin(\mu x)+D_w x\cos(\mu x) \\ u = A_u\sin(\mu x)+B_u\cos(\mu x)+C_u x\cos(\mu x)+D_u x\sin(\mu x) \\ \sigma = A_\sigma\cos(\mu x)+B_\sigma\sin(\mu x)+C_\sigma x\sin(\mu x)+D_\sigma x\cos(\mu x) \\ \tau = A_\tau\sin(\mu x)+B_\tau\cos(\mu x)+C_\tau x\cos(\mu x)+D_\tau x\sin(\mu x) \end{cases} \tag{7.4.40}$$

从中可以看出，A 与 C 组的解是对于 z 轴为对称变形的解，而 B 与 D 的解对于 z 轴为反对称变形的解.

7.4.2.1 对称变形的非零本征解

对称变形的通解为

$$\begin{cases} w = A_w\cos(\mu x)+C_w x\sin(\mu x) \\ u = A_u\sin(\mu x)+C_u x\cos(\mu x) \\ \sigma = A_\sigma\cos(\mu x)+C_\sigma x\sin(\mu x) \\ \tau = A_\tau\sin(\mu x)+C_\tau x\cos(\mu x) \end{cases} \tag{7.4.41}$$

这其中的常数并不是全部独立的.将(7.4.41)式代入(7.4.37)式，并注意到其表达式对任意 x 均成立，所以有方程

$$\begin{bmatrix} -\mu & \nu\mu & (1-\nu^2)/E & 0 \\ -\mu & -\mu & 0 & 2(1+\nu)/E \\ 0 & 0 & -\mu & \mu \\ 0 & E\mu^2 & -\nu\mu & -\mu \end{bmatrix} \begin{Bmatrix} C_w \\ C_u \\ C_\sigma \\ C_\tau \end{Bmatrix} = 0 \tag{7.4.42}$$

及

$$\begin{bmatrix} -\mu & -\nu\mu & (1-\nu^2)/E & 0 \\ \mu & -\mu & 0 & 2(1+\nu)/E \\ 0 & 0 & -\mu & -\mu \\ 0 & E\mu^2 & \nu\mu & -\mu \end{bmatrix} \begin{Bmatrix} A_w \\ A_u \\ A_\sigma \\ A_\tau \end{Bmatrix} = \begin{Bmatrix} \nu C_u \\ C_w \\ C_\tau \\ \nu C_\sigma - 2E\mu C_u \end{Bmatrix} \tag{7.4.43}$$

因为(7.4.42)式的系数行列式为零,所以存在非平凡解

$$C_w = C_u, \quad C_\sigma = C_\tau = [E\mu/(1+\nu)]C_u \qquad (7.4.44)$$

而方程(7.4.43)也是相容的,并可求出

$$\begin{cases} A_w = -A_u - \dfrac{3-\nu}{(1+\nu)\mu}C_u \\ A_\sigma = -\dfrac{E\mu}{1+\nu}A_u - \dfrac{E(3+\nu)}{(1+\nu)^2}C_u \\ A_\tau = \dfrac{E\mu}{1+\nu}A_u + \dfrac{2E}{(1+\nu)^2}C_u \end{cases} \qquad (7.4.45)$$

也就是说独立的常数只有两个,这里我们选择 A_u 与 C_u 为独立常数,当然也可选择其他常数. 现将(7.4.41)及(7.4.44)、(7.4.45)式代入边界条件(7.3.19′)有

$$\begin{cases} A_u\mu\sin(\mu h) + C_u\left[\mu h\cos(\mu h) + \dfrac{2}{1+\nu}\sin(\mu h)\right] = 0 \\ A_u\mu\cos(\mu h) + C_u\left[-\mu h\sin(\mu h) + \dfrac{1-\nu}{1+\nu}\cos(\mu h)\right] = 0 \end{cases} \qquad (7.4.46)$$

要使问题有非零解,其系数行列式应为零,即可导出

$$2\mu h + \sin(2\mu h) = 0 \qquad (7.4.47)$$

很明显,当 μ 为其根时, $-\mu$ 也一定是其根,这符合哈密顿算子矩阵的特征. 显然,(7.4.47)不存在非零实根. 因为(7.4.47)是实方程,因此其根必为共轭复数. 记 $2\mu h = \pm\alpha \pm \mathrm{i}\beta$,其中 α 和 β 为正实数,可以只讨论其位于第一象限的根

$$2\mu h = \alpha + \mathrm{i}\beta \qquad (7.4.48)$$

求解方程(7.4.47)应当给出一个计算机上的算法. 采取牛顿法求解可以很快收敛,但牛顿法需要有一个初始近似根. 这可以用渐近法求根的方法. 由于三角函数的周期性质,当 $2\mu h$ 每增加 2π 时的复数条形域内一定有一个根在 $\beta>0$ 处,因此可令

$$\alpha = 2n\pi + \alpha' \qquad (7.4.49)$$

式中: $0\leqslant\alpha'\leqslant 2\pi$. 当 β 为较大的正值时方程(7.4.47)可近似地写成为

$$(\alpha' + 2n\pi) + \mathrm{i}\beta - \frac{1}{2\mathrm{i}}\mathrm{e}^{-\mathrm{i}(\alpha' + \mathrm{i}\beta)} \approx 0 \tag{7.4.50}$$

将(7.4.50)式的实部与虚部分开即得

$$\alpha' + 2n\pi + (\mathrm{e}^{\beta}\sin\alpha')/2 \approx 0 \tag{7.4.51}$$

$$\beta + (\mathrm{e}^{\beta}\cos\alpha')/2 \approx 0 \tag{7.4.52}$$

因为当 β 为较大正值时有

$$2\beta/\mathrm{e}^{\beta} \to 0^{+} \tag{7.4.53}$$

所以有

$$\cos\alpha' \to 0^{-} \tag{7.4.54}$$

此外,由(7.4.51)式知应有 $\sin\alpha' < 0$,因此有渐近解

$$\alpha \to 2n\pi - \pi/2 - \varepsilon \tag{7.4.55a}$$

式中 $n = 1,2,3,\cdots$. 将(7.4.55a)式代入(7.4.51)式近似有

$$\beta \to \ln(2\alpha) \tag{7.4.55b}$$

(7.4.55)式即可作为牛顿法求根的初始近似值,以解出其本征根. 表 7.1 列出前 5 个本征根

表 7.1 对称变形非零本征值

n	1	2	3	4	5
$\mathrm{Re}(\mu_n h)$	$\frac{\pi}{2}+0.5354$	$\frac{3\pi}{2}+0.6439$	$\frac{5\pi}{2}+0.6827$	$\frac{7\pi}{2}+0.7036$	$\frac{9\pi}{2}+0.7169$
$\mathrm{Im}(\mu_n h)$	1.1254	1.5516	1.7755	1.9294	2.0469

表中仅列出了第一象限的根,当然,每一个 μ_n 都意味着还有其辛共轭本征值 $-\mu_n$ 以及它们的复共轭本征值,共 4 个本征值. 这 4 个本征值中 2 个属(α),另 2 个属(β)类. 从方程(7.4.47)不难判断出,非零本征根均为单根.

求出了本征值 μ_n,就可给出(7.4.46)式的一个非平凡解

$$A_u = \cos^2(\mu_n h) - 2/(1+\nu), \quad C_u = \mu_n \tag{7.4.56}$$

再由(7.4.44)和(7.4.45)式确定其他常数后,就可以写出其相应的本征函数向量为

$$
\boldsymbol{\psi}_n = \begin{Bmatrix} w_n \\ u_n \\ \sigma_n \\ \tau_n \end{Bmatrix}
$$

$$
= \begin{Bmatrix} -\left[\cos^2(\mu_n h) + \dfrac{1-\nu}{1+\nu}\right]\cos(\mu_n x) + \mu_n x\sin(\mu_n x) \\ \left[\cos^2(\mu_n h) - \dfrac{2}{1+\nu}\right]\sin(\mu_n x) + \mu_n x\cos(\mu_n x) \\ \left[\mu_n x\sin(\mu_n x) - (1+\cos^2(\mu_n h))\cos(\mu_n x)\right]\times\dfrac{E\mu_n}{1+\nu} \\ \left[\cos^2(\mu_n h)\sin(\mu_n x) + \mu_n x\cos(\mu_n x)\right]\times\dfrac{E\mu_n}{1+\nu} \end{Bmatrix}
\tag{7.4.57}
$$

因为本征值为复数,因此其本征解也为复型. 而相应原问题(7.3.23′)的解为

$$
\boldsymbol{v}_n = e^{\mu_n z}\boldsymbol{\psi}_n \tag{7.4.58}
$$

7.4.2.2 反对称变形的本征解

对反对称变形而言,其通解为

$$
\begin{cases} w = B_w\sin(\mu x) + D_w x\cos(\mu x) \\ u = B_u\cos(\mu x) + D_u x\sin(\mu x) \\ \sigma = B_\sigma\sin(\mu x) + D_\sigma x\cos(\mu x) \\ \tau = B_\tau\cos(\mu x) + D_\tau x\sin(\mu x) \end{cases}
\tag{7.4.59}
$$

这些常数并不是全部独立的. 将(7.4.59)式代入(7.4.37)式,有

$$
\begin{bmatrix} -\mu & -\nu\mu & (1-\nu^2)/E & 0 \\ \mu & -\mu & 0 & 2(1+\nu)/E \\ 0 & 0 & -\mu & -\mu \\ 0 & E\mu^2 & \nu\mu & -\mu \end{bmatrix}\begin{Bmatrix} D_w \\ D_u \\ D_\sigma \\ D_\tau \end{Bmatrix} = 0
\tag{7.4.60}
$$

及

$$\begin{bmatrix} -\mu & \nu\mu & \frac{1-\nu^2}{E} & 0 \\ -\mu & -\mu & 0 & \frac{2(1+\nu)}{E} \\ 0 & 0 & -\mu & \mu \\ 0 & E\mu^2 & -\nu\mu & -\mu \end{bmatrix} \begin{Bmatrix} B_w \\ B_u \\ B_\sigma \\ B_\tau \end{Bmatrix} = \begin{Bmatrix} \nu D_u \\ D_w \\ D_\tau \\ \nu D_\sigma + 2E\mu D_u \end{Bmatrix}$$

(7.4.61)

这两套方程都是相容的,所以可以解得

$$\begin{cases} B_w = B_u - \dfrac{3-\nu}{(1+\nu)\mu} D_u, & D_w = -D_u \\ B_\sigma = \dfrac{E\mu}{1+\nu} B_u - \dfrac{E(3+\nu)}{(1+\nu)^2} D_u, & D_\sigma = -\dfrac{E\mu}{1+\nu} D_u \\ B_\tau = \dfrac{E\mu}{1+\nu} B_u - \dfrac{2E}{(1+\nu)^2} D_u, & D_\tau = \dfrac{E\mu}{1+\nu} D_u \end{cases}$$

(7.4.62)

这里选择 B_u 与 D_u 为独立常数. 将(7.4.59)及(7.4.62)式代入边界条件(7.3.19′)有

$$\begin{cases} B_u\mu\cos(\mu h) + D_u\left[\mu h\sin(\mu h) - \dfrac{2}{1+\nu}\cos(\mu h)\right] = 0 \\ -B_u\mu\sin(\mu h) + D_u\left[\mu h\cos(\mu h) + \dfrac{1-\nu}{1+\nu}\sin(\mu h)\right] = 0 \end{cases}$$

(7.4.63)

令其系数行列式为零即可导出

$$2\mu h - \sin(2\mu h) = 0 \tag{7.4.64}$$

很明显,当 μ 为其根时, $-\mu$ 也一定是其根. 同样,(7.4.64)式不存在非零实根. 令其位于第一象限的根为

$$2\mu h = \alpha + \mathrm{i}\beta \tag{7.4.65}$$

其中 α 和 β 为正实数. 同样也可采取牛顿法求解方程(7.4.64). 类似上一小节的推导可以给出其渐近解为

$$\alpha \to 2n\pi + \pi/2 - \varepsilon, \quad \beta \to \ln(2\alpha) \tag{7.4.66}$$

式中 $n=1,2,3,\cdots$. 以(7.4.66)式作为牛顿法求根的初始近似值,

即可解出其本征根.表 7.2 列出前 5 个本征根.

表 7.2 反对称变形非零本征值

n	1	2	3	4	5
$\mathrm{Re}(\mu_n h)$	$\pi+0.6072$	$2\pi+0.6668$	$3\pi+0.6954$	$4\pi+0.7109$	$5\pi+0.7219$
$\mathrm{Im}(\mu_n h)$	1.3843	1.6761	1.8584	1.9916	2.0966

当然,每一个 μ_n 都意味着还有其辛共轭本征值 $-\mu_n$ 以及它们的复共轭本征值,共 4 个本征值.这 4 个解中 2 个属(α),另 2 个属(β)类.显然,反对称的非零本征根也均为单根.

与本征值 μ_n 相应的本征函数向量为

$$\boldsymbol{\psi}_n=\begin{Bmatrix} w_n \\ u_n \\ \sigma_n \\ \tau_n \end{Bmatrix}$$

$$=\begin{Bmatrix} -\left[\sin^2(\mu_n h)+\dfrac{1-\nu}{1+\nu}\right]\sin(\mu_n x)-\mu_n x\cos(\mu_n x) \\ \left[-\sin^2(\mu_n h)+\dfrac{2}{1+\nu}\right]\cos(\mu_n x)+\mu_n x\sin(\mu_n x) \\ -\left[(1+\sin^2(\mu_n h))\sin(\mu_n x)+\mu_n x\cos(\mu_n x)\right]\times\dfrac{E\mu_n}{1+\nu} \\ \left[-\sin^2(\mu_n h)\cos(\mu_n x)+\mu_n x\sin(\mu_n x)\right]\times\dfrac{E\mu_n}{1+\nu} \end{Bmatrix} \tag{7.4.67}$$

反对称变形的非零本征值和其本征解也为复型的.而相应原问题(7.3.23′)的解为

$$\boldsymbol{v}_n=\mathrm{e}^{\mu_n z}\boldsymbol{\psi}_n \tag{7.4.68}$$

至此,求出了所有的非零本征解,它们除互为辛共轭的本征值对应的本征向量是辛共轭的外,均为辛正交关系,包括与零本征值的本征向量全部辛正交.共轭辛正交性当然是十分重要的性质,只要再作归一化,就可以适用展开定理了,这对求解是十分重要的.

这些非零本征值的本征解当然全部都是向远处衰减的,这是由其本征值的特点所决定的.(α)类解向 z 的正向衰减,而(β)类解向 z 的负向衰减.这些解都是圣维南原理所覆盖的部分.

这些解的一个共同特点是一律与零本征解相互辛正交.它们与 $\boldsymbol{\psi}_{0f}^{(0)}, \boldsymbol{\psi}_{0s}^{(0)}, \boldsymbol{\psi}_{0s}^{(1)}$ 的辛正交表明这些解在横截面上的分布力是自相平衡的力系,即满足传统的圣维南原理的要求.所以说,传统的圣维南原理要求,力系为**自相平衡**确是抓住了一个要点.

以上讲的是齐次方程的解,接下来当然要关心有外力的问题或者两端边值问题.

7.5 弹性平面矩形域问题的解

前面讨论的是齐次方程(7.3.23′)的求解.当有外荷载作用时,原方程是(7.3.23),其中 $\boldsymbol{h}$ 是与给定的外荷载相关的非齐次项.该方程的求解有多种方法,但利用本征向量及其展开定理是十分有效的.

将(7.3.23)式中的全状态向量 $\boldsymbol{v}$ 用本征向量展开式(7.3.36)代入,即可给出对 a_i, b_i 的常微分方程.对于单重本征值 μ_i 的解,在7.3节曾做过详细介绍,其微分方程已被完全解耦为

$$\dot{a}_i = \mu_i a_i + c_i, \quad \dot{b}_i = -\mu_i b_i + d_i \qquad (7.5.1)$$

其中

$$c_i = -\langle \boldsymbol{\psi}_{-i}^{\mathrm{T}}, \boldsymbol{J}, \boldsymbol{h} \rangle, \quad d_i = \langle \boldsymbol{\psi}_i^{\mathrm{T}}, \boldsymbol{J}, \boldsymbol{h} \rangle \qquad (7.5.2)$$

下标 i 及 $-i(i=1,2,\cdots)$ 分别表示其对应的本征值是属于α类和β类的.为简单起见,认为除零本征值外,所有本征值皆为单根.

求出(7.5.1)式的解 a_i, b_i 之后,再代入相应的两端边界即可确定其中的积分常数,从而给出原问题的解.

上面的方法其实也提供了求非齐次项 $\boldsymbol{h}$ 特解的一个方法.一旦得到特解,就可根据叠加原理,将通解表示为特解与齐次解之和.即将特解预先加以处理,从而转化成齐次方程(7.3.23′)的求

解.

余下的讨论就限定为对齐次方程(7.3.23′)的求解,当然此时两端边界条件应为原边界条件减去特解在两端相应的边界值.

对于两端为给定位移的边界条件,有

$$w=\overline{w}_0(x),\quad u=\overline{u}_0(x),\quad \text{当}\ z=0\ \text{时} \tag{7.5.3}$$

$$w=\overline{w}_L(x),\quad u=\overline{u}_L(x),\quad \text{当}\ z=L\ \text{时} \tag{7.5.4}$$

其中,$\overline{w}_0,\overline{u}_0,\overline{w}_L,\overline{u}_L$ 为在端部的给定位移.(7.5.3)与(7.5.4)也可写成为

$$\boldsymbol{q}_0=\overline{\boldsymbol{q}}_0(x)=\{\overline{w}_0(x),\quad \overline{u}_0(x)\}^{\mathrm{T}},\text{当}\ z=0\ \text{时} \tag{7.5.5}$$

$$\boldsymbol{q}_L=\overline{\boldsymbol{q}}_L(x)=\{\overline{w}_L(x),\quad \overline{u}_L(x)\}^{\mathrm{T}},\text{当}\ z=L\ \text{时} \tag{7.5.6}$$

这里 $\boldsymbol{q}_0,\boldsymbol{q}_L$ 分别表示变量 $\boldsymbol{q}$ 在 $z=0$ 和 $z=L$ 端的值.

如果两端为给力边界条件,则有

$$\sigma=\overline{\sigma}_0(x),\quad \tau=\overline{\tau}_0(x),\quad \text{当}\ z=0\ \text{时} \tag{7.5.7}$$

$$\sigma=\overline{\sigma}_L(x),\quad \tau=\overline{\tau}_L(x),\quad \text{当}\ z=L\ \text{时} \tag{7.5.8}$$

其中,$\overline{\sigma}_0,\overline{\tau}_0,\overline{\sigma}_L,\overline{\tau}_L$ 为在端部的给定面力值.(7.5.7)与(7.5.8)式也可写成为

$$\boldsymbol{p}_0=\overline{\boldsymbol{p}}_0(x)=\{\overline{\sigma}_0(x),\quad \overline{\tau}_0(x)\}^{\mathrm{T}},\quad \text{当}\ z=0\ \text{时} \tag{7.5.7′}$$

$$\boldsymbol{p}_L=\overline{\boldsymbol{p}}_L(x)=\{\overline{\sigma}_L(x),\quad \overline{\tau}_L(x)\}^{\mathrm{T}},\quad \text{当}\ z=L\ \text{时} \tag{7.5.8′}$$

这里 $\boldsymbol{p}_0,\boldsymbol{p}_L$ 分别表示变量 $\boldsymbol{p}$ 在 $z=0$ 和 $z=L$ 端的值.

两端当然也可为混合边界条件,读者可自行写出.

由于当前考虑的是带有两侧齐次边界条件(7.3.19′)的齐次方程(7.3.23′),其哈密顿混合能变分原理(7.3.17)为

$$\delta\left\{\int_0^L\int_{-h}^{h}[\boldsymbol{p}^{\mathrm{T}}\dot{\boldsymbol{q}}-H(\boldsymbol{q},\boldsymbol{p})]\mathrm{d}x\mathrm{d}z+U_e\right\}=0 \tag{7.5.9}$$

其中哈密顿密度函数为

$$H=\frac{1-\nu^2}{2E}\sigma^2+\frac{1+\nu}{E}\tau^2-\nu\sigma\frac{\partial u}{\partial x}-\tau\frac{\partial w}{\partial x}-\frac{1}{2}E\left(\frac{\partial u}{\partial x}\right)^2 \tag{7.5.10}$$

U_e 只考虑 $z=0$ 和 $z=L$ 两端的影响.当两端为给定位移的边界

条件(7.5.5)与(7.5.6)时

$$U_e = \int_{-h}^{h} \boldsymbol{p}_0^{\mathrm{T}}(\boldsymbol{q}_0 - \overline{\boldsymbol{q}}_0)\mathrm{d}x - \int_{-h}^{h} \boldsymbol{p}_L^{\mathrm{T}}(\boldsymbol{q}_L - \overline{\boldsymbol{q}}_L)\mathrm{d}x \tag{7.5.11}$$

而如果两端为给力边界条件(7.5.7)与(7.5.8)时

$$U_e = \int_{-h}^{h} \boldsymbol{q}_0^{\mathrm{T}}\overline{\boldsymbol{p}}_0\mathrm{d}x - \int_{-h}^{h} \boldsymbol{q}_L^{\mathrm{T}}\overline{\boldsymbol{p}}_L\mathrm{d}x \tag{7.5.12}$$

前几节已应用分离变量讨论了齐次方程(7.3.23′)的求解,并给出了其零本征解与非零本征解的具体解析表达式,根据展开定理,对当前的平面弹性矩形域问题,齐次方程(7.3.23′)的通解为

$$\boldsymbol{v} = \sum_{i=0}^{1} a_{0f}^{(i)} \boldsymbol{v}_{0f}^{(i)} + \sum_{i=0}^{3} a_{0s}^{(i)} \boldsymbol{v}_{0s}^{(i)} + \sum_{i=1}^{\infty} (\widetilde{a}_i \boldsymbol{v}_i + \widetilde{b}_i \boldsymbol{v}_{-i}) \tag{7.5.13}$$

其中,$a_{0f}^{(i)}, a_{0s}^{(i)}, \widetilde{a}_i, \widetilde{b}_i$ 为待定常数.

由于当前问题的非零本征值均为复数,因此相应的本征向量 $\boldsymbol{v}_i, \boldsymbol{v}_{-i}$ 也为复型.出现复数运算不免使人感到麻烦.问题本来是实型的,只是由于本征解才出现了复数.在建立代数方程以满足两端边界条件时,最好回复到实数运算,况且在运用变分原理时,极值条件也指的是实数.可将(7.5.13)转化为实型正则方程

$$\begin{aligned}\boldsymbol{v} = &\sum_{i=0}^{1} a_{0f}^{(i)} \boldsymbol{v}_{0f}^{(i)} + \sum_{i=0}^{3} a_{0s}^{(i)} \boldsymbol{v}_{0s}^{(i)} + \sum_{i=1,3,\cdots}^{\infty} [a_i \mathrm{Re}(\boldsymbol{v}_i) \\ &+ a_{i+1}\mathrm{Im}(\boldsymbol{v}_i) + b_i \mathrm{Re}(\boldsymbol{v}_{-i}) + b_{i+1}\mathrm{Im}(\boldsymbol{v}_{-i})]\end{aligned} \tag{7.5.14}$$

这里 Re 和 Im 分别表示取相应复值量的实部和虚部.需要注意的是,$i=1,3,\cdots$表示在(7.5.14)式的展开式中仅取 $\mathrm{Im}(\mu)>0$ 的本征值的本征解.至此,已经完成了由复型向实型正则方程的转化.

由于现在的表达式(7.5.14)已成为实型,并且已经满足了偏微分方程(7.5.23′)及侧边边界条件(7.3.19′),运用变分原理可以得出两端边界条件的变分方程.

如对两端为给定位移边界条件(7.5.5)与(7.5.6),执行(7.5.9)及(7.5.11)式的变分有

$$\int_0^L \int_{-h}^h \left[(\delta \boldsymbol{p}^{\mathrm{T}}) \left(\dot{\boldsymbol{q}} - \frac{\partial H}{\partial \boldsymbol{p}} \right) - (\delta \boldsymbol{q}^{\mathrm{T}}) \left(\dot{\boldsymbol{p}} + \frac{\partial H}{\partial \boldsymbol{q}} \right) \right] \mathrm{d}x \mathrm{d}z$$
$$- \int_{-h}^h (\delta \boldsymbol{p}_L^{\mathrm{T}})(\boldsymbol{q}_L - \overline{\boldsymbol{q}}_L) \mathrm{d}x + \int_{-h}^h (\delta \boldsymbol{p}_0^{\mathrm{T}})(\boldsymbol{q}_0 - \overline{\boldsymbol{q}}_0) \mathrm{d}x = 0 \tag{7.5.15}$$

由于 $\boldsymbol{q}$,$\boldsymbol{p}$ 采用的是本征向量展开的形式(7.5.14),因此变分式中的第一项恒为零,仅余留两端边界条件的变分式

$$\int_{-h}^h (\delta \boldsymbol{p}_L^{\mathrm{T}})(\boldsymbol{q}_L - \overline{\boldsymbol{q}}_L) \mathrm{d}x - \int_{-h}^h (\delta \boldsymbol{p}_0^{\mathrm{T}})(\boldsymbol{q}_0 - \overline{\boldsymbol{q}}_0) \mathrm{d}x = 0 \tag{7.5.16}$$

这样,边界的给定位移边界条件(7.5.5)与(7.5.6)可以用变分方程(7.5.16)来表示.将 $z=0$ 及 $z=L$ 代入(7.5.14)式,则 $\boldsymbol{q}_0$,$\boldsymbol{q}_L$ 和 $\boldsymbol{p}_0$,$\boldsymbol{p}_L$ 都成为待定常数 $a_{0f}^{(i)}$,$a_{0s}^{(i)}$,a_i,b_i 的函数.这些待定参数是变分的参数,而变分所产生的联立方程组就可以用于求解这些待定参数.这个联立方程组即正则方程.由于现在的各项解已满足了两端边界条件之外的全部方程,而变分方程(7.5.16)代表协调条件,所以得出的联立方程组就是力法的正则方程.

例 选择在 $z=0$ 处完全固定的半无穷长条形域的单向拉伸问题,试求在固定端的应力分布.

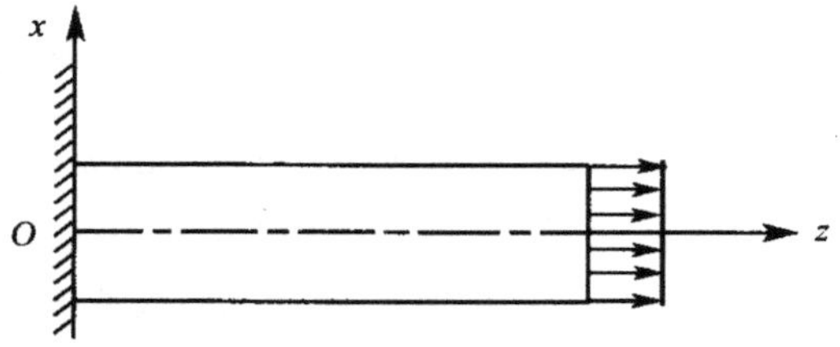

图 7.2 弹性板条的拉伸应力分析

解 按题意,当 $z \to \infty$ 时只有拉伸应力 σ_∞,显然问题对于 z 轴是对称的变形状态,因此只可能由(7.4.5)、(7.4.11)式以及对称变形的非零本征值解(7.4.57)所组成,并且在(7.5.14)式中只

选用 α 类的本征解，即 $\mathrm{Re}(\mu_i)<0$，因此展开式的通解为

$$\boldsymbol{v} = (\sigma_\infty / E)\, \boldsymbol{v}_{0f}^{(1)} + a_0\, \boldsymbol{v}_{0f}^{(0)} + \sum_{i=1,3,\cdots}^{\infty} [a_i \mathrm{Re}(\boldsymbol{v}_i) + a_{i+1} \mathrm{Im}(\boldsymbol{v}_i)] \tag{7.5.17}$$

$\boldsymbol{v}_{0f}^{(1)}$项代表 $z\to\infty$ 的应力，a_0 代表刚体位移对于应力无影响，而 α 类的本征解在 z 增大时是衰减的，符合于 $z\to\infty$ 的远端边界条件，这些 a_i 项就是由圣维南原理所覆盖的部分；其中影响最远的便是最接近于虚轴的本征根. 将(7.5.17)式代入变分方程(7.5.16)之中，选用 $i=1,3,\cdots,39$ 共 20 组非零本征解计算，得到在固定端 $z=0$ 的 σ_z/σ_∞ 结果如图 7.3 所示. 图中显示出边缘角点处是应力奇点，正应力的一些波动是级数展开取有限项时常有的. 例如取傅里叶级数有限项时，也有这种现象.

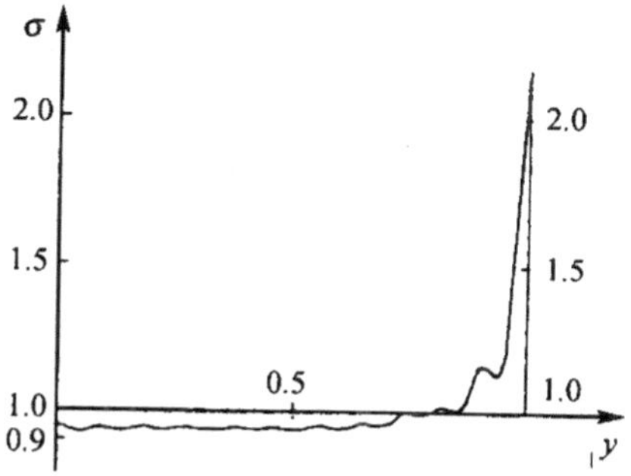

图 7.3　固定端拉应力分析

本章所讨论的平面弹性矩形域问题，其两侧边均为自由边，对两侧边为其他边界条件的问题同样可类似进行求解. 总之，对偶体系的这一套方法可用于处理各种边界问题.

弹性力学还有许多课题，这里不拟继续讲下去了. 请参见文献[19,130]. 现在转向弹性薄板横向弯曲问题的求解，对偶体系可以将一些典型的板弯曲课题的分析求解予以拓展，而不是仅仅限于传统的一套凑合解[3].

7.6 弹性薄板弯曲问题

弹性薄板的弯曲也是经典课题之一.传统的分析方法是求解重调和方程,凑合求解占了很大的成分[3].凑合求解法与课题关系密切,很难拓展.例如,对于不同的侧边边界条件就难以求解;对于各向异性板的弯曲问题也感到无从着手等,这些困难都是由于经典的凑合解法所造成的.换一个角度看问题,采用对偶求解体系,薄板弯曲问题的求解应当与平面弹性问题的求解并行发展.这是基于两者在以往的基本方程皆为重调和方程的事实,就可以想到的.既然平面弹性在导入对偶体系后,取得了分离变量法的顺利实施,进入了辛几何空间,就理性地扩大了求解课题的范围;则薄板弯曲也可以导入对偶求解体系,以取得相同的效果.

本节先详细地介绍平面弹性与薄板弯曲问题的相似性理论,给出薄板弯曲经典理论的另一套基本方程[134~136];对应于平面弹性的H-R及胡-鹫变分原理,引出了薄板弯曲的类H-R及类胡-鹫变分原理[137,138].其次,基于相似性原理,将平面弹性问题的哈密顿体系及其辛几何理论直接引入到薄板弯曲问题[134,135],形成薄板弯曲的哈密顿辛求解体系,从而可以用理性法研究薄板弯曲问题.应当指出,这一节着重介绍了板弯曲的力法求解,其实还有板弯曲的位移法求解,见文献[81].哈密顿体系的分析求解方法也请见文献[139].

取板的中平面作为 xy 坐标平面,z 轴向下.对于薄板,当全部外荷载作用于中平面内而不发生失稳时,属于平面应力问题.当全部外荷载都垂直于中平面时,则只发生弯曲变形,此时中平面上各点沿 z 方向的位移称为板的**挠度**.如果挠度与板厚之比小于或等于1/5,则属于**小挠度问题**.薄板小挠度弯曲理论的基本假设是由基尔霍夫首先提出的,也称**基尔霍夫假设**,或**中垂线假设**:变形前垂直于板中平面的直线段在变形后仍保持为直线,并垂直于变形后的中曲面,其长度不变.从而 $\gamma_{xz}=\gamma_{yz}=\varepsilon_z=0$,且可认为 $\sigma_z=$

0;位移 w 与坐标 z 无关,仅为坐标 x 和 y 的函数

$$w = w(x, y) \tag{7.6.1}$$

而由于平面内无外力,故各点只有垂直位移 w,中平面内 $(u)_{z=0} = (v)_{z=0} = 0$. 而由 $\gamma_{xz} = \gamma_{yz} = 0$ 及几何关系,有 $\partial u / \partial z = -\partial w / \partial x$, $\partial v / \partial z = -\partial w / \partial y$,对 z 积分得

$$u = -z \frac{\partial w}{\partial x}, \quad v = -z \frac{\partial w}{\partial y} \tag{7.6.2}$$

其应变可计算为 $\varepsilon_x = -z\kappa_x$, $\varepsilon_y = -z\kappa_y$, $\gamma_{xy} = 2z\kappa_{xy}$,其中

$$\kappa_x = \frac{\partial^2 w}{\partial x^2}, \quad \kappa_y = \frac{\partial^2 w}{\partial y^2}, \quad \kappa_{xy} = -\frac{\partial^2 w}{\partial x \partial y} \tag{7.6.3}$$

分别是板的曲率和扭曲率.(7.6.3)式就是板的曲率-挠度关系,也可用算子矩阵 $\boldsymbol{K}(\partial)$ 写为

$$\boldsymbol{\kappa} = \boldsymbol{K}(\partial) w, \qquad \boldsymbol{\kappa} = (\kappa_y, \kappa_x, \kappa_{xy})^{\mathrm{T}} \tag{7.6.4}$$

而算子矩阵 $\boldsymbol{K}(\partial)$ 为

$$\boldsymbol{K}(\partial) = \begin{pmatrix} \dfrac{\partial^2}{\partial y^2} & \dfrac{\partial^2}{\partial x^2} & -\dfrac{\partial^2}{\partial x \partial y} \end{pmatrix}^{\mathrm{T}} \tag{7.6.5}$$

以下要分析其应力-应变关系

$$\begin{aligned} \sigma_x &= \frac{E}{1-\nu^2}(\varepsilon_x + \nu\varepsilon_y) \\ \sigma_y &= \frac{E}{1-\nu^2}(\varepsilon_y + \nu\varepsilon_x) \\ \tau_{xy} &= \frac{E}{2(1+\nu)}\gamma_{xy} \end{aligned} \tag{7.6.6}$$

或

$$\begin{aligned} \sigma_x &= -\frac{Ez}{1-\nu^2}(\kappa_x + \nu\kappa_y) \\ \sigma_y &= -\frac{Ez}{1-\nu^2}(\kappa_y + \nu\kappa_x) \\ \tau_{xy} &= \frac{Ez}{1+\nu}\kappa_{xy} \end{aligned} \tag{7.6.6$'$}$$

截取一微小的矩形单元体,见图 7.4.

单元体侧面上的正应力归结为一个力偶(即弯矩),其单位长

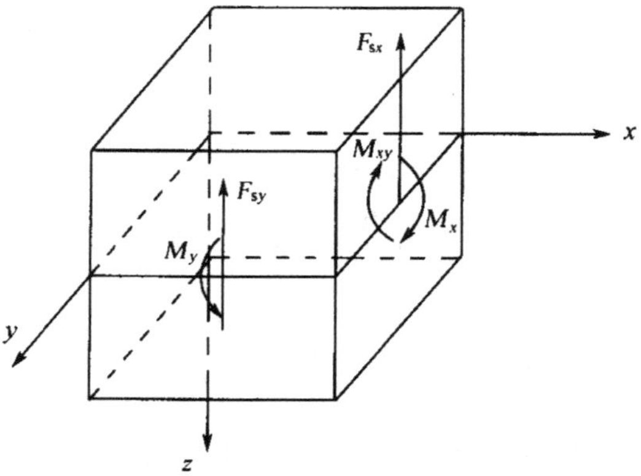

图 7.4　板的内力符号正向规定示意图

度的力偶矩为

$$\left.\begin{aligned} M_x &= \int_{-h/2}^{h/2}(-\sigma_x z)\mathrm{d}z = D(\kappa_x + \nu\kappa_y) \\ M_y &= \int_{-h/2}^{h/2}(-\sigma_y z)\mathrm{d}z = D(\kappa_y + \nu\kappa_x) \end{aligned}\right\} \tag{7.6.7}$$

其中 D 是板的**弯曲刚度**

$$D = \frac{Eh^3}{12(1-\nu^2)} \tag{7.6.8}$$

而剪应力 τ_{xy} 也构成一个力偶(即扭矩),其单位长度力偶矩为

$$M_{xy} = \int_{-h/2}^{h/2}\tau_{xy}z\mathrm{d}z = D(1-\nu)\kappa_{xy} \tag{7.6.9}$$

综合(7.6.7)和(7.6.9)式,即给出弯矩-曲率关系

$$\boldsymbol{m} = \boldsymbol{C\kappa} \quad 或 \quad \boldsymbol{\kappa} = \boldsymbol{C}^{-1}\boldsymbol{m} \tag{7.6.10}$$

其中

$$\boldsymbol{m} = (M_y, M_x, 2M_{xy})^{\mathrm{T}} \tag{7.6.11}$$

而反映材料弹性性质的系数矩阵为

$$
\boldsymbol{C} = D\begin{pmatrix} 1 & \nu & 0 \\ \nu & 1 & 0 \\ 0 & 0 & 2(1-\nu) \end{pmatrix} \tag{7.6.12}
$$

利用曲率表达的应变能密度

$$
\nu_{\varepsilon}(\boldsymbol{\kappa}) = \boldsymbol{\kappa}^{\mathrm{T}}\boldsymbol{C}\boldsymbol{\kappa}/2 = D[\kappa_x^2 + \kappa_y^2 + 2\nu\kappa_x\kappa_y + 2(1-\nu)\kappa_{xy}^2]/2 \tag{7.6.13}
$$

于是弯矩-曲率关系(7.6.10)也可用应变能密度表达为

$$
\boldsymbol{m} = \partial\nu_{\varepsilon}(\boldsymbol{\kappa})/\partial\boldsymbol{\kappa} = \boldsymbol{C}\boldsymbol{\kappa} \tag{7.6.14}
$$

如果对应变能密度 ν_{ε} 的所有自变量 $\boldsymbol{\kappa}$ 实施勒让德变换,即通过引入函数(应变余能密度)

$$
\begin{aligned}
\nu_{\mathrm{c}}(\boldsymbol{m}) &= \boldsymbol{m}^{\mathrm{T}}\boldsymbol{\kappa} - \nu_{\varepsilon}(\boldsymbol{\kappa}) = \boldsymbol{m}^{\mathrm{T}}\boldsymbol{C}^{-1}\boldsymbol{m}/2 \\
&= (6/Eh^3)[M_x^2 + M_y^2 - 2\nu M_x M_y + 2(1+\nu)M_{xy}^2]
\end{aligned} \tag{7.6.15}
$$

也可将曲率 $\boldsymbol{\kappa}$ 用弯矩 $\boldsymbol{m}$ 表达为

$$
\boldsymbol{\kappa} = \partial\nu_{\mathrm{c}}(\boldsymbol{m})/\partial\boldsymbol{m} = \boldsymbol{C}^{-1}\boldsymbol{m} \tag{7.6.16}
$$

在单元体的侧面除了弯矩以外,还有剪力

$$
F_{\mathrm{s}x} = \int_{-h/2}^{h/2}(-\tau_{xz})\mathrm{d}z, \quad F_{\mathrm{s}y} = \int_{-h/2}^{h/2}(-\tau_{yz})\mathrm{d}z \tag{7.6.17}
$$

按中垂线假设,如硬套应力-应变关系,则 τ_{xz}, τ_{yz} 应为零;而实际上,它们只是与 σ_x、σ_y 和 τ_{xy} 相比为高阶小量,由它们所引起的变形可忽略不计,但对于维持平衡,则不能不计,其值可由平衡方程确定.

对于受横向荷载 $q(x,y)$ 作用的板,考察板的边长为 $\mathrm{d}x$ 和 $\mathrm{d}y$ 而高为 h 的矩形微元,其四个边上的内力如图 7.5 所示.

将作用在单元上的所有力投影到 z 轴上,得下列平衡方程

$$
\frac{\partial F_{\mathrm{s}x}}{\partial x} + \frac{\partial F_{\mathrm{s}y}}{\partial y} - q = 0 \tag{7.6.18}
$$

取作用在单元上的所有力对于 y 轴的力矩,并略去高阶小量,得下列平衡方程

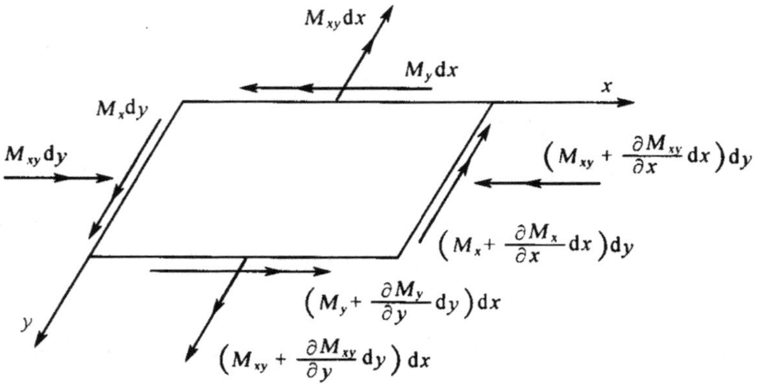

图 7.5 板微元的内力平衡

$$\frac{\partial M_x}{\partial x}-\frac{\partial M_{xy}}{\partial y}-F_{sx}=0 \tag{7.6.19}$$

同理可得

$$\frac{\partial M_y}{\partial y}-\frac{\partial M_{xy}}{\partial x}-F_{sy}=0 \tag{7.6.20}$$

因单元体没有在 x 及 y 方向的力和对 z 轴的力矩,所以(7.6.18~20)式完全表明该微元的平衡,即为板弯曲的内力平衡方程.若将(7.6.19)和(7.6.20)式代入(7.6.18)式,则又可得到用弯矩和扭矩表示的平衡方程

$$\frac{\partial^2 M_x}{\partial x^2}-2\frac{\partial^2 M_{xy}}{\partial x\partial y}+\frac{\partial^2 M_y}{\partial y^2}=q \tag{7.6.21}$$

(7.6.21)式可用算子矩阵表示为

$$\boldsymbol{K}^{\mathrm{T}}(\partial)=\left\{\frac{\partial^2}{\partial y^2},\ \frac{\partial^2}{\partial x^2},\ -\frac{\partial^2}{\partial x\partial y}\right\},\quad \boldsymbol{K}^{\mathrm{T}}(\partial)\boldsymbol{m}=q \tag{7.6.22}$$

最后,将弯矩-曲率关系(7.6.10)以及曲率-挠度关系(7.6.3)代入上式,即得到按位移求解的薄板弯曲问题的基本方程

$$\nabla^2\nabla^2 w=q/D \tag{7.6.23}$$

其中∇^2为二维拉普拉斯算子

$$\nabla^2 = \frac{\partial^2}{\partial x^2} + \frac{\partial^2}{\partial y^2} \tag{7.6.24}$$

余下讨论板的各种边界条件. 这里,以矩形板为例,设板边与 x 轴和 y 轴平行. 下面具体讨论的是 $y=b$ 的板边 AB,见图 7.6.

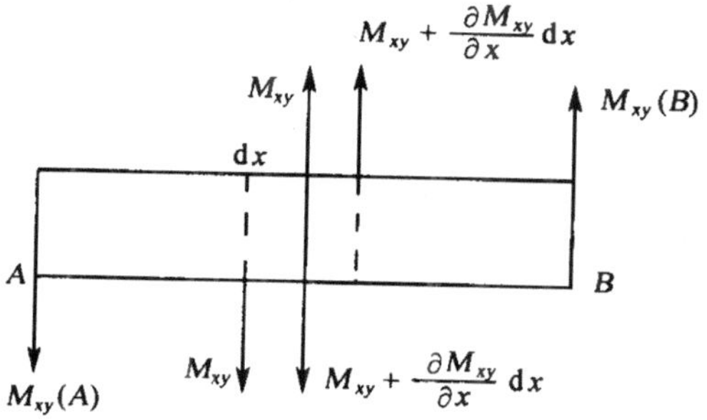

图 7.6　板边扭矩的静力等效

因为中垂线假定忽略剪切变形,连续分布的扭矩在静力上等效于一剪力. 在长度为 $\mathrm{d}x$ 的微分面上的扭矩 $M_{xy}\mathrm{d}x$ 可用作用在两个边上的大小等于 M_{xy} 而方向相反的两个力等效替换,见图 7.6. 在邻近的长度为 $\mathrm{d}x$ 的微分面上的扭矩 $[M_{xy}+(\partial M_{xy}/\partial x)\mathrm{d}x]\mathrm{d}x$ 可用作用在两个边上的大小等于 $[M_{xy}+(\partial M_{xy}/\partial x)\mathrm{d}x]$ 而方向相反的两个力等效替换. 于是,在交界处,上下两力合成为 $(\partial M_{xy}/\partial x)\mathrm{d}x$. 这个力又可用分布在长度为 $\mathrm{d}x$ 上的剪力 $\partial M_{xy}/\partial x$ 来代替. 将它与原来的横向剪力 F_{sy} 合并则得到 AB 边上的总的等价剪力为

$$F_{sy}^{t} = F_{sy} - \frac{\partial M_{xy}}{\partial x} \tag{7.6.25}$$

等效分布剪力 F_{sy}^{t} 的符号规定与 F_{sy} 相同. 必须注意,在板边 AB 的两端 A 和 B 还有两个集中力 $(M_{xy})_A$ 和 $(M_{xy})_B$ 余留下来. 因为相邻的边上也有集中力余留,因此在角点上将合成为一个集中力,如在 B 点为 $2(M_{xy})_B$.

至此,就可具体写出板 $y=b$ 边的各种边界条件.一般有

(1)**固支边界** 固定边上的挠度和转角应为零,即

$$(w)_{y=b}=0,\qquad (\partial w/\partial y)_{y=b}=0 \tag{7.6.26}$$

(2)**简支边界** 简支边上的挠度和弯矩应为零,即

$$(w)_{y=b}=0,\quad (M_y)_{y=b}=0 \tag{7.6.27}$$

(3)**自由边界** 自由边上的弯矩和等价剪力为零,即

$$(M_y)_{y=b}=0,\quad (F_{sy}^{t})_{y=b}=0\ \text{(或给定值)} \tag{7.6.28}$$

如果相邻的两边均为自由边界,则还应有**角点条件**.假设 B 端为相邻两自由边界的角点,则当 B 端为悬空的角点时,应有

$$2(M_{xy})_B=0 \tag{7.6.29}$$

当 B 端有支承时,应有

$$(w)_B=0 \tag{7.6.30}$$

其他边的边界条件可以类似地写出.

7.7 平面弹性与薄板弯曲问题的相似性

薄板弯曲的基本方程为重调和方程,它是拉格朗日与索菲日耳曼在19世纪导出的,从此其基本问题便成为如何予以求解,直至如今.传统的Naiver法、Levy法等半逆解法,对于对边为简支的各向同性板是非常有效的,但对复杂一点的边界条件则难于应用,尤其是对各向异性板的弯曲问题.

弹性平面问题的求解传统是采用艾里应力函数,它也满足重调和方程[2,3].既然基本方程相同,两者相互间必然有相似性,这早已为许多作者看到,例如文献[140]及其他文献,恕不一一.但两类问题各有一套自己的领域与相应的求解方法论,相似性质并未得到充分发挥.

对薄板弯曲的基本方程(7.6.23),其面内横向荷载 q 可以用一个特解通过叠加原理预先加以处理,因此可先考虑 $q=0$ 的齐次方程

$$\nabla^2\nabla^2 w = 0 \tag{7.7.1}$$

而平面弹性的艾里应力函数 φ_f 也满足重调和方程[2]

$$\nabla^2\nabla^2\varphi_f = 0 \tag{7.7.2}$$

以此为契机,可以建立两类问题之间的相似性.如与平面弹性的应力 $\sigma_x,\sigma_y,\tau_{xy}$ 对应板弯曲有曲率 $\kappa_y,\kappa_x,\kappa_{xy}$;与平面弹性的应变 $\epsilon_x,\epsilon_y,\gamma_{xy}$ 对应板弯曲有弯矩 $M_y,M_x,2M_{xy}$,而弯矩-曲率关系(7.6.14)除泊松比 ν 变号外,显然与平面弹性的应变-应力关系(7.3.3a)是一一对应的.

按照相似性,与平面弹性的位移 u,v 对应,薄板弯曲应引入**弯矩函数** $\boldsymbol{\phi}=\{\phi_x,\phi_y\}^{\mathrm{T}}$,于是与平面弹性的几何关系(7.3.3b)对应板弯曲有弯矩与弯矩函数的关系

$$M_y = \partial\phi_x/\partial x,\quad M_x = \partial\phi_y/\partial y,\quad 2M_{xy} = \partial\phi_x/\partial y + \partial\phi_y/\partial x \tag{7.7.3}$$

而改用算子矩阵

$$\hat{\boldsymbol{E}}(\nabla) = \begin{bmatrix} \dfrac{\partial}{\partial x} & 0 \\ 0 & \dfrac{\partial}{\partial y} \\ \dfrac{\partial}{\partial y} & \dfrac{\partial}{\partial x} \end{bmatrix} \tag{7.7.4}$$

则可表示为

$$\boldsymbol{m} = \hat{\boldsymbol{E}}(\nabla)\boldsymbol{\phi} \tag{7.7.5}$$

将(7.7.3)式代入验证,即知(7.6.21)式的齐次方程已满足.

下面介绍弯矩函数的一些性质.首先应看到,类同于平面弹性的刚体位移,函数

$$\phi_x = a_0 + a_2 y,\quad \phi_y = a_1 - a_2 x \tag{7.7.6}$$

不产生任何弯矩,其中 a_0,a_1,a_2 为任意常数,以后称之为**零矩函数**.

其次,应当考察在坐标旋转时,弯矩函数 ϕ_x,ϕ_y 的变换公式.当坐标旋转 α 角时,弯矩有转换

$$
\begin{aligned}
M'_x &= M_x\cos^2\alpha + M_y\sin^2\alpha - 2M_{xy}\sin\alpha\cos\alpha \\
M'_y &= M_x\sin^2\alpha + M_y\cos^2\alpha + 2M_{xy}\sin\alpha\cos\alpha \\
M'_{xy} &= M_{xy}(\cos^2\alpha - \sin^2\alpha) + (M_x - M_y)\sin\alpha\cos\alpha
\end{aligned}
\tag{7.7.7}
$$

相应地 ϕ_x 及 ϕ_y 也应当转换为

$$
\left.
\begin{aligned}
\phi'_x &= \phi_x\cos\alpha + \phi_y\sin\alpha \\
\phi'_y &= -\phi_x\sin\alpha + \phi_y\cos\alpha
\end{aligned}
\right\}
\tag{7.7.8}
$$

容易验证,(7.7.3)式在(x',y')坐标中仍成立.这表明 ϕ_x,ϕ_y 的变换规则与向量相同,因此可称为**弯矩函数向量**.

余下讨论边界条件,为简单计这里认为边界是直边,其外法线记为 n,沿周界方向为 s,(n,s)构成右手系.用(ϕ_n,ϕ_s)记述边界上的弯矩函数,则由(7.6.19)式知,侧面的剪力为

$$
F_{sn} = \partial M_n/\partial n - \partial M_{ns}/\partial s = (\partial^2\phi_s/\partial n\partial s - \partial^2\phi_n/\partial s^2)/2
\tag{7.7.9}
$$

按薄板弯曲理论,在给力边界 Γ_σ 上有给定法向弯矩及等价剪力 $\overline{M}_n$ 及 $\overline{F}^{t}_{sn}$,即用弯矩函数表示的边界条件为

$$
\begin{aligned}
&(M_n =)\partial\phi_s/\partial s = \overline{M}_n \\
&(F^{t}_{sn} = F_{sn} - \partial M_{ns}/\partial s =) - \partial^2\phi_n/\partial s^2 = \overline{F}^{t}_{sn}
\end{aligned}
\tag{7.7.10}
$$

注意到(7.7.10)式中只含有沿边界 s 的微商,因此可以积分,有

$$
\left.
\begin{aligned}
\phi_s &= \overline{\phi}_s = \int_{s_0}^{s}\overline{M}_n\mathrm{d}s' + a_1 \\
\phi_n &= \overline{\phi}_n = \int_{s_0}^{s}(s'-s)\overline{F}^{t}_{sn}\mathrm{d}s' + a_0 + a_2 s
\end{aligned}
\right\}
\tag{7.7.11}
$$

其中 a_0,a_1,a_2 为待定常数,其余皆为已知函数.由于给力边界可以有若干段,因此不能将各分段的 a_0,a_1,a_2 皆行消除,但利用零矩函数的任选性,总可将其中一段的三个常数予以消除.在与平面弹性的相似中,ϕ_n,ϕ_s 相当于 u_n,u_s,法向与切向位移.因此薄板弯曲的给力边界条件相当于平面弹性的给定位移边界条件.当然,薄

板弯曲还有角点的平衡条件.

按薄板弯曲理论,给定位移边界 Γ_u 上有给定挠度 $\overline{w}$ 及给定转角 $\bar{\theta}_n$,它们都是边界 s 的函数,于是改用曲率表示的边界条件为

$$\kappa_{ns}\left(=-\frac{\partial^2 w}{\partial n \partial s}\right)=\bar{\kappa}_{ns}\left(=-\frac{\partial \bar{\theta}_n}{\partial s}\right), \quad \kappa_s\left(=\frac{\partial^2 w}{\partial s^2}\right)=\bar{\kappa}_s\left(=\frac{\partial^2 \overline{w}}{\partial s^2}\right) \tag{7.7.12}$$

反过来,对(7.7.12)式作沿边界 s 的积分,即给出给定位移的边界条件,$\theta_n=$已知,$w=$已知.(7.7.12)式的边界也可用原坐标系的曲率分量表示成为

$$\left.\begin{aligned}\kappa_x\sin\alpha+\kappa_{xy}\cos\alpha&=\bar{\kappa}_s\sin\alpha+\bar{\kappa}_{ns}\cos\alpha\\ \kappa_{xy}\sin\alpha+\kappa_y\cos\alpha&=\bar{\kappa}_s\cos\alpha-\bar{\kappa}_{ns}\sin\alpha\end{aligned}\right\} \tag{7.7.13}$$

α 角为自 x 轴逆时针转向法线 $\boldsymbol{n}$ 之角.显然,边界条件(7.7.12)或(7.7.13)与平面弹性的给力边界条件的形式是完全相同的.

薄板弯曲无论是基本方程还是边界条件与平面弹性问题之间有完全类同的对应关系,也就是说两者之间存在相似性.于是与平面弹性的最小总势能原理相似,可写出用**弯矩函数表达的薄板弯曲最小总余能原理**

$$E_{pc}=V_c+E_c, \quad \min_{\phi_x,\phi_y} E_{pc} \tag{7.7.14}$$

其中应变余能是

$$V_c=\iint_V \frac{6}{Eh^3}\left[\left(\frac{\partial \phi_x}{\partial x}\right)^2+\left(\frac{\partial \phi_y}{\partial y}\right)^2-2\nu\frac{\partial \phi_x}{\partial x}\frac{\partial \phi_y}{\partial y}+\frac{1+\nu}{2}\left(\frac{\partial \phi_y}{\partial x}+\frac{\partial \phi_x}{\partial y}\right)^2\right]\mathrm{d}x\mathrm{d}y \tag{7.7.15}$$

而支承位移余能是

$$E_c=-\int_{\Gamma_u}(M_n\bar{\theta}_n-F_{sn}^{t}\overline{w})\mathrm{d}s=-\int_{\Gamma_u}\left(\bar{\theta}_n\frac{\partial \phi_s}{\partial s}+\overline{w}\frac{\partial^2 \phi_n}{\partial s^2}\right)\mathrm{d}s \tag{7.7.16}$$

因为给定挠度 $\overline{w}$ 及转角 $\bar{\theta}_n$ 都是边界上 s 的函数,作分部积分有

$$E_c = \int_{\Gamma_u} \left(\phi_s \frac{\partial \bar{\theta}_n}{\partial s} - \phi_n \frac{\partial^2 \bar{w}}{\partial s^2} \right) ds - \left[\phi_s \bar{\theta}_n + \bar{w} \frac{\partial \phi_n}{\partial s} - \phi_n \frac{\partial \bar{w}}{\partial s} \right]_{s_0}^{s_1} \tag{7.7.17}$$

其中 s_0, s_1 为给定位移边界 Γ_u 的两端.

对(7.7.14)式执行变分,可得微分方程

$$\left.\begin{aligned} \frac{\partial^2 \phi_x}{\partial x^2} + \frac{1+\nu}{2} \frac{\partial^2 \phi_x}{\partial y^2} + \frac{1-\nu}{2} \frac{\partial^2 \phi_y}{\partial x \partial y} = 0 \\ \frac{\partial^2 \phi_y}{\partial y^2} + \frac{1+\nu}{2} \frac{\partial^2 \phi_y}{\partial x^2} + \frac{1-\nu}{2} \frac{\partial^2 \phi_x}{\partial x \partial y} = 0 \end{aligned}\right\} \tag{7.7.18}$$

这二个方程的意义是应变协调.事实上由应变协调方程

$$\boldsymbol{E}(\nabla)\boldsymbol{\kappa} = \boldsymbol{0} \tag{7.7.19}$$

也可以导出(7.7.18)式,其中算子矩阵

$$\boldsymbol{E}(\nabla) = \begin{bmatrix} \frac{\partial}{\partial x} & 0 & \frac{\partial}{\partial y} \\ 0 & \frac{\partial}{\partial y} & \frac{\partial}{\partial x} \end{bmatrix} \tag{7.7.20}$$

而给定位移边界 Γ_u 上的边界条件(7.7.12)也可由变分原理直接导出,因为这是最小总余能原理的自然边界条件.

同样,与平面弹性的 Hellinger-Reissner 变分原理相似,可写出薄板弯曲的**类 H-R 变分原理**

$$\begin{aligned} \delta \Pi_2 = \delta \Big\{ & \iint_V \left[\boldsymbol{\kappa}^{\mathrm{T}} \hat{\boldsymbol{E}}(\nabla) \boldsymbol{\phi} - v_\varepsilon(\boldsymbol{\kappa}) \right] dx dy \\ & - \int_{\Gamma_u} (\phi_s \bar{\kappa}_{ns} + \phi_n \bar{\kappa}_s) ds \\ & \int_{\Gamma_\sigma} \left[\kappa_{ns} (\phi_s - \bar{\phi}_s) + \kappa_s (\phi_n - \bar{\phi}_n) \right] ds \Big\} = 0 \end{aligned} \tag{7.7.21}$$

其中 $\bar{\phi}_s, \bar{\phi}_n$ 等为已知,由(7.7.11)式已知其公式了.

执行 $\delta \Pi_2 = 0$,其中 $\phi_x, \phi_y, \kappa_y, \kappa_x, \kappa_{xy}$ 视作独立变量,即可导出曲率协调方程(7.7.19)和弯矩-曲率关系

$$\hat{\boldsymbol{E}}(\nabla)\boldsymbol{\phi}=\frac{\partial v_{\varepsilon}(\boldsymbol{\kappa})}{\partial\boldsymbol{\kappa}} \tag{7.7.22}$$

及在给定位移边界 Γ_u 上的边界条件(7.7.12)和在给力边界 Γ_σ 上的边界条件(7.7.11).

当然,与平面弹性的胡-鹫变分原理相似,也可写出**板弯曲的类胡-鹫变分原理**[137]

$$\begin{aligned}\delta\Pi_3=\delta\Big\{&\iint_V[\boldsymbol{\kappa}^{\mathrm{T}}\hat{\boldsymbol{E}}(\nabla)\boldsymbol{\phi}-\boldsymbol{\kappa}^{\mathrm{T}}\boldsymbol{m}+v_{\mathrm{c}}(\boldsymbol{m})]\mathrm{d}x\mathrm{d}y\\&\int_{\Gamma_\sigma}[\kappa_{ns}(\phi_s-\bar{\phi}_s)+\kappa_s(\phi_n-\bar{\phi}_n)]\mathrm{d}s\\&-\int_{\Gamma_u}(\phi_s\bar{\kappa}_{ns}+\phi_n\bar{\kappa}_s)\mathrm{d}s\Big\}=0\end{aligned} \tag{7.7.23}$$

执行 $\delta\Pi_3=0$,其中 $\phi_x,\phi_y,\kappa_y,\kappa_x,\kappa_{xy}$ 与 M_y,M_x,M_{xy} 视作独立变量,即可导出曲率协调方程(7.7.19)、弯矩函数-弯矩关系(7.7.5)和弯矩-曲率关系(7.6.16),以及在给定位移边界 Γ_u 上的边界条件(7.7.12)和在给力边界 Γ_σ 上的边界条件(7.7.11).

需要强调的是,之所以分别称(7.7.21)与(7.7.23)式为板弯曲的类 H-R 与类胡-鹫变分原理,因为它们是根据板弯曲与平面弹性的相似性而得到的,与板弯曲的 Hellinger-Reissner 与胡-鹫变分原理不同.在板弯曲的类 H-R 与类胡-鹫变分原理中,挠度 w 都不出现,它需要在求出曲率 $\boldsymbol{\kappa}$ 之后,再另外求解的.当然,我们也可根据板弯曲的 Hellinger-Reissner 与胡-鹫变分原理,写出平面弹性问题的类 H-R 与类胡-鹫变分原理,见后文 7.9 节.

表 7.3 为平面弹性与薄板弯曲的相似性对比表,供参考.用数学名词表达,两者为同构.

板弯曲与平面弹性的相似性理论也可用于薄板弯曲的有限元分析.如所熟知,平面弹性有限元发展比较成熟,相形之下板弯曲的有限元远远不够.从以上相似性原理的建立可知,板弯曲元的推导可以借用平面弹性元同类的方法与列式.不仅在数值计算方面对单元列式的推导,并且在理论分析方面对单元的收敛性及分片试验等，都有望将板弯曲元达到与平面弹性元同等的效果[141,142]. 根据理性元[142,143]方法得到的板弯曲元具有很好的效果[144~147,150].

这样，薄板弯曲就出现了两套一般变分原理：**H-R 变分原理**与**类 H-R 变分原理**，以及**胡-鹫变分原理**与**类胡-鹫变分原理**. 当然就会想到将它们合并为一个更广泛的多类变量变分原理的可能性；而根据薄板弯曲与平面弹性的相似性，对平面弹性也有多类变量变分原理的可能性；再进一步就是扁壳理论问题了. 这一步请见文献[137].

表 7.3 平面弹性与薄板弯曲相似性对比关系表

平面弹性	薄板弯曲
艾里应力函数 φ_f	横向挠度 $w(x,y)$
面内位移向量 $\boldsymbol{u}=(u,v)^T$	弯矩函数向量 $\boldsymbol{\phi}=(\phi_x,\phi_y)^T$
应变 $\boldsymbol{\varepsilon}=(\epsilon_x,\epsilon_y,\gamma_{xy})^T$	弯矩 $\boldsymbol{m}=(M_y,M_x,2M_{xy})^T$
应力 $\boldsymbol{\sigma}=(\sigma_x,\sigma_y,\tau_{xy})^T$	曲率 $\boldsymbol{\kappa}=(\kappa_y,\kappa_x,\kappa_{xy})^T$
应变-位移的几何关系 $\boldsymbol{\varepsilon}=\hat{\boldsymbol{E}}(\nabla)\boldsymbol{u}$	弯矩-弯矩函数关系 $\boldsymbol{m}=\hat{\boldsymbol{E}}(\nabla)\boldsymbol{\phi}$
应力函数-应力关系 $\boldsymbol{\sigma}=\boldsymbol{K}(\partial)\varphi_f$	挠度-曲率关系 $\boldsymbol{\kappa}=\boldsymbol{K}(\partial)w$
应变-应力关系 $\boldsymbol{\varepsilon}=\boldsymbol{C}^{-1}\boldsymbol{\sigma}$	弯矩-曲率关系 $\boldsymbol{m}=\boldsymbol{C}\boldsymbol{\kappa}$
刚体位移	零力函数
给力边界条件 Γ_σ $\begin{cases}\sigma_x\cos\alpha+\tau_{xy}\sin\alpha=0\\ \tau_{xy}\cos\alpha+\sigma_y\sin\alpha=0\end{cases}$	给定位移边界条件 Γ_u $\begin{cases}\kappa_y\cos\alpha+\kappa_{xy}\sin\alpha=0\\ \kappa_{xy}\cos\alpha+\kappa_x\sin\alpha=0\end{cases}$
给定位移边界 Γ_u $u=\overline{u},v=\overline{v}$	给力边界 Γ_σ $\phi_s=\overline{\phi}_s,\phi_n=\overline{\phi}_n$
最小总势能原理	最小总余能原理
H-R 变分原理： $u,v;\sigma_x,\sigma_y,\tau_{xy}$；无 φ_f	类 H-R 变分原理： $\phi_x,\phi_y;\kappa_y,\kappa_x,\kappa_{xy}$；无 w
胡-鹫变分原理： $u,v;\sigma_x,\sigma_y,\tau_{xy}$； $\epsilon_x,\epsilon_y,\gamma_{xy}$；无 φ_f	类胡-鹫变分原理： $\phi_x,\phi_y;\kappa_y,\kappa_x,\kappa_{xy}$； $M_y,M_x,2M_{xy}$；无 w

7.8 矩形板的辛求解体系

平面弹性问题引入哈密顿体系,可以导出一套求解辛体系.利用薄板弯曲与平面弹性的相似原理也可为薄板弯曲的分析求解开拓出一套辛求解体系.与平面弹性相同,其辛求解体系也可用于矩形域及扇形域.本章就矩形薄板弯曲的分析求解作一介绍.根据上节所述,有许多方法与推导简直就是弹性平面问题的翻版,但也有一部分是不同的.

这里从类 H-R 变分原理(7.7.21)着手将其方程导入辛体系.设 $y(b_1 \leqslant y \leqslant b_2)$ 为横向,其相应的边界条件可为自由、固支或简支边界条件,于是 x 坐标将被模拟为哈密顿体系的时间坐标,即用一点代表对 x 坐标的微商,$\dot{(\ )} = \partial / \partial x$.先将(7.7.21)对 κ_x 取极小有

$$\kappa_x = (\partial \phi_y / \partial y)/D - \nu \kappa_y \tag{7.8.1}$$

将(7.8.1)式代入(7.7.21)式消去 κ_x 即得混合能变分原理

$$\begin{aligned}\delta\Bigg\{&\int_{x_0}^{x_f}\int_{b_1}^{b_2}[\kappa_y \dot{\phi}_x + \kappa_{xy}\dot{\phi}_y - \nu\kappa_y \cdot \partial\phi_y/\partial y \\ &+ \kappa_{xy} \cdot \partial\phi_x/\partial y + (\partial\phi_y/\partial y)^2/(2D) - D(1-\nu)\kappa_{xy}^2 \\ &- D(1-\nu^2)\kappa_y^2/2]\mathrm{d}y\mathrm{d}x \\ &- \int_{\Gamma_\sigma}[\kappa_{ns}(\phi_s - \overline{\phi}_s) + \kappa_s(\phi_n - \overline{\phi}_n)]\mathrm{d}s \\ &- \int_{\Gamma_u}(\phi_s \overline{\kappa}_{ns} + \phi_n \overline{\kappa}_s)\mathrm{d}s\Bigg\} = 0\end{aligned} \tag{7.8.2}$$

其中 $\phi_x, \phi_y, \kappa_y, \kappa_{xy}$ 是独立变分的变量.完成变分(7.8.2),域内则导出哈密顿对偶方程组

$$\dot{\boldsymbol{v}} = \boldsymbol{H}\boldsymbol{v} \tag{7.8.3}$$

其中哈密顿算子矩阵 $\boldsymbol{H}$ 为

$$
\boldsymbol{H} = \begin{bmatrix} 0 & \nu \dfrac{\partial}{\partial y} & D(1-\nu^2) & 0 \\ -\dfrac{\partial}{\partial y} & 0 & 0 & 2D(1-\nu) \\ 0 & 0 & 0 & -\dfrac{\partial}{\partial y} \\ 0 & -\dfrac{1}{D}\dfrac{\partial^2}{\partial y^2} & \nu \dfrac{\partial}{\partial y} & 0 \end{bmatrix} \tag{7.8.4}
$$

而$\boldsymbol{v} = (\phi_x, \phi_y, \kappa_y, \kappa_{xy})^{\mathrm{T}}$为全状态向量.

需要说明的是全状态向量$\boldsymbol{v}$中并没有出现挠度w,它是应在解出$\boldsymbol{v}$后进一步求解的.即首先根据(7.8.1)式求出κ_x,再通过对$\kappa_x, \kappa_y, \kappa_{xy}$的直接积分而得到挠度$w$的.

为了讨论算子矩阵$\boldsymbol{H}$的性质,引入单位辛矩阵

$$
\boldsymbol{J} = \begin{bmatrix} \boldsymbol{0} & \boldsymbol{I}_2 \\ -\boldsymbol{I}_2 & \boldsymbol{0} \end{bmatrix} \tag{7.8.5}
$$

令

$$
\begin{aligned}
\langle \boldsymbol{v}_1^{\mathrm{T}}, \boldsymbol{J}, \boldsymbol{v}_2 \rangle &= \int_{b_1}^{b_2} \boldsymbol{v}_1^{\mathrm{T}} \boldsymbol{J} \boldsymbol{v}_2 \mathrm{d}y \\
&= \int_{b_1}^{b_2} (\phi_{x1}\kappa_{y2} + \phi_{y1}\kappa_{xy2} - \kappa_{y1}\phi_{x2} - \kappa_{xy1}\phi_{y2}) \mathrm{d}y
\end{aligned} \tag{7.8.6}
$$

通过分部积分知有

$$
\begin{aligned}
\langle \boldsymbol{v}_1^{\mathrm{T}}, \boldsymbol{JH}, \boldsymbol{v}_2 \rangle = \langle \boldsymbol{v}_2^{\mathrm{T}}, \boldsymbol{JH}, \boldsymbol{v}_1 \rangle &+ [\phi_{y2}((\partial\phi_{y1}/\partial y)/D - v\,\kappa_{y1}) + \phi_{x2}\kappa_{xy1}]_{b_1}^{b_2} \\
&- [\phi_{y1}((\partial\phi_{y2}/\partial y)/D - v\,\kappa_{y2}) + \phi_{x1}\kappa_{xy2}]_{b_1}^{b_2}
\end{aligned} \tag{7.8.7}
$$

由此知,如果$\boldsymbol{v}_1, \boldsymbol{v}_2$满足自由、固支或简支等相应齐次边界条件,则恒有

$$
\langle \boldsymbol{v}_1^{\mathrm{T}}, \boldsymbol{JH}, \boldsymbol{v}_2 \rangle = \langle \boldsymbol{v}_2^{\mathrm{T}}, \boldsymbol{JH}, \boldsymbol{v}_1 \rangle \tag{7.8.8}
$$

因此$\boldsymbol{H}$为哈密顿算子矩阵.

将方程化为(7.8.3)式之后,分离变量就成为很自然的事了.

令

$$\boldsymbol{v}(x,y) = \xi(x)\boldsymbol{\psi}(y) \tag{7.8.9}$$

将其代入(7.8.3)式即可以得到

$$\xi(x) = \mathrm{e}^{\mu x} \tag{7.8.10}$$

及本征方程

$$\boldsymbol{H}\boldsymbol{\psi}(y) = \mu\boldsymbol{\psi}(y) \tag{7.8.11}$$

这里 μ 是本征值,待求;$\boldsymbol{\psi}(y)$是本征函数向量,它还应当满足两侧边相应的边界条件.

因 $\boldsymbol{H}$ 为哈密顿算子矩阵,因此其本征问题是有特点的,这在前几章已经多次看到.即有

(1)如 μ 是哈密顿算子矩阵 $\boldsymbol{H}$ 的本征值,则 $-\mu$ 也一定是其本征值.其本征值有无穷多个,当然它们可以分成两组

$$(\alpha)\mu_i, \mathrm{Re}(\mu_i)<0 \text{ 或 } \mathrm{Re}(\mu_i)=0 \wedge \mathrm{Im}(\mu_i)>0 \quad (i=1,2,\cdots) \tag{7.8.12a}$$

$$(\beta)\mu_{-i} = -\mu_i \tag{7.8.12b}$$

并且在(α)组之中还按$|\mu_i|$的大小来编排,其模越小越在前.

(2)哈密顿算子矩阵的本征向量之间有共轭辛正交关系.设 $\boldsymbol{\psi}_i$ 和 $\boldsymbol{\psi}_j$ 分别是本征值 μ_i 和 μ_j 对应的本征向量,则当 $\mu_i+\mu_j\neq 0$ 时有辛正交关系

$$\langle \boldsymbol{\psi}_i^{\mathrm{T}}, \boldsymbol{J}, \boldsymbol{\psi}_j \rangle = \int_{b_1}^{b_2} \boldsymbol{\psi}_i^{\mathrm{T}}\boldsymbol{J}\boldsymbol{\psi}_j \mathrm{d}x = 0 \tag{7.8.13}$$

而与 $\boldsymbol{\psi}_i$ 辛共轭的向量一定是本征值 $-\mu_i$ 的本征向量(或其若尔当型本征向量).

有了共轭辛正交关系,则任一个全状态函数向量 $\boldsymbol{v}$ 总可以用本征解来展开

$$\boldsymbol{v} = \sum_{i=1}^{\infty}(a_i\boldsymbol{\psi}_i + b_i\boldsymbol{\psi}_{-i}) \tag{7.8.14}$$

其中 a_i 与 b_i 是待定系数,而 $\boldsymbol{\psi}_i$ 与 $\boldsymbol{\psi}_{-i}$ 是本征函数向量,它们已满足如下的共轭辛正交归一关系

$$\langle \boldsymbol{\psi}_i^{\mathrm{T}}, \boldsymbol{J}, \boldsymbol{\psi}_j \rangle = \langle \boldsymbol{\psi}_{-i}^{\mathrm{T}}, \boldsymbol{J}, \boldsymbol{\psi}_{-j} \rangle = 0$$

$$\langle \boldsymbol{\psi}_i^{\mathrm{T}}, \boldsymbol{J}, \boldsymbol{\psi}_{-j} \rangle = \delta_{ij}, \quad i, j = 1, 2, \cdots \tag{7.8.15}$$

不同的边界条件其本征值与本征函数向量是不同的. 对非零本征解同平面弹性一样，首先展开本征方程(7.8.11)有

$$\begin{aligned}
&0 && + \nu \frac{\mathrm{d}\phi_y}{\mathrm{d}y} && + D(1-\nu^2)\kappa_y && + 0 && = \mu\phi_x \\
&-\frac{\mathrm{d}\phi_x}{\mathrm{d}y} && + 0 && + 0 && + 2D(1-\nu)\kappa_{xy} && = \mu\phi_y \\
&0 && + 0 && + 0 && - \frac{\mathrm{d}\kappa_{xy}}{\mathrm{d}y} && = \mu\kappa_y \\
&0 && - \frac{1}{D}\frac{\mathrm{d}^2\phi_y}{\mathrm{d}y^2} && + \nu\frac{\mathrm{d}\kappa_y}{\mathrm{d}y} && + 0 && = \mu\kappa_{xy}
\end{aligned} \tag{7.8.16}$$

这是对于 y 的联立常微分方程组，其求解首先要找出 y 方向的特征值 λ，其特征方程为

$$\det\begin{pmatrix} -\mu & \nu\lambda & D(1-\nu^2) & 0 \\ -\lambda & -\mu & 0 & 2D(1-\nu) \\ 0 & 0 & -\mu & -\lambda \\ 0 & -\lambda^2/D & \nu\lambda & -\mu \end{pmatrix} = 0 \tag{7.8.17}$$

将行列式展开，即可给出其特征方程

$$(\lambda^2 + \mu^2)^2 = 0 \tag{7.8.18}$$

即其特征值为 $\lambda = \pm \mu\mathrm{i}$ 的重根，于是类似平面问题可以写出非零本征值的通解为

$$\begin{aligned}
\phi_x &= A_1\cos(\mu y) + B_1\sin(\mu y) + C_1 y\sin(\mu y) + D_1 y\cos(\mu y) \\
\phi_y &= A_2\sin(\mu y) + B_2\cos(\mu y) + C_2 y\cos(\mu y) + D_2 y\sin(\mu y) \\
\kappa_y &= A_3\cos(\mu y) + B_3\sin(\mu y) + C_3 y\sin(\mu y) + D_3 y\cos(\mu y) \\
\kappa_{xy} &= A_4\sin(\mu y) + B_4\cos(\mu y) + C_4 y\cos(\mu y) + D_4 y\sin(\mu y)
\end{aligned} \tag{7.8.19}$$

但其中的常数还不是全部独立的，其独立的常数只有四个，例如可选择 A_2, B_2, C_2, D_2 为独立的常数. 将(7.8.19)式代入(7.8.16)

式可得到常数之间的关系式

$$A_1 = -A_2 - \frac{3+\nu}{\mu(1-\nu)}C_2$$

$$A_3 = -\frac{\mu}{D(1-\nu)}A_2 - \frac{3-\nu}{D(1-\nu)^2}C_2 \qquad (7.8.20a)$$

$$A_4 = \frac{\mu}{D(1-\nu)}A_2 + \frac{2}{D(1-\nu)^2}C_2$$

$$C_1 = C_2, \quad C_3 = \frac{\mu}{D(1-\nu)}C_2, \quad C_4 = \frac{\mu}{D(1-\nu)}C_2 \qquad (7.8.20b)$$

$$B_1 = B_2 - \frac{3+\nu}{\mu(1-\nu)}D_2$$

$$B_3 = \frac{\mu}{D(1-\nu)}B_2 - \frac{3-\nu}{D(1-\nu)^2}D_2 \qquad (7.8.20c)$$

$$B_4 = \frac{\mu}{D(1-\nu)}B_2 - \frac{2}{D(1-\nu)^2}D_2$$

$$D_1 = -D_2, \quad D_3 = -\frac{\mu}{D(1-\nu)}D_2, \quad D_4 = \frac{\mu}{D(1-\nu)}D_2 \qquad (7.8.20d)$$

需要注意的是,(7.8.20)式只是非零本征值 μ 的基本本征函数向量的解(7.8.19)的常数之间的关系.如果存在若尔当型本征解,则应求解方程

$$\boldsymbol{H}\boldsymbol{\psi}^{(k)} = \mu\boldsymbol{\psi}^{(k)} + \boldsymbol{\psi}^{(k-1)} \qquad (k = 1,2,\cdots) \quad (7.8.21)$$

其中,上标 k 表示其为第 k 阶若尔当型解.若尔当型的解当然与其低阶本征函数向量有关.其通解应是由非齐次项 $\boldsymbol{\psi}^{(k-1)}$ 引起的一个特解再叠加上(7.8.19)式的解.

将通解(7.8.19)及(7.8.20)式代入两侧边相应的边界条件就可得到非零本征值超越方程及相关本征函数向量,于是就可按本征展开法进行求解了.下面几节就各种典型的边界条件进行讨论,其他的边界条件完全可以类似地进行求解.

7.8.1 对边简支板的辛求解[136]

对边简支板是早就解决的课题. 选择该课题再求解一番，是因为它正是出现非零本征值若尔当型的课题，有典型性. 这里所用的同一套方法论可用于不同的边界条件，对这些不同边界条件的课题，传统的凑合解法就不好使了.

设二条侧边 $y=0$ 和 $y=b$ 皆为简支边，则其边界条件为

$$w = 0, \quad M_y = 0 \quad \text{当 } y = 0 \text{ 或 } b \text{ 时} \tag{7.8.22}$$

而改用全状态向量来描述则为

$$\begin{aligned} &\phi_x = 0, \quad (\partial\phi_y/\partial y)/D - \nu\kappa_y = 0, \quad \text{当 } y = 0 \text{ 时} \\ &\phi_x = a_1, \quad (\partial\phi_y/\partial y)/D - \nu\kappa_y = 0, \quad \text{当 } y = b \text{ 时} \end{aligned} \tag{7.8.23a,b}$$

在本章第二节中已介绍过，当有给力边界条件时，按(7.7.11)式就有待定常数 a_1，而 $y=0$ 边的待定常数已通过零矩函数予以消除. 本征解是处理齐次方程与齐次边界条件的. 现在边界条件中有待定常数，这些是非齐次项，应当首先予以求解.

对于单位 a_1 项的解应求解方程

$$\boldsymbol{H\psi}_0 = \boldsymbol{0} \tag{7.8.24}$$

而两侧边的边界条件分别为

$$\begin{aligned} &\phi_x = 0, \quad (\partial\phi_y/\partial y)/D - \nu\kappa_y = 0 \quad \text{当 } y = 0 \\ &\phi_x = 1, \quad (\partial\phi_y/\partial y)/D - \nu\kappa_y = 0 \quad \text{当 } y = b \end{aligned} \tag{7.8.25a,b}$$

求解得

$$\boldsymbol{\psi}_0 = (y/b, 0, 0, 1/[2bD(1-\nu)])^{\mathrm{T}} \tag{7.8.26}$$

而相应问题(7.8.3)的解为

$$\boldsymbol{v}_0 = \boldsymbol{\psi}_0 \tag{7.8.27}$$

再根据(7.8.1)式及曲率-挠度关系(7.6.3)，可积分给出板的挠度

$$w = -xy/[2bD(1-\nu)] + c_1x + c_2y + c_3 \tag{7.8.28}$$

但它不能同时满足(7.8.22)式两侧边 $w=0$ 的边界条件,因此 a_1 项的解不是具有真实物理意义的解,应予舍弃.其实,该解是由于在边界条件中用 $\kappa_x=0$ 代替 $w=0$ 而引起的原问题的一个增解.

故对对边简支板可只讨论对应于齐次边界条件的解

$$\phi_x = 0, (\partial\phi_y/\partial y)/D - \nu\kappa_y = 0, \quad 当\ y = 0\ 或\ b\ 时 \tag{7.8.29}$$

不难验证,带有边界条件(7.8.29)的本征问题(7.8.11),不存在有真实物理意义的零本征解.而非零本征解的通解为(7.8.19)及(7.8.20)式,将其代入齐次边界条件(7.8.29),并令其系数行列式为零,即给出对边简支板的非零本征值超越方程

$$\sin^2(\mu b) = 0 \tag{7.8.30}$$

即

$$\mu_n = \frac{n\pi}{b}(n = \pm 1, \pm 2, \cdots)\ 的二重实根 \tag{7.8.31}$$

而其对应的基本本征函数向量则为

$$\boldsymbol{\psi}_n^{(0)} = \begin{Bmatrix} \phi_x \\ \phi_y \\ \kappa_y \\ \kappa_{xy} \end{Bmatrix} = \begin{Bmatrix} [D(1-\nu)/\mu_n]\sin(\mu_n y) \\ [D(1-\nu)/\mu_n]\cos(\mu_n y) \\ \sin(\mu_n y) \\ \cos(\mu_n y) \end{Bmatrix} \tag{7.8.32}$$

而相应问题(7.8.3)的解为

$$\boldsymbol{v}_n^{(0)} = \exp(\mu_n x)\boldsymbol{\psi}_n^{(0)} \tag{7.8.33}$$

再根据(7.8.1)式及曲率-挠度关系(7.6.3),可积分给出板的挠度

$$w_n^{(0)} = -(1/\mu_n^2)\exp(\mu_n x)\sin(\mu_n y) + c_1 x + c_2 y + c_3 \tag{7.8.34}$$

其中的积分常数由两侧边 $w=0$ 的边界条件来确定,即有 $c_1 = c_2 = c_3 = 0$,从而有

$$w_n^{(0)} = -(1/\mu_n^2)\exp(\mu_n x)\sin(\mu_n y) \tag{7.8.34'}$$

由于当前的任一本征值 μ_n 均是二重根,所以可能存在一阶若尔当型本征解.根据(7.8.21)知,一阶若尔当型本征解应求解微

分方程组

$$\boldsymbol{H}\boldsymbol{\psi}_n^{(1)} = \mu_n\boldsymbol{\psi}_n^{(1)} + \boldsymbol{\psi}_n^{(0)} \tag{7.8.35}$$

其解还应该满足两侧边的边界条件(7.8.29),求解之得

$$\boldsymbol{\psi}_n^{(1)} = \begin{Bmatrix} -[(3+\nu)D/(2\mu_n^2)]\sin(\mu_n y) \\ [(3+\nu)D/(2\mu_n^2)]\cos(\mu_n y) \\ -[1/(2\mu_n)]\sin(\mu_n y) \\ [1/(2\mu_n)]\cos(\mu_n y) \end{Bmatrix} \tag{7.8.36}$$

而相应问题(7.8.3)的解为

$$\boldsymbol{v}_n^{(1)} = \exp(\mu_n x)(\boldsymbol{\psi}_n^{(1)} + x\boldsymbol{\psi}_n^{(0)}) \tag{7.8.37}$$

再根据(7.8.1)式、曲率-挠度关系(7.6.3)及两侧边 $w=0$ 的边界条件可积分给出板的挠度

$$w_n^{(1)} = [(1-2\mu_n x)/(2\mu_n^3)]\exp(\mu_n x)\sin(\mu_n y) \tag{7.8.38}$$

因 $\boldsymbol{H}$ 为哈密顿算子矩阵,所以上述这些本征向量之间存在共轭辛正交关系.不难验证,与 $\boldsymbol{\psi}_n^{(0)}$ 共轭的本征向量一定是 $\boldsymbol{\psi}_{-n}^{(1)}$,即有

$$\langle \boldsymbol{\psi}_n^{(0)}, \boldsymbol{\psi}_{-n}^{(1)} \rangle = -2Db/\mu_n^2 \neq 0 \quad (n = \pm 1, \pm 2, \cdots) \tag{7.8.39}$$

而其余本征函数向量间均为辛正交关系.

有了本征值、本征函数向量及共轭辛正交性质就可按展开定理写出对边简支板的通解为

$$\boldsymbol{v} = \sum_{n=1}^{\infty} [f_n^{(0)}\boldsymbol{v}_n^{(0)} + f_n^{(1)}\boldsymbol{v}_n^{(1)} + f_{-n}^{(0)}\boldsymbol{v}_{-n}^{(0)} + f_{-n}^{(1)}\boldsymbol{v}_{-n}^{(1)}] \tag{7.8.40}$$

上式严格满足域内齐次微分方程(7.8.3)及两侧边的齐次边界条件(7.8.29),而 $f_n^{(k)}(k=0,1;n=\pm1,\pm2,\cdots)$ 是待求常数,它由两端的边界条件来决定.

确定了常数 $f_n^{(k)}$ 后,即可给出原问题(7.6.23)的解

$$w = \overline{w} + \sum_{n=1}^{\infty} \{ f_n^{(0)} w_n^{(0)} + f_n^{(1)} w_n^{(1)} + f_{-n}^{(0)} w_{-n}^{(0)} + f_{-n}^{(1)} w_{-n}^{(1)} \} \tag{7.8.41}$$

其中 $\overline{w}$ 为面内横向荷载 q 对应的特解.

前面谈过,对边为简支的各向同性板,传统的 Naiver 法和 Levy 法等半逆解法是很有效的. 如李维解法所给出的傅里叶级数形式的解为

$$w = \overline{w} + \sum_{n=1}^{\infty} \{ [A_n \mathrm{ch}(\mu_n x) + B_n \mu_n x \mathrm{sh}(\mu_n x) + C_n \mathrm{sh}(\mu_n x) + D_n \mu_n x \mathrm{ch}(\mu_n x)] \sin(\mu_n y) \} \tag{7.8.42}$$

其实,从表达式(7.8.41)和(7.8.42)可以看出,其大括号内的四个基底函数虽然不同,但它们却生成完全相同的子空间. 因此当求出(7.8.41)式后展开解就等同于传统的李维解. 于是,传统的对边简支板的各种分析解用(7.8.41)或(7.8.40)式也可求得.

例如对受均布荷载 q 作用的四边简支板 $-a/2 \leqslant x \leqslant a/2$, $0 \leqslant y \leqslant b$,可取特解为

$$\overline{w} = \frac{q}{24D}(y^4 - 2by^3 + b^3 y) \tag{7.8.43}$$

而与特解对应的曲率和弯矩为

$$\overline{\kappa}_y = \frac{q}{2D} y(y - b), \quad \overline{\kappa}_x = \overline{\kappa}_{xy} = 0 \tag{7.8.44}$$

$$\overline{M}_x = q\nu y(y - b)/2, \quad \overline{M}_y = qy(y - b)/2, \quad \overline{M}_{xy} = 0 \tag{7.8.45}$$

找到了一个特解,就可通过预先处理将问题转化为齐次方程(7.7.1)的求解,而在辛几何空间即是对(7.8.3)式的求解. 但此时原 $x = \pm a/2$ 两端的简支边界条件在去掉特解因素以后,应改写为

$$M_x = -\overline{M}_x, \quad \kappa_y = -\overline{\kappa}_y, \quad \text{当 } x = \pm a/2 \text{ 时} \tag{7.8.46}$$

将(7.8.40)式代入边界条件(7.8.46),经求解得

$$
\begin{cases}
f_n^0 = f_{-n}^0 = f_n^1 = f_{-n}^1 = 0 & (n = 2,4,6,\cdots) \\
f_n^0 = -f_{-n}^0 = -\dfrac{q[3 + 2\alpha_n \mathrm{th}(\alpha_n)]}{2Db\mu_n^3 \mathrm{ch}(\alpha_n)} & (n = 1,3,5,\cdots) \\
f_n^1 = f_{-n}^1 = \dfrac{q}{Db\mu_n^2 \mathrm{ch}(\alpha_n)} & (n = 1,3,5,\cdots)
\end{cases}
\tag{7.8.47}
$$

其中

$$
\alpha_n = an\pi/(2b) \qquad (n = 1,3,5,\cdots) \tag{7.8.48}
$$

其结果当然与传统解法的解完全相同.

虽然对偶体系本征展开解法所得的基本解(7.8.40)与传统李维解法所得的基本解相同,但其理论基础却有本质上的区别.其实,传统李维解法之所以对对边简支板是有效的,是因为其本征值均为实数,这为其展开求解带来许多方便之处,但对其他边界条件半逆解法则难于应用.而本征展开解法则不同,它是通过理性推导而得到的,因此完全可以推广到其他边界条件中去.下面两节的讨论可很好地说明这一点.

7.8.2 对边自由板的辛求解[136]

设二条侧边 $y = \pm b$ 皆为自由边,其边界条件为

$$
M_y = 0, \quad F_{sy}^{t} = 0, \quad 当\ y = \pm b\ 时 \tag{7.8.49}
$$

而改用全状态向量来描述则为

$$
\phi_x = 0, \qquad \phi_y = 0, \quad 当\ y = -b\ 时 \tag{7.8.50a}
$$

$$
\phi_x = a_1 - a_2 b, \quad \phi_y = a_0 + a_2 x, \quad 当\ y = b\ 时 \tag{7.8.50b}
$$

因为是给力边界条件,所以按(7.7.11)式,边界条件中有常数 a_0, a_1, a_2,这些是非齐次项,与上一节相同应当首先予以求解.

首先,对于 a_0 应当求解方程

$$
\boldsymbol{H}\boldsymbol{\psi}_0^{[0]} = 0 \tag{7.8.51}
$$

而两侧边的边界条件分别为

$$\phi_x = 0,\quad \phi_y = 0,\quad \text{当 } y = -b \tag{7.8.52a}$$

$$\phi_x = 0,\quad \phi_y = 1,\quad \text{当 } y = b \tag{7.8.52b}$$

求解得

$$\boldsymbol{\psi}_0^{[0]} = (0,(y+b)/(2b),\ -\nu/[2bD(1-\nu^2)],0)^{\mathrm{T}} \tag{7.8.53}$$

这里用方括号表示由于侧边边界条件而引起的解. 而相应问题(7.8.3)的解为

$$\boldsymbol{v}_0^{[0]} = \boldsymbol{\psi}_0^{[0]} \tag{7.8.54}$$

再根据板的曲率-挠度关系(7.6.3),可积分给出板的挠度

$$w_0^{[0]} = (x^2 - \nu y^2)/[4bD(1-\nu^2)] + \text{刚体位移} \tag{7.8.55}$$

解 $\boldsymbol{v}_0^{[0]}$ 的物理意义是纯弯曲解.

其次,是对于 a_1 的边界条件应求解

$$\boldsymbol{H}\boldsymbol{\psi}_0^{[1]} = \boldsymbol{0} \tag{7.8.56}$$

而两侧边的边界条件分别为

$$\phi_x = 0,\quad \phi_y = 0,\quad \text{当 } y = -b \tag{7.8.57a}$$

$$\phi_x = 1,\quad \phi_y = 0,\quad \text{当 } y = b \tag{7.8.57b}$$

经求解有:

$$\boldsymbol{\psi}_0^{[1]} = ((y+b)/(2b),0,0,1/[4bD(1-\nu)])^{\mathrm{T}} \tag{7.8.58}$$

而相应问题(7.8.3)的解为

$$\boldsymbol{v}_0^{[1]} = \boldsymbol{\psi}_0^{[1]} \tag{7.8.59}$$

再根据板的曲率-挠度关系,给出板的挠度为

$$w_0^{[1]} = -xy/[4bD(1-\nu)] + \text{刚体位移} \tag{7.8.60}$$

解 $\boldsymbol{v}_0^{[1]}$ 的物理意义是纯扭转解.

最后是对于 a_2 的解. 由于 x 的乘子,其解类同于若尔当型解,所以应当求解方程

$$\boldsymbol{H}\boldsymbol{\psi}_0^{[2]} = \boldsymbol{\psi}_0^{[0]} \tag{7.8.61}$$

而两侧边的边界条件分别为

$$\phi_x = 0, \quad \phi_y = 0, \quad 当\ y = -b \tag{7.8.62a}$$

$$\phi_x = -b, \quad \phi_y = 0, 当\ y = b \tag{7.8.62b}$$

经求解有

$$\boldsymbol{\psi}_0^{[2]} = \left(\frac{(1-\nu)(b^2-y^2)}{4b(1+\nu)} - \frac{y+b}{2}, 0, 0, \frac{\nu y}{2bD(1-\nu^2)}\right)^{\mathrm{T}} \tag{7.8.63}$$

而相应问题(7.8.3)的解为

$$\boldsymbol{v}_0^{[2]} = \boldsymbol{\psi}_0^{[2]} + x\boldsymbol{\psi}_0^{[0]} \tag{7.8.64}$$

再根据板的曲率-挠度关系,给出板的挠度为

$$w_0^{[2]} = (x^3 - 3\nu x y^2)/[(12bD(1-\nu^2))] + 刚体位移 \tag{7.8.65}$$

解 $\boldsymbol{v}_0^{[2]}$ 的物理意义是 x 向常剪弯曲解.

上面通过对非齐次边界项 a_0, a_1, a_2 的求解,给出了薄板弯曲的三个具有特定物理意义的解,即纯弯曲解、纯扭转解和常剪弯曲解.这里还要指出的是,从薄板的基本方程(7.6.23)等出发,也能导向哈密顿体系而分离变量求解,此时有六个零本征解,即薄板的三个刚体位移 $w = c_1x + c_2y + c_3$ 及与 $\boldsymbol{v}_0^0, \boldsymbol{v}_0^1, \boldsymbol{v}_0^2$ 对应的解.由于基于相似性原理,这里用曲率代替了挠度,因此薄板的三个刚体位移被回避掉,于是与它们对偶的解就以非齐次边界项特解的形式存在.

求出了上述三个非齐次特解以后,余下的是讨论相应齐次边界条件的解.

对边自由板的齐次边界条件为

$$\phi_x = 0, \quad \phi_y = 0, \quad 当\ y = \pm b \tag{7.8.66}$$

不难验证满足(7.8.11)及(7.8.66)式的本征解只有非零本征解.它可分成两组,即分别是关于 x 轴的对称解与反对称解.

如在(7.8.19)式中只采用 A 与 C 组的解,将其代入齐次边界条件(7.8.66),并令其系数行列式为零,即给出对边自由板对称变

形的非零本征值超越方程

$$2\mu b(1-\nu)=(3+\nu)\sin(2\mu b) \tag{7.8.67}$$

求出了本征值 μ_n，就可写出其相应的对称变形本征解为

$$\boldsymbol{\psi}_n=\begin{Bmatrix} -[(3+\nu)/(1-\nu)]\sin^2(\mu_n b)\cos(\mu_n y)+\mu_n y\sin(\mu_n y) \\ -[(3+\nu)/(1-\nu)]\cos^2(\mu_n b)\sin(\mu_n y)+\mu_n y\cos(\mu_n y) \\ \mu_n\{[(3+\nu)\cos^2(\mu_n b)-3+\nu]\cos(\mu_n y) \\ \quad +(1-\nu)\mu_n y\sin(\mu_n y)\}/[D(1-\nu)^2] \\ \mu_n\{[2-(3+\nu)\cos^2(\mu_n b)]\sin(\mu_n y) \\ \quad +(1-\nu)\mu_n y\cos(\mu_n y)\}/[D(1-\nu)^2] \end{Bmatrix} \tag{7.8.68}$$

而相应问题(7.8.3)的解为

$$\boldsymbol{v}_n=\exp(\mu_n x)\boldsymbol{\psi}_n \tag{7.8.69}$$

再根据(7.8.1)式及曲率-挠度关系(7.6.3)，给出板的挠度为

$$w_n=\exp(\mu_n x)\left\{\frac{1+\nu-(3+\nu)\cos^2(\mu_n b)}{D(1-\nu)^2\mu_n}\cos(\mu_n y)-\frac{y\sin(\mu_n y)}{D(1-\nu)}\right\} \tag{7.8.70}$$

本征值的求解仍然可以采用在平面弹性中应用的牛顿法进行求解. 例如对泊松比为 $\nu=0.3$ 的板可解出其前几个本征值见表 7.4.

表 7.4 对边自由薄板对称变形非零本征值($\nu=0.3$)

$n=$	1	2	3	4	5
$\mathrm{Re}(\mu_n b)=$	1.2830	$\pi+0.6973$	$2\pi+0.7191$	$3\pi+0.7313$	$4\pi+0.7393$
$\mathrm{Im}(\mu_n b)=$	0	0.5446	0.8808	1.0730	1.2101

当然，每一个 $n(>1)$都意味着辛共轭 $-\mu_n$ 以及复数共轭，共 4 个本征值；而 $n=1$ 对应的本征值 μ_1 是实数，当然只其有辛共轭 $-\mu_1$ 共 2 个本征值. 这些本征值均为单根.

如在(7.8.18)式中只采用 B 与 D 组的解，将其代入齐次边界条件(7.8.66)，并令其系数行列式为零，即给出对边自由板反对称变形的非零本征值超越方程

$$2\mu b(1-\nu)+(3+\nu)\sin(2\mu b)=0 \qquad (7.8.71)$$

而其相应的反对称变形本征解为

$$\widetilde{\boldsymbol{\psi}}_n=\begin{Bmatrix} -[(3+\nu)/(1-\nu)]\cos^2(\mu_n b)\sin(\mu_n y)-\mu_n y\cos(\mu_n y) \\ [(3+\nu)/(1-\nu)]\sin^2(\mu_n b)\cos(\mu_n y)+\mu_n y\sin(\mu_n y) \\ \mu_n\{[(3+\nu)\sin^2(\mu_n b)-3+\nu]\sin(\mu_n y) \\ \quad -(1-\nu)\mu_n y\cos(\mu_n y)\}/[D(1-\nu)^2] \\ \mu_n\{[(3+\nu)\sin^2(\mu_n b)-2]\cos(\mu_n y) \\ \quad +(1-\nu)\mu_n y\sin(\mu_n y)\}/[D(1-\nu)^2] \end{Bmatrix} \qquad (7.8.72)$$

这里，上面加波形以表示反对称解. 而相应问题(7.8.3)的解为

$$\widetilde{\boldsymbol{v}}_n=\exp(\mu_n x)\widetilde{\boldsymbol{\psi}}_n \qquad (7.8.73)$$

再根据(7.8.1)式及曲率-挠度关系(7.6.3)，可以给出板的挠度为

$$\widetilde{w}_n=\exp(\mu_n x)\left\{\frac{1+\nu-(3+\nu)\sin^2(\mu_n b)}{D(1-\nu)^2\mu_n}\sin(\mu_n y)+\frac{y\cos(\mu_n y)}{D(1-\nu)}\right\} \qquad (7.8.74)$$

采用牛顿法求解本征值. 例如对泊松比 $\nu=0.3$ 的板可解出其前几个本征值见表 7.5.

表 7.5　对边自由薄对称变形非零本征值（$\nu=0.3$）

$n=$	1	2	3	4
$\mathrm{Re}(\mu_n b)=$	$0.5\pi+0.5690$	$0.5\pi+0.7863$	$1.5\pi+0.7100$	$2.5\pi+0.7259$
$\mathrm{Im}(\mu_n b)=$	0	0	0.7439	0.9865

当然，每一个 $n(>2)$ 都意味着辛共轭 $-\mu_n$，以及它们的复数共轭，共 4 个本征值；而 $n=1,2$ 对应的本征值是实数，当然只有辛共轭共 2 个本征值. 这些本征值均为单根.

有了本征值、本征函数向量及共轭辛正交性质就可按展开定理进行求解了.这里给出一个最简单的算例.研究半无穷长条形薄板的纯弯曲问题.这里取 $b=1$,令 $x=0$ 为固支端,而 $x\to\infty$ 时为自由端且作用有单位弯矩,试求固支端的弯矩分布.

按题意,当 $x\to\infty$ 时只有弯矩,并且问题对于 x 轴是对称的变形状态,故其展开表达式只可能由(7.8.54)式及对称的非零本征解(7.8.69)所组成,并且只选用(7.8.69)式中 $\mathrm{Re}(\mu_n)<0$ 类的本征解

$$\boldsymbol{v} = 2\,\boldsymbol{v}_0^{[0]} + \sum_{n=1} f_n \exp(\mu_n x)\boldsymbol{\psi}_n \tag{7.8.75}$$

展开式(7.8.75)已满足域内微分方程及两侧边 $y=\pm b$ 和无穷远端 $x\to\infty$ 的边界条件.而固支端 $x=0$ 的边界条件则用于确定常数 f_n,$(n=1,2,\cdots)$.当然在实际应用中,可只取(7.8.75)中的前 k 项进行求解,此时 $x=0$ 端边界条件的变分式为

$$\int_{-b}^{b}[\kappa_y\delta\phi_x + \kappa_{xy}\delta\phi_y]_{x=0}\mathrm{d}y = 0 \tag{7.8.76}$$

由于本征值及本征解出现了复数,因此在具体计算过程中,应首先将(7.8.75)和(7.8.76)转化为实型正则方程,然后进行展开求解,详情略去.

对泊松比 $\nu=0.3$ 的薄板,分别取 $k=11$ 和 21 计算得到的固支端的弯矩分布见图 7.7.图中显示出边缘角点处是应力奇点,弯矩 $M_x|_{y=b}\to-\infty$.弯矩的一些波动是级数展开取有限项时常有的.

以上对于两侧为自由边的板弯曲作了本征向量展开的分析求解.当然对于别的支承条件也可以求解,这里就不多讲了.弹性平面问题对于扇形域问题作出了分析求解,则根据相似性原理,薄板弯曲也同样可以分析求解.各向异性平面弹性的分析表明,各向异性板的弯曲问题也是可以求解的,各向异性弹性力学的分析对于复合材料很重要.这些课题采用凑合法求解就困难了,对偶体系的理性求解方法显示出其优点.

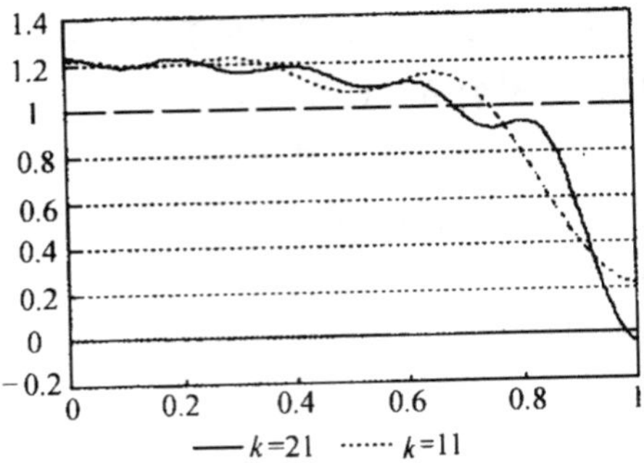

图 7.7 半无穷长纯弯曲板固支端弯矩分布图

对偶变量体系对于平面弹性与薄板弯曲的求解可谓“一箭双雕”. 以上就各向同性矩形板的弯曲作了求解,这只是为了举例. 可以求解的课题很多,例如各向异性板弯曲,扇形板的弯曲等,请见文献[130]. 然而,解析求解虽然严谨精确,毕竟只能用于典型的课题. 大量实际应用的课题还要采用有限元等数值方法. 前文已经指出,板弯曲与平面弹性的相似性理论也可用于薄板弯曲的有限元分析. 板弯曲的有限元的发展远远不如平面弹性有限元. 从以上相似性原理的建立可知,板弯曲元应当达到与平面弹性元同等的效果,尤其是采用理性元方法. 这里虽然不打算讲有限元,但变分原理是有限元的基础. 因此介绍有关对偶体系的变分原理是应有的. 本书将讲到的变分原理将原有的变分原理扩展了一倍,即对应于**H-R 变分原理**与**胡-鹫变分原理**,应当还有**类 H-R 变分原理**与**类胡-鹫变分原理**,并且还可以进一步提出一个更广泛的**多类变量变分原理**. 这是下一节的内容.

以上对于弹性力学将的都是静力问题. 弹性力学波的传播问题是非常关心的课题. 对偶体系方法处理弹性波问题也是很有效的[19],这里就不讲了.

7.9 薄板弯曲与平面弹性问题的多类变量变分原理[137,138]

弹性力学变分原理是一个基本课题,它无论是在理论上还是在实用上都有重要的价值.经典的有一类变量的最小总势能原理和最小总余能原理、二类变量的 Hellinger-Reissner 变分原理、直至三类变量的胡-鹫(H-W)变分原理,这些变分原理都得到了广泛关注及应用.

即使是 H-W 变分原理,传统应力分析求解时大量应用的应力函数仍未能入选.但继而想来,应力函数不是物理量,不在变分泛函中出现无伤大雅.换句话说,应力函数并不能当成正规的变量,"杂牌"而已;于是,也就释然了.事实上在平面弹性有限元数值分析时,放弃应力函数而直接采用位移法取得了很大成功,应力函数也就更被置于脑后了.

但,在薄板弯曲与平面弹性问题相似理论的基础上,应力(弯矩)函数很自然地也要进入变分原理.这样,出现了类 H-R 变分原理.薄板弯曲的类 H-R 变分原理对应平面弹性的 H-R 变分原理,而板弯曲的 H-R 变分原理对应平面弹性的类 H-R 变分原理.对于 H-W 变分原理亦然.综合 H-W 与类 H-W 变分原理,可给出板弯曲与平面弹性问题的**多类变量变分原理**.它除了位移、应力和应变外,还包括应力函数和残余应变,涵盖平衡方程、应变-位移关系、应力-应变关系、变形协调方程和应力-应力函数弹性力学所有五大类基本方程,是目前为止最一般的变分原理.以下加以逐步阐述.

从平面弹性与薄板弯曲相似性对比关系表,两者的模拟关系看得很清楚.位移与应力函数相对应,说明不应把应力函数排除在变分原理之外.这样,独立变分的变量就不止是三类了.如将平面弹性与薄板弯曲的 H-R 变分原理放在一起

$$\Pi_2(\boldsymbol{u},\boldsymbol{\sigma})=\iint_\Omega[\boldsymbol{\sigma}^{\mathrm{T}}\hat{\boldsymbol{E}}(\nabla)\boldsymbol{u}-U_0^*(\boldsymbol{\sigma})-\boldsymbol{u}^{\mathrm{T}}\boldsymbol{f}]\mathrm{d}x\mathrm{d}y+\text{边界项}$$

$$\delta\Pi_2=0$$

$$\Pi_{2b}(w,\boldsymbol{m})=\int_D[\boldsymbol{m}^{\mathrm{T}}\cdot\boldsymbol{K}(\partial)w-v_c(\boldsymbol{m})-qw]\mathrm{d}V+\text{边界项}$$

$$\delta\Pi_{2b}=0$$

从对比来看,这二者是不相对应的.但一定有相对应的变分原理,这就是一套'类'的变分原理.

7.9.1 薄板弯曲的 H-R 变分原理及类 H-R(pro-H-R)变分原理

薄板弯曲的 H-R 变分原理为

$$\Pi_{2b}(w,\boldsymbol{m})=\iint_\Omega[\boldsymbol{m}^{\mathrm{T}}\cdot\boldsymbol{K}(\partial)w-v_c(\boldsymbol{m})-qw]\mathrm{d}x\mathrm{d}y+\text{边界项}$$

$$\delta\Pi_{2b}=0 \tag{7.9.1}$$

该变分原理与平面弹性的 H-R 变分原理并不互相对应.从模拟关系看,类 H-R 变分原理

$$\Pi_{2b}^{(L)}(\boldsymbol{\phi},\boldsymbol{\kappa})=\iint_\Omega[\boldsymbol{\kappa}^{\mathrm{T}}\hat{\boldsymbol{E}}(\nabla)\boldsymbol{\phi}-v_\varepsilon(\boldsymbol{\kappa})-\boldsymbol{\phi}^{\mathrm{T}}\boldsymbol{E}(\nabla)\boldsymbol{\kappa}_0]\mathrm{d}x\mathrm{d}y+\text{边界项},$$

$$\delta\Pi_{2b}^{(L)}=0 \tag{7.9.2}$$

方才与平面弹性的 H-R 变分原理相对应,其中 $\boldsymbol{E}(\nabla)\boldsymbol{\kappa}_0$ 是已知向量,相当与平面弹性的外力 $\boldsymbol{f}$.其中位移 w 却未在变分泛函出现.可以在解出曲率 $\boldsymbol{\kappa}$ 后再予以积分而得.

7.9.2 平面弹性的 H-R 变分原理及类 H-R 变分原理

情况正好倒过来,平面弹性的 H-R 变分原理为

$$\Pi_2(\boldsymbol{u},\sigma)=\iint_\Omega[\boldsymbol{\sigma}^{\mathrm{T}}\hat{\boldsymbol{E}}(\nabla)\boldsymbol{u}-U_0^*(\boldsymbol{\sigma})-\boldsymbol{u}^{\mathrm{T}}\boldsymbol{f}]\mathrm{d}x\mathrm{d}y$$

$$+\text{边界项},\quad \delta\Pi_2=0 \tag{7.9.3}$$

该变分原理与薄板弯曲的类 H-R 变分原理互相对应.从模拟关系看,类 H-R 变分原理

$$\Pi_2^{(L)}(\varphi_{\mathrm{f}},\boldsymbol{\varepsilon}) = \iint_\Omega [\boldsymbol{\varepsilon}^{\mathrm{T}} \cdot \boldsymbol{K}(\partial)\varphi_{\mathrm{f}} - U_0(\boldsymbol{\varepsilon}) - \varphi_{\mathrm{f}}\boldsymbol{K}^{\mathrm{T}}(\partial)\boldsymbol{\varepsilon}_0]\mathrm{d}x\mathrm{d}y$$

$$+ \text{边界项}, \quad \delta\Pi_2^{(L)} = 0 \tag{7.9.4}$$

方才与薄板弯曲的 H-R 变分原理相对应. 其中位移 $\boldsymbol{u}$ 并不出现, 可以在解出应变 $\boldsymbol{\varepsilon}$ 后再予以积分而得.

以上讲的是二类变量的 H-R 与类 H-R 变分原理, 当然还有三类变量的 H-W 与类 H-W 变分原理.

7.9.3 薄板弯曲的 H-W 变分原理及类 H-W 变分原理

上文已经有经验了, 这里只需罗列一下结果便可. 薄板弯曲的 H-W 变分原理为

$$\Pi_{3b} = \iint_\Omega \{\boldsymbol{m}^{\mathrm{T}}\boldsymbol{K}(\partial)w + v_\varepsilon(\boldsymbol{\kappa}) - \boldsymbol{\kappa}^{\mathrm{T}}\boldsymbol{m} - qw\}\mathrm{d}x\mathrm{d}y$$

$$+ \text{边界项}, \quad \delta\Pi_{3b} = 0 \tag{7.9.5}$$

它将与平面弹性的类 H-W 变分原理相对应. 与平面弹性的 H-W 变分原理相对应的是

$$\Pi_{3b}^{(L)} = \iint_\Omega [\boldsymbol{\kappa}^{\mathrm{T}}\boldsymbol{m} - v_c(\boldsymbol{m}) - \boldsymbol{\kappa}^{\mathrm{T}}\hat{\boldsymbol{E}}(\nabla)\boldsymbol{\phi} - \boldsymbol{\phi}^{\mathrm{T}}\boldsymbol{E}(\nabla)\boldsymbol{\kappa}_0]\mathrm{d}x\mathrm{d}y$$

$$+ \text{边界项}, \quad \delta\Pi_3 = 0 \tag{7.9.6}$$

7.9.4 平面弹性的 H-W 变分原理及类 H-W 变分原理

平面弹性的类 H-W 变分原理是

$$\Pi_3^{(L)} = \iint_\Omega \{\boldsymbol{\sigma}^{\mathrm{T}}\boldsymbol{K}(\partial)\varphi_{\mathrm{f}} + U_0^*(\boldsymbol{\sigma}) - \boldsymbol{\sigma}^{\mathrm{T}}\boldsymbol{\varepsilon} - \varphi_{\mathrm{f}}\boldsymbol{K}^{\mathrm{T}}(\partial)\boldsymbol{\varepsilon}_0\}\mathrm{d}x\mathrm{d}y$$

$$+ \text{边界项}, \quad \delta\Pi_3^{(L)} = 0 \tag{7.9.7}$$

而其 H-W 变分原理为

$$\Pi_3 = \iint_\Omega [\boldsymbol{\sigma}^{\mathrm{T}}\boldsymbol{\varepsilon} - U_0(\boldsymbol{\varepsilon}) - \boldsymbol{\sigma}^{\mathrm{T}}\hat{\boldsymbol{E}}(\nabla)\boldsymbol{u} - \boldsymbol{f}^{\mathrm{T}}\boldsymbol{u}]\mathrm{d}x\mathrm{d}y + \text{边界项}$$

$$\delta\Pi_3 = 0 \tag{7.9.8}$$

其对应关系是很清楚的.

7.9.5 薄板弯曲多类变量变分原理

从薄板弯曲的 H-W 变分原理看,它不包含残余曲率 $\boldsymbol{\kappa}_0$;而类 H-W 变分原理则不包含横向外力 q. 多类变量变分原理将把这些因素都包含进去. 这里,讨论的是有残余变形 $\boldsymbol{\kappa}_0$ 的板弯曲问题,其域内基本方程共有五大类,可以分类写成为

1)平衡方程

$$\boldsymbol{K}(\partial)\boldsymbol{m}_a = \boldsymbol{K}(\partial)\boldsymbol{m}_{0a} = q \tag{7.9.9}$$

其中 $\boldsymbol{m}_{0a} = \{M_{0ay}, M_{0ax}, 2M_{0axy}\}^{\mathrm{T}}$ 为由外荷载 q 引起的非齐次弯矩向量的一个特解;而 $\boldsymbol{m}_a$ 则为由外荷载引起的非齐次弯矩向量的通解,它有无穷多个,是可变分的变量.

2)弯矩函数-弯矩关系

$$\boldsymbol{m} = \boldsymbol{m}_a + \hat{\boldsymbol{E}}(\nabla)\boldsymbol{\phi} \tag{7.9.10}$$

3)曲率-挠度关系

$$\boldsymbol{\kappa} = \boldsymbol{\kappa}_0 + \boldsymbol{K}(\partial)w - \frac{\partial v_{\mathrm{c}}(\boldsymbol{m}_a - \boldsymbol{m}_{0a})}{\partial \boldsymbol{m}_a} \tag{7.9.11}$$

其中 $\boldsymbol{\kappa}_0$ 是残余变形,例如由温差等因素引起的,为已知量.

4)变形协调方程

$$\boldsymbol{E}(\nabla)(\boldsymbol{\kappa} - \boldsymbol{\kappa}_0) = 0 \tag{7.9.12}$$

5)曲率-弯矩关系

$$\boldsymbol{\kappa} = \frac{\partial v_{\mathrm{c}}(\boldsymbol{m})}{\partial \boldsymbol{m}} \tag{7.9.13}$$

其次讨论边界条件. 这里的边界并不限定为直边,而可为任意的光滑曲线. 为方便起见认为没有角点. 记板边界曲线的外法线方向为 $\boldsymbol{n}$,沿周界方向为 $\boldsymbol{s}$,$(\boldsymbol{n}, \boldsymbol{s})$构成右手系,而且 $\boldsymbol{n}$ 与 $\boldsymbol{x}$ 正向之间的夹角为 α,边界曲线的曲率半径为 ρ,且以向外凸的为正. 于是对边界上的任意函数 g 有

$$\frac{\partial g}{\partial n} = \frac{\partial g}{\partial x}\cos\alpha + \frac{\partial g}{\partial y}\sin\alpha,$$

$$\frac{\partial g}{\partial s} = -\frac{\partial g}{\partial x}\sin\alpha + \frac{\partial g}{\partial y}\cos\alpha \tag{7.9.14}$$

此外由曲率的定义知有

$$\partial\alpha/\partial s = 1/\rho \tag{7.9.15}$$

因为弯矩函数的变换规则与向量相同,因此边界上的弯矩函数为

$$\begin{aligned} \phi_n &= \phi_x\cos\alpha + \phi_y\sin\alpha \\ \phi_s &= -\phi_x\sin\alpha + \phi_y\cos\alpha \end{aligned} \tag{7.9.16}$$

从而有

$$\begin{aligned} \partial\phi_s/\partial s &= -(\partial\phi_x/\partial s)\sin\alpha + (\partial\phi_y/\partial s)\cos\alpha - (\phi_x\cos\alpha + \phi_y\sin\alpha)/\rho \\ &= (\partial\phi_x/\partial x)\sin^2\alpha + (\partial\phi_y/\partial y)\cos^2\alpha \\ &\quad - (\partial\phi_x/\partial y + \partial\phi_y/\partial x)\sin\alpha\cos\alpha - \phi_n/\rho \\ &= \hat{M}_y\sin^2\alpha + \hat{M}_x\cos^2\alpha - 2\hat{M}_{xy}\sin\alpha\cos\alpha - \phi_n/\rho \\ &= \hat{M}_n - \phi_n/\rho \end{aligned} \tag{7.9.17}$$

其中 $\hat{M}_x$ 等分别表示由弯矩函数向量表示的相应各个弯矩. 于是用弯矩函数表示的边界法向弯矩的计算公式为

$$\hat{M}_n = \frac{\partial\phi_s}{\partial s} + \frac{\phi_n}{\rho} \tag{7.9.18}$$

类似地有

$$\begin{aligned} \frac{\partial\phi_n}{\partial s} - \frac{\phi_s}{\rho} &= \frac{\partial\phi_x}{\partial s}\cos\alpha + \frac{\partial\phi_y}{\partial s}\sin\alpha \\ &= (\hat{M}_x - \hat{M}_y)\frac{1}{2}\sin 2\alpha + \frac{\partial\phi_x}{\partial y}\cos^2\alpha - \frac{\partial\phi_y}{\partial x}\sin^2\alpha \\ &= (\hat{M}_x - \hat{M}_y)\frac{1}{2}\sin 2\alpha \\ &\quad + \frac{1}{2}\left(\frac{\partial\phi_x}{\partial y} + \frac{\partial\phi_y}{\partial x}\right)\cos 2\alpha + \frac{1}{2}\left(\frac{\partial\phi_x}{\partial y} - \frac{\partial\phi_y}{\partial x}\right) \\ &= \hat{M}_{ns} + \frac{1}{2}\left(\frac{\partial\phi_x}{\partial y} - \frac{\partial\phi_y}{\partial x}\right) \end{aligned} \tag{7.9.19}$$

两边再对 s 求偏导得

$$\frac{\partial}{\partial s}\left(\frac{\partial \phi_n}{\partial s}-\frac{\phi_s}{\rho}\right)$$

$$=\frac{\partial \hat{M}_{ns}}{\partial s}-\frac{1}{2}\left(\frac{\partial^2 \phi_x}{\partial x \partial y}-\frac{\partial^2 \phi_y}{\partial x^2}\right)\sin\alpha+\frac{1}{2}\left(\frac{\partial^2 \phi_x}{\partial y^2}-\frac{\partial^2 \phi_y}{\partial x \partial y}\right)\cos\alpha$$

$$=\frac{\partial \hat{M}_{ns}}{\partial s}-\left(\frac{\partial \hat{M}_y}{\partial y}-\frac{\partial \hat{M}_{xy}}{\partial x}\right)\sin\alpha-\left(\frac{\partial \hat{M}_x}{\partial x}-\frac{\partial \hat{M}_{xy}}{\partial y}\right)\cos\alpha$$

$$=\frac{\partial \hat{M}_{ns}}{\partial s}-\hat{F}_{sn}=-\hat{F}_{sn}^{t} \tag{7.9.20}$$

于是给出用弯矩函数表示的边界总的分布剪力的计算公式为

$$\hat{F}_{sn}^{t}=-\frac{\partial}{\partial s}\left(\frac{\partial \phi_n}{\partial s}-\frac{\phi_s}{\rho}\right) \tag{7.9.21}$$

此外,挠度 w 表示的边界切向曲率和法向扭率的计算公式可推导如下.因为

$$\frac{\partial}{\partial s}\left(\frac{\partial w}{\partial n}\right)=\frac{\partial}{\partial s}\left(\frac{\partial w}{\partial x}\cos\alpha+\frac{\partial w}{\partial y}\sin\alpha\right)$$

$$=\frac{\partial}{\partial s}\left(\frac{\partial w}{\partial x}\right)\cos\alpha+\frac{\partial}{\partial s}\left(\frac{\partial w}{\partial y}\right)\sin\alpha+\frac{1}{\rho}\frac{\partial w}{\partial s}$$

$$=(\hat{\kappa}_y-\hat{\kappa}_x)\frac{1}{2}\sin 2\alpha-\hat{\kappa}_{xy}\cos 2\alpha+\frac{1}{\rho}\frac{\partial w}{\partial s}$$

$$=-\hat{\kappa}_{ns}+\frac{1}{\rho}\frac{\partial w}{\partial s} \tag{7.9.22}$$

从而得到边界扭率的计算公式为

$$\hat{\kappa}_{ns}=-\frac{\partial \theta_n}{\partial s}+\frac{1}{\rho}\frac{\partial w}{\partial s} \tag{7.9.23}$$

同样类似地可导出

$$\frac{\partial^2 w}{\partial s^2}=\frac{\partial}{\partial s}\left(-\frac{\partial w}{\partial x}\sin\alpha+\frac{\partial w}{\partial y}\cos\alpha\right)$$

$$=-\frac{\partial}{\partial s}\left(\frac{\partial w}{\partial x}\right)\sin\alpha+\frac{\partial}{\partial s}\left(\frac{\partial w}{\partial y}\right)\cos\alpha-\frac{1}{\rho}\frac{\partial w}{\partial n}$$

$$=\hat{\kappa}_x\sin^2\alpha+2\hat{\kappa}_{xy}\cos\alpha\sin\alpha+\hat{\kappa}_y\cos^2\alpha-\frac{1}{\rho}\frac{\partial w}{\partial n}$$

$$= \hat{\kappa}_s - \frac{1}{\rho}\frac{\partial w}{\partial n} \tag{7.9.24}$$

于是得到边界切向曲率的计算公式

$$\hat{\kappa}_s = \frac{\partial^2 w}{\partial s^2} + \frac{\theta_n}{\rho} \tag{7.9.25}$$

有了上述边界计算公式,就可按板经典理论给出其边界条件,如

(1)在给定位移边界 Γ_u 上有给定挠度和转角的边界条件

$$w = \overline{w} \quad 与 \quad \theta_n = \frac{\partial w}{\partial n} = \overline{\theta}_n \tag{7.9.26}$$

(2)在给力边界 Γ_σ 上有给定弯矩和总的分布剪力的边界条件

$$M_n = M_{an} + \frac{\partial \phi_s}{\partial s} + \frac{\phi_n}{\rho} = \overline{M}_n \quad 与$$

$$F_{sn}^{t} = F_{san}^{t} - \frac{\partial}{\partial s}\left(\frac{\partial \phi_n}{\partial s} - \frac{\phi_s}{\rho}\right) = \overline{F}_{sn}^{t} \tag{7.9.27}$$

(3)在简支边界 Γ_s 上有给定挠度和弯矩的边界条件

$$w = \overline{w} \quad 与 \quad M_n = M_{an} + \frac{\partial \phi_s}{\partial s} + \frac{\phi_n}{\rho} = \overline{M}_n \tag{7.9.28}$$

其中 $\overline{w}, \overline{\theta}_n; \overline{M}_n, \overline{F}_{sn}^{t}$ 皆为边界给定函数.

此外,还有在全部边界 $\Gamma = \Gamma_u + \Gamma_\sigma + \Gamma_s$ 上应满足的边界条件

$$\frac{\partial v_c(\boldsymbol{m}_a - \boldsymbol{m}_{0a})}{\partial M_{as}} = 0, \quad \frac{\partial v_c(\boldsymbol{m}_a - \boldsymbol{m}_{0a})}{\partial(2M_{ans})} = 0 \tag{7.9.29}$$

其力学意义是非齐次弯矩向量的通解和特解在板的边界上应产生相同的切向曲率和扭率.

如果记

$$\widetilde{\boldsymbol{\varepsilon}} \underset{\text{def}}{=} \boldsymbol{m}_a - \boldsymbol{m}_{0a}, \quad \widetilde{\boldsymbol{\sigma}} \underset{\text{def}}{=} \frac{\partial v_c(\boldsymbol{m}_a - \boldsymbol{m}_{0a})}{\partial \boldsymbol{m}_a} = \frac{\partial v_c(\widetilde{\boldsymbol{\varepsilon}})}{\partial \widetilde{\boldsymbol{\varepsilon}}} \tag{7.9.30}$$

并利用关系式(7.9.9)、(7.9.10)与(7.9.11)可得出

$$\boldsymbol{K}^{\mathrm{T}}(\partial)\widetilde{\boldsymbol{\varepsilon}} = \boldsymbol{0}, \quad \boldsymbol{E}(\nabla)\widetilde{\boldsymbol{\sigma}} = \boldsymbol{0} \tag{7.9.31}$$

而在边界 Γ 上的边界条件(7.9.29)可改写为

$$\widetilde{\sigma}_n = \widetilde{\tau}_{ns} = 0 \tag{7.9.32}$$

即(7.9.30)～(7.9.32)式完全类同于一个平面弹性问题，是一个无面力且全部边界均为自由边的问题. 其惟一解当然是域内没有“变形”，只能有“刚体位移”，因此可导出

$$\widetilde{\boldsymbol{\varepsilon}} = \boldsymbol{m}_a - \boldsymbol{m}_{0a} = \boldsymbol{0} \tag{7.9.33}$$

这表明，**方程(7.9.9)～(7.9.13)及边界条件(7.9.26)～(7.9.29)即可构成板弯曲问题的全部定解条件**.

于是就可以给出以 $w, \boldsymbol{\kappa}, \boldsymbol{m}_a, \boldsymbol{\phi}, \boldsymbol{m}$ 共五大类变量为独立变量的多类变量变分原理

$$\delta \Pi_m = 0 \tag{7.9.34}$$

其中泛函

$$\begin{aligned}
\Pi_m = & \iint_\Omega \{ \boldsymbol{m}_a^{\mathrm{T}} \boldsymbol{K}(\partial) w + \boldsymbol{\kappa}^{\mathrm{T}} \boldsymbol{m} - v_{\mathrm{c}}(\boldsymbol{m}) - v_{\mathrm{c}}(\boldsymbol{m}_a - \boldsymbol{m}_{0a}) \\
& - (\boldsymbol{\kappa} - \boldsymbol{\kappa}_0)^{\mathrm{T}} [\boldsymbol{m}_a + \hat{\boldsymbol{E}}(\nabla)\boldsymbol{\phi}] - q w \} \mathrm{d}x \mathrm{d}y \\
& + \int_{\Gamma_u} \left[(w - \overline{w}) F_{san}^{\mathrm{t}} - (\theta_n - \overline{\theta}_n) M_{an} \right. \\
& \left. + \phi_n \left(\frac{\partial^2 \overline{w}}{\partial s^2} + \frac{\overline{\theta}_n}{\rho} \right) - \phi_s \left(\frac{\partial \overline{\theta}_n}{\partial s} - \frac{1}{\rho} \frac{\partial \overline{w}}{\partial s} \right) \right] \mathrm{d}s \\
& + \int_{\Gamma_\sigma} \left[w \overline{F}_{sn}^{\mathrm{t}} - \theta_n \overline{M}_n + \phi_n \left(\frac{\partial^2 w}{\partial s^2} + \frac{\theta_n}{\rho} \right) - \phi_s \left(\frac{\partial \theta_n}{\partial s} - \frac{1}{\rho} \frac{\partial w}{\partial s} \right) \right] \mathrm{d}s \\
& + \int_{\Gamma_s} \left[(w - \overline{w}) F_{san}^{\mathrm{t}} - \theta_n \overline{M}_n + \phi_n \left(\frac{\partial^2 \overline{w}}{\partial s^2} + \frac{\theta_n}{\rho} \right) \right. \\
& \left. - \phi_s \left(\frac{\partial \theta_n}{\partial s} - \frac{1}{\rho} \frac{\partial \overline{w}}{\partial s} \right) \right] \mathrm{d}s
\end{aligned} \tag{7.9.35}$$

对泛函 Π_m 执行变分，Ω 域内的项则分别给出域内方程(7.9.17)～(7.9.21)，此外在分部积分过程中产生的边界 Γ 上的

项转换到自然坐标有

$$\oint_{\Gamma}[M_{an}\delta\theta_n - F^{\mathrm{t}}_{\mathrm{san}}\delta w - (\kappa_s - \kappa_{0s})\delta\phi_n - (\kappa_{ns} - \kappa_{0ns})\delta\phi_s]\mathrm{d}s \tag{7.9.36}$$

首先将(7.9.36)式合并入 Γ_u 的积分变分项,整理有

$$\int_{\Gamma_u}\left[(w - \overline{w})\delta F^{\mathrm{t}}_{\mathrm{san}} - (\theta_n - \overline{\theta}_n)\delta M_{an} - \delta\phi_n\left(\kappa_s - \kappa_{0s} - \frac{\partial^2\overline{w}}{\partial s^2} - \frac{\overline{\theta}_n}{\rho}\right)\right.$$
$$\left. - \delta\phi_s\left(\kappa_{ns} - \kappa_{0ns} + \frac{\partial\overline{\theta}_n}{\partial s} - \frac{1}{\rho}\frac{\partial\overline{w}}{\partial s}\right)\right]\mathrm{d}s \tag{7.9.37}$$

由此给出在 Γ_u 上的给定挠度和转角的边界条件(7.9.26)及

$$\kappa_s = \kappa_{0s} + \frac{\partial^2\overline{w}}{\partial s^2} + \frac{\overline{\theta}_n}{\rho},\quad \kappa_{ns} = \kappa_{0ns} - \frac{\partial\overline{\theta}_n}{\partial s} + \frac{1}{\rho}\frac{\partial\overline{w}}{\partial s} \tag{7.9.38}$$

然后再将(7.9.36)式合并入 Γ_σ 的积分变分项,整理有

$$\int_{\Gamma_\sigma}\left[\left(M_{an} + \frac{\partial\phi_s}{\partial s} + \frac{\phi_n}{\rho} - \overline{M}_n\right)\delta\theta_n - \left(F^{\mathrm{t}}_{\mathrm{san}} - \frac{\partial}{\partial s}\left(\frac{\partial\phi_n}{\partial s} - \frac{\phi_s}{\rho}\right) - \overline{F}^{\mathrm{t}}_{\mathrm{sn}}\right)\delta w\right.$$
$$\left. - \left(\kappa_s - \kappa_{0s} - \frac{\partial^2 w}{\partial s^2} - \frac{\theta_n}{\rho}\right)\delta\phi_n - \left(\kappa_{ns} - \kappa_{0ns} + \frac{\partial\theta_n}{\partial s} - \frac{1}{\rho}\frac{\partial w}{\partial s}\right)\delta\phi_s\right]\mathrm{d}s$$
$$+ \left[\phi_n\delta\frac{\partial w}{\partial s} - \left(\frac{\partial\phi_n}{\partial s} - \frac{\phi_s}{\rho}\right)\delta w - \phi_s\delta\theta_n\right]_a^b \tag{7.9.39}$$

其中,a,b 分别表示相应边界段的始端与末端. 由(7.9.39)式给出在 Γ_σ 上的给定法向弯矩和总的分布剪力边界条件(7.9.27)及

$$\kappa_s = \kappa_{0s} + \frac{\partial^2 w}{\partial s^2} + \frac{\theta_n}{\rho},\quad \kappa_{ns} = \kappa_{0ns} - \frac{\partial\theta_n}{\partial s} + \frac{1}{\rho}\frac{\partial w}{\partial s} \tag{7.9.40}$$

最后将(7.9.36)式合并入 Γ_s 的积分变分项,整理有

$$\int_{\Gamma_s}\left[(w - \overline{w})\delta V_{an} + \left(M_{an} + \frac{\partial\phi_s}{\partial s} + \frac{\phi_n}{\rho} - \overline{M}_n\right)\delta\theta_n\right.$$

$$- \delta\phi_n\left(\kappa_s - \kappa_{0s} - \frac{\partial^2 \overline{w}}{\partial s^2} - \frac{\theta_n}{\rho}\right) - \delta\phi_s\left(\kappa_{ns} - \kappa_{0ns} + \frac{\partial \theta_n}{\partial s} - \frac{1}{\rho}\frac{\partial \overline{w}}{\partial s}\right)\Bigg] \mathrm{d}s$$

$$- [\phi_s \delta\theta_n]_a^b \tag{7.9.41}$$

由(7.9.41)式可给出在 Γ_s 上的给定挠度和弯矩的边界条件(7.9.28)及

$$\kappa_s = \kappa_{0s} + \frac{\partial^2 \overline{w}}{\partial s^2} + \frac{\theta_n}{\rho}, \quad \kappa_{ns} = \kappa_{0ns} - \frac{\partial \theta_n}{\partial s} + \frac{1}{\rho}\frac{\partial \overline{w}}{\partial s} \tag{7.9.42}$$

因为边界上用挠度 w 表示的边界扭率和切向曲率分别为(7.9.23)和(7.9.25)，因此(7.9.11)式在边界上用自然坐标表示为

$$\begin{aligned} \kappa_s &= \kappa_{0s} + \frac{\partial^2 w}{\partial s^2} + \frac{\theta_n}{\rho} - \frac{\partial v_c(\boldsymbol{m}_a - \boldsymbol{m}_{0a})}{\partial M_{as}} \\ \kappa_{ns} &= \kappa_{0ns} - \frac{\partial \theta_n}{\partial s} + \frac{1}{\rho}\frac{\partial w}{\partial s} - \frac{\partial v_c(\boldsymbol{m}_a - \boldsymbol{m}_{0a})}{\partial (2M_{ans})} \end{aligned} \tag{7.9.43}$$

将方程(7.9.38)、(7.9.40)与(7.9.42)分别代入(7.9.43)式即可得到全部边界 Γ 上应满足的边界条件(7.9.29).

至于变分过程中，在 Γ_σ 和 Γ_s 边上产生的两端项 $[\phi_s \delta\theta_n]_a^b$ 则由于它们或者与 Γ_u 边连接而在端点上有 $\delta\theta_n = 0(\theta_n = \overline{\theta}_n)$，或者相互间连接而使该项重复出现一正一负相互抵消；同样，在 Γ_σ 边中产生的两端项

$$\left[\phi_n \delta \frac{\partial w}{\partial s} - \left(\frac{\partial \phi_n}{\partial s} - \frac{\phi_s}{r}\right)\delta w\right]_a^b \tag{7.9.44}$$

则由于或者与 Γ_u 及 Γ_s 边连接而在端点上有 $\delta w = \delta(\partial w / \partial s) = 0$ $(w = \overline{w})$ 或者相互重合一正一负相互抵消. 因此(7.9.40)与(7.9.42)式中端点部分的总和恒为零，并不提供新的条件.

上述推导表明(7.9.34)式涵盖且仅涵盖板弯曲的所有五大类基本方程(7.9.9)～(7.9.13)和所有边界条件(7.9.26)～(7.9.29)，是最具广泛意义的薄板弯曲多类变量变分原理.

根据薄板弯曲的多类变量变分原理当然可以导出薄板弯曲的

胡-鹫变分原理. 在(7.9.34)式中,认为 $\boldsymbol{\kappa}_0=0$(无初始不协调),$\phi=\mathbf{0}$, $\boldsymbol{m}_a=\boldsymbol{m}_{0a}$,并对 $\boldsymbol{m}$ 取极大,即得胡-鹫变分原理

$$\begin{aligned}\Pi_{3b} =& \iint_{\Omega}\{\boldsymbol{m}_a^{\mathrm{T}}\boldsymbol{K}(\partial)w + v_{\varepsilon}(\boldsymbol{\kappa}) - \boldsymbol{\kappa}^{\mathrm{T}}\boldsymbol{m}_a - qw\}\mathrm{d}x\mathrm{d}y \\ &+ \int_{\Gamma_u}[(w-\overline{w})F_{san}^{\mathrm{t}} - (\theta_n - \overline{\theta}_n)M_{an}]\mathrm{d}s \\ &+ \int_{\Gamma_\sigma}[w\overline{F}_{sn}^{\mathrm{t}} - \theta_n\overline{M}_n]\mathrm{d}s + \int_{\Gamma_s}[(w-\overline{w})F_{san}^{\mathrm{t}} - \theta_n\overline{M}_n]\mathrm{d}s, \\ \delta\Pi_{3b} =& 0 \end{aligned} \tag{7.9.45}$$

当然,其他各种经典的变分原理都可从中导出,这里就不一一叙述了.

7.9.6 平面弹性多类变量变分原理

对有残余变形的平面弹性问题,其域内基本方程共有五大类,可以分类写成为

1)变形协调方程

$$\boldsymbol{K}^{\mathrm{T}}(\partial)\boldsymbol{\varepsilon}_a = \boldsymbol{K}^{\mathrm{T}}(\partial)\boldsymbol{\varepsilon}_{0a} \tag{7.9.46}$$

其中 $\boldsymbol{\varepsilon}_{0a}$为由温度等引起的初始不协调量,是已知量.

2)位移与应变的几何关系

$$\boldsymbol{\varepsilon} = \boldsymbol{\varepsilon}_a + \hat{\boldsymbol{E}}(\nabla)\boldsymbol{u} \tag{7.9.47}$$

3)应力与应力函数关系

$$\boldsymbol{\sigma} = \boldsymbol{\sigma}_0 + \boldsymbol{K}(\partial)\varphi_{\mathrm{f}} - \frac{\partial v_{\varepsilon}(\boldsymbol{\varepsilon}_a - \boldsymbol{\varepsilon}_{0a})}{\partial \boldsymbol{\varepsilon}_a} \tag{7.9.48}$$

其中 $\boldsymbol{\sigma}_0$ 为已知体力 $\boldsymbol{f}$ 相应的一个非齐次特解.

4)平衡方程

$$\boldsymbol{E}(\nabla)\boldsymbol{\sigma} = \boldsymbol{E}(\nabla)\boldsymbol{\sigma}_0 = \boldsymbol{f} \tag{7.9.49}$$

5)应力与应变关系

$$\boldsymbol{\sigma} = \frac{\partial v_{\varepsilon}(\boldsymbol{\varepsilon})}{\partial \boldsymbol{\varepsilon}} \tag{7.9.50}$$

共五大类方程.

而其边界条件一般有,(1)在给定位移边界 Γ_u 上有给定法向与切向位移

$$u_n = \overline{u}_n \quad 与 \quad u_s = \overline{u}_s \tag{7.9.51}$$

(2)在给力边界 Γ_σ 上有给定正应力和剪力

$$\sigma_n = \overline{\sigma}_n \quad 与 \quad \tau_{ns} = \overline{\tau}_{ns} \tag{7.9.52}$$

(3)在简支边界 Γ_s 上有给定法向位移和剪力

$$u_n = \overline{u}_n \quad 与 \quad \tau_{ns} = \overline{\tau}_{ns} \tag{7.9.53}$$

其中 $\overline{u}_n, \overline{u}_s, \overline{\sigma}_n, \overline{\tau}_{ns}$ 皆为边界给定函数.

此外,在全部边界 $\Gamma = \Gamma_u + \Gamma_\sigma + \Gamma_s$ 上还应满足边界条件

$$\varepsilon_{as} - \varepsilon_{0as} = \eta_{ans} - \eta_{0ans} = 0 \tag{7.9.54}$$

这里,ε_{as}, η_{ans} 等分别代表相应变形量沿边界曲线的伸长应变和边界曲线曲率的变化. 即

$$\begin{aligned}
\varepsilon_{as} &= \varepsilon_{ax}\sin^2\alpha - \gamma_{axy}\sin\alpha\cos\alpha + \varepsilon_{ay}\cos^2\alpha \\
\gamma_{ans} &= (\varepsilon_{ay} - \varepsilon_{ax})\sin 2\alpha + \gamma_{axy}\cos 2\alpha \\
\eta_{ans} &= -\frac{1}{2}\frac{\partial \gamma_{ans}}{\partial s} + \left(\frac{\partial \varepsilon_{ay}}{\partial x} - \frac{1}{2}\frac{\partial \gamma_{axy}}{\partial y}\right)\cos\alpha \\
&\quad + \left(\frac{\partial \varepsilon_{ax}}{\partial y} - \frac{1}{2}\frac{\partial \gamma_{axy}}{\partial x}\right)\sin\alpha
\end{aligned} \tag{7.9.55}$$

其中 α 为边界法线 n 与 x 正向之间的夹角.

如果记

$$\widetilde{\boldsymbol{m}} \equiv \boldsymbol{\varepsilon}_a - \boldsymbol{\varepsilon}_{0a}, \quad \widetilde{\boldsymbol{\kappa}} \equiv \frac{\partial v_\varepsilon(\boldsymbol{\varepsilon}_a - \boldsymbol{\varepsilon}_{0a})}{\partial \boldsymbol{\varepsilon}_a} = \frac{\partial v_c(\hat{\boldsymbol{m}})}{\partial \hat{\boldsymbol{m}}} \tag{7.9.56}$$

其中,$\widetilde{\boldsymbol{m}} = \{\widetilde{M}_y \quad \widetilde{M}_x \quad 2\widetilde{M}_{xy}\}^{\mathrm{T}}$,则由(7.9.46)、(7.9.48)和(7.9.49)式的关系可得出

$$\boldsymbol{K}^{\mathrm{T}}(\partial)\widetilde{\boldsymbol{m}} = 0, \quad \boldsymbol{E}(\boldsymbol{\Delta})\widetilde{\boldsymbol{\kappa}} = \boldsymbol{0} \tag{7.9.57}$$

而在边界 Γ 上的边界条件(7.9.54)可改写为

$$\widetilde{M}_n = \widetilde{F}^{\mathrm{t}}_{sn} = 0 \tag{7.9.58}$$

即(7.9.56)～(7.9.58)式完全类同一个板弯曲弹性问题.当然是一个板面内无垂直荷载且全部边界均为自由边的板,其惟一解是板内没有“变形”,即“弯矩”为零,因此可导出

$$\widetilde{\boldsymbol{m}}_a = \boldsymbol{\varepsilon}_a - \boldsymbol{\varepsilon}_{0a} = \boldsymbol{0} \tag{7.9.59}$$

即方程(7.9.46)～(7.9.50)和边界条件(7.9.51)～(7.9.54)构成了平面弹性的全部定解条件.

最后就可以给出以 $\varphi_{\mathrm{f}}, \boldsymbol{\sigma}, \boldsymbol{\varepsilon}_a, \boldsymbol{u}, \boldsymbol{\varepsilon}$ 共五大类变量为独立变量的多类变量变分原理

$$\delta \Pi_M = 0 \tag{7.9.60}$$

其中泛函

$$\begin{aligned}\Pi_M = &\iint_\Omega \{(\boldsymbol{\varepsilon}_a - \boldsymbol{\varepsilon}_{0a})^{\mathrm{T}} \boldsymbol{K}(\partial)\varphi_{\mathrm{f}} + \boldsymbol{\sigma}^{\mathrm{T}}\boldsymbol{\varepsilon} - U_0(\boldsymbol{\varepsilon}) \\ &- U_0(\boldsymbol{\varepsilon}_a - \boldsymbol{\varepsilon}_{0a}) - (\boldsymbol{\sigma} - \boldsymbol{\sigma}_0)^{\mathrm{T}}[\boldsymbol{\varepsilon}_a + \hat{\boldsymbol{E}}(\nabla)\boldsymbol{u}]\}\mathrm{d}x\mathrm{d}y \\ &+ \int_{\Gamma_u}[(u_n - \bar{u}_n)\sigma_n - u_n\sigma_{0n} + (u_s - \bar{u}_s)\tau_{ns} - u_s\tau_{0ns}]\mathrm{d}s \\ &+ \int_{\Gamma_s}[(u_n - \bar{u}_n)\sigma_n - u_n\sigma_{0n} + u_s(\bar{\tau}_{ns} - \tau_{0ns})]\mathrm{d}s \\ &+ \int_{\Gamma_\sigma}[u_n(\bar{\sigma}_n - \sigma_{0n}) + u_s(\bar{\tau}_{ns} - \tau_{0ns})]\mathrm{d}s\end{aligned} \tag{7.9.61}$$

对泛函 Π_M 执行变分,Ω 域内的项将分别给出域内方程(7.9.46)～(7.9.50),此外在分部积分过程中产生的边界 Γ 上的项转换到自然坐标有

$$\begin{aligned}\oint_\Gamma \Bigg[&(\varepsilon_{as} - \varepsilon_{0as})\delta\left(\frac{\partial \varphi_{\mathrm{f}}}{\partial n}\right) - (\eta_{ans} - \eta_{0ans})\delta\varphi_{\mathrm{f}} \\ &- (\sigma_n - \sigma_{0n})\delta u_n - (\tau_{ns} - \tau_{0ns})\delta u_s\Bigg]\mathrm{d}s\end{aligned} \tag{7.9.62}$$

由其前两项先给出边界条件(7.9.54),而将其后两项合并入各边界积分项可分别给出边界条件(7.9.51)～(7.9.53).

上述推导表明(7.9.60)式涵盖且仅涵盖平面弹性的所有五大类基本方程(7.9.46)～(7.9.50)和所有边界条件(7.9.51)～

(7.9.54),是平面弹性问题最具广泛意义的多类变量变分原理.

同样,对平面弹性多类变量变分原理(7.9.60),令 $\boldsymbol{\varepsilon}_a = \boldsymbol{\varepsilon}_{0a} \equiv 0$,即取消与初始不协调有关各量,则可得平面弹性胡-鹫变分原理

$$\begin{aligned}
\Pi_3 = & \iint_{\Omega} [\boldsymbol{\sigma}^{\mathrm{T}}\boldsymbol{\varepsilon} - U_0(\boldsymbol{\varepsilon}) - \boldsymbol{\sigma}^{\mathrm{T}}\hat{\boldsymbol{E}}(\nabla)\boldsymbol{u} - \boldsymbol{f}^{\mathrm{T}}\boldsymbol{u}]\mathrm{d}x\mathrm{d}y \\
& + \int_{\Gamma_s} [(u_n - \bar{u}_n)\sigma_n + u_s\bar{\tau}_{ns}]\mathrm{d}s \\
& + \int_{\Gamma_u} [(u_n - \bar{u}_n)\sigma_n + (u_s - \bar{u}_s)\tau_{ns}]\mathrm{d}s \\
& + \int_{\Gamma_\sigma} [u_n\bar{\sigma}_n + u_s\bar{\tau}_{ns}]\mathrm{d}s, \quad \delta\Pi_3 = 0
\end{aligned} \tag{7.9.63}$$

当然,其他各种经典的变分原理都可从中一一导出.

多类变量变分原理不仅可用于处理有残余变形的弹性力学问题,而且根据板弯曲与平面弹性之间的模拟关系,可综合两者直接给出扁壳的多类变量变分原理,从而为扁壳相关问题的求解提供新的机会,见文献[137].

弹性力学有很多内容.本章只讲了经典弹性平面问题与经典板弯曲问题,以此介绍对偶体系的应用.其实板弯曲有考虑剪切变形的 Timoshenco-Reissner-Mindlin(TRM)理论,弹性平面也有耦应力(Couple stress)理论[156]等,对偶体系都可以有所发挥,甚至电磁波导的分析也可以导向对偶体系[157].当然还有许多其他方面,难于再做更多介绍了.

结 束 语

讲到这里,已经有不少内容了.作者力图将对偶体系的方法论贯穿应用力学与控制理论的多个方面.从应用数学的角度观察,所有内容都是互相联系的,其实只有一套方法.学到一方面,就可以明白其他方面.回顾过去应用力学的多门课程,分析力学与弹性力学的方法论完全是不一样的,振动理论一般不讲陀螺系统,而控制理论则一般不在应用力学的课程之内,等等.在这样的传统框架内,学生要学习的是若干方法论不同、思路也不同的课程,负担很重,又不利于学科交叉.本书试图改变此种现状,用同一套方法论讲述多种学科,可以改变过去的教学和科研体系.应用力学的教改也许可以从中得到某种启发.这本书的主要目标就是向应用力学提供不同于过去的一套思路,希望能在我国的应用力学教改、研究和发展中起到应有的作用.

一阴一阳之谓道

《易经·系辞》

参 考 文 献

[1] Courant R, Hilbert D. *Methods of mathematical physics*. Interscience publishers, Inc. N Y, 1953

[2] Timoshenco S P, Goodier J N. *Theory of elasticity*. McGraw-Hill, 1951

[3] Timoshenco S P, Woinowsky-Krieger S. *Theory of plates & Shells*. McGraw-Hill, NY, 1959

[4] Timoshenco S P, Young D. *Vibration problems in engineering*, 3rd ed. Van Nostrand, 1955

[5] Timoshenco S P, Gere J M. *Theory of elastic stability*. McGraw-Hill, NY, 1961

[6] Timoshenco S P, *Advanced strength of material*. Van Nostrand, NY, 1958

[7] Zienkiewicz O C, Taylor R. *The finite element method*, 4th ed. McGraw-Hill, NY, 1989

[8] Bathe K J, Wilson E L. *Numerical methods for finite element analysis*. Prentice-Hall, NJ, 1977

[9] Kadestensor F E, Norrie D H.: *Finite element handbook*. McGraw-Hill, NY, 1987

[10] Whittaker E T, *A treatise on the analytical dynamics*. Cambridge Univ. Press, 4th ed. 1952

[11] Goldstein H, *Classical mechanics*, 2nd ed. Addison-Wesley, 1950

[12] Greenwood D T, *Classical dynamics*. Dover, NY, 1997

[13] Kwakernaak H, Sivan R. *Linear optimal control systems*. Wiley-Interscience, NY, 1972

[14] Stengel R. *Stochastic optimal control*. Wiley, NY, 1986

[15] 郑大钟. 线性系统理论. 清华大学出版社, 1990

[16] Zhong W X, Zhong X X. Computational structural mechanics, optimal control and semi-analytical method for PDE. *Computers & Structures*, 1990, vol. **37** (6): 993~1004

[17] Zhong W X, Lin J H., Qiu C H. Computational structural mechanics and optimal control - The simulation of substructural chain theory to linear quadratic optimal control problems, *Intern. J. Num. Meth. Eng*, 1992, **33**: 197~211

[18] 钟万勰, 欧阳华江, 邓子辰. 计算结构力学与最优控制. 大连理工大学出版社, 1993

[19] 钟万勰. 弹性力学求解新体系. 大连理工大学出版社, 1995

[20] Inman J D. *Vibration, with control measurement and stability*. Prentice-Hall, N.

J., 1989

[21] Meirovitch L. *Dynamics and Control of structures*. John Wiley & Sons, 1992

[22] 李连喜等. 21世纪初科学发展趋势. 科学出版社,1996

[23] 钟万勰. 结构动力方程的精细时程积分法,大连理工大学学报,**34**(2):131～136, 1994

[24] Angel E, Bellman R. *Dynamic programming and partial differential equations*. Academic Press, NY, 1972

[25] Moler C B, Van Loan C F. Nineteen dubious ways to compute the exponential of a matrix. *SIAM Review*, 1978, **20**:801～836

[26] Golub G H, Van Loan C F. *Matrix computation*. Johns Hopkins Univ. Press, 1983

[27] Lin J H, Shen W P. Williams F W. Accurate high-speed computation of nonstationary random seismic responses. *Engineering structures*, 1997, vol. **19**(7):586～593

[28] Zhong W X, Zhu J P, Zhong X X. A precise time integration algorithm for nonlinear systems, *Proc. WCCM-3*, 1994, vol. 1: 12～17

[29] 刘勇. 哈密顿体系下参数激励系统的精细积分. 上海交通大学博士学位论文, 1996. 孔向东. 常微分非常的精细积分法及其在多体系统动力学中的应用. 大连理工大学博士学位论文,1998

[30] 陈文良,洪嘉振,周鉴如. 分析动力学. 上海交通大学出版社,1990

[31] Burton T D. *Introduction to dynamic systems analysis*. McGraw-Hill, NY, 1994

[32] Zwillinger D. *Handbook of differential equations*, 2nd ed. McGraw-Hill, 1992

[33] Nayfeh A H. *Perturbation methods*. J. Wiley and Sons, 1973

[34] Hinch E J. *Perturbation methods*. Cambridge Univ. Press, 1991

[35] Strang G. *Introduction to applied mathematics*. Wellesley Cambridge Press, Massachusett, 1986

[36] Wittrick W H, Williams F W. A general algorithm for computing natural frequencies of elastic structures. *Quart. J. Mech. Appl. Math.*, **24**: 263～284, 1971

[37] Zhong W X, Williams F W, Bennett P N. Extension of the Wittrick-Williams algorithm to mixed variable systems. *J. Vib. and Acous. Trans ASME*, 1997, **119**: 334～340

[38] Wilkinson J H, Reinsch C. *Handbook of automatic computation*, vol. 2, Linear algebra. Springer-Verlag, 1971

[39] Press W H, et. al. *Numerical Recipes in C*. Cambridge Univ. Press, 1992

[40] Pease M C. *Methods of matrix algebra*. Academic Press, NY, 1965

[41] Dennery P, Krzywicki A. *Mathematics for physicists*. Dover, 1995

[42] 钟万勰,林家浩. 不对称实矩阵本征解的共轭子空间迭代法,计算结构力学及其应用,1989, 5

[43] Green M, Limebeer D J N. *Linear robust control*. Prentice Hall, NJ, 1995
[44] 朗道 L D, 栗弗席兹 E M. 力学. 高等教育出版社, 1959
[45] 张 文. 转子动力学理论基础. 北京: 科学出版社, 1990
[46] Yang B E. Eigen-value inclusion principles for discrete gyroscopic systems. *J. appl. Mech.*, 1992, **59**: 278～283
[47] Van Loan C F. A symplectic method for approximating all the eigenvalues of a Hamiltonian matrix. *Linear algebra and its application*, 1984, 233～251
[48] 契塔耶夫 H G. 运动的稳定性. 国防工业出版社, 1955
[49] Zhong W X, Lin J H, Zhu J P. Computation of gyroscopic systems and symplectic eigensolutions of skew-symmetric matrices. *Computers and structures*, 1994, vol. **52** (5): 999～1009
[50] Zhong W X, Zhong X X. On the computation of anti-symmetric matrices, Proc. Of EPMESC-4, vol. **2**: 1309～1316 (late papers), 1992. 钟万勰, 钟翔翔. 反对称矩阵的一种计算方法. 数学研究与评论, 1995, vol. **15** (1): 123～128
[51] 胡海岩. 应用非线性动力学. 宇航出版社, 2000
[52] 亢战, 钟万勰. 斜拉桥参数共振问题的数值研究. 土木工程学报, 1998
[53] 朱位秋. 随机振动. 北京: 科学出版社, 1992
[54] 欧进萍, 王光远. 结构随机振动. 北京: 高等教育出版社, 1998
[55] 蔡尚峰. 随机控制理论. 上海交通大学出版社, 1988
[56] Oksendal B, *Stochastic differential equations*, 4th ed. Springer-Verlag, Berlin, 1995
[57] Lin J H, Zhong W X, Zhang W S, Sun D K. High efficiency computation of the variances of structural evolutionary random responses. *Vibration and Shock*. to appear
[58] Clough R W, Penzien J. *Dynamics of structures*, McGraw-Hill, NY, 1993
[59] Nigam N C. *Introduction to random analysis*, MIT Press, Cambridge, 1983
[60] Kiureghian A D, Neuenhofer A. Response spectrum method for multi-support seismic excitations. *Earthquake engineering and structural dynamics*, 1992, vol. **21**: 713～740
[61] Zavoni E H, Venmark E H. Seismic random vibrarion analysis of multi-support structural systems. *ASCE J. Eng. Mech.*, 1994, **120** (5): 1107～1128
[62] Kiureghian A D, Neuenhofer A. A discussion on above [3]. *ASCE J. Eng. Mech.*, 1995, vol. **121** (9): 1037. Ernesto H. Z., Venmark E. H., Closure on the discussion. *ASCE J. Eng. Mech.*, 1995, vol. **121** (9): 1038
[63] 胡 岗. 随机力与非线性系统. 上海科技教育出版社, 1994
[64] 林家浩. 随机地震响应的确定性算法, 地震工程与工程振动, 1985, vol. **5** (1), 89～93
[65] 林家浩, 张亚辉, 孙东科, 孙勇. 受非均匀调制演变随机激励结构响应快速精确计

算,计算力学学报,1997,vol.**14** (1):2~8

[66] 林家浩,沈为平,宋华茂,孙东科.结构非平稳随机响应的混合型精细时程积分,振动工程学报,1995,vol.**8** (2):127~135

[67] Lin J H, Zhang W S, Williams F W. Pseudo-excitation algorithm for nonstationary random seismic responses, *Engineering structures*, 1994,vol. **16** :270~276

[68] Lin J H, Sun D K, Sun Y, Williams F W. Structural responses to non-uniformly modulated evolutionary random seismic excitations, *Communications in numerical methods in engineering*,1997, vol.**13** :605~616

[69] Lin J H, Zhang W S, Li J J. Structural responses to arbitrarily coherent stationary random excitations, *Computers & structures*,1994,vol.**44** (3):683~687

[70] Priestly M B. Evolutionary spectra and non-stationary process, *J. Royal Statis. Soc.* Ser.B,1965, vol.**27** :204

[71] Zhong W X. Review of a high-efficiency algorithm series for structural random responses, *Progress in natural sciences*,1996, vol.**6** (3):257~268

[72] Xu Y L, Sun D K, Ko J M,Lin J H. Buffeting analysis of long span bridges: A new algorithm, *Computers & Structures*,1998, vol.**68** :303~313

[73] 梁爱虎,杜修力,陈厚群.基于非平稳随机地震动场的拱坝随机地震反应分析方法,水利学报,1999,vol.**6** :21~25

[74] 陈国兴,谢君斐,张克绪.土坝地震性能二维随机分析方法,地震工程与工程振动,1994,vol.**14** (3):81~89

[75] 范立础,王君杰,陈玮.非一致地震激励下大跨度斜拉桥的响应特征,计算力学学报,即将发表

[76] Connor J. *Wave, current and wind loads*. Dept. Civil Eng., MIT, Cambridge, Massachusetts, 1979

[77] Lin J H, Williams F W, Zhang W S. A new approach to multiphase-excitation stochastic seismic response, *Microcomputers in civil engineering*, 1993, vol. **8** : 283~290

[78] To C W S. Response statics of discretized structures to non-stationary random excitation, *J. sound & vibration*,1986, vol.**105** (2):217~231

[79] 钟万勰,钟翔翔.计算结构力学最优控制及偏微分方程半解析法.计算结构力学及其应用,1990,**7** (1):1~15

[80] Zhong W X, Lin J H, Qiu C W. Computational structural mechanics and optimal control, *Intern. J. Num. Meth. Eng.*,1992,vol.**33** :197~211

[81] Zhong W X, Yang Z S. Partial differential equations and Hamiltonian system, *Computational mechanics in structural engineering*,Elsevier, 1992

[82] 钟万勰.钟翔翔.柱形域椭圆型偏微分方程的横向本征函数的解法,数值计算及计

算机应用,1992,vol. **10** (3):107~118

[83] Zhong W X, Zhong X X. Elliptic partial differential equation and optimal control, *Numerical methods for PDE*, 1992,vol. **8** (2):149~169

[84] 钟万勰. H_∞控制状态反馈与瑞利商精细积分, 计算力学学报,1999,vol. **16** (1): 1~10

[85] Zhong W X, Williams F W. H_∞ filtering with secure eigenvalue calculation and precise integration, *int. J. Numer. Meth. Engng.*, 1999,vol. **46**, 1017~1030

[86] Zhong W X. Variational method and computation for H_∞ control, *Proc. APCOM-4*, Singapore, 1999

[87] Zhong W X, Williams F W. Physical interpretation of the symplectic orthogonality of the eigensolutions of a Hamiltonian or symplectic matrix, *Computers & Structures*, 1993, vol. **49** (4):749~750

[88] 钟万勰. 互等定理与共轭辛正交关系,力学学报,1992,vol. **24** (4):432~437

[89] 钟万勰,钟翔翔. LQ 控制区段混合能矩阵的微分方程及其应用,自动化学报, 1992,vol. **18** (3):325~331

[90] 钟万勰. 矩阵黎卡提方程的精细积分方法,计算结构力学及其应用,1994,vol. **11** (2):113~119

[91] Zhong W X. The method of precise integration of finite strip and wave guide problems, *Proc. Intern. Conf. on Computational Method in Struct. and Geotech. Eng.*, pp. 50~60, 1994, HongKong, Eds. P. K. K. Lee, L. G. Tham, Y. K. Cheung.

[92] Zhong W X, Zhu J P. Precise time integration for the matrix Riccati equation, *J. Num. Method & Comp. Appl.*,1996, vol. **17** (1):26~35

[93] Zhong W X. Precise integration of eigen-waves for layered-media, *Proc. EPMESC-5*, 1995, vol. 2:1209~1220, Macao

[94] 钟万勰. 振动、波与辛数学,一般力学(动力学、振动与控制)最新进展,黄文虎,陈滨,王照林主编,北京:科学出版社, 1994

[95] 钟万勰. 矩阵 Riccati 微分方程的分析解, 力学季刊,2000, vol. **1** (1):1~7

[96] Graff K F. *Wave motion in elastic solid*, Oxford: Clarendon press, 1975

[97] Achenbach J D. *Wave propagation in elastic solids*, North-Holland, 1973

[98] Doyle J F. *Wave propagation in structures*, Springer, NY, 1989

[99] Ewing W M, Jardetzky W S, Press F. *Elastic waves in layered media*, McGraw-Hill, NY, 1957

[100] Brekhovskikh L M. *Waves in layered media*. Academic press, NY, 1980

[101] Kennett B L N, *Seismic wave propagation in stratified media*, Cambridge univ. Press, 1983

[102] Aki K, Richards P G. *Quantitative seismology*, W.H. Freeman and Company, San Francisco, 1980
[103] Rizzi S A, Doyle J F. Spectral analysis of wave motion in plane solids, *Trans ASME J. vib. & acoust.*, 1992, vol. **114** :133~140
[104] Mead D J. A general theory of Harmonic wave propagation in linear periodic systems with multiple coupling, *J. sound & vib.*, 1973, vol. **27** :235~260
[105] Zhong W X, Williams F W. Wave propagation for repetitive structures and symplectic mathematics, *Proc. Inst. Mech. Engrs., part C*, 1992, vol. **206** :371~379
[106] Zhong W X, Williams F W. The eigensolutions of wave propagation for repetitive structures, *Structural engineering and mechanics*, 1993, vol. **1** (1):47~60
[107] Williams F W, Zhong W X, Bennett P N. Computation of the eigenvalues of wave propagation in periodic substructural systems, *J. Vib. & Acous. Trans ASME*, 1993, **115** :422~426
[108] Zhong W X, Williams F W. On the direct solution of wave propagation for repetitive structures, *J sound & vib.*, 1995, vol. **181** (3):485~501
[109] Zhong W X, Williams F W. On the localization of the vibration mode of sub-structural chain-type structure, *Proc. Inst. Mech. Engrs., part C*, 1991, vol. **205** (4): 281~288
[110] Taylor F J. *Principles of signals and systems*, McGraw-Hill, NY, 1994
[111] 黄琳. 稳定性理论, 北京大学出版社, 1995
[112] Cook P A. *Nonlinear dynamical systems*, Prentice-Hall, NJ, 1994
[113] Zhong X N. Numerical solution of Lyapunov differential equation, 现代数学与力学(*MMM-7*)文集, pp. 511~520, 上海大学出版社, 1997
[114] Lin J H, Zhong W X, Zhang W S, Sun D K. High efficiency computation of the variances of structural evolutionary random responses, *Shock & Vibration*, 2000, vol. **7** (4):209~216
[115] Kalman Filtering. *Theory and Application*, Edited by H. W. Sorenson, IEEE press, NY, 1985
[116] 王飞跃. 用二次最优控制推导 Kalman 滤波和最优插值器, 浙江大学学报, 1989, vol. **23** (2):193~204
[117] Sidhu G S, Bierman G J. Integration free interval doubling for Riccati equations, *IEEE Trans Automat. control*, 1977, vol. **22**
[118] Arnold W F, Laub A J. Generalized eigenproblem algorithms and software for algebraic Riccati equations, *Proc. IEEE*, 1984, vol. **72**
[119] Pappas T., Laub A. J. & Sandell N. R. On the numerical solution of the discrete-time algebraic Riccati equation, *IEEE Trans-AC*, 1980, vol. **25** (4):631~641

[120] Bittanti S, Laub A. Willem. *The Riccati Rquation*, Springer, 1991
[121] 钟万勰.卡尔曼-布西滤波的精细积分,大连理工大学学报, 1999, vol. **39** (2)
[122] 陆恺,田蔚风.最优估计理论及其在导航中应用,上海交通大学出版社,1990
[123] Green M, Limebeer D J N. *Linear robust control*, Prentice-Hall, NJ, 1995
[124] Doyle J C, Glover K. Khargonekar P P, Francis B A. State space solution to standard H_2 and H_∞ control problems, *IEEE Trans-AC*, 1989, vol. **34** :831~847
[125] Zhou K M, Doyle J C, Grove K. *Robust and optimal control*, Prentice-Hall, NJ, 1996
[126] Burl J B. *Linear optimal control*, Addison-Wesley, CA, 1999
[127] Basar T, Bernhard P. *H_∞-optimal control and related minimax design problems-a dynamic game approach*, Birkhauser, Boston, 1995
[128] 解学书,钟宜生. H_∞控制理论,清华大学出版社,1994
[129] 申铁龙. H_∞控制理论及应用,清华大学出版社,1996
[130] 姚伟岸,钟万勰.辛弹性力学.北京:高等教育出版社,即将出版
[131] 钱伟长.变分法及有限元.北京:科学出版社,1980
[132] 胡海昌.弹性力学的变分原理及应用.北京:科学出版社,1981
[133] 钱令希."余能原理",中国科学,1950
[134] 钟万勰,姚伟岸.板弯曲求解新体系——力法哈密顿体系及其应用,现代数学与力学(*MMM*-7)文集,pp. 121~129,上海大学出版社,1997
[135] Zhong W X, Yao W A. New solution System for plate bending, *Computational Mechanics in structural engineering*, 17~30, *Eds. F. Y. Cheng and Y. X. Gu*, Elsevier, 1999
[136] 钟万勰,姚伟岸.板弯曲求解新体系及其应用,力学学报, 1999, vol. **31** (2): 173~184
[137] 钟万勰. 板壳多变量变分原理,大连理工大学学报,1997, vol. **37** (6):620~623
[138] 钟万勰,姚伟岸.板弯曲与平面弹性问题的多类变量变分原理,力学学报,1999, vol. **31** (6):717~723
[139] Zhong W X. Method of separation of variables and Hamiltonian system, *Numerical methods for PDE*, 1993, vol. 9(1):63~75
[140] Southwell R. On the analogues relating flexure and extension of flat plate, *Quarterly J. Mech. Appl. Math.*, 1950, vol. **3** :p. 257
[141] 钟万勰,姚伟岸.板弯曲与平面弹性有限元的同一性,计算力学学报,1998, vol. **15** (1):1~13
[142] 钟万勰,纪铮. 平面理性元的收敛性证明, 力学学报,1997, vol. **29** (6):676~684
[143] 钟万勰,纪铮.理性有限元,计算结构力学及其应用,1996, vol. **13** (1):1~8
[144] Batoz J L, Hammadi F, Zheng C L, Zhong W X. On the linear analysis of plates and

shells using a new sixteen dof flat shell element, *Advances in finite element procedures and techniques*, 31～41, Edited by B. H. V. Topping, Civil-comp press, Edinburgh, 1998

[145] Batoz J L, Hammadi F, Zheng C L, Zhong W X. Formulation and evaluation of incompatible rational quadrilateral membrane elements, *Int. J. Structural engineering and mechanics*,2000, vol. **9** (2):51～68

[146] Batoz J L, Zheng C L, Hammadi F. Formulation evaluation and application of new triangular, quadrilateral, pentagonal and hexagonal discrete Kirchhoff plate/shell elements, *ECCM'99*, *European conf. on Computational Mechanics*, Munchen, 1999, to appear on *Int. J. Num. Method in Eng*

[147] 黄若煜,郑长良,钟万勰,姚伟岸.一个基于膜板比拟理论的新的四边形薄板单元,应用数学与力学,即将发表

[148] 朱位秋.随机激励的耗散的Hamilton系统理论的研究进展,力学进展,2000,**30** (4):481～494

[149] Bala M. Subrahmanyam. *Finite Horizon H_∞ and related control problems*. Birkhauser, Boston, 1995

[150] Zheng Chang-Liang. *Formulation et evaluation d'une nouvelle famille d'elements finis incompatibles de membrane, plaques et coques de type Kirchhoff discret*. Doctoral thesis, Universite de Compiegne, 26, May, 2000

[151] Marsden J E, Ratiu T S. *Introduction to Mechanics and Symmetry*, 2nd Ed., Springer, 1999

[152] 钟万勰,林家浩.高层建筑振动的鞭鞘效应,振动与冲击,1985(2)

[153] Zhong W X. Combined Method for the Solution of Asymmetric Riccati Differential Equations, *Computer methods in Appl. Mech. and Eng*. To appear

[154] 林家浩,张亚辉,赵岩.大跨度结构抗震分析方法及近期进展,力学进展,2001,**31** (3):350～360

[155] Leung A Y T. *Dynamic stiffness & sub-structures*. Springer, London, 1993

[156] Boresi A R, Ken P. Chong, *Elasticity in Engineering Mechanics*, *appendix 5A*. 2nd ed., John Wiley & Sons, 1985,1999.中译本:工程弹性力学,王惠德,张爱林,王冬青,冀延译,付宝连校,科学出版社,1995

[157] 钟万勰.电磁波导的辛体系,大连理工大学学报,2001,**41** (4):379～387

[158] 周哲玮主编,科技发展与力学教育,上海大学出版社,2001

附录　稠密有限元网格与混合变量方法*

1 前　　言

当今有限元程序的算法中，相当大部分采用位移法[1~3]，虽然对于多数无局部化效应的课题，位移法能得到满意的结果，但是对于局部化效应很严重的课题，稠密的有限元网格成为必需，位移以及刚度矩阵法对此将会发生严重的病态，使计算结果发生问题．本文通过一个简单例题的分析，说明其成因，并且指出采用混合能与混合变量方法可以免除此问题．

2 位移法及其存在的问题

以一根梁的例题来说明问题．设有一根悬臂梁长 L，弯曲刚度 EJ，端部受集中力 P，另一端 $x=0$ 夹住．这是最简单的材料力学课题，端部挠度为 $PL^3/3EJ$，弯矩分布为直线，$x=0$ 处为 PL．

今用有限元刚度法予以计算．设划分为等分网格，分成 n 小段，每段长度 $l=L/n$．其位移向量为 $v=\{\theta_a, w_a, \theta_b, w_b\}^{\mathrm{T}}$，$a$，$b$

图 1　梁单元

---

* 国家自然科学基金资助（批准号：19732020）

蔡志勤　王承强　钟万勰（大连理工大学工业装备结构分析国家重点实验室，大连，116024）

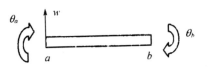

标记为小段两端，见图 1. 单元刚度为：

$$R=\begin{pmatrix} 4EJ/l & -6EJ/l^2 & 2EJ/l & 6EJ/l^2 \\ -6EJ/l^2 & 12EJ/l^3 & -6EJ/l^2 & -12EJ/l^3 \\ 2EJ/l & -6EJ/l^2 & 4EJ/l & 6EJ/l^2 \\ 6EJ/l^2 & -12EJ/l^3 & 6EJ/l^2 & 12EJ/l^3 \end{pmatrix}=\begin{pmatrix} R_{aa} & R_{ab} \\ R_{ab}^T & R_{bb} \end{pmatrix} \tag{1}$$

直接刚度法就是将所长梁段的刚度矩阵组集起来，得到总刚度阵，再用例如 LDL^{T} 三角化分解之法求解. 刚度阵组集要对总位移向量有编排规则，为了总刚度阵稀疏性，使带宽最小，采用自左向右顺次编排之法. 这些都是最常用的.

三角化其实就是消元过程. 设现在已经消去了 $2,3,\cdots,m-1$ 号节点的位移 θ、w，相当于 $1\sim m$ 号节点的一根较长的梁段了. 1 号节点为夹住端，其位移为零，该 $1\sim m$ 梁段在 m 点表现出其刚度为

$$\begin{pmatrix} 4EJ/ml & 6EJ/(ml)^2 \\ 6EJ/(ml)^2 & 12EJ/(ml)^3 \end{pmatrix}$$

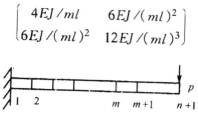

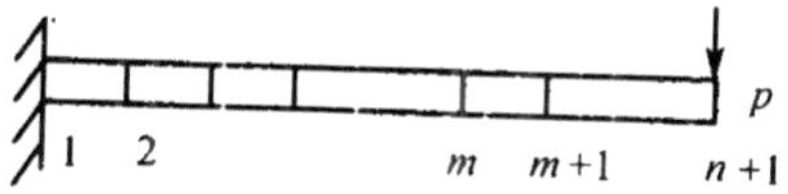

图 2　节点编排

这个 $1\sim m$ 梁段将与 $m\sim(m+1)$ 梁段刚度阵组集，成为 $1\sim(m+1)$ 的梁段，在消去 θ_m，w_m 之前，其刚度阵为

$$\begin{pmatrix} 4EJ(1+1/m)/l & (6EJ/l^2)(-1+1/m^2) & 2EJ/l & 6EJ/l^2 \\ (6EJ/l^2)(-1+1/m^2) & (12EJ/l^3)(1+1/m^3) & -6EJ/l^2 & -12EJ/l^3 \\ 2EJ/l & -6EJ/l^2 & 4EJ/l & 6EJ/l^2 \\ 6EJ/l^2 & -12EJ/l^3 & 6EJ/l^2 & 12EJ/l^3 \end{pmatrix}\begin{matrix} \theta_m \\ w_m \\ \theta_{m+1} \\ w_{m+1} \end{matrix} \tag{2}$$

在消去 θ_m，w_m 后，只剩下 θ_{m+1}，w_{m+1}，成为 $1\sim(m+1)$ 的梁段，

其刚度阵将为

$$R_{m+1} = \begin{pmatrix} 4EJ/(m+1)l & 6EJ/[(m+1)l]^2 \\ 6EJ/[(m+1)l]^2 & 12EJ/[(m+1)l]^3 \end{pmatrix} \tag{3}$$

如果将(2)的刚度阵写成为分块形式

$$\begin{pmatrix} R_{ii} & R_{i0} \\ R_{0i} & R_{00} \end{pmatrix} \tag{2'}$$

式中

$$R_{ii} = \begin{pmatrix} 4EJ(1+1/m)/l & (6EJ/l^2)(-1+1/m^2) \\ (6EJ/l^2)(-1+1/m^2) & (12EJ/l^3)(1+1/m^3) \end{pmatrix} \tag{2'a}$$

于是消去 θ_m, w_m 相当于执行了下列的运算:

$$R_{m+1} = R_{00} - R_{0i}R_{ii}^{-1}R_{i0} \tag{4}$$

问题就在这个消元. R_{00}只是一根小段梁的端端刚度阵. 其数值是相当大的,而执行减法后得到的 R_{m+1}相当于$(m+1)l$ 长的梁,两者刚度相差很大. 以 $12EJ/l^3$ 与 $12EJ/[(m+1)l]^3$ 相比来看,减少了$(m+1)^3$ 倍. 如果 $m \approx 100$,就是 10^6 倍. 而这个减小是通过一次减法而实现的,这就发生了病态条件.

进一步考察,根据式(2′a)可以看到,将有绝对值为 1 的数加上 $1/m$ 甚至加上 $1/m^3$. 当 m 值很大时,这将导致一个小值加上大值,其有效位数必然由于舍入误差而截去,影响到结果. 正是由 R_{ii}在(4)式中的减法运算后得到 R_{m+1},这一类消去要从 $m=3$, $4,\cdots,n-1$ 执行许多遍. 因此舍入误差在刚度矩阵法中必须加以注意. 也很容易看到,越是稠密的网格,这个效应越严重.

虽然只是对梁的问题作了分析,但可以推知这种效应对其它单元也是有的,例如壳元刚度阵中也有相似的 $1/l^3$ 项. 问题就是在消元过程中,(4)式中出现的是减号. 需要说明的是:对于通常的连续体,若从有限元插值的角度来看,应该是稠密的网格精度好. 但从前述分析来看,太稠密的网格又可能引起病态. 为了将两者分离开来,更突出地说明后者的影响,这里仅以梁为例予以计算分析.

以图3所示梁为例,用某大型有限元分析程序(位移法)予以分析,用两类单元划分方法,一类是仅对最右端的 $L/16$ 部分作等分1个单元($l=L/16$)、4个单元($l=L/64$)、8个单元($l=L/128$)、16个单元($l=L/256$)的不同划分并比较,列出计算结果如表1;另一类是对整个梁分别均匀分成16等分($l=L/16$)、64等分($l=L/64$)、128等分($l=L/128$)以及256等分($l=L/256$)的不同单元划分并比较,列出计算结果如表2(由于篇幅有限以及便于比较,仅列出表1中某些相应梁节点的计算结果).

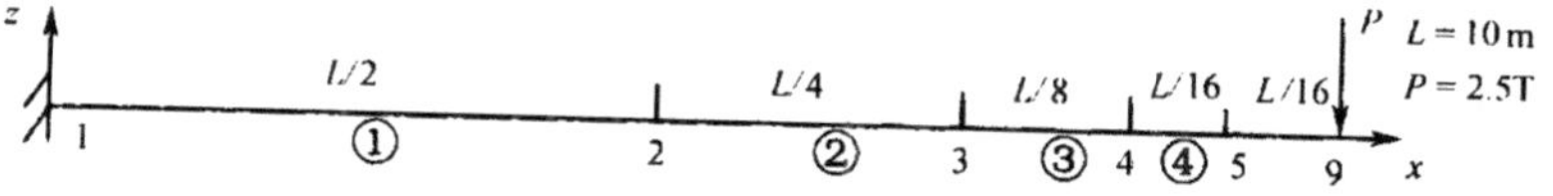

图3 梁及其单元划分、节点编号

从表1和表2可见,数例的计算结果证实了前述的理论分析.

采用多重子结构法可以大大减轻由于舍入误差引起的病态问题.要点是拼接消元的二个子结构刚度相差不太大,舍入误差小得多.在使用程序时一定要注意.

仍以图3所示梁为例及同一有限元分析程序(位移法)予以分析,用两种多重子结构划分方法:一种如图4所示,另一种如图5所示.仍仅对最右端的 $L/16$ 子结构SB1分别作4个单元($l=L/64$)、8个单元($l=L/128$)、16个单元($l=L/256$)的不同单元划分并比较,并分别列出计算结果如表3(对于图4和图5的不同

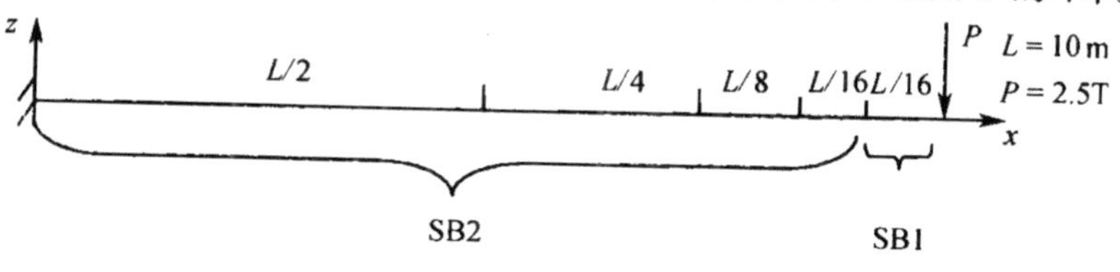

图4

表 1

x	w					θ				
	解析解	$l=L/16$	$l=L/64$	$l=L/128$	$l=L/256$	解析解	$l=L/16$	$l=L/64$	$l=L/128$	$l=L/256$
5.0	−0.26042	−0.26078	−0.25261	−0.17947	−0.19266	0.09375	0.0939	0.0910	0.0648	0.0697
7.5	−0.52734	−0.52807	−0.51167	−0.36440	−0.39187	0.11719	0.1173	0.1138	0.0814	0.0878
8.75	−0.67790	−0.67882	−0.65786	−0.46918	−0.50504	0.12305	0.1232	0.1195	0.0858	0.0928
9.375	−0.75531	−0.75634	−0.73305	−0.52321	−0.56351	0.12451	0.1247	0.1209	0.0870	0.0942
9.41406	−0.76017				−0.56719	0.12457				0.0943
9.45313	−0.76504			−0.53001	−0.57087	0.12463			0.0871	0.0943
9.49219	−0.76991				−0.57456	0.12468				0.0944
9.53125	−0.77478		−0.75197	−0.53682	−0.57825	0.12473		0.1212	0.0872	0.0944
9.57031	−0.77966				−0.58193	0.12477				0.0945
9.60938	−0.78453			−0.54363	−0.58563	0.12481			0.0873	0.0945
9.64844	−0.78941				−0.58932	0.12485				0.0946
9.68750	−0.79428		−0.77091	−0.55045	−0.59301	0.12488		0.1213	0.0873	0.0946
9.72656	−0.79916				−0.59671	0.12491				0.0946
9.76563	−0.80404			−0.55728	−0.60041	0.12493			0.0874	0.0947
9.80469	−0.80892				−0.60410	0.12495				0.0947
9.84375	−0.81380		−0.78987	−0.56411	−0.60780	0.12497		0.1214	0.0874	0.0947
9.88281	−0.81869				−0.61150	0.12498				0.0947
9.92188	−0.82357			−0.57094	−0.61520	0.12499			0.0875	0.0947
9.96094	−0.82845				−0.61890	0.12500				0.0947
10.00	−0.83333	−0.83446	−0.80884	−0.57777	−0.62260	0.12500	0.1252	0.1214	0.0875	0.0947

表 2

x	w					θ				
	解析解	$l=L/16$	$l=L/64$	$l=L/128$	$l=L/256$	解析解	$l=L/16$	$l=L/64$	$l=L/128$	$l=L/256$
5.0	−0.26042	−0.26063	−0.26181	−0.04780	−0.00075	0.09375	0.0938	0.0942	0.0185	0.0025
7.5	−0.52734	−0.52778	−0.52947	−0.10442	−0.01394	0.11719	0.1173	0.1173	0.0267	0.0083
8.75	−0.67790	−0.67847	−0.68009	−0.14021	−0.02574	0.12305	0.1232	0.1231	0.0304	0.0111
9.375	−0.75531	−0.75594	−0.75750	−0.15962	−0.03303	0.12451	0.1246	0.1245	0.0316	0.0121
10.00	−0.83333	−0.83403	−0.83551	−0.17955	−0.04078	0.12500	0.1251	0.1250	0.0320	0.0125

表 3

x	w				θ			
	解析解	$l=L/64$	$l=L/128$	$l=L/256$	解析解	$l=L/64$	$l=L/128$	$l=L/256$
0.0	−0.75531	−0.755312	−0.755312	−0.755312	0.12451	0.124512	0.124512	0.124512
0.0390625	−0.76017			−0.760177	0.12457			0.124571
0.078125	−0.76504		−0.765044	−0.765044	0.12463		0.124626	0.124626
0.1171875	−0.76991			−0.769914	0.12468			0.124678
0.15625	−0.77478	−0.774785	−0.774785	−0.774785	0.12473	0.124725	0.124725	0.124725
0.1953125	−0.77966			−0.779658	0.12477			0.124769
0.234375	−0.78453		−0.784532	−0.784532	0.12481		0.124809	0.124809
0.2734375	−0.78941			−0.789409	0.12485			0.124846
0.3125	−0.79428	−0.794286	−0.794286	−0.794286	0.12488	0.124878	0.124878	0.124878
0.3515625	−0.79916			−0.799165	0.12491			0.124907
0.390625	−0.80804		−0.804044	−0.804044	0.12493		0.124931	0.124931
0.4296875	−0.80892			−0.808925	0.12495			0.124952
0.46875	−0.81380	−0.813806	−0.813806	−0.813806	0.12497	0.124969	0.124969	0.124969
0.5078125	−0.81869			−0.818688	0.12498			0.124983
0.546875	−0.82357		−0.823570	−0.823570	0.12499		0.124992	0.124992
0.5859375	−0.82845			−0.828453	0.12500			0.124998
0.625	−0.83333	−0.833336	−0.833336	−0.833336	0.12500	0.125000	0.125000	0.125000

子结构划分,计算结果完全相同,因此只列出表3).

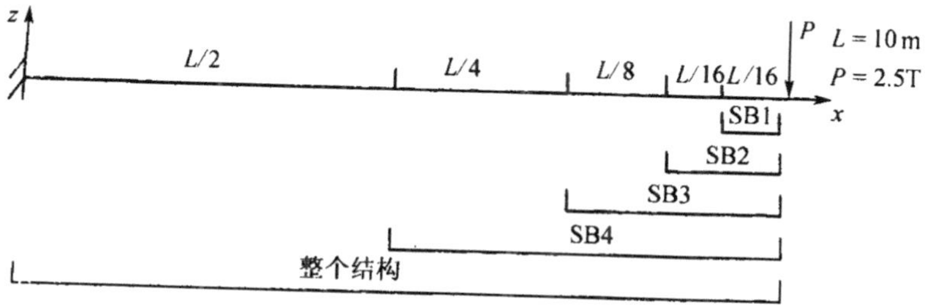

图 5

从计算结果看,无论采用哪种多重子结构形式,对最右端的子结构 SB1 无论划分多么稠密,计算结果在同一点处皆完全相同.

3 混合能法

采用混合能消元法[4,5],可以免于(4)式中的减号的困难.依旧用同一个梁的课题加以阐述.

在子结构的逐次消元过程中,每消元一次就是将二个区段的子结构串,合成为一个更长的区段.每个区段的特性,在结构力学中总可用能量式来表征,其代数集合就是子结构的变形能,具体的表象可以是势能式、余能式、混合能式,或者不对称的辛矩阵式等.它们代表同一事物,只是不同的表象,其本质是能量.

首先求混合能及其全变分表达式.设如图6所示的子结构链,它们的编号为 $k=\#0,\#1,\#2,\cdots,\#(k_f-1)$,子结构之间的连接站也是 $k=0,1,\cdots,k_f$.子结构的出口点可分为两部分,a 端和 b 端,每端有 n 个出口未知数.如果各个子结构是完全相同的,则所有的子结构具有相同的出口矩阵,在分析时先认为子结构的出口矩阵可以是不同的.将已分为两组的出口位移分别用向量 x_a 和 x_b 表示,则对 $\#k$ 子结构,有 $x_a=x_k, x_b=x_{k+1}$,梁的 $\#k$ 子结构变形能及其全变分为:

$$U_k = x_k^{\mathrm{T}} R_{aa} x_k/2 + x_{k+1}^{\mathrm{T}} R_{ab}^{\mathrm{T}} x_k + x_{k+1}^{\mathrm{T}} R_{bb} x_{k+1}/2$$

$$\delta U_k = n_k^{\mathrm{T}} \delta x_k - n_{k+1}^{\mathrm{T}} \delta x_{k+1} \tag{5}$$

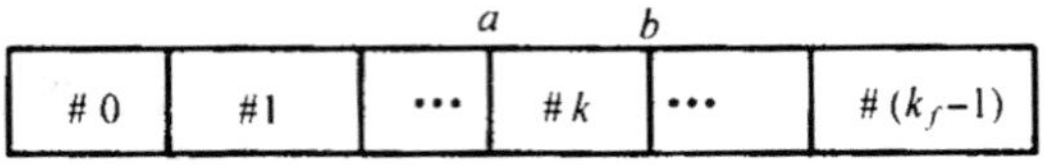

图 6

其内力向量形如:

$$n_{k+1} = -\frac{\partial U_k}{\partial x_{k+1}} = -R_{ab}^{\mathrm{T}} x_k - R_{bb} x_{k+1} \tag{6}$$

上式中的负号是由于作用力与反作用力的缘故,从而有

$$x_{k+1} = -R_{bb}^{-1} R_{ab}^{\mathrm{T}} x_k - R_{bb}^{-1} n_{k+1} \tag{7}$$

混合能为变形能的勒让德变换,利用式(5)~(7),梁的 $\# k$ 子结构的混合能可表示为:

$$\begin{aligned} V_k(x_k, n_{k+1}) &= -n_{k+1}^{\mathrm{T}} x_{k+1} - U_k \\ &= n_{k+1}^{\mathrm{T}} R_{bb}^{-1} n_{k+1}/2 + n_{k+1}^{\mathrm{T}} R_{bb}^{-1} R_{ab}^{\mathrm{T}} x_k \\ &\quad - x_k^{\mathrm{T}} (R_{aa} - R_{ab} R_{bb}^{-1} R_{ab}^{\mathrm{T}}) x_k/2 \\ &= n_{k+1}^{\mathrm{T}} G_k n_{k+1}/2 - n_{k+1}^{\mathrm{T}} \Phi_k x_k - x_k^{\mathrm{T}} Q_k x_k/2 \end{aligned} \tag{8}$$

其中

$$G_k = R_{bb}^{-1} = \frac{L}{EJ} \begin{bmatrix} 1 & -l/2 \\ -l/2 & l^2/3 \end{bmatrix}$$

$$\Phi_k = -R_{bb}^{-1} R_{ab}^{\mathrm{T}} = \begin{bmatrix} 1 & 0 \\ -l & 1 \end{bmatrix}$$

$$Q_k = R_{aa} - R_{ab} R_{bb}^{-1} R_{ab}^{\mathrm{T}} = 0$$

于是可以得到 $\# k$ 子结构的混合能及其全变分表达式

$$V_k(x_k, n_{k+1}) = \frac{1}{2} n_{k+1}^{\mathrm{T}} G_k n_{k+1} - n_{k+1}^{\mathrm{T}} \Phi_k x_k \tag{9}$$

$$\delta V_k(x_k, n_{k+1}) = -\delta(n_{k+1}^{\mathrm{T}} x_{k+1} + U_k) = -n_k^{\mathrm{T}} \delta x_k - x_{k+1}^{\mathrm{T}} \delta n_{k+1} \tag{10}$$

下面转到子结构消元法迭代的实施.当两个子结构串联时,可将内部未知数消元,而得到一个合成的子结构模式,其子矩阵以下标 c 来表示.图 7 中第 1、2 个子结构分别给予下标 1,2.

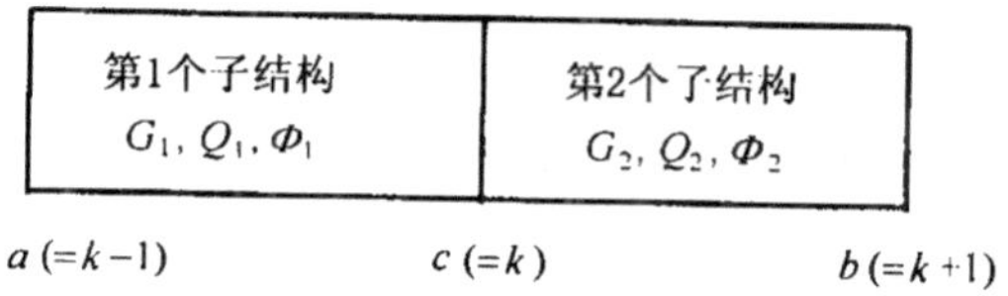

图 7

对于第 1 个子结构,由式(9)和(10)可知,其混合能及其全变分表达式可写为:

$$V_1(x_{k-1}, n_k) = \frac{1}{2} n_k^{\mathrm{T}} G_1 n_k - n_k^{\mathrm{T}} \Phi_1 x_{k-1} \tag{11}$$

$$\delta V_1(x_{k-1}, n_k) = - n_{k-1}^{\mathrm{T}} \delta x_{k-1} - x_k^{\mathrm{T}} \delta n_k \tag{12}$$

类似地,对于第 2 个子结构,则有:

$$V_2(x_k, n_{k+1}) = \frac{1}{2} n_{k+1}^{\mathrm{T}} G_2 n_{k+1} - n_{k+1}^{\mathrm{T}} \Phi_2 x_k \tag{13}$$

$$\delta V_2(x_k, n_{k+1}) = - n_k^{\mathrm{T}} \delta x_k - x_{k+1}^{\mathrm{T}} \delta n_{k+1} \tag{14}$$

第 1、2 两个子结构组装并消元后的子结构,其混合能及其全变分为:

$$V_c(x_{k-1}, n_{k+1}) = \frac{1}{2} n_{k+1}^{\mathrm{T}} G_c n_{k+1} - n_{k+1}^{\mathrm{T}} \Phi_c x_{k-1} \tag{15}$$

$$\delta V_c(x_{k-1}, n_{k+1}) = - n_{k-1}^{\mathrm{T}} \delta x_{k-1} - x_{k+1}^{\mathrm{T}} \delta n_{k+1} \tag{16}$$

式(12)和(14)相加,同时注意到

$$n_k^{\mathrm{T}} \delta x_k + x_k^{\mathrm{T}} \delta n_k = \delta (n_k^{\mathrm{T}} x_k)$$

得

$$\begin{aligned} & n_{k-1}^{\mathrm{T}} \delta x_{k-1} + x_{k+1}^{\mathrm{T}} \delta n_{k+1} \\ = & - \delta [n_k^{\mathrm{T}} x_k + V_1(x_{k-1}, n_k) + V_2(x_k, n_{k+1})] \end{aligned} \tag{17}$$

对内部变量 n_k, x_k 进行消元,以(11)式和(13)式代入后,对 n_k, x_k

取偏微商并令其为零，得

$$n_k = \Phi_2^{\mathrm{T}} n_{k+1} \qquad x_k + G_1 n_k = \Phi_1 x_{k-1} \tag{18}$$

由此解出

$$\begin{Bmatrix} x_k \\ n_k \end{Bmatrix} = \begin{bmatrix} \Phi_1 & -G_1\Phi_2^{\mathrm{T}} \\ 0 & \Phi_2^{\mathrm{T}} \end{bmatrix} \begin{Bmatrix} x_{k-1} \\ n_{k+1} \end{Bmatrix} \tag{19}$$

将(19)代入(17)式，考虑到(15)和(16)式，经过一系列矩阵运算，可得下列消元公式

$$G_c = G_2 + \Phi_2 G_1 \Phi_2^{\mathrm{T}} \tag{20a}$$

$$\Phi_c = \Phi_2 \Phi_1 \tag{20b}$$

可以推知并验证：此消元过程没有不同量级的数量运算，没有出现如(4)式减法的困难．对于通常的连续体，也可以采用类似的“多重子结构”算法，而区段合并消元公式(20a,b)就相当于子结构的消元凝聚公式．

4 结 束 语

以上理论和算例说明了有限元分析程序中的位移法及刚度矩阵法，其太稠密的有限元网格，将发生病态是计算结果存在问题的成因，同时阐明了采用混合能与混合变量方法可以免除此问题．

参 考 文 献

1. Zienkiewicz O. C. and Taylor R. W., The Finite Element Method, Vol 2. 4th ed. New York: McGraw-Hill, 1989
2. 〔英〕欣顿．有限元程序设计．新时代出版社，1982
3. 钟万勰．计算结构力学微机程序设计．北京：水利电力出版社，1986
4. 钟万勰等．计算结构力学与最优控制．大连：大连理工大学出版社，1993
5. 钟万勰．弹性力学求解新体系．大连：大连理工大学出版社，1995